地下装载机

高梦熊　编著

北　京
冶 金 工 业 出 版 社
2011

内容提要

本书共分13章。第1章主要介绍地下装载机的作用、特点、分类、基本结构、主要参数分析和国内外的发展状况；第2章至第10章主要介绍地下装载机动力系统、传动系统、行走系统、制动系统、转向系统、工作装置、液压系统和电气系统的组成、结构、工作原理、设计和常见故障的排除；第11章至第13章主要介绍地下装载机的自动化、主要技术参数计算和性能检测。

本书适合大专院校相关专业师生、研究院所和设计单位从事地下装载机的研究、设计人员使用，也可供地下装载机生产企业的管理、技术人员和生产工人、使用地下装载机的矿山维修人员和操作人员参考和使用。

图书在版编目(CIP)数据

地下装载机/高梦熊编著. —北京：冶金工业出版社，2011.1

ISBN 978-7-5024-5329-9

Ⅰ.①地… Ⅱ.①高… Ⅲ.①地下开采—装载机 Ⅳ.①TD422.3

中国版本图书馆CIP数据核字(2010)第190197号

出 版 人 曹胜利

地　　址 北京北河沿大街嵩祝院北巷39号，邮编100009

电　　话 (010)64027926 电子信箱 yjcbs@cnmip.com.cn

责任编辑 杨秋奎 王之光 美术编辑 李 新 版式设计 孙跃红

责任校对 王贺兰 责任印制 牛晓波

ISBN 978-7-5024-5329-9

北京百善印刷厂印刷；冶金工业出版社发行；各地新华书店经销

2011年1月第1版，2011年1月第1次印刷

787mm×1092mm 1/16；36.25印张；876千字；563页

99.00元

冶金工业出版社发行部 电话:(010)64044283 传真:(010)64027893

冶金书店 地址:北京东四西大街46号(100010) 电话:(010)65289081(兼传真)

(本书如有印装质量问题，本社发行部负责退换)

序　言

教授级高级工程师高梦熊同志的《地下装载机——结构、设计与使用》已经出版近十年了，深受同行欢迎，对我公司乃至我国地下装载机的发展作出了较大的贡献。近十年，正逢我国乃至全球采矿业大发展时期，采矿装备领域出现了许多新技术、新产品。在这段时间内，高梦熊教授仍孜孜不倦地耕耘在地下装载机设计、研究的这片土地上，收集、整理了大量国内外的有关资料，结合我公司和兄弟单位以及他自己的经验撰写了《地下装载机》一书。该书内容丰富，具有很强的前瞻性、实用性和先进性。《地下装载机》的出版不仅有利于提升地下装载机的设计、制造水平，同时也为使用单位和大专院校的师生再次提供了一本很好的参考书。我相信，该书的出版将会进一步推动我国地下装载机技术的进步与发展。

中钢集团衡阳重机有限公司总经理
教授级高级工程师　张耀明
2010 年 1 月

前　言

我的第一部书《地下装载机——结构、设计与使用》出版已经近10年了，这10年正是国内外采矿工业大发展的10年，也是地下装载设备大变化的10年。在这10年里，地下装载机朝着安全、环保、节能、高效、舒适和自动化方向发展，出现了许多新技术、新结构、新产品、新材料、新标准、新的制造和试验方法，因而促成了本书的编写和出版。

《地下装载机》共有13章。第1章主要介绍了地下装载的特点、分类和近几年国内外产品、技术的巨大变化和最新发展。第2章到第10章分别介绍了地下装载机的柴油机与电动机；变矩器、变速箱、桥与传动装置；铰接车架与车轮；制动系统；转向系统；工作装置；液压系统；电动地下装载机卷排缆装置与设计；电气系统的安全要求、原理、结构。第11章主要介绍了地下装载机人工控制、遥控控制、远程遥控操作、半自主与自主控制的原理、组成、现状与发展。第12章主要介绍了地下装载机主要参数计算。第13章主要介绍了地下装载机性能检测与试验。其中，第2章不仅介绍了风冷柴油机、水冷柴油机、电动机，还特别介绍了柴油机配套系统设计、柴油机的废气排放及排放控制技术、柴油机的正确选择、作业环境对柴油机和电动机性能及地下装载整机性能的影响；第3章不仅介绍了DANA公司、CAT公司及其他公司现在正在使用的传动系统零部件及相关技术，还特别介绍了即将采用的传动系统新的零部件及新的技术；第7章不仅介绍了地下装载机工作装置的一般原理及特性，国内外常用工作装置零件的结构，还特别介绍了铲斗的设计、国内外铲斗的材质、制造工艺及工作装置的现代设计方法；第8章不仅全面介绍了过去地下装载机采用的液压系统原理及其元件，最新地下装载机采用的液压系统原理及其元件，还特别介绍了现在和将来国内外地下装载机采用的润滑油品种和要求；第13章不仅介绍了地下装载机性能检测与试验，还特别介绍了全身振动和ROPS/FOPS的试验方法与工具。

本书有四大特点：一是更加实用；二是更加新颖；三是更加全面；四是更加先进。书中绝大部分原始资料与数据取材于国内外最新资料及实践，具有一定的前瞻性和参考价值。本书尽量不重复一般教材或著作中已经多次介绍的结构和设计方法，而是尽量向读者介绍国内外地下装载机的新标准、新结构、新元件、新技术、新的设计方法。本书采用了大量的实物照片和图形，从而具有更强的可读性和更高的使用价值。

本书可供从事地下装载机研究、设计、使用、管理、维修的工程技术人员、工人、管理人员与大专院校相关专业的师生阅读与参考。

全书由中钢集团衡阳重机有限公司技术发展部高梦熊编著，周林军、汪孝行、赵金元、万信群、王兴勇分别参与第3章、第7章、第8章、第11章和第12章部分编写工作。

衷心感谢中钢集团衡阳重机有限公司的总经理张耀明教授级高工、副总经理曾星教授级高工及副总工程师崔昌群教授级高工、铲运机事业部经理赵金元高级工程师等各位领导、专家、技术人员、工人对我撰写本书的大力支持、帮助和鼓励；衷心感谢万信群、陈零生高级工程师和刘娟工程师帮助并参与了收集、整理、校编工作；十分感谢我的爱人南华大学龙玲副教授的大力支持与帮助！

由于自己水平所限，书中有不妥之处，敬请广大读者和专业人士批评与指正。

高梦熊

2010年1月

目　录

1 绪 论

1.1 地下装载机及其特点

1.1.1 地下装载机的作用

地下矿的开采，包括开拓、采准、回采三个步骤。

开拓是矿山的基建工程，它是用井巷把地表与地下矿体接通，并建成完整的运输、通风、排水的井巷工程，包括竖井、斜井、平硐、盲井、井底车场和各种硐室，如水泵房、变电室、机修站、破碎硐室、火药库等，还有石门、阶段运输巷道、溜井等。

采准是掘进形成采区外形的一些巷道及为了回采工作面的凿岩和爆破而需要的自由空间。前者如采区的运输巷道、通风和人行天井，后者如切割槽、拉底空间、放矿漏斗等。

回采就是做完采准后，在采矿工作面进行落矿、装运和管理作业。

开拓、采准、回采是整个地下采矿的重要环节。其中装载工序又是工作最繁重，费时间最多，对采矿生产效率影响最大的环节。据统计，在掘进工作循环中，消耗于这一工序上的劳动量占循环时间的30% ~40%。在井下回采出矿中，装载作业也同样占很大比重。

正因为如此，国外许多国家十分重视装载机械的开发、推广与使用。据报道，工业发达国家约85%以上的地下矿山采用了地下装载机，俄罗斯1993年开采了1800万吨有色金属矿，地下装载机出矿占57%以上。可见地下装载机在国外的矿山所起的作用。

我国从20世纪70年代中期开始使用地下装载机以来，已有100多个矿山使用了地下装载机出矿。目前拥有各种地下装载机几千台，并以每年10%的速度增加。但是由于装载机作业环境十分恶劣，工作任务繁重，机器的有效利用率还很低，加之历史原因，我国绝大部分矿山还使用装岩机、电耙出矿，生产效率不高。所以，如何有效地提高现有装载机的生产能力，缩短装载作业时间，延长地下装载机的使用寿命，提高我国地下装载机的设计技术水平和制造质量，研制并推广更新的、更加先进的、高效率的地下装载机，无疑对加快采掘速度，提高采矿生产率，降低采矿成本，改善劳动条件，发展我国采矿工业将起到十分重要的作用。

可以说，无论国外或国内，地下装载机已成为地下矿强化开采的重要设备。

1.1.2 地下装载机的特点

地下装载机不同于露天装载机，它是专门为地下作业而设计的一种矮车身、中央铰接、前端装载的装、运、卸联合作业设备。它既可以用于采场出矿、出渣，又可以向低位的溜井卸矿，也能向较高的运输车或矿车卸矿，还可以用铲斗运送设备、辅助材料、修路、铺路。铁路、公路的隧道工程也可以使用，用途十分广泛。

地下装载机又称作地下铲运机。它与其他的地下装载设备比较具有很多优点：

(1) 生产能力大，效率高。根据许多资料介绍，$2m^3$ 的地下装载机的生产率比同等条件下的电耙或 T_4G 高出 1～2 倍，而且出矿成本也有所下降。对矿井建设方面，采用无轨设备开采地下矿，能加快矿山的开拓速度是加速矿山建设的一个重要途径。

(2) 机动灵活，活动范围很广。以柴油为动力的地下装载机，摆脱了轨道、风管或电缆的束缚，使机器提高了机动性。地下装载机由于采用铰接车架，转弯半径小，适合于狭小的矿山巷道和场地的作业条件。又由于牵引力大，可爬很陡的坡，因此很适合井下作业条件。

(3) 大大改善了司机的作业条件。司机室都是按照人机工程学原理设计的，使司机操作更舒适更安全。特别是大量的电子技术、计算机技术在地下装载机中得到广泛使用，自动化程度愈来愈高，大大减轻了司机的疲劳，改善了作业环境，从而大大提高了生产率。

地下装载机的缺点是：轮胎磨损比较严重，废气净化问题需进一步解决，维修费用比较高，对工人与管理人员的素质要求高，地质断裂且地层不牢固不适用等。

1.2 地下装载机分类与基本结构

1.2.1 地下装载机分类

目前地下装载机大致有如下几种分类方法：

(1) 按额定斗容 V_H 大小分类。$V_H \leqslant 0.4m^3$ 为微型地下装载机，V_H 为 $0.75 \sim 1.5m^3$ 为小型地下装载机，V_H 为 $2 \sim 5m^3$ 为中型地下装载机，$V_H \geqslant 6m^3$ 为大型地下装载机。

(2) 按额定载重量 Q_H 分类。Q_H 小于 1t 为微型地下装载机，Q_H 为 1～3t 为小型地下装载机，Q_H 为 4～10t 为中型地下装载机，Q_H 大于 10t 为大型地下装载机。

(3) 按动力源分类。地下装载机动力源分为电动机、柴油机、蓄电池、燃料电池、混合动力、架线式电动等六种动力源，它们分别称作电动地下装载机、柴油地下装载机、蓄电池地下装载机、燃料电池地下装载机、混合动力地下装载机、架线式电动地下装载机。

(4) 按传动形式分类。按传动形式分为液力-机械传动、全液压传动、电传动、液压-机械传动等四种地下装载机。

(5) 按铲斗卸载方式分类。按铲斗卸载方式分为前卸式、侧卸式、推板式、底卸式等四种地下装载机。

(6) 按整机高度分类。按整机高度分为标准型地下装载机、低矮型地下装载机、超低矮型地下装载机。

(7) 按控制方式分类。按控制方式分为人工控制地下装载机、遥控地下装载机、远程控制地下装载机、半自主地下装载机、自主地下装载机。

1.2.2 地下装载机基本结构

柴油或电动地下装载机的基本结构见图 1-1。它的组成及作用见表 1-1。

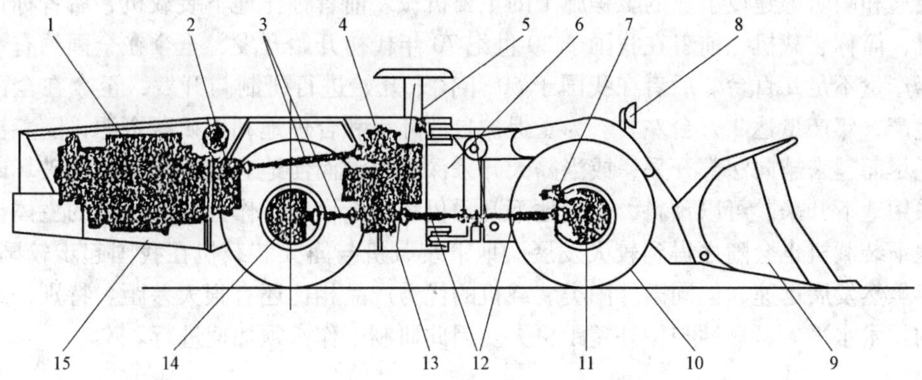

图 1-1 地下装载机的基本结构

1—柴油机（或电动机）；2—变矩器；3，12—传动轴；4—变速箱；5—液压系统；
6—前车架；7—停车制动器；8—电气系统；9—工作装置；10—行走系统；
11—前驱动桥；13—驾驶室；14—后驱动桥；15—后车架

表 1-1 柴油或电动地下装载机组成及作用

序 号	名 称	组 成	作 用
1	动力系统	柴油机或电动机及相应的辅助设备	为地下装载机提供动力
2	传动系统	变矩器、变速箱、前后驱动桥、传动轴或油泵、油马达、分动箱	把动力系统的动力传递给车轮，推动地下装载机向前、向后、转向运动
3	制动系统	停车制动器、行车制动器、辅助制动器	使地下装载机减速或停车
4	工作装置	铲斗、大臂、摇臂、连杆及相关销轴	使地下装载机铲、装、卸物料
5	液压系统	工作液压系统、转向液压系统、制动液压系统、变速液压系统、冷却系统、润滑系统、卷排缆液压系统（用于电动地下装载机）	控制工作机构铲、装、卸物料；车辆转向；车辆换挡和换向；制动器冷却；摩擦面的润滑；控制电缆的收放
6	转向系统	上下铰接体、转向油缸及相应操纵机构	使前后车架绕中心铰接销轴折腰转向
7	行走系统	前车架、后车架、摆动车架、轮胎、轮辋	承受整个地下装载机的重量和地面对地下装载机的反力、冲击力；保证在不平整的地面上四轮接触地面
8	控制系统	地下装载机各系统操作装置和仪表	控制地下装载机各系统的操作
9	电气系统	所有电气控制与照明	供给车辆电源指示、监控其运行状态以及交通信号、照明
10	安全装置	人的保护装置、铰接车架锁紧装置、防大臂落下销、灭火系统、安全皮带、ROPS/FOPS、三角垫木等	保护人与设备安全

1.3 地下装载机与露天装载机

装载机是用来将成堆散装物料装入运输设备所使用的一类机械。它既可作为用于地下矿井掘进、回采、运输的重要设备，又可作为用于露天矿山剥离、开采、水利、电力、建筑、交通和国防等建设事业的工程施工的主要机械。前者称作地下装载机，后者称作露天装载机，简称装载机。前者在我国于20世纪70年代初开始开发，至今在全国约有十家生产，年产量不足几百台。后者在我国于60年代末开始进行研制与开发，至今在全国有几十家生产，年产量达2万台左右。为了保护自然环境和合理地利用矿藏资源，随着浅埋矿床的耗尽而越来越向深部开采，或当露天开采深度很深而使地表遭受大面积的破坏时，就必须采用地下开采。可以预料，今后地下开采仍将逐渐增加。作为地下开采的主体设备之一的地下装载机也会随之得到较大发展。地下装载机与露天装载机在我国起步较国外晚，近几年虽然发展迅速，但同国外同类装载机的优秀产品相比还有很大差距。特别是地下装载机的技术水平、可靠性与国外差距更大。因此研制工作必须加速进行。

1.3.1 特点比较

地下装载机是在露天装载机的基础上发展起来的，是专门适用于地下采矿和隧道掘进作业的一种机械，因此它们有许多相似之处。例如，其原理与基本结构、动力传动部件基本相同，但也有更多的不同，见表1-2。

表1-2 地下装载机与露天装载机比较

项 目	地下装载机	露天装载机
使用环境	十分恶劣，地下作业	相对好些，露天作业
空间限制	严格限制	不限制
废气排放	除满足非公路排放法规外，还必须满足地下矿排放要求	只满足非公路排放法规
可靠性	要求很高	相对差些
车 速	车速较低	车速较高
驾驶室布置	横向布置	纵向布置
在运输位置负荷铲斗支承方式	由前机架支承	由举升缸支承
结构牢固性	更牢固的结构	牢 固
选择轮胎依据	载荷，耐磨，防刺伤、划破，胎面加厚矿用光面轮胎	工程轮胎
经济性	很 贵	相对便宜
维修条件	很 差	好
机动灵活性	更 好	好
总 长	长	相对短些
总 宽	窄	相对宽些
总 高	矮	相对高些

1.3.2 主要参数计算

装载机的主要参数是指装载机性能参数和尺寸参数，它是表示装载机特征的指标。从这些指标可以看出地下与露天装载机的不同特征。装载机的主要参数是用数学统计方法确定的，是在收集了大量的国内外相近机型资料的基础上，找出各变量为基础的方程。表

1-3、表1-4列出了装载机的基本参数。

表 1-3 以额定载重量为基本参数的计算公式

项 目	地下装载机	露天装载机
功率/kW	$N_e = 28.135e^{0.21Q_H}$	$N_e = 21.04Q_H + 46.8$
自重/t	$G_M = 1.349 + 2.424Q_H$	$G_M = 4.05Q_H - 1.97$
最大卸载高度/m	$H_p = 0.989Q_H^{0.29}$	$H_p = 0.135Q_H + 2.37$
最小转弯半径/m	$R = 3.06Q_H^{0.337}$	$R = 0.226Q_H + 6.33$
总长/m	$L = 4.567Q_H^{0.324}$	$L = 0.502Q_H + 4.53$
宽度/m	$B = 1.042Q_H^{0.373}$	$B = 0.218Q_H + 1.73$
高度/m	$H = 1.74Q_H^{0.132}$	$H = 0.128Q_H + 2.69$

注：Q_H 为装载机额定载重量。

表 1-4 装载机的自重、功率、斗容之间的参数关系

项 目	地下装载机	露大装载机
功率(kW)/机重(kN)	0.64~0.87	0.83
功率(kW)/斗容(m^3)	25.14~42.19	51.45~66.15
机重(kN)/斗容(m^3)	41.16~89.18	63.7~98.00

1.3.3 主要参数分析

为了更直观地说明问题，现把斗容大致相同（斗容为$3m^3$）的CY-3型地下装载机（额定载重量6t）与ZL-50型露天装载机（额定载重量为5t）为例来分析前述问题。

（1）外形尺寸与运行通道。矿床赋存的地质条件和对矿石产量的要求，决定了应选用的开拓和采矿方法。而任何一种采矿工艺的选定，又必须考虑选用能与它相应的采、装、运设备。巷道的用途与所选用的设备决定了巷道断面尺寸（图1-2）。为了节约资金，应尽

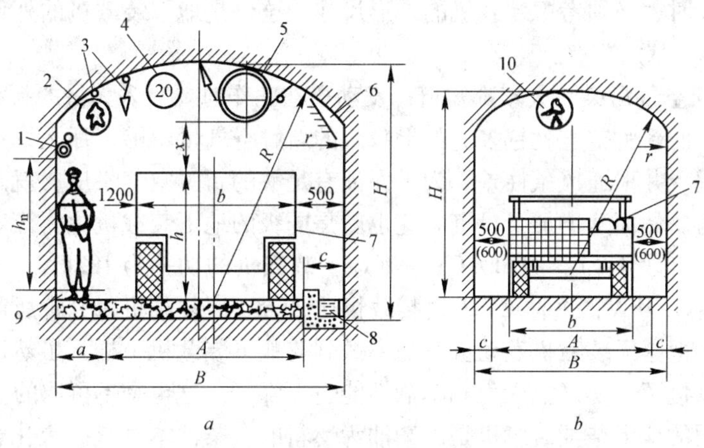

a　　b

图1-2 斜坡道采准巷道断面

a—无轨运输巷道断面；b—凿岩、运搬和辅助巷道断面

1—压气管与水道；2—人行道标志；3—照明灯；4—限速标志牌（粗红边）；5—通风管道；6—电缆挂钩；7—自行设备；8—排水沟；9—人行道；10—禁止人行标志牌（粗红边）

R—大拱半径；r—拱角半径；h_n—直壁高，不小于1800mm；

x—车身顶端与悬挂物最小距离，不得小于500~600mm

量减少巷道断面尺寸。为此，对地下开采来说，必须尽量限制地下装载机的尺寸，而对露天作业的装载机来说，就不存在这种限制。正因为如此，CY-3 型与 ZL-50 型装载机在外形上差别很大（图 1-3）。CY-3 型地下装载机外形长、窄、矮，结构紧凑；适应巷道作业。ZL-50 型露天装载机外形短、宽、高，适应露天作业。

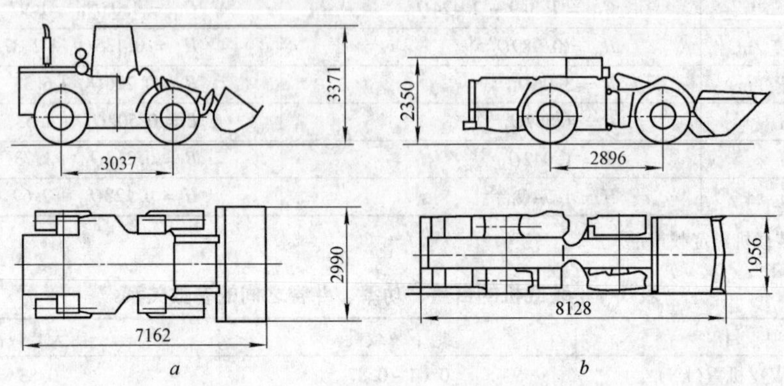

图 1-3 ZL-50 型（*a*）与 CY-3 型（*b*）装载机外形尺寸比较

根据图 1-2 与图 1-3 可知，CY-3 型装载机机宽仅 1956mm，ZL-50 型装载机机宽却有 2990mm。若装载机在辅助巷道工作（图 1-2*b*），考虑车辆与车壁的安全距离为 500mm，那么对 CY-3 型装载机只需 2956mm 宽的巷道就可以工作，对 ZL-50 型装载机却需 3990mm 宽的巷道才能安全工作。由于井下作业不只一台装载机工作，而是几台一起工作，为此井下必须设让车道或错车道。假设错车道之间的安全距离为 600mm，那么两台 CY-3 型装载机错车巷道应为 5512mm，而对 ZL-50 型装载机则需 7580mm。CY-3 型的工作巷道对 ZL-50 型装载机就无法工作，否则必须加宽巷道。显然这从经济角度来看是不合适的。因此，在地下装载机设计时，必须考虑装载机的外形尺寸，这也是地下装载机的外形尺寸设计得如此小的理由（表 1-3）。

（2）通风与空气污染。大家都知道，发动机在工作时要吸入大量的新鲜空气。发动机功率越大，吸入的新鲜空气就越多。如果吸入的新鲜空气量不够，那么发动机的功率就会下降。一般来说，井下通风条件差，为了保证有足够的新鲜空气供应，就一定要增加通风设备的通风能力。然而这增加了投资。这也就是同级的地下装载机比露天装载机匹配功率要小的原因之一（表 1-2）。例如，CY-3 型地下装载机的功率为 102kW，而 ZL-50 型露天装载机的功率为 154kW，这样 CY-3 型装载机比 ZL-50 型装载机每分钟所需新鲜空气量少 34% 以上。如果把露天装载机发动机的功率做到与地下装载机一样，虽然所需新鲜空气减少了，但车速减慢了，实际插入力和车辆性能也下降了，这也是不可取的。

在井下使用的地下柴油装载机是以柴油为燃料的。柴油本身是碳氢化合物，当柴油与空气混合燃烧时，会产生大量气体，其中含有有害气体，如 NO_x、CO、SO_2、游离的炭烟，这些有害气体对人体有着不同程度的危害。为此，各国对地下柴油机的废气排放有严格的规定，这规定也是决定装载机能否在井下使用的先决条件。例如，美国 MSHA 与欧共体就规定了井下大气卫生标准，我国 GB 20651. 1—2006《往复式内燃机　安全　第 1 部分：压燃式发动机》、GB/T 1147. 1—2007《中小功率内燃机　第 1 部分：通用技术条件》和 JB

8518—1997《地下铲运机　安全要求》等标准中都严格规定了地下装载机柴油机排放标准。根据这些标准，严格地说露天装载机发动机废气排放没有采取严格的净化措施是不允许在井下使用的。

地下装载机为了达到上述标准采取了两项措施。一是采用生成有害废气浓度最低的柴油机，精确控制燃油喷油量和喷油时间，使燃油能充分燃烧，从而大大改善柴油机的废气排放。二是采用机外净化措施，机外净化措施有氧化催化法、水洗法，或同时采用氧化催化法与水洗复合净化法。露天装载机一般就没有这项净化措施。

（3）双向操作性。露天装载机的司机座位面向铲斗，纵向布置。如果要进行双向操作时会给司机带来不便，颈部容易疲劳，而且座位相当高，虽然视野好，但由于明显的纵向或横向运动，司机会感到地面不平。此外，由于露天装载机相对来说短些，重心高些，在快速行驶时，即使路面不平，也会引起车辆倾斜，在空车行驶时，更会感到这一点。

地下装载机的司机座位是横向布置，因此不管是前进还是后退，司机都有相同的视野和舒适。由于座位位置较低，在不平的地面上行驶时大大减少了司机位置的振动。地下装载机相对长些，重心低些，司机操作时会感到更安全。

（4）与露天装载机比较，地下装载机应具有更坚固的结构与更高的可靠性、机动灵活性。由于井下路面很差，水、泥、凹坑，使得地下装载机运行时受到振动较大，又由于地下装载机铲装的大都是矿岩，因此受的冲击负荷也大，这就要求地下装载机各零件有更高的强度、刚度。再加上井下的维修条件比地面差得多，因此还要求地下装载机有更高的可靠性，更低的故障率。为此，各地下装载机制造厂家要么特殊设计其关键零部件，要么从国外进口关键零部件（如柴油机、变矩器、变速箱、桥、部分液压件）。由于井下巷道窄，弯道多，因此要求地下装载机有很好的机动灵活性，转向角度大，转弯半径小。例如CY-3型装载机柴油机采用德国道依茨公司的柴油机，美国克拉克公司的变矩器、变速箱、桥。ZL-50型装载机全部是国产件。CY-3型地下装载机轴距为2896mm，转向角为42.5°，最小转弯半径为5.53m；而ZL-50型装载机轴距为3037mm，转向角为35°，最小转弯半径为6.99m。

（5）轮胎。地下装载机采用的轮面加厚的有花纹的或光面的矿用轮胎，有链条的或无链条的。大多数矿山使用无链条的光面轮胎，因为在某些环境中，链条对轮胎有切割损害。轮胎的平均寿命为750～1000h，可翻新。轮胎费用一般为操作总成本的10%～20%。轮胎的磨损主要是由于很差的路面，潮湿的环境，轮胎打滑，不当的操作压力，有时可能由于侧壁间隙不足造成的刮坏。

在装载机上，轮胎起着承载、传递牵引力、行走和缓冲等作用，是个非常重要的部件。它的选择主要考虑铲取工况、推压工况下轮胎的静负荷。在铲取工况，有时会有后轮离地，此时前胎负荷等于所选轮胎的静负荷。在推压工况下，前轮胎离地，后轮胎负荷等于机器的操作重量减去推压力。前胎与后胎就是根据这两种工况来选择。而且使用的装载机、推土机型即所谓L型轮胎。一般露天装载机采用L_2-L_5型花纹轮胎，地下装载机采用的是L_{3S}-L_{5S}光滑型轮胎。这是因为露天的地面作业条件比井下好。光滑型轮胎，因增大了花纹块面积，所以可降低接地比压，提高耐磨性和耐切割扎刺性。它还可以碾碎岩石，使岩石不致刺进胎面凸块，起保护作用，减少轮胎被矿岩刺穿危险，延长轮胎的使用寿命，故特别适用地下装载机的使用。可以说这是井下专用矿用轮胎。

（6）卸载高度。地下装载机达不到露天装载机那样的卸载高度，这也是因为井下的作业条件所决定。例如 CY-3 型装载机的卸载高度为 1.55m，ZL-50 型装载机的则为 3.03m。为了改善这种情况可采用如下措施：

1）通过一装料斜坡，使地下装载机升高一定高度；

2）利用地面的凹坑，降低卡车高度；

3）使用专用的地下自卸卡车；

4）采用推卸式铲斗。

（7）距离、坡度和速度。地下装载机一般运行距离受经济运行距离限制，不超过 1000m。

操作坡度指的是操作装载机的最大坡度。大多数矿山地下装载机操作在 10% ~20% 坡度之间，但较平坦的坡度，可延长铲运机使用寿命，减少操作成本。尽管地下装载机的运输距离可达到 1km 以上，但是对于 $0.8m^3$ 容量的地下装载机来说，在回采区操作的经济可行距离为 75m，在开拓巷道为 150m（如一些制造商的建议），该距离随着铲斗规格的增加而增加，例如，对于 $10m^3$ 地下装载机来说，在回采区的经济可行距离可达到 1.2km；开拓巷道为 2km 时，$3m^3$ 及更大铲斗的地下装载机速度范围为 8 ~ 16km/h，在地平面上的平均速度为 13km/h。

地下装载机在井下运行速度受四个方面的限制。一是作业条件，它包括道路状态、安全间距、急转弯、错车次数等；二是车辆本身的传动比；三是坡度的大小；四是驾驶员的驾驶水平。因此，一般地下装载机设计最高车速在 30km/h 以下，实际上在工作面上平均运行速度很难达到 16km/h。如要达到，则需要非常好的路面状况以及其他作业条件。露天装载机一般在原地装、卸物料，由于没有地下装载机那么多的限制，一般设计的最高车速大于 30km/h，实际上在水平面上平均运行速度高于地下装载机。例如 CY-3 型装载机设计的最高车速为 18.7km/h，而 ZL-50 型装载机的最高车速为 34km/h。如果把露天装载机用于井下，由于作业条件的限制，特别是不能双向操作，露天装载机的车速反而低于地下装载机，尤其在不平路面上更是如此。

（8）单位插入力。单位插入力是单位长度斗刃上所产生插入料堆的能力。它反映了装载机插入料堆的能力，单位插入力大，铲斗插入料堆的能力越强。ZL-50 型露天装载机发动机功率为 154kW，机重为 175kN，1 挡最大牵引力为 125kN，铲斗宽为 2.99m，假设附着系数为 0.71，最大附着牵引力也为 125kN，则每米铲斗斗刃的插入力为 41.8kN/m。CY-3型装载机发动机的功率为 102kW，1 挡处最大牵引力为 186kN，铲斗宽为 1.956m，机重为 160kN，假设附着系数为 0.71，最大的附着牵引力为 114kN，最大牵引力时每米铲斗斗刃插入力为 94.6kN/m，当最大附着牵引力时每米铲斗斗刃插入力为 58kN/m。因此无论哪种情况，CY-3 型装载机的单位插入力都要比 ZL-50 型装载机单位插入力大得多。

（9）单位掘起力（铲取力）。掘起力也是装载机的重要性能参数。ZL-50 型装载机的掘起力为 125kN，比 CY-3 型装载机的 91.1kN 高出 33.9kN。但单位掘起力前者比后者却低 11.5%。

（10）经济性。经济性包括三个方面的内容。一是整机价格，二是燃油消耗，三是备件消耗。CY-3 型地下装载机由于进口件很多，每台价达 180 万元以上，ZL-50 型露天装载机每台价只要 30 万元左右。燃油消耗主要取决于发动机设计、发动机的功率、发动机的负荷与操作。一般二级燃烧室发动机同直喷发动机比较，如果缸数、汽缸容积和输出功率相同，前者比后者多耗油20%，在相同的操作条件下，燃油消耗与发动机的功率成正比。因为CY-3型地下装载机的功率比ZL-50型的少34%，总的说来前者的燃油消耗比后者少。地下装载机在备件的消耗中主要是轮胎，它的消耗占整个采矿成本的20%左右。这是因为井下路面条件很差，轮胎的使用寿命很低，一般300~500h，高的也只有1000h。再加上轮胎的价格较高，因此单从价格与消耗来说，地下装载机远远高于露天装载机。

总之，虽然露天装载机与地下装载机在原理和结构上有许多相似之处，但有更多的不同之处。若把地下装载机用于露天，则经济上不合算；反之，把露天装载机用于井下，由于条件、环境不同，必然会显示出这种机械的设计弱点，工作起来不方便或不能工作，特别是露天装载机废气排放问题不解决，在井下作业是不允许的，这点应引起足够的重视。

1.4 国内地下装载机发展概况

1.4.1 产品现状

我国地下装载机（又称地下铲运机）经历了引进、合作制造、自主开发、创新和发展四个发展阶段，特别是近些年，得到了突飞猛进的发展。

1.4.1.1 引进阶段

我国地下装载机发展初期，主要依靠进口。

从1975年开始，冶金部分批从波兰引进LK-1型、斗容$2m^3$内燃装载机105台，分别在寿王坟、小寺沟、丰山、红透山、中条山等铜矿及梅山、符山、尖林山、弓长岭等铁矿使用；1976年，冶金部又从芬兰引进TORO-100DH型、斗容$1.3m^3$内燃装载机12台，用于有色金属矿山，分别在凡口铅锌矿、寿王坟和红透山铜矿使用。这是我国最早引进的两种地下装载机。这些装载机在我国10个重点金属矿山使用，取得了良好的效果。地下装载机的应用，促进了传统采矿工艺的变革，发展了大直径深孔空场法、无底柱分段崩落法、机械化充填法等新工艺，使我国矿山进入无轨化采矿的新时代。随后，我国矿山掀起了无轨化采矿的热潮。冶金部又于1979年从德国引进LF-4.1型、斗容$2m^3$内燃装载机61台，从法国引进CT-1500型、斗容$0.83m^3$内燃装载机23台和CT-6000型、斗容$3.8m^3$内燃装载机20台，用于有色金属矿山，分别在凡口铅锌矿、大厂铜坑锡矿、金川龙首矿和二矿、红透山铜矿、杨家杖子铝矿、云锡老厂锡矿、白银小铁山铜矿、锡铁山铜矿等9个矿山使用；冶金部黄金局于1980年从美国引进斗容$0.76m^3$的HST-1A型内燃装载机7台，EHST-1A型电动地下装载机5台，用于黄金矿山，分别在焦家、新城和金厂峪金矿使用。此外，还有1台法国TLF-4型内燃装载机在程潮铁矿试用。至此，从20世纪70年代中期到80年代初期，我国已从5个国家引进了8种型号地下装载机234台。目前，该时期引进的装载机由于使用年限久，设备破损，技术陈旧，都已到退役期，绝大部分已经报废。

20世纪80年代中期以来，随着我国矿山无轨化开采技术的发展及一批采用无轨化开采的新型矿山上马，对大中型装载机的需求增长，我国陆续引进了不同厂家、技术先进的新型装载机近300台以上，其中以中型装载机为主，也有黄金矿山所需的微型装载机。

主要有下列机型：

（1）Sandvik公司的TORO250BD型、TORO300D型、TORO301D型、LH307型内燃装载机，TORO151E、TORO400E、TORO1400E型电动地下装载机。

(2) Atlas公司的HST1A型、ST2D型、ST3.5型、ST5C型、ST6C(N)型、ST710型、ST1000型、ST1010型、ST1030型内燃装载机，EHST0.5型、EHST1A型、EST2D型、EST3.5型、EST5C型电动地下装载机。

(3) EM公司的CTX-4B型、CTX-5N型、CTX-6B型内燃装载机，CT500-HE型、CTX-1HE型微型电动地下装载机。

(4) EIMCO公司的922D型、928D型内燃装载机，922E型、925E型电动地下装载机。

(5) GHH公司的LF-12.3型内燃装载机，LF-4.1E型、LF-7.1E型电动地下装载机。

1.4.1.2 合作制造阶段

从1985年开始，衡阳有色冶金机械总厂与长沙矿山研究总院、北京矿冶研究总院合作，引进美国EIMCO公司922D型、922E型、928D型地下装载机全套技术资料和部分硬件，并同美国EIMCO公司合作生产数十台上述三种型号地下装载机，而且都分别通过中国有色总公司组织的专家鉴定，并荣获部级科学技术进步二等奖。1990年前后，衡阳有色冶金机械总厂又与美国Wagner公司合作，生产了两台ST5C型、6台ST3.5型柴油地下装载机。以后金川有色公司又同德国GHH公司合作，生产了LF-12.3型、LF-4.5型、LF-9型地下装载机。通过引进和同国外合作生产，为发展我国地下装载机创造了一定的条件，奠定了一定的基础。

1.4.1.3 自主开发阶段

我国自主研发地下装载机始于20世纪70年代中期，由长沙矿山研究院分别与厦门工程机械厂和柳州工程机械厂（天津工程机械研究所）合作，在ZL-40型和ZL-50型露天装载机基础上，改型研制成功了DZL-40型和DZL-50型地下内燃装载机，分别于1979年和1980年通过部级鉴定，各自生产了33台和14台后，均于20世纪80年代后期停止生产。

随后，长沙矿山研究院、北京矿冶研究总院、中钢集团马鞍山矿山研究院、衡阳有色冶金机械总厂（后加入中钢集团，改名为中钢集团衡阳重机有限公司）、南昌矿山机械研究所等院所与南昌通用机械厂（后改名为江西凯马有限公司）、沈阳有色冶金机械厂、嘉兴冶金机械厂、吉林省冶金机械厂、太原矿山机械厂、锦州矿山机械厂、江西拖拉机厂等制造厂合作，先后研制出斗容0.4~6.1m^3的地下装载机约30余种型号。

20世纪90年代中期以来，中钢集团衡阳重机有限公司、江西凯马有限公司、金川金格公司、北京安期生技术有限公司、安徽铜冠机械股份有限公司成为我国生产地下装载机的主力军，同时也带动了许多小的地下装载机制造厂的发展。他们分别研制生产了一批具有国外20世纪90年代地下装载机水平，斗容从0.4~6.1m^3共8种规格柴油地下装载机，0.4~4m^3共7种规格电动地下装载机。其中中钢集团衡阳重机有限公司生产品种最全，几乎涵盖了地下装载机所有品种。它们的共同特点是：采用地下采矿用道依茨风冷、水冷低污染柴油、康明斯水冷直喷发动机，小马力少量采用国产水冷直喷柴油机；微型地下装载机采用静液压传动，微型以上地下装载机采用DANA公司液力机械传动装置（其中2m^3以下地下装载机驱动桥全部采用国产），全封闭湿式多盘制动器、NO-SPIN防滑差速器、工作装置液压系统采用双泵合流、先导控制等技术。设计中广泛采用CAD技术、动态仿真、有限元分析、优化设计。

1.4.1.4 发展、创新阶段

经过30多年的不断努力发展和创新，我国地下装载机技术已趋于成熟，日渐与世界水平同步，主要表现为以下几方面：

（1）地下装载机的生产逐步形成标准化、系列化、专业化及通用化。

1）我国已制定和颁布了电动和内燃装载机行业标准，国家标准也在审批之中。

2）地下装载机由引进到试制，发展到今天，基本形成了斗容0.4～6.1m^3装载机系列，产量由几台发展到今天的几百台，质量也有很大提高，由全部进口发展到部分出口。

3）由初期的从零部件到整台机器都进入专业化生产，即主要配套件在国内择优选用最先进可靠的产品，部分国内尚不成熟的关键配套件（如柴油机、液力变矩器、变速箱、大型湿式多盘制动器及制动阀、充液阀、防滑差速器等）面向世界择优选购，以确保整机性能优良、可靠耐用。

4）同一厂家、同一斗容的内燃和电动地下装载机，其工作装置、前车架、变速箱、驱动桥、转向、制动及液压系统通用，只改装动力装置、变矩器、相关后车架部分及电气部分，增加卷缆装置及液压系统即可。此外，还采用工程机械或载重汽车的部分通用零部件（如传动轴、轮辋、液压、电气元件）。由于推行专业化和通用化，使整机性能和零部件的可靠性、耐久性大为提高，与国外装载机的差距逐步缩小。

我国已有100多个冶金、有色、黄金和化工矿山使用地下装载机，拥有60多种型号的装载机约3000台左右，并以每年10%以上的速度增加。其中以柴油机为动力源的约占60%，居主导地位。在约3000台装载机中，国产装载机约占50%以上。

（2）在柴油机尾气净化方面进行了大量实验研究工作，取得了显著成效。我国早期引进的装载机都是以柴油机为动力的，大多数采用道依茨涡流燃烧室低污染柴油机，排出的废气经催化和水洗两级处理，其排污指标尚可达到我国规定的标准。个别采用直喷式普通柴油机的装载机（如LK-1型），机外净化又不完善，其排污指标达不到规定的标准。为此，长沙矿山研究院于20世纪70年代末至80年代初对柴油机废气监测及净化问题进行了大量研究工作，对不同类型柴油机在各种工况下以及采用不同类型净化器的排污指标进行了大量的台架试验和研究，在此基础上，先后对符山、大冶、丰山、红透山、弓长岭等矿的60余台LK-1型内燃装载机进行技术改造，用低污染柴油机取代原有的直喷式普通柴油机，并采用先进的蜂窝状催化器和水洗箱进行两级净化，使其排放指标达到了当时规定的标准。

（3）成功地进行了电动地下装载机的研制，形成了系列产品。为摆脱内燃装载机尾气污染的困扰，我国自20世纪70年代末期开始自行研制拖曳电缆供电式电动地下装载机。80年代以来，先后研制斗容0.4～4m^3的国产电动地下装载机系列产品。

（4）装载机自动化的研制和使用。为了解决采空区残矿回收和危险作业地点的出矿问题，长沙矿山研究院从1983年开始研制遥控装载机，先后研制成功YK-1型、YK-2型、YKCY-1.5型、WJD-1.5Y型等遥控装载机并在矿山试验和使用。目前，北京科技大学也研制出2m^3遥控地下装载机，北京矿冶研究总院正在承担国家科研项目——无人驾驶地下装载机的研发。

（5）矿用耐切割轮胎的研制和全面推广使用。轮胎是地下装载机必不可少的重要配件。用国产普通轮胎代用，承载能力、耐切割、抗刺扎性能都不能满足要求，使用寿命很低，因此，装载机轮胎费用占出矿成本的20%～30%，比国外一般水平（约占出矿成本的10%～15%）高出1倍以上，成为装载机在我国推广的一大障碍。从20世纪80年代初开始，长沙矿山研究院与河南轮胎厂合作研制耐切割光面轮胎，先后研制成功 10.00-20-14PR、12.00-24-16PR、14.00-24-24PR 等三种光面耐切割工程轮胎，及 18.00-25-32PR 无内胎耐切割工程轮胎，均已通过部级鉴定，已在全国所有使用装载机的矿山全面推广。这四种耐切割轮胎，可满足斗容 0.75 ~ $4m^3$ 地下装载机的需要，使用寿命比普通工程轮胎或载重汽车轮胎提高 2.34 ~ 9 倍，基本解决了地下装载机在我国推广所遇到的轮胎使用寿命低、消耗费用偏高的问题。随后，河南轮胎厂又研制成功 7.50-15-14PR 耐切割工程轮胎，解决了斗容 $0.38m^3$ 微型装载机轮胎配套问题。目前，天津、贵阳、山东不仅能生产 18.00[1] 以下的矿用轮胎，而且还能生产 18.00 以上各种矿用轮胎，已完全能满足了国内各种地下装载机的需要，而且已出口到国外。

（6）研制和检测手段日臻完善，接近世界当代水平。

1）普遍采用计算机辅助设计（CAD）技术，除用于设计绘图之外还应用在：动力机与液力传动装置特性的最佳匹配；工作机构的优化设计，工作机构及车架的有限元分析计算；整机结构强度分析；湿式制动器设计计算；整机性能模拟等。

2）检测手段日臻完善。具有电脑记录、分析、整理、打印的液力（变矩器、变速箱）和液压（轴向柱塞油泵、油马达）传动装置试验台检测；柴油机特性及不同工况下尾气排放试验台和尾气有害成分的比色分析检测；装载机液压元件（油泵、阀、油缸、高压软管）试验台检测；具有五轮仪及应变仪自动记录的整机性能试验装置等。

3）在装载机制造方面也逐步更新设备，采用计算机辅助加工（CAM）技术。板件下料采用计算机控制的氧弧或等离子切割设备；液压阀板或集成块加工采用计算机控制的加工中心；形状复杂或精度要求高的零件加工采用组合机床或数控机床；注重焊接结构件的人工时效、表面处理及油漆喷涂，采用相应的回火炉、振动器、喷丸处理设备及密闭式喷漆或烘烤设备等。

我国地下装载机的发展从无到有、从小到大、从引进到创新，有自主知识产权，基本完成地下装载机系列化，产品质量和自动化水平不断提升，而且开始出口越南、朝鲜、蒙古、巴基斯坦、秘鲁、智利、俄罗斯等国。

1.4.2　发展趋势

我国已经加入世界贸易组织，进入 21 世纪以来，我国地下装载机发展趋势除与国外基本同步外，还应结合我国的特点，进行技术创新。

（1）吸取国外先进技术，进一步提升国产装载机的质量。装载机是地下矿山中结构很复杂的先进设备之一，它集机、电、液压等技术为一身。如何针对国内已有品种、规格，以及在使用中暴露出来的薄弱环节，进一步提升国产地下装载机整机性能及主要零部件的可靠性、耐久性，以期达到国外同类产品水平。

（2）在国产装载机上普遍采用国外装载机行之有效的先进技术，如：

1）全面采用全封闭湿式多盘制动器，推广弹簧（失压）制动方式；

2）采用电/液换挡或电子自动换挡的变速箱；

3）采用具有电子控制系统的新型柴油机；

---

[1] 轮胎名义宽度为 18in，即 457.2mm。

4）普遍采用先导式液压控制、液压元件和回路的集成化；

5）采用更为结实耐用的新型柴油机尾气净化装置（如金属载体净化器）。

（3）广泛应用计算机辅助设计（CAD）和辅助制造（CAM）技术，应用计算机多媒体技术，进行装载机整体参数及结构的动态优化设计。

（4）完善拖曳电缆式电动地下装载机，发展550～1000V电压级电动地下装载机，研制安全可靠的漏电监测保护装置，采用新型高性能耐磨电缆。

（5）更加注重安全、环保和节能。在地下装载机整机、操作和监测显式系统、驾驶室等方面普遍按人机工程学和安全标准的要求进行设计，使操作人员更加舒适和安全。

（6）视距、视频内操纵的遥控装载机将得到应用和发展。

（7）全自动式装载机开始研制，由地面远程控制的地下装载机作业全盘自动化在不久将来将成为现实。

1.4.3 主要生产厂家产品的技术性能参数

1.4.3.1 中钢集团衡阳重机有限公司地下铲运机事业部

中钢集团衡阳重机有限公司（原衡阳有色冶金机械总厂）是国有大型机器制造企业。地下铲运机事业部（原衡阳力达铲运机制造有限责任公司）是其下属的一个子公司，集设计、制造、销售服务为一体。

1984年，在中国有色金属工业总公司的统一领导下，衡阳有色冶金机械总厂与长沙矿山研究院、北京矿冶研究院一起合作开发制造了当时世界上最先进的地下装载机EIMCO公司的1.5m^3 922D柴油装载机和922E电动地下装载机。以后又陆续引进了EIMCO公司的6m^3 928型地下柴油装载机以及美国Wagner公司3.8m^3 ST-5C型、3.1m^3 ST-3 $\frac{1}{2}$型地下柴油装载机。1984年～1992年为该厂技术引进与合作制造阶段。1993年～1994年是整改阶段。从1995年至今进入独立设计和再发展阶段。经过20多年的发展，目前中钢集团衡阳重机有限公司地下装载机事业部通过吸收国外先进技术已成功研发出具有自主知识产权、国内品种最全、技术先进的地下装载机系列，地下装载机系列产品有CY-0.75、CY-1、CY-1.5、CY-2、CY-3、CY-4、CY-6共7种地下柴油装载机；CYE-0.4、CYE-0.75、CYE-1、CYE-1.5、CYE-2、CYE-3、CYE-4共7种电动地下装载机。其技术参数见表1-5。

表1-5 中钢集团衡阳重机有限公司地下铲运机事业部装载机技术性能参数

型号		CY-0.75，CYE-0.75	CY-1.5/CYE-1.5	CY-2	CY-2A，CYE-2	CY-3/CYE-3	CY-4/CYE-4	CY-6
额定载重量/t		1.5	3.6	3.8	4	6	9.5	13.6
额定斗容/m^3		0.75	1.53	1.9	2	3.1	4	6
铲取力(机械)/kN		36	50	65	65	77	110	
铲取力(液压)/kN			70	80	90	105	200	239
发动机或电机参数	额定功率/kW	42/37	60/55	63	88/75	136/75或90	170/132	204
	额定转速/$r \cdot min^{-1}$	2300/1480	2300/1480	2500	2300/1480	2300/1485	2300/1485	2300
	型号	F4L912W/Y255S-4	F6L912W/Y250M-4	F6L912W	BF4M1013C/Y280S-4	F8L413FW	F10L413FW/国产或进口447T	F12L413FW

续表 1-5

型 号		CY-0.75，CYE-0.75	CY-1.5/CYE-1.5	CY-2	CY-2A，CYE-2	CY-3/CYE-3	CY-4/CYE-4	CY-6
变速箱型号		①	R20000	R20000	R32000	R32000	R32000	5000
变矩器型号		①	C270	C270	C270	C270	C5000	C8000
桥型号		PCL5A	LDQ-1.5	LDQ-2	LDQ-2	16D	19D	21D
转弯半径/mm	内 侧	2100	2591	2650	3224	3175	3175	3280
	外 侧	3990	4580	4580	5750	5360	6045	6650
外形尺寸/mm	长	5945	6375	6935	7588	8128	9682	10080
	宽	1300	1524	1624	1750	1956	2235	2600
	高	2000	2032	2032	2250	2250	2470	2540
操作重量/t		7.0	10.3/10.7	11.1	13	17	23/22.5	33.5

①静液压传动。

1.4.3.2 南昌凯马有限公司

南昌通用机械有限责任公司是国有控股企业，也是国内最早开发生产地下装载机的企业之一。从 1984 年开始生产国内第一台 WJD-0.75 型地下装载机到现在已拥有从 0.4m³ 到 4m³ 地下装载机技术，主要生产 2m³ 以下的装载机。南昌凯马有限公司位于南昌国家昌北经济技术开发区，由华源凯马对南昌市国有工业资产经营管理有限公司管辖的江东机床厂、江西第四机床厂、江西第五机床厂、南昌通用机械厂、江西采矿机械厂五家企业重组而成，以后南昌通用机械有限责任公司采用南昌凯马有限公司名称。其产品技术性能参数见表 1-6。

表 1-6 南昌凯马有限公司地下装载机技术性能参数

型 号		WJD/WJ-0.4	WJD/WJ-0.75	WJD/WJ-1	WJD/WJ-1.5	WJD/WJ-2	WJD/WJ-3	WJD/WJ-4
铲斗容积(堆装)/m³		0.4	0.75	1	1.5	2	3	4
额定载重量/t		0.8	1.5	2	3	4	6	8
铲取力/kN	WJD 型（电动）	16	39	45	52	65	77	110
	WJ 型（内燃）	16	36	45	50	65	77	110
牵引力/kN	WJD 型（电动）	18	41	50	62	90	115	140
	WJ 型（内燃）	18	40	50	70	90	120	140
卸载高度/mm		870	1080	1100	1460	1780	1670	1600
铲斗举升高度/mm		2060	3650	3120	3630	4000	4000	4270
爬坡能力(低速额定载荷)/(°)		≥12	≥12	≥12	≥12	≥12	≥12	≥12
离地间隙/mm		≥150	≥165	≥190	≥220	≥250	≥280	≥300
转弯半径 R(外侧)/m		≤3.5	≤4.5	≤4.5	≤5	≤6.5	≤6.5	≤7

续表 1-6

型号		WJD/WJ-0.4	WJD/WJ-0.75	WJD/WJ-1	WJD/WJ-1.5	WJD/WJ-2	WJD/WJ-3	WJD/WJ-4
功率/kW	WJD 型（电动）	22	37	45	55	75	90	132
	WJ 型（内燃）		42	49	63.2	86	102	
机重/t	WJD 型（电动）	3.5	6.7	7	10.5	14.5	17.5	24
	WJ 型（内燃）		6.3	6.5	9.5	14	17	
外形尺寸/mm	长	4350	5900	5900	7000	7740	8720	9620
	宽	900	1260	1270	1600	1850	2090	2230
	高	2000	1900	1950	2100	2000	2240	2440

1.4.3.3 甘肃金川金格矿业车辆制造有限公司

甘肃金川金格矿业车辆制造有限公司是于2004 年成立的一家专业设计、制造矿山无轨设备的中德合资公司。由金川集团机械制造有限公司、德国 GHH 特种车辆有限公司和青岛中鸿矿业技术公司共同出资组建并由金川集团机械制造有限公司控股。金川公司是我国使用大型地下装载机最早的企业之一。从 1995 年生产第一台装载机以来，已形成了一定的生产能力。该公司生产的地下装载机的技术参数见表 1-7。

表 1-7 金川金格公司地下装载机技术性能参数

型号		JCCY-2	JCCY-4	DCY-4	JCCY-6
额定载重量/kg		4000	8000	8000	12000
标准斗容(SAE 堆装)/m^3		2	4	4	6
最大铲取力/kN		110	178	180	350
最大牵引力/kN		104	199	170	330
铲斗举升时间/s		4.5	6~7	7	6
倾翻时间/s		4	6~7	4.5	5.1
铲斗下降时间/s		2.8	4.5	3.5	3.2
行驶速度/$km \cdot h^{-1}$	1 挡：进/退	0~3.6	0~5.1	0~3.2	0~5
	2 挡：进/退	0~7.6	0~11.7	0~7.4	0~9
	3 挡：进/退	0~12.5	0~18.4	0~12.6	0~16
	4 挡：进/退	0~20	0~25		0~26
爬坡能力/$km \cdot h^{-1}$		14%挡3.5，34%挡2.2	14%挡4.0	14%挡3.85	14%挡4.0
整机长度(铲斗平放)/mm		7060	9070	9250	11067
车体宽度/mm		1768	2360	2360	2602
铲斗宽度/mm		1880	2400	2400	2714
整机高度(带顶棚)/mm		1880	2200	2120	2498
最大卸载高度/mm		1830	2100	1900	1885
卸载距离/mm		900	900	900	1060

续表 1-7

型　号		JCCY-2	JCCY-4	DCY-4	JCCY-6
卸载角/(°)		42.2	42	42	42
轴距/mm		2540	3300	3300	3860
最大转向/(°)		40	42	42	42
角转向半径/mm	内　侧	2800	3578	3148	3770
	外　侧	5100	6125	6181	7250
整体操作重量/kg		12500	23000	24000	31875
整机重量/kg		16500	31000	32000	43875

1.4.3.4　北京安期生技术有限公司

北京安期生技术有限公司总部设在北京海淀区中关村高新技术科技园内。该公司成立相对晚一些，但发展很快，其产品的技术参数见表 1-8。另外还生产 ADCY-15 型、ADCY-2型、ADCY-3 型、ADCY-4 型电动地下装载机。

表 1-8　安期生技术有限公司地下装载机主要技术性能参数

型　号		ACY-2	ACY-3	ACY-4	ACY-6
额定载重量/t		4.5	6.5	8.0	14.0
额定斗容/m^3		2.0	3.0	4.0	6.0
铲取力(机械)/kN		66.9	132	175	298
发动机或电动机参数	额定功率/kW	63	102	136	204
	额定转速/$r \cdot min^{-1}$	2300	2300	2300	2300
	型　号	F6L912W	F6L413FW	F8L413FW	F12L413FW
变速箱型号		R28000	R28000	R36000	R5000
变矩器型号		C270	C270	C270	C8000
桥型号		QY150	16D	D91PL408	21D
转弯半径/mm	内　侧	2460	3620	3383	3960
	外　侧	4772	5511	6354	7220
外形尺寸/mm	长	6816	8225	9160	10455
	宽	1634	1990	2345	2600
	高		1970		2400
操作重量/t		12.5	16.93	23.0	34.45

1.4.3.5　安徽铜冠机械股份有限公司

安徽铜冠机械股份有限是由原铜都特种环保设备股份有限公司和原铜陵金湘重型发展有限公司组建成的，是铜陵有色控股单位，主要产品的性能参数见表 1-9。

表 1-9　安徽铜冠机械股份有限公司地下装载机主要技术性能参数

型　号		TCY-2	TCY-3	TCY-4
堆装斗容/m^3		2	3	4
额定载重量/kg		4000	6200	10000
机重/t		12.5	16.6	26.5
柴油机	型　号	Deutz-F6L912W	Deutz-BF4M1013C	Cummins QSL9 C250
	额定功率/kW	63	112	186
	额定转速/$r \cdot min^{-1}$	2500	2300	2000
变 矩 器		Dana-C272-300	Dana-C273	Dana-C5502
变 速 箱		Dana-R28421-69	Dana-R32420	Dana-R36420
最大转角/(°)		±42	±40	±42
最小转弯半径/mm	铲斗外侧	4800±250	6060	6650
	后轮内侧	2500±150	3270	3370
外形尺寸/mm	铲斗宽	1770	2200	2550
	机长（运输位置）	6820	9000	9690
	机高（司机顶棚）	2100	2275	2395
轴距/mm		2525	3150	3500

1.5　国外地下装载机发展概况

从 1958 年美国 Wagner 公司开发世界第一台地下装载机以来，地下装载机在全世界得到迅速发展，特别是近些年，随着采矿行业的快速发展，采矿设备也在大步向前发展。同时采矿设备制造商之间的竞争也日益激烈，其中一个重要表现就是为了争取用户，赢得市场，不断推出新产品，改进老产品，采用新技术，从而促进了采矿设备行业（包括地下装载机）出现了许多新的变化、新的发展。下面介绍国外主要地下装载机生产厂家，如：Atlas、Sandvik、CAT、MTI、GHH、PUAS、Schopf、Rham、DBT、Zanam-Legmet 等公司这方面的情况和发展动态。

1.5.1　产品现状

1.5.1.1　Atlas 公司

Atlas 公司是世界上地下装载机主要生产厂家之一。它现在生产的地下装载机系列中主要型号有：ST2D、ST2G、ST3.5、ST600LP、ST710、ST7LP、ST1030、ST1030LP、ST14、ST1520、ST1520LP、EST2D、EST3.5、EST1030、CT10 和 CT13 共 16 种，其中 CT10 和 CT13 为煤矿地下装载机，前面 14 种地下装载机主要参数与配置见表 1-10。

表 1-10　Atlas 公司地下装载机系列主要型号、主要参数与配置

类　别	柴油地下装载机						
型　号	ST2D	ST2G	ST3.5	ST600LP	ST7LP	ST710	ST1030
载重量/t	3.6	3.6	6	6	7	6.5	10
操作重量/t	11.54	13	17.51	18.04	19.1	18.2	26.3
斗容/m^3	1.9	1.9	3.1	3.1	2.7	3.2	4.0
发动机型号	Deutz FL6912W Tier1/Stage Ⅰ	Deutz BF4M1013EC, Tier2/Stage Ⅱ	Deutz F8L413FW Tier1/Stage Ⅰ	Deutz BF6M1013E, Tier2/Stage Ⅱ	Cummins QSB6.7 EPA Tier3/EU Stage Ⅲ A	Deutz BF6M1013FC MVS, Tier1/StageⅠ; Detroit Diesel S.40 DDEC, Tier1/Stage Ⅰ	Cummins QSL9, Tier3/Stage Ⅲ A
发动机功率/kW	63	87	136	136	144	149	186
变矩器型号	Dana C272	Dana C270	Dana C273	Dana C270	Funk DF150 电子控制全动力换挡变速箱，变矩器与变速箱集成为一体	Funk DF150 电子控制全动力换挡变速箱，变矩器与变速箱集成为一体	Funk DF250 电子控制全动力换挡变速箱，变矩器与变速箱集成为一体
变速箱型号	Dana R20000	Dana R32000	Dana R32000	Dana R32000			
桥型号	Dana 14D	Dana 14D	Rock Tough 406	Rock Tough 406	Rock Tough 406	Rock Tough 406	Dana 19D
长度/mm	6712	7109	8458	8710	8470	8830	9745
机宽/mm	1651	1735	1830	1896（整机宽 2658）	2660（整机宽）	1924	2260
高（司机室）/mm	2086	2162	2247	1630	1390	2105	2355
推荐巷道宽/m	2366	2.4	3.2	3.6	3.7	3.0	4.0

类　别	柴油地下装载机				电动地下装载机		
型　号	ST1030LP	ST14	ST1520	ST1520LP	EST2D	EST3.5	EST1030
载重量/t	10	14	15	15	3.629	3.1	10
操作重量/t	26.3	38	41.3	41.3	13	17.9	17.5
斗容/m^3	5.0	6.4	7.5	7.5	1.9	6.0	5
发动机型号	Cummins QSL9, Tier3/Stage Ⅲ A	Cummins QSM11, Tier3/Stage Ⅲ	Detroit Diesel S-60 DDEC, Tier2/Stage Ⅱ	Detroit Diesel S-60 DDEC, Tier2/Stage Ⅱ	3-phase, 50 or 60Hz	3-phase, 50 or 60Hz	ABB 3-phase, 50 or 60Hz
发动机功率/kW	186	250	298	298	56	74.6	132
变矩器型号	Funk 250 变矩器与变速箱集成为一体	Dana T40000 型与变矩器集成，自动换挡	Dana 40000 型变矩器与变速箱集成为一体 自动换挡		Dana 32000 系列变矩器与变速箱集成为一体		Funk 250 变矩器与变速箱集成为一体
变速箱型号							
桥型号	Dana 19D	Dana 53R	Dana 53R		Dana 14D	Rock Tough406	Dana 19D
长度/mm	9890	10825	11320	11320	6880	1905	10690
机宽/mm	2260	2640	2640	2640	1515	2118	2490
高（司机室）/mm	1840	2550	2650	2650	2086	8849	2355
推荐巷道宽/m	4.5	4.3	4.4	4.8	2.4	3.5	4330
备　注		负荷传感液压系统，遥控					

与前几年比较，多了五项新产品 ST14、ST7LP、EST1030、CT10 和 CT13；改进了两项老产品，即 ST1020 升级为 ST1030、ST1520 改进为 ST1520LP，老产品 HST1A、ST2D、ST3.5S、EST6C 并没有列入新的产品目录。ST8B、ST8C 在 2007 年 12 月已停产。下面简略介绍 ST14、ST1030、ST1520LP、ST7LP 几种新产品的特点和采用的新技术及自动化方面的发展。

A 新产品、新技术

a ST14 型

ST14 型是 Atlas 公司在瑞典设计和生产的新型大型地下装载机（图 1-4），2006 年才投放市场。ST14 型是 Atlas 公司第三代 LHD，也是现在最新的一代地下装载机。第一代是机械控制；第二代是先导液压控制器和阀、电子 PLC、无线电遥控电磁阀；第三代是钻机控制系统（rig control system，RCS）。它是建立在标准 PC 技术基础上的控制系统，也是 Atlas公司设备自动化平台。RCS 是一种体系结构，CAN-总线基于分布式控制系统，电子控制阀代替了先导液控阀。2008 年 9 月 22 日至 24 日参加在美国拉斯维加斯举行的 MINExpo 2008 世界矿业博览会展出。

图 1-4 ST14 型地下装载机

ST14 地下装载机有如下新的特点：

(1) 安全。

1) 能见度好，降低了后引擎盖的高度，加大了门窗安全玻璃面积。

2) 车门连锁，当门打开时，制动、转向和液压系统无法启动。

3) 采用 SAHR 制动器，弹簧制动、液压松开安全型制动器。

4) 驾驶室内无液压胶管，实现了无油驾驶室。

5) 制动器试验自动记录。

6) 采用 ISO ROPS/FOPS 全封闭司机室或司机棚。

7) 采用经过 MSHA 批准的电子控制 Detroit 60 系列柴油机，排气采用结实的催化净化器和消声器，也可选用颗粒物捕捉器。排气管采用高温保护。

8) 采用 6kg 的灭火器和 Ansul 带发动机停机装置的双瓶灭火器。

9) 在危险区采矿可采用视距无线电遥控操作。

10) 采用视听后退报警器。

(2) 舒适。

1) 驾驶室的噪声低于 80dB(A)。

2）采用带安全皮带的 Grammer 空气悬浮坐椅。

3）用“Atlas Copco footbox”扩大了司机的伸腿空间。

4）宽敞的驾驶室，司机周围有比其他 LHD 更大的活动空间，轮距也比其他 LHD 大。乘适性控制系统使车辆高速运行时仍有很好的乘适性。

5）驾驶室内宽大而干净，而且是用易于清洁的材料制成。

6）驾驶室内的小气候能进行控制，使空气质量好，温度适中。

7）采用自动换挡的变速箱，在座位扶手上有电子操纵转向和铲斗提升与倾翻的操纵杆，大大减轻了司机的疲劳。

8）交互式显示模块（interactive display module）能够用对话方式显示，清晰而方便。

9）可安装加热器、空调和 CD（只对封闭驾驶室）。

10）即使在52℃的高温也能保证司机正常操作。

11）加长轮距，保证平稳行驶。

(3) 可靠。ST14 型地下装载机关键的零部件都是采用国际上顶级的零部件。如美国 Detroit 公司 60 系列的柴油机，DANA 公司的传动系统，日本的 Bridgestone 公司的轮胎，德国 Rexroth 公司变量柱塞泵，Ansul 的灭火器，芬兰 Finnkat 公司的排放净化器和颗粒物质捕捉器，德国 Lincoln 带定时的自动润滑系统，电路接线点减少了 2/3 等，从而保证了整机的可靠性。

(4) 顶级的性能。ST14 地下装载机具有顶级的性能。这是因为在它的液压系统中，采用了负荷传感液压系统和特别高的功率/机重比。负荷传感液压系统首先在露天装载机上使用很成功，在大型地下装载机上采用还是第一次。由于地下装载机工作时，负荷变化很大，液压系统必须按照最大负荷工况来设计。一般地下装载机采用的是定量齿轮泵液压系统，不论实际负荷如何变化，齿轮泵都是输出等量的压力油，多余的液压油通过多路换向阀的中位和背压阀流回油箱，空循环带来大量的功率损失，也是造成系统发热的原因之一。采用负荷传感液压系统，油泵不是定量齿轮泵，而是柱塞变量泵（ST14 型采用的是 Rexroth 重型柱塞变量泵 A10VO 系统）。油泵流量随负荷的变化自动调整。外界负荷大，泵的流量就少；外界负荷小，泵的流量就大。从而使 ST14 型地下装载机在 1∶7 的斜坡上上坡的速度增加了 14%。在铲斗插入料堆时，由于液压系统功率损失减少，使牵引力将增加 4.1%，铲斗插入料堆更容易。加强的大臂和独特的几何形状设计，具有最优的铲取力。这就是 ST14 型地下装载机的最大特点。

(5) 维修点、过滤器和阀块容易接近，便于维修，特别是它的钻机控制系统（RCS）能提供维修信息和诊断记录，并可明了地显示在屏幕上。

(6) 先进。ST14 型地下装载机具有先进的控制系统。ST14 型由坐椅扶手上控制盘上操纵杆控制，左控制杆控制车辆左转或右转，右控制杆控制大臂升降和铲斗倾翻。变速箱可选择两个主要模式换挡：自动模式，在该模式中，操作者只选择方向和与它并排的专用按钮；半自动模式，在该模式中，操作者只按要求在速比范围内换高挡或低挡。还有一个手动模式，该模式只用在验证试验上。制动和油门踏板放在独特的脚箱内。车辆整个寿命期内运行记录可以被记录下来。最近的重要事件的运行记录可记录 500 次，例如错误、警告和重启动。维护记录会把当压力和温度超过时显示出来。负载称重与利用提升压力结合，并通过铲斗累积的载荷自动计算负载称重，它的精度为 ±500kg。故障诊断工具可用于发动机、变速箱、液压及 RCS 系统。

特别要指出的是就在前不久一辆无人驾驶的 ST14 型全自动地下装载机在芬兰 Kemi 矿进行试验，根据报告，工作进行良好。该车安装了四部摄像机，前后各两部，在坑道内装料和卸料区还安装了三部辅助摄像机。装在车辆每一侧的激光发射器对车辆前方最远到 35m 的坑道壁进行扫描，提供关于车辆相对于巷道的准确位置的实时数据。与超精度转向算法和里程表相连，操纵者能够确定车辆在矿道内的准确位置。在 Kemi 矿获得的经验将有助于 Atlas 公司开发满足未来矿山需要的可靠的自动系统。

基本配置和主要技术参数见表 1-11。

表 1-11　新型 ST14 型地下装载机基本配置的主要技术参数

发动机		变速箱	桥	运输能力/t	液压铲取力/N	机械铲取力/N	标准斗容/m^3	操作重量/t	总长/mm	铲斗宽/mm	驾驶室顶高/mm
型　号	功率(kW)/转速(r/min)										
Cummins QSM11 Tier3	250/2100	Dana T40000 与变矩器集成，自动换挡	Dana 53R	14	218540	178752	6.4	38	10825	2800	2550

b　ST1030 型

ST1030 型地下装载机是一种中型地下装载机（图 1-5），承载能力为 10t。它是在 ST1020 型地下装载机基础上改进而成的。其中最大的变化是采用 Cummins QSL9 C250 型柴油机替代 Detroit S50 系列柴油机。Cummins 公司开发地下采矿用发动机多年，Cummins QSL9 C250 型发动机采用了高压共轨喷射技术，使排放达到 EPA Tier 3 标准。这是 ST1030 地下装载机的最大特点之一。还有一个变化，就是重新设计了电子系统和仪表。新的电子系统使该机因为电子故障引起的停车事故最少。新的仪表盘集成了所有的报警灯、发动机的故障编码显示、过滤器更换指示等。

图 1-5　ST1030 型地下装载机

c　ST1030LP 低矮型地下装载机

Atlas 公司最新投放市场的 ST1030LP 低矮型装载机见图 1-6，它与 ST1030 标准型装载机的外形比较见图 1-7。它的特点是：

图 1-6　ST1030LP 低矮型地下装载机

（1）机器整个高度由ST1030型的2355mm下降到1840mm，整整降了515mm。

（2）能见度更好，因为它的前、后与侧面各安装了一台摄像机，在司机室内安装了两台监视器。

（3）高效的液压散热器。

（4）人机工程学T形靠背坐椅。

（5）司机室装了隔声墙板，使工作环境更舒适。

图 1-7　ST1030与ST1030LP外形的比较

d　ST1520LP型

为了适应薄矿层采矿，Atlas公司开发出大型低矮型ST1520LP地下装载机。此机是在ST1520型基础上改进而成的，机高为1600mm，可在顶板高度为2700mm的巷道作业。而ST1520型地下装载机高度为2650mm，要在巷道顶板高度为3700mm的巷道作业。ST1520LP地下装载机是目前世界上载重量最大和同级别地下装载机高度最低的地下装载机。

e　ST7LP新一代低矮型地下装载机

ST7LP型地下装载机是Atlas公司2009年初才投放市场的新一代低矮型地下装载机（图1-8），它与该公司2001年开发的同级别的ST600LP低矮型地下装载机比较（表1-12），在先进性、经济性、环保、节能、安全性、适用性、操作舒适和整机性能方面具有很大优势，它代表当前低矮型地下装载机最高水平和发展方向。

图 1-8　ST7LP新一代低矮型地下装载机

f　CT10型和CT13型

CT10型和CT13型是Atlas公司最新开发的煤矿地下装载机，2007年11月曾在北京的中国国际煤矿采矿技术交流及设备展览会上展出。载重量分别为10t和13t，斗容分别为$3m^3$和$4m^3$，功率分别为168kW和187kW，有DANA公司MHR32000变速箱、自己生产的Rock Tough 406和458驱动桥。这两台车的优点是采用了卡特彼勒TierⅢ排放C7 ACERT

涡轮增压柴油发动机以及 MSHA-ISO ROPS/FOPS 司机室、设计操作环境温度可达 45℃、人机工程学设计和性能方面的最新成果。该车于 2009 年交付澳大利亚和中国。

表 1-12　ST600LP 和 ST7LP 低矮型地下装载机比较

型　号		ST600LP	ST7LP
总体参数	开发时间	2000 年 ~ 2001 年	2008 年 ~ 2009 年
	斗容/m^3	3.1	3.7
	有效重量/t	6	6.8
	机械铲取力/kN	85.14	100.94
	液压铲取力/kN	91.14	117.6
	操作重量/kN	176.8	187.2
	长/mm	8710	8470
	车辆宽/mm	2558	2660
	到司机室顶高/mm	1630	1390
	在地平面最大车速/km · h^{-1}	18.4	24
	在 4% 的坡度上车速/km · h^{-1}	14.8	19.6
	在 25% 的坡度上车速/km · h^{-1}	2.7	5.1
	铲斗举升最大高度/mm	3780	3920
动力系统	标准柴油发动机	Deutz BF6M1013E, Tier1/Stage Ⅰ	Cummins QSB6.7 EPA Tier3/EU Stage ⅢA
	在 2300r/min 发动机功率/kW	136	144
	MSHA 通风量/m^3 · min^{-1}	495	241
	MSHA 颗粒指数/m^3 · min^{-1}	156	269
	燃油箱容量/L	220	190
	净化系统	净化器	Finnkat 净化器
传动系统	变矩器制造厂/型号	Dana/C270	Funk DF150 电子控制全动力换挡变速箱，变矩器与变速箱集成为一体，离合器分离
	变速箱制造厂/型号	Dana/R32000 机械换挡	
	桥型号制造厂/型号	Atlas/Rock Tough 406	Atlas/Rock Tough 406
液压系统	大臂提升时间/s	4.7	3.7
	大臂下降时间/s	5	2.8
	斗倾翻时间/s	3.6	3.7
	举升/倾翻系统压力/MPa	13.8	24
	液压系统	齿轮泵	变量柱塞泵，负荷传感液压系统
	油压、油温、油位自动监视系统	无	有
	12μm 回油过滤器		有
	液压油箱容量/L	77	111

续表 1-12

型号		ST600LP	ST7LP
安全系统	座椅	普通坐椅	T形靠背坐椅
	故障诊断、显示、记录系统	无	有 RCS 控制系统
	前照灯		Hella 70W 卤素灯，可选 LED 灯
	摄像机	两个黑白摄像机	两个夜视广角镜头彩色摄像机
	负载称重系统	无	有
	灭火系统		Ansul 自动灭火器
	司机室		ROPS/FOPS 经过 CE 重新认证
可维修性	集中润滑系统	手动集中润滑系统	Lincoln 自动润滑系
	容易维修的 L&M Vcore 散热器		是
	可达性		是
轮胎型号尺寸		17. 5-25 20 ply L5S①	17. 5-25 20 ply L5S①
适用范围		应用在顶板高 1800mm 以下薄矿层	应用在顶板高 1600mm 以下薄矿层，可在 52℃ 环境下工作

①轮胎名义宽度为 17. 5in，轮胎名义内径为 25in，轮胎层数为 20 层，矿用装载光面加厚轮胎。

B　Atlas 公司地下装载机自动化

a　无线电遥控系统 RRC（radio remote control）

视距控制（图 1-9）是操作员位于作业区内的危险范围外，直接观察和控制采矿设备。视距范围在 60m 范围内，操作员可以看到车辆，并可以通过无线电装置（RRC）遥控车辆。无线电装置包括两个硬件：一个无线电装置为发射机，操作员背在身上，用它来向车辆发出各种控制指令；另一个无线电装置为接收机，装在车辆上，用来接收发射机传来的各项指令，并按各项指令要求控制车辆各项功能。视距遥控用得比较广泛，许多视距遥控装置制造厂都有标准化 RRC 方案。电力由经常充电的 AA 电池提供，LHD RRC 可以操作一个整班。

图 1-9　Atlas 地下装载机 RRC

b　Atlas 地下装载机自动化系统

地下装载机自动化是地下采矿安全和高效的关键。Atlas 最新地下装载机自动化系统是一个半自主的控制系统。图 1-10 所示为 Atlas 地下装载机自化系统应用简图。该系统包括地面上操作站、通信系统、地下装载机、安全系统、远程遥控等几大部分。

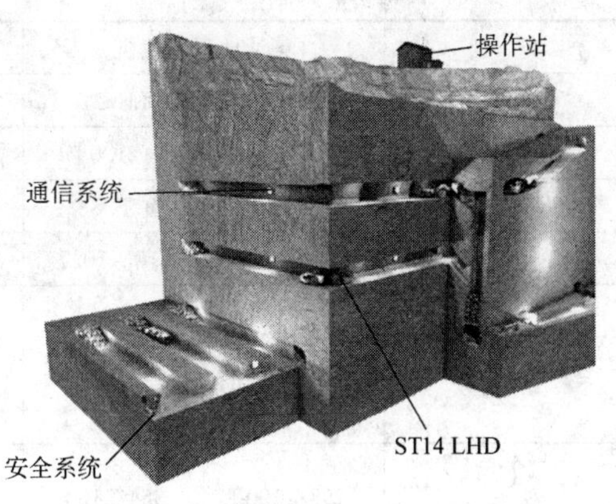

图 1-10　Atlas 公司地下装载机自动化系统应用简图

1.5.1.2　Sandvik 公司

Sandvik 公司也是世界上地下装载机主要生产厂家之一。目前生产的地下装载机系列中柴油地下装载机主要型号有 LH201、LH202、LH203、LH307、LH410、LH514、LH517、LH621；电动地下装载机型号有 LH201E、LH202E、LH203E、LH306E、LH409E、TORO 1250E、TORO1400E、LH625E；低矮型地下装载机型号有 Sandvik115L、LH209L（原来 TORO400LP）。它们的技术参数与配置见表 1-13。

表 1-13　Sandvik 公司地下装载机型号、参数和主要配置

类　别	柴油地下装载机					
型　号	LH201	LH202	LH203	LH307	LH410	LH514
载重量/t	1.0	2.94	3.5	6.7	10.0	14.0
操作重量/t	3.650	6.759	8.7	18.02~19.6	26.2	38.1
斗容/m^3	0.54	1.1~1.5	1.35~1.75	2.7~3.7	4.0~5.4	4.6~7.0
发动机型号	Deutz F3L912W	Deutz F5L912W	Deutz BF6L914	Mercedes Benz OM 906LA	Mercedes Benz OM 926LA	DetroitS60 DDEC Ⅳ
功率(kW)/转速(r/min)	33/2500	51/2300	71.5/2300	150/2200	220/2200	243/2100
变矩器型号	静液压传动	Rexroth AA4V56	Dana C270			
变速箱型号			R20324	R32421	R33425	5422
桥型号	Tamrock	Dana 12D0840	14D1441 LCB	37RM116	43R175	53R300
长度/mm	4650	5486	6970	8631	9680	10870
机宽/mm(max)	1055	1448	1480	2230	2550	2920
高/mm	2045	2134	1840/1740	2200	2395	2540
备注（老型号）	Microscoop 100	EJC65D	TORO151	TORO6	TORO7	TORO9

续表 1-13

类　别	柴油地下装载机		电动地下装载机			
型　号	LH517	LH621	LH201E	LH202E	LH203E	LH306E
载重量/t	17.2	21.0	1.0	2.94	3.5	6.6
操作重量/t	44.0	56.8	3.85	7.13	9.4	17.237
斗容/m^3		8.0～10.7	0.54	1.0～1.5	1.3～1.75	2.7～3.1
发动机型号	Detroit S 60 DDEC Ⅳ		AC 三相异步鼠笼型电动机	AC 三相异步鼠笼型电动机	AC VEM	AC induction type TEAO，3 phase
功率(kW)/转速(r/min)	298/2100	354/2100	30	37	55	94
变矩器型号			静液压传动	Rexroth AA4V56		
变速箱型号	6422	8421H			Dana13.6HR 24421-1	Dana R32421
桥型号	58R300	58R397	Tamrock	Dana 12D0840	Dana，14D 1441 LCB	16D2149
长度/mm	11120	11993	4850	5842	6995	8407
机宽/mm(max)	3000	3100	1055	1448	1480	2159
高/mm	2750	2950	2045	2134	1840	2235
备注（老型号）	TORO 0010	TORO 11	Microscoop 100 E	EJC 65E	TORO151E	EJC145E

类　别	电动地下装载机			低矮型地下装载机	
型　号	LH409E	Sandvik 1400E	LH625E	Sandvik 115	LH209L
载重量/t	9.6	14	25	5.5	9.6
操作重量/t	24.5	33.85	77.5	15.658	24.3
斗容/m^3	3.8～4.6	4.6～7.0	10	2.0～2.3	4.2～4.6
发动机型号	VEM KPER 315 S4	VEM K11R 315 MX4	Siemens 1 LA8 317 1000 V/50Hz	Deutz BF4M-2012C Tier I	Mercedes OM906LA
功率(kW)/转速(r/min)	110	160	315	89.5/2500	170/2200
变矩器型号				Dana C270	
变速箱型号	Dana 15.5 HR36425	Dana 4000	Dana C16852	Dana R32421	Dana R32421
桥型号	Dana 19D2748	53R300	Dana，25D 8860，fixed	Dana Hercules 37RM116	Dana，19 D 2748 LCB
长度/mm	9736	10116	14011	7817	9240
机宽/mm	≤2700	≤2525	≤2700	≤2273	≤3260
高/mm	2320	2540	3161	1600	1690
备注（老型号）	TORO-400E	TORO-1400E	TORO-2500E	EJC-115	TORO-400E

表1-13中地下装载机大部分型号已由TORO、EJC型号统一改为LH型号。

从表1-13可知，这次Sandvik公司装载机型号变动有两个特点：第一个特点是，TORO与EJC两种型号统一改为LH型号装载机；第二个特点是，新型号最后二位数字代表装载机的载重量，而不是斗容。新型号地下装载机结构的最大变化是改进了电气系统和液压系统，按人机工程学设计了司机室。重新设计的电气系统使用了带有Deutsch厂商生产的DT型连接器和铠装电线，以提高可靠性，便于维护。CANbus总线技术和机载故障诊断技术能提醒操作者机器电气不正常，并立即识别电气故障的来源。重新设计的LH新系列装载机液压系统采用变量柱塞泵负荷传感液压系统（原系列装载机液压系统采用的是定量齿轮泵）从而节约了能源消耗。重新设计的LH新系列装载机司机室采用最大的门和宽的窗户，在仪表盘上安装了液晶屏幕，它给操作者提供有关电气故障准确信息，新的司机室不仅开阔了操作者的视野，提高了操作者的舒适性，而且还提高了机器的可维修性，见图1-11。

图1-11　LH系列地下装载机司机室

A　新产品、新技术

a　LH307型

LH307型是Sandvik公司新开发的载重量为6.7t的柴油地下装载机（图1-12），2006年9月才投入市场。该机把21世纪的先进技术同作业条件十分恶劣的采矿工业结合起来，代表着当今的先进技术水平。为了便于分析，现在把LH307型与过去老的不同时期同一级别的地下装载机TORO6M型（图1-13）、TORO006型、TORO301D型的主要配置和技术参数列于表1-14。

图1-12　LH307型地下装载机

图1-13　TORO6M型地下装载机

表1-14　Sandvik新老型号地下装载机比较

型　号		LH307	TORO6M	TORO006	TORO301D
发动机	型　号	Mercedes Benz OM906LA	Deutz F8L413FW	Detroit40E	Deutz F6L413FW
	功率（kW）/转速（r/min）	150/2200	136/2300	142/2200	102/2300

续表 1-14

型　号	LH307	TORO6M	TORO006	TORO301D
变矩器类型			Dana C273	Dana C273
变速箱类型	Dana R32421	Dana R32421	Dana R3200	Dana R3200
桥型号	Dana 37R	Dana 37R	Dana 16D2149	Dana 16D2149
斗容/m^3	2.7～3.7	2.7～3.7	2.7～3.3	2.7～3.3
操作重量/kN	177～192	168.5	168.5	168.5
运输能力/kg	6700	6700	6700	6200
总长/mm	8631	8631	8608	8508
宽/mm	2230	2230	2100	2100
高/mm	2200	2200	2200	2200
铲取力(举升)/kN	134	134	134	130
铲取力(倾翻)/kN	112	112	112	106

从表 1-14 可以看出，尽管四种型号的地下装载机外形尺寸一样或相近，但就配置、性能来说却有差别。LH307 型比 TORO6M 型要先进得多，动力也大得多。据了解，TORO301D型动力在现场使用有时显得不足。与它同级别的 Atlas ST3.5 型地下装载机早就改为 F8L413FW 柴油机了。这次 TORO6M 型也改为 F8L413FW。而且 LH307 型与TORO6M 都采用 DANA 公司 2005 年才投入市场的新型 37RM 驱动桥。37RM 驱动桥要比过去的 16D2149 桥承载能力略大。但结构要比 16D 桥简单，成本要低。这种桥在 2004 年 9 月在美国世界采矿博览会上展出过，2004 年 11 月在上海的展览会也展出过。37RM 桥是 DANA 公司近几年专门为采矿机械开发的系列车桥产品，具有很高的可靠性和工作效率以及理想的成本效益。

LH307 型地下装载机还有个明显的变化，就是第一次采用 Mercedes Benz OM906 LA 型发动机。据有关资料介绍，该发动机是电控单体泵共轨直射喷射系统，8 孔喷嘴通过很短的高压燃油管喷射出 160MPa 的燃油，使燃油与空气混合更充分，燃烧更完全，排放更低，而且还采用了所谓 Blue-Tec 柴油机减少排放的新技术，从而使 OM906LA 柴油机满足了 2006 年 10 月的欧洲 4 号排放标准。另外，LH307 地下装载机在电气系统也作了许多改进，使之更加可靠。

b　LH209L 低矮型

LH209L 低矮型地下装载机（图 1-14）与 TORO400 型地下装载机的配置基本相同，只是高度由 TORO400 的 2320mm 下降为 1690mm，适合于薄矿层的开采。

c　LH514 型

LH514 型地下装载机（图 1-15）是 Sandvik 公司最新设计的一种新型地下装载机。2008 年 9 月 22 日至 24 日参加在美国拉斯维加斯举行的 MINExpo 2008 世界矿业博览会展出。该机改进的地方是：

（1）电子控制系统：为了降低停工时间，基于 CAN 总线技术以及通过采用交互式放大用户界面进行机载故障诊断、检查及排除故障。

（2）先进的电气系统,电线采用德国 DT 连接器和铠装电线,以增加可靠性和容易维护。

图 1-14　LH209L 低矮型地下装载机

图 1-15　LH514 型地下装载机

（3）重新设计了司机室，容易进入、改进能见度、有效的空调、噪声低。

（4）各系统统一标准，为了容易维护，电接头和液压系统应穿过套管。

（5）改进了冷却系统，能在比较高的环境温度下工作，零件寿命长。

（6）负载-传感液压系统，只有当需要更多的能量时，变量柱塞泵才会提供能量。

（7）铲斗结实、寿命长。

（8）在工程中安全是第一位的，地平面日常维护，三点支承，落物保护系统，防火。该机的运输重量为 14t，操作重量为 38.1t，斗容为 4.6～7.0m^3，总长 10870mm，司机室的最大宽度 2920mm，总高 2540mm，柴油机 Detroit S60 DDECⅣ，发动机输出 243kW/(2100r/min)，变速箱 Dana 5422，桥 Dana 53R300。该参数与 Atlas 公司的 ST14 型是十分相近的。

d　LH517 型

LH517 型地下装载机（图 1-16）也是一种新型号地下装载机，该机的运输重量为 17.2t，操作重量为 44t，斗容为 6.5～8.6m^3，总长 11120mm，司机室的最大宽度 2750mm，总高 2750mm，柴油机 Detroit S60 DDECⅣ，发动机输出 298kW/(2100r/min)，变速箱 Dana 6422，桥 Dana 53R300。其特点与 LH514 类似。

图 1-16　LH517 型地下装载机

Sandvik 公司还生产一种快速可拆卸系统（quick detachable system，QDS）。该系统是一个通用模块，它可以快速、安全和容易与任意兼容的车辆相连并能快速彼此互换，从而扩大车辆功能，做到一机多能。即除了做装载机外，拆下工作装置装上 QDS 就可以做工作平台、叉车、轮胎搬运机、螺旋钻机、电缆卷取机。

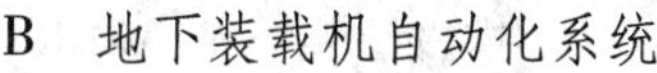

B　地下装载机自动化系统

a　视距遥控系统

TORO1400、TORO0010、TORO150D、TORO151、TORO350、TORO400、TORO500CD、TORO500DL、TORO501、TORO650DL 机型上采用 RCT 视距遥控系统，还采用了 EPEC-OY 公司、Nautillus 公司的遥控技术。

b　自动化矿山

Sandvik 公司是世界上最早开发自动化采矿的公司。该公司正在实施一个自动化矿山计划，在一些矿山已试验多年，现在已推向了市场。AutoMine 是一个半自主和自主控制系统。

1.5.1.3　CAT 公司

A　地下装载机型号与参数

CAT 公司已全部完成了地下装载机更新换代。更新的型号全部用“G”标志。“G”本来是露天装载机更新换代的标志，现用在地下装载机，说明露天装载机许多新的技术已用在地下装载机上（特别是安全与便于维修方面）。现把地下装载机新旧型号发动机及主要参数作一比较，见表 1-15。

表 1-15　CAT 新旧地下装载机主要参数与发动机对照

型号		斗容/m^3		运输能力/t		操作重量/t		发动机型号		功率(kW)/转速(r/min)	
新	旧	新	旧	新	旧	新	旧	新	旧	新	旧
R1300G	R1300	3.1	2.98	6.8	6.5	20.9	19.0	C6.6 ACERT	3306 DTA	136/2200	123/2100
R1600G	R1600	4.8	4.8	10.2	10.2	29.8	29.8	3176C EUI ATAAC	3176C EUI	201/2200	201/2200
R1700G	R1700G	5.7	5.7	12.5	12.5	38.5	50.5	C11 ACERT	3176 EUI ATAAC	264/1800	231/2100
R2900G	R2900	7.2	7.2	17.2	17.2	50.0	63.5	C15 ACERT	3406E EUI	322/1900	269/2100
R2900G XTRA	R2900 SUPA	8.9	8.8	20.0	20.0	56.0	69.5	3406E EUI ATAAC	3406E EUI	283/2000	269/2100

注：E—电子控制；EUI—电子喷射单元；ACERT—先进燃烧排放减少技术；ATAAC—带涡轮增压、空对空后冷。

从表 1-15 可以看出，除了 R1600G 和 R2900G XTRA 地下装载机采用了经过 MSHA 批准的地下采矿柴油机外，其他型号地下装载机全部采用所谓新型“C”系列柴油机，而且都是采用 CAT 公司最新的最低排放技术，即 ACERT 技术。该技术是 CAT 公司 2003 年开发的。实质上它是一个降低燃烧排放新系统，包括核心的四个系统：空气管理系统、燃油系统、电子系统和后处理系统。

ACERT 技术更加能够满足今天的严格排放规则。它是一个长久的方案。该方案给用户提供了一个最佳选择，不改变发动机的性能就可以满足 EPA 排放法规。带 ACERT 技术的发动机不需要另外的后处理就可以达到 Tier 3 或 Stage ⅢA 排放标准。

CAT 公司与其他 17 个组织以 R1300 型柴油地下装载机为基础改成燃料电池地下装载机，该研究项目正在进行当中。按修改的计划应在今年完成新的燃料电池车辆设计与制造。

2006 年 CAT 公司又把新型地下装载机 R1300GⅡ改装成燃料电池地下装载机的项目，列入了研究计划。

B 地下装载机自动化

CAT 公司在地下装载机自动化系统方面也有突出成绩。

a 遥控系统

CAT 公司采用澳大利亚 RCT（Remote Control Technologies）公司视距遥控系统、远距离操纵系统也十分成功。现在 CAT 公司所有地下装载机都配有 RCT 公司遥控系统。图 1-17就是 CAT 公司 R1300G 型地下装载机在南非 De Beers Cullinan Diamond 矿配置的 RCT 公司远距离控制系统视频接收机屏幕。另外该公司还采用了 CAT 公司视频遥控系统。

b MINEGEM™自动化系统

CAT 公司在地下自动采矿方面已经走在世界前列。在 MINExpo2004 矿业博览会上展出了该公司的自动控制技术——MINEGEM™系统。图 1-18 为 CAT 具有 MINEGEM™系统的半自主地下装载机在瑞典 Lkab Malmberget 矿使用情况。

图 1-17 R1300G 型地下装载机远距离操纵系统

图 1-18 CAT 具有 MINEGEM™系统自主地下装载机

1.5.1.4 MTI 公司

MTI 公司现在的地下装载机产品系列有 LT210、LT270、LT350、LT650、LT1050、LT1150，其主要技术参数与配置见表 1-16。但在新技术应用开发上，例如氢装置（HY-Drive）、柴油-电动混合动力（diesel-electric hybrid）、燃料电池（fuel cell）地下装载机及多功能地下装载机方面却独具一格。下面仅介绍多功能地下装载机。

表 1-16 MTI 公司地下装载机品种与主要技术参数

型 号	LT210	LT270	LT350	LT650	LT1050	LT1150
载重量/t	2.041	2.722	3.636	6.59	9.979	10.909
操作重量/t	6.7	8.2	12.22	18.5	27.878	33.182
斗容/m^3	0.76 ~ 0.96	1.2	1.9	3.1	4.6	5.4
发动机型号	Deutz BF4L912 Deutz BF4L91	Deutz BF4M2012C Cummins QSB4.5T				

续表 1-16

型　号	LT210	LT270	LT350	LT650	LT1050	LT1150
变矩器型号	Dana C270	Dana C270	Dana C270	Dana C320	Dana C8000	Dana C8000
变速箱型号	T20000	T20000	Dana T32000	Dana T32000	Dana 36000	Dana 4000
桥型号	Dana 12D	Dana 12D	Dana 14D	Dana 16D	Dana 19D	Rockwell PRC 5225
长/mm	5723	8182	7498	8644	9827	
斗宽/mm	1372	1421	1525	842	2362	2642
高/mm	1847	1836	2065	2252	2362	
备　注	负荷传感液压系统，遥控，自动集中润滑					

地下矿山路面维修是一项花费很大的工作，如果把井下的废岩石运到露天去破碎，然后又把破碎的岩石运到井下来修路，花费很大。如果把地下装载机的铲斗换成破碎机，利用地下装载机的液压系统来控制破碎机，就可以解决这个问题。MTI 公司就开发了这类液压破碎机（图 1-19），不仅充分发挥了地下装载机的作用，提高了地下装载机的利用率，而且还可以节约许多运输费用。

图 1-19　MTI 液压破碎机

除了换下铲斗装上破碎机之外，还可以换上其他一些附件作压路机和平地机使用（图 1-20）。

图 1-20　MTI 压路机与平地机

1.5.1.5　GHH 公司

A　地下装载机型号和主要技术参数及配置

GHH 公司现在生产的地下装载机包括柴油与电动地下装载机，型号有 SLP12、LF-4.5、LF-6.3、LF-9.3、LF-12.3、LF-17/21、LF10/11。与前几年的产品比较，只是 LF-17.2 由 LF-17/21 替代外，又增加两种新产品 SLP-12 和 LF10/11。LF-17/21 是目前 GHH 公司最大的机型，载重为 18.0 ~ 20.0t，发动机功率为 320kW，操作重量为 58.5t，总长为 12929mm，总宽为 4000mm，总高为 2500 ~ 3000mm。电动地下装载机有 LF-4.5E、LF-6.3E、LF-9.3E、LF-12.3E、LF-17/21E。与几年前的产品比较，其中 LF-17/21E 是 GHH 最大的电动地下装载机，而且是新公布的，载重量为 18t，电动机功率为 250kW，操作重量为 54.5t，总长 12908mm，总宽 4000mm，总高 2497mm。这些机型的性能和主要配置见表 1-17。

表 1-17 GHH 公司地下装载机型号和主要技术参数及配置

类 别	柴油地下装载机						
型 号	SLP12	LF-4.5	LF-6.3	LF-9.3	LF-12.3	LF-17/21	LF-10/11
载重量/t	12	4.5	6.0	9.5	14	17~21	10~11
操作重量/t	38	14	19.5	24.5		58.5	30~31
斗容/m^3	8.5	1.9~2.4	2.1~3.5	3.3~6.0	4.8~7.0	9.5~12.9	4.5~5.5
发动机型号	Deutz TCD2015V6 COM Ⅲ	Deutz F6L413FW	Deutz F8L413 FW	Deutz F10L413 FW	Deutz F12L413 FW	Deutz BF8M1015C	Cummins QSL9 EPA Tier 3/Com Ⅲ
发动机功率/kW	240	102/2300 86~107	136/2300	170/2300	204/2300	320	209
变矩器型号		Dana C270	Dana C270	Dana C8000	Dana C8000	Dana C8000	静液压传动
变速箱型号	Stiebel 4382 螺栓齿轮箱	Dana R32000	Dana 32000	Dana 32000	Dana 5000	Dana 8000	
桥型号	Kessler D106	Kessler D81	Dana 16D	Kessler D102	Kessler D106	Kessler D112	
长/mm	11039	7462	8765	9448	10600	12491	9715
斗宽/mm	3700	1870~2200	2040	2625	2185	3700	2450
高/mm	1650	2200	2200	2350	2795	2875	2449

类 别	电动地下装载机				
型 号	LF-4.5E	LF-6.3E	LF-9.3E	LF-12.3E	LF-17/21E
载重量/t	4.5	6	9	12	18
操作重量/t	14	18	24.5	34.7	54.5
斗容/m^3	1.9~2.4	2.1~3.5	3.3~6.0	4.8~7.0	9.5~12.9
发动机型号	AC 电机	AC 电机	AC 电机	AC 电机	AC 电机
发动机功率/kW	75	100	160	200	250
变矩器型号					
变速箱型号	Dana R32000	Dana 32000	Dana 32000	Dana 5000	Dana 8000
桥型号	Kessler D81	Dana 16D	Kessler D102	Kessler D106	Kessler D112
长/mm	7837	8765	9973	11244	12.491
斗宽/mm	1870	1970	2600	4000	4000
高/mm	2200	2100	1961	1937	2497

B 新产品、新技术

a LF-4.4 低矮型地下装载机

特别要提到的是 GHH 公司在南非 Boart Longyer Ltd. 公司设备部门 Boart Longyer SP. ZO. O 参入股份，组成新的公司生产 GHH 系列地下装载机和卡车。其中有两种低矮型地下装载机，LF-4.2、LF-4.4（图 1-21）引人注目。LF-4.2 与 LF-4.4 两种机型的技术参数见表 1-18。

图 1-21 GHH LF-4.4 低矮型地下装载机

表 1-18 LF-4.2 与 LF-4.4 两种机型的技术参数与配置

型号	载重量/t	斗容/m^3	发动机		变矩器	变速箱	桥	长/mm	宽/mm	高/mm	转弯半径/mm		
			型号	kW/(r/min)							$R_{外}$	$R_{内左}$	$R_{内右}$
LF-4.2	3.5	1.8	F6L912W	63/2300	Dana C270	Dana TR20000	Kessler D71PL478	7175	2400	1430	5280	2800	2540
LF-4.4	4.5	2.2	F6L914 com 2	79/2300	Dana C270	Dana TR20000	Kessler D81PL489	7265	2300	1385	5490	2950	2860

德国 GHH 公司地下装载机的一个特点就是柴油机全部采用德国 Deutz 公司的柴油机，变矩器、变速箱也都是美国 DANA 公司产品，而驱动桥原来也都采用 DANA 公司产品，但现在大部分采用的却是德国 Kessler 公司的产品，这是与其他公司不完全一致的地方。

新型 LF-4.4 地下装载机在 2007 年 1 月 30～31 日 BAUMA 国际展览会参展。

b LF-7.4 型和 SLP12 型地下装载机

除了上述两种低矮型地下装载机外，GHH 公司还开发了两种低矮型地下装载机，即 LF-7.4 和 SLP12。特别是 SLP12 型地下装载机（图 1-22），它是一种极低的地下装载机，只有 1400mm 高，载重量却有 12t，是一种大型的超低矮型地下装载机。这两种机型的具体参数见表 1-19。

图 1-22 GHH 公司 SLP12 型地下装载机

表 1-19 LF-7.4 型和 SLP12 型地下装载机主要参数

机 型	载重量/t	长/mm	宽(铲斗)/mm	宽(传动装置)/mm	高/mm
LF-7.4	8	9525	3100	3100	1550
SLP12	12	11040	4600	3700	1400～1590

GHH 公司 SLP12 型地下装载机是一种尺寸、形状和技术全新的低矮型地下装载机。该机 2007 年才投放市场。采用的是 Deutz TCD 2015 新型水冷发动机（符合 2004/26/EUⅢA 和 EPA TierⅢ排放标准）和液压机械传动。该传动把静液压传动系统的优点和液力传动系统的优点合并在新的系统里。它包括油泵分配齿轮箱、工作、转向、制动油泵和驱动马

达。工作、转向、制动油泵和驱动马达全部是用法兰安装在齿轮箱上，这又是一种全新的设计思路。

c LF-10/11 最新型地下装载机

GHH 公司 2009 年才开发的 LF-10/11 型最新一代地下装载机（图 1-23），这是一个在大小、形状、技术和生产力方面全新的设计。总重量达 41t，堆装斗容为4.5～5.5m³，载重量 11t。该机有几大特点：

图 1-23 GHH LF-10/11 新型地下装载机

（1）过去一直采用 Deutz 公司柴油机到第一次采用 Cummins 公司发动机，这是一个很大变化，发动机的型号是 QSL9，额定功率为 209kW，这与其他同级别的 LHD 比较，功率增加了 10% 以上。排放方面通过了 EPATier3/ComⅢ排放认证，具有高效率、高可靠性、低油耗、低废气排放和低噪声特点。

（2）动力系统采用 GHH 公司新开发的所谓“高效驱动系统”（Efficient Drive System，EDS），该系统已被 SLP12 型地下装载机使用证明是成功的，传动效率高达 98%，节能 20%。

（3）该机传动系统没有采用变矩器和变速箱，而是采用油泵与油马达传动，因此，该机易于操作，低维护，低运行成本和高生产率。

（4）新设计的司机室 ROPS/FOPS 试验符合人机工程学的最新 ISO 国际标准，也满足地下车辆噪声和振动水平有关的所有要求。

（5）LF-10/11 配备 CAN 总线和数据记录仪系统（图 1-24），该系统把机器和运行数据通过无线连接发送到单独的计算机站上，以便 GHH 服务人员对收集到的这些数据进行远程快速分析和故障诊断，把停工时间降到最小，使机器一直运行在最佳状态，以提高驾驶效率和生产率。

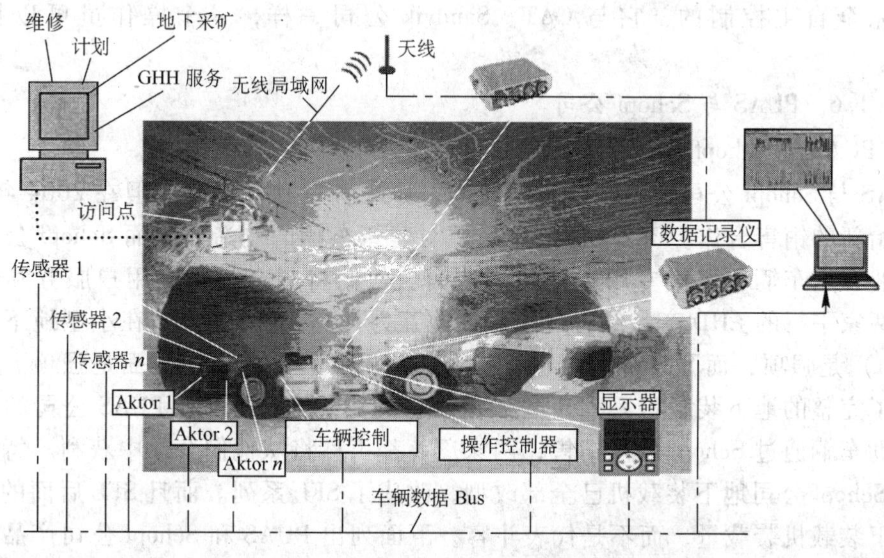

图 1-24 GHH LF10/11 新型地下装载机数据记录系统

(6) 与同级别地下铲运机比较，铲取力高达192kN。

GHH公司除了生产标准的地下装载机外，为了满足用户特殊需要，还利用标准型改造成辅助车辆和特殊需要车辆，一机多用，以满足市场需求。如在LF-7.4型地下装载机的基础上改造成LF-7.4B型撬毛车（图1-25）、侧卸地下装载机（图1-26）。

图1-25　GHH公司LF7.4B型撬毛车

图1-26　侧卸地下装载机

C　自动化系统

GHH公司早期采用加拿大AMS的自动控制系统。该技术的特点是采用频闪灯光和在坑道顶的跟踪线导航。现在又开始采用第二代更先进的自动化技术，即德国Goetting公司的电子装置。该装置的最大特点是超声波与激光控制的结合，以及“模糊逻辑”，接近了我们大脑工作方式。由于地下采矿环境的约束限制，模糊逻辑是一个能记忆从运动机器上来的信息，装载与卸料是通过位于矿山外面的操作员来操作。运输是完全自主控制的，它与CAT、Sandvik公司一样，一个操作员可以控制三台LHD。

1.5.1.6　PUAS与Schopf公司

A　PUAS和Schopf公司地下装载机型号及主要技术参数

PUAS与Schopf公司都是德国的制造商，原来各自独立经营，但在2004年之后，两家开始新的销售合作。PUAS公司是采矿与建筑车辆的制造商，而Schopf公司也是采矿行业专用车辆和飞机专用车辆的制造商。他们将联合为采矿用户服务和销售产品，使两家平行的LHD产品结合起来，彼此互为补充。PUAS公司在小型地下装载机（小于6t）是强项，而Schopf公司在大中型装载机（6.5～18t）方面是强项。两者结合组成了完整的地下装载机系列，增强了两家的竞争力。此外，PUAS公司的地下卡车和辅助车辆通过Schopf公司销售，两家厂商都声称将从他们合作中获利。特别要提到的是Schopf公司地下装载机已全部改型，改成了SFL系列。而且SFL后面的数据是代表地下装载机装载量，而不是代表斗容。下面列出PUAS和Schopf公司产品型号和主要参数（表1-20）。

表 1-20 PUAS 和 Schopf 公司地下装载机型号及主要技术参数

制造厂	型号	载重量/t	操作重量/t	斗容/m^3	发动机型号	发动机功率/kW	长/mm	斗宽/mm	高/mm	转弯半径 $R_内$/mm	备注（老型号）
PUAS	PFL-8	1.5	5.0	0.8	BF3L2011	40	5168	1200	1720	1825	
	PFL-12	2.0	7.2	1.2	F5L912W BF4M2011	5060	7010	1350	1850	2700	
	PFL-18	3.5	9.5	1.8	F6L912W	69	7210	1660	1850	2900	
	PFL-30	6.0	14.5	2.5	BF6M1013C F6L413FW	115 102	7630	1850	2015	2750	
Schopf	SFL-6.5	6.5	18.5	3.5	F8L413FW BF6M1013FCMV	136 149	7960	2150	2150	2416	L6A
	SFL-10	10	27.0	4.7	F10L413FW BFM1013FC	170 205	9182	2500	2545	3184	L232
	SFL-13	13	36.0	7.0	F12L413FW	204	11325	2900	2800	3979	L272
	SFL-15	15	41.0	8.0	Detroit S60 BF6M1015C	261 261	11470	3180	2700	3770	L15A
	SFL-18	18	48.0	9.0	BF6M1015C	261	12080	3750	2724	5001	L312

近几年 PUAS 公司连续不断地优化 LHD 方案，即为在特别狭窄的矿山提供特别紧凑型方案，装载能力为 1.5t 的 PFL-8 型 LHD，倾翻高度只有 1.7m、宽度只有 1.2m，适合在特别窄的矿体运行。它的铰接摆动连接能适合很差的地面条件，静液压传动能提供很高的运输速度甚至在斜坡上。该 LHD 配备功率为 115kW Deutz 水冷或空冷柴油机，铲取力和倾翻负载很大，大臂升、降及铲斗倾翻时间都很短。

PUAS 公司还开发了司机操作岗位在车辆前面位置的机器。它能提供最大可能的视野，特别在拐弯处。

该 LHD 有好几种铲斗设计：侧卸铲斗、推板式铲斗。它的最大特点是在几分钟内就可更换其他附件如叉齿、工作平台、起吊臂。该 LHD 可通过控制换向和换挡的多功能操作杆和另外一个液压操纵杆，容易和很舒适地操作，另一个用于提升液压系统。机器上的维护保养也最优，发动机维护保养点及过滤器也容易接近，变速箱安装与拆卸也没有问题，蓄电池箱移出也很方便等。

图 1-27 Schopf SFL-60XLP 型地下装载机

特别要指出的是，Schopf 公司在 2007 年 4 月 23 至 29 日 Bauma 展览会上展出了超低型的地下装载机 SFL-60XLP（图 1-27）。整机高度为 1380m，载重量为 6t，操作重量为 19.8t，发动机功率为 129kW，转速为 2300r/min，斗容为 2.7m^3。该机型号是专门为薄矿脉要求而设计的，具有简单、安全、可靠、牢固、维修性能好的特点。SFL-65 型和 SFL-100 型进行了重新设计，FL-150 型和 SFL-180 型匹配了新的齿轮箱和驱动桥。Schopf 公司将使 SFL 系列地下装载配置推板式铲斗用作薄层煤防爆地下装载机。

B　自动化系统

PAUS公司开发的遥控地下装载机很成功。如该公司利用加拿大诺铁勒斯（Nautilus）国际有限公司视频遥控技术开发了新型TIGER-300D型地下装载机。该装载机的正前方有两台摄像机，正后面有一台摄像机。摄像机把图像经机器上的传输-接收装置传到遥控箱的显示屏，当发现道路上有人站立时，车辆就会自动减速，如果需要的话还会自动停机。这种装置不仅扩大了司机的视野，还可以进行更大范围的无线电控制，而且更加安全。该机既可遥控，又可人控。若人控的话，使用的是全新的双杆控制系统。该系统无方向盘，无脚踏板，所有控制全在两根杆上。将操纵杆向前推，控制大臂下降；将其往后扳，铲斗卸载；油门控制与制动由左操纵杆正后面的按钮控制；右操纵杆向前推，车辆右转弯；往后拉，车辆左转弯；往右扳，车辆后退；往左扳，车辆前进；左操纵杆正后面的按钮控制车速。该操纵系统不需要液压管路，加大了司机室的操作空间，使司机的操纵更加舒适。这种操纵对小型机来说意义重大。

1.5.1.7　南非Rham公司

Rham公司在2005年推出一种新型低矮型20HD-Mk7型地下装载机（图1-28），该机采用的是John Deere 4045HF475型发动机，功率为129kW，额定转速为2400r/min，能提供电子控制系统、性能与故障诊断分析系统，废气排放可达Tier 2标准，载重量为6～7t，机器高度1.4m。

图1-28　Rham公司新型20HD-Mk7型地下装载机

该机最大的特点是传动系统不采用变矩器、变速箱、驱动桥，而采用闭式液压传动，装在发动机飞轮壳上的Rexrot压力补偿变量柱塞泵，供给装在每个车轮上的Poclain MS 50型油马达（图1-29）液压油。该机还有一个最大特点是采用了极安全的制动系统。此安全

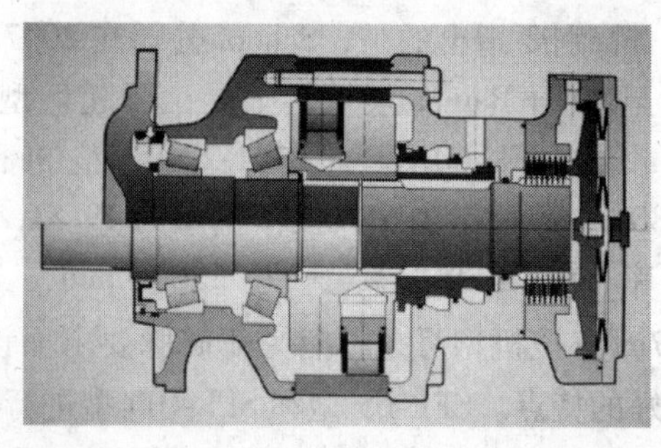

图1-29　Poclain MS 50油马达

系统采用了三个独特的制动系统：

（1）静液压行车制动。弹簧加载液压泵中位控制杠控制的闭式液压回路关闭主油泵，流向轮边油马达的流量自动减少，马达减速，再施加制动力使车辆制动住。正常使用的话，没有制动摩擦热产生。

（2）机械行车制动，液压油作用到全部浸在油中的车辆油马达制动器而使车辆制动。

（3）弹簧施压的紧急制动，当操作停车制动开关或主油路胶管出现故障或发动机因某种原因停止工作时，液压油从弹簧施压的车辆油马达制动器中排出产生制动。

1.5.1.8　DBT 公司

DBT 公司原是德国一家专门生产地下采煤机械的公司，在 2007 年被美国比塞洛斯（BUCYRUS）国际公司收购成为 BUCYRUS 国际公司下属公司，继续设计和制造范围很广的蓄电池和柴油为动力的 LHD 和多功能车，供煤炭、石膏、盐、碳酸钾和其他采矿工业的各种用途使用。其中有紧凑型 LHD 和多功能车 FBL-10 型、FBL-15 型、FBL-55 型。新的比塞洛斯国际公司生产的紧凑型 LHD（图 1-30）地下装载机，具有独特的特征，是在其他地下煤炭市场上的产品中找不到的。特别是在驾驶室、控制器等方面，达到了很高的标准。新的比塞洛斯国际公司还为运载能力小于 8t 的柴油车设定了标准。该紧凑型地下装载机适用于薄煤层开采，事实证明如果使用当前现有的设备是很难开采的。

图 1-30　Bucyrus 紧凑型 LHD

紧凑型 LHD 技术参数如下：

运载能力小于 8t；RAS/QDS 附加升降台；8t @ 600mm 铲叉；发动机选择 4 缸 107kW 或 6 缸 132kW MWM 柴油机，涡轮增压，后冷却，四循环；传动为 DANA 32000 系列，4 速，电子按钮或自动动力换挡，配备了前进/后退模式；车桥为 DANA 113 系列，重型，配备了 POSI-TORQ 的差速器和 POSI-STOP 制动器；轮胎为米其林（Michelin）14.00 × 24R；机重为 19t；总高为 1650/1950mm。

多功能柴油车采用 CAT 发动机、DANA 传动系统，与一般的地下装载机没有什么区别，但他们的快速连接系统（rapid attach system，RAS）却很有新意（图 1-31）。工作

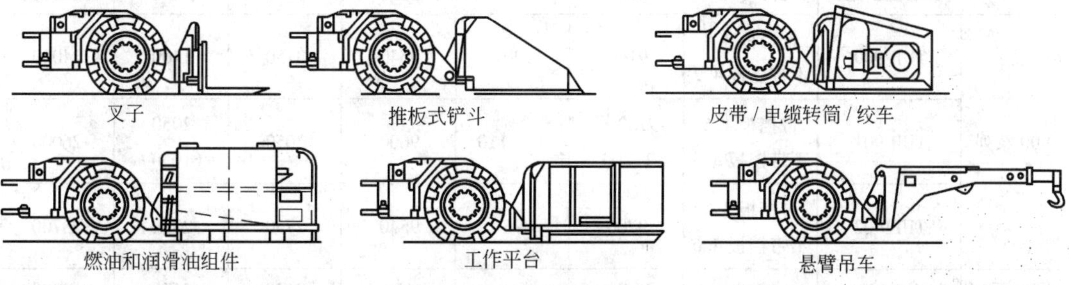

图 1-31　快速连接系统 RAS

装置装上它可实现多种功能。例如，装上悬臂就成了起重机，装上铲斗就成了地下装载机，装上侧移式铲叉就成了叉车（图1-32）等。有几种附件可以更换使用，这就大大地扩大了地下装载机的功能和利用率。

图 1-32　DBT 公司 FBL-15 型多功能柴油车

1.5.1.9　Zanam-Legmet 公司

下西里西亚机械厂（Zanam-Legmet 公司）是波兰一家采矿工业机械与设备的主要制造厂。该公司成立于2003 年6 月。主要的产品有地下装载机和地下运输车，其参数见表 1-21。从表中可看出地下装载机有 5 个系列 11 个品种。这 11 个品种有 5 个品种是低矮型地下装载机。其中 TUR-900 型地下装载机（图 1-33），标准斗容 4.2m^3，运输重量为 9.1t，运输位置总长 9640mm，总宽为 3150mm，总高为 1400mm。发动机采用 Deutz BF6M1013，133kW，变矩器采用 Dana C5400，变速箱采用 Dana R32000，驱动桥采用 Dana 19D 桥。

图 1-33　TUR-900 型低矮型地下装载机

表 1-21　Zanam-Legmet 公司地下装载机主要参数

型　号		斗容/m^3	载荷能力/kg	铲取力/kN	总长/mm	最大宽度/mm	总高/mm	机重/kg
300 系列	TUR 301	1.6	3250	32	7540	1760	2100	10800
	TUR 301A	1.6	3250	32	7540	1760	1750	10800
400 系列	TUR 401A	2.0	4050	40	8510	2400	2200	11950
	TUR 403	2.0	4050	40	8800	2500	1750	13700
800 系列	TUR 803	3.5	8100	80	9600	2880	2350	21000
	TUR 805	3.5/3.2	8100	80	9550	3140	1800/1750	22300
	TUR 805 AK	3.5/3.2	8100	80	9550	3140	2050	22300
900 系列	TUR 900	带挡板 3.8 不带挡板 4.2	9100	90	9640	3150	1400	24000
	TUR 901	带挡板 4.6 不带挡板 5.5	9700 ~ 11200	96 ~ 110	9600	3050	2050 (1750)	26000
	TUR9 02	带挡板 3.2 不带挡板 4.6	9700	96	9540	2750	2330	23700
1600 系列	TUR 1601	8.5	16200	160	11500	3150	2570	42300

1.5.2 发展趋势

从上面的介绍可以看出，国外地下装载机正向着安全、舒适、节能、环保、可靠、高效的方向发展。

1.5.2.1 安全、舒适

现代地下装载机发展的一个重要趋势就是更加重视安全和操作舒适性。它包括三个方面：安全法规和标准、人机工程学、自动化。

A 安全法规和标准

随着采矿技术与设备复杂程度不断提高，也随着采矿由露天向地下发展，由地下浅层向深层发展，采矿作业条件愈来愈恶劣。因此在设备研制与使用过程中风险也随之增加，对人和设备的安全与人的健康危害也在不断增加。采矿设备安全性问题愈来愈受到世界各国政府和行业的重视，纷纷制定了大量的、严格而详细的相关法规、标准。例如，美国MSHA（美国矿山安全健康局）、OSHA（美国职业安全与健康局）、EPA（美国环境保护局）、NIOSH（美国职业安全与健康协会）、EN（欧盟标准）等制定了地下无轨采矿设备大量的安全、健康与环保方面的法规与标准。例如：美国的MSHA 30CFR、欧洲的EN 474-1：2006《Earth-moving machinery-Safety-General requirements》、EN1889-1：2003《Machines for underground mines-Mobile machines working underground-Safety-Rubber tyred vehicles- Part1：Rubber tyredn vehicles》、ISO/FDIS 20474.1：2008《Earth-moving machinery-Safety-Part 1：General requirements》等。它包括的内容很广泛，如ROPS/FOPS、噪声、振动、制动、发动机废气排放、空气质量、遥控、电气、人机工程学等方面的安全法规和标准。地下装载机使用者和制造商都必须遵守和满足这些法规与标准。同时还要经过相关的权威机构认证，才能生产、销售与使用。正因为如此，地下装载机和操作人员的安全就有了法律保证，有章可循。我国机械、采矿、卫生部门也制定了大量相关安全法规与标准。在1997年，由南昌矿山机械研究所起草的JB 8517—1997《地下装载机 安全要求》正式执行。2008年4月，全国矿山机械标准化技术委员会在安徽合肥市召开会议，决定制订《地下装载机 安全要求》国家标准，目前该标准已完成编制，正在审批过程中。

B 人机工程学

由于地下采矿条件的十分恶劣，意外事故经常发生，对司机的安全、健康和设备的影响很大。根据国外统计表明，人机工程学因素是造成地下无轨采矿车辆（包括地下装载机）意外事故发生的重要原因，它不仅严重影响了地下装载机的生产效率，更重要的是危害了车辆和司机的健康和安全，严重的导致车毁人亡。正因为如此，人机工程学已愈来愈受到人们的重视。专门用于地下无轨采矿车辆的“地下无轨采矿车辆人机工程学”因此而产生。许多国家还专门制订了这方面的标准。所有新型号地下装载机都要采用地下无轨采矿车辆人机工程学原理进行设计。部分老型号的地下装载机，也按地下无轨采矿车辆人机工程学原理进行改造。地下无轨采矿车辆人机工程学已在地下装载机设计、制造和使用中起到愈来愈大的作用。目前采用人机工程学已成为地下无轨采矿车辆安全法规和标准的一个重要内容，也成为地下装载机发展的一种趋势。按人机工程学原理设计，因而也使得地下装载机变得愈来愈安全，司机工作愈来愈舒适。

C 自动化

目前地下硬岩采矿的焦点仍集中在自动化的研究，因为它对矿山安全与生产有明显的效果，因此仍是地下采矿发展方向之一。从2001年以来，最有意义的进步就是CAT公司的MINEGEM系统、Sandvik公司的AutoMine系统、Atlas公司的Scooptram Automation系统。

目前上述三个地下装载机自动化系统都是半自主控制系统，代表当今地下装载机自动化最高水平。

由于地下采矿条件远比露天恶劣，特别是随着采矿深度增加，地热、岩石压力也随之增加，对人与设备的危害也愈来愈大。为了保证人员与设备的安全，地下装载机自动化程度也在不断提高。目前地下装载机自动化已发展到第四代。第一代地下装载机是人工操作，为了减轻操作员劳动强度，后又开发了液压先导阀控制。但由于人在机器上操作，在采场上存在着能见度与安全问题。为了克服这些问题，出现了第二代所谓视距操作，即人离开机器，站在作业危险区之外的视距范围以内，通过无线遥控装置，操作地下装载机装载、运输与卸料。它包括无线电视距遥控和视频遥控两种。前者可以在5~250m距离内操作，后者可在5~500m距离内操作，特别可用在机器转弯时。第二代地下装载机也由于地下灰尘和光线问题，操作者能见度也很差，铲斗很难装满，同样存在着安全、效率问题。于是出现了第三代地下装载机。此时操作者可在地下或露天远距离操作地下装载机，即操作者可远离危险作业区，在空调控制室内控制地下装载机的装载、运输与卸料循环。这时操作者的作业条件问题大大改善，也由于机器的利用率的提高，生产率也会提高。但如果操作者不专心，稍一疏忽，同样也会发生意外事故。为了防止事故的发生，地下装载机已发展到了第四代，即自主或半自主操作，整个过程全部实现自动化或部分实现自动化。前面介绍的CAT公司、Sandvik公司、Atlas公司自动化系统就是典型例子。

当前自动化的内容包括：(1)通信；(2)定位；(3)导航；(4)设备改造；(5)机载计算机硬件、软件；(6)电子技术；(7)采矿技术；(8)组织管理；(9)传感技术；(10)系统集成。

目前，地下装载机自动化技术正向着可视化、集成化、智能化、网络化、计算机化方向发展。

1.5.2.2 节能与环保

A 低排放发动机的地下装载机愈来愈多

由于传统的能源资源的逐渐匮乏（世界原油可采年限为43年，天然气为62年，煤炭为200年）燃烧效率很低，约为30%，而且不可再生。因此节能增效是世界各国的任务。传统能源给环境造成污染，特别对地下矿山封闭空间的空气质量造成污染，对人类的健康和生命造成危害，更引起人们的重视。因此节能与环保一直是地下装载机发展的方向。人们也一直在为发动机努力开发新能源，寻找传统能源的代用品，采取各种措施减少发动机排放对环境的污染，为了减少发动机排放对环境的污染和对人类健康和生命造成的危险，对发动机排放要求越来越严格，目前美国和欧洲已强制采用EPA Tire3/Stage ⅢA，而且已为即将实施第四阶段排放标准作准备。如上所述，最新开发的ST-1030和LH 307地下装载机等发动机的排放已达到EPA Tire3/Stage ⅢA排放标准，而且采用EPA Tire3/Stage ⅢA

排放的发动机越来越多。其他公司的新产品最重要的特征也是采用节能型、低排放发动机。

B　燃料电池地下装载机正在试验

燃料电池是一种新的能源，它被美国时代杂志列为21世纪高科技之首。

燃料电池的开发已有100多年历史，但真正用在地下装载机上却是20世纪90年代末才开始。最早是美国WAGNER公司在ST-8型地下装载机上试验。21世纪初美国CAT等公司在R1300型地下装载机上试验。目前加拿大MTI公司在自己生产的地下装载机上试验用燃料电池。这种试验有逐渐扩大趋势。

燃料电池是一种将储存在燃料和氧化剂的化学能转化为电能的发电装置。当不断向燃料电池供给燃料和氧化剂时，它可以连续发电。

燃料电池无污染、噪声低，效率高，尽管燃料电池地下装载机正在试验中，但可以预料它具有强大的生命力和发展前景。

C　混合柴油-电动地下装载机和HY-Drive地下装载机

如前所述，混合柴油-电动地下装载机和HY-Drive地下装载机是当今世界上最先进、最节能、最环保的地下装载机之一。尽管它们还处在试验之中，从初步试验来看，节能与环保的效果相当明显，已引起了世界同行的重视和密切关注。

D　绿色柴油机技术

就目前的技术，地下装载机广泛采用的动力仍是柴油机。为了达到愈来愈严格的排放标准和节能，广泛采用绿色柴油机技术，有的称为清洁柴油机技术。所谓绿色柴油机技术是指柴油理化成分能达到要求、排放物低于国家标准、废发动机易解体、便于循环利用。该技术是柴油机技术的突破，一般包括三部分：燃油品质，柴油机机内处理技术，后处理技术。

综上所述，地下装载机发动机排放对环境的影响控制和节约能源的基本方法主要从两方面入手，一是源头，二是后处理。具体见表1-22。

表1-22　地下装载机发动机排放控制和节能的基本方法

源头控制	改　进	绿色柴油机技术
	改　良	混合动力车，HY-Drive
	替　代	燃料电池，生物柴油
	合理使用	使车辆保持良好的技术状况，合理驾驶
	其　他	采用低硫和超低硫柴油
机后处理	DOC法、DPF法、DOC和DPF复合法	

除了上述发动机的节能与环保技术外，地下装载机还发展了其他节能技术，如液压系统中采用负荷传感技术、液压合流技术等。

1.5.2.3　多功能化

多功能化是当今地下装载机发展的另一个重要特点。由于地下装载机利用率很低，一般低于60%。为了充分发挥地下装载机的潜力，提高其经济效益，从上面介绍可知，地下装载机制造厂商纷纷推出一机多用的地下装载机，即把地下装载机的工作机构通过快换机构，临时换成其他用途的工作机构，扩大地下装载机的功能。例如，为了修路，可换成液压破碎机，就地取材，破碎废石，修理路面；为了平整路面可换成压滚，作压路机和平地机用；为了搬运物料，又换成铲叉作叉车用；换上起重臂就作起重机用；为了在爆破后清除岩石表面松动的石头（浮石），以防其后的工序中崩落，伤害人身与设备，把地下装载机工作机构换成支臂机构和液压破碎锤就成了撬毛车等。

地下装载机制造厂除了生产标准高度的地下装载机外，还大力发展低矮型地下装载机。原来生产低矮型地下装载机的只有加拿大 EJC 公司，现在发展到几乎每个公司都生产。原来只有小型地下装载机有低矮型，现在大、中型地下装载机也有低矮型。而且还开发出超低矮型（机高 1m 左右）。这种发展趋势主要是因厚矿层经过长期开采已逐渐减少，薄矿层也必须开采，同时也是为了减少投资之故。

原地下装载机制造厂只生产非煤矿地下装载机，随着煤矿用地下装载机市场的扩大，也开始生产煤矿用地下装载机如 PUAS 公司。原地下装载机制造厂生产煤矿地下装载机，现在又开发了新的品种，如 Atlas 公司。

原来地下装载机只采用德国道依茨、卡特发动机，后来增加康明斯和底特律发动机，现在又有了奔驰发动机。地下装载机动力选择范围扩大了，选择余地更多了。

原来地下装载机传动系统主要采用液力机械传动、静液压传动，现在又开发出全液压传动。原来传动部件主要采用德纳公司、卡特公司产品，现在又可采用 Kesser 公司驱动桥和 John Deere 公司变速箱。

一句话，现在地下装载机无论是功能、零部件还是控制，并不局限于某一种而是呈现多样化，这就是当代地下装载机发展的另一个重要特点。

1.5.2.4　可靠

现代地下装载机发展还有一个重要特点是可靠。

可靠是相对故障而言的。地下装载机可靠，说明地下装载机故障少，这是用户最需要的。因此可靠是当代地下装载机发展的一种趋势。

地下装载机可靠与否与很多因素有关，如设计、制造试验、使用。其中采用世界上顶级的零部件是保证地下装载机可靠的重要措施之一。如发动机采用道依茨、卡特、底特律、康明斯公司的；传动件采用德纳公司、卡特公司的；轮胎采用普林司通公司、米其林公司的；液压元件采用力士乐公司等。由于零部件可靠，从而保证了整机的可靠性。

1.5.2.5　高效

随着科学技术的发展和人们对环保的重视，地下装载机越来越安全，越来越可靠，自动化程度越来越高，操作舒适性也越来越好，最终生产量大幅度提高，如图 1-34所示。

图 1-34 摘自德国 RWTH-Aachen 大学（future development in underground mining）的一篇文章。该文章介绍了地下采矿方法、设备（包括 LHD）的过去、现在、近期和远期的发展。图 1-34 表示每人每年产矿量随着时代的变迁和生产方式的变化而大幅度的提高。这也说明了高效是地下采矿技术（包括 LHD）发展的方向与目的。

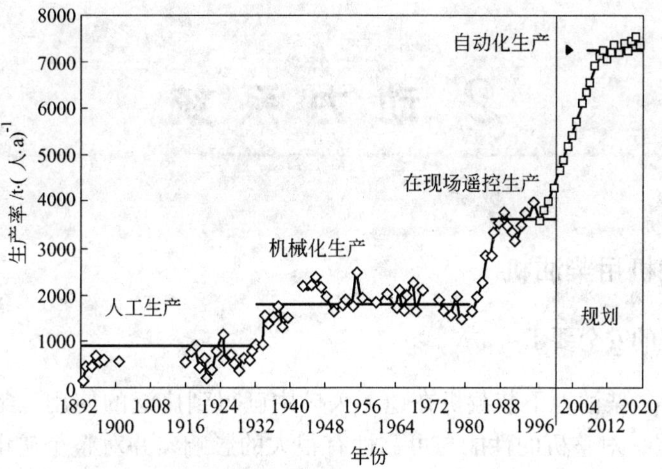

图 1-34 生产量与生产方式之间的关系

2 动力系统

2.1 地下装载机用柴油机

2.1.1 对柴油机的安全要求

近25~30年，柴油地下装载机在地下采矿中已得到广泛的使用。柴油机是柴油地下装载机的“心脏”，对整机的性能与可靠性有很大的影响，并对整个矿山的开采效果、企业的经济效益有直接影响。

在过去，地下装载机用柴油机往往是将汽车用或工业用柴油机加以改装而成。但是由于地下装载机对柴油机有一些特殊要求，20世纪70年代初，英、德、美、日、法等国为地下装载机设计了专用柴油机系列，以满足地下装载机的特殊要求。这些特殊要求是：

(1) 地下装载机工作时，柴油机所受到冲击的振动很大，因此要求柴油机机体和附件有较高的刚度和强度。

(2) 发动机扭矩要大，扭矩储备系数μ一般大于15%~25%。

(3) 由于地下装载机经常在速度和负荷急速变化的情况下工作（一般在80%~100%负荷下工作时间占40%，在50%负荷下工作时间占30%，有时则在超负荷下工作），发动机必须备有性能良好的全程调速器。

(4) 由于地下装载机使用范围比较广，有时温差变化比较大，因此要求柴油机一般能在-30~+40℃的气温下正常工作，特殊情况下能在50~60℃的高温环境下工作。因此对燃油和机油的冷却系统、启动系统应作特殊考虑。

(5) 在井下由于凿岩、爆破等原因，井下空气含尘量很大，大约为40~50mg/m^3，因此要求配有效率高、容量很大的空气滤清器。同时还得配备效率好的燃油滤清器和机油滤清器。

(6) 由于在井下工作，通风条件不好，因此要求柴油机有最低的废气排放，同时应配备效果较好的废气净化装置。

(7) 地下装载机往往需要在倾斜的地面上运行与工作，发动机能保证在前后、左右倾斜35°的场地上工作（适用于柴油机倾斜角35°的油底壳）。

(8) 由于井下通风条件差，散热能力也差，水冷柴油机需要带有散热能力足够的水散热器、中冷器、油散热器。

(9) 由于地下作业空间狭窄，因此要求柴油机外形尺寸要小；又由于地下维修条件差，因此要求柴油机可靠性要高。

(10) 应满足GB/T 1147.1—2007《中小功率内燃机通用技术条件》要求。

(11) 必须满足GB 20651.1—2006《往复式内燃机安全要求》。

(12) 必须经过权威机构安全认证。

2.1.2 柴油机的常用类型

地下装载机柴油机有风冷柴油机与水冷柴油机。过去主要采用风冷柴油机，现在已趋向采用水冷柴油机。它们的各自特点见表2-1。

表 2-1 动力系统类型及结构特点

类 型	结 构	结 构 特 点
风冷柴油机	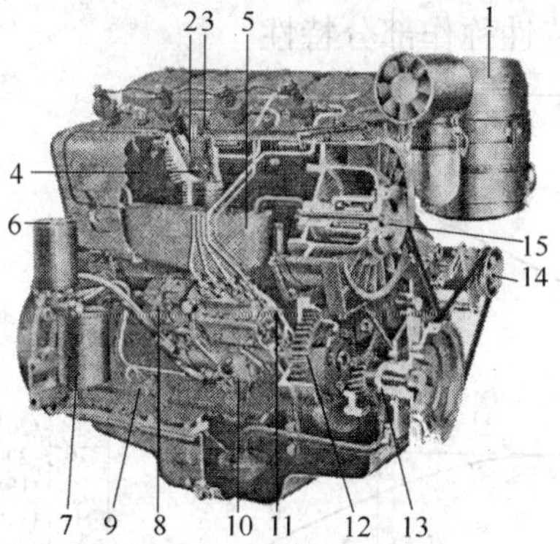 1—空气滤清器；2—喷油器；3—加热器；4—涡流室；5—机油冷却器；6—燃油滤清器；7—机油滤清器；8—调速器；9—油标尺；10—燃油泵；11—喷油泵；12—正时齿轮；13—机油泵；14—发电机；15—冷却风扇	（1）冷却系统简单，维修方便； （2）特别适合沙漠和缺水地区及炎热、酷寒地区使用，不会产生发动机过热，冻结故障，不需要水箱； （3）大缸径的风冷发动机冷却不够均匀，缸盖及有关零件负荷大，其重要部分散热困难； （4）对风道布置要求高； （5）尺寸大，油耗高，噪声大，排放相对水冷发动机高； （6）价格高
水冷柴油机	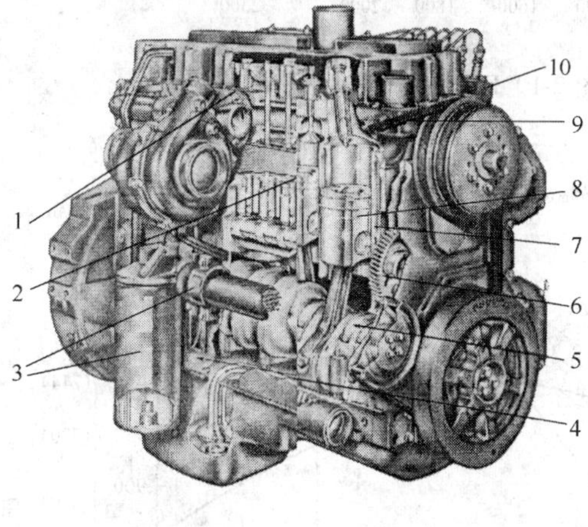 1—缸头；2—燃烧系统；3—润滑油系统；4—缸体；5—曲轴；6—齿轮传动；7—湿式缸套；8—活塞组件；9—皮带传动；10—燃油喷射系统	（1）冷却系统复杂，维修相对困难； （2）发动机冷却均匀可靠，散热好，汽缸变形小，缸盖、活塞等主要零件热负荷较低，可靠性高； （3）能很好地适应大功率发动机的冷却要求； （4）发动机增压后也易采取措施（增大水箱，增加泵的流量），加强散热； （5）尺寸小，油耗低，噪声低，排放低； （6）价格低

2.1.3 柴油机特性

当柴油机运转工况变化时，其性能指标也随之变化。所谓柴油机特性，即柴油机性能指标随调整情况和运转工况而变化的关系。表示其变化规律的曲线称为柴油机特性曲线。柴油机性能指标随运转工况的变化而变化的关系有速度特性与负荷特性。此外，柴油机的调速器起作用时，其性能指标随转速与负荷而变化的关系称为调速特性。

根据柴油机特性曲线，可以很方便地评价不同发动机在不同工况下的动力性与经济性，分析其影响因素寻求改进发动机的途径。

2.1.3.1　柴油机的速度特性

柴油机的速度特性主要是指当柴油机转速变化时，柴油机的功率 N、转矩 M、比燃料消耗 b_e 之间的关系。图 2-1、图 2-2 分别为 Deutz 公司 F6L912W 与 F12L413FW 柴油机速度特性曲线。当燃油调节机构保持它最大位置时所得最大的特性曲线称作外特性，当调节机构在其他位置上时，所得到的速度特性称作部分特性。

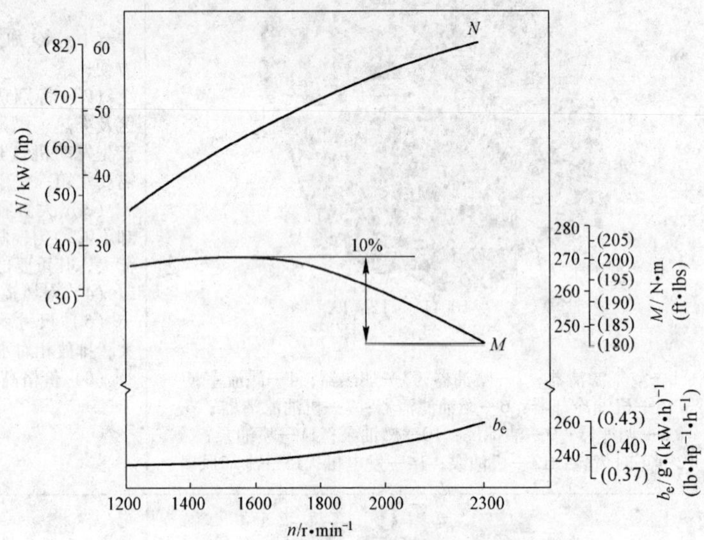

图 2-1　F6L912W 柴油机速度特性

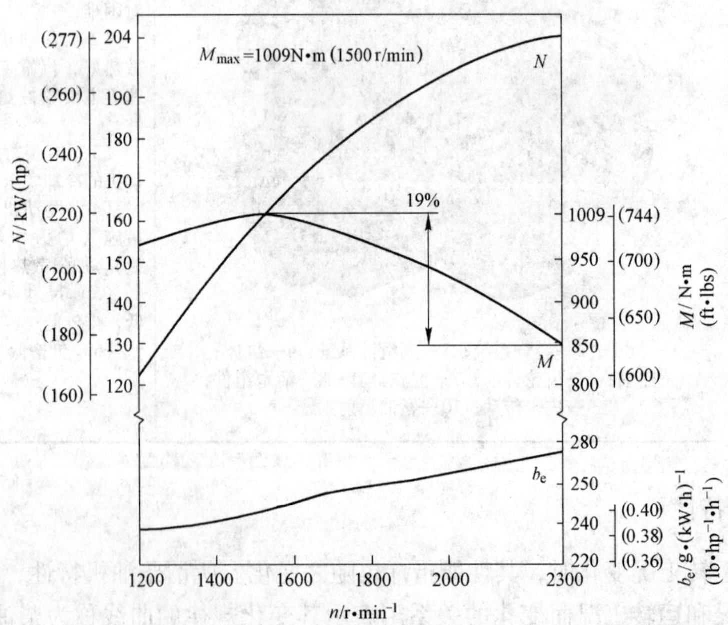

图 2-2　F12L413FW 柴油机速度特性

对于液力传动柴油机来说，为分析其与液力元件共同工作的传动特性，必须有厂家提供的上述特性曲线。

柴油机的外特性表示不同转速下所能发出的最大扭矩和最大功率，它代表柴油机所能达到的最高动力性能。一般在柴油机铭牌上标明的功率 N_e、扭矩 M_e 及相应的转速都是以外特性为依据的。因此，在速度特性中，以外特性为最重要。

为了表示柴油机短时超负荷的能力，即地下装载机在不换挡的情况下，克服外界阻力的潜力的大小，用一个扭矩储备系数 μ 来表示。

$$\mu = \frac{M_{e\max} - M_e}{M_e} \times 100\% \tag{2-1}$$

式中 $M_{e\max}$——最大扭矩；

M_e——标定功率时的扭矩。

为了表示发动机的稳定性，当外部运动阻力发生变化时，发动机维持运转的能力，用系数 K_M 即扭矩适应性系数来表示。K_M 的定义为

$$K_M = \frac{M_{e\max}}{M_e} \tag{2-2}$$

2.1.3.2 调速特性曲线

由于柴油机速度特性的扭矩曲线较平坦，当不用调速器时，若外界负荷稍有变化就会造成转速的较大变化。实际应用中，负荷是经常变化的，这种经常变化的负荷会使柴油机的转速时高时低，这大大影响了柴油机工作的稳定性和适应不同工况的能力。目前柴油机都装有调速器，它能够随着外界负荷变化，自动改变调速杆的位置，使循环供油量随之变化，使负荷变化时能维持转速的稳定。当负荷增大时，柴油机的转速将下降。由于调节杆自动增大供油量，转速不继续降低，当负荷减小时，柴油机的转速升高，供油量自动减小，使柴油机的转速不能继续升高，即按调速特性变化。

图 2-3 为带全程调速器的柴油机特性。图中曲线 1 表示全负荷的特性曲线（即外特性），这时调速器不起调速作用。曲线 2 ~ 7 代表调速器操纵臂在不同位置时，柴油机的扭矩 M 与转速 n 的变化规律。这样的竖曲线有无穷多条。每一条竖曲线都对应一定的转速范围。如竖曲线 2 对应的转速为 $n_2 \sim n_{x2}$ 之间，在这个转速范围内，柴油机的扭矩 M 可以从零变化到最大，而转速的变化范围都很小，使柴油机能稳定工作。为了更清楚地表明标定工况时的性能指标，有时也采用柴油机的外特性及调速特性（图 2-4）。

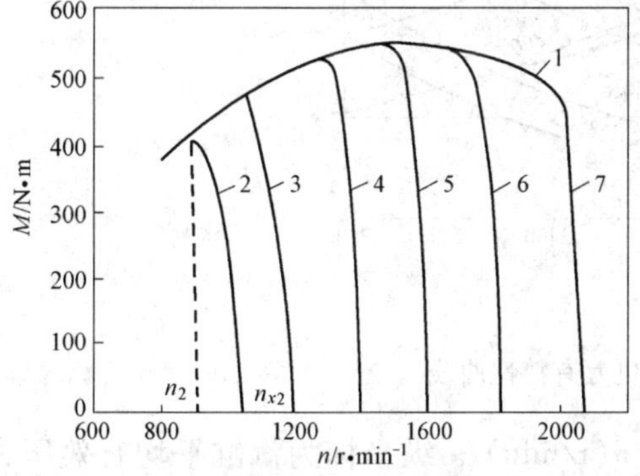

图 2-3 带全速调速器的柴油机的特性

1—外特性；2 ~ 7—调速特性

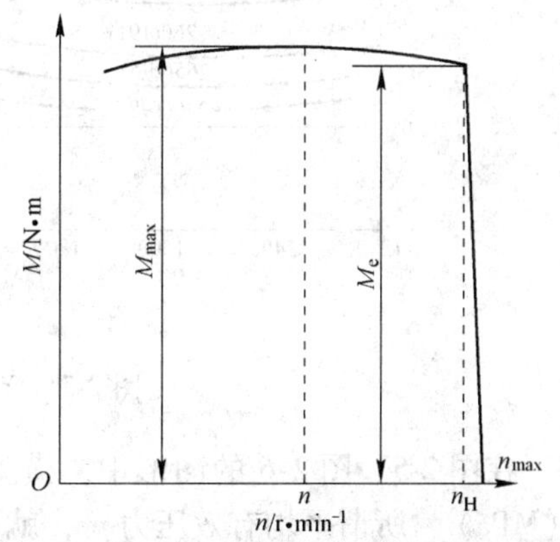

图 2-4 柴油机的调速特性

在外特性上由调速器决定的最大功率称作发动机的额定功率 N_H，对于额定功率，发动机的转速称作额定转速 n_H。对应于额定转速的扭矩（图 2-4）称作发动机的额定扭矩 M_H。由调速器决定发动机的最高转速 n_{max} 称作发动机最高空转转速。此时输出转矩及功率几乎为零，所有功率都用来克服柴油机内部的阻力，但由于有调速器的作用，此时的供油量也最低，一般设计时 Deuze 柴油机 $n_{max} \approx 1.1 n_H$。

柴油机的空转最低转速称之为怠速。发动机在调速器的作用下供油最少，以维持发动机运转，并保证发动机不熄火。该转速以 n_{min} 表示。如发动机的转速低于怠速工况的转速，发动机就会熄火。（FL912W 柴油机的怠速一般不大于 650r/min，FL413W 柴油机的怠速一般不大于 600～700r/min）

外特性上扭矩曲线的最高点是发动机的最大扭矩 M_{max}。

2.1.3.3 负荷特性

负荷特性是指柴油机转速不变时，每小时燃料消耗量 G(kg/h)、比燃料消耗 b_e、排气烟度、排气温度等性能指标随负荷变化的关系。

2.1.3.4 万有特性

负荷特性与速度特性只能表示在某一确定的转速或某一确定的供油量调节杆的位置的条件下运行时，柴油机的性能指标变化规律，不能全面地表示柴油机的性能。地下装载机工况范围很广，要分析各种工况下的性能，就需要很多负荷特性或速度特性，这很不方便，为了更容易更全面地了解柴油机的性能，可以将负荷特性和速度特性等与三个或更多个参数间的关系综合在一张图上，这就是柴油机的万有特性。如图 2-5、图 2-6 所示。

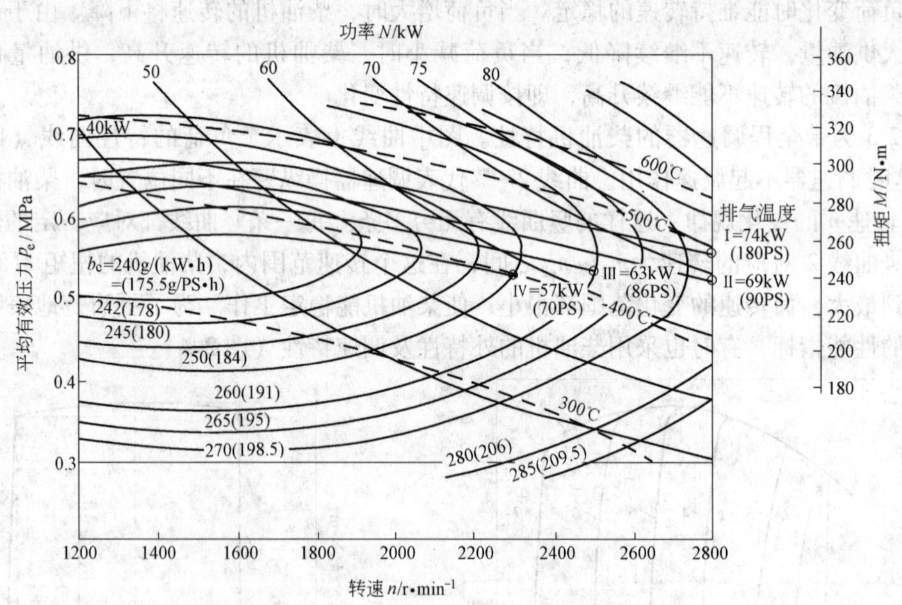

图 2-5 F6L912W 柴油机万有特性曲线

在图 2-5、图 2-6 的图形中，横坐标为转速 n(r/min)，纵坐标为汽缸平均有效压力 p_e(MPa)，所谓平均有效压力 p_e，就是假设汽缸内的气体是以一个平均不变的压力推动活塞从上止点等压膨胀到下止点，所做功等于发动机汽缸一个工作循环气体对活塞所做的有

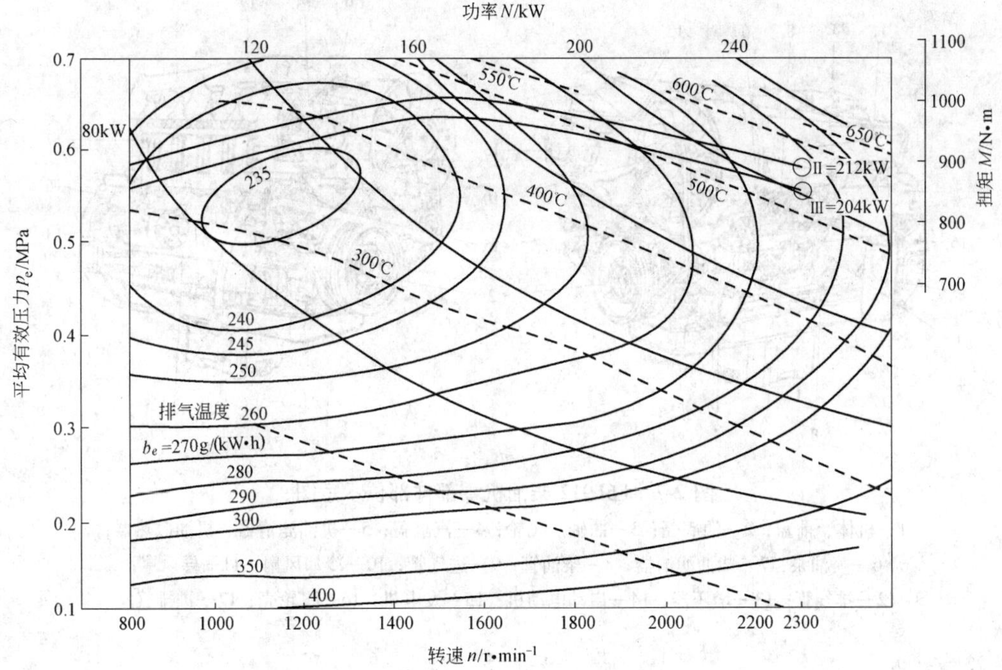

图 2-6 F12L413W 柴油机万有特性曲线

效功。这个平均不变的压力称为平均有效压力。它直接反映了内燃机单位汽缸工作容积输出扭矩的大小，即做功能力大小。在万有曲线的最内层等 b_e 曲线相当最经济区域（耗油最少），曲线越向外，经济性越差。

图 2-5 和图 2-6 万有特性曲线中的数字表示：

Ⅰ——表示车用功率。

Ⅱ——表示大间隙工作时的功率（例如：露天机械传动装载机使用的功率）轻负荷功率。

Ⅲ——表示正常间隙工作时的功率（例如：地下装载机使用的功率）重负荷功率。

Ⅳ——表示持续功率（如发电机使用的功率）。

Ⅰ、Ⅱ、Ⅲ、Ⅳ曲线表示功率为某一固定功率时，转速 n 与转矩 M 之间的关系曲线。

虚线表示不同的排气温度与汽缸平均压力 p_e、转速 n、油耗 b_e 之间的关系曲线。细线表示功率 N、汽缸平均压力 p_e、油耗 b_e 与转速 n 之间的关系曲线。

如果没有柴油机的外特性曲线，有万有特性曲线也可以与其他机械进行匹配计算。

2.1.4 空冷柴油机基本构造及工作原理

柴油机是一部由许多机构和系统组成的复杂机器。现代的柴油机结构形式很多。其具体构造也各式各样。通过在我国地下装载机用得最普遍的 FL912W（直列排列）与 FL413FW（V 形排列）系列柴油机的结构（图 2-7、图 2-8）实例来分析发动机的总体构造。

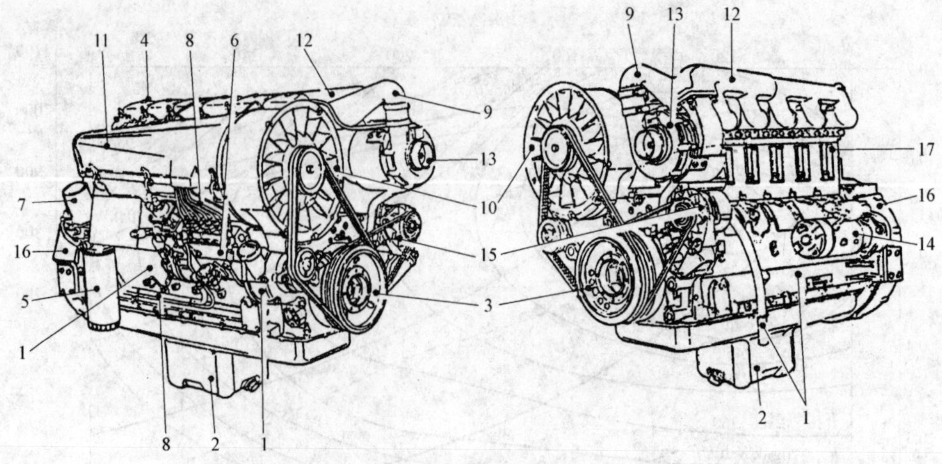

图 2-7　F6L912 柴油机零部件部位示意图

1—机体、前盖；2—油底壳；3—曲轴、飞轮；4—汽缸盖；5—机油滤清器、机油散热器；6—喷油泵；7—柴油滤清器；8—柴油管；9—进气管；10—冷却风扇；11—导风罩；12—排气管；13—增压器；14—启动电动机；15—发电机；16—飞轮壳；17—进排气室

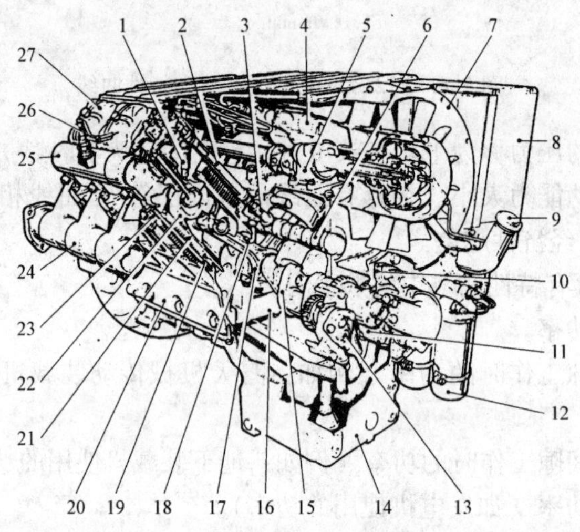

图 2-8　8 缸自然吸气发动机的剖视图

1—喷油器；2—推杆；3—挺柱；4—直列式高压泵（带机械离心式调速器）；5—风扇传动箱；6—凸轮轴；7—液力传动的冷却风扇（由排气节温器调节），带分流式离心机油滤清器；8—机油散热器（在机油主油路中）；9—机油注油口；10—扭转减振器；11—机油泵；12—机油滤清器（一次性使用）；13—机油回油泵（仅用于倾斜使用发动机的油底壳）；14—油底壳；15—曲轴；16—轴承盖；17—连杆，带可互换的成品轴瓦；18—活塞冷却油嘴；19—缸盖螺栓；20—曲轴箱；21—带散热片的铸铁缸体（V 形 90°夹角，单体可互换）；22—轻金属活塞；23—轻金属汽缸盖（用三个缸盖螺栓与汽缸体一起固定在曲轴箱上）；24—排气管；25—进气管；26—火焰预热塞（冷启动辅助装置）；27—气门室盖

2.1.4.1　机体与固定件

机体与固定件主要包括曲轴箱、主轴承盖、挺柱座、油底壳、附件托架、（曲轴箱盖）、柴油机支架、汽缸盖与汽缸体组成。机体的作用是作为发动机各机构、各装配的基

体，而且其本身的许多部分又分别是曲柄连杆机构、配气机构、供给系、冷却系和润滑系的组成部分。汽缸盖和汽缸体内壁共同组成燃烧室的空间，对活塞起导向作用，并将汽缸中的一部分热量传给冷却介质，同时也是受高温高压的构件。

2.1.4.2 曲柄连杆机构

曲柄连杆机构由曲轴组、连杆组、活塞组、带轮、飞轮等主要零件组成，如图 2-9、图 2-10 所示。它的作用是发动机借以产生动力并将活塞的直线往复运动转变为曲轴的旋转运动，输出动力。

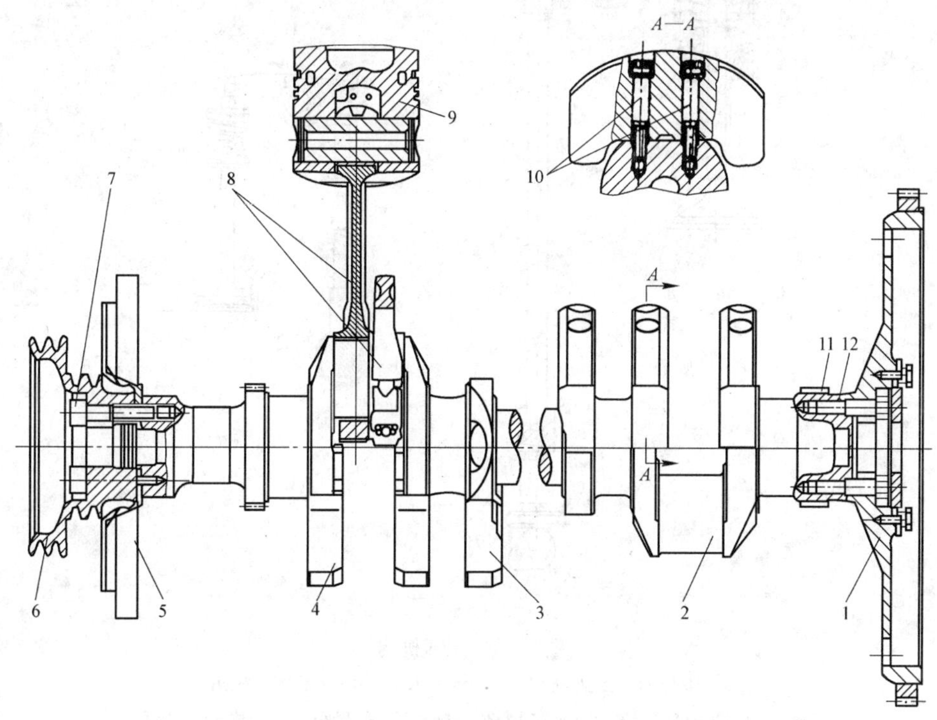

图 2-9 B/FL413F 曲柄连杆机构

1—飞轮；2—曲轴组；3，4—平衡块；5—扭振减振器；6—带轮；7—螺钉；8—连杆组；9—活塞组；10—平衡重紧固螺钉；11—飞轮紧固螺钉；12—曲轴齿轮

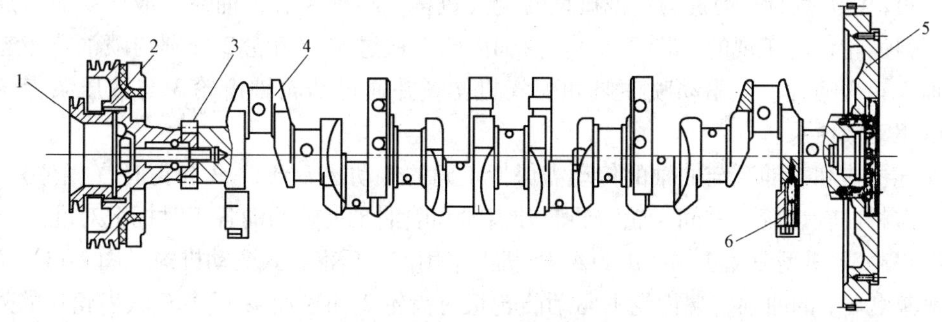

图 2-10 F6L912 曲轴总成

1—带轮；2—与带轮成一体的扭振减振器；3—曲轴齿轮；4—曲轴；5—飞轮；6—平衡重

2.1.4.3　配气和驱动机构

配气和驱动机构主要由气门、推杆、挺柱、摇臂、凸轮轴等组成。它的主要作用是实现和控制柴油机充气更换的一种机构。它按工作循环和汽缸工作顺序按时开、闭进排气门，使空气进入燃烧后的废气排出（图 2-11）。

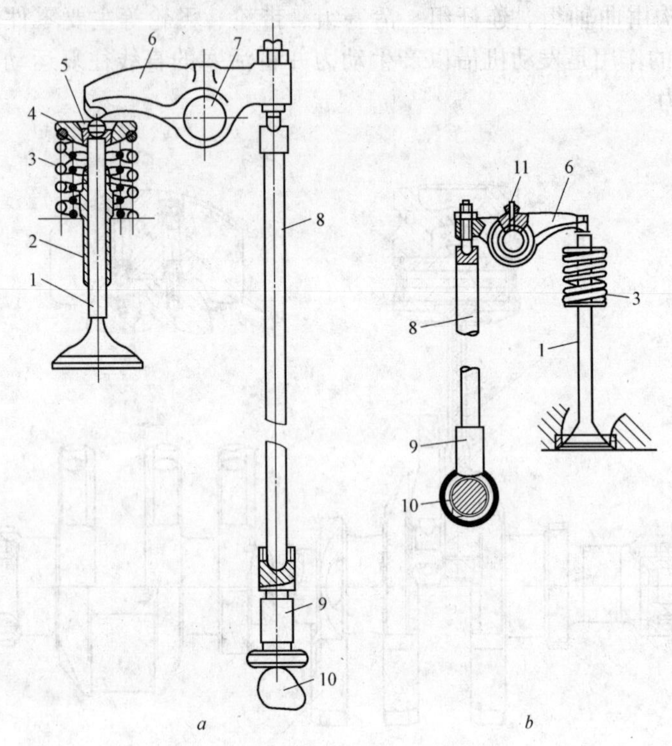

图 2-11　配气机构

a—B/FL413F 机型配气机构；*b*—FL912/913 机型配气机构

1—气门；2—气门导管；3—气门弹簧；4—气门弹簧座；5—卡块；6—摇臂；7—摇臂轴；8—推杆；9—挺柱；10—凸轮；11—调节螺钉

驱动机构是将来自曲轴的一部分动力传递给维持柴油机正常工作所需的各种附件，如配气机构、喷油泵和传递给车辆所需的一些附件，如液压泵等。

FL912W 机型的驱动机构：该机型的配气机构，喷油泵、机油泵、液压泵等是通过曲轴前端斜齿轮传动实现的（图 2-12）。曲轴齿轮 1 通过中间齿轮 2 分别与喷油泵齿轮 4 和凸轮轴齿轮 3 啮合，以驱动喷油泵和配气机构；并通过凸轮轴齿轮 3 与液压泵齿轮 6 啮合，以驱动液压泵。

配气机构和喷油泵与曲轴的传动需保持正确的传动比 $i = 1:2$ 和正时（相位）。在安装时，需将曲轴齿轮、中间齿轮、凸轮轴齿轮和喷油泵齿轮间的各正时标记对准。

B/FL413F 机型驱动机构：B/FL413F 机型采用前、后混合式驱动机构（图 2-13）通过曲轴功率输出端上的曲轴后端齿轮 1 驱动凸轮正时齿轮 2 和喷油泵-风扇双联齿轮 3 的外侧齿轮，以带动配气机构和喷油泵；通过喷油泵-风扇双联齿轮 3 的外侧齿轮还与驱动液压泵的液压泵齿轮 4 啮合；曲轴前端齿轮 7 与机油泵齿轮 6 啮合，驱动压油泵和回油泵两组机油泵。

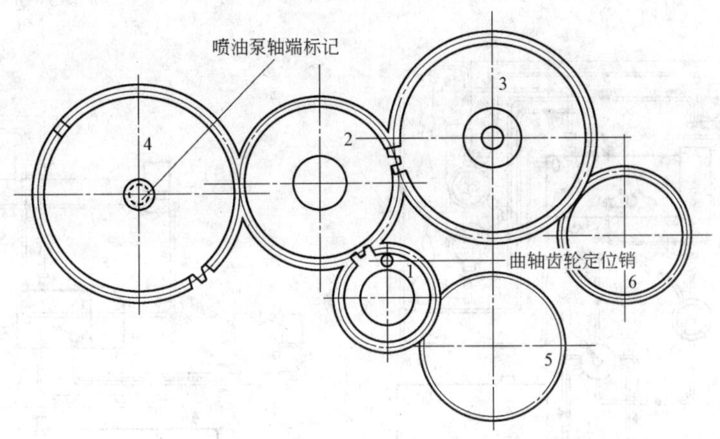

图 2-12 斜齿圆柱齿轮传动

1—曲轴齿轮；2—中间齿轮；3—凸轮轴齿轮；4—喷油泵齿轮；5—机油泵齿轮；6—液压泵齿轮

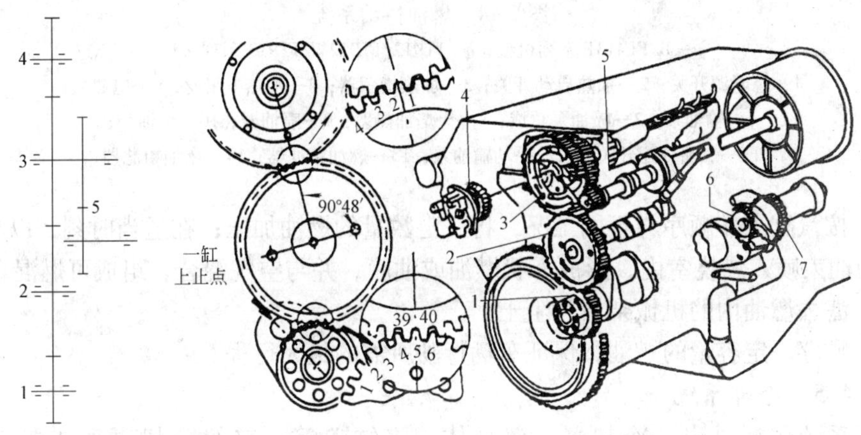

图 2-13 B/FL413F 机型传动机构

1—曲轴后端齿轮（42 齿）；2—凸轮轴正时齿轮（84 齿）；3—喷油泵-风扇双联齿轮；
4—液压泵齿轮（35 齿）；5—风扇传动齿轮（17 齿）；
6—机油泵齿轮（32 齿）；7—曲轴前端齿轮（42 齿）

2.1.4.4 燃油供给系统

柴油机燃油供给系统（图 2-14）包括输油泵、带调速器的喷油泵总成、喷油器、燃油粗滤器、燃油精滤器、手动输油泵、燃油分配开关、燃油箱及燃油管、高压油管等。

柴油机曲轴驱动燃油喷油泵，进而再驱动输油泵。输油泵从燃油箱中吸出燃油，通过燃油滤清器进入喷油泵。调速器用来调节进入喷油泵出油阀的燃油量。喷油泵柱塞在正确的正时供给高压燃油，通过高压油管到对应的一个喷油器中。

高压燃油顶开喷油器针阀喷出，并以良好的喷射喷入燃油室内。多余的燃油借助回油管直接流回燃油箱，柴油机燃油供给系数对柴油机的性能有着决定性影响。

燃油供给系统的功用是：

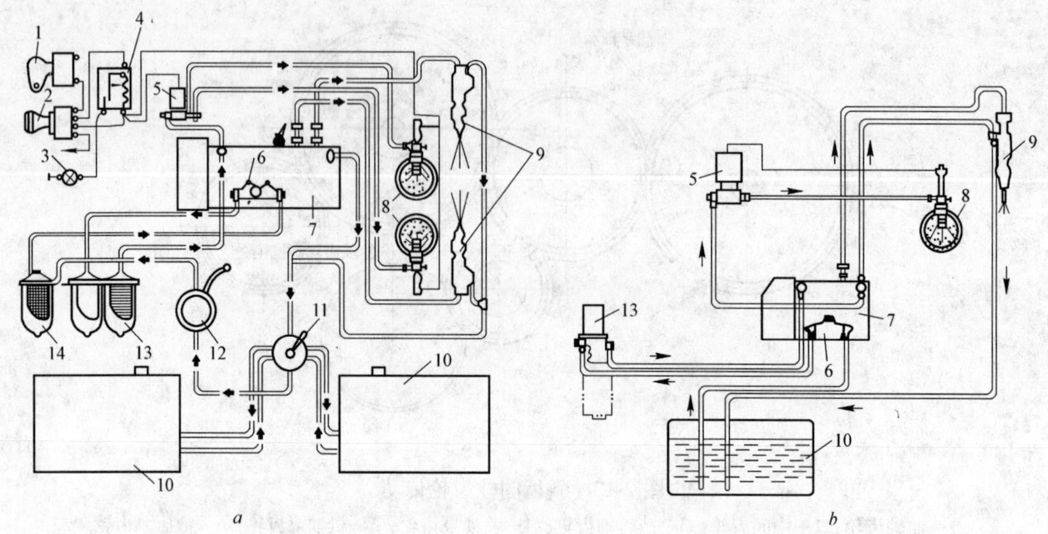

图 2-14　燃油供给系统

a—B/FL413F 系列机型；*b*—FL912/FL912W/FL913 系列机型

1—总电源开关；2—加热启动开关；3—加热指示器；4—加热电阻丝；5—电磁阀；
6—输油泵；7—喷油泵总成；8—火焰加热塞；9—喷油器；10—燃油箱；
11—燃油分配开关；12—手动输油泵；13—燃油精滤器；14—燃油粗滤器

(1) 按汽缸工作顺序与不同工况，将一定数量的燃油加压；在适当时刻，以与燃烧室相适应的油束喷入燃烧室内，形成雾状燃油或油膜；并与空气混合，组成可燃混合气。

(2) 滤去燃油内的机械杂质与尘土。

(3) 贮存一定容量的燃油，保证车辆行驶所需的最大行程。

2.1.4.5　冷却系统

冷却系统包括风扇、冷却器、汽缸体、汽缸盖等，它的冷却原理如图 2-15、图 2-16所示。其作用是把受热机件的热量散到大气中，以保证发动机正常工作（不能过热也不能过冷）。

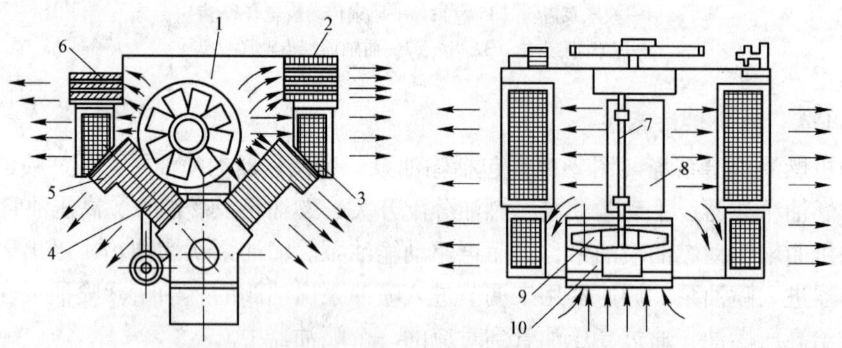

图 2-15　BFL413F 机型的冷却系统

1—风压室；2—液力传动油冷却器；3—机油冷却器；4—汽缸体；5—汽缸盖；
6—中冷器；7—传动轴；8—喷油泵；9—风扇动叶轮；10—风扇静叶轮

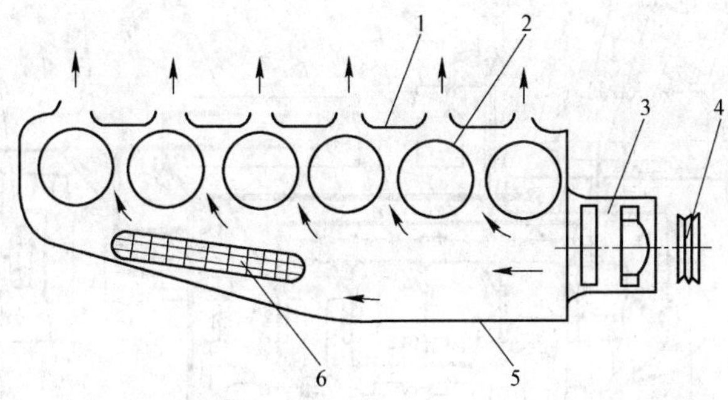

图 2-16 FL912/FL912W/FL913 系列机型的冷却系和导风罩
1—挡风板；2—缸套；3—风扇；4—风扇皮带轮；5—导风罩；6—机油散热器

BFL413F 系列机型采用压风式冷却系统（图 2-15）。冷却风扇为水平布置，位于两排缸 V 形夹角之间。风压室由两排缸的汽缸盖、汽缸体、中冷器、机油冷却器、前后挡板和顶盖板等组成。汽缸盖和汽缸体迎风面无导流装置，而在背风面设有挡风板，用以调节冷却强度和风量分配。

冷却风扇产生的冷空气储积在风压室内，并建立起一定的风压室压力，并按各部件通道阻力的大小分配不同的风量，保证部件都能得到可靠的冷却。

冷却空气流通路线如下：

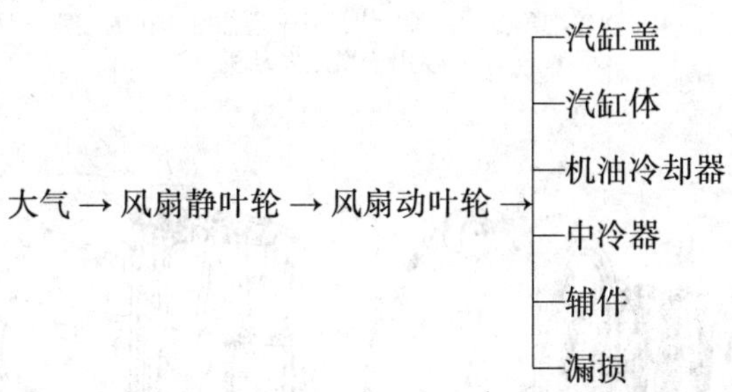

FL912/FL913 风冷柴油机，采用曲轴皮带轮通过三角皮带带动的独立轴流式风扇冷却。风扇布置在汽缸进风侧为吹风冷却。机油散热器布置在导风罩的底部，布置较为紧凑（图 2-16）。

为了更好地冷却缸套与缸盖，缸套与缸盖设计了许多散热筋，且为单体结构。风扇布置在较高位置。这样吸入灰尘少，减少散热的积尘。

导风罩的作用在于各缸得到适当的均匀的温度场，如果没有导风罩，冷却空气自由吹向各缸外面的散热筋，则近风面后端就不能得到冷却空气的充分吹拂，致使前后端形成较大的温度差。

2.1.4.6 润滑系统

润滑系统由机油泵、机油冷却器、机油粗滤清器、机油细滤清器、油壳底和各种阀门组成。它担负着润滑、密封、清洁、防腐和冷却五大职能。为了保证正常的润滑，必须要保证正常的润滑油压力范围。增压机的机油压力范围在 1000 ~ 2500r/min 时为 0.3 ~ 0.5MPa，非增压机为 0.2 ~ 0.4MPa。各机型的润滑流程与润滑点如图 2-17、图 2-18 所示。

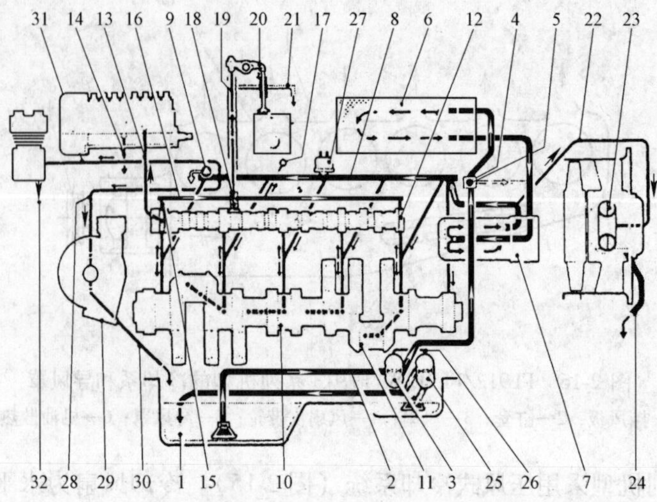

图 2-17　FL413 润滑系统

1—油底壳；2—吸油管；3—机油泵；4—旁通阀体；5—喷油器；6—机油散热器；7—机油滤清器；8—主油道；9—主油道调压阀；10—曲轴轴承；11—连杆轴承；12—凸轮轴轴承；13—通往喷油提前器和喷油泵的油管；14—从喷油泵到曲轴箱的回油管；15—横油道冷却正时齿轮和活塞；16—纵油道冷却正时齿轮和活塞；17—活塞冷却油嘴；18—挺柱带控制槽间歇润滑摇臂；19—导杆（中空，对摇杆润滑）；20—摇臂；21—从缸盖到曲轴箱的回油管；22—通向液力传动冷却风扇的油管；23—液力传动的冷却风扇，带离心式机油滤清器；24—从冷却风扇液力耦合器到曲轴箱的回油管；25—带进、出油管的回油泵，仅用于倾斜使用发动机的油底壳；26—回油泵的油管；27—油压表；28—通往涡轮增压器的油管①；29—涡轮增压器①；30—涡轮增压器的回油管①；31—通往空压机的油管；32—空压机的回油管①

①—仅用于增压发动机

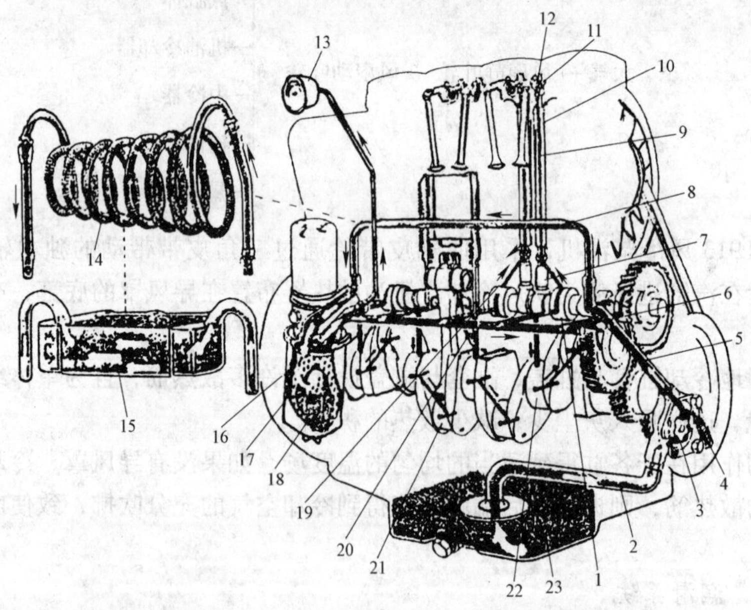

图 2-18　FL912 系列机型的润滑系统及油路

1—凸轮轴承；2—吸油管；3—机油泵；4—油压调节阀；5—压力油管；6—节流孔；7—挺柱；8—旁通管；9—推杆；10—推杆护管；11—摇臂衬套；12—调节螺钉；13—油压表；14—螺旋式机油冷却器；15—板翅式机油冷却器；16—压力表接头；17—机油滤清器；18—安全阀；19—主油道；20—冷却活塞喷嘴；21—连杆轴承；22—曲轴主轴承；23—集油池

2.1.4.7 电器系统

电器系统用来供给柴油机和车辆所需的电源，指示和监控它们的运行状态及交流信号、照明、空调等。电器系统主要包括起动机系统、发动机系统、蓄电池、启动辅助装置和指示仪表等。详细介绍见第10章。

2.1.5 水冷柴油机基本构造及工作原理

现以Deutz公司BFM1013发动机（图2-19）为例说明水冷柴油机总体构造及工作原理。

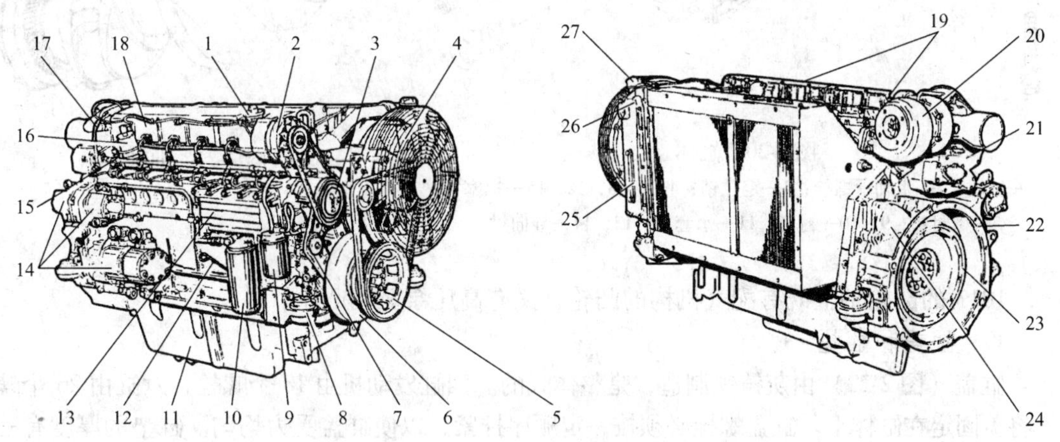

图2-19 BFM 1013型发动机

1—机油加注口；2—发电机；3—冷却液泵；4—风扇；5—皮带轮；6—减振器；7—柴油泵；8—发动机支承；9—柴油滤清器；10—机油滤清器；11—油底壳；12—机油标尺；13—机油散热器；14—液压泵（或压缩机）；15—柴油管；16—电磁阀；17—通增压器的机油管；18—缸盖；19—提升挂钩；20—废气涡轮增压器；21—调速器；22—SAE飞轮壳；23—飞轮；24—启动马达；25—冷却液高度标尺；26—冷却液泄气阀；27—冷却液加注口盖

2.1.5.1 发动机的基本结构

1013型发动机的基本结构主要由缸体，曲轴、飞轮及凸轮轴，缸盖和缸垫，其他等。

A 缸体

1013的缸体是根据有限元法经过最优化设计而制造的。1013的高低压燃油室是铸在缸体上的，见图2-20。

1013的机型采用的是湿式缸套，目的是提高散热效果。

B 曲轴、飞轮及凸轮轴

1013发动机曲轴是锻钢曲轴（图2-21），用在增压1013机型上（BFM1013/C/CP）。

为了方便修理，安装加大轴承，曲轴轴颈可以磨减两级，每级0.25mm。止推轴颈可以加大一级，0.20mm。配加大止推轴瓦。

飞轮齿圈内孔与飞轮外圆是过盈配合，安装时是将飞轮齿圈加热再套在飞轮上，待温度下降后飞轮齿圈即紧箍在飞轮外圈上。

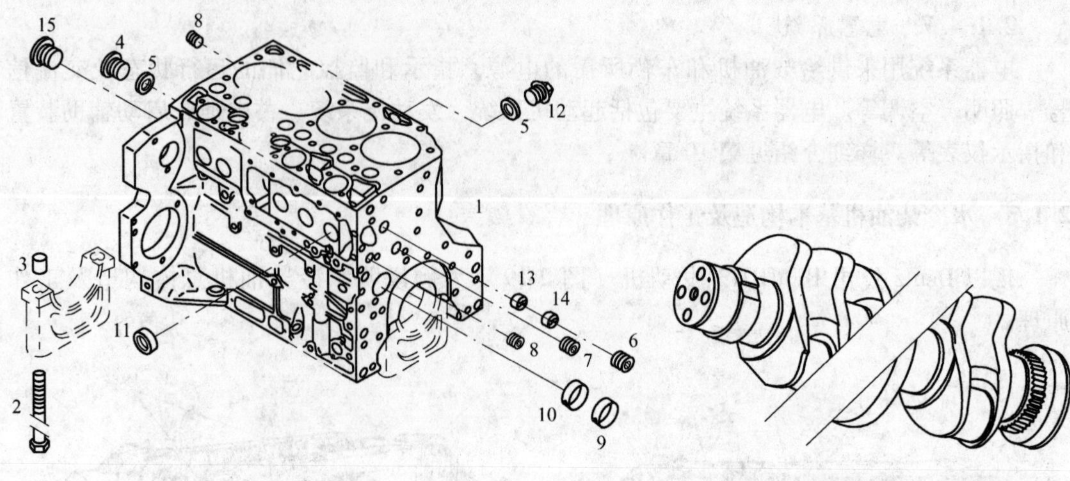

图 2-20　缸体

1—缸体；2—主轴承螺栓；3—定位销；4，6～8，12，15—螺塞；
5—密封垫；9，10—衬套；11—水套塞；13，14—导向衬

图 2-21　曲轴

1013 的凸轮轴上既有配气机构的凸轮，又有高压泵驱动凸轮。

C　缸盖和缸垫

缸盖（图 2-22）由灰铸铁制造，是整体式的。四缸发动机由 18 个螺栓，六缸由 26 个螺栓将盖固定在缸体上。缸盖螺栓必须按一定顺序拧紧，以使缸盖受力均匀。缸垫的厚度有三种，以孔的个数来识别。选择何种厚度缸垫，主要由缸体平面与活塞顶部的高度差决定。

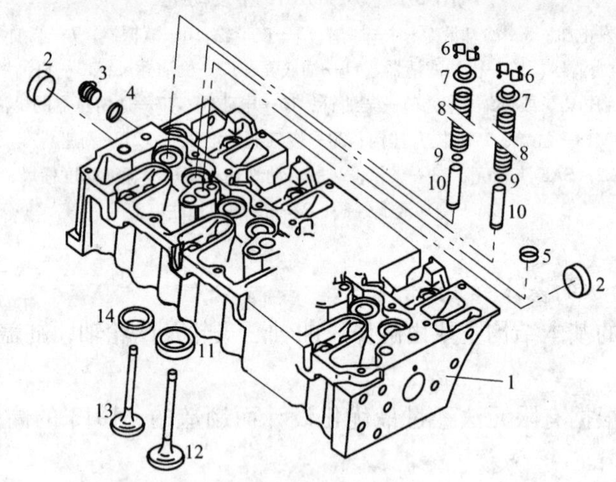

图 2-22　缸盖

1—缸盖；2—水套堵；3—螺塞；4—密封垫；5—摇臂堵头；6—气门弹簧锁片；
7—弹簧座；8—气门弹簧；9—O 形圈；10—气门导管；11—进气门座；
12—进气门；13—排气门；14—排气门座

D　其他

其他包括活塞、活塞环和正时齿轮等。

2.1.5.2　润滑系统

润滑系统由压力润滑路线、机油泵、水冷却的机油散热器、曲轴箱通风组成。图 2-23 为四缸机润滑油路及组成。

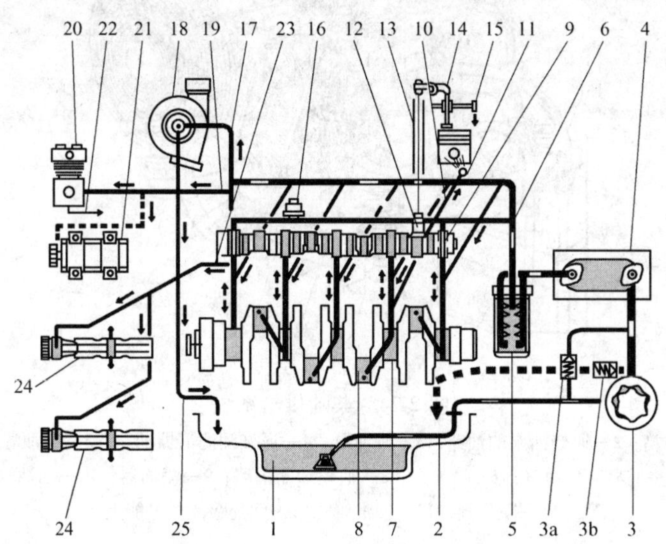

图 2-23　四缸机润滑油路及组成

1—油底壳；2—吸油管；3—机油泵；3a—机油散热器旁通阀；3b—泄油阀；4—机油散热器；5—机油滤清器；6—主油道；7—主轴承；8—连杆轴承；9—凸轮轴轴承；10—通喷油孔的油路；11—冷却活塞的油路；12—摇臂脉冲润滑的挺柱控制孔；13—推杆；14—摇臂；15—通油底壳的回油道；16—机油传感器；17—通废气涡轮增压器的油路；18—废气涡轮增压器；19—通压缩机或液压泵油路；20—压缩机；21—液压泵；22—压缩机或液压泵回油路；23—通平衡轴齿轮的油路（两条）；24—平衡轴；25—从增压器回曲轴箱

2.1.5.3　柴油供给系统

A　柴油供给系统作用

将适量的燃油在适当的时间，以适当的喷油压力、喷油速率以及喷雾特性喷入其配合良好的燃烧室内，保证混合气体形成及燃烧过程在最佳条件下进行，使柴油机在满足排放法规和噪声法规的前提下获得良好的动力性和经济性。此外，系统在发动机负荷和转速变化时，自动改变循环供油量和喷油定时，并能保持各缸供油均匀性。

B　柴油供给系统组成

柴油供给系统如图 2-24 所示。

（1）低压油路。燃油从油箱 1 出来，经过柴油泵 3 进入柴油滤清器 5 过滤之后，进入铸在箱体内低压油室。

（2）高压油路。低压油室内的燃油从喷油泵 7 经过很短的高压油管 8 到喷油器 9，当压力达到 25MPa 时，将燃油喷射到燃烧室。

（3）燃油回流。由于输油泵的供油量比喷油泵的出油量大 10 倍，大量多余的燃油经限压阀 11 和回油管 12 流回柴油箱。喷油器工作间隙泄漏的少数柴油也经回油管流回柴油箱，从而起到冷却燃油的作用，并且利用大量回流燃油驱净管路中的空气，有自动排气的功能。

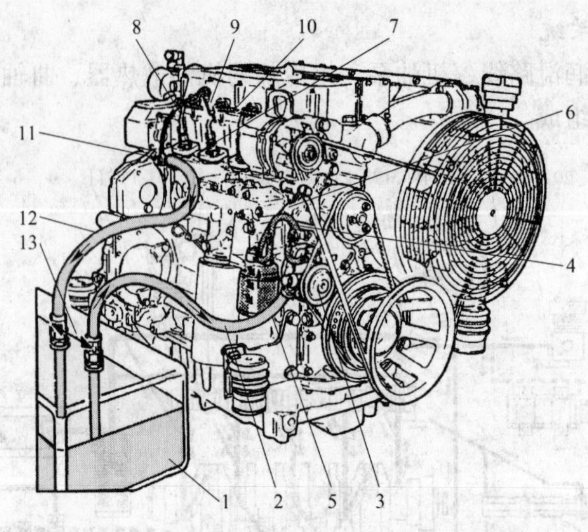

图 2-24　柴油供给系统

1—油箱；2—通柴油泵的油路；3—柴油泵；4—通柴油滤清器油路；5—柴油滤清器；6—通喷油泵油路；7—喷油泵；8—通喷油器油路；9—喷油器；10—回油管；11—限压阀；12—回油管；13—此处距离尽可能大

C　柴油输油泵

因为 1013 的燃油供给系统需用大量的柴油起冷却作用，因此选用无膜片的转子泵，供油量在供油压力 0.25MPa 时为 12L/min。

D　单体高压泵

1013 发动机高压泵采用的是单体泵的形式。单体泵是最新技术之一，它的喷油压力可以高达 120MPa。它使燃烧更适合工况的需要，因而燃烧更充分，效率更高，降低排放污染和燃油消耗率。

E　高压泵喷油正时的调整

喷油正时的调整也就是油泵供油的迟早的调整。这对柴油机性能影响很大，过大时，由于燃油是在汽缸内气温较低的情况下喷入的，混合气体形成条件差，备燃期较长，会引起工作粗暴、怠速不良和启动困难。过小时，将使燃料产生过后燃烧，燃烧最高温度及压力下降，燃烧不完全，功率下降，排气冒黑烟，柴油机过热，导致动力性、经济性下降。高压泵喷油正时的调整是通过调整高压泵垫片厚度来实现。

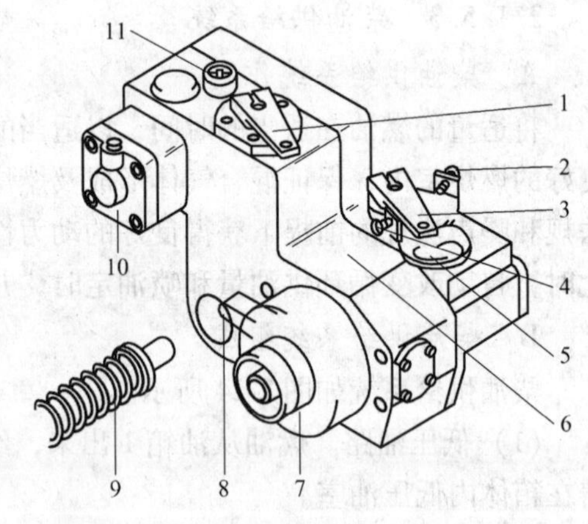

图 2-25　调速器

1—停车杆；2—高速限位螺钉；3—加速杆；4—怠速限位螺钉；5—速率调整板；6—调速器壳体；7—调速器驱动齿轮；8—齿条控制杆；9—齿条及弹簧；10—增压压力补偿器（LDA）；11—加浓电磁阀

F　调速器

调速器的作用是当柴油机的负荷改变时，自动地改变喷油泵供油量，从而维持柴油机的稳定运转，见图 2-25。

2.1.5.4 冷却系统

A 冷却系统作用

发动机在工作时，由于燃料的燃烧以及运动零件间的摩擦产生大量的热量，使零件强烈受热，特点是直接与燃烧气体接触的零件温度很高，如果没有适当的冷却，将不能保证发动机的正常工作，冷却系统的作用就是维持发动机在最适宜的温度下工作。

a 发动机过热

(1) 降低了充气效率，导致发动机的功率下降。

(2) 早燃和爆燃的倾向加大，破坏了发动机的正常工作，同时，也促使零件承受额外的冲击负荷而造成早期损坏。

(3) 运动件间的正常间隙被破坏，使零件不能正常运动，甚至损坏。

(4) 金属材料的机械性能降低，造成零件的变形及损坏。

(5) 润滑情况恶化，加剧了零件的磨损和摩擦。

发动机的冷却，如果单纯依靠零件本身对外散热是不够的，必须对某些零件特别是与高温气体直接接触的零件进行必要的强制冷却，才能保证发动机正常运转。但是，过分的冷却也会引起不良后果。

b 发动机过冷

(1) 进入汽缸的可燃混合气（或空气）温度太低，使点燃困难或燃烧迟缓，造成发动机功率下降以及燃料消耗量增加。

(2) 润滑油的黏度增大，造成润滑不良，加剧了零件的磨损，同时增大了功率消耗。

(3) 燃烧后的生成物中的水蒸气易冷凝成水与酸性气体形成酸类，加重了对零件特别是汽缸壁的侵蚀作用。

(4) 因温度过低而未汽化的燃料对摩擦表面（汽缸壁、活塞、活塞环等）上油膜的冲刷以及对润滑油的稀释，加重了零件的磨损。

可见，保持发动机的正常工作温度是保证发动机良好工作、提高工作可靠性及延长使用寿命的一个重要条件。

B 水冷的特点

水为传热介质，再传给空气。也就是以少量的水进行不断地循环的方法，在发动机水套中吸收多余热量，再流到散热器中散去热量。由于水套进出口的温度差较小，汽缸下部不致过冷，且水冷却的冷却强度的大小容易调节，能保持发动机的正常温度，并能用热水预热发动机，便于冬季启动。

1013 水冷系统的特点如下：

(1) 采用整体式冷却系统，结构紧凑，易于安装。

(2) 可靠性高，使用成本低。

(3) 冷却效率高，所需功率小。

(4) 日常保养比风冷机简便。

(5) 发动机工作以后，冷却系统有 150kPa 的压力，正常水温 110℃，118℃时报警。

C 冷却系统的组成

a 整体式冷却系统的组成

图2-26所示为整体式冷却系统。图中冷却液泵3将已冷却的水通过节温器室2从散热器7中吸进来，然后把冷却液送入机油散热器，再进入缸体内水套5中冷却缸套，再经水道进入冷却缸盖的水套6中，最后回到散热器7中。

b　外接散热器式冷却系统

图2-27所示为外接散热器式冷却系统。图中冷却液泵2由外接散热器6通过节温器室1，将低温水吸入冷却液首先经机油散热器3，进入缸体内水套4冷却缸套，再由水道进入冷却缸盖的水套5中，最后回到散热器6。

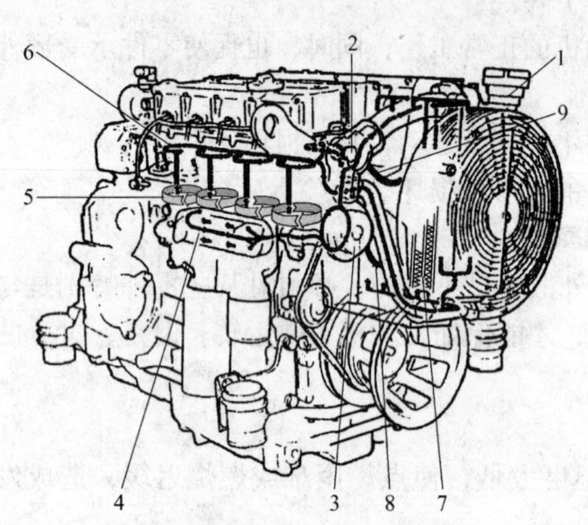

图2-26　整体式冷却系统示意图

1—冷却液加注口；2—节温器室；3—冷却液泵；4—机油散热器；5—水套；6—缸盖的冷却；7—散热器；8—从节温器回冷却泵室；9—从水箱来的通风管

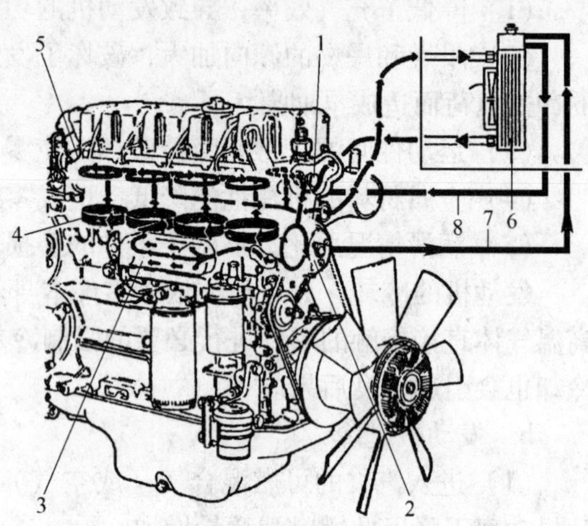

图2-27　外接散热器式冷却系统示意图

1—节温器室；2—冷却液泵；3—机油散热器；4，5—水套；6—散热器；7—节温器到补油箱的回路；8—补油箱到节温器的回路

D　整体式冷却系统的结构

a　整体式风扇

整体式风扇和补液箱是一体的，见图2-28。

b　补液箱

1013冷却系统采用的是永久性封闭系统，这是因为1013是强化内燃机，体积小，功率大，因此普通闭式冷却系统已远不能满足冷却需要，因为水汽不能分离，会造成：

(1) 冷却系统中产生气阻，冷却效果和循环强度降低，满足不了需要；

(2) 冷却系统内的氧化腐蚀和机械剥蚀日渐引起人们的重视；

(3) 冷却水广泛地使用了防冻液，冷却液的消耗和浓缩太严重，为此，永久性水冷却封闭系统就应运而生，且使用日益广泛。

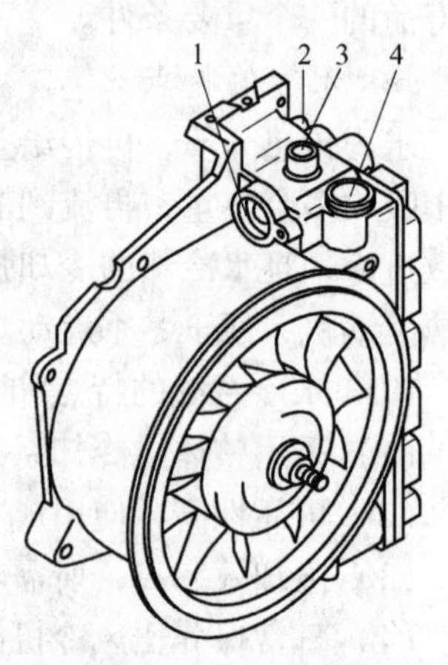

图2-28　整体式风扇

1—注水口；2—出水口；3—放水阀；4—呼吸器系管

补液箱的功能：

（1）把冷却系统变成一个永久性的封闭系统，避免了空气不断进入，减小了对冷却系统内部的氧化腐蚀；

（2）使冷却系统中的水汽分离，使压力处于稳定状态，从而增大了水泵的泵水量和减小了水泵及水套内部气穴腐蚀；

（3）避免了冷却液的损耗，保持冷却系统内水位不变。

以外接散热器为例。在闭式冷却系统中，蒸汽混在水中无法分离，散热器盖上的阀门虽然能调节冷却系统内的压力，但在调节过程中放掉一部分蒸汽（水），又放进一部分空气，这时，冷却系统中的空气、蒸汽和水一起循环，使冷却能力下降，并造成冷却系统内压力不稳定和冷却水不断消耗。在水套和散热器的上部，容易积存空气和蒸汽的地方用出汽管5和8与补液箱相连，使空气和蒸汽不再放出，而引导到补液箱内与水分离。此时，蒸汽冷凝为水后又通过补充水管9进入水泵的进水口，使水泵进水口处保持较高的水压，增大了泵水量。而积存在补液箱液面以上的空气，得到了冷却，不再受热膨胀，因而变成了冷却系统内压力上升的缓冲器和膨胀空间，使压力保持稳定状态。

气穴腐蚀是由于气穴（气泡）的产生而引起的，气穴产生最严重的地方是离心水泵的进水口处（冷却系统压力最低的地方）。这些气泡使水泵的泵水量下降，并在金属表面附近破裂时对金属表面产生冲击，造成疲劳剥落，此即机械剥蚀。此外，在气泡中还伴有空气中的氧，它借助于气泡破裂放出的热量，对金属进行化学腐蚀。这种化学腐蚀和机械剥蚀的共同作用，使金属表面逐渐产生麻点和穴孔。这种现象称为穴蚀。为了避免气穴和气穴腐蚀的产生，多采用如下办法：

（1）水泵进口处保持较高水压，即利用补液箱补充水管进水；

（2）进水口处通过面积较大，使水流速度不必太高，保持一定压力；

（3）水泵进口处和出水口处加平衡孔相通，使叶轮进水处的汽化压力较高，防止气泡的产生。

外接式补液箱见图2-29。

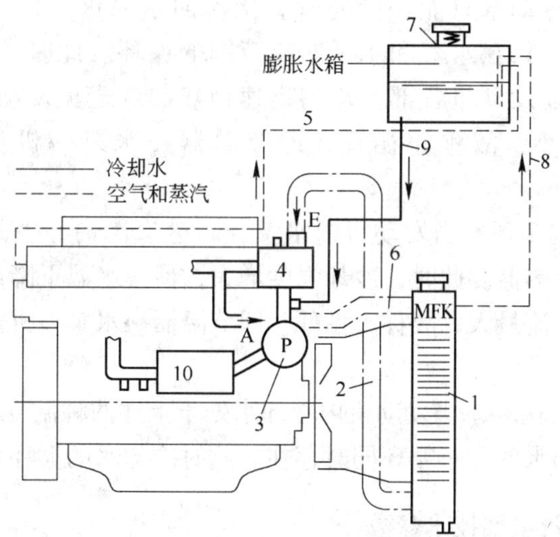

图2-29　外接式补液箱示意图

1—散热器；2—水泵进水管；3—水泵；4—节温器；5—水套出汽管；6—水套出水管；7—补液箱；8—散热器出汽管；9—补充水管；10—机油散热器

整体式冷却系统的补液箱的原理与外接式相同，只是补液箱铸在一起（图 2-30），其冷却水和蒸汽的走向见图 2-31。

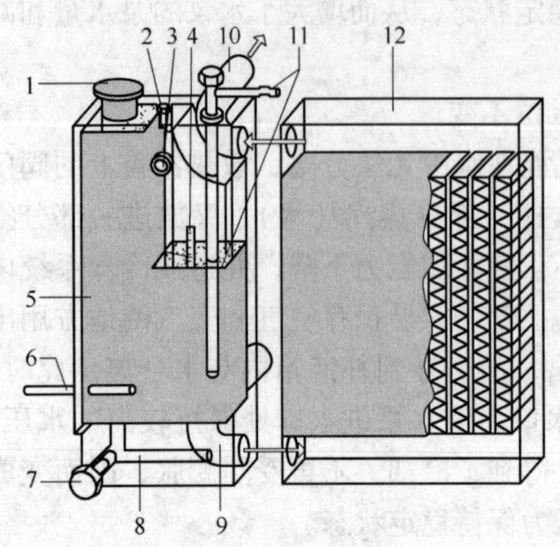

图 2-30 整体式补液箱

1—注水口；2—放气螺栓；3—压力控制阀(150kPa)；4—液面高度尺；5—冷却液；6—至水泵的补液管接口；7—放水螺塞；8—通散热器的水管；9—回水管；10—出水管；11—通缸盖的呼吸管；12—散热器

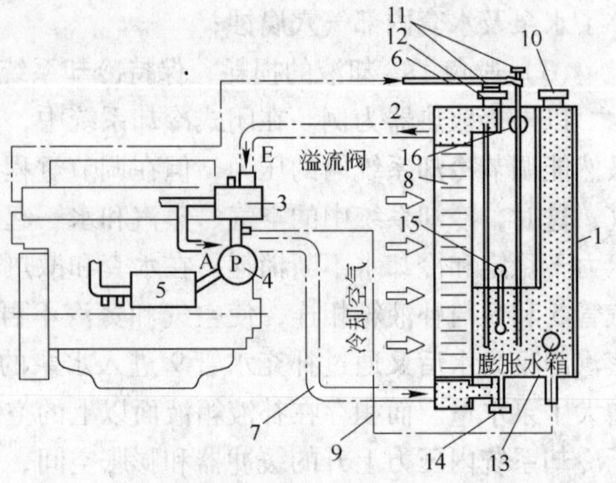

图 2-31 整体式补液箱冷却水和蒸汽的走向示意图

1—补液箱；2—出水管；3—节温器；4—水泵；5—机油散热器；6—水套出汽管；7—回水管；8—散热器；9—补充水管；10—加水口；11—放汽螺塞；12—螺塞；13—液面高度开关；14—放水螺塞；15—液面高度尺；16—压力控制阀

c 节温器

节温器的作用是随发动机负荷和水温的大小改变水的循环强度（路线和流量）。同时能缩短发动机的起热时间，减少燃料的消耗和机件的磨损。

(1) 冷却水的小范围循环。冷发动机在热启动前，水温低于 83℃时，主阀门关闭，旁通阀门开放，冷却水只能经旁通管直接流回水泵进水口，又被水泵压入水套。此时水不流经散热器，只在水套和水泵间小范围的循环。此时，冷却强度小，促使水温迅速上升，从而保证发动机各部位均匀迅速地热起或避免发动机过冷。由于冷却水的流动路线短、流量小，故称小循环，即节温器→水泵→机油散热器→水套→节温器。

(2) 冷却水大范围循环。当发动机内水温升高达 95℃时，主阀门全开，旁通阀全关闭，冷却水全部流进散热器。此时，冷却强度增大，促使水温下降或不致过高。由于这时的冷却水流动路线长、流量大，故称大循环，即节温器→水泵→机油散热器→水套→散热器→节温器。

(3) 冷却水的混合循环。当发动机内冷却水处于上述两种温度之间时，主阀门和旁通阀均部分开放，故冷却水的大小循环同时存在。此时冷却水的循环称为混合循环。

2.1.6 国内外柴油机及主要技术参数

目前在世界上大约有 8 家左右提供地下矿山用低污染柴油机。其中德国 Deutz 公司，美国 CAT 公司、Detroit 公司、Cummins 公司生产的柴油机使用最普遍。

2.1.6.1. 德国 Deutz 公司地下采矿柴油机

该公司是目前世界上最大的风冷柴油机制造商。它生产的地下装载机用柴油机为风冷二级燃烧室涡流式低污染柴油机。该柴油机主要有两个系列：FL912W 和 FL413FW，见表 2-2、图 2-32。该产品具有外形尺寸小、质量轻、经济性好、使用可靠、适应性强、安装简单、维修保养方便、对环境污染程度相对小等优点。尤其适用于在高温、严寒、干旱等气候恶劣的地区使用。因此，前几年世界上大部分柴油地下装载机与国内几乎全部的地下装载机都采用 Deutz 的柴油机。用于地下采矿 Deutz 的柴油机都经过 MSHA 认证和批准，见表 2-3。

表 2-2 道依茨风冷低污染及水冷柴油机型号与性能参数

1. 道依茨风冷低污染柴油机

发动机型号	缸数	DIN6271				缸径/行程 /mm	排量 /L	外形尺寸/mm			质量 /kg
		功率 /kW	额定转速 /r·min^{-1}	最大力矩 /N·m	额定转速 /r·min^{-1}			长	宽	高	
F3L912W	3	31	2300	149	1550	100/120	2.827	595	665	813	270
F4L912W	4	42	2300	199	1550		3.770	725		796	300
F5L912W	5	52	2300	248	1550		4.712	855		838	380
F6L912W	6	62	2300	298	1550	125/130	5.655	985		808	410
F6L413FW	6	102	2300	539	1550	125/130	9.572	915	1038	860	660
F8L413FW	8	136	2300	706	1550		12.763	1080			830
F10L413FW	10	170	2300	883	1550		15.953	1283		999	990
F12L413FW	12	204	2300	1060	1550		19.144	1148		1007	1120
BF12L413FW		240	2300	1250	1550			1380	1192	1112	1300

2. 道依茨水冷柴油机

发动机型号	缸径/行程 /mm	排量/L	外形尺寸/mm			质量/kg
			长	宽	高	
BF3M1011F	91/112	2.18	609.5	534	679	210
BF4M1010F	91/112	2.91	710	495	703	249
BF4M1013	108/130	4.76	1020	760	790	530
BF4M1013C	108/130	4.76	1020	760	790	550
BF6M1013	108/130	7.14	1280	760	845	676
BF6M1013C	108/130	7.14	1280	760	845	702
BF6M1013CP	108/130	7.14	1280	760	845	702
BF4M1013E	108/130	4.76	862	616	844	430
BF4M1013EC	108/130	4.76	862	616	844	432
BF6M1013E	108/130	7.15	1146	622	852	570
BF6M1013EC	108/130	7.15	1146	622	852	572
BF6M1013ECP1	108/130	7.15	1146	622	852	572
BF6M1015C	132/145	11.91	984	932	1174	830
BF8M1015C	132/145	15.87	1153	955	1174	1060

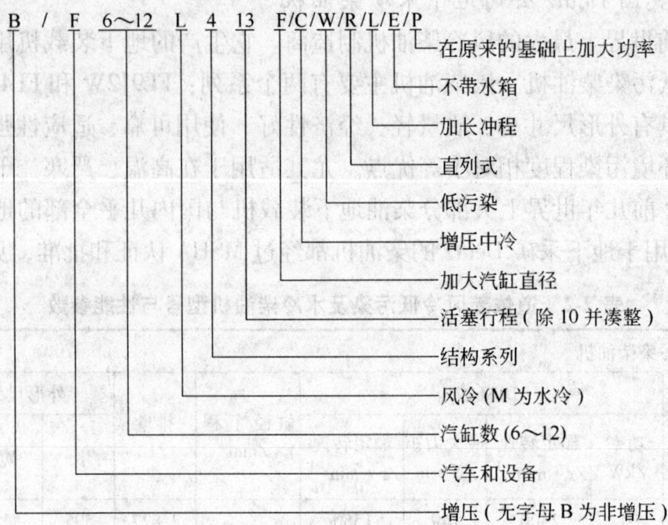

图 2-32　道依茨柴油机型号表示方法

近些年，Deutz 公司又生产了更先进、更经济、更可靠、排放更低的直喷式水冷柴油机，应用范围逐渐扩大，在一定条件下，有替代空冷二级燃烧低污染柴油机的趋势。用于地下采矿设备，其具体参数见表 2-2 和表 2-3。

表 2-3　MSHA 批准的道依茨风冷低污染及部分水冷柴油机

1. MSHA 批准的道依茨风冷低污染柴油机

发动机型号	功率(kW)/额定转速(r/min)	通风量		颗粒物指数 *PI*		MSHA 批准号
		m^3/min	ft^3/min	m^3/min	ft^3/min	
F3L912W	30/2300	70	2500	70	2500	7E-B026-0
F4L912W	40/2300	84	3000	98	3500	7E-B025-0
F5L912W	50/2300	112	4000	126	4500	7E-B024-0
F6L912W	60/2300	126	4500	140	5000	7E-B023-0
F6L413FW	102/2300	224	8000	196	7000	7E-B034
F8L413FW	136/2300	294	10500	266	9500	7E-B035
F10L413FW	170/2300	378	13500	336	12000	7E-B036
F12L413FW	204/2300	448	16000	392	14000	7E-B037
BF12L413FW	240/2300					

2. MSHA 批准的部分道依茨水冷柴油机

发动机型号	功率(kW)/额定转速(r/min)	通风量		颗粒物指数 *PI*		MSHA 批准号
		m^3/min	ft^3/min	m^3/min	ft^3/min	
BF3M1011F	34/2800	84	3000	98	3500	7E-B054
BF4M1010F	45/2800	98	3500	126	4500	7E-B055

续表 2-3

2. MSHA 批准的部分道依茨水冷柴油机						
发动机型号	功率(kW)/额定转速(r/min)	通风量		颗粒物指数 *PI*		MSHA 批准号
		m^3/min	ft^3/min	m^3/min	ft^3/min	
BF4M1013	95/2300	322	11500	126	4500	7E-B059
BF4M1013C	115/2300	238	8500	210	7500	7E-B008
BF6M1013	145/2300	490	17500	154	5500	7E-B058
BF6M1013C	174/2300	448	16000	238	8500	7E-B057
BF6M1013CP	161/2100	308	11000	406	14500	7E-B007
BF4M1013E	93/2300	322	11500	126	4500	7E-B059-0
BF4M1013EC	118/2300	238	8500	210	7500	7E-B008
BF6M1013E	141/2300	490	17500	154	5500	7E-B058
BF6M1013EC	170/2300	448	16000	238	8500	7E-B057
BF6M1013ECP	182/2100	336	12000	420	15000	7E-B007
BF6M1015C	300/2100	518	18500	490	17500	7E-B002-0
BF8M1015C	364/1900	672	24000	504	18000	7E-B009

2.1.6.2 美国 CAT 公司地下采矿柴油机

CAT 公司是世界上最大的柴油机、工程机械、矿山机械制造公司。它以产品质量优秀、可靠性高、使用性能好而著称于世。它生产的水冷柴油机在地下装载机中获得广泛的应用。其性能参数见表 2-4。

表 2-4 MSHA 或 CANMET-MMSL 批准的 CAT 部分地下采矿发动机

发动机型号	bkW(C 功率)[①]/kW	转速/r·min^{-1}	备 注	批准号
C1.1	13.7 (21.0)	2200~3400	NA	
C1.6	24.6 (26.5)	2800~3000	NA	
C2.2	24.6 (26.5)	2800~3000	NA T	07-ENA090001 07-ENA090002
C3.4	27.5 (49.2)	2200~3000	NA T	
C4.4	54 (62)	2200~2400	NA T TA ATAAC	
C4.4	61.5 (101)	2200~2400	T TA ATAAC	
C6.6	89 (209)	1800~2500	TA ATAAC DITA	CSA 1204 07-ENA080004
C7	187	1800~2200	ATAAC	CSA 1211
C9	242~261	1800~2200	ATAAC	MSHA
C11	287	1800~2100	ATAAC	CSA 1207
C13	328	1800~2100	ATAAC	
C15	403	1800~2100	ATAAC	CSA 1184

续表 2-4

发动机型号	bkW(C 功率)①/kW	转速/r · min⁻¹	备 注	批准号
C18	470 ~ 522	1800 ~ 2100	TA ATAAC TTA ATAAC	CSA 1183
C27	708	1800 ~ 2100	TTA ATAAC	CSA 1209
3176C	201	2200	EUI ATAAC	CSA 1099；1162 7E-B0012
3406E	283	2000	EUI ATAAC	CSA 1151；1152 7E-B018

注：E—电子控制；EUI—electronic unit injection（电子喷射单元）；DITA—direct injection turbocharged after cooled（涡轮增压后冷直喷式发电机）；ATAAC—air-to-air aftercooled（空对空后冷）；NA-naturally aspirated（自然吸气）；T-turbocharged（涡轮增压）；TA-turbocharged aftercooled。

① bkW（brake power）表示有效功率或制动功率，C 功率是 CAT 公司定义的一种功率（发动机间断工作的功率）

发动机的电子控制是近几年才发展起来的先进技术，CAT 公司是这方面的开拓者之一。这一先进技术的核心就是电子控制组件（ECM），它是电子控制发动机的大脑。在发动机上装有大约十几个传感器，不断向 ECM 传递各种信息。ECM 就根据这些信息通过个人计算机控制所有的回路，包括喷油时间与燃油/空气比，准确地诊断出发动机各种问题和简单分析发动机的性能。

在 CAT 的发动机上还配有发动机的监视系统（EMS），该系统有先进的触摸式液晶显示（LCD），去掉了所有的控制仪表。在 CAT 公司生产的地下装载机中已全部采用了这两项先进技术。

2.1.6.3 美国的 Detroit 公司地下采矿柴油机

美国的 Detroit 公司 40、50、60 系列水冷直喷式柴油机，早几年已在国外开发的地下装载机中被广泛的利用。近几年 40 系列不再生产，50 系列用得也没有过去那么广泛，60 系列仍是主力，而且技术越来越先进。

40E 系列有 4 缸轻型、6 缸重型直列式发动机，马力从 119 ~ 246kW。排量有两种，7.6L 与 8.7L。

40E、50 系列是 60 系列 12.7L 六缸机的四个汽缸变型。它有相同的电子控制，有汽缸组件、轴承、定时齿轮、摇臂、气门、水泵、燃油泵和电控泵喷嘴。

40E、50 系列与 60 系列柴油机的技术参数见表 2-5。

50 系列与 60 系列 Detroit 公司的柴油机也采用了先进电子控制技术，即 DDEC。

DDEC 的功能和使用十分简单，系统的主要部件有电子控制组件（ECM）、电子泵喷嘴（EUI）和各种系统传感器。ECM 是系统的“大脑”。系统从操作者、发动机和装在机器上的传感器接受电子输入信号，利用这些信号精确控制燃油喷射量和喷油定时。

表 2-5 MSHA 批准的 Detroit40E 系列、50 系列、60 系列部分柴油机参数

发动机型号	额定功率/kW	额定转速 /r·min^{-1}	最大扭矩 /N·m	最大扭矩时转速 /r·min^{-1}	MSHA 批准号
S40E（7.61）6 缸/直列	130	2200	583	1500	7E-B050 7E-B080
	142	2200	658	1500	
	157	2200	705	1500	
	172	2200	802	1500	
	186	2200	895	1500	
S50（8.51）4 缸/直列	205	2100	1220	1350	7E-B047 7E-B092
	224	2100	1356	1350	
	235	2100	1424	1350	
S60（111.11）6 缸/直列	212	2100			7E-B048
	224	2100			
	242	2100			
S60（12.71）6 缸/直列	224	2100	1424	1200	7E-B049 7E-B097
	242	2100	1600	1350	
	261	2100	1661	1200	
	280	2100	1763	1200	
	298	2100	1898	1200	
	317	2100	2000	1200	
	336	2100	2102	1200	
	354	2100	2102	1200	
S60（141）6 缸/直列	391	2100	2373	1350	7E-B087
	429	2100	2373	1350	
BV2000C	485	2100	2375	1500	
	485*	2100	2875	1350	

注：带＊号是没有经过 MSHA 认证，其余经过 MSHA：regulation 30 CFR part 7 认证。

Detroit 柴油机电子控制 DDEC 的主要优点是：综合保护，即用识别未出现前的潜在故障来确保发动机最长可使用时间；改善燃油经济性，即电子控制喷油器，将精确计量的燃油在正确的时刻喷入发动机，改善燃油经济性的 3% ~5%；降低烟度的排放，即 DDEC 能不间断地监测发动机运转特性，并按即时变动工况进行调节，达到低排放、高性能，利用 DDEC 使发动机的扭矩和功率水平可以根据用户特定要求专门控制，使设备设计得精确、响应更快、工效更优化，缩短维修时间，使修理更有效。

从以上介绍看来，Detroit 柴油机是一种很有发展前途的柴油机。柴油机由电脑控制这种发展值得密切注意。

2.1.6.4 美国 Cummins 公司地下采矿柴油机

美国 Cummins 公司生产地下采矿发动机相对前面几个公司要晚些，但发展很快，特别近几年在大功率柴油机方面因为排放低而获得广泛应用。表 2-6 所列就是 Cummins 公司可

应用于地下采矿的发动机。

表 2-6　MSHA 批准的 Cummins 公司部分地下采矿发动机

批准号	发动机型号	海拔 305m 高发动机功率（kW）/转速（r/min）	通风率 /$m^3 \cdot s^{-1}$	颗粒物指数 /$m^3 \cdot s^{-1}$
07-ENA040001	QSB-155C	115.6/2500	4.25	5500
07-ENA040015	ISB-325 Above 3000ft Mine Code	242.5/2900	6.14	6.14
07-ENA040015-1	ISB-215 Above 3000ft Mine Code	160.4/2900	4.25	4.48
07-ENA040016	4B3.3	48.5/2600	1.65	3.78
07-ENA040017	4B3.3T	63.4/2600	2.12	4.48
07-ENA050005	QSC-215C	160.4/2200	6.84	5.66
07-ENA060006	QSL9.0	186.5/2000	4.25	5.66
07-ENA060006	QSL9.0	208.9/2000	6.14	6.37
07-ENA060006	QSL9.0	243.8/2100	6.14	6.61
07-ENA060010	QSB6.7	160.4/2500	4.0	4.48
07-ENA060010	QSB6.7	144/2200	4.0	4.48
07-ENA060010	QSB6.7	205/2500	5.19	4.97
07-ENA060010	QSB6.7	186.5/2500	4.48	4.97
07-ENA060010	QSB6.7	179/2500	4.48	4.72
07-ENA070006	QSB4.5	82.1/2500	2.12	3.3
07-ENA070006	QSB4.5	97/2500	2.83	4.0
07-ENA070006	QSB4.5	119.4/2500	3.3	4.0
07-ENA070006	QSB4.5	126.8/2500	3.07	4.0
7E-B051	ISB235-1998	175.3/2700	4.72	2.83
7E-B052	B5.9-160w/cat-93-97	119.4/2500	5.66	1.65
7E-B052	B5.9-160w/ocat-91-93	119.4/2500	5.43	2.36
7E-B052	B5.9-175w/cat93-97	130.6/2500	5.66	1.65
7E-B0542	B5.9-175w/ocat-92-93	130.6/2500	5.43	2.36
7E-B052	B5.9-180w/cat-95-97	133.2/2500	5.67	1.65

2.1.6.5　其他公司地下采矿发动机

(1) Perkins（帕金斯）公司（已与 CAT 合并）有 1004-40TW(9.1kW)、1006-60T(113kW)、1004-40T(80kW)、704-26(43kW)、104-19(34kW)共 5 种机型发动机被 MSHA 批准可作为地下采矿发动机。

(2) Isuzu（五十铃）公司有 QD100-301(59kW)、C204MA(42kW)、6BD1MA(101kW)、4BG1T-MA(83kW)、6BGI-MA(96kW)、3LDIMA(25kW)、4LEIMA(40kW)、

4LCIMA(30kW)、C240MA(39kW)、6BGI-MAI(86kW)共11种机型发动机被MSHA批准可作为地下采矿发动机。

(3) Lister-Peteer（李斯特-彼得）公司有LPU4 MKI(26kW)、LPU3 MKI(20kW)、LPU2 MKI(13kW)、LPU4 MKI(37kW)、LPU3 MKII(22kW)共5种机型发动机被MSHA批准可作为地下采矿发动机。

(4) John Deere（约翰迪尔）公司也生产经过MSHA批准的功率从37kW到74kW共11种用于地下采矿的柴油发动机。

2.1.6.6 我国生产的地下柴油机

目前我国柴油机生产厂家虽然还不能独立设计、独立制造地下采矿发动机，但北京内燃机厂1990年由原国家建委通过中国机械进出口公司从Deutz公司以生产许可证的方式引进了FL912/913系列风冷柴油机，并确定北京内燃机总厂、石家庄建筑机械厂为生产厂家。华北柴油机厂也是以Deutz生产许可证的方式生产B/FL413FW系列风冷柴油机和BFM1015系列水冷柴油机。

2.1.7 柴油机配套系统设计

一般向发动机厂订购的是发动机总成，而其配套系统由地下装载机制造厂自己设计与制造，如果这些配套系统不能正确设计与制造，将会直接影响发动机的性能发挥，甚至损坏发动机，因此，发动机配套系统设计十分重要，本节主要介绍Deutz发动机配套系统设计，其他发动机配套系统设计可咨询相关发动机制造厂。

2.1.7.1 进气系统设计

A 柴油机进气系统设计的重要性

在发动机早期磨损中，有大约3/4是由灰尘引起的。为了防止此类情况的发生，必须按发动机的运转环境（尘土）选择合适的空滤器。特别是井下灰尘多，应选择效率高、容量大、寿命长的空气滤清器。如果发动机用户订购的不是发动机生产厂家所推荐使用的滤清器，用户必须对正确的设计和匹配负责，因为当证实因空滤器的缺陷而造成发动机损伤时，生产厂家是概不负责的。不特殊订货，发动机生产厂家一般不供给空气滤清器。而空气滤清器是常更换的元件，故必须对空气滤清器给予足够的重视。地下装载机是在十分恶劣的环境下工作。周围空气有大量的灰尘或矿粒等杂质（40～50mg/m^3）。如果柴油机汽缸中吸入了不清洁的空气，那么其中的硬质砂尘将成为磨料，使汽缸、活塞、活塞环等发生早期严重磨损，不仅影响了柴油机的性能，而且也增加润滑油的消耗，从而大大缩短了柴油机的使用寿命与经济性，严重的甚至造成柴油机损坏。

为了避免上述现象的发生，必须重视空气的滤清，并对空气滤清器和清洁空气管道的结构进行精心的设计。

B 柴油机进气系统的设计内容

(1) 正确选择空气滤清器的类型规格。

(2) 正确确定空气滤清器和发动机进气管之间所谓清洁空气管道内径、长度与布置。

(3) 正确选择管道材料与固定方式。

C 柴油机进气系统的设计原则

(1) 尽量远离高热零件。进气管（包括进气管道与空气滤清器）应尽量远离高热零件，以便使进气不受高温的影响，保证进气管中吸入新鲜空气在较低温度下有更大密度，以提高柴油机进气质量。

(2) 便于维修。设计进气接管时还应考虑到进气管和空气滤清器的连接方式和空滤器的安装位置，在整机上应保证空滤器滤芯便于拆装，方便保养。对于装有保养指示器的还应能够方便观察保养指示器堵塞情况。

(3) 工作可靠。柴油机的进气系统长期使用后仍应是可靠的密封，并能经受由柴油机的振动、压力以及温度变化而引起的机械负荷。

(4) 性能好。进气系统实测真空度必须小于所选柴油机的许用的进气真空度。空气滤清器的体积要小、净化效果要好、原始阻力要小、性能要稳定。

(5) 成本要低。

D 柴油机进气系统的设计

a 空气滤清器的类型的选择

空气滤清器最常用的有两种，一种是干式，另一种是油浴式。地下装载机通常采用干式空气滤清器，只有特殊情况下才能使用油浴式空气滤清器，这两种滤清器特点比较见表 2-7。

表 2-7 干式与油浴式空滤器比较

	干式空滤器	油浴式空滤器
优 点	(1) 过滤效果好； (2) 与发动机倾斜位置无关； (3) 不受车辆海拔高度与是否运动的影响； (4) 不受发动机速度影响； (5) 不受温度的影响； (6) 便于清理与维修； (7) 可使用工作显示器	(1) 不需更换； (2) 成本低； (3) 最适合处理积碳； (4) 保养方便
缺 点	(1) 需特别细心维护； (2) 必须在当地有可靠的滤芯备件供应	(1) 通过该空滤器的灰尘是干式的两倍，过滤效果差； (2) 受发动机速度影响； (3) 受车辆海拔高度与运动的影响； (4) 对温度很敏感； (5) 不可使用工作显示； (6) 安装位置受限制； (7) 污染工作环境

干式滤清器根据工作环境尘土情况和发动机不同的应用，又分很多种。道依茨公司根据尘土情况把纸芯空滤器尺寸分为 8 组。1、2、3 组属正常尘土情况，4、5 组属中等尘土情况，6、7 组属严重尘土情况，第 8 组属极严重的尘土情况。地下装载机选用第 6 组严重尘土情况纸芯空气滤清器尺寸。世界有名的空滤器制造公司——Donaldson 公司，根据环境尘土情况把空气滤清器分为三个系列，轻微至中等轻微尘土情况使用 E 系列空滤器，中等轻微至中等尘土使用 F 系列空滤器，严重尘土情况使用 S 系列空滤器，一般地下装载机

使用F系列，带安全元件与预分离器的FHG型空滤器。

b　空滤器大小的选择

空滤器大小的选择主要根据发动机的类型，所需新鲜空气量的多少决定的，一般发动机厂都在该型发动机的技术参数中给出。如果没有给出也可以按如下公式估算：

（1）自然进气四冲程柴油机所需空气的体积流量 q_v（m^3/min）为

$$q_v = \frac{V_h n \eta f}{2 \times 1000} \tag{2-3}$$

式中　V_h——汽缸工作总容积，L；

n——发动机额定转速，r/min；

η——计算容积效率，$\eta = 0.9$；

f——进气脉冲系数，一缸机 $f = 2.5$，二缸机 $f = 1.7$，三缸机 $f = 1.3$，四缸机 $f = 1.1$，五缸机及以上 $f = 1.0$，增压发动机 $f = 1.0$。

（2）增压四冲程柴油机所需的体积流量 q_v（m^3/min）为

$$q_v = 0.095 N_g \tag{2-4}$$

式中　N_g——柴油机额定功率，kW。

（3）若排放的废气按EC88177规则达欧洲Ⅰ号标准，对涡轮增压发动机必须增加空气进气量。此时空气流量 $q_{v\text{I}}$ 为

$$q_{v\text{I}} = 0.097 N_g \tag{2-5}$$

（4）对带中冷器的涡轮增加器发动机则

$$q_{v\text{I}} = 0.105 N_g \tag{2-6}$$

（5）对带中冷的涡轮增压发动机，若排放的废气按EC88177规则达欧洲Ⅱ号标准，则

$$q_{v\text{II}} = 0.115 N_g \tag{2-7}$$

若要按实验室寿命确定空气滤的尺寸（所谓实验室寿命就是在所定义的实验条件下纸芯空气滤积满尘土的时间），此时确定寿命的空气量 q_s 为

$$q_s = q_v K \tag{2-8}$$

$$q_s = q_{v\text{I}} K \tag{2-9}$$

$$q_s = q_{v\text{II}} K \tag{2-10}$$

式中　K——负荷系数。

负荷系数考虑了空气滤脏污程度增加时脉冲效率的减弱。对供气的汽缸数，若汽缸数 $n = 3$，则 $K = 1.1$；$n \geqslant 4$ 时，$K = 1$。对增压发动机汽缸数 $n = 3$，$K = 1$；$n \geqslant 4$ 时，$K = 1$。有了空气流量 q_v、$q_{v\text{I}}$、$q_{v\text{II}}$ 等就可以在有关空滤器的产品目录中，选择所需的空滤器。

（6）有的空滤器制造厂只给出空滤器的通气面积 A（m^2），因此必须要根据需要的空滤器通气面积 A 选择空滤器。

空滤器通气面积

$$A = \frac{q_v}{1.0669} \tag{2-11}$$

式中　q_v——最大进气流量，m^3/min；

1.0669——空滤器的大小能产生 1.0669m/min 最大的工作面风流速度，m/min。

c　进气管道的设计

（1）自然吸气发动机。当要设计进气管道时，须以发动机上进气管的直径为设计的基本参数。理论的进气管的长度应比实际的管道长一些。理论进气管的长度包括：

1）滤清器前后的管道长度；

2）对空气动力性能良好的弯管，即半径尽可能大的圆弧，每遇一个90°的弯头，管道增加1m，对空气动力性能不好的弯管，每增加一个90°的弯管，管道长度增加2m；

3）对空气动力性能良好的45°弯管，管道长度增加0.5m，对空气动力性能不好的弯管，每增一个45°的弯头，管道长度增加1m。

每一波纹软管，管道长度应增加一个波纹管道的长度。

当理论管道的长度超过2m时，进气管道的直径应比发动机上进气管直径按表2-8增加。

表 2-8　进气管直径增加的数值

理论管道长度/m	直径比进气管增加的数值/mm	理论管道长度/m	直径比进气管增加的数值/mm
2 ~ 4	10	6 ~ 10	30
4 ~ 6	20	10 ~ 15	40

（2）增压发动机。发动机工作时，内部的空气流速很高，就不能取连接处的直径作为管的测量直径。由于压比，发动机输出功率和废气额定流量之间有着密切关系，应以发动机的输出功率作为决定管道系统直径的参考值。因此增压发动机进气管道最小横断面积参考值与理论长度之间的关系可参考表2-9。

表 2-9　增压发动机进气管所需的最小截面积

理论进气管长度/m	进气管所需最小横截面积		理论进气管长度/m	进气管所需最小横截面积	
	增压发动机—带或不带中冷器 /$cm^2 \cdot kW^{-1}$	增压发动机带中冷器用于欧洲Ⅱ号排放标准/$cm^2 \cdot kW^{-1}$		增压发动机—带或不带中冷器 /$cm^2 \cdot kW^{-1}$	增压发动机带中冷器用于欧洲Ⅱ号排放标准/$cm^2 \cdot kW^{-1}$
约 2	0.71	0.79	>6 ~ 10	1.27	1.42
>2 ~ 4	0.90	1.00	>10 ~ 15	1.48	1.65
>4 ~ 6	1.09	1.21			

（3）带中冷器的增压发动机。在带中冷器的增压发动机中，在增加器后面被压缩的空气通过中冷器进入到汽缸中，中冷器的管子（从增压器到中冷器，从中冷器到发动机进气管之间的管子）直径的确定，将类似于增压发动机空气进气管。

如果最终的管子的直径小于中冷器套管的直径，中冷器套管的直径将用作中冷器管子的直径。

在总的中冷器空气管道内（增压器到中冷器/中冷器到发动机）最大可能的流阻（压力损失）大约是 $\Delta p < 5.0 \sim 5.5$kPa。

通过中冷器和中冷器的管道不应超过下面的许用值：

$$\Delta p = 7.0 \sim 7.5\text{kPa}$$

对 ECP 发动机来说，$\Delta p = 10\text{kPa}$。

d 进气真空度及其测量

为了使柴油发动机燃油能完全充分的燃烧，应该给发动机提供新鲜的空气（氧）。如果空气燃烧这一侧的阻力（真空度）太高，这是由于空气缺乏，燃烧将不完全（氧不足），这意味着燃油消耗比较高。

通过限制进气真空度来减少有害影响。

（1）最大许用进气真空度。表 2-10、表 2-11 列出的进气真空度总值是用于一般发动机的数值，它适用整个进气系统（包括空气滤、未滤清的空气管道和清洁空气管道）。在发动机上测得的数值不得超过表中数值。

表 2-10 油浴式空气滤的许用真空度（适用车用、通用增压、非增压发动机）

发动机	空气滤的真空度（大约值）		管道阻力（大约值）		许用进气真空度总值	
	kPa	mmH_2O	kPa	mmH_2O	kPa	mmH_2O
三　缸	3.0	300	1.5	150	4.5	450
四缸及四缸以上	3.5	350	1.5	150	5.0	500

表 2-11 纸芯空气滤脏污后许用进气真空度（适用车用、通用增压、非增压发动机）

发动机	空气滤的真空度（大约值）		管道阻力（大约值）		许用进气真空度总值	
	kPa	mmH_2O	kPa	mmH_2O	kPa	mmH_2O
三　缸	4.5	450	1.0	100	5.5	550
四缸及四缸以上	5.0	500	1.5	150	6.5	650

表中给出的空气滤和管道单独给出的进气真空度数值仅是参考值。只要进气真空度总值不超过许用值。它们的数值是可以变动的。

对于车用、通用发动机。未按其用途将进气真空度加以区分。

当管子装在干式空滤器的上游时（脏空气侧），管子的阻力应增加空滤器的初始阻力，由于保养指示器提早显示结果缩短了维修间隔。

当管子装在干式空滤器的下游时（干净空气侧）时，保养指示器表示了实际空滤器阻力，不是下游管子的阻力（如果管子的阻力不可能达到允许值的话），在选择与布置保养指示器时必须要考虑到这点。

根据使用寿命要求新空滤器阻力比用过的空滤器的阻力值低。

为了保证纸芯空气滤在正常尘土情况下有足够长的寿命（滤清器上游的脏管道），当不装未滤清的空气管道时，装在发动机上新的空滤器在清洁空气接管上的总阻力不得超过下列值，三缸发动机小于 2.0kPa，四缸以上，小于 2.5kPa，建议尽量取低于上述的数值，这样对发动机功率和使用性能都有利。

上面所有给出的值都适用在发动机上测量。

（2）真空度的测量。必须在进气口的前面或在进气弯头增压器前或在进气管前一段直管处进行测量。测量点前后处直管长度必须为进气管直径的 2.5 倍（图 2-33）。如果办不到，应在弯管中性层上测量。

进气系统真空度最好用充水 U 形管测量。

1）自然吸气发动机。不带负荷，在额定转速下于发动机的进气管上（在进气管到发动机进气歧管的 A 处）测量，见图 2-34。

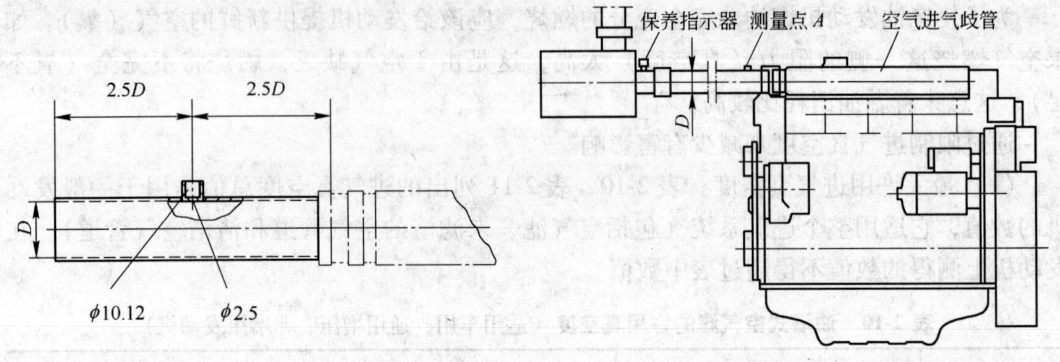

图 2-33 测量点的位置　　图 2-34 自然吸气发动机真空度的测量位置

如果在额定转速下测量有困难，对于非增压发动机也可在较高空转转速下测量，并按下面的公式换算

$$P = \frac{P_{max}}{\left(\frac{n_{max}}{n}\right)^2} \tag{2-12}$$

式中 P——额定转速下进气真空度（见表 2-10、表 2-11）；

P_{max}——在最高空转转速时测得的进气真空度；

n——额定转速；

n_{max}——最高空转转速，并在此转速下测量。

2）增压发动机。在额定转速无负荷情况下测量，在燃烧空气进气入口到发动机进气歧管前 A 点测量，见图 2-35。

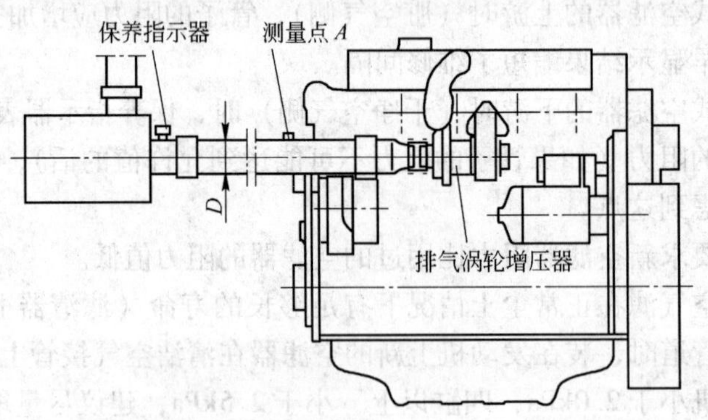

图 2-35 增压发动机进气真空度测量点

3）进气真空度的监测。与油浴式空滤器相反，纸质空气滤脏污程度的增加要快得多。因此，安装纸芯空气滤时一定要安装一个保养指示器，并安装在清洁空气道上。其连接方法大都由空气滤制造厂在空气滤上预先规定的。

确定开关点的数值时，须考虑管道和空气滤脏污后的阻力及滤清器和保养指示器在进气系统中的布置情况。

例 2-1：已知发动机 F4M1012E（图 2-36）测得有关参数，求指示器开关点。

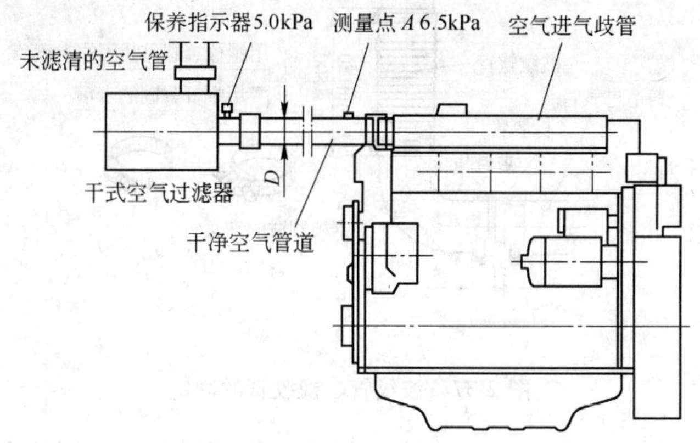

图 2-36　发动机 F4M1012E

A 点的总阻力 =6.5kPa

假设：干净的空气管道的阻力　　1.0kPa

　　　未滤清的空气管道的阻力　　1.5kPa

在进气管道的入口处（A 测量点）测量的阻力达到 6.5kPa 之前，脏的空滤器的阻力可能上升到如下值：6.5 -1.0 -1.5 =4.0kPa。

当决定保养指示器的开关点时，保养指示器要考虑空滤器的上游未滤清的空气管道的阻力也能显示出来。

4.0 + 1.0 = 5.0kPa

当脏的空滤器达到开关点时，A 点测量总的阻力达到开关点是 5.0 +1.5 =6.5kPa。

如果保养指示器放在干净空气管道 A 点或在空滤器内，直接安装在发动机的上游，也可以用上述类似的方法确定开关点的值。

e　进气管道的布置与固定

空气滤和发动机之间的管道（清洁空气管道）必须绝对气密，而且能承受得住发动机振动和压力脉冲所引起的机械应力。同样，也可以应用增压器与中冷器/发动机空气进气歧管之间的中冷器管道。

无缝钢管适应这一要求，焊接的薄钢板管也可以使用，但其先决的条件是密封，内部要干净、无焊瘤、锈层、氧化皮等，内表面必须进行防锈处理，烟囱管、折叠管、点焊管以及铆接管绝对不能使用。

无支承的管道或管路应根据安装的设备的振动进行检查并在发动机上或设备上加上支承。

对于地下装载机支承在弹性支承上的发动机，常常将空气滤清器刚性地同设备在一起，为此，必须在空气燃烧管道上安装弹性元件。

在脏的空气管道上可以使用弹性管作为用作燃烧空气管，在连接时，必须观察周围的最大环境温度，同样也要注意弹性管的强度和振动的作用。

作为进气管系统的布置与固定见图 2-37。

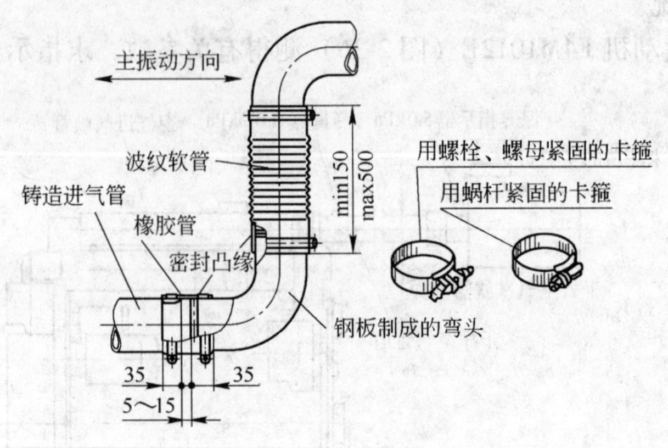

图 2-37　波纹管、橡胶管的固定

无论是铸造进气管、橡胶管、波纹管、钢板成形的弯头都必须符合有关要求或标准，才能使用，在一定的位置用合适的卡箍固定。

从上可知，地下装载机柴油机进气系统的设计十分重要，必须要按有关规定进行，否则就会影响它的性能与使用寿命，重则还会损坏发动机。

2.1.7.2　排气系统设计

柴油机排气系统一般包括排气管弯头、净化器、消声器及一些附件。柴油机排气系统的设计就是包括上述部件的设计、排气阻力计算、排气系统的正确连接与布置。一般柴油机排气系统零部件，柴油机生产厂是不提供的。它是由地下装载机制造厂自己设计。如果设计不正确，要么造成排气阻力过大，致使发动机过热，这就会大大降低发动机的使用性能，甚至无法使用；要么造成废气净化效果不理想。因此可以说，柴油机的排气系统的正确设计是保证柴油机性能正常发挥的一项十分重要的措施。

A　设计原则

柴油机排气系统的设计原则就是要保证排气阻力最小、废气净化器与消声效果最好、整个管路气密性最好、有能够承受相对运动与热膨胀负荷、补偿轴向变形的元件（因为排气温度变化很大，不工作时，就是环境温度，重载荷时，可高达 500 ~600℃）。

B　设计内容

a　废气净化器与消声器的选择

地下装载机柴油机在运行时要排放有毒的废气和产生强烈的噪声。废气与噪声又对人的身心健康带来极大的危害，对环境造成极大的污染。因此，地下装载机柴油机排气系统必须加装催化净化器与消声器或净化水池。催化净化器与加装式消声器是连成一体，组合安装到地下装载机柴油机排气系统上。加装式消声器与净化器机体用快速拆卸夹箍连接（图 2-38），因而极便于拆装检查和清洁操作。

有的车辆也有仅使用整体焊接净化器（图 2-39）或卡接式净化器（图 2-40）。前者不可拆卸，但价格便宜；后者可以拆卸清洗，价格相对贵一些。

选择带消声器的净化器主要依据发动机类型、发动机的排气量的大小、在净化器生产厂给出的选择表来选择合适的净化器与消声器。否则，选大了是浪费；选小了则排气通过

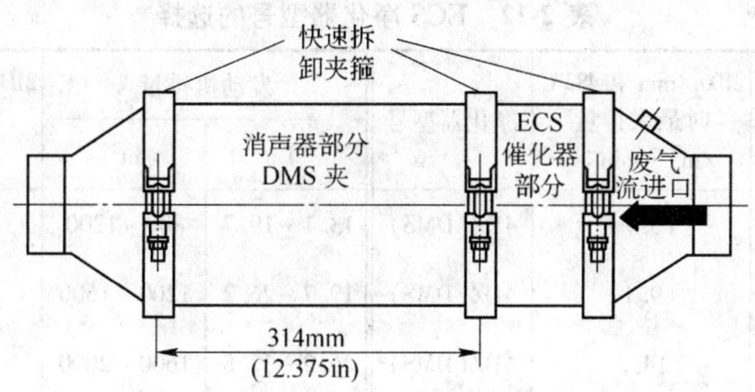

图 2-38 加装消声器的催化净化器

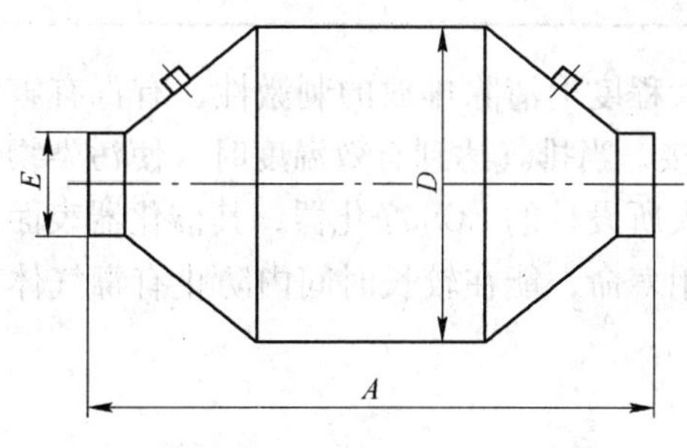

图 2-39 整体焊接型净化器

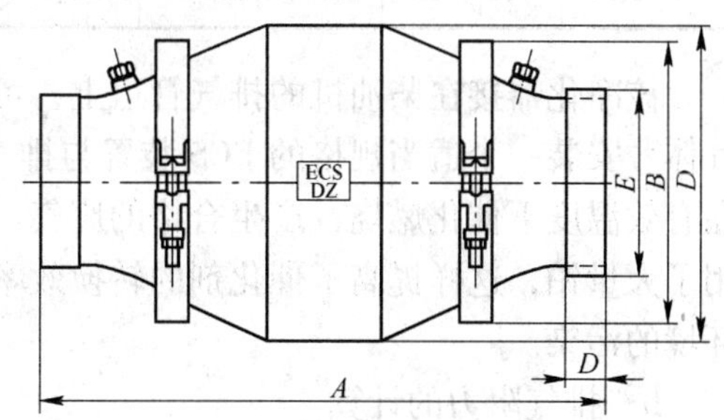

图 2-40 卡接式净化器

净化器催化剂过快，而无法发挥净化作用，而且还会导致过高的排放物。

为了保证废气净化效果，一般要求废气温度设在 350 ~ 550℃。

一般净化器可降低 90% 以上 CO、80% 左右 HC、25% ~ 35% 颗粒物的排放，对 NO_x 影响不大，消声器可降低噪声 7 ~ 15dB(A)。

发动机废气流量可在发动机有关手册中查到或由发动机制造厂提供。它是按标准环境条件（大气压力 98.1kPa，相对湿度为 0%，环境温度为 20℃）给出的，即标准废气流量（standard cubic meter per minute，SCMM），为了计算实际的废气流量（actual cubic meter per minute，ACMM），须从发动机的特性曲线上按相应的功率和转速查出排气温度，并按式（2-13）计算实际废气流量。

$$\mathrm{ACMM} = \frac{V_s(273 + t)}{293} \tag{2-13}$$

式中 V_s——标准废气流量，m^3/min；

t——特性曲线上的废气温度，℃。

如果要换成英制实际废气流量（ACFM），则：

$$\mathrm{ACFM} = \mathrm{ACMM}/0.0283 = 35.3\mathrm{ACMM} \tag{2-14}$$

根据 ACFM 或 ACMM 可在有关产品目录中查到相关净化器（或消声器）的规格尺寸。

例如，加拿大 ECS 催化净化器，可根据发动机 2100r/min 和 482℃ 时最大废气排量或发动机排量，选择一个合适型号的 ECS 净化器见表 2-12。

表 2-12 ECS 净化器型号的选择

发动机排量		2100r/min 和 482℃时最大排量 /$m^3 \cdot min^{-1}$	净化器型号	发动机排量		2100r/min 和 482℃时最大排量 /$m^3 \cdot min^{-1}$	净化器型号
L	in^3			L	in^3		
约2.5	约150	5.7	4DZ(DMS)	13.1～19.7	800～1200	42.5	10DZ(DMS)
2.5～4.1	150～250	9.1	5DZ(DMS)	19.7～26.2	1200～1600	59.5	12DZ(DMS)
4.1～6.5	250～400	14.2	6DZ(DMS)	26.2～32.8	1600～2000	76.5	14DZ(DMS)
6.5～9.8	400～600	21.5	7DZ(DMS)	32.8～50.8	2000～3100	119.0	16DZ(DMS)
9.8～13.1	600～800	28.3	8DZ(DMS)				

该净化器接在柴油机的排气管道上，可在很大程度上清除排放的刺激性、有毒有害的气体。安装一个适当规格的 ECS 装置与排气管连接，当排气达到有效温度时，使污染物质在有效温度下催化燃烧，产生合格的废气。加拿大所设计的 ECS 净化器，其催化器表面采用了大量铂，这样提高了催化剂的转换效率和使用寿命，能在较长时间内防止有毒气体对环境的污染。

b 排气阻力的计算

（1）许用排气背压。当发动机废气通过管道排出，为了降低排气有害气体浓度与噪声，大多数情况下还需加一个废气净化器和消声器，这就导致了排气系统背压阻力增加，从而导致发动机性能变坏。故每一个发动机在其技术资料中规定了排气系统的许用背压阻力。

表 2-13 为道依茨柴油机排气背压在发动机额定功率转速下测得的值，不得超过这个数值，这个数值适用整个排气系统（包括净化器、消声器）。

表 2-13 道依茨自然吸气和增压发动机许用排气背压

发动机	整个排气系统	
	kPa	mmH_2O
三 缸	6.35	635
四缸和四缸以上	7.5	750

一般排气背压最好用充水的 U 形管，测量点位于连接法兰前与发动机最后一个废气出口相距 180mm 处测量。

（2）排气背压的确定。图 2-41 与图 2-42 所示为确定排气管总阻力。该曲线分别用于冲程 280mm 以内的非增压发动机（图 2-41）和用于冲程 280mm 以内的增压发动机（图 2-42）两种。

例 2-2：已知：F4M1012，40kW/(2500r/min)，排气管的长度 4m，内径 69.7mm，$r_m/D=1$ 的弯头 6 个。

求管子的总阻力 ΔP。

解：$P_S=200Pa/m$，一个弯管 $L_Z=0.8m$。总的管子长度 $L=4+6\times0.8=8.8m$。

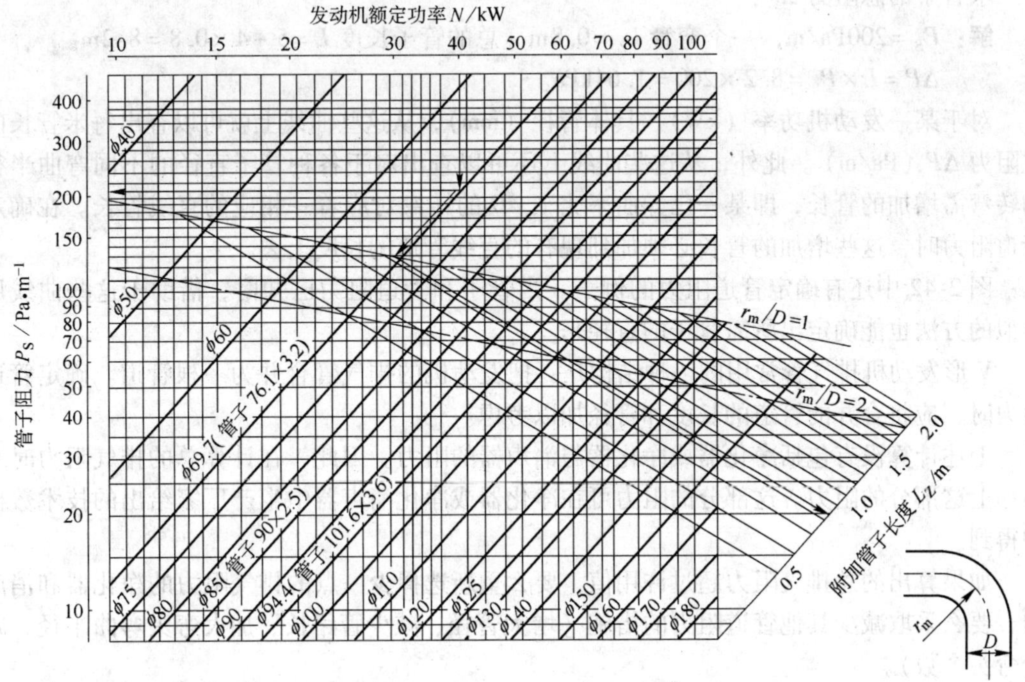

图 2-41 冲程为 280mm 的非增压发动机排气管系统阻力确定图

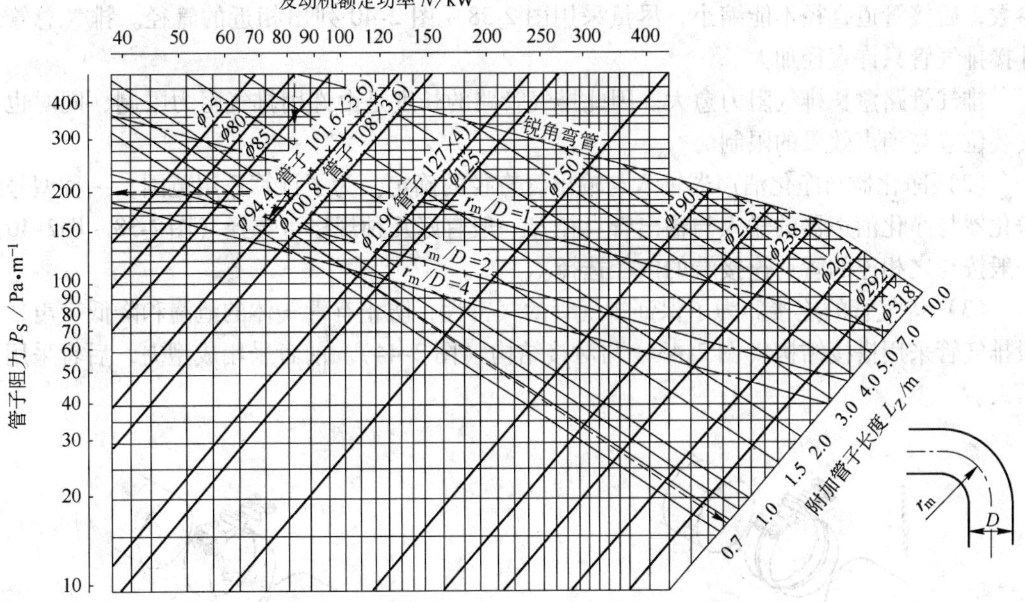

图 2-42 冲程为 280mm 的增压发动机排气管阻力确定

$\Delta P = L \times P_S = 8.8 \times 200 = 1.76\text{kPa}$。

例 2-3：已知：BF4M1012C，82kW/(2500r/min)，排气管的长度 5m，内径 94.4mm，$r_m/D = 1$ 的弯头 4 个。

求管子的总阻力 ΔP？

解：$P_S=200\text{Pa/m}$，一个弯管 $L_Z=0.8\text{m}$。总的管子长度 $L=5+4\times0.8=8.2\text{m}$。

$\Delta P=L\times P_S=8.2\times200=1.64\text{kPa}$。

对于某一发动机功率（kW）、具体管径（mm），从这些曲线上就可以查出每米管长的比阻力 ΔP_S(Pa/m)。此外，从这些曲线上还可以查出对于各种管子直径的不同弯曲半径的转弯需增加的管长，即某一已知曲率比 γ_m/D 的转弯对应着一相应的直线管长。在确定管道阻力时，这些增加的管长必须加到现有的直线管道的长度上去。

图 2-42 中还有确定管道阻力的例子。当管子和管道阻力已知时，借助于这些曲线用类似的方法也能确定出所需管子的直径来。

V 形发动机排气管常用的一种结构是：把发动机的排气管合并为一根管道。确定管道阻力时，应将合并的管道的长度和管径加以考虑。

上述计算没有包括净化器或净化器与消声器的阻力。因此，在计算总的排气阻力时必须加上这部分的阻力。这部分的阻力可在净化器或净化消声器中生产厂家给出的技术数据中得到。

如果算出的总排气阻力超过许用值，要么重新选择少一点的排气阻力的净化器和消声器，要么采取减少其他管道阻力的措施（增大管径、减少管路长、加大弯头弯曲半径、减少弯头个数）。

c　排气管路的设计与布置

（1）排气管内径与长度的确定。设计排气管道时，须与发动机上排气管的内径为原始参数，后接管道直径不能缩小，尽量采用图 2-38 ~ 图 2-40 列出相近的管径。排气总管或外接排气管只许直径加大。

排气管路愈长排气阻力愈大。因此排气管路的长度是由许用排气阻力限制，同时也受安装位置与消声效果的限制。

（2）净化器与净化消声器输入与输出管直径的确定。为了计算适用范围，一种型号的净化器与净化消声器的输入与输出管直径 E 一般有好几种规格可选择（图 2-38 ~ 图2-40）。一般按与之相连的管道连接端的内径选择。

（3）排气管的连接。为了保证排气管的气密性，防止有毒气体的泄漏和降低噪声，一般排气管采用搭接结构（图 2-43）与对接结构（图 2-44）。前者采用成型夹，后者采用平面夹。

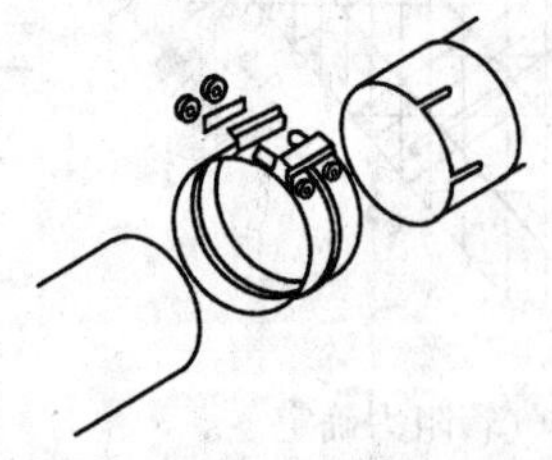

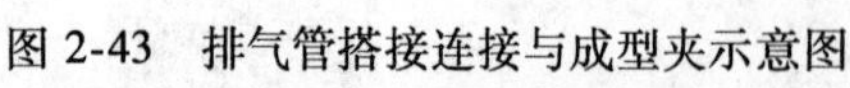

图 2-43　排气管搭接连接与成型夹示意图

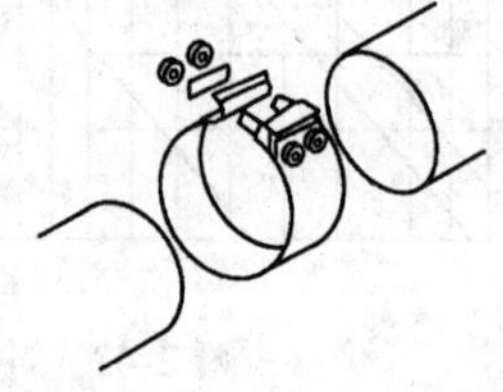

图 2-44　排气管对接连接与平面夹示意图

（4）弹性排气管安装。地下无轨采矿运输设备用发动机都采用弹性安装。因此在发动机后的排气管上必须有一个弹性元件，以便承受相对运动、热膨胀的负荷、补偿轴向变形，最常见的弹性元件是金属波纹管（图2-45~图2-47）。

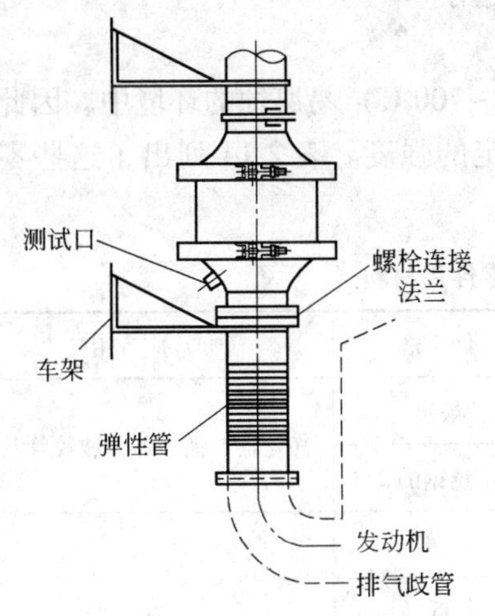

图2-45 净化器垂直安装，当弹性管安装在发动机与净化器之间，该系统必须支承在车架上

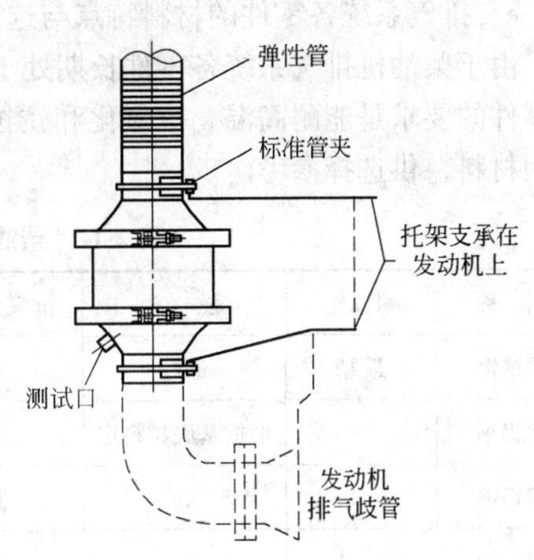

图2-46 净化器垂直安装，当弹性管安装在净化器的后面，该系统应支承在发动机上

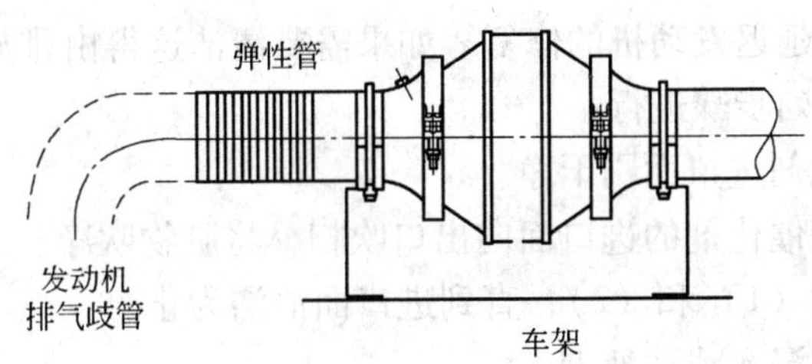

图2-47 净化器水平安装

对较大的净化器，任何支承都应支承在净化器壳体两端上，以至不影响壳体中心的移动。

d 废气净化器的安装

排气温度是废气净化器使用效果的最重要的要求。因此净化器必须尽量靠近发动机排气歧管安装（一般300~500mm距离内）。如果是新型净化器，这个距离可在1800mm左右。排气管的长度对消声器消声效果有很大的影响，在正常使用的条件下，一般排气管的长度在700~1200mm就足够了。若采用重型消声器，排气管的长度对消声效果的影响可以不考虑。废气净化器可垂直安装（图2-45、图2-46），也可水平安装（图2-47），或任何一个角度安装。

当把净化器与现有管道连起来时，必须保证输入或输出管道直插到净化器壳体的底部。在启动发动机之前，净化器必须定位好并被支持，不能同结构件或发动机附件相接触。

在已装有净化器的车辆使用前，必须在净化器壳体上背压测量点测量排气系统的背压，并同柴油机制造厂的许用值比较。如果测量的背压小于许用值，车辆即可使用，如果大于许用值，必须重新拆开净化器进行清洗后才能使用。

e 排气系统各零件的材料特点与选用

由于柴油机排气系统各零件长期处于高温（500～700℃）易腐蚀的环境中。因此对这些零件的要求是能耐高温、抗氧化和锈蚀，且有一定的强度。表 2-14 列出了这些零件的常用材料，供选择参考。

表 2-14 柴油机排气系统零件用材料

名 称	耐蚀性	强 度	抗氧化耐腐蚀	价 格	应 用
不锈钢	最好	最好	最好	最贵	净化器、消声器、波纹管及附件
渗铝钢		根据基底材料定	最好	是不锈钢的 2/3	
镀铝钢		好	良好	一般	附 件
镀锌钢		差	一般	低	
冷轧板	差	差	差	最低	

f 废气净化器的维护

安装在新的、维护较好的发动机上的大多数净化器不要求去清洁。安装了净化器并不能替代发动机的维护或延迟发动机的修复。如果需要清洁这得由排放的水平和污染情况决定。如需清洁，应按下列步骤进行：

（1）用刷子将催化剂进口面刷干净。

（2）用压缩空气从催化剂的进口面向出口吹扫，将脏物吹净。

（3）继续进行步骤（1）和（2），直到进口面清洁为止。

（4）将催化剂全部浸入清洗液 1h。

（5）用带清洗剂的压缩空气从催化剂的进口面向出口面吹 10min。

（6）用压缩空气从进口面向出口面吹扫，将催化剂清扫干净。

（7）重复步骤（4）～（6），直至净化器尽可能干净为止。

（8）用高压水从净化器的进口面向出口面冲洗。用压缩空气吹干。最高压力为 0. 345MPa。

（9）重新组装净化器。

如果现场有高压蒸汽，可用来代替清除液。用蒸汽从进口面向出口面冲洗，喷嘴与催化剂之间应保持 50mm 的距离。

g 净化器的故障及排除

（1）背压增加。如果在周期检查背压时，测量净化器的背压比最初检查干净净化器的水位高 76mm 时，这说明净化器已被发动机积炭所堵塞。当净化器被积炭堵塞时，排出的废气中的有害气体没有同净化器中催化涂层接触，这就降低了净化器反应，将有害气体放走。此时要清洁净化器，检查和保养发动机。

（2）过多冒烟。如果看到机器冒过量的蓝烟或黑烟，说明发动机存在问题，这些问题对净化器的性能存在影响，在解决好发动机问题之后，再按净化器维护步骤进行维护。

（3）很大的气味或刺激。如果发现从发动机排出的气体气味太浓或刺激太大，这就说明有导致净化器性能下降的情况；气味太浓或刺激太大，表示应该拆掉净化器零件进行清洗，检查发动机是否需要维护保养。

（4）发动机空转时间过长。发动机空转时间过长，特别是在寒冷气候条件下，可能导致净化器堵塞，因此，应尽量避免发动机空转时间过长。

除了加拿大发动机控制系统有限公司（ECS）生产净化器外，还有 Nett 公司、DCL 公司、Finnkt 公司和 Catalytic Exhaustproducts Ltd. 公司生产氧化催化净化器。国内也有几个单位，继续在开发净化器，而且取得了一定的效果。

2.1.7.3 燃油系统设计

所有柴油机有效启动和满意的运转，均取决于对喷油泵稳定而充分的供应燃料。管道中的空气和燃料蒸汽将造成启动困难，且扰乱了燃料过程，降低了功率甚至熄火。这些后果应通过适当的安置油箱和选用适当尺寸的连接管予以消除。

一般柴油机制造厂已配置好了柴油机本体的燃油供给系统，但柴油箱及柴油机本体之外的燃油供给系统却要由地下装载机制造厂来设计，因此必须注意柴油机本体之外燃油供给系统的设计。

A 对燃油系统的要求

（1）发动机必须装有供给发动机的燃油滤清器。

（2）当发动机停机时，燃油系统不允许燃油由于重力通过燃油进油管或喷油管回流进发动机。

（3）燃油泵的进油压力不得超过发动机参数表中适用的干净滤芯条件下的规定值。该值基于一个燃油箱半满状态。

（4）燃油回油管阻力不得超过发动机厂规定的值。

（5）回油在管路中不得产生压力波动。

（6）进入发动机油温度必须低于发动机规定值。

B 燃油箱的设计

a 燃油箱设计要求

（1）燃油箱必须有足够容量，以保证发动机足够的一个工作班时间。

（2）设置燃油箱主要油口。在油箱顶盖的中间有吸油管和回油管，其间距尽可能大，见图 2-48。管口一定都要插入最低油面之下，距箱底大约 40mm，以防吸油管吸入沉淀

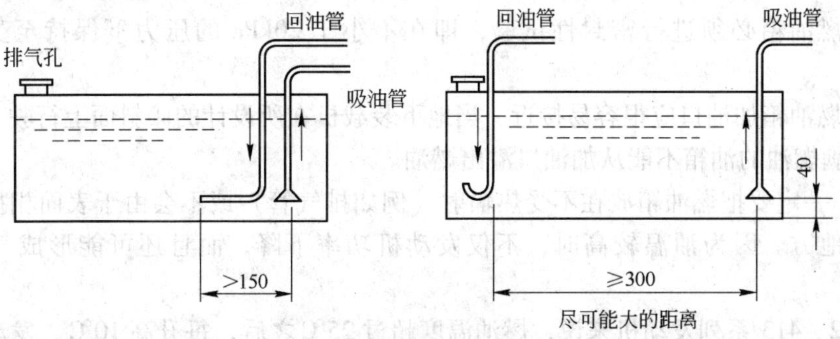

图 2-48 吸油管与回油管的布置

物，防止发动机停车时空气经回油管进入吸油管道上，从而导致启动困难。任何情况下，回油管必须直接接通油箱。

(3) 在燃油箱顶部的通气孔上必须配置燃油过滤器（作注油口用）。加油口应当足够大，使油箱在2～3min被加满。盖与呼吸器应当隆起，这将防止当盖没有时，泥或污垢掉入油箱。对于有时在倾斜位置工作的发动机，通气口都要通气。

(4) 为了能随时观察油箱的燃油消耗情况，在油箱上适当位置安装一个油位计，即在油箱顶部下方1/4油箱油量处和油箱底部上方1/4油箱油量处安装一个油位计，或者在油箱顶部装一个油位探尺。

(5) 放油孔要设置在油箱底部最低位置。使换油时油液和污物能顺利地从放油孔流出。在设计油箱时，从结构上应考虑清洗换油方便，设置清洗孔，以便油箱内沉淀物的定期清理。

(6) 燃油箱的位置见图2-49。当燃油箱位于较低位置时，吸油口与输油泵之间的最大高度差为A。在额定速度时，总吸入阻力包括滤清器大约为50kPa。对1013型与1012型发动机来说，$A \leqslant 1000$mm，总吸入阻力为10kPa。

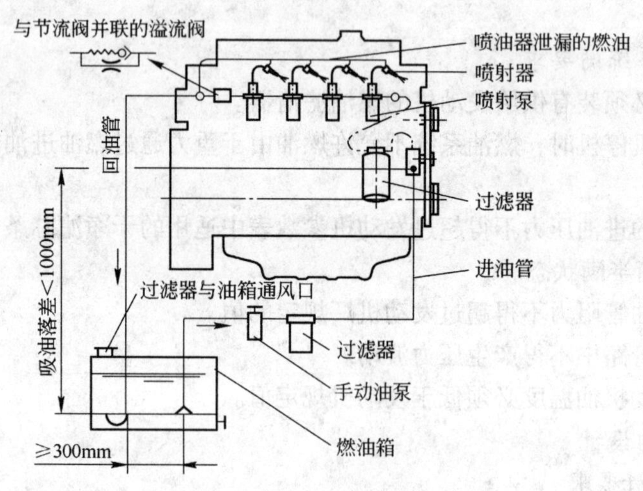

图2-49　燃油箱的位置与管道布置

(7) 燃油箱必须有一个通气孔和一个回油连接，它们可适当地允许空气和其他气体在燃油箱没有压力情况下从燃油中分离。该通气孔还必须避免污垢和水进入。

(8) 燃油箱必须进行密封性试验，即在不小于20kPa的压力下保持至少15min无泄漏。

(9) 燃油箱加油口应很容易接近，当地下装载机在所设计的倾斜面上行驶、作业、停车时，装满燃油的油箱不能从加油口溢出燃油。

(10) 一定要把燃油箱放在不受热辐射（例如排气管）或不会由于表面相接触而直接被加热的地方。因为油温较高时，不仅发动机功率下降，而且还可能形成气化并导致熄火。

对912、413系列发动机来说，燃油温度超过25℃之后，每升高10℃，发动机输出功率下降1%，燃油的极限温度为60℃。

对1012型与1013型发动机来说，燃油温度超过30℃（在喷油泵入口处测量），每升高10℃，发动机的输出功率下降大约1%～1.5%，燃油的极限温度为75℃。

随着现代发动机技术的发展，喷油压力大大增加，其燃油温度也会相应提高，更应注意燃油箱的位置。若仍达不到上述要求，可以在发动机回油系统上安装一个燃油冷却器。回油管的最大阻力不大于15kPa。回油总的阻力（包括冷却器）不超过50kPa。对所有型号发动机，冷却器的散热能力为2kW。

b 燃油箱的材料

燃油箱可用带保护层的钢或铝制造，不能镀锌，也不能用含锌材料制成。因为锌会与燃料中的硫化合成硫化锌，对喷油系统有腐蚀作用。

c 燃油箱容量的设计

燃油箱容量的计算，既要保证柴油机一个班以上不加油能连续工作，又要使所设计的燃油箱在地下装载机上有很好的布置。因此，燃油箱的容量 V 可参考如下公式计算

$$V = \frac{g_e N_e K h}{\gamma} \tag{2-15}$$

式中 g_e——燃油平均消耗率，g/(kW·h)，一般取250g/(kW·h)；

N_e——发动机的额定功率，kW；

K——负荷系数，一般取 $K=0.5$；

h——工作小时，一般取9；

γ——柴油密度，815～860g/L，一般取835g/L。

当没有上述公式有关具体值时，可采用表2-15中的燃料消耗估算。

表2-15 柴油机燃料消耗量估算值

发动机型号		F4L912W	F6L912W	F6L413FW	F8L413FW	F10L413FW	F12L413FW
发动机燃料消耗估算值 /L·h^{-1}	高	9.45	14.364	24.57	32.886	41.202	49.14
	中	6.426	9.5	16.254	21.546	27.216	32.5
	低	3.402	4.914	10.962	13.608	16.254	19.505
功率/kW		41	61	102	136	170	204

表2-15中低值用于长运距和水平运输条件，高值用于近运距或陡坡条件。对地下装载机来说，一般按高值计算。

考虑到油箱中油位在地下装载机爬坡时的变化，吸油管进口应距油箱底一定的距离。油箱应给油蒸气留有一定空间。一般油箱实际油量要比计算的大20%～25%。

上述计算值或估算值只作设计量参考，在有条件的地方，油箱容积尽可能大些。

C 管路的设计

不属于发动机供货范围的燃油管由铜管或无氧化的钢管制成。预先要仔细地清理干净，最好用卡套和锁紧螺母作连接元件来固定管子，连接到发动机上的燃油管须采用弹性软管。如装有止回阀之类的部件，其孔径应足够大，远离发动机布置的手动燃油泵应该便于接近。可以使用塑料燃油管，因为它有很好的柔性和耐100℃高温的能力。

对于放于较低位置的油箱，布置燃油管时，须注意下列几点：

（1）对912与413系列柴油机来说，从油箱到输油泵的吸油管应选用$\phi10\times1$即内径为ϕ8mm的管子。管子长度为3～5m时，要求内径为ϕ10mm，对于长度大于5m的管道，管道的内径可按发动机额定功率3倍的油量计算，管内流速不超过0.8m/s。如果计算的管子内径小于ϕ10mm，则取10mm。

（2）对于1013型与1012型发动机，若管子长度小于2m，从油箱到输油泵的吸油管内径应选用ϕ10mm。若此管子的长度大于2m，吸油管的内径按表2-16选取。

表2-16　吸油管的长度与内径关系

管子长度/m	管子内径/mm	管子长度/m	管子内径/mm
小于6	12	小于15	14
小于10	13	小于25	16

当使用标准管子时，必须保证所选管子内径不小于表2-16所要求的内径。

（3）吸油管尽可能平直，没有急剧的弯曲。燃油管的尺寸，对912与413系列来说，须使其横截面积为进油管的一半。对1013型与1012型柴油机，回油管的尺寸与吸油管相一致。进入回油管的流阻（在发动机后面直接测量）不得超过50kPa。

（4）要保证所有管子与接头的密封。

D　可在恶劣环境下工作的过滤器系统

在极其恶劣的作业条件下，燃油的过滤也是十分重要的。因为每当发动机及单独的设备在极其恶劣的作业条件（劣质的燃油、燃油含水量高、备件不足等），建议在上游采用组合初滤器作为初滤，在下游的初滤器可用带水分离器，见图2-50。

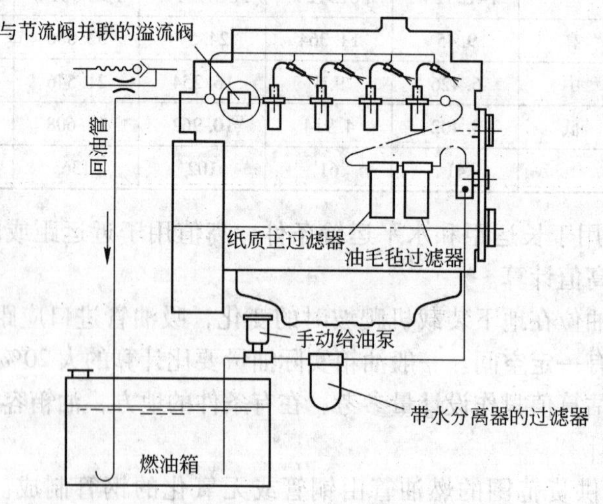

图2-50　可在恶劣环境下工作的过滤器系统

2.1.7.4　导风罩设计

风冷柴油机是由冷却风扇供给环境空气直接冷却的。水冷柴油机也是通过冷却风扇供给的环境空气直接冷却散热器、间接冷却柴油机的。因此供给所需的冷却空气是柴油机可靠运转的先决条件。风扇导风罩通常用来改善风扇效率。好的风扇导风罩使通过发动机的风压室的风量更多或流过散热器芯子的空气量更多，分配更均匀，同时又限制柴油机罩内空气再循环和降低进气阻力。由此可知，导风罩的正确设计对柴油机冷却系统的冷却能力有着十分重要的影响。

A　风扇导风罩的类型

a　风扇的类型

地下装载机柴油机一般采用吸风扇与吹风扇两种。因此在使用时，必须要注意风扇的类型，见图2-51。一般说来，吹风扇的效率低于吸风扇。因为吹风扇吹向散热器的空气温度稍高于吸风扇吸入散热器的空气温度（吸风扇吸入的环境空气温度，而吹风扇把发动机表面的热空气吹向散热器），而且吹风扇很难通过散热器芯的空气获得良好的分布，但吹风扇位于散热器较冷的一侧，从而增加了空气的质量流量，在一定程度上抵消了它的不足。吸风扇在大多数的情况下，也有不足，因为被加热的空气离开散热器，使驾驶员承受高温。安装时，吸风扇叶片凹侧面对发动机，而吹风扇叶片凹侧面对散热器，风扇的旋转方向必须正确。

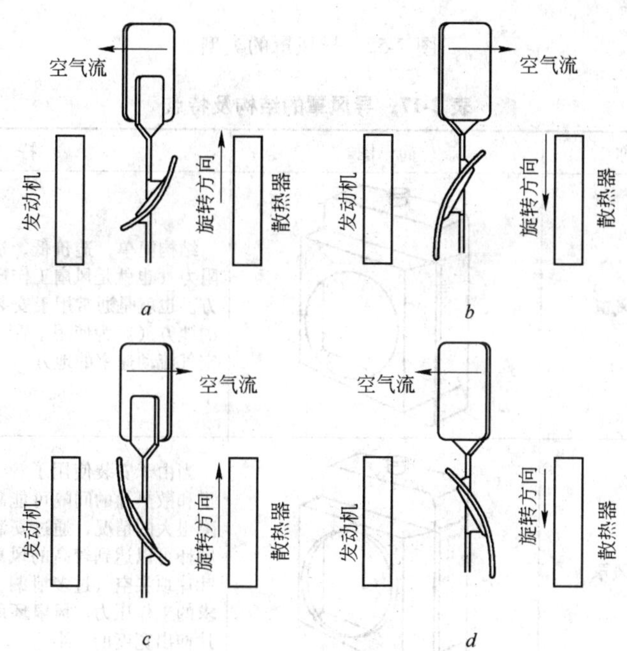

图2-51　吸风扇与吹风扇

a—发动机吸风扇顺时针方向旋转；*b*—发动机吹风扇反时针方向旋转；*c*—发动机吹风扇顺时针方向旋转；*d*—发动机吸风扇反时针方向旋转

b　导风罩的类型

导风罩有三种类型（图2-52），文特利型、环型和箱型。

文特利型导风罩的效率最高，但制造困难，应用较少。环型和箱型结构、制造容易，应用最广。常用的导风罩结构及特点见表2-17。

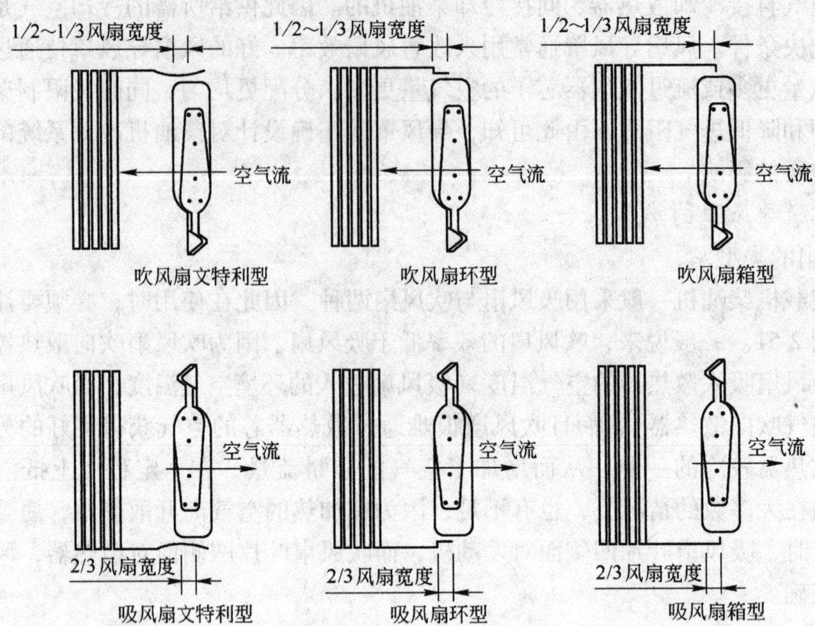

图 2-52　导风罩的类型

表 2-17　导风罩的结构及特点

序号	名称	简图	特点
1	箱型导风罩		结构简单，造价低，适用于安装在系统流体阻力（也就是风扇工作压力损失）相当低的地方。也就是通常用于安装在散热器压力降很小的地方（因为使用了管子排数少）以及中等冷空气流动速率的地方
2	环型导风罩		当由于安装使用了管子排数较多的散热器芯子和散热片的间隔可能靠得很近，使系统压力降很大的情况，通过安装在导风罩上加一个风扇环可以达到较高的风扇效率。它能防止风扇叶片顶尖空气过多泄漏，从而使风扇建立所要求的工作压力。风扇环的宽度大约等于风扇叶片伸出宽度的一半
3	成型导风罩		成型导风罩设计可以得到最佳的风扇效率，但造价较高

续表 2-17

序 号	名 称	简 图	特 点
4	带弹性套的环型导风罩	最小风扇顶隙约 6mm 发动机安装环 弹性套	安装在风扇和导风罩之间有相当大的相对运动的地方。图示布置用得较多，导风罩弹性安装在发动机上，目的在于使用风扇间隙最小

B 风扇导风罩的设计原则

在设计风扇导风罩时，必须遵守下列三条原则：

(1) 只有新鲜空气才能供冷却用，千万不能吸入热风与废气；

(2) 进气道空气阻力应尽量少，也就是说要避免局部节流；

(3) 制造容易，安装简单。

C 风扇导风罩的设计

风扇导风罩的设计（图 2-53）包括：风扇尖与导风罩之间的间隙 *SP*、风扇端面与散热器之间的距离 *A*、风扇与发动机之间的最小距离 *ML*、风扇在导风罩的轴向位置 δ、风扇罩的布置方式等。

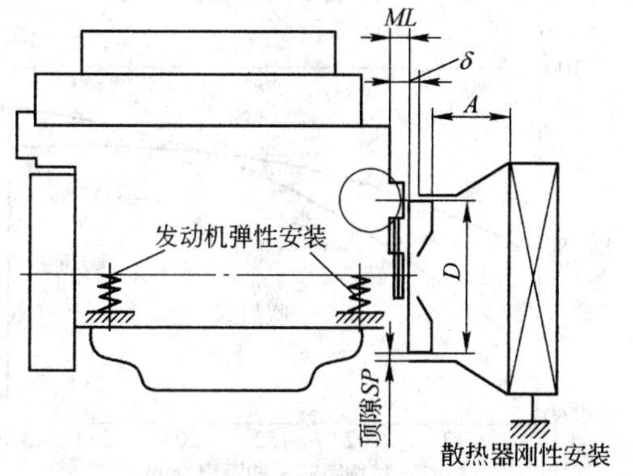

图 2-53 导风罩设计简图

a 风扇尖与导风罩之间的间隙——顶隙 *SP* 的确定

它的大小既影响风扇的效率 η，也极大地影响噪声的大小。图 2-54 就表示风扇效率 η 同顶隙之间的关系。从图 2-54 可以看出，同一直径风扇，相同的 *SP*，文特利导风罩的风扇效率比箱型、环型的高。

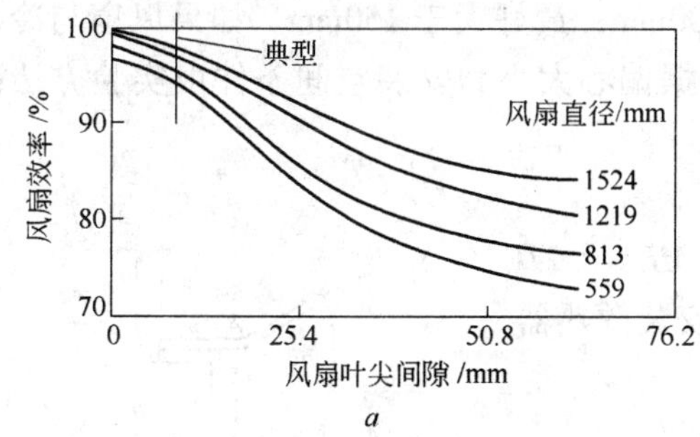

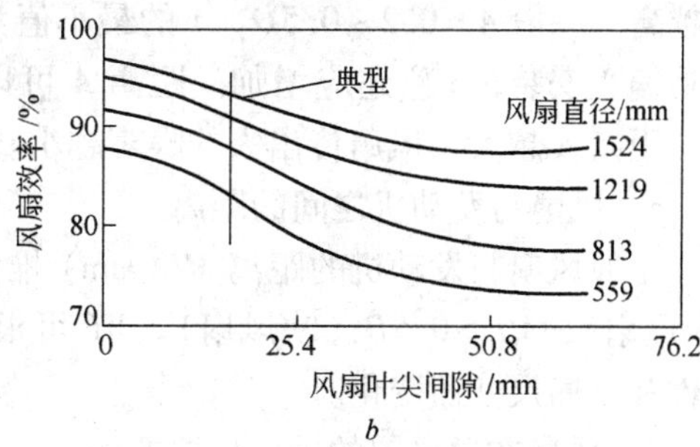

图 2-54 风扇顶隙对风扇效率的影响

a—文特利式导风罩；*b*—箱型或环型导风罩

从图 2-55 可以看出，随着顶隙的增加，传出的噪声也愈大。

同一形式的导风罩，若风扇效率相同，风扇直径大，顶隙也大。顶隙愈小，风扇效率也愈高。这就是说，为了提高风扇的效率，应尽量减少顶隙。但是由于制造困难，风扇传动带的张紧要保持这样的间隙是非常困难的。特别是在发动机导风罩不带弹性支承，而散热器又是刚性安装的情况下（图 2-53），顶隙 *SP* 不能太小。否则，发动机运转时，风扇与同心的风罩就会产生碰撞，根据经验，一般取 $SP = (0.02 \sim 0.03)D$(mm)，最大不大于 15mm，*D* 为风扇直径。

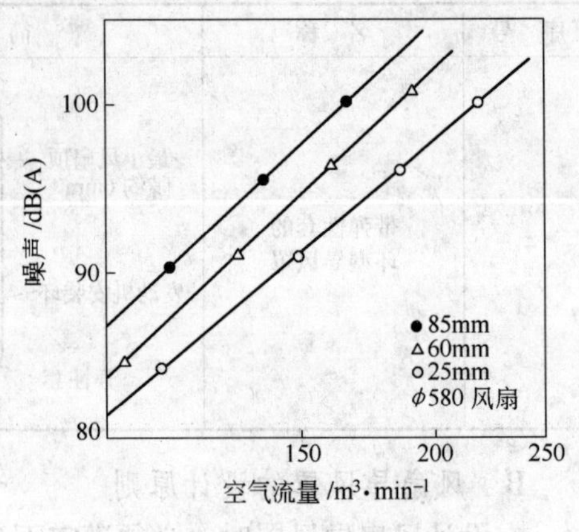

图 2-55　风扇顶隙对噪声的影响

b　风扇端面与散热器之间的距离 *A* 的确定

风扇端面与散热器之间的距离既影响风扇的效率 η（图 2-56），也影响风扇的噪声。

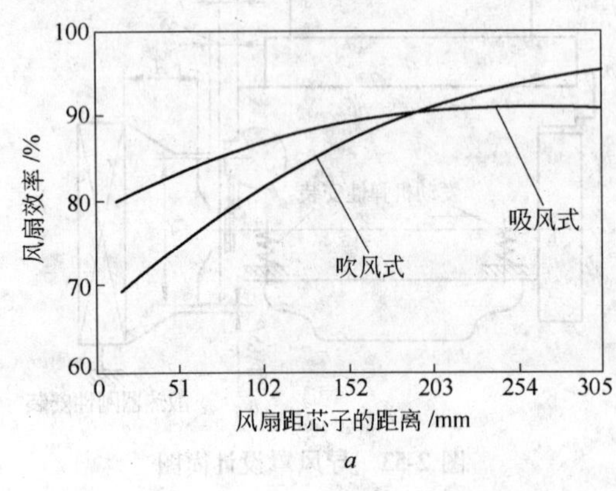

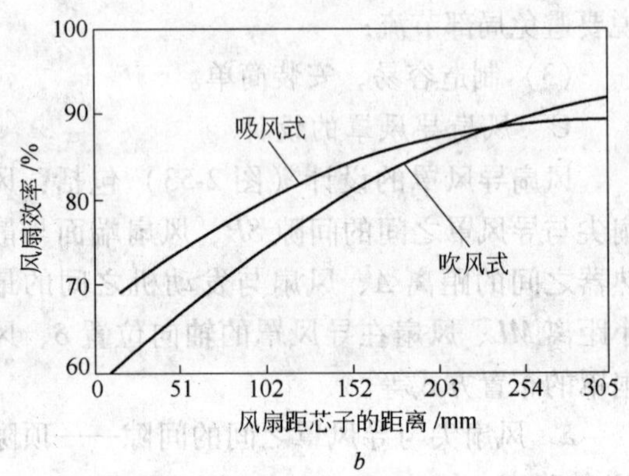

图 2-56　风扇端面与散热器距离对风扇效率的影响

a—风扇扫过 65% 以上的芯子面积；*b*—风扇扫过不足 65% 的芯子面积

由图 2-56 可知，在一定的距离内，*A* 越大，有利于空气流向散热器的芯子，风扇效率也越高。一般 $A = 0.2 \sim 0.5D$。*A* 的最小值是 100mm，最好大于 150mm。如果风扇与冷却器是偏心安装，*A* 值还应增加。距离 *A* 可以根据偏心大小和安装空间条件由实验方法决定。距离 *A* 越大，风扇传出去的噪声越小。

c　风扇与发动机之间的距离

一般风扇与发动机的距离 *ML*(mm) 推荐：$ML > 0.2D$（吸风扇），$ML > 0.5D$（吹风扇）。*ML* 可根据安装散热器条件和风扇尺寸而变化。

d　风扇在导风罩的轴向位置的确定

（1）吸风扇在导风罩上轴向位置 δ 的确定。由于安装空间的限制，通常需要短的动力传动结构，也就是散热器和风扇应尽可能接近发动机。结果在排风端有相当高的阻力（图 2-57 与图 2-53），如果风扇叶片不在散热器上固

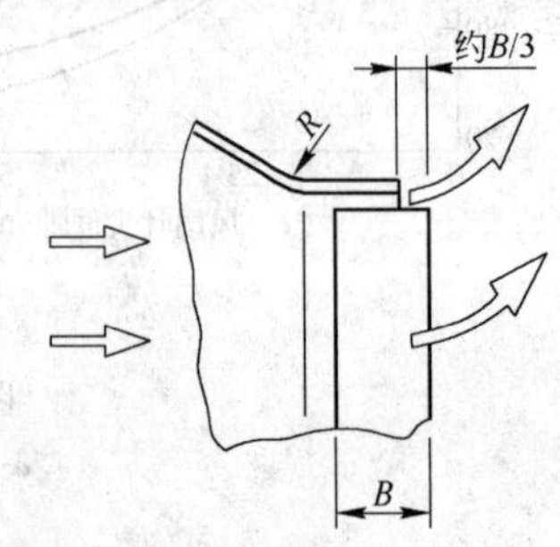

图 2-57　吸风扇在导风罩的位置

定的圆柱形断面风道整个宽度上旋转，该阻力可能下降。一般风扇宽度的1/3应布置在导风罩风道外面。

（2）吹风扇在导风罩上的轴向位置的确定。对吹风扇来说，空气入口端上使散热器风道的形状像喷头一样是最理想的（图2-58）。因为它能防止冷却空气流受阻，若不能形成喷头形状，风扇靠近发动机安装，会导致额外的阻力。

叶片顶应在散热器风道整个圆柱形断面宽度上移动。

如果散热器风道入口不是喷头形结构，约风扇宽度的1/2以上伸出散热器风道圆柱形断面（图2-59）。

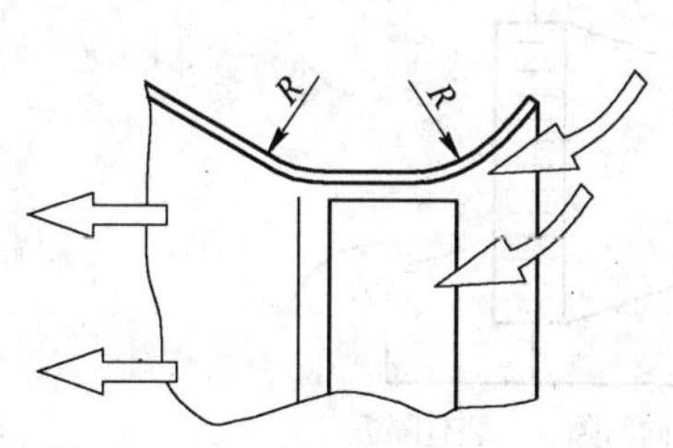

图2-58　空气入口端“喷头”结构

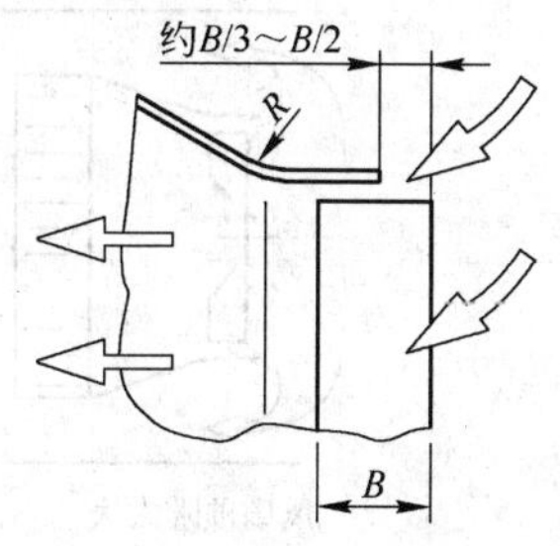

图2-59　排风扇在导风罩的位置

此外，发动机围板上开口的尺寸应保证有足够冷的新鲜空气从周围环境吸入。发动机围板上开口的大小，反映发动机室的封闭程度。发动机的大小和类型也影响风扇的效率 η，见图2-60。在计算发动机冷却风量时必须考虑这一点。在布置散热器和决定风扇尺寸时应考虑到：由于发动机散热器和排气系统的影响，冷却空气在发动机室内已预热，大约比发动机室外的冷空气高8～12℃以上。

（3）导风罩的结构尺寸（图2-61）。当选择冷却系统冷却器和通过风道与风扇联结的时候，风扇分别从周围环境和发动机室通过散热器芯子吸入或排出空气。

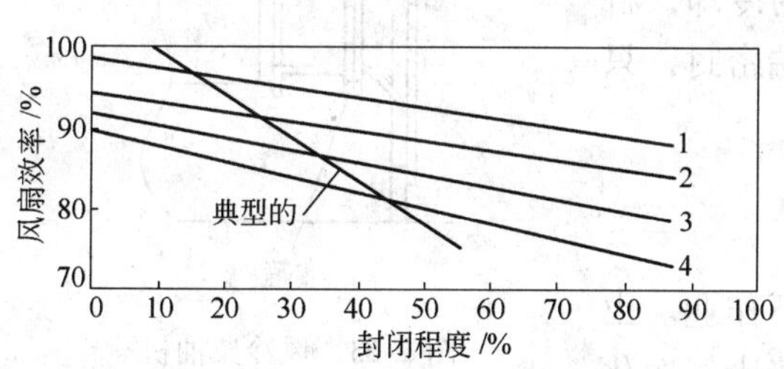

图2-60　发动机封闭程度对风扇效率的影响

1—大型V形发动机；2—直列式发动机；
3—中型V形发动机；4—小型V形发动机

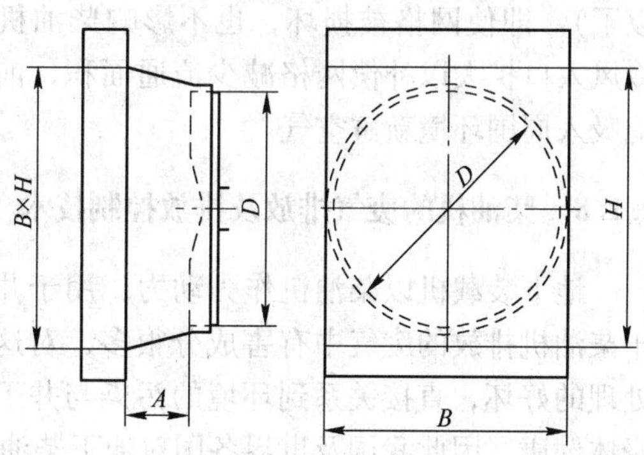

图2-61　导风罩结构示意图

散热器的有效面积 F_K 与风扇表面积 F_D 之间的比值不能超过1.8，一般大于1.5即可。当 A 长度大于150mm时，其比值可以超过1.5。

此处

$$F_K = BH \tag{2-16}$$

式中　B——冷却器的宽度；

H——冷却器的高度。

$$F_D = \frac{\pi D^2}{4} \tag{2-17}$$

式中　D——风扇直径。

导风罩一般用大约1.5mm薄钢板制造。

（4）空气进风口和排气风道的布置。散热器相对于风扇的安装必须保证没有热风循环，见图2-62。

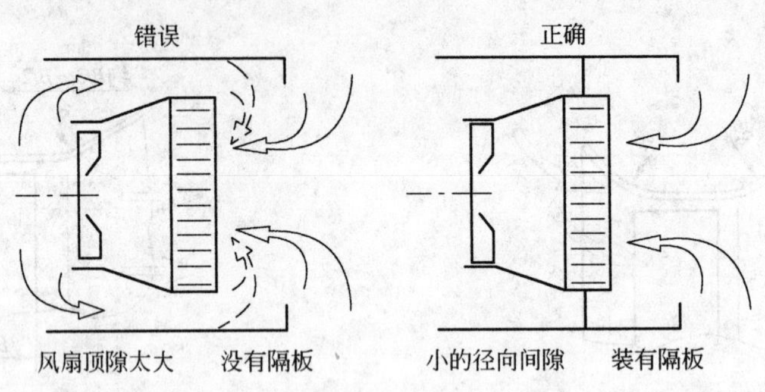

图2-62　散热器与导风罩的布置

D　风冷柴油机导风罩的设计

上述介绍尽管都是水冷柴油机导风罩的设计，但两者的设计原则还是相同的。所不同的是两者的结构不一样。前者多了一个散热器，后者没有。图2-63为风冷柴油机导风罩的结构简图。

该设计的目的是能提供可靠的密封防止热空气的循环。其特点是结构简单，安装方便（只需一个卡箍就可以了）。即使网格被损坏，也不影响柴油机的冷却，将冷风入口扩大以补偿网格减少流通面积，前端密封，只能吸入周围环境新鲜空气。

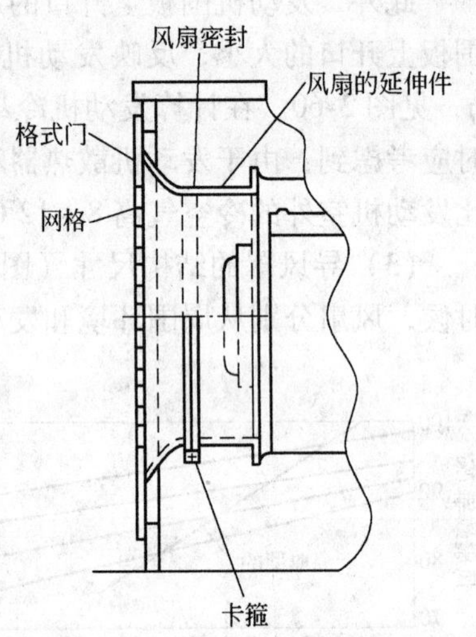

图2-63　风冷柴油机导风罩的结构简图

2.1.8　柴油机的废气排放及排放控制技术

地下装载机以柴油机作为动力，用于井下作业。由于柴油机排放的废气中有害成分很多，对这些废气净化处理的好坏，直接关系到环境的污染与井下作业人员的身体健康。因此我国及世界各国对地下柴油机的废气排放有严格的规定。这点必须引起地下装载机设计、制造、使用单位充分注意。因此，消除或降低废气中的有害成分，改善井下环境的条件是正确使用与发展地下装载机的关键问题之一。

2.1.8.1　柴油机主要的有害排放物

柴油机使用的燃料为轻质柴油，它是一种含碳、氢的液态可燃物。它被喷射到汽缸中与空气混合燃烧，由于各种实际工作条件的影响，燃烧不充分，因此柴油机废气中包含了几种对人体与环境有毒、有害作用的物质。表2-18列出了柴油机废气中的几种基本有害物质的典型含量。新的和保养良好的柴油机中这些物质排量较少，而旧的或保养不好的柴油机排放较多。

表 2-18 柴油机废气排放物

废气成分	CO	HC	PM	NO_x	SO_2
含量	>(5 ~ 1500) $\times 10^{-6}$	>(20 ~ 400) $\times 10^{-6}$	>(0.1 ~ 0.25) $\times 10^{-6}$	>(50 ~ 2500) $\times 10^{-6}$	>(10 ~ 150) $\times 10^{-6}$

2.1.8.2 柴油机废气排放的成分及对人身健康的影响

柴油机废气排放的成分及对人身健康的影响见表2-19。

表 2-19 柴油机废气排放成分及对人体健康的影响

成分		时间加权平均浓度值（短时间暴露时）许用浓度/%	时间加权平均浓度值（每天8h，每周40h对人体无任何影响）许用浓度/%	对人体的影响
CO_2		1.5	0.5	对人的血压与呼吸有暂时影响，过一段时间就好了
CO		0.04	50×10^{-4}	易与血中血红蛋白结合，从而使血液失去输送氧气能力，而造成人中毒。严重的可窒息死亡
NO		35×10^{-4}	25×10^{-4}	影响呼吸通常与氧气结合而成 NO_2
NO_2		5×10^{-4}	3×10^{-4}	严重刺激呼吸，在肺里与水反应生成碳酸使肺部浮肿，严重时造成人员死亡
SO_2		5×10^{-4}	2×10^{-4}	对呼吸道有强烈刺激损害作用
醛类	甲醛	2×10^{-4}		刺激眼睛与呼吸道
	丙烯醛	0.3×10^{-4}	0.1×10^{-4}	

从表2-19可以看出，当柴油机排放的废气中有害气体浓度达到一定浓度时，将会对人身健康造成严重影响，严重者还会造成死亡。特别对地下采矿相对露天作业来说，由于是一个封闭环境，如果通风不良，后果更为严重，见表2-20。

表 2-20 典型职业 DPM 暴露水平

职业群	暴露水平 /mg·m^{-3}	职业群	暴露水平 /mg·m^{-3}
地下煤矿，无后处理	0.9 ~ 2.1	露天矿工	<0.2
地下煤矿，使用任一柴油排气过滤器	0.1 ~ 0.2	城市消防站	0.1 ~ 0.48
地下煤矿，金属网过滤器	1.2	叉车操作者、码头工人、铁路工人	0.02 ~ 0.10
地下金属矿非金属矿，无后处理	0.3 ~ 1.6	卡车司机	0.004 ~ 0.006

表2-20为美国在地下矿山和露天设备测试柴油机排放DPM暴露水平，从表中可以看出，地下采矿柴油机与露天柴油机使用的环境不同，暴露水平相差很大。因而对它们提出的要求也不同。地下矿山的空气污染程度远远高于露天矿山，也远远高于允许的空气中有

害气体浓度的极限值。正因为如此，露天设备与地下矿用柴油机对环境空气质量的影响是不同的，对地下矿用柴油机废气排放要求更加严格，除了满足露天非道路柴油机排放要求外，还要满足地下矿用柴油机废气排放要求。

2.1.8.3 国内外地下用柴油机排放标准和法规简介

正因为地下用柴油机排放物对人的健康与环境有更大的危害，因此各国政府和有关部门都制定了严格的排放法规。排放法规并非只是由一系列各种污染物最高允许值组成，它还包括检测、认定和强制执行的方法。

目前，废气排放法规有两种，即机动车废气排放标准和环境空气质量标准。

所有柴油机动车排放都要符合机动车废气排放标准，如道路车辆与非道路车辆（工程机械车辆）。该标准规定了柴油发动机从排气管排放的最大许可排放值，单位为 g/km 或 g/(kW · h)。还规定了检测方法、设备。发动机制造商必须遵照该法规从事生产。所有产品必须经过检测合格后方准进入市场。美国联邦环保局（EPA）和加利福尼亚大气资源署（CARB），我国国家环境保护总局和质量监督检查检疫总局才有资格规定废气排放标准。

用于封闭空间（包括地下矿山）的《环境空气质量标准》由三部分组成：一是在封闭空间作业柴油机污染排放的最大限度（表 2-21），二是环境空气质量标准（表 2-22），三是燃油质量标准（表 2-23）。

表 2-21 地下矿山柴油机排气管废气排放标准

国 家	没有稀释的最大有害浓度				资料来源
	CO/%	NO_x/%	烟度 BOSCH 单位	PM/mg · m^{-3}	
加拿大	0.25	0.15	3	150	Diesel emission control strategies available to the underground mining industry February 24, 1999 ESI International
德 国	0.05	0.075			
南美洲	0.20	0.10			
美 国	0.25	0.20			
澳大利亚	0.15	0.10			
中 国	0.10	0.15			JB 8518—1997

表 2-22 地下矿的环境空气质量标准（TWA，8h）

有害气体成分	MAK（德国）	MAK（瑞士）	OSHA PEL（美国）	MSHA TLV（美国）	ACGIH TLV（美国）	中国时间加权平均容许值 /mg · m^{-3}
CO	30×10^{-6}	30×10^{-6}	50×10^{-6}	50×10^{-6}	25×10^{-6}	20
CO_2	5000×10^{-6}	5000×10^{-6}	5000×10^{-6}	5000×10^{-6}	5000×10^{-6}	9000
NO	25×10^{-6}	25×10^{-6}	25×10^{-6}	25×10^{-6}	25×10^{-6}	15
NO_2	5×10^{-6}	3×10^{-6}	5③	5×10^{-6}	3×10^{-6}	0.3
ACHD	0.5×10^{-6}		0.75×10^{-6}			
SO_2	2×10^{-6}	1.3mg/m^3	5×10^{-6}	5①/2②	2×10^{-6}	5
PM	0.3mg/m^3	0.1mg/m^3		160mg/m^3		

注：1. 外国标准来自 www.dieselnet.com/standards/ch；2. MAK—Maximabe Arbeitsplatz-Konzen tration；3. OSHA—(Occupational Health and Safety Administration) 美国职业健康安全局；4. PEL—permissible exposure limit（许用暴露极限）；5. MSHA—（Mining Safety and Health Administration）美国采矿安全健康局；6. TLV—Threshold Limit Values（最低限度极限值）；7. TWA—8 hour time weighted averages（8 小时加权平均时间）；8. 中国标准取自 GBZ 2—2002《工作场所有害因素职业接触限值》。

①用于金属与非金属矿；②用于煤矿；③ CeilingValue（最高限值）。

表 2-23 地下矿的柴油质量要求及我国燃油质量标准

国家 \ 质量要求	最大含硫量/%	闪点/℃	备 注
美国 MSHA 30 CFR 57.5065	0.05	≥38	必须采用 EPA 注册的柴油添加剂
中国 GB 252—2000 轻柴油	0.2	55	这是我国目前普遍采用的燃油
中国 GB/T 19147—2004 车用柴油	0.05	55	
加拿大 CAN/CGSB-3.16.99	0.05	52	
美国 ASTM 975-02 low Sulfer	<0.05	≥38	
欧盟 EN 590—1999	350mg/kg	55	
EN 474-1：2006		55	

以前我国地下矿山柴油机废气排放标准采用 GB 8890 标准中的规定。但现在我国采用两项新标准即：GB 20651.1—2006 和 GB/T 1147.1—2007。在这两项标准中对地下用发动机排放的气体和颗粒污染物要满足表 2-24 中的规定。

表 2-24 地下用发动机排放限值

功率 P/kW	CO/g·(kW·h)$^{-1}$	HC/g·(kW·h)$^{-1}$	NO_x/g·(kW·h)$^{-1}$	PT/g·(kW·h)$^{-1}$
$37 \leqslant P < 75$	6.5	1.3	9.2	0.85
$75 \leqslant P < 130$	5.0	1.3	9.2	0.7
$130 \leqslant P < 560$	5.0	1.3	9.2	0.54

分析此标准实际上是 EN 1889-1 的标准要考虑的欧洲 97/68/EC 标准，此标准为 1998 年颁发实施的非道路车辆第一阶段排放标准。

欧盟第一个非道路移动机械排放控制标准（指令 97/68/EC）发布于 1998 年 2 月 27 日，其第一阶段于 1999 年执行，第二阶段根据发动机的不同，分别于 2001 ~ 2002 年逐步执行。目前执行的第三阶段标准，该阶段分两步：第一步（阶段ⅢA）仅包括气态排放物。从 2005 年 12 月 31 日至 2007 年 12 月 31 日，与第二阶段限值相比，NO_x 排放量降低了 30%；第二步（ⅢB）涵盖颗粒排放物，将于 2010 年 12 月 31 日至 2011 年 12 月 31 日执行。与第二阶段相比颗粒排放物下降 90%，预计到时发动机将全部安装颗粒滤清器。第四阶段，从 2010 年执行，标准要同于美国 Tier4。

我国于 2007 发布了 GB 2089.1—2007《非道路移动机械用柴油排气污染物排放极限值及测量方法》（中国Ⅰ，Ⅱ阶段），它是修改欧盟 97/68/EC 标准，逐步实现了与国际体系接轨。第一阶段标准从 2007 年 10 月 1 日起实行。第二阶段从 2009 年 10 月 1 日起实行。第一阶段与第二阶段标准内容等同于欧盟第一阶段与第二阶段标准。只是实施时间推后了好几年。把 GB 2089.1—2007 与 GB 2065.1—2006 两个标准进行比较，发动机的排放限值是一样的。

特别要指出的是：这两个标准仅是发动机厂台架试验，对发动机厂出厂产品的要求，在现场，特别是把发动机安装在车辆上后，由于条件的限制，标准中规定的发动机排放限值目前是无法检测的。

因为不同国家采用不同的排放试验循环，而不同排放试验循环（即不同的试验负荷与速度）出来的排放结果是不同的。因此一些测量结果没有可比性，即使它们都换成一样的测量单位。故在比较测试结果时，应考虑不同国家的标准及试验循环。美国与欧洲大都采用 ISO 8178C1，工况试验循环，我国也采用了与之等效的 GB/T 8190.4—1999 试验循环，因此存在可比性。

"环境空气质量标准"比"机动车排放标准"更重要。因此它是保证在封闭空间（包括地下矿山）工作的人身体健康和安全的一项标准。它所规定的内容是工作环境周围的空气质量，通过设定，可允许暴露限定（PEL）作为空气中污染物的最高浓度，用%表示，该标准在美国是由矿山安全与健康的权威机构 MSHA、OSHA 制定与执行，因此，地下装载机必须要采取措施（如选择低排放的发动机、机后处理及加强通风），以控制废气的排放，保证地下操作人员的健康与安全。

2.1.8.4　控制地下柴油机废气排放方法

地下柴油机废气净化方法有四种，一是机内净化，即采用低排放的柴油机；二是机外净化，一般采用各种后处理措施；三是加强井下通风，将井下高浓度的有害气体加以稀释并带走；四是采用低硫柴油，提高燃油质量。

A　机内净化措施

柴油机机内净化的核心是对燃烧过程进行优化，使发动机达到混合均匀、燃烧充分、工作柔和、启动可靠、排放较少的要求。采取机内净化是治本之举，它是通过改进柴油机结构参数或者增加附加装置来改善燃烧性能，进而达到减少有害气体排放的目的。

a　对进气处理系统进行改进

发动机的内部改造使得发动机的排放大幅度降低，同时提高了发动机的性能。进气处理系统是控制空气进入燃烧室的系统。进气处理技术的目标是使更多的冷却空气进入燃烧室并充分燃烧，以获得更清洁的排放及更大的功率。冷却了的燃烧室可以减少氮氧化物的排放并意味着有更多的冷却空气与燃油混合，使燃烧更加充分。在现在使用的地下采矿柴油机中，其进气处理系统广泛采用涡轮增压器与空对空中冷器，见图 2-64。

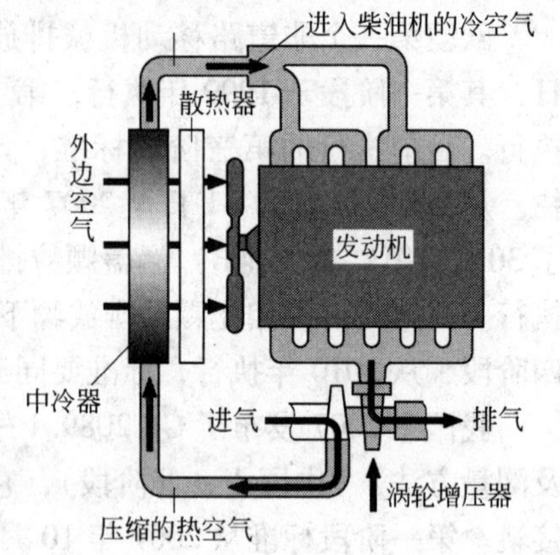

图 2-64　增压空气加空对空中冷却系统

采用涡轮增压器主要是为了使发动机产生更大的动力。涡轮增压器实际上是一种空气压缩机。发动机是靠燃料在汽缸内燃烧做功产生功率的。输入的燃料量受到吸入汽缸内空气量的限制，所产生的功率也受到限制。增压器通过增加空气供给量来提高发动机燃烧效率。空气的压力和密度的增加可以燃烧更多的燃料，相应增加燃料量和调整发动机的转速，就可以增加发动机的输出功率。涡轮增压器是由涡轮室与增压器组成。涡轮室进气口与排气管相连，排气口接到排气管上，增压器进气口与空气滤清器管相连，排气口接到中冷器进气管上。增压器在不改变汽缸工作容积的情况下可以提高发动机输出功率 10% 左右。

空对空中冷器是 20 世纪 90 年代初期开始使用。它是用管子将充气通到单独安装在前面的散热器，利用装在柴油机上的风扇供给冷却空气进行冷却。因为将热量直接被传递到空气中，所以热交换率更高。

涡轮增压器与中冷器组合使用可使发动机的排放满足欧洲Ⅱ号标准。

正因为如此，在地下采矿发动机中广泛采用增压器与中冷器替代自然吸气的发动机。

b 废气再循环技术

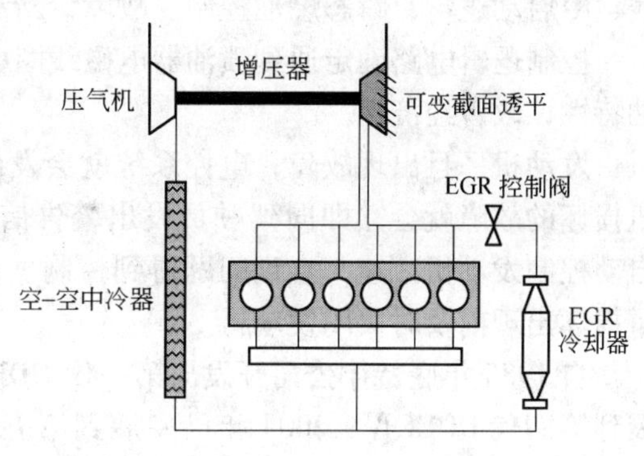

图 2-65 EGR 系统原理

废气再循环技术（EGR—exhaust gas recirculation）（图 2-65）是通过冷却后的发动机废气再次送回燃烧室燃烧而减少氮氢化物排放的目的。当废气与空气和燃油混合后，峰值燃烧温度被降低了，从而降低氮氧化物的排放达50%，如再循环的废气再冷却，将进一步减低 NO_x 的排放。

废气再循环是将一部分排气导入进气系统中，通过降低燃烧室燃烧的最高温度来降低 NO_x 的排放。利用 EGR 来降低 NO_x 的排放，需要与电子控制结合，根据柴油机负荷、转速、冷却水温度传感器及启动开关信号对废气进行随机控制，保证在对柴油机性能影响不大的条件下，降低尾气中 NO_x 的排放。采用废气再循环是降低 NO_x 排放的一项极为有效的措施，EGR 在所有负荷条件下都可以有效减少 NO_x 排放。将定量废气引入柴油机进气系统中，再循环到燃烧室内，有利于点火延迟，增加了参与反应物质的热容量以及 CO_2、H_2O、N_2 等惰性气体对氧气的稀释作用，从而可降低燃烧最高温度，减少 NO_x 的生成。大约60% ~70% 的 NO_x 是在高负荷时产生的，此时采用合适的废气再循环率对于减少 NO_x 是很有效的。废气再循环率为 15% 时，NO_x 排放可以减少 50% 以上，而废气再循环率为 25% 时，NO_x 排放可减少 80% 以上，但随着废气再循环率的增加，发动机燃烧速度变慢，燃烧稳定性变差，HC 和油耗增加，功率下降。

c 改机械式喷油控制系统为电控系统

在最新开发的地下装载机中，广泛采用电控系统。电控系统较机械控制系统能更好地控制喷油时间。采用机械式控制系统的柴油机可以达到欧洲Ⅱ号标准，但可能会损坏动力性与经济性。若要达到欧洲Ⅲ号排放标准就必须采用电控喷射系统，通过发动机的控制模块 ECM（electronic control module）的控制程序，能随时调节喷油量和喷油时刻，以获得最佳的动力系统和最优的燃油经济性。

现以底特律柴油机电子控制系统 DDEC（detroit diesel electronic controls）为例，简单说明它的作用原理。DDEC 电子控制系统由三个部分组成，（1）各种传感器：温度、压力、速度、位置（油门、曲轴）等传感器；（2）电子控制组件（ECM）；（3）执行器（EUI 电子泵喷嘴）。

ECM 是系统的“大脑”。系统从操作者、发动机和装在机器上的传感器接收电子输入的信号，利用这些信号精确控制燃油喷射量和喷油定时。

装在发动机上的 ECM 还有控制逻辑电路提供整机管理。

在 ECM 内装有一只电子可消可编只读存储器（EEPROM—electrically erasable programmable read only memory），它控制诸如额定转速和功率、喷油定时、发动机调速、扭矩曲线、冷启动逻辑、瞬态燃油控制、故障诊断和发动机保护。

控制逻辑电路确定通到喷油器电磁线圈中脉冲电流的定时和延续时、电磁线圈控制供油特性，改善经济性。

发动机一旦出现故障，电控系统就会发出警报，当 ECM 察觉到发生了可能导致发动机损坏的故障就会立即向驾驶员发出警告信号，同时启动发动机的保护系统，ECM 能够自动控制发动机减速，直到问题得到控制，否则通过在 ECM 中事先设定好的程序，在严重损坏出现前及时关闭发动机。

自 1985 年底特律公司开发出第一代 DDEC Ⅰ以来，经过不断的改进，到 1999 年已发展到第四代 DDECⅣ，2004 年已发展到第五代 DDEC Ⅴ，2007 年又开发第六代 DDEC Ⅵ，它的数据处理能力、存储能力及其他的附加能力大大增加，从而使柴油机电子控制系统更加完善、更加先进、更加可靠、更加实用。

若发动机的进气系统使用废气再循环系统时，必须要有电控系统支持，以达到根据发动机状态来优化废气，新鲜空气和燃油混合的目的。

采用发动机电控和燃油喷射技术，能够使发动机获得更高的燃烧效率。同时降低燃烧峰值温度，从而减少 NO_x 的排放。

d　燃油喷射系统的发展

早期的燃油喷射系统采用的是机械喷射单元（MUI—mechanical unit injection）例如道依茨公司的空冷系列柴油机。现在采用的是电子喷射（EUI—electronic unit injection）。如底特律公司的电子喷射单元。液压电子喷射单元（HEUI—hydraulic electronic unit injection）是卡特彼勒公司柴油机最近采用的燃油喷射系统。

MUI、EUI 与 HEUI 燃油喷射系统的特点见表 2-25。

表 2-25　MUI、EUI、HEUI 特点比较

喷射系统	HEUI	EUI	MUI
喷射压力	电子控制（与转速无关）	与转速有关	与转速有关
喷射正时	电子控制（不受凸轮限制）	电子控制但受凸轮限制	机械控制，取决于凸轮外形
燃油喷射率	电子限制（与转速无关）	与转速有关	与转速有关

机械喷射单元即是传统的燃油喷射系统，它是利用发动机带动凸轮轴与柱塞（该柱塞上开一螺旋槽和套筒上开油孔以实现计量与计时功能）实现燃油喷射，因此喷射率随发动机转速变化，喷射压力也不能调整。

电控泵喷嘴的基本工作原理与传统喷射系统基本相同。只是在电控喷射器内的电磁线圈操纵一个提升阀实现喷油定时计量。当电磁阀关闭时，燃油加压并开始喷射，电磁阀开启，则排除喷射压力，结束喷油。阀的关闭延续时间确定喷油量。而液压电子喷射单元，各喷射单元装置是通过高压润滑油的液压力而作用的。高压润滑油控制燃油喷射率，电子控制燃油喷射量。所有这些都与发动机速度无关，从而可大大减少 NO_x 与颗粒物排放，还可以减少发动机噪声。

采用 MUI 可满足欧洲Ⅰ号与Ⅱ号排放标准。采用 EUI 与 HEUI 可满足欧洲Ⅲ号排放标准。若采用共轨式系统 CRS（common rail systems）、泵喷嘴系统 UIS（unit injector system）可满足欧洲Ⅳ号排放标准。后两种是当今最先进的燃油喷射系统。

在泵喷嘴系统中，电控的油泵和喷油嘴没有管路连接，而是被做成一体，直接装在汽缸盖上，这样不占用更多空间。每个油泵都像普通的低压泵那样，由顶置凸轮轴来驱动，顶置凸轮轴将同时驱动气门和泵喷嘴，该系统是目前为止效能最高的燃油喷射系统，其峰值压力可达205MPa。

共轨式喷油系统（图2-66）主要由高压供油系统、共轨油道、每缸一个喷油器、高压油泵和电控喷射单元（EUI）组成。高压油泵安装在发动机的一侧，高压油从油泵进入一个储油管，这个储油管被称为共轨油道。在共轨油道和每个装在汽缸盖上的喷油器之间有油管相连，这样喷油器的开闭由电子控制单元ECU（electronically controlled unit）驱动电磁阀进行控制。具有这种始终保持的高压是共轨式系统与泵喷嘴系统的主要区别。共轨式喷油压力始终保持160MPa。

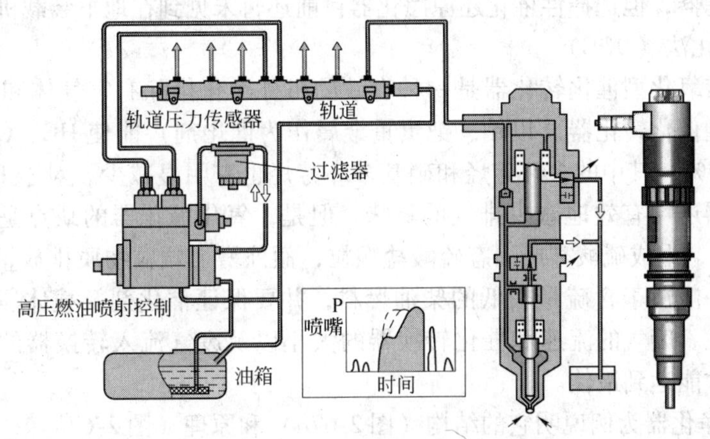

图2-66 先进的共轨式喷油系统

由于现代高压燃油喷射系统以高压迫使燃油通过直径很小的孔，使油成为微小的液滴进入燃烧室，改进了空气与燃油的混合，而达到燃油能完全燃烧，致使排放的颗粒物及其他有害气体大大减少，燃油经济性能得到提高。

Deutz公司、Commins公司等采用共轨式喷油系统。

e 燃烧室形状的选择与改进

早期柴油机燃烧室有两种，一种是涡流室式，另一种是直接喷射式。这两种燃烧室各有特点，见表2-26。

表2-26 涡流室式与直接喷射式特点比较

燃烧室形状	涡流室式	直接喷射式	燃烧室形状	涡流室式	直接喷射式
功率输出	小	大	启动性	差	好
热负荷	高	低	工艺性	差	好
燃油消耗	高	低	排　放	好	差

从表2-26可知，除了排放指标外，其他性能喷射式都优于涡流室式。正因为如此，早期地下采矿柴油机都采用涡流室式柴油机，即所谓低污染柴油机。但近10多年来，随着燃油喷射系统的发展，燃油喷射压力的增加，使空气与燃油混合更充分，燃烧也更干

净，因而排放愈来愈好。早期直喷式柴油机优点得到充分发挥，其不足逐渐得到克服，从而使直喷式柴油机各项性能都优于过去所谓低污染柴油机，这也是现在地下采矿柴油机大都采用直喷式柴油机的原因之一。其他还有压缩比可变技术、多气门技术等先进技术将有可能应用在地下采矿发动机中。

B　机外净化

由于机内控制排放并不能完全起到净化效果，因此对已排出燃烧室但尚未排到大气中的废气进行处理，采取机外控制技术显得很有必要。柴油机排气后处理还可以用氧化催化转化器，以降低 CO 及一定量 HC 和 PM 中的有机成分；用选择性还原催化转换器在富氧条件下还原 NO_x；用微粒过滤装置收集柴油机排气中的颗粒状物质等。目前，国内外用得最多的是柴油氧化催化净化器，也有少量机型采用水净化器或两者组合，国外已开始采用柴油颗粒物过滤器，但选择性催化还原净化器目前还暂未见到在地下装载机上使用。

a　氧化催化法（DOC）

柴油机加装氧化型催化转化器是一种有效的机外净化排除有害气体和 SOF 的常用措施。加装氧化型催化转化器（以铂、钯贵重金属作为催化剂）能使 HC、CO 减少 80% 左右，PM 减少 30%，其中的多环芳烃和硝基多环芳烃也有明显减少。对于 HC 转化效率较高的氧化催化器还可有效地减少排气的臭味。但是，氧化催化器的缺点是会将排气中的 SOF 氧化为 SO_2，生成硫酸雾或固态硫酸盐颗粒，额外增加颗粒物质排放量。所以，柴油机氧化催化器一般适于含硫量较低的柴油燃料，并要保证催化剂及载体、发动机运行工况、发动机特性、废气的流速和催化转换器的大小以及废气流入转换器的进口温度等正常，净化效果才能达到最佳。

现以 ECS 净化器为例说明它的结构（图 2-67*a*）和原理（图 2-67*b*）。

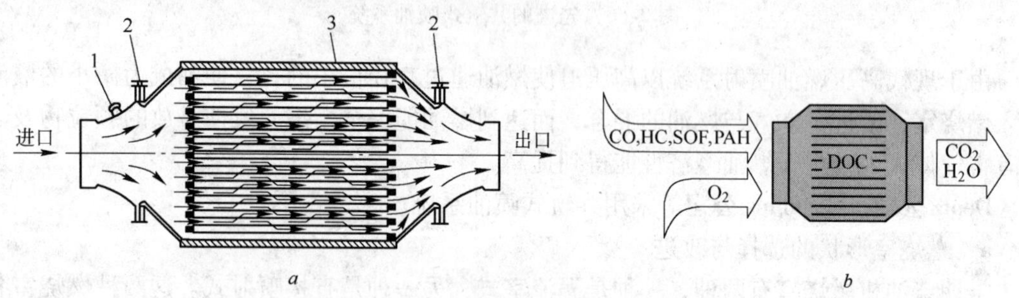

图 2-67　废气净化器结构与原理

a—结构；*b*—原理

1—背压测量；2—快速拆卸夹箍；3—不锈钢外壳

ECS 净化器即加拿大发动机控制系统有限公司（Engine Control Systems Ltd.）生产的发动机净化器。它是国内外地下装载机用得最广、效果好的一种净化器。ECS 净化器由陶瓷蜂窝结构衬底组成。衬底外层包了一层含铂材料，两端用筛网堵住。排气被迫通过每个净化室，陶瓷隔板进入相邻的净化室，大部分排气优先通过小室。排气中的颗粒在每个净化室的隔板上被拦住，并收集起来。由于每个隔板小室上炭烟的流积会产生净化室小孔的堵塞，从而增加了排气背压。这意味着炭烟要随时清洗。在有些重负荷的车辆中，排气的温度很高，还可以使炭烟自动燃烧。即便如此，在净化器的拱腰处还必须要人工清理。

排出的气体通过净化器后，固体颗粒沉积下来，废气的有害成分在催化剂铂的作用下，被氧化成无害气体排出。CO、HC 等完全燃烧变成 CO_2 与 H_2O。

上述过程将产生附加热，发动机的温度将增加到 300℃，CO 与 CO_2 的一些残留的原子将不会燃烧，而仍留在净化器里。这些残留原子多少取决于排气温度和催化净化器的设计。

当排气温度在 100 ~ 150℃时，净化器将不起作用，当排气温度达到 500℃时，大约 80% ~ 90% 的 CO、50% 的 HC 将产生化合作用。当发动机空转时，因排气温度很低而不产生化学作用，催化净化器对 NO_x 不起作用或起很少作用。净化催化器可以使一些硫的化合物氧化，也就是可以把它变成 SO_2、SO_3，这是一种很有害的气体，除非在燃油中含硫低于 0.05%，这个问题才可以解决。

净化器的堵塞是由于发动机空转速度时间过长，喷油量过多，发动机调节失灵产生。净化器堵塞的结果使排气的背压很高，这不仅增加功率损失、过多的燃料消耗、过高的燃烧温度，而且排放物也增加，净化效果下降。

为此必须对净化器的排气背压进行测量。测量时采用充满一半水的 U 形管测压计，U 形管两端通大气。此时 U 形管两边立柱部分液面高度是一样的。当一端接净化器的入口时，这端水柱下降，另一端水柱升高，两液面的高度差（H）就是背压。对道依茨柴油机满负荷全速来说，最大背压为 7.11kPa。当超过此值时，就必须清洗净化器。一般每周（200 ~ 250h）就得检查一次背压。

b 水净化器

有些地下装载机排气系统采用水箱进行净化。在水净化的情况下，废气一方面通过水池中的水冷却，同时清洗废气中的颗粒。水净化器是带有几层隔板及后面隔开连接的水箱。该水箱的特点就是即使没有加水，其排气阻力也相当大，因此要测量排气背压。既要检查加水背压，又要检查不加水的背压。当评估阻力时，水箱的水要装满到最高水位。确定水箱的尺寸（水量和隔开的小室）由设备制造商确定，这是因为要决定水净化器的安装空间。水箱储水能力与柴油箱的容量相当。净化器加水口应足够大，以便很快就能把水箱加满。

水箱使其净化原理如下：

水洗法主要用来净化 NO_x，因为 NO_x 易溶于水，其次对 HC 化合物也起净化作用。还可以洗去油烟、炭粒、易溶于水的其他有害物质，去掉排气中的气味。

水洗法有喷水洗涤和水箱洗涤两种。地下装载机常用水箱洗涤。图 2-68 为 CY-1.5 型地下装载机水箱结构原理图。

废气从 A 处沿喷气管直接进入水箱底部。废气路线如图中箭头所示。废气在水

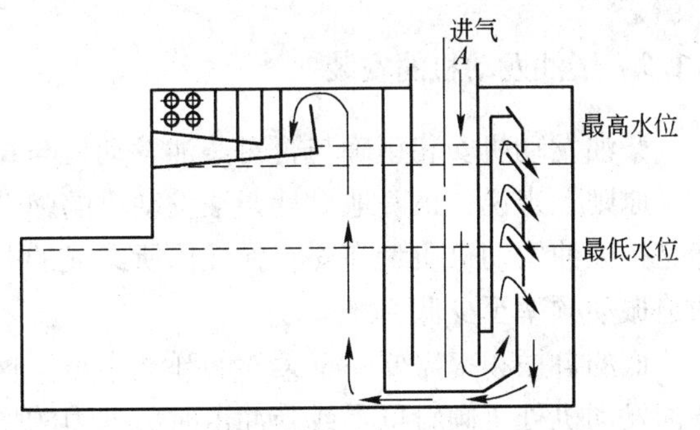

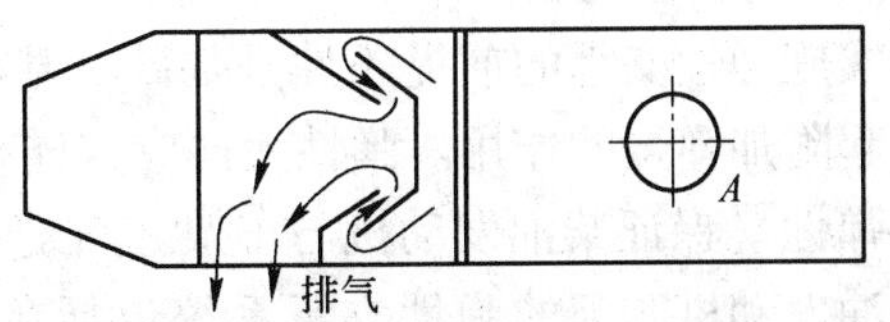

图 2-68 CY-1.5 型地下装载机水箱结构

箱隔板中迂回运动，净化后从左侧排气孔排向大气。为了保持废气净化效果，应每班换一次水，设备工作1.5～2h后，应检查水位高度。柴油机怠速运转时，一次不应超过15min，否则应将柴油机熄火，以免增多有害物质。

C　加强通风

尽管采用机内净化措施，但仍然达不到人们卫生健康标准的空气质量，还必须通过加强地下通风来解决。加强地下通风是为了保证人与设备的安全（因为空气中含氧低于19.5%将影响操作人员的健康，高于23.5%则不安全）。另外，由于通风不足，致使柴油机吸气不足，影响发动机的输出功率与排放，更重要的是通过通风来稀释有害气体的浓度，以达到人的健康卫生标准。

至于通风要求，在GB 16423—2006标准6.4.1条中已有规定。

D　提高燃油的质量

合理提高燃油的十六烷值，能有效地降低发动机尾气PM、CO和NO_x排放；当燃料中的S从0.12%下降到0.05%时，微粒排放量将减少8%～10%；减少燃油中的芳香烃成分，可以减少NO_x的排放。

还因为燃油质量和排气净化器的使用要求、发动机废气排放质量有关，因此地下采矿柴油机用柴油硫的含量必须少于0.05%。但我国目前广泛采用的轻柴油（GB 252—2000）达不到此要求，而车用柴油（GB/T 19147—2004）虽然能满足地下采矿要求，但才刚刚使用，还没有广泛推广。因此，目前地下装载机柴油机采用轻柴油可以用缩短换油周期办法来减少柴油中硫对排放和机件使用寿命的影响。使用代用燃料也是降低排放的一项措施。目前代用燃料主要是生物柴油，而且已开始用于地下装载机。

随着科技的发展，通过计算机辅助设计对柴油机燃烧系统、进排气系统、燃油供给系统和燃烧室结构的优化设计，并采用新材料和新工艺，广泛采用增压中冷和电控高压喷射控制技术并采用尾气处理技术综合控制，将是柴油机发展和进行尾气控制的发展方向。

2.1.9　柴油发动机的安装

柴油发动机安装正确与否对柴油发动机与相连零件的使用寿命有很大影响。

原则上来说，正确地设计柴油发动机的弹性支承比其他支承都要好一些。所谓正确设计是指柴油发动机质量和支座弹性体所组成的振动系统的自振频率要比柴油发动机最低的强迫振动频率至少低40%。

低的自振频率需要一个柔软的弹性支承。这种元件的缺点是在外力的作用下，例如在柴油发动机处于倾斜位置或受冲击时出现力的作用下，容易产生较大位移。

2.1.9.1　弹性支承

适当实施弹性支承的前提条件是基础，基础刚度要比弹性元件的刚度大得多。否则，基础就要起附加弹簧的作用。弹性元件应这样布置，在使用中出现的各种作用力的作用下仍保持有弹性（保证柴油发动机与车架之间足够自由移动，大约15～25mm）。

与柴油发动机匹配的弹性支承系统包括在柴油发动机供货的范围内。它所占空间不多，并能承受一定的推力。

为了补偿在弹性安装的柴油发动机里产生的振动偏差，所有通向柴油发动机的管子也必须设计成弹性的，这同样适用于柴油发动机的进、排气通道。

当弹性元件尺寸选定，变矩器等都可以用法兰形式同柴油发动机相连，这样附件可在悬挂位置与柴油发动机相连，但对飞轮壳（SAE 飞轮壳）之间的反弯矩不得超过许用值。若弯矩大于该值，支承不应装在飞轮上，而应装在变速箱上，见图 2-69 和表 2-27。

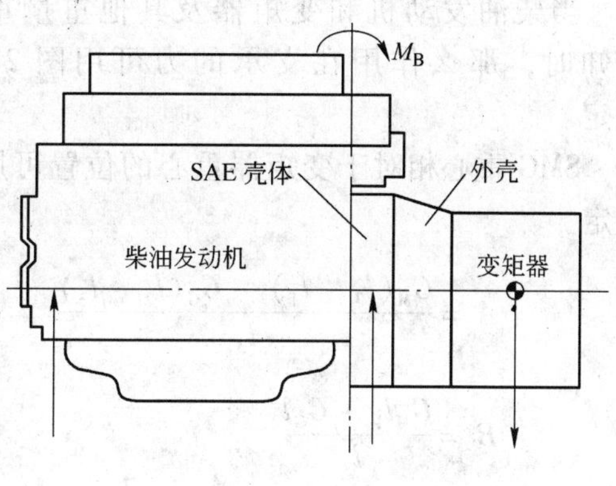

图 2-69 M_B 计算简图

表 2-27 M_B 允许值

柴油发动机型号	最大允许反弯矩/N·m	柴油发动机型号	最大允许反弯矩/N·m
BF4M1012/C/E/EC BF6M1012/C/E/EC BF4M1013/C/E/EC BF6M1013/C/E/EC BF6M1013/CP/ECP BF4M2012/C	≤±5000	BF6M2012/C BF4M2012/C BF6M1012/C/CP	≤±5000
		F4/5/6L912/W	≤800
		B/FL413FW	≤1300
		地下使用，带加强支承	

当利用本例支承元件安装柴油发动机或柴油发动机/变矩器传动系统时，它必须保证基础平面平行和平坦。

孔的规范必须在规定的公差内，纵向 ±2mm，横向 ±1.0mm，孔要比螺柱直径大 4mm，要求垫圈至少 6mm 厚，见图 2-70。

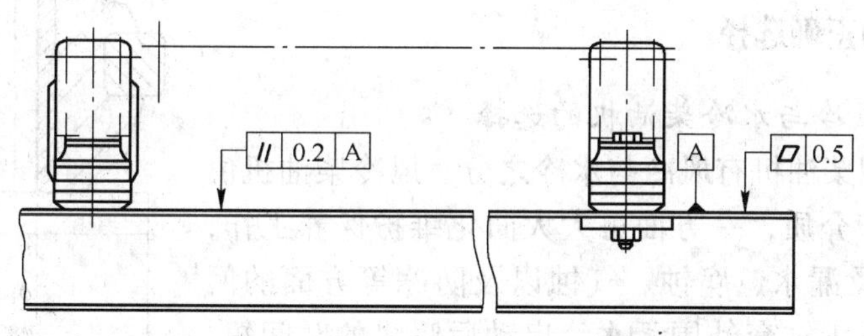

图 2-70 柴油发动机安装基面要求

要避免弹性支承强度负荷和分布不均匀，因为变形橡胶元件将会影响噪声衰减和振动完全吸收，支承元件载荷均匀。

在布置支承元件时，需使每一个橡胶减振圈承受大致相同的负荷，可以通过将作用力（柴油发动机——变矩器的重量）平均分配到各个支承元件或者通过改变支承距离，或者通过改变支承数量的方法来达到。

当柴油发动机和变矩器及其他重量重心是已知时，那么作用在支承的力可用图 2-71 来决定。

SMG 重心相对于变矩器重心的位置可用下式决定

$$A = \frac{G_M(l_3 - l_1) - G_G(l_2 - l_3)}{l_3} \tag{2-18}$$

$$B = \frac{G_M l_1 + G_G l_2}{l_3} \tag{2-19}$$

$$X = \frac{l_2 - l_1}{1 + \frac{G_G}{G_M}} \tag{2-20}$$

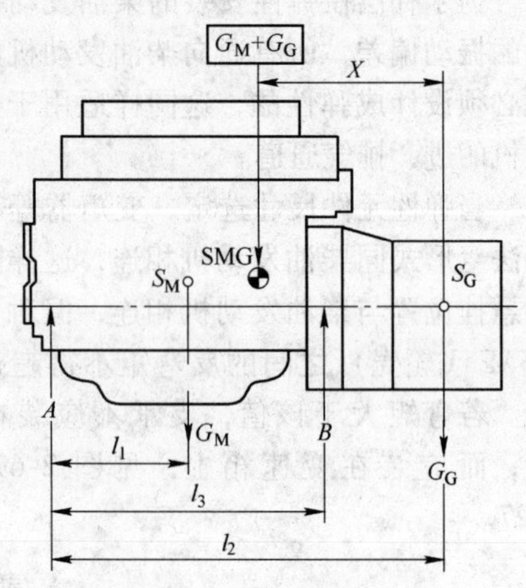

图 2-71　确定 SMG 简图

SMG—柴油发动机加变矩器重量重心线；S_M—柴油发动机重心线；S_G—变矩器重心线；G_M—柴油发动机重，N；G_G—变矩器重，N；A—A 处反力，N；B—B 处反力，N；l_1 ~ l_3—距离，m

2.1.9.2　弹性支承结构

Deutz 可以在供货范围内提供支承元件，这些支承元件用于不同种类柴油发动机和只要求少量的总装工作和空间。BFM1012/1013 柴油发动机标准支承元件的静负荷和温度见表 2-28。

表 2-28　Deutz 公司地下装载机柴油发动机弹性支承结构

设　计	材　料	柴油发动机型号	每个安装托架负荷/N	最大允许温度/℃
软铸造支承	天然橡胶 肖氏 55	BFM1012/1013/C/E/EC/ECP BFM2012/2013/C/CP	2200	90

注：橡胶应能耐 −40℃ 的低温。

地下装载机常采用软铸造支承，如图 2-72 所示。

2.1.10　柴油机的正确选择

2.1.10.1　风冷与水冷柴油机的选择

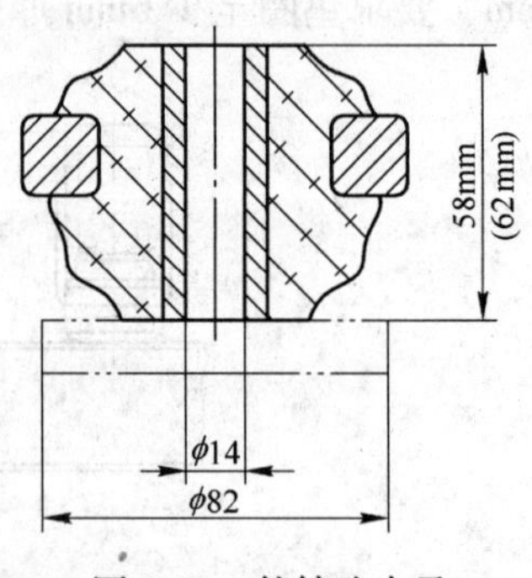

图 2-72　软铸造支承

地下装载机用柴油机有风冷与水冷之分。风冷柴油机由于不使用水做冷却介质，一方面可大大简化维护保养工作，不会发生所有涉及漏水、腐蚀、气蚀以及防冻等方面的问题；另一方面，由于缸套外围无水，启动后暖机的时间短，并且在所有工况下，各缸温度比较均匀，所以缸套、气门等磨损较小，大大延长了柴油机的使用寿命。又由于发动机没有水箱、水泵、水道系统，以及各种防漏水封，故结构简单，适应性强，可在较大的大气温度范围内工作，因此过去几年地下装载机大都采用风冷柴油机。

随着科学技术的发展和大量的新材料、新技术、新工艺的采用，特别是电子控制技术的采用，使水冷柴油机可靠性更高，燃油更节省，废气排放更低，性能更佳。近几年国外新开发的地下装载机中广泛采用水冷柴油机。但在煤矿与天然气非煤矿环境中使用地下装载机时必须采用防爆设计的水冷柴油机。

2.1.10.2 发动机功率大小的选择

A 功率的标定

所谓标定功率是制造厂在给定的情况下所能发出的功率。

内燃机功率的标定完全取决于使用条件。因为燃烧所需的空气量是与喷油泵的燃油供给量相配合的。而燃烧所需空气量随地域和当地气温而改变，即随内燃机的使用条件而变。因此，对同一机型，由于使用条件不同和使用对象不同（如轻载、重载、连续工作、断续工作）可以有多种功率和转速。常说的“标准型”内燃机或铭牌上标出的内燃机功率和转速是与一定的使用条件和对象相对应的，是从产品的销售角度给定的。

地下装载机大部分采用德国道依茨公司柴油机。在过去，同一台发动机共有四组功率。Ⅰ组功率按 DIN 70020 的功率——车用功率；Ⅱ、Ⅲ、Ⅳ组功率即按 DIN 6270 的功率，其中Ⅱ组功率用于大间隙使用功率，Ⅲ组功率用于正常间隙使用功率，Ⅳ组功率为持续功率。

地下装载机常用第Ⅲ组功率。

后来，常看到的 DIN 6271 标准，它代替 DIN 6270。其主要目的是靠近国际新标准。因两者换算出的标准功率基本一致，所以两个标准仍可通用。现在大都使用国际标准 ISO 3046/1。

在地下装载机中也常使用 CAT 公司与底特律公司柴油机，它们常使用美国汽车工程师学会标准 SAE J1349、国际标准 ISO 3046/1、SAE J1995 标准等。

上述标准的功率都是在规定的大气标准、规定的附件、规定的燃油性质条件下测得的。

由于地下装载机工作环境和条件的特殊性，考虑到其可靠性、经济性和使用寿命，目前大多数地下装载机的发动机选用进口柴油机。由于柴油机制造厂所处国家不同，所采用的标准不同，即使标定功率一样，其内涵却有许多差别。如果不考虑标定功率的内涵，随便选一个，要么功率选大了，要么功率选小了，以至于达不到发动机最佳寿命和性能要求。为此下面将介绍国外常用柴油发动机标准，重点介绍我国和国外常用的 ISO 3046/1 标准、功率内涵及如何选用发动机的标定功率，以达到正确选择发动机的功率，充分发挥柴油机最佳性能与寿命的目的。

B 国外发动机标准简介

现行部分国外柴油发动机功率标准见表 2-29。

表 2-29 现行部分国外柴油发动机功率标准

标准号	DIN 70020	ISO 1585	ISO 3046②	ISO 9249	ISO 2288	SAE J1349	SAE J1995	ECE R24/03	80/1269 EWG	备 注
定义	汽车发动机	发动机功率试验规范	发动机功率试验规范	发动机功率试验规范	发动机功率试验规范	发动机功率试验规范	发动机功率试验规范	发动机功率与烟度	发动机功率试验规范	
应用领域	公路车辆	公路车辆	③	铲土运输机械	农业拖拉机	④	⑤	公路车辆	公路车辆	

续表 2-29

标准号	DIN 70020	ISO 1585	ISO 3046②	ISO 9249	ISO 2288	SAE J1349	SAE J1995	ECE R24/03	80/1269 EWG	备　注
功率类型	净功率	净功率	净功率	净功率	净功率	净功率	总功率	净功率	净功率	
环境大气压	101.3 湿度 60%	99	99	99	99	99	99	99	99	kPa 干空气
环境大气温度	20℃	25℃	25℃	25℃	25℃	25℃	25℃	25℃	25℃	
喷油系统	+	+	+	+	+	+	+	+	+	
润滑油泵	+	+	+	+	+	+	+	+	+	
散热器风扇	+	+①	+	+①	+①	+①	—	+①	+①	水冷发动机
水　泵	+	+	+	+	+	+	—	+	+	水冷发动机
冷却风扇	+	+①	+	+①	+①	+①	—	+①	+①	风冷发动机
空滤器进气管路	+	+	+	+	+	+	—	+	+	
进气消声器	+	+	+	+	+	+	—	+	+	
排气消声器	+	+	+	+	+	+	—	+	+	
排气管路	+	+	+		+	+	—	+	+	
发电机（无负荷）	+	+	+		+	+	—	+	+	
空压机	—	—	—	—	—	—	—	—	—	
液压油泵	—	—	—	—	—	—	—	—	—	
液压油冷却	—	—	—	—	—	—	—	—	—	

注：“+”表示安装，考虑了对发动机功率的影响。“—”表示没有安装，不考虑对发动机的影响。

①带速度控制或风扇脱开的空转功率。②公布 ISO 8528 和 DIN 6280 功率的根据。③此标准应用领域适用于陆用、铁路和船用往复式内燃机，但不包括驱动农业拖拉机、道路车辆和航空用发动机，及适用于驱动筑路机械和土方机械、工业卡车以及尚无合适国际标准可用的其他用途的发动机。④、⑤适用于四冲程和二冲程火花点燃式发动机，自然吸气和增压中冷的发动机，但不适用航空和船用发动机。

从表 2-29 可知：

（1）只有 ISO 3046、SAE J1349、SAE J1995 标准适用于地下装载机发动机。事实上国外绝大部分地下装载机发动机都采用上述三个标准。

（2）反过来说，满足上述三个标准的发动机不一定都适用于地下装载机。只有经过美国 MSHA（美国矿山安全健康管理局）批准专用于地下采矿的发动机才能用于地下装载机。

(3) 发动机标定功率有净功率、总功率。发动机净功率是发动机带全套附件时所需输出的有效功率。发动机总功率是发动机仅带维持运转所必需的附件时所需输出的有效功率。这点在发动机与变矩器匹配计算中是必须注意的。

(4) 发动机标准功率是在标准的环境温度、大气压力、燃油最低燃烧值与密度、进入发动机的空气温度等标准基准状况下测得的。如果实际作业条件偏离标准基准状况时，则必须对发动机标定的功率进行修正。

(5) 表中未考虑实际作业环境与试验标准基准状况（海拔高度、环境温度、湿度）不符时功率的减少。

C ISO 发动机功率类别

根据 ISO 3046(GB/T 6072—2000)标准，常用功率代码与定义列于表 2-30。

表 2-30 常用功率代码与定义

ISO 3046—7 功率代码	根据 ISO 3046—7 和 ISO 3046—1 标准规定的含义
ICN	ISO 标准功率 净持续 ISO 有效功率
ICFN	油量限定 ISO 标准功率 净持续油量限定 ISO 有效功率
ICxN	可超负荷 x% ISO 标准功率 可超负荷 x% 净持续 ISO 有效功率
ION	仅带基本从属辅助设备的 ISO 超负荷有效功率
IOFN	仅带基本从属辅助设备时油量限定的 ISO 超负荷有效功率
IFN	仅带基本从属辅助设备时油量限定的 ISO 有效功率

表 2-30 中功率代码的含义：

(1) I 表示 ISO 标准功率。所谓 ISO 标准功率是按发动机制造厂标定，在制造厂规定的正常维修周期内和下列条件下，只使用基本从属辅助设备下，发动机所发生的持续有效功率。

1) 在发动机制造厂试验台的运转工况下按规定转速运转。

2) 按制造厂规定将标定功率调整或修正到标定基准状况（总气压 100kPa，空气温度 25℃，相对湿度 30%，增压中冷介质温度为 25℃)。

3) 按制造厂规定进行维护保养。

(2) C 表示持续功率。所谓持续功率是在制造厂规定的正常维修周期内，按照制造厂规定进行维修保养，在规定转速和规定环境下，发动机能够持续发出的功率。

(3) N 表示仅带基本从属辅助设备的有效功率。所谓从属辅助设备即发动机持续或重复使用的必要的设备；所谓有效功率即发动机单根或多根输出轴上所测得的功率或功率总合。

(4) F 表示油量限定功率。所谓油量限定功率即在对应于发动机用途的规定周期内，在规定转速和规定环境状况下，限定发动机的油量，使功率不能再超出时所能发出的功率。

(5) O 表示超负荷功率。所谓超负荷功率即在规定的环境下，在按持续功率运转后立即根据使用情况以一定持续时间和频次使用时，可允许发动机发出的功率。

D CAT 公司柴油发动机额定功率的定义

CAT 公司柴油发动机额定功率的定义与 ISO 标准不同，它分 A、B、C、D、E 五种功率，每种功率定义如下：

(1) IND-A（工业柴油发动机 A 类）连续工作。柴油发动机持续地重负荷工作，即发动机在 100% 的时间内，在最大功率和最大速度下工作，工作不中断负荷没有循环变动。

(2) IND-B（工业发动机 B 类）。柴油发动机提供的动力和/或速度是周期性地变动（全负荷的时间不超过 80%）。

(3) IND-C（工业柴油发动机 C 类）间断工作。间断地工作柴油发动机周期地提供最大功率和速度（全负荷的时间不超过 50%）。

(4) IND-D（工业柴油发动机 D 类）。柴油发动机周期性在最大功率下工作（满负荷工作时间不超过整个工作循环时间的 10%）。

(5) IND-E（工业发动机 E 类）。柴油发动机仅在最初启动时或突然超载的短时间内，才在最大功率下工作或用于紧急状态下工作。此时，柴油发动机的标准功率是不适用的（全负荷工作时间不超过整个工作循环时间的 5%）。

上述柴油发动机额定功率的条件如下：

(1) 柴油发动机排量达 6.6L。定义所有额定功率的条件是基于 ISO/TR 14396，空气进气的标准条件是具有 1kPa（0.295 英寸汞柱）的蒸气压力，温度为 25℃时，总的大气压力为 100kPa，在进行测量时，所用燃料应符合 EPA 2D89.330—96 技术规范，燃油密度在 15℃时为 0.845 ~0.850kg/L，燃油进口处温度 40℃。

(2) 柴油发动机排量达 7L 或以上。定义所有额定功率的条件是基于 SAE J1995，空气进气的标准条件是具有 99kPa（29.1 英寸汞柱）干式气压计读数，进气温度为 25℃进行测量时；使用标准燃油，燃油重度（15℃）为 API35（848kg/m^3），当在 29℃时，密度为 839.9g/L，其热值下限为 42.78kJ/L。

E 地下装载机发动机功率类型和选择

从表 2-33 可以看出，地下装载机发动机功率种类繁多。由于所采用功率种类的不同，同一台发动机功率的大小也不相同。其中 IFN 功率最大，ICN 功率最小，其他种类功率处在两者之间。发动机的性能与使用寿命也有很大区别，因此必须要了解各类功率含义，正确选择功率标准和大小。

对地下装载机来说，一般用变矩器来获得最大牵引力和平滑加速。当铲斗正在铲装，驱动轮慢慢移动，变矩器靠近失速时，发动机承受最大负荷。另外，装载机的液压系统在进行铲装和提升时也消耗功率。因此只要限定柴油机不超过最大功率，其他工况便不会超过。故地下装载机常采用 IFN 功率。

在我国地下装载机使用最广的是德国 Deutz 公司的柴油机，该公司又把 IFN 功率分为两类：

(1) Ⅱ类功率——大间隙功率（轻负荷）；

(2) Ⅲ类功率——正常间隙功率（重负荷）。

由于地下装载机在铲装时负载最大，在铲斗装满之后，当机器开往卸料场时，发动机负荷下降。从这一点开始，一直到下一个装载循环开始发动机处于轻负荷，也就是说，发动机的使用功率处于这两种功率之间。从这一点反映出地下装载机使用功率的间隙性。

由于地下装载机的作业条件，作业对象远比露天装载机恶劣，负荷也大得多，属于重负荷。因此无论国内还是国外的地下装载机常用的正常间隙功率为Ⅲ类功率。

水冷涡轮增压中冷发动机与空冷低污染柴油机一样也是选 ISO3046/1 IFN Ⅲ类正常间隙功率。但水冷柴油机又增加了两个功率，即 S 功率和 G 功率。

S 功率——与 ISO 标准有关的功率，减去了冷却风扇消耗功率。

G 功率——与 ISO 标准功率有关的功率，没有减去冷却风扇消耗功率。

至于其他公司制造的地下装载机用柴油机采用的 SAE J 1349 和 SAE J1995 标准的功率，可按上述原则咨询有关公司确定。

从上述分析可知，由于柴油机的功率种类十分多，也很复杂，为了正确选择合适的地下装载机用柴油机，必须做到：首先，要正确选择功率标准，其次要了解发动机是否经过 MSHA 批准。如果是上述地下装载机所选用的功率标准，那就得分析柴油机功率标准基准状况与柴油机作业环境是否一致。如果一致，就不需要对发动机的标定功率进行修正，而直接计算发动机的飞轮马力，即发动机的标定功率减去液压油泵的功率损失、冷却风扇功率损失（如果采用 G 功率的话）、未列入标准中的发动机附件损失的功率。如果不一致，就必须对发动机的功率进行修正后，再计算发动机的飞轮马力。

若不是我们采用的发动机功率标准，就必须按上述原则，咨询该发动机制造厂。只有这样才能正确选择地下装载机用柴油机，以保证地下装载机的性能和使用寿命。

正因为如此，在设计时，必须要了解各制造厂标定的功率是净功率还是总功率。

F 功率大小的选择

地下装载机柴油机功率的选择十分重要，选择的方法也很多，现简单介绍几种。

a 经验法

美国 EIMCO 公司提出，选择地下装载机柴油机功率的经验公式是功率的大小 N 与负荷性质、机器的满载重量 G_{VW}(t)大小有关（下列 3 式的常数单位是 kW/t）

轻负荷 $$N_1 = 4.1G_{VW} \tag{2-21}$$

中负荷 $$N_2 = 4.6G_{VW} \tag{2-22}$$

重负荷 $$N_3 = 5.26G_{VW} \tag{2-23}$$

b 类比法

收集与要设计的地下装载机的载重量和斗容相近、结构类似的国内外已有的先进机型，并通过实践证明性能良好或比较好的地下装载机作为选择功率，参见第 1 章。

c 统计法

根据世界上主要地下装载机最近生产的各种型号、规格的参数进行分析与整理，然后用数学统计法找出总功率 N_g 与斗容 V_R、总功率 N_g(kW) 与载重量 (t) 之间的关系。

$V_R < 5\text{m}^3$ $$N_g = 28.26e^{0.35V_R} \tag{2-24}$$

$V_R \geqslant 5\text{m}^3$ $$N_g = 138.50 + 10V_R \tag{2-25}$$

$Q_H < 9\text{t}$ $$N_g = 28.14e^{0.21Q_H} \tag{2-26}$$

$Q_H \geqslant 9t$　　　$N_g = 74 + 10Q_H$　　(2-27)

d　计算法

(1) 运输工况的功率，即最大行驶速度时发动机的净功率 N_n

$$N_n = \frac{F_{min}v_{max}}{\eta} + \Sigma N_i \quad (2\text{-}28)$$

式中　N_n——发动机净功率，W；

f——滚动阻力系数，$f = 0.03 \sim 0.04$；

F_{min}——产生最大速度时驱动力，N

$$F_{min} = Wf \quad (2\text{-}29)$$

W——机器操作重量，N；

η——液力机械传动总效率，取 $\eta = 0.8$；

v_{max}——理论行驶速度，取 $v = 18 \sim 25\text{km/h} = 5 \sim 6.9\text{m/s}$

$$v_{max} = (1 - \delta)v \quad (2\text{-}30)$$

δ——滑转率，取 $\delta = 0.2$；

ΣN_i——变速泵重载、冷却泵、工作转向泵、工作油泵空载消耗功率的总和

$$\Sigma N_i = \Sigma \frac{p_i q_i}{\eta_i} \quad (2\text{-}31)$$

N_i——泵消耗的功率，W；

p_i——油泵输出压力，Pa；

q_i——油泵流量，m^3/s；

η_i——油泵效率，取 $\eta_i = 0.75 \sim 0.85$。

(2) 插入工况的功率。

$$N_n = \frac{KF_{max}v_{min}}{\eta} + \Sigma N_i \quad (2\text{-}32)$$

式中　F_{max}——最大插入阻力，N

$$F_{max} = \psi W \quad (2\text{-}33)$$

W——机器的操作重量，N；

ψ——附着系数，取 $\psi = 0.6 \sim 0.65$；

K——考虑其他阻力系数，$K = 1.2 \sim 1.25$；

v_{min}——装载机插入速度，$v_{min} = 1.5\text{km/h} = 0.4\text{m/s}$。

上述计算的功率取较大者，该功率为净功率或飞轮马力。在选择柴油机时应按总功率选择。若选用道依茨柴油机则

$$N_g = 1.03N_n \quad \text{(10 缸以下柴油机)} \quad (2\text{-}34)$$

$$N_g = 1.06N_n \quad \text{(12 缸柴油机)} \quad (2\text{-}35)$$

G　发动机飞轮壳号的选择

不同型号、不同大小的发动机有不同的SAE标准飞轮壳号，不同的飞轮壳号配不同的

变矩器壳。美国的DANA公司生产的变矩器，壳体形式与安装尺寸，均要与发动机飞轮一致，即符合SAE标准，见表2-31，否则要加中间连接法兰。

表2-31 变矩器与发动机飞轮壳体

克拉克变矩器系列	SAE飞轮壳号	克拉克变矩器系列	SAE飞轮壳号
C2000 C270 C320	3	C16000	0
C5000 C8000	1		

发动机飞轮与变矩器输入端连接有柔性盘与齿圈连接两种。连接的方式不同，飞轮壳和飞轮的结构与安装尺寸又有区别，因此在选择时，必须明确规定连接的方式，以免影响发动机的使用与安装。

H 其他附件的选择

(1) 油底壳形式的选择。油底壳集油池可分别在飞轮端、风扇端和中间，以避开油底壳集油池与车辆横梁的干涉。

根据车辆爬坡要求，可装用15°、20°、45°的油底壳。

为了便于加油和检查机油油面，加油口油标尺长度也有所改变。

(2) 进、排气管接口和燃油管接头位置的选择。进气管接口可放在柴油机前端、后端或中间，可分别进气（V形柴油机），也可将左右排进气管连在一起，再通过空气滤清器进口。

排气管口有向前、向后、中间向上、中间向下四种布置方式，排气管可分别引出（V形柴油机）也可以连接在一起。

进出柴油滤清器的柴油管接头可以在柴油机前端与后端。

(3) 液压泵。为满足地下装载机所需要的液压泵（转向、制动、冷却），可在柴油机飞轮端传动箱盖上预留的动力输出处安装液压泵。液压泵有$4cm^3/r$、$5cm^3/r$、$8cm^3/r$、$11cm^3/r$、$16cm^3/r$、$2\times8cm^3/r$、$2\times11cm^3/r$、$2\times16cm^3/r$等规格，曲轴与液压泵转速比可变化，工作压力为20MPa。

(4) 发电机。根据车辆与从动机械用电量的多少，可选用0.5kW、0.8kW、1kW、3.5kW等多种规格的交流硅整流发电机，输出电压有14V与28V。

(5) 起动机。为保证柴油机起动性能，对于同一机型的柴油机，根据使用环境温度的不同与不同汽缸数，可选用不同功率的起动机。启动电压为24V，起动机功率有3kW、3.5kW、4.8kW、5.4kW、6.5kW、9kW等多种。

(6) 使用环境温度低，可选择低温启动辅助装置。

(7) 根据地下装载机的需要，可选用增压空气中冷器、液压油冷却器（变矩器油、制动器油冷却器）。

2.1.11 作业环境对柴油机和装载机性能的影响

地下无轨柴油采矿设备大都以柴油机为动力，柴油机的额定功率及其性能是在标准基准条件下测得的，如果实际操作条件偏离了标准的条件，那么柴油机的实际输出功率和性能就会发生变化，轻则性能下降，重则会导致柴油机损坏。我国地域辽阔，南北东西、地理气候及使用条件等千差万别，因此了解地下装载机实际操作条件偏离标准条件后，对发动机的功率与性能的影响提前采取预防措施，对保证地下装载机的正常使用，充分发挥地下装载机的潜力是十分重要的。

2.1.11.1　海拔高度的影响

随着海拔高度的增加，空气愈来愈稀薄，空气中含氧量、大气压、空气温度、水沸点也愈来愈低（表2-32），这些都将引起地下装载机的动力性、经济性、废气排放浓度、散热性能及发动机等性能有所改变。

表2-32　海拔高度与大气压、空气密度、水沸点、含氧量、温度的关系

海拔高度 /m	大气压 /kPa	气压比	空气温度 /℃	空气密度 /kg · m^{-3}	含氧量/g · m^{-3}		水沸点/℃
					t = 0℃	t = 20℃	
0	110.3	1	15	1.2255	299.3	323.0	100
1000	89.8	0.887	8.5	1.1120	265.5	280.5	96.8
2000	79.2	0.7845	2	1.006	234.8	253.4	93.8
3000	70.1	0.6918	−4.5	0.9094	209.6	233.4	91.2
4000	61.6	0.6042	−11	0.8193	182.1	196.4	88.8
5000	54.0	0.533	−12.5	0.7363	159.7	172.1	86.7

A　海拔高度对发动机动力性能的影响

柴油装载机在高原上运行时，由于气压低，空气稀薄，发动机充气量少，将导致发动机动力性能下降。图2-73及表2-33、表2-34是我国地下矿山广泛采用的Deutz公司FL912W系列、FL413FW系列空冷柴油机和BFM1012C与1013C水冷柴油机输出功率随海拔高度、环境温度及发动机冷却系统不同而变化的情况。由图2-73及表2-33可知，随着海拔高度的增加，环境温度的增加，发动机的输出功率也随之下降。由于发动机的结构和采用技术的不同，下降的程度也不同。如当环境温度为0℃、海拔高度为2500m时，对自

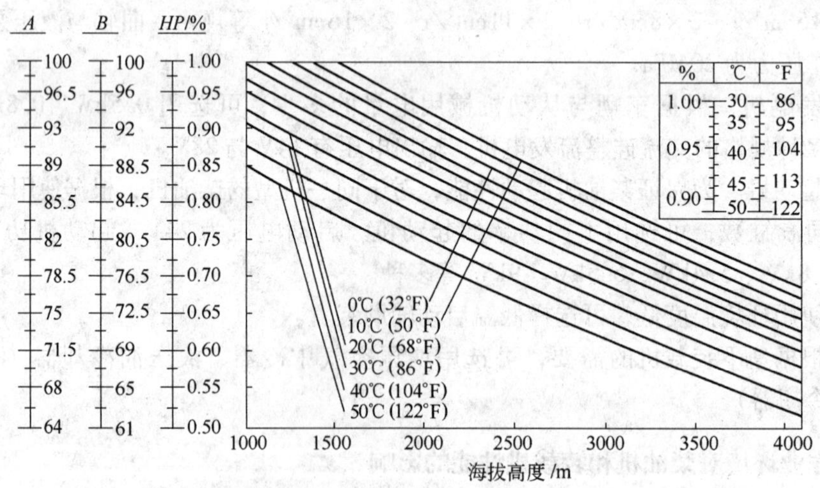

图2-73　FL912W、FL413FW发动机在海拔高度及温度变化的情况下功率下降曲线与燃油喷射泵的调整

A—FL912W燃油喷射泵喷油量的修正系数,%；*B*—FL413FW燃油喷射泵喷油量修正系数,%；*HP*—发动机随海拔高度增加和环境温度下降的功率与标准条件下功率的比值,%

然吸气空冷柴油机功率来说，输出功率减少了14%，而对BFM1012C或BFM1013C增压中冷柴油机来说，输出功率几乎没有什么变化。但在表2-34的冷却条件下，发动机的输出功率却下降了6%。

表2-33 BFM1012/C 1013/C 涡轮增压发动机功率折减系数

海拔高度/m	折减系数									
	0℃	5℃	10℃	15℃	20℃	25℃	30℃	35℃	40℃	45℃
0	1.00	1.00	1.00	1.00	1.00	1.00	1.00	1.00	0.93	0.85
500	1.00	1.00	1.00	1.00	1.00	1.00	1.00	0.97	0.89	0.82
1000	1.00	1.00	1.00	1.00	1.00	1.00	1.00	0.93	0.86	0.79
1500	1.00	1.00	1.00	1.00	1.00	1.00	0.95	0.89	0.82	0.75
2000	1.00	1.00	1.00	1.00	0.97	0.94	0.91	0.85	0.78	0.72
2500	1.00	1.00	1.00	0.95	0.92	0.89	0.86	0.81	0.75	0.69
3000	1.00	0.97	0.93	0.90	0.87	0.84	0.81	0.78	0.72	0.66
3500	0.94	0.91	0.87	0.84	0.81	0.78	0.76	0.73	0.68	0.63
4000	0.88	0.85	0.81	0.78	0.76	0.73	0.70	0.69	0.65	0.60
4500	0.81	0.78	0.75	0.73	0.70	0.67	0.65	0.63	0.60	0.58
5000	0.75	0.72	0.69	0.67	0.64	0.62	0.60	0.57	0.55	0.53

注：发动机的冷却系统设计应用于30℃环境温度和海拔高度1000m以上非固定发动机。

表2-34 BFM1012/E/C 1013/E/C 涡轮增压发动机功率折减系数

海拔高度/m	温度/℃							
	25	30	35	40	45	50	55	60
0	1.00	1.00	1.00	1.00	1.00	0.95	0.85	0.78
500	1.00	1.00	1.00	1.00	1.00	0.91	0.83	0.74
1000	1.00	1.00	1.00	1.00	0.96	0.87	0.79	0.71
1500	1.00	1.00	0.97	0.94	0.91	0.84	0.76	0.68
2000	1.00	0.96	0.92	0.89	0.86	0.80	0.73	0.66
2500	0.94	0.90	0.87	0.84	0.82	0.77	0.70	0.63
3000	0.88	0.85	0.83	0.80	0.77	0.73	0.67	0.60
3500	0.83	0.80	0.77	0.75	0.72	0.70	0.64	0.57
4000	0.77	0.74	0.72	0.69	0.67	0.65	0.61	0.55
4500	0.71	0.69	0.66	0.64	0.62	0.60	0.58	0.52
5000	0.66	0.63	0.61	0.59	0.57	0.55	0.53	0.50

注：发动机的冷却系统设计应用于45℃环境温度和海拔高度500m以上非固定发动机。

柴油机在高海拔或高温地区工作时，为了不使燃油品质变坏，柴油机受热部件热负荷过分增大的情况下，必须降低喷油量，从而使柴油机功率下降。为此需要对柴油机功率进行修正。按德国道依茨公司功率修正办法，在海拔1000m以下，功率修正仅与大气温度有关，1000m以上功率修正则与海拔高度及大气温度都有关。

柴油机在非标准状态下运行时，需要对喷油量 β 进行修正。柴油机的标准状态是柴油温度控制在 301 ~305K。柴油密度 0.835kg/L（288K 时），柴油热值 H =43000kJ/kg。

喷油量 β 值是指喷油泵每行程的喷油量，单位为 cm^3/行程。喷油量的修正公式为

$$\Delta = \beta/\beta' \tag{2-36}$$

式中　Δ——修正系数，在图 2-73 中，对 FL912 柴油机来说，$\Delta = A$；对 FL413 柴油机来说，$\Delta = B$；

β——标准喷油量；

β'——实际喷油量。

对于其他公司生产的柴油机，发动机的功率随着海拔高度的增加，也有不同程度的下降。

由于发动机功率的下降，使柴油机与变矩器的匹配点发生变化（图 2-74）。若在标准状况下，变矩器最大效率负荷抛物线匹配在标定功率点附近的 1 点，但随着海拔高度的增加，功率下降，实际的力矩曲线为 M'_e，变矩器最大效率负荷抛物线与发动机实际力矩曲线 M'_e 的交点从 1 点移到 2 点。由于 $M_1 \approx M_H > M_2$，$n_2 < n_H \approx n_1$。从而使采矿设备的牵引力、运行速度下降，也就是动力性能变坏。同时，由于变矩器涡轮转速下降，使得油泵的输出流量减少，从而使地下装载机工作机构速度变慢。这也使得整机生产效率下降。

B　海拔高度对发动机燃油消耗的影响

对自然吸气发动机来说，燃油经济性也会随海拔高度的变化而变化。图 2-75 为两种大气压下某型直喷式自然吸气柴油机万有特性对比图。从图中可以看出，在高海拔、低气压下，柴油机经济有效燃油消耗区明显变窄。大气压为 80kPa 时万有特性封闭区经济燃油消耗率比大气压力为 100kPa 时高。在柴油机中小负荷转速范围内可以看出，低的大气压力下达到的有效燃油消耗率的功率范围减少。

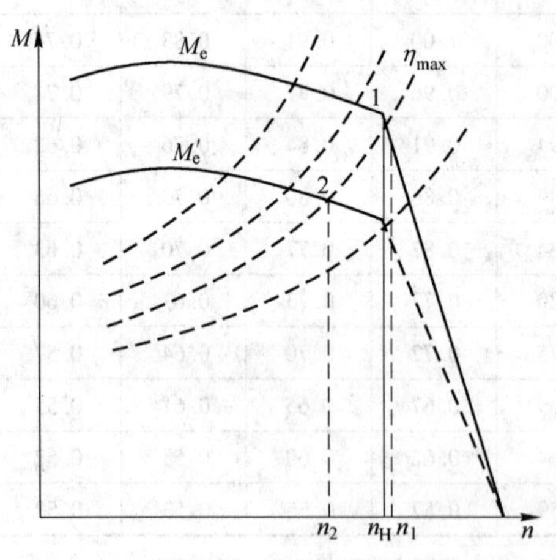

图 2-74　柴油机与变矩器共同工作曲线

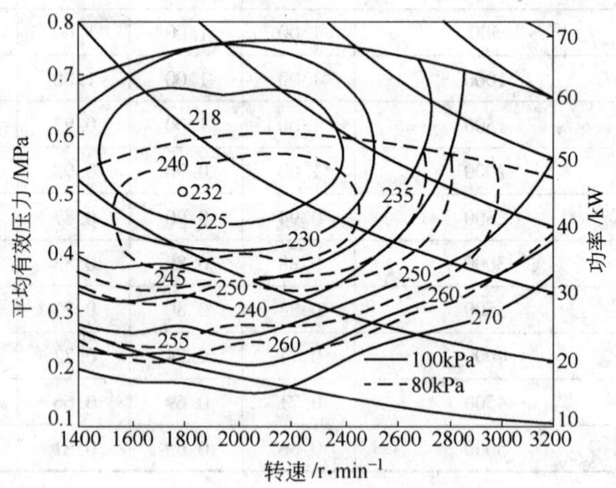

图 2-75　两种大气压下柴油机万有特性对比

C　海拔高度对发动机排放的影响

海拔高度对排气污染物的生成也有影响。由于发动机的空燃比会随海拔高度的变化而变化，从而导致排气浓度的改变，影响有害物质的排放量。海拔高度与发动机排气中 CO、

HC 和 NO_x 的关系，如图 2-76 所示。

D 海拔高度对发动机散热能力的影响

从表 2-32 可知，随着海拔高度的增加，大气压力下降，空气的密度也下降，见式（2-37）。

$$\rho_1 = \frac{100p}{287.04T} \tag{2-37}$$

式中 ρ_1——某一海拔高度上的空气密度，kg/m^3；

p——某一海拔高度上的气压，MPa；

T——绝对温度，K。

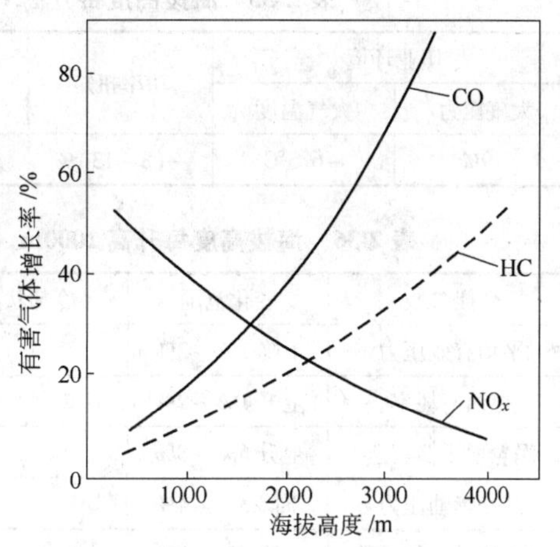

图 2-76 海拔高度与排气中有害气体浓度的变化关系

由于空气密度的变化。风扇的冷却空气质量流量也会发生变化，见式（2-38）。

$$m_1 = \frac{m_0\rho_1}{\rho_0} \tag{2-38}$$

式中 m_1——某一海拔高度冷却空气的质量流量，kg/s；

m_0——发动机厂给定的标准条件下风扇空气质量流量，kg/s；

ρ_1——某一海拔高度的空气密度，kg/m^3；

ρ_0——标准条件下（$t = 15℃$）空气密度，$\rho_0 = 1.225kg/m^3$。

由于冷却空气质量流量的变化，散热器的散热能力也会变化，其相互关系见式(2-39)。

$$Q_1 = \frac{Q_0\Delta t_1}{\Delta t_0} \tag{2-39}$$

式中 Q_0——根据发动机厂给定的在标准条件下散热器散热能力，kW；

Q_1——当标准条件变化时，散热器实际散热能力，kW；

Δt_0——发动机厂给定的散热器入口油（水）温度与冷却空气的温度差，℃；

Δt_1——冷却器实际入口油（水）温度与冷却空气的温度差，℃。

由表 2-32 及式(2-37) ~ 式(2-39)可知，随着海拔高度的增加，空气密度下降，从而引起风扇空气质量流量减少，进而引起散热器的散热能力的下降。

对风冷发动机来说，由于进气量和冷却风量均受空气密度下降的影响，功率下降热负荷升高的情况更加突出。

对水冷柴油机来说，海拔愈高，水的沸点愈低，冷却液的沸点也相应降低，这也使得发动机冷却系统不能正常工作。

总之，随着海拔高度的增加，散热器散热能力下降，再加上冷却系统又不能正常工作，必然会使发动机过热，这对发动机的正常工作是十分危险的。

E 海拔高度对发动机工作性能的影响

表 2-35 与表 2-36 给出了自然吸气发动机和增压发动机性能的参数与海拔高度之间的关系。

表 2-35　海拔高度每升高 1000m 自然吸气发动机性能参数变化值

作业环境		功率扭矩	油耗率	冷却水沸点	热强度	冷却水套散热量
大气压力	大气温度					
-9%	-6.5℃	-(8~13)%	+(8~9)%	-8.8℃	+(2~5)%	-(8~10)%

表 2-36　海拔高度每升高 1000m（大气温度不变时）对增压发动机性能的影响

性能参数	变化范围	冷却状况
平均有效压力	下降 1%~2%	
燃油消耗率	上升 1%~2%	
涡轮增压器转速	上升 6%~8%	
最高燃油压力	下降 3%~4%	
燃烧过量空气系数	下降 6%~7%	

性能参数	变化范围	冷却状况
涡轮进气温度	上升 30~40K	无中冷器
	上升 15~20K	有中冷器
热负荷	明显上升	无中冷器
	略微上升	有中冷器

空气在压气机中的温升取决于压气机的压比，压气机效率和压气机中的散热状态。在大多数情况下，由于增压空气温度上升，其密度比的增值远远小于增压比，柴油机的热负荷随汽缸进气温度的升高而明显增大。因此，随柴油机增压比的提高，冷却增压空气的效果就更加明显。所以增压空气中冷是增压最佳配合。

2.1.11.2　高温环境的影响

随着露天矿山资源和地下浅层矿山资源的枯竭，将逐渐转向地层深处开采。随着开采的深度愈来愈深，采矿作业条件就愈来愈恶劣，特别是在高温区。有的地下矿山虽然地下开采深度不深，但正处在地热区，地下采矿设备必须在高温条件下工作。下面就高温对地下装载机的影响进行分析。

A　高温对发动机的动力性能的影响

在高温条件下柴油的黏度随温度的上升而下降，见图 2-77。喷油泵、出油阀和喷油器三对偶件一方面由于黏度下降，磨损量增加，影响它们的正常功能；另一方面由于三对偶件的柴油黏度下降，柴油的漏失量增加（图 2-78），导致燃烧的柴油量减少，功率也会下降。

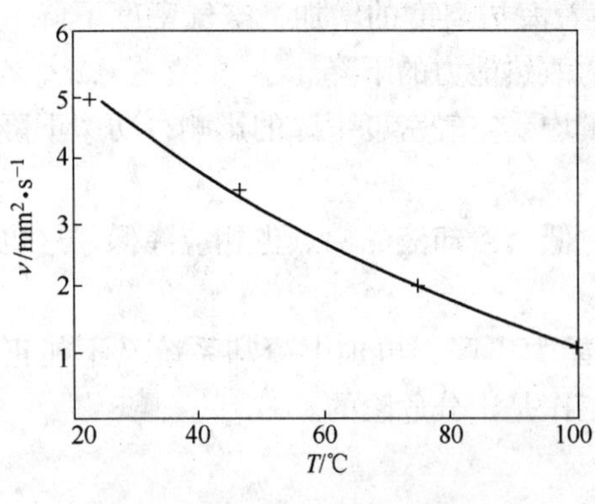

图 2-77　柴油的黏温特性

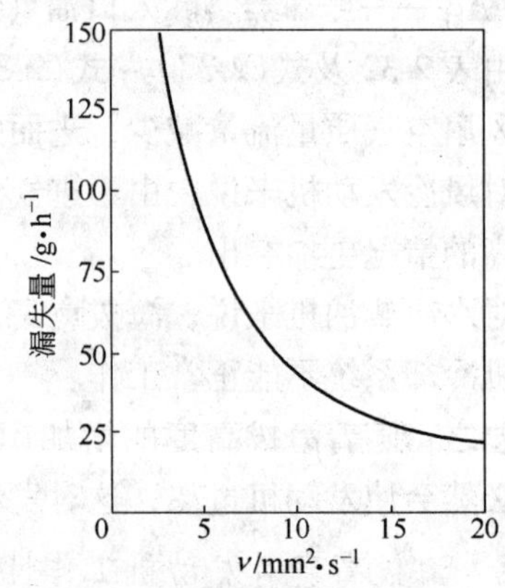

图 2-78　柴油在喷油泵中的漏失量与其黏度的关系

高的环境温度，发动机进气的温度也升高，发动机的功率产生一定的损失。相对于发动机的标准功率曲线温度，对CAT自然吸气发动机来说，每高出标准温度10℃，功率损失大约2%~2.5%。对于CAT涡轮增压发动机而言，其影响由增压器增压的量来决定。对于增压而不中冷的发动机来说，每高出标准温度10℃，发动机的功率损失2%。对Detroit公司60、50系列发动机来说，进气温度对发动机功率的影响见图2-79。对Cummins发动机，进气空气温度在38℃以上每升高10℃，发动机功率就减少1%以上。最理想的发动机进气温度是16~33℃。对Deutz公司发动机来说，功率下降情况见图2-73、表2-33、表2-34。

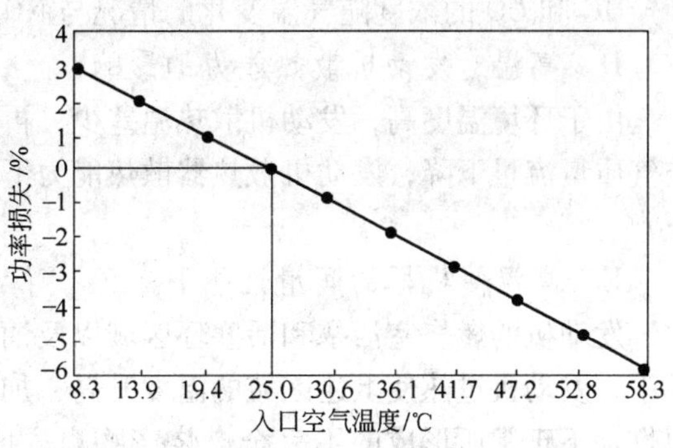

图2-79 空气进气温度与功率损失之间的关系

特别要注意油箱燃油温度对发动机功率的影响。由于高温，柴油的密度下降，发动机的功率与柴油内能成正比。而柴油的内能又与柴油的密度成正比，因此发动机的功率随着温度的升高而下降。对Deutz公司水冷柴油机来说，当燃油热到30℃以上时（在喷油泵入口测量），再每升高10℃，发动机输出功率就下降1%~1.5%。更高的温度甚至会产生燃油蒸气气阻，使发动机熄火。一般燃油连续温度不得超过75℃，对Deutz公司风冷柴油机来说，燃油温度超过25℃之后，每升高10℃，发动机输出功率下降1%。对其他公司的柴油机，燃油温度也有相似要求。如Cummins发动机的燃油温度最高不超过71℃，对CAT公司3000系列柴油机来说，发动机功率随燃油入口温度而下降情况见图2-80。高的燃油温度可能是环境温度高，也可能是燃油箱靠近热源如排气管产生的。总之，采用标准状态发动机的地下装载机，在高温的环境下作业，动力性会变差。

B 高温对燃油消耗量的影响

由于高温，柴油黏度下降，燃油的泄漏量增加，燃油消耗量增加。

C 高温对排放的影响

环境温度升高时，进气温度也升高，将引起柴油机压缩温度及局部反应温度升高有利于NO_x的生成。直喷式或间接直喷柴油机的NO_x排放平均有效压力及排气波许烟度如图2-81所示。

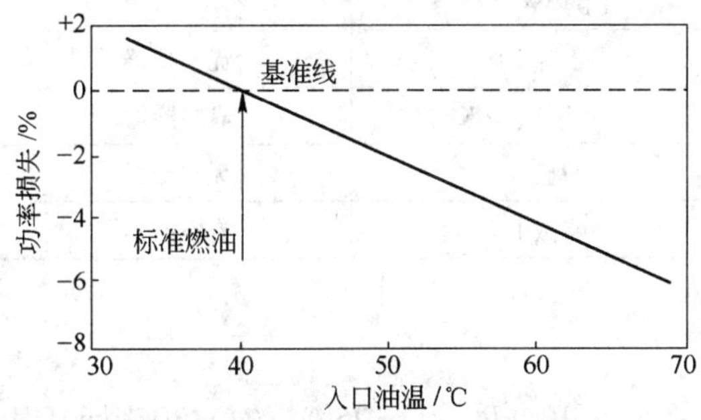

图2-80 入口燃油温度与功率损失之间的关系

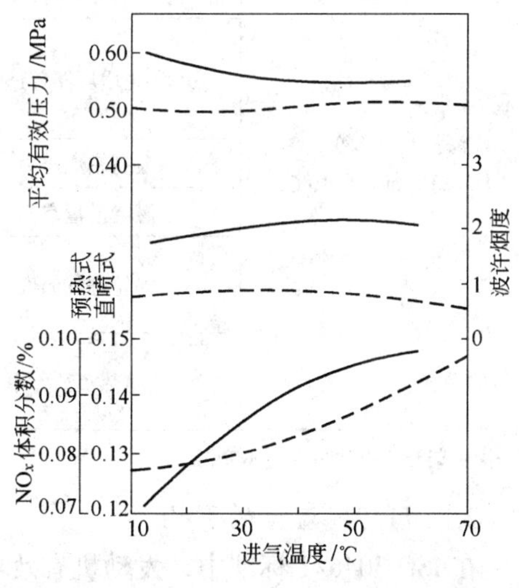

图2-81 进气温度对NO_x排放的影响

图中虚线表示预燃柴油机的试验结果；实线表示直喷式柴油机的试验结果。可见，随着环境温度的增加，NO_x 的排放增大。

HC 和 CO 的浓度随气温变化的情况与 NO_x 相似。

D　高温对发动机散热能力的影响

由于环境温度高，发动机散热温差少，再加由于温度高，空气密度下降，从而使冷却空气质量流量下降，发动机散热器散热能力下降，发动机易过热，从而引起发动机工作不正常。

E　高温使机器的润滑性能下降

发动机的燃烧室活塞和活塞环区域以及油底壳是引起机油变质的主要区域。在高温条件下，发动机过热使上述区域的温度升高，加剧了机油的热分解，氧化与聚合过程。发动机燃烧不正常所形成的不完全燃烧产物窜入曲轴箱，既提高了油底壳温度，又污染了机油，因此发动机温度愈高，机油变质越快。对发动机的影响也愈大。

由于黏度小的油密封不好，蒸发性又大，这样就使汽缸壁机油易窜入燃烧室造成烧机油，不但增加了润滑油的耗量，还造成燃烧不完全，排气冒黑烟，功率下降。

由于高温还使机器液压油黏度下降，增加了泵的容积损失，降低了泵的容积效率。系统的压力下降，液压油温升高，增加了磨损，过低油压甚至使液压油系统、控制系统失效。

由于高温使润滑油的黏度下降，油膜容易破坏，在摩擦面上，不易形成足够厚度的油膜，机件得不到正常的润滑会增大磨损，加大润滑油的消耗量。

F　高温对发动机性能的影响

高温对发动机性能的影响见图 2-73 及表 2-33、表 2-34、表 2-37。

表 2-37　高温与增压柴油机性能的关系

大气状态	性能参数	变化范围	备　注
海拔高度不变，大气温度每升高 10℃	平均有效压力	下降 0.5% ~1%	
	燃油消耗率	上升 0.5% ~1%	
	涡轮增压器转速	略微上升	无空冷器
		略微下降	有空冷器
	最高燃烧压力	下降 1.5% ~2%	
	燃烧过量空气	下降 3% ~4%	
	涡轮进气温度	下降 20K	无空冷器
		上升 1 ~10K	有空冷器
	热负荷	明显上升	无空冷器
		略微上升	有空冷器

注：柴油机喷油量保持不变。

2.1.11.3　湿度的影响

在 ISO 3046/1 标准中，发动机有效功率是在 $P_r = 100\text{kPa}$、$t_r = 25℃$、$\phi_r = 30\%$ 标准基准状况下测得的。实际上作业环境如海拔高度、环境温度和相对湿度并不与标准基准状况相同。前面已分析了海拔高度与环境温度对地下装载机的影响，实际上相对湿度对地下装载机也有一定的影响，特别是在许多地下矿山中，由于潮湿和地下水，相对湿度高达95%以上。下面分析高的相对湿度对地下装载机的影响。

根据 ISO 3046/1—1995 公式

$$P_x = \alpha P_r \tag{2-40}$$

式中 P_x——现场环境状况下有效功率，kW；

P_r——标准基准状况下的有效功率，kW；

α——湿度系数

$$\alpha = K - 0.7(1 - K)\left(\frac{1}{\eta_m} - 1\right) \tag{2-41}$$

η_m——机械效率,%；

K——指示功率比

$$K = \left(\frac{p_x - \alpha\phi_x p_{sx}}{p_r - \alpha\phi_r p_{sr}}\right)^m \left(\frac{T_r}{T_x}\right)^n \left(\frac{T_{cr}}{T_{cx}}\right)^s \tag{2-42}$$

p_x——现场环境总气压，kPa；

p_r——标准基准状况下总气压，kPa；

ϕ_x——现场环境相对湿度,%；

ϕ_r——标准基准状况下的相对湿度，30%；

p_{sx}——现场环境饱和蒸汽压力，kPa；

p_{sr}——标准基准状况下饱和蒸汽压力，kPa；

T_r——标准基准环境下空气绝对温度，K；

T_x——现场环境空气绝对温度，K；

T_{cr}——标准基准增压中冷介质绝对温度，K；

T_{cx}——现场环境增压中冷介质绝对温度，K；

上角：m——干空气压力比或总气压指数；

n——环境空气绝对温度比指数；

s——增压中冷介质绝对温度比指数。

如果：一台非增压发动机标准基准状况有效功率为 P_r，现场环境除了相对湿度外，其他与标准基准状况都相同，即

$$\phi_x = 95\% \qquad T_x = T_r \qquad T_{cx} = T_{cr} \qquad p_x = p_r \qquad \eta_m = 0.85$$

可以得出现场环境状况发动机的输出功率 p_x。

对其他发动机如涡轮增压不带中冷发动机，涡轮增压带中冷的发动机，随着环境相对湿度增加，发动机输出的有效功率也会下降，只是计算公式和下降程度不同而已。如果空气总气压，环境温度和相对湿度都同时发生变化时，现场环境发动机输出的有效功率计算由发动机制造厂给出或参考 ISO 3046/1—1995（GB/T 6072—1）有关公式计算。

2.1.11.4　煤矿作业环境对地下装载机的影响

煤矿与金属、非金属矿有所不同。煤矿是易燃易爆作业环境。因此地下装载机必须防爆。如果进口美国与其他许多国家煤矿装载机，必须符合 MSHA 30CFR Part7（按用户要求试验）、Part36（防爆柴油机运输设备批准要求）、Part72（地下煤矿强制性健康标准）、Part75（地下煤矿强制性安全标准）等标准的柴油动力设备，并经过 MSHA 批准，有 MSHA 标志。在我国煤矿用装载机也必须符合国家煤矿安全监督局发布的《煤矿安全规程》有关规定，必须严格执行《煤矿用防爆柴油机技术检验规范》及其他标准。其中包括发动机进气系统、排气系统、燃油喷射系统、燃油供给系统、电气系统、防火灭火系统等等，以及发动机表面温度、排气温度、冷却液温度、排放有害气体浓度，油箱、水箱容量、水位、有关零件材质及燃油品质等，并且要取得有关权威检验中心检验合格的柴油机防爆合格证之后，才能用于地下煤矿。

2.1.11.5　通风量的影响

露天装载机与地下装载机重要区别之一，前者工作在露天，无通风量的要求；后者工作在地下，在一个封闭的环境里，对通风量有严格的要求，因为通风量对地下装载机发动机功率与排放，对操作人员身体健康有很大影响。

2.1.11.6　注意事项

（1）选购新发动机时，应选择适合地下装载机作业条件的发动机，或者向发动机制造厂提供机器的作业条件，让发动机制造厂特殊设计，专门配置和调整相关参数，使制造的发动机适合新的作业条件。

（2）如果改制必须针对作业条件，对发动机的有关系统进行改造、改进和调整。如果用于煤矿，必须进行一系列的防爆试验，取得煤矿安全认证之后，才能用于煤矿作业。

（3）调整供油系统的油量和供油提前角。根据地下装载机的高原或高温作业条件和发动机制造厂的要求，减少油量，使过量空气系数相应增大，柴油燃烧更充分，从而减少黑烟和积炭的产生，缩小供油提前角，使供油相对滞后，保证发动机平稳。

（4）采用与作业条件相适应的增压器、中冷器、材料和电气设备。

（5）增加发动机的散热能力。根据实际作业条件，核算散热系统的散热能力，若散热能力不足，或增加散热器散热面积，或改变散热器的结构、材质或提高冷却风扇的转速、尺寸、几何参数或增加水泵流量，以改善散热条件，降低热负荷。改装高原专用的散热器水箱压力盖提高水箱压力，避免冷却液提前开锅。

（6）选择适合作业条件的燃油、润滑油、润滑脂、冷却液。

（7）按机器的使用说明书对发动机定时进行正确的维护与保养，正确操作，合理使用，强化检测，及时发现与排除故障。

2.1.12　柴油机的维护保养与故障排除

2.1.12.1　保养周期

保养周期、保养内容和保养方法见表 2-38、表 2-39。

表 2-38　空冷柴油机的保养

保养周期	保 养 内 容	保 养 方 法
每 10h	检查柴油机油面	按油标尺刻度，柴油机（车辆）应处于水平位置。在启动前或停车后检查
	检查油浴式空气滤清器（按尘土情况每 10～60h 进行），清除空气滤清器尘土，干式空气滤清器仅按保养指示器进行	柴油机停机后 1h 进行，更换油浴空气滤清器中的机油，用柴油清洗滤网，重装时在油浴空气滤清器底壳中加入与柴油机一样的机油至规定的油面记号，不要弄坏密封圈
第一个 20h	检查气门间隙	柴油机处于冷状态
	更换机油	
	更换（或清洗）机油滤清器	一次性地更换机油滤清器滤筒，注意在密封圈上涂抹少量机油，用双手拧紧。若为金属式机油滤清器，取出金属网滤芯，在柴油中清洗，空干后再装上。注意密封
	检查柴油机支架的紧固螺钉	按规定力矩或规定拧紧角度
每 100h	更换机油(按机油质量和柴油机使用条件)	
	清洗燃油滤清器	取出滤芯，在柴油中清洗滤芯与滤筒。注意密封，需要时更换密封圈
	检查喷油泵与调速器内的油面高度	松开油位检查螺钉（不要取下），放掉过多的机油和燃油混合物，需要时放掉旧油注入与柴油机一样的机油，待油溢出时重新拧紧螺钉。柴油机处于倾斜位置工作超过 1h，就要提高或降低油面位置
	清洗柴油机外表面、散热片和液压油冷却器上的尘土（在多尘土地区要缩短清洗时间）	可用干式清洗法（如用金属丝刷），也可用柴油或常温洗涤剂清洗。有条件最好用蒸汽喷射洗涤清洗。清洗时应将电器部件、柴油机进气口、绝热材料等保护好，防止与洗涤剂等接触。用水等液体清洗后，柴油机应进行热运转，使残留液体蒸发
	检查蓄电池电解液液面	没有液面检查时，可用一干净木棒插入蓄电池内并碰到铅板上缘，电解液应浸湿木棒 10～15mm。液面过低应添加蒸馏水。决不要把工具放在蓄电池上
	检查带断裂报警装置的功能（限于 FL912/913 机型）	用手压停机开关销，将发出音响或灯光信号
每 200h	更换机油(按机油质量和柴油机使用条件)	
	检查发电机（空压机等）V 带的松紧度	用拇指压紧两皮带轮间的 V 带，挠度不大于 10～15mm，否则需要调整或更换
	更换（或清洗）机油滤清器	
	清洗风扇液力耦合器上的滤清器罩（限于 B/FL413F 机型）	打开罩盖并在柴油中清洗，注意密封圈及密封
每 300h	检查并调整气门间隙	
每 500h	更换柴油细滤清器滤筒	拧下滤筒。装上新滤筒时，在密封圈上涂少许机油，拧到贴上座合面后再拧半圈紧固。若柴油机功率下降应提前更换滤筒
	清洗柴油粗滤清器	卸下后在柴油中清洗粗滤清器的滤芯与滤筒

续表 2-38

保养周期	保养内容	保养方法
	检查各种管道（路）的紧固性及密封性	重新拧紧或换密封垫或更换
寒冷季节前	火焰加热器功能检查	待加热启动开关放在工作位置，预热 1min，加热指示灯必须发亮。检查火焰加热器喷油情况：松开加热器上的燃油接头，启动加热启动开关不放在预热的工作位置上，油门放在停车位置；用起动机使柴油机转动，检查柴油是否从松开的加热器上的燃油接头处流出。堵塞的火焰加热器应更换
每 600h	检查汽缸盖温度报警传感器	卸下传感器，放在 443～448K（413F 机型）或423～428K（912/913 机型）的热机油中，这时与它相连的指示仪指针应在红色区域或者信号灯发亮
	检查进、排气管固紧状况	重新拧紧
每 1200h	检查交流发电机	专业检查
	检查起动机	专业检查
	清洗废气涡轮增压器	专业检查。拆下压气机集气器上的套管，取下压气机集气器，用无腐蚀性洗涤剂或柴油清洗集气器及压气机叶轮
每 2000h	更换曲轴箱通气阀，必要时需提前进行	专业检查，更换通气阀芯
每 3000h	检查喷油器	专业检查。在专用检验仪上检查喷油器喷射压力和喷雾形状。必要时调整或更换
	检查喷油泵	专业检查

表 2-38 所列保养时间为最大值，根据使用情况不同所需的保养时间可比表 2-39 短。请参见设备厂家的规定。

表 2-39　水冷柴油机的保养

最初 50h[2]	每 10h 或每天一次	每工作小时[1]							检查	清洁	更换	工作内容
		125	250	500	1000	1500	2000					
	√								√			机油油位[2][10]
√									√			渗漏情况
	√								√			油浴式干式空滤器[3][4]
		√							√			电瓶及接线
		√	√	√	√		√		√			冷却系统[3][8]
√			√								√	机油（依使用情况）[5]
√			√								√	机油滤芯
√					√						√	柴油滤芯
√					√				√			燃油粗滤
√							√			√		燃油系统

续表 2-39

最初 50h②	每 10h 或每天一次	每工作小时①							检查	清洁	更换	工作内容
		125	250	500	1000	1500	2000					
√						√			√			气门间隙（必要时调整）
√				√					√			发动机悬置
√				√①					√			V 形皮带
√									√			报警设备
√									√			固定件
					√④				√			预热塞④
							√⑦				√	冷却液⑥
				√					√			冷却介质添加剂浓度
	√⑨								√			冷却液高度
					√				√			软管连接/管箍、进气侧

注：在操作环境恶劣，机油脏，机油质量不符合 Deutz 公司标准情况下，建议应将换机油，机滤的间隙缩短一半。①最大允许的间隔；②新机及大修的发动机；③做必要的清洗；④必要时更换；⑤机油质量和增压发动机机油质量，换油间隔见维修手册；⑥防冻或防锈添加剂浓度每 500 小时检查；⑦或每两年更换；⑧系统清洁；⑨带水位监测的整体式冷却系统不需要；⑩磨合期间每天 2 次检查。

2.1.12.2 故障与排除

这里所指的故障是指柴油机在正常使用期内（大修期内），由于使用、润滑、冷却、保养不良而出现的情况。其主要表现：柴油机不能启动或启动困难；运转时出现不正常的噪声或剧烈振动；柴油机乏力；排气冒白烟、黑烟、蓝烟；柴油机各指示仪表（如机油温度、机油压力等）指示值异常；柴油机有臭味、焦味、烟味等。

出现的上述各类情况或故障，依靠对发动机的一般了解和对该系列风冷柴油机特点的认识，以及使用、保养经验，大部分可以自己鉴别出故障的部位及原因，并采取相应的措施排除之，个别的则需要在专用的试验设备上或专门的工厂里进行。在判明与排除故障时，一定要认真分析，仔细寻找，反复推敲，按系统由简到繁，切忌乱拆、乱装。否则不但不能排除故障，反而会出现更大、更严重的故障。

最常见的故障大多是：电器方面的接触不良；燃油系进入空气、漏气或堵塞；机油油量不够或使用不合格的机油；空气滤清器过脏，阻力过大或不洁空气进入柴油机等。如按所列要求和规定去做，即可避免和排除大量的故障隐患。

下面就柴油机的一些常见故障、故障特征（现象）、可能产生的原因及排除方法列表予以说明。需要注意的是，有些排除方法要由专业人员在专门的仪器或设备上进行。

A 空冷柴油机的故障与排除

空冷柴油机的故障与排除见表 2-40。

表 2-40 空冷柴油机的故障与排除

故障特征（现象）	可能的原因	排除方法
1. 不能启动或启动困难		
不能启动	起动机（柴油机）不转 （1）电路接线错误或接触不良； （2）启动按钮损坏或接触不良； （3）蓄电池电压不足； （4）起动机（电动机、啮合机构可离合机构等）损坏	（1）检查线路并保持良好的接触； （2）修理或更换启动按钮； （3）重新充电更换蓄电池； （4）修理或更换
启动困难	启动转速低： （1）蓄电池电压过低； （2）机油太黏，特别是在冬天使用了黏度大的机油； （3）在冬季使用燃油不当而析出石蜡，阻塞油路，造成供油不足； （4）燃油管路内有空气或泄漏	（1）重新充电或更换蓄电池； （2）按规定更换机油； （3）按规定更换柴油； （4）用手动输油泵排除空气，并保证管路密封
	燃油供给故障，可从排气管无烟或仅冒出小股烟识别： （1）燃油箱缺油或开关未打开； （2）燃油系油路堵塞； （3）油路内有空气； （4）输油泵不供油或断续供油； （5）喷油泵柱塞或出油阀卡死或严重磨损； （6）喷油器针阀卡死或喷孔堵塞或雾化不良； （7）喷油压力太低	（1）加油或打开放油开关； （2）清洗油路，清洗或更换柴油滤清器； （3）用手动输油泵排除空气，并检查油路中有无漏气处； （4）检查输油泵各阀门及弹簧的弹性，进出油管接头处是否密封； （5）修理或更换柱塞或出油阀偶件； （6）清洗、检查或更换喷油器； （7）检查并调整喷油器喷射压力
	（1）汽缸内压缩压力不足，表现为喷油正常但不发火或迟发火，排气管内有柴油： 1）气门漏气； 2）气门密封不严，座合面上有积炭； 3）气门杆在导管中卡死； 4）气门弹簧折断。 （2）汽缸与活塞间漏气： 1）汽缸体或活塞磨损过度； 2）活塞环磨损使开口间隙增大； 3）各活塞环切口位置对口； 4）活塞环积炭、胶死或折断。 （3）汽缸垫漏气	（1）气门漏气排除： 1）研磨气门； 2）按规定调整气门间隙； 3）用煤油或柴油清洗，必要时更换； 4）转动曲轴使活塞在上止点后再更换气门弹簧。 （2）汽缸体与活塞间的漏气排除： 1）镗磨或更换汽缸体、活塞； 2）更换活塞环，必要时更换汽缸体； 3）重新安装活塞环； 4）清洗或更换活塞环。 （3）按规范拧紧缸体螺钉或更换汽缸垫

续表 2-40

故障特征（现象）	可能的原因	排 除 方 法
2. 柴油机乏力		
加大油门后功率不大，转速不高	燃油系故障： （1）燃油系进入空气或燃油滤清器阻力过大，流量太少； （2）喷油泵供油不足或柱塞卡住； （3）喷油器雾化不良或喷射压力低	（1）排除空气或更换燃油滤清器滤芯； （2）修理或更换柱塞偶件； （3）在喷油器试验台上检查喷雾状况与喷射压力并调整之，必要时更换喷油器
排气温度比正常情况高，且烟色浓	进排气系统故障： （1）空气滤清器阻塞，空气量不足； （2）排气管和涡轮内（增压机型）阻力过大，或排气管过长、转弯过急； （3）气门间隙不对或气门弹簧折断； （4）配气定时不正确； （5）供油提前角不正确； （6）压气机（增压机型）与进气管连接处不严，有漏气； （7）压气机（增压机型）内积垢太多； （8）中冷器（增气机型）脏污，流量小，阻力大，空气冷却效果差	（1）保养或更换空气滤芯； （2）排除排气管和涡轮内的积炭或异物，必要时更换排气管，其弯头不能多并有足够的排气截面； （3）检查并调整气门间隙，更换气门弹簧； （4）检查并调整配气定时； （5）检查并调整供油提前角； （6）检查并保持密封； （7）清除； （8）清洗
曲轴箱内废气压力增大或排气管内有柴油	汽缸体与活塞间漏气，汽缸内压缩压力不足，燃烧不好	按“启动困难”的相应方法排除
3. 柴油机声音异常		
振动过大或发出敲击声	柴油机安装不当： （1）柴油机安装底架不坚实，支架固定螺钉松动或减振器损坏； （2）柴油机曲轴中心线与被驱动机械不同心	（1）加固底架，按规定拧紧支架固定螺钉或更换减振器； （2）检查并重新调整
	零件加工精度或装配不合格： （1）曲轴弯曲变形； （2）曲轴组不平衡； （3）活塞连杆组质量不是同一组； （4）轴承间隙过大	（1）修理或更换曲轴； （2）检查并重新进行动平衡； （3）更换为同一组的活塞连杆组； （4）更换轴瓦
	调整不当： （1）喷油过早，燃烧室内发出有节奏的、清脆的金属敲击声； （2）喷油过迟，燃烧室内发出低沉不清晰的敲击声； （3）气门间隙过大，在气门室盖旁可听到轻微的金属敲击声（在低速、空载时易听出）； （4）活塞与气门相碰，在汽缸盖处发出沉重而均匀的、有节奏的敲击声	（1）检查并按规定调整喷油正时； （2）检查并按规定调整喷油正时； （3）检查并按规定调整气门间隙； （4）检查相碰，调整汽缸余隙和气门间隙

续表 2-40

故障特征（现象）	可能的原因	排除方法
振动过大或发出敲击声	运动件磨损过大： （1）气门间隙过大，低速运转时可听到“吧嗒、吧嗒”的轻微金属敲击声； （2）活塞与汽缸体间隙过大，在汽缸排全长上都能听到暗哑的强敲击声，在低速或转速变化时更甚； （3）活塞环与环槽间隙过大，沿汽缸体上下各处都能听到类似于小锤轻击铁砧的声音； （4）活塞销与连杆小头铜套间隙过大，在改变柴油机转速，特别是从高转速突然降到低转速时，在汽缸体上都可听到“当、当、当”的尖锐撞击声； （5）连杆轴瓦与连杆轴颈间隙过大，在负荷突然变化时，在曲轴箱附近可听到钝哑的敲击声。无负荷时不明显； （6）主轴瓦与主轴颈间隙过大，在曲轴箱下部可听到钝哑的敲击声，在高负荷时尤甚； （7）齿轮间隙过大，在齿轮室处可听到嗥嗥声； （8）增压器轴承磨损，噪声增大	（1）检查并调整气门间隙； （2）更换磨损的活塞或汽缸体； （3）更换活塞环，必要时同时更换活塞； （4）更换活塞销或连杆小头铜套； （5）立即停机，检查与更换连杆轴瓦； （6）立即停机，检查与更换主轴瓦； （7）检查并调整齿轮间隙可更换齿轮； （8）更换轴承
4. 机油压力不正常		
机油压力过高	（1）机油滤清器调压弹簧过硬； （2）机油过黏或变质； （3）外界温度过低； （4）主油道或油管轻微堵塞	（1）更换机油滤清器； （2）更换机油； （3）柴油机充分预热到机油温度达 318K 左右； （4）清洗主油道或机油管
机油压力过低	（1）油底壳内机油油面过低或机油过稀； （2）机油泵磨损过度； （3）机油泵上的限压阀、滤清器上的安全阀调整不当； （4）油管接头松动、漏油； （5）主轴承、连杆轴承、增压轴承（增压机型）磨损过度，间隙过大； （6）机油泵内进入空气	（1）加注机油或更换合格的机油； （2）修理或更换； （3）检查、调整限压阀、更换机油滤清器； （4）检查并固紧； （5）检查修理或更换轴承； （6）排除空气
无油压	（1）油压传感器或油压表失灵； （2）油道堵塞； （3）机油泵损坏或严重磨损； （4）机油泵调压阀失灵或调压弹簧折断	（1）更换； （2）清洗油道并吹净； （3）更换； （4）修理调压阀，更换调压弹簧

续表 2-40

故障特征（现象）	可能的原因	排除方法
5. 排气不正常		
冒黑烟	燃烧不良： （1）负荷过大； （2）喷油过迟，部分燃料在排气管中燃烧； （3）喷油器雾化不良，有滴油现象； （4）空气滤清器阻力过大； （5）中冷器（增压机型）脏污严重； （6）燃油质量太差； （7）气门间隙不正确，气门密封不严	（1）减轻负荷或调整喷油泵油量； （2）检查并调整供油提前角； （3）清洗喷油器，调整喷油压力，或更换喷油器； （4）保养或更换空气滤清器滤芯； （5）清除灰尘和脏污物； （6）更换为合格的柴油； （7）检查并调整气门间隙，消除缺陷，必要时更换气门并研磨
冒白烟	柴油机过冷，燃烧温度低： （1）柴油机预热不够或个别缸不燃烧； （2）柴油中有水； （3）汽缸压缩压力不足； （4）喷油器雾化不良，有滴油现象或喷油压力低	（1）预热到机油 318K 左右再逐渐加大负荷或适当提高转速预热； （2）更换柴油； （3）按“启动困难”的相应方法排除； （4）检查并清洗喷油器，调整喷射压力（在专门的喷油器压力试验台上）
冒蓝烟	机油参与燃烧或机油过量消耗： （1）油底壳油面太高，机油窜入汽缸； （2）油浴式空气滤清器内机油液面过高； （3）活塞环磨损过度或结焦或断裂； （4）活塞环相互对口，造成窜机油； （5）活塞与汽缸磨损过度，配缸间隙过大，如空气滤清器效率下降，进气管漏气，长期在低负荷运转（低于40%标定功率）等	（1）停车 15min 后检查油面高度，放出多余机油至规定油面； （2）倒掉部分机油，使油面与标记齐平； （3）清洗或更换活塞环； （4）重新安装活塞环； （5）更换活塞或/和汽缸体。配套时选用功率要适当，不要长期在低负荷运转
6. 柴油机工作不稳定		
转速不稳	（1）调速器调速弹簧变形； （2）调速器飞锤摆动不灵活、发涩； （3）飞锤销孔磨损、松动； （4）调速器拨叉固定螺钉松动	（1）更换； （2）拆检修理； （3）修理或更换； （4）检查并拧紧螺钉
各缸工作不均匀，有间断爆发现象	（1）天气太冷，柴油机预热不够； （2）燃油系中有空气； （3）各缸供油不均匀： 1）喷油泵各缸供油不一致； 2）个别喷油器质量不好或喷油器针阀卡死； 3）喷油泵个别柱塞卡死； 4）喷油泵个别柱塞弹簧、出油阀弹簧损坏； （4）柴油质量不好或油中有水； （5）个别汽缸压缩压力不足	（1）中速暖机至机油温度达 313～318K； （2）用手动输油泵排除油路中的空气； （3）检查喷油泵及喷油器 1）在喷油泵试验台上调整喷油泵各缸供油量； 2）顺序停止各缸喷油，以判定喷油器质量，再清洗、修理或更换； 3）修理或更换； 4）更换弹簧； （4）清洗油箱、油路，更换为合格柴油； （5）按“启动困难”的相应方法排除

续表 2-40

故障特征（现象）	可能的原因	排除方法
7. 柴油机过热或机油温度过高		
连接汽缸盖上的温度指示器显示“停”或机油温度过高（应立即停车）	（1）汽缸盖和汽缸体散热片表面脏污严重； （2）冷却风短路或冷却风量不够； （3）冷却风扇不转，驱动风扇V带断裂（FL912/W913机型）或冷却风扇转速太低（B/FL413F机型）； （4）喷油器雾化不良； （5）喷油泵油量过大； （6）供油提前角不正确； （7）机油冷却器冷却通道或油道太脏或局部堵塞； （8）柴油机长期超负荷运转； （9）空气滤清器阻力过大； （10）废气涡轮增压器压气机脏污（增压机型）； （11）中冷器内、外脏污（增压机型）； （12）汽缸盖上的温度传感器或温度指示器失灵； （13）机油容量不足	（1）清洗散热片，特别是汽缸盖上的垂直散热片； （2）防止冷却后的热风重新吸入进气管或风扇内，保持风道通畅； （3）更换V带或检查节温器油阀，必要时取下节温器上的调节垫圈； （4）检查喷油器喷雾状况及射喷压力，必要时更换喷油器； （5）重新调整喷油泵油量； （6）重新调整供油提前角； （7）清除污垢，清洗后用压缩空气吹通； （8）降低负荷； （9）清洗空气滤清器或更换滤芯； （10）清除污垢； （11）清除； （12）检查并更换； （13）加灌机油至标尺规定的油面
8. 柴油机飞车		
飞车（转速超过标定转速110%）	调速器工作失常。喷油器工作失常。常见的是：油门拉杆卡死在最大位置，喷油泵调速器内机油油面过高，高速限位螺钉松动，喷油泵柱塞弹簧折断，调节齿圈紧固螺钉松动等	用切断供油油管或堵塞进气口的办法立即停车。检查、更换或修理故障处
9. 柴油机突然停车		
突然停车	（1）燃油用尽； （2）燃油系进入空气或油管破裂、接头松脱； （3）燃油中有水； （4）燃油滤清器堵塞； （5）进气管或空气滤清器堵塞； （6）喷油泵柱塞卡死； （7）喷油泵柱塞弹簧断裂； （8）调速器调速弹簧断裂； （9）气门弹簧断裂； （10）气门卡死在气门导管中； （11）主轴承与连杆轴承烧瓦，活塞卡死在汽缸中； （12）机油压力过低，自动停车装置起作用； （13）风扇带断裂（FL912/W/913机型），自动停车装置起作用	（1）添加规定的柴油； （2）排除空气，更换油管，拧紧接头； （3）清洗油箱，更换为合格的柴油； （4）检查并清洗，必要时更换滤芯； （5）去除异物，清洗或更换空气滤清器； （6）修理或更换柱塞偶件； （7）更换柱塞弹簧； （8）更换调速弹簧； （9）更换气门弹簧； （10）用煤油或柴油清洗或更换； （11）修理或更换； （12）检查油压过低的原因并排除； （13）更换风扇带

B 水冷柴油机的故障与排除

水冷柴油机的故障与排除见表2-41。

表2-41 水冷柴油机的故障与排除

故障特征（现象）	可能原因	排除方法
过热报警	（1）机油油位太低； （2）机油油位太高； （3）空滤器脏/增压器故障； （4）空滤器指示器或指示灯失灵； （5）进气管不密封； （6）冷却泵损坏； （7）冷却器脏； （8）冷却风扇不工作/皮带断或松（皮带驱动输油泵）； （9）冷却风温度高，热气循环； （10）高压管路泄漏； （11）喷油器损坏； （12）机油滤清器损坏； （13）冷却液面太低	（1）加油到油位； （2）放油到油位； （3）检查、清洗、更换空滤器/增压器； （4）修理或更换； （5）换密封； （6）修理或更换； （7）清洁冷却器； （8）检查、调整或更换皮带； （9）检查或改正； （10）检查、修理； （11）检查更换； （12）检查、清洁、更换； （13）添加到冷却液面
功率不足	（1）车杆在停车位置（停车电磁铁故障）； （2）机油油位太高； （3）空滤器脏/增压器故障； （4）空滤器指示器或指示灯失灵； （5）进气管不密封； （6）冷却液泵损坏； （7）中冷器损坏； （8）冷却风扇不工作/皮带断或松（皮带驱动输油泵）； （9）冷却风温度升高，热气循环； （10）气门间隙不对； （11）高压油管泄漏； （12）喷油器损坏； （13）柴油系统有空气 （14）柴油过滤器和柴油初滤器脏； （15）柴油不合标准	（1）检查； （2）放油到正常油位； （3）检查、清洁、更换； （4）检查； （5）检查、更换； （6）检查、更换； （7）检查、更换； （8）检查、调整或更换； （9）检查改进； （10）调整； （11）调整； （12）检查、更换； （13）检查、排放； （14）检查、清洁、更换 （15）检查、更换

续表 2-41

故障特征（现象）	可 能 原 因	排 除 方 法
启动困难或不能启动	（1）变速箱没挂空挡或空挡开关损坏； （2）温度低于启动极限温度； （3）机油油位太低； （4）空滤器脏/增压器故障； （5）冷却风扇不工作/皮带断或松（皮带驱动输油泵）； （6）电瓶亏电或故障； （7）启动马达的接线松脱或氧化； （8）启动马达损坏或挂不上齿； （9）气门间隙不对； （10）高压油管或接头泄漏； （11）预热塞故障； （12）喷油器损坏； （13）柴油系统有空气； （14）柴油过滤器和柴油初滤器脏； （15）机油等级不对或黏度不对； （16）柴油不合标准； （17）制动器未松开	（1）检查变速箱是否挂空挡或空挡开关是否损坏； （2）检查温度是否低于启动极限温度； （3）加机油到油位； （4）检查或更换空滤器/增压器； （5）检查或更换皮带； （6）检查电瓶电压； （7）检查马达接线； （8）检查或更换启动马达； （9）检查气门间隙； （10）检查或更换高压油管，检查、紧固、或更换接头； （11）检查预热塞； （12）检查或更换喷油器； （13）排除柴油系统空气； （14）清洗或更换过滤器； （15）更换机油； （16）检查或更换； （17）检查制动器是否松开
能够启动但运转不平稳或无法控制	（1）冷却风扇不工作/皮带断或松（皮带驱动输油泵）； （2）气门间隙不对； （3）高压油管或接头泄漏； （4）喷油器损坏； （5）柴油系统中有空气； （6）柴油过滤器和柴油初滤器脏； （7）柴油不合标准	（1）检查或更换皮带； （2）检查和调整气门间隙； （3）检查或更换高压油管或接头或检查、紧固或更换接头； （4）检查或更换喷油器； （5）排除柴油系统中的空气； （6）清洗或更换过滤器； （7）检查或更换柴油
缺 缸	（1）冷却风扇不工作/皮带断或松（皮带驱动输油泵）； （2）高压油管泄漏； （3）喷油器损坏； （4）柴油系统中有空气； （5）柴油过滤器和柴油初滤器脏	（1）检查、调整、更换； （2）检查； （3）检查、更换； （4）检查、排气； （5）检查、清洗和更换
机油压力低或无油压	（1）机油油位太低； （2）车辆太倾斜； （3）机油等级不对或黏度不对	（1）添加机油到油位； （2）调整； （3）更换

续表 2-41

故障特征（现象）	可 能 原 因	排 除 方 法
机油压力太高	（1）机油油位太高； （2）车辆太倾斜； （3）机油等级不对或黏度不对	（1）放机油到油位； （2）调整； （3）更换
机油消耗太高	（1）机油油位太高； （2）机油太倾斜； （3）机油等级不对或黏度不对	（1）放机油到油位； （2）调整； （3）更换
冒蓝烟	（1）机油油位太高； （2）车辆太倾斜	（1）放机油到油位； （2）调整
冒白烟	（1）温度低于启动极限温度； （2）气门间隙不对； （3）通风管堵（冷却液散热器）； （4）预热塞故障； （5）柴油不合标准	（1）检查； （2）检查、调整； （3）检查、清洗； （4）检查； （5）更换
冒黑烟	（1）空滤器脏/增压器故障； （2）空滤器指示器或指示灯失灵； （3）低速减油装置损坏（连接管路漏）； （4）进气管不密封； （5）中冷器脏； （6）气门间隙不对； （7）预热塞故障	（1）检查、清洁和更换； （2）检查； （3）检查； （4）检查、更换； （5）清洁； （6）调整； （7）检查

C Deutz BFM1013 发动机功率不足的检测程序和排除方法

Deutz BFM1013 发动机在地下装载机用得最普遍，但有时也出现功率不足的情况，下面提供 Deutz BFM1013 发动机动力不足的检测程序（500kPa 系统）和排除方法：

（1）用转速表检查高怠速。根据发动机的配制不同，高怠速应比额定转速高 6% ~ 8%，基本的计算公式如下

$$高怠速 = 额定转速 \times 1.07 \tag{2-43}$$

如果高怠速不够，检查加油手柄是否顶到高怠速限位螺钉。

（2）检查喷油器，是否有滴漏及由于初级油路压力不够导致的穴蚀。

（3）检查低压油路系统，低压油路压力不足会直接导致动力不足及喷油器穴蚀。500kPa 系统中低压油路的最小供油压力应为（空载）：

1500 ~ 1899r/min > 420kPa(4.2bar)

1900 ~ 2300r/min > 500kPa(5.0bar)

大于 2300r/min > 530kPa(5.3bar)

低压油路的压力检测点应在细滤的出油口后（即曲轴箱的进油口处），如果这一位置没有测量空间，可在回油阀前（即曲轴箱的出油口处）测量。注意：在额定转速下，曲轴箱的出油口处测得的压力应比曲轴箱进油口处的油压低 100kPa 左右。

以下各项都是导致低压油路压力不足的原因：

——燃油粗滤及细滤是否堵塞；

——回油阀是否有失效；

——从油箱到输油泵的输油管路中是否流动阻力过大；

——输油泵是否提供足够的供油压力。

另一原因是，从回油阀到油箱的输油管路中是否流动阻力过大。如果阻力过大则回油量不足且燃油温度会升高（燃油温度不应超过80℃）。

在确保滤芯没有堵塞的情况下，如果油压达不到，应检查或更换回油阀。

如果压力仍不够应检查输油管路中是否流动阻力过大。

直接用一个油桶在输油泵前供油，这样可以确定是否是OEM所配的从油箱到输油泵供油管路及初滤造成的阻力过大。

输油泵前的油管内径不能小于12mm，且在高怠速时输油泵的入口处的燃油压力应大于-50kPa，满足欧Ⅱ排放的发动机应大于-35kPa。

如果仍然压力不足应检查燃油回油量。

将回油管的回油端从油箱上拆下直接插到一个空桶中，测量发动机1min高怠速下的回油量，应在8L以上。

（4）检查满负荷时的增压空气压力及排气温度，只有当转速由高怠速降低到额定转速甚至更低时，发动机的输出才能达到满负荷。

满负荷时进气歧管中的增压压力应至少达到130kPa，排气温度（在增压器后100mm的测量点）应有450~480℃。

如果供油量充足而增压压力仍不足，应检查排气背压，不应超过4.9kPa。

（5）如果仍然动力不足，对调整器或喷油正时的检查必须由Deutz的服务工程师进行。

2.2　地下装载机用电动机

2.2.1　概述

随着人们对环境保护工作的重视，对地下装载机的排放要求也愈来愈高。虽然随着科学技术的发展，柴油机有害气体的排放浓度愈来愈低，但仍未从根本上解决问题。由于电动机不存在废气排放的问题，而且电动机使用可靠，维护简单，因而在地下装载机中获得广泛的应用，从而促进了电动地下装载机的不断发展。电动机是电动地下装载机十分重要的部件，正确选择与使用它，不仅直接影响地下装载机的性能及使用寿命，而且也直接影响地下装载机的生产能力与经济效益。特别是随着我国加入WTO以后，国际科技交流十分频繁，大量国外电动地下装载机进入我国，我国也有部分电动地下装载机出口。而国内外电动机生产厂家繁多，采用的标准也不完全相同，再加上地下装载机的使用条件（包括指定的环境条件和运行条件），除规定的正常使用条件外，有些使用条件可能会带来某种危害。这种外加的危害性随偏离正常使用条件的程度和电动机所处环境严酷程度不同而定，外加的危害是由于热、机械故障、绝缘物的加速老化、燃烧等事故引起的。因此更显示了地下装载机电动机正确选择的复杂性与重要性。

2.2.2 对电动机的要求

(1) 必须符合相关的电动机标准。在世界电动机与电子行业有两个非政府组织，一个是 IEC——国际电子技术委员会（international electrotechnical commission），一个是 NEMA——美国电气制造商协会（electrical manufacturers association），这些组织都是负责制定与公布电动机机械与电气方面标准的。IEC 所制定的标准为欧洲与世界上许多国家所认可并采用。NEMA 所制定的标准在北美通用（我国这方面的标准大都与 IEC 等效）。这两种标准虽有不同的术语，但就本质来说是相似的，大部分可以互换。我国进口的电动地下装载机大都是美国 Wagner 公司、加拿大 EJC 公司、欧洲 Sandvik 公司、Atlas 公司、GHH 公司。前两者大都采用 NEMA 标准，后两者大都采用 IEC 标准。我国生产的电动机也必须符合 GB 755—2000《旋转电机　定额和性能》和 GB 14711—2006《中小型旋转电机安全要求》标准的要求。因此在电动地下装载机的进口、设计、采购备件时，所采用的电动机必须符合相关标准。

(2) 必须经过相关机构安全认证。由于电动机是一种特殊的产品，它直接关系到人的健康与安全，因此在进入市场之前，必须要经过相关机构的安全认证，即要经过“CE”认证、“UL”认证、“CCC”认证。

“CE”标志是一种安全认证标志，被视为制造商进入欧洲市场的护照。凡是贴有“CE”标志的产品就可以在欧盟各成员国内销售，无需符合每一个成员国的要求，从而实现商品在欧盟成员国内自由流通。

“UL”是英文“保险商试验所”（underwriter laboratories inc）的缩写。UL 安全试验所是美国最权威的也是世界上从事安全试验和鉴定的较大的民间机构，它是一个独立的、非营利的为公共安全做试验的专业机构。UL 经过成百年的发展，已成为世界知名度很高的认证机构。

“CCC”为英文“china compulsory certification”的缩写，意为“中国强制认证”，也可以简称为 3C。认证标志是列入《目录》中的产品准许出厂销售、进口和使用的证明标记，也是一种安全认证标志。实际上是认证机构对认证产品的一种质量认可证明。国家质检总局和国家认监委公布了实施强制性产品认证目录，其中小功率电动机被列为第一批实施强制性产品认证目录，因此为了保证电动地下装载机的使用安全和可靠的质量，需要使用有 CE 或 UL 或 3C 标志的电动机。

(3) 电参数必须能符合使用地区的使用规范。由于电动机的一些电参数如电压、频率及它们的变动、环境温度、海拔高度等对电动机性能有很大的影响，而世界上不同的国家所采用的标准又不相同，例如美国大都采用 460V、60Hz，我国采用 380V、50Hz，所以从美国进口就必须符合我国的标准，我国出口到美国就必须符合美国的标准。

(4) 由于地下矿山工作条件十分恶劣，因此要求电动机能防尘、防潮、防水，过载能力要大。

(5) 由于地下装载机在地下使用时，冲击载荷振动比较大，因此要求电动机要经久耐用。

(6) 节能。由于电动机使用的是电能，若采用电动机效率高，则消耗的电能就少，采矿的成本就会降低。

（7）电动机要有一定的启动力矩，以便能带动一定的负荷启动，并加速到运行速度。

（8）满负荷长期运行不过热。

（9）结构简单，使用可靠，维修方便。

2.2.3 电动机的特性

在研究鼠笼型三相异步电动机与液力变矩器匹配时，必须要知道电动机的特性曲线（机械特性曲线），即电动机转速 n 与电动机输出转矩 M 之间的关系。但在通常情况下，制造厂并不给出电动机的机械特性曲线，在工程中可通过公式得出鼠笼型三相异步电动机的机械特性的表达式

$$\frac{M}{M_{\max}} = \frac{2}{\dfrac{s}{s_m} + \dfrac{s_m}{s}} \tag{2-44}$$

式中 M——电动机的转矩；

$M_{\max}$——电动机的最大转矩；

s——转差率；

s_m——最大转矩时的转差率。

在采用式（2-44）之前，先在鼠笼型三相异步电动机产品目录中查到同步转速 n_0，额定转速 n_H(r/min)，额定功率 N_H(kW)，以及过载系数 λ_m 再按下列公式计算

$$M_{\max} = \lambda_m M_H \tag{2-45}$$

式中 M_H——电动机的额定转矩，N · m

$$M_H = 9550 N_H / n_H \tag{2-46}$$

电动机的转差率为

$$s = (n_0 - n) / n_0 \tag{2-47}$$

式中 n——电动机的转速，r/min。

额定转速的转差率 $s_H = (n_0 - n_H)/n_0$

在额定状态运行时，式（2-44）为

$$\frac{M_H}{M_H \lambda_m} = \frac{2}{\dfrac{s_H}{s_m} + \dfrac{s_m}{s_H}}$$

$$s_m = s_H(\lambda_m + \sqrt{\lambda_m^2 - 1}) \tag{2-48}$$

将式(2-45)、式(2-46)、式(2-47)代入式(2-44)得

$$M = \frac{2M_{\max} s_m n_0 (n_0 - n)}{n^2 - 2nn_0 + n_0^2 + n_0^2 s_m^2} \tag{2-49}$$

根据已知电动机参数，并计算上述各项参数，由式(2-49)可得该电动机的机械特性曲线（图 2-82）。

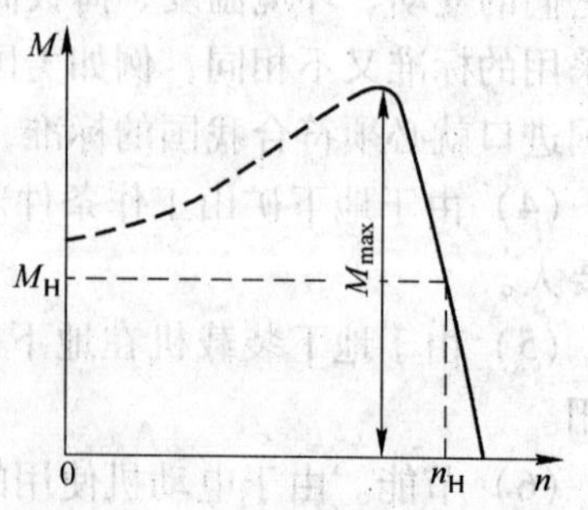

图 2-82 三相交流电动机特性曲线

2.2.4 电动机的选择与使用

2.2.4.1 功率的选择

合理选择电动机的容量是电动地下装载机是否经济和可靠运行的重要问题。如果电动机容量过小，长期处于过载运行，造成电动机绝缘过早的损坏；如果容量过大，不仅造成设备上的浪费，而且运行效率低，对电能的利用也很不经济。因此选择电动机时，首先决定各种工作方式下选择电动机容量。电动地下装载机电动机容量的选择有如下几种方法。

A 类比法

类比法是调查经过长期考验的同类型地下装载机，看它采用多大容量的电动机，然后通过主要参数与工作条件的类比方法确定新的地下装载机的电动机容量。

B 计算法

电动地下装载机一个工作循环包括铲、装、运等工况。各工况负荷不同，因此在选择电动机的功率时，必须事前知道电动机的负荷特性与功率曲线或电流曲线。图 2-83 与图 2-84 分别为 922E 电动机工作循环负荷与功率曲线。

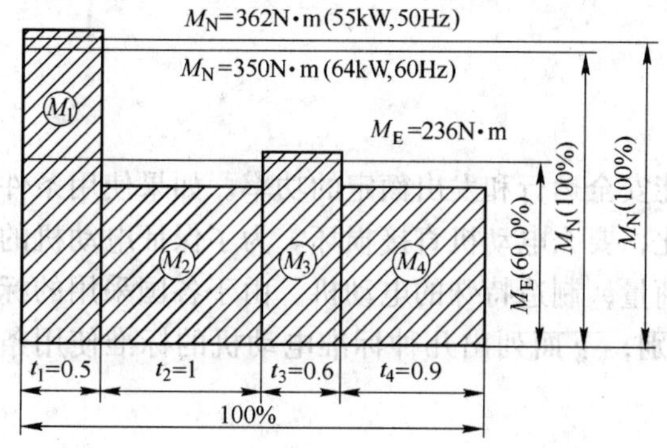

图 2-83 922E 地下装载机负荷特性曲线

M_E—等效扭矩（N·m）；M_N—公称扭矩（N·m）；

M_1，t_1—装载负荷（N·m）、装载时间（min）；

M_2，t_2—重载运输负荷（N·m）、运输时间（min）；

M_3，t_3—倾翻负荷（N·m）、倾翻时间（min）；

M_4，t_4—空载运输负荷（N·m）、空载运输时间（min）

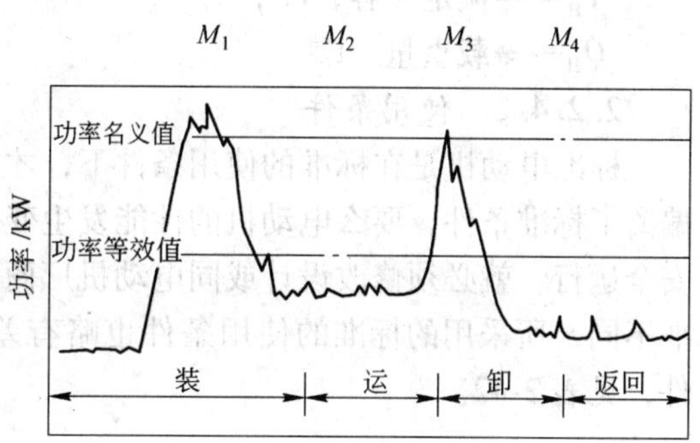

图 2-84 922E 地下装载机功率-负荷周期曲线

地下装载机的负荷可以认为是变动负荷连续周期工作负荷，可先按等效扭矩 M_E（方均根）或等效电流（方均根）法选取电动机的额定转矩。通过图 2-83，可求得等效转矩

$$M_E = \sqrt{\frac{M_1^2 t_1 + M_2^2 t_2 + M_3^2 t_3 + M_4^2 t_4}{t_1 + t_2 + t_3 + t_4}} \tag{2-50}$$

由于工作环境的影响，电动机的实际输出功率比额定值要少，因而

$$M_E \approx M_H K_1 K_2 K_3 \approx 0.6 M_H \tag{2-51}$$

式中 K_1——电网电压波动对电动导矩影响系数，$K_1 = 0.72$；

K_2——裕量系数，$K_2=0.9$；

K_3——极限环境温度系数，$K_3=0.95$。

若初选的电动机额定转矩的60%近似等效转矩，即初选电动机合适。

初选的电动机还必须进行过载能力校核。

地下电动装载机电动机负载图上最大转矩

$$M_{max} \leqslant \lambda_m M_H$$

式中 λ_m——过载系数，$\lambda_m=1.65 \sim 2.2$；

M_H——电动机额定转矩，N·m，$M_H=9550N_H/n_H$；

N_H——电动机额定功率，kW；

n_H——电动机额定转速，r/min。

C　统计法

$$N=16.42+20.45V_H \tag{2-52}$$

$$N=16.52+10.35Q_H \tag{2-53}$$

式中 N——功率，kW；

V_H——额定斗容，m^3；

Q_H——载重量，t。

2.2.4.2　使用条件

标准电动机是在标准的使用条件下，才能安全运行和发出额定的功率。如果使用条件偏离了标准条件，要么电动机的性能发生变化，要么电动机直接损坏。为了保证电动机的安全运行，就必须修改设计或同电动机厂商商量，制造特殊的电动机。由于各国采用的标准不同，所采用的标准的使用条件也略有差别，下面列出几种标准电动机的标准使用条件，见表2-42。

表2-42　不同标准的使用条件

标　准	GB 755—2000	IEC34-1	NEMA MG1—1998
海拔高度/m	≤1000	≤1000	≤1000
环境温度/℃	-15 ~ +40	-15 ~ +40	-15 ~ +40
额定电压①/V	220/380，380/660 1000（1140）②	230/400，400/619， 1000（50Hz）120/208 240，277/480，480， 347/600，600（60Hz）③	115，200，230， 460，575（60Hz） 220，380（50Hz）
电压标幺值	±5%	±5%	±10%
额定频率/Hz	50	50 或 60	60 或 50
频率标幺值	±2%（短时）；±1%（长时）		±5%
频率与电压变动绝对值之和	≤7%，此时频率变动率应小于±2%		≤10%，此时频率变动小于±5%
电压不平衡	HVF≤0.03，电压的负序分量不超过正序分量的1%，零序分量不超过正序分量的1%条件下运行		≤±1%

①我国生产的地下电动装载机使用电动机大都是380V的，也有采用660V，进口电机，大都采用1000V，以减少电缆截面积，增大排缆空间，扩大电动地下装载机作业距离。②GB 156—2003；③IEC 60038。

2.2.4.3 电动机类型的选择

由于鼠笼型三相异步电动机较其他型电动机结构简单、坚固耐用、运行可靠、易维护、价格低，虽然调速性能差，但电动地下装载机可以配置液力变矩器与动力换挡变速箱，以满足电动地下装载机插入与运行的特性要求，因此在电动地下装载机中广泛采用一般用途的鼠笼型三相异步电动机（但不包括特殊要求的，如：防爆、防腐等）。

2.2.4.4 国外地下装载机电动机选择

A 电动机设计等级的选择

为了正确选择地下装载机的电动机，既要知道电动机的机械特性，还要知道外载负荷的特性。为了能按外载负荷的特性选择电动机，使电动机能够有足够的启动、加速和传递负荷的转矩，就必须保证电动机转速与转矩曲线上任何一点转矩都不能少于外载荷相应转矩的转矩。否则电动机就会失速或在过载条件下运转，这是电动机产生过热的原因。这也是电流超过允许值而停闸的原因。如果电动机过载不能纠正，最终会使电动机出现故障。为了适应被驱动设备转矩与速度的要求（不同启动转矩、加速与满负荷的转矩），NEMA 标准常把电动机设计成 A、B、C、D、E 五个等级，见图 2-85。

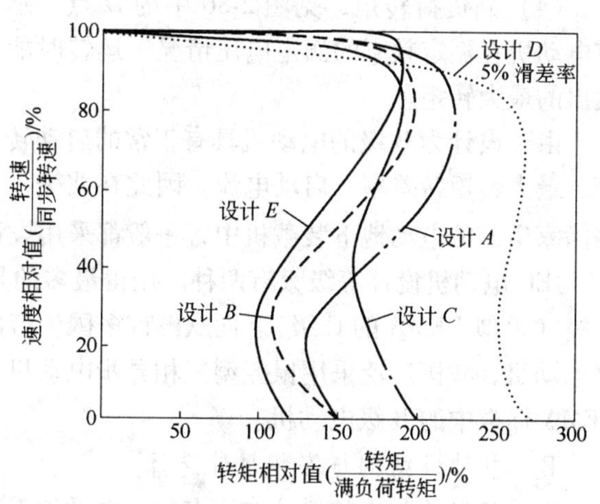

图 2-85 NEMA 标准电动机设计等级

其中 A 级与 E 级用得较少，常用的是 B、C、D 级，用得最普遍的是 B 级。各种电动机设计等级特性见表 2-43。

表 2-43 电动机设计等级特性

等级	启动转矩/额定转矩/%	最大转矩/额定转矩/%	最小转矩/额定转矩/%	启动电流/额定电流/%	转差率/%	相对效率
B	70～275	175～300	65～190	600～700	0.5～5	中等或高
	正常	正常		正常		
C	200～285	190～225	140～195	600～700	1～5	中　等
	高	正常		正常		
D	275	275		600～700	5-8	
	最高	高		正　常		

表 2-43 中几个专用名词的说明如下：

(1) 启动转矩或堵转转矩，缩写为 LRT 见图 2-86 中的点 A。当以额定电压、额定频率加在电动机上时，对转子所有角度，电动机转子在静止状态上呈现的最小转矩，该转矩必须大于惯性、摩擦阻力矩、负荷力矩才能启动。

(2) 最小转矩，缩写为 PUT，见图 2-86 中 *B* 点。电动机在额定电压、频率下，从静止到速度达到出现最大转矩的加速时间内，交流电动机所产生的最小转矩。

(3) 最大转矩，缩写为 BDT，见图 2-86 中 *C* 点。电动机再加上额定频率的额定电压时，在没有急速减速情况下所提供的最大转矩。此转矩又称作破坏前的转矩。

(4) 满负荷转矩，见图 2-86 中的 *D* 点。感应电动机在额定频率的额定电压情况下运转时能发出的最大转矩。

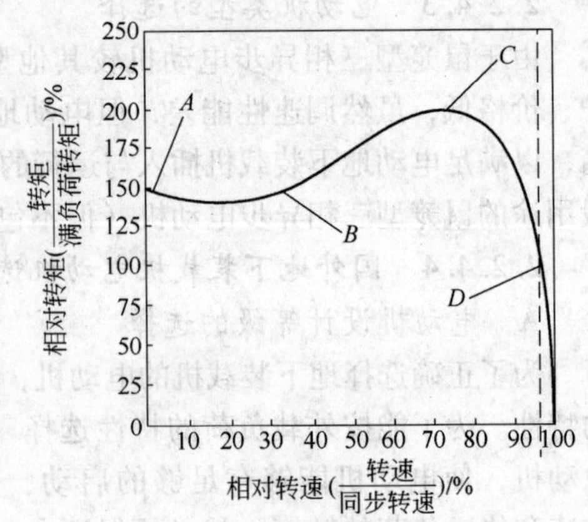

图 2-86 电动机设计为 B 级的转速与转矩关系

由于设计为 B 级的电动机具有正常的启动转矩、最大转矩转差率、启动电流。因此在北美一些国家生产的电动地下装载机中，一般都采用设计为 B 级的电动机。

IEC 电动机设计等级只有两种。用得最多的是 N 级（近似于 NEMA 的 B 级），其次是 H 级（近似 NEMA 的 C 级）。而欧洲许多国生产的电动地下装载机中，一般采用设计为 N 级电动机，我国广泛采用鼠笼型三相异步电动机，其转矩与转速特性是 N 设计，也近似于 NEMA 标准中的 B 级电动机。

B 电动机结构与安装尺寸选择

电动机结构与安装尺寸有许多种，电动地下装载机电动机与液力变矩器及冷却风扇组合形式见表 2-44。

表 2-44 电动地下装载机电动机与液力变矩器及冷却风扇组合形式

序 号	说 明	GB（中国）	IEC	NEMA
1	机座带底脚，端盖无突缘，输出有单轴，双轴（卧式）	B3	B3	刚性基础 F1 或 F2
2	机座带底脚，端盖有突缘，双轴输出（卧式）	B35	B35	D

由于 NEMA 与 IEC 两种标准使用在不同地区，其安装尺寸前者使用英制，后者使用公制（mm）。虽然它们有近似的关系，但不通用，见表 2-45、表 4-46。我国电动机安装尺寸标准等效于 IEC。需要指出的是，机架号与电机参数（如功率）之间没有直接关系。尽管随着机号的增加，电动机的外形尺寸也增加，功率也相应增加，但仍有许多电动机功率相同，而机架号却不同。

C 电动机外壳结构防护等级及冷却方式的选择

为了保护电动机安全操作，必须选择合适的外壳防护等级及冷却方式。选择不当时，可能会大大降低机器的性能和使用寿命。因此用户在选择电动机时，必须事先要了解电动机的作业环境。根据实际的电动机作业环境来选择电动机外壳结构及冷却方式。

表 2-45 NEMA 电动机尺寸 (mm)

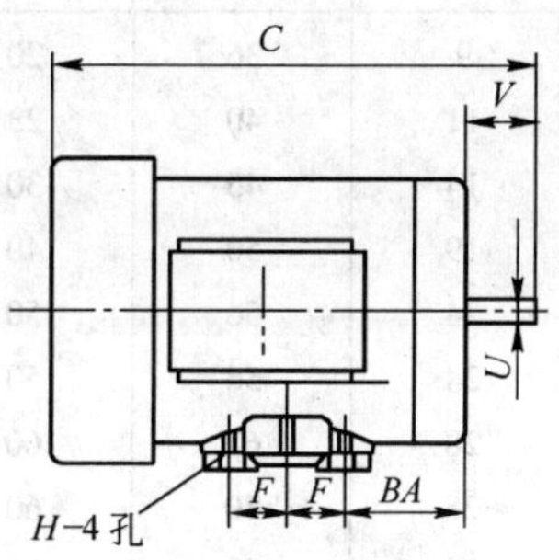

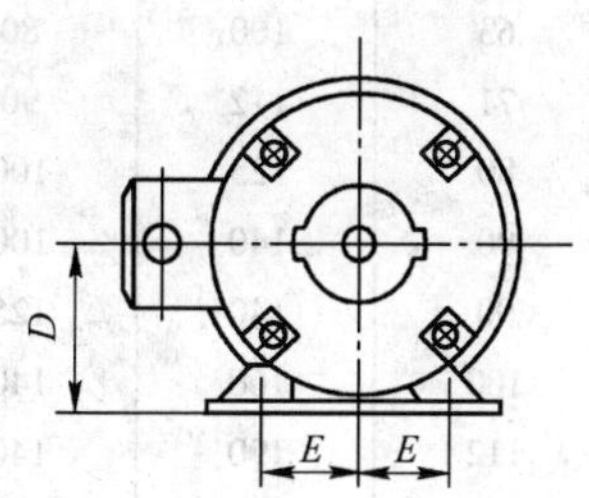

机架	D	E	2F	H	U	BA	V_{min}	键宽	键厚	键长	C
405U	254	203.2	349.25	20.6	60.45	168.4	174.75	16.0	16.0	139.7	962.15
405US	254	203.2	349.25	20.6	54.1	168.4	101.6	12.7	12.7	69.85	
405T	254	203.2	349.25	20.6	73.15	168.4	177.8	19.05	19.05	143.0	
405TS	254	228.6	349.25	20.6	54.1	168.4	101.6	12.7	12.7	69.85	
444U	279.4	228.6	368.3	20.6	73.15	190.5	212.85	19.05	19.05	177.8	1117.6
444US	279.4	228.6	368.3	20.6	54.1	190.5	101.6	12.7	12.7	69.85	
444T	279.4	228.6	368.3	20.6	85.85	190.5	209.55	22.35	22.35	177.8	
444TS	279.4	228.6	368.3	20.6	60.38	190.5	114.3	16.0	16.0	76.2	
445U	279.4	228.6	419.1	20.6	73.15	190.5	212.85	19.05	19.05	177.8	1168.4
445US	279.4	228.6	419.1	20.6	54.1	190.5	101.6	12.7	12.7	69.85	
445T	279.4	228.6	419.1	20.6	85.85	190.5	209.55	22.35	22.35	177.75	
445TS	279.4	228.6	419.1	20.6	60.45	190.5	107.95	16.0	16.0	76.2	
447T	279.4	228.6	508.0	20.6	85.85	190.5	209.55	22.35	22.35	177.75	
447TS	279.4	228.6	508.0	20.6	60.38	190.5	114.3	16.0	16.0	79.5	
449T	279.4	228.6	635.0	20.6	85.85	190.5	209.55	22.35	22.35	177.8	1400.3
449TS	279.4	228.6	635.0	20.6	60.38	190.5	114.3	16.0	16.0	79.5	

表 2-46 IEC 电动机尺寸 (mm)

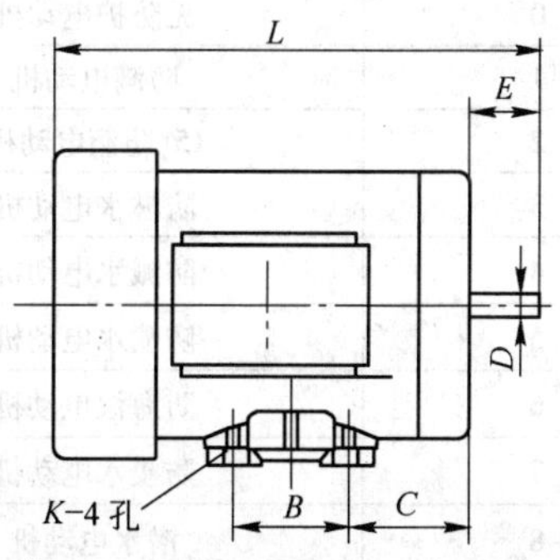

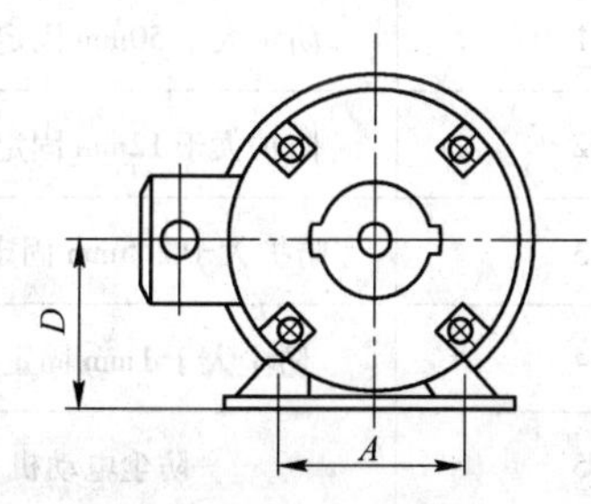

续表 2-46

机 架	H	A	B	K	D	C	E	L
56	56	90	71	5.8	9	36	20	176
63	63	100	80	7	11	40	23	195
71	71	112	90	7	14	45	30	213
80	80	125	100	10	19	50	40	255
90S	90	140	100	10	24	56	50	268
90L	90	140	125	10	24	56	50	295
100L	100	160	140	12	28	63	60	350
112M	112	190	140	12	28	70	60	350
132S	132	216	140	12	38	89	80	430
132M	132	216	178	12	38	89	80	467
160M	160	254	210	15	42	108	110	605
160L	160	254	254	15	42	108	110	605
180M	180	279	241	15	48	121	110	605
180L	180	279	279	15	48	121	110	662
200M	200	318	267	19	55	133	110	708
200L	200	318	305	19	55	133	110	729
225S	225	356	286	19	60	149	140	765
225M	225	356	311	19	60	149	140	844
250S	250	406	311	24	65	168	140	889
250M	250	406	349	24	65	168	140	889
280S	280	457	368	24	75	190	140	925
280M	280	457	419	24	75	190	140	976
315S	315	508	406	28	80	216	170	1121
315M	315	508	457	28	80	216	170	1121
315L	315	508	508	28	80	216	170	1191

a IEC 电动机外壳结构防护等级与冷却方式

IEC 电动机外壳结构防护等级由两部分组成，第一部分是由防护等级代号 IP 及附加在后的两个表征数字组成，第一位数字表示防止固体物质进入电动机的程度，第二位数字表示防止液体进入电动机的程度，见表 2-47。

表 2-47 防护等级表示方法

第一位表征数字	防护等级简述	第二位表征数字	防护等级简述
0	无防护电动机	0	无防护电动机
		1	防滴电动机
1	防护大于 50mm 固定电动机	2	15°防滴电动机
2	防护大于 12mm 固定电动机	3	防淋水电动机
		4	防溅水电动机
3	防护大于 2.5mm 固定电动机	5	防喷水电动机
4	防尘大于 1mm 固定电动机	6	防海浪电动机
		7	防浸水电动机
5	防尘电动机	8	潜水电动机

第二部分是冷却方式代号 IC 及后面两位表征数字组成，第一位数字表示冷却方式，第二位数字表示冷却驱动方式，见表 2-48。

表 2-48 IEC 回转机器冷却方法

第一位表征数字	冷却回路布置方式
0	自由循环
1	进口管通风冷却
2	出口管通风冷却
3	进出口管通风冷却
4	机壳表面冷却
5	整装式冷却器
6	装在电动机上面的冷却器（利用周围环境冷却介质）
7	整体装入式冷却器（不利用周围环境冷却介质）
8	装在电动机上面的冷却器（不利用周围环境冷却介质）
9	独立安装冷却器

第二位表征数字	冷却驱动方式
0	自由对流
1	自循环
2	装在独立的电动机轴上整装式部件
3	装在电动机上非独立部件
4	不 用
5	整装式独立部件
6	装在电动机上的独立部件
7	用完全分开或独立的部件或冷却系统压力
8	相对运动

b IEC 与 NEMA 电动机外壳防护等级与冷却方式比较

NEMA 电动机部分常用外壳结构与防护等级由 4 个字母到 6 个字母组成。它与 IEC 含义比较见表 2-49。

表 2-49 电动机外壳结构与防护等级①

IEC 表示方法	NEMA 表示方法	简 要 说 明
IC01	ODP	开式防滴水电动机（open drip-proof motor）
IC40	TENV	全封闭非通风冷却（totally-enclosed non-ventilated）
IC41	TEFC	全封闭风扇冷却（totally-enclosed fan-cooled）
IC48	TEAO	全封闭外部空气冷却（totally-enclosed air-over）

①在 NEMA 标准中，冷却方法（IC CODE）表示法很复杂，这里不介绍，只介绍表 2-49 常用通用的表示方法。

我国电动机外壳防护等级与冷却方式等效于 IEC，常简述为自冷式、自扇冷式、它扇冷却、管道通风式。

c 地下装载机电动机外壳防护等级及冷却方式的选择

根据电动地下装载机的作业环境条件，一般选择全封闭防尘电动机，防护等级为 IP55 或更高。如采用北美电动机，常用 TEFC、TEAO、TENV。

d 绝缘等级的选择

电动机绝缘结构具有所要求的耐热等级、足够的耐电强度、优良的机械性能和良好的工艺性。在规定的环境条件中使用时，绝缘结构的机械、电气性能确保电动机安全运行。

电动机绝缘的耐热性分为 5 级（IEC、GB）或 4 级（NEMA）。由于绕组绝缘的寿命随温度升高而呈指数下降，如温升超过绝缘等级总的允许最高温度 10℃，则电动机使用寿命会降低一半。因此电动机运行时，绝缘最热点的温升不得超过表 2-50 的规定。

表 2-50　小中型电动机温度电阻法最热点极限（空气冷却）　（℃）

绝缘等级	IEC　S. F[①] =1	GB 755	NEMA　S. F = 1	NEMA　S. F = 1. 15
A	60	60	60	70
E	75	75		
B	80	80	80	90
F	105	105	105	115
H	125	125	125	

① S. F 为使用系数（service factor）。

绝缘等级总的允许最高温度见表 2-51。

表 2-51　绝缘等级的允许最高温度[①]　（℃）

绝缘等级	IEC（S. F = 1）	GB 755—2000	NEMA（S. F = 1）
A	105	105	105
E	120	120	
B	130	130	130
F	155	155	155
H	180	180	180

①表中温度是在环境温度为 40℃时的允许值。

在电动机替换时，只能用绝缘等级相同或大于原绝缘等级的新电动机替代，绝不能用小于原电动机绝缘等级的电动机替代。

在采用 F 级与 H 级时，还必须考虑轴承与润滑所允许的温度。

根据电动地下装载机的工作负荷大、散热条件差的特点，电动地下装载机电动机一般采用 F 级或 H 级。过低的绝缘等级不可取。

e　工作制

电动机工作制的分类是对电动机承受负荷情况的说明，包括启动、电制动、空载、断能停转以及这些阶段的持续时间和先后顺序，它是选择电动机功率的依据。根据 GB 755—2000 标准，工作制分为 10 级（过去只有 9 个等级），IEC 标准也是如此。

S1 工作制——连续工作制；

S2 工作制——短时工作制；

S3 工作制——断续周期工作制；

S4 工作制——包括启动的断续周期工作制；

S5 工作制——包括电制动的断续周期工作制；

S6 工作制——连续周期工作制；

S7 工作制——包括电制动的连续周期工作制；

S8 工作制——包括负载、转速相应变化的连续周期工作制；

S9 工作制——负载与转速作非周期变化工作制；

S10 工作制——离散恒定负载工作制。

NEMA标准中工作制只有连续工作制和间隙工作制（15min、30min、60min）两种。电动地下装载机工作条件恶劣，冲击负荷很大，负荷随时间的变化也大，只能按等效的原理，选择电动机功率，一般都选择S1——连续工作制作为电动地下装载机的工作制。

f 使用系数的选择

所谓使用系数是衡量电动机连续过载能力大小的一个系数。当使用系数S. F = 1时说明电动机只能在铭牌上标定的功率下工作。如果S. F = 1. 15，说明电动机可在额定电压、额定频率和规定的周围环境温度的情况下，可以超过它的铭牌上标定功率的15%的情况下工作。在此工况下，电动机不会因超载过热或损坏。换句话说，如果用户使用不同的电动机制造厂铭牌上功率相同的电动机，由于使用系数不同，其电动机的最大承载能力也不同。因此在替换时，决不能用使用系数比原来低的电动机。

IEC电动机一般只采用S. F = 1。而NEMA电动机一般使用系数是1，但也有1. 15或更大的。我国的电动机的标准中，与IEC一样只采用S. F = 1，电动地下装载机都是采用S. F = 1的电动机。

g 效率要求

效率是电动机的重要指标之一。IEC、NEMA及各国对电动机效率和损耗的要求及测定方法均有单独制订有关效率损耗的标准。我国早期的GB755标准都有专门的有关标准。由于电动机效率直接关系到采矿成本与经济效益，因此在选择电动机时，在结构与性质参数基本相同时应选用效率高的电动机。

由于NEMA电动机B设计，IEC电动机N设计效率是所有电动机设计中最高的，因此被电动地下装载机广泛采用。又由于各国能源政策不同，各电动机制造厂采用的技术也不同，其生产的电动机效率也不同。例如，Wagner公司EST-6C电动地下装载机采用美国RELIANCE公司447TZ TEFC电动机，这种电动机是XE高效率电动机，也就是电动地下装载机效率96. 2%超过EPAct（美国能源政策条例）EM电动机满载效率水平（95%），大大高于标准电动机满载的效率（92. 8%）。

所谓std表示标准效率的电动机不一定要达到FPAct所要求的效率。EM表示满足EPAct效率的电动机，XE表示高效率电动机。

我国Y型系列380V电动机满载时效率为91. 5% ~93. 6%。

h 轴承的选择

在电动机使用过程中，轴承部位的故障要占电动机全部故障的50%以上，因此对于轴承的选择与结构设计绝不可掉以轻心。

电动地下装载机电动机大都采用滚动轴承，常用的滚动轴承的类型与其特点见表2-52。

表2-52 常用的滚动轴承的类型及特点

轴承类型	单列深沟球轴承	高承载能力单列深沟球轴承	双列调心球轴承	角接触球轴承	圆柱滚子轴承
径向承载能力	2	1	1	2	1
轴向承载能力	3	3	2	1	4
复合载荷承载能力	2	3	2	1	4

续表 2-52

轴承类型	单列深沟球轴承	高承载能力单列深沟球轴承	双列调心球轴承	角接触球轴承	圆柱滚子轴承
运行速度	1	2	1	1	1
补偿安装误差	3	3	3	4	3
润滑能力	3	3	2	4	4
密封效果	1	3	2	4	4
在瞬间载荷作用下轴与壳体刚度	3	3	1	4	4
期望寿命	1	2	1	1	1

注：1—特别好；2—好；3—比较好；4—不好。

电动地下装载机电动机与变矩器是直接安装的，柔性盘能补偿安装误差，因此电动机轴承受电机轴向力比较少，为了延长电动机的使用寿命，要求轴承密封效果好，因此一般电动地下装载机电动机轴承采用单列深沟球轴承，对于中心高大于315mm的电动机也可采用圆柱滚子轴承。目前市场上这种轴承使用普遍，质量相差极大，为了保证轴承质量，应尽量选择各种名牌产品，如日本的KOYO、瑞典的SKF、德国的FAG及国内的各品牌轴承。

2.2.4.5 电动地下装载机常用型号表示方法

由于电动机制造厂家很多，所采用标准不同，其型号表示方法也不一致，但也有一些共性。从它的型号可以看出它的结构尺寸、防护等级、冷却方式、转速等。了解它所采用的标准，熟悉它的型号表示方法，对电动机的选择十分有帮助。现简单介绍几家公司电动机型号的表示方法。

A RECIANC 公司电动机型号的表示方法

美国 Wagner 公司 EST-6C 地下电动装载式机主要采用本国 RECIANC 公司电动机，它是按 NEMA 标准生产，它的电动机型号表示方法如下：

A——生产厂家代号；

B——电动机传动轴中心高为44/4 = 11in(279.4mm)；

C——电动机脚平行传动轴中心两安装孔的距离代号，从NEMA的有关表中查得7代表440系列电动机两孔的中心距离为558.8mm（22in）；

D——电动机除机座号定义系统部分不包括尺寸内容，T也有用U表示过去使用过的机座号包括标准尺寸内容。在表中还有TS符号表示标准短轴设计；

E——所有的装置除轴之外都是标准尺寸；

F——TEFC全封闭风扇冷却电动机；

G——AOX厂家标明的电动机的特点。也有用代号TX表示（EXTRATOUGH）机座强度加强了的电动机。

B VEM 公司电动机表示方法

芬兰 TORO 公司等电动地下装载机主要采用德国 VEM 公司电动机，它是按 IEC 标准生产，它的电动机型号表示方法如下：

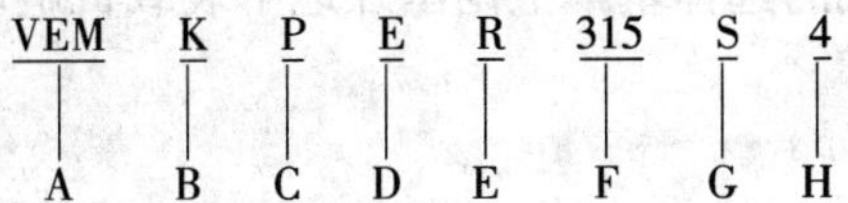

A——生产厂家代号；

B——电动机鼠笼型转子 K；

C——设计形式为 P；

D——德国 DIN 标准（旧系列）用 E 表示；

E——R 表示散热片冷却 IP55；

F——传动轴中心高为 315mm；

G——机脚代号，S——短机脚，M——中型机脚，L——长机脚；

H——电动机为 4 极数，同步电动机的转速为 1500r/min。

VEM K 1 1 R 315 M 4

A B C D E F G H

A——生产厂家代号；

B——鼠笼型转子；

C——设计形式；

D——德国标准；

E——散热片冷却 IP55；

F——传动轴中心高为 315mm；

G——中型机脚；

H——电动机为 4 级，同步转速为 1500r/min。

C SIEMENS 电动机代号

在电动地下装载机中也有采用世界著名的电气公司——SIEMENS（西门子）公司的电动机，如 TORO-151 型装载机就是采用 ILA6253-4AA66Z 型电动机。该公司生产的低压 IEC 电动机代号由 12～13 个字母组成。每个字母或数字代号含义如下：

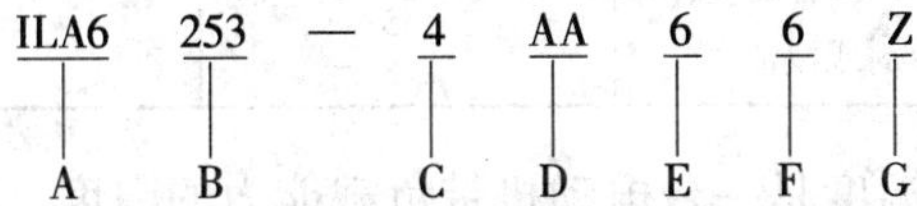

A——电动机的类别，ILA 表示高效鼠笼型全封闭风冷 IP55 型电动机，6 表示系列号；

B——机架尺寸，为 250mm，电动机功率为 55kW；

C——电动机极数；

D——表示设计；

E——三角形接法；

F——B35 安装，即带法兰脚安装；

G——特殊设计。

2.2.4.6　国产地下装载机电动机的选择

国产地下装载机电动机的选择基本上同国外地下装载机电动机的选择，只是电动机型号表示方法不同而已。

A　型号的选择

根据地下装载机对电动机的要求和我国矿山的具体条件，一般选用 Y 系列小型鼠笼型三相异步自冷式电动机。额定电压 380V、660V，电源频率 50Hz，4 极。绝缘等级 B 或 F 级，工作制度 SI。

B　电动机型号的表示方法

电动机型号的表示方法见图 2-87。

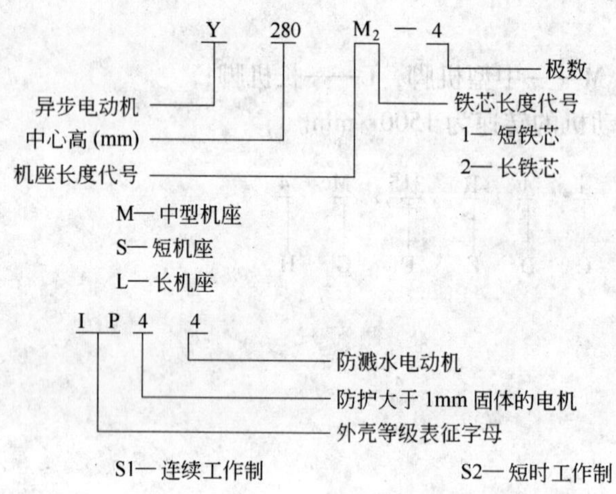

S1— 连续工作制　　S2— 短时工作制　　S3— 断续周期工作制

图 2-87　电动机型号表示方法

绝缘等级共有 A、E、B、F、H 五个等级，等级不同，绝缘材料不同。其最高许用温度和温升（电动机与环境温度之差）不同，见表 2-53。

表 2-53　绝缘等级与许用温度

绝缘等级	绝缘材料	允许最高温度/℃	环境温度为 40℃时最高温升/℃
B	云母、石棉、玻璃丝	130	80
F	材料同 B，以合成胶作黏合剂或浸渍	155	90

绝缘材料的最高允许温度是一台电动机带负载能力的限度，而电动机的额定功率就是这一限度的代表参数。电动机铭牌上所标的额定功率即指环境温度（或冷却介质温度）为 40℃，电动机所带动额定负荷长期连续工作，温度升高超过稳定后，最高温升可达到绝缘材料所允许的极限。

C　常用电动机的技术参数

常用电动机的技术参数见表 2-54（同步转速为 1500r/min 时）。

表 2-54 常用电动机技术参数

型 号	额定功率/kW	满载时			功率因数 cosφ	堵转电流/额定电流	堵转转矩/额定转矩	最大转矩/额定转矩	噪声/dB(A)	转动惯量/kg·m^{-2}	净重/kg
		转速/r·min^{-1}	电流/A	效率/%							
Y180L-4	22	1470	42.5	91.5	0.86	7.0	2.0	2.2	82	0.158	196
Y200L-4	30		56.8	92.5	0.87					0.262	270
Y225S-4	37	1480	69.8	91.8			1.9		84	0.406	300
Y225M-4	45		84.2	92.3	0.88					0.469	320
Y250M-4	55		103	92.6			2.0		86	0.66	427
Y280S-4	75		140	92.7			1.9		90	1.12	562
Y280M-4	90		161	93.6	0.89					1.46	670
Y315S-4	110		201	93.5			1.8		96	3.11	1000
Y315M1-4	132	1490	241	91						3.62	1100
Y315M2-4	160		291							4.13	1160

2.2.5 作业环境对电动机和装载机性能的影响

电动地下装载机电动机的额定功率都是在基准条件下的值，即海拔高度为1000m以下、环境温度为40℃、电压为额定电压、频率为额定频率、三相电压不平衡不大于±1%。电动机在该基准条件下所发出的功率才为额定功率。但实际现场运行条件往往与基准条件不一定相同。因此会导致电动机性能的变化，甚至过热，导致电动机寿命缩短或引发事故。了解现场运行条件的变化对电动机与地下装载机整机性能的影响，提前采取措施，防止事故的发生，保证电动机与地下装载机的正常运转就显得特别重要。

2.2.5.1 现场使用条件对电动机性能的影响

A 海拔高度

如果电动机运行在海拔1000m以上，随着海拔高度的增加，空气变得稀薄，空气的散热能力也下降（海拔高度在1000m以上，每升高100m，绕组温升就提高1%），如果环境温度还是40℃，电动机的实际可用功率为电动机铭牌功率乘以表2-55的功率减少系数。

表 2-55 海拔高度与功率减少系数

海拔高度/m	功率减少系数	海拔高度/m	功率减少系数
1000~1500	0.97	2500~3000	0.86
1500~2000	0.94	3000~3500	0.82
2000~2500	0.90		

如果说随着海拔高度的提高，引起冷却效果降低（表2-56），可用最高环境温度低于40℃而得到补偿（因此电动机的额定输出功率可以不修正，而且能够良好的运行）。

表 2-56　海拔高度与环境温度之间的关系

海拔高度/m	环境温度/℃	海拔高度/m	环境温度/℃
>1000	40	2000~3000	25
1000~2000	32	3000~4000	15

B　环境温度

电动机绝缘等级允许的最高温度见表 2-57。它是在以海拔高度为 1000m 以下，最高环境温度不超过 40℃条件下运行为基础的。

表 2-57　各绝缘等级允许最高温度　(℃)

绝缘等级	*B*	*F*	*H*
IEC (SF=1)	130	155	180
GB755	130	155	180
NEMA	130	155	180

如果环境温度在 40~65℃时，为了保持电动机绝缘不超过允许的最高温度，保证电动机的正常运行，要么把铭牌上的功率乘上表 2-58 所列的减少系数，作为新的额定功率，要么提高绝缘等级或电动机特殊设计，但相应的价格也要提高。

表 2-58　环境温度与功率减少系数

绝缘等级	45℃	50℃	55℃	60℃	65℃
B	0.96	0.93	0.89	0.85	0.80
F	1.00	1.00	1.00	1.00	0.98

如果环境温度在 -5~-30℃，可能要求专用的润滑方法。根据启动方法与工作制可能要求加热空间，使用油池加热器，这必须要同电动机制造厂商量。

如果环境温度在 -30~-70℃，要求电动机制造厂满足特殊电气、机械润滑等要求(包括有些防腐要求)。其电动机的相应价格也会提高 25%左右。

C　电压与频率的变动

所有的电动机在运行中，电压与频率的变化对电动机性能有什么影响，这是人们十分关心的问题。根据电动机的特性公式可以推导出电压与频率的变化对电动机各种性能的影响如图 2-88、图 2-89 所示。

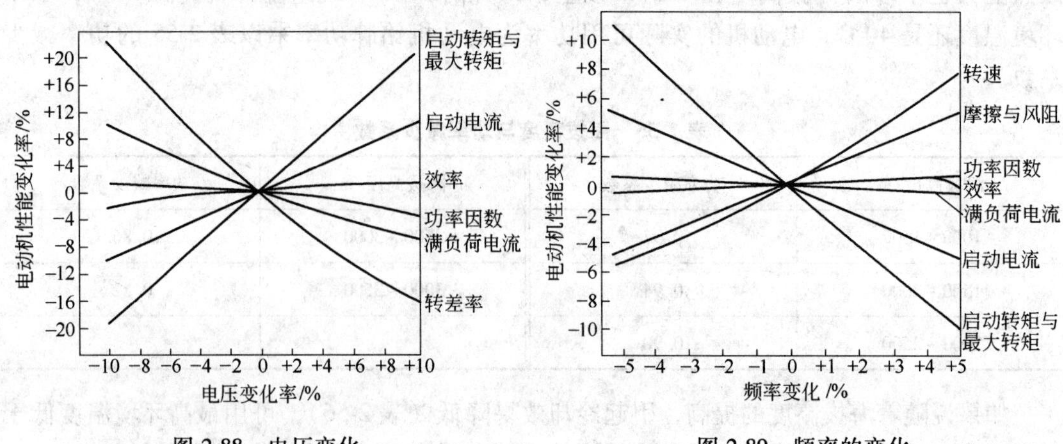

图 2-88　电压变化　　图 2-89　频率的变化

从图2-88可以看出，由于电压的变化，可能会产生如下情况：

（1）电压的增加与减少会导致电动机在额定负载时热量的增加，若继续运行会导致绝缘加速老化，并会缩短电动机绝缘的寿命。

（2）电压增加通常会导致功率因数显著的减少，电压的减少将导致功率因数的增加。

（3）电动机启动、最大转矩与电压的平方成正比，因此电压的减少将导致可利用的转矩减少。

（4）电压增加10%，导致转差率减少大约17%，电压减少10%，导致转差率增加大约21%。

（5）满负荷电流、启动电流、效率都要随电压的变化而变化。

从图2-89可以看出：

（1）实际频率比额定频率大得很多的话，通常改善了功率因数，但启动和最大转矩将减少。电动机转速会增加，摩擦与风阻损失也将增加；

（2）通常频率减少，功率因数与电动机转差率将减少，启动与最大转矩与启动电流将增加。

表2-59具体说明了电压与频率的变化对电动机性能的影响。

表2-59 电压和频率偏差对感应电动机特性的典型影响

	偏差	启动和最大运行扭矩	同步转速	转差率	满载速度	效率			功率因数 $\cos\phi$			满载电流	启动电流	温度上升满载	最大超载能力	磁噪声尤其在无负载时
						满载	3/4负载	1/2负载	满载	3/4负载	1/2负载					
电压偏差	120%电压	增加44%	无变化	下降30%	提高1.5%	下降6%~0%(0.75~56kW)提高0.3%(75~224kW)	下降1/2~2点	下降7~20点	下降5~15点	下降10~30点	下降15~40点	提高12%	提高20%	提高5~6℃(0.75~56kW)下降3~4℃(75~224kW)	增加44%	明显增加
	110%电压	增加21%	无变化	下降17%	提高1%	稍有下降	几乎无变化	下降1~2点	下降5~10点	下降5点	下降5~6点	提高2%~4%	提高10%~12%电压	增加3~4℃	增加21%	稍有增加
	电压V函数	V^2	恒定	$\frac{1}{V^2}$	（同步速度转差率）								V		V^2	
	90%电压	下降19%	无变化	增加23%	下降1~1/2点	下降2点	几乎无变化	提高1~2点	提高5点	提高2~3点	提高4~5点	提高10%~11%	提高10%~12%	增加6~7℃	减少19%	稍有减少

续表 2-59

	偏差	启动和最大运行扭矩	同步转速	转差率	满载速度	效率			功率因数 $\cos\phi$			满载电流	启动电流	温度上升满载	最大超载能力	磁噪声尤其在无负载时
						满载	3/4负载	1/2负载	满载	3/4负载	1/2负载					
频率偏差	105%频率	减少10%	增加5%	几乎无变化	增加5%	稍有提高	稍有提高	稍有提高	稍有提高	稍有提高	稍有提高	稍有减少	减少5%～6%	稍有下降	稍有减少	稍有减少
	频率 f 函数	$\frac{1}{f^2}$	f		(同步速度转差率)								$\frac{1}{f}$			
	95%频率	增加11%	下降5%	几乎无变化	下降5%	稍有下降	稍有下降	稍有下降	稍有下降	稍有下降	稍有下降	稍有增加	增加5%～6%	稍有增加	稍有增加	稍有增加
相位	1%相位不稳定	稍有下降	稍有下降		稍有下降	下降2%			下降5%～6%			增加1%～0.5%	稍有减少	增加2%		
	2%相位不稳定	稍有下降	稍有下降		稍有下降	下降8%			下降7%			增加3%	稍有减少	增加8%		

注：本表显示了一般性影响，具体影响视特定额定值而有所不同。

从上面分析可知，由于电网电压与频率的变化对电动机性能有很大影响，为了保证电动机的正常运行，必须要对电压与频率变化进行限制。

在 NEMA（美国全国电气制造商协会）标准中就规定在额定负荷时，在下列电压和频率变化下，电动机应能可靠工作：

（1）电压有 ±10% 变化（当频率为额定值时）；

（2）频率有 ±5% 变化（当电压为额定值时）；

（3）电压与频率同时发生变化，两者的变化之和（绝对值之和）为额定值的 ±10% 时，但频率的变化不得超过额定值的 ±5%。

对我国 GB 755—2000（旋转电动机定额和性能）与 IEC38 标准中就规定电动机电压和频率的限值分区域 A 与 B 区域，见图 2-90。

电动机应在区域 A 内连续运行，并实现所规定的基本功能，但其性能不必与额定电压和频率的性能完全相符，可能呈现某些差异、温升可较额定电压和频率时高。

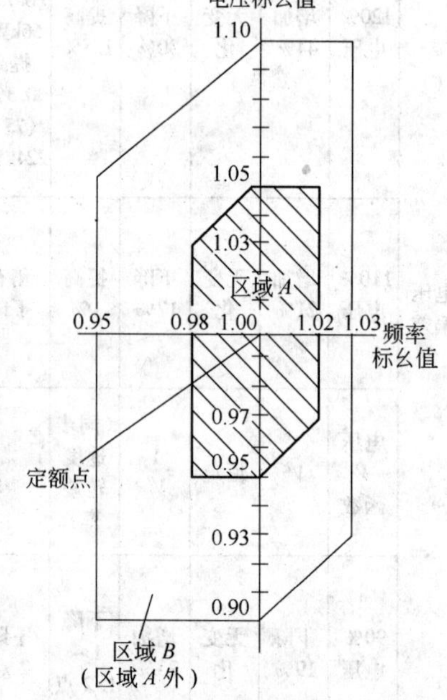

图 2-90 电动机的电压和频率的限值

电动机应能在区域 B 内运行，并实现基本功能，但其性能与额定电压与频率的差异将大于在区域A内运行电动机，温升可较额定电压和频率时高，并可能高于区域A，不推荐在区域B边界上持续运行。

为了防止温升或温度超过GB 755—2000的规定，电动机应尽量在区域A内运行。若电动机在区域A的边界上运行，温升或温度可能超过GB 755—2000规定的限制，约达10K，根据有关资料介绍，若温升或温度超过10K，电动机连续在此条件下运行，则电动机绝缘材料的使用寿命会减少50%。

D 电压的不平衡对电动机性能的影响

当施加于多相感应电动机的线电压不相等时，定子绕组就会产生不平衡电流。百分比很小的不平衡会导致百分比很大的不平衡电流。因此在某一负载和一个不平衡电压条件下运行时，电动机的温升高于在相同负载和电压平衡条件运行的电动机。

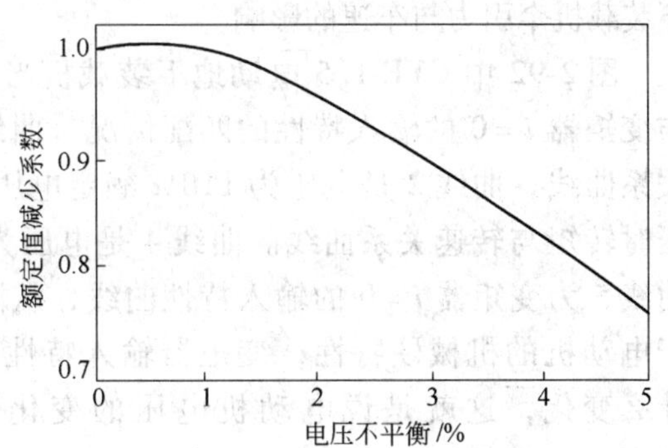

图 2-91 中型电动机功率由于电压不平衡而下降的修正系数

电压尽可能均匀平衡，电压表的读数应尽可能接近，如电压不平衡，电动机的额定功率乘以图2-91所示的系数，以减少电动机受到损坏的可能性。电动机不宜在电压不平衡大于5%的条件下运行。

(1) 对性能的影响。不平衡电压对多相感应电动机的影响等于引入一个负序分量的电压，其旋转方向与平衡电压相反，这个负序分量在气隙中产生与转子旋转方向相反的磁通，从而产生更大的电流，一个很小的负序分量电压可在绕组上产生大大超过平衡电压在绕组中产生的电流。

(2) 不平衡的定义

$$\text{不平衡电压}(\%)=\frac{\text{最大平均电压偏差}}{\text{平均电压}}\times 100\% \tag{2-54}$$

(3) 转矩。当电压不平衡时，堵转转矩和最大转矩将降低，如电压严重不平衡，转矩可能保证不了使用要求。

(4) 满载转速。当电动机在不平衡电压下运行，满载转速稍有降低。

(5) 电流。堵转电流不平衡程度等同于电压不平衡，但堵转千伏安将稍有增加，电压不平衡电动机在正常运行转速下的电流将极大不平衡，电压的不平衡电流约为平衡电压时的6~10倍。

(6) 温升。若电压不平衡为35%，将增加大约25%的温升。正因为电压的不平衡对电动机的使用有很大危害，因此在各标准中对电压的不平衡的大小都有明确的规定。在NEMA标准中就规定电压不平衡不大于±1%。

在GB 755标准中规定“在多相电压系统中，如电压的负序分量不超过正序分量的1%，且电压的零序分量不超过正序分量的1%”。

E 电动机的供电转换

60Hz一般用途电动机在50Hz供电下运行和50Hz一般用途电动机在60Hz供电下运行。

由于在美国大都采用 60Hz 供电，在欧洲与我国大都采用 50Hz 供电，因此前者使用 60Hz 的电动机，后者使用 50Hz 电动机。那么这两种电动机是否可以互换呢？

当 60Hz S. F = 1 的电压在 50Hz 的电网下运行，当可以降低负荷与同步转速的 1/6 时，可满意运行。反之，当 50Hz S. F = 1 的电动机在 60Hz 的电网上运行时，则在超过额定负荷与转速 1/6 的情况下运行，电动机则很易损坏。

2.2.5.2　电动机性能的变化对电动地下装载机性能的影响

大家都知道，电动地下装载机性能除了决定电动机本身的良好性能外，还取决于电动机与液力变矩器的良好匹配。如果电动机的性能有变化，必然会影响电动机与液力变矩器匹配。下面就分析电动机电压与频率变化对电动地下装载机的性能影响。主要是对电动地下装载机牵引力与车速的影响。

图 2-92 中 CYE-1.5 电动地下装载机当频率不变时，电动机机械特性（Y250M4）与变矩器 $i=0$ 的输入特性的匹配情况。曲线 1 是电压为额定电压 120% 时转矩与转速关系曲线，曲线 2 是电压为 110% 额定电压时转矩与转速关系曲线。曲线 3 为额定电压时转矩与转速关系曲线。曲线 4 是电压为额定电压的 90% 时转矩与转速关系曲线。曲线 5 为变矩器 $i=0$ 的输入特性曲线，从图 2-93 可以看出，尽管电压变化很大，由于电动机的机械硬特性，变矩器输入特性曲线与电动机的机械特性的交点几乎没有什么变化，这就是说电动机电压的变化对电动地下装载机的牵引力与车速影响不大。

图 2-93 为电压为 380V、频率发生变化时，CYE-1.5 电动地下装载机电动机与变矩器共同工作输入特性曲线。曲线 1 为 50Hz 时电动机特性，曲线 2 为频率为 52.5Hz（即为额定频率 105%）的电动机机械特性曲线。曲线 3 为额定频率为 47.5Hz（即为额定频率 95%）时电动机机械特性。曲线 4 为变矩器 $i=0$ 的输入特性曲线。从图 2-93 可以看出，由于频率的变化，变矩器的输入特性曲线与电动机的机械特性曲线的交点发生变化，变化情况见表 2-60。

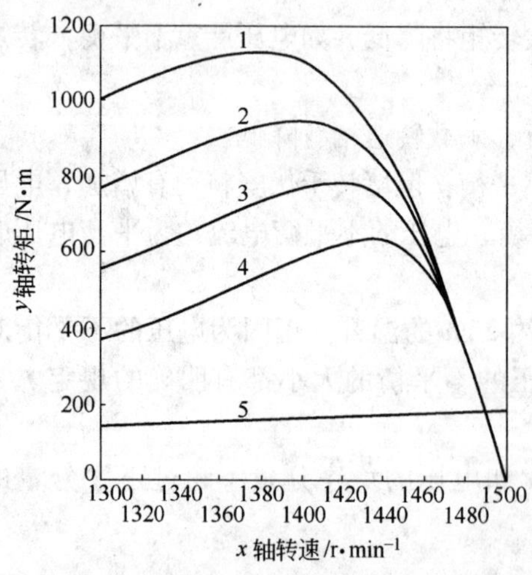

图 2-92　当电压变动，频率不变时电动机与变矩器共同输入特性曲线

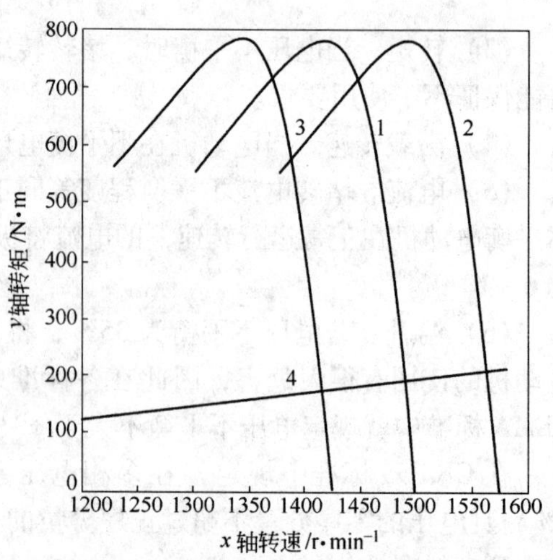

图 2-93　当频率变动 5% 时电动机与变矩器共同工作输入特性曲线

表 2-60　频率的变化对变矩器的输入特性曲线与电动机特性曲线交点的影响

频率/Hz	转矩/N·m	转速/r·min^{-1}
52.5（额定值的105%）	207（比额定值增加10%）	1564（比额定值高5%）
50（额定值）	188（额定值）	1490（额定转速）
47.5（额定值的95%）	169（比额定值减少10%）	1416（比额定值低5%）

从表2-60可以看出，频率变化5%，电动地下装载机的车速也变动5%，但转矩却变动10%。也就是牵引力变动10%。这是因为车速的变化与频率的变化成正比；转矩的变化与频率变化的平方成正比。由此可见，频率变化对地下装载机的性能有较大的影响，故在地下装载机的标准要限制频率的变化在±1%的范围内。此时频率的变化对地下装载机车速的影响也只有1%，对牵引力的影响也只有2%，这是允许的，见图2-94。

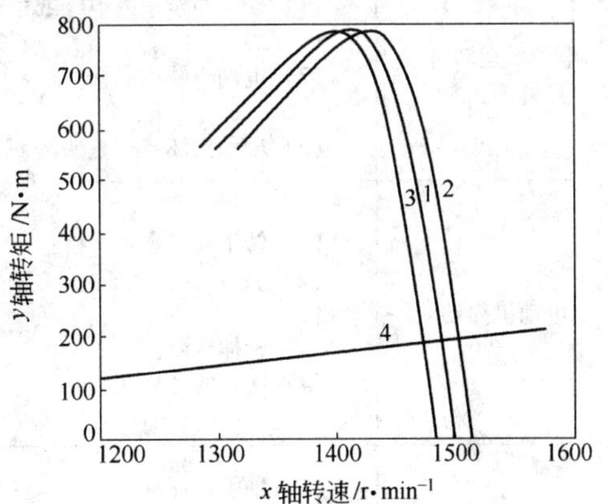

图 2-94　当频率变动1%电压不变时电动机与变矩器共同工作输入特性曲线（曲线1~4的意义同图2-93）

至于海拔高度、环境温度与电压不平衡对电动机性能的影响即降低功率使用也都直接影响电动地下装载机的性能。

从上面分析可知：

（1）电动机是电动地下装载机的一个非常重要的部件，由于使用条件的变化，对电动机的性能与使用的影响也会对电动地下装载机的性能与使用产生影响，只是影响程度不同而已。

（2）为了保证电动地下装载机的使用性能与使用寿命和减少故障的发生，要求使用条件在基准条件下即环境温度小于40℃、海拔高度不大于1000m、电压变动不大于±5%、频率变化不大于±1%、电压不平衡不大于±1%。否则要么适当修改电动地下装载机的性能，要么提前采取措施，保证地下装载机的使用性能、使用寿命，减少故障发生。

（3）为了保证电动地下装载机的使用性能，使用寿命，除了正确选择电动机外，还必须注意电动机与变矩器的合理匹配，特别是在作业条件发生变化时。

2.2.6　电动机常有故障与排除

电动机常有故障分析与排除方法，见表2-61。

表 2-61　电动机常有故障分析与排除方法

故障现象	原因分析	排除方法
不能启动	（1）电源未通； （2）定子绕组故障； （3）负载过大或传动机械被卡住； （4）控制设备接线错误	（1）检查开关、熔丝、各对触点及引出线头号，查出故障； （2）专业检查有无绕组断路； （3）选择较大容量电动机或减轻负载，若传动机械卡住应检查机械，消除障碍； （4）校正接线

续表 2-61

故障现象	原因分析	排除方法
电动机带载运行时转速低于额定值	(1) 电源电压过低； (2) 负载过大	(1) 用电压表、万能表检查电动机输入端电源电压； (2) 选择较大容量电动机减轻负载
接地失灵电动机外壳有电	(1) 电源线与接地线搞错； (2) 电动机绕组受潮，绝缘老化或引出线与接线盖相碰	(1) 纠正接地线； (2) 电动机绕组干燥处理，绝缘老化严重者更换绕组，整理接地线
电动机运转时声音不正常	(1) 转子与定子或绝缘纸相擦； (2) 电动机缺相运行； (3) 轴承损坏或严重缺油	(1) 检查电动机内膛，绝缘纸有无突出部分，轴承是否走外圆或内圆，查明修理； (2) 检查开关、熔丝、接触器、接线等，排除故障； (3) 更换轴承、清洗轴承、更换润滑油
电动机振动	(1) 转子动平衡不合格； (2) 皮带盘轴孔偏心或静平衡不合格； (3) 轴伸弯曲； (4) 底脚安装松动	(1) 校转子动平衡； (2) 修正偏心，校静平衡； (3) 校直或更换； (4) 紧固底脚螺钉
轴承过热	(1) 轴承损坏； (2) 轴承润滑脂质量不好或填充量不当； (3) 皮带过紧或联轴器装得不好； (4) 轴承室或轴磨损严重变形； (5) 电动机两侧端盖或轴承盖未装平	(1) 更换轴承； (2) 更换润滑脂，填充量不宜超过轴承容积的70%； (3) 调整皮带张力，校正联轴器； (4) 采取镶套或涂镀法修复磨损件； (5) 将端盖或轴承按止口装进，装正，拧紧螺栓或螺钉
电动机温升过高或冒烟	(1) 负载过大； (2) 两相运转； (3) 电动机风道阻塞； (4) 环境温度增高； (5) 定子绕组故障； (6) 电源电压过低或过高	(1) 选择较大容量电动机或减轻负载； (2) 检查熔丝、开关接触点排除故障； (3) 清除风道油垢及灰尘； (4) 采取降温措施； (5) 专业检修定子绕组； (6) 用电压表、万能表检查电动机输入端电源电压

3 传动系统

3.1 液力变矩器

3.1.1 液力传动的主要优点

目前在地下装载机中，大多数采用柴油机与三相交流异步电动机作为动力装置。由于柴油机的扭矩适应性系数与电动机的过载能力较小，不能满足地下装载机经常过载与载荷频繁变化的要求，因此，为了解决这个问题，在柴油机与电动机后面安装一个液力变矩器。液力变矩器在地下装载机中获得广泛应用的原因除了上述的原因外，还因为液力变矩器具有以下优点：

（1）使车辆具有自动适应性。当外载荷增大时，变矩器能使车辆自动增大牵引力，同时车辆自动减速，以克服增大了的外载荷。反之，当外载荷减小时，车辆又能自动减少牵引力，提高车辆的速度。从而保证了发动机能经常在额定工况下工作，避免发动机因外载荷突然增大而熄火，也避免电动机过热与过载，同时也满足了车辆牵引工况与运输工况的要求。

（2）提高车辆的使用寿命。由于液力传动的工作介质是液体，故能吸收并减少来自动力装置和外载荷的振动与冲击，这就是液力传动的滤波性能和过载保护性能，因而提高了车辆的使用寿命。这对于经常处于恶劣环境下工作的地下装载机来说尤为重要。

（3）提高车辆的通过性能。液力传动可以使车辆以任意小的速度行驶，这样便使车辆与地面的附着力增加，从而提高了车辆的通过性能。这对地下装载机在泥泞、不平的路面条件作业是有利的。

（4）提高车辆的舒适性。采用液力传动后，可以平稳启动，并能在较大的速度范围内无级变速，可以吸收与减少振动及冲击，从而提高了车辆的舒适性

（5）简化车辆的操作。因为液力变矩器本身就是一个无级自动变速器，发动机与电动机的动力范围得到扩大，故变速箱的挡位可以减少。采用动力换挡装置后，使换挡操纵简便，从而大大降低了驾驶员的劳动强度。另外，由于变矩器可避免发动机因外载荷突然增大而熄火，所以司机可不必为发动机熄火担心。

液力传动的主要缺点是：与一般机械传动相比，成本高，变矩器本身的效率低。

3.1.2 液力变矩器的分类

液力变矩器的分类如下：

（1）按涡轮数量分为单级、二级、三级涡轮变矩器。

（2）按轴面液流在涡轮中的流动方向分为离心涡轮变矩器（图 3-1*a*），轴流涡轮变矩器（图 3-1*b*），向心涡轮变矩器（图 3-1*c*）。

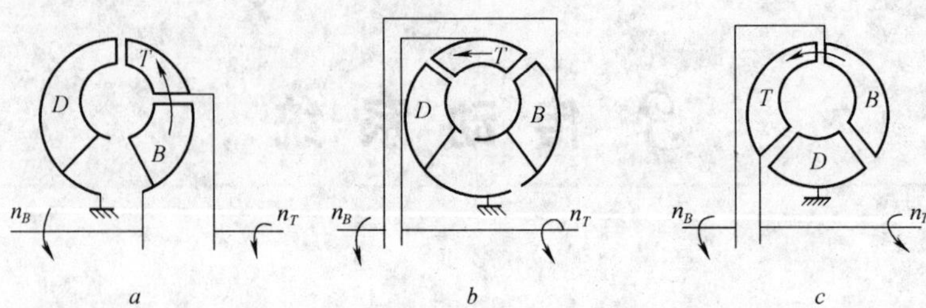

图 3-1 不同涡轮形式的液力变矩器简图

T—涡轮；*B*—泵轮；*D*—导轮

(3) 按牵引工况（即 $i_{TB}=0\sim1.0$ 范围）时涡轮相对于泵轮的转动方向分，当涡轮转动方向与泵转动方向相同时，称为正转变矩器（或 *B-T-D* 变矩器）。相反时称为反转变矩器（或 *B-D-T* 变矩器）。

(4) 按变矩器能量是否可调分为可调变矩器（泵轮或导轮叶片角度可调）和不可调变矩器。

(5) 按能否实现耦合工况分为，综合式液力变矩器（在耦合工况之后，导轮开始转动，变矩器变成耦合器），普通型变矩器（导轮始终固定不变）。

(6) 按“相”分为单相与多相变矩器。“相”是变矩器所具有几种不同工作状态的数目。在原始特性上看，有几段不同性能的曲线就是几相。

3.1.3 液力变矩器的结构

地下装载机绝大部分采用美国 DANA 公司的三元件单级单相向心涡轮液力变矩器。它们的结构基本相同，主要的零件结构如图 3-2 所示，外形如图 3-3 所示。

发动机（或电动机）的动力经过发动机（或电动机）飞轮上内齿圈（或飞轮）和变矩器外齿圈 1（或柔性盘）传递到变矩器以后，分两路：一路经泵轮 3→涡轮 2→涡轮轴 16→主动齿轮 11→被动齿轮 14→输出轴 15→输出动力；另一路经泵轮 3→泵轮轮毂 6→油泵主动齿轮 17（1 个）→被动齿轮 7（3 个）→三个油泵。

发动机（或电动机）为变速泵、两个辅助泵（工作、转向、制动、冷却、液压系统动力源）提供动力。

液流从过滤器进入压力调节阀至泵轮入口，由泵轮带动，进入涡轮。一部分液流经导轮 4 再到泵轮入口；另一部分经涡轮与导轮之间的空隙进入涡轮轴 16 与导轮座 19 的空隙流向冷却器或变速箱油池。

3.1.4 液力变矩器的工作原理及其特性

3.1.4.1 液力变矩器的原理

如图 3-1*c* 所示，当发动机带动泵轮 *B* 转动时，泵轮叶片与液体相互作用，工作液体被叶片带着一起旋转，在离心力的作用下，液体从叶片的内缘向外缘流动。此时叶片外缘（泵轮出口处）的压力较高（高于大气压），内缘（泵轮的入口）压力较低（低于大气压）。其压力差取决于泵轮的半径与转速，把发动机的机械能转换为液体能，这就是通常

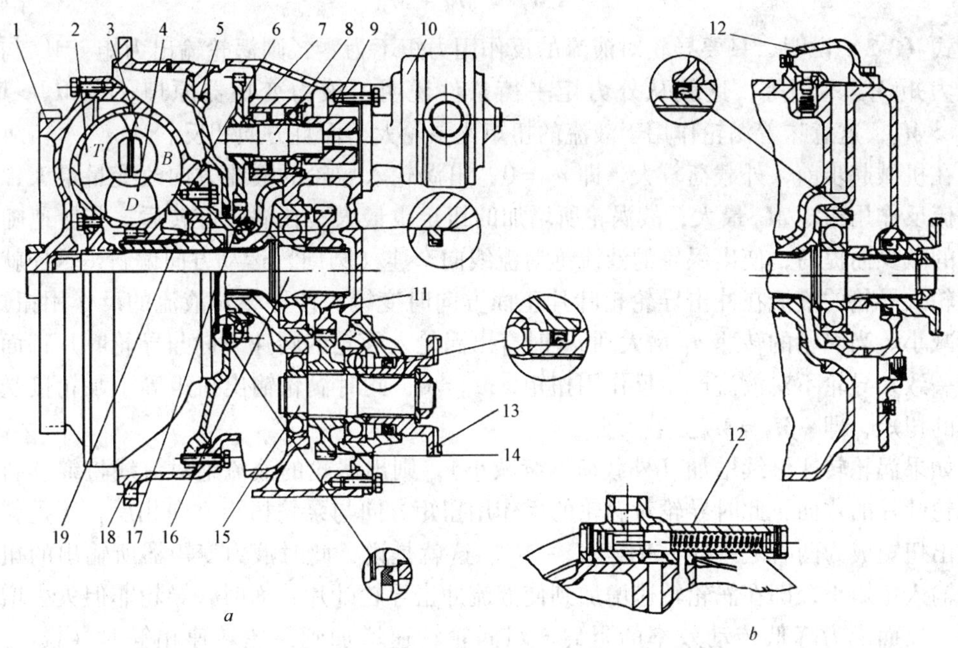

图 3-2　变矩器结构

a—偏置输出；*b*—同轴输出

1—外齿圈（还有一种柔性盘结构，图中未表示）；2—涡轮；3—泵轮；4—导轮；5—隔油盖板；6—泵轮轮毂；7—油泵传动被动齿轮（3 个）；8—油泵齿轮传动轴（3 根）；9—油泵传动套（3 个）；10—油泵（3 个）；11—主动齿轮；12—压力调节阀；13—输出法兰；14—被动齿轮；15—输出轴；16—涡轮轴；17—油泵传动主动齿轮（1 个）；18—壳体（图中是几个剖面图组合）；19—导轮座组件

的离心泵的工作情况。若此时涡轮处于静止状态，则涡轮的外缘（涡轮入口）与中心（涡轮出口）压力均为同一大气压，这样，虽然涡轮外缘的压力低于泵轮外缘的压力，液体沿箭头方向高速冲入涡轮 T，液流迫使涡轮转动。液体能又转变为机械能，由涡轮输出这就是通常涡轮机的原理。液流自涡轮流出冲向固定的导轮，液流被导轮叶片折向前方，当液流沿导轮叶片流回泵轮时，绝对流线冲击着泵轮叶片的正面，与液流在泵轮内的原绝对流线是一致的。这样，液流上循环的残余能量非但不再阻碍泵轮的旋转，而且有利于它的回转，因此涡轮所受的总扭矩为泵轮作用于液体的扭矩和导轮对液流的反作用扭矩的向量和。这就是说，液力变矩器起增大扭矩的作用，这个增加的扭矩就是导轮的反作用扭矩。

图 3-3　变矩器外形

液体在液压变矩器封闭的循环圆中的环流运动是一个螺旋运动，该液体受到泵轮、涡轮、导轮的三个外部扭矩的作用，当液力变矩器处于稳定运转工况时，各工作轮作用于工作液体的外力矩之和为零，即

$$M_B + M_T + M_D = 0 \tag{3-1}$$

$$-M_T = M_B + M_D \tag{3-2}$$

式（3-2）说明，只要导轮对液流的反作用力矩不为零，则涡轮输出力矩 $-M_T$ 与泵轮输入力矩 M_B 不相等，这就从外力矩平衡条件说明了液力变矩器原理。当 $M_D>0$ 时，$-M_T>M_B$，这意味着涡轮作用于液流的扭矩比泵轮大，而且方向相反。

在机械起步前，外载荷较大，即 $n_T=0$，出涡轮入导轮的液流方向改变量最大，导轮对液流反作用扭矩 M_D 最大，故涡轮所增加的扭矩也最大。在涡轮旋转后，其转速随着外载荷的减少而提高，使出涡轮的液流绝对流线向牵连（圆周）运动方向偏斜，这样就会使出涡轮入导轮的液流在冲击导轮轮叶片正面方向时变缓，使导轮对液流的反作用扭矩 M_D 逐渐减小。当涡轮的转速 n_T 增大到 n_{T1} 时，出涡轮入导轮的转速方向与导轮叶片正面流线方向一致，导轮不对液流产生反作用扭矩，$M_D=0$，此时涡轮输出扭矩等于泵轮接受于发动机的扭矩，即 $-M_T=M_B$。

如果涡轮转速继续增加（外载荷继续减小），则出涡轮的液流绝对流线将继续斜到冲击导轮叶片的背面，此时导轮对涡轮的反作用扭矩方向与泵轮扭矩方向相反，于是就使涡轮输出扭矩成为两者之差即 $-M_T=M_B-M_D$。这就是说，此时液力变矩器所输出的扭矩反而比输入扭矩小，即在涡轮转速增加到使液流冲击导轮叶片背面时，导轮非但失去增扭矩之利，反而成为降低传动效率的阻碍。当涡轮转速增加到泵轮转速相等时（设 n_B = 常数），即 $n_T=n_B$ 时，由于工作液不再在循环圆中环流，变矩器就不能传递能量，即 $M_T=0$，变矩器的这一输出特性可用图 3-4 表示。

通过上面的分析，我们可以看到，液力变矩器之所以能够变矩是由于导轮的作用，变矩方式有三种：$-M_T>M_B$；$-M_T=M_B$；$-M_T<M_B$。变矩功能的实现是靠外载荷的变化而自动控制的，这就定性地反映了液力变矩器对外载荷的自动适应能力。

3.1.4.2　液力变矩器的外特性

液力变矩器的外特性是指在泵轮转速 n_B（或泵轮转矩 M_B）一定时，泵轮转矩 M_B（或泵轮转速 n_B）、涡轮转矩 M_T 及变矩器的效率 η 随涡轮转速 n_T 的变化规律。即

$$M_B = f(n_T),\quad M_T = f_2(n_T),\quad \eta = f_3(n_T)$$

由变矩器测试实验台可得变矩器的外特性曲线，见图 3-5。

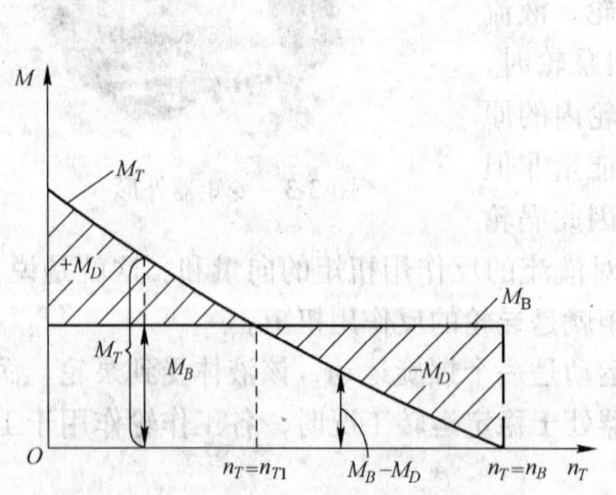

图 3-4　液力变矩器外特性

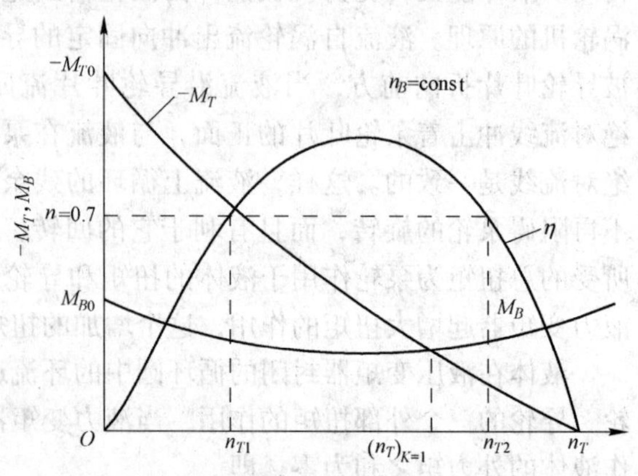

图 3-5　变矩器的外特性曲线

变矩器外特性的特点是：

（1）$M_B=-M_T$ 工况点称为耦合工况点，即该点变矩系数 $K=-M_T/M_B=1$，相应的转速比为 $(i_{TB})_{K=1}$，此时 $M_D=0$。由 $M_D=-M_T-M_B$ 可见，当 $n_T>(n_T)_{K=1}$ 时，$M_B>-M_T$，$M_D<0$；当 $n_T<(n_T)_{K=1}$ 时，$M_B<-M_T$，$M_D>0$。

（2）效率曲线 η 呈抛物线形，一般 $\eta_{max}=0.8\sim0.9$。对地下装载机来说一般取 η 大于 0.7 作为工作区间，$\eta=0.70$ 与效率曲线有两个交点相应涡轮转速为 n_{T1} 与 n_{T2}。我们把 $d_{0.7}=n_{T2}/n_{T1}$ 称为高效区范围。虽然 $d_{0.7}$ 值域大，说明变矩器的高效区越宽变矩器经济运行的相应范围越大。而设计工况点一般选在效率最高点。

（3）M_T 曲线为一近似于等功率的递减曲线。

（4）可透性分析，把启动工况与耦合工况泵轮力矩之比称为透穿系数。

即
$$\Pi=\frac{M_{B0}}{(M_B)_{k=1}}=\frac{\lambda_{M_{B0}}}{(\lambda_{M_B})_{k=1}} \tag{3-3}$$

它表示涡轮转矩变化对泵轮转矩的影响程度，也是外负载变化对动力机的影响程度。若当 $\Pi\approx1$ 即 $\Pi=0.95\sim1.05$，液力变矩器具有不可透特性。当 $\Pi>1$（或 $\Pi>1.05$）液力变矩器具有正可透特性。当 $\Pi<1$（$\Pi<0.95$）液力变矩器具有负可透特性。一般向心涡轮变矩器为正可透；轴流涡轮变矩器为不可透；而离心涡轮变矩器为不可透或负可透。从透穿性的定义出发，我们可以看出，当变矩器与动力机共同工作时，它表明外负载变化对动力机的转矩的影响程度。不可透表明，无论负荷转矩如何变化，发动机的转速都不受影响，而正可透则表明发动机的转矩随负荷转矩增大而增大，负可透表明当外负载转矩增大时，发动机转矩反而减小。可透性主要分析变矩器与动力机共同工作时确定动力机的工作范围。

（5）启动工况变矩系数 $K_0(K_0=-M_{T0}/M_{B0})$ 不同的动力机和不同的工作机要求不同的启动变矩系数，它是变矩器设计要求中一个重要参数。

（6）变矩器变矩系数 K 随转速比 i_{TB} 而变化，故变矩器效率

$$\eta=\frac{-M_Tn_T}{M_Bn_B}=Ki_{TB}$$

3.1.4.3 变矩器的基本关系式及原始特性

$$M_B=\lambda_{M_B}\gamma n_B^2D^5 \tag{3-4}$$

$$\eta=Ki_{TB} \tag{3-5}$$

$$M_T=KM_B \tag{3-6}$$

$$n_T=n_Bi_{TB} \tag{3-7}$$

式中 λ_{M_B}——泵轮力矩系数，$min^2/(m\cdot r^2)$；

γ——油的重度，N/m^3；

n_B——泵轮转速，r/min；

n_T——涡轮转速，r/min；

K——变矩系数；

D——液力变矩器的有效直径，m；

M_B，M_T——分别为泵轮、涡轮转矩，N · m；

i_{TB}——涡轮与泵轮转速比。

对一系列几何相似的变矩器，当工况相同（i_{TB}相等）时，则有相同的 λ_{M_B}。

变矩器的原始特性是由外特性利用上述关系式算出 λ_{M_B}、K、η 与 i_{TB}的关系画在坐标图上反映。原始特性消除了泵轮转速不同对其特性的影响，它也表示系列几何相似（循环圆线性尺寸比例，叶片角，叶片数相等）、运动相似（$i_{TB}=n_T/n_B$ 相同）及动力相似（液流雷诺数相等）变矩器所具有的特性，因而更具有普遍意义，原始特性曲线如图 3-6 所示。

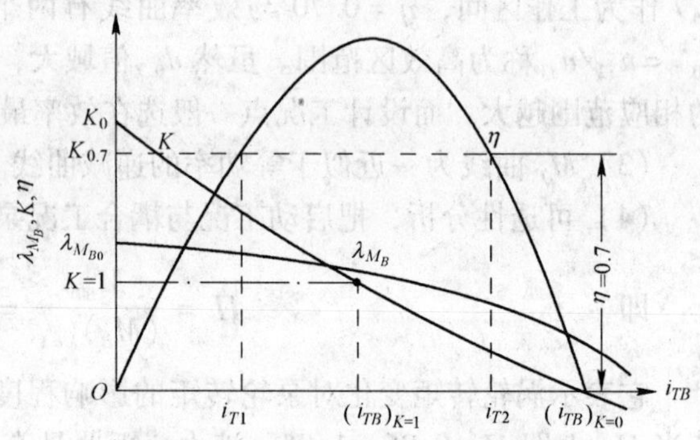

图 3-6　液力变矩器的原始特性曲线

原始特性曲线上有几个特殊的工况点：

（1）$i_{TB}=0$ 为启动工况点，此处 $K=K_0$。且 $K_0=K_{\max}$，该工况点其他参数用 $\lambda_{M_{B0}}$、η_0 等表示。

（2）$i_{TB}=i_{TB}^*$ 称为设计工况点，相应的其他参数均加角标“ * ”，如 $\lambda_{M_B}^*$、K^*、η^*。且设计工况一般取最高效率工况，即 $\eta^*=\eta_{\max}$。

（3）$K=1$ 对应的工况点称为耦合工况点，此处 $i_{TB}=(i_{TB})_{K=1}$，此处 $M_B=-M_T$，$M_D=0$。

（4）$K=0$ 对应的工况点称为失速工况点，相应的转速比 $(i_{TB})_{K=0}$，此处 $-M_T=0$，$\eta=0$。

（5）$\eta_{0.7}$为正常工作允许的最低效率 $\eta_{0.7}=0.7$。

（6）$K_{0.7}$为与工作效率 $\eta_{0.7}$对应的变矩系数。

（7）i_{T1}和 i_{T2}为与工作效率对应的转速比。

3.1.4.4　液力变矩器的输入特性

液力变矩器的输入特性是反映不同转速比时，泵轮转矩 M_B 随泵轮转速 n_B 的变化规律，即 $M_B=f(n_B)$。由式（3-4）可知，对于给定的液力变矩器用给定的工作液体在给定工况下等于常数，故液力变矩器的输入特性曲线是一条通过坐标原点的抛物线。对于非透穿的液力变矩器，因为对应不同工况 λ_{M_B} 为一常数，故输入特性只有唯一的一条过坐标原点的抛物线。对于透穿性液力变矩器，由于泵轮力矩系数 λ_{M_B} 随不同工况 i_{TB}而变化，因此不同的 i_{TB}的输入特性为过坐标原点的一束抛物线，抛物线的宽度由 λ_{M_B} 的变化幅度（即透穿性 T）决定。

图 3-7 为不同透穿性能的液力变矩器的输入特性。

3.1.5　液力变矩器的选择

3.1.5.1　地下装载机对变矩器的要求

（1）目前国内外地下装载机的功率大都在 57 ~ 373kW 范围，转速在 1800 ~ 3300r/min

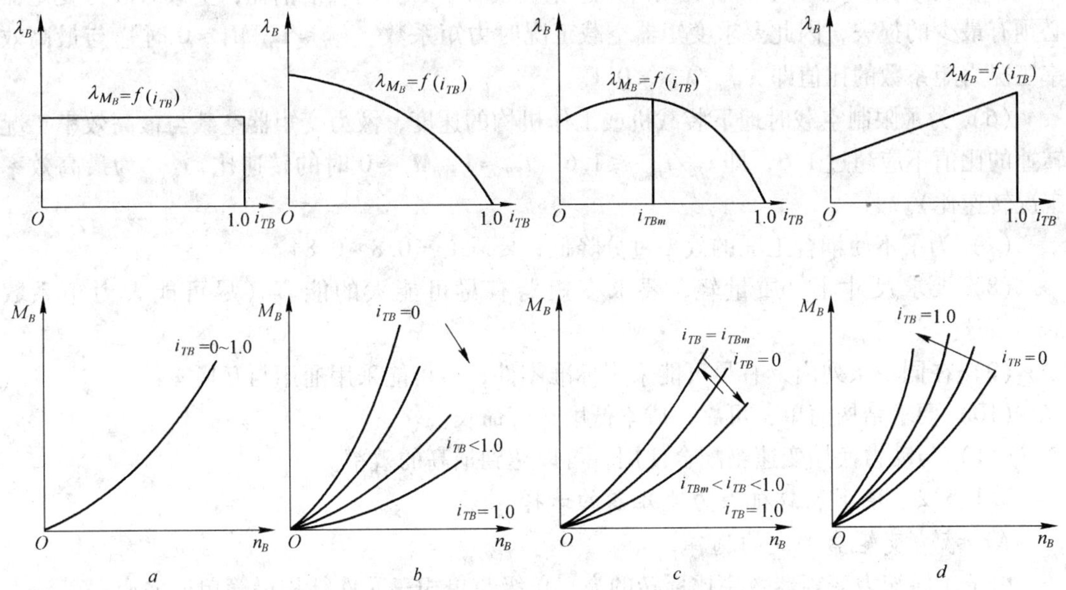

图 3-7 具有不同透穿性能的液力变矩器的负荷抛物线分布情况

a—具有不可透穿特性；*b*—具有正透穿特性；*c*—具有混合透穿特性；*d*—具有负透穿特性

范围。考虑到今后的发展与矿山、工程机械的配套，还需 746kW 的机械，因此要求有相应的变矩器相匹配。

（2）目前地下装载机大部分采用的是柴油机，柴油机扭矩适用性系数较小，$K_M = \frac{M_{max}}{M_e} \geqslant 1.08 \sim 1.25$（$M_{max}$ 为柴油机最大扭矩，M_e 为柴油机最大功率点的扭矩），而转速适应性系数也较小。$K_N = \frac{n_N}{n_m} = 1.3 \sim 1.5$（$n_N$ 为柴油机最大功率点的转速，n_m 为柴油机最大扭矩点转速），因此，与柴油机共同工作的液力变矩器，如具有一定的正穿透性 Π，柴油机的动力就可以充分发挥，一般选取

$$\Pi = \frac{\lambda_{M_B\max}}{(\lambda_B)_{k=1}} = \frac{\text{变矩器最大力矩系数}}{\text{变矩器}\ K = 1\ \text{的力矩系数}} = 1.0 \sim 1.5$$

（3）地下装载机作业的对象是矿石，作业复杂，环境恶劣，负荷大且变化急剧，空载与重载交替出现，要求机器的工作范围大。机器的动力范围由变矩器的动力范围和串接在其后面的变速箱的动力范围决定。变矩器的动力范围增加就可以减少变速箱的动力范围、减少挡数、简化变速箱的结构、减轻重量并减轻动力换挡变速箱摩擦元件的工作条件。此外还可以减少换挡次数，提高可靠性。液力变矩器可以长时间工作的动力范围，受到极限最低效率的限制，考虑车辆燃油经济性和工作油液的冷却条件，因此地下装载机变矩器有尽可能大的动力范围。地下装载机变矩器的这个极限最低效率 $\eta \geqslant 0.70$，d_{70}（$\eta = 0.70$ 的两个工况的变矩系数或转速比）应大于或等于2.2～2.8。

（4）为了提高地下装载机的燃油经济性，液力变矩器的最高效率 $\eta_{max} \geqslant 0.86$。

(5) 为了减少空载时柴油机载荷并避免空载时不必要的燃油消耗，空载时液力变矩器必须有最少的损失，因此要求变矩器空载工况时力矩系数（$i_{TB}\approx1$，$M_T\approx0$ 时）与最高效率工况力矩系数的比值即 $\lambda_{M_BK}/\lambda_{M_B}^{*}<0.1$。

(6) 为了限制空载时地下装载机或工作机构的速度，液力变矩器空载与最高效率工况转速的比值不应超过 1.6，即 $i_{TB}/i_{\eta_{\max}}\leqslant1.6$（$i_{TB}\approx1$，$M_T\approx0$ 时的转速比，$i_{\eta_{\max}}$ 为最高效率工况转速比）。

(7) 为了不使耦合工况的效率过分降低，要求 $i_\eta=0.8\sim0.84$。

(8) 要求尺寸小，质量轻，要求变矩器有尽可能大的能容（尽可能大力矩系数 λ_{M_B}）。

(9) 在同一系列内，有尽可能采用标准零件，尽可能采用通用与互换零件。

(10) 要求结构简单，可靠，成本低廉，寿命长。

(11) 与动力换挡变速箱配合使用，可以达到最高的效率。

3.1.5.2　地下装载机液力变矩器的选择

A　液力变矩器形式的选择

由于正转液力变矩器效率比反转的高，单级与单相三元件结构最简单，向心涡轮液力变矩器较离心与轴流液力变矩器具有最高的效率，可在耦合工况（因泵轮与涡轮对称布置的液力变矩器在耦合器工况工作性能好 $i_{K=1}$ 较大）$K=1$ 时达到最高效率，具有正透穿性（也有的在低速范围具有不大的负穿透性），其透穿系数 Π 可在较大的范围内变化。故可根据地下装载机的要求，选择合适的正透或混合透穿性能的液力变矩器，能容大，即 λ_{M_B} 大。在涡轮空载（即 $M_T=0$，$i_{TB}=1$）的工况下工作时，液流 $Q\approx0$，泵轮轴的转矩 $M_B\approx0$，故原动机功率消耗小。虽然向心涡轮液力变矩器启动变矩系数 K_0 较小，但高效区的变矩系数较大。当机器行驶与工作时，大部分是在液力变矩器的高效工作区域内，因此向心涡轮液力变矩器并不降低机器的实际动力性能和加速性能。正因为如此，地下装载机绝大部分选用单级单相三元件向心涡轮变矩器。

美国 DANA 公司生产的变矩器就是这种变矩器，特别是该变矩器性能稳定，可靠性高，使用寿命长，因而在国内外地下装载机中被广泛的采用。

由于 DANA 公司变矩器系列多，品种多，规格多，选用件多，适用范围广，即使是同一系列，其结构性能也有很大差别，若不能正确选择，不仅不能发挥机器性能，相反，还会出现负面影响，甚至无法安装与使用。为此，必须要对 DANA 变矩器型号、性能、结构有较全面的了解。

B　DANA 变矩器型号系列及表示方法

目前，DANA 公司共生产 8 个系列变矩器：C2000、C270、C320、C330、C5000、C8000、C9000、C16000，其大致情况见图 3-8、表 3-1。

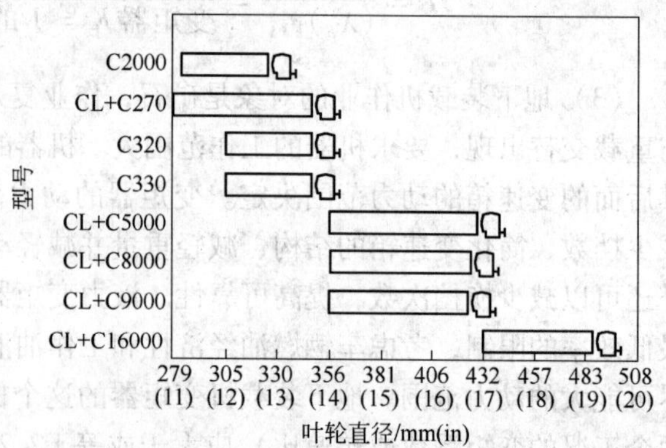

图 3-8　DANA 公司变矩器系列图谱

表 3-1 DANA 公司生产的变矩器系列

变矩器系列	C2000			CL + C270			C320			C330			CL + C5000			CL + C8000			CL + C9000			CL + C16000		
输入最大转速 /r · min^{-1}	3300			3000			3300			3300			2800			2700			2700			2800		
失速时最大输入力矩 /N · m	251 ~ 304.8（贯通轴输出）			743			743			743			1355			1898			1898			2710.7 ~ 3252.6		
元件数	3			3			3			3			3			3			3			3		
变矩器级数	1			1			1			1			1			1			1			1		
变矩器叶轮代号，变矩器循环圆直径 D(in)，变矩器最大变矩系数 K	代号	D	K	代号	D	K	代号	D	K	代号	D	K	代号	D	K	代号	D	K	代号	D	K	代号	D	K
	11.2	11	2.60	11	11	3.12	12	12	3.10	12	12	3.10	14	14	3.14	14	14	3.14	14	14	3.1			
	11.8	11	2.18	12	12	3.10	12.1	12	2.87	12.1	12	2.87	14.1	14	2.18				15	15	3.09			
	12.2	12	2.85	12.1	12	2.87				12.5	12	1.82	14.3	14	2.04	14.1	14	2.72	15.4	15	2.29	17.0	17	2.96
	12.6	12	2.29							12.7	12	2.13	14.4	14	2.22	15	15	3.09	15.5	15	1.78	18.0	18	3.08
	12.8	12	2.16	12.5	12	1.82	12.5	12	1.82	13.0	13	3.10	14.5	14	1.82	15.4	15	2.29	15.7	15	2.29	184	18	2.23
	12.9	12	1.93	13	13	3.09				13.1	13	2.73	14.7	14	2.29	15.5	15	1.78	16	16	3.05	18.5	18	1.87
				13.1	13	2.73	13	13	3.09	13.5	13	1.82	15	15	3.09	15.7	15	2.29				19.0	19	2.83
							13.1	13	3.73	13.7	13	2.13	15.4	15	2.22	16	16	3.05				19.1		
													15.5	15	1.78	16.1	16	2.54	16.4	16	2.08			
				13.5	13	1.82							16	16	3.1	16.3	16	2.02	16.5	16	1.78			
				13.7	13	2.13	13.5	13	1.82							16.5	16	1.80	16.7	16	2.30			
							13.7	13	2.13							16.7	16	2.29						
功率/kW	67 ~ 112			93 ~ 149			93 ~ 149			93 ~ 149			149 ~ 205			224 ~ 410			224 ~ 410			298 ~ 746		
不带锁紧/kg	102			117.9			131.9			211			175 ~ 179			245 ~ 263			363 ~ 382			454 ~ 477		
带锁紧/kg				140.6			154.5						159 ~ 163			263 ~ 281			345 ~ 364			499 ~ 522		

注：1in = 25.4mm。

每种系列型号的变矩器，DANA 公司都有固定的表示方法，具体的表示方法如图3-9 ~ 图 3-11 所示。其余 5 种系列变矩器 C320、C330、C5000、C9000、C16000 的表示方法类似于上述 3 种变矩器，故省略之。

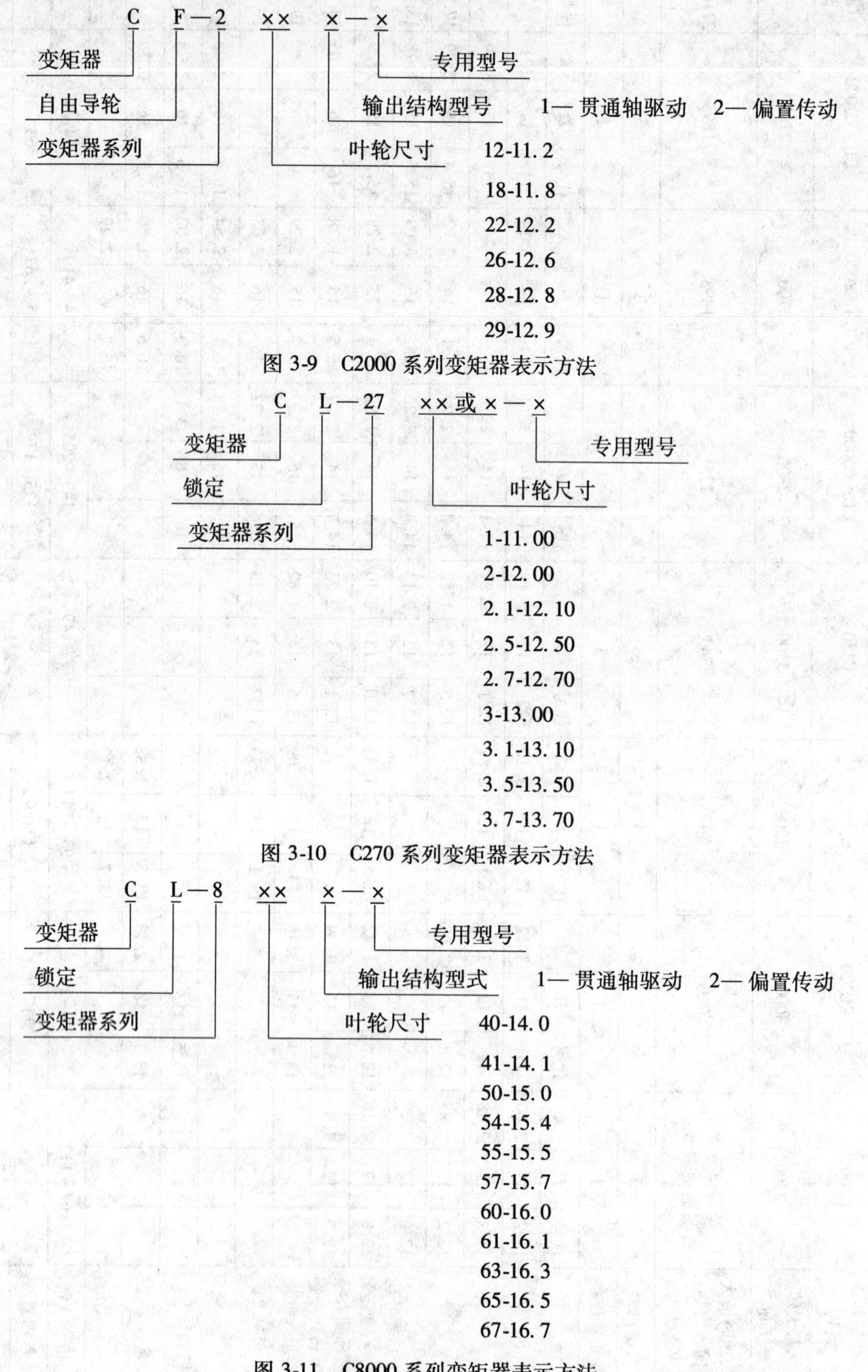

图 3-9 C2000 系列变矩器表示方法

图 3-10 C270 系列变矩器表示方法

图 3-11 C8000 系列变矩器表示方法

C DANA 变矩器的结构性能特点

（1）DANA 变矩器有 36 种变矩器结构设计，因而具有 36 种不同的失速扭矩比，可满足大多数发动机的要求，也就是可使发动机在最广的范围内提供最有利的发动机功率。通过涡轮的油的流量可使变矩器可输出的力矩增大到 3 : 1。

（2）DANA 变矩器与 DANA 动力换挡变速箱配合使用，可在任何用途中保证达到最高效率。

（3）除 C330 变矩器外，所有 DANA 变矩器都有 3 个油泵驱动装置。3 个油泵驱动装置分别用于变速油泵（DANA 公司配置，有双联与单联之分）、转向油泵与工作油泵。后两种油泵的参数由用户根据需要选配。

油泵的驱动是通过浮动内花键套传动的。内花键套一端与变矩器动力输出轴相连，另一端与油泵输入轴相连。花键是英制的。每种系列变矩器内，花键套有好几种，可根据用户选择。

油泵壳体与变矩器相关连接法兰通过一定的安装轴孔可靠相连。变矩器相关连接法兰的尺寸和安装螺孔均符合 SAE J744 有关油泵安装法兰 A、B、C 的规定。

由于每个泵都是发动机驱动的，当地下装载机启动使变矩器的输出速度减少时，泵的流量也应满足要求。

（4）有贯通轴与偏置轴输出两种形式。DANA 所有变矩器都可以得到贯通轴与偏置轴输出，从而能够挑选出最合适的安装长度与角度。变矩器输出轴偏离中心一定距离并可 360°回转，从而能选择最称心如意的传动轴安装角度与长度。

（5）有闭锁变矩器与没有闭锁装置的变矩器之分。变矩器加上闭锁装置就可以使传动既可以是液力传动，又可以是机械传动。要作业或通过困难的路面时采用液力传动，充分发挥液力传动自动适应阻力剧烈变化的优点。而在良好的路面或带负荷长距离行驶时则采用机械传动，以充分发挥机械传动效率高的优点，提高行驶速度。正因为如此，DANA 公司生产了对所有偏置输出的变矩器来说有闭锁特性的变矩器。该闭锁装置是一个类似于变速箱的液压离合器，它是由机械的，或电子，或自动控制的方式把发动机与变矩器输出轴“锁住”。它是通过液压油压力操纵锁紧离合器，依次锁住轮盖和涡轮轮毂来实现的。变矩器在“锁住”期间，转速、转矩比为 1 : 1。

（6）油泵有驱动与脱开装置，以适用不同设备、不同工况要求。

（7）变矩器压力调节阀有单独安装在变矩器壳体上的，也有与变速油泵连在一起使用的。

（8）变矩器油封有丁腈橡胶、氟橡胶与耐海水的橡胶，以适用不同使用环境与条件。

（9）变矩器具有混合透穿特性，而且透穿数较小，容量大，很适合矿山地下设备使用。

（10）不仅可以供应主机，而且还有可供用户选择的各种附件，如各种输出法兰、过滤器、变速油泵、油温表、油压表、温度与速度传感器、油泵连接附件等，并且结构简单紧凑、性能好、寿命长、效率高、适用范围广，是地下装载机较理想的选择，但其价格比较昂贵。

D DANA 公司常用变矩器技术参数

从表 3-1 中可以看到，DANA 变矩器共有 9 种叶轮直径（11、12、13、14、15、16、

17、18、19），直径越大传递的扭矩也越大。每两个相邻系列的变矩器都有功率、失速时最大输入力矩重叠现象，C320 以前，C5000 之后相邻系列也都有叶轮直径、最大变矩系数相重叠的现象。这就是一种发动机的外特性曲线可与 2 个甚至 3 个系列的多种变矩器相匹配的原因。

为了更详细说明这个问题，现把 C270 与 C320 两系列各种变矩器的性能参数列出进行分析，见表 3-2、表 3-3。从表的对比可以看出，两个系列变矩器有 9 种是重叠的，即 12、12.1、12.3、12.5、13、13.1、13.3、13.4、13.5。因此从性能上看这两种变矩器基本接近。但由于 C320 的变矩器的轴向尺寸大，质量重，价格贵，因此 $3m^3$ 以下的地下装载机使用的变矩器绝大部分是 C270 系列变矩器。

表 3-2　C270 系列变矩器性能参数

型号		C-271	C-272 或 CL272	C-272.1 或 CL272.1	C-272.3 或 CL272.3	C-272.5 或 CL272.5	C-273 或 CL273	C-273.1 或 CL273.1	C-273.3 或 CL273.3	C-273.4 或 CL273.4	C-273.5 或 CL273.5
叶轮直径/mm		279.4	304.8	304.8	304.8	304.8	330.2	330.2	330.2	330.2	330.2
从输入端看旋转方向		右旋	右旋	右旋	右旋	右旋	右旋	右旋	右旋	右旋	右旋
最大输入转速 /r · min^{-1}		3000	3000	3000	3000	3000	3000	3000	3000	3000	3000
失速时最大扭矩/N · m	偏置传动	366.0	366.0	406.7	474.5	474.5	366.0	406.7	474.5	406.7	474.5
	贯通传动	440.6	440.6	494.9	542.3	610.1	440.6	494.9	542.3	494.9	610.1
元件数		3	3	3	3	3	3	3	3	3	3
级数		1	1	1	1	1	1	1	1	1	1
最大变矩系数		3.12	3.10	2.87	2.10	1.82	3.09	2.73	2.16	2.32	1.82
输入冷却器最大油温/℃		121									
当发动机转速为 2000r/min 时，标准传动比油泵流量 /L · min^{-1}		57									
油冷却器能力、最大输入功率的百分比/%		30									
不供油的重量/kg	不闭锁	120									
	闭锁	141									
提供的飞轮壳		SAE No.3									

表 3-3 C320 系列变矩器性能参数

型号		C-322 或 CL-322	C-322.1 或 CL-322.1	C-322.3 或 CL-322.3	C-322.4 或 CL-322.4	C-322.5 或 CL-322.5	C-322.7 或 CL-322.7	C-323 或 CL-323	C-323.1 或 CL-323.1	C-323.3 或 CL-323.3	C-323.4 或 CL-323.4	C-323.5 或 CL-323.5	C-323.7 或 CL-323.7
叶轮直径/mm		304.8	304.8	304.8	304.8	304.8	304.8	330.2	330.2	330.2	330.2	330.2	330.2
从输入端看运转方向		右旋	右旋	右旋	右旋	右旋	右旋	右旋	右旋	右旋	右旋	右旋	右旋
失速时最大输入扭矩，偏置传动/N·m		406.7	440.8	508.4	440.6	508.4	508.4	406.7	440.6	508.4	440.6	508.4	508.4
元件数		3	3	3	3	3	3	3	3	3	3	3	3
级数		1	1	1	1	1	1	1	1	1	1	1	1
最大变矩系数		3.10	2.87	2.10	2.18	1.82	2.13	3.09	2.73	2.16	2.32	1.82	2.13
输入冷却器最大油温/℃		121											
最大输入转速/r·min^{-1}		3300											
油冷却器能力、最大输入功率/%		30											
当发动机转速为2000r/min时标准传动比油泵的流量/L·min^{-1}		57											
净重/kg	不闭锁	132											
	闭锁	154											
提供的飞轮壳		SAE No.3											

C5000 系列和 C8000 系列变矩器的主要性能参数见表 3-4、表 3-5。从表 3-4 与表 3-5 的对比可以看出，C5000 与 C8000 系列变矩器叶轮有效直径都采用 355.6mm、381mm、406.4mm 三种，其中有四种规格 40、50、55、60 的最大的变矩器系数相同。但无负荷最大输入转速 C5000 均大于 C8000。失速时的最大力矩、重量、外形尺寸 C8000 均大于 C5000，故 C8000 系列变矩器匹配柴油机的功率与 C5000 系列相同或更大。C2000、C9000 系列变矩器在地下装载机上用得不多，因此对于这两种变矩器的性能参数暂不介绍。

表 3-4　C5000 系列变矩器性能参数

型　号		C-540X 或 CL-540X	C-541X 或 CL-541X	C-543X 或 CL-543X	C-544X 或 CL-544X	C-545X 或 CL-545X	C-547X 或 CL-547X	C-550X 或 CL-550X	C-554X 或 CL-554X	C-555X 或 CL-555X	C-560X 或 CL-560X	C-564X 或 CL-564X
叶轮直径/mm		355.6	355.6	355.6	355.6	355.6	355.6	381.0	381.0	381.0	406.4	406.4
从输入端方向看回转方向		右旋	右旋	右旋	右旋	右旋	右旋	右旋	右旋	右旋	右旋	右旋
无负荷运转时最大输入转速/r · min^{-1}		3000	3000	3000	3000	3000	3000	2800	2800	2800	2800	2800
失速时最大输入扭矩/N · m		841.4	881.3	949.1	949.1	949.1	949.1	949.1	949.1	949.1	949.1	949.1
最大变矩系数		3.14	2.715	2.039	2.218	1.82	2.292	3.09	2.218	1.78	3.05	2.218
元件数		3										
级　数		1										
输入油冷却器的最高油温/℃		121										
变矩器壳规格		SAE No. 1										
变矩器零件大致油量/L		9	9	9	9	9	9	9	11	11	13	13
净重/kg	不闭锁	158.8	158.8	158.8	158.8	158.8	158.8	163.3	163.3	163.3	163.3	163.3
	闭　锁	186.0	186.0	186.0	186.0	186.0	186.0	190.5	190.5	190.5	190.5	190.5

表 3-5　C8000 系列变矩器性能参数

型　号	C-840X 或 CL-840X	C-850X 或 CL-850X	C-855X 或 CL-855X	C-860X 或 CL-860X	C-861X 或 CL-861X	C-865X 或 CL-865X
叶轮直径	355.6	381.0	381.0	406.4	406.4	406.4
从输入端看回转方向	右旋	右旋	右旋	右旋	右旋	右旋
无负荷运转最大输入速度/r · min^{-1}	2800	2800	2800	2700	2700	2700
最大变矩系数	3.14	3.09	1.78	3.05	2.54	1.80
失速时最大输入扭矩/N · m	1084.7	1084.7	1355.8	1084.7	1288.0	1694.8
元件数	3	3	3	3	3	3

续表 3-5

型 号		C-840X 或 CL-840X	C-850X 或 CL-850X	C-855X 或 CL-855X	C-860X 或 CL-860X	C-861X 或 CL-861X	C-865X 或 CL-865X
级 数		1	1	1	1	1	1
净重/kg	不闭锁	245	250	250	263	263	263
	闭 锁	263	268	268	281	281	281
输入油冷却器的最大油温/℃		121	121	121	121	121	121
2000r/min 时辅助泵流量/L·min^{-1}		79	117	117	151	151	151
		(21)	(31)	(31)	(40)	(40)	(40)
变矩器壳规格	尺 寸	SAE No. 1					
	型 号	干 式					
油冷却能力，最大输入功率/%		30	30	30	30	30	30
变矩器零件大致油量/L		9	11	11	13	13	13

E DANA 变矩器有效直径 D 的选择

a 根据使用经验确定变矩器有效直径

目前广泛使用的国内外地下装载机都是进行了良好匹配的，都基本上满足上述匹配条件，因此可以考虑现有产品，作为选择变矩器有效直径参考。

一般说来，$2m^3$ 以下（包括 $2m^3$）地下装载机的变矩器使用的绝大部分是 C270 系列变矩器。其中 F4L912W 发动机匹配 C271 变矩器，F6L912W 发动机匹配 C272 变矩器，55kW 的电动地下装载机配 C273.1 变矩器。$3m^3$ 地下装载机使用 F6L413FW 或 F8L413FW 柴油机匹配 C273 变矩器。$4m^3$ 地下装载机采用两种柴油机 F8L413FW 和 F10L413FW 匹配有两种变矩器 C5402 和 C8402。实质上这两种变矩器叶轮直径相同，都是 355.6mm，最大的变矩系数相同，即 3.14，只是外形尺寸有些差别而已。$4m^3$ 以上地下装载机 F12L413FW 柴油机配 C8502 变矩器，比该柴油机功率大的柴油机配 C8602 变矩器。

b 根据发动机与变矩器匹配计算确定变矩器的有效直径

在原动机与液力变矩器类型已选定的情况下，影响两者共同工作性能好坏的主要因素是液力变矩器的有效直径 D。D 的确定原则是：以液力变矩器的最高效率工况来传递原动机的最大功率，即液力变矩器对应 η^*（即 i_{TB}^*）的负荷抛物线通过原动机额定工况点扭矩 M_{Hi} 来确定液力变矩器的有效直径。一般按式（3-8）计算

$$D = \sqrt[5]{\frac{M_{Hi}}{\gamma\lambda_{M_B}^* n_B^2}} \tag{3-8}$$

式中 D——液力变矩器的有效直径，m；

M_{Hi}——扣除辅助装置和工作油泵消耗后的原动机的净转矩，N·m；

γ——油的重度，一般取 $\gamma = 8820N/m^3$；

$\lambda_{M_B}^*$——液力变矩器效率最高时泵轮力矩系数，$min^2/(m \cdot r^2)$；

n_B——对应于 M_{Hi} 的泵轮转速，r/min。

确定液力变矩器有效直径，就是考虑原动机与液力变矩器合理匹配的问题。如图 3-12

所示，原动机特性曲线像曲线 2 那样，从输入特性可以判断，原动机功率虽然大，但不能发挥作用。如果像曲线 1 那样，原动机只能在低速工况下工作。原动机功率照样得不到发挥。只有在 DANA 变矩器系列中，根据功率、转速、输入扭矩，选择一个合适的变矩器，以使液力变矩器最高效率工况来传递原动机的最大功率，则液力变矩器有效直径选择合适（对电动地下装载机，液力变矩器有效直径的选择见后面）。

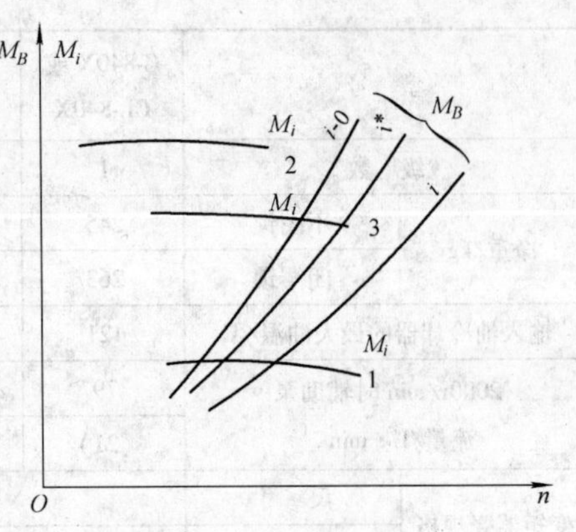

图 3-12　与不同特性发动机共同工作的输入特性

F　变矩器结构的选择

因为 DANA 变矩器适用范围很广，不仅可用于地下装载机，还可用于工程、采矿、工业建筑机械。为了适应这种需要，即使是同一型号也有许多不同结构、不同附件，对地下装载机来说，若不能正确的选择，不仅影响价格，更重要的是影响使用，因此必须正确选择之。

a　偏置轴与贯通轴输出的选择

从方便传动系统配置出发，地下装载机变矩器一般是采用偏置轴输出结构，只有一些地下装载机由于电机输出轴中心离电机座安装面距离较小，才采用贯通轴输出。而且都与变速箱制成一体，即所谓 MHR 型变速箱，参见表 3-2 ~ 表 3-5。

b　偏置传动比的选择

在 DANA 公司 6 个变矩器系列中的每一个系列都有好几种偏置传动比，见表 3-6。

表 3-6　变矩器偏置传动比、油泵传动比及参数

系　列		C2000	C270	C320	C5000	C8000	C16000
偏置传动比		0.897	0.897	0.885	0.895	0.895	0.842
		0.965	0.965	0.960	1.000	1.000	0.892
		1.037	1.037	1.042	1.116	1.118	1.000
		1.115	1.115	1.113	1.250	1.323	1.121
		1.290	1.290	1.333			1.188
油泵传动比		0.965	0.951	0.965	0.826	0.800	0.980
		1.135	1.135	1.135	0.955	0.946	
					1.4000	1.057	
						1.250	
变矩器壳规格		SAE No. 3			SAE No. 1		SAE No. 0
净重/kg	不带闭锁	95	118	132	163	250	360
	带闭锁		141	154	190	268	520

在变矩器系列型号确定后，如何选择偏置传动比就成了比较重要的问题。若偏置传动比选择不正确，则影响地下装载机的总体性能。因为变矩器后机械传动总的传动比由偏置传动 i_{OR}，变速成箱传动比 i_{TR} 和桥传动比 i_{AR} 三部分组成，即 $i_{\Sigma}=i_{OR}i_{TR}i_{AR}$。总传动比 i_{Σ} 实

质上是影响车速、牵引力的一个很重要的参数，它的最小值是由使地下装载机在良好地面上行驶时，变矩器能在高效率范围内（$\eta=0.7$）工作，最小驱动力对应于发动机与变矩器共同工作输出特性的最小工作扭矩工况确定。它的最大值是由地下装载机作业时发动机、变矩器共同工作输出特性的高效率范围（$\eta=0.7$）工况并保证变矩器不致进入制动工况条件确定（一般柴油地下装载机铲取的工作速度 v 约为 1.5 ~ 2km/h，电动地下装载机 v 为 0.8 ~ 1.5km/h）。

当 $i_{\Sigma}\neq i_{TR}i_{AR}$ 时，用 i_{OR} 可以弥补这点，即使得 $i_{TR}i_{AR}i_{OR}=i_{\Sigma}$，这就是选择偏置传动比的根据。

c 变矩器闭锁装置的选择

由于地下装载机运距不大，一般小于 400m，且路面状况极差，行驶速度也不高，因此，它一般不选用带闭锁装置的变矩器。

d 辅助油泵的选择（变速油泵）

在变矩器和变速箱液压系统中，辅助油泵的作用如同人的心脏，变速箱与变矩器的正常运转和功效取决于辅助泵的正常运转与效率。一般 DANA 变矩器都带有辅助泵，辅助泵有单泵与双泵。不同系列的变矩器在不同要求与工作条件下，配置不同规格的单泵或双泵。不同的辅助泵配置相应的过滤器（表 3-7），这点在选购与设计时必须注意。

表 3-7 辅助油泵参数与相应过滤器型号

<table>
<tr><th colspan="3">油泵参数</th><th rowspan="2">DANA 编号</th><th rowspan="2">适用变矩器型号系列</th><th rowspan="2">过滤器型号</th></tr>
<tr><th>流量/L·min⁻¹</th><th>转速/r·min⁻¹</th><th>压力/MPa</th></tr>
<tr><td>79</td><td>2000</td><td>2.07</td><td>250245</td><td rowspan="6">C270，CL270，C5000，C8000，CL8000</td><td>B</td></tr>
<tr><td>79 ~ 68</td><td>2000</td><td>2.07</td><td>235821</td><td>B</td></tr>
<tr><td>95</td><td>2000</td><td>2.07</td><td>237231</td><td>B</td></tr>
<tr><td rowspan="2">117</td><td rowspan="2">2000</td><td rowspan="2">2.07</td><td>450177</td><td rowspan="2">B</td></tr>
<tr><td>450246</td></tr>
<tr><td>117 ~ 68</td><td>2000</td><td>2.07</td><td>235831</td><td>B</td></tr>
<tr><td rowspan="2">151</td><td rowspan="2">2000</td><td rowspan="2">2.07</td><td>238240</td><td rowspan="6">C5000，C8000，CL8000，C16000，CL16000</td><td rowspan="2">C</td></tr>
<tr><td>238241</td></tr>
<tr><td>151 ~ 68</td><td>2000</td><td>2.07</td><td>235840</td><td>C</td></tr>
<tr><td rowspan="2">189</td><td rowspan="2">2000</td><td rowspan="2">2.07</td><td>238242</td><td rowspan="2">C</td></tr>
<tr><td>238243</td></tr>
<tr><td>189 ~ 68</td><td>2000</td><td>2.07</td><td>237741</td><td>C</td></tr>
<tr><td>246</td><td>2000</td><td>2.07</td><td>238244</td><td rowspan="2">C8000，CL8000，C16000，CL16000</td><td>C</td></tr>
<tr><td>303</td><td>2000</td><td>2.07</td><td>238301</td><td>C</td></tr>
</table>

e 油泵传动比与附件的选择

为了保证液压泵正常工作，驱动泵的原动机的转速应与泵的额定转速相适应。太高将使泵吸油不足而产生气穴，太低将使相对漏损增加，容积效率降低，影响液压泵正常工作。由于上述原因，故对泵的转速有一定限制。为了达到这个目的，DANA 变矩器每个系列都有几种油泵传动比供选用（表 3-6）。

油泵的驱动通过浮动内花键套传动，不同系列变矩器有不同规格的套筒，其中套筒为渐开线花键，其参数见表3-8，供选择参考。

表3-8　油泵轴花键数据

套筒齿数	9	11	13	14
径节/mm	16/32(1.5875/0.7938)			12/24(2.1167/0.5831)
压力角/(°)	30			
基圆直径/mm(in)	12.3723(0.4871)	15.1232(0.5954)	17.8714(0.7036)	25.654(1.010)
最大弧齿厚/mm(in)	2.4562(0.0967)	2.4562(0.0967)	2.4562(0.0967)	3.267(0.1294)
实际渐开线齿形外径/mm(in)	12.8045(0.5049)	15.9156(0.6266)	19.0322(0.7493)	27.4879(1.0822)
节圆直径/mm(in)	14.2875(0.5625)	17.4625(0.6875)	20.6375(0.8125)	29.622(1.1667)
最大外径/mm(in)	15.82(0.623)	19.00(0.784)	22.17(0.873)	31.70(1.248)
最大内径/mm(in)	12.2809(0.4835)	15.4559(0.6085)	18.6309(0.7335)	26.9926(1.0627)

油泵的连接装置每个系列变矩器都有几种结构，每种结构都有相应的浮动内花键套和连接器。在DANA变矩器有关资料中都有详细的说明，本章就不作介绍了。

f　变矩器与发动机的连接

变矩器与发动机的动力传递有两种方式，一种是内齿圈结构，内齿圈是纤维齿轮，用螺栓固定在发动机的飞轮上，外齿轮与变矩器的泵轮连接在一起，从而通过这对齿轮把动力从发动机传给变矩器。另一种是柔性连接，通过一组柔性盘完成动力传递的。前一种结构在过去很通用，但由于故障率高，加工时对人身体健康与周围环境有影响，已不生产，现全部改为柔性连接（图3-13）。柔性连接与齿圈连接结构上有很大不同，发动机飞轮壳与变矩器连接部分也有许多不同，不能直接互换。目前采用的柔性连接可靠性高，结构简单，已基本上替代了内齿圈结构。

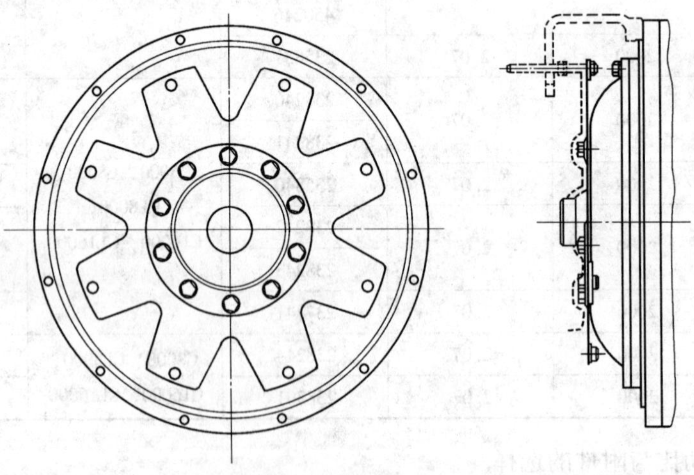

图3-13　变矩器柔性盘连接

柔性盘连接比齿圈连接要复杂一些，下面简单介绍它的连接方法（图3-14）和连接步骤：

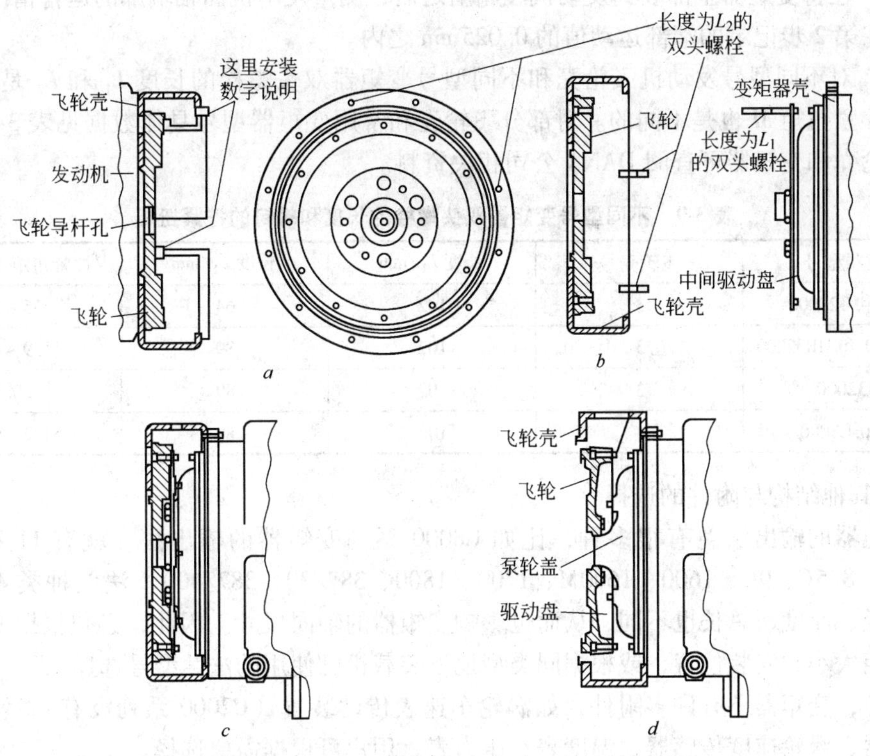

图 3-14 变矩器与发动机柔性盘连接方法与步骤

（1）去掉飞轮安装表面所有的毛刺以及导杆孔处的毛刺，用溶液清洗驱动板表面并全部抹干。

（2）检查发动机飞轮壳是否符合 SAE J927 飞轮壳标准和 J1033 中有关导杆孔尺寸，导杆孔径向跳动及安装表面平整度的公差。测量并记录发动机曲轴端的检查情况(图3-14*a*)。

（3）将 2 个 L_2 长的变矩器和发动机导向双头螺栓装到飞轮壳上（图 3-14*b*）。转动飞轮对中驱动盘安装螺钉孔和飞轮壳入口。

（4）在一个驱动盘螺母中装上一个 L_1 长的驱动盘定位双头螺栓，使驱动盘定位双头螺栓与飞轮驱动盘安装螺钉的孔对齐（按第 3 步方法调好位置）。

（5）使驱动盘对中飞轮，变矩器对中飞轮壳，将变矩器定好在飞轮壳上的位置。装好变矩器到飞轮壳螺钉，将螺钉拧紧至规定的力矩。拆掉变矩器到发动机的导向双头螺栓，装好剩下的螺钉，并拧紧到规定扭矩。

（6）拆掉驱动盘定位双头螺栓。

（7）装好驱动盘连接螺钉。装好螺钉，但不要拧紧。有些发动机飞轮壳在其圆周上有个定位孔，与驱动盘螺钉检查孔相对正。使用起子或撬棒将驱动盘靠在飞轮上，以方便驱动盘螺钉的安装。转动发动机飞轮并将剩余的飞轮到驱动盘 7 个连接螺钉装好，但不要拧紧。在所有 8 个螺钉都安装好了之后，将每个螺钉的扭矩拧到 M(N · m)。这就要求将每个螺钉扭矩拧好并转动发动机飞轮直到 8 个螺钉全部拧紧到位为止。

（8）在将变矩器全部装到发动机飞轮上之后，测量发动机曲轴端部的运行情况。这个值必须在第 2 步记录的端部运动值的 0.025mm 之内。

（9）对不同型号发动机飞轮壳和不同型号变矩器双头螺栓的长度 L_1 和 L_2 是不同的，螺钉的拧紧扭矩 M 也是不同的。对部分飞轮壳和常用变矩器型号具体数据见表 3-9。其他型号飞轮壳和变矩器可查阅 DANA 公司相关资料。

表 3-9 不同型号变矩器双头螺栓的长度和螺钉的拧紧扭矩

变矩器型号	飞轮壳号	长度 L_1/mm	长度 L_2/mm	拧紧扭矩 M/N · m
C270 和 T20000	3	102	64	35 ~ 39
C270-C320 和 HR32000	3	102	89	33.9 ~ 40.6
HR32000	3	102	89	60.7
C5000-C8000	1	102	89	54.2 ~ 61.0

g 其他结构与附件的选择

变矩器的输出法兰有很多种，比如 C8000 系列变矩器的输出法兰就有 11 种（6C、7C、8C、8.5C、9C、1600、1600M、1700、1800、387/30、387/40）。法兰种类不同、法兰的外径、厚度、总长也不同，从而也影响变矩器的轴向尺寸。因此，必须根据变矩器所输出力矩大小和安装位置，或根据同类型地下装载机已使用的法兰型号选择。

另外，变矩器还有许多附件，如涡轮车速表传动装置（C2000 系列没有）、发动机速度传感器、涡轮速度传感器、温度表、压力表，用户可根据需要选择。

3.1.6 液力变矩器常有故障与排除

以 C270 系列变矩器为例，在变矩器的出口温度为 82.3 ~ 93.3℃时，分析变矩器的故障与排除，见表 3-10。

表 3-10 C270 系列变矩器的故障分析

故 障	原 因	处 理 方 法
当柴油机无负载在 2000r/min 时，变矩器的输出压力低于 0.172MPa	（1）密封件和 O 形密封圈损坏 （2）油泵损坏 （3）安全阀卡死	（1）拆下变矩器进行更换密封件 （2）更换新油泵 （3）清洗和检查阀内弹簧和阀芯
吸油管有空气	（1）油位过低 （2）吸油管连接处进入空气 （3）油泵损坏	（1）将油加到所需位置 （2）检查油管连接处，并拧紧连接部位 （3）更换新油泵
当柴油机无负载在 2000r/min 时，变矩器的输出压力高于 0.482MPa	（1）油冷却器和油管堵塞 （2）油质比重过大 （3）油温过低	（1）检查冷却器管路和冷却器是否堵塞，清洗或进行更换 （2）检查油质比重，使用所推荐的油 （3）如果由于天气寒冷使油温过低而引起的压力过高的话，只需变矩器工作一段时间压力就会上升

续表 3-10

故障	原因	处理方法
变矩器过热	(1) 由于冷却器和冷却管路堵塞，使安全阀开启溢流 (2) 冷却器容量太小 (3) 油泵已磨损 (4) 变矩器到变速箱或油底壳的回油管安装不合适	(1) 检查和清洗冷却器和冷却管路，如有必要进行更换 (2) 更换大容量的冷却器 (3) 更换新油泵 (4) 将回油管出口安装在变矩器壳体的最低位置，到油池的回油管必须保持不变的向下倾斜角，使油能利用位差返回油池
变矩器产生噪声	(1) 分动箱传动齿轮磨损 (2) 油泵已磨损 (3) 轴承损坏 (4) 变矩器驱动齿轮磨损	(1) 进行更换 (2) 进行更换 (3) 拆下整套轴承，更换新油泵 (4) 进行更换
离合器压力过低	(1) 变速箱发生故障 (2) 轴承磨损 (3) 调压阀的调压阀芯打开过大	(1) 可切断变矩器上调压阀到变矩器的压力油管，如果离合器压力值又返到正常值，则故障发生在变速箱 (2) 进行更换 (3) 清洗和检查调压阀是否磨损或卡有脏物，如有必要进行更换
离合器压力过高	调压阀的调压阀芯关闭	参照“阀芯打开过大”
变矩器输出功率不足	(1) 发动机匹配不合理 (2) 发动机失速，低于额定转速 (3) 变矩器输出压力过低 (4) 油液中进入空气 (5) 油不合适	(1) 调整发动机 (2) 调整发动机并检查调速器 (3) 参照前述压力过低处理方法 (4) 参照前述压力过高处理方法 (5) 按规定选油
液压油进入飞轮壳体	(1) 泵轮与泵轮盖之间的 O 形密封环损坏 (2) 隔油盖板 O 形密封环损坏 (3) 外壳密封圈损坏	(1) 进行更换 (2) 进行更换 (3) 进行更换

离合器的压力正常值应符合 DANA 公司规定，离合器压力偏差不能超过 0.04MPa，一旦超过就必须检查离合器。测压时必须有两个离合器同时工作。

3.2 动力换挡变速箱

在地下装载机中广泛采用动力换挡变速箱。它是地下装载机中一个十分重要的部件。动力换挡变速箱与非动力换挡机械变速箱的主要区别是动力换挡变速箱采用了液压缸操纵换挡离合器。一般不必预先切断动力，可以直接换挡。动力换挡变速箱有定轴式与行星式两种。后者结构紧凑，尺寸小（因力分散经几个齿轮传动，零件受力平衡，支承轴承和壳体等受力小）；可以采用较小模数的齿轮（因几个齿轮受力）和较小尺寸的轴与轴承（因受力平衡，结构刚性大，因而齿轮接触良好，工作寿命长）；在结构上可以采用多用制动器替代部分离合器，采用固定油缸和固定密封，尽量避免采用旋转密封和旋转油缸，从而提高动力换挡油压操纵系统的可靠性，而且制动器布置在传动系外周，尺寸大，工作容量大，这点在大功率机械上优越性特别明显。其缺点是：结构复杂、零件多、制造维修困难。前者的优缺点恰恰相反。对地下矿山运输设备来说，由于维修特别困难，因此除了CAT公司地下装载机采用行星动力换挡箱外，绝大部分公司的地下装载机都采用DANA公司的定轴式动力换挡变速箱。下面将分别介绍DANA公司定轴式动力换挡变速箱和CAT公司行星动力换挡箱的结构、工作原理及选用。

3.2.1 变速箱功能及对变速箱要求

3.2.1.1 变速箱的功能

变速箱的功能可归纳为以下几个方面：

（1）改变原动机主驱动轮间传动比，从而改变车辆的牵引力和行驶速度，以适应车辆在作业与行驶工况中的需要。

（2）使车辆倒退行驶。

（3）当变速箱挂空挡时，原动机传给驱动轮的动力被切断，以便原动机启动；或者在原动机运转的情况下，使车辆在较长的时间内停车。

（4）起分动箱的作用，如车辆为全驱动时，原动机的动力经变速箱分别传给前桥和后桥。

3.2.1.2 地下装载机对变速箱的要求

（1）具有足够的挡位数和合适的传动比，以使地下装载机在合适的牵引力和行驶速度下工作，保证地下装载机具有良好的牵引力性能与经济性能并获得较高的生产率。

（2）工作可靠，使用寿命长，传动效率高，结构简单，制造容易，维修与保养方便。

（3）换挡迅速，平稳，可靠。但不允许同时挂上两个或两个以上挡位，不自动脱挡和自动挂挡。

3.2.2 DANA公司定轴式动力换挡变速箱

3.2.2.1 DANA定轴式变速箱的型号系列及表示方法

DANA动力换挡变速箱共有13个系列，即：T12000、T13000、T16000、T20000、24000、32000、T33000、T36000、T40000及1000系列。其中1000系列又有5000、6000、8000、16000几种。

在每个型号系列中又有许多规格品种，每个型号系列和品种都有固定的表示方法（图3-15～图3-17）。

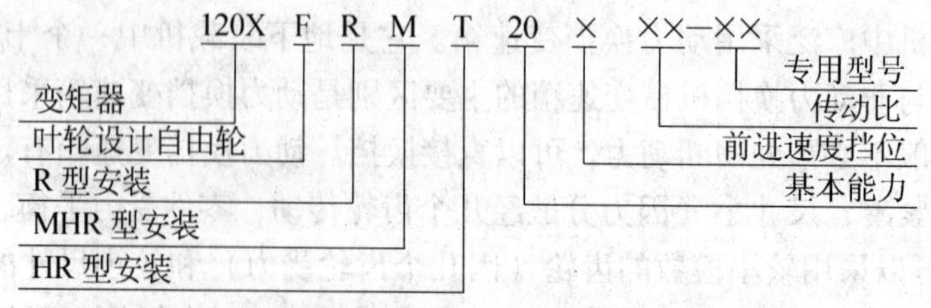

图3-15 DANA 20000系列变速箱的表示方法

例如，13.7MHR32394型号DANA变速箱表示变速箱与变矩器制成一体，但与发动机分体安装，即MHR型。变矩器叶轮代号为“13.7”，“32”表示该变速箱为32000系列变

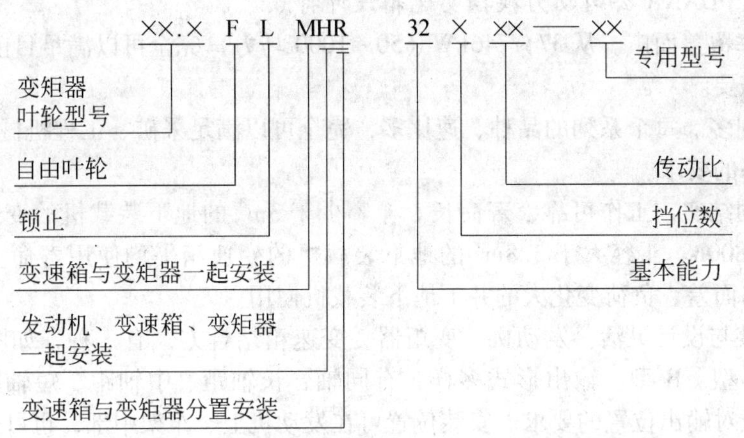

图 3-16 DANA 32000 系列变速箱的表示方法

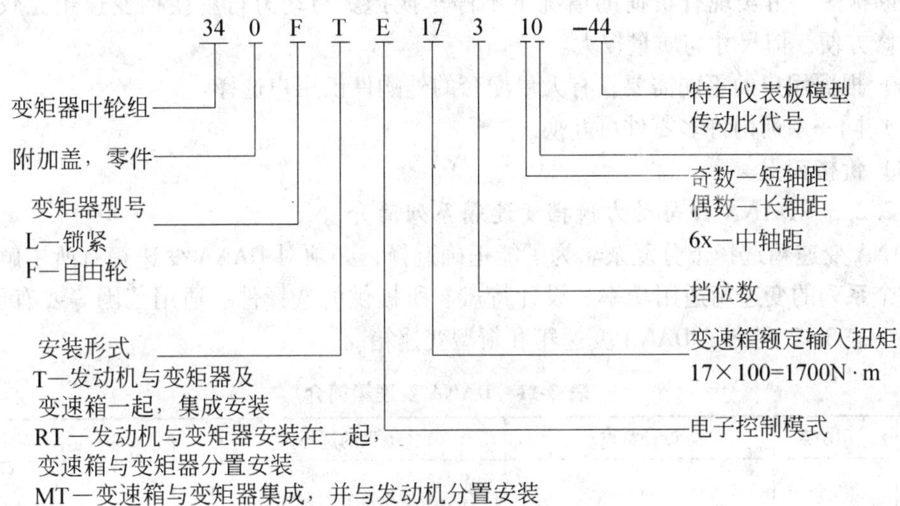

图 3-17 DANA 公司新型电子控制变速箱表示方法

速箱，“3”表示 3 挡速度，“9”表示长轴距，“4”表示一挡传动比为 5.22。

为了形象地表示 MHR、HR、R 三种形式变速箱，用图 3-18 说明。

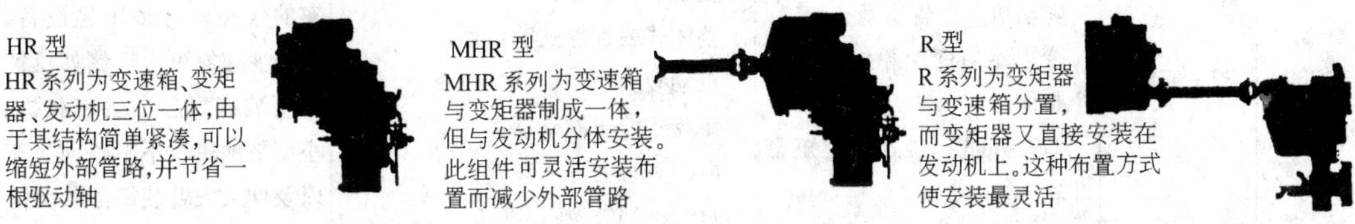

图 3-18 DANA 变速箱的三种安装形式

DANA 公司 TE 系列新变速箱也有上述三种结构形式，只是表示字母不同而已。HR 型在 TE 系列新变速箱是 TE 型，MHR 型在 TE 系列新变速箱是 MTE 型，R 型在 TE 系列新变速箱是 RTE 型。

3.2.2.2 DANA 公司动力换挡变速箱设计特点

(1) 功率覆盖面广。从 37~746kW (50~1000 马力) 完全可以满足目前和将来采矿、工程机械的需要。

(2) 系列多。每个系列的品种、速比多，完全可以满足采矿、工程机械的牵引性、经济性和生产率的要求。

(3) 坚固结实，工作可靠，寿命长。斗容少于 $3m^3$ 的地下装载机的变速箱平均使用寿命大约为 7800h。斗容大于 $3.8m^3$ 的地下装载机的变速箱平均使用寿命大约为 9800h，很适合井下路面差、负荷变化大的井下地下装载机使用。

(4) 安装与设计灵活。发动机、变矩器、变速箱结合方式有三种，如图 3-18 所示的 HR 型、MHR 型、R 型。输出形式多样，有同轴、长轴距、中轴距、短轴距，可满足矿山、工程机械对输出位置的要求。安装位置可在发动机上、车架中部，也可远置安装。

(5) DANA 变速箱都是动力换挡定轴式变速箱，操纵轻便、简单、换挡迅速、换挡时动力中断极短，可实现有负荷的情况下不停车换挡。与动力行星换挡变速箱比较，成本低，维修方便，但尺寸与质量较大。

(6) 根据用户的不同需要，有大量配套的外购件供用户选择。

(7) 同一系列内许多零件可互换。

(8) 价格较贵。

3.2.2.3 DANA 公司动力换挡变速箱系列简介

DANA 变速箱选择十分复杂。为了能正确选择，必须对 DANA 变速箱有所了解，特别是对每个系列的变速箱适用功率、设计特点、所提供的选择件、适用范围等要有所了解。表 3-11、表 3-12 列出了 DANA 变速箱和新型变速箱。

表 3-11 DANA 变速箱简介

系 列	适用功率	设计特点	提供的选择件	适用范围
T12000	37~67kW	3 挡、4 挡和 6 挡全动力换挡变速箱； 短(138mm)、中(321mm)、长(459mm)三种轴降； 发动机及中置安装； 变矩器与变速箱组合成一个整体； 279.4mm (11in) 变矩器叶轮； 适用范围和变速比广； 可变轴降变速箱(横向)(variable drop, VDT)	所有型号的标准特性： 离合器缓冲器； 辅助泵驱动； 电子控制方式； 外置式充油泵和滤油器。 所有型号的选用件： 变矩器自由轮； 整体式或远置式滤清器； 点动装置； 钳盘式停车制动器； 电控离合器分离装置； 自动换挡装置； 可变轴距； 发动机最大功率 75kW； HR、MHR 配置； 横向偏置 511.8mm，648.4mm； 3 号飞轮壳	适用于要求变速箱坚固结实的较小马力多用途设备，这种变速箱可用于诸如反铲挖掘装载机、小型装载机、小型平地机、不平路面叉车以及伸式大臂装卸搬运设备

续表 3-11

系 列	适用功率	设计特点	提供的选择件	适用范围
T13000	75～104kW	4 挡和 6 挡全动力换挡变速箱； 中轴降（321mm）； 可变轴降变速箱（横向）（VDT）； 发动机及中置安装； 变矩器与变速箱集成； 304.8mm（12in）变矩器叶轮； 适用范围和变速比广	所有型号的标准特性： 离合器缓冲器； 辅助泵驱动； 电子控制方式； 外置式充油泵和滤油器。 所有型号的选用件： 变矩器自由轮； 整体式或远置式滤清器； 点动装置； 可变轴距（VDT）； 钳盘式停车制动器； 电控离合器分离装置； 自动换挡装置； 发动机最大功率 104kW； HR、MHR 配置； 横向偏置 511.8mm，648.4mm； 3 号飞轮壳	主要用于伸式大臂装卸搬运设备
T16000	37～82kW	4 速全动力换挡（2 速后退）； 279.4mm（11in）和 304.8mm（12in）变矩器叶轮，3 号飞轮壳； 高接触比的螺旋传动； SAE"C"（2 或 4 孔安装）； 309.1mm（12.17in）前或后轴降； 电子换挡/电子调节； 前桥脱开装置，对于宽广的路面行驶的车辆，用液压的方法选择前桥脱开以增加路面行驶速度，减少轮胎磨损； 离合器调节阀可提供平缓的直接换挡，换挡范围宽。这可使司机提高生产率和保护传动装置	所有型号的选用件： 远置式滤油机和附件； 选择 158mm（6.22in）的后输出； 盘式停车制动，安装在前或后输出轴上； 电子换挡选择器（EGS），设计它是为了通过预先确定的挡位选择使换挡操作平稳； 自动换挡控制（APC70），它可以通过变速箱预定的速度和负载点自动换挡，从而大大改善车辆和司机的驾驶性能。 在某些型号里可能的选择： 电子速度传感器； 电子涡轮速度； 发动机最大功率 81kW； HR 配置； 轴距：下面为 309mm，上面为 158mm	适用反铲装载机，不平路面叉车和伸式大臂装卸搬运设备
T20000	67～97kW	2 挡、3 挡、4 挡和 6 挡全动力换挡变速箱； 串联、短（155mm）、中（311mm）、长（508mm）三种轴降； 外部安装控制阀、泵、过滤器和柔性盘驱动； 适用范围和变速比宽； SAE"B"泵传动	选择件： SAE"C"泵传动； 电子或机械换挡； 离合器松开：空气或液压； 微调阀：手动或液压； 控制阀水平或垂直安装； 离合器调节； 润滑油过滤器远程或集成安装； 变矩器自由轮； 速度表传动； 遥控阀； 地面驱动泵传动； 空气、液压或机械操作换挡； 桥脱开装置； 车辆牵引脱开装置； 停车制动器：机械或 SAHR； 3 号飞轮壳； R、HR、MHR 型结构； 最大发动机功率 97kW； 挡位（前进×后退）：2×2；3×3；6×3；6×6	适合于不平地面叉车、轮式装载机、小型铲运机和其他采矿、工业和建筑机械设备

续表 3-11

系　列	适用功率	设计特点	提供的选择件	适用范围
24000	97～120kW	3 挡、4 挡和 6 挡全动力换挡变速箱； 短（311mm）和长（508mm）轴降； 螺旋齿轮传动； 发动机驱动辅助泵传动机构； 适用范围和变速比宽； SAE“B”泵驱动接头； 除中轴距外的其他型号均可选用； SAE“B”泵驱动； 柔性盘驱动	选择件： 电控换挡； 远置式机械控制阀； 离合器解脱装置：气动或液动； 微调阀：手动或液动； SAE“C”泵驱动； 控制阀水平或立式安装； 离合器调节阀； 远置式整体安装滤油器； 可选解脱方式的双泵驱动机构； 辅助泵切断装置（双泵驱动）； 变矩器自由轮； 变矩器锁定装置； 输出轴停车制动器：鼓式或钳盘式； 车速表驱动装置：机械式或电动式； 车桥脱开装置，前或后； 地面驱动泵传动； 3 号飞轮壳； R、HR、MHR 型结构； 最大发动机功率 118kW； 挡位（前进×后退）：3×3；4×3；6×3	适于重载用途，包括叉车、不平地面叉车、轮式装载机、不平地面起重机和其他采矿、建筑及工业机械
32000	112～168kW	3 挡、4 挡全动力换挡； 6 挡及 8 挡范围换挡；6 挡全动力换挡； 304.8mm（12in）、330.2mm（13in）变矩器叶轮； 具有较大范围变速比； 柔性盘驱动； 螺旋齿轮输出； 长（470mm）轴降和短（245mm）轴降	选择件： 辅助泵驱动；变速箱液压制动器； 调节阀；单杆机械控制； 90°控制阀；偏置泵驱动机构； 电控换挡；远置式滤清器； 车速表驱动； 离合器解脱装置：空气或液压； 车速表驱动机构； 变矩器锁止：手动或自动； 单向取力器；微调阀； 停车制动器：鼓式或盘式； 紧急转向油泵驱动； 前后车桥解脱装置； 远程机械控制阀； 液压制动器； 提供变量泵； 3 号飞轮壳； R、HR、MHR 型结构； 最大发动机功率 167kW； 挡位（前进×后退）：3×3；4×4；8×3	适合于建筑、集材、井下开采、物料搬运及其他工业用途

续表 3-11

系　列	适用功率	设计特点	提供的选择件	适用范围
T33000	135~202kW	3挡、4挡和6挡全动力换挡变速箱； 长（570mm）轴降和短（275mm）轴降； 提供变量泵； 标准电子控制-液压调节； 柔性盘驱动	电子控制； 变矩器锁止； 桥脱开装置； 单向取力器； 桥间差速器； 地面驱动泵传动； 停车制动器； 最大发动机功率195kW； 3号飞轮壳； R、HR、MHR结构	适用装载机，平地机，吊车，大型叉车与其他工业设备
36000	149~239kW	3挡、4挡和6挡全动力换挡变速箱； 短轴降和长轴降； 发动机，中置或远程安装； 适用范围和变速比宽； 柔性盘驱动	变矩器锁止；机械或电子控制器； 泵解脱装置； 自动换挡；停车制动器（仅在长轴降上）； 自动闭锁；车速表驱动机构； 紧急转向油泵驱动机构（仅在长轴降上）； 液压减速制动器； 速度表驱动； 离合器（仅3和4速模式）； 离合器分离装置：气动或液动； 微调阀：机械或液压式； 车桥脱开装置：前或后，脱开； 提供变量泵； 1号飞轮壳； HR型结构； 最大发动机功率237kW； 挡位（前进×后退）：3×3；4×4；6×3	适用于重载用途，包括不平路面叉车、轮式装载机、越野吊车、采矿建筑和其他工业用机械
T40000	224~313kW	3挡、4挡全动力换挡变速箱； 长（625mm）轴降、短（318mm）轴降； 适用范围和变速比宽； 发动机及中置安装； 具有失速扭矩比为1.8~3.1的重型变矩器	泵脱开装置； 自动换挡； 离合器调节； 离合器脱开：气或液压； 地面驱动泵； 双向取力； 最大发动机功率311kW； 1号飞轮壳； 挡位(前进×后退)：3×3；4×4； HR、MHR型结构	适用重载条件包括不平路面叉车，轮式装载机，越野吊车和其他采矿、建筑和工业设备
5000	186~260kW	长轴降：6000系列501mm；8000系列605mm；16000系列641mm； 可互换离合器； 可接近性好； 离合器位于轴端，维修时变速箱不需从主机拆下，维修性好； 变矩器与变速箱分体结构； 同系列内零件可互换	微调装置； 桥脱开装置； 紧急刹车转向油泵驱动； 单向取力器； 离合器分离装置； 速度表驱动； 缓冲装置； 电子换挡选择器（EGS），它通过预选挡位为平稳、有效换挡操作而设计制造； 自动换挡控制器（APC 100），它通过变速箱在预选的速度与负载点上自动换挡来改善车辆操作特性； 车桥脱开装置； 输出速度传感器； 减速器； 倒退报警装置	1000系列的设计适合重载用途如轮式装载机、采矿装载机及其他采矿、工业与建筑机械
6000	224~300kW			
8000	260~410kW			
16000	410~746kW			

表 3-12 DANA 公司新型变速箱

型 号	适用功率/kW	设计特点	选择件	适用范围
TE 05 FLT	40	为紧缩型叉车设计； 减少变速箱长度和输出轴降； 螺旋齿轮传动以降低噪声； 为液压系统集成，发动机油泵驱动		用于叉车
TE 07 FLT	40 ~ 55	为紧缩型叉车设计； 减少变速箱长度和输出轴降； 螺旋齿轮传动以降低噪声； 为液压系统集成，发动机油泵驱动		用于叉车
TE 08 FLT	55 ~ 82	为紧缩型叉车设计； 减少变速箱长度和输出轴降； 螺旋齿轮传动以降低噪声； 为液压系统集成，发动机油泵驱动		用于叉车
TE 10	97 ~ 120	螺旋齿轮传动； 只有短轴降； 电子微调和调节； CANbus 界面； 只有发动机安装； 双辅助泵驱动	自动换挡； 254mm × 38. 1mm（10in × 1. 5in）鼓式停车制动器； 最大发动机功率 160kW； 挡位（前进×后退）：3×3； 3 号 SAE 飞轮壳； 短轴降 311mm； TE 配置	
TE 13	140 ~ 170	螺旋齿轮传动； 柔性盘驱动； 只有短轴降； 双辅助泵驱动； 发动机，中间安装或远程安装； CANbus 界面； 电子控制调节	电子控制微调； SAHR 停车制动器； 自动换挡； 最大发动机功率 170kW； 挡位（前进×后退）：3×3； 短轴降 225mm； TE，MTE 配置	
TE 15	120 ~ 190	螺旋齿轮传动； 短轴降和长轴降； 电子控制调节； CANbus 界面； 双辅助泵驱动； 柔性盘驱动； 发动机，中间安装或远程安装	电子控制微调； SAHR 停车制动器； 自动换挡； 最大发动机功率 190kW； 挡位（前进×后退）：3×3，4×4，6×6，8×8； 3 号 SAE 飞轮壳（干）； 短轴降 311mm； 长轴降 470mm； TE，MTE，RTE 配置	地下采矿、建筑、材料运输、越野起重机。它将取代 32000 系列变速箱

续表 3-12

型号	适用功率/kW	设计特点	选择件	适用范围
TE 17	160~200	螺旋齿轮传动； 柔性盘驱动； 只有短轴降； 双辅助泵驱动； 发动机，中间安装或远程安装； CANbus 界面； 电子控制调节	电子控制微调； SAHR 停车制动器； 自动换挡； 最大发动机功率 200kW； 挡位(前进×后退)：3×3； 短轴降 225mm； TE，MTE 配置	在材料搬运市场改善生产率和提高其可靠性
TE 27	190~270	螺旋齿轮传动； 短轴降和长轴降； 柔性盘驱动； 发动机，中间安装或远程安装； 电子控制调节； CANbus 界面； 新一代电子控制技术，其特点是具有重叠控制电子控制调节	SAHR 停车制动器； 电子控制微调； 自动换挡； 最大发动机功率 270kW； 挡位(前进×后退)：4×4； 短轴降 318mm，长轴降 625mm； TE 配置	材料搬运，轮式装载，采矿和建筑市场
TE 32	250~325	螺旋齿轮传动； 短轴降和长轴降； 柔性盘驱动； 发动机，中间安装或远程安装； 电子控制调节； CANbus 界面； 新一代电子控制技术，其特点是具有重叠控制电子控制调节	SAHR 停车制动器； 电子控制微调； 自动换挡； 最大发动机功率 325kW； 挡位(前进×后退)：4×4； 短轴降 318mm，长轴降 625mm； TE 配置	材料搬运，轮式装载，采矿和建筑市场。以前称 42000 系列变速箱

A DANA 公司普通动力换挡变速箱

从表 3-11 可以清楚地看出，DANA 变速箱不仅有很广的应用，而且还有许多各种各样的选择件。这些选择件可满足变速箱各种特殊需要，改善车辆的各种性能、效率和使用寿命。因此，必须要了解各种选择件的功能，以便正确选择各种选择件。

B DANA 公司新型变速箱简介

DANA 公司最新系列变速箱是 TE 系列变速箱（表 3-12），该系列变速箱是为计算机控制而设计的，计算机集成了设备所有性能。例如，如果冷却系统有故障，变速箱就会脱开。RD120 显示装置，当在另外地方安装大型先进电子控制装置 ECU 时，远程显示器可以安装在车辆司机室内。

C 选择件简介

（1）电动换挡控制器。DANA 电动换挡控制器的设计可保证平稳有效的换挡操作。换挡控制器可分扭力手柄型和操作台型。扭力手柄设在转向柱上，可适用所有 DANA 3 挡和 4 挡变速箱。操作台型有很多换挡方式，可与所有 DANA 动力换挡变速箱配套使用。

（2）APC 自动换挡控制。DANA APC 自动换挡控制与大多数动力换挡变速箱配合使用。这种机构可以根据速度与负荷自动进行换挡，从而可以改善车身的性能和司机的驾驶性能。这样可使司机集中注意力于行车，而解决其对传动系统机械运行情况的后顾之忧。APC 的设计可减少发动机高速运转时人工选择换挡变速箱可能产生的振动，并可防止内部零件在挂低速挡时发生超速。它的主要的优点是可减少司机的疲劳，降低对司机的训练要求，减少误操作，提高机动车的效率和性能，减少设备的磨损。

（3）EGS 电子变速选择器。DANA EGS 电子变速选择器的设计可保证平稳有效的换挡操作，扭力手柄型和操作台型的控制器可以与大多数变速箱配合使用。EGS 电子变速选择器可对动力传动系统进行有效控制，并且操作简便，而以前只有使用复杂的电子设备才能实现。EGS 电子变速选择器可以预先选定变速挡，不仅可减轻司机的精神紧张程度，而且可以对传动系统起保护作用。该选择器的主要优点是：换向保护，低挡保护，空挡启动保护，自动锁定，半自动换挡，换低挡的功能。

（4）点动装置又称为微调装置。在发动机高转速下，要求精确运动，可应用于液压和手动点动装置。在电动地下装载机上，在标准的变速阀上增加了一个微调阀，它用来控制前进和后退离合器的接合压力。加速踏板的行程决定了离合器压力的大小，这样就可以在工作时对其挡位进行调速。

（5）车桥脱开装置。在每个变速箱上都有一种驱动桥的脱开装置可选用。当需要在好的路上长距离行驶时，前后桥可以用机械、液压和气动方法脱开，以增加行驶速度和降低轮胎的磨损。该机械装置由一根带有滑动花键套筒的输出轴组成，借助于该花键套筒与驱动桥啮合与分离，通过司机室内的手动操纵杆来实现。该操纵杆与离合器装置滑动套筒上的轴叉用机械方法连接，当然这种装置只用于四轮驱动车辆，只有前桥驱动或只有后桥驱动。其输出法兰只装在所需的一侧。

（6）变矩器锁紧装置。变矩器的锁紧装置既可使传动是液力传动，又可以是机械传动。在作业与通过困难的路面时，采用的是液力传动，充分发挥液力传动自动适应阻力剧烈变化的优点，在良好的路面或带有负荷长距离行驶时则采用机械传动，以发挥机械传动效率高的优点，提高行驶速度与功率。变矩器锁紧装置可用机械、电子和自动控制方法控制。

（7）变矩器自由轮。为了提高变矩器高传动比的效率和展宽效率区域，则使导轮由固定到自由轮旋转，为此只需在导轮和固定壳体间装一单向离合器，允许导轮的转动方向自由旋转，而当导轮有反向回转的趋势时则自由轮楔住不转。

（8）停车制动器。除 1000 系列变速箱，其余变速箱都配置了停车制动器。该制动器装在变速箱后输出轴上，有钳盘式和鼓式两种。

（9）紧急转向泵。当发动机出现故障时，可利用地面驱动泵提供辅助动力。

（10）封闭式液力机械工作/停车制动器。在道路条件凹凸不平的地方，车辆上的变速箱常常设计有液压制动器。当轮边制动器失灵时，变速箱上的液力制动器起了主制动作用。该变速箱上的液压制动器同样可用作停车制动器。只要转动机械手柄，就可以达到内外制动盘的目的，从而使惰轮轴停转，实现停车制动。

（11）辅助泵驱动装置。在变矩器上共安装了三个泵：一个是变速泵，另外两个是辅助泵（工作泵与转向泵），而且直接由发动机带动。也可采用辅助泵切断装置。如果采用辅助泵切断装置，则可以增加传动系统的效率。

（12）机械控制。在变速箱控制盖上的换挡控制阀的控制方式，有机械、电动和液压三种。除 T12000 和 T20000 变速箱外，其余变速箱都有机械控制。

（13）车速表传感器。用于测量变矩器输出轴的转速。

（14）转速表传感器。用于测量发动机的转速。

（15）单向取力器。变速箱取力器只能单向运转。

（16）双向取力器。变速器取力器可双向运转。

（17）静液压驱动安装。静液压驱动指的是变速箱的输入是油泵或油马达输入，而不是其他动力通过输入法兰输入。因此变速箱上的输入安装结构必须与相应的静液压输入装置相匹配。

（18）离合器松开。离合器松开指的是变速箱离合器压力释放，它的功能是使发动机的功率被工作装置液压泵所利用，而不被传动系统中变速箱所利用。具有前进挡（FWD），后退挡（REV），前进与后退挡（FWD/REV）几种离合器松开选择，离合器松开有液压与空气两种控制方式。

（19）缓冲装置。换向离合器由各自调节阀来控制，可使前进与后退换挡平稳，减少了动力系统的冲击与应力，从而可使车辆操作比较容易，即使是一个新的司机也如此。同时，使工作循环时间缩短，生产能力得到提高。

上述选择件不是每个系列变速箱都可以选择到的，表 3-13 列出每个系列变速箱可供选择的各种选择件。

表 3-13 选择件

选 择 件	T12000	T13000	T16000	T20000	24000	28000	32000	T33000	36000	T40000	1000
电动换挡控制器	√			√	√	√	√	√	√	√	√
点动装置	√			√	√	√	√		√	√	√
车桥脱开装置	√		√	√	√	√	√	√	√	√	√
变矩器锁紧装置				√	√	√	√	√	√	√	
变矩器自由轮	√			√	√						
停车控制器	√		√	√	√	√	√		√	√	
紧急转向泵	√		√	√	√	√	√	√	√	√	√
封闭式液压机械行车/停车制动器				√	√	√	√				
辅助泵驱动装置	√		√	√	√	√	√	√	√	√	
机械控制					√	√	√		√		√
车速表传感器	√		√	√	√	√	√		√		
转速表传感器	√		√	√	√	√	√		√		
单向动力输出轴				√		√	√	√			√
双向动力输出轴						√	√	√			
静液压驱动安装方式				√	√						
离合器松开	√			√	√	√	√	√	√	√	√
缓冲装置	√		√	√	√	√	√	√	√	√	√

（20）除了这些选择件外，在表 3-14 中还可以看到各种油泵的接头 SAE A、SAE B、SAE C、SAE BB 的四种形式。它是美国汽车工程协会标准 SAE J744C。有关“油泵与马达安装及驱动尺寸”A、B、C、BB 四种规格见表 3-14、图 3-19。

表 3-14　油泵与马达的安装与驱动尺寸 SAE J744C（摘录）

安装法兰与传动轴规格	轴强度 $\sigma_{St}=25000$psi		渐开线花键		定位尺寸/in		2 螺孔/in		4 螺孔/in	
	力矩 /lb · in	功率/hp (1000r/min)	齿数/*DP*	齿形角 /(°)	*A*	*W*	*K*	*M*	*S*	*R*
SAE A	517	8.25	9T16/32	30	3.25	0.25	4.188	0.438	—	—
SAE B	1852	29.3	13T16/32	30	4.00	0.38	5.750	0.562	3.536	0.562
SAE C	5677	90.0	14T12/24	30	5.00	0.50	7.125	0.688	4.508	0.562
SAE BB	2987	47.5	15T16/32	30	4.00	0.38	5.75	0.562	3.536	0.562

注：1000psi = 6.895MPa，1in = 25.4mm，1in · ib = 0.113N · m，1hp = 0.746kW，*DP*—花键径节。

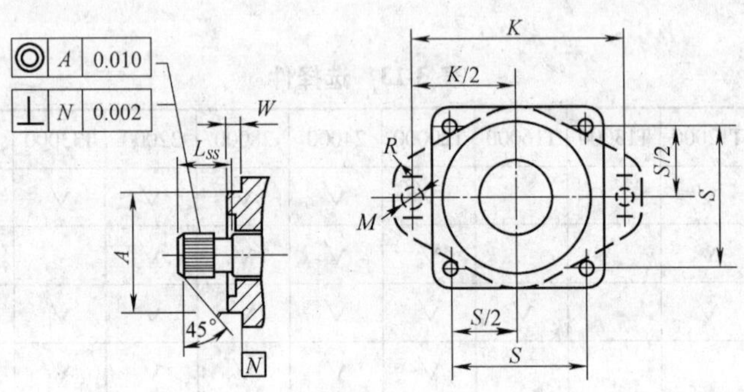

图 3-19　油泵与油马达安装及驱动尺寸

因此所选的油泵的安装尺寸要么符合上述标准，要么增加过渡法兰和重新设计花键连接套。

（21）从表 3-15 还可以看到一定系列的变速箱与相应一定型号的变矩器相匹配，以充分发挥变矩器和变速箱的效率。表 3-15 所列的匹配关系只是大致的情况，详细的准确的匹配还必须根据各种机型具体的使用条件确定。

表 3-15　变矩器系列匹配的变速箱系列号

变速箱系列号	20000	32000	34000	3000，4000	5000	8000	16000
变矩器系列号	C2000 C270	C2000，C270 C320，C5000	C5000 C8000	C270，C5000 C8000	C5000 C8000	C5000，C8000 C16000	C8000 C16000

（22）某些变速箱、某些型号的阀还包含一个位于控制盖上汽缸或油缸来操纵切断阀芯。这个阀用软管与制动系统相连。当车辆被制动时，气体或液压油进入阀体并克服弹簧阻力。这样使得阀芯换挡并中断进入方向离合器压力，以这种方式建立“空挡”不必移动控制杆。

（23）在 1000 系列变速箱中还有所谓“减速制动器”可供选择（除 4000 系列变速箱

外）。这种减速制动器的作用是当车辆高速下坡时，利用此减速制动器阻止车速增加，保证车辆行驶安全。

3.2.2.4 DANA 定轴式动力换挡变速箱的结构与原理

R20000、R32000、5000 系列变速箱在我国用得最广，因此以这三种变速箱为例，说明 DANA 变速箱的结构与原理。

A R20000 系列变速箱

图 3-20、图 3-21 为标准 R20000 系列三速变速箱的外形与结构。该变速箱由前进挡 F、后退挡 R、1 挡、2 挡、3 挡共 5 个换挡离合器，11 个齿轮，9 根轴，22 个轴承，箱体（它由前盖 1、后盖 7、箱体 6 组成），停车制动器 10，法兰，换挡操纵阀及操纵系统

图 3-20 R20000 三速变速箱外形

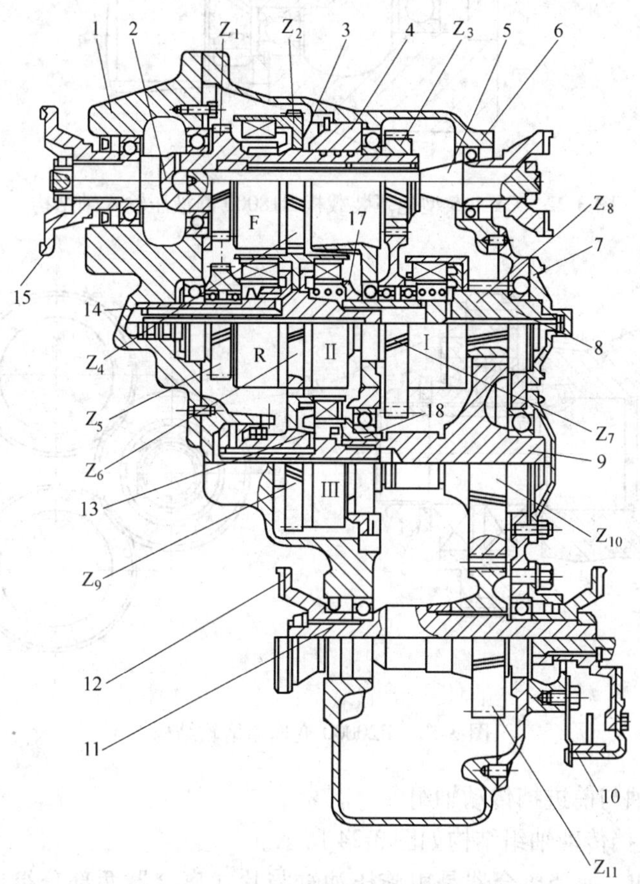

图 3-21 R20000 变速箱结构

1—前盖；2—输入齿轮轴；3—前进挡离合器与鼓轮组件；4—活塞环套；5—输出轴；6—箱体；7—后盖；8—1 挡离合器组件；9—惰轮；10—停车制动器；11—输出轴；12—输出法兰；13—3 挡离合器组件；14—后退挡与 2 挡离合器组件；15—输入法兰；16—惰轮轴（在图 3-23 中示出）；17—2 挡离合器鼓盘；18—3 挡离合器鼓盘；Z_1 ~ Z_{11}—传动齿轮（Z_4 在图 3-23 中示出）

组成。在地下装载机中，不采用轴 5 及相应轴承和法兰。除了图上的输入结构外，早期 CY-1.5 型地下装载机还采用一种所谓静压输入结构，如图 3-22 所示。在图 3-23 中，还有一个与齿轮 Z_1、Z_5 同时啮合的惰轮。该变速箱有 3 个前进挡、3 个倒退挡，共有 8 根轴（不算轴 5）。

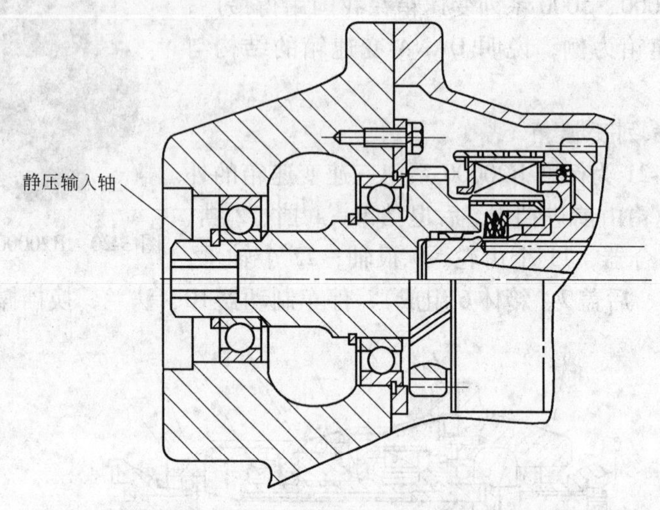

图 3-22　CY-1.5 型地下装载机 R18000 静液压输入轴结构

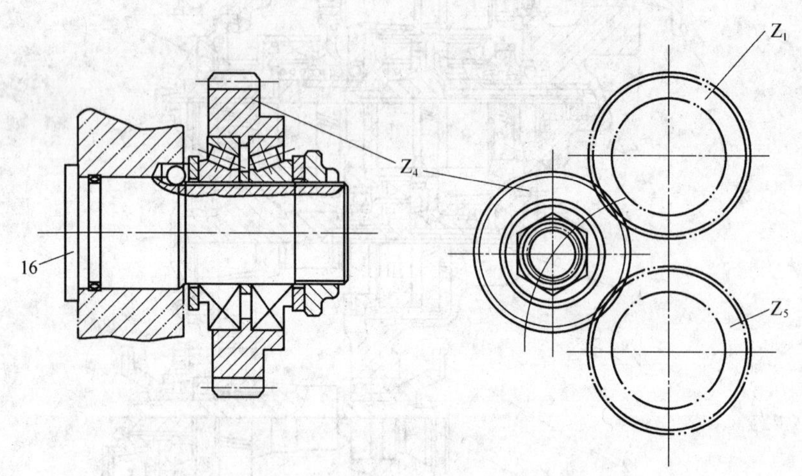

图 3-23　R20000 变速箱惰轮结构

a　静压输入轴与前进挡传动轴组

输入轴与前进挡传动轴组结构如图 3-24 所示。

从图 3-24 可知，换挡离合器是由施压油缸与片式离合器两部分组成。片式离合器部分包括内传动鼓（它与齿轮轴 1 焊在一起），外传动鼓（它与转轴焊在一起），主被动摩擦片 6、5，后板挡圈 3，后板 4 组成。主动摩擦片的内花键同内传动鼓外花键连接。被动摩擦片 5 外花键与外传动鼓内花键相连，当来自变速箱调节阀的压力油进入活塞右侧，推动活塞杆压紧主、被动摩擦片与碟形弹簧，则动力由输入轴 1 通过被摩擦片传递到外动鼓齿轮 Z_2 或 Z_3（图 3-21）。施压油缸由缸体（它与外传动鼓制成一体），活塞 9，内外活塞环7、8，复位碟形弹簧14，钢球排油阀（它装在活塞端面上，图中未表示）组成。若压力油回油箱，则活塞在碟形复位弹簧的作用下复位，主、被动摩擦片脱开，动力传动中断。

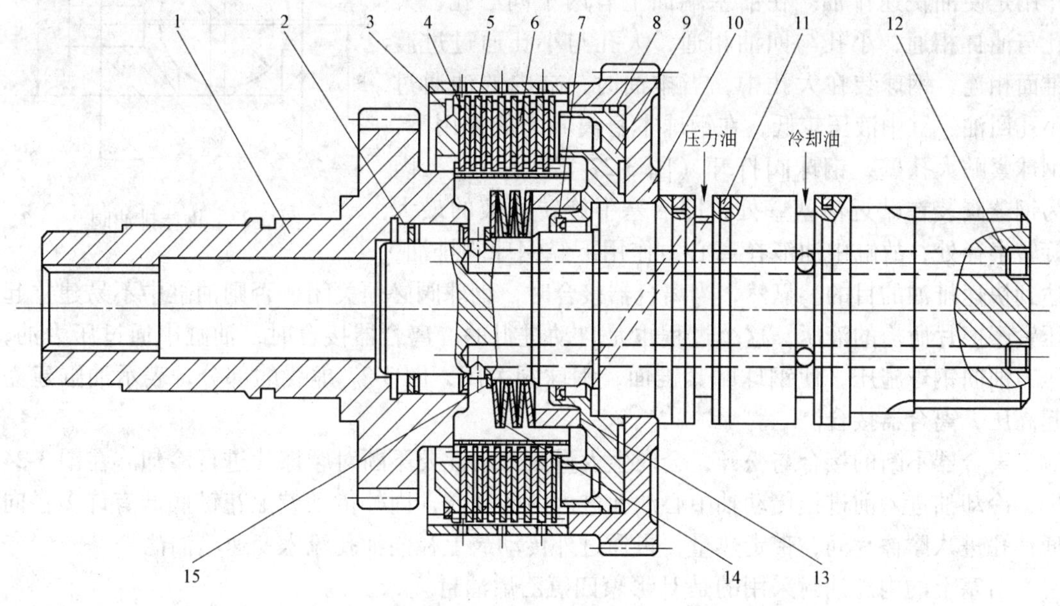

图 3-24 输入轴与前进挡传动轴组结构

1—输入齿轮轴；2—滚针轴承；3—后板挡圈；4—后板；5—被动摩擦片；6—主动摩擦片；7—内油封；8—外油封；9—活塞；10—前进挡离合器与鼓轮组件；11—活塞环；12—堵头；13—弹簧隔圈；14—碟形弹簧；15—弹簧挡圈

被动摩擦片为平钢片，外圈为外花键，见图3-25。主动摩擦片内圈为内花键。在其上烧结了一定厚度的粉末冶金衬面，在粉末冶金衬面上开有径向油槽，通油（图3-26）起润滑、冷却和冲刷磨屑作用，且能促进摩擦片的分离，但它易造成液体摩擦，使摩擦系数降低。前进挡各有8片主、被动摩擦片。

因为活塞与油缸是旋转的，由于油缸转速高直径大，则油缸中的油将产生很大的离心

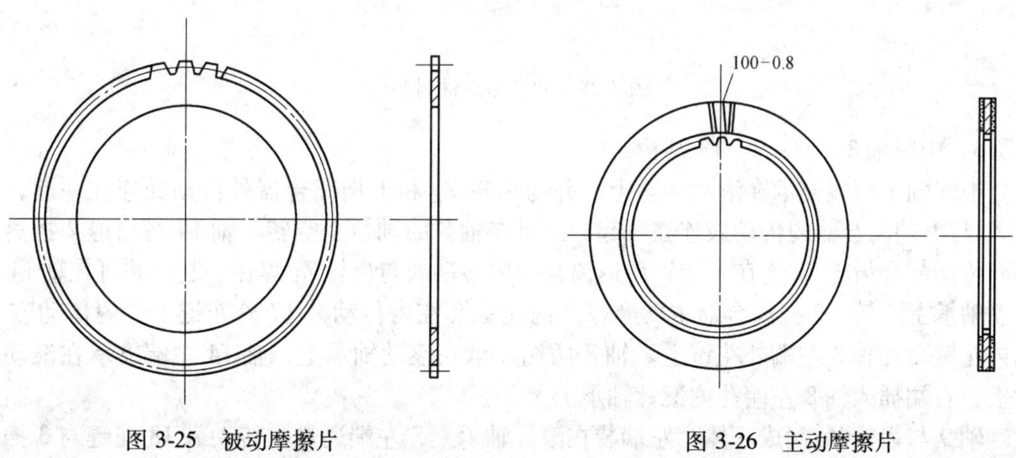

图 3-25 被动摩擦片　　图 3-26 主动摩擦片

液压阻止活塞9返回，离合器分离迟缓。为了使离合器快速分离，必须装设很大的恢复弹簧，显然这是不合适的，为此在活塞端面上，装有钢球排油阀（图3-27），其作用是使油快速排油。在活塞端面上有两个同心孔，大孔与油缸相通，小孔与回油相通，大孔与小孔通过过渡锥面相连，钢球装在大孔中，当排油时，缸内的油通过小孔回油，缸中液压较低，在钢球本身离心力的作用下，钢球紧贴大孔壁，钢球阀打开（图3-27实线位置），因为钢球阀装在贴近活塞壁处，即活塞中旋转油液的最大旋转半径处，故缸中油液在离心力作用下经钢球阀排油，达到快速排油的目的。显然，当离合器接合时，钢球阀必须关闭，否则油缸中不易建立起压紧摩擦片所需的液压，这个过程也是自动进行的。离合器接合时，油缸中通过压力油，压力油向钢球施压，使钢球贴紧锥面，钢球阀关闭，图3-27虚线的部分，表示油缸建立起高压，离合器接合。

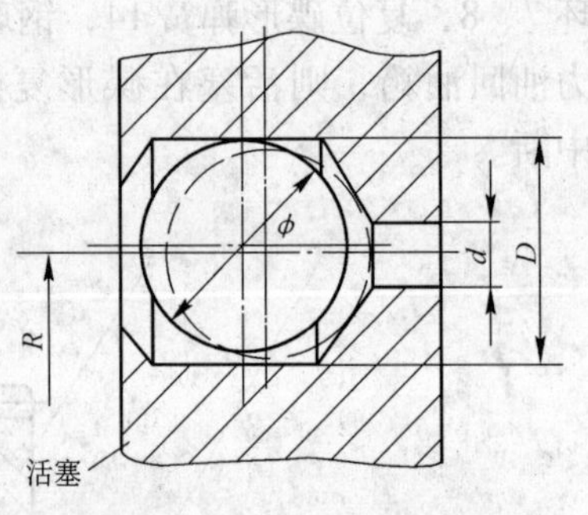

图3-27　钢球排油阀

离合器不断的接合与松开，会产生大量热，为此要不断对摩擦片进行冷却。在图3-24中，冷却油进入前进挡传动轴中心油孔进入内传动鼓，内外传动鼓上花键底部有许多径向通油孔进入摩擦片间，带走热量，再通过外传动鼓上径向油孔流入变速箱油池。

活塞上的内外油封采用的是U形聚四氯乙烯油封。

多片摩擦离合器的旋转油封工作可靠性和耐久性会直接影响整个变速箱的工作。

由于旋转密封面处的相对速度很高，所以活塞磨损后，漏油严重，换挡离合器的操纵油压建立不起来，离合器无法接合，车辆即停驶。

R20000系列变速箱采用如图3-28合金铸铁密封环，使用寿命很长。

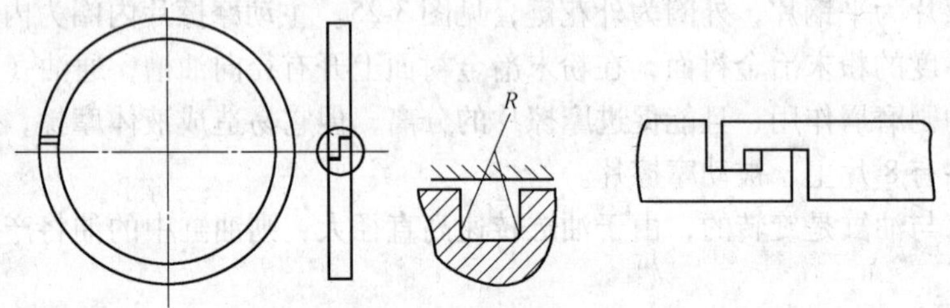

图3-28　回转密封油封结构

b　中间轴8，14；9，13结构

中间轴8两端支承在滚动轴承上，并与齿轮Z_8和1挡离合器外传动鼓连在一起，齿轮Z_7与1挡离合器内传动鼓连在一起，并可在轴8的轴承上空转。轴14与后退2挡离合器外传动鼓和齿轮Z_6连在一起，后退离合器内传动鼓与齿轮Z_5焊在一起，并可在轴14的滚动轴承上空转，2挡离合器主动摩擦片内花键套在内传动鼓17外花键上，内传动鼓17的内花键套在轴8左端外花键上。轴8两端支承在滚动轴承上，轴14左端支承在滚动轴承上，右端插入轴8左端孔内滚针轴承上。

轴9与齿轮Z_{10}制成一体，左端装在滚针轴承上，左端通过内传动鼓18花键与3挡离合器内主动摩擦片内花键连在一起，并支承在滚动轴承上。轴 13（图 3-21）与齿轮 Z_9 和 3 挡离合器外传动鼓连在一起，左端支承在滚动轴承上，右端插入轴 9 的内孔滚针轴承内，在 CY-1.5 型地下装载机内，在轴 9 的最左端有一段花键轴与停车制动器相连，把制动器的制动力矩传递到惰轮轴 9 上（图 3-21 上未表示出）。

c 输出轴

输出轴 11 两端可以通过法兰与前后桥法兰相连，左端也可以装上鼓式停车制动器 10，齿轮 11 通过花键与轴 11 相连。

d 惰轮轴 16

惰轮轴 16（图 3-23）装在前盖 1 上，惰轮 Z_4 通过两个锥轴承可在轴 16 上空转。惰轮 Z_4 同时与输入轴上的齿轮 Z_1、轴 14 上的齿轮 Z_5 啮合。

e 传动简图

图 3-29 为三速 R20000 系列变速箱传动简图。表 3-16 为三速 R20000 变速箱传动路线及传动比。

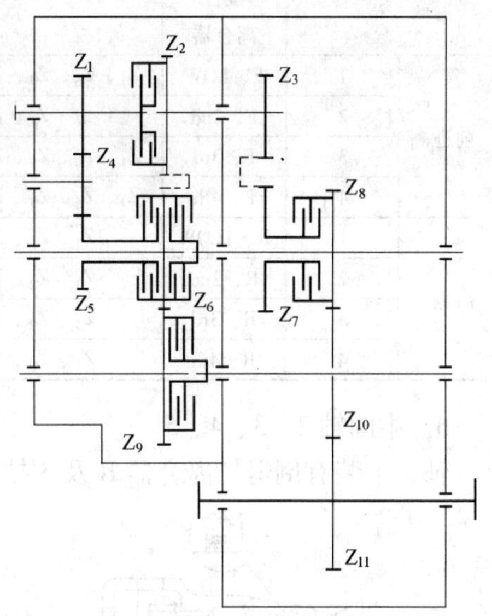

图 3-29 三速 R20000 系列变速箱简图

表 3-16 三速 R20000 变速箱传动路线及传动比

挡位		接合离合器	传动路线	传动比			
				R28324	R28349	R28326	R28325
前进	1	F1	Z_3、Z_7、Z_8、Z_{10}、Z_{11}	3.97	3.667	4.825	4.345
	2	F2	Z_3、Z_6、Z_8、Z_{10}、Z_{11}	2	1.86	2.11	2.0
	3	F3	Z_2、Z_6、Z_9、Z_{10}、Z_{11}	0.7	0.804	0.704	0.704
后退	1	R1	Z_1、Z_4、Z_5、Z_6、Z_2、Z_3、Z_8、Z_{10}、Z_{11}	3.94	3.667	4.825	4.345
	2	R2	Z_1、Z_4、Z_5、Z_8、Z_{10}、Z_{11}	2	1.86	2.11	2.0
	3	R3	Z_1、Z_4、Z_5、Z_6、Z_9、Z_{10}、Z_{11}	0.7	0.84	0.704	0.704

B R32000 系列变速箱

图 3-30 为四速 R32000 系列变速箱外形，图 3-31为四速 R32000 系列变速箱结构。该变速箱由齿轮、轴、换挡离合器、换挡操作阀等系统组成，具有 4 个前进挡和 4 个倒退挡（表 3-17）。该变速箱共有 6 根轴。

a 输入轴 1

它的前端法兰通过传动轴与液力变矩器的涡轮输出轴法兰相接。输入轴上齿轮与中间轴 2 倒退挡离合齿轮及中间轴 3 前进离合器齿轮啮合。

图 3-30 四速 R32000 变速箱外形

表 3-17 四速 R32000 系列变速箱传动路线

挡位		接合离合器	传动路线	传动比 R32421	传动比 R32428	传动比 R32420
前进	1	F、LOW	Z_1、Z_6、Z_7、Z_3、Z_5、Z_9、Z_{10}、Z_{12}、Z_{13}	4.76	4.84	5.10
	2	F、2nd	Z_1、Z_6、Z_{10}、Z_{12}、Z_{13}	2.25	2.29	2.40
	3	F、3rd	Z_1、Z_6、Z_7、Z_3、Z_4、Z_8、Z_{10}、Z_{12}、Z_{13}	1.30	1.12	1.38
	4	F、4th	Z_1、Z_6、Z_7、Z_3、Z_5、Z_9、Z_{11}、Z_{12}、Z_{13}	0.72	0.73	0.80
后退	1	R、1LOW	Z_1、Z_2、Z_5、Z_9、Z_{10}、Z_{12}、Z_{13}	4.76	4.84	5.10
	2	R、2nd	Z_1、Z_2、Z_3、Z_7、Z_{10}、Z_{12}、Z_{13}	2.25	2.29	2.40
	3	R、3rd	Z_1、Z_2、Z_4、Z_8、Z_{10}、Z_{12}、Z_{13}	1.30	1.12	1.38
	4	R、4th	Z_1、Z_2、Z_5、Z_9、Z_{11}、Z_{12}、Z_{13}	0.72	0.73	0.80

b 中间轴 2、3、4、5

轴 2 上装有倒退挡离合器 R 及 3 挡离合器，还有 4 个齿轮，这些齿轮分别与轴 3 和轴

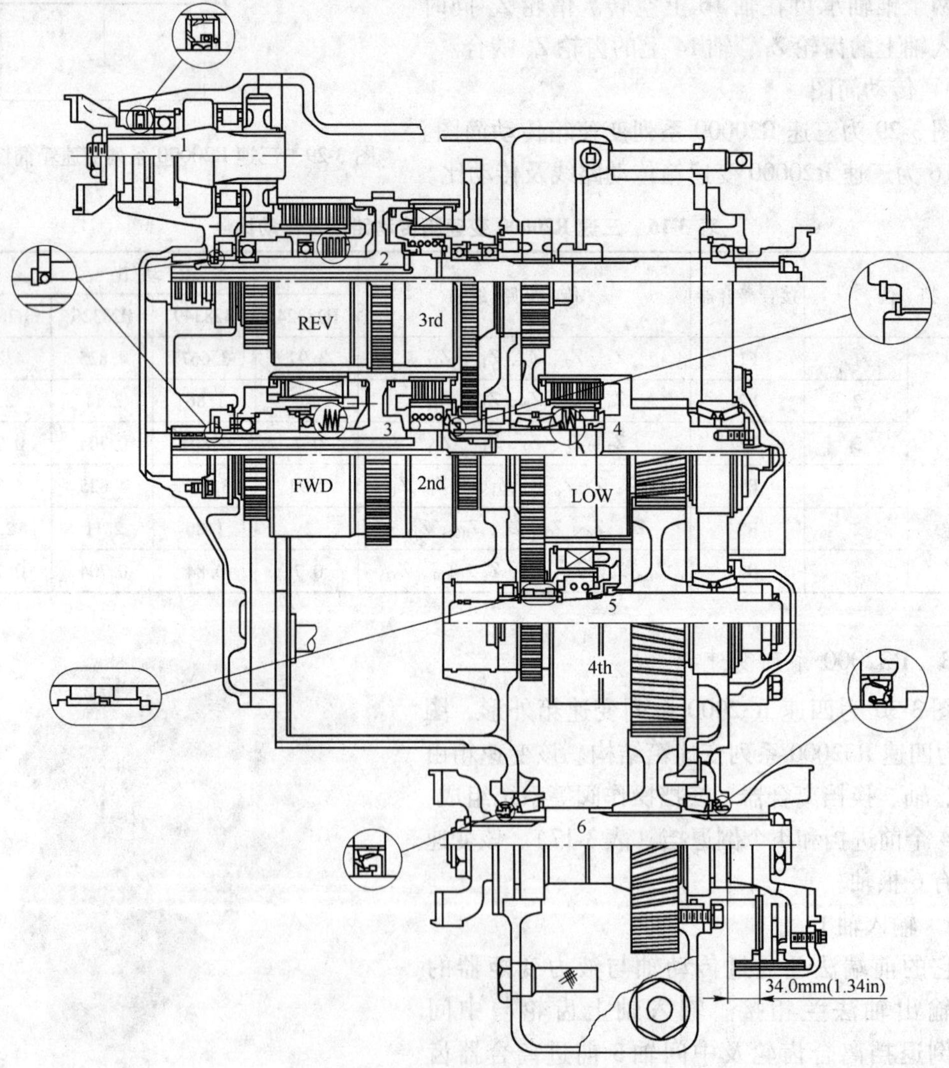

图 3-31 四速 R32000 变速箱结构

4 上的齿轮相啮合，且均为相啮合齿轮，轴 2 两端通过滚珠轴承支承在变速箱的箱体上；轴 3 上亦装有两个离合器，一个是前进挡离合器 F，一个是 2 挡离合器，轴 3 的两个齿轮分别与轴 2 上的两个齿轮相啮合，轴 3 的左端由滚珠轴承支承在变速箱的箱体上，右端经滚针轴承支承在轴 4 上；轴 4 上装有一个 LOW 挡离合器和三个齿轮，左端齿轮是 2 挡离合器的从动部分的齿轮，2 挡离合器接合后，轴 3 的动力可通过 2 挡离合器直接传递给轴 4，轴 4 上的三个齿轮分别与轴 2 和轴 5 上的齿轮相啮合，轴 4 两端由滚珠轴承支承在变速箱的箱体上；轴 5 上装有 4 挡离合器和一个制动器（即右端箱体外面结构尺寸较大与离合器结构类似的为制动器，它又称驻车制动器），轴 5 上装有的两个齿轮分别与轴 4 和轴 6 上的齿轮相啮合，轴 5 左端由滚珠轴承右端由双列圆锥滚子轴承支承在箱体上。

c 输出轴 6

输出轴两端接盘分别与地下装载机的前后驱动桥的传动轴相连，输出轴的齿轮与轴 5 上的齿轮相啮合，此轴用两个圆锥滚子轴承支承在箱体上，为防止变速箱中的油沿输出轴两端溢出，两端均设置了油封。

变速箱中的齿轮为常啮合齿轮。变速箱中的齿轮、轴承、离合器摩擦片的润滑，是由润滑冷却油来完成的，润滑冷却油从每个轴中孔道进入离合器内鼓，通过内鼓上径向孔润滑冷却摩擦片后从外鼓上的径向孔泄出，泄出的油再润滑冷却齿轮和轴承等零件。输出轴上的齿轮部分浸入在油中，能把润滑油溅起来，对与其相啮合的齿轮和相邻的轴承起飞溅润滑作用。

d R32000 系列变速箱传动路线

四速 R32000 系列变速箱的传动，如图 3-32 所示。该变速箱是由两个二自由度变速箱串联组合而成的组合式变速箱，其自由度为 3。自由度计算可根据式（3-9）计算

$$W = 2n - 2P_H - P_B \tag{3-9}$$

式中 W——变速箱的自由度；

n——机构中活动构件数目；

P_H——机构中低副数目；

P_B——机构中高副数目。

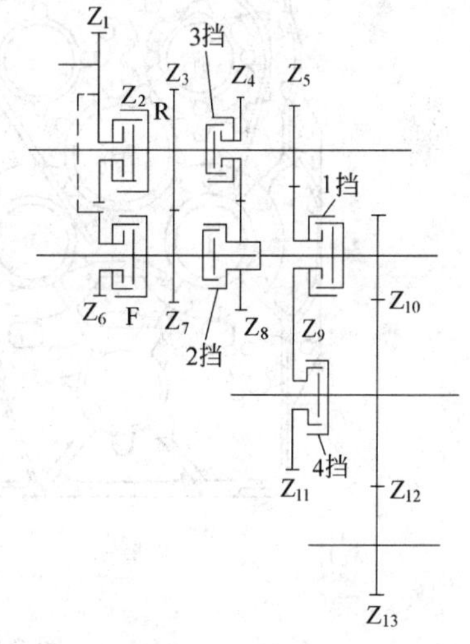

图 3-32 四速 R32000 系列变速箱的传动简图

上述变速箱 $n=11$，$P_H=11$，$P_B=8$。将这些值代入式（3-9）中，即 $W=3\times11-2\times11-8=3$。变速箱中有两个换向离合器，即离合器 R 为后退挡离合器，离合器 F 为前进挡离合器。这两个离合器和 5 个齿轮（Z_1、Z_2、Z_3、Z_6、Z_7）及轴 1、2、3 组成换向（即前进和后退）二自由度变速箱。其余的 4 个换挡（或称变速）离合器和 8 个齿轮（Z_4、Z_5、Z_8、Z_9、Z_{10}、Z_{11}、Z_{12}、Z_{13}）及轴 2、4、5、6 组成换挡（即变速）二自由度变速箱。它有 4 个前进挡和 4 个倒退挡，可视为由换向部分（R、F）和换挡部分（1、2、3、4）串联组成，串联后挡数为 $2\times4=8$ 个挡位。CY-3 型地下装载机变速箱各挡传动路线及传动比见表 3-17。

C　5000 系列变速箱

5000 系列变速箱外形见图 3-33，侧视图见图 3-34，结构见图 3-35。

从以上三个图中可以看出，5000 系列变速箱的结构与 R20000、R32000 系列有许多相似之处。不同的是：5000 系列变速箱离合器布置在箱体外，这给离合器的维修带来方便，更换离合器可以不拆卸变速箱。而 R20000、R32000 系列变速箱的离合器布置在箱体内，结构紧凑，轴承受力情况得到改善，变速箱形状规整，有利于总体布置；另外，5000 系列变速箱压力油管与润滑油管是外置式，结构简单。而 R20000、R32000 系列变速箱有外置式，更多的是内置式，在支承轴内打油孔，这种结构工艺复杂。

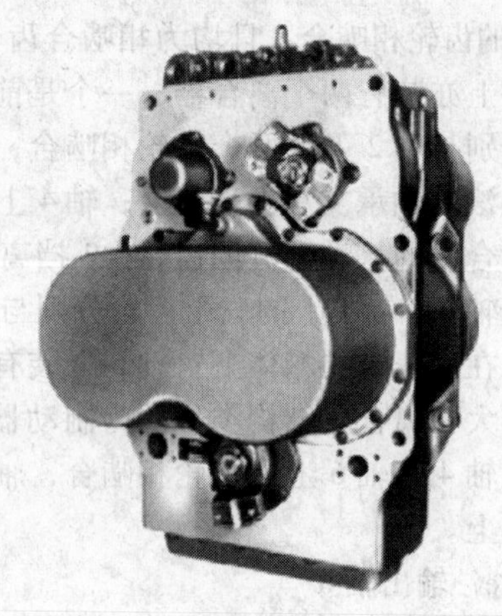

图 3-33　5000 系列变速箱外形

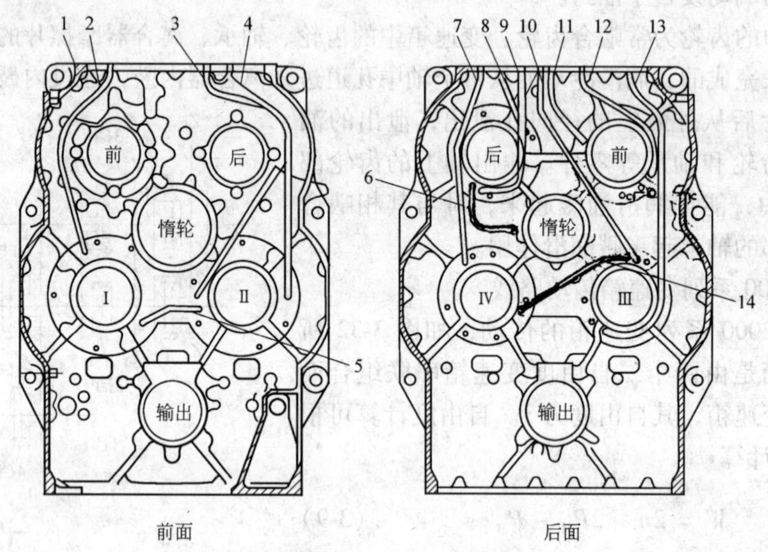

图 3-34　5000 系列变速箱侧视图

1—变速箱盖；2—1 挡离合器压力油管；3—2 挡离合器润滑管；4—2 挡离合器压力油管；5—2 挡与 1 挡重叠润滑管；6—后退到惰轮重叠润滑管；7—4 挡离合器油管；8—后退离合器压力油管；9—后退离合器润滑油管；10—3 挡润滑油管；11—输入润滑管；12—输入离合器压力油管；13—3 挡离合器压力油管；14—3 挡与 4 挡重叠的润滑油管

5000 系列变矩器主要由 6 根轴、6 个离合器、14 个齿轮、箱体、箱罩、调节阀、轴承等组成。前进、后退、3 挡、4 挡离合器外传动鼓的结构如图 3-36 所示。1 挡、2 挡离合器外传动鼓结构如图 3-37 所示。件号名称同图 3-36。后两种传动鼓的结构基本相同，只是一个外传动鼓带齿轮，另一个传动鼓带外花键。离合器支座用螺钉固定在箱体上。5000 系列变速箱传动见图 3-38。四速 5000 系列变速箱传动路线见表 3-18。

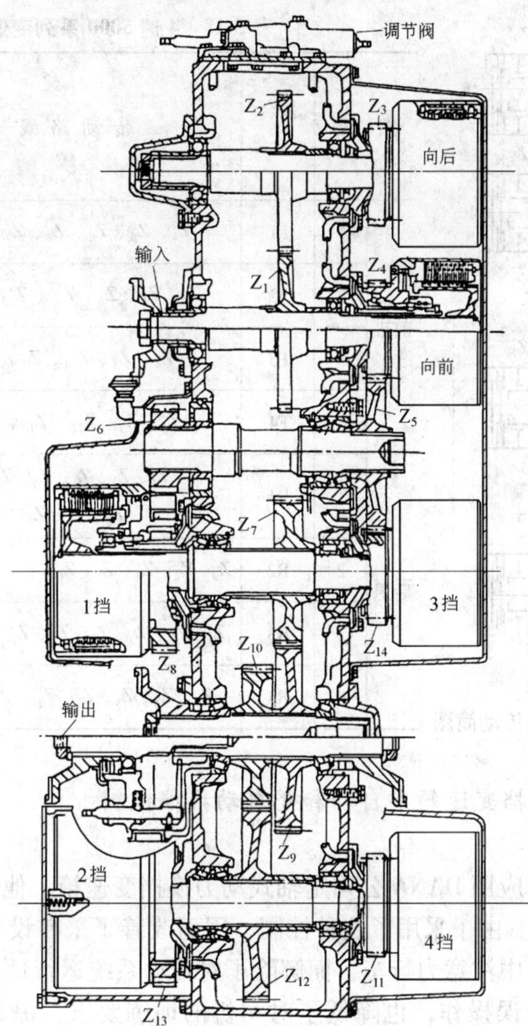

图 3-35 5000系列变速箱结构

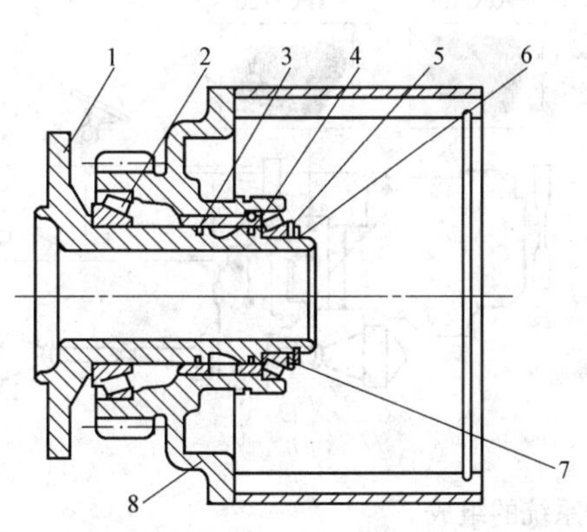

图 3-36 前进、后退、3挡、4挡离合器外传动鼓结构

1—离合器支座；2—内圆锥轴承；3—活塞环；4—活塞环外座圈；5—外锥轴承；6—弹簧挡圈；7—垫圈；8—外传动鼓

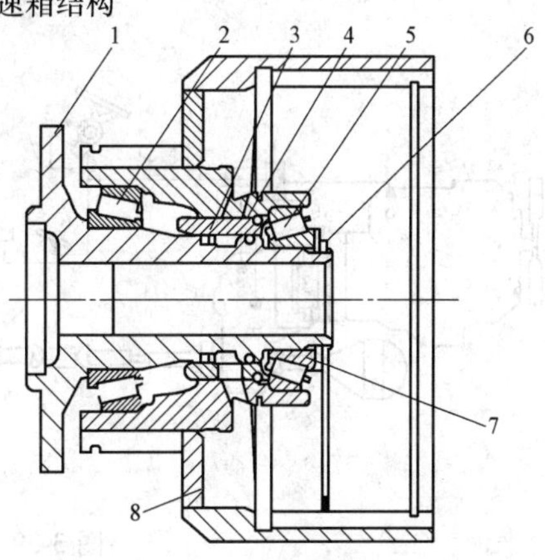

图 3-37 1挡、2挡离合器外传动鼓结构

1—离合器支座；2—内圆锥轴承；3—活塞环；4—活塞环外座圈；5—外锥轴承；6—弹簧挡圈；7—垫圈；8—外传动鼓

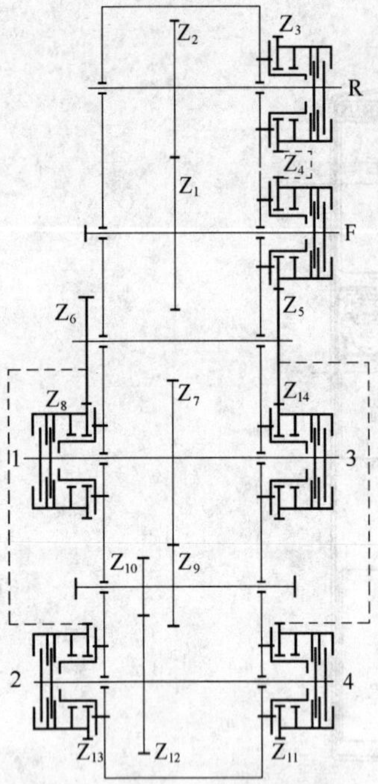

图 3-38 5000 系列变速箱传动简图

表 3-18 4 速 5000 系列变速箱传动路线

挡位		接合离合器	传动路线	传动比		
				5421	5420	5422
前进	1	F1	Z_4、Z_5、Z_6、Z_8、Z_7、Z_9	4.09	5.33	4.33
	2	F2	Z_4、Z_5、Z_6、Z_{13}、Z_{12}、Z_{10}	2.27	2.74	2.26
	3	F3	Z_4、Z_5、Z_{14}、Z_7、Z_9	1.29	1.40	1.40
	4	F4	Z_4、Z_5、Z_{11}、Z_{12}、Z_{10}	0.72	0.72	0.78
后退	1	R1	Z_1、Z_2、Z_3、Z_5、Z_6、Z_8、Z_7、Z_9	4.09	5.33	4.43
	2	R2	Z_1、Z_2、Z_3、Z_5、Z_6、Z_{13}、Z_{12}、Z_{10}	2.27	2.74	2.26
	3	R3	Z_1、Z_2、Z_3、Z_4、Z_5、Z_{14}、Z_7、Z_9	1.29	1.40	1.40
	4	R4	Z_1、Z_2、Z_3、Z_5、Z_{11}、Z_{12}、Z_{10}	0.72	0.72	0.78

3.2.2.5 动力换挡变速箱半自动和全自动换挡控制

A 基本原理

目前采矿设备广泛应用 DANA 公司定轴式动力换挡变速箱。他们设计有半自动与全自动换挡控制（图 3-39）。由于采用了这种控制，因而改善了采矿设备的使用性能与操作性能。从而使司机只需集中注意力行车，而解除了对传动系统运行情况的后顾之忧。这样可以减少司机疲劳，减少误操作，也降低了对司机的训练要求，提高车辆的运行效率和性

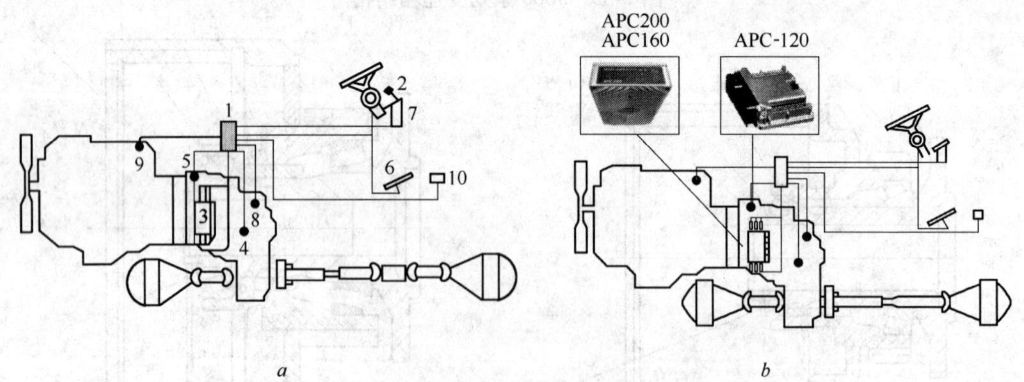

图 3-39 自动控制系统的组成

a—APC-100 自动控制系统；*b*—APC-120 新型自动控制系统

1—APC-100 控制箱；2—EGS 电子换挡选择器；3—速度与方向控制阀；4—涡轮传感器；5—发动机传感器；6—油门传感器；7—操作盘上开关与显示器；8—变速箱温度与压力传感器；9—发动机温度与压力传感器；10—离合器脱开开关

能，减少设备的磨损。半自动换挡与全自动换挡的区别在于后者随负荷与速度而自动换挡。现以 DANA 公司的 APC-100 自动控制系统为例，说明其组成与原理（图 3-39a）。

（1）APC-100 控制箱。控制箱中有一个中央处理器，它收集驾驶室内控制器、变矩器、变速箱及油门的数据信号，并根据这些信号及机器的预定性能要求进行处理并向变速箱发送电子信号，从而以最佳操作时间进行相应操作，其过程见图 3-40。

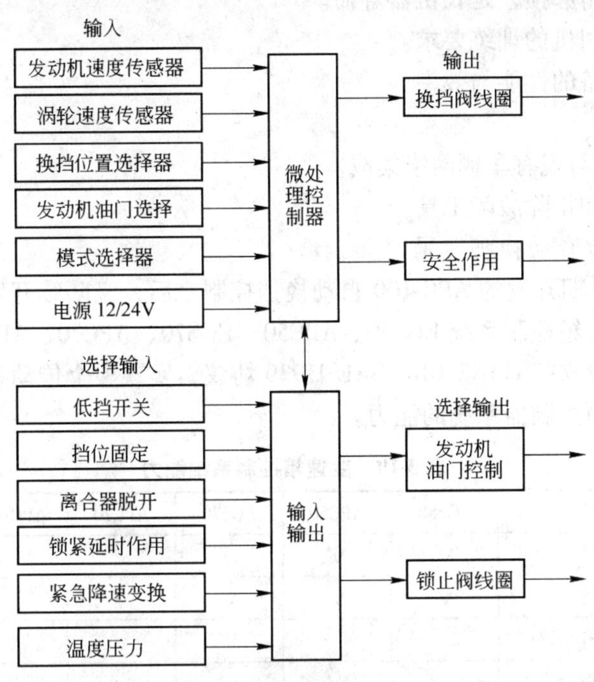

图 3-40　自动控制系统控制过程

（2）EGS 电子挡位选择器。它可以预先设定各变速挡位，从而提供简单有效平稳的换挡操作，使手柄型和操作台型的控制器可以与大多数变速箱配合使用。减轻司机的精神集中程度，还可以对传动系统起保护作用。EGS 拥有大功率的微机和显示器，起着反向保护、反向设定挡位、降速保护、空挡启动保护、变矩器自动锁紧、半自动换挡、低速挡功能、油门减少控制、预启动挡位等作用。

（3）速度与方向控制阀。它是一个执行元件，受中央处理器与 EGS 电子挡位选择器控制，其作用是按预定要求换挡。

（4）涡轮传感器。主要是检测变矩器油温与涡轮速度。

（5）发动机传感器。主要是检测发动机各种性能特性。

（6）油门传感器。它是脚踏板总成的一部分，并代替从驾驶室到油门的机械连接，这种传感器把司机油门控制转化为信号，送入中央处理器。

（7）操纵盘上开关及显示器。它能诊断硬件的故障，检查油门传感器的功能和速度传感器的运行，如果机器一旦出现故障，所有输出全部关掉。

（8）变速箱温度与压力传感器。主要是检测变速箱的油温与离合器的压力。

（9）发动机温度与压力传感器。主要是检测发动机机油压力与温度。

(10) 离合器脱开开关。主要是使司机利用制动器踏板，将变速箱自动处于空挡位置，此种功能将向机器其他功能提供足够的发动机动力。

B APC 控制的主要优点

(1) 可减少司机疲劳。

(2) 可减少误操作。

(3) 可减少设备磨损，延长机器寿命。

(4) 可降低对司机的训练要求。

(5) 可提高设备的性能与效率。

(6) 集成显示。

(7) 利用 CAN 与现有车辆网络集成。

(8) 机内发现和排除故障工具。

C 变速箱其他自动换挡装置

DANA 公司在早期开发的 APC-100 自动换挡控制之后，又陆续开发了更加先进的自动换挡控制，如：变速箱控制系统 EGS50、APC50、EGS70、APC70、APC160、APC200 变速箱控制器。这些系统支持 CAN2. 0B、SAE J1939 协议，实现整个传动系统控制。在表 3-19 中列出了上述变速箱控制器系统的能力。

表 3-19 变速箱控制系统能力

功能/特点	EGS50	APC50	EGS70	APC70	APC120	APC160	APC200
传动系统保护	√	√	√	√		√	√
速度传感自动换挡	√	√	√	√		√	√
负荷传感自动换挡			√	√		√	√
电子控制离合器			√	√			√
电子微调							√
静液压马达和功率控制				√		√	√
电子控制制动						√	√
发动机伺服控制						√	√
转向桥控制		√				√	√
故障诊断	√	√	√	√		√	√
终端用户参数调整	√	√	√	√		√	√
集成换挡杆	√		√				
显 示	8LED	2Digit	8LED	2Digit		4Digit	4Digit
模拟控制			√	√		√	√
CAN 网络集成			2. 0A	2. 0A		2. 0B	2. 0B
符合 SAE J1939						√	√
密 封	IP66	IP65	IP66	IP65/66		IP66	IP66

a EGS50 和 APC50 变速箱控制器

Spicer EGS50 和 APC50 变速箱控制器主要用作传动系统保护。EGS50 是一个独立带内装机内故障诊断显示的智能换挡杆，它有两种模式，侧面安装缓冲型或安装在转向柱上支持型换挡器。该APC50变速箱控制器可接收从最标准工业换挡杆来的信号。它有一个内置车速或选定的方向和范围的显示器。如果换挡控制电路出了问题，诊断模式可用于故障排除。

车速传感器是该系统的一部分，控制器可以提供有效的降挡和反转保护。在任何情况下采用适当的控制逻辑，取决于具体的应用需求。作为一种选择，该控制器可以支持高速变速箱自动换挡。

德纳公司的新一代控制系统可用来把各种功能集成到工作机器上，包括线控油门、线控制动，以及电子控制的微动。这些功能集成，可以使车速和发动机转速完全相互独立。例如，如果你有叉车起重负重的精确位置，希望把发动机的速度提高到液压系统最大性能，但又不想使车辆的速度增加，结果，电子控制器从地面断开发动机使方向离合器打滑，从而使发动机转速和车速各自独立。发动机转速随后成为液压系统一个需要功能，车速随脚踏的位置而变化。

德纳公司已经开发了新的控制器技术，该技术同新的变速箱平台一起，将为德纳公司的客户提供灵活的性能，并改进操作性能，改善营运效率，以增强它的竞争力。

b EGS70 和 APC70 变速箱控制器

EGS70 和 APC70 变速箱控制器有两个控制系统供电子控制 Spicer T16000 变速箱选择。EGS70 是一个独立带内置变速箱控制模块的智能换挡杆，当机内的诊断功能被激活时，APC70 利用外部的换挡杆输入命令，并有两位数字显示选择的挡位或故障编码。在 T16000 变速箱里，这些控制器电子调节方向离合器和手动或自动换挡转换。

虽然控制 T16000 系列变速箱要求 EGS70 和 APC70 控制器，但该控制器也可作为可选的软件包去控制其他非电子控制调制 Spicer 变速箱，保护全系列动力传动系统和负载传感自动换挡。

在该平台闪存记录车辆的运行条件有关的统计资料，使它适用于服务操作。换挡点和其他运行参数可通过用户用 PC、参数编辑器进行优化。优化参数设置可以永久保存在控制器的存储器内。

c APC160 传动系控制器

APC160 传动系控制器的设计是用于任何非电子控制调制 Spicer 动力换挡变速箱，并有负载传感换挡的能力。APC160 控制配备了 4 位数显示屏，当机内诊断功能被激活时，它能够提供详细的有关操作条件信息，并显示故障代码。闪存记录有关车辆的操作历程的统计资料，并像 APC200 一样，换挡点和其他运行参数通过 PC 机、参数编辑器优化。这些参数设置也可以保存在一个很远的电脑里，供以后使用或供生产单位的特殊要求定制。

APC160 支持 SAE J1939 标准和用户特定的 CAN 2.0B 协议方便车内联网。通过避免冗余和大量减少总系统所要求的大量布线，与其他兼容机内系统集成使系统总成本降低。定制的 CAN 总线允许实现与车辆中央显示集成并为车辆所有功能提供了一种通用的用户界面，包括车辆的传动系统控制器。

d APC200 传动系控制器

APC200 传动系控制器是控制新 TE 系列的电子控制变速箱。设计 APC200 控制器的负荷传感功能是根据车辆的运行条件自动调整换挡方法，并防止在陡坡上换低速挡时反转。虽然自动换挡是标准的，手动超越功能允许操作者使变速箱控制在任何单独范围。应用于前端装载机完全可以在恰当的时机非常平稳地自动完成换低挡到 1 挡（在矿堆里）。换挡点和其他运行参数可用 PC 机优化，编辑的参数和由此产生特制参数设置可永久保存在控制器的存储器里。

当车辆液压系统工作时，一个可选的电控微调软件模块提供了精确的位置控制。当 APC200 与发动机和制动器连接时，可以对整个传动系进行控制，发动机可以直接控制，或通过采用 SAE J1939 标准的 CAN 总线控制。

e　APC120 变速箱控制器

EGS50、APC50、EGS70、APC70、APC100 变速箱控制器与变速箱机械控制相比有许多优点，但随着科学技术的发展，已不适应今天对自动化的要求，因为：

（1）BTS412 输出单元模块已经被淘汰；

（2）上述控制器没有 CAN 通讯功能，而 CAN 通讯功能正是现在和未来市场的需要；

（3）上述型号的控制器不符合 2009 年 1 月新颁布的 EMC（电磁兼容性）要求；

（4）新的环保要求更加严格；

（5）8 位的微处理器也即将被市场淘汰。

正因为如此，DANA 公司又新开发了适合今日市场需要的 APC160、APC200 变速箱控制器，特别是最新开发的 APC120 变速箱控制器。它已替代了所有的 APC100、EGS50、APC50、EGS70、APC70 变速箱控制器。

APC120 变速箱控制器是 DANA 公司为控制开关式电磁阀控制的动力换挡变速箱（如 T12000、T20000 等）和单比例阀控制的（single proportional）动力换挡变速箱（如 T16000 等）而最新设计的控制器，它提供变速箱保护（降挡保护、超速行驶换挡保护、换向保护、在通电时挡位范围的选择、变矩器外部油温保护、系统压力保护、警示灯）和车辆安全保护（换挡杆处在空挡时发动机启动、操作者在场保护、空挡锁止保护、操作者在场保护和空挡锁止保护、停车制动）以及变速箱和车辆各种功能（手动换挡、自动换挡、手动/自动挡选择、自动换挡配置、换向）。为了符合严格的欧洲安全责任法规的高标准（EMC 2004/108/eEG 标准），APC120 设计有最先进的硬件。APC120 变速箱控制器通过利用 SAE J1939 标准的 CAN 2. 0B 协议 CAN-总线提供与其他车辆装置（发动机控制器、车辆中央控制器、CAN 显示器等）通信。

APC120 本身不具备集成的显示器，所以 DANA 公司提供 RD120 远程显示器，它适用于 APC120，并可提供基本操作信息和故障诊断编码。

DANA 公司已生产第二代，用户友好，与新的硬件兼容的个人计算机基本软件界面，这些软件编辑使得用户去优化和编辑控制器参数以及完成故障诊断。

D　驾驶室仪表控制板

驾驶室仪表控制板是用于具有 CAN 2. 0B 界面控制器故障诊断和监视器的工具。

人机接口系统是地下装载机控制系统的一个重要组成部分，其作用是为驾驶员提供一个良好的操作界面和环境，同时协调控制系统各部分之间的工作。为了提高车辆操作过程中的人机交互性能，人机交互界面采用了图表化、图标化和数字化的显示方式，取代了传统控制系统中的诸多仪表，使得参数显示直观、准确、实时、明了。DANA 公司最新开发出与 DANA 变速箱控制器（APC）通信的 PC 工具——驾驶室仪表控制板，如图 3-41 所示。

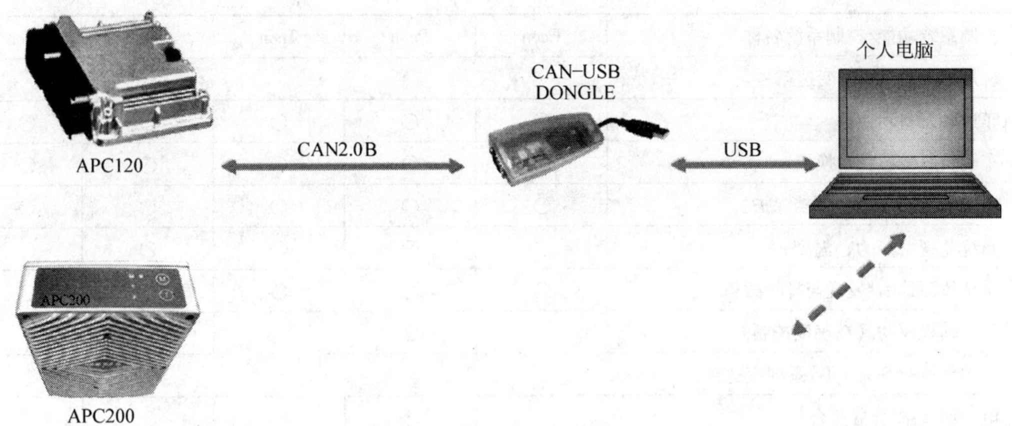

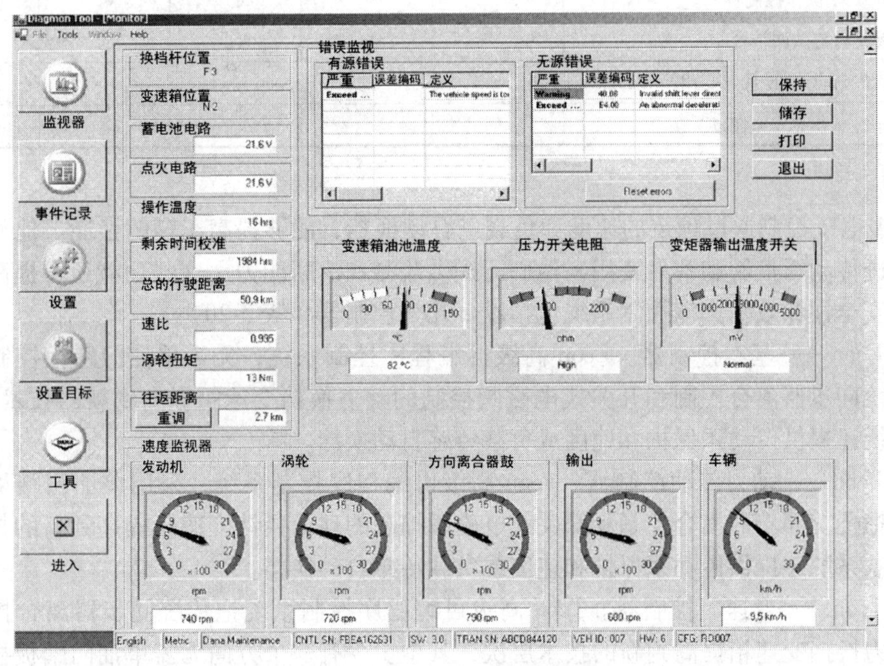

图 3-41 驾驶室仪表控制板

该界面实际是一种人机交互界面。它可实时监视所有相关传输信息和功能，从而使发现与排除故障简单；记录、存储与变速箱有关功能信息；显示有源和无源错误编码；允许改变设置和局部调整有关极限参数；自动校准等。

E 传动系统控制系统的发展

DANA 公司是世界著名机械传动部件制造公司。2005 年 3 月 15 日 DANA 公司宣布推出新一代的 Spicer®变速箱电子控制技术，它与 CAN2. 0B 通信协议兼容。此电子控制技术是为平稳、高效的换挡操作而设计与制造的。它最先进的功能包括电子调制技术、电子节气门和线控制动系统、电子单踏板驱动能力，并为辅助使用区分车速和发动机转速，见表 3-20。

表 3-20　新型变速箱控制系统及功能

控制系统功能/控制系统名称	Econ	Pcon	Tcon	Icon	Acon
应用到所有 Spicer 变速箱					
车速触发自动换挡	○	○	○	○	○
车辆负载传感自动换挡	○	○	○	○	○
防手动换挡（即挂低挡保护）	○	○	○	○	○
系统监视（压力，温度）①	○	○	○	○	○
系统故障诊断/发现与排除故障	○	○	○	○	○
信号踏板驱动（精确度控制）		○		○	
应用到所有 Spicer TE 系列变速箱					
电子调节-离合器接合①			○	○	○
电子调节微调-操作控制①			○	○	○
信号踏板驱动与微调结合				○	
应用到某些 Spicer TE 系列变速箱（TE08）					
制动离合器（补充安全制动）①					○

①取决于变速箱。

DANA 电子控制通过预定的速度和负载点自动换挡，能够提高车辆的性能。他们不仅提供了先进传动系控制和容易使用，他们还提供监测和诊断能力。这些功能还可提高车辆生产率、安全性和效率。该控制系统包括以下几个控制器（表 3-20）：

（1）Econ——基本控制器。Econ 高级可编程序控制系统，无需单油门踏板控制技术就能把传统同步器离合控制和开关式电磁阀控制的动力换挡变速箱提高到新的技术层次。该控制系统还提供传动系保护和速度或负载传感自动换挡。

（2）Pcon——动力传动控制器。Pcon 高级可编程序控制系统，采用单油门踏板控制技术就能把传统同步器离合控制和开关式电磁阀控制的动力换挡变速箱提高到新的技术层次。该控制系统还提供传动系保护和速度或负载传感自动换挡。

（3）Tcon——变速箱控制器。Tcon 高级可编程序控制系统把传统同步器离合控制和标准的动力换挡变速箱提高到新的技术层次，其中至少有一个方向无需单油门踏板控制技术和离合器刹车技术的电子调制。该控制系统还提供传动系保护和速度或负载传感自动换挡。

（4）Icon——智能控制器。Icon 高级可编程序控制系统把其中至少有一个方向带单油门踏板控制技术的电子调制的动力换挡变速箱提高到新的技术层次。该控制系统还提供传动系保护和速度或负载传感自动换挡。

（5）Acon——先进控制器。Acon 高级可编程序控制系统把服务于所有离合器都带有离合器制动技术的电子调制动力换挡变速箱提高到新的技术层次。该控制系统还提供传动系保护和速度或负载传感自动换挡。

新的 Econ 和 Pcon 控制器完全符合 DANA 变速箱设计（包括电子控制阀），该控制器包括自动换挡、监视系统、数据记录、安全换挡约束、故障诊断和单踏板驱动。Econ 和 Pcon 现在可用于新设计变速箱，改造过去的变速箱以提高它的控制能力。对于旧的车辆，用符合 Tier2 和 Tier3 排放法规的新发动机替代旧发动机，用 Econ 与 Pcon 变速箱控制器也是可行方案。

Spicer® Tcon、Icon、Acon 与 DANA 公司 TE 系列变速箱一道工作以扩大电子控制能力，电子控制能力包括电子-调节离合器接合和操作者-控制，电子-调节微调。

新的变速箱控制特点是 RD120 显示装置，当在别处安装大的先进的动力换挡控制装置 ECU（electronic control unit）时，驾驶室有很大空间，远距离显示可安装在车辆驾驶室内。

3.2.2.6 DANA 公司动力换挡变速箱的选择

A 类比法选择

收集与要设计的地下装载机的载重量、斗容、结构相近的，在实践中证明性能先进，使用可靠的国内外机型，选择变速箱，见第 1 章 1.4.3 和 1.5.1 节。

B 计算方法确定

（1）变速箱系列选择之前首先要根据用户对总机的要求，对地下装载机传动系统进行匹配计算，确定变矩器有效直径、系列型号。

（2）确定传动系统最小传动比 i_{min} 和最大传动比 i_{max}。根据柴油机与变矩器的匹配输出特性曲线求出 i_{min} 与 i_{max}。根据地下装载机在良好的路面上高速行驶时，变矩器能在高效率范围内（$\eta=0.7$）工作，最小驱动力应对于发动机与变矩器共同工作输出特性最小工作扭矩工况这一条件确定其最小传动比 i_{min}。最大传动比 i_{max} 根据变矩器与发动机共同工作输出特性的高效率范围（$i=0.7$）的工况并保证变矩器不致进入制动工况的条件确定（一般柴油地下装载机插入的工作速度 v 为 1.5 ~ 2km/h；电动地下装载机的插入速度 v 为0.8 ~ 1.5km/h）。

（3）确定桥的型号与桥的总传动比 i_{AR}。由于桥可供选择的型号不多，因此先要根据桥荷与总体布置，选用轮胎与轮辋的规格选择桥的型号与桥的总的传动比 i_{AR}。

（4）确定变速箱的型号与各挡传动比 i_{TR}。可根据发动机的功率与用途（表 3-11）选择相应变速箱系列。考虑一定的安全裕量，当发动机的功率接近变速箱适用功率的下限与上限中间时，可选用该系列变速箱。所选变速箱必须与变矩器相匹配（表 3-17），由于

$$i_{max}(\text{或}\ i_{min}) = i_0 i_{Tmax}(i_{Tmin}) i_{AR} \tag{3-10}$$

这里 i_0 为变矩器偏置传动比。由于 i_{max} 与 i_{min}，i_A 为已知，若选择的 T_{max} 与 T_{min} 在变速器的规格里可以找到，此时 $i_0=1$。若没有，就在变矩器规格里选择相应 i_0 值使 $i=i_0 i_T i_A$。

变速箱的挡位数可根据外阻力变化范围确定。一般可根据前述经验选取。轴距也是如此。各挡传动比基本上是按等比级数分配。

C 选择件的选择

由于地下装载机在井下操作，路面条件差，运距不大，载荷变化大，维修保养困难，因此要求地下装载机操作简单、使用可靠、寿命长、成本低。为此地下装载机一般选择机械换挡、缓冲装置、一个变速油泵、一个转向油泵、一个工作油泵。对电动地下装载机还需要选微调装置（柴油机地下装载机由于发动机可控制油门调速故不需要）、停车制动器（除 1000 系列变速箱之外），不选择车桥脱开装置、变矩器锁紧装置、变矩器自由轮、取力器、离合器松开、减速制动器。根据用户需要与地下装载机结构可选择紧急转向泵，静

液压驱动安装（只对某些系列变速箱）。

根据总体布置与传动轴的安装，在DANA各系列变速箱输入与输出法兰的配置表中选取合适的法兰。若表中法兰都不合适，也可以自己设计，但要进行强度校核。

3.2.2.7　DANA公司动力换挡变速箱的常见故障及排除

变速箱故障有两种类型：机械与液压。

A　机械方面的检查

（1）务必检查所有操纵连杆是否确保正常连接，正确调整所有连接点。

（2）检查变速杆的连接杆在变速时有无弯曲与约束，是否妨碍滑阀完全开闭。在控制阀上用手操作变速杆，如果未能获得全开全闭，问题可能出在控制阀盖和阀的组件。

B　液压方面的检查

检查变矩器、变速箱和相关液压系统的压力和额定流量之前，检查变速箱油位。这时油温应为82.2～93.3℃，绝不能在冷油状态下检查。为了使油温上升到预定值，就必须使设备工作或者使变矩器处于失速工况运转。前者是不现实的，而后者应用下述方法实现。挂前进和高速挡并进行制动，使发动机加速，油门开启1/2～3/4。变速器处于失速工况，直至变矩器出口油温达到要求时为止（注意：全油门失速运转时间过长会使变矩器过热）。变速箱常见故障及排除见表3-21。

表3-21　变速箱常见故障及排除

故障现象	故障原因	排除方法
离合器油压过低	（1）油位低； （2）离合器压力调节阀芯卡住； （3）补油泵损坏； （4）离合器轴或活塞密封圈损坏或磨损严重； （5）离合器活塞排放阀卡住； （6）变速箱调节阀弹簧损坏	（1）加油至正常油位； （2）清洗阀芯和阀体； （3）更换补油泵； （4）更换密封圈； （5）彻底清洗排放阀； （6）更换调节阀弹簧
变矩器补油泵排量低	（1）油位低； （2）吸油网堵塞； （3）油泵进油软管接头漏气或软管破裂； （4）油泵泄漏大	（1）加油至正常位置； （2）清洗吸油滤网； （3）拧紧所有管接头； （4）更换油泵
过　热	（1）油封磨损； （2）油泵磨损； （3）油位低； （4）油泵吸油路进气； （5）连续重负荷作业时间长	（1）拆开变矩器，更换油封再装好变矩器； （2）更换油泵； （3）加油至正常油位； （4）检查油路接头并确保紧固； （5）调整作业时间
变矩器有噪声	（1）啮合齿轮已磨损； （2）油泵已磨损； （3）轴承已磨损或破损	（1）更换齿轮； （2）更换油泵； （3）必须进行部件解体，以确定更换有故障的轴承
功率不足	（1）在变矩器失速时发动机转速过低； （2）参见“过热”并进行同样检查	（1）转动发动机并检查调速器； （2）参考“过热”排除故障

续表 3-21

故障现象	故 障 原 因	排 除 方 法
离合器泄漏量过大情况下离合器压力过低	(1) 离合器活塞密封圈损坏； (2) 离合器放泄阀钢球打开位置被卡住； (3) 离合器支座密封圈断裂或磨损（仅对1000系列变速箱）； (4) 变矩器辅助泵流量过低	(1) 更换密封圈； (2) 彻底清洗放泄阀； (3) 更换密封圈； (4) 参见辅助输出流量有关章节
变矩器压力过低情况下通过油冷却器流量过低	(1) 安全溢流阀弹簧损坏； (2) 变矩器溢流阀部分打开； (3) 变矩器内部泄漏过大，参考变矩器润滑油流动的有关章节； (4) 变速箱离合器的密封圈破裂或磨损	(1) 更换弹簧； (2) 检查溢流钢球座是否损坏； (3) 卸下部件解体并重新装配变矩器，更换所有已磨损和损坏的零件； (4) 参见离合器泄漏章节
变矩器出口压力较高情况下通过油冷却器的流量过低	(1) 如变速箱润滑压力过低则说明油冷却器阻塞； (2) 油冷却器回油管阻塞； (3) 如变速箱润滑压力过高则说明变速箱润滑油口阻塞	(1) 冲洗并清洗油冷却器； (2) 清除回油管； (3) 检查润滑油管路中阻碍物

3.2.3 CAT公司行星动力换挡变速箱

3.2.3.1 CAT行星动力换挡变速箱结构

现以CAT公司R1700G地下装载机行星动力换挡变速箱组为例说明它的结构和特点。

CAT公司R1700G地下装载机行星动力换挡变速箱组包括行星动力换挡变速箱和传递箱，见图3-42和图3-43。变速箱位于变矩器和传递箱之间，其动力来自变矩器。该变速

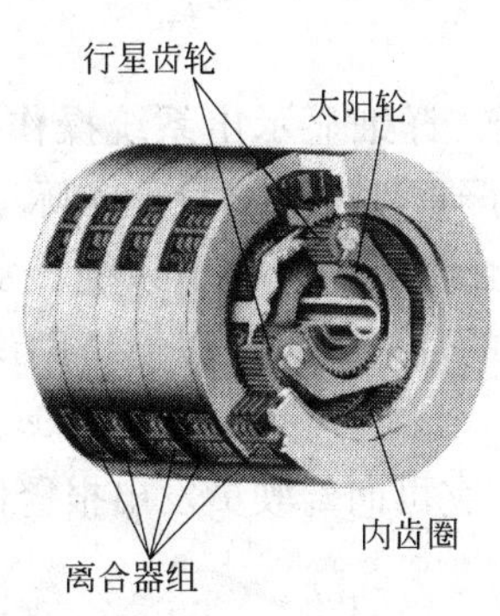

图 3-42 R1700G 地下装载机行星动力换挡变速箱

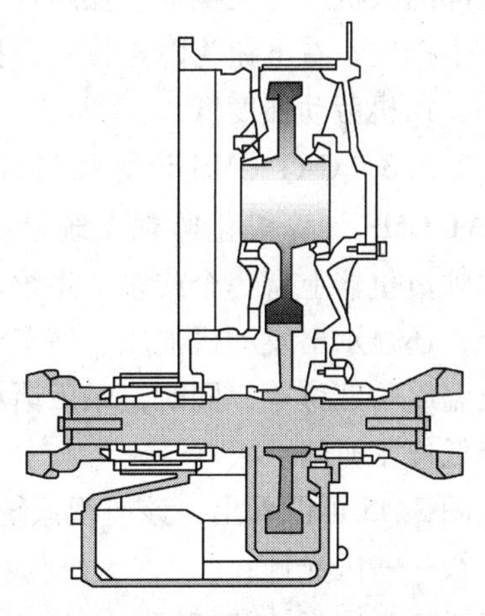

图 3-43 R1700G 地下装载机行星动力换挡变速箱传递箱

箱4挡前进，4挡后退。它由太阳轮、内齿圈、行星齿轮、行星轮架、输出轴、6个液压驱动换挡离合器组和壳体等组成。卡特彼勒该行星动力换挡变速箱与采用ACERT技术的C11发动机配合工作，可在各种不同的工作速度下，提供稳定的动力。液压调节装置对变速箱换挡给予缓冲保护，并减少零部件的应力。采用了高齿轮接触比的泵传动机构和输出变速齿轮来降低噪声等级。泵传动和输出变速齿轮使用高接触度的齿数比，降低噪声等级。周边安装的大直径离合器组件可控制惯性，从而实现平稳变速，并延长零件的使用寿命。该行星动力换挡变速箱采用电子自动换挡变速箱，大大增加了驾驶员的作业效率，优化机器的性能。操作员可在手动和自动换挡模式中进行选择，通过使用左侧的制动踏板，操作员可启用行车制动器并将变速箱挂在空挡，从而维持发动机转速，保持充分的液压流量，提高挖掘和装载能力。该行星动力换挡变速箱是专为崎岖的地下采矿条件而设计的，使用寿命长，检修频率低。

传递箱的作用是把行星动力换挡变速箱输出动力通过传递箱齿轮传递到前、后桥。传递箱与行星动力换挡变速箱装在一起，该传递箱用垫先调整圆锥滚子轴承预紧力，传递箱齿轮都经过磨削，接触面大，能传递很大负荷。

3.2.3.2　CAT STIC控制系统

装载机为循环作业机械，司机的劳动强度很大，换挡操作十分频繁，平均每日操作1500次左右。为此，CAT公司在最新开发的988F装载机上，采用了转向换挡集成控制系统——STIC系统（steeting and transmision intergrated control），如图3-44所示，以后被地下装载机采用。该系统取消了常规的方向盘，转向、换挡及前进、后退合用一个操纵杆控制。操纵杆左右倾斜实现装载机左右转向，其转向速度由倾斜量来控制。前进、后退由操纵杆腹部的扳机式开关操纵。操纵杆上部的两个按钮用来换挡，左上钮的升挡按钮，按一下升一个挡位；右下钮为降挡按钮，按一下降一个挡位。这种全新的操纵控制系统操作强度极小，司机劳动强度低。

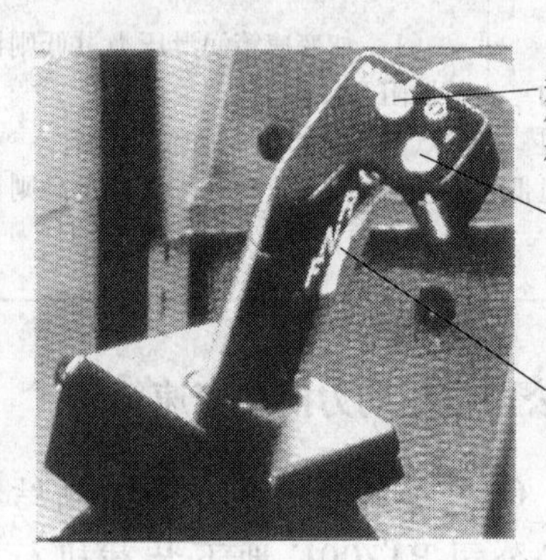

图3-44　STIC控制系统

3.2.3.3　CAT CMS计算机化监视系统

CAT CMS计算机化监视系统是一个连续监视机器功能，详细显示出系统操作状态，提醒驾驶员机器上有一个或多个系统马上或即将出现问题及严重性，除了显示实际结合的挡位外，还显示出发动机油压、停车制动器、制动器油压、燃油液位、充电系统、发动机冷却液温度与液位等，同时记录下诸如仪表读数超高或超低的性能数据，以便帮助诊断问题，降低停工时间。

从图3-45可以看出，该监视系统是一个三级警告系统，它可向驾驶员发出报警信号：

一级——闪光计；

二级——闪光计和红灯；

三级——闪光计、红灯和警笛。

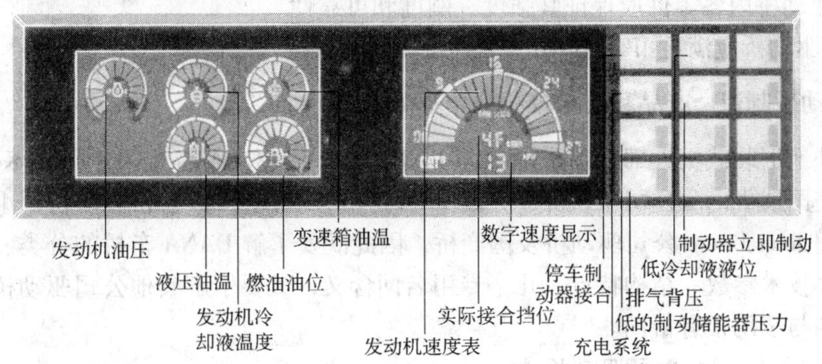

图 3-45 CMS 计算机化监视系统

3.3 驱动桥

3.3.1 驱动桥的组成及作用

地下装载机驱动桥是地下装载机的主要组成部分。它由主传动、差速器、轮边减速器、封闭湿式多盘制动器（或其他型号制动器）、桥壳和半轴等部件组成。

主传动的作用是增大扭矩和改变扭矩的传递方向；差速器是使驱动车轮在转向或不平路面上行驶时，左右驱动轮以不同的角速度旋转；轮边减速器进一步增大从半轴输出扭矩；封闭湿式多盘制动器或其他型号制动器用于地下装载机工作制动；驱动桥壳把地下装载机的重量传递到车轮并将作用在车轮上的各种力传到车架，同时驱动桥壳又是主传动、差速器和车轮传动装置的外壳，半轴则是从差速器将扭矩与转速传递到轮边减速器。

3.3.2 对驱动桥的要求

（1）合理分配主传动及轮边减速器的传动比，以保证机械的最佳动力性和经济性。地下装载机作业行驶速度低、牵引力大，因此要求有较大传动比，一般为 26 ~ 32。

（2）驱动桥各部件在工作可靠并保证一定的使用寿命的条件下应力求做到重量轻、体积小和保证所要求的离地间隙。

（3）地下装载机是在井下工作，路面条件差、弯道多。因此要求左右车轮差速与扭矩分配，即当转弯时，左右驱动轮与地面的附着系数不等时，能使地下装载机发出充分的牵引力。

（4）由于地下装载机经常在坡道上作业与运行，因此要求制动器制动可靠、性能稳定、寿命长、易维护。

（5）要求结构简单、修理保养方便、制造容易。

（6）工作平稳、无噪声、工作可靠、故障少。

（7）为了适应地下巷道作业，要求轮距尽可能少，外形尺寸要小，保证有必要的离地间隙。

（8）能承受和传递路面和车架垂直力、纵向力和横向力，以及驱动时的反作用力、制动时的制动力矩。

（9）驱动桥内各零件应保证其强度、刚度和可靠性。

（10）驱动桥应满足 JB/T 8816《工程机械驱动桥技术条件》。

3.3.3　驱动桥制造厂产品和技术参数简介

国内外地下装载机大部分都采用美国 DANA 公司的驱动桥，也采用德国 Kessler 公司驱动桥、美国 Axletech 公司驱动桥、美国 CAT 公司、瑞典 Atlas 公司驱动桥，小型地下装载机还采用 John Deere 公司驱动桥及国产桥，因此既要了解 DANA 车桥的分类、型号表示方法、主要技术参数、结构特点、几个专用名词含义，又要了解其他公司驱动桥，这对了解桥的结构与选用很有帮助。

3.3.3.1　DANA 公司驱动桥

A　DANA 驱动桥的分类与型号表示方法

DANA 驱动桥共有 4 种型号：刚性车桥；转向桥；贯通桥；货车前转向桥。桥的型号过去表示法和现在表示法见图 3-46 和图 3-47。

$\frac{21}{A}$　$\frac{D}{B}$　$\frac{43}{C}$　$\frac{54}{D}$

图 3-46　桥的型号过去表示法

$\frac{19}{A}$　$\frac{R}{B}$　$\frac{12}{C}$

图 3-47　桥的型号现在表示法

在图 3-46 中，A 为齿圈近似直径，mm（in）；B 为（D）刚性桥，（D）也可以是（S）转向桥，（F）货车前转向驱动桥，（T）贯通桥；C 为轮端相对输出力矩（假定理论端有一个 100 的额定输出力矩，那么 21D4354 轮端应有一个假想轮端 43% 的输出力矩，43 是一个简单比较数字，它是建立在一个公式的基础上，所有型号的 DANA 都是这个公式确定的。例如 21D4354 桥的轮端输出力矩就比 21D3960 桥大 10%）；D 为轮端近似传动比；54 表示轮端近似传动比 5.4：1，更精确的值为 5.368：1。

在图 3-47 中，对建筑机械来说，A 为 19 表示差速器中大螺旋伞齿轮外径为 19cm；B 为（R）刚性桥，（R）也可以是（S）转向桥，（T）贯通桥，（F）卡车前转向桥；C 为 12 表示桥的输出力矩为 12kN · m。

地下装载机的桥都采用刚性桥，在此只介绍刚性桥。

每种桥主要技术参数见表 3-22。

表 3-22　刚性行星桥主要技术参数

1. 重型行星刚性桥

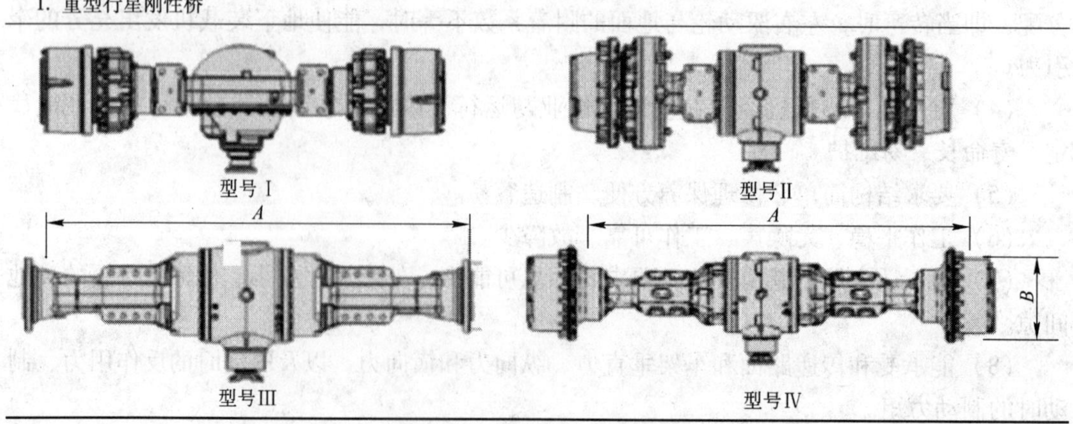

续表 3-22

产品/一般型号	桥型号	总的承载能力		最大输出		轮边行星减速器传动比	总传动比范围	SAHR 制动器	法兰到法兰距离 *A*		螺栓所在圆直径 *B*	
		lb	kg	ft · lb	N · m				in	mm	in	mm
37RF116	Ⅲ	36000	16200	85492	116000	6.000	22.36 ~ 30.75	No	76.90 91.00	1953 2311	12.00	305
35R68 14D2149	Ⅰ	40000	18140	50000	67000	4.940	19.22 ~ 31.05	Yes	45.46	1155	20.13	511
37RM116	Ⅱ	41000	18500	85492	116000	6.000	22.36 ~ 30.75	POSI-STOP®	48.66 57.95	1236 1472	20.13	511
42R112 16D2149	Ⅰ	42000	19050	80976	112000	4.941	22.51 ~ 31.06	POSI-STOP®	69.46	1764	20.13	511
37R116	Ⅳ	44000	19800	85492	116000	6.000	22.36 ~ 30.75	No	80.71 84.00 99.00	2050 2134 2515	19.69	500
37R118	Ⅳ	44000	19800	86966	118000	6.000	22.36 ~ 30.75	No	84.00	2134	19.69	500
43RF175	Ⅲ	45000	20400	128975	175000	6.000	24.60 ~ 33.75	No	91.00	2311	12.00	305
48R150 19D2748	Ⅰ	55000	24950	111000	150000	4.765	25.89 ~ 32.67	POSI-STOP®	67.00 78.62	1702 1997	20.13	511
43RM175	Ⅱ	59000	26500	128975	175000	6.000	24.60 ~ 32.75	POSI-STOP®	78.62	1997	20.13	511
48R151 19D3847	Ⅰ	60000	27000	110833	151000	4.667	25.34 ~ 32.00	POSI-STOP®	105.44 114.07	2678 2897	19.50	495
43R175	Ⅳ	60000	27000	128975	175000	6.0	24.60 ~ 33.75	No	84.02 99.02 112.28	2134 2515 2852	19.69	500
43R183	Ⅳ	60000	27000	134871	183000	6.250	25.63 ~ 35.15	No	112.28	2852	20.00	508
53R211 21D3847	Ⅰ	66000	29700	155507	211000	4.667	19.13 ~ 30.67	POSI-STOP®	91.69 108.19	2329 2748	19.50	495
53R300	Ⅰ	110000	49500	221000	300000	6.250	25.63 ~ 41.07	POSI-STOP®	95.79 112.28 116.42	2433 2852 2957	20.00 24.00	508 610
53R305	Ⅰ	120000	54000	224785	305000	6.474	26.54 ~ 42.54	POSI-STOP®	126.74	2721	27.38	695
58R397	Ⅰ	120000	54000	292589	397000	6.474	29.49 ~ 35.14	POSI-STOP®	107.13	2721	27.38	695
63R492 25D8860	Ⅰ	150000	67500	362604	492000	6.000	22.36 ~ 37.72	No	100.12	2543	33.00	838

续表 3-22

2. 小型行星刚性桥

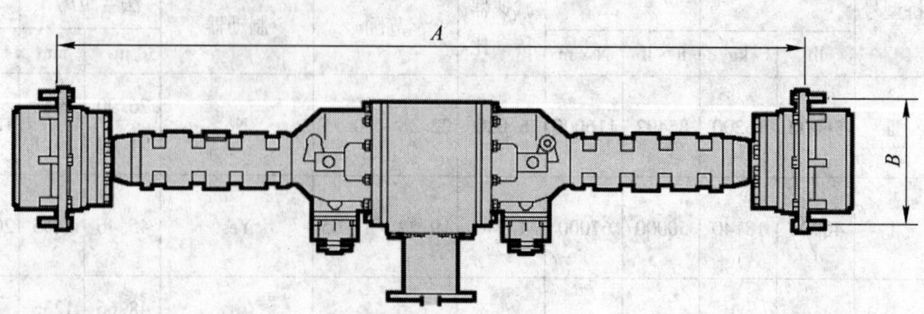

产品/一般型号	承载能力		最大输出		轮边减速器传动比	总传动比范围	输出 /r·min^{-1}	A		B	
	lb	kg	ft·lb	N·m				in	mm	in	mm
110 17R12	7700	3500	8850	12000	4.235	10.400～15.400	4000	39.760 60.230	1010 1530	8.070	205
111 19R14	12375	5500	10318	14000	4.235	10.400～15.400	4000	39.760 75.590	1010 1920	8.070	205
111HD 19R20	12375	5500	14740	19990	6.000	14.800～20.600	4000	39.760 75.590	1010 1920	10.830	275
112 23R27	18000	8000	19899	26980	6.000	12.800～23.300	4000	55.120～ 80.710	1400 2050	10.830	275
162UP 23R34	18000	8000	25058	33970	6.000	12.800～23.300	4000	55.120 80.710	1400 2050	10.830 13.190	275 335
162LD 23R27	18000	8000	19899	26980	6.000	14.800～22.000	4000	75.590	1920	10.830	275
192 24R34	18000	8000	25058	33970	6.000	43.714	3000	50.000	1270	10.830	275
192HD 24R28	18000	8000	20636	27980	6.000	43.714	3000	50.000	1270	10.830	275
192HD 26R53	20250	9000	39061	52960	6.000	43.714	3000	65.350	1660	13.190	335
162HD 23R34	22500	10000	25058	33970	6.000	14.800～22.000	4000	75.590	1920	10.830～ 13.190	275 335
193 30R53	22500	10000	39061	52960	6.000	65.500～108.900	3000	65.350	1660	13.190	335
194 29R53	22500	10000	39061	52960	6.000	43.714	3000	65.350	1660	13.190	335
163 26R53	25875	11500	39061	52960	6.000	14.800～22.000	4000	72.830	1850	13.190	335
123 26R53	27000	12000	39061	52960	6.000	14.800～22.000	4000	70.470 80.710	1790 2050	13.190	335
193HD 30R92	27000	12000	67804	91930	6.000	65.500～108.900	3000	68.500	1740	16.730	425
113 30R70	33750	15000	51590	69950	6.000	14.800～22.000	4000	75.590 80.710	1920 2050	13.190～ 16.730	335 425
163UP 26R65	33750	15000	47905	64950	6.000	14.800～22.000	4000	72.830	1850 1920	13.190	335

B DANA 桥的结构特点

(1) DANA 桥设计先进，材料选择考究，并经过严格的质量控制（如 CAD 与 CAM）加工而成。经过多年恶劣条件考验证明，该桥结实耐用、工作可靠、寿命长、维修容易，是世界上用得最好与最多的驱动桥之一。

(2) 适用范围广。从表 3-22 可以看出，DANA 刚性桥的承载能力、速比、法兰到法兰距离规格很多，适合于井下、建筑和大工程、中型车辆对车桥的要求。

(3) DANA 刚性驱动桥有综合式驱动桥与普通式驱动桥两种。171～176 型桥（19R～29R）是综合式车桥，即湿式制动器装在桥壳中部，轮边减速器仍装于轮毂处，见图3-48、图 3-49。（31R～63R）车桥是普通式车桥，即轮边减速器和制动器都装在轮毂处，见图 3-50、图 3-51。

图 3-48 DANA 公司 176 型综合式驱动桥

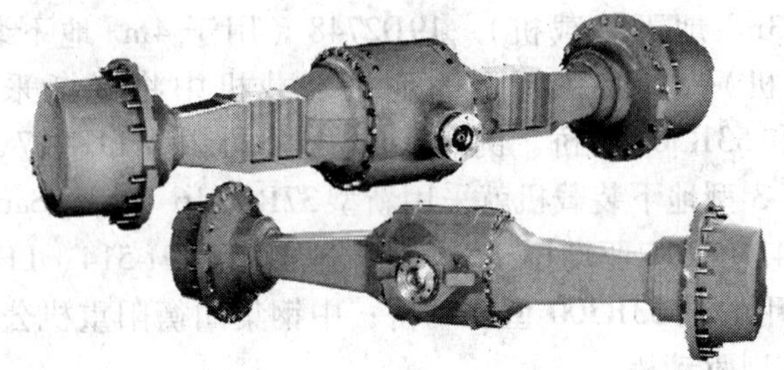

图 3-49 DANA 公司新型 37R 综合式驱动桥

图 3-50 DANA 公司 16D2149 普通式采矿驱动桥

图 3-51 DANA 公司新型 37RM116 普通式采矿驱动桥

（4）从与车架的安装形式来看整体式驱动桥有两点受力的通用性桥和中心一点受力的中央铰接式安装的摆动式驱动桥，如 14D 与 19D 桥有这种结构。但 DANA 刚性桥在地下装载机上一般不是采用这种安装方式，而是前桥大都采用桥安装底板与车架刚性连接。后桥安装座板与摆动车架（有的又叫付车架）刚性连接，摆动车架与地下装载机的一车架两点铰接连接，从而实现后桥绕铰接点摆动，以减轻地下装载机在不平的路面上行驶时车架的应力，增加地下装载机的稳定性。

（5）差速器有好几种不同结构供用户选择：标准差速器、防滑差速器（POSI-TORQ Limited Slip Diffrential）、自锁式防滑差速器（NO-SPIN）、差速锁等四种。

（6）部分型号的桥有液压静力输入。

（7）所有桥都可带机械停车制动器。

（8）桥的工作制动器有：液压盘式、气压鼓式、行星减速湿式制动器（PLCB）、湿式制动器（LCB）、POSI-STOP 制动器即弹簧施压、液压松开制动器等几种型号制动器。每种制动器又有若干种规格尺寸供选择。

（9）同一型号的车桥，其轮距等尺寸和总传动比都有比较大的变化范围，可满足多种型号机器的要求。

C　DANA 公司新型驱动桥的结构特点与主要参数

目前国内外大中型地下装载机过去大多采用 DANA 公司驱动桥，用得最多的 3 种车桥就是 16D2149（用于 $3m^3$ 地下装载机）、19D2748（用于 $4m^3$ 地下装载机）和 21D4354（用于 $6m^3$ 地下装载机）。目前在新型的地下装载机中将逐渐采用 DANA 公司新型 37RM116、43RM175 和 53R300 车桥。例如 Sandvik 公司新型 LH-307、Sandvik 115 和中钢集团衡阳重机公司 CY-3 型地下装载机就采用新型 37RM116 车桥；Sandvik 公司新型 LH410 地下装载机采用的是 43RM175 驱动桥；Sandvik 公司新型 LH-514、LH-517，Atlas 公司 ST-14 新型地下装载机采用的是 53R300 型驱动桥；中钢集团衡阳重机公司 CY-6 型地下装载机也准备采用 53R300 型驱动桥。

37RM、43RM 和 53R 桥是 DANA 公司专门为采矿机械开发的系列车桥产品，具有很高的可靠性、工作效率以及理想的成本效益。

a　DANA 公司新型驱动桥的结构

现以 37RM 车桥为例，说明它的结构，见图 3-52 ~ 图 3-54。

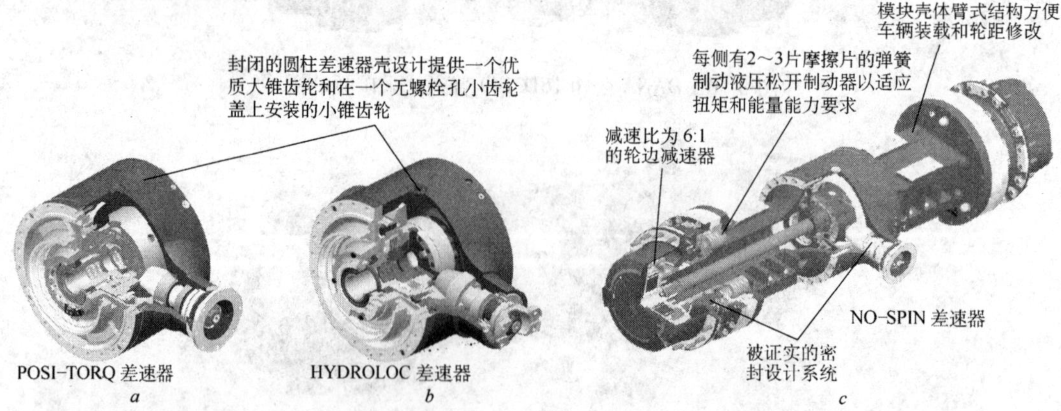

图 3-52　DANA 公司新型 37RM 车桥结构

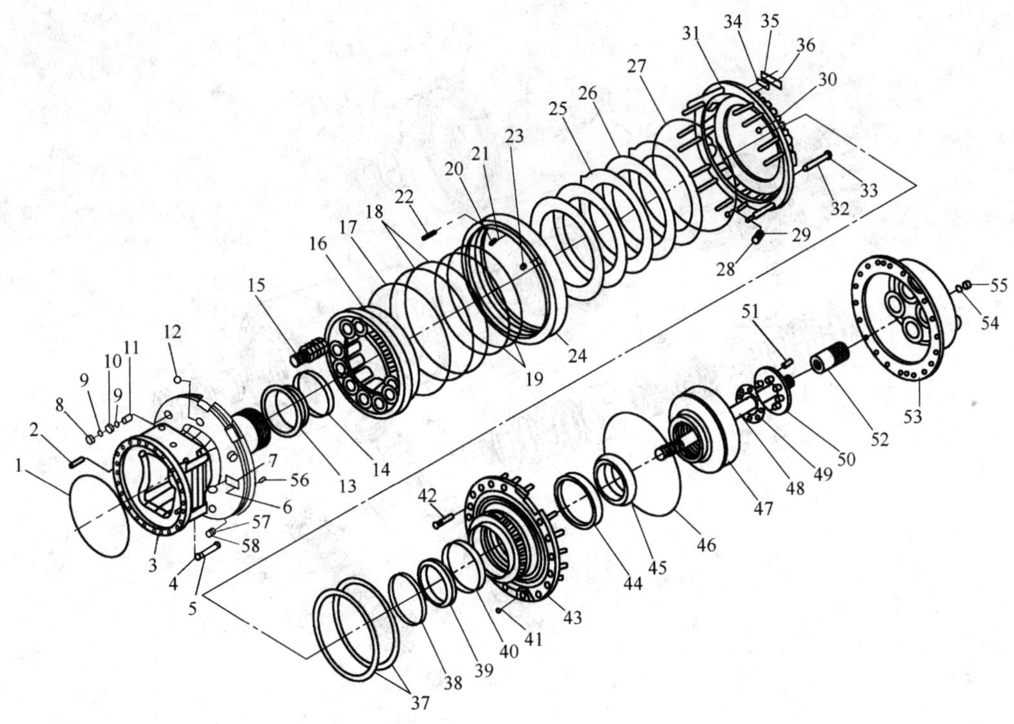

图 3-53 37RM116 驱动桥总成

1，17，27，29，54，57—O 形圈；2—定位销；3—桥壳；4，32—垫圈；5，6，11，22，33，36，41，51—螺钉；7—铭牌；8—螺母；9，30，38，46—密封；10—锁紧螺母；12，23，28，55—螺塞；13—环；14—轴瓦；15—弹簧组件；16—活塞环；18，19—密封环；20—放气螺钉；21—夹具；24—托架；25，26—反作用盘；31—壳体；34—警告图案；35—盖板；37—平面密封；39—轴承外锥体；40—轴承内锥体；42—螺栓；43—壳体总成；44—轴承外锥体；45—轴承内锥体；47—内齿轮；48—半轴；49，50—垫片；52—太阳轮；53—行星轮壳体总成；56—磨损指示销轴；58—保护帽

从图 3-52 ~ 图 3-54 可以看出，DANA 公司新型驱动桥的结构特点有以下几点：

（1）POSI-STOP 液体冷却制动器是弹簧施压、液压松开制动器，通过弹簧作用力获得可靠的制动作用，从而提高了油浸封闭制动器的使用寿命。在液压保持压力减小的情况下，制动力是通过多圈弹簧直接作用到安装有摩擦盘的轮毂上。万一丧失液压动力，制动就会立即发生。它继续保留了以前弹簧施压、液压松开制动器安全的特点。

（2）为了达到更高的使用寿命，外置式行星减速系统包括坚固的整体式行星轮托架和销轴设计、装有滚珠轴承的高强度行星齿轮传动机构、浮动的太阳能及内齿圈零件。为了把轮边减速器传动比由 4.91 增加到 6∶1，需减少太阳齿轮齿数，但半轴花键尺寸不能减少，这就导致太阳齿轮强度不够，因此，太阳齿轮一端做成实心，另一端做成内花键与半轴外花键相配，见图 3-53 中件号 52。同时把悬臂行星齿轮安装托架同 4 个行星齿轮系统合并，见图 3-53 中件号 53。由于用 4 个行星轮代替传统 3 个行星轮结构，降低了齿轮应力，提高了齿轮的承载能力。

（3）POSI-TORQ 液压锁和 NO-SPIN 差速器提供一个很好的差速器锁止系数（扭矩分配比）以适应不同终端用户应用所要求的实际地面牵引力条件。

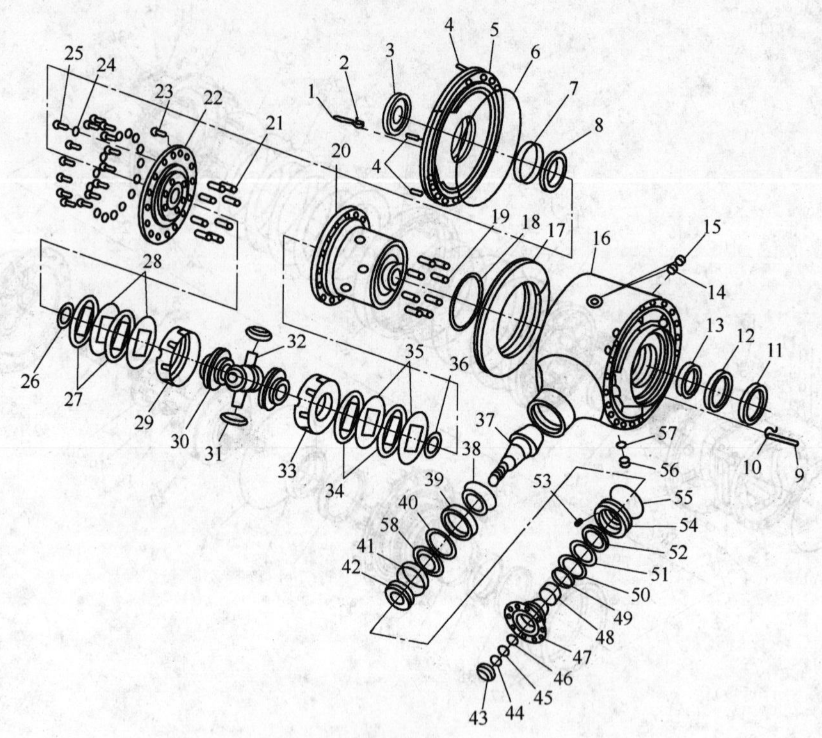

图 3-54　37RM116 驱动桥差速器和托架总成

1，4，9，23，25—螺钉；2，10—锁紧片；3，11—调节螺母；5—轴承保持架；6，14，55，57—O 形圈；7，12，39，41—轴承外锥体；8，13，38—轴承内锥体；15，56—螺塞；16—差速器壳和盖总成；17—大锥齿轮；18—环；19，21—定位销；20，22—对接半壳体；24—垫圈；26，36，50—止推垫圈；27—摩擦盘；28，35—反作用盘；29，33—止推板；30—边齿轮；31—差速器小齿轮；32—万向接头；34—摩擦盘；37—小锥齿轮；40—垫片；42—轴承；43—螺母；44—隔环；45—后环；46，49，51，52—密封；47—法兰；48—滑动轴承；53—接头；54—保持环；58—挡板

（4）POSI-TORQ 设计采用了大的用楔形斜面作用的多离合器盘，并提供不变的 2.6 扭矩锁紧系数（45% 的锁紧能力），使高达 72% 的扭矩传递到高牵引力的车轮。

（5）液压锁设计是操作者控制锁紧与松开，可以根据恶劣牵引条件的要求提供地面锁紧系数。在非锁紧条件下，差速器允许车辆最大机动性自由转向，在锁紧的情况下，液压活塞作用力作用到大的多盘湿式离合器上，允许 100% 的扭矩传递到高牵引力车轮上。同任何形式差速器相比，NO-SPIN 差速器理论上有无限大的扭矩分配比和更大的牵引力。

（6）车轮和配对突缘使用了高整体式密封设计，减少了油的泄漏，这样，即使在地下环境，也可获得最大的可靠性。

（7）取消了主传动小齿轮盖上的紧固螺栓，小齿轮盖由中央差速器壳替代。由于轮边减速器传动比增加，从而使大伞齿轮直径从 420mm 减少到 370mm。主传动外形尺寸减小，但桥输出的扭矩却略有提高。

（8）由于在桥不同部件使用尺寸一样的几种螺栓，因此，在拆桥时只需两种扳手就可以了。有一种卡环使差速器托架固定,只需要一把起子或拉出器就可以了,不需要整套工具。

(9) 模块壳体臂式结构有利于车辆负荷和方便修改轮距。

新式 Spicer Hercules 车桥系列具有更少的螺栓连接、零部件和机械加工面积以及更短的制动管路长度、卓越的制动器冷却性能。因此产品加工、装配工时减少，使可靠性在较低成本基础上得以改善，节约了成本。轮边减速器整体式行星轮托架和销轴结构设计无需平面密封，排除了可能出现的漏油，半轴加粗，行星轮由 3 个改为 4 个，采用大承载能力的滚珠轴承，使轮距与轮胎的选择更广。中央壳体设计取消了小伞齿轮盖螺栓，轮边减速器传动比由 16D 的 4.91 增加到 6，从而可使大伞齿轮直径从 420mm 减少到 370mm。但输出的扭矩却略有提高。这次 Sandvik 公司在这两种新机型上首次采用 DANA 公司新产品。

b DANA 公司新型驱动桥的主要参数

DANA 公司新型驱动桥的主要参数见表 3-23。

表 3-23 37RM116 新型驱动桥参数

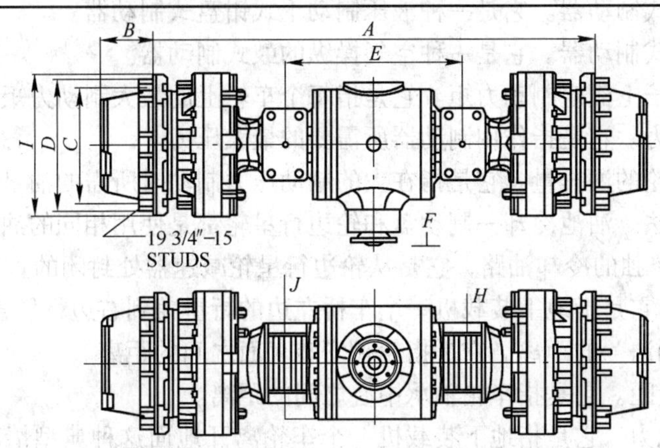

<table>
<tr><td>A</td><td colspan="2">法兰到法兰距离/mm</td><td>1472.4</td></tr>
<tr><td>B</td><td colspan="2">轮边减速器壳长度/mm</td><td>177.7</td></tr>
<tr><td>C</td><td colspan="2">车轮导向尺寸/mm</td><td>458.6</td></tr>
<tr><td>D</td><td colspan="2">轮辋安装圆直径/mm</td><td>511.2</td></tr>
<tr><td>E</td><td colspan="2">安装板中心距/mm</td><td>590.6</td></tr>
<tr><td>F</td><td colspan="2">相配法兰尺寸/mm</td><td>382.2</td></tr>
<tr><td>H</td><td colspan="2">安装板中心线到顶部安装面距离/mm</td><td>152.4</td></tr>
<tr><td>I</td><td colspan="2">轮毂外径/mm</td><td>555.2</td></tr>
<tr><td>J</td><td colspan="2">中心高/mm</td><td>438.2</td></tr>
<tr><td colspan="2" rowspan="2">每个 POSI-STOP 制动器制动能力/N · m</td><td>新 的</td><td>23400</td></tr>
<tr><td>使用过的</td><td>22300</td></tr>
<tr><td colspan="3">最大输出扭矩/N · m</td><td>11600</td></tr>
<tr><td colspan="3">轮边减速器传动比</td><td>6.00 : 1</td></tr>
<tr><td colspan="3">主传动传动比</td><td>3.727 : 1; 4.100 : 1
4.556 : 1; 5.125 : 1</td></tr>
<tr><td colspan="3">桥最大负荷能力/kN</td><td>146.78</td></tr>
</table>

D　DANA车桥几个专用名词

DANA车桥有它自己的专用名词，了解这些名词的意义，对了解DANA桥的结构并正确选择桥的各种结构有十分重要的意义，故简略地介绍之。

(1) 液体冷却制动器。它是一种全封闭油冷制动器，故可以防止周围环境的污染。与相同尺寸的盘式制动器比较，寿命长，制动力矩大。这种制动器型号规格可用如下符号表示，如LCB13200。这里“LCB”表示制动器的类型即液体冷却制动器，“1”表示制动器系列，“3”表示摩擦片数量，“200”表示操纵油压力为200×10＝2000psi(13.79MPa)。

(2) 行星液体冷却制动器。它是车轮轮毂内一种全封闭，并在车桥齿轮润滑油中工作的一种制动器。与干盘式制动器比较，制动器的制动摩擦片寿命长。

(3) POSI-STOP制动器。它是一种弹簧制动，液压松开制动器。它既可以作工作制动器，又可以作停车制动器。当油压消失时，制动器立刻发生制动作用。

(4) 液压盘式制动器。它是一种液压制动干式钳盘式制动器。

(5) 气压鼓式制动器。它是一种空气操纵的鼓式制动器。

(6) 每个轮子上额定制动力矩。它是指每个车轮上的最大制动力矩。

(7) 作用压力。它是指作用制动器所需要的最大压力。

(8) 每个车轮的油排量。它是指在大的制动压力制动时所需的油量。

(9) 冷却方法。油池冷却—制动盘和轮边行星轮都是使用相同的油冷却。压力冷却—制动盘采用一种单独的冷却油路，它是从轮边行星轮减速器处封闭的。

(10) 总长。它是指地下装载机一个车桥左边的行星盖到右边行星盖之间的距离。

(11) 法兰到法兰的距离。它是指轮辋安装表面之间的距离。

(12) 最佳轮距。它是指车轮轴承中心之间的距离。

(13) 承载能力。它是指地下装载机一个车轮离开地面这种典型情况下，另一个车桥所能承受的最大负载。

(14) 转向桥的额定载荷。它是指在负荷的情况下，转向桥的最大额定负荷。

(15) 额定输出力矩。它是指差速器中心线的额定扭矩乘上轮边减速器的行星传动比。

(16) 标准差速器。它是指把输入扭矩平均分配到两个车轮上的一种差速器。

(17) 防滑自锁差速器。它是指车轮直线行驶时，差速器是锁死的。当转弯时，全部的牵引力都加到内侧车轮上，而外侧车轮空转。

(18) 液压锁止差速器。它是指可以使用液压锁消除一个车轮回转的高锁止系数差速器。所谓锁止系数指慢转车轮的扭矩与快转车轮的扭矩之比。

(19) 带弹簧的POSI-TORQ差速器。POSI-TORQ差速器是防滑差速器一种商标名称。它是一种抑制一个车轮回转，并直接把扭矩传到牵引力大的一个轮端的高锁止系数差速器。这种作用的结果是其锁紧系数可达5∶1。

(20) 不带弹簧POSI-TORQ差速器。它是一个抑制一个车轮回转，并直接把扭矩传到牵引力大的一端中等锁紧系数差速器，这种差速器作用的结果是其锁紧系数可达2∶1。

(21) 安装板中心距。它是指桥壳安装到车架上，左底板安装孔中心线到右底板安装孔中心线之间的距离。

(22) 安装板安装面高度。它是指桥壳安装底板平面到车轮回转中心线的距离。

(23) 安装板高。它是指桥壳底板的整个高度。

(24) 安装板型号。它是指桥壳安装底板的型号，从1号到11号共11种安装底板号。

3.3.3.2 Kessler公司驱动桥

德国Kessler公司从1950年开始就专门生产工程机械、采矿机械驱动桥与齿轮的公司。在地下装载机（包括地下汽车）方面有一定的市场。他在我国有许多代理，有一些厂矿如金川有色公司、中钢集团衡阳重机有限公司等单位都采用过他们的产品。他们生产的驱动桥都是普通式驱动桥，其型号与规格见表3-24，外形见图3-55。

表3-24 Kessler公司地下装载机驱动桥系列

型 号	装载机能力/t	铲取力负荷/kN	最小轮缘尺寸/mm(in)	每个车轮的制动力矩/kN·m
D71PL478NL84340	3	160	508（20）	15
D81PL488NLB4460	4.5	250	609（24）	33
D91PL408NLB4460	7	450	635（25）	50
D102PL341/528NLB8460	12	630	635（25）	100
D111PL459NL4650	17	780	838（33）	100

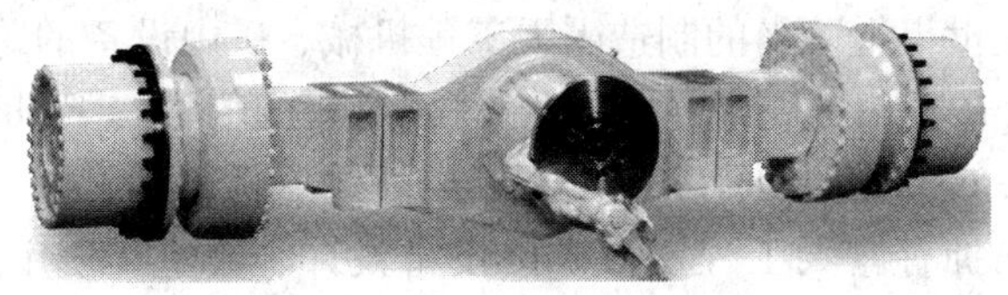

图3-55 Kessler公司驱动桥

3.3.3.3 AxleTech国际公司驱动桥

AxleTech国际公司早期来源于洛克韦尔公司（ROCKWEELL），后来是Meritor（美驰公司）的非公路车辆部门，现在已成为全球的商用专用车、军用车和用在建筑、材料运输、采矿、农业市场上的非公路车辆的桥、行星桥制动器的制造商与供应商。总部设在美国密歇根州特洛伊市。在许多国家，如法国、巴西等国家都设有工厂。

AxleTech国际公司生产的地下装载机刚性桥是普通式驱动桥，在地下装载机中也有一定的市场。常用的刚性驱动桥的品种与规格见表3-25，外形见图3-56。

图3-56 AxleTech国际公司驱动桥

表 3-25 AxleTech 国际公司地下装载机用驱动桥的规格与品种

型 号	典型使用		轮距范围/mm	轮边行星减速器传动比	制动器类型
	斗容/m^3	机重/kg			
PRC-204	1.13	6400	1057	3.3	LCB
PRC-673 PRC-864	1.5	10200	1219~2210	3.6 4.235	LCB
PRC-1314	2.7	17000	1440~2743	5.2	LCB
PRC-3796	4.2	20412	1930	5.2	LCB
PRC-5225	5.25	26300	1892	5.2	LCB
PRC-7314	6~7.5	40824	2426~2654	5.2	LCB

3.3.3.4 Atlas 公司驱动桥

Wagner 公司是世界上最大的地下装载机制造厂之一。过去厂址在美国的俄勒冈州（Oregon）波特兰市（Portlard），现在已全部迁往瑞典厄勒布鲁（Orebro）。该公司与其他地下装载机制造厂不同，不但制造整机，还制造普通型驱动桥。它的几种驱动桥是：一种是 Rock Tough 406 系列，它类似于美国 DANA 公司 16D2149 型桥，它适合 3m^3、6t 的地下装载机使用；另一种是 Rock Tough 457 系列，它类似美国 DANA 公司 19D2748 型桥，适合 3.8m^3、9.5t 的地下装载机使用；还有一种是大型桥，Rock Tough 595 系列桥，它适合于载重为 18t、ST-1810 型地下装载机使用。这些桥是按矿山作业的特点设计的，制动器采用专利 SAHR 制动器系统，因而具有寿命长，故障率低，容易维护等特点。

3.3.3.5 CAT 公司驱动桥

美国 CAT 公司是世界上著名的制造露天工程机械、矿山设备的跨国公司，是世界 500 强大型企业之一。从 1979 年起，澳大利亚塔马列尼亚的伯尼与 Elphinstone 公司合资组成 Caterpillar Elphinstone pty Ltd.，从 1983 年开始生产地下装载机。

由于 CAT 公司已拥有露天工程机械矿山设备设计、制造、使用的丰富经验与先进技术，为地下装载机的大力发展奠定了基础。例如，由于 CAT 公司有制造系列露天装载机及驱动桥的先进技术经验，很容易按地下装载机对驱动桥的要求设计制造出地下装载机系列的驱动桥。该公司桥都是普通型车桥，见表 3-26、图 3-57、图 3-58。

表 3-26 CAT 公司地下装载机用驱动桥

装载机型号	R1300	R1600（图 3-57）	R1700G（图 3-58）	R2900/R2900SUPA20
斗容/m^3	2.8	4.6	5.7/7.4	7.3/8.8
载重/kg	6500	10200	12500/14000	17200/20000
桥的结构	950G 差速器和中心桥壳＋铲运机 613C 最终传动	970F 露天装载机差速器和中心桥壳＋铲运机 615C 最终传动	980G 露天装载机驱动桥 其中制动器由 LCB 制动器改为弹簧制动器	988F 型露天装载机差速器及中央桥壳＋769C 非公路型载重车辆最终传动

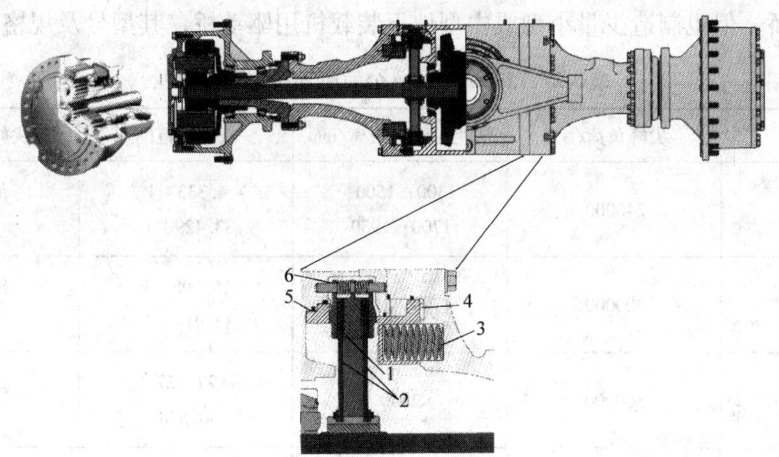

图 3-57 R1600 地下装载机驱动桥

1—反应板；2—摩擦盘；3—作用弹簧；4—紧急制动器活塞；
5—行车制动活塞；6—反作用销

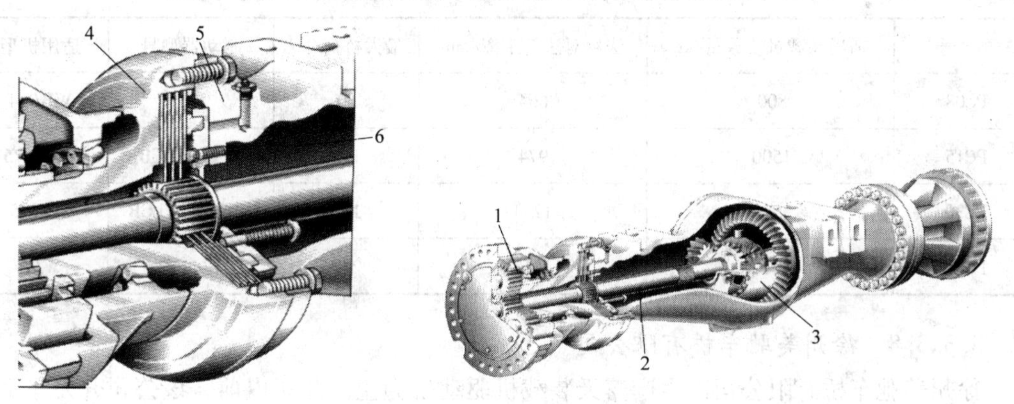

图 3-58 R1700G 地下装载机驱动桥

1—轮边减速器；2—半轴；3—差速器；4—油冷却摩擦片；
5—液压制动活塞；6—增大了制动器油流量

3.3.3.6 John Dreere 公司驱动桥

John Dreere 公司是世界领先的农业和林业领域先进产品和服务供应商，是主要的建筑、草坪和场地养护、景观工程和灌溉领域先进产品和服务供应商。约翰迪尔也在全球提供金融服务，并制造、销售重型设备发动机，也生产 FUNK 传动系统零部件，如小型地下装载机驱动桥，见图 3-59 和表 3-27。

图 3-59 John Dreere 公司驱动桥

3.3.3.7 江西分宜驱动桥厂

江西分宜驱动桥厂主要制造露天装

载机用驱动桥，但也制造少量小型或中型地下装载机用驱动桥，其型号及规格见表3-28。

表3-27　John Dreere公司驱动桥主要参数

系列号	尖峰负荷/N	法兰对法兰距离/mm	减速比范围	桥尖峰力矩/N·m
1200	240000	1300；1500； 1700；1950	4.333：1 33.429：1	每个桥轴 35000
1400	300000	1700；1953	16.208：1 32.914：1	每个桥轴 47400
1400 SWEDA	300000	2540	27.927 30.578	每个桥轴 47400
1600	39500	1994；2094；2198	16.208 29.922	每个桥轴 67700

表3-28　江西分宜驱动桥厂生产的地下装载机用驱动桥型号与规格

型　号	适用装载机装载量/kg	法兰对法兰距离/mm	最大桥荷/kN	制动器型号	适用机型
PC08	800	664	50		WJ-0.4
PC15	1500	974	145	鼓式或LCB	WJ-0.75
PC30	3000	1254	190	钳盘式或LCB	WJ-1.5
PC40	4000	1513	230	钳盘式	WJ-2

3.3.3.8　徐州美驰车桥有限公司

徐州美驰车桥有限公司以生产露天装载机驱动桥为主。几年以前，该公司开发了2m^{3}地下装载机用QY-150B型驱动桥。该型驱动桥的最大承载能力为17t，法兰对法兰的距离为1688mm，LCB型制动器，普通型驱动桥。

3.3.3.9　太原矿山机器集团有限公司

太原矿山机器集团有限公司过去曾生产井下无轨采矿设备多年。为了给自己公司生产主机配套，也为兄弟厂家提供替代进口的国产化驱动桥，曾开发了多种型号的驱动桥。表3-29列出了该公司生产的几种型号的驱动桥规格与参数。

表3-29　太原矿山机器集团有限公司的地下装载机驱动桥规格与参数

型　号	适用装载机/m^3	最大承载能力/t	轮距/mm	制动器型式	轮边传动比
QD-12	2	12	1415	POSI-STOP	4.125
QD-16	3	16	1410	LCB	5.2
QD-20	4	20	1664	LCB	4.76
QD-20A	4	20	1870	LCB	4.2

3.3.3.10 中钢集团衡阳重机有限公司

中钢集团衡阳重机有限公司是专门生产地下无轨采矿设备的专业公司。从20世纪80年代中期开始同国外公司合作，引进国外先进技术，并结合我国的具体情况，生产和开发了多种地下装载机及部件，其中包括驱动桥。该公司生产的几种型号的驱动桥规格与参数，见表3-30，外形见图3-60。

图3-60 中钢集团衡阳重机有限公司驱动桥

表3-30 中钢衡阳重机公司驱动桥规格与参数

型 号	最大桥荷/kN	法兰对法兰距离/mm	主传动比	制动器型式	适用地下装载机斗容/m^3
LDQ-1.5	160	1382	5.286	LCB	1.5
LDQ-2	170	1347	5.286	LCB	2
LDQ-3	190	1472.2	5.286	LCB	3
LDQ-4	225	1701	6.286	LCB	4
LDQ-6	290	2325.6	5.125	LCB	6

3.3.4 驱动桥的结构

DANA公司刚性驱动桥21D3960的结构见图3-61。从图中很清楚的看到驱动桥由主传动、行星轮边减速器、制动器、半轴与桥壳组成。

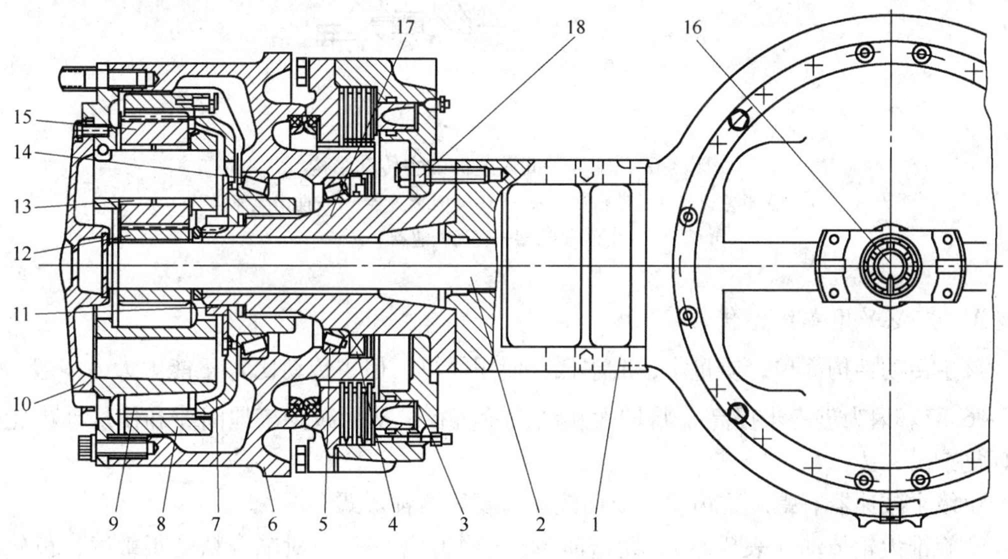

图3-61 DANA 21D3960车桥结构简图

1—桥壳；2—半轴；3—湿式多盘制动器；4—油封；5—轴承内锥；6—轮毂；7—内齿毂；8—内齿圈；9—行星轮托架；10—盖；11—调节螺母；12—太阳轮；13—滚针轴承；14—轴承外锥；15—行星轮；16—主传动；17—空心轴；18—连接螺栓

3.3.4.1 主传动

地下装载机主传动结构见图 3-62。从图 3-62 可以看出地下装载机主传动有如下几个结构特点。

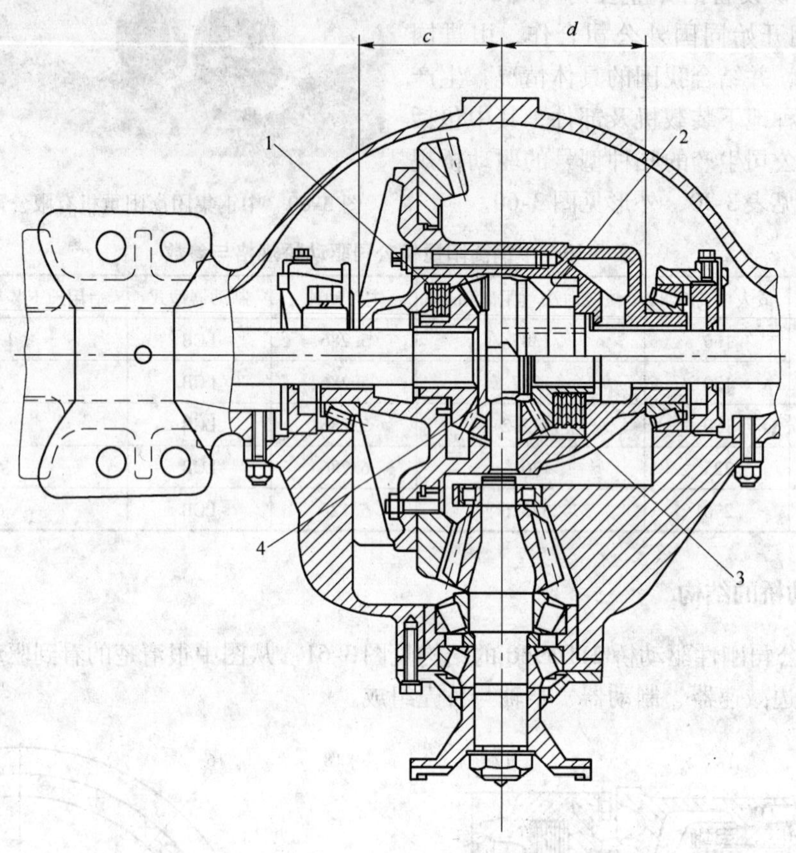

图 3-62 配置不同差速器的主传动结构

1—防滑差速器（不带弹簧）；2—NO-SPIN 差速器；3—防滑差速器（带弹簧）；4—普通差速器

A 广泛采用单级主传动

该主传动结构简单，质量小，成本低，使用简单，但主传动比 i_0 不能太大，一般 $i_0 \leqslant 3.6 \sim 6.87$。因为进一步提高 i_0 将增大从动齿轮直径，从而减少离地间隙和使从动齿轮热处理复杂。

单级主减速器有螺旋锥齿轮、双曲线面齿轮等两种形式。

螺旋锥齿轮传动（表 3-31），制造简单，工作中噪声大，对啮合精度很敏感，齿轮副锥顶稍有不吻合便使工作条件急剧变坏，伴随磨损增大和噪声增大。为保证齿轮副的正确啮合，必须将轴承顶紧，提高支承刚度，增大壳体刚度。

双曲面齿轮传动（表 3-31）与螺旋锥齿轮传动不同之处，在于主、从动轴线不相交而有一偏移距 E。由于存在偏移距，从而主动齿轮螺旋角 β_1 与从动齿轮螺旋角 β_2 不等，

表 3-31 双曲面齿轮与螺旋锥齿轮的优缺点比较

特 点	双曲面齿轮	螺旋锥齿轮
运动简图	E a	b
示意图		
运转平稳性	优	良
弯曲强度	提高 30%	较 低
接触强度	高	较 低
抗胶合能力	较 弱	强
滑动速度	大	小
效 率	约 0.98	约 0.99
对安装误差的敏感性	取决于支承刚度和刀盘直径	取决于支承刚度和刀盘直径
轴承负荷	小齿轮的轴向力较大	小齿轮的轴向力较小
润滑油	用防刮伤添加剂的特种润滑油	普通润滑油

且 $\beta_1 > \beta_2$（图3-63）。此时两齿轮切向力 F_2 与 F_1 之比，可根据啮合面上法向力彼此相等的条件求出。

$$F_2/F_1 = \cos\beta_2/\cos\beta_1 \tag{3-11}$$

设 r_1 与 r_2 分别为主、从动齿轮平均分度圆半径，双曲面的传动比为 i_{os} 为

$$i_{os} = \frac{F_2 r_2}{F_1 r_1} = \frac{r_2\cos\beta_2}{r_1\cos\beta_1} \tag{3-12}$$

对于螺旋锥齿轮传动，其传动比 $i_d = r_2/r_1$，令 $K = \cos\beta_2/\cos\beta_1$，则

$$i_{os} = Kr_2/r_1 = i_d K \tag{3-13}$$

系数一般为 1.25 ~ 1.5。这说明当双曲面齿轮尺寸与螺旋锥齿轮尺寸相当时，双曲面传动有更大的传动比，当传动比一定，从动齿轮尺寸相同时，双曲面主动齿轮比螺旋锥齿轮有较大直径，较高的齿轮强度，以及较大的主动齿轮轴和轴承刚度，

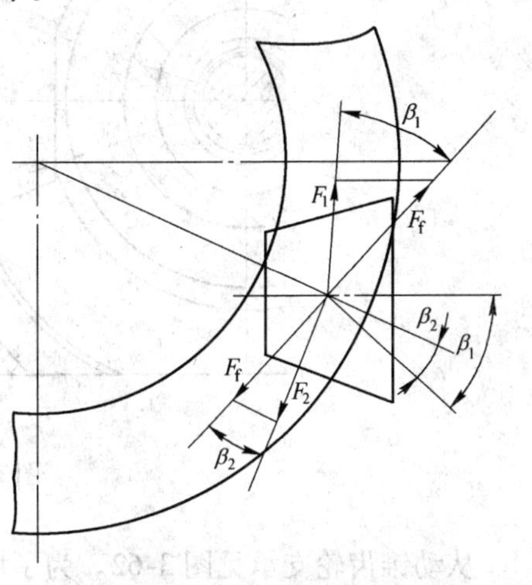

图 3-63 双曲面齿轮副受力情况

当传动比和主动齿轮尺寸一定时，双曲线从动锥齿轮直径比相应螺旋齿轮为小，因而离地间隙较大。

双曲面齿轮副在工作过程中，除了有沿齿高方向的侧向滑动之外，还有沿齿长方向的纵向滑动。纵向滑动可改善齿轮的磨合过程，并使其工作平滑，然而纵向滑动可使摩擦损失增加，降低传动效率，因而偏移距 E 不应过大。双曲面齿轮传动齿面间大的压力和大的摩擦功，可能导致油膜破坏和齿面烧结咬死。因此，双曲面齿轮传动必须采用可改善油膜强度和避免齿面烧结的特殊润滑油。

双曲面齿轮与螺旋锥齿轮的优缺点比较列于表 3-31。

正因为如此，许多地下装载机主传动伞齿轮都采用双曲面齿轮。

B　主传动锥齿轮的支承

要使带有锥齿轮的主传动的主、从动锥齿轮啮合良好，并且可靠而安静平滑地工作，除了与齿轮加工质量、齿轮的装配间隙调整、轴承形式选择以及主减速器壳体的刚度有关外，还与齿轮的支承刚度有着密切的关系。支承刚度不够，则可能造成齿轮受载荷变形或者位置偏移，破坏啮合精度。

主传动锥齿轮支承有两种形式：跨置支承与悬臂支承。

跨置支承如图 3-62 所示。其特点是锥齿轮的两端均用轴承支承。小齿轮轴的外端一般采用两个美国 Timken 公司圆锥滚子轴承。承受轴向力、径向力，小齿轮轴的内端采用美国 Link Belt 公司的圆柱滚子轴承，承受径向力。这样可以增加支承刚度，减少轴承负荷，提高齿轮的承载能力。但是因为主动齿轮和从动齿轮之间的空间很小，使主动齿轮小头的轴承的铸造与加工增加了困难。在主减速器需要传递较大的转矩，常采用跨置支承。

悬臂支承结构简单（图 3-64），但支承刚性差，只适用于传递较少扭矩的场合。例如，用于 DANA 176 型号桥。

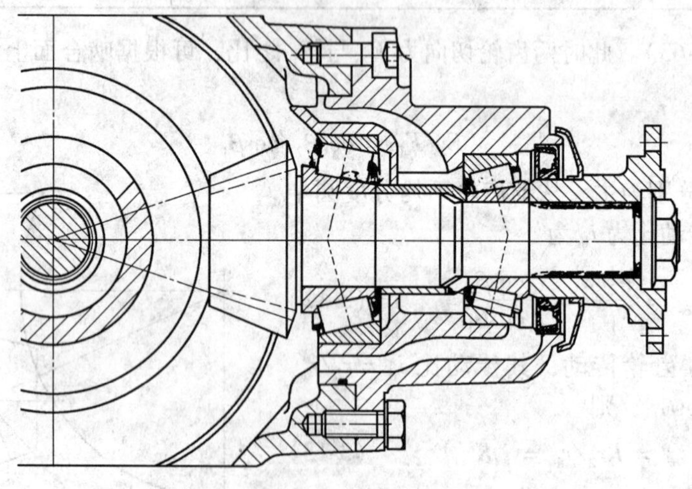

图 3-64　悬臂支承结构

从动锥齿轮支承见图 3-62。为了增加支承刚度，两端轴承的圆锥滚子的大端向内，以尽量减少 $c+d$ 的尺寸。为使从动锥齿轮的差速器壳处留有足够的位置设置加强筋，以提高齿轮刚度，并且使两个轴承之间的载荷尽可能地达到均匀分布，尺寸 c 应接近于 d，而且 $c+d$ 应不小于从动齿轮大端分度圆直径的70%。

在具有大传动比和大的从动锥齿轮的主减速器中，齿面上的轴向力乘以从动锥齿轮的半径所形成的力矩可以使从动锥齿轮产生较大的偏移变形，这种变形是危险的。为减少此变形，在一些主传动中，可以在从动锥齿轮背面靠近主传动齿轮的地方设计一个辅助止动螺栓，如图3-65中8所示。从动锥齿轮受载变形超过0.25～0.4mm时，止动螺栓起作用，阻止从动锥齿轮继续偏移变形。

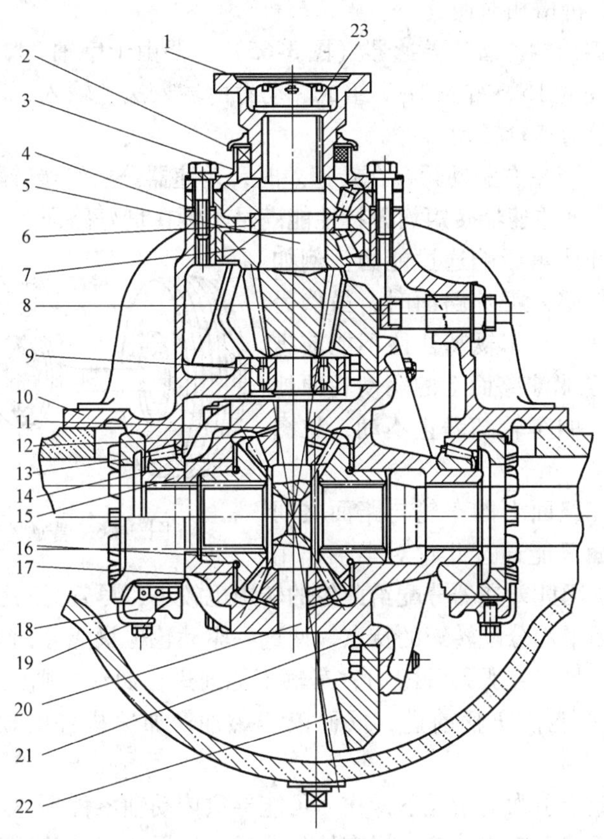

图3-65 主传动器和差速器

1—输入法兰；2—油封；3—密封盖；4—调整垫片；5—主动锥齿轮；6—轴承套；7，9，14—轴承；8—止动螺栓；10—托架；11，12—圆锥齿轮；13—调整螺母；15—差速器左壳；16—半轴齿轮；17—半轴齿轮垫片；18—轴承座；19—锁紧片；20—十字轴；21—差速器右壳；22—从动锥齿轮；23—端螺母

3.3.4.2 差速器

地下装载机一般采用四轮驱动行星刚性桥。它在行驶时，由于多种原因（转弯、路高低不平、轮胎气压不均等）导致车轮行程不同，即在转向或直线行驶时，左、右侧车轮行程产生差异。如果用一根整轴以相同的转速驱动两侧车轮，必然会引起车轮在行驶面上滑移或滑转现象，致使车轮磨损加剧，功率损失增加，转向困难，操纵性变坏，因而桥中一定要设置差速器。目前常用的地下装载机差速器有三种结构形式：一是普通伞齿轮差速

器，简称普通差速器；二是 NO-SPIN 差速器；三是 POSI-TORQ 差速器。这三种差速器的结构、原理、特性是不同的，适用范围也有差别。因此如何正确选择这三种差速器，以充分发挥它们的作用，就显得特别重要。

A　三种差速器的结构与工作原理

a　普通差速器

普通差速器，又称作传统差速器、开式差速器、标准差速器，它是地下装载机使用最多的一种差速器。它把大伞齿轮动力通过两根半轴均匀传递给左右车轮。该差速器结构简单、工作平稳可靠、价格相对便宜。

(1) 普通差速器结构。普通差速器（图 3-65）主要由十字轴 20，半轴齿轮 16，行星锥齿轮 12，差速器左壳 15、右壳 21 等组成。动力由输入法兰输入，半轴齿轮输出，通过半轴传递到轮边，带动车轮转动。

(2) 工作原理。当左右驱动轮存在转速差时，差速器分配给慢转驱动轮的转矩大于快转驱动轮的转矩。这种差速器转矩均分特性能满足车辆在良好路面上正常行驶。但当车辆在坏路上行驶时，却严重影响通过能力。例如当车辆的一个驱动轮陷入泥泞路面时，虽然另一驱动轮在良好路面上，车辆却往往不能前进（俗称打滑）。此时在泥泞路面上的驱动轮原地滑转，在良好路面上的车轮却静止不动，见图 3-66。

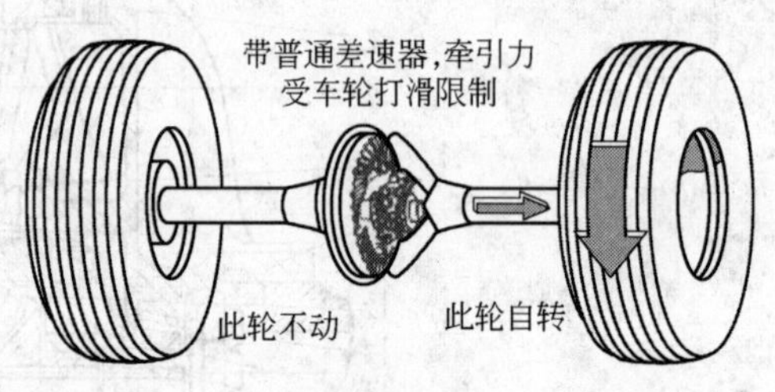

图 3-66　普通差速器工作情况

这是因为在泥泞路面上的车轮与路面之间的附着力较小，路面只能通过此轮对半轴作用较小的反作用力矩，因此差速器分配给此轮的转矩也较小，尽管另一驱动轮与良好路面间的附着力较大，但因平均分配转矩的特点，使这一驱动轮也只能分到与滑转驱动轮等量的转矩，以致驱动力不足以克服行驶阻力，车辆不能前进，而动力则消耗在滑转驱动轮上。此时加大油门不仅不能使车辆前进，反而浪费燃油，加速机件磨损，尤其使轮胎磨损加剧。

如果车辆在很差牵引力的情况下操作，可能导致传动轴零件损坏。如果润滑油被迫从差速器齿轮流出，桥就会出现故障。当车轮打滑时，如果车辆突然重新获得牵引力，这可能产生冲击负荷。轮胎也可能产生切割和擦伤。

有效的解决办法是：挖掉滑转驱动轮下的稀泥，或在此轮下垫干土、碎石、树枝、干草等，以及采用 NO-SPIN 差速器和 POSI-TORQ 差速器。

b　NO-SPIN 差速器

NO-SPIN 差速器，又叫牙嵌式自由轮差速器，或防滑自锁差速器，或强制锁止差速器。它的外形见图 3-67。NO-SPIN 差速器既能将动力 100% 传给两侧车轮，又能按需要自动差速。NO-SPIN 差速器结构复杂，制造过程中对零件尺寸、材料、热处理、加工精度、粗糙度

图 3-67　NO-SPIN 差速器安装和外形图

等要求严格，但 NO-SPIN 差速器可改善牵引力，提高生产率和减少维修成本，特别是它能自动将扭矩全部传到不打滑的车轮，无需手动操作，故在地下装载机中获得广泛应用。

(1) NO-SPIN 差速器结构（图 3-68、图 3-69）。NO-SPIN 差速器是由十字轴组件、离合器组件、半轴齿轮，以及弹簧和弹簧座所组成。

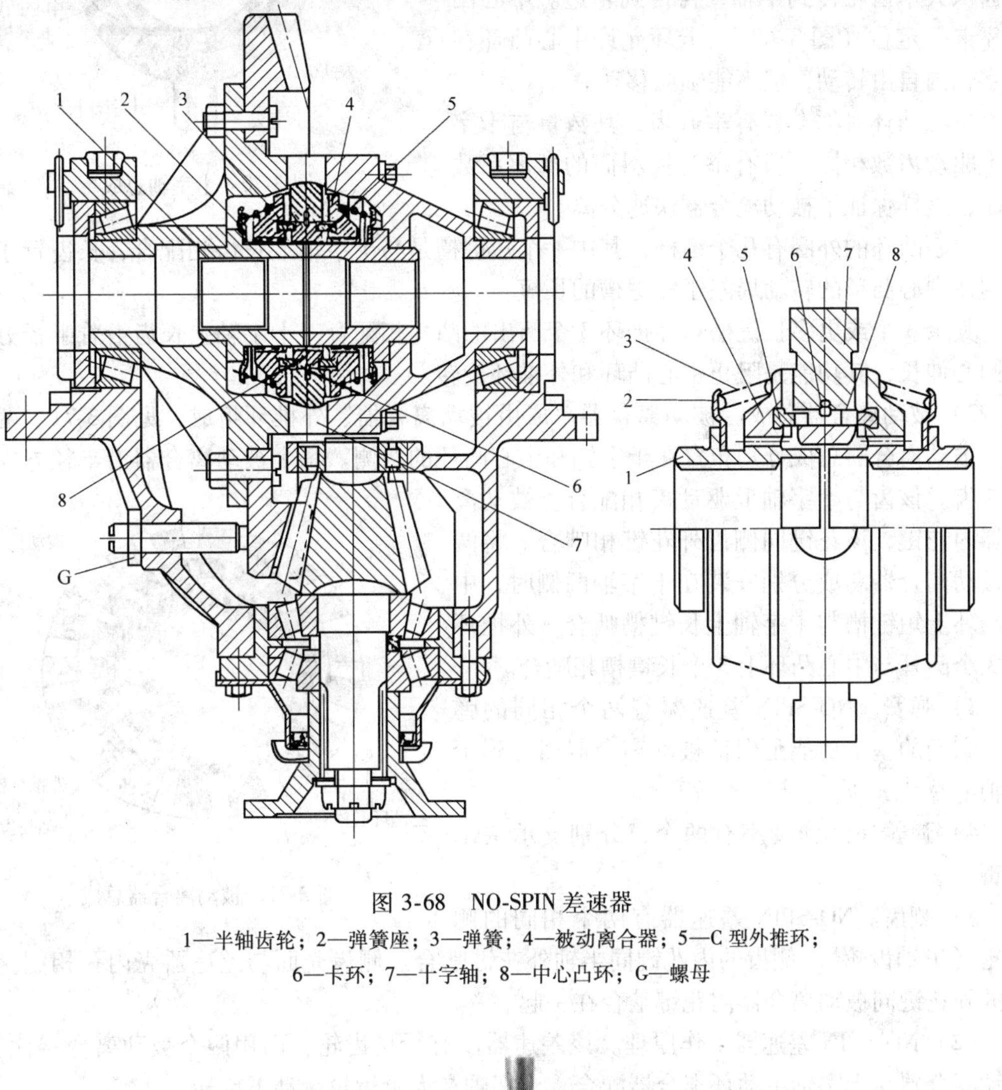

图 3-68 NO-SPIN 差速器

1—半轴齿轮；2—弹簧座；3—弹簧；4—被动离合器；5—C 型外推环；6—卡环；7—十字轴；8—中心凸环；G—螺母

图 3-69 NO-SPIN 差速器的组成

1）十字轴总成。十字轴总成由十字轴、中心凸环和卡环组成，见图 3-70。十字轴配有十字头。十字头沿中央圆均匀排列。其功能是将差速器与大伞齿轮支承架连接在一起。十字轴上被动齿与被动离合器被动齿啮合，从而将扭矩通过啮合齿从大伞齿轮传到半轴，再传到轮边。中心凸环靠卡环定位（图 3-68）。卡环允许中心凸环在十字轴内自由转动，但不能轴向移动。

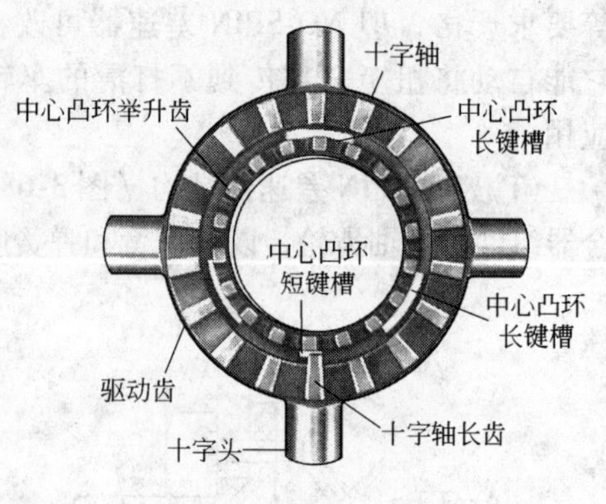

图 3-70 十字轴总成

中心凸环对称布置有举升齿，其数量与十字轴上驱动齿数相同。所有举升齿斜面的摩擦系数很小，这样保证了被动离合器快速分离。

中心凸环的外圈有几个键槽，其中一个短键槽是与十字轴上长齿相配合，长齿置于短槽内使中心凸环的转动局限于短键槽的长短。

其余 3 个或更多长键槽和外推环 3 个凸出的凸耳相配合。十字轴上长齿沿着半径方向向圆心伸长，其功能是阻止中心凸环和外推环旋转。

2）被动离合器总成。被动离合器总成由被动离合器、外推环组成，见图 3-71。两个相同被动离合器总成分别布置在十字轴和中心凸环的两侧。每个被动离合器沿半径方向设计有齿。该齿与十字轴上驱动齿相配合。被动离合器内花键，该花键同侧齿外花键相啮合。将两个被动离合器总成分别安装在十字轴两侧时，中心凸环上短键槽与十字轴上长键槽啮合；外推环上 3 个凸耳与中心凸环上 3 个长键槽相啮合。

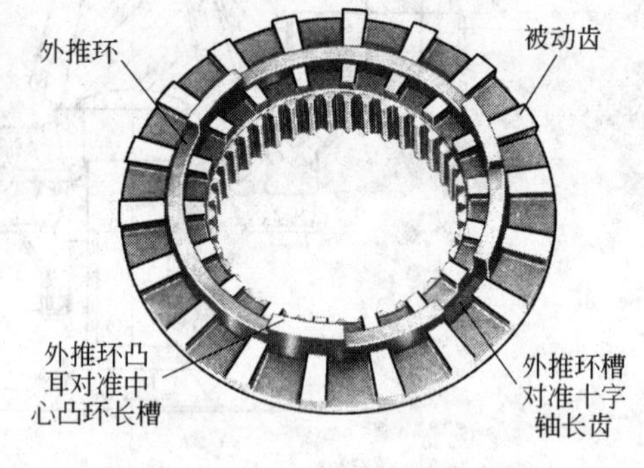

图 3-71 被动离合器总成

3）弹簧。NO-SPIN 差速器有两个相同的弹簧。它们的基本功能是保证被动离合器回位到十字轴上。

4）弹簧座。弹簧座有两个，分别支承两个弹簧。

5）侧齿。NO-SPIN 差速器有两个相同的侧齿轮（半轴齿轮）。侧齿的内花键同半轴外花键啮合。侧齿光面与差速器壳内孔相配。侧齿的外花键同被动离合器内花键啮合在一起。

（2）NO-SPIN 差速器工作原理。该差速器没有行星齿轮，而用两个被动离合器代替。被动离合器与十字轴主动环离合器配合。十字轴在大伞齿轮带动下旋转。

这种差速器基本功能是：

1）确保 100% 地利用附着力；

2）当一侧车轮附着力为零时，能防止车轮打滑，以及功率损失；

3）转向或在不平坦地面行驶时，能进行差速。

如图 3-72 所示，驱动桥装配有 NO-SPIN 差速器。只是在图中没有行星齿轮，用两个传动件——左、右被动离合器代替。被动离合器与中间十字轴配合。中间十字轴在大伞齿轮带动下旋转。只要车辆在光滑的地面前进与后退，被动离合器即保持与中间十字轴锁死状态。NO-SPIN 差速器此时的工作情况为两侧半轴像焊接在一起一样转动，即处于锁死状态。此时两边车速相等，直到两车轮同时获得附着力为止，永远不会出现轮子打滑现象（图 3-72）。

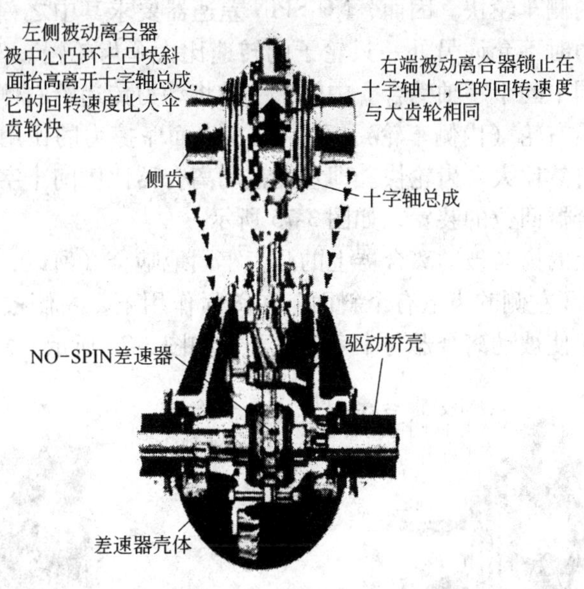

图 3-72 带 NO-SPIN 差速器驱动桥右转向时差速器动作情况

当车辆转向，或其中一只车轮越过障碍物时，左侧车轮或越过障碍物车轮所行驶的距离较长，车轮转速也比另一侧车轮高。在这种情况下，NO-SPIN 差速器会自动进行差速。

转向时（如图 3-73 所示）右侧车轮对应的被动离合器仍然与中间十字轴啮合，继续驱动车辆。

同时，左侧离合器与中间十字轴脱开。这样左侧车轮呈自由地旋转。当车辆完成转向时，左侧离合器又自动回到原来啮合位置，两侧车轮又继续以相同速度行驶。

（3）前退或后退工作原理。当装有 NO-SPIN 差速器的车辆前进或后退行驶时，如果地面光滑，中间十字轴便完全同被动离合器啮合，如图 3-74 所示。

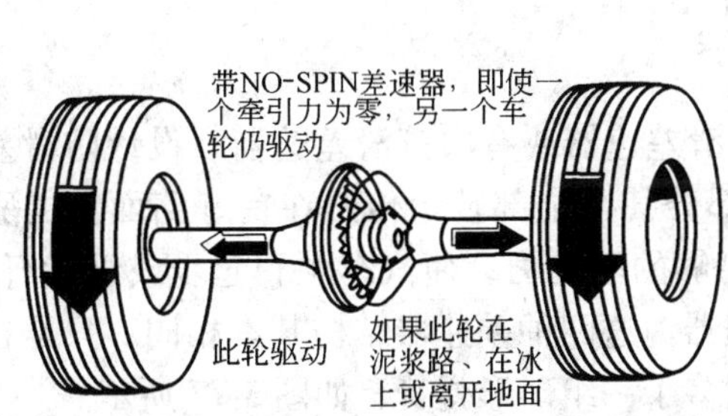

图 3-73 NO-SPIN 差速器驱动桥牵引性能

图 3-74 NO-SPIN 差速器自锁情况

NO-SPIN 差速器此时可看作一个整体，两侧车轮在大伞齿轮的驱动下，以相同速度旋转。

（4）转向时工作原理。转向时，要求差速器动作，此时外侧车轮的行驶距离比内侧车轮长，行驶速度比内侧车轮快。因而，NO-SPIN 差速器要求其中之一轮子比大伞齿轮旋转得快，但当传递动力时不允许另外一只轮子的转速比大伞齿轮慢。例如，当向右转向时，右侧被动离合器仍同中间十字轴啮合。中间十字轴将动力传递给右侧被动离合器，然后通过被动离合器再传给右轮（内侧车轮）。而左轮在地面摩擦力的作用下，走过比内侧车轮更长的弧。其速度自然比大伞齿轮快。即左侧被动离合器比中间十字轴转动得快。差速器中弹簧是使被动离合器回位的装置，如图 3-75 所示。

中心凸环右侧上的齿与被动离合器上的凸齿牢固地啮合（所以，它不能相对于中间十字轴转动），中心凸环左侧的齿上有个斜面，在斜面作用下，左侧被动离合器上的啮合齿便升高。其目的在于使被动离合器与十字轴脱开，如图 3-76 所示。

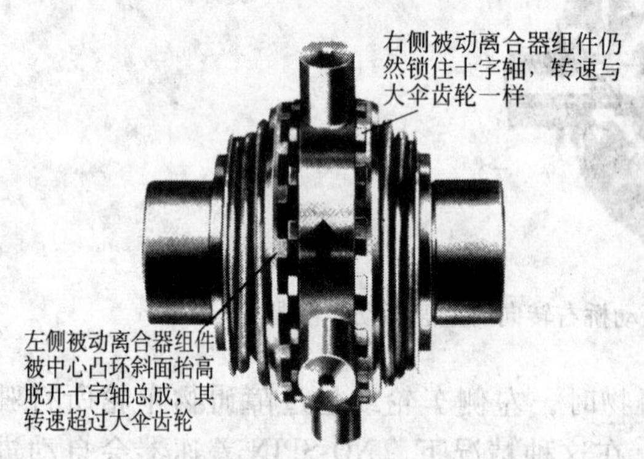

图 3-75 右转向时 NO-SPIN 差速器被动离合器的位置

图 3-76 被动离合器啮合情况

当左侧被动离合器向前旋转之后，左侧外推环上的键槽同十字轴上的长齿啮合在一起，从而把外推环同十字轴啮合在一起。此时，外推环上同十字轴和中心凸环锁在一起。这时，外推环的凸耳位于中心凸环上键槽前端。这样保证了当左侧被动离合器比大伞齿轮转得更快，该离合器与十字轴重新啮合。当被动离合器的超前动作停止时，即它与十字轴的相对速度为零时，左侧外推环上的凸耳重新与中间凸轮键齿啮合，到此为止，左侧被动离合器又回到原位。

当左转向时，工作过程相反，但原理相同。

c POSI-TORQ 差速器

POSI-TORQ 差速器（图 3-77），又称作防滑差速器或有限打滑差速器。设计防滑差速器是当一侧驱动轮在坏路上滑转时，能使大部分甚至全部转矩传给在良好路面上的驱动轮，以充分利用这一驱动轮的附着力来产生足够的驱动力，使汽车顺利起步或继续行驶。凡是使用普通差速器的地方都可使用防滑差速器。这两种差速器结构基本相同。只是在半轴齿轮大端面多了内、外离合器盘，在小端面多了一组碟形弹簧，如图 3-77 所示。

但防滑差速器较普通差速器具有更多的特点：

（1）在不利的驾驶条件下较普通差速器有更大牵引力；

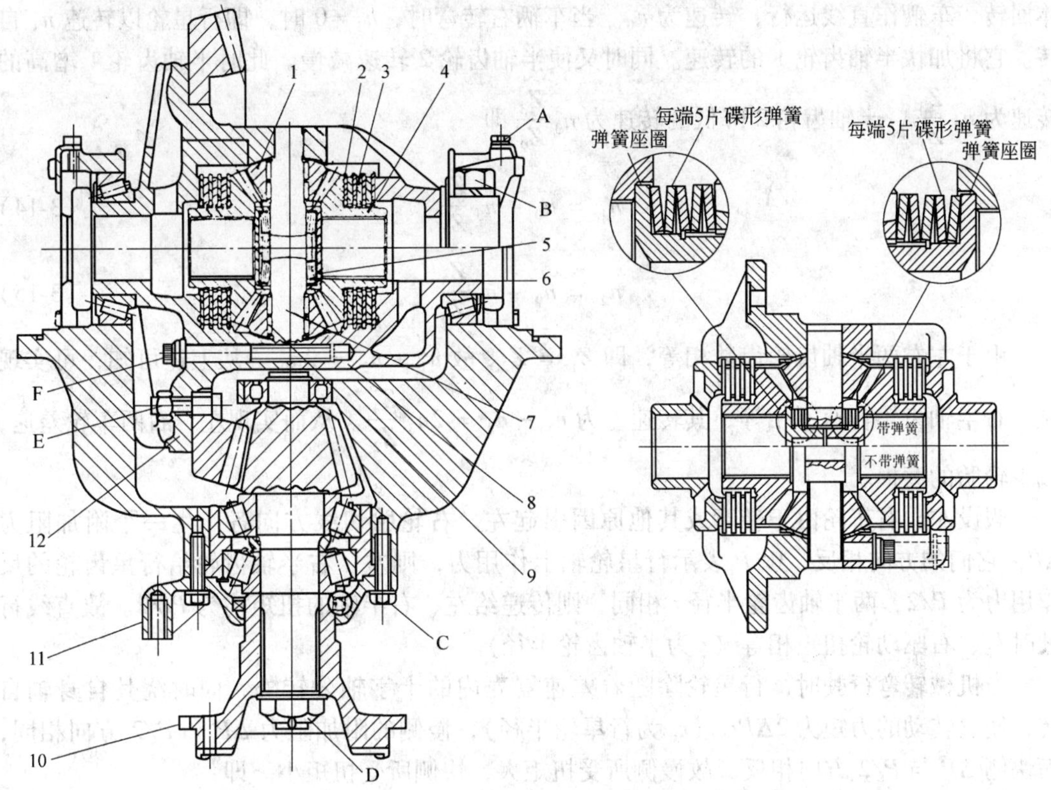

图 3-77 防滑差速器

1—行星锥齿轮；2—外离合器盘；3—内离合器盘；4—半轴锥齿轮；5—止推盘；6—叠形弹簧；7—十字轴；8—右差速器壳；9—滚针轴承；10—制动盘安装法兰；11—停车制动器托架；12—左差速器壳

A～F—螺钉和垫圈

（2）减少轮胎磨损；

（3）消除由锁止式差速器而产生冲击负荷；

（4）改进转向比锁止式差速器好；

（5）能使转矩从打滑车轮传递给不打滑车轮；

（6）可提供给牵引轮的转矩5倍于低转矩打滑车轮；

（7）使用4个相同小齿轮差速器与可替换的止推垫片，降低了维修成本；

（8）可使用两种防滑差速器：带弹簧和不带弹簧；

（9）可应用于大多数DANA公司驱动桥。

B 差速器的工作原理分析

普通差速器的工作原理如图3-78所示。

当 $n_3=0$ 时（即行星轮不自转），差速器作整

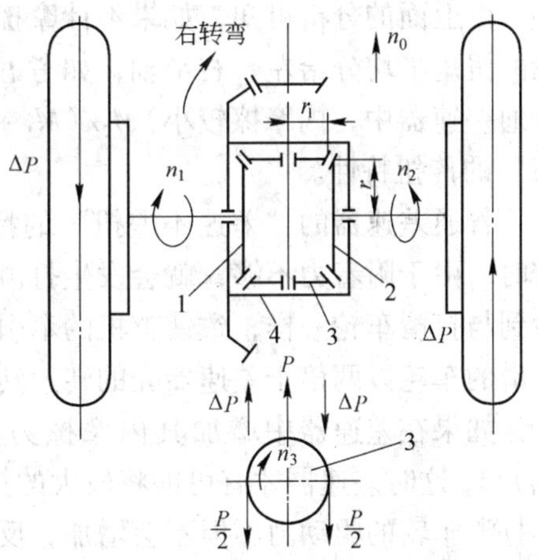

图 3-78 差速器工作原理

1—左半轴齿轮；2—右半轴齿轮；3—行星齿轮；4—差速器壳

体回转，车辆作直线运行，转速为 n_0。当车辆右转弯时，$n_3 \neq 0$ 时，即行星轮以转速 n_3 自转。它将加快半轴齿轮 1 的转速。同时又使半轴齿轮 2 转速减慢。此时半轴齿轮 1 增高的转速为 $n_3 \frac{Z_3}{Z_1}$，半轴齿轮 2 降低的转速为 $n_3 \frac{Z_3}{Z_2}$ 即

$$n_1 = n_0 + n_3 \frac{Z_3}{Z_1} \tag{3-14}$$

$$n_2 = n_0 - n_3 \frac{Z_3}{Z_2} \tag{3-15}$$

由于左右两半轴齿轮齿数相等，即 $Z_1 = Z_2$，故 $n_1 + n_2 = 2n_0$。从上述可知，可实现左、右半轴齿轮转速不相等，其转速差为 $n_1 - n_2 = 2n_3 \frac{Z_3}{Z_2}$。从而实现左、右两车轮差速，减少轮胎的磨损。

假设左、右车轮由于转弯或其他原因引起左、右轮胎切线方向各产生一个附加阻力 ΔP，它们的方向相反。以 P 表示行星轮轴上作用力，则左、右半轴齿轮给行星齿轮的反作用力为 $P/2$，两半轴齿轮半径 r 相同，则传递给左、右半轴的扭矩均为 $Pr/2$。故直线行驶时左、右驱动轮扭矩相等（r 为半轴齿轮半径）。

当机械转弯行驶时，行星轮除随着差速器壳内的十字轴公转外，同时绕其自身轴自转，使它转动的力矩为 $2\Delta P r_1$（r_1 为行星轮半径），慢侧的附加阻力 ΔP 和 $P/2$ 方向相同，而快侧 ΔP 与 $P/2$ 方向相反，故慢侧所受扭矩大，快侧所受扭矩小。即：

$$M_1 = (P/2 - \Delta P) r_1 \tag{3-16}$$

$$M_2 = (P/2 + \Delta P) r_1 \tag{3-17}$$

若以 $2\Delta P \cdot r = M_F$ 表示差速器内摩擦力矩，以 $P \cdot r = M_0$ 表示差速器壳传递的扭矩，则：

$$M_1 + M_2 = M_0 \tag{3-18}$$

$$M_2 - M_1 = M_F \tag{3-19}$$

由上面的分析可知，如果不计摩擦力矩，即 $M_F = 0$，则 $M_1 = M_2$，故可以认为动锥齿轮的扭矩平均分给左、右半轴，如考虑内摩擦，则快侧车轮力矩小，慢侧车轮力矩大，在普通差速器中，内摩擦较小，$M_2/(M_1 + M_2) = 0.55 \sim 0.6$，这就是普通差速器“差速不差扭”的传扭特性。

普通差速器的“差速不差扭”的特性，会给机械行驶带来不利影响，如一车轮陷入泥泞时，由于附着力不够，就会发生打滑。这时另一车轮的驱动力不但不会增加，反而会减少到与打滑车轮一样，致使整机的牵引力大大减少。如果牵引力不能克服行驶阻力，此时打滑的车轮以两倍于差速器壳的转速转动。而另一侧不转动，此时整机停留不动。

如果在差速器中增加其内摩擦力矩即 M_F，此时 $M_1 = (M_0 - M_f)/2$；$M_2 = (M_0 + M_f)/2$，这时差速器才有可能将较大的扭矩传给不打滑的车轮，这就不像普通差速器那样，不打滑车轮的驱动力不但不会增加，反而减少到与打滑车轮一样。这样，两个驱动轮上总的驱动力将有所增加。为了增加普通差速器内的摩擦阻力矩 M_F，则在普通差速器中增加两组碟形弹簧与内外摩擦离合器组件，就变成了 POSI-TORQ 差速器，这就是防滑差速器的工作原理，与普通差速器不同之处。POSI-TORQ 差速器有带弹簧（图 3-68）和不带弹

簧的两种。在有弹簧的差速器中去掉叠性弹簧与止推盘，就变成了不带弹簧的 POSI-TORQ 差速器。弹簧的作用是增加摩擦盘上的压力，以增加牵引力，使得牵引力大的轮子的牵引力是牵引力小的轮子牵引力的5倍。如果运行条件改善，桥中的力矩就会增加，弹簧的效果就会下降，锁止系数 K 就会减少。

在没有弹簧的 POSI-TORQ 差速器中，摩擦离合器的摩擦阻力与输入桥的力矩成正比。K 值在大部分桥输入力矩内是常数，而且 K 值在 2～2.75 的范围内。

DANA 公司用一个参数表示差速器"差扭能力"，即锁止系数，也是 $K=M_2/M_1$ 之比。用它表示两个半轴上扭矩可能相差的最大倍数，即差速器锁紧程度。关于各种差速器的"差扭能力"见图 3-79。

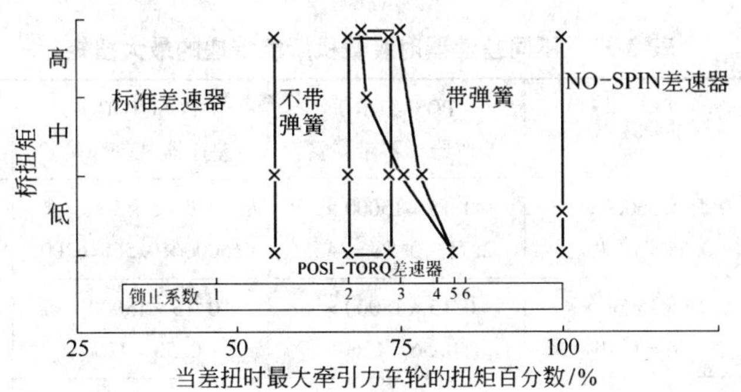

图 3-79 不同类型差速器锁止系数与特性范围

C 三种差速器的特性比较

三种差速器各有其特点，了解它们的各种特点对于正确选择与使用差速器十分必要。差速器特性比较见表 3-32。

表 3-32 三种差速器性能比较

差速器类别	标准差速器	POSI-TORQ 差速器	NO-SPIN 差速器
牵引特性	差	较好	最好
动力性能	差	较好	最好
受力状况	好	较好	最差
通过性能	差	较好	最好
工艺性能	好	较好	最差
轮胎磨损	差	较好	好
价 格	低	较高	高

a 牵引特性

根据上面分析，为了能定量说明各种差速器的牵引特性，现以图 3-80 为例。图 3-80 为地下装载机四轮受力状况与相应的附着系统，设车轮的滚动半径 $R=0.56\text{m}$，则每个车轮所能传递的最大扭矩见表 3-33。

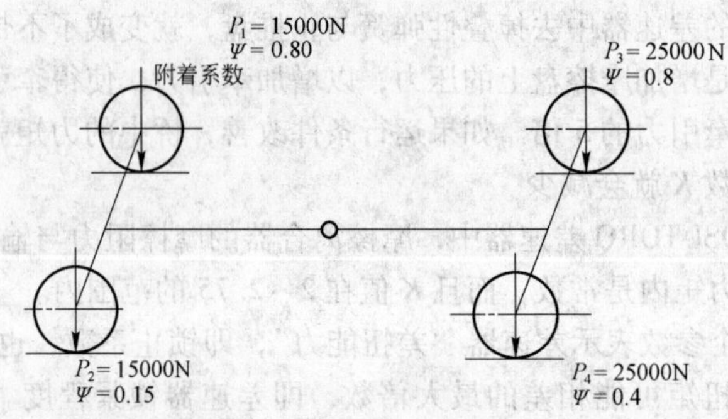

图 3-80　桥荷分布

表 3-33　不同差速器时装载机所能传递的最大扭矩　(N·m)

名　称	标准差速器	POSI-TORQ 差速器（不带弹簧）	POSI-TORQ 差速器（带弹簧）	NO-SPIN 差速器
前左轮	0. 15 × 15000 × 0. 56 = 1260	0. 15 × 15000 × 2. 75 × 0. 56 = 3465	0. 15 × 5 × 15000 × 0. 56 = 6300	0. 8 × 15000 × 0. 56 = 6720
前右轮	0. 15 × 15000 × 0. 56 = 1260	0. 15 × 15000 × 0. 56 = 1260	0. 15 × 15000 × 0. 56 = 1260	0. 15 × 15000 × 0. 56 = 1260
后右轮	0. 4 × 25000 × 0. 56 = 5600	0. 8 × 25000 × 0. 56 = 11200	0. 8 × 25000 × 0. 56 = 11200	0. 8 × 25000 × 0. 56 = 11200
后左轮	0. 4 × 25000 × 0. 56 = 5600	0. 4 × 25000 × 0. 56 = 5600	0. 4 × 25000 × 0. 56 = 5600	0. 4 × 25000 × 0. 56 = 5600
总　计	13720	21510	24360	24780

从表 3-33 中可以看出，在相同的工况下，由于使用的差速器不同而装载机整机的牵引性能也不同，其中以 NO-SPIN 差速器为最好，带弹簧的防滑差速器次之，标准差速器最差。

需要指出的是，如果一个轮胎打滑或悬空，对 NO-SPIN 差速器来说，打滑或悬空的轮胎不传递扭矩，那么全部扭矩就由另一不打滑不悬空的这个轮子承受，这无疑增加传递该负荷所有机械元件（如轮边减速器、半轴、半轴花键套及相关元件）的负荷，因此这是在选型或设计差速器时特别要引起注意的地方。

b　动力特性

地下装载机的动力特性是表示该机以各挡速度行驶时所达到的最高行驶速度，加速性能与爬坡能力。它在很大程度上决定了该机的生产率。一般用动力因素 D 来评价机械的动力性能。

$$D = f\cos\alpha + \sin\alpha + \frac{\delta_m}{g}\frac{dv}{dt} \tag{3-20}$$

式中 f——滚动阻力系数；

α——坡度角；

δ_m——回转质量换算系数；

g——重力加速度，m/s²；

$\frac{dv}{dt}$——机械行驶加速度，m/s²。

$$D = (F_t - F_w)/G_0 \tag{3-21}$$

式中 F_t——驱动力（或牵引力）；

F_w——空气阻力；

G_0——地下装载机的使用重量。

从前面分析可知，在最不利的使用条件下，NO-SPIN 差速器牵引性能、动力因素、加速性能、爬坡能力最好，带弹簧的防滑差速器次之，标准差速器最差。因而有 NO-SPIN 差速器的地下装载机其动力性能最好，防滑差速器次之，标准差速器最差。

c 受力状况

当 NO-SPIN 差速器起差速作用时，传递给整个驱动桥的扭矩便全部传给一侧半轴，只有当脱开传动的轮子转速降到不大于慢转侧轮子后，动力又均匀地分配到两侧半轴上。而普通差速器动力始终是平均分配的。这样从动轮后续传动零件（包括半轴和轮边减速器）的受力状况显然后者比前者好。尤其在频繁交替动作的情况下（如连续的左转弯、右转弯时），NO-SPIN 差速器左右离合器时断时续，引起车轮传动装置载荷的不均匀，因而受到严重冲击。因此，对于同样使用条件的装载机，若使用 NO-SPIN 差速器，其驱动桥半轴和轮边减速器应该有较高的承载能力。对于带弹簧的防滑差速器的受力状况处于上述两者之间。

d 轮胎的磨损

从上面的分析可以知道，对普通差速器来说，如果一侧驱动轮陷入泥坑因附着力不够而产生滑转，另一侧路面好的驱动轮也不能使地下装载机驶出泥坑而前行，这是因为普通差速器的传扭特性之故。在这种情况下，若驾驶员拼命加油提高发动机转速，力图冲出泥坑，但只能使驱动轮转速为零，而打滑车轮以差速器壳两倍的转速滑转，因而使差速器以及轮胎加剧磨损。对 NO-SPIN 差速器来说，好路面的驱动轮的转速不为零，全部的输入扭矩传递到这个路面好的驱动轮，继续驱动车辆前进直到两轮同时获得附着力为止，永远不会出现轮子打滑，因此，此时轮胎的磨损大大减轻。对 POSI-TORQ 差速器来说，由于是部分输入扭矩传递到这个路面好的驱动轮，因此轮胎的磨损比普通差速器要好，比 NO-SPIN 差速器要差。

e 通过性能

所谓车辆的通过性能是指车辆在一定的载重质量下能以足够高的平均车速通过各种坏路面及无路地带和克服各种障碍的能力。例如通过松软的路面和通过坎坷不平地段及障碍物。这点对地下装载机来说尤为重要。其中差速器的形式与结构对通过性能有很大影响。由于普通差速器的传扭特性，使装有普通差速器的驱动轮的通过性能最差。

由于差速器中机件间的摩擦作用，差速器才可能将较大的扭矩传给不滑转的车轮，这样，两个驱动轮上总的驱动力将有所增加，从而通过性能改善。这就是 POSI-TORQ 差速器通过性能比普通差速器要好的原因。

由于 NO-SPIN 差速器的特殊结构，它的通过性能最好。

f　工艺性能

由于 NO-SPIN 差速器结构复杂，精度要求高，选材与热处理也要求严，因而它的制造工艺性能最差。POSI-TORQ 差速器次之，普通差速器最好。

3.3.4.3　制动器

在桥的轮毂旁边装有行车制动器（图 3-61），在后桥的输入端配有停车制动器托架与制动盘安装法兰（图 3-77），它也是桥的重要组成部分。这两部件结构将在制动系统中介绍。

3.3.4.4　轮边减速器

在地下装载机广泛采用行星轮式的最终传动。图 3-61 为 CY-6 型地下装载机最终传动。动力通过半轴传送到太阳轮，内齿圈与内齿毂固定在一起，内齿毂又通过内花键固定在空心轴上，空心轴又与桥壳通过螺栓固定在一起，因此内齿轮是固定不动的，太阳轮通过行星轮带动行星轮托架回转。驱动轮毂通过螺栓与行星轮托架相连，这样半轴上的扭矩通过行星减速器传递到驱动轮上。

图 3-81 为轮边减速器的简图。

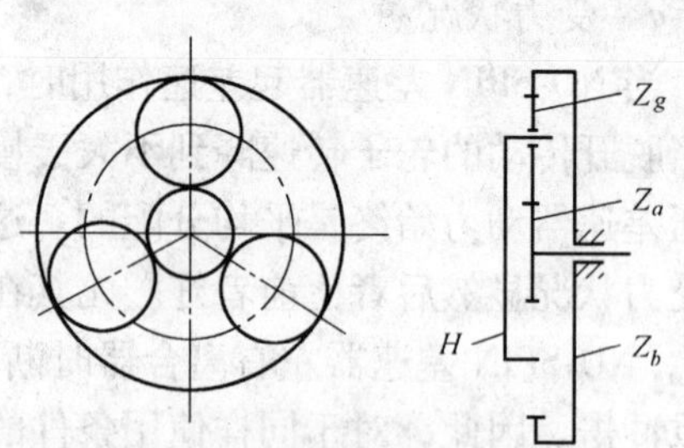

图 3-81　轮边减速器简图

Z_a—太阳轮齿数；Z_b—内齿圈齿数；Z_g—行星轮齿数；H—行星轮托架

当太阳轮主动，内齿轮为固定，行星轮架为从动时，其传动比为：

$$i_{\mathrm{w}} = i_{a\mathrm{H}}^{b} = \frac{Z_a + Z_b}{Z_a} \tag{3-22}$$

轮边减速器的传动效率 η_{w} 为：

$$\eta_{\mathrm{w}} = 1 - \left| -\frac{1}{i_{\mathrm{w}}} \right| (1 - \eta^{H}) \tag{3-23}$$

式中　i_{w}——轮边减速器传动比；

η^{H}——轮边减速器中当行星轮架固定定轴系的传动效率，$\eta^{H} = \eta_1\eta_2$；

η_1——太阳轮与行星轮系效率，取 $\eta_1 = 0.98$；

η_2——行星轮与齿圈传动效率，取 $\eta_2 = 0.99$。

上述传动效率未考虑油浴润滑时的搅油损失。

3.3.5　驱动桥的选择

与变矩器、变速箱不同，国内外大中型地下装载机驱动桥多半采用美国 DANA 驱动桥，而小型机采用的厂家比较多，因此需要了解如何选择驱动桥。

3.3.5.1　比较法选择

地下装载机常用的驱动桥的型号选择可根据地下装载机铲斗有效载荷，在第一章介绍的国内外地下装载机中，找到相同机型所选用桥的型号，可作为初步选择时参考。桥的选择不可能单独选择，还必须与变矩器、变速箱、传动轴配合进行，表 3-34 可供选择桥时参考。

表 3-34 采矿地下装载机传动系统的选择

铲斗有效载荷/t	变矩器型号	变速箱型号	桥型号	传动轴型号
3~4	C270	T20000	14D2149	4C wing BRG
5~7	C270 C320	32000	14-16D2149 37RM116	7C wing BRG
9~10	C5000	T33000	19D2748 43RM 175	8.5C wing BRG
12~14	C8000	5000 TE27	21D3847 53R300	8.5C wing BRG
15~17	C8000	6000 TE32	53R300	8.5C wing BRG
18~22	C8000 C9000	8000	53R312	9C wing BRG

3.3.5.2 计算法选择

计算法选择主要是根据地下装载机的桥荷、最大输出力矩、行星传动比、总传动比，最大输入转速、有关安装尺寸、外形尺寸等，在表 3-22 中初选所需桥的型号并与美国 DANA 公司协商取得一致意见后，最后确定桥的型号与相关参数。

A 桥荷的计算

桥荷的计算主要是计算地下装载机空载、重载、作业时最大桥荷，见图 3-82。

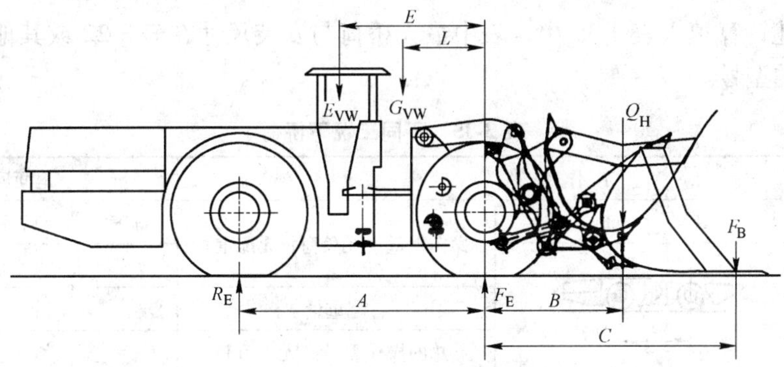

图 3-82 桥荷计算简图

假设：F_E——前桥空载载荷，kN；

F_L——前桥重载载荷，kN；

R_E——后桥空载载荷，kN；

R_L——后桥重载载荷，kN；

E_{VW}——空载机重，kN；

Q_H——铲斗额定载荷，kN；

A——轴距，mm；

B——地下装载机额定载荷重心到前桥的距离，mm；

C——铲取力作用点到前桥的距离，mm；

G_{VW}——装满额定载荷时的机器总重，kN；

F_B——铲取力（SAE 标准），kN；

F_{BC}——后桥载重量等于 0 时前桥负荷，kN；

F_{CR}——推压力，kN；

CR——前桥负荷为 0 时后桥载荷，kN。

（1）地下装载机重载时桥荷

$$F_L = F_E + Q_H\left(\frac{A+B}{A}\right) \tag{3-24}$$

$$R_L = G_{VW} - F_L \tag{3-25}$$

（2）铲取工况后桥离地时，前桥负荷

$$F_B = \frac{R_E(A)}{C} \tag{3-26}$$

$$F_{BC} = E_{VW} + F_B \tag{3-27}$$

（3）推压工况前桥离地，后桥负荷

$$F_{CR} = \frac{F_E(A)}{A+C} \tag{3-28}$$

$$CR = E_{VW} - F_{CR} \tag{3-29}$$

根据上述计算填入表 3-35 中，表中最大桥荷与安装尺寸在表 3-22 或其他桥荷资料中选取相应桥的型号。

表 3-35　不同工况下桥荷

工作条件			地面反力		
	A = ____mm	操作重量（无负荷，无配重）	前桥	后桥	总反力
空载行驶	A	配重量			
		总的操作重量（无负荷）	F_E = __	R_E = __	
重载运输	B	额定铲斗负荷____kN B = __mm	F_L = __	R_L = __	
推　压				C_R = __	
铲　取	C	C = __mm	F_{BC} = __		

B 传动比的选择

在3.2节已初步分析机械传动部分最大总传动比 i_{max} 与最小总传动比 i_{min} 的求法。总的传动比的分配原则是：尽量将减速比多分给后面，少分配给前面，以减少传动系统大多数传动元件的计算力矩。也就是说应选定尽可能大的最终传动（即轮边传动 i_w），然后选取尽可能大的主传动的传动比 i_B。

地下装载机车桥主传动比 $i_B = 3.6 \sim 6.78$，轮边传动 $i_w = 3.78 \sim 6.8$。

在选择轮边减速比时还要考虑受车辆轮辋的限制，在考虑主传动传动比时，还要考虑大锥齿轮直径太大影响最小离地间隙，因此也不能过大。

C 额定输出力矩

计算车轮打滑的力矩与由变矩器失速时传到车轮的力矩都必须小于所选桥的额定输出力矩。

D 制动器的选择

根据地下装载机的总体设计，算出所需要的行车最大制动力矩，选择合适的封闭湿式多盘制动器。若需要选用停车制动器，可先计算地下装载机在14°的坡度上停车所需的停车制动力矩，再与所选桥停车制动器的所能产生的制动力矩比较，若前者比后者少，则所选的停车制动器合适。制动力矩的计算见制动器的有关章节。

E 差速器的选择

在地下装载机的驱动桥里，一般前桥采用NO-SPIN差速器，后桥采用标准差速器。例如法国EM公司、芬兰TORO公司生产的地下装载机，美国Wagner公司生产的3m^{3}以上的地下装载机，德国GHH生产的部分地下装载机。但也有前桥采用标准差速器，后桥采用NO-SPIN差速器，例如美国Wagner公司生产的3m^{3}以上的地下装载机，加拿大EJC公司生产的928型地下装载机以及我厂生产的CY-6型地下装载机。究竟前后桥采用何种差速器，主要根据前后桥在铲取工况前桥负荷大小来决定。一般的情况下，地下装载机在铲取工况时，前桥的负荷最大，为了充分利用附着力增加装载机的插入力，一般前桥采用NO-SPIN差速器，后桥采用标准差速器，当铲取工况时，前桥的负荷已超过NO-SPIN差速器所能承受的范围，则前桥采用标准差速器，后桥采用NO-SPIN差速器。

在小型地下装载机中，由于桥荷较小，一般前后桥都采用NO-SPIN差速器或标准差速器。例如：加拿大EJC公司生产的922型装载机，TORO公司生产的TORO-151D型装载机，EM公司生产的CTX-4型装载机，国产的CY-1.5型、CY-2型装载机，前后桥都采用NO-SPIN差速器。

为了提高地下装载机的牵引性、动力性、通过性与承载能力，一般采用标准差速器的地方都可用POSI-TORQ差速器替代。

F 外形尺寸与其他附件的选择

DANA驱动桥同一种型号有多种尺寸规格。即桥的总长、法兰到法兰的距离，悬挂中心距最佳轮距等等。前面已分析了地下装载机在井下使用，因而机身窄而长，为此，一般在桥型号里选择悬挂中心距最短或与最短悬挂中心距最近的悬挂中心，作为要选用的桥。

另外，DANA驱动桥的输入法兰型号很多，有装制动盘的法兰，有没有装制动盘的法兰。有标准法兰，也有短的法兰等等。法兰大小不同，传递的扭矩不同，其安装距也不同，在选择时必须注意。除了输入法兰外，还有车轮端面形式、桥壳号、桥壳形式、主动锥齿轮旋向与形式等等，在选择桥时必须注意。

3.3.6　驱动桥的设计

3.3.6.1　车轮轮毂轴承寿命的计算

轴承的计算主要是计算其寿命。由于地下装载机的使用工况与汽车不同，因此车轮轮毂轴承的计算也不同于一般汽车，它有自己的特殊性。

A　轮毂的结构

轮毂的结构见图3-83。由图3-83可知，轮毂轴承有两个，都是单列圆锥滚子轴承。它的外圈同轮毂一起回转，内圈不动。它既支承整个车辆的重量又要承受地面对轮胎的各种反力，还要承受装载机作业时各种冲击。因此这两个圆锥滚子轴承的工作环境十分恶劣，容易疲劳损坏。

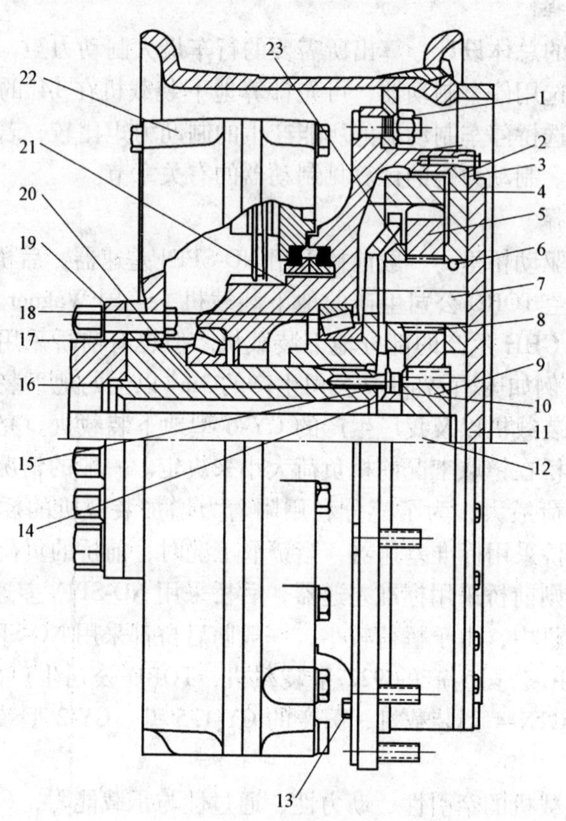

图3-83　车轮轮毂结构

1—螺母；2—行星支架；3—盖板；4—内齿圈；5—行星轮；6—定位球；7—齿轮轴；8—滚针；9—太阳轮；10—填片；11—轴推块；12—半轴；13—排油塞；14—轴盖；15—铁丝；16—螺钉；17—内轴承；18—外轴承；19—桥壳；20—空心轴；21—轮毂；22—制动器；23—外齿圈

B　车轮与轴承受力分析

车轮与轴承受力分析见图3-84。

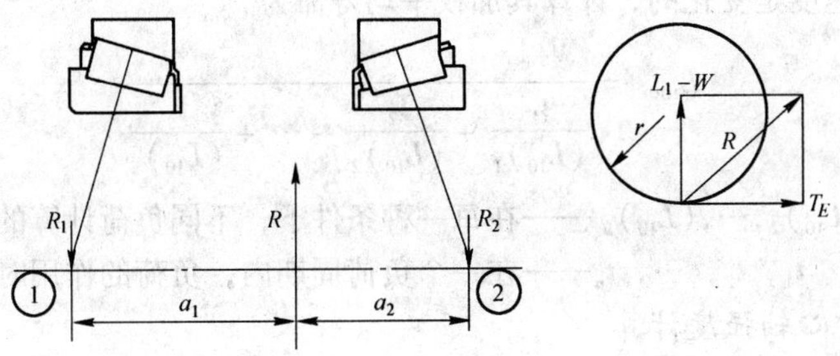

图 3-84 车轮与轴承受力分析

(1) 牵引力 T_E:

$$T_E = \psi L_1 \tag{3-30}$$

式中 L_1——车轮载荷，N；

ψ——附着系数，一般取 $\psi = 0.8$。

(2) 总反力 R:

$$R = \sqrt{(L_1 - W)^2 + (\psi L_1)^2} \tag{3-31}$$

式中 W—— 一个车轮重量，N。

(3) 外轴承承受的径向力 R_1:

$$R_1 = \frac{a_2 R}{a_1 + a_2} \tag{3-32}$$

(4) 内轴承承受的径向力 R_2:

$$R_2 = \frac{a_1 R}{a_1 + a_2} \tag{3-33}$$

C 轴承寿命计算

设 K_1、K_2 分别为外内轴承径向额定动负荷与轴向基本额定动负荷之比； $(C_{90})_1$、$(C_{90})_2$ 分别为外、内轴承基本径向额定动载荷，N；R_{E1}、R_{E2}分别为径向当量动负荷，N。

若 $R_1/K_1 < R_2/K_2$

$$R_{E1} = 0.78R_1 + \frac{0.47R_2K_1}{K_2} \tag{3-34}$$

$$R_{E2} = 1.25R_2 \tag{3-35}$$

若 $R_1/K_1 > R_2/K_2$

$$R_{E1} = 1.25R_1 \tag{3-36}$$

$$R_{E2} = 0.78R_2 + \frac{0.47R_1K_2}{K_1} \tag{3-37}$$

轴承额定寿命：

$$L_{10} = \left(\frac{C_{90}}{R_E}\right)^{\frac{10}{3}}\left(\frac{5.65 \times 10^5 r}{v}\right) \tag{3-38}$$

式中 C_{90}——90%可靠度轴承寿命期望值；

r——轮胎的滚动半径，m；

v——车速，km/h。

由于负荷与速度是变化的，计算其加权平均寿命为

$$L_{10wt}=\frac{1}{\frac{t_1}{(L_{10})_1}+\frac{t_2}{(L_{10})_2}+\cdots+\frac{t_n}{(L_{10})_n}} \tag{3-39}$$

式中　$(L_{10})_1,(L_{10})_2,\cdots,(L_{10})_n$——在每一种条件下，不同负荷计算的轴承寿命；

$t_1, t_2, \cdots, t_n$——在一个负荷周期内，负荷的作用时间百分数。

3.3.6.2　空心轴强度计算

空心轴是车桥中一个很重要的零件。轮端内、外锥轴承装在其上。左端的法兰与桥壳，制动器用螺栓联成一体，形成一个悬臂梁结构。其受力简图见图3-85。

A　危险截面的最大弯曲应力

危险截面为 $Y—Y$ 面，危险截面的最大弯曲应力 σ_{max}

$$\sigma_{max}=Re/W \tag{3-40}$$

式中　R——总反力，N；

e——总反力到危险截面的距离，m；

W——危险截面的抗弯断面模数

$$W=\frac{\pi(r_1^4-r_2^4)}{16r_1} \tag{3-41}$$

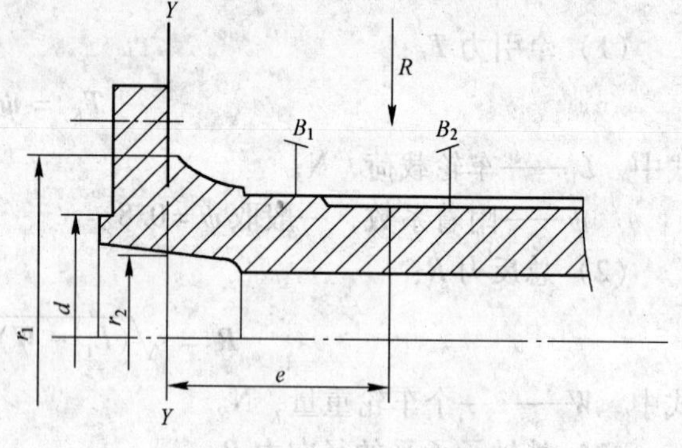

图3-85　空心轴受力简图
（r_1，r_2 为危险截面的内外半径，m）

B　疲劳极限的确定

根据 Gauest-Mohr 理论

$$[\sigma_{-1}]=K_aK_bK_cK_e\sigma_{-1} \tag{3-42}$$

式中　$[\sigma_{-1}]$——零件的许用疲劳极限；

K_a——表面系数，$K_a=0.7$；

K_b——尺寸系数，$d\geqslant54.8$mm 的尺寸系数 $K_b=0.75$；

K_c——可靠性系数，$K_c=0.85$；

K_e——应力集中系数，大于0.7；

σ_{-1}——光滑试件的疲劳极限，取 $\sigma_{-1}=0.5\sigma_b$，若 $\sigma_{max}<[\sigma_{-1}]$ 则空心轴强度合格。

C　空心轴铰孔紧固螺栓强度计算

空心轴铰孔紧固螺栓受力分析见图3-86。

一个螺栓的公称扭转应力 τ 为

$$\tau=\frac{FR_k}{ArZ} \tag{3-43}$$

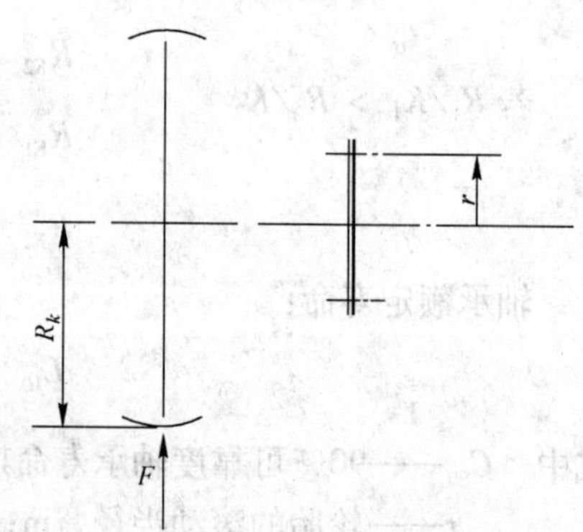

图3-86　空心轴铰孔紧固螺栓受力分析

式中　F——作用于一个车轮上的最大制动力，N；

R_k——轮胎的滚动半径，m；

A——螺栓根部截面积，m^2；

r——螺栓安装圆半径，m；

Z——紧固螺栓数量；

τ——公称扭转应力，MPa。

空心轴的紧固螺栓强度等级，一般是10.9级，保证应力S_P为830MPa。那么螺栓的最大保证预紧力为

$$F_i = 0.9S_PA \tag{3-44}$$

最大允许紧固力矩（N·m）

$$T = 0.2F_id \tag{3-45}$$

式中 d——螺栓根部直径，m。

最大螺栓力矩

$$T_1 = 0.5T \tag{3-46}$$

螺栓螺纹部分许用受扭应力［τ］为

$$[\tau] = \frac{16T_1}{\pi d^3 n} \tag{3-47}$$

式中 n——安全系数，取$n=4$。

如果［τ］≥τ，则选用螺栓强度合格。

3.3.6.3 半轴计算

A 强度计算

地下装载机采用的是全浮式半轴，因此它承受纯扭矩。半轴承受最大计算扭矩T_{max}时的最大扭转应力τ_{max}，如图3-87所示。

$$T_{max} = \frac{T_ER}{i_w\eta} \tag{3-48}$$

$$\tau_{max1} = T_{max}/W_d \tag{3-49}$$

$$\tau_{max2} = T_{max}/W_{dr} \tag{3-50}$$

$$T_E = \psi E_{VW} \tag{3-51}$$

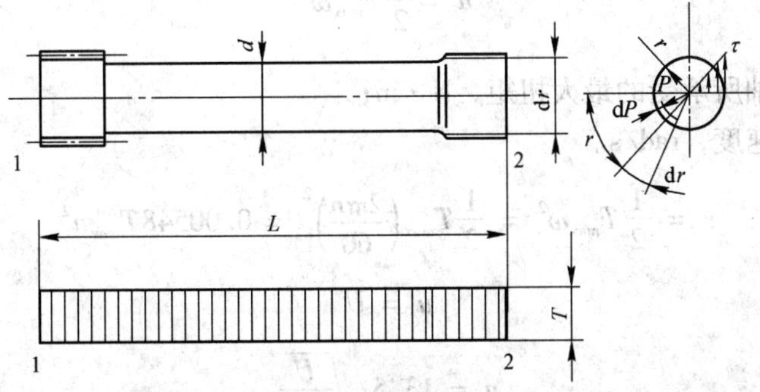

图3-87 半轴受力简图

式中　T_E——牵引力；

R——轮胎滚动半径，mm；

i_w——轮边减速器传动比；

η——轮边减速器传动效率，$\eta = 0.97$；

W_d——半轴光杆部分扭转断面系数，mm^3

$$W_d = \pi d^3/16$$

W_{dr}——花键部分扭转断面系数；

ψ——附着系数；

E_{VW}——装载机空载重量，N。

若半轴的许用应力为[τ]则

[τ] ≥ τ_{max1}，[τ] ≥ τ_{max2}，则半轴强度合格。

B　半轴刚度计算

虽然没有半轴允许的标准扭转变形量，但对于两端受支承的轴来说，已形成了一个标准即轴的变化应小于[φ] = 0.26°/m。当轴的长度为轴的直径的20倍时，轴的扭转角度必须在1°的范围内。以此来限制轴的变形。

半轴在最大扭矩的作用下的扭角 φ(°) 为

$$\varphi = \frac{T_{max} L}{G J_1} \frac{180}{\pi} \tag{3-52}$$

式中　L——半轴的长度，mm；

J_1——半轴光杆部分极惯性矩，$J_1 = \pi d^4/32$，mm^4；

G——轴的切变模量，MPa，对钢 $G = 81GPa$。

C　半轴的横向振动计算

如果半轴的扭转变形过大，就有可能产生振动（既有扭曲又有横向振动）。结果它会影响齿轮运行，也可能引起潜在的轴承损坏。因此必须要进行轴的振动计算也就是计算轴的临界转速，以便使工作转速避开临界转速 n_c。

在弹性范围内，半轴材料变形吸收的能量为 U(N · m)：

$$U = \frac{[\tau]^2 d^2 L}{16G} \tag{3-53}$$

半轴回转能量

$$u = \frac{1}{2} T_{max} \omega^2 \tag{3-54}$$

式中　T_{max}——半轴所承受的最大扭矩，N · m；

ω——角速度，rad/s。

$$u = \frac{1}{2} T_{max} \omega^2 = \frac{1}{2} T_{max} \left(\frac{2\pi n}{60}\right)^2 = 0.00548 T_{max} n^2 \tag{3-55}$$

$$u = U$$

求得

$$n = 13.5 \sqrt{\frac{U}{T_{max}}} \tag{3-56}$$

3.3.6.4 主传动锥齿轮轴承计算

确定主传动锥齿轮的载荷是轴承计算的基础。为了确定轴承的载荷，首先分析锥齿轮在啮合中齿面的作用力。

A 锥齿轮齿面上的作用力

螺旋锥齿轮或双曲面齿轮在工作过程中，齿面上作用有一法向力，该法向力可分解为三个分力：沿齿轮切向方向的圆周力，沿齿轮轴线方向的轴向力，以及垂直于齿线的径向力。若已知圆周力，则其他作用力可用圆周力描述。

a 齿面宽中点处的圆周力 F

$$F = 2T/D_{m2} \tag{3-57}$$

式中 T——作用在从动齿轮上的转矩；

D_{m2}——从动齿轮齿面宽中点处的分度圆直径，其值为

$$D_{m2} = D_2 - b_2\sin\gamma_2$$

式中 D_2——从动齿轮分度圆直径；

b_2——齿面宽；

γ_2——从动齿轮节锥角。

对圆锥齿轮副来说，作用在主动和从动齿轮上的圆周力的大小是相等的，而对双曲面齿轮副来说，由于主、从动齿轮的螺旋角不等，它们的圆周力是不相等的，其间的关系已在式（3-11）中描述。

b 锥齿轮上的轴向力和径向力

图 3-88 为主动小齿轮（螺旋锥齿轮或双曲面齿轮）齿面上的作用力。图中主动小齿轮的螺旋方向为左旋，旋转方向为逆时针（从小齿轮锥顶看）。图中 F_T 为作用在齿面宽中点 A（该点位于节锥面上）的法向力。该法向力 F_T 在 A 点处的螺旋方向的法平面内，可分解为两个互相垂直的力 F_n 和 F_f。F_n 位于∠OOA 所在的平面且垂直于 OA。F_f 位于以 OA 为切线的节锥的切平面内。F_f 在此切平面内又可分解为沿切线方向的圆周力 F 和沿节锥母线方向的力 F_s 的两个分力。

F_f 与 F 之间的夹角为螺旋角 β，F_T 与 F_f 之间的夹角为法向压力角 α。显然，F_T =

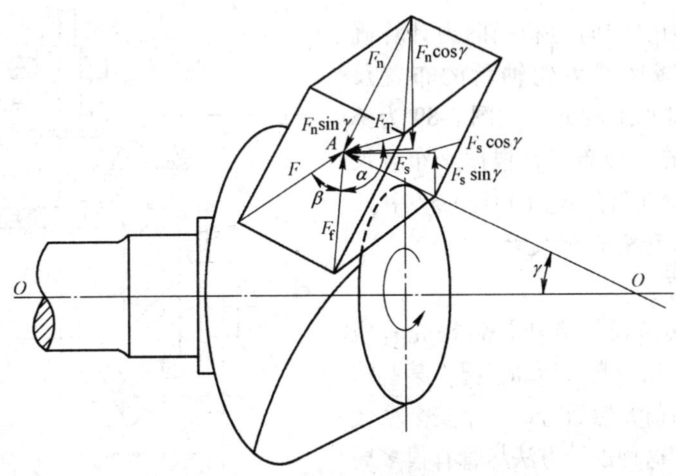

图 3-88 主动小齿轮齿面上的作用力

$F/\cos\beta\cos\alpha$，因而

$$F_n = F_T\sin\alpha = F\tan\alpha/\cos\beta \tag{3-58}$$

$$F_s = F_r\cos\alpha\cos\beta = F\tan\beta \tag{3-59}$$

F_n 力沿小齿轮的径向和轴向分解为 $F_n\cos\gamma$ 和 $F_n\sin\gamma$ 两力。F_s 沿径向和轴向分解为 $F_s\sin\gamma$ 和 $F_s\cos\gamma$ 两力。于是作用在小齿轮轮齿面上的轴向力 F_{ap} 和径向力 F_{RP} 为

$$F_{ap} = F_n\sin\gamma + F_s\cos\gamma \tag{3-60}$$

$$F_{RP} = F_n\cos\gamma - F_s\sin\gamma \tag{3-61}$$

若主动小齿轮的螺旋方向改变以及旋转方向改变时，主、从动齿轮齿面上所受的轴向力和径向力的计算公式列于表 3-36。当利用表中公式计算双曲面齿轮的轴向力和径向力时，公式中的 α 表示轮齿驱动齿廓的法向压力角；公式中的节锥角 γ，算小齿轮时用顶锥角代替，算大齿轮时用根锥角代替。按公式算出的轴向力若为正值，说明轴向力与图 3-88 所示轴向力方向相同，即离开锥顶；若为负值，轴向力方向则指向锥顶。径向力是正值表明径向力使该齿轮离开相配齿轮，负值表明径向力使该齿轮趋向相配齿轮。

表 3-36　齿面上的轴向力和径向力

主动小齿轮 螺旋方向	主动小齿轮 旋转方向	轴　向　力	径　向　力
右	顺时针	主动齿轮 $F_{ap} = \dfrac{F}{\cos\beta}(\tan\alpha\sin\gamma - \sin\beta\cos\gamma)$	主动齿轮 $F_{RP} = \dfrac{F}{\cos\beta}(\tan\alpha\cos\gamma + \sin\beta\sin\gamma)$
左	逆时针	从动齿轮 $F_{ag} = \dfrac{F}{\cos\beta}(\tan\alpha\sin\gamma + \sin\beta\cos\gamma)$	从动齿轮 $F_{RG} = \dfrac{F}{\cos\beta}(\tan\alpha\cos\gamma - \sin\beta\sin\gamma)$
右	逆时针	主动齿轮 $F_{ap} = \dfrac{F}{\cos\beta}(\tan\alpha\sin\gamma + \sin\beta\cos\gamma)$	主动齿轮 $F_{RP} = \dfrac{F}{\cos\beta}(\tan\alpha\cos\gamma - \sin\beta\sin\gamma)$
左	顺时针	从动齿轮 $F_{ag} = \dfrac{F}{\cos\beta}(\tan\alpha\sin\gamma - \sin\beta\cos\gamma)$	从动齿轮 $F_{RG} = \dfrac{F}{\cos\beta}(\tan\alpha\cos\gamma + \sin\beta\sin\gamma)$

B　齿轮轴承的载荷

在齿面圆周力、轴向力和径向力计算确定之后，根据主减速器齿轮轴承的布置尺寸，很容易确定轴承上的载荷。图 3-89 为单级主减速器轴承的一种布置，根据其布置尺寸，各轴承的载荷计算公式列于表 3-37 中。

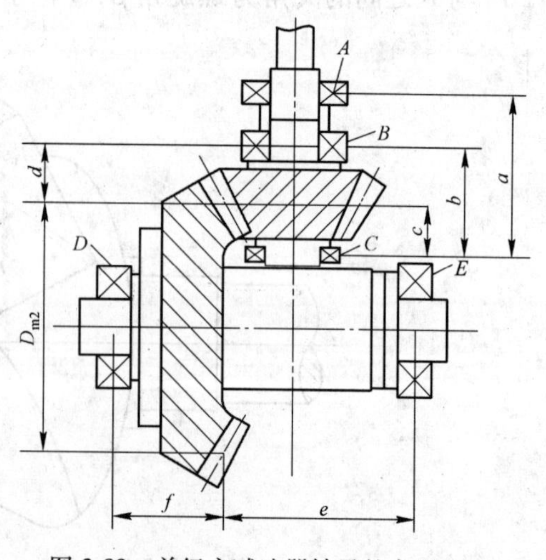

图 3-89　单级主减速器轴承的布置尺寸

3.3.6.5　驱动桥壳强度计算

A　传统计算法

驱动桥壳的传统设计方法是将桥壳看成一个简支梁并校核几种典型计算工况下某些特定断面的最大应力值，然后考虑一个安全系数来确定工作应力，这种设计方法尽管有很多局限性，但计算方法简单，现在仍在采用。

表 3-37 轴承上的载荷

轴承 A	径向力	$\sqrt{\left(\frac{Fc}{a}\right)^2+\left(\frac{F_{RP}C}{a}-\frac{F_{ap}D_{m1}}{2a}\right)^2}$
	轴向力	0
轴承 B	径向力	$\sqrt{\left(\frac{Fc}{b}\right)^2+\left(\frac{F_{RP}C}{b}-\frac{F_{ap}D_{m1}}{2b}\right)^2}$
	轴向力	F_{ap}
轴承 C	径向力	$\sqrt{\left(\frac{Fd}{b}\right)^2+\left(\frac{F_{RP}d}{b}+\frac{F_{ap}D_{m1}}{2b}\right)^2}$
	轴向力	0
轴承 D	径向力	$\sqrt{\left(\frac{Fe}{e+f}\right)^2+\left(\frac{F_{RG}e}{e+f}+\frac{F_{ag}D_{m2}}{2(e+f)}\right)^2}$
	轴向力	F_{aG}
轴承 E	径向力	$\sqrt{\left(\frac{Ff}{e+f}\right)^2+\left(\frac{F_{RG}f}{e+f}-\frac{F_{ag}D_{m2}}{2(e+f)}\right)^2}$
	轴向力	0

该法考虑桥壳的主要作用是承受载荷，并将作用在车轮上的牵引力、制动力、横向力等传递到车架上，同时桥壳的中央部分又是主传动器与差速器的壳体。装载机作业过程中，桥壳受力比较复杂。为了安全起见，桥壳受力以重载运输、铲取工况时前桥、推压工况时后桥所受的负荷来计算驱动桥壳的强度。

危险断面发生在桥壳悬挂中心附近，轮毂轴承根部也应列为危险断面进行强度校核。桥壳受力分析与强度计算见图 3-90。

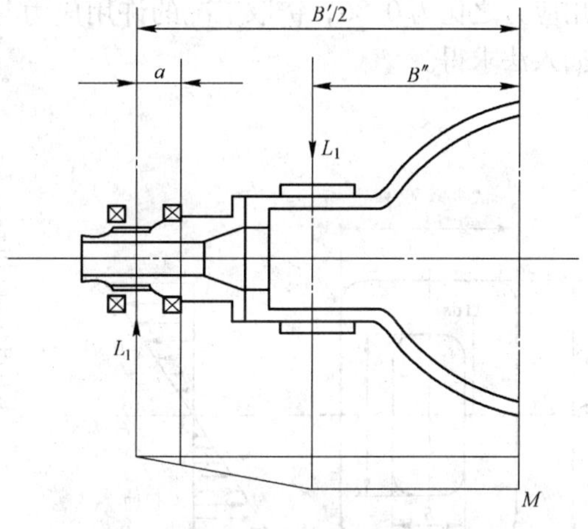

图 3-90 桥壳受力分析

B'—车轮中心的距离；B''—悬挂中心到桥中心的距离；

a—车轮中心到轮毂内轴承根部的距离；

L_1—地面对车轮的垂直反力

前桥一侧车轮上反作用力 L_1 作用在垂直平面内的轮毂轴承根部弯矩 M_1 与弯曲应力 σ_1。若以铲取工况为例，则

$$M_1 = L_1 a = (F_{BC} - g)a/2 \tag{3-62}$$

式中 a——力臂；

F_{BC}——铲取工况后桥离地，前桥负荷；

g——前桥车轮重量。

$$\sigma_1 = \frac{M_1}{W_1} \leqslant [\sigma_a] \tag{3-63}$$

式中　$[\sigma_a]$——许用弯曲应力。

一般空心轴轴承座处断面为空心圆断面，因此，抗弯断面系数 W_1 由下式求得

$$W_1 = \frac{\pi D^4}{32}\left[1 - \left(\frac{d}{D}\right)^4\right]$$

式中　D——主轴外径，mm；

d——主轴内径，mm。

安装底板中心处的断面弯矩 M_2 与弯曲应力 σ_2。

$$M_2 = L_1\left(\frac{B'}{2} - B''\right) = \frac{F_{BC} - g}{2}\left(\frac{B'}{2} - B''\right) \tag{3-64}$$

$$\sigma_2 = \frac{M_2}{W_2} \leqslant [\sigma_a] \tag{3-65}$$

一般悬挂中心处的断面为空心矩形断面，见图 3-91。故

$$W_2 = \frac{BH^3 - bh^3}{6H}$$

许用弯曲应力 $[\sigma_a]$ 的选取：不同工况下的许用弯曲应力，从图 3-92 可以看出，运输工况的许用应力与静止工况下许用应力之比为 0.476。推压工况的许用应力与静止工况许用应力之比为 0.86，铲取工况的许用应力与静止工况许用应力之比为 0.93。其他工况用插入法求得。

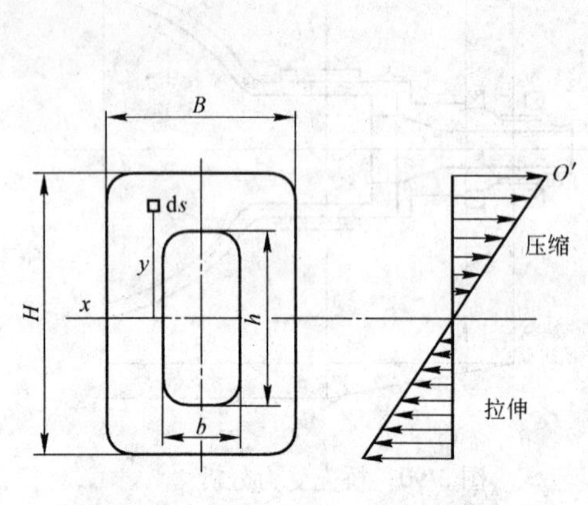

图 3-91　悬挂中心处的断面

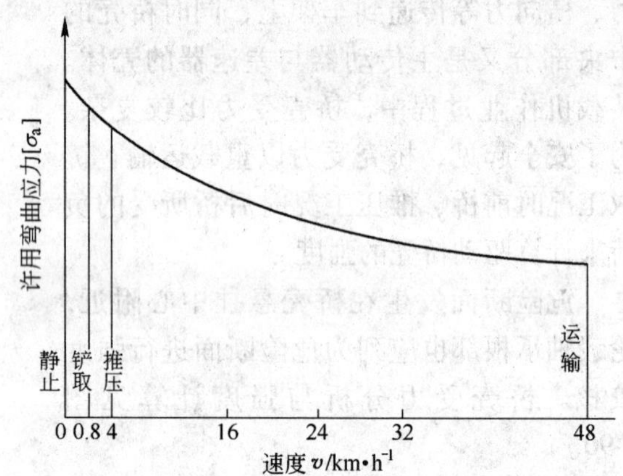

图 3-92　许用弯曲应力与速度的关系

B　有限元计算方法

有限元法是一种在工程分析中常用的解决复杂问题的近似数值分析方法，以其在机械结构强度和刚度分析方面具有较高的计算精度而得到普遍应用，特别是在材料应力、应变的线性范围更是如此。在地下装载机设计领域，在传动系统的计算均使用到该方法，例如，桥壳强度的有限元分析。现以中钢集团衡阳重机有限公司设计生产的 2m³ CY-2C 地下装载机驱动桥的桥壳有限元分析为例，说明其分析过程。

（1）利用 pro/Engineer 软件建立桥的三维模型。为了更接近实际工况，将空心轴与桥壳一起进行分析，在 pro/Engineer 中建立如图 3-93 所示三维模型。

（2）将建好的三维模型导入 Ansys，并对模型进行自由网格划分，得到如图 3-94 所示的有限元网格模型。

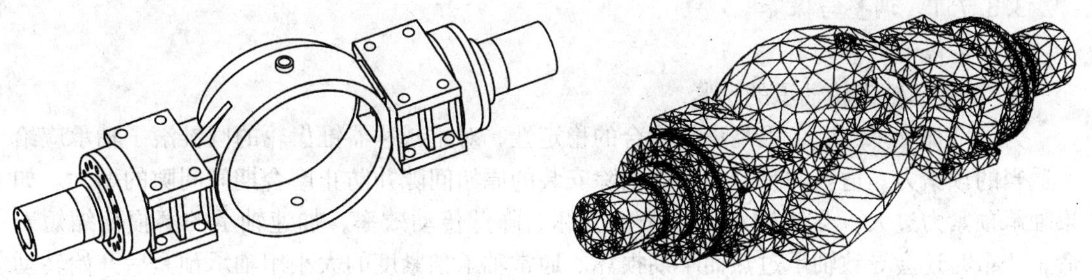

图 3-93　CY2C 型地下装载机三维模型　　　　图 3-94　有限元网格模型

（3）模型在 Ansys 中的约束和加载载荷如图 3-95 所示，其中空心轴的 4 处轴承支撑，用 A 处的固定铰支座和 B、C 和 D 处的移动铰支座来模拟；载荷 F 由装载机在铲取工况时（图 3-96）桥荷确定。

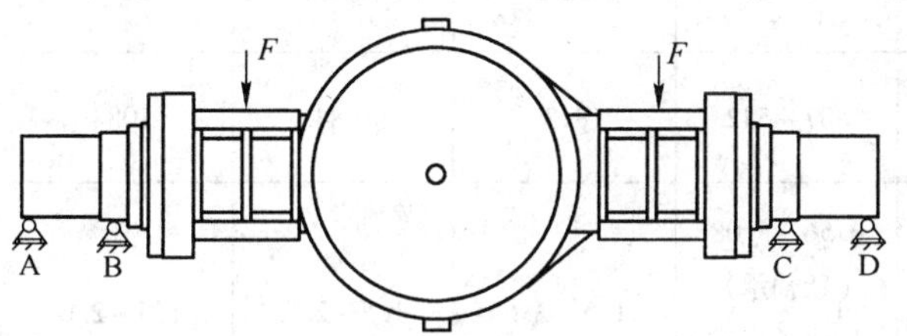

图 3-95　桥壳受力图

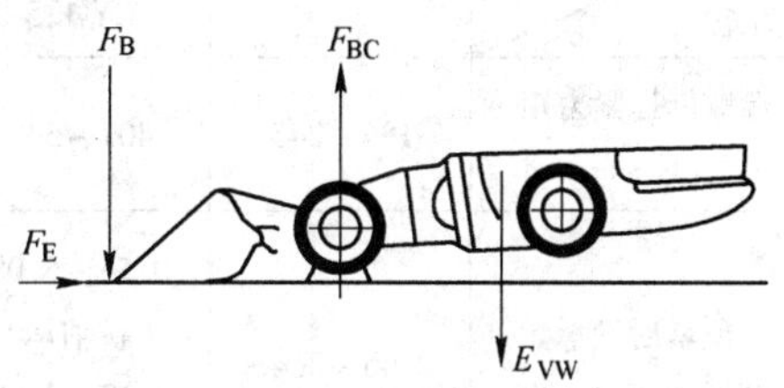

图 3-96　装载机在铲取工况时受力图

F_E—最大牵引力，$F_E=0.8E_{VW}$；F_B—最大铲取力；F_{BC}—地面对车轮反力；E_{VW}—机重

（4）在 Ansys 中运行 Solution 求解，得出最大应力为 σ_{max} = 255.3MPa，在图 3-97 中空心轴上所示位置。而已知桥壳和空心轴的材料极限强度分别为 600MPa 和 490MPa，远大于最大应力，所以驱动桥的桥壳和空心轴均满足强度要求。

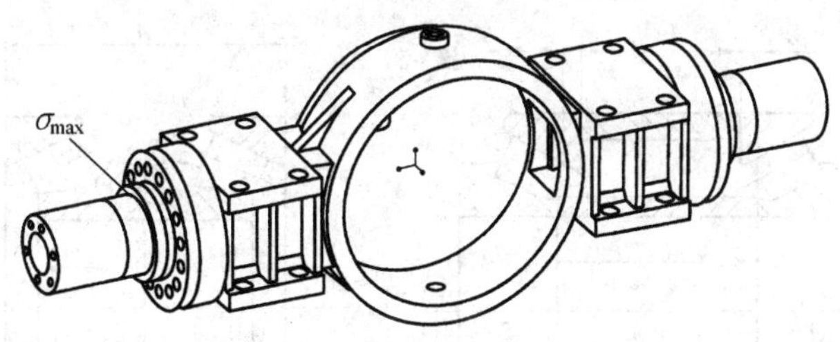

图 3-97　桥壳最大受力点

（5）结果分析。CY-2C 型地下装载机驱动桥壳有限元强度分析与多年实际使用情况是吻合的，表明中钢集团衡阳重机有限公司设计和生产的 CY-2C 型地下装载机驱动桥是成功的。

3.3.7　驱动桥调整、保养与常见故障

3.3.7.1　调整与保养

A　主传动调整与保养

a　主传动锥齿轮轴承的预紧

为了增加支承刚度，提高齿轮啮合的稳定性，对主减速器锥齿轮的圆锥滚子轴承应给予适当的预紧力。适当的预紧力可以消除安装的原始间隙并防止磨合期间间隙的增大。如果轴承预紧力过大，会使轴承工作条件变坏，降低传动效率，加速轴承的磨损而缩短寿命，严重时还会导致轴承过热而早期损坏。通常轴承预紧度的大小用轴承预紧后开始转动时的必要力矩即摩擦力矩来衡量。预紧后的轴承摩擦力矩的最佳值的测量是在端螺母拧紧力矩到规定值后测量。预紧后的轴承摩擦力矩最佳值及端螺母（图 3-65）拧紧力矩见表 3-38。

表 3-38　摩擦力矩与端螺母拧紧力矩

型号 力矩	CYE-1	CYE-1.5/ CY-1.5	CY-2	CY-3	CY-4	CY-6
端螺母拧紧力矩 /N · m	196 ~ 245	407 ~ 542	407 ~ 542	813	1084	1084
预紧后轴承 摩擦力矩/N · m	2.45 ~ 3.43	0.56 ~ 5.08 （新轴承） 1.13 ~ 3.39 （旧轴承）	0.56 ~ 5.08 （新轴承） 1.13 ~ 3.39 （旧轴承）	1.5 ~ 2.6	1.5 ~ 2.5	1.5 ~ 2.6

采用精选两端轴承内圈之间的轴承套长度，进行主动锥齿轮轴承预紧力的调整。调整的方法见图 3-98。

调整是在轴承尚未装到轴上之前进行。根据需要间隙的大小确定内外套尺寸，当将两个轴承的间隙调整为零时，内外套长度间有下列关系（图 3-98*a*）：

$$L_1 = L_2 - (\delta_1 + \delta_2) \tag{3-66}$$

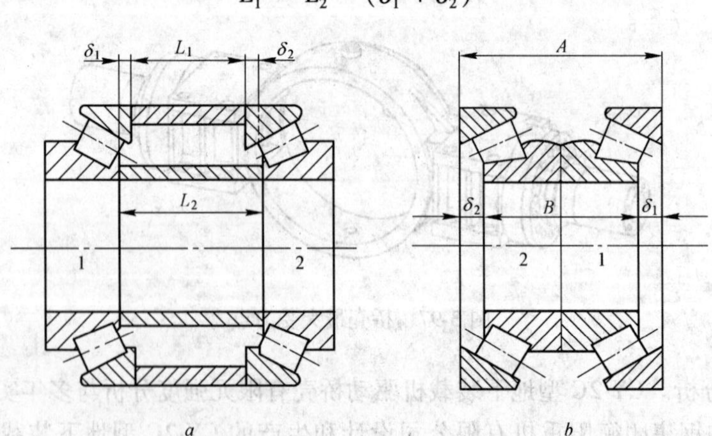

图 3-98　用内外套调整滚动轴承间隙

式中 L_1——外套长度；

L_2——内套长度；

δ_1，δ_2——分别为轴承间隙调整为零时，轴承内外套轴向位移值将两个轴承相反位置互相靠紧后测量（图3-98*b*）可以得到 $A-B=\delta_1+\delta_2$

则

$$L_1 = L_2 - (A - B) \tag{3-67}$$

初算的轴套长度未考虑轴承的弹性形变，因此实际的轴套长度比此值要小几丝。具体少多少要反复测量预紧后轴承摩擦力矩达到规定后确定。

主传动从动锥齿轮的圆锥滚子轴承预紧力，一般靠轴承外侧的调整螺母，一般调整力矩为1～3.5N·m。调整后，能灵活转动差速器总成。

b 锥齿轮啮合调整

主传动器的使用寿命和传动效率在很大程度上取决于齿轮啮合是否正确。主动圆锥齿轮和被动圆锥齿轮采用印痕来检查。即在齿面上涂上红铅油，然后转动齿轮，检查齿面上的痕迹，当齿轮啮合正确时，啮合痕迹应符合规定（图3-99），齿轮啮合痕迹如不符合规定，可移动齿轮进行调整。

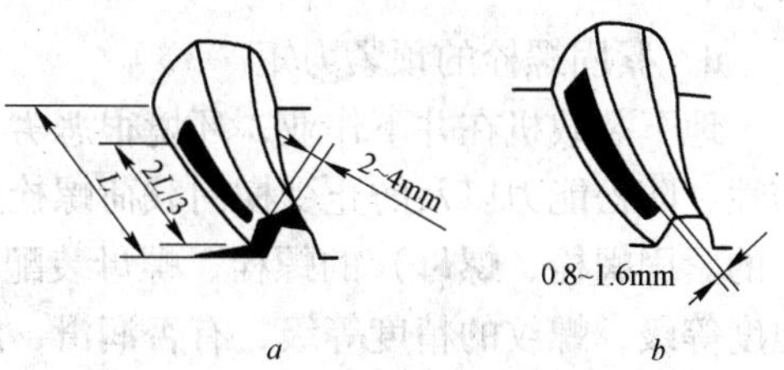

图3-99 啮合适当时齿面上的痕迹

若啮合痕迹靠近齿尖小头，先移动被动圆锥齿轮。假如因此而使齿轮间隙太小，再移动主动圆锥齿轮（表3-39）。若啮合痕迹靠近齿顶或齿根，则先移动主动圆锥齿轮，并视齿轮轮齿间隙大小移动从动圆锥齿轮，利用两边轴承调整螺母，即一边调整螺母前进一段距离，另一边调整螺母后退同样距离。调整后齿侧间隙必须达到表3-40中的要求。若间隙过小，则齿轮可能会卡死，若太多，又会产生冲击。

表3-39 齿轮啮合接触情况及调整方法

被动齿轮面上接触痕迹的位置		调整方法	齿轮移动方向
前驶	倒车		
		使被动齿轮向主动齿轮靠拢，假如因此而使齿隙过小时，将主动齿轮向外移	
		使被动齿轮离开主动齿轮，假如因此而使齿隙过大时，把主动齿轮向内移	
		使主动齿轮向被动齿轮靠拢，假如因此而使齿隙过小时，将被动齿轮向外移	
		使主动齿轮离开被动齿轮，假如因此而使齿隙过大时，把被动齿轮向内移	

表 3-40 齿侧间隙范围

地下装载机	CYE-1	CY1.5/CYE1.5	CY-2	CY-3	CY-4	CY-6
齿侧间隙范围/mm	0.15～0.4	0.2～0.46（用过的齿轮） 0.3（新齿轮）		0.22～0.33	0.26～0.38	0.305～0.431

c 润滑

主减速器齿轮、差速器和轴承都要进行润滑。对主动锥齿轮轴上的后轴承的润滑应特别注意，因为该轴承距齿较远，无法采用飞溅润滑。为此常在主减速器壳上设置油道，齿轮飞溅出来的油进入该油道进入主动锥齿轮轴的后轴承处，多余的油从另一个油道流回桥壳。

d 紧固螺栓的预紧力矩

地下装载机在井下作业，环境很恶劣，载荷变化很大，为了增强螺纹连接的刚性、紧密性、防松能力以及防止受横向载荷螺栓连接的滑动，地下装载机车桥（包括其他地方使用的紧固螺栓、螺母）的螺栓、螺母装配时都要预紧。由于预紧力的大小与螺栓、螺母的强度等级，螺纹的精度等级，有否润滑，细牙还是粗牙有关，计算起来很复杂，较精确的数值还得通过试验得到。为了方便用户，一般厂家都给出了各螺栓的预紧力矩。故用户必须注意之，否则会发生相关零部件的损坏。表 3-41 列出了中钢集团衡阳重机有限公司生产的地下装载机主传动各螺栓、螺母预紧力矩。

表 3-41 主传动预紧力矩值 （N·m）

螺栓、螺母符号①		CY1.5 CY-2 CYE-1.5	CY-3(16D)	CY-4(19D)	CY-6(21D)
A	标准与 NO-SPIN 差速器			34～38	54～61
	防滑差速器			20～24	54～61
B	标准与 NO-SPIN 差速器	203～258	401～442	448～488	645～710
	防滑差速器		405～442	675～710	645～710
C		68～102	125～135	170～190	170～190
D		407～542	813	1084	1084
E	标准与 NO-SPIN 差速器	115～156	170～190	238～257	170～190(大齿轮与壳体花键连接) 410～450（非花键连接）
	防滑差速器				170～190
F	标准与 NO-SPIN 差速器	115～156	240～260	238～257	300～330
	防滑差速器			170～190	488.1～542.3
G	图 3-68	203～258	407		

①表中符号的含义见图 3-69、图 3-77。

e NO-SPIN 的安装测试

（1）车辆装上 NO-SPIN 之后，应完成以下六道检测步骤，以确定安装是否完善（图 3-100）。

步骤 1 关闭发动机。将驱动桥升起直到各车轮均离开地面。

步骤 2 给变速箱挂上挡位，使传动轴固定，不能转动。

左轮

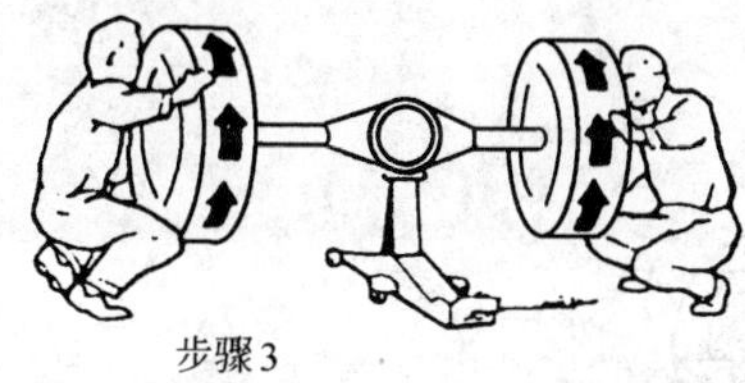

步骤 3

步骤 3 两人各持一边轮胎，向前转动，直到不能转动为止（转动一小段距离后，两轮均应停止）。

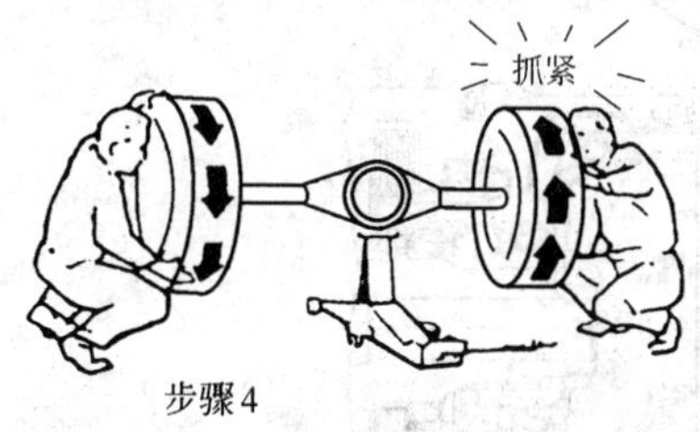

步骤 4

步骤 4 右边的人将轮子牢牢抓住向前转，左边的人将轮后转，正常情况下会有轻微的“咔咔咔”声音，并且左轮的转动应该很顺利。（右轮必须牢牢抓住向前转，不然左轮将无法向后转。）检测声音正常后，向前转。NO-SPIN 应再度锁上。

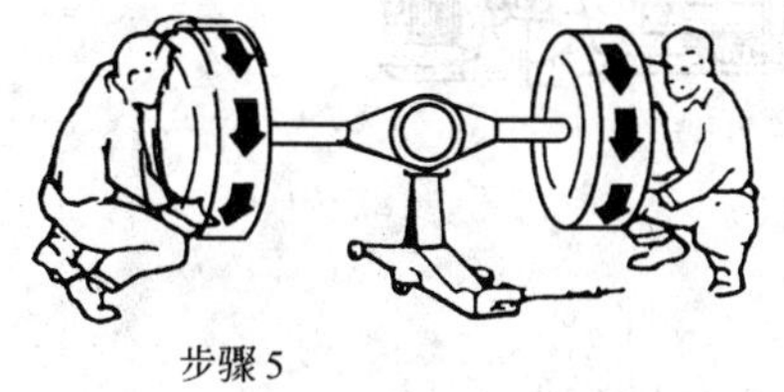

步骤 5

步骤 5 将左右两轮向后转动，直到不能转动为止。（转一小段距离后，两轮应停止。）

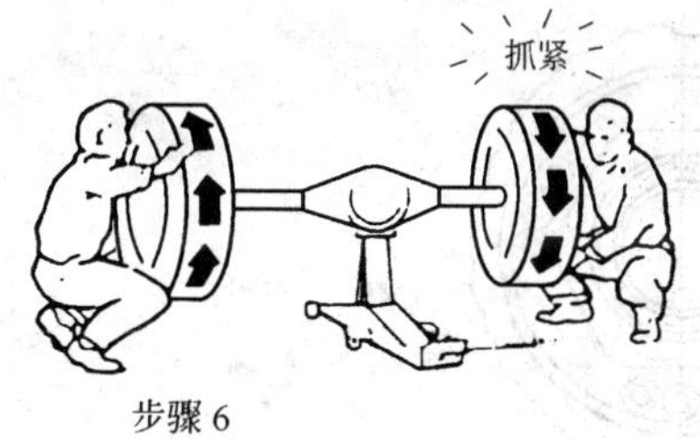

步骤 6

步骤 6 右边的人将轮子牢牢抓住向后转，左边的人将轮胎向前转，正常的情况下会有轻微的“咔咔咔”声音，并且左轮的转动应该很顺利。（右轮必须牢牢抓住向后转不然左轮无法向前转。）检测声音正常后，将左轮向后转。NO-SPIN 应再度锁上。

图 3-100 NO-SPIN 差速器测试步骤

重复以上步骤 3 ~6，测试右轮。

如果左右两轮在以上各种试验中均能轻松、平滑地用手转动，而且都能听到轻微的“咔咔咔”声音，则 NO-SPIN 的运转是正常的。如果有一轮或两轮不能向前或向后轻松、平滑地用手转动，则 NO-SPIN 的安装步骤必须重新检查，并且检查手制动和脚制动，看看制动的调整是否正常。如果 NO-SPIN 是取代原来的普通差速器，则必须确认原有的垫片都已拿掉。

（2）NO-SPIN 安装后的整车试验。装上 NO-SPIN 后，测试各桥左右两轮是否均有驱动力，在负载情况下进行该项试验，使发动机的扭力经由 NO-SPIN 传到和地面接触的左右两轮，试验应在路面完成。测试方法之一是将车辆开到测试路面（最好是沙石路面），试着使两轮同时打滑，前进与后退测试都需试验。如果两轮之一没有驱动力，则不应使用此车辆，应重新检查 NO-SPIN 的安装。

检查脱开情况：在平整地面上（且该路面附着条件好）进行车辆前、后方向的转向，确认外轮完全脱开，即自由转动。此时可以听到咔嚓转位声音。当转向完毕后重新啮合时，又可听到齿与齿啮合的声音，这是正常现象。

B　轮边减速器轴承的调整

轮边减速器轴承的调整如图 3-101 所示。

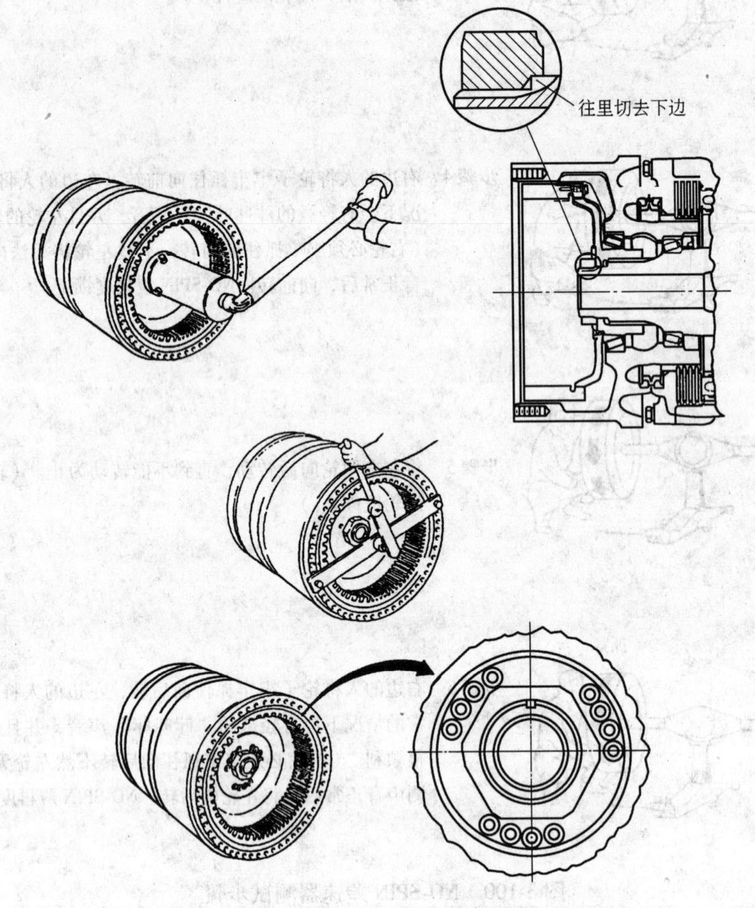

图 3-101　轮边减速器调整示意图

（1）CY-3 型、CY-4 型、CY-6 型地下装载机驱动桥车辆轴承调节程序（单个调节螺母和锁板）。

1）在调节车辆轴承前，必须将所有锥形轴承与轴承杯压入座，不要靠车辆轴承的调节螺母来支承轴承和轴承杯。

注：如车辆轴承调节螺母在内径上有一切槽，该切槽必须向着内齿轮毂。在带 LCB 制动器的车桥中，在进行下列工序前要松开压力（任何制动器制动时都会影响正确的滚动阻力矩）。

2）用刷子和防粘或不粘润滑剂涂在螺母内面和空心轴螺纹上。

3）安装芯轴螺母并紧固到 1627N · m(1085N · m)，用重棒或锤子敲击内齿毂并旋转轮毂 2 ~ 3 次。然后重新检查螺母力矩，如果螺母移动了，则重新将力矩拧到 1627N · m，重新敲击并紧固到 1627N · m（1085N · m），但不超过螺母力矩值。而后松（1/4 ~ 1/2）

圈并敲击轮毂使轴承端稍有间隙为止，而且轮毂能旋转自如。

4）采用一力矩扳手连接杆或其他适当的测量装置，测出轴承在无负载轴向间隙状态下轴承的轮端的转动力矩（表3-42）。由于部件的不平衡，当轮子转动时，转动力矩值都会有变化。记录转一圈中最大转动力矩值，该值为“无负载转动力矩”（LBC为271N·m以上）。

表3-42 轴承无负载力矩值

地下装载机型号	制动器型号	新 轴 承	使用过300h以上的轴承
CY-4（19D） CY-6（21D）	LCB	41～108N·m	14～33N·m
CY-3（16D）	LCB	41～81N·m	

5）对于现场维修，将螺母拧到814N·m（542N·m），当转动轮毂2～3次时，用重锤敲一下内齿毂，如果螺母移动了，需重新调整到814N·m（542N·m），再重新敲击与紧固直到螺母不移动，然后移动螺母直到锁板上三孔对准内齿毂上螺孔。

6）检查转动力矩，该力矩必须在无负载转动力矩所示的规定范围内。

7）如大于最大的预加负载，则按要求减少螺母力矩在规定范围，但不得小于542N·m（406N·m）。

8）如小于最小的预加负载，则增大力矩，使预加荷载在锁板孔对齐的情况下达到转动力矩规定的范围内，但转动轮毂5次或更多次之后仍不能大于1898N·m（1220N·m）。

9）在安装锁板和螺钉时，紧固螺钉至47～54N·m（27～33N·m）。

注：1. 锁板螺钉只能使用一次。再用时必须清洗干净并涂上乐泰262胶（高强度）或乐泰242胶（中等强度），重新安装时，内齿毂螺纹同样清洗干净。

2. 括号内的力矩为CY-3型地下装载机。

（2）CY-1.5型、CYE-1.5型、CY-2型地下装载机车轮轴承预紧力的调整。CY-1.5型地下装载机车轮结构与前者略有不同。前者靠调整螺母调整轮毂轴承预紧力，而后者是靠不同程度填片组来调整（图3-81）。因此其调整的方法不同。

CY-1.5型、CYE-1.5型、CY-2型地下装载机车轮轴承预紧力调整过程如下：

调整是在未装轮辋、轮边减速器之前，装好内外轴承之后进行。先在空心轴端装上适当厚度的填片，装上轴盖，拧紧螺钉。如果转不动轮毂说明填片薄了，再改用厚一点的填片再试。如果转得动，就按图3-100的方法检查无负荷的力矩值，此力矩值应在40～50N·m之间。如果达不到或超过，就得重新选择填片厚度，直到达到此力矩。最后用重棒敲几下内齿毂，再检查一下无负荷的力矩值，若力矩值有变化，则要重新选择填片，直到力矩值达到所要求的力矩为止。装时重新拆了螺钉，涂上防松胶，用21～27N·m的力矩拧紧并装上防松铁丝。

（3）CYE-1地下装载机桥壳轴承预紧力的调整。先装行星减速器内齿轮装上，用力拧紧圆螺母，直到轮毂只能勉强转动为止。再将圆螺母退回1/10圈，此时轮壳自由转动，调整时，应反复转动轮毂，使轴承滚子处于正确位置。

（4）空心轴与制动器、桥壳连接双头螺栓或螺母的拧紧力矩（表3-42）。空心轴与制动器、桥壳的连接螺栓的结构与紧固十分重要，因为它承受了很大的各种负荷，若设计不正确，发生松动，轻者发生漏油，重者会损坏整个桥，因此设计时组装必须要十分仔细。现只把各机型此螺栓螺母或螺钉的紧固力矩列表于3-43。

表 3-43　连接螺栓或螺母紧固力矩

机　型	CYE-10	CYE-1.5 CY-1.5 CY-2	CY-3	CY-4	CY-6
紧固力矩/N · m		244 ~ 312	248 ~ 258	410 ~ 440	645 ~ 710

（5）组装完后，必须对轮端和桥中心进行密封性试验。试验方法如图3-102、图3-103所示。

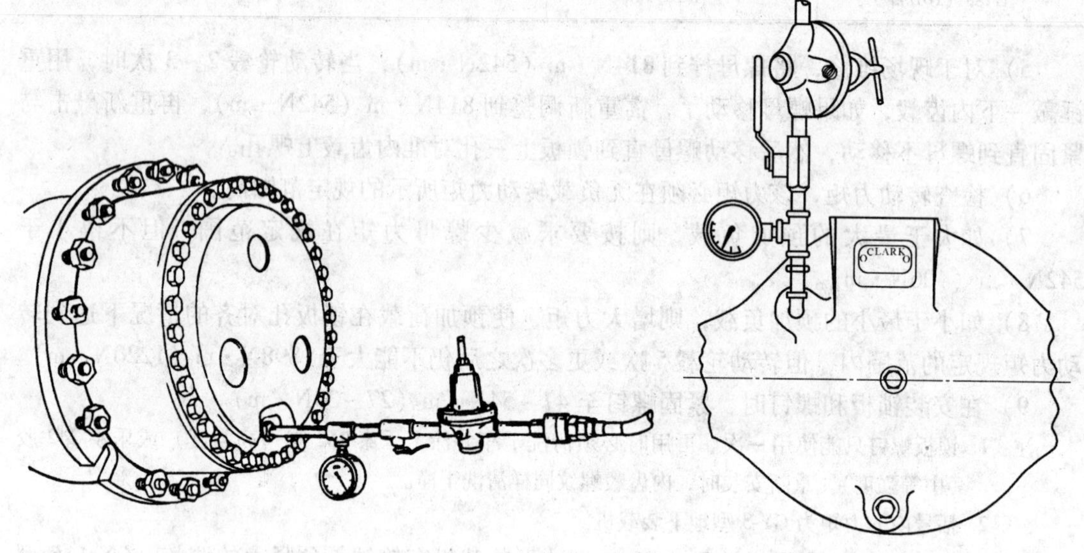

图 3-102　轮端气压试验　　　图 3-103　桥中心气压试验

该检测装置由一气压表（206kPa）、关闭阀、调气阀、T形管、管接头、变径衬管和气管接头组成。从行星架盖上取下油位塞并装上检测装置，取下驱动桥中心中通气阀，在通气阀孔装上管塞。将气压计上调节器打开到82kPa，尔后将调节器与气压表之间闭气阀关闭。在15s内必须保持气压82kPa，在不到15s内如有压降，则说明轮毂油封漏气。如检测到漏气，则要求拆卸轮端以排除漏气，为排除漏气，在拆卸前应对轮端与驱动桥中心部的气压进行检查。

驱动桥中心部的气压检查方法与轮端相同。在驱动桥中心部的通气阀孔上装上检测装置。如检测出漏气，并确定漏气位置并排除，在气压检查完之后把通气阀重新装入桥壳上。

3.3.7.2　驱动桥的故障及排除

A　典型故障

驱动桥典型故障见表3-44。

表 3-44 驱动桥典型故障

故 障	原 因	排 除 方 法
漏 油	(1) 主动锥齿轮油封损坏漏油; (2) 刚性密封及密封圈损坏; (3) 螺栓未拧紧; (4) 采用不合格的油封; (5) 紧固螺栓松动、漏油; (6) 油封装配时损坏; (7) 桥的通气塞堵塞,桥内压力增高,各结合面漏油	(1) 更换; (2) 更换; (3) 拧紧螺栓; (4) 更换; (5) 紧固螺栓到要求力矩; (6) 换下并正确装配; (7) 清洗通气塞
非正常响声	(1) 桥内润滑油位太低引起轴承早期损坏; (2) 差速器轴承间隙过大; (3) 主动锥齿轮前轴承轴向间隙过大或后轴承早期损坏; (4) 主、从动锥齿轮间隙过大; (5) 从动锥齿轮与差速器壳体连接松动; (6) 轮边减速器齿轮或轴承损坏	(1) ~ (5) 经常超载引起,按说明书规定正确调整; (6) 更换齿轮与轴承
主从动锥齿轮非正常磨损	(1) 润滑油量不足; (2) 经常超载; (3) 齿面间隙接触未调好; (4) 润滑油型号不对; (5) 桥内进水	(1) 加足润滑油; (2) 正确使用; (3) 正确调整; (4) 重选润滑油; (5) 清除桥内积水
后桥过热	(1) 缺油; (2) 轴承过紧,齿轮、轴承损坏	(1) 加油; (2) 更换损坏件
车轮轮毂过热	轮毂轴承缺油或轴承调整过紧	加够油,重新调整轴承
半轴断裂	半轴不合格,或过载严重	换合格半轴,正确操作
输入轴轴承损坏	润滑不足,轴承间隙调整不当,调节螺母松动,输入轴产生窜动	加强润滑,正确调整轴承间隙,重新拧紧调整螺母到规定力矩
行星轮轴与齿轮、小主动伞齿轮与十字轴卡住	操作不当,一轮子过度打滑或润滑不良	正确操作,改进润滑

B NO-SPIN 差速器

对长期使用的地下装载机来说 NO-SPIN 差速器中的弹簧会经常产生变形,弹力不够,这种变形将会影响差速器的使用。因此必须要对它进行尺寸与负荷的测试。下面列出标准弹簧工作高度时,弹簧的负荷标准($N\pm10\%$),见表 3-45。

表 3-45 NO-SPIN 差速器弹簧工作高度与负荷

机 型	CY-1.5,CYE-1.5,CY-2	CY-3(16D)	CY-4(19D)	CY-6(21D)
弹簧件号	67115	67085	67115	64718
工作高度/mm	21.84	15.75	21.84	33
负荷 $N\pm10\%$	377.4	390.7	377.4	577

如果测试结果超过表中数值,就应更换弹簧。

对于装有 NO-SPIN 差速器的设备的司机和用户来说，表 3-46 将帮助他们判断和排除与设备性能有关的问题。表中列出了可能发生的问题，以及解决的办法，表中仅列出解决办法的序号。

表 3-46 NO-SPIN 差速器故障的原因分析

问题	原因													
	1	2	3	4	5	6	7	8	9	10	11	12	13	14
轮毂螺栓剪断，后轮磨损严重，半轴破裂	*	*	*		*									*
转向困难，转向时，机子仍沿直线行驶	*	*	*	*									*	*
差速器失去差速作用，无法转向	*			*	*				*					*
传动轴噪声大	*	*	*	*	*		*		*					*
轮胎磨损大	*	*	*	*	*	*	*							*
摩擦噪声	*			*	*			*	*	*				*
直线行驶时，持续不断的“咔嗒”响声	*	*	*		*									
机子在行驶中，呈脉冲状态。在转向时，发动机工作不正常，机子速度时高时低	*					*		*		*				
在冰雪地面上，有侧滑或侧摆											*			
NO-SPIN 差速器离合器总成啮合缓慢									*			*		
原地转向困难	*			*	*								*	*
NO-SPIN 差速器工作不稳定，其部件过早磨损、损坏	*	*	*	*	*			*	*	*		*		*

注：由于 NO-SPIN 差速器中齿与齿间存在间隙，所以在机子行驶中，差速器会不时发出金属碰击声，这是正常现象。

表中 14 条原因及对策如下：

（1）不正确的安装方法，NO-SPIN 差速器部件损坏。根据前述调试步骤，如果没有遵循某一步骤，对机子进行检修，则纠正安装方法，或修理更换 NO-SPIN 差速器。

（2）过载或载荷分布不均。解除超载的部分，根据车辆/驱动桥制造厂家的说明，从两边重新分布负载。

（3）驱动轮半径不等。当传递动力时，在某一侧车轮半径略小的情况下，该轮将不停地过速运转。而另一侧较大半径的车轮将传递全部的动力。更换轮胎或调整轮胎压力，使双轮半径相等。

（4）半轴断裂，更换半轴。注意：对装有 NO-SPIN 差速器的车辆，可靠一根半轴继续行驶。但不提倡采取这种办法，因为这样可能会造成驱动桥的其他部件的损坏。

（5）半轴或驱动桥壳变形弯曲，两半轴的中心线错位。更换已变形的半轴或驱动桥壳体。重新对中差速器支承架和驱动桥壳体上结合面与螺栓孔。

（6）转向角大于一般转向角度，转弯半径过小。如果车辆的转向角设计的过大，车辆在急转弯时，会发生振动，从而造成转向困难，轮胎磨损过重等现象。减少转向角。当发动机开始振动时，司机应松油门。

(7) 车轮没有正确对齐。按要求纠正。

(8) 驱动桥中部位磨损及损坏严重。检查齿圈，小伞齿轮，轴承及密闭等各部件的工作情况。按要求更换。

(9) 外界杂物侵入桥壳内或驱动桥某部件安装不当。检查有无杂物,检查驱动桥安装情况。

(10) 齿圈与小伞齿轮调节不当。传动件磨损严重（变速箱内齿轮，传动轴 U 形节等)，按要求更换或调节相应部件。

(11) 路面中心隆起太高，全桥驱动时，地面附着条件差。车辆使用自锁差速器时，比使用普通差速器时在雪地上发生侧滑，或后桥摆动的趋势更为明显。当发生侧滑时，可靠松开油门来控制车辆的稳定性。

留心：切勿使用脚制动，否则车辆会失去控制。

(12) 齿轮润滑油黏度过大，在低于零度的温度下，润滑油自然会变黏，从而阻碍 NO-SPIN 差速器正常工作。在寒冷天气下，按驱动桥制造厂家要求更换轻型润滑油。使驱动桥温度上升同样能解决问题。

(13) 油缸压力过低，或油缸尺寸偏小，铰接角度过大，载重超量等。按要求纠正。

(14) 错误地使用该差速器。

3.4 万向传动装置

地下装载机万向传动装置主要用于连接非同心轴线或在工作中有相对位置变化的两个部件之间的动力传递。它经常用于下列几种情况：

(1) 装在变矩器输出轴与变速箱输入轴之间。变速箱输出轴与前、后桥动力输入轴之间。变速箱的输出轴线与前、后桥输入轴线不在同一水平面内，且在水平面的投影也不在一条直线上，需要用万向传动装置进行动力传动。

(2) 地下装载机前、后车架为铰接在转向过程中，其相对位置会发生变化，因而装在后车架上的变速箱与装在前车架上的前桥在转向过程中，其位置也在不断发生变化。为了保证可靠地把动力从变速箱传递到前后车桥也必须要应用万向传动装置。

3.4.1 对万向传动装置的安全要求

为了可靠而又安全地传递动力，万向传动装置设计与安装有如下要求：

(1) 相对位置在预定的范围内变化时，能可靠地传递动力；

(2) 由万向传动主、从传动轴夹角而产生的附加载荷，振动和噪声应在允许的范围内；

(3) 传动效率高，使用寿命长，制造容易，维护方便；

(4) 鉴于地下装载机大多从国外进口，万向节传动设计须考虑与国外技术接轨；

(5) 传动轴应满足 JB/T 7963—1995《装载机用传动轴总成 技术条件》。

3.4.2 典型万向传动装置

3.4.2.1 Mechanics 万向传动装置

Mechanics 万向传动装置常用的有 2C、3C、4C、5C、6C、7C、8C、8.5C、9C、10C 共 10 种规格，其主要参数见表 3-40。

万向传动装置一般由万向节与传动轴、中间支承组成，见图 3-104、图 3-105。

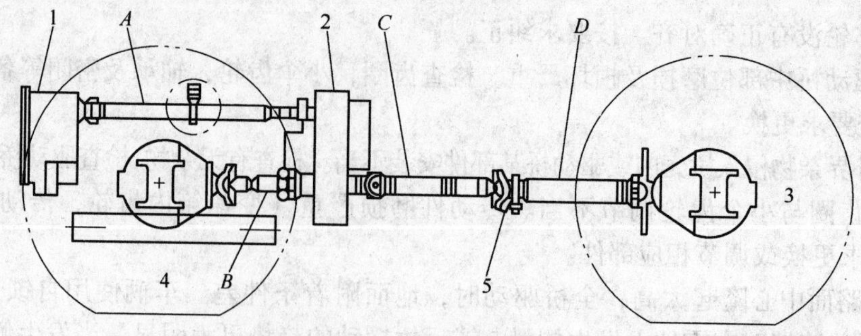

图 3-104　地下装载机传动轴布置

1—变矩器；2—变速箱；3—前桥；4—后桥；5—中间支承

A—变矩器到变速箱的传动轴；B—后桥到变速箱传动轴；C—变速箱到中间支承传动轴心（后传动轴）；D—中间支承到前桥传动轴（前传动轴）

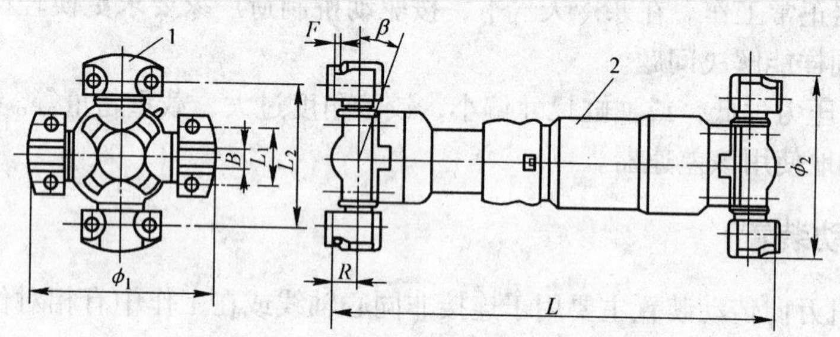

图 3-105　传动轴装置结构示意图

1—万向节；2—传动轴

B—键宽；F—键深；R—十字轴中心到十字轴配合面距离

万向节分为弹性与刚性两种。由于刚性万向节可以保证在轴间夹角变化时可靠地传递运动，并且有较高的传动效率，因而在地下装载机中获得广泛地应用。

在地下装载机中常采用 4 种结构的万向传动装置：

（1）带中间管极短形万向传动装置（图 3-106）；

（2）不带移动轴补偿器万向传动装置图（图 3-107）；

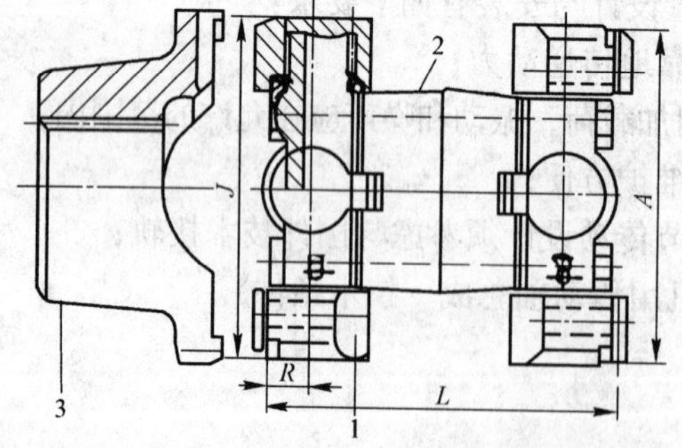

图 3-106　带中间管极短形万向传动装置

1—十字头；2—中间钢管；3—C 型机械法兰

A—十字轴配合圆直径；R—十字轴中心到十字轴配合面距离

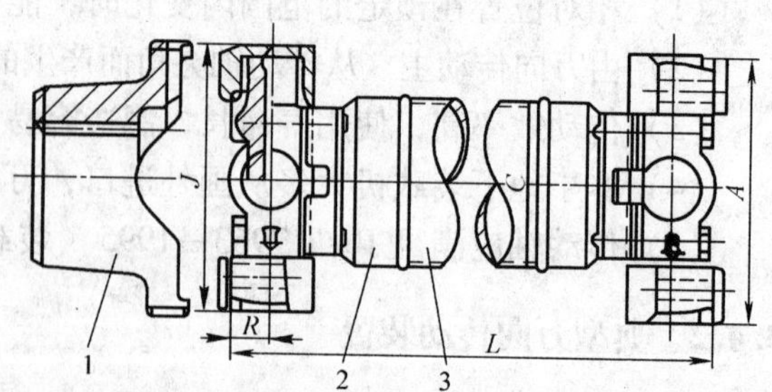

图 3-107　不带移动轴补偿器万向传动装置

1—C 型机械法兰；2—焊接法兰；3—中间钢管

A—十字轴配合圆直径；R—十字轴中心到十字轴配合面距离

（3）带长度补偿器的短形万向传动轴装置（图3-108）；

（4）带长度补偿器长形万向传动装置（图3-109）。

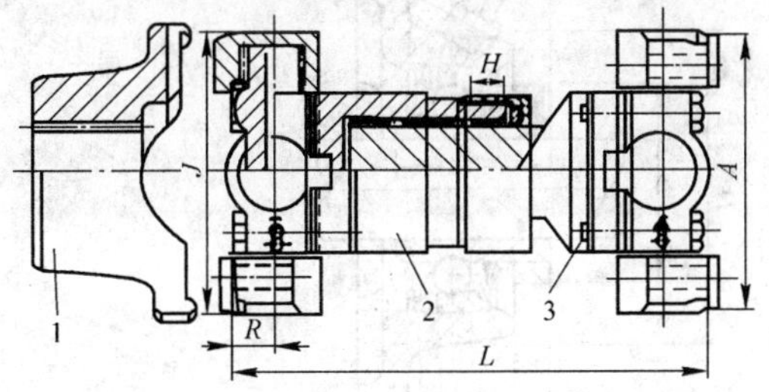

图3-108 带长度补偿器的短形万向传动装置

1—C型机械法兰；2—万向节套筒；3—节头

A—十字轴配合圆直径；R—十字轴中心到十字轴配合面距离；H—节头移动距离

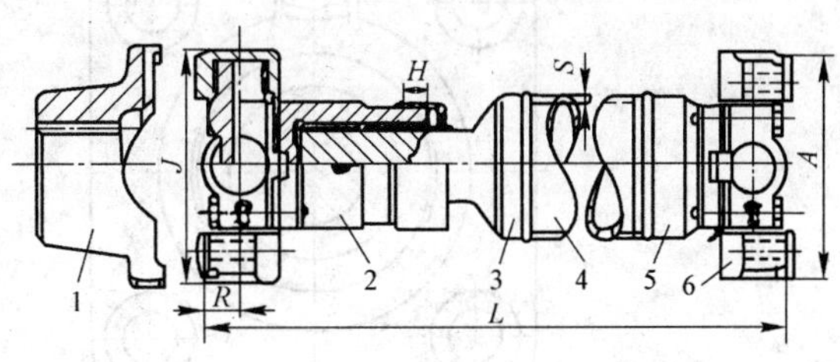

图3-109 带长度补偿器的长形万向传动装置

1—C型机械法兰；2—万向节套筒；3—花键轴

4—中间钢管；5—焊接法兰；6—十字头

A—十字轴配合圆直径；R—十字轴中心到十字轴配合面距离；H—节头移动距离；S—钢管壁厚

万向节由润滑油嘴、油封、滚针轴承、轴承座、垫圈、十字轴组成，见图3-110。

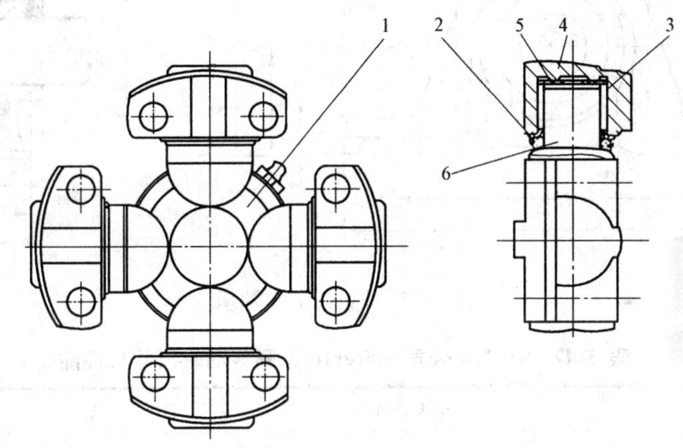

图3-110 万向节结构

1—润滑油嘴；2—油封；3—滚针轴承；4—轴承座；5—垫圈；6—十字轴

为了得到较高的强度与刚度，传动轴多做成空心的。当传动轴过长时，自振频率降低，易产生共振。故常将其分为两段并加中间支承，中间支承安装在前车架横梁或车身底板上。中间支承常采用自位轴承。自位轴承有带铸造方形座轴承单元、带立式座轴承单元。具体结构分别见图3-111、图3-112。

3.4.2.2 DANA公司Spicer10系列万向传动装置

DANA公司推荐Spicer10系列传动轴主要用于建筑、采矿、林业、材料运输、农业市场等，其中包括地下装载机。它的设计特点是：延长了花键轴寿命；降低了传动轴受的推力；易维护、摩擦力最小、保留优质滚针轴承等。它的尺寸范围从1000系列到1880系列，具体尺寸和性能见表3-47。

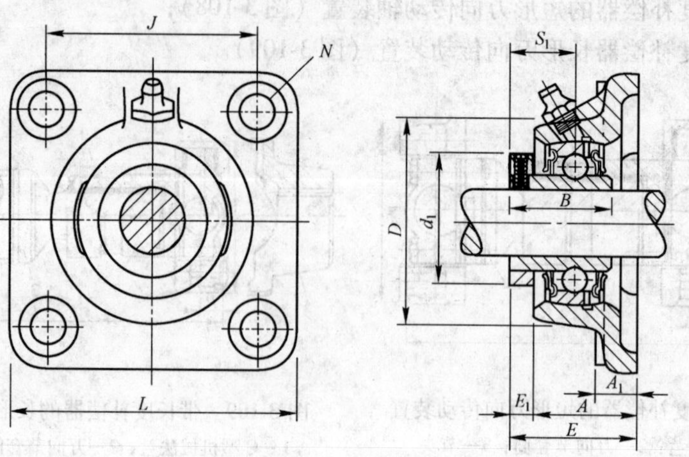

图 3-111　方形带座轴承简图

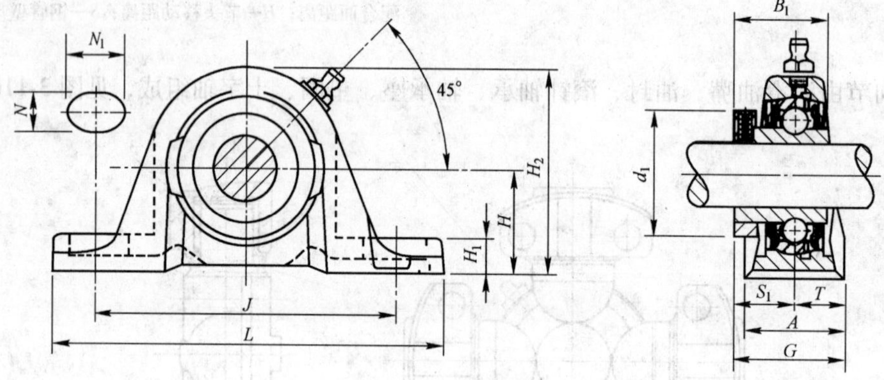

图 3-112　立式带座轴承

表 3-47　DANA 公司 Spicer10 系列传动轴尺寸与性能

传动轴系列	扭矩额定值				最大回转直径	
	短　暂		最低弹性极限			
	lbf · ft	N · m	lbf · ft	N · m	in	mm
1310	800	1080	1250	1700	4.000	101.6
1350	1240	1680	2060	2800	4.560	115.8
1410	1500	2033	2350	3200	4.940	125.5
1480	2000	2700	3000	4070	5.310	134.9
1550	2400	3250	3900	5290	6.000	152.4
1610	3650	4950	5700	7730	7.120	180.8
1710	4800	6500	7700	10440	7.880	200.2
1710HD	4800	6500	10200	13830	7.880	200.2
1760	5800	7860	10200	13830	8.680	220.5
1760HD	5800	7860	12200	16540	8.680	220.5
1810	6500	8800	12200	16540	9.250	235.0
1810HD	6500	8800	16500	22370	9.250	235.0
1880	8500	11500	21200	28750	9.880	250.9

3.4.3 万向传动装置的设计

3.4.3.1 地下装载机前后传动轴工作中最大传动角和传动轴的伸缩量

地下装载机前后传动轴一般布置在车体纵向对称轴上。前传动轴中间轴的中点，一般应布置成俯视图上与车架铰点重合，只有这样也才能保证转向时两个十字轴的传动角相等，以符合等速传动条件。在上述假定下，讨论前后转轴工作的最大传动角和轴向伸缩量。

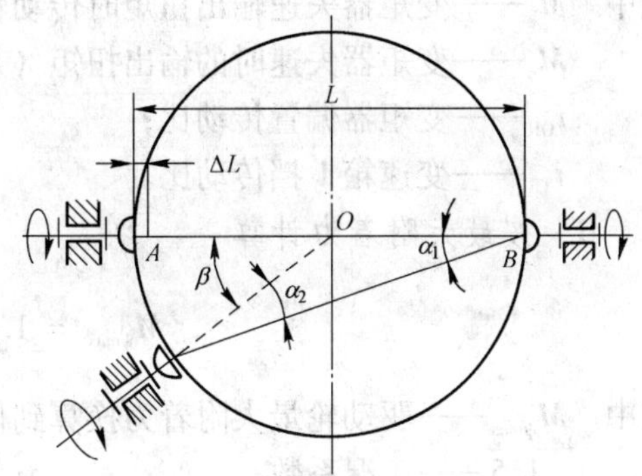

图 3-113 前传动轴的运动简图
A—前传动轴前十字轴中心；B—前传动轴后十字轴中心；O—车架铰接中心

A 前传动轴的运动简图

如图 3-113 所示，中间轴$\overline{AB}$的中点与铰点重合。当转向时 A 点以$\overline{OA}$为半径 O 回转，设最大转向角为β_{max}，则按图形几何关系得最大传动角

$$\alpha_{1max} = \alpha_{2max} = \beta_{max}/2 \tag{3-68}$$

最大伸缩量

$$\Delta L_{max} = L[1 - \cos(\beta_{max}/2)] \tag{3-69}$$

式中 ΔL_{max}——最大伸缩量；

L——中间轴长等于十字轴中心间长度，即 $L = \overline{AB}$。

B 后传动轴运动简图

图 3-114 中 O 是后桥中心铰销，O_1 是后桥中心。设 $\overline{OO_1} = R$。当后桥摆动时，O_1 绕 O 摆动至 O_2。在俯视图上，传动轴中间轴 L 的投影由 $\overline{AB}$ 移至 $\overline{AC}$ 。在侧视图上 L 的投影由 $\overline{A_1B_1}$ 移至 $\overline{A_1C_1}$ 。假设 $\overline{AB}$、$\overline{A_1B_1}$ 即传动轴中间轴的实际长度 L。按图上几何关系可知，十字万向传动轴的最大传动角 γ_{max}（是一空间角，图上没有表示出来）和最大伸缩量 ΔL_{max} 为

$$\Delta L_{max} = L\left[\sqrt{1 + 4\left(\frac{R}{L}\right)^2 \sin\frac{\beta_{max}}{2}} - 1\right] \tag{3-70}$$

$$\gamma_{max} = \arctan\left(\frac{2R}{L}\sin\frac{\beta_{max}}{2}\right) \tag{3-71}$$

由此可知，ΔL_{max} 与 γ_{max} 随 β_{max} 和 R/L 变化，β_{max}、R/L 增大时，ΔL_{max} 和 γ_{max} 也随之增大。

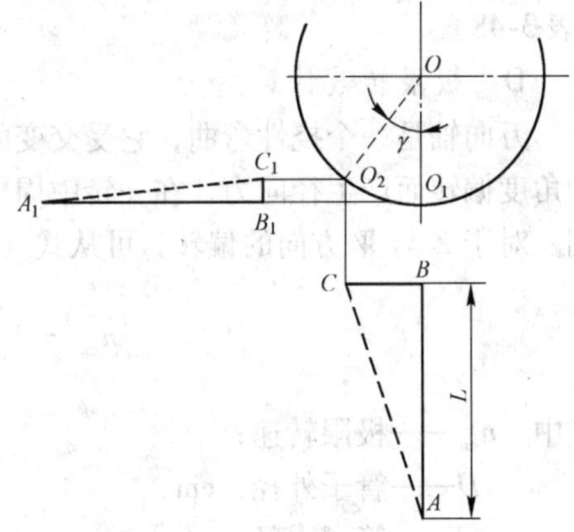

图 3-114 后传动轴运动简图
A—前传动轴前十字轴中心；B—前传动轴后十字轴中心；C、C_1—分别为后传动轴后十字轴中心 B 摆动后在水平面和侧面的投影位置

3.4.3.2 强度计算

计算扭矩即变矩器失速时输出扭矩，与以最大附着力计算的扭矩相比较小者作为计算扭矩。

A 按变矩器失速时输出扭矩计算

$$M_g = M_o i_{OR} i_{TR} \tag{3-72}$$

式中　M_g——变矩器失速输出扭矩时传动轴所承受的扭矩，N · m；

M_o——变矩器失速时的输出扭矩（从发动机与变矩器的匹配表上求得），N · m；

i_{OR}——变矩器偏置传动比；

i_{TR}——变速箱 1 挡传动比。

B　按最大附着力计算

$$M_{\psi max} = 1.5 \times 0.65 F_{BC} \frac{r_K}{i_{AR}} \tag{3-73}$$

式中　$M_{\psi max}$——驱动轮最大附着力换算到传动轴上的最大附着扭矩，N · m；

1.5——工况系数；

0.65——路面的附着系数；

F_{BC}——铲取工况，后桥离地时前桥负荷，N[具体求法见式(3-27)]；

r_K——车轮的滚动半径，m；

i_{AR}——桥的总传动比。

C　强度计算

传动轴主要是计算传递扭矩，可按式（3-74）计算其扭转应力

$$\tau = \frac{16DM}{\pi(D^4 - d^4)} \leqslant [\tau] \tag{3-74}$$

式中　D——传动轴外径，mm；

d——传动轴内径，mm；

M——$M_{\psi max}$ 与 M_g 较小者，N · m；

$[\tau]$——许用扭转应力，取 $[\tau]$ = 110MPa。

把 $[\tau]$ 代入式（3-74）中得

$$[M] = 21.6(D^4 - d^4)/D \tag{3-75}$$

根据上式，把不同的 D 与 d 值代入式（3-75）中，就可得该传动轴的许用扭矩 $[M]$（表 3-48）。

D　极限转数计算

万向轴是一个挠性弯曲，它受交变的弯矩作用。交变弯矩产生于径向力。由于十字头的角度偏转而产生径向力，在一转中周期性出现两次。因此必须要验证，极限转数是否达到。对于 Z 与 W 方向的偏转，可从式（3-76）导出：

$$n_{cn} = 1.2 \times 10^7 \times \frac{D^2 + d^2}{L^2} \tag{3-76}$$

式中　n_{cn}——极限转速；

D——管子外径，cm；

d——管子内径，cm；

L——十字头中点到十字头中点之间的长度（相当于弯曲点之间的长度），cm。

基于安全与运转平稳的考虑，最大转数不应超过极限转数的 60%。

$$n_{max} = 0.60 n_{cn} \tag{3-77}$$

表 3-48 传动轴管子外径 D、壁厚 δ 的选择

D \ δ	3	3.5	4.0	4.5	5.0	5.5	6	7	8	9	10	11	12	13	14	15	16	17	18	19	20
50	1081	1223	1356	1479	1594	1701	1799	1974	2123	2247	2350		D(mm):$M=21.6(D^4-d^4)/D$								
54	1278	1449	1610	1761	1902	2034	2157	2377	2567	2729	2867	2982	δ(mm):$d=D-2\delta$								
57	1437	1632	1816	1989	2151	2303	2446	2704	2929	3124	3290	3432	M(N·m) 材质 20 号无缝钢管								
60	1604	1825	2033	2230	2416	2590	2754	3054	3316	3545	3744	3915	4061	4185	4288						
63.5	1812	2064	2303	2530	2744	2947	3138	3488	3799	4073	4313	4522	4703	4859	4990						
68	2098	2394	2675	2943	3197	3439	3668	4091	4469	4806	5106	5370	5601	5803	5979	6129	6258				
70	2232	2548	2849	3136	3410	3670	3917	4374	4785	5153	5480	5771	6027	6252	6449	6619	6765				
73	2440	2788	3121	3439	3742	4031	4306	4817	5279	5695	6068	6401	6697	6959	7189	7191	7567	7718	7848	7959	
76	2658	3040	3405	3755	4089	4409	4714	5282	5798	6266	6687	7065	7404	7706	7973	8209	8417	8598	8754	8889	
83		3668	4116	4547	4960	5357	5737	6452	7107	7705	8251	8747	9197	9604	9969	10297	10590	10850	11081	11283	11461
89		4254	4780	5287	5774	6244	6696	7548	8335	9060	9226	10337	10895	11404	11867	12287	12665	13006	13312	13585	13828
95		4884	5493	6082	6650	7199	7728	8732	9663	10526	11325	12062	12742	16365	13938	14461	14938	15371	15764	16119	16439
102		5674	6389	7018	7751	8400	9028	10223	11338	12379	13348	14248	15084	15857	16572	17231	17837	18394	18904	19369	19793
108		6398	7210	7998	8762	9504	10223	11595	12882	14088	15216	16270	17252	18167	19018	19807	20537	21212	21835	22408	22933
114			808	897	9836	10676	11492	13054	14525	15908	17208	18428	19570	20639	21637	22568	23435	24240	24988	25680	26320
121			9160	10176	11166	12130	13067	14866	16567	18174	19690	21118	22462	23726	24912	26024	27065	28039	28947	29794	30581
127			10138	11274	12374	13450	14498	16514	18426	20237	21951	23572	25103	26547	27907	29188	30392	31522	31582	33574	34501

3.4.3.3 万向传动装置的选择

(1) 传动轴 A 的计算扭矩 M_A。

若 $M_g < M_{\psi max}$ 则

$$M_A = M_O i_{OR} \tag{3-78}$$

若 $M_g > M_{\psi max}$ 则

$$M_A = M_{\psi max}/i_{AR} \tag{3-79}$$

(2) 传动轴 B、C、D 的计算扭矩 M_B、M_C、M_D。

若 $M_g < M_{\psi max}$ 则

$$M_C = M_D = M_G \tag{3-80}$$

考虑采用传动轴的规格应尽量少，取 $M_B = M_C$

若 $M_g > M_{\psi max}$ 则

$$M_C = M_D = M_{\psi max} \tag{3-81}$$

(3) 传动轴规格的选择。

根据 M_A、M_C 等计算扭矩可以在表 3-48 中选择合适的传动轴管子的内径与外径。

根据 M_A 与 M_C 可在表 3-49 中选择相应规格的十字轴相配。

表 3-49 传动轴规格选择

十字轴规格	2C	3C	4C	5C	6C	7C	8C	8.5C	9C	10C
B/mm	9.50	9.50	9.50	14.26	14.26	15.85	15.85	15.85	15.85	25.40
L_1/mm	33.34	36.50	36.50	42.70	42.70	49.20	49.20	71.60	71.60	92.00
L_2/mm	60.00	69.04	87.30	88.90	114.30	117.40	174.80	124.00	168.14	163.10
ϕ_1/mm	79.40	90.40	107.90	115.10	140.50	148.40	206.32	165.07	209.52	212.70
ϕ_2/mm	85	97	114.3	121	148	150	216	175	219	225
R/mm	13.1	15.5	15.5	17.5	17.5	20.6	20.6	25.4	25.4	32.5
最大允许工作扭矩/N·m	881	1153	1437	2034	2596	4200	6430	6430	12194	20188
最大峰值扭矩/N·m	1370	1910	2400	3300	4320	6970	10700	10700	20300	33700

表 3-49 中，最大允许的工作扭矩是十字轴组可以短时间承受的转矩，即偏转角为 30°，转速 n 为 1000r/min，90% 的轴至少可以承受 300000 次交变负荷。

最大峰值扭矩是指十字轴组无塑性变形的最大静扭矩。

3.4.4 万向传动装置的安装与使用

为了能使万向传动装置安全可靠的工作，除了上述的设计外，还必须正确地安装。

(1) 为了保证万向传动装置在一个不变的速度下运行，应采用 Z 形或 W 形，见图

3-115。图中 $\alpha_1 = \alpha_2$，$\alpha_{max} < 7° \sim 8°$。

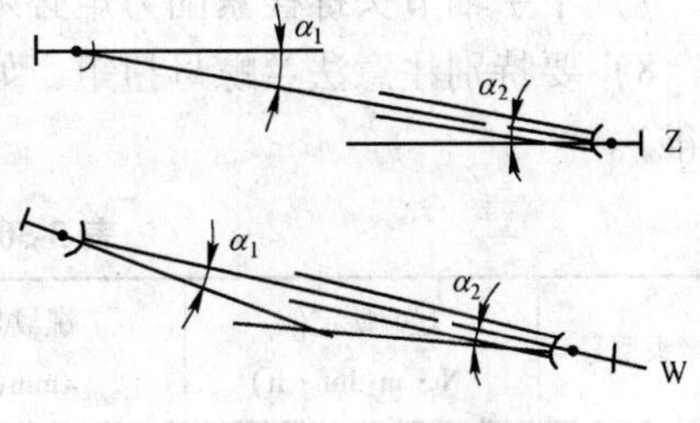

图 3-115 传动轴布置

（2）传动轴两端的万向节应在规定相位平面上，其偏差不得超过 1°~1.5°。

（3）传动轴连接法兰接合面必须相互平行，见图 3-116，否则会造成振动，缩短传动轴承的寿命。其平行度可用水平仪进行检查：

1）将水平仪放在前法兰并摆平气孔，记录下刻度表的值；

2）再将水平仪放在后法兰上，读出刻度值，两者读数必须相同，误差不得超过 1°~1.5°，否则要进行检查与调整。

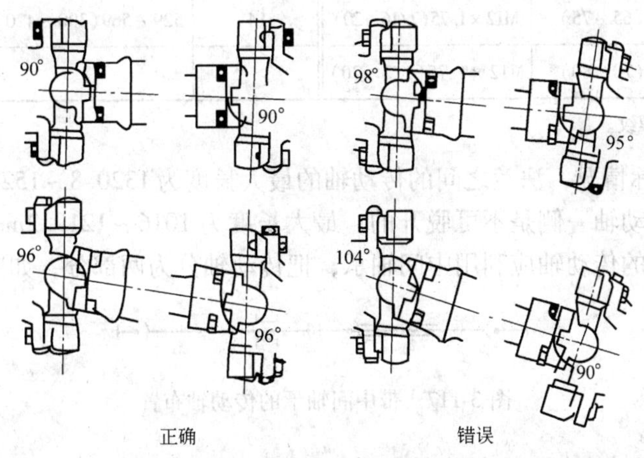

图 3-116 传动轴连接法兰的接合面

（4）传动轴装配后应做动平衡试验。

（5）在选用长规格的传动轴时应避免超重、弯曲及超过临界车速（车辆下坡时可能超过临界速度）。

（6）装配时不得漏装、错装；十字轴上注油杯应在同一侧。

（7）在变速箱、变矩器、桥与传动轴之间不用垫片和联轴套。

（8）不选用一边或两边都带双十字轴的传动轴。

（9）不推荐使用联轴节。

（10）不能更换总成的单个轴承，十字轴的轴承总成要整体更换。

（11）传动轴十字接头的螺栓紧固力矩是按不同规格确定的，它是十字节使用寿命的关键因素，为此：

1）所有螺栓至少在 10.9 级以上；

2）所有部件配合表面特别是螺丝的表面必须干净，不得有润滑油脂与油漆；

3）不得有锁紧装置或锁紧垫片；

4）螺栓螺纹必须达到 6g 以上精度；

5）添加足量的润滑脂；

6）螺栓使用条件为 3 级、表面锌镉镀层为 0.005~0.008mm（GB 5267—1985）；

7）十字轴节头螺栓紧固力矩必须达到要求，见表3-50；

8）要特别注意法兰螺母扭矩，如果螺母松动必须拧到规定扭矩（可参考相应设计与标准）。

表3-50　十字轴接头螺栓紧固力

接头型号	力矩整定值 /N·m(lbf·ft)	螺纹尺寸 /mm(in)	接头型号	力矩整定值 /N·m(lbf·ft)	螺纹尺寸 /mm(in)
$1\frac{3}{4}$	14~19(10~14)	M6×1(1/4~28)	8.5,9	149~163(110~120)	M14×2(1/2~20)
2,3,4	30~37(22~27)	M8×1.25(5/16~24)	10	217~230(160~170)	M16×2(9/16~18)
5,6	50~56(37~49)	M10×1.50(3/8~24)	10,12	312~325(230~240)	M16×2(5/8~18)
7,8 防护板	88~102(65~75)	M12×1.75(7/16~20)	14	529~569(390~420)	M20×2.50(3/4~16)
7,8 块式	95~108(70~80)	M12×1.75(1/2~20)			

注：括号内为英制螺纹。

（12）根据实际情况，法兰之间的传动轴的最大长度为1320.8~1524mm。此时与传动轴相连的装置在传动轴一侧是不可脱开的；最大长度为1016~1219.2mm时，则为可以脱开。超过上述长度的传动轴应利用中间轴承，把传动轴分为两部分，如图3-117所示。

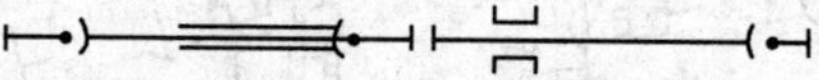

图3-117　带中间轴承的传动轴布置

（13）对于铰接式车辆，车辆未转向时$\beta_1=\beta_2=0$，当转向时$\beta_1=\beta_2$（距离$\alpha_1=\alpha_2$），并且$\beta_{1max}=\beta_{2max}<22.5°$（图3-118）。传动轴不可太长，法兰之间最大长度不应超过891mm。

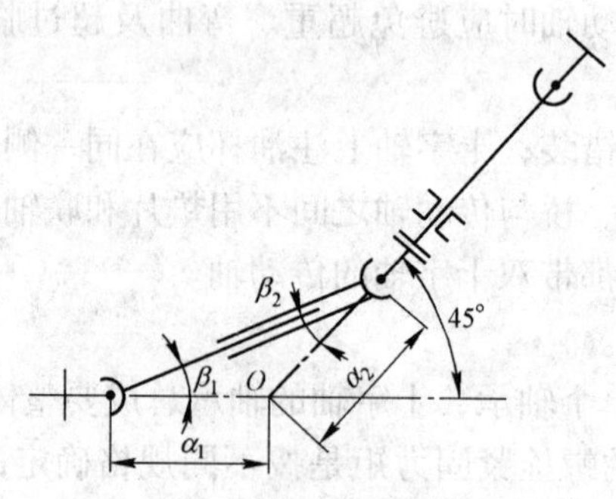

图3-118　铰接车辆传动轴布置

（14）对铰接式车辆，传动轴α_1、α_2之差（在垂直平面内）一定接近零。

（15）在重负载情况下，建议润滑时间间隔为100h。

（16）要有适当的保护装置，当万向节出故障时，传动系统保护装置有助于约束传动轴，保护装置防止传动轴失控时在车架里旋转和损坏其他零件以及引起对人的伤害。

（17）每个万向节和滑动叉的润滑油嘴应在轴的同侧，以便维修。

3.4.5 万向传动装置的故障与排除

万向传动装置的故障及处理措施，见表3-51。

表3-51 万向传动装置的故障及处理措施

故障	可能原因	处理措施
噪声与振动	(1) 传动轴配对法兰（装在变矩器、变速箱、差速器上）变形； (2) 传动轴总成失去平衡； (3) 万向节轴承或传动轴支承轴承损坏； (4) 法兰螺母或十字轴安装螺栓松动； (5) 法兰未对齐； (6) 万向节与滑动花键磨损过大； (7) 主传动伞齿轮间隙过大，轴承间隙过大，主动伞齿轮紧固螺母未拧紧	(1) 换对变形或换对法兰； (2) 重新平衡； (3) 换轴承； (4) 重新按要求拧紧螺母或螺栓； (5) 对齐法兰； (6) 换万向节与滑动花键； (7) 重新调整齿轮间隙，轴承预紧力按规定拧紧螺母
中间支承轴承过热	(1) 润滑不足； (2) 密封件损坏； (3) 污染； (4) 安装不对，在轴承和连接的传动轴之间所夹的角太大	安装新的支承轴承，保证装在正确的垂直与水平平面内，正确润滑
十字轴或传动轴断裂	(1) 异常高的载荷； (2) 万向节承载能力太小； (3) 运转角过大或运转角不均匀； (4) 为次品	(1) 不要超载； (2) 校对一下低速齿轮上的最大扭矩，若大于万向节承载能力，则要选用合适的万向节尺寸； (3) 测量运转角如果过大，减少到合理角度； (4) 换合格的产品
螺钉松动或断裂	(1) 螺钉根部磨损； (2) 螺钉未拧紧； (3) 过大的转角； (4) 螺钉强度不够	(1) 检查螺钉根部是否磨损； (2) 拧紧到规定力矩； (3) 减少转角； (4) 采用10.9级以上螺钉

4 行走系统

4.1 概述

由于地下装载机经常在恶劣环境、松软或碎石场地行驶，重负荷及极大的冲击负荷下作业，所以要求行走系统各部件要有很高的强度与刚度。

为了获得较大的牵引力，地下装载机都是采用四轮驱动。地下装载机在作业时前后轮负荷变化很大，为了使机体不因此而造成较大的纵向摆动，以使地下装载机有较好的稳定性，前后桥均采用刚性桥，所有来自地面的冲击只能靠采用的低压胎来起缓冲作用。通常情况下，地下装载机前桥刚性地固结在车架上，后桥则通过摆动车架（或副车架）铰接在车架上，当在不平路面上行驶时，后桥绕装载机纵轴可以摆动一定的角度（7°~10°），车轮不致离地。还有一种所谓三点铰接结构，也起着与摆动车架相同的作用，因而在地下装载机中也有采用。

地下装载机的行走系统由车架、副车架、驱动桥、轮胎与轮毂等部分组成。它的主要作用是支承整机重量，接受传动系输出扭矩而产生的驱动力和行驶速度，以及接受路面传来的各种反力。

4.2 车架

车架是行走系统的骨架，也是整机的骨架。地下装载机的主要部件都是通过车架固定其位置的。车架的结构形式应满足其强度、刚度、耐久性及相互位置精度要求。为此车架一般由一定厚度、焊接性能好、高强度低合金钢板（16Mn）焊接而成。焊件必须彻底清洗干净，焊接严格按工艺进行，焊缝应有足够的高度，表面要平整，不允许有气孔或夹渣，最好用X射线探伤检查，弯曲的钢板尽量由压机成型，不要拼焊，焊后要退火或用振动消除应力，加工时，要保证加工件的精度与相互位置精度等。

4.2.1 前车架与后车架

车架由前车架与后车架组成。前车架主要安装前桥、工作装置、多路阀等一些液压元件；后车架主要安装副车架、后桥、动力装置、传动装置、大部分液压元件与电气元件；驾驶室及操纵元件。这两个车架是通过上下两个垂直铰销相连，允许前后车架在水平面内有40°左右的相对转角，从而减少地下装载机的转弯半径。铰接式车架，轴距尺寸加大，对整机的稳定性有所提高，连接前后车架的铰接点一般布置在轴距的中点。使前后车轮转向半径相等，转向时前后车轮轨迹重合，可减少转向时的滚动阻力。上下两铰接点距离加大，以改善受力状态。

图4-1为CY-1.5型地下装载机前、后车架示意图。CY-1.5型地下装载机系三点铰接结构，无副车架。

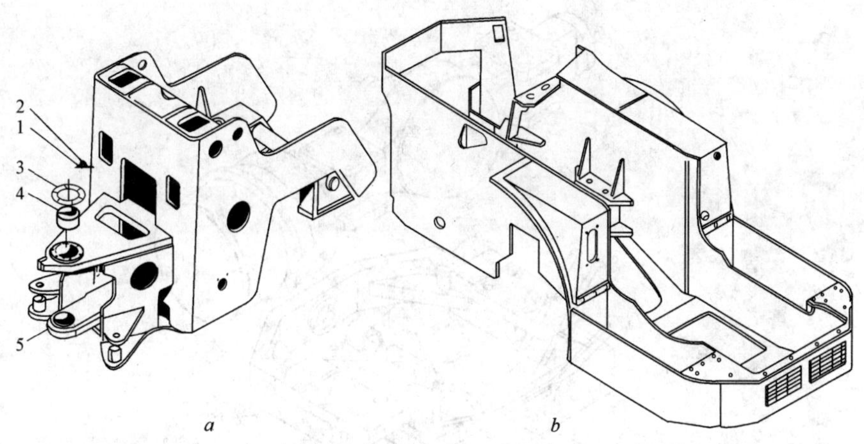

图 4-1　CY-1.5 型地下装载机车架示意图

a—前车架；*b*—后车架

1—防松铁丝；2—螺钉；3—压板；4—关节轴承；5—连杆

图 4-2 为 CY-6 型地下装载机车架示意图。CY-6 型地下装载机有副车架。

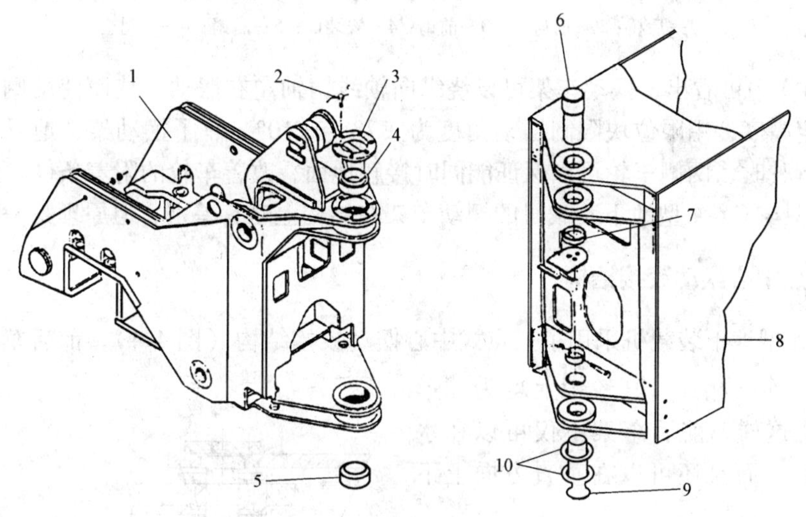

图 4-2　CY-6 型地下装载机车架示意图

1—前车架；2—锁紧铁丝；3—关节轴承挡板；4—上关节轴承；5—下关节轴承；

6—上销；7—垫；8—后车架；9—F 销；10—隔圈

4.2.2　摆动车架结构

图 4-3 为 CY-6 型地下装载机摆动车架示意图。后车架纵轴线上有两个带衬套的前后两个纵向销孔，前后销通过摆动架上前后两个孔插入后车架相应销孔中，后桥通过 8 个螺栓安装在摆动架安装面上。

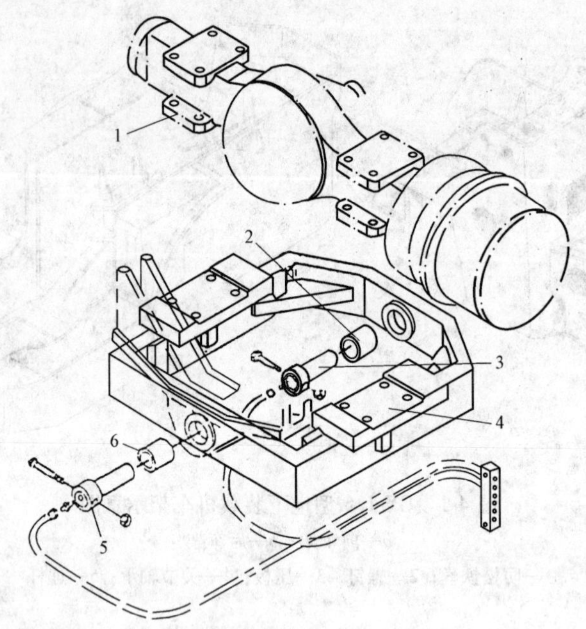

图 4-3　CY-6 型地下装载机摆动车架结构示意图

1—后桥；2—前衬套；3—前销；4—安装面；5—后销；6—后衬套

从图 4-3 中可看出，摆动车架可以绕纵向轴线销轴左右摆动，从而使两侧车轮可以横向摆动一定高度，用限位块限制摆动角度为 ±7° ~ ±10°。有了摆动架，地下装载机在不平的路面行驶时，两侧车轮可以保证能同时接触地面，改善车轮的附着条件。

CY-3 型与 CY-4 型地下装载机的摆动车架在结构上略有差别，但原理是一样的。

4.2.3　三点中心摆动铰接结构

CY-1.5 型地下装载机采用了三点式中心摆动铰接结构（图 4-4），前后车架通过三个铰销和一个连杆相连，其铰销上均为球形自位轴承。这样，前后车架不仅可以在水平方向转动，而且还可以在垂直方向上下摆动。

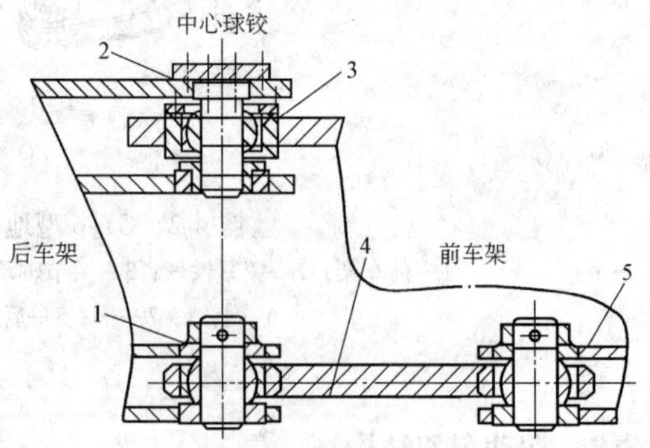

图 4-4　CY-1.5 型地下装载机三点式中心摆动铰接结构示意图

1—后车架下铰；2—后车架上铰；3—前车架上铰；4—连杆；5—前车架下铰

三点铰接中心摆动式地下装载机（以下简称中心摆动式地下装载机），在图 4-5*a* 中所示情况下，仅仅部分车架重心偏离了机器最稳定状态时的重心位置；在图 4-5*b* 中所示情况下，前后车架摆动方向不同。前车架与后车架的重心偏移相互抵消，机器在水平状态的稳定性保持相同。图 4-5*c* 为两点铰接式地下装载机（以下简称车桥摆动式地下装载机）的摆动示意图，由于

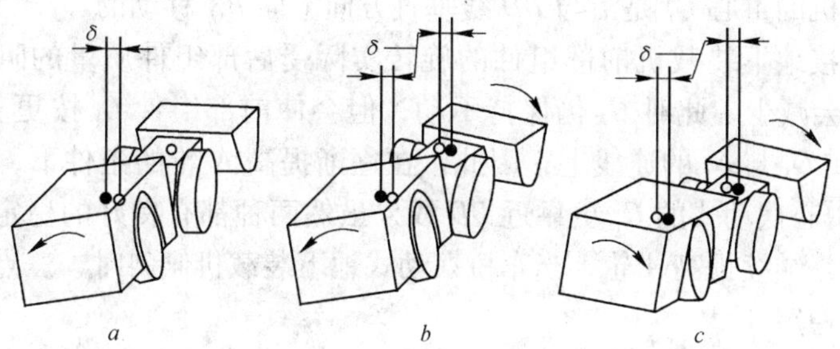

图 4-5 两种铰接方式重心偏移对稳定性的影响

前后车架连成一体，前车架上下摆动引起后车架以相同方向上下摆动，机器的车体摆动引起较大的重心偏移。

4.2.4 摆动车架与中心摆动装载机稳定性分析及计算

4.2.4.1 稳定性分析

A 直线状态

假设两种不同铰接形式地下装载机的重心 G_1 都落在中心线的相同位置上（图 4-6），车桥摆动地下装载机的稳定区为△*ABX*（图 4-6*a*）。*X* 点为后桥中心。若 *A* 轮提高，G_1 开始向 *BX* 线倾斜；继续提高 *A* 轮，后桥摆动将受 *D* 轮限制，*C* 轮的载荷将变为零。这个位置就是 *ABD* 稳定控制区。重心 G_1 的作用线不会超过 *BD* 线。应当指出，车桥摆动地下装载机前部质量 G_f 和后部质量 G_r 都以相同的比例偏离中心线。

对于中心摆动地下装载机，若提高 *A* 轮，仅前部组件重心 G_f 开始向 *BX* 线倾斜，后部组件重心 G_r 的位置不变。继续提高 *A* 轮，直至前车架摆动被限制，此时 *C* 轮负载逐渐变成零，直到稳定控制区 *ABD* 和控制线 *BD*，这一点与车桥摆动式地下装载机相同。但车桥

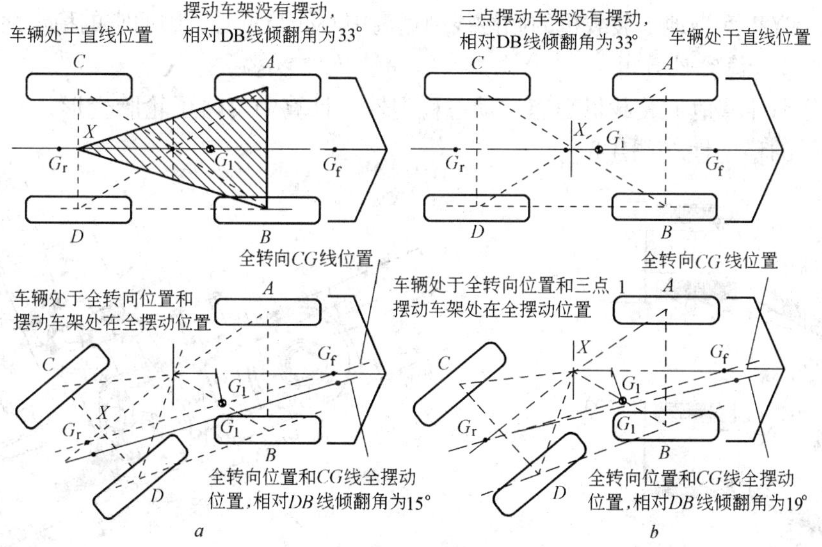

图 4-6 两种铰接方式稳定性比较

a—车桥摆动式；*b*—中心摆动式

摆动式地下装载机的重心 G_1 是沿与 *BD* 线垂直方向上向 *BX* 移动的。

中心摆动铰接地下装载机前部组件的旋转实际受后部组件质量的阻碍。在摆动过程中，*C* 轮的负载会减少。此时 G_r 仍保持不动，但会使前部组件 G_f 按更直接的路线向 *BX* 移动。由于 G_1 在 G_r 与 G_f 的连线上，因此，在逐渐提高 A 轮的条件下，车桥摆动地下装载机的 G_1 要比中心摆动式的 G_1 更靠近 *BD* 线，虽然两种都有良好的稳定区，但中心摆动式的稳定性更好。继续提高 *A* 轮，当车桥摆动式地下装载机倾斜时，三点中心摆动式地下装载机还会保持稳定。

B　转向状态

地下装载机转向时，G_1 向 *BD* 线移动（因为 G_1 落在连接 G_f 与 G_R 的连线上），此时车桥摆动式地下装载机的稳定区仍在 *ABX* 区内。由于 G_1 处在稳定区内，故装载机是稳定的。中心摆动地下装载机除了稳定控制 *ABDX* 外，与上述情况相同。

车桥摆动地下装载机 *A* 轮提高时，G_1 向 *BX* 的移动，虽然移动方向不能完全垂直于 *BD*，但这是一种绕 *X* 点回转和车桥摆动的合成。其方向仍与 *BX* 基本垂直。如果 *A* 轮继续提高，在摆动受到限制时，*C* 轮的载荷则变成零。稳定控制区 *ABD* 由于 G_1 向 *BD* 线移动并垂直 *BD* 线。故仍然保持在稳定线上，这与直线状态相同。

相反，在与直线状态 G_f 与 G_R 一样的顺序下，中心摆动式地下装载机的 G_f 和 G_r 起到两个独立质量的作用，与前述两种情况一样，在逐渐提高 *A* 轮时，G_1 仍离 *BD* 线较远。所以当车桥摆动地下装载机倾翻时，中心摆动式地下装载机则仍保持稳定。

试验表明，在一定工况下，地下装载机的一个后轮可能与地面不接触，但这时中心摆动式的 CY-1.5 型地下装载机仍然处在稳定的工作状态。而在类似工况下，车桥摆动地下装载机将在不稳定状态下工作，并且越来越不稳定，最终达到倾翻极值。

CY-1.5 型地下装载机的稳定三角形如图 4-7*a* 所示，图中黑色的轮胎表示着地轮。轴线 X-X 是机器的倾翻线，转向时机器重心超过此线时，将会引起倾翻。一般后桥摆动式地下装载机的稳定三角形如图 4-7*b* 所示，其倾翻线靠近机器的中心线与重心，因此其稳定性较差，与此相比，CY-1.5 型地下装载机的倾翻线则远离中心线与重心，因而它的稳定性好。

4.2.4.2　稳定性计算

在此分别计算地下装载机静态、动态稳定性，计算中忽略了轮胎变形，并只计算纵向坡度角 α 时的稳定性（图 4-8）。

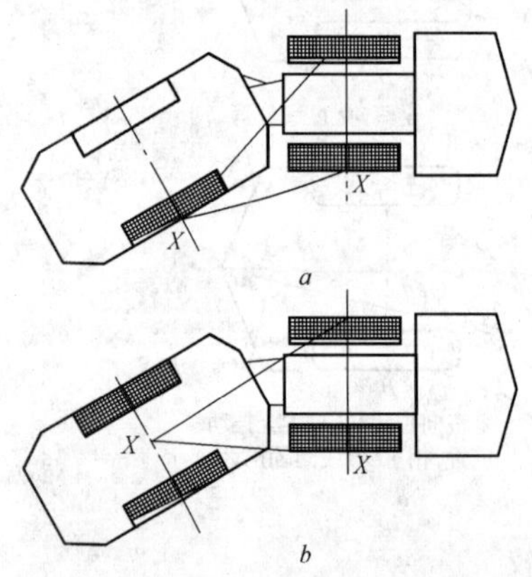

图 4-7　两种铰接方式的稳定区

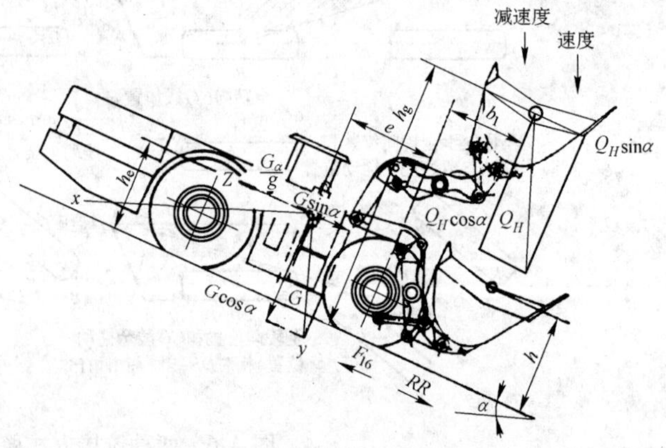

图 4-8　装载机稳定性分析

A　静态稳定性

（1）铲斗处于直线运输状态时

$$\tan\alpha_1 = \frac{Ge - Q_H b}{Q_H h + G h_e} \tag{4-1}$$

式中　G——装载机操作重量，97.8kN；

e——空载重心至前桥距离，1473.2mm；

Q_H——有效载荷，35.56kN；

b——载荷重心至前桥距离，1219.2mm；

h——载荷重心距地高，$h=1016$mm；

h_e——空车重心距地高，$h_e=889$mm。

代入数值计算得：$\alpha_1=39.30°$。

（2）铲斗处于转向运输位置

$$\tan\alpha_2 = \frac{Ge_1 - Q_H b}{Q_H h + G h_e} \tag{4-2}$$

式中　e_1——铲斗处于转向位置时，空车重心至前桥距离，1371.6mm。

代入数值计算得：$\alpha_2=36.40°$。

（3）机器处于直线状态，铲斗处于最大举升高位置

$$\tan\alpha_3 = \frac{Ge - Q_H b_1}{Q_H h_g + G h_e} \tag{4-3}$$

式中　b_1——铲斗举升最高位时，载荷重心至前桥距离，1016mm；

h_g——铲斗举升最高位时，载荷重心距地面高度，3149.6mm。

代入数值计算得：$\alpha_3=28.48°$。

（4）机器处于完全转向位置时，铲斗举升最高时

$$\tan\alpha_4 = \frac{Ge_1 - Q_H b_1}{Q_H h_g + G h_e} \tag{4-4}$$

代入有关数值计算得：$\alpha_4=26.23°$。

（5）机器处于完全转向位置，铲斗处于运输状态，后车架垂直摆动角 $\theta=6°$时

$$\tan\alpha_5 = \frac{Ge_1 + Q_H b}{Q_H h + G h_e} - \left(1 - \frac{0.5R_L}{F_L + 0.5R_L}\right)\Big/\theta \tag{4-5}$$

式中　R_L——后桥荷重，44.17kN；

F_L——前桥荷重，89.19kN。

代入有关数值计算得：$\alpha_5=31.14$。

B　动态稳定性

装载机在转弯、加速、制动以及铲斗下降时，必然会产生离心力、惯性力、制动力，从而影响它的稳定性。目前，在线性动态分析中，只能从临界速度公式导出“G”因素，

即各种加速度同重力加速度 g 之比，利用 G 因素来进行定量动态分析。各种工况下的动态因数 G 如下：

转向时的动态因数　　G_s = 理论向心加速度 $/g = 0.1242$

加速时的动态因数　　G_d = 加速度 $/g = 0.108$

铲斗下降时的动态因数　　G_d = 下降加速度 $/g = 0.279$

制动时的动态因数　　G_b = 制动减速度 $/g = 0.658$

（1）铲斗处于运输位置全动力加速直线行驶：

$$\tan\alpha_6 = \frac{(Ge - Q_H b) - (Ge - Q_H b)G_a}{Q_H h + Gh_e} \tag{4-6}$$

代入数值计算得：$\alpha_6 = 36.09°$。

（2）铲斗运输位置全转向全动力加速度，后车架摆动角 $\theta = 6°$ 时

$$\tan\alpha_7 = \frac{(Ge_1 - Q_H b) - (Ge_1 - Q_H b)G_s}{Q_H h + Gh_e} - \left(1 - \frac{0.5R_L}{F_L + 0.5R_L}\right)\Big/\theta \tag{4-7}$$

代入数值计算得：$\alpha_7 = 27.13°$。

（3）铲斗在运输位置全制动直线运行减速

$$\tan\alpha_8 = \frac{(Ge - Q_H b) - (Ge - Q_H b)G_b}{Q_H h + Gh_e} \tag{4-8}$$

代入数值计算得：$\alpha_8 = 15.64°$。

（4）直线运行，铲斗由最高位置下降

$$\tan\alpha_9 = \frac{(Ge - Q_H b_1) - Q_H h_g G_d}{Q_H h_g + Gh_e} \tag{4-9}$$

代入数值计算得：$\alpha_9 = 21.08°$。

（5）全转向位置，铲斗最高位置下降

$$\tan\alpha_{10} = \frac{Ge_1 - Q_H b_1 - Q_H h_g G_d}{Q_H h_g + Gh_e} \tag{4-10}$$

代入有关值计算得：$\alpha_{10} = 18.55°$。

采用三点铰接结构的地下装载机，其纵向稳定性要比后桥摆动的地下装载机的稳定性高。地下装载机的动态稳定性要比静态稳定性差。因此，必须计算其动态稳定性。动态稳定性定量计算比较复杂，精确计算很困难。该计算方法可为设计和使用提供参考。

4.3　铰接式车架铰销结构

目前地下装载机车架的铰点广泛采用球铰式和圆锥轴承式两种，销轴式也有采用。

4.3.1 球铰式

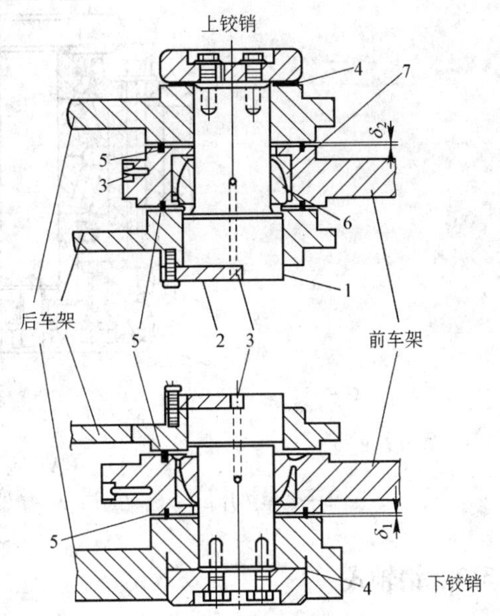

图 4-9 球铰销结构简图

1—铰销；2—挡板；3—油嘴；4—垫片；5—密封圈；6—球头；7—球碗

由于地下矿山的作业条件很恶劣，上下铰接体受力很大，受力状况很复杂，上下铰接体极易损坏。因此国外的设计者对上下铰接体设计十分重视，不断改进。图 4-9 所示为目前常用的比较好的一种结构。该结构具有结构简单、强度高、装配方便、维修费用低等特点。

在图 4-9 中，铰销 1 用挡板 2 锁定，使用时与车架不能发生相对转动，在前车架上装有关节轴承（它由球头 6 与球碗 7 组成），既改善了铰销的受力状况，又便于加工与装配。球头与球碗之间的间隙用垫片 4 调整，油嘴 3 定期注入 2 号锂基脂润滑关节轴承。密封圈 5 可以防止灰尘和泥沙进入关节轴承，从而减少关节轴承磨损，延长其使用寿命。同时上下铰销结构元件还可以互换，维修方便。因而这种结构在地下装载机中获得广泛应用。

4.3.2 圆锥轴承式

图 4-10 与图 4-11 所示为两种圆锥轴承铰销结构。

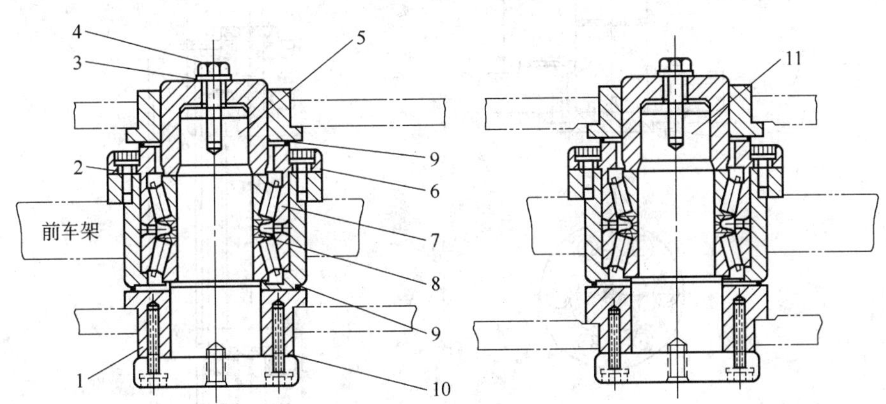

图 4-10 Wagner ST-2D 型地下装载机圆锥轴承铰销结构

1，2，4—螺栓；3，10—垫圈；5—上销轴；6—压盖；7—双列锥轴承；8—隔圈；9—O 形圈；11—下销轴

圆锥滚子轴承铰销结构由于采用圆锥轴承使前后车架偏转更灵活，既能承受水平力，又能承受垂直力，垫片用来调节轴承预紧力，但结构复杂，成本高。

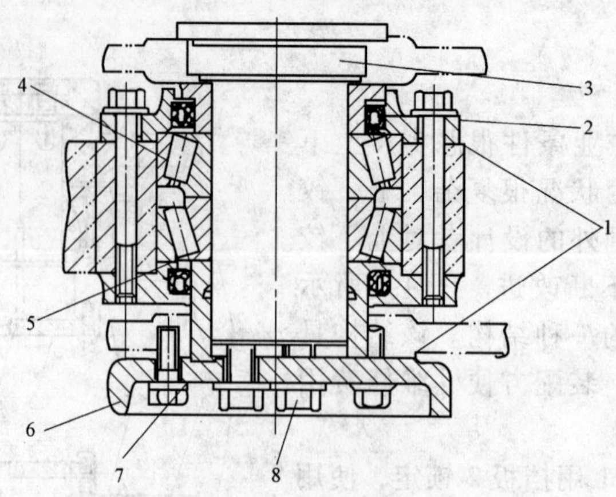

图 4-11　CAT 地下装载机上下铰销结构

1—调整垫片；2，6—压盖；3—销轴；4，5—单列锥轴承；7—垫圈；8—螺钉

4.3.3　销轴式

销轴式由于结构简单，有些地下装载机上也采用，其结构见图 4-12。

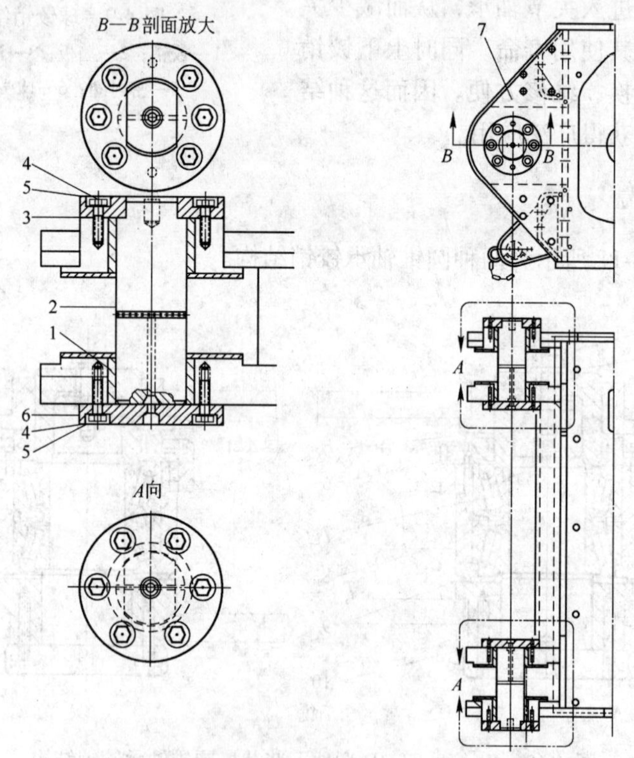

图 4-12　销轴式铰接结构

1—滑动轴承；2—销轴；3—垫片；4—压盖；5—螺栓；6—防松垫圈；7—后车架

4.4　车轮

轮胎与支撑它的轮辋是地下装载机重要部件。轮胎和轮辋（包括轮辐）组合在一起统

称车轮。

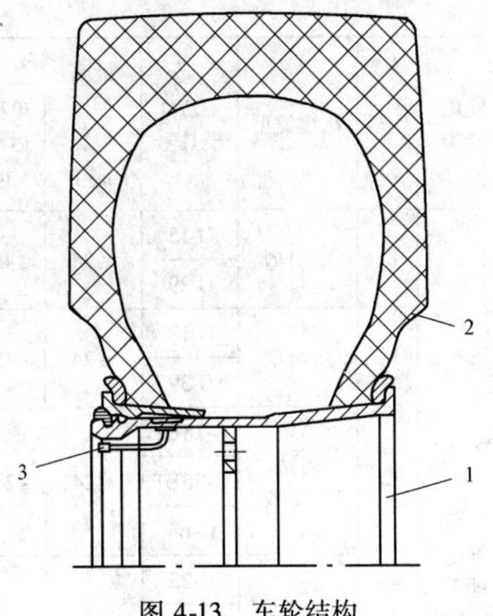

图 4-13　车轮结构
1—轮辋；2—轮胎；3—气门嘴

由于地下装载机采用刚性悬挂，其冲击作用全部由车轮承担，另外整机的附着条件和滚动阻力也与车轮结构形式有关。车轮支承着整机重量，承受各种工作负荷，同时也把路面上各种反力传递给机架。车轮还是行走、支承、导向和缓冲结构，车轮结构的优劣对地下装载机行驶性能和安全性能有很大影响。车轮由轮辋、轮胎与气门嘴组成，轮胎装在轮辋上，而轮辋通过轮辐装在车桥的轮毂上，见图 4-13。轮胎和轮辋总成应有一定的刚性和弹性，要抗磨损，耐疲劳及有足够的使用寿命，质量要小、几何尺寸精确、静平衡与动平衡要好。轮胎和轮辋具有标准化、系列化的特点。世界各国轮胎和轮辋制造厂制造的轮胎和轮辋都要满足 ISO 4250-1《Earth-mover tyres and rims—Part 1：Tyre designation and dimensions》、ISO 4250-2《Earth-mover tyres and rims—Part 2：Loads and inflation pressures》、ISO 4250-3《Earth-mover tyres and rims—Part 3：Rims》标准。我国与之等效的标准是 GB/T 2980《工程机械轮胎规格、尺寸、气压与负荷》和 GB/T 2883《工程机械轮辋规格系列》。

4.4.1　轮胎

在地下装载机中，轮胎购置费大约占总机购置费用的 10%～15%，其消耗费用一般占总出矿成本的 20% 左右，甚至高达 50%。轮胎的使用寿命在 100～1000h 不等。因此，延长轮胎使用寿命是降低出矿成本、提高矿山经济效益的重要途径之一。这首先与正确选择轮胎有关，由于矿用轮胎种类繁多，型号与规格复杂，使用条件多样，这给轮胎的正确选择带来一定难度。

4.4.1.1　轮胎的分类

(1) 按轮胎用途及胎面花纹特征分类，见表 4-1。

表 4-1　按用途及胎面花纹特征进行轮胎分类

使用分类	代号	花纹类型	TOYO 模具号	最高车速 v_{max} /km·h⁻¹	最大单程运距 /m	外胎花纹深度 /%	适用范围												
							自卸卡车	刮土机	装载机	推土机	地下装载机	筑路机	叉车	搬运车	砂路	泥路	泥沙与泥土路	岩石路	铺砌路
推（挖）土轮胎（E 型）	E_1	导向型	R-5	≤64 ≤48	<4000	100	△								○	○	△		
	E_2	牵引型	G-15			100		△							△	△	○		
			G-29					△							△	△	○		
	E_3	耐磨型	G-18			100	△	△							○	○	△	△	
			G-44				△								△	△	○	○	
			G-45					△							△	○	△	△	
	E_4	耐磨加深型	G-18ET			150	△								○	○	△	△	
			G-28ET				△								○	○	△	△	
			G-36ET				△								○	○	△	△	
	E_7	浮力型	D-1			55	○								○	○			

续表 4-1

使用分类	代号	花纹类型	TOYO模具号	最高车速 v_{max} /km · h^{-1}	最大单程运距 /m	外胎花纹深度 /%	适用范围												
							自卸卡车	刮土机	装载机	推土机	地下装载机	筑路机	叉车	搬运车	砂路	泥路	泥沙与泥土路	岩石路	铺砌路
装载推土地下装载机轮胎（L型）	L_2	牵引型	G-15	≤24	≤456	100			△	△					△	△	○		
			G-29						△	△					△	△	○		
	L_3	耐磨型	G-18	≤24	≤456	100			△	△	○				○	○	△	△	
			G-39						△	△					○	○	△	△	
	L_4	耐磨加深型	G-18ET	≤24	≤243	150			△	△	○				○	○	△	△	
			G-36ET								△				○	○	△	△	
			G-64						△	△					○	○	△	△	
	L_5	耐磨超深型	G-25	≤8	≤76	250			△	△	△						△	△	
			G-50						△	△	△							△	
			G-55						△	△							△	△	
			G-65						△	△							△	△	
	L_{3s}	光滑型		≤24	≤456	100												△	
	L_{4s}	光滑加厚	S-15	≤24	≤243	150					△							△	
	L_{5s}	光滑超厚	S-25	≤8	≤76	250					△							△	
	L_4/L_{4s}	半光滑花纹	S-16	≤24	≤243	150					△						○	△	
筑路轮胎（G型）	G_1	导向型		≤40	无限制	100													
	G_2	牵引型	G-15			100						△			△	△	○	○	
	G_3	耐磨型	G-18			100						△			○	○	△	△	
	G_4	耐磨加深				150													
工业型轮胎		导向型	G-5			55							△	△					△
		耐磨型	G-18			100							△	△					△

注：△—推荐使用；○—可用。

表 4-1 中代号数字的含义简述如下：

E_1，G_1——导向型花纹轮胎，花纹深度比为 100%。防滑性、操作稳定性好，但牵引力低，故作导向轮用，适用于较好的路面。

E_2，L_2，G_2——牵引型花纹轮胎，花纹深度比为 100%。主要用作软而多泥的繁重条件下的驱动轮，因橡胶层较薄，故散热快，因此可以高速运行。

E_3，L_3，G_3——耐磨型轮胎，花纹深度比 100%。胎面较硬，故有较好的抗切割、耐磨能力、胎面橡胶层较薄，故散热性能好，允许有较高的运行速度，适用于良好的岩石路面，是一种比较通用的轮胎。

E_4，L_4，G_4——耐磨加深型轮胎，花纹深度比为 150%。胎面较硬而厚，耐磨性好，抗热性稍差，适用于路面条件恶劣、运行距离较短的设备。

L_5——耐磨超深型轮胎，花纹深度比为 200% 以上。胎面硬而厚，抗切割，耐磨性能最好，但散热性能不好，适用于路面差、距离短、慢速运行的装载设备。

L_{3s}，L_{4s}，L_{5s}——光滑型轮胎，因增大了花纹块面积，所以可降低接地比压，提高耐磨性和耐切割扎刺性。到20世纪70年代出现了这三种光面轮胎，它可以碾碎岩石，使岩石不至于刺进胎面凸块，起保护作用，减少轮胎被刺穿危险，特别适用于矿山和井下作业条件较恶劣的运输设备。

L_4/L_{4s}——半花纹或不对称花纹轮胎。轮胎有花纹的部分在机器的外侧，这类轮胎综合了花纹轮胎与岩石地面轮胎两者的优点。

E_7——浮力轮胎。胎面最薄，但浮载能力强，适用于沙漠与泥泞地段。

（2）按轮胎断面宽度分类，见图4-14。此分类包括正常断面的标准轮胎和宽断面的宽基轮胎两种系列。宽基轮胎是在标准轮胎的基础上发展起来的，能适应大型复杂结构的运输设备，对轮胎的高载荷性能有要求。宽基轮胎与标准轮胎比较，外径相同，但断面较宽，有较大的接触面积、较高的载荷能力以及较低的接地比压，可以提高工程轮胎的使用性能，但转向阻力有所增加。标准轮胎与宽基轮胎的对应关系见表4-2。一般宽基轮胎用于大尺寸轮胎。

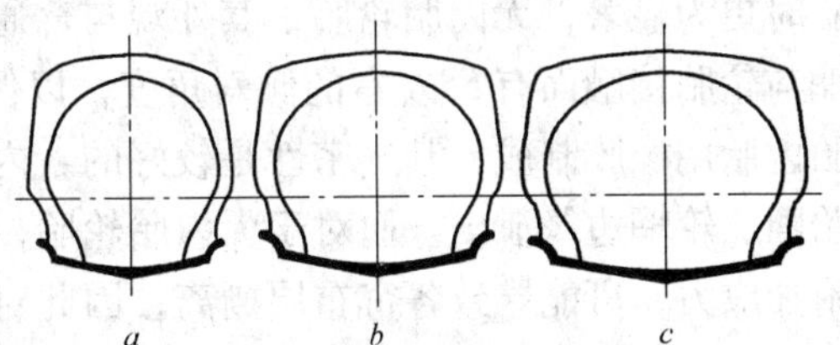

图4-14　工程轮胎按断面形状分类
a—标准轮胎；*b*—宽基轮胎；*c*—65系列

表4-2　工程轮胎的标准轮胎与宽基轮胎对比

标准轮胎		宽基轮胎	
轮胎规格	断面宽度/mm(in)	轮胎规格	断面宽度/mm(in)
13.00	335.3(13.20)	15.5	394(15.5)
14.00	374.7(14.75)	17.5	445(17.5)
16.00	431.8(17.00)	20.5	521(20.5)
18.00	497.8(19.60)	23.5	597(23.5)
21.00	571.5(22.50)	26.5	673(26.5)
24.00	626.8(25.7)	29.5	794(29.5)
27.00	762(30.00)	33.5	851(33.5)
30.00	823.0(32.40)	37.5	953(37.5)

为了进一步提高工程轮胎的性能和扩大应用范围，在宽基轮胎基础上已研制出超宽基65系列轮胎，以获得更大的牵引力和更高的作业稳定性，满足更加苛刻的使用条件。

（3）按轮胎充气压力分类（仅对充气轮胎）。

1）高压轮胎：充气压力为0.54MPa以上；

2）低压轮胎：充气压力为0.2～0.5MPa；

3）超低压力轮胎：充气压力为0.2MPa以下。

（4）按国家标准分类。

第一类：铲运机和重型自卸车轮胎E型，一个作业循环里程在5km以内。

第二类：平地机轮胎G型。

第三类：挖掘机、装载机、推土机、起重机等轮胎L型，一个作业循环在150m以内。

第四类：压路机轮胎C型。

按轮胎有无内胎，分为有内胎轮胎和无内胎轮胎。有内胎轮胎在滚动时，内外胎之间、内胎与衬带的接触面之间发生摩擦，由此发热而增加滚动时能量消耗，在使用宽基轮胎时更为显著；无内胎轮胎，其外观与普通轮胎相似，不同的是内表面涂有气密胶层，轮辋与轮胎接触面有5°左右的倾斜角度，以保证轮胎与轮辋胶合在一起，防止漏气。普通轮胎内胎用橡胶制成，其气密性是较好的，内胎漏气时，空气经由内外胎之间及没有密封的胎圈、轮辋边缘泄出。而对于无内胎轮胎，空气只能以由胎体泄出，空气进入胎体内造成附加应力，可能导致各帘布层撕离，因此对无内胎轮胎的气密层的密封要求较高，对帘布层要求也很高。

无内胎轮胎工作可靠，发热小，散热好，质量轻，寿命长，滚动阻力小，但对胎圈与轮辋的材质及制造工艺要求较高，配合要求严密，密封较困难，拆卸困难。

4.4.1.2 轮胎规格的表示方法

（1）普通断面轮胎。示例：

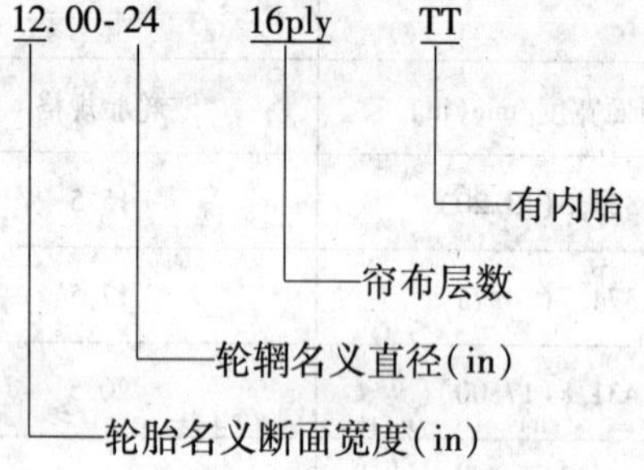

同一尺寸的轮胎有好几种不同的层数，层数大者能承受较大空气压力并能承受较重负荷。

（2）宽基轮胎。示例：

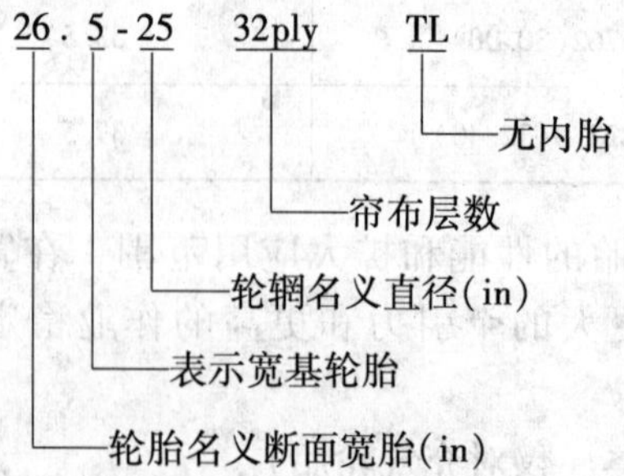

（3）低断面轮胎。示例：

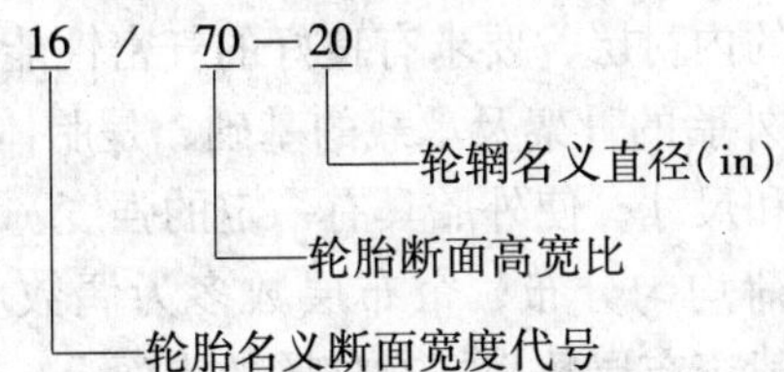

4.4.1.3 矿用轮胎及结构

A 矿用轮胎

与普通轮胎相比，矿用轮胎在体积和耐磨、耐压性能方面要求更高。在轮胎结构设计上，采用加深、加厚光胎面（图4-15、图4-16）或块状花纹及非对称胎侧设计，增强了轮胎的稳定性和牵引力，提高了轮胎抗切破、割裂、耐磨耗性能。该轮胎特别适用于在隧道、矿山和建筑等多岩石工地上或路况较差、环境恶劣的条件下作业。特别是有些胎体选用新型环保原材料，不仅提高了轮胎的耐磨性能，而且降低了轮胎生热，大大延长了轮胎的使用寿命。

图4-15　地下装载机用光面加厚轮胎

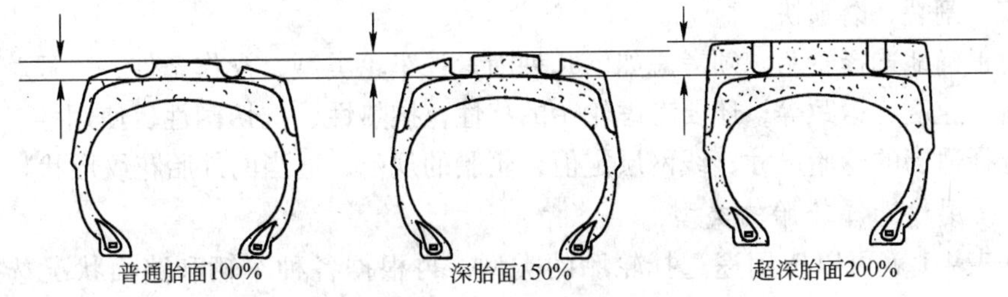

图4-16　普通轮胎与矿用轮胎外胎厚度比较

B 矿用轮胎结构

矿用轮胎外胎包括缓冲层、胎面、胎侧、内衬垫、帘线层、胎圈及内胎和垫带（内胎和垫带在图4-17中未表示）组成，见图4-17。

矿用轮胎的作用如下：

（1）缓冲层。缓冲层位于胎面与胎体之间的一个帘布层，用以保护斜交轮胎的胎体。缓冲层可减少震动，防止断裂或直接来自于胎体对胎面的伤害，同时也能防止橡胶层与胎体之间的断裂。

（2）胎面。轮胎与路面接触的厚厚的橡胶层，要求有良好的耐磨性能和耐冲击性能。

（3）胎侧。胎肩下端和胎圈之间的橡胶层，有保护胎体的作用。

（4）内衬垫。内衬垫是由一层橡胶组成，它可以防止气体扩散并代替轮胎内部的内胎。内部衬里一般由一种被称为丁基橡胶的合成橡胶或聚异戊二烯类橡胶组成，内部衬里可

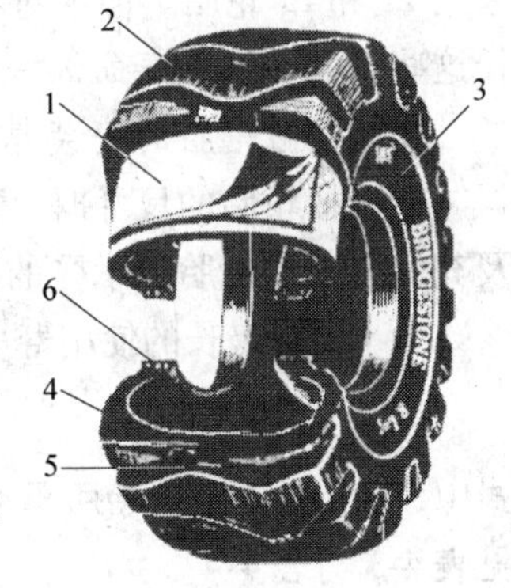

图4-17　矿用轮胎结构
1—缓冲层；2—胎面；3—胎侧；4—内衬垫；5—帘线层；6—胎圈

保持轮胎内部的气体。轮胎的内衬层，要求有良好的气密性能。

（5）帘线层。帘线层是外胎的骨架及承载的基础，是胎体的主要部分。其主要作用是承受载荷，保持外胎的形状和尺寸，使外胎具有一定的强度。帘布层通常由多层挂胶帘线用橡胶黏合而成。为了使负荷均匀分布，帘布层数多为偶数。帘布层数越多，其强度越大，但其弹性随之降低。一般帘布层数都标在外胎的表面上。

帘布材料一般有棉线、人造丝线、尼龙线和钢丝等。现在多采用聚酰胺纤维和钢丝作帘线，在轮胎的承载能力相同的情况下，帘布层数可以减少，这样既减少了橡胶的消耗、提高了轮胎的质量，又降低了滚动阻力，延长了轮胎的使用寿命。帘线与轮胎胎面中线成90°角排列的，称作子午线轮胎。

（6）胎圈。胎体帘线缠绕其上，与轮辋结合的部位，由胎圈钢丝及橡胶等构成。

（7）内胎。内胎是一个环形橡胶管，具有良好的弹性，耐热，不漏气。内胎上的金属气门嘴供轮胎充气与放气之用。

（8）垫带。垫带为环形橡胶带，套在轮辋上保护内胎避免被轮辋磨损或被轮辋与外胎胎圈夹破。垫带上有一圆孔供气门嘴穿出。

4.4.1.4 轮胎的正确选择

若将L型轮胎用于推（挖）土，会产生热裂；将E型轮胎用于装载、推土，会产生外胎切破、割裂、磨损快。

如何正确地选择轮胎，须考虑如下几种因素：车轮类型、操作条件、气候、路况、最大净载荷、速度、运距等；还要考虑轮胎的特性，抗热性、抗切割性、使用性。根据上述因素来选择适当的轮胎尺寸，线网层定值，轮胎的规范，适当的外胎花纹形状。

A 按用途选择轮胎的类型

根据表4-1就可以按用途选择轮胎的类型，再根据各种车辆和路面状况选择花纹类型。由于井下路面条件极差，多为碎石路，因此常选用L_3、L_4、L_5、L_{4s}、L_{5s}、L_4/L_{4s}型轮胎作为地下装载机轮胎，井下运输车采用L_3型轮胎。至于具体选择何种型号轮胎，各公司根据不同的情况（地面状况和运距）有不同的选择；美国Wagner公司的地下装载机主要采用L_{5s}轮胎；井下运输车采用L_3型轮胎，而法国EM公司采用L_4轮胎，Sandvik公司采用L_{5s}和L_5轮胎。但绝对不能用E型与G型轮胎，因为这类轮胎两边强度不足。为了延长这些轮胎的使用寿命，一般对其运距、车速有所限制。

B 根据轮胎的安装结构尺寸和所承受的最大载荷选择轮胎尺寸

在选择轮胎的尺寸时，必须要考虑安装轮胎的结构尺寸限制，线网层数，车辆速度以及充气压力和轮胎所承受的最大载荷。

为了获得最长的使用寿命和最低的维修费，轮胎承受的载荷应小于轮胎的许用载荷，即

$$Q_{max} < Q$$

式中，Q_{max}为单个轮胎所承受的最大载荷；Q为轮胎标准中所推荐的单胎最大许用载荷，见表4-3与表4-4。

需要注意的一点是国外各公司生产的轮胎所规定的许用载荷是不同的，表4-3只列出TOYO公司装载推土轮胎的许用载荷；表4-4只列出了我国工程机械第三类轮胎（装载机、推土机等使用的轮胎）充气压力与载荷（GB 2980）。

表 4-3 TOYO 低速推（挖）土型轮胎充气压力与轮胎的载荷极限（最大速度 8km/h）

轮胎尺寸	充气压力/kPa									
	315	350	385	420	455	490	525	560	595	630
	载荷极限/kg									
8. 25-20NHS	2060	2195	2315	2440	2560	2670	2770	2880 * （10）	2995	3085
9. 00-20NHS	2440	2595	2745	2880	3040	3155	3290	3425	3540	3675 * （12）
10. 00-20NHS	2770	2950	3110	3270	3425	3585	3720	3880	4015 * （12）	4150
11. 00-20NHS	3020	3200	3380	3565	3745	2905	4060	4220 * （12）	4380	4515 * （14）
12. 00-20NHS	3450	3655	3860	4060	4265	4445	4630	4810	4990 * （14）	5175
12. 00-24NHS	3860	4105	4355	4585	4810	4990	5220	5400	5625	5810 *
14. 00-20NHS	4720	5035	5310	5580	5855	6125	6352	6625	6850	7080
14. 00-24NHS	5265	5625	5945	6215	6535	6805	7123	7395	7670	7895
16. 00-25	6895	7305	7760	8165	8530	8940	9300	9665	9980 * （20）	10345
18. 00-25	8895	9480	10025 * （16）	10525	11025	11525 * （20）	12020	12475 * （24）	12930	13385
21. 00-25	11480	12205	12885	13565	14200	14835 * （24）	15470	16060	16650 * （28）	17195
24. 00-25	14790	15740	16650	17510	18375 * （24）	19190	19960	20730 * （30）		
24. 00-29	15880	16875	17830	18780	19645 * （24）	20550	21365	22185 （30）		
24. 00-49	20870	22185	23455	24680	25855	27035	28125 * （30）	29260	30165	31300
27. 00-49	25540	27175	28805	30165	31755	33115	34475	33835 * （36）	36970	38330
30. 00-51	31525	33570	35610	37425	39240	41055	42640	44226	45815	47405
33. 00-51	36745	39010	41280	43320	45360	47405	49445	51260	53075	54890
36. 00-51	44680	47405	50125	52845	55340	57835	60105	62370	64640 * （50）	66910
40. 00-57	56930	60560	64185	67360	70765	73710	76885	79840	82785	85505 * （60）

注：1. 括号内数字为线网层额定值，有 * 标记的表示充气压力与载荷最大值；2. 本表适于单程距离小于 76m 的情况；3. NHS 表示非公路用型；4. 对于小于 16km/h 的轮胎，在相同的气压下，上述载荷要减小 13%；5. 1kg/cm^2 = 98kPa。

表 4-4　斜交轮胎层级、气压与负荷（速度 10km/h）

轮胎规格	层　级	负荷/kg	充气压力/kPa
1. 窄基轮胎			
12.00-24 和 12.00-25	14 16 18 20	5600 6150 6500 6900	575 675 750 825
14.00-24 和 14.00-25	12 16 20 24 26	6300 7300 8500 9500 10000	425 550 700 850 925
16.00-24 和 16.00-25	20 24 28 32 36	9750 10600 11500 12500 13600	550 650 750 875 975
18.00-24 和 18.00-25	20 24 28 32 36 40	11500 12500 13500 15000 16000 17000	475 550 650 750 850 950
2. 宽基轮胎			
17.5-25	8 12 16 20	4750 6150 7300 8250	225 350 475 575
26.5-25	16 20 24 28 32	11500 13200 14000 15500 17000	275 350 400 475 550

注：摘自 GB/T 2980—2001《工程机械轮胎规格、尺寸、气压与负荷》(等效于 ISO 4250-1：1996 和 ISO 4250-2：1995)。

根据 $Q_{max} < Q$、许用车速、充气压力就可以按表 4-3 与表 4-4 选择相应的地下装载机的轮胎型号与规格。

单个轮胎的最大负荷 Q_{max} 的计算如下：

前桥：在静止倾翻工况时，后轮不承受负荷，前胎负荷等于机器的操作重量 E_{VW} 与静止倾翻负荷 W 之和，即 Q_{max} 为

$$Q_{max} = (W + E_{VW})/2 \tag{4-11}$$

后桥：后桥最大单个轮胎负荷 Q_{max} 等于地下装载机空载运输工况时，后桥最大负荷即

$$Q_{max} = R_E/2 \tag{4-12}$$

值得指出的是，上述计算是静态情况，而表 4-3 和表 4-4 是车速小于 10km/h 的负荷。因此，要对许用负荷值进行修正。

$$Q_1 = \frac{K_1}{K_2} Q_2 \left(\frac{p_1}{p_2}\right)^{0.585} \tag{4-13}$$

式中　Q_1——修正的单个轮胎许用负荷，kN；

K_1——静止作业轮胎载荷系数，$K_1=3.00$；

K_2——最高时速为10km/h，$K_2=1.10$；

Q_2——由表4-3或表4-4查得的单个轮胎许用载荷，kN；

p_1——实际的轮胎充气压力，MPa；

p_2——表4-3与表4-4所规定的充气压力，MPa。

如果 $p_1=p_2$ 则 $Q_1=3Q_2/1.1=2.73Q_2$

此时

$$Q_{max}<Q_1 \tag{4-14}$$

则所选轮胎合格。

选择好轮胎，再根据表4-5确定好轮胎尺寸后，再按图4-18程序选择胎面地下装载机用花纹类型。

表4-5　地下装载机常用轮胎型号与尺寸

轮胎规格①	测量轮辋宽度代号	允许使用轮辋②	新轮胎设计尺寸③/mm		轮胎最大使用尺寸④/mm	
			断面宽度	外直径⑤	最大总宽度	最大外直径⑤
窄基轮胎						
12.00-20	8.50	8.5,8.50V,8.5V5°	315	1145	340	1185
12.00-24	8.50	8.5,8.50V,8.5V5°	315	1245	340	1285
12.00-25	8.50	8.50/1.3	315	1245	340	1285
13.00-24	10.00	10.00W，10.00	350	1300	380	1340
13.00-25	10.00	10.00/1.5	350	1300	380	1340
14.00-20	10.00	10.00W，10.0	375	1265	405	1310
14.00-24	10.00	10.00W，10.0	375	1370	405	1415
14.00-25	10.00	10.00/1.5	375	1370	405	1415
16.00-20	11.25	11.25/2.0	430	1390	480	1460
16.00-21	11.25	11.25/2.0	430	1390	480	1460
16.00-24	11.25	11.25/2.0	430	1490	480	1560
16.00-25	11.25	11.25/2.0	430	1490	480	1560
18.00-24	13.00	13.00/2.5	495	1615	550	1690
18.00-25	13.00	13.00/2.5	495	1615	550	1690
宽基轮胎						
17.5-25	14.00	14.00/1.5,14.00/1.3	445	1350	490	1405
26.5-25	22.00	22.00/3.0	675	1750	745	1840

注：摘自GB/T 2980—2001《工程机械轮胎规格、尺寸、气压与负荷》(等效于ISO 4250-1：1996和ISO 4250-2：1995)。

①子午线轮胎规格用“R”替换“－”。

②具有两种及其以上者，有下划线的允许使用轮辋为标准轮辋；仅有一种者，即为标准轮辋。

③表中所列的新轮胎设计尺寸仅适用于轮胎设计。

④使用尺寸是指胀大的最大尺寸，用于机械制造设计轮胎间隙。

最大总宽度＝[新轮胎设计断面宽度(S.W.)]×$(1+d)$

当S.W.＜380mm时，$d=0.08$；

≥380mm时，$d=0.11$。

最大外直径＝(新轮胎设计外直径－轮辋直径)×$(1+d)$＋轮辋直径

当S.W.＜380mm时，$d=0.06$；

≥380mm时，$d=0.08$。

计算值修约规则：5mm。

⑤各数据是指普通花纹深度轮胎，机械制造厂应注意到可以采用带有深花纹的轮胎并相应地增大外直径：外直径增大值＝2.5×(加深花纹深度－普通花纹深度)。

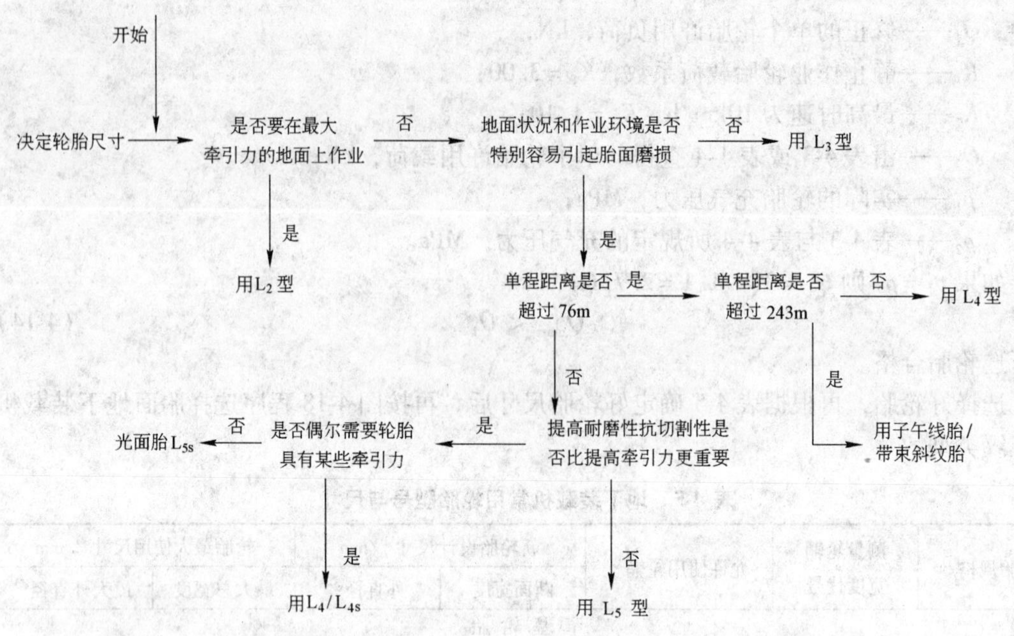

图 4-18 轮胎的选择流程

4.4.1.5 *矿用轮胎的合理使用和细心维护*

A 轮胎的合理使用

轮胎的使用寿命是指在正常的条件下使用达到的寿命。如果不能正确使用，就会造成轮胎早期损坏，或使轮胎的维修费用增加，甚至可能造成事故。为了正确使用，必须遵守下列几点：适当的车速、适当的轮胎负荷、良好的车况、良好的路面、适当的充气压力、防止轮胎过热。

（1）适当的车速。车速过高会导致轮胎内部发热而产生热裂；由于频繁地快速制动而引起外胎碎裂、损坏；由于对路面挤压力的增加而引起轮胎被割裂、破裂；由于急剧转弯、频繁制动而引起轮胎表面磨损不均匀，进而加快磨损；总之由于车速过高会使轮胎损坏或影响轮胎的使用寿命，见表 4-6。因此必须对车速进行限制。对地下装载机来说，单程距离 76m，允许最高车速为 10km/h。

表 4-6 轮胎寿命与速度之间的关系

车速/km·h^{-1}	16	48	80
轮胎使用寿命/%	100	75	45

（2）适当的轮胎负荷。轮胎负荷的选择必须保证 $Q > Q_{max}$，否则会使轮胎过载，使轮胎过度发热；使轮胎的帘线断裂，外胎花纹损坏；使胎面过度运动，造成磨损不均；使帘线过度拉伸而造成轮胎割裂，挤压破裂。总之由于轮胎过载会使轮胎损坏，或使轮胎寿命减少，见表 4-7。因而使用时一定要防止轮胎过载。

表 4-7 轮胎负荷对轮胎寿命的影响

轮胎负荷/%	100	120	140
轮胎的使用寿命/%	100	75	50

(3) 良好的车况。良好的车况是保证轮胎免遭不必要的损失、延长其使用期的最基本保证。对车辆进行严格的维护保养，同样也会增强安全感，避免车况不好而造成事故。

1) 漏油，轮胎会吸收这些石油产品，使轮胎膨胀、松弛、松软以致造成轮胎永久损坏。

2) 车轮安装不对中，使外胎磨损不均匀。

3) 各制动器工作不均衡会使车辆“锁紧”，从而造成车轮过度磨损。

4) 车桥弯曲会使矿料装载不均。

(4) 良好的路面状况：

1) 坡度。坡度大的路面会使车辆打滑，加速轮胎磨损，增加燃油消耗，降低工作效率，其具体影响见表4-8。

表 4-8　路面坡度对轮胎的影响

路面坡度/%	适应性	对轮胎的影响
0~6	很好	对轮胎的使用寿命、车辆的影响极小
6~8	好	轮胎的使用寿命减少 10%，车辆的工作速度减少，燃油消耗略有增加
8~10	不好	轮胎的使用寿命减少 20%，工作速度大大降低，燃油消耗增加
大于 10	差	轮胎的使用寿命减少 40%，燃油消耗极大，严重影响工作效率

2) 排水区域。车辆行驶的路面上，布置适当的排水沟，以防止路面上水的集积，并可暴露损坏轮胎的物体，见图4-19。

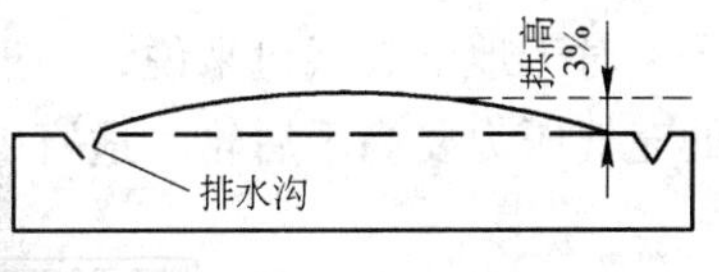

图 4-19　路面横向图

3) 路面宽度。理想的露天路面宽度应是车辆宽度的一倍。一般井下路面的宽度至少要保证巷道壁与车辆之间有0.5~0.6m的单侧间隙，以防轮胎侧面被巷道壁擦伤。

4) 路面保养。由于路面常被车辆压坏，或在运输矿石时矿石掉落到路面上，因此路面必须每天维护保养，以保持路面的干净，避免轮胎损伤或扎破（表4-9）。

表 4-9　路面保养内容与目的

保　　养	目　　的
路面进行适当维护	防止轮胎割裂，破裂、泄气
降低路面坡度	防止轮胎过度磨损
拓宽路面	保证安全畅通
延长坡度，使坡度平缓	防止轮胎打滑，矿料掉落
维护、改进排水系统	防止轮胎割裂
维护运输路程上的路面	降低 TMPH 值，防止轮胎热裂

注：TMPH 值是为了限制工程轮胎在使用中过热超过限度，用 TMPH（t·m/h）方法计算轮胎的最高使用极限。

(5) 适当的充气压力。适当的充气压力是延长轮胎寿命的最重要因素。若充气过大，则：

1) 外胎（花纹）中部过多地与地面接触，导致轮胎中部磨损过大；

2）帘线与外胎橡胶过度拉伸，导致轮胎割裂与挤压破裂；

3）减少轮胎与地面接触的面积，导致牵引力大大减少，同时增加了轮胎打滑与空转次数。

4）缓冲性减少，摆动增加，车辆难以控制，物料易溅落，车辆其他部件严重损坏。

5）轮胎花纹所受的压力过大，外胎花纹损坏。

若充气压力过小，则：

1）轮胎弯曲过大，会使轮胎侧面受力过于集中而产生变形，使轮胎侧边产生径向裂纹，帘线疲劳甚至断裂。增加侧胎运动，并产生较高内热，导致轮胎受热损坏或热裂。

2）增加胎缘与地面接触的机会，造成胎面移动过多，导致磨损不均。气压与轮胎使用寿命之间的关系见表 4-10。

表 4-10　轮胎充气压力与使用寿命之间的关系

轮胎充气压力减少/%	轮胎使用寿命减少/%	轮胎充气压力减少/%	轮胎使用寿命减少/%
10	5	40	57
20	16	50	78
30	33		

合适的充气压力需根据轮胎的型号、轮胎规格、线网层层数、车速、轮胎负荷等来确定。

对于地下装载机来说，一般充气压力选为 $p_{max} \leqslant 0.55$MPa，$p_{min} \geqslant 0.34$MPa。而且前轮的充气压力要高于后轮。适宜的充气压力就是有合适的轮胎接地面积，见图 4-20。

图 4-20　充气情况对轮胎形状的影响

（6）防止轮胎过热。一个充气不足或过载的轮胎弯曲变形太厉害，会引起内剪力以及织物层的分离，这种机械效应破坏性已是足够严重的，而由此引起的热量增加更具有毁灭性。橡胶是不良导热体，轮胎弯曲容易引起发热，如果温度超过 120℃，橡胶将会失去强度，而编织物纤维强度将下降。到 180℃ 轮胎就达到硫化翻新的温度，这时线层可能分离，轮胎可能放炮。因此必须防止轮胎过热，降低胎热的办法是停车休息减速。

除了上述几点之外，在操作上还必须注意：

不要粗鲁或野蛮操作；不要突然启动与停车；保持适当的充气压力；不要走油溅或有油脂的路面。尽量减少后车轮空转；防止矿料掉落；用铲斗将通向矿山的路面清理干净；用铲斗铲取矿石时不要用力过大。以上这些对轮胎的使用寿命都有很大的影响。

安装时，特别要注意一部分块型花纹是有方向性的，切不能装反。判断花纹是否有方向性的办法是：当轮胎的位置与人相对时，分别使轮胎正向与反向安装，如果花纹的形状不变，则无方向性，如果形状反向，才有方向性。正确的安装是：花纹块无论是成折线或圆弧形，从地面看轮胎的接地部分，作为驱动轮用，花纹块曲线的口应朝着前进方向；作为从动轮时则应相反，使曲线口朝后，这样可使粘在花纹沟里的泥土在外力的作用下被挤出，使轮胎具有良好的牵引性能，滚动阻力小，自洁性好。图 4-21 的几种花纹就有方向性。

图 4-21 几种有方向性的花纹轮胎

轮胎在安装、拆卸和使用过程中，要防止轮胎爆裂。

空气压力在轮胎中是危险的。这种压力突然释放、轮胎爆裂或侧环分离可导致严重伤害或死亡。轮胎在安装、拆卸时，应按图 4-22 所示留出由虚线表示的轨线范围，在把轮胎/轮辋安装到车辆上时，就不可能留出轨线了，但是，你和所有其他时间，所有其他人必须留在轨线区之外，以保安全，如图 4-22 所示。

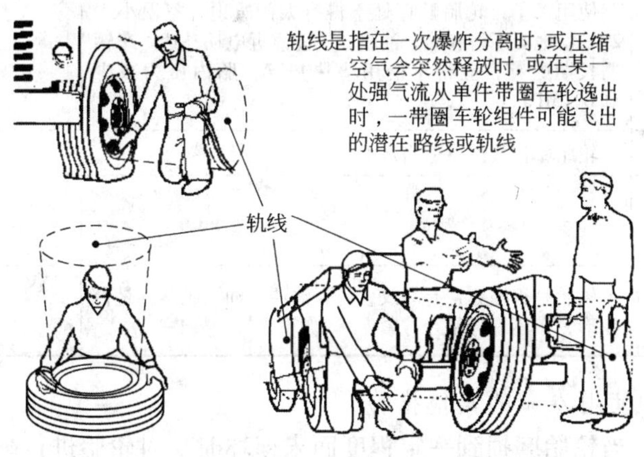

图 4-22 轨线区

B 轮胎的细心维护

要使轮胎经常处于良好的技术状态，坚持按规定维护保养，是保证胎体提高轮胎翻新率和翻新质量、延长使用寿命、减少轮胎停机时间、降低轮胎使用费用的必备条件。

为此，必须对轮胎定期进行维护保养，每次检查应详细地记录在有关表格里，并建立轮胎使用档案。轮胎的日常维护与保养见表 4-11。

表 4-11　轮胎的日常维护与保养

检查项目		检查内容	检查时间
轮胎轮辋检查	外观检查	外胎花纹，轮胎侧壁磨损情况，轮辋与气阀是否漏气弯曲	一天两次，使用前与使用后
	充气压力检查	压力表是否低于或高于标准	每天（至少一周一次）
	性能检查	检查用过轮胎花纹深度，确定磨损量（在两处标有记号的个胎花纹上检查其深度）	每　月
	已损坏轮胎检查（损坏处）	损坏的类型，损坏的原因，提出补救措施（完全割裂、割裂分离、花纹割裂、中间磨损、侧边割裂、外胎分离、帘线层分离、胎边损坏、断裂、轮胎割成片状）	每　月
路面维护		清理路面障碍，保持路面干净	每天车辆运行前
轮胎使用中的检验	车速检查	工作日（班）平均速度	每天或每班
	轮胎温度	对于工作条件恶劣、抗热为主的轮胎	根据需要
	轮胎负荷（桥负荷）	轮胎温度与运转时间关系	根据需要
轮胎装配与拆卸		检查轮辋各零部件，是否出自同一厂家，是否生锈、损坏，按规定的安全规则和装配程序组装与拆卸	根据需要
轮胎配合		型号相同、牌子尽量相同：外径与周围最大允差小于规定值	根据需要
轮胎搬运与贮存		使用叉车，不能使用钩子，绳子吊运。不能在轮胎中间使用叉子，轮胎贮存处不得有太阳直射；室温小于27℃；地面不得有油、油脂，不能靠近电动马达。车辆需长期贮存，应将车辆用垫块垫起，胎内压力减少到0.1MPa	根据需要
库存数量	轮　胎	轮胎库存数保持适当水平	每　月
	工具（阀、O形圈轮胎工具）		每天、每月
轮辋保养		轮胎是否损坏，有裂纹，是否清洁，油漆脱落，是否变形，车辆螺母是否拧紧	定　期

C　延长轮胎的使用寿命的其他措施

（1）轮胎翻新。当轮胎磨损到一定程度而未损坏时，对轮胎进行翻新。翻新轮胎的费用一般为新轮胎的50%～65%，而寿命比新轮胎略低，一般轮胎可翻新4～5次。个别企业可达7次以上。国内许多矿山已进行了此项工作。国外对轮胎翻新十分重视，例如南非的“普里叶斯卡”矿，清理场地的新胎使用寿命是718h，翻新胎是635h。掘进用胎寿命是683h，翻新胎是539h。又如加拿大“克拉丽格莫恩”矿，新胎的使用寿命是980h，而翻新胎是635h。

国内外的使用经验证明，轮胎翻新是延长其使用寿命、降低轮胎使用费用的重要措施。不过，旧轮胎必须达到如下标准才可翻新。即：

1）胎面花纹深度尚余20%；

2）胎体帘布层无老化、松散、断裂和大面积脱层现象；

3）胎体穿洞长度不超过断面宽度的2/3，有两个或两个以上穿洞长度不超过断面的宽度，两个洞的最小间距不少于500~700mm；

4）胎圈丝圈无松散、变形和折断；

5）缓冲层无大面积脱层和损伤；

6）穿洞距胎踵（指胎圈外侧与轮辋胎圈座圆角接触部位）不少于200mm。

翻新后的轮胎必须达到翻新轮胎的各种技术标准后，方可使用。

（2）保护链保护轮胎。采用保护链的轮胎，其使用寿命可提高2~9倍，而且整机的牵引力也可以显著提高。但链条不能用于新胎，也不能用于L-5型轮胎。

（3）防滑差速器。为了提高轮胎的使用寿命，减少磨损，采用性能良好的防滑差速器也是一个很好的措施。安庆铜矿实践证明，在相同的使用条件下，有无这类差速器的轮胎消耗比例为1∶3.85。

（4）不要把不同规格的轮胎放在同一车辆上。如果同一根轴上的轮胎滚动半径不同，它们就不能以相同的速度行驶，滚动半径较小的轮胎比滚动半径大的行驶速度要快。这必然会使轮胎打滑。出现滚动半径差最明显的原因似乎是使用不同尺寸的轮胎或轮胎磨损不均匀，但最常见的原因是不正确的充气。两个充气不等的相同尺寸轮胎，其滚动半径不同，充气较少的轮胎比充气较多的要转动更多的圈数才能走完所确定的距离。为此建议采用表4-12所列的轮胎滚动半径偏差。

表4-12　轮胎滚动半径偏差

差速器形式	左右轮胎	前后轮胎	备　注
标准型	4%（75mm）	4%（75mm）	如果偏差大于2%，防滑自锁差速器一侧将脱开（较小轮胎），另一侧就承受全部扭矩
NO-SPIN差速器	2%（38mm）	4%（75mm）	

4.4.2　轮辋

4.4.2.1　地下装载机常用轮辋的结构

由于矿用轮胎与轮辋尺寸较大，通常使用多件式轮辋，以便于拆装操作，常用的轮辋结构形式有6种：

（1）二件式轮辋：可以拆卸为两个主要零件的轮辋（不包括紧固密封件），见图4-23。

（2）三件式轮辋：可以拆卸为三个主要零件的轮辋，见图4-24。

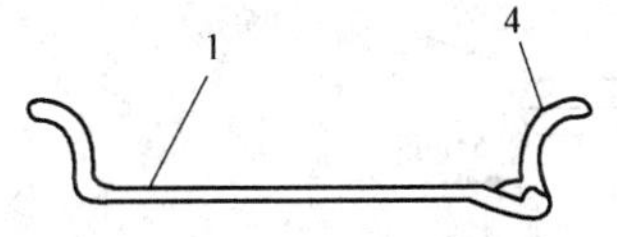

图4-23　二件式轮辋

1—轮辋体；4—挡圈

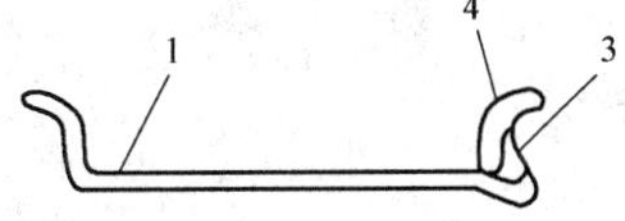

图4-24　三件式轮辋

1—轮辋体；3—锁环；4—挡圈

（3）四件式轮辋：可以拆卸为四个主要零件的轮辋，见图4-25。

（4）五件式轮辋：可以拆卸为五个主要零件的轮辋，见图4-26。

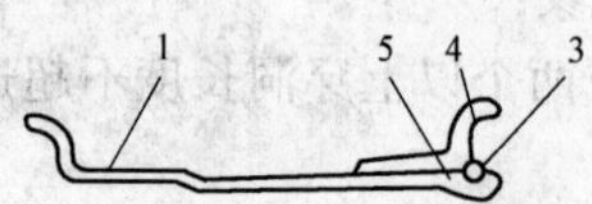

图 4-25　四件式轮辋

1—轮辋体；3—锁环；4—挡圈；5—O 形密封圈

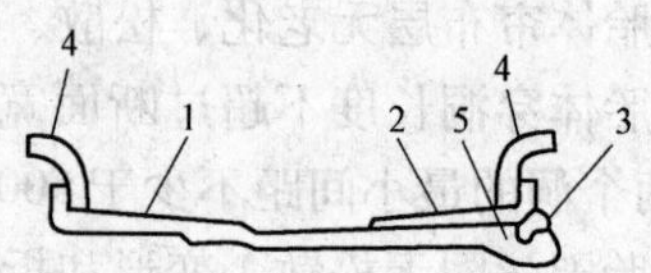

图 4-26　五件式轮辋

1—轮辋体；2—带锥度的座圈；3—锁环；4—挡圈；5—O 形密封圈

(5) 六件式轮辋：可以拆卸为六个主要零件的轮辋，见图 4-27。

(6) 七件式轮辋：可以拆卸为七个主要零件的轮辋，见图 4-28。

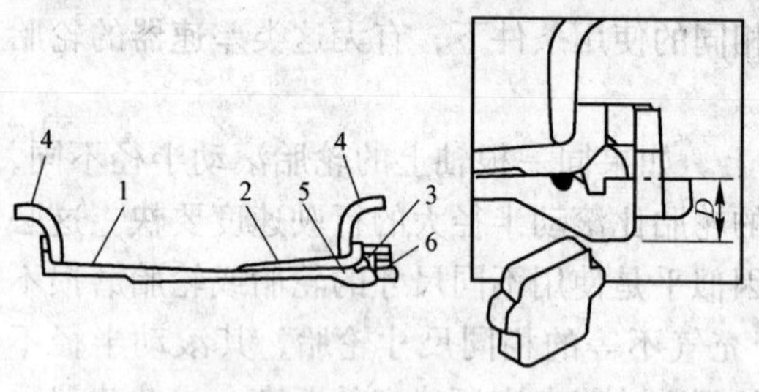

图 4-27　六件式轮辋

1—轮辋体；2—带锥度的座圈；3—锁环；4—挡圈；5—O 形密封圈；6—座圈楔

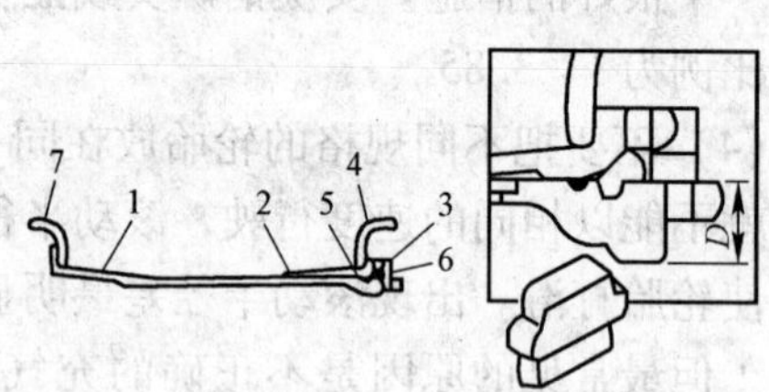

图 4-28　七件式轮辋

1—轮辋体；2—带锥度的座圈；3—锁环；4，7—挡圈；5—O 形密封圈；6—座圈楔

轮辋轮廓主要的三种形状：

(1) 平底轮辋代号为 FB（图 4-23、图 4-24）；

(2) 平底宽轮辋代号为 WFB（图 4-25）；

(3) 全斜底轮辋代号为 TB（图 4-26 至图 4-28）。其轮廓形状及尺寸见图 4-29。

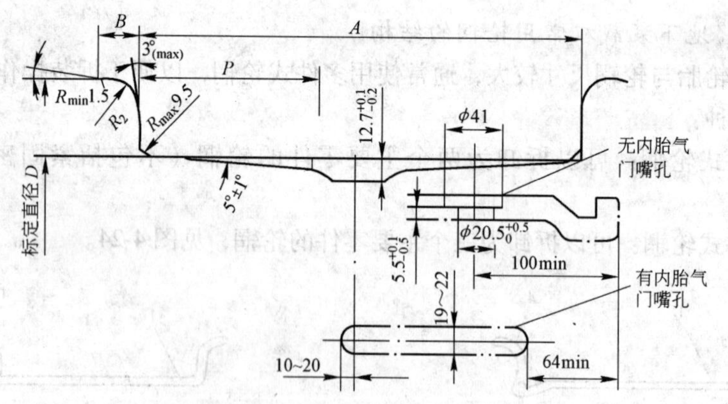

图 4-29　全斜底轮辋轮廓形状与尺寸

图 4-30 所示为轮辋结构图，图中：

(1) 轮辋体是承受轮胎负荷的主体部分，上面有 5° ±1°的锥面。锥面上有标准的滚花。

（2）带锥度的座圈，锥度为5°±1°，支承整个胎圈。而且有滚花，滚花的尺寸在GB2883《工程机械和工业车轮轮辋规格系列》中都有规定。滚花很重要，它的作用是防止轮胎和轮辋相对滑动，滑动的结果是使轮胎漏气，从而使装载机无法使用。轮辋结构如图4-30所示。

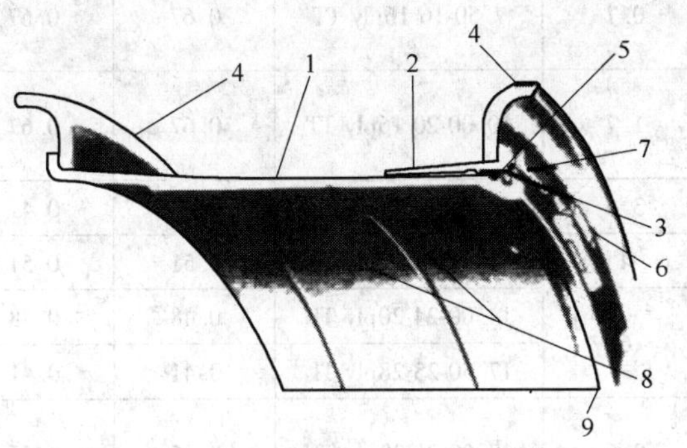

图4-30 轮辋结构

1—轮辋体；2—带锥度的座圈；3—锁环；4—挡圈；5—O形密封圈；6—座圈楔；7—撬杆凹穴；8—轮辋全焊加固圈子；9—标准的28°安装锥面

（3）锁环。开口式锁环可牢固的锁紧轮辋总成。

（4）挡圈。两个形状相同或不同的冷弯成环形圈。

（5）O形密封圈。保证轮胎可靠的气密性。

（6）座圈楔。重载型，它用于将座圈锁固到轮辋体上，防止座圈与轮辋体相对移动。

（7）撬杆凹穴。相隔180°排列在轮辋体和座圈上，通常用液压或手动工具从座圈上卸出胎圈。

（8）轮辋。全焊接轮辋加固圈子用于加强轮辋体的强度。

（9）标准的28°安装锥面。可与现有车轮互换。

对于无内胎的轮胎来说，轮辋还配有专门的气门嘴与气门嘴底座，用于向轮胎打气及防止胎内气体外泄。

有关轮辋的技术条件，可参考有关文献。

4.4.2.2 轮辋的选择

轮辋的尺寸、外形和类型的设计应建立在轮胎的设计、最大轮胎的负荷、所要求的轮胎充气压力、规定车速和装到轮毂上的方法来确定。因此轮胎的选择是轮辋选择的基础。

有了轮胎型号与尺寸就可以在相关的资料里找到轮辋的外形与尺寸。普通轮胎就选普通轮辋，如果是宽基轮胎就选宽基轮辋，如无内胎就选无内胎气门嘴及相应结构与技术要求的轮辋。根据地下装载机的型号与传递扭矩的大小选择轮辋的件数与相应结构。根据车桥或整机的有关参数，选择轮辐位置。根据轮胎螺栓孔的大小分布圆直径和定心直径，以及轮胎气压、负荷和速度，同轮辋制造厂协商确定轮辋选材与尺寸。最后由轮辋制造厂家根据上述条件资料完成最后的选型或设计。

地下装载机有关轮胎与轮辋的型号与规格见表4-13。

4.4.2.3 轮辋的使用与维护

必须正确使用轮辋，以防止事故发生，延长轮辋的使用寿命。

表 4-13　轮胎与轮辋的规格和型号

装载机型号	斗容/m^3	载重/t	轮胎型号	充气压力/MPa		轮辋规格
				前　胎	后　胎	
CY-0.4	0.4	0.7	7.50-16 16ply TT	0.67	0.67	5.5F-16 2 件或 3 件
CY-1	1	1.7	10.00-20 16ply TT	0.67	0.67	8.00-20 3 件或 2 件
CY-1.5	1.5	3.6	12.00-24 16ply TT	0.51	0.41	8.50VA-24 3 件
CY-2	2	4	12.00-24 20ply TT	0.51	0.51	
CY-3	3	6	14.00-24 20ply TL	0.48	0.48	Z14.00/2.5-25 3 件、4 件、5 件
			17.50-25 28ply TL	0.41	0.41	
CY-4	4	9.5	18.00-25 28ply TL	0.55	0.55	Z13.00/2.5-25 5 件或 6 件
CY-6	6	13.6	26.5-25 32ply TL	0.55	0.41	Z2.00/3-25 6 件

A　轮辋的使用

(1) 使用的轮辋尺寸、形状应符合有关标准，不能偏小，否则会引起轮胎和轮辋超负荷运行，导致损坏。也不允许将一种型号的轮轴辋部件与另一型号的部件混装。

(2) 轮胎与轮辋总成不可超负荷运行。充气压力也不可过高，否则会引起轮胎和轮辋总成损坏。

(3) 对无内胎轮胎，当轮辋漏气时，切勿采用有内胎的轮胎替代。因为当充气从内胎轮辋上疲劳裂纹及其他裂纹泄露漏出来时，即表示轮辋已被破坏。如将内胎装在无内胎轮辋上，轮辋的破裂隐患就将很难发现。如继续使用，就会引起轮胎爆裂。

在检查轮胎的过程中，还要同时仔细检查轮辋是否已破裂。

B　轮辋的安装

(1) 当轮胎已充气或部分充气时，切勿用锤击方法安装锁环或其他部件。因为部件无需用敲击的方法即可正确安装。相反，若采用敲击方法，敲击锤或被敲物有可能随气压爆炸飞出。

(2) 在充气之前，应对所有部件进行两次检查，确保正确安装。否则一旦充气，部件可能会随气压爆炸飞出。

(3) 只有所有部件都装入正确部位后，才能给轮胎充气。充气升至 0.06MPa 时，要重新检查部件的安装是否正确，若发现问题，立即放气进行纠正。切勿用手锤击正在充气可部分充气的轮胎或轮辋组件，以防轮胎爆炸时，手锤与部件飞出伤人。如果充气升至 0.06MPa 时情况良好，则可继续升到所需胎压为止。

(4) 当轮胎充气时，切勿坐或站在轮胎与轮辋前后，充气软管前端应配一带夹子的夹头，夹在气门嘴上。充气软管的长度要足够保证充气操作者能站在远离轮胎一侧，而不是站在轮胎的正前方或后方。这样可防止充气时安装不正确的部件伤人。

(5) 禁止在充气的轮胎或轮辋上进行焊接，也不允许在未充气轮胎上焊接轮辋。因为焊接产生的高温会引起胎压急剧上升，产生爆炸。焊接时，未充气的轮胎内胎可能着火，随着温度上升，压力将升高，产生同样严重的后果。

(6) 将一种型号的轮辋部件与另一型号的轮辋部件混装是危险的。因为不配套部件也可能装配在一起，但轮胎一充气，部件可能在爆炸力作用下伤人。

(7) 无内胎车胎的密封性试验应将轮胎安装于轮辋上，充气至略大于额定气压后，在室内常温下放置 72h，不得有漏气现象产生。

(8) 当轮辋装到轮毂上去时，轮胎螺母的拧固力矩必须到位。

C　轮辋的拆卸

(1) 在拆卸轮辋前，必须把压气放完。否则在压力作用下轮辋的断裂件会飞离轮胎伤人。而在有气压下拆卸轮辋挡圈时，轮辋总有可能会崩弹出来。

(2) 拆下气门芯，放完胎中全部压气。用一段铁丝穿过气门杆，检查气门是否堵死。

(3) 在拆卸轮辋之后要清洗，重新涂上一层漆，以防腐蚀，有利于轮辋的检查和轮胎的安装。从轮辋锁环和 O 形圈沟槽中仔细清除所有的污垢和铁锈。这对于锁圈固定在正确位置上是十分重要的。在充气装置上配备空气过滤器，以除掉气体中的水分，有利防锈。

(4) 定期检查轮辋部件有无裂纹，如发现裂纹、严重磨损或严重生锈的现象应当用同一型号尺寸的部件更换。因为部件一旦出现上述现象，其强度降低。此外，部件发生弯曲或修理后，其配合不好。

(5) 有裂纹、断裂或损坏的部件，在任何情况下都不得修理、焊接或焊后重新使用，也必须用同一型号尺寸的部件或没有损坏的部件进行更换。因为部件经加热后会削弱其强度，因而不能承受充气压力或正常工作。

(6) 轮胎跑气，应首先拆下来，仔细检查轮胎、轮辋部件。重新充气之前，还要检查挡圈、轮辋体、锁环和 O 形圈以及胎圈座是否有损坏，确保正确的安装。当轮胎严重跑气或严重漏气时，部件有可能已经损坏或错位。

总之，应该按照要求严格装配轮辋部件，遵守厂家推荐的拆卸安装步骤，注意轮胎的正确胎压与负荷，只有这样，才能保证轮辋的使用寿命，保证装载机安全行驶与安全作业。

4.4.2.4　气门嘴

为了向轮胎充气、放气、密气，轮胎都必须配备气门嘴。但有内胎的轮胎与无内胎的轮胎气门嘴是不同的。

图 4-31 所示为有内胎的气门嘴。在内胎上装有气门嘴，它有一外金属座筒 7。气门嘴的底部的凸缘 10 通过内胎上的狭孔插入内胎中。用编织物和橡胶衬垫加强了内胎孔的边缘紧密地包住座筒，并由螺母 8 将它夹紧在两个垫片 9 之间，使气门嘴严密地装在内胎上。轮胎安装在车轮上时，

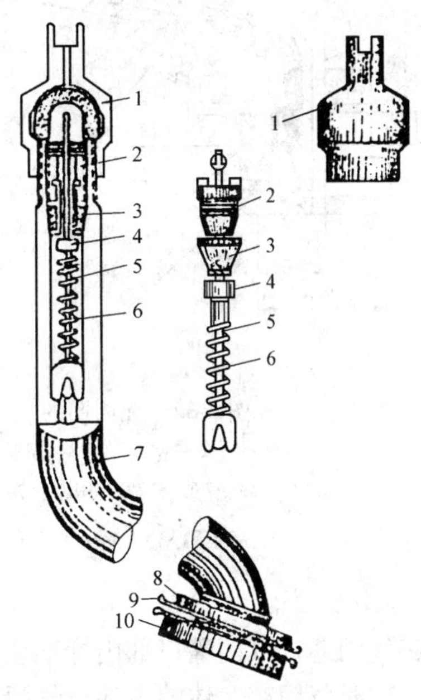

图 4-31　气门嘴

1—盖；2，8—螺母；3—衬套；4—阀门；5—杆；6—弹簧；7—座筒；9—垫片；10—凸缘

气门嘴被固定在轮辋上的孔内。座筒 7 里面装有带密封衬套 3 的气门芯。衬套 3 的环形槽内嵌有橡胶密封圈。当转动螺母 2 时，密封圈即被压紧在座筒的锥形凹座上，座筒外面旋上一个带橡胶密封罩的盖 1，其柄部可作为拧出气门芯螺母 2 的扳手。衬套 3 下面装有橡胶阀门 4。当轮胎被充气时，阀门 4 被空气压力压下，充气完毕后，套在杆 5 上的弹簧 6 便将它紧密地压在阀座上。

图 4-32 所示为无内胎的气门嘴。气门嘴通过气门嘴座 8 与压帽 6，固定在轮辋的 ϕ20.5 的孔中。接杆 4 的端部锥面通过套帽 9 压紧气门嘴座 8 的锥面上，形成密封状态，装在嘴体 3 内的气门芯（图上未画）见图 4-33。对轮胎进行充气、密气、放气。

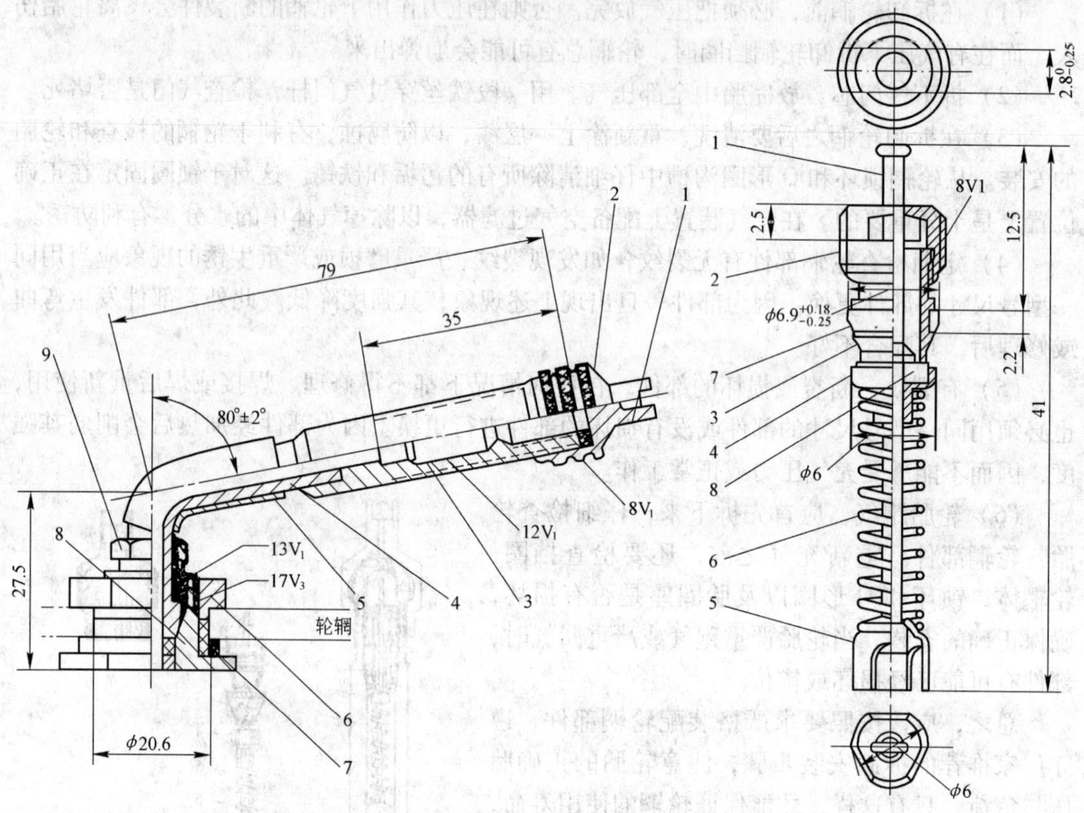

图 4-32　无内胎的气门嘴

1—防护帽；2—密封垫；3—嘴体；4—接杆；5—橡胶管；6—压帽；7—垫；8—气门嘴座；9—套帽

图 4-33　C2 大孔径外弹簧长气门芯

1—芯杆；2—旋转接头；3—芯体；4—芯杆托座；5—弹簧托座；6—弹簧；7—芯体密封圈；8—托座密封圈

旋气门芯、气门嘴口部内标准位置气门芯密封圈 7 与气门嘴芯腔锥面吻合时形成密封状态，这时气门芯芯体的下端与气门芯托座密封垫 8 也是处于密封状态，如将气门芯杆 1 往下掀时，芯杆下端的托座 4 就与芯体 3 分离，这时将气泵的空气管气源接上气门嘴口部即开始向内胎充气，如轮胎压力过高。只将芯杆 1 往下掀时，内腔的空气就往外逸出，即所谓放气，芯体复位后气门芯仍处于密封状态。

5 制动系统

5.1 概述

制动系统是地下装载机一个重要组成部分。特别对地下矿山来说，由于路窄、坡大、弯多，保证行车安全已成为当今地下装载机设计中一项十分引人关切的重大问题。所以对地下装载机的制动系统的性能及制动系统的结构提出了愈来愈高的要求。从而近十年来出现了不少新结构、新材料、新技术。

所谓制动系统是指使机械制动和（或）停车的所有零件的组合。包括操纵机构、制动传动装置、制动器，如装备了限速器，也包括在内。操纵机构、制动传动装置将在后面的章节介绍。本章仅对制动器进行分析与介绍。一般的制动器可分行车、停车、辅助制动装置。

行车制动系统是用于将机器制动并停车的主制动系统；停车制动系统是指使已制动住的机器保持原地不动状态的系统；辅助制动系统是指行车制动系统失效时，使机器制动的系统。

5.2 对制动系统的要求

5.2.1 对制动系统的安全要求

（1）地下装载机一般应具备行车制动器、辅助和停车制动器。如果行车制动器是全封闭多盘湿式液压制动器，停车制动器又能满足辅助制动器的性能要求，那么地下装载机也可只配备行车和停车制动器。制动液压回路必须是双回路。如果行车制动器采用的是全封闭多盘湿式弹簧制动器，那么，地下装载机可不另外配置辅助制动器和停车制动器，制动液压回路应采取单回路，但必须配置手动松闸液压泵及相应的控制装置。

（2）制动系统可以使用共用部件。但是，轮胎以外的任一零部件失效或一共用部件失效，都不应导致机器性能低于辅助制动系统的性能要求。

（3）制动系统的设计和结构应满足下列要求：

1）车辆在任一方向行走没有明显功能差异；

2）用于牵引时，车辆能自由移动。

（4）所有制动系统操纵机构应能由驾驶员在座位处进行操纵。辅助制动系统和停车制动系统一经制动就不能脱开，除非对其重新进行操纵控制。

（5）对于全封闭多盘湿式弹簧制动器应有检测制动器摩擦片磨损量的措施。

（6）使用油池冷却的制动器或使用外循环强制冷却制动器，若油温过高而使制动器性能低于制造商规定的性能时，应向司机提供视觉或听觉警告信号。

（7）操作制动器的最大操作力应符合表5-1的规定。

表 5-1　操作制动器最大操纵力

操纵方法		施加的最大操纵力/N
手指操作（轻触手柄和开关）		20
手操作	向上	400
	向下、侧向、前后	300
	左右动作	300
脚踏板（腿控制）		700
脚踏板（脚踝控制）		350

5.2.2　对各制动系统的一般要求

5.2.2.1　对行车制动系统的要求

（1）系统应具有 0.40g 最小的负加速度。

（2）在切断动力（除使用静液压系统）情况下，行车制动系统应能使机器在 25% 坡道上保持不动。

（3）该系统最大的反映时间为 0.35s。

（4）行车制动系统的压力应在发动机处于高速空转条件下，在靠近制动器的地方测量。当行车制动系统按每分钟六次的速率制动 20 次，提供制动器的压力不得低于最初测得压力的 70%。

（5）该系统应有一个压力表监测蓄能器压力。

（6）当行车制动系统的储能器的压力低于最大贮存能量的 50% 时应开始报警。

5.2.2.2　对辅助制动系统的要求

（1）系统应具有 0.25g 最小减速度。

（2）该系统的最小反映时间为 0.5s。

（3）如果行车制动系统储能器用于操作辅助制动系统，那么在切断能源且机器停车情况下，行车制动系统储能器在供给行车制动器进行全制动 5 次后所剩余能量，还应满足辅助制动系统要求。

5.2.2.3　对停车制动系统的要求

（1）停车制动系统满载试验时，应使地下装载机在 15% 的坡度上停住，空载试验时应在 20% 的坡道上停住。

（2）停车制动系统不能采用液压或气压制动，只能采用机械制动。

（3）为了实用起见，该系统拥有一个显示装置，当制动时则显示出来。

（4）该系统的性能将不会受该系统油的压缩、能源的消耗或任何种类的泄漏影响。

5.3　国内外制动器安全标准简介

制动系统是地下装载机的重要组成部分之一，也是地下装载机安全的重要保证。因此，世界上许多国家都对此特别关注，都制订了这方面的各自标准、法规。有的直接采用非道路有关制动器标准作为地下装载机制动器标准，有的根据矿山具体情况专门制订了地下采矿车辆（包括地下装载机）制动器标准，还有的直接制订了地下装载机制动器标准，下面分别介绍国际、美国、欧盟、加拿大、澳大利亚、南非、中国等国的有关标准。

5.3.1 国际标准

ISO 3450：1996(E)《土方机械——轮胎式机器制动系统的性能要求和试验方法》为国际标准。国际标准化组织制订该标准主要适用于露天轮胎式土方机械，但其制动系统的性能要求和试验方法对地下无轨采矿车辆制动系统仍有参考价值，有的国家直接采用该标准作为地下无轨采矿车辆制动系统的标准。我国 GB 8532—87 和 JG/T 48—1999 标准是等效采用 ISO 3450：1985 标准，而 ISO 3450：1985 标准已过时，已被 ISO 3450：1996（E）标准所替代。

ISO 3450 标准规定了自行式轮胎式装载机、牵引车、平地机、挖掘装载机、装载机、挖掘机以及自卸卡车的制动系统最低制动性能和试验标准，该标准包括行车制动器、辅助制动器和停车制动器。

该标准规定了如果行车制动采用储存的能量制动，那么该系统必须配置警告装置，当储存的能量低于规定的最大值 50% 时，此警告装置就自动报警。

该标准还规定了两种试验质量配置。所有车辆除了自卸卡车和装载机用总质量进行制动试验外，其他车辆试验质量是车辆总质量减去车辆有效载荷的质量。

在试验期间允许车辆制动器磨合。在行车制动器试验时不能使用缓速器，但试验辅助制动器允许采用缓速器。

该标准要求试验路面应为基础密实的坚硬、夯实地面。只要不影响制动效果，地面有点潮湿是允许的。试验道路的横向坡度不大于 3%，纵向坡度应不大于 1%。

如果试验速度超过 32km/h 或等于 32km/h，制动器试验速度应等于车辆最大车速的 80%（水平面），如果车辆最大的水平速度低于 32km/h，则以最高车速进行试验。试验速度应在上述目标速度 ±3km/h 之内。

5.3.1.1 冷试验

行车制动系统和辅助制动系统的制动距离应从冷却制动器开始进行，而且在试验道路的正反两个方向上各进行一次，两次制动的最少间隔时间为 10min。制动距离和车速应取两次试验的平均值。车辆行车制动器和辅助制动器制动距离应在表 5-2 和表 5-3 规定的范围内。

表 5-2 车辆空载制动时的制动距离

行车制动器制动距离/m	辅助制动器制动距离/m
$\frac{v^2}{150}+0.2(v+5)$	$\frac{v^2}{75}+0.4(v+5)$

注：$v>0$，单位 km/h。

表 5-3 制动距离特性

行车制动器制动距离/m	辅助制动器制动距离/m
$\frac{v^2}{44}+0.1(32-v)$	$\frac{v^2}{30}+0.1(32-v)$

注：1. $v>0$，单位 km/h。

2. 当车速超过 32km/h 时，$0.1(32-v)$ 项应从公式中删除。

3. 试验机器带有效载荷，不包括机器质量超过 32000kg 的刚性车架或铰接自卸卡车。

5.3.1.2　热衰减试验

车辆轮胎不打滑的最大负加速度将行车制动器连续制动 4 次，每次制动后使机械恢复到制动前的速度，在连续的第 5 次制动之后进行测量，制动距离应不超过表中制动距离的 125%。

5.3.1.3　保持性能

车辆应在所规定的试验道路上进行正反两个方向试验。行车制动系统应能使机械在 25% 的坡道上停住（该试验不适用于质量超过 32000kg 的刚性或铰接自卸卡车）。停车制动系统应能使带有效载荷的刚性、铰接自卸卡车和装载机在 15% 的坡度上停住；能使空载的其他车辆在 20% 的坡度上停住。

如果坡度试验无法实施，那么可将车辆停放在一个表面防滑的可倾斜平台上，或在纵向坡度不大于 1% 的试验跑道上对它进行制动停住，变速箱挂空挡的车辆施加一水平拉力 F，最小水平拉力为

$$F = \psi m \tag{5-1}$$

式中　F——等效拉力，N；

m——机械的最大质量，kg；

ψ——等效系数；

对于 25% 的坡度，$\psi = 2.38$；

对于 20% 的坡度，$\psi = 1.92$；

对于 15% 的坡度，$\psi = 1.46$。

5.3.1.4　刚性车架和铰接车架质量超过 32000kg 自卸卡车制动性能

试验道路应有一个纵向下坡，坡道的坡度为 9% ±1%。行车制动试验车辆以试验速度 50km/h ± 3km/h（若低于此值，则以其最大速度）在 10 ~ 20min 时间间隔内，连续进行 5 次试验，每次制动距离不得超过表 5-4 的值。辅助制动系统应以车辆 25km/h ± 2km/h 的速度进行一次制动（如果机械装有缓速器可在试验前和试验时使用），其制动距离可不超过表 5-4 的规定。

表 5-4　车辆质量超过 32000kg 的刚性和铰接转向自卸卡车制动距离

行车制动器制动距离/m	辅助制动器制动距离/m
$\dfrac{v^2}{4.8 - 2.6\alpha}$	$\dfrac{v^2}{34 - 2.6\alpha}$

注：1. $v > 0$，km/h。

2. α 是坡道百分比。

制动试验结果应汇总在制动报告中。制动系统最大操作力见表 5-1。

该标准在车辆计划维修之后用来评估车辆制动，但评估车辆的制动需每天/每班花费很多时间去完成。

5.3.2　欧洲标准

EN 1889-1：2003《地下矿用机械——地下作业可移动式机械　安全　第 1 部分：橡胶轮胎车辆》为欧洲标准。该欧洲标准主要用于地下采矿和其他工作（如隧道车辆）的

自行式橡胶轮胎车辆安全及试验要求，它不包括橡胶轮胎钻机和土方机械。该标准与最小危险的技术要求有关，这些危险是当车辆按制造厂的规定在试运行、行走操作和维护期间可能发生。

该标准在5.10节中规定了对制动系统的一般要求，附件A对制动系统的试验给出了明确的规定。

该标准要求进行以下测量：

（1）车辆负加速度。

（2）为了达到该加速度施加的最大操纵力。

（3）反应时间。

（4）如果对停车制动器采用拉力试验，停车制动试验的拉力。

如果可能，在制动试验期间，车辆发动机应与变速箱脱开，如不可能，应选择最高挡位，该挡位的速度应与要求的试验速度一致。

车辆应用车辆总重（G_{VM}）进行试验，如果所设计的制动系统是为了在空载的情况下产生小一点的制动力，也要完成车辆空载试验。在制动器试验期间可以不采用缓速器。当进行制动试验时，该标准还要求所有刀片、铲斗、推土机及其他设备都处于运输位置，车辆所有的液体在试验期间都要处于工作温度。所有的制动试验都应用磨合的制动器完成。

液压储能制动器的性能试验在该标准附件A2中进行讨论。

5.3.2.1　停车制动器

当停车制动器也是辅助制动器时，可以不需要进行停车制动器制动后保持性能试验，对辅助制动器来说，下面讨论的动态试验也应确定符合停车制动器，此处停车制动器与辅助制动器应分开。停车制动器属于：（1）动态试验；（2）静态坡度试验；（3）拉力试验。

动态试验，根据行车制动试验来讨论。坡度试验要求车辆采用停车制动器，使停住的车辆在它所设计的最大操作坡度1.2倍的斜坡上保持不动。

对于拉力试验，拉力应作用在不动的车辆上，车辆变速箱处于空挡，并用停车制动器制动，试验道路在运行方向有小于1%的下坡。必须施加水平拉力，拉力应等于或超过制动力

$$F = mg\sin\theta \tag{5-2}$$

式中　F——作用车辆上的拉力，N；

m——车辆操作质量，kg；

g——重力加速度，9.81m/s^2；

θ——由车辆制造商规定的最大操作坡度。

为操作而设计的车辆最大坡度不应少于15%。

所有动态试验除热衰减试验外，应用冷制动器完成。动态试验应包括如下内容：

（1）制动力试验；

（2）制动作用时间的测量；

（3）热衰减试验。

试验速度应是车辆最大水平速度，除了车辆最大速度超过32km/h和车辆速度可能在

32km/h 和最大车速之间之外，试验道路应是压实的、硬的、干燥的路面，试验道路应平整或在运行方向有轻微的下坡，横向坡度不大于3%。

最大制动力是由至少 4 次试验最小者决定。

对于设计在两个方向之间正常操作的车辆在每个方向至少要进行两次单独试验。

行车制动器制动力应达到车辆最大重量35%。该制动力应使车辆在最大允许的坡度上以最小 $1m/s^2$ 的减加速度使满载车辆减速。

辅助制动器制动力应达到最大重量的25%，停车制动器要求在15%的斜坡上使满载的车辆保持不动。并有一个20%的安全系数。

在任何一个方向应满足这两个标准。

行车制动器或辅助制动器制动作用时间是开始制动到产生要求最小制动力的90%的时间间隔，它可由记录测试结果确定，或在液压力制动或松闸的情况下，利用传感器去测量制动作用压力，通过确定静压力的时间来确定制动作用时间。在这种情况下，其结果应是至少四次单独试验的最大值，且不超过2s。

5.3.2.2 热衰减试验

行车制动应以尽可能大的不打滑的车速和减加速度连续七次制动和松闸，在每次制动之后，尽快利用最大速度来恢复试验初速度。用测量到的负加速度进行第 8 次制动，在第 8 次制动，制动力不应少于车辆最大重量的35%；并能在车辆允许的最大坡度上以最小 $1m/s^2$ 的减加速度使满载车辆减速。在热衰减试验中的这些信息可用来确定车辆所规定的坡度和操作负载。

辅助制动应服从于制动和制动作用时间，如行车制动所讨论的。

欧洲标准与 ISO 3450：1996 国际标准有很多类似。但在 EN 1889—1 标准中热衰减试验由 8 次连续试验替代了 ISO 3450 标准 5 次连续试验。

该标准包括了制动作用时间要求，当需要长时间进行试验不成问题时，该试验在评估车辆制动中是有用的，而对每天制动评估无论如何也没有用。

5.3.3 美国标准（SAE J1329 JUL89）

SAE J1329 JUL89《轮胎自行式车用地下采矿机械制动系统最低性能标准》为美国标准，该标准主要用于由 SAE J116 定义的车速少于32km/h 应用于地下的轮胎自行式专用采矿机械，包括行车制动器、辅助制动器和停车制动器。

在该标准第 6 节规定了制动器一般要求。如果行车制动器采用储存的能量制动，那么储存的能量低于制动系统规定的50%时能自动报警。

该标准还规定制动器在试验之前允许制动器磨合，但应与设备制造厂商量核定试验方法。在制动器试验时不使用缓速器，除非另有规定，此车辆用满载的车辆重量试验。

当进行制动性能试验时，它要求：刀片、铲斗、推土机和其他设备都处在运输位置。车辆内所有液体都应处在工作温度。

该标准的 7.2 节至 7.4 节涉及了对采用储能的制动系统的要求。

5.3.3.1 保持性能

所有车辆在前进和后退两个方向上试验。行车制动系统应有使车辆至少在25%的坡度上停住的能力。停车制动系统在车辆满载试验时应使停住的车辆保持在至少15%的坡度上不动。空载试验时，则应至少在18%的坡度上停住。

如果保持试验要求办不到，可采用防滑表面的倾斜平台或当车辆处在空挡并处在水平面上对车辆施加水平拉力，该力用式（5-2）计算。

5.3.3.2　制动性能

如果车辆设计为双向操作，那么所有机器应该在前进和后退两个运动方向上试验，车辆制动性能试验应从32km/h±3km/h初速度进行试验，如果车速小于32km/h，则以车辆最大水平速度试验。试验路面应平滑，在运行方向上坡度不大于1%，横向坡度少于3%。

5.3.3.3　冷试验

行车制动系统和辅助制动系统的制动距试验应从冷制动器开始，并在试验道路正反两个方向各进行一次，两次制动的最小间隔至少10min，制动距离和制动车速应取两次试验的平均值。行车制动和辅助制动系统应使车辆停车距离在表5-5的规定范围内。如果车辆配备了自动缓速器，它可以在试验前和试验中使用（只有用在辅助制动试验）。

5.3.3.4　热衰减试验

行车制动以轮胎不打滑的最大负加速度连续制动4次，每次制动试验之后使车辆恢复到下一次制动试验前制动初速度，在连续第5次制动之后测量制动距离，应不大于表5-5所规定的制动距离的125%。

表5-5　车辆的制动性能

车辆速度 /km·h^{-1}	行车制动器制动距离/m	辅助制动器制动距离/m	车辆速度 /km·h^{-1}	行车制动器制动距离/m	辅助制动器制动距离/m
1	0.1	0.1	17	4.5	7.3
2	0.2	0.3	18	4.9	8.1
3	0.4	0.5	19	5.4	8.9
4	0.6	0.7	20	5.9	9.8
5	0.7	1.0	21	6.4	10.7
6	0.9	1.3	22	6.9	11.7
7	1.2	1.6	23	7.4	12.6
8	1.4	2.0	24	8.0	13.7
9	1.7	2.5	25	8.6	14.7
10	2.0	2.9	26	9.2	15.8
11	2.3	3.5	27	9.8	17.0
12	2.6	4.0	28	10.4	18.1
13	2.9	4.6	29	11.1	19.4
14	3.3	5.2	30	11.8	20.6
15	3.7	5.9	31	12.5	21.9
16	4.1	6.6	32	13.2	23.2

注：所有性能都基于以下公式

$$S = vT + v^2/2a$$

式中　$T=0.35s$；

$a=0.4g$，行车制动最小值，$g=9.81m/s^2$；

$a=0.2g$，辅助制动最小值，$g=9.81m/s^2$。

按标准第8节提供的所有信息汇集在试验报告中。

该标准所讨论的方法对制造厂是有用的，但对现场试验无效。它对车辆维修之后评估车辆的制动力是有用的。该标准很好地指出了近似的制动距离是多少。

制动器操作力需满足系统制动性能要求并不能超过表5-6的值。

表5-6　制动系统最大操作力

操纵方式		施加最大的操纵力/N
指　控		20
手　动	上　拉	400
	前后动作	300
	左右动作	300
脚　踏		700
脚踏（铰接式）		350

5.3.4　美国标准（MSHA 30CFR 14101）

MSHA 30CFR57.14101《制动器》是美国劳动部矿山安全与健康管理局颁布的地下金属与非金属矿安全与健康标准。该标准用于地下金属与非金属矿山自行式移动设备行车制动系统，不能用于不是原配的工作制动系统或轨道车制动器。

制动器的性能必须符合表5-7的要求。

表5-7　行车制动器的性能要求

车辆总质量/lbs	设备速度/MPH										
	10	11	12	13	14	15	16	17	18	19	20
	行车制动最大制动距离/Feet										
0~36000	34	38	43	48	53	59	64	70	76	83	89
36000~70000	41	46	52	58	62	70	76	83	90	97	104
70000~140000	48	54	61	67	74	81	88	95	103	111	119
140000~250000	56	62	69	77	84	82	100	108	116	125	133
250000~400000	59	66	74	81	89	97	105	114	123	132	141
>400000	63	71	78	86	94	103	111	120	129	139	148

注：表中1lbs=0.4536kg，1MPH=1.6km/h，1Feet=0.3048m。

行车制动最大制动距离是根据负加速度2.944m/s^2和系统反应时间0.5s，1s，1.5s，2s，2.25s和2.5s（分别用于每一个重量级别）计算出来的。

试验路线要足够长，以保证车辆在到达30.48m测量区终点之前使操作者控制车辆的试验速度稳定在16~32km/h之间，见表5-8。

表5-8　试验车速与通过30m的距离所需时间

试验车速 v/km·h^{-1}	16.0	17.6	19.2	20.8	22.4	24.0	25.6	27.2	28.8	30.4	32.0
行驶30m要求的时间/s	6.8	6.2	5.7	5.2	4.9	4.5	4.3	4.0	3.8	3.6	3.4

试验道路应足够的宽，路面应坚硬干燥。

试验时变速箱处在合适的挡位上，制动距离应从车辆操作者收到制动信号开始制动直到车辆完全停下来的距离。试验结果可作如下的评估：

(1) 如果首次试车，制动距离没有超过表5-7中相适应制动距离，那么行车制动器可以被认为合格。

(2) 如果在车辆首次试车时，车辆超过了最大的制动距离，矿山操作者可向检验人员要求另加4次试车，每个方向各两次。如果车辆制动距离至少有3次没有超过，那么行车制动器也可以认为是合格的。

(3) 如果矿山没有试验场地或者车辆的运行速度达不到至少16km/h，那么行车制动器在这种情况下可以不试验，但检验员应依靠其他有利的证据决定车辆制动器是否满足该标准的要求。

5.3.5 美国标准（SAE J1473 OCT90）

SAE J1473 OCT90《制动性能—橡胶轮胎土方机械》为美国工程师协会标准。该标准与ISO 3450—1985标准基本相同。满足SAE J1473 OCT90标准也即满足ISO 3450标准。

5.3.6 加拿大标准

CAN/CSA-M424.3-M90《制动性能——自行轮胎式地下采矿机械》为加拿大国家标准。它主要用于最大额定速度为32km/h，车辆总质量不大于45000kg橡胶轮胎自行式地下采矿车辆行车制动、辅助制动和停车制动等系统最低制动性能标准和试验方法标准。

该标准规定：采用储存能量的行车制动应配置警告装置，当系统能量下降到制造厂规定的最大能量的50%以下时或满足表5-9规定的辅助制动系统要达到的制动距离所需要的能量水平之前就应报警。

表5-9 制动器制动性能

制动距离/m	
工作制动器系统	辅助制动器
$\frac{v^2}{2.35}+\frac{v}{2}$	$\frac{v^2}{1.76}+\frac{v}{2}$

注：v为车辆试验速度，m/s。

车辆在试验之前制动器应磨合。所有的试验都应在硬实、干燥的路面上进行。路面的横向坡度不超过3%，均匀下坡坡度为20% ±1%。试验的路面足够长，平滑和坡度均匀，以保证在制动开始之前达到所要求的速度。

车辆在制动试验时应采用制造厂所推荐的满载重量。与制动系统有关的参数（如轮胎尺寸、气压等）都应在车辆制造厂规定的范围内。

工作制动器制动试验时，制动初速度至少20km/h。如果少于20km/h，则以机器最大额定水平速度作为制动初速度。

辅助制动器制动试验时，制动初速度至少为 15km/h。如果少于 15km/h，则以机器最大额定水平速度作为制动初速度。

缓速器只用在辅助制动器制动试验。缓速器回路与制动系统回路必须各自独立。如果该条件不满足，当辅助制动试验时，不能使用缓速器。

行车制动和辅助制动距离应在表 5-9 所规定范围内。停车制动应能使车辆满载时在所有生产条件下都能停留在 20% 的坡度上。

行车制动器按规定的试验方法去试验至少要连续重复 5 次，每次制动系统没有变化，也不需要调整。每次试验间隔不超过 15min，全部试验时间不超过 40min。

辅助制动器按规定的试验方法去试验至少要连续重复 3 次，每次制动系统没有变化，也不需要调整。

停车制动器在试验时车辆应停在 20% 的坡度上。传动系统脱开，正反两个方向都要试验。

如果在 20% 的坡度上试验不能实现，那么试验可用下述两个方法之一实现：

（1）在防滑的倾斜的平面上；

（2）在靠近地面的地方对车辆施加一水平拉力；

（3）此力要达到车辆在规定的坡度上最小的下滑力。

作用制动系统最大允许的操纵作用力对脚操纵系统来说是 700N，对于手操作系统是 400N。

5.3.7　澳大利亚标准

澳大利亚 AS 2985.1—1995《土方机械——安全　第 1 部分　轮式机械——制动器》标准是 AS 2985.1—1988 标准的修订版。AS 2985.1—1988 标准是基于 ISO 3450—1985 标准，而 AS 1958.1—1995 标准增加了使用中试验的要求。在紧急情况下制动一般会产生一些磨损，甚至可能会产生一些损坏，制动性能应通过使用试验来监视制动性能，使用该试验方法不会引起不需要的磨损和损害。使用试验与整个设计要求的定型试验是不同的。

使用试验是用来在工作现场以适合的时间间隔进行制动性能试验。若考虑工作现场条件，测量制动距离将能有效地监视行车制动和辅助制动系统性能。

该方法并不能代替制动系统常规的检查与维护。当车辆装载并以车辆推荐情况的最大工作速度（假定最大工作速度为 32km/h）在 0 ± 3% 的坡度上运行时进行行车制动试验。在试验时可使用缓速器或静液压系统。此时制动距离不应超过该车辆制动距离的 125%。

辅助制动系统试验可按制造厂规定进行。

停车制动器能使满载车辆停在最陡的坡道上，该坡度在正反两个方向上试验时会碰到。假设最大坡度为 15%，此标准在车辆制动系统一般要求（包括操作力）试验条件与方法基本上同于 ISO 3450—1985 国际标准。机器行车制动，辅助制动系统性能要求见表 5-10。

表 5-10 机器制动性能

机械类型	机械最大质量 m /kg	运行方向上道路最大坡度 S/%	行车制动系统最大制动距离/m	辅助制动系统最大制动距离/m
公路上行驶的机械	任何质量都允许	0 ±1	$\frac{v^2}{68}+C$	$\frac{v^2}{39}+C$
不在公路上行驶的机械（除了质量超过 32000kg 的刚性车架和铰接自卸卡车外）	$m<32000$	0 ±1	$\frac{v^2}{68}+\frac{v^2}{124}\left(\frac{m}{32000}\right)+C$	$\frac{v^2}{39}+\frac{v^2}{130}\left(\frac{m}{32000}\right)+C$
	$m\geqslant 32000$	0 ±1	$\frac{v^2}{44}+C$	$\frac{v^2}{30}+C$
刚性车架和铰接自卸卡车，不在公路上行驶	设计标准 $m\geqslant 32000$	9 ±1	$\frac{v^2}{48-2.6S}+C$	$\frac{v^2}{34-2.6S}+C$
	使用中 $m\geqslant 32000$	0 ±1	$\frac{v^2}{48-2.6S}+C$	不采用

注：表中 C 为当机器最大水平速度不小于 32km/h 时，$C=0$；当机器最大水平速度小于 32km/h 时，$C=0.1(32-v)$；v 为车速，km/h。

在澳大利亚地下采矿移动设备的制动系统采用了该标准，尽管该标准是用于土方机械。

5.3.8 南非标准

SABS 1598:1994《地下无轨采矿车辆—地下装载机和自卸卡车的制动性能》，是南非标准局 1994 年发布的地下装载机和自卸卡车制动性能标准。该标准是由 Komalsu、Sandvik、SABS、Bell 等 14 家世界著名单位共同参与制订的，它的一些规定大部分也是基于 ISO 3450 标准，但比 ISO 3450 标准更严格。

5.3.8.1 制动距离

$$S=\frac{vt}{3.6}+\frac{v^2}{13\times 2a} \tag{5-3}$$

式中 $t=0.35$s，行车制动反应时间；$t=1$s，紧急制动反应时间；

$a=0.4g=3.924\text{m/s}^2$，制动加速度；

v——行走速度，km/h。

按式（5-3）计算的制动距离见表 5-11。

表 5-11 制动距离要求

初速度 v /km·h^{-1}	行车制动器制动距离/m	辅助制动器制动距离/m	初速度 v /km·h^{-1}	行车制动器制动距离/m	辅助制动器制动距离/m
1	0.1	0.3	20	5.9	9.5
5	0.7	1.6	22	6.9	10.9
10	2	3.8	25	8.6	13
12	2.6	4.7	28	10.4	15.5
15	3.7	6.4			

5.3.8.2　反应时间

停车制动系统使车辆保持不动。行车制动系统不超过0.35s。

辅助制动系统不超过1s。失效保护安全制动系统不超过1s。

5.3.8.3　试验路面坡度

纵向坡度不超过3%。横向坡度不超过1%的平滑表面。

5.3.9　中国国家标准

GB/T 21152—2007《土方机械——轮胎式机器制动系统的性能要求和试验方法》为我国的国家标准。我国的国家标准是等同采用了国际标准ISO 3450：1996。

5.3.10　美国瓦格纳公司标准

美国瓦格纳公司是20世纪世界上有名的地下无轨采矿车辆制造公司之一。该公司制订的《制动系统设计标准》被多年实践证明是行之有效的

该标准规定了LHD制动系统的性能要求和试验方法。

5.3.10.1　制动系统反应时间

制动系统反应时间系在控制系统开启和系统性能达到最大值70%之间的时间。

5.3.10.2　试验条件

(1) 系统应进行适当的磨合和调节。

(2) 车辆应装载最大的载荷。

(3) 试验路面应是干燥、平整的混凝土路面。

(4) 不采用辅助缓速器。

(5) 在前进和后退两个方向上要求有相同的性能。

(6) 当使用行车制动和辅助制动系统时，变速箱要处在适当的挡位上。

(7) 当使用停车制动器时，车辆被制动，变速箱处在空挡。

5.3.10.3　性能要求

A　行车制动系统

(1) 该系统制动踏板最大脚操力为400N。

(2) 该系统能够用0.406g（$g=9.81\mathrm{m/s^2}$）最小负减加速度在坡度达到25%，包括25%的情况下使车辆停住，坡度每增加1%，最小负减加速度增加0.01g。

(3) 该系统可作停车制动器使用，只要操作员踩住脚制动板不放。

(4) 该系统最大反应时间为0.35s。

(5) 当发动机停车之后，该系统进行3次全制动之后，而不会使行车制动的系统制动能力低于辅助制动系统。

(6) 在发动机高速空转的情况下，按照每分钟6次制动速率，使制动器制动20次后，提供给制动器的压力不得低于最初测得的压力的70%。

(7) 该系统有一个压力计监视油箱和储能器油压力。

(8) 当系统储能器或油箱压力下降到系统最大压力50%前，系统的听觉/视觉警告装置就得报警。

B　辅助制动系统

(1) 该系统能够用0.25g(g=9.81m/s^2)减加速度,在坡度达到20%包括20%的情况下时车辆停住。坡度每增加1%,最低减加速度将增加0.01g。

(2) 系统最大反应时间为0.5s。

(3) 如果该系统使用液压力使车辆停车,当车辆无人看管时,那么该系统就不能保持该液压力。

(4) 该系统应这样设计,使得它不能从司机座位上被松开,除非立即重新进行制动。

C 停车制动系统

(1) 该系统能够使停在25%坡度上的车辆保持不动。在超过20%的坡度上,保持能力将超过坡度5%。

(2) 该系统的停车性能不因任何系统零部件的收缩,能源的消耗和任何类型液体的泄漏而受影响。

(3) 用最大222N的力推动手控制即可启动该制动系统。

(4) 如果可以手动或安全系统使车辆停机的话,那么除了手控制该系统外,还可以自由控制。

(5) 该系统不能通过操作车辆上调节其他功能的控制器松开。

(6) 当停车制动器制动时,应能在该系统显示装置上显示出来。

5.3.11 英美资源集团标准

英美资源集团(Anglo American)是《财富》杂志世界500强之一,是一家在全球矿业和自然资源领域占有领先地位的企业,拥有八个核心业务部门,其总部设在伦敦。LOAMERICAN A_A_SPEC_236001《无轨移动采矿机器制动系统》于2008年1月25日公布。

该标准是对无轨采矿车辆的行车、辅助/紧急和停车制动器提出详细的性能要求。无轨采矿车辆包括地下装载机、自卸卡车、平地机、钻机和服务车辆等。该标准很多内容如试验要求、试验条件、性能试验基本上同于SAE J1329 JUL89。其中行车、辅助/紧急制动距离要求见表5-12。停车坡度要求是使无轨移动采矿车辆在32%的坡度上停住。

表5-12 制动距离

机器类型	质量/kg	制动车距离/m	
		行车制动	辅助/紧急
所有	最大质量	$S=vt+\dfrac{v^2}{2a}$	
		$t=0.35$	$t=0.35$
		$a=0.4g$	$a=0.2g$

注:S为制动距离,m;v为车速,m/s;a为加速度,m/s^2;t为反应时间,s;g为重力加速度,g=9.81m/s^2。

5.4 行车制动器的类型、结构和工作原理

过去轮式车辆广泛采用蹄式结构,但蹄式结构受轮毂尺寸的限制,制动鼓长期使用磨损严重,需要经常调整间隙;制动鼓上粘泥、水、油难以除去,影响制动稳定性;且存在作用面积小,散热不好等缺点。被随后出现的制动性能较好的盘式制动器所代替。这种制动器虽然克服了蹄式制动器的一些缺点,但仍存在有摩擦面积小的缺点,因而摩擦表面单位

压力高，对摩擦衬片材料的强度及高温下的耐压性能要求高，而且自动补偿衬片磨损间隙的可靠性差，后来又出现了制动性能更好的封闭多盘油冷式制动器。例如，20 世纪 80 年代初，国外地下装载机大部分使用蹄式与盘式制动器，到了 80 年代末和 90 年代初，几乎都采用封闭多盘油冷式制动器。随着工程机械向大型化、高性能化及自动化方向发展，对控制装置的操纵性、稳定性、可靠性和经济性的要求越来越高，矿山机械、工程机械的发展前景将是普遍采用封闭多盘油冷式制动器，以提高矿山机械、工程机械的运行性能和生产效率。

封闭多盘油冷式制动器较盘式制动器有诸多优点，封闭多盘油冷式制动器是全封闭式，可防止泥土的浸入，制动稳定；采用单制动活塞推进结构，摩擦偶件受力均匀，圆盘间隙不用调整且允许滑转传递扭矩，特别适用于重车下长坡制动工况；采用油冷和多盘结构，性能良好，简化维护保养，延长了制动器的使用寿命。

封闭多盘湿式制动器由液压驱动，靠油液的循环进行散热，冷却方式有强制性和自冷式两种，选择何种冷却方式要根据刹车动作的严重程度，若采用自冷式，因支承轴与轮毂间无密封，所以润滑差速器和行星轮边减速器的润滑油直接可流向制动器，达到同时冷却制动盘的目的。

封闭湿式多盘制动器共有四种类型结构：机内（半轴）制动器（即 Inboard 制动器），行星制动器（即 PLCB 制动器），液压制动、弹簧松闸制动器（即 LCB 制动器），弹簧制动-液压松闸制动器（即 POSI-STOP 制动器）。每种制动器的结构与工作原理做如下简介。

5.4.1 机内制动器

机内制动器的结构如图 5-1 所示。该制动器最大特点是停车制动器与行车制动器都布置在桥的中央。动摩擦片通过内花键与半轴相连，既可轴向移动又可以随半轴回转。半轴

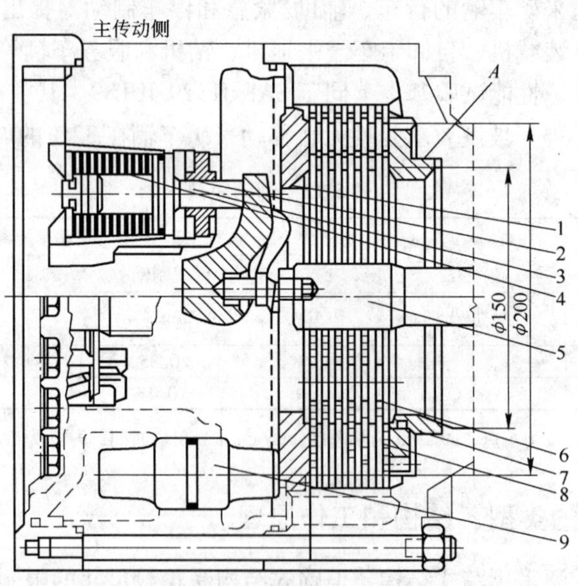

图 5-1 半轴制动器结构

1—制动压板；2—密封；3—手制动缸（两个）；4—弹簧；5—半轴；6—动摩擦片
7—磨损片间隙调整装置；8—静磨损片；9—行车制动缸（3 个，均布）

一端通过花键与轮边减速器太阳齿轮相连，另一端通过花键与差速器半轴齿轮（标准齿轮）相连。静摩擦片通过外花键与桥壳相连。只有轴向运动，无回转运动。动力由主传动的主动锥齿轮输入，通过半轴带动轮边减速器太阳轮回转。当制动油缸制动时，推动制动压板使动摩擦片与静摩擦片接合，从而达到制动的目的。

该制动器的制动部分安装在驱动桥壳内，对高速级的半轴制动所需制动力矩小，结构简单紧凑，制动时温升小，磨损小，寿命长。制动器不需独立的润滑和冷却系统，可保证良好的散热效果。该制动器由于制动力矩较小，只适用于中小功率地下装载机。

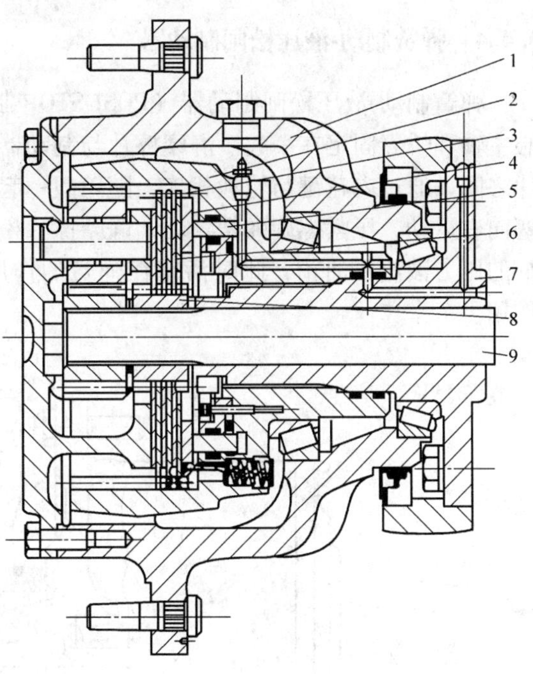

图 5-2 行星制动器结构

1—轮毂；2—内齿圈；3—静磨损片；4—制动压板；5—制动油缸活塞；6—动摩擦片；7—空心主轴；8—内外花键套；9—半轴

5.4.2 行星制动器

行星制动器（PLCB 制动器）的结构如图 5-2 所示。行星制动器的最大特点是制动器与轮边减速器装在一起，并一同装在轮毂里。动力由半轴传递给太阳轮带动轮边减速器回转，内外花键套 8 的内花键与半轴相连，外花键与动摩擦片内花键相连。静摩擦片外花键与内齿圈相连，内齿圈的花键与空心主轴相连，外花键不回转。液压油推动制动油缸完成制动过程。完成制动后，活塞靠弹簧返回。

该制动器由于与轮边减速器装在一起，靠轮边减速器润滑油冷却与润滑。不需另外的冷却与润滑系统。结构简单。在检修制动器时不需拆掉轮胎与轮辋，只拆轮边减速器端盖就可以了。因此维修十分方便。

该制动器只有三片动片，制动力矩不大。早期法国 CTX-5N 型与 CTX-6B 型地下装载机中有采用。

5.4.3 液压制动器

液压制动器（LCB 制动器）的结构见图 5-3。该制动器安装在轮边减速器旁边。由于制动器的外壳在轮毂的外面，相对来说，可以做得大一些，因此摩擦片可以大些。摩擦片也可以有 6 片。因此制动力矩比较大，适用于大、中型的地下装载机。

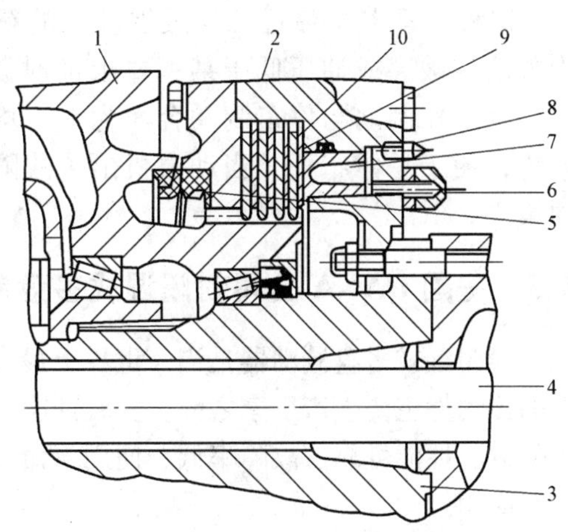

图 5-3 液压制动器结构

1—轮毂；2—制动器壳；3—空心主轴；4—半轴；5—浮动油封；6—间隙调整装置；7—制动活塞；8—放气螺栓；9—静摩擦片；10—动摩擦片

5.4.4　弹簧制动-液压松闸制动器

弹簧制动-液压松闸制动器（POSI-STOP 制动器）结构见图 5-4。该制动器的外壳与空心主轴和桥壳固定在一起。静摩擦片与制动器外壳通过花键连接。动摩擦片安装在静摩擦片之间，通过内花键与轮毂相连，随轮毂一起转动。当启动柴油机时，压力油推动制动活塞向右运动，压紧螺旋弹簧，动、静摩擦片松开，车辆运行。当制动踏板踩下时，制动油缸的压力油流回油箱，此时活塞在弹簧的作用下，压紧动、静摩擦片而使车辆产生制动作用。

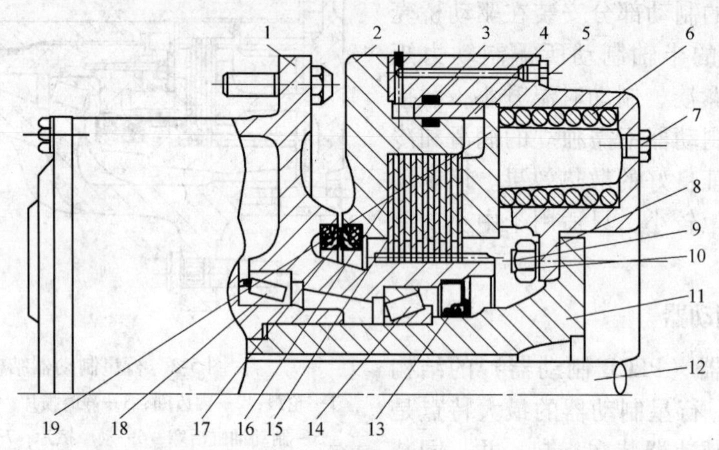

图 5-4　弹簧制动-液压松闸制动器

1—轮毂；2—制动器壳体；3—活塞油封；4—活塞；5，7—螺堵；6—制动弹簧；8—密封圈；9—螺母；10—螺栓；11—空心主轴；12—半轴；13—骨架密封圈；14—轮毂内锥轴承；15—静摩擦片；16—动摩擦片；17—浮动油封；18—轮毂外锥轴承；19—压盘

这种制动器是最近几年发展起来的新型安全型制动器，制动更加安全、可靠（因为若油管破裂或油压低于某一要求值时制动器立即制动），使用寿命长，几乎无需保养，且工作制动与停车制动合而为一。均由此制动器完成。从而大大简化了液压制动系统，便于总体布置。当动力机出了故障，由其他车辆牵引时，需设计一个手动松闸油泵。

5.5　美国 DANA 公司封闭湿式多盘制动器简介

封闭湿式多盘制动器是当今世界上最先进的一种制动器。美国 DANA 公司是世界上著名的传动件主要生产厂家之一。实践证明，它生产的各种型号的封闭湿式多盘制动器，技术先进、性能可靠、故障率低、使用寿命长。无论在地下装载机还是露天装载机中都获得广泛应用。

5.5.1　DANA 公司制动器系列

图 5-5 列出了 DANA 公司最新生产的制动器系列产品。从图中可以清楚地看到该公司生产的制动器有四个品种：第一种是 CAT 制动器；第二种是 PLCB 制动器；第三种是 LCB

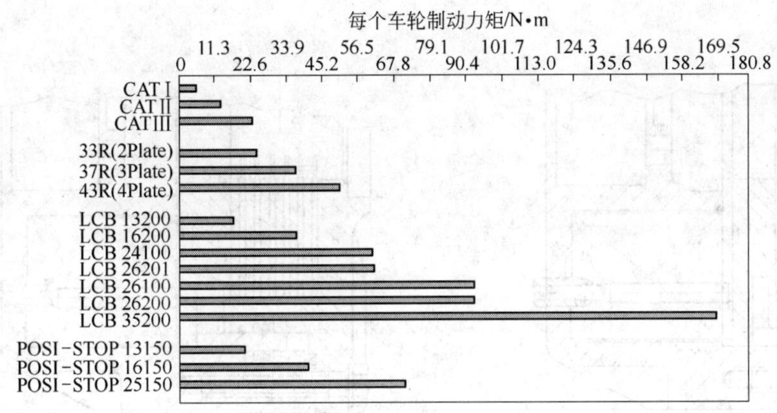

图 5-5 DANA 公司制动器产品系列

制动器（L 表示液体，C 表示冷却，B 表示制动），LCB 表示液压制动、无压松闸制动器；第四种是 POSI-STOP 制动器。POSI-STOP 表示弹簧制动、液压松闸制动器。DANA 制动器型号由英文字母和数字表示。最左字母如前所述表示制动器种类。后面数字中最左一个数字表示系列号，共有 3 个系列：1 系列、2 系列和 3 系列。最左第二个数字表示摩擦片数，最少为 2 片，最多为 6 片。最后 3 个数字 ×10 表示制动压力或松闸压力，共有三种：6.9MPa（1000psi），10.35MPa（1500psi），13.8MPa（2000psi）。制动力矩由于制动器的种类、系列、摩擦片数、作用油压不同而不同，因而衍生了许多制动器品种，以适应不同车辆对制动力矩的要求。

5.5.2 DANA 公司封闭湿式制动器的结构及特点

5.5.2.1 结构

CAT、PLCB、LCB 制动器工作原理相同，从上节可知，LCB 与 POSI-STOP 制动器工作原理是不相同，因此结构有区别，POSI-STOP 制动器比 LCB 制动器多了 1 个压板与若干个制动弹簧。

由于制动器工作时，摩擦片会产生大量的热量使制动器温度升高，但不得超过制动器许用温度（121℃）。为了便于司机了解这个温度，在制动器的端面上装有温度传感器（图中未表示出）。

由于制动器不断工作，摩擦片上衬里会不断磨损，使盘间间隙增加，从而造成活塞行程大，制动滞后，因此必须调整活塞行程，为此在制动器端面上、活塞侧面三处装有间隙调整装置（图 5-3）。

由于摩擦片耐磨衬里的磨损，摩擦片的厚度减薄，直到耐磨衬里全部磨光、制动力矩减少、制动性能变坏。为了反映摩擦片磨损的程度而采用摩擦片磨损指示装置，见图 5-6。

在图 5-6 中，若磨损指示杆外端面露出调节螺母，则制动器可继续使用。若磨损指示杆外端面平了螺母，则制动器摩擦片必须更换新的以后才能使用。

为了排除制动器内的空气，在制动器的最上方都设有排气螺塞。为了排净制动器内的油液，在制动器的下方都设有泄油孔。

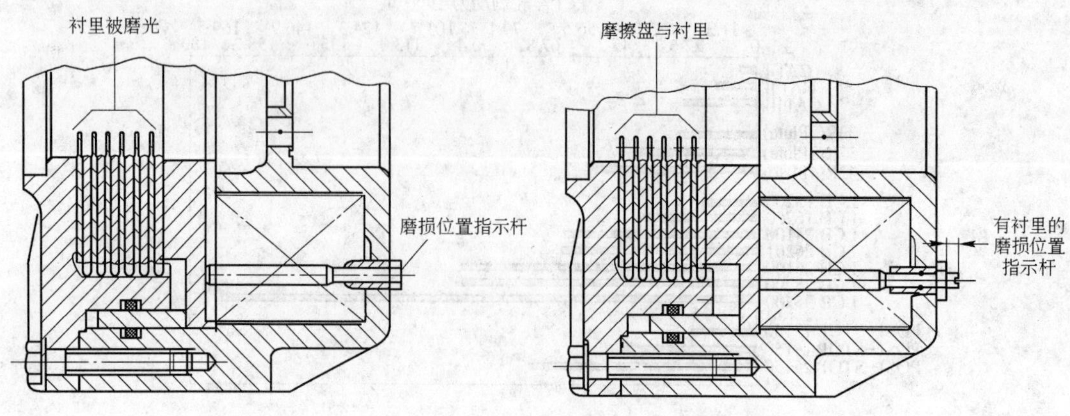

图 5-6　磨损指示杆作用原理

除此之外，在制动器的端面还设有冷却油入口与出口、制动液压油入口以及用以固定制动器的 13 ~16 个铰制螺栓孔（图 5-7）。

5. 5. 2. 2　浮动油封

浮动油封是封闭多盘湿式制动器一个很重要的部件，它的密封性能好坏直接影响着制动器的性能与使用。DANA 公司有两种结构的浮动油封。一种是 O 形圈浮动油封（图 5-8)，另一种是菱形圈的浮动油封（图 5-9)。由于后者结构简单，安装容易，使用很广。O 形圈与菱形油封由丁腈橡胶制造。

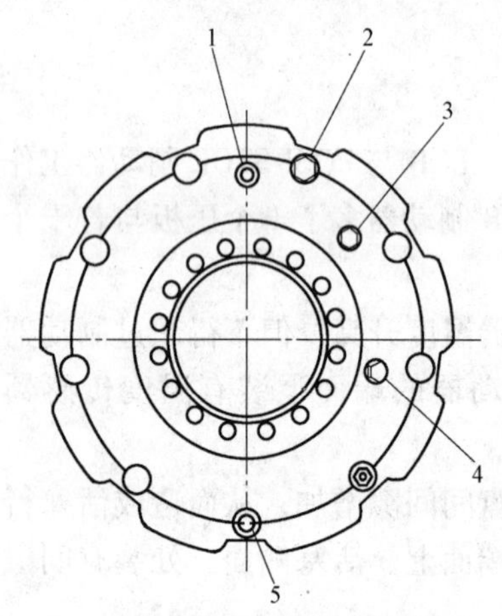

图 5-7　制动器端面侧视图

1—放气螺塞；2，4—冷却油口；3—进油口；5—泄油口

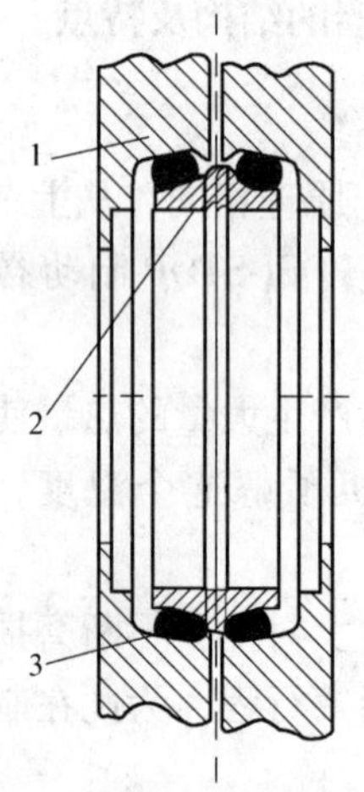

图 5-8　带 O 形圈的浮动油封

1—浮封座；2—浮封环；3—O 形密封圈

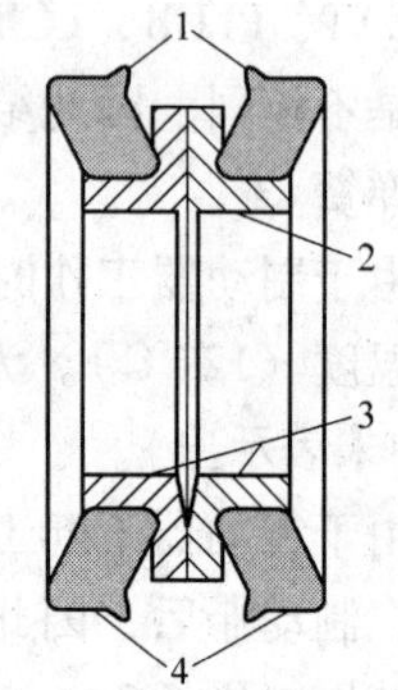

图 5-9　带菱形圈的浮动油封

1—倒钩（凸出）唇边；2—密封交界面；3—金属密封圈；4—橡胶圈

5. 5. 2. 3　活塞油封

活塞油封常采用两种结构，一种为 O 形圈的两边带两个挡圈（图 5-10)；另一种采

用所谓双特圈槽密封（图5-11）。双特圈槽密封设计成带帽子的，这样可防止O形密封圈从滑动表面间挤出及磨损。DANA公司在制动器中大都采用前者。但后者近几年也有采用。

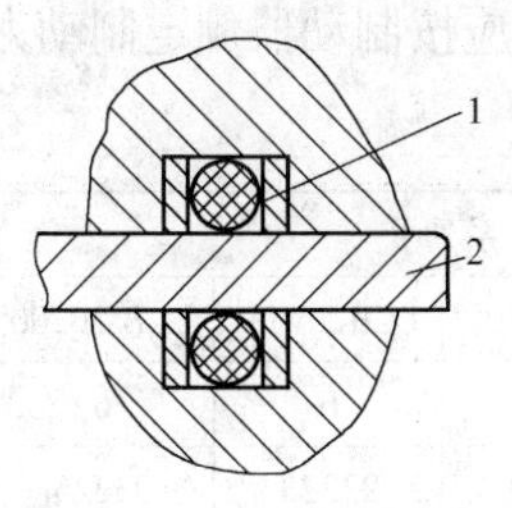

图5-10 密封结构（一）
1—密封圈；2—活塞

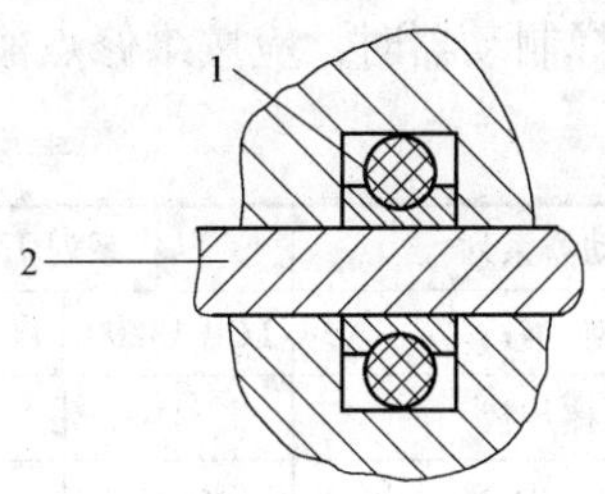

图5-11 密封结构（二）
1—密封圈；2—活塞

5.5.2.4 动摩擦片与静摩擦片

图5-12为动摩擦片的结构，图5-13为静摩擦片的结构。

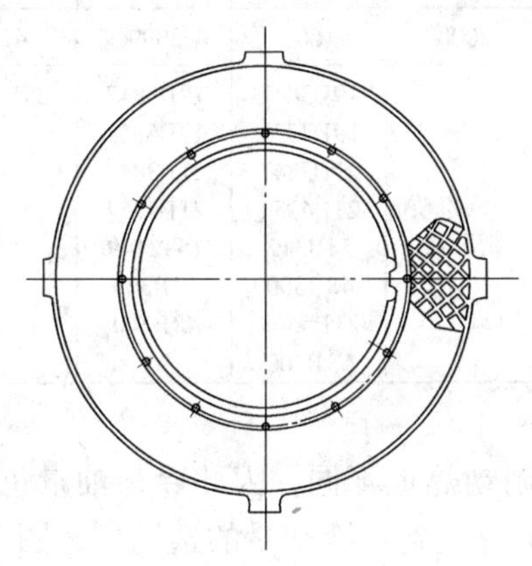

图5-12 动摩擦片

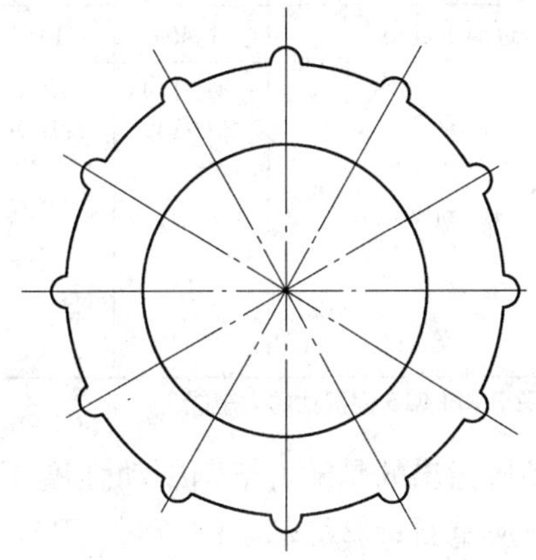

图5-13 静摩擦片

动摩擦片衬里为铜基粉末冶金衬里，也有纸质衬里。衬里有网格形油槽，这种形状能保证较高的摩擦系数，同时又能有足够的冷却油通过，制造也容易。因此DANA公司采用这种油槽形状。

5.5.2.5 制动弹簧

在POSI-STOP制动器上有一个非常重要的零件——弹簧。它工作频繁，负荷很重，对它的要求也很高。一般采用圆柱螺旋弹簧，但也有采用矩形断面的圆柱弹簧。后者截面积的最大应力高，刚度大，特性更接近直线，适用于制动器空间受限制又要求制动力较大的地方。由于矩形断面弹簧制造困难，成本高，因此在满足制动力的情况下，DANA公司大都采用前者。

DANA公司系列制动器结构的一个重要特点是使用数量不多的零件，组合成不同性能、满足不同要求的多种制动器总成。例如PS13150与PS16150制动器除了壳体长度、摩擦指示装置杆的长度不同外，其他零件完全可以通用。

5.5.3 DANA 公司制动器技术参数

表5-13 列出了 DANA 公司制动器的性能参数，供参考。需要指出的是在按所需要的制动力矩选择制动器时，应按维修点额定制动力矩选择，而不应按制动器额定制动力矩选择。

表 5-13 LCB 制动器性能参数

制动器系列	系列Ⅰ		系列Ⅱ				系列Ⅲ
型 号	LCB 13200	LCB 16200	LCB 24100	LCB 26201	LCB 26100	LCB 26200	LCB 36200
摩擦片数	3	6	4	6	6	6	6
制动力矩能力/N · m①	18645	37290	62150	62150	93225	93225	169500
液体排量/cm^3 (min/max)	107/159	175/262	492/722	61/377	144/1000	72/607	410/771
最大制动压力/MPa	13.78	13.78	6.89	13.87	6.89	13.78	13.78
活塞剩余压力/MPa	0.034	0.034	0.0138	0.0276	0.0138	0.0276	0.0482
最大冷却压力/MPa	0.069	0.069	0.069	0.069	0.069	0.069	0.1035
冷却液最大流量/L	7.56	11.34	37.8	37.8	37.8	37.8	75.6
近似重量/N	1245	1467	1422	2000	1667	2000	4147
桥 型 号	14D2149 16D2149	16D2149 19D2748	19D3847 19D4354 21D3847 21D4354 53R300 48R300	运输机桥 制动器	19D3847 19D4354 21D3847 21D4354 53R312 48R300 21D5568 53R300	19D3847 19D4354 21D3847 21D4354 16T2149 53R300 48R300	25D8860

①采用 API GL5 润滑油的力矩能力。

还应指出的是随着车辆制动强度不同，产生的制动热也不同，因此冷却油量也应不同。故应重新计算冷却泵的流量。DANA 公司提供了有关确定冷却量的选择图，图 5-14、

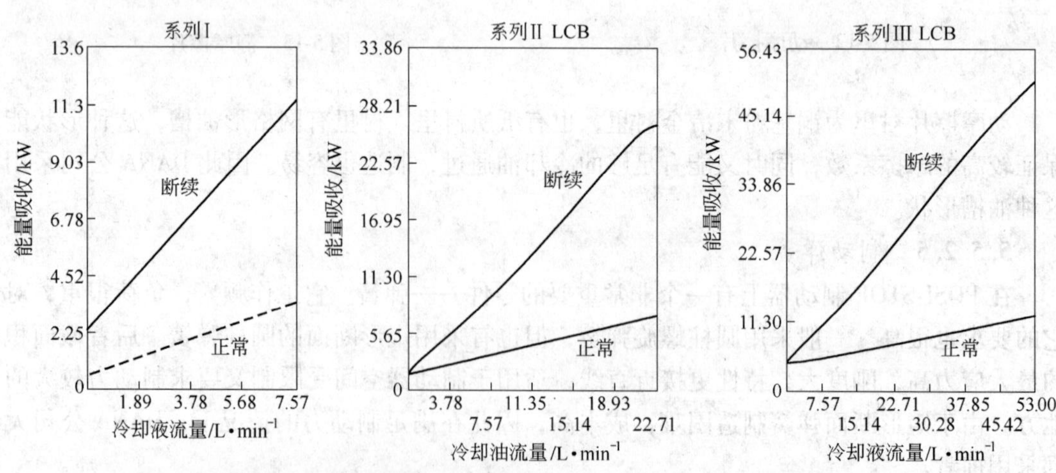

图 5-14 LCB 制动器能量吸收能力与冷却油液额定流量（一个制动器）

操作条件：环境空气温度 27℃；油的入口温度 82℃；LCB 制动器外表清洁

正常工作条件（额定）：油的出口温度 93℃；断续工作条件（额定）：油的出口温度 121℃

图 5-15 就是其中之一，可参考。但不管是计算也好，按图表选择也好，当环境温度不超过 27℃时，连续工作的制动器，输出油温不得超过 121℃，断续工作的制动器输出油温不得超过 149℃，否则将影响制动器的性能，甚至使其损坏。

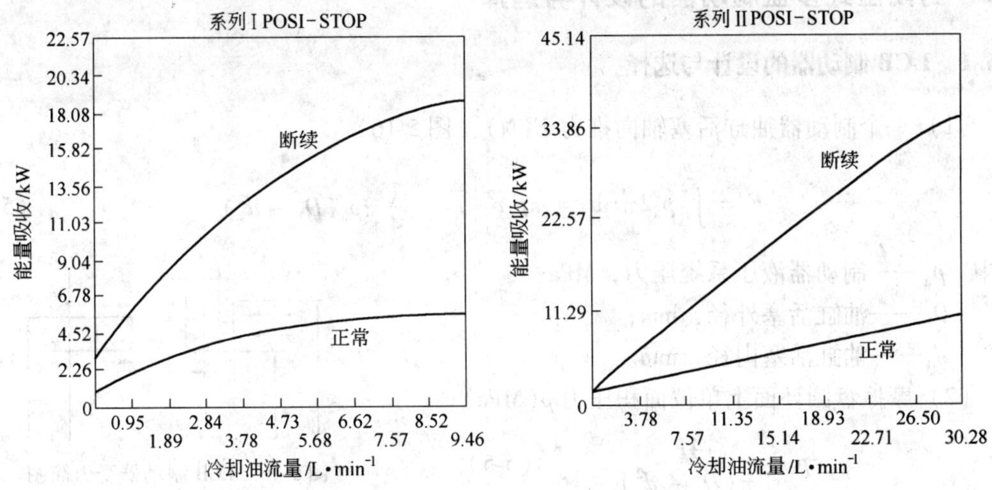

图 5-15 POSI-STOP 制动器能量吸收能力与冷却油液额定流量（一个制动器）

操作条件：环境空气温度 27℃；油的入口温度 82℃；POSI-STOP 制动器外表清洁

正常工作条件（额定）：油的出口温度 93℃；断续工作条件（额定）：油的出口温度 121℃

对 POSI-STOP 制动器（表 5-14）来说，制动力由若干个弹簧通过压盘作用，在动、静摩擦片上，当制动液压系统的压力小于松闸压力时，可实现有效的制动。同样，当液压力大于制动器松闸压力额定值的 90% 时就松闸。

表 5-14 POSI-STOP 制动器性能参数

制动器系列	系列 I		系列 II
型　号	PS13150	PS16150	PS25150
摩擦片数	3	6	5
制动力矩能力-新摩擦片/N·m	20001	40341	71190
维修点/N·m	17741	31075	58760
液体排量/cm^3	164	205	295
最大释放压力/MPa	10.33	10.33	10.33
最大冷却压力/MPa	0.069	0.069	0.069
冷却液最大流量/L	11.34	11.34	34
桥 型 号	14D2149 16D2149	16D2149 19D2748	19D3847 19D4354 21D3847 21D4354 53R300 48R300

综上所述，制动器在车辆上的重要性是显而易见的。它是在许多学科的基础上发展起来的，至今吸引了不少学者在研究与开发。随着科学技术的飞速发展，制动器技术将不断发展，更加完善。

5.6　封闭湿式多盘制动器的设计与选择

5.6.1　LCB 制动器的设计与选择

（1）一个制动器油缸活塞轴向推力 F(N)（图 5-16）

$$F = \int_{\frac{d_1}{2}}^{\frac{D_1}{2}} p_a 2\pi r \mathrm{d}r = \pi p_a r^2 \Big|_{\frac{d_1}{2}}^{\frac{D_1}{2}} = \frac{1}{4}\pi p_a (D_1^2 - d_1^2) \tag{5-4}$$

式中　p_a——制动器液压系统压力，MPa；

D_1——油缸活塞外径，mm；

d_1——油缸活塞内径，mm。

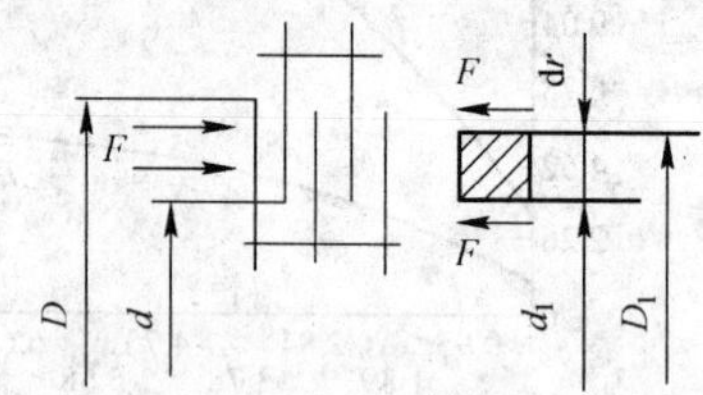

图 5-16　LCB 制动器受力简图

（2）摩擦盘圆环面上单位面积压力 p(MPa)

$$p = \frac{4F}{\pi(D^2 - d^2)} \tag{5-5}$$

式中　D——制动盘衬面外径，mm；

d——制动盘衬面内径，mm。

（3）一对摩擦面上的摩擦力矩 M_1(N · m)

$$M_1 = \int_{\frac{d}{2}}^{\frac{D}{2}} 2\pi r \mathrm{d}r \cdot r \cdot p \cdot f = \frac{1}{12} fp\pi (D^3 - d^3) \tag{5-6}$$

式中　f——摩擦材料摩擦系数，对铜基材料 $f = 0.08 \sim 0.10$。

（4）一个制动器产生的制动力矩 M

$$M = nkM_1 \tag{5-7}$$

式中　n——摩擦面数，$n = s + m - 1$；

s——摩擦盘数；

m——固定盘数；

k——折减系数，即摩擦片传递扭矩时，花键齿侧处摩擦阻力引起串压的摩擦盘压紧力的减小系数，$n = 2$；$k = 0.99$；$n = 4$；$k = 0.98$；$n = 6$；$k = 0.97$；$n = 8$；$k = 0.96$。

（5）整车的制动力矩 M_B

$$M_B = 4M \tag{5-8}$$

整车的制动力矩也可以用下述简化公式计算：

$$M_B = 4A_1 p_a R_B f n \tag{5-9}$$

式中　A_1——油缸工作面积，mm^2；

R_B——等效摩擦半径，$R_B = 0.55D - 38.1$，mm。

（6）整车的制动力 F_B(N)

$$F_B = M_B / R_k \tag{5-10}$$

式中 R_k——轮胎的滚动半径，mm。

（7）制动加速度的计算。略去空气阻力和滚动摩擦阻力，与车辆相连的旋转质量系数取 $\delta_0 = 1.04$，坡度角为0°。此时制动负加速度 j 为

$$j = F_B / G\delta_0 \tag{5-11}$$

式中 j——制动负加速度，m/s^2；

G——地下装载机工作质量，kg。

此时计算的制动负加速度， $\psi g \geqslant j \geqslant 0.40g$

g 为重力加速度，$g = 9.81 m/s^2$。

否则要重新选择制动器。此时所设计的制动器还必须满足地下装载机在25%（14°）的坡度上停车的要求。此时

$$M_{B1} = GgR_k \sin 14° \tag{5-12}$$

必须 $M_B \geqslant M_{B1}$，否则也必须重新选择制动器。只有所设计的制动器同时满足上述两个条件，才说明设计可行。

（8）制动距离计算

$$s = s_1 + s_2 \tag{5-13}$$

$$s_1 = v_0^2 / 2j \tag{5-14}$$

$$s_2 = tv_0 \tag{5-15}$$

$$s = tv_0 + v_0^2 / 2j \tag{5-16}$$

式中 s_1——制动距离，m；

s_2——空走距离，m；

j——负加速度，m/s^2；

t——制动延迟时间，s。

粗略计算可取：

$t = 0.17$ 多片制动器

$t = 0.35$ 液压盘式制动

$t = 0.5$ 弹簧制动

$t = 0.4 \sim 0.8$ 气压制动

$t = 0.75 \sim 1$ 鼓式制动

（9）制动器的校核。

1）衬片平均比压 p

$$p = F / A_d \leqslant [p_d] \tag{5-17}$$

式中 $[p_d]$——摩擦面许用比压，MPa；

A_d——摩擦面面积，m^2，$A_d = (D^2 - d^2)\pi/4$（有些按净摩擦面面积计算，即摩擦面面积还要减去油槽面积）。

2）温升校核。制动器工作时产生的热量，一部分进入冷却器中，一部分传递给各零

件，这时如果制动器热容量不够，则温升过高，各摩擦面会很快磨损甚至烧毁。为了避免发生上述情况，设计时必须使制动器控制在110℃左右，一般每制动一次温升不超过5℃。

制动器产生的热速率 H(J/s)

$$H = p_a A_d f v \tag{5-18}$$

式中 v——摩擦盘的平均摩擦速度，m/s。

制动器每制动一次所产生的温升 T(℃)

$$T = \mu Q/(cm) \tag{5-19}$$

式中 μ——制动器零件的吸热率，一般取 $\mu = 0.5$；

c——制动器的比热容，J/(kg·℃)；

m——制动元件的质量，kg。

制动一次产生的热量

$$Q = t_{CP} H \tag{5-20}$$

式中 t_{CP}——从开始制动到机器停车的平均制动时间，s。

3）一次制动单个制动器用油量 V_1(L)的计算

$$V_1 = 1000 A_P L_P \tag{5-21}$$

式中 A_P——活塞环面积，m^2；

L_P——一次制动活塞总行程，m。

由于摩擦片厚度在制动过程是不断减薄的，即新摩擦厚度磨损到沟槽底的摩擦片厚度，摩擦片钢背厚度。故一次制动总行程也相应变化。其次制动单个制动器用油量也随之变化。设计时，一般按新摩擦片设计用油量。此用油量用来选择制动传动装置。

5.6.2 POSI-STOP 制动器设计与选择

在弹簧制动器中，液压力 F 变成了松闸力，而制动力是由被压缩的弹簧力 F_S 产生的。因此在弹簧制动器中既要计算弹簧产生的制动力，又要计算松闸的液压力。

5.6.2.1 弹簧的设计

弹簧制动器的设计关键是弹簧，它的性能好坏，寿命长短，直接影响该制动器的性能与寿命。

弹簧制动器的设计简图如图 5-17 所示。

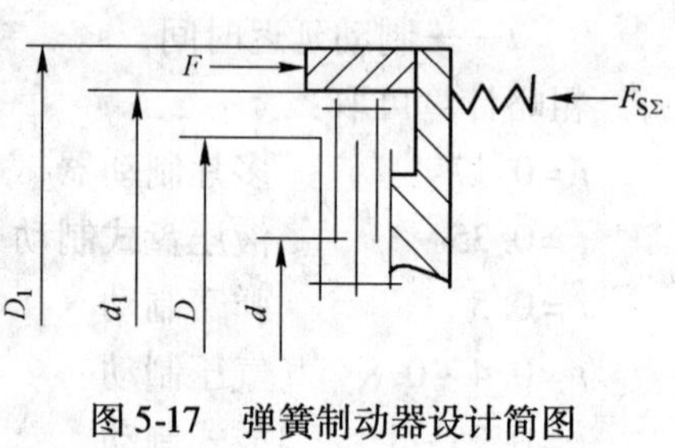

图 5-17 弹簧制动器设计简图

整机按最小负加速度 j 计算制动力矩 M_{B2}

$$M_{B2} = G j R_k \delta_0 \tag{5-22}$$

式中 G——整机质量。

取

$$M_B = \max\{M_{B1}, M_{B2}\} \tag{5-23}$$

弹簧制动器能产生的制动力矩 M_S

$$M_S = f F_{S\Sigma} n k R_B \tag{5-24}$$

取 $M_S = M_B$，则

$$F_{S\Sigma} = M_B/(f n k R_B) \tag{5-25}$$

取 Z 个制动弹簧，则每个弹簧应产生的制动力为

$$F_S = F_{S\Sigma}/Z \tag{5-26}$$

根据 F_S 参考同类型的弹簧制动器的结构参数和制动器的总体布置，选择弹簧的结构参数。

5.6.2.2 松闸压力的计算

为了使制动器的液压力在松闸压力（p_a）额定值90%时完全松闸，则

$$0.9F > F_{S\Sigma}$$

即

$$\frac{0.9\pi p_a(D_1^2 - d_1^2)}{4} > Z\Delta xP'$$

$$0.872p_a(D_1^2 - d_1^2) > Z\Delta xP' \tag{5-27}$$

式中 Δx——弹簧最大压缩量，mm；

P'——弹簧刚度，N/mm。

液压系统松闸油压 p 不能随便选取，应与脚制动阀和充液阀性能参数相匹配。

若要使用DANA公司的车桥，就必须按 M_B 在表5-13中选取相应规格的制动器。

5.7 停车制动器及其设计计算

从安全角度出发，地下装载机除了近几年才出现的弹簧制动液压松闸的全封闭多盘制动器外，其余都单独配置了停车制动器。停车制动器主要用于地下装载机在路面或斜坡上停车。国内外对停车制动器的设计都有规定：停车制动器必须能提供在一定坡度上（见5.2.2节）停车所需的制动力，并要求手柄的操纵力不得大于一定值。停车制动器分为鼓式、钳盘式和全封闭多盘制动器，这些制动器一般装在变速箱的输出轴或驱动桥的输入轴上。在此介绍常用停车制动器结构与设计计算。钳盘式和全封闭多盘制动器较之鼓式制动器性能好、制动稳定、维修简单、寿命长，目前在地下装载机上广泛应用，在美国DANA公司生产的变速箱和驱动桥，都装有这几种制动器。

5.7.1 停车制动器的结构与工作原理

停车制动器主要用于地下装载机在路面上或斜坡上可靠且无时间限制的停在一定位置上，防止设备自行滑动而发生事故。在国内外许多标准中，对停车制动器的性能作了具体要求。因此在设计停车制动器时，必须严格执行相关标准。停车制动器有鼓式、钳盘式和全封闭湿式多盘式三种。它一般装在变速箱输出轴或驱动桥输入轴处。

目前，我国地下装载机多采用蹄式、卡式圆盘制，过去也在变速箱惰性轴上采用全封闭湿式多盘式。这些制动器典型结构是DANA公司机械制动器和机械浮动卡钳式制动器。这是一种弹簧施压、液压松开制动器（图5-18）。其他公司如Mico、Carlisle公司也生产相似停车制动器。

5.7.1.1 蹄式制动器

DANA公司变速箱用得最普遍的一种停车制动器是蹄式制动器，通常装在变速箱输出轴制动器法兰上，它主要由11个零件组成，见图5-18。

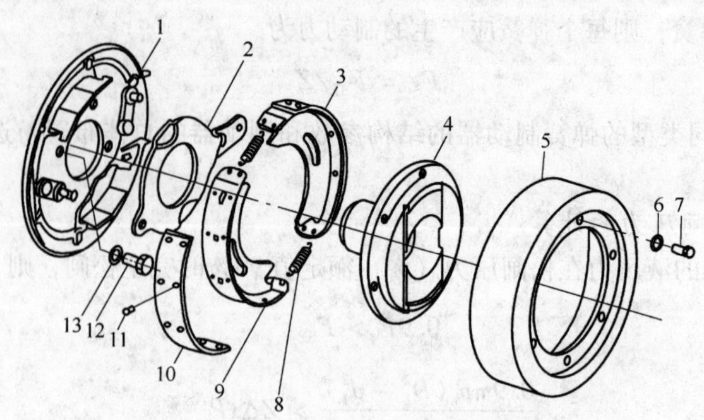

图 5-18　DANA 公司蹄式制动器

1—后盖板总成；2—操纵杆；3—制动蹄及刹车片；4—制动器法兰；5—制动鼓；6，13—锁紧垫片；7，12—螺钉；8—回位弹簧；9—制动蹄；10—刹车片；11—铆钉

蹄式制动器的工作原理见图 5-19。操纵杆 1 和制动蹄 3、6 都是浮动的，驱动连杆 2、7 一端与固定铰点 O_1 和 O_2 相连，另一端套在两个制动蹄的滑槽内。操纵杆 1 一端铰接在驱动连杆 7 的 O_2，另一端的曲边靠在驱动连杆 O_1 点上，制动时对操纵杆施加一个力 P，操纵杆 1 推动驱动连杆 2 绕 O_1 点转动，连杆 2 又把右蹄推向制动鼓，与此同时在 O_1 点处操纵杆 1 又受到一个向左的力 P_1，使操纵杆向左移动，推动驱动连杆 7 绕 O_2 点转动。把左蹄推向制动鼓、从而实现制动。制动中两个蹄都是紧蹄，反转也同样，并且由于操纵杆的浮动，使得两蹄与制动鼓间压力大体相等。因此，这是一个对称平衡式制动器。

5.7.1.2　卡式圆盘制动器

地下装载机常用的卡式圆盘制动器有 DANA 卡式圆盘制动器（图 5-20），Mico 卡式圆盘制动器（图 5-21），Carlisle 卡式圆盘制动器（图 5-22）。

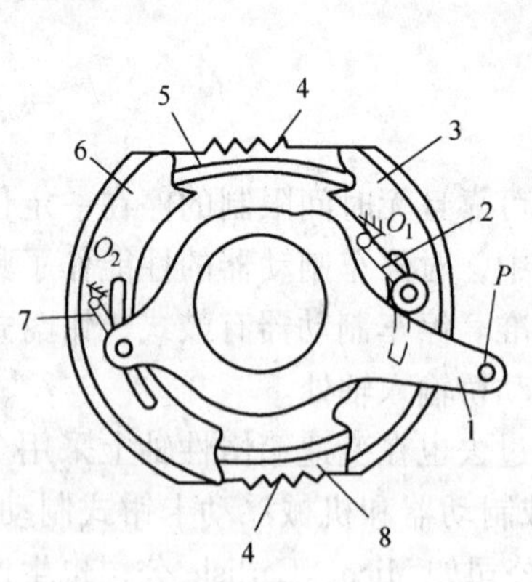

图 5-19　DANA 公司蹄式制动器原理图

1—操纵杆；2，7—驱动连杆；3，6—制动蹄；4—回位弹簧；5，8—固定顶板

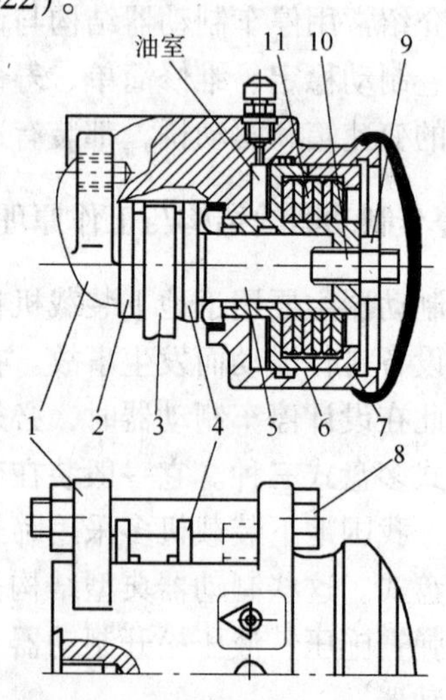

图 5-20　DANA 卡式圆盘制动器

1—卡钳；2，4—背板/摩擦衬片；3—制动盘；5—推杆；6—活塞；7—止推环；8—导向销；9—锁紧螺母；10—调节螺钉；11—蝶形弹簧组

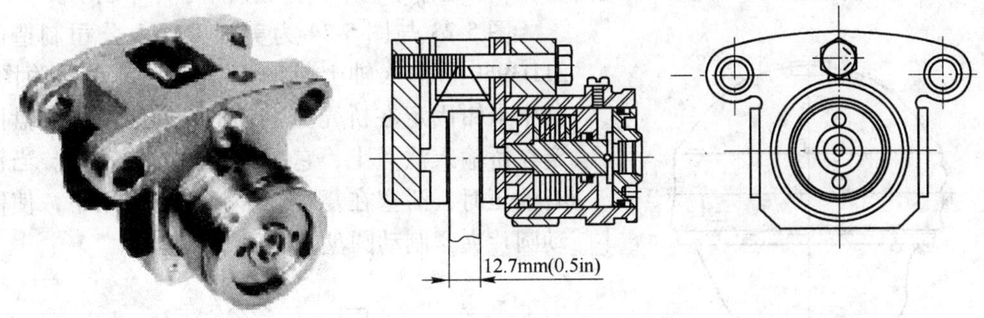

图 5-21 Mico 卡式圆盘制动器

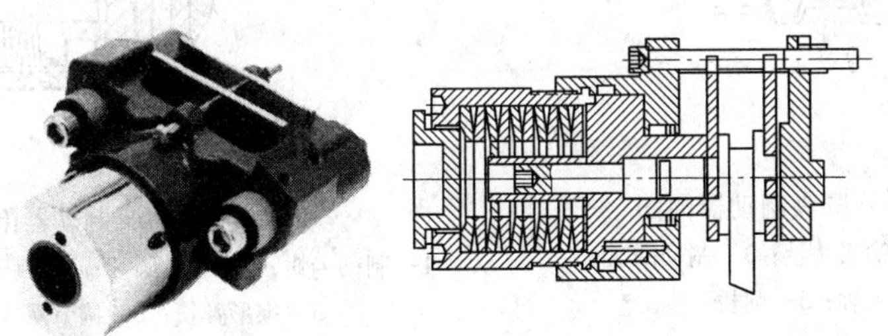

图 5-22 Carlisle 卡式圆盘制动器

在图 5-20 中，卡钳 1 与两个相同的背板/摩擦衬片 4 及总成可自由沿导向销 8 滑动。用螺栓导向销固定到用户提供的托架上，当制动器制动时，产生切向力，根据制动盘回转的方向而传递给其中一个导向销。由蝶形弹簧组 11 产生的夹紧力使活塞 6、调节螺钉 10、推杆 5 及背板/制动器摩擦衬垫、总成一起向制动盘移动。当摩擦衬片与制动盘接触时，在止推环 7 的反作用下，使总成与制动器摩擦衬片一起在导向销 8 上向着制动盘方向移动，直到完全接触制动盘。油室里的压力油推动活塞 6 克服蝶形弹簧组 11 的力向外移动，直到止推环 7 停止移动为止。

图 5-21 和图 5-22 中的制动器结构虽有些不同，但其原理却完全一样，都是弹簧施压、液压松开型，而且都是使用蝶形弹簧。因此仅了解第一种制动器就可以了。

由于摩擦衬片和制动盘材料的磨损，夹紧力将减少，制动器必须转动调节螺钉进行顺时针转，迫使推杆和制动器摩擦衬片向着制动盘移动，从而补偿了制动盘和摩擦衬片磨损。

具体调整方法和过程如下：

（1）松掉螺钉锁紧螺母和油压力之后，顺时针转动调节螺钉直到制动器摩擦衬片完全与制动盘接触。

（2）反时针转动调节螺钉直到规定间隙为止。

（3）通过紧固锁紧螺母，使调节螺钉固定。

在钳盘式制动器中，由于摩擦片与制动盘的接触面积较小，其结构简单，质量小，散热性能好，且借助制动盘的离心力作用易将泥水、污物等甩掉，维修也方便，但因摩擦片的面积较小，制动时其单位压力很高，摩擦面的温度较高，因此，对摩擦材料要求也较高。但该制动器难以完全防止尘污和锈蚀。因此在地下采矿运输车辆中，一般只用于停车制动。

图5-23与图5-24为美国DANA公司制造的21D3960桥输入轴上带的卡式圆盘制动器简图。其中卡钳固定在桥壳盖上，是不动的。制动盘固定在桥输入法兰上，它可以随输入轴转动。当没有油压时，活塞在复合蝶形弹簧的作用下，使制动圆片夹紧制动圆盘，实现停车制动。

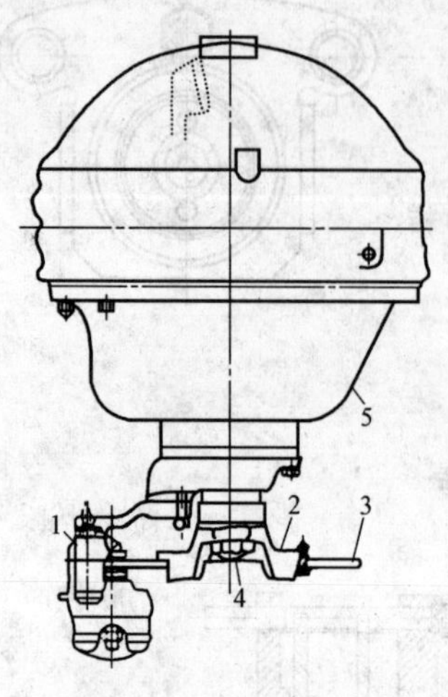

图5-23 卡式圆盘制动器简图
1—制动器；2—输入法兰；3—制动圆盘；4—输入轴；5—前桥

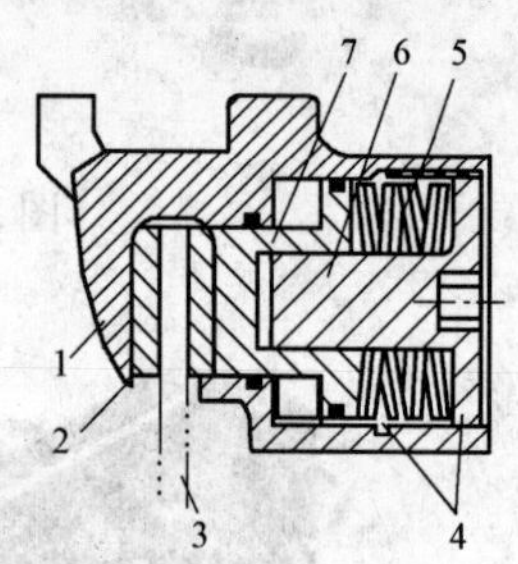

图5-24 制动器剖面
1—制动卡钳；2—制动圆片；3—制动圆盘；4—弹簧垫；5—蝶形弹簧；6—调节螺杆；7—活塞

当油压建立以后，活塞克服弹簧力右行，松开停车制动器。制动圆片与制动圆盘之间的间隙仅0.5mm，因此反应极迅速。许多型号的DANA驱动桥都可选用该种制动器。

5.7.1.3 全封闭湿式多盘式制动器

图5-25所示为美国DANA公司老式18000系列变速箱的液压制动器简图。该制动器当

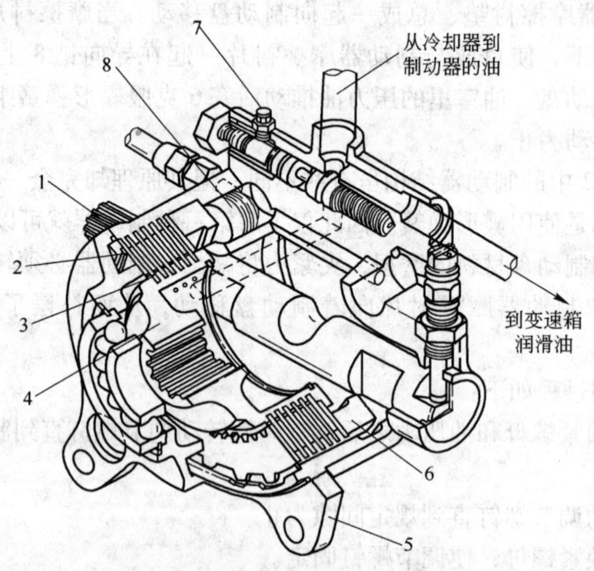

图5-25 美国DANA公司老式18000系列变速箱的液压制动器结构简图
1—制动器驱动轴；2—固定盘；3—摩擦盘；4—制动盘鼓；5—壳体；6—端板；7—排气孔；8—活塞

轮边制动器失灵时可以起主制动作用，使驱动轴停车制动。它的制动盘鼓内花键与变速箱惰轮轴外花键装在一起。摩擦盘可随制动盘鼓转动，并可沿制动盘鼓外花键做轴向移动。固定盘外花键装在壳体内花键内，并只能轴向移动，不能转动。制动器驱动轴外花键与转动臂一端内花键相连，转动臂另一头同连杆一端铰接，连杆另一端与制动缸活塞铰接，如图 5-26 和图 5-27 所示。

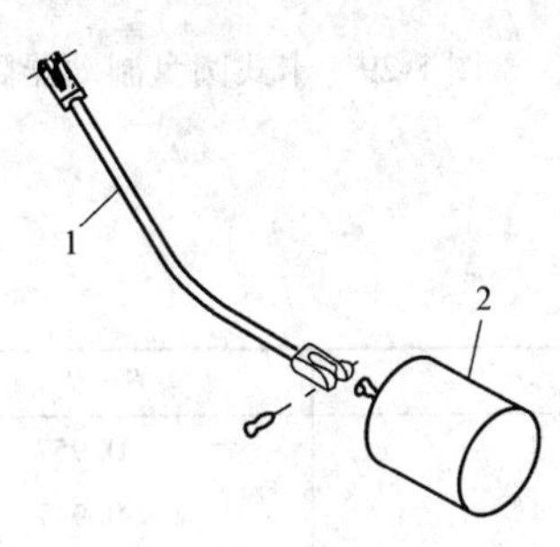

图 5-26　制动器与制动油缸的连接

1—连杆；2—制动缸

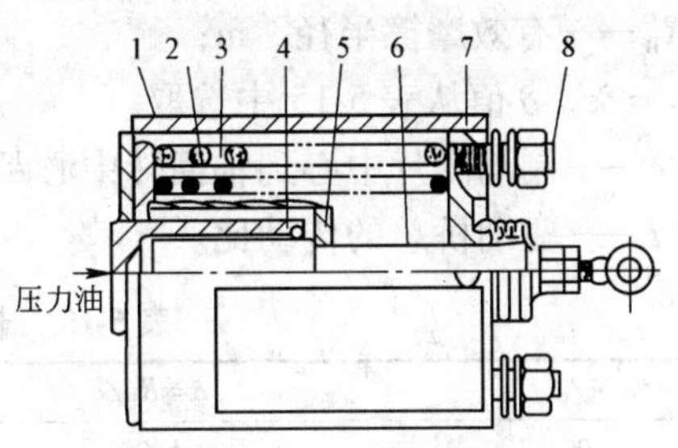

图 5-27　制动油缸简图

1—制动油缸外壳；2—大弹簧；3—小弹簧；4—制动缸；5—弹簧座；6—活塞；7—密封圈；8—固定螺栓

当没有油压时，活塞在弹簧作用下，处在最左端，从而通过连杆带动转动臂（图中未标示）连杆转动，转动臂通过花键带动制动器驱动轴转动，轴上开出两个凹槽，从而使轴紧贴着端板，轴转动时将厚端板向前推动，于是夹紧内、外制动盘，使惰轮轴停转，实现停车制动。当油缸有油压时，克服弹簧力推动活塞，带动连杆、转动臂，松开制动驱动轴，于是制动盘相互脱开，处于自由状态。因此本制动器为弹簧制动、液压松闸制动器。

5.7.2　停车制动器的设计与计算

5.7.2.1　制动器在车轮上可能提供的制动力矩

(1) 液压制动器（图 5-28）

$$T = F_S \mu R_B i n \qquad (5\text{-}28)$$

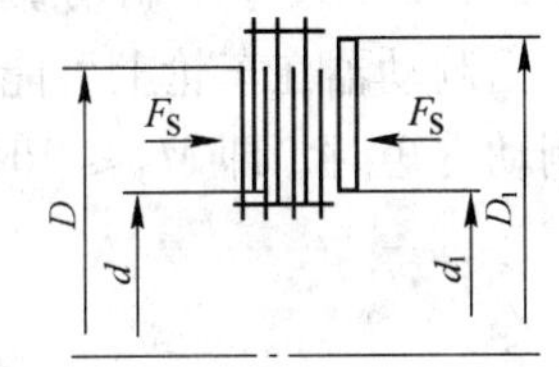

图 5-28　多盘制动器计算简图

式中　T——制动力矩，N·m；

F_S——弹簧产生的制动力，N；

μ——摩擦面的摩擦系数，一般取 $\mu=0.1$；

R_B——等效摩擦半径，m

$$R_B = \frac{2}{3}\left[\frac{\left(\frac{D}{2}\right)^3 - \left(\frac{d}{2}\right)^3}{\left(\frac{D}{2}\right)^2 - \left(\frac{d}{2}\right)^2}\right] \qquad (5\text{-}29)$$

D——制动盘衬面外径，m；

d——制动盘衬面内径，m；

i——从惰轮轴到驱动桥总的传动比；

n——摩擦盘接触面数。

（2）卡式圆盘制动器（图 5-29）

$$T = 2\mu F_S R_B i \quad (5\text{-}30)$$

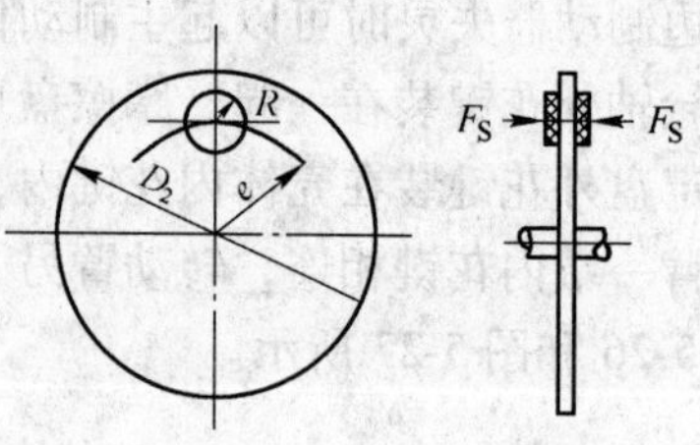

图 5-29　卡式圆盘制动器简图

式中　μ——摩擦面摩擦系数，一般 $\mu = 0.3$；

F_S——弹簧力，N；

R_B——有效摩擦半径，m；

$R_B = \delta e$，δ 值从表 5-15 中选取。

e——制动圆片中心到轴回转中心距离，m；

i——驱动桥总的传动比。

表 5-15　卡式圆盘制动器 R_B

R/e	$\delta = R_B/e$	R/e	$\delta = R_B/e$
0	1.00	0.3	0.957
0.1	0.983	0.4	0.947
0.2	0.969	0.5	0.938

注：R 为制动摩擦圆片半径，m。

若选用液压制动，其计算方法同前面行车制动器。

5.7.2.2　斜坡上停车时，车轮所必需的制动力矩

$$M_B = (G_{VW}\sin\alpha - fG_{VW}\cos\alpha) r_K \quad (5\text{-}31)$$

式中　G_{VW}——整车满载时重，N；

α——坡度角，(°)；

$G_{VW}\sin\alpha$——下滑力，N；

f——滚动摩擦系数，一般取 $f = 0.03$；

$fG_{VW}\cos\alpha$——滚动阻力，N；

r_K——轮胎滚动半径，m。

5.7.2.3　停车制动器能制动的最大斜坡角度

当制动器在车轮上可能提供的制动力矩 T 大于或等于地下装载机在斜坡上停车所需最大制动力矩时，即 $M_B \leqslant T$ 时，

$$M_B = (G_{VW}\sin\alpha - fG_{VW}\cos\alpha) r_K \leqslant T \quad (5\text{-}32)$$

令

$$A \geqslant \sin\alpha - f\cos\alpha$$

$$A = T/(G_{VW} r_K)$$

只要知道 T、G_{VW}、r_K，就可求出最大的 α 角。

求出的 α 角必须大于执行标准要求，否则要重新选择或重新设计制动器。

5.7.2.4　在平路上以最高速度行驶时，停车制动器制动的最小制动距离

$$M_B \leqslant M_{设计} = jG_{VW} r_K \delta_0 / g \quad (5\text{-}33)$$

$$j = M_B g/(G_{VW} r_K \delta_0),\ M_B = T$$

$$j = Tg/(G_{VW} r_K \delta_0)$$

$$S = S_1 + S_2 = tv_0 + v_0^2/2j$$

式中　j——制动负加速度，m/s^2；

g——重力加速度，m/s^2；

S——制动总距离，m；

S_1——制动距离，m；

S_2——空走距离，m；

t——制动器制动延迟时间，s；

v_0——制动前初速度，m/s。

如果工作制动失效的话，采用停车制动，对不同斗容的地下装载机，其制动距离有不同的规定。

5.7.2.5 制动后制动盘的温升

在制动过程中，衬片与制动盘之间的摩擦力所做的功，等于地下装载机动能E(N·m)

$$E=G_{VW}v_0^2/2g$$

因为

$$E=(t_f-t_i)c\rho\frac{\pi D^2}{4}b$$

故制动后制动盘的温度为

$$t_f=\frac{4E}{\pi c\rho D^2 b}+t_i \tag{5-34}$$

式中 t_f——制动后的制动盘温度,℃；

t_i——制动盘的初始温度,℃；

c——制动盘的比热容，$c=473J/(kg·℃)$；

ρ——制动盘质量密度，$\rho=7800kg/m^3$；

D——制动盘外径，m；

b——制动盘厚度，m。

5.8 制动器的试验与故障排除

5.8.1 制动器的试验

制动器装好以后，必须进行试验。由于制动器结构不同，制造厂家不同，因而试验方法与标准也不同。

（1）CY-1.5 型、CYE-1.5 型、CY-2 型地下装载机封闭湿式制动器的压力检查。在制动器油液入口处装上气体减压表与压力表（0~0.11MPa），并向壳体内充气到0.11MPa为止。此时关闭压气管，保持3~5min，如果压力表显示压力下降的趋势，应立即找出原因予以纠正。

（2）CY-3 型与 CY-4 型用 POSI-STOP13150 与 POSI-STOP16150 型弹簧制动器总成压力检查。

1）完成总装后用透气塞塞紧。往制动油液入口充气到0.083MPa的压力，然后切断进入制动器壳体的空气。

2）让壳体内空气稳定30s，以补偿空气温度变化，活塞移动和密封唇口的密封。

3）如果要求保持压力15s而不下降，再加压到0.083MPa。

4）重复加压直到0.083MPa，至少保持15s，但不能超过3次加压。

5）如果3次后制动器仍不能保持压力，则拆开检查，确定泄漏原因，并重新装配与试验。

6）用0.552～0.689MPa的压力替代0.083MPa的压力重复以上1～5项的试验。

（3）CY-6型地下装载机使用LCB24100型制动器的压力试验。

1）在制动器进油口上连上液压管路。

2）将制动器的油压加到3.45MPa，并排除制动器的空气，再将压力加到6.89MPa，立即锁住，此时压力表上显示出压力降为0.69MPa，压力表保持不动。3～5min后，断开压力表，减压至零，再加到1.38MPa锁定。压力表也显示为1.38MPa，并保持不动。5min后，如果压力维持不变，说明制动器没有漏油。如果压力表显示有压力下降，说明制动器泄漏需要全体解体，更换活塞内外密封。

3）试验得到满意结果后，拆下加压油管，重新装上制动油管，并以常规方法排泄制动器。

5.8.2 制动器故障与排除

行车及停车制动器故障及排除见表5-16、表5-17。

表5-16 行车制动器故障及排除

故障现象	故障原因	排除方法
浮动油封处漏油	（1）浮动油封损坏，安装不正确； （2）浮动油封质量不高； （3）桥壳、制动器壳与空心主轴三者的紧固螺母松动	（1）检查浮动油封是否损坏（包括橡胶密封），是否安装正确； （2）换浮动油封； （3）重新紧固螺栓到规定的力矩，并用乐泰262防松胶
制动力不足	（1）制动盘调整不当； （2）制动盘过度磨损； （3）用错制动液或制动液污染； （4）制动液泄漏； （5）桥过热，导致制动液蒸发（冷却后制动恢复）	（1）检查制动盘厚度并适当调整制动盘间隙； （2）按规定更换制动盘； （3）更换制动液及与其接触的密封环和管路； （4）更换损坏的密封环； （5）按过热情况处理
制动踏板发软	制动管路中有空气	将制动管路排气
制动失效	（1）制动间隙调整不当； （2）制动盘过度磨损	按照上述相应方法维修
过　热	（1）油位不当； （2）制动盘间隙过小； （3）用错制动液； （4）制动踏板未松开； （5）制动回油管堵塞	（1）排尽旧油，重新加油至正确油位； （2）重新调整到正确位置； （3）使用正确制动液； （4）重新调整制动踏板； （5）替换回油管
制动压力过低	（1）油泵损坏； （2）泄漏严重； （3）压力调整不当	（1）换油泵； （2）消除泄漏； （3）重新调整

表 5-17 停车制动器的故障及排除

故障现象	故障原因	排除方法
停车制动作用软弱无力或失效	(1) 制动摩擦片磨损； (2) 停车制动阀关闭不严，使压力油进入制动油缸，压缩弹簧； (3) 制动油缸内弹簧损坏或变形； (4) 制动不到位； (5) 制动盘或摩擦片沾了水或泥等脏物； (6) 制动盘磨损过度或变形	(1) 更换摩擦片； (2) 修理或更换停车制动阀； (3) 更换制动缸内弹簧； (4) 检查各杆连接处连接间隙是否过大或连杆变形或操纵杆、制动阀未制动到位； (5) 尽量保证制动盘和摩擦片干燥和清洁； (6) 更换制动盘
停车制动无法解除	(1) 液压制动系统有空气； (2) 停车制动系统压力过低； (3) 制动油缸活塞油封损坏或磨损	(1) 排出制动系统空气； (2) 检查压力，调节至正常值； (3) 更换油封

6 转向系统

6.1 概述

目前，地下装载机转向系统大都采用铰接液压转向系统，前后车架由上下铰销连接而成，它既可以在水平面内做相对转动，又可以在垂直面内做相对转动。前者实现整机转向，后者保证车轮与地面良好接触。铰接式机构的优点是：由于转向半径小，转向灵活、附着性能好、不需要转向桥，前后桥有些可以通用，使零件的标准化、通用化情况提高，在井下矿山使用的无轨设备中（包括地下装载机）获得广泛应用。铰接式转向也有一些缺点：所需功率比偏转轮转向大、机械的横向稳定性差、前驱动轮没有定位角，车轮会出现振摆，机械蛇形前进，直线行驶性能差，方向盘无自动返正作用。

6.2 对转向系统的要求

地下装载机转向系统应符合下列要求：

（1）工作可靠。转向系统对地下装载机的运行安全关系很大。因此转向系统的零件应有足够的强度、刚度和寿命。对于动力转向发动机在怠速运转时，也要正常转向。

（2）操纵轻便。操纵轻便是减轻驾驶员的劳动强度、提高生产率和保证地下装载机安全作业与行驶的重要因素之一。

（3）作用力要小。如用方向盘转向，转速为1r/s 或 1.5r/s 时，最大操纵力不大于50N；如用单杆操纵，操纵力小于60N。

（4）若用方向盘转向，回转圈数要小，即转向时，手施在方向盘上的作用行程要短，也就是地下装载机向一个方向极限转弯时，方向盘转动圈数不能超过 2～2.5 圈。当发动机处于怠速运转时，方向盘的转速最小为 50r/min；方向盘从一个极限位置转到另一个极限位置时，方向盘的转速推荐为 100～150r/min。

（5）直线行驶时方向盘应稳定。地下装载机行驶时，方向盘不能有抖动和摆动现象，这就要求转向系统在机械上布置合理，使其与行走系统协调。

（6）调整简单。

（7）当地下装载机前进/后退的行驶速度大于 20km/h 时，转向系统应符合 GB/T 14781—1993《土方机械轮式机械的转向能力》的规定。

（8）地下装载机的转向和转向操纵装置（方向盘、操纵杆）的运动方向应符合 GB/T 8595—2001《土方机械司机的操纵》的规定。

（9）如果采用辅助动力转向，提供辅助动力转向的动力只能是液压动力。当转向液压系统采用负荷传感液压系统时，转向液压系统动力源可以与其他液压系统动力源合并，但当其他液压系统发生泄漏或故障时，转向液压系统应能保持地下装载机的转向能力。

（10）当地下装载机原地从最右位置转到最左位置（或反之），在发动机高怠速或电动机额定转速时，方向盘转向时间为6_{-1}^{+1}s，单杆操纵转向时间为5_{0}^{+1}s。

6.3 铰接转向系统的组成及结构

铰接转向系统主要由四部分组成：转向油缸（有单缸和双缸之分）、操作机构（有方向盘与全液压转向器、单杆操纵与转向阀之分）、上下铰接体（详见第4章）、液压系统（详见第8章）（图6-1）。

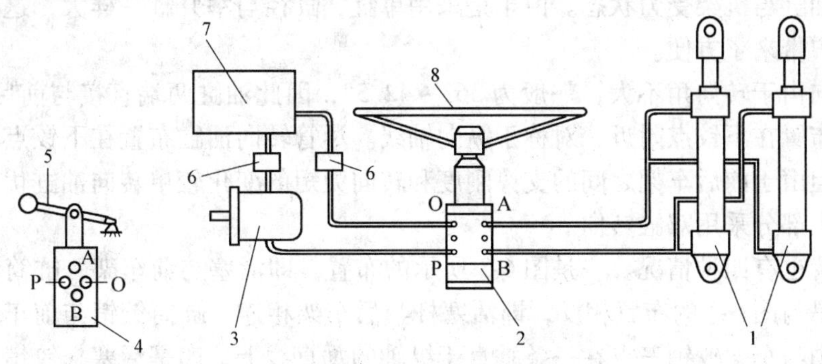

图6-1 转向机构组成

1—转向油缸；2—转向器；3—油泵；4—换向阀；5—操纵杆；6—滤清器；7—油箱；8—方向盘

A，B—压力油口；P—进油口；O—回油口

6.3.1 转向油缸的布置

在地下装载机转向系统中，有一部分采用单缸转向（图6-2），但大部分采用的是双缸转向（图6-3）。

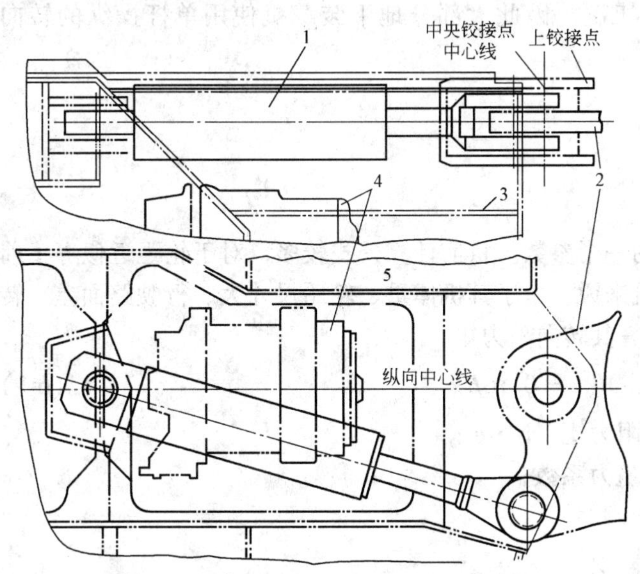

图6-2 CTX5N型地下装载机转向油缸布置

1—转向油缸；2—前车架铰接板；3—后车架铰接板；4—变速箱；5—司机室

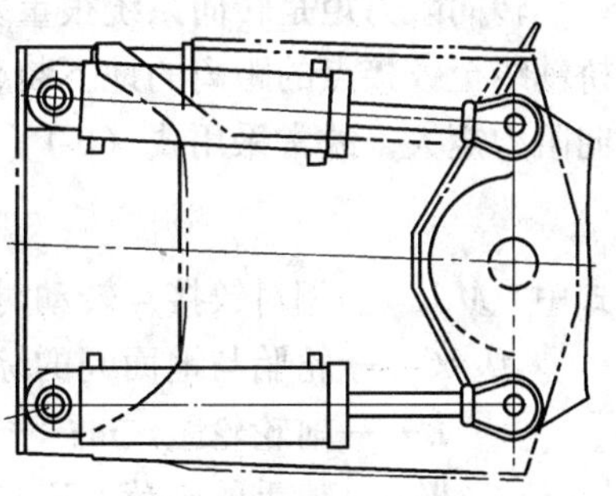

图6-3 CY-4型地下装载机转向油缸布置

单缸转向比双缸省了一套油缸与油管，加之转向油缸通常布置在中央下铰接点附近，活塞杆与高压软管易受泥浆和水污染或被矿岩等碰坏，因此法国 EM 公司第三代 CTX 系列地下装载机中采用单个双作用式油缸，油缸布置在上铰接点附近（图6-2），其油缸的后支点与后机架的横梁相连。且此支点正好在机构的纵向中心线上。活塞杆与前机架上铰接板直接相连接，这种结构布置，构思新颖，缩短和简化了转向管路，在下铰接点留出空间，给下铰点润滑与检修带来了方便，油缸、活塞杆和高压软管不会被泥浆污染或被矿岩碰坏，改善了油缸与机架受力状态。由于是采用单缸，缸径与举升缸一样大，这样就减少了备件，给用户带来了方便。

双缸转向由于转向角不大，一般为 36°~42.5°，因此油缸两端直接与前后车架相连，而且两油缸布置在下铰点附近，对称于纵向轴线。尽管转向油缸布置在下铰点附近有一系列的缺点，但由于前后车架之间的支撑刚度和转向力矩的变化较单转向油缸优越，因此地下装载机绝大部分采用双缸转向。

双缸布置也有四种情况。一是图 6-3 所示的布置，即活塞与前车架，缸筒铰销与后车架相连；二是与图 6-3 的布置相反，即活塞杆与后车架相连、缸筒铰销与前车架相连；三是活塞杆铰销与车架铰销三点在一条垂直于纵轴的垂直线上；四是活塞杆铰销与车铰销三点不在一条垂直于纵轴的垂直线上。

6.3.2 转向操纵机构

地下装载机转向操纵机构有方向盘与单杆操纵两种。由于方向盘有一定空行程转角，即方向盘转过 2°~5°之后转向油缸才开始升压。而且从左转到右，方向盘要转 4~5 圈，因此转向灵敏性相对要差些。而且方向盘的转向力达 40N 左右。

单杆操纵由于操作灵活，无空行程，反应快，而且操纵力相对小，因此司机不易疲劳，这种操作方式适合于地下作业工况。因此大部分地下装载机使用单杆操纵的转向系统。

6.4 转向系统的设计

6.4.1 转向阻力矩

转向阻力矩是转向系统很重要的一个参数。目前计算公式较多，对于轮距近似等于前桥轴线至铰接点的距离的地下装载机来说，由于其机体重、轮胎尺寸大、行驶路面差、转向阻力矩大，故常采用式（6-1）计算其转向阻力矩

$$M_{S0} = 0.16BW \tag{6-1}$$

式中 M_{S0}——相对铰接点转动时的阻力矩，N·m；

0.16——轮胎与地面间的综合阻力系数；

B——前轮轮距，m；

W——最重的桥荷，N。

式（6-1）同其他公式比较，计算简单，计算结果能反映实际。

机械转向时，转向油缸所产生的转向力矩 M_S 必须大于转向阻力矩，即 $M_S > M_{S0}$。

由于转向油缸的作用力臂是随转向过程而变化，且两缸的力臂不等，不能同时达到最

小值，为简便起见，可用式（6-2）计算

$$M_S = p\frac{\pi}{4}(2D^2 - d^2)r_{min} \tag{6-2}$$

式中 p——转向液压系统的工作压力，N/mm^2；

D——活塞直径，mm；

d——活塞杆直径，mm；

r_{min}——油缸相对于铰接点的最小力臂，（相应最大偏角时的距离），m。

6.4.2 转向时间

转向时间也是地下装载机转向系统一个很重要的参数。由于井下巷道狭窄，坡多、弯多，路面条件很差，转向太快，会产生冲击，对设备有影响，而且很难控制；转向太慢有可能会产生安全事故。因此对地下装载机来说，对转向时间有较为严格的规定：在发动机高速空转时，原地从右转向左，或从左转到右，转向时间规定为 6s ± 1s，对方向盘控制 t = 6s ± 1s，对单杆操纵 $t \geq 5s$。

$$t = \frac{\pi(2D^2 - d^2)L}{4000Q} \tag{6-3}$$

式中 t——原地从最左转向到最右边（或反之）单向转向时间，s；

Q——油泵流量，mL/s

$$Q = VN_h\eta$$

V——油泵每转排量，mL/r；

N_h——发动机高速空转时的转速，r/s；

η——转向系统的容积效率，一般取 η = 0.75 ~ 0.85；

L——油缸长度，mm。

6.4.3 方向盘上操纵力

从使司机驾驶不易疲劳的观点出发，对方向盘操纵的转向系统，当驾驶员以 1 ~ 1.5 r/s转速转动方向盘时，其方向盘操纵力不大于 50N。

6.4.4 油缸力臂、油缸长度与油缸内径的计算

根据机架结构和油缸的布置要求，初步确定图 6-4 中油缸各连接点 A、A'、B、B'位置和有关尺寸 L、R、α_0、θ_0、α_{min}、α_{max}等值。转向时，B、B'两点绕 O 点转动。B、B'点系油缸在中间位置的连接点。D 点为 B 点转动到最大角度 α_{max}的位置。AD 为油缸最小安装距 L_{min}。

6.4.4.1 油缸力臂 r

由图 6-4 可得

$$r = \overline{OC} = H\sin\delta$$

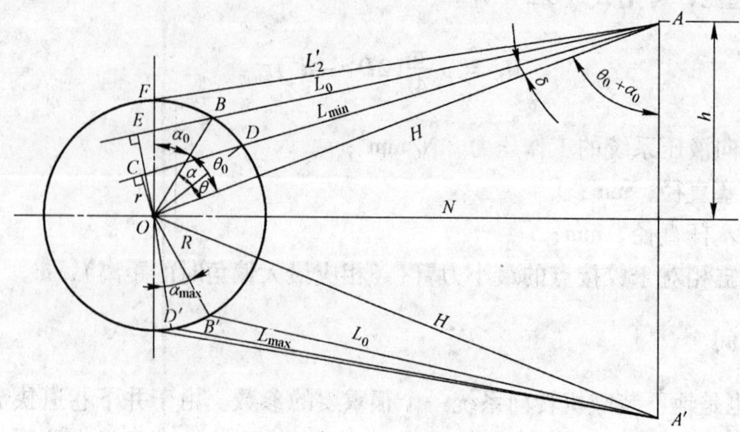

图 6-4　转向油缸布置

$$\overline{OD}\sin\theta = \overline{AD}\sin\delta$$

$$\sin\delta = \frac{\overline{OD}}{\overline{AD}}\sin\theta$$

$$r = \frac{HR\sin\theta}{\overline{AD}} = \frac{HR\sin(\theta_0 \pm \alpha)}{\overline{AD}} \tag{6-4}$$

当 $\alpha = 0$ 时，$\overline{AD} = \overline{AB} = L_0$，$\theta = \theta_0$，$r_0 = \dfrac{HR\sin\theta_0}{L_0}$。

当 $\alpha = -\alpha_{max}$ 时，$r_{min} = \dfrac{HR\sin(\theta_0 - \alpha_{max})}{L_{min}}$。

当 $\alpha = +\alpha_{max}$，$r_{max} = \dfrac{HR\sin(\theta_0 + \alpha_{max})}{L_{max}}$。

6.4.4.2　油缸长度

左右油缸伸缩后的长度可用以下几何关系得出

$$L_2' = \sqrt{H^2 + R^2 - 2HR\cos\theta}$$

$$H^2 = h^2 + N^2$$

$$H\cos\theta = H\cos(\theta_0 \pm \alpha) = (h^2 + N^2)^{\frac{1}{2}}\cos(\theta_0 \pm \alpha)$$

$$L_2' = \sqrt{h^2 + N^2 + R^2 - 2R(h^2 + N^2)^{\frac{1}{2}}\cos(\theta_0 \pm \alpha)} \tag{6-5}$$

由上述可以求出油缸最大伸出长度 L_{max} 与最少伸出长度 L_{min}，从而求出油缸行程 L

$$L = L_{max} - L_{min} \tag{6-6}$$

6.4.4.3　油缸内径

由式（6-1）或式（6-2）可得 $M_{S0} = M_S$，即：$p\dfrac{\pi}{4}(2D^2 - d^2)r_{min} = M_{S0}$。

从而油缸内径为

$$D \geqslant \sqrt{\frac{4M_{SO}}{(2-K^2)\pi p r_{min}}} \tag{6-7}$$

式中，$K=d/D$，一般取 $K \approx 0.5$。

6.4.5 转向器的选择

转向油缸从一个锁定位置到另一个锁定位置所需油量 $V(\mathrm{cm}^3)$ 可按式（6-8）计算

$$V=\frac{\pi}{4}(2D^2-d^2)L \tag{6-8}$$

转向油缸从一个锁定位置到另一个锁定位置所需方向盘的转速 n 推荐为 4 ~ 5r/min。

$$V_v=V/n \tag{6-9}$$

式中 V_v——转向器每转排量，cm^3/r。

根据 V_v 值可在转向器的产品目录中选取合适的转向器。

6.4.6 其他要求

除了上述要求以外，还必须保证转向油缸在转向时，活塞杆不能碰到底，油缸运动无干涉，且安装维修方便，活塞行程短，转向力矩大而平稳等。

从上面分析可知，一个完整的地下装载机转向系统的设计包括力的参数、速度参数、操作舒适性等参数计算与其他一些结构设计。地下装载机用于使用工况与露天有很大差别，因此又有自己的特点，必须充分注意之，才能设计出合理的适用的地下装载机转向系统。

7 工 作 装 置

地下装载机的铲料、装料和卸料作业是通过工作装置的运动来实现的。因此工作装置的合理性直接影响地下装载机的生产效率、工作负荷、动力与运动特性以及不同工况下的挖掘效果、组成生产循环时间（包括铲取、举升、卸料和铲斗返回到原位时间）、外形尺寸和发动机功率等。不同类型的工作装置的组成是不同的。图7-1所示为Z形反转六杆工作装置，它由铲斗、举升臂、连杆、摇臂、倾翻油缸、前车架及举升油缸组成。铲斗是装载物料的容器，具有两个铰点，一个与动臂铰接，另一个通过连杆、摇臂与转斗油缸连接，操纵转斗油缸即可使铲斗翻转或卸料。动臂与前车架铰接，操纵动臂油缸即可举升和降落动臂和铲斗。

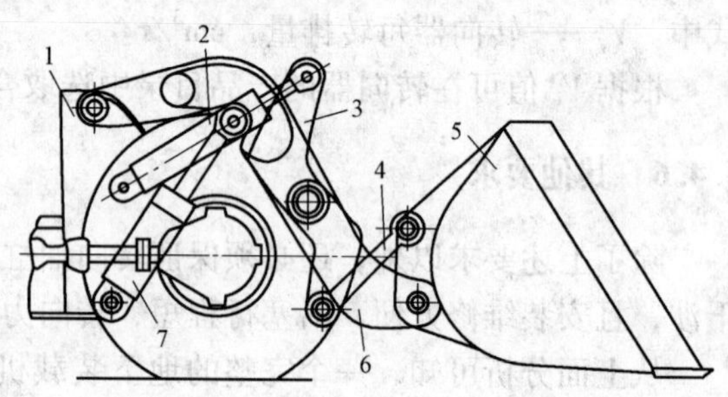

图7-1　Z形反转六杆工作装置

1—前车架；2—倾翻油缸；3—摇臂；4—连杆；5—铲斗；6—举升臂；7—举升油缸（2个）

7.1　对工作装置的要求

7.1.1　工艺要求

要求地下装载机铲斗在最高卸料位置时有38°~50°的卸料角，达到所要求的卸料高度与卸载距离，挖掘低于停车与行车平面，以适应平整作业与溜井卸矿；铲斗处于运输位置时，后倾角为45°；铲斗放平时，斗底与地面的后角为3°~5°。

7.1.2　运动要求

铲掘和卸料有效而变化的角度：在工作状态和工作结束位置工作装置速度与加速度变化合理；油缸活塞行程最佳值；工作装置运动平稳无干涉、无死点、无自锁、无撕裂；除卸料位置外，举升臂从最低位置到最大卸料高度的举升过程中，保证铲斗中物料不撒落，即铲斗位置变化尽量少（铲斗的平移角小于10°）；在卸料后，希望能自动回到插入位置等。

7.1.3　结构要求

要求结构简单紧凑，承载元件数量（包括油缸）尽量少、前悬小。

7.1.4　动力性要求

在设计构件尺寸时，要求设计的连杆机构产生较大的插入力和铲取力，这就要求连杆机构具有较高的力传递效率。斗杆机构在铲掘位置时，力传递角（连杆线与斗铰线夹角）接近90°，使有效分力大，以便有较大的掘起力；运输位置时，斗铰线与连杆之间的夹角应小于170°，这个角太大会使铲斗收不紧，以致运输途中物料撒落；在最高位置时，传动角也必须大于10°，以免机构运动时发生自锁。斗摇臂应尽量短，反之，为了获得一定的掘起力，势必使缸摇臂较长，连杆尺寸增大，翻斗油缸行程较长，造成卸料时间过长。

7.1.5 辅助要求

辅助要求包括对矿体抖落的防护、维护保养方便等。

7.2 工作装置类型

目前，国内外地下装载机上广泛采用Z形反转六杆装置、正转四杆装置、正转五杆装置、正转六杆装置。

7.2.1 Z形反转六杆装置

Z形反转六杆机构如图7-2所示。其代表机型有ST-7.5Z、ST-1030，中钢集团衡阳重机有限公司生产的CY-1.5型、CY-2型、CY-3A型、CY-6型地下装载机，Sandvik系列、CAT系列地下装载机。

7.2.2 正转四杆装置

正转四杆装置如图7-3所示，其代表机型有ST-5C、CTX-6、ПД-8В以及中钢集团衡阳重机有限公司生产的CY-4型地下装载机。

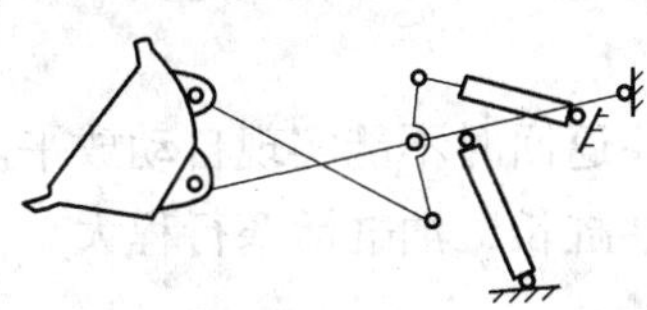

图7-2 Z形反转六杆装置

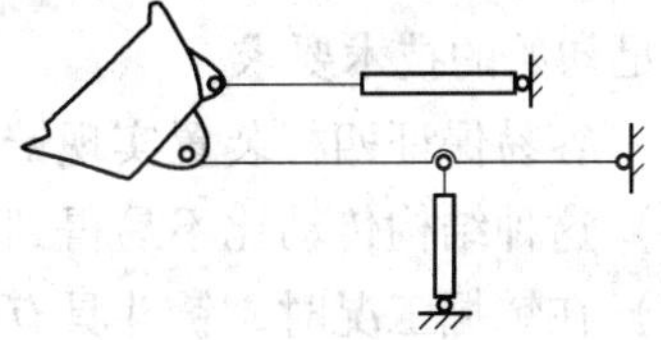

图7-3 正转四杆装置

7.2.3 正转五杆装置

正转五杆装置如图7-4所示，其代表机型有CTX-5N、ST-3.5、中钢集团衡阳重机有限公司生产的CY-3型地下装载机。

7.2.4 正转六杆装置

正转六杆装置如图7-5所示，其代表机型有LF-6.1、LF-7.3、CY-2C和ПД-8Д等。

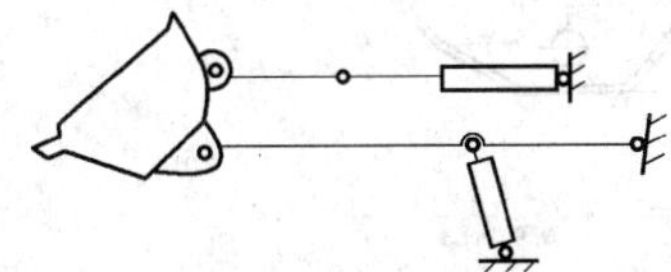

图7-4 正转五杆装置

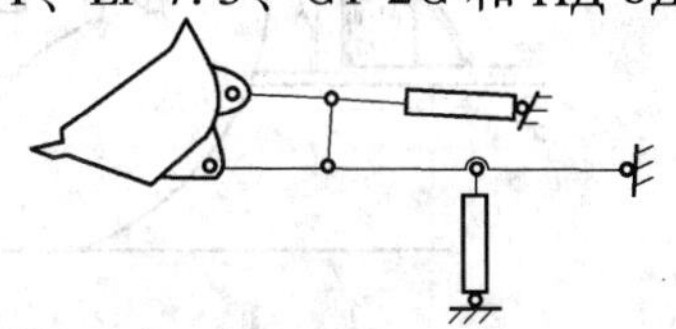

图7-5 正转六杆装置

7.3　工作装置特性

7.3.1　Z 形反转六杆装置特性

Z 形反转六杆装置的特性如下：

(1) 在铲掘位置时，传动角大（连杆与从动杆中间的夹角），翻斗油缸是活塞腔作用，并且连杆系统的倍力系数能设计成较大值，所以可以获得相当大的铲取力。

(2) 恰当地选择各构件尺寸，不仅能得到良好的铲斗平动性能，而且可以实现铲斗的自动放平，这是其他工作装置难以办到的。

(3) 结构十分紧凑，前悬小（工作装置重心到前桥之间的距离），司机视野好。

(4) 卸载时，转斗角速度小，易于控制卸料速度，减少卸料冲击。

(5) 承载元件及铰销较多，使得结构相对复杂，铲斗在卸料与铲掘时，Z 形工作装置承受的负荷最大，而且它的横梁与动臂回转销承受的负荷也是最大的。

(6) 摇臂和连杆布置在铲斗与前桥之间的狭窄空间，容易发生构件的相互干涉。

由于 Z 形反转六杆装置优点较多，而且特别适用坚实物料（矿石等）的采掘和搬运，最近几年得到广泛的应用。

7.3.2　正转四杆装置特性

正转四杆装置的特性如下：

(1) 在铲掘位置时,翻斗油缸是活塞杆端进油,油缸输出力较小,又因连杆倍力系数难以设计出较大值,因此铲取力相对要较小,要想保持铲取力,必须增大翻斗油缸的行程与尺寸。

(2) 结构最简单，承载元件、铰销数量最少，结构重量相对要轻。这类工作装置能有效地满足初始的技术要求。

(3) 容易保证四杆装置实现铲斗举升平动，但铲斗返回时不能实现自动放平。

(4) 这种结构传动比不易得到较大值，所以转斗油缸长，油缸活塞行程大。

(5) 在铲掘工况时，铲斗具有最大的角速度。

(6) 在卸料时，活塞杆易与铲斗相碰。

正转四杆装置（图 7-6）简单可靠，很多中型地下装载机仍采用该装置。

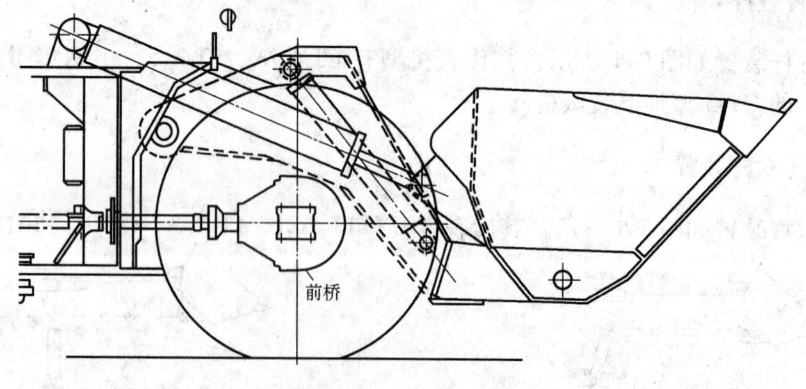

图 7-6　正转四杆装置

7.3.3　正转五杆装置特性

为了克服正转四杆装置卸料时，活塞杆易与斗底相碰的缺点，在活塞杆与斗底之间加了一根短连杆，从而使正转四连杆变成正转五连杆装置（图 7-7）。当铲斗翻转铲取物料时，短连杆与活塞杆在油缸拉力的铲斗重力作用下成一直线，如同一杆；当铲斗卸载时，短连杆能相对活塞杆转动，避免了活塞杆与斗底相碰。此装置的缺点与正转四杆装置相同。

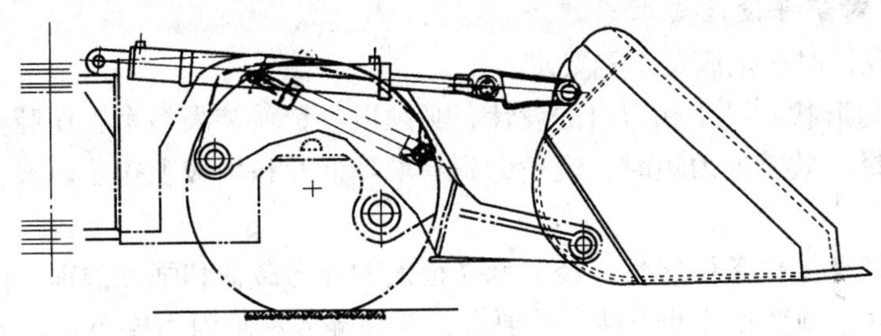

图 7-7　正转五杆装置

由于地下装载机在井下工作，举升高度不大，平动性易实现，对铲斗自动放平也要求不高，所以在地下装载机上，该装置也有一定的应用。

7.3.4　正转六杆装置特性

由于正转六杆装置（图 7-8）转斗时是小腔进油，铲取力较小；为了增大铲取力，需提高液压系统压力或加大转斗油缸尺寸，这样重量会增加；在转斗卸料时，角速度较大，不仅易抖落斗中物料，而且还会引起对运输车辆的卸料冲击，影响驾驶员的安全与车辆寿命，尽管工作元件负荷较均匀，有可能将斗臂、转斗油腔、摇臂与连杆设计在同一平面内，从而简化了结构。但由于结构相对复杂，承载元件与铰销数量最多，特别在铲挖位置时，铲取力将急剧减小，因此这种装置比较适用于建筑材料装载和沙土材料的铲掘作业，但不大适合坚实物料的铲掘作业与搬运工作。

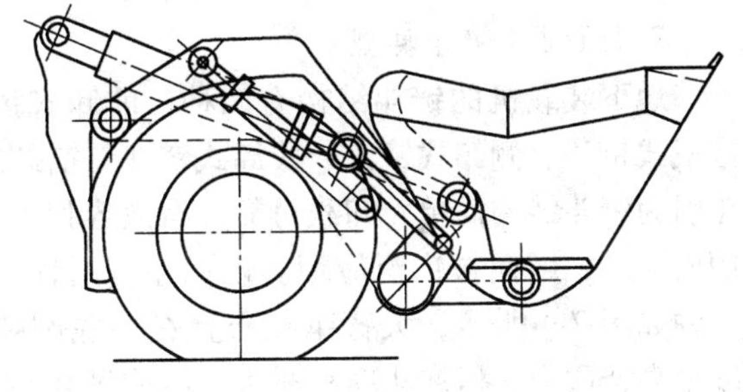

图 7-8　正转六杆装置

上述四种工作装置特性的比较见表 7-1。

表 7-1　工作装置特性比较

工作装置类型		Z 型反转六杆装置	正转四杆装置	正转五杆装置	正转六杆装置
承载元件数量（包括铲斗、大臂和工作缸等）/个		7	5	6	7
承载铰销数量/个		13	10	11	14
液压缸数量/个	举升油缸	2	2	2	2
	倾翻油缸	1	1	1	1
铲掘时倾翻油缸的工作腔		活塞腔	活塞杆腔	活塞杆腔	活塞杆腔
在铲取与卸料位置时，铲斗所具有的速度与加速度大小		最小	最大	最大	较大

7.4　工作装置的组成及其结构

7.4.1　铲斗

工作装置中最重要的部件是铲斗，它对于地下装载机的工作效率和经济性具有很大的意义。近年来，铲斗的结构、形状、尺寸与材质已日趋完美。

7.4.1.1　对铲斗设计要求

在作铲斗设计时必须满足下列要求：

（1）铲斗的形状、尺寸和刃口的设计，必须以一铲就装满整个工作腔为准则。

（2）在选择有效铲掘力矩时，应考虑到料堆降低及在斜坡上作业因素，故铲斗的高度不宜过大。

（3）由于铲斗工作条件恶劣，经常承受很大的冲击载荷和强烈磨损，因此要求铲斗应具有足够的强度、刚度和抗冲击性，并要求铲斗在插入料堆阻力要小，以提高作业效率。

（4）斗的几何形状应能保证可靠运输，还能进行场地的平整工作。

（5）降低对铲斗部分的非正常磨损，提高刃口的耐磨性，保证铲斗维修的方便。

（6）合理增加铲斗相对于轮胎外缘的宽度，以清除可能出现在轮胎下面的石块，减少轮胎的磨损。

（7）由于矿石的容量不同，往往同一台地下装载机要配备几个斗容不同的铲斗，为此铲斗元件应做到高通用性、高互换性。

（8）铲掘时能保证工作面的良好视野。

7.4.1.2　铲斗类型

地下装载机的铲斗结构有四种：前卸式铲斗、推板式铲斗、侧卸式铲斗、底卸式铲斗。前卸式铲斗因为铲斗结构简单、卸载可靠，有效容积大，适用面最广，因而被广泛应用。该铲斗有两种结构：一种如图7-9所示，大臂销孔布置在斗底圆弧里，以提高铲取力，但铲斗容积减少，结构稍复杂，装卸黏性物料或卸载高度受到限制的矿山；另一种如图7-10所示，铲斗把大臂销孔布置在斗底圆弧外侧加强筋上，这种布置方式结构简单，也不减少铲斗容积，但增加了铲斗外形尺寸。推板式铲斗（图7-11），由于卸料时斗无需倾翻，与普通铲斗相比，在动臂提升同样高度条件下，可提高卸载高度和卸载距离，因而缩短工作循环，生产率可相应提高。主要缺点是结构复杂。侧卸式铲斗（图7-12和图1-26）主要用在车辆纵向位置受到限制，只能横向侧卸料的地方。底卸式铲斗（图7-13）只能用在底部卸料，其他方法无法卸料的地方。后两种铲斗属于特殊用途铲斗，一般很少采用。

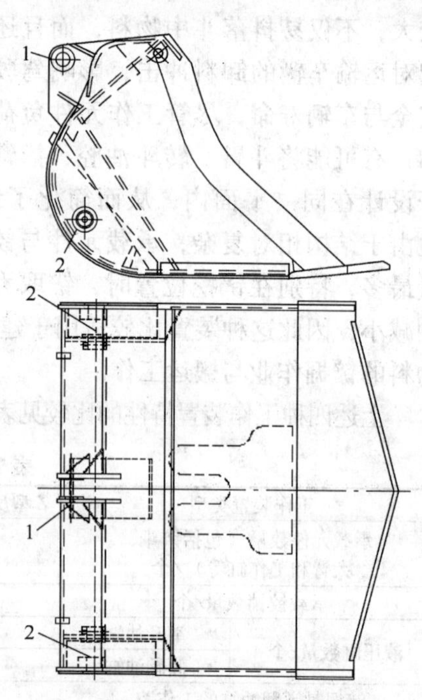

图7-9　ST-5C型地下装载机铲斗
1—连杆连接孔；2—举升臂连接孔

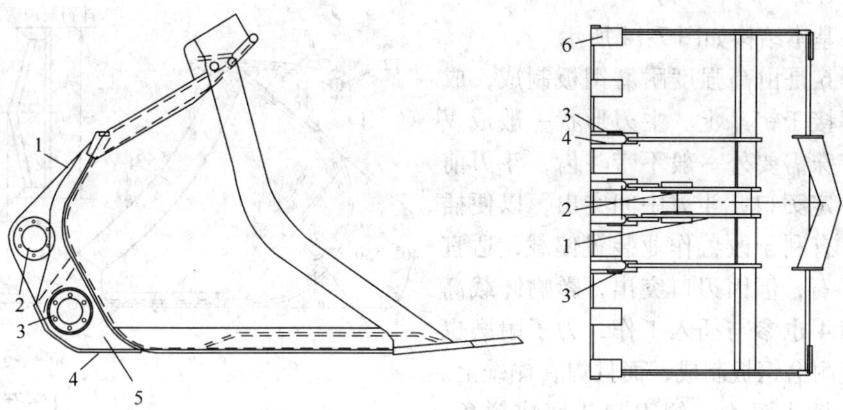

图 7-10　Toro-6 型地下装载机铲斗
1，5—加强板；2—连杆连接孔；3—动臂连接孔；4，6—耐磨条

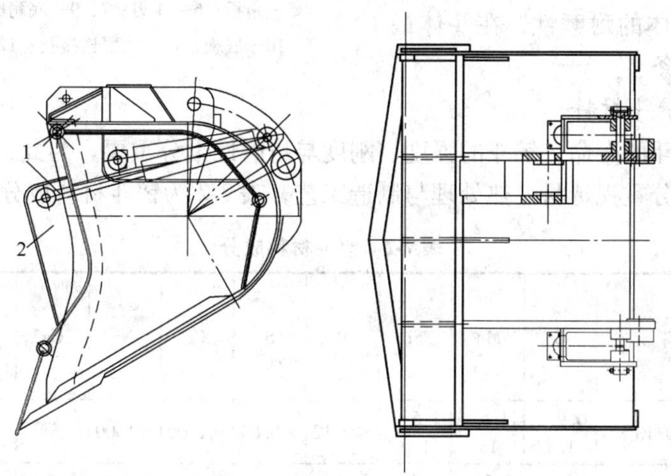

图 7-11　CY-1 型地下装载机推板式铲斗
1—推板油缸；2—推板

图 7-12　Puas 公司地下装载机侧卸式铲斗

图 7-13　GHH 公司地下装载机底卸式铲斗

7.4.1.3　铲斗结构

铲斗基本结构如图 7-14 所示。

斗刃 6 是由高强度耐磨钢板制成，成形后再焊接于铲斗上。主刃形状一般成 V 形，除特殊需要外一般不带斗齿，斗刃前缘做成一定刃口，斗刃中间突出，以便插入料堆，有利于改善作业装置偏载，适宜于铲装矿石，但因刃口突出，影响卸载高度。侧刃 4 也参与插入工作，为了耐磨也由高强度耐磨钢板制成，而且焊在侧壁上。为了减小插入阻力，侧刃与斗底成锐角。斗体底部制成圆弧，半径小、矮而深，使铲斗插入料堆更深，铲斗易装满，但过深的铲斗引起斗底过长，因而造成铲取力减小，为了提高斗体的耐磨性，在斗体最下方焊有条状耐磨条。

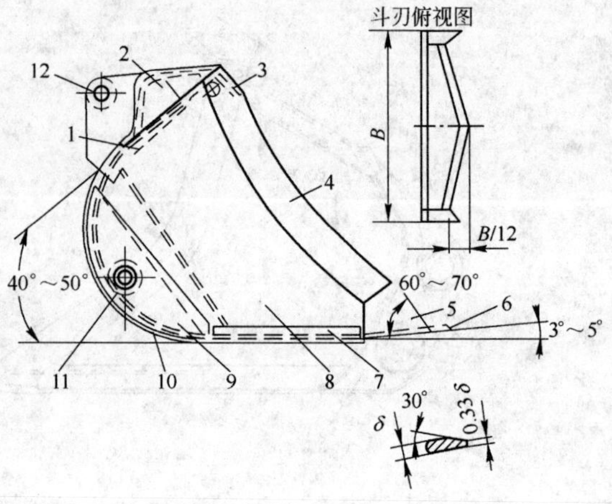

图 7-14　铲斗基本结构

1—加强筋；2—加强板；3—角撑板；4—侧刃；5—角板；6—斗刃；7，9—底耐磨板；8—侧壁；10—底板；11—大臂连接孔；12—连杆连接孔

7.4.1.4　铲斗材料

为了增加铲斗的寿命，铲斗的强度、刚度与耐磨性十分重要。为此，国内外地下装载机的制造厂家十分重视选材、热处理与制造工艺，表 7-2 为铲斗材料成分。

表 7-2　铲斗材料成分　（%）

国名	部位	牌号	C	Mn	Si	P	S	Cr	Ni	Cu	Mo	B	硬度 HB（HRC）
俄罗斯	斗刃	110Г13Л	0.9～1.4	11.5～15	1.5～1.0	≤0.12	≤0.05	≤1.00	≤1.00				
	侧刃	10ФСНД	≤0.12	0.5～0.8	0.8～1.1	≤0.03	≤0.04	0.6～0.9	0.5～0.8	0.4～0.6			
美国	斗刃	SCANDIO	0.1～0.2	1.6	0.15～0.70	≤0.03		≤0.02					≥360
	侧刃	DX360											≥360
美国 CAT 公司	斗刃	IE092	0.15～0.21	0.95～1.30	0.15～0.35	≤0.035	≤0.04	0.40～0.52			0.25～0.35	0.0005～0.0030	33～39
瑞典	斗刃①	HARDOX 500	0.25	1.2	0.5			≤0.6			≤0.025	≤0.002	450～560
			0.26	0.9	0.25			≤0.6			≤0.25	≤0.002	
	侧刃②	HARDOX400	0.16	1.3	0.32	≤0.025	≤0.01	≤0.6	0.025			≤0.002	360～440
		HARDOX400	0.17	1.4	0.22	≤0.025	≤0.01	≤0.25	0.050		≤0.50	≤0.002	

续表 7-2

国名	部位	牌号	C	Mn	Si	P	S	Cr	Ni	Cu	Mo	B	硬度 HB (HRC)
德国	侧刃③	DLLIDUR 400V	0.14	1.35	0.30	≤0.02	≤0.01				≤0.028	≤0.0018	360 ~ 440
		DLLIDUR 400V	0.14	1.45	0.30	≤0.02	≤0.01	≤0.70			≤0.028	≤0.0018	360 ~ 440
日本住友	斗刃	SUMIHA RD-K400	≤0.21	≤1.6	≤0.7	≤0.025	≤0.01					≤0.003	450 ~ 550
	侧刃	SUMIHA RD-K500	≤0.35	≤1.6	≤0.7	≤0.025	≤0.01					≤0.003	360 ~ 440
中国	斗刃	HQ130	0.18	1.21	0.29	≤0.025	≤0.006	≤0.61	≤0.01	≤0.01	≤0.28	≤0.0012	(42.5)
中钢衡阳重机	定制斗刃、侧刃高强度耐磨硼钢板，总体上来说其耐磨性与寿命接近甚至超过国外同类产品												

①上面一行适用钢板厚度 5 ~ 20mm，下面一行适用钢板厚度 20 ~ 100mm。

②上面一行适用钢板厚度 20 ~ 32mm，下面一行适用钢板厚度 32 ~ 51mm。

③上面一行适用钢板厚度≤20mm，下面一行适用钢板厚度 20 ~ 50mm。

为了提高铲斗的强度和刚度,对斗容 3 ~ 5m^3 的中型地下装载机来说,斗体材料选用 20mm 厚的低碳高强度合金钢,斗刃选用厚为 38 ~ 40mm 的特殊耐磨钢。在一些重要的部位都用加强板和加强筋进行加强(图 7-10)。铲斗的宽度一般比轮胎的外缘宽 10 ~ 100mm 左右。

7.4.1.5　铲斗斗刃气割与焊接

由于铲斗斗刃是易损件，使用一段时间磨损后需更换，但斗刃系特殊钢材，本身就已进行了热处理，硬度已达到 HB400 或 HB500，因此气割与焊接工艺对焊接质量有十分重要的影响。气割与焊接工艺不正确，焊缝会出现裂纹、气孔，斗刃硬度下降，严重影响铲斗的使用和维修成本。故各耐磨钢板制造商在供应钢板时，都提醒用户正确采用气割与焊接工艺。例如，国外地下装载机铲斗斗刃很多采用瑞典 HARDOX 高耐磨钢板，下面简要介绍该公司推荐的 HARDOX 400、HARDOX 500 耐磨钢板气割与焊接工艺。

A　火焰切割

当 HARDOX 400、HARDOX 500 钢抗磨板气割时,与切割边缘相邻的一层金属会变得与原材一样硬或比原材还要硬些。图 7-15 所示为距切割边缘不同处切割后的硬度。图 7-16

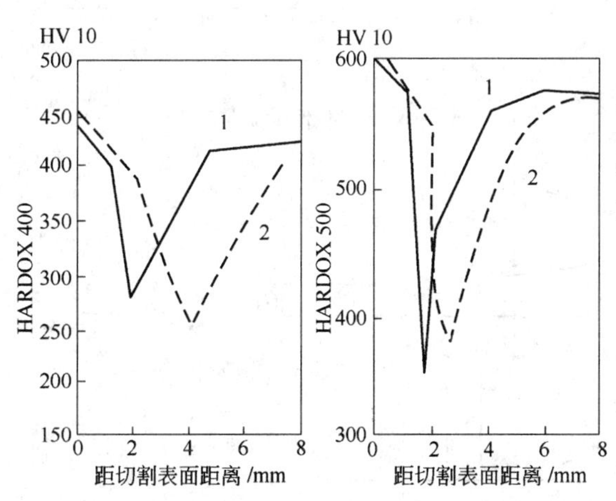

图 7-15　距切割边缘不同处切割后的硬度

1—板材中心测点；2—位于钢板表面下测点

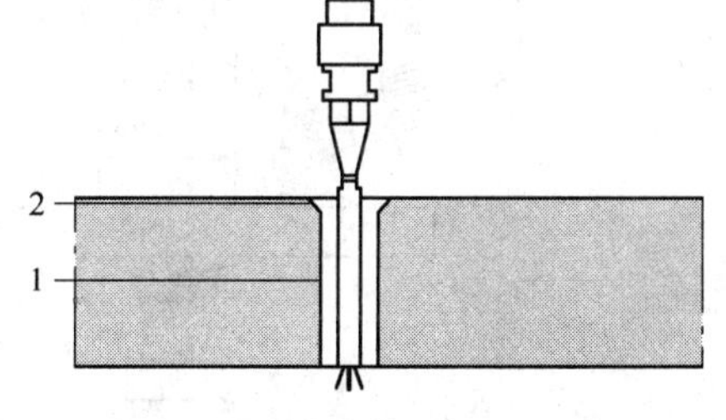

图 7-16　硬度测量的两个位置

1—板材中心测点；2—位于钢板表面下测点

所示为硬度测量的两个位置，并指出硬层的形态（淡青色区）。为了加速气割边缘的机加工，切边必须切割到这样的深度，使它穿过硬层进入较软的底层材料。如果与切割线相邻的板材在气割中受热，则气割边缘会硬度稍低，但此时与正常切割相比，在硬层下较宽和较深的软带会扩大。在气割后可以用加热来减少切边的硬度。曲线是关于厚 30mm 的板材。对较薄的板材，软带会稍宽些。如果切割速度比正常使用的慢些，也会有较宽的软带。

为了避免 HARDOX 400 和 HARDOX 500 钢抗磨板在火焰气割时产生裂纹，应对钢板采取预热措施。火焰切割时钢板预热温度见表 7-3。

表 7-3　火焰切割时钢板预热温度

温度/℃	75 ~ 100	100 ~ 150
HARDOX 400 钢板厚度/mm	30 ~ 35	51 ~ 80
HARDOX 500 钢板厚度/mm	10 ~ 40	41 ~ 80

B　焊接

a　焊接边的准备

良好的焊接质量要求焊接区域不存在可诱发开裂的氢，在焊接前结合体的边缘必须干净和干燥。为了最大限度地避免降低硬度和由此产生的开裂危险，钢板之间必须具有良好的贴合，这对较厚的根部焊缝是至关重要的。

所有接近或在焊接边上的杂质，如锈斑、湿气、灰尘、油漆、润滑油和水分都应在焊接前必须清除。它们都是氢源，可能危及焊接效果，造成开裂（图 7-17）。

b　焊接温度和预热温度

当待焊板较厚时，必须在较高温度下进行焊接。焊区推荐温度如图 7-18 所示。温度可以检查，例如，在受热面背面的平板表面上用测温探头或热电偶探测温度（图 7-19）。在特殊的限制条件下，如潮湿天气和定位焊时，推荐用相邻的较高温度。

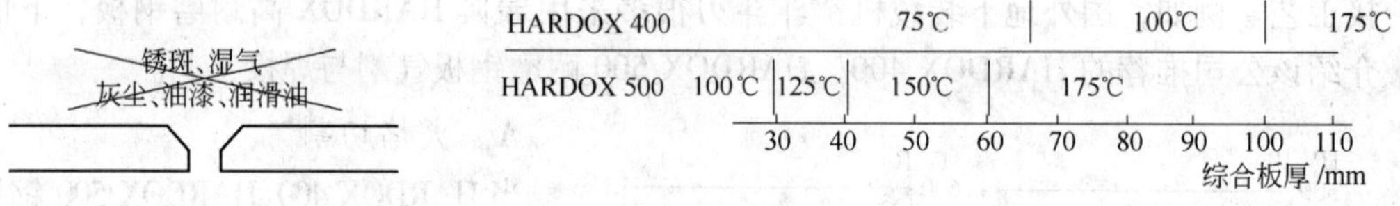

图 7-17　焊接前必须清除破口杂质

图 7-18　焊区推荐温度

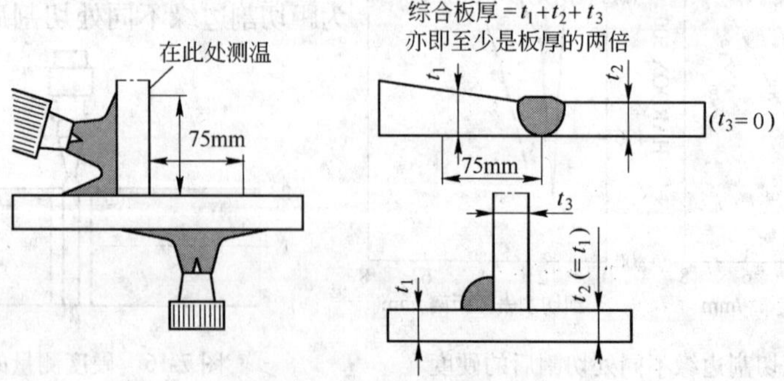

图 7-19　焊区温度测量

c 热量输入-焊接道数

如果焊缝冲击强度要求与母材等值（在 -40℃下的冲击强度），可以用如下经验公式：

$$综合板厚(mm)/5 = 焊道最小值$$

例如：20mm 厚的板材（对缝焊）至少应焊 8 道（叠珠焊缝）。如果冲击强度要求较低，可以减少焊道次数。焊缝的韧性随热输入的减少而增加。钢板厚度与输入热量的关系如图 7-20 所示。

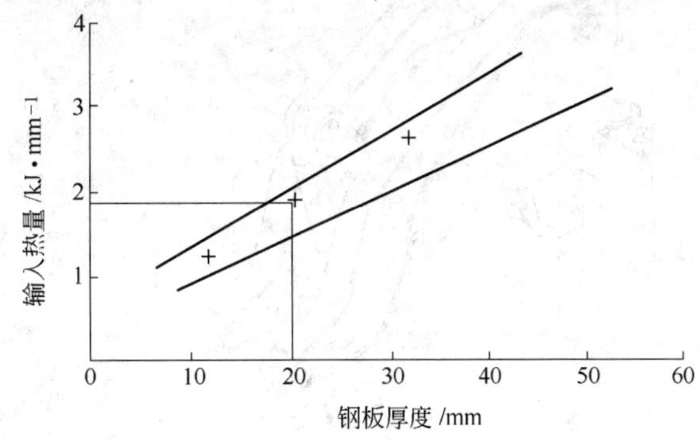

图 7-20 钢板厚度与输入热量的关系

为获得好的韧性，可使用下面经验公式

$$焊道的最少数 = \frac{单一钢板厚度}{3}$$

d 填充金属

填充金属的选择应考虑焊接接头的强度和韧性要求以及最经常的限制条件。

在最多的情况下，可以用“软”填充金属。只要情况允许就应这样做。“软”焊缝金属有很多好处，其中之一是它可以在焊缝冷却时经受塑性形变更容易。此时接头将受到较小的限制，这会对阻止开裂提供较大的保证。“软”填充金属也可用于对头焊。在需要填充金属具有与母材相同强度的情况下（相匹配填充金属），“软”填充金属可推荐用于根部叠珠焊缝。选用可得到最低可能含氢量的焊接方法和填充金属。被覆焊条应很好的干燥，以使 100g 焊缝金属最大含氢量达到 5 ~ 10mL。

填充金属的储存方法应防止吸收潮气。填充金属厂家的建议应认真遵守。应经常使打开包装的焊条保持干燥和温暖，如果有从大气中吸收潮气的最小危险，就不能将未用完的焊条返回干燥箱。有害的吸湿可在 30 ~ 60min 内发生，代替的办法是丢弃焊条或向厂家咨询干燥的建议。适用于被覆焊条的注意事项大体上也适用于粗粒焊剂和焊剂涂芯焊丝。

总之，上述结论要求和其他建议如能得到完全实现，那么就能制造出高性能的合理的地下装载机工作装置。

7.4.2 举升臂

举升臂（又称动臂、大臂）是铲斗支承和升降机构。因工作装置类型和前车架结构设计的不一样，因而举升臂的结构和形状也不相同。因而有不同工作装置，其中举升臂一般为双梁结构（只有小型地下装载机是单梁结构），两者用横梁连接，举升臂一般做成曲线型，使铲斗尽量靠近前轮轴，降低倾翻力矩，增加稳定性。举升臂断面形状常有单板形（图 7-21*a*）、双板形（图 7-21*b*）、箱形（图 7-21*c*）、槽形（图 7-21*d*）和异型（图7-21*e*），

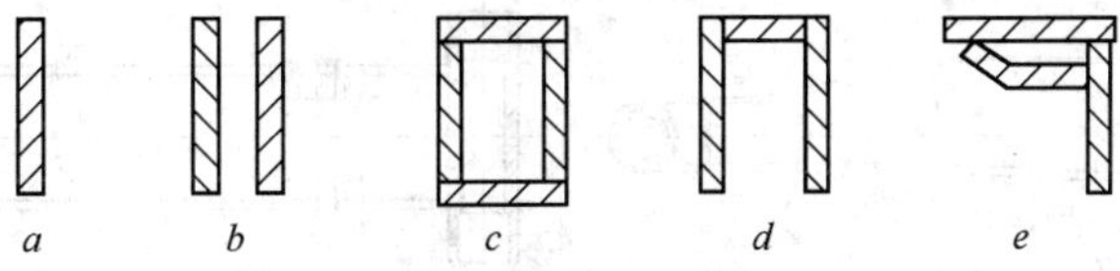

图 7-21 举升臂断面形状

a—单板形；*b*—双板形；*c*—箱形；*d*—槽形；*e*—异型

分别用于不同的工作装置（图7-22～图7-26）。箱形断面的举升臂受力情况，稳定性最好，但制造比较复杂，大多用于大、中型地下装载机。

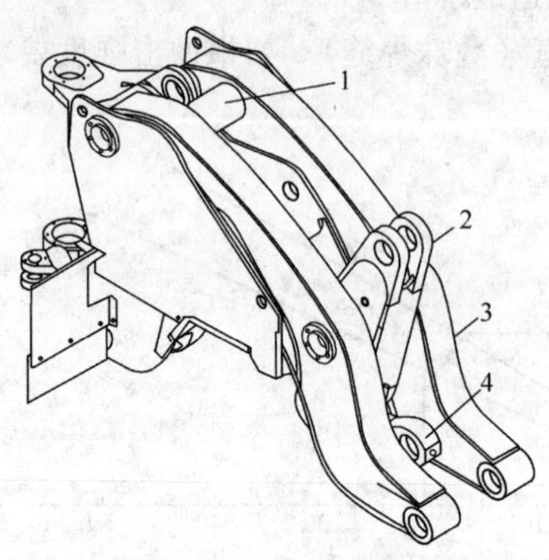

图7-22　Sandvik公司地下装载机箱形双梁举升臂

1—横梁；2—摇臂；3—举升臂；4—连杆

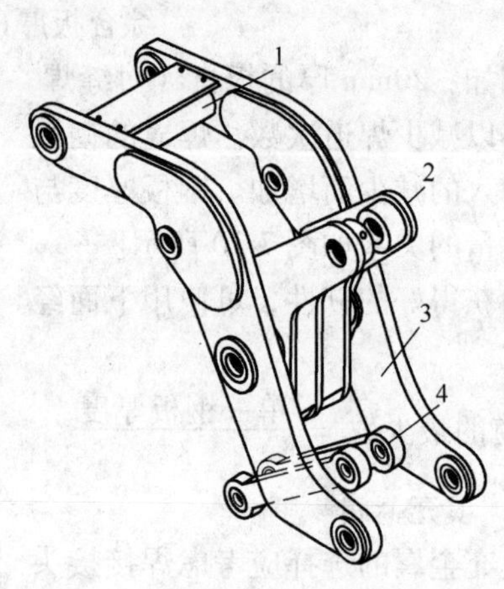

图7-23　CY-1.5型、CY-6型地下装载机单板双梁举升臂

1—横梁；2—摇臂；3—举升臂；4—连杆

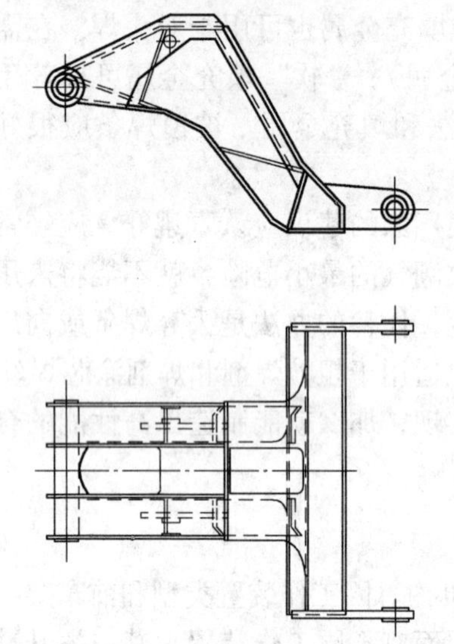

图7-24　CY-3型、CY-4型地下装载机异形双梁举升臂

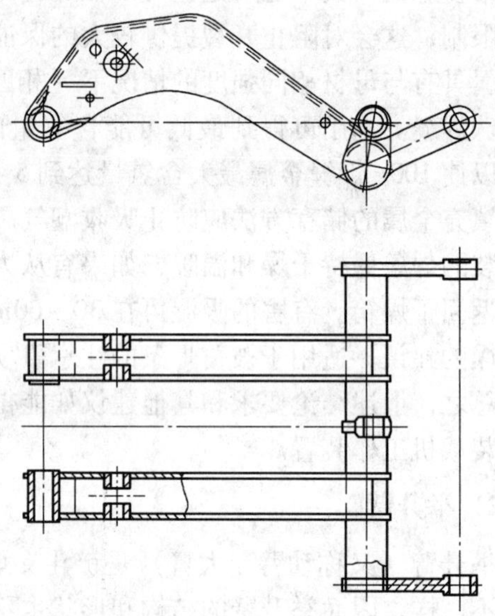

图7-25　CY-2C型槽形双梁举升臂

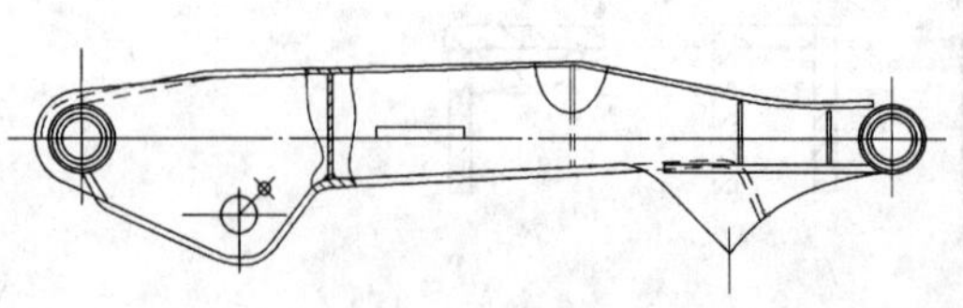

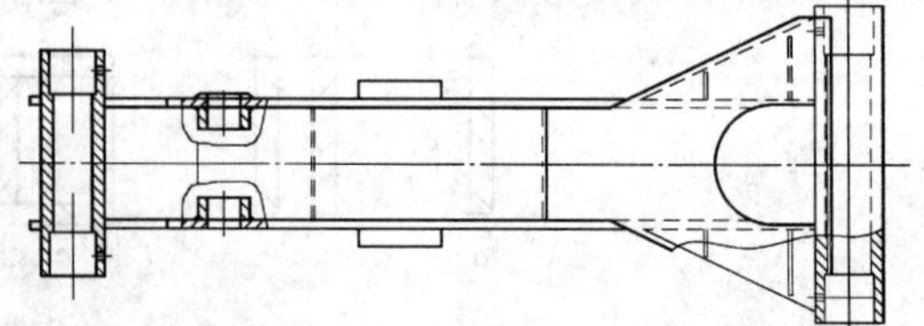

图7-26　CY-1型小型地下装载机单梁举升臂

7.4.3　摇臂

摇臂有铸造（图7-27）和焊接（图7-28）两种。在正转六杆装置中，摇臂一端连接举升臂横梁中部，另一端与翻斗油缸活塞及连杆相连（图7-8），在反转六杆装置中（图7-1），摇臂中间与举升臂横销铰接，上端与铲斗相连，下端与连杆相连，其作用是使铲斗完成收斗和卸料动作。

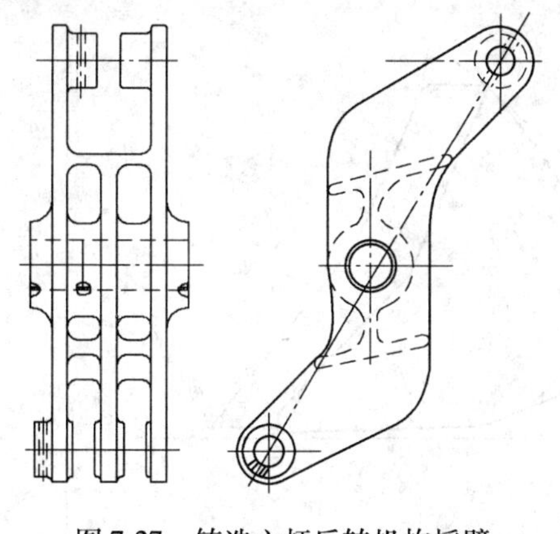

图7-27　铸造六杆反转机构摇臂

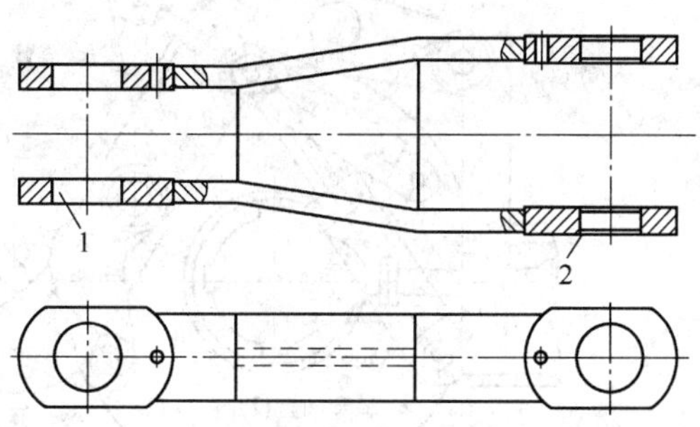

图7-28　焊接六杆正转机构摇臂
1—与举升臂横梁中部摇臂孔相连；
2—与翻斗油缸活塞及连杆相连

7.4.4　连杆

连杆形状比较简单，它有两种作用。在Z形反转六杆机构中，一端是铰接铲斗，另一端是铰接摇臂（图7-1）；在正转五杆机构中，一端铰接铲斗，另一端铰接翻斗油缸活塞杆（图7-7）。

7.5　工作装置运动状态图的计算机辅助绘制

所谓地下装载机工作装置运动状态图是指动臂在任意位置时，工作装置各杆件在空间的运动位置。工作装置运动状态图主要用于显示各种工况下铲斗齿尖运动的轨迹，从而可检查各构件在工作中是否会发生干涉，计算各典型工况下构件的受力状况，确定地下装载机典型工况下的几何参数，并为工作装置的优化作好技术准备。过去这些工作是靠手工完成，不仅效率低，工作量大，周期长，而且极容易出差错。采用CAD后，不仅效率高，周期短，精度高，而且使用十分方便。因而受到有关技术人员、专家、学者的重视与肯定。工作装置CAD的进一步使用与发展必将对整个地下装载机CAD的开发与发展具有十分重要的意义。下面以CY-6型地下装载机工作装置运动状态图的绘制为例，说明它的绘制原理。

7.5.1　工作装置数学模型的建立

7.5.1.1　CY-6型地下装载机工作装置

CY-6型地下装载机工作装置是由铲斗、动臂、摇臂、两个举升缸、1个翻斗油缸和连杆组成。用反转六杆平面装置完成铲、装、运作业。

动臂和举升缸的一端与机架铰接，铰点分别用 O_0 和 O_1 表示。动臂的另一端与铲斗铰接用 O_4 表示。举升油缸的另一端 O_3 与动臂铰接，并推动动臂上升与下降。转斗油缸一端 O_2

与机架铰接，另一端 O_{10} 与摇臂相连，借以带动连杆运动。摇臂另有两个铰接点，一个 O_7 同动臂相连，一个 O_9 与连杆相连，连杆的另一端 O_6 与铲斗铰接，以带动铲斗装卸作业。O_5 表示斗刃尖，O_{12} 表示料尖（图 7-34）。O_8 表示铲斗后挡板的最高点。CY-6 型地下装载机工作装置如图 7-29 所示。为了便于绘图，CY-6 型装载机的工作装置采用图 7-30 的简图。

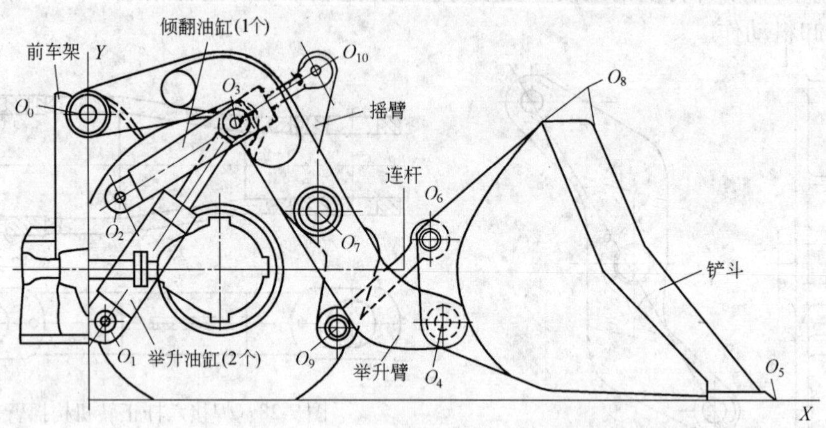

图 7-29 CY-6 型地下装载机工作装置

O_0、O_3、O_4、O_7—动臂；O_7、O_9、O_{10}—摇臂；O_4、O_5、O_6、O_8、O_{12}—铲斗

O_6、O_9—连杆；O_1、O_3—举升油缸；O_2、O_{10}—倾翻油缸

7.5.1.2 动臂的运动

动臂的位置是由动臂油缸的长度 l_j 决定。若动臂油缸缩到使动臂碰到限位块时，行程为最短即 $l_{\min}$时，$\alpha=\alpha_{\min}$。若动臂全伸（动臂油缸为最长）即 $l_{\max}$时，$\alpha=\alpha_{\max}$。此时动臂的转角为 $\varphi_{\max}=\alpha_{\max}-\alpha_{\min}$。动臂油缸的伸长范围为 $l_j=l_{\max}-l_{\min}$。

$$\alpha_2 = \arccos\left(\frac{l_1^2+l_6^2-l_j}{2l_1l_6}\right) \qquad \alpha_3 = \arccos\left(\frac{Y_{O_0}-Y_1}{l_6}\right)$$

地下装载机工作装置的几何位置是由举升油缸和翻斗油缸的长度决定的。若举升油缸的长度 l_j 及翻斗油缸的长度 l_f 决定后，工作装置任何一点的运动轨迹就可以确定。由于工作装置相对于装载机中心平面是对称的，故工作装置运动状态图可以用过动臂铰点且平行于中心平面的 XOY 坐标系内的坐标来描述（图 7-31）。

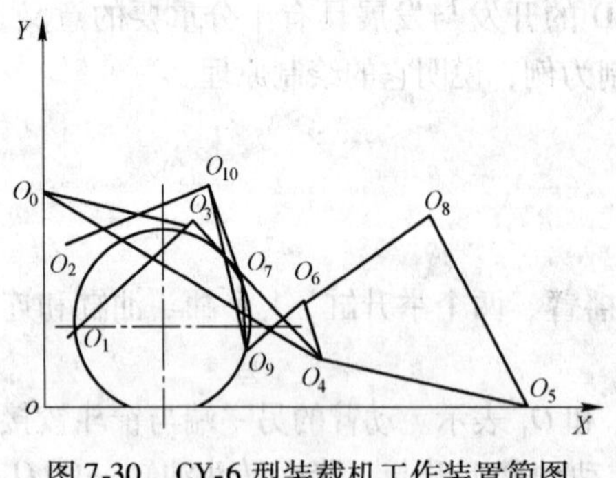

图 7-30 CY-6 型装载机工作装置简图

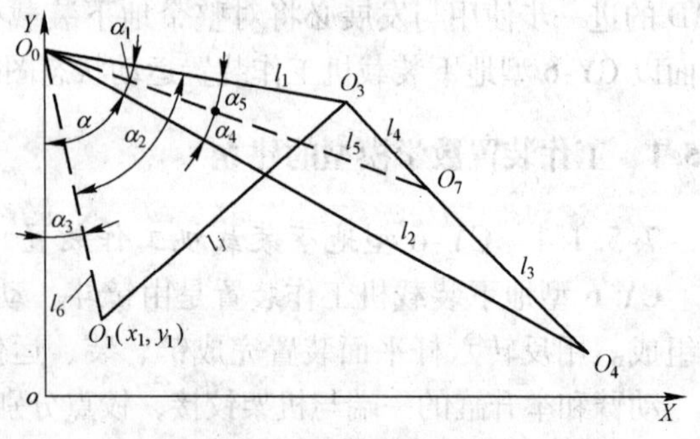

图 7-31 动臂坐标的确定

$$\alpha_4 = \arccos\left(\frac{l_5^2 + l_2^2 - l_3^2}{2l_5 l_2}\right) \qquad \alpha_5 = \arccos\left(\frac{l_1^2 + l_5^2 - l_4^2}{2l_1 l_5}\right)$$

$$\alpha_1 = \alpha_4 + \alpha_5 \qquad \alpha = \alpha_3 + \alpha_2 - \alpha_1$$

$$X_3 = l_1\sin(\alpha + \alpha_1) \qquad Y_3 = Y_{o_0} - l_1\cos(\alpha + \alpha_1)$$

$$X_4 = l_2\sin\alpha \qquad Y_4 = Y_{o_0} - l_2\cos\alpha$$

$$X_7 = l_5\sin(\alpha + \alpha_4) \qquad Y_7 = Y_{o_0} - l_5\cos(\alpha + \alpha_4)$$

l_1、l_2、l_3、l_4、l_5、l_6、l_j 以及 O_0、O_1 点的坐标都是已知的，故其他几个未知数就可以通过上述几个公式求得。

7.5.1.3 摇臂的运动

摇臂的运动是动臂举升时，翻斗油缸的长度 l_f 不变时的摇臂各点的运动（图 7-32）。即求 O_{10}、O_9、O_7 坐标。

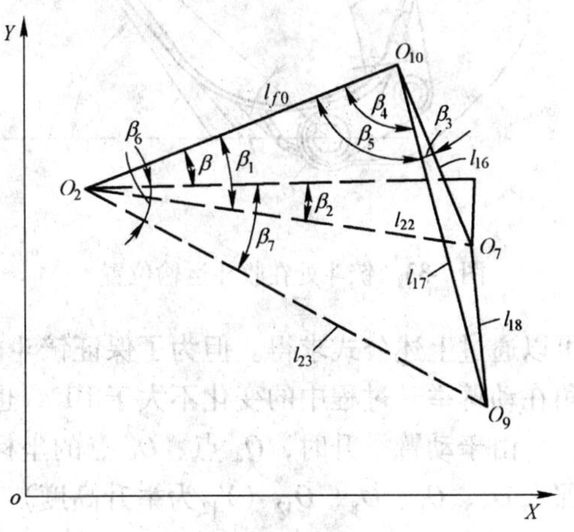

图 7-32 摇臂坐标的确定

$$l_{22} = \sqrt{(X_7 - X_2)^2 + (Y_7 - Y_2)^2}$$

$$\beta_1 = \arccos\left(\frac{l_{f0}^2 + l_{22}^2 - l_{16}^2}{2l_{f0}l_{22}}\right)$$

$$\beta_2 = \arctan\left(\frac{Y_7 - Y_2}{X_7 - X_2}\right)$$

$$\beta = \beta_1 + \beta_2 \text{（}\beta_2\text{ 角顺时针方向为负，反时针方向为正）}$$

$$X_{10} = X_2 + l_{f0}\cos\beta \qquad Y_{10} = Y_2 + l_{f0}\sin\beta$$

$$\beta_3 = \arccos\left(\frac{l_{16}^2 + l_{17}^2 - l_{18}^2}{2l_{16}l_{17}}\right) \qquad \beta_4 = \arccos\left(\frac{l_{16}^2 + l_{f0}^2 - l_{22}^2}{2l_{16}l_{f0}}\right)$$

$$\beta_5 = \beta_4 - \beta_3 \qquad l_{23} = 2\sqrt{l_{f0} + l_{17}^2 - 2l_{f0}l_{17}\cos\beta_5}$$

$$\beta_6 = \arccos\left(\frac{l_{f0}^2 + l_{23}^2 - l_{17}^2}{2l_{f0}l_{23}}\right) \qquad \beta_7 = \beta_6 - \beta$$

$$X_9 = X_2 + l_{23}\cos\beta_7 \qquad Y_9 = Y_2 - l_{23}\sin\beta_7$$

由于 l_{f0}、l_{16}、l_{17}、l_{18}、O_2 点的坐标已知，O_7 的坐标在前面已经求出，因此 O_{10}、O_9 的坐标完全可以求出。

7.5.1.4 铲斗的运动

A 收斗运动

当铲斗插入料堆后收斗，此时铲斗后背靠着定位块，处于运输位置，如图 7-33 所示。铲斗运输位置坐标的确定如图 7-34 所示。若在此位置动臂举升，翻斗油缸长度不变。收斗角 $\gamma_2 = \gamma + \gamma_1$。由于 γ_1 角在铲斗设计时就定了，γ 角在动臂举升过程中是变化的。因此收斗角 γ_2 在举升过程中也是变化的。只要求出任何位置 γ 角，那么任何位置的收斗角就

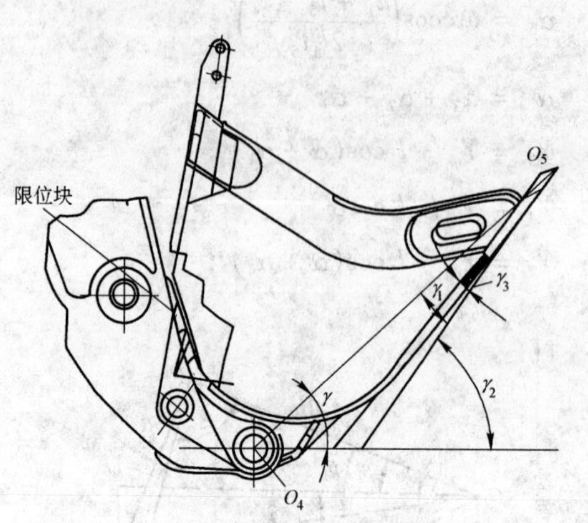

图 7-33 铲斗处在收斗运输位置

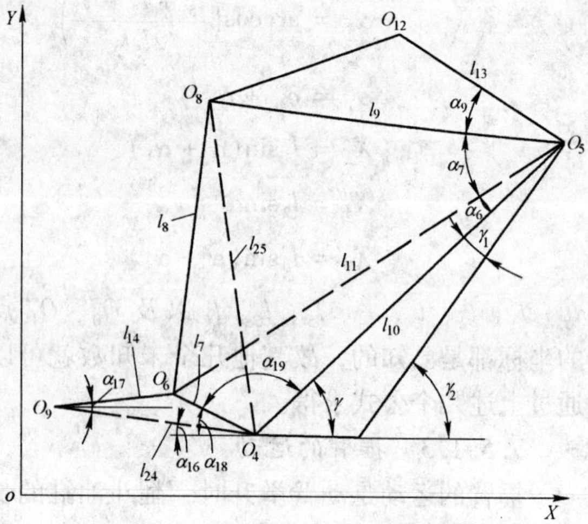

图 7-34 铲斗运输位置坐标的确定

可以通过上述公式求得。但为了保证铲斗内物料在举升过程中不过多撒落，必须要保证 γ_2 角在动臂举升过程中的变化不大于 10°，也就是说，铲斗在举升过程中平移性要好。

由于动臂举升时，O_4 点、O_9 点的坐标可以求出，l_7、l_8、l_9、l_{11}、l_{13}、l_{14}、l_{25} 为已知，那么 O_5、O_6、O_8、O_{12}（Y_{12} 为举升高度）及 γ 角可以通过如下方法求得。

$$l_{24} = \sqrt{(X_4 - X_9)^2 + (Y_4 - Y_9)^2}$$

$$\alpha_{16} = \arctan\left(\frac{Y_9 - Y_4}{X_9 - X_4}\right) \qquad \alpha_{17} = \arccos\left(\frac{l_{14}^2 + l_{24}^2 - l_7^2}{2l_{14}l_{24}}\right)$$

$$X_6 = X_9 + l_{14}\cos(\alpha_{17} + \alpha_{16}) \qquad Y_6 = Y_9 + l_{14}\sin(\alpha_{17} + \alpha_{16})$$

（α_{16} 顺时针方向为负，反时针方向为正）

$$\alpha_{18} = \arctan\left(\frac{Y_6 - Y_4}{X_6 - X_4}\right) \qquad \alpha_{19} = \arccos\left(\frac{l_7^2 + l_{10}^2 - l_{11}^2}{2l_7 l_{10}}\right)$$

$$\gamma = 180° - \alpha_{18} - \alpha_{19}$$

$$X_5 = X_4 + l_{10}\cos\gamma \qquad Y_5 = Y_4 + l_{10}\sin\gamma$$

$$\alpha_7 = \arccos\left(\frac{l_{11}^2 + l_9^2 - l_8^2}{2l_{11}l_9}\right) \qquad \alpha_6 = \arccos\left(\frac{l_{11}^2 + l_{10}^2 - l_7^2}{2l_{11}l_{10}}\right)$$

$$X_8 = X_5 - l_9\cos(\alpha_6 + \alpha_7 - \gamma) \qquad Y_8 = Y_5 + l_9\sin(\alpha_6 + \alpha_7 - \gamma)$$

料尖 O_{12} 的位置为： $\alpha_9 = \arctan\dfrac{1}{2}$

$$X_{12} = X_5 - l_{13}\cos(\alpha_6 + \alpha_7 + \alpha_9 - \gamma) \qquad Y_{12} = Y_5 + l_{13}\sin(\alpha_6 + \alpha_7 + \alpha_9 - \gamma)$$

B 卸料过程

当铲斗举升到最高位置翻斗时，铲斗就会碰到限位块（图 7-35）。为保证卸料，按

SAE 标准，$\gamma_0+\gamma_3=38°\sim45°$。但在其他位置卸料时，卸料角就会发生变化。由于限位块的作用，在任何位置 β 角基本上不会发生变化（图 7-36）。

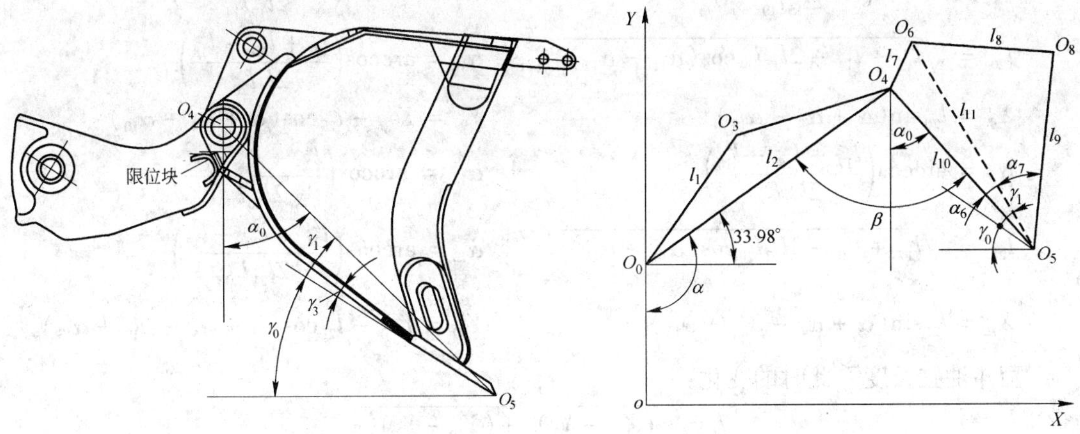

图 7-35 铲斗处在卸料位置　　　　图 7-36 铲斗卸料位置各坐标点的确定

由于 $\gamma_1=11.48°$，$\gamma_3=4°$，$\gamma_0=36°$，所以 $\beta=98.54°$，$\alpha_0=42.52°$。

但在其他位置：　$\alpha_0=\beta-81.46°$

卸载高度 $h=Y_5$，卸载距离 $l=X_5-X_4-R_K$，R_K 为轮胎半径。

$$X_5=X_4+l_{10}\sin\alpha_0 \qquad Y_5=Y_4-l_{10}\cos\alpha_{10}$$

$$\alpha_6=\arccos\left(\frac{l_{10}^2+l_{11}^2-l_7^2}{2l_{10}l_{11}}\right) \qquad X_6=X_5-l_{11}\cos(90°-\alpha_0+\alpha_6)$$

$$Y_6=Y_5+l_{11}\sin(90°-\alpha_0+\alpha_6) \qquad \alpha_7=\arccos\left(\frac{l_{10}^2+l_9^2-l_8^2}{2l_{11}l_9}\right)$$

$$X_8=X_5-l_9\cos(90°-\alpha_0+\alpha_6+\alpha_7) \qquad Y_8=Y_5+l_9\sin(90°-\alpha_0+\alpha_6+\alpha_7)$$

根据求得铲斗上各点的坐标求摇臂各点运动，具体如图 7-37 所示。

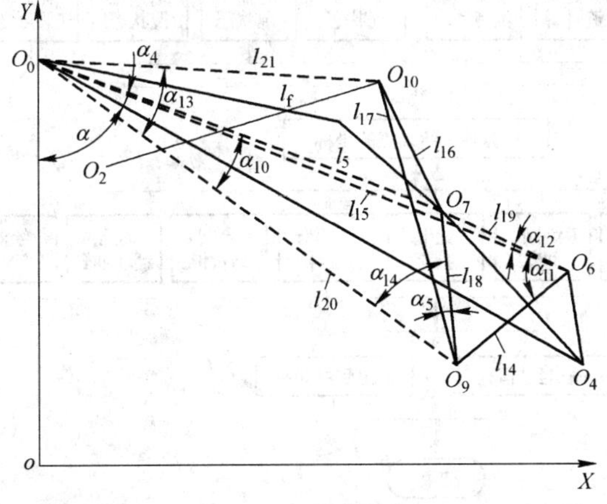

图 7-37 摇杆各坐标点的确定

$$l_{19} = \sqrt{(X_7 - X_6)^2 + (Y_7 - Y_6)^2} \qquad l_{15} = \sqrt{(X_{O_0} - X_6)^2 + (Y_{O_0} - Y_6)^2}$$

$$\alpha_{12} = \arccos\left(\frac{l_{15}^2 + l_{19}^2 - l_5^2}{2l_{15}l_{19}}\right) \qquad \alpha_{11} = \arccos\left(\frac{l_{19}^2 + l_{14}^2 - l_{18}^2}{2l_{19}l_{14}}\right)$$

$$l_{20} = \sqrt{l_{15}^2 + l_{14}^2 - 2l_{15}l_{14}\cos(\alpha_{11} - \alpha_{12})} \qquad \alpha_{10} = \arccos\left(\frac{l_5^2 + l_{20}^2 - l_{18}^2}{2l_5 l_{20}}\right)$$

$$X_9 = l_{20}\sin(\alpha + \alpha_4 - \alpha_{10}) \qquad Y_9 = Yo_0 - l_{20}\cos(\alpha + \alpha_4 - \alpha_{10})$$

$$\alpha_{15} = \arccos\left(\frac{l_{17}^2 + l_{18}^2 - l_{16}^2}{2l_{17}l_{18}}\right) \qquad \alpha_{14} = \arccos\left(\frac{l_{20}^2 + l_{18}^2 - l_5^2}{2l_{20}l_{18}}\right)$$

$$l_{21} = \sqrt{l_{17}^2 + l_{20}^2 - 2l_{17}l_{20}\cos(\alpha_{14} - \alpha_{15})} \qquad \alpha_{13} = \arccos\left(\frac{l_{21}^2 + l_{20}^2 - l_{17}^2}{2l_{21}l_{20}}\right)$$

$$X_{10} = l_{21}\sin(\alpha + \alpha_4 - \alpha_{10} + \alpha_{13}) \qquad Y_{10} = Yo_0 - l_{21}\cos(\alpha + \alpha_4 - \alpha_{10} + \alpha_{13})$$

翻斗油缸长度 l_f 此时的变化：

$$l_f = \sqrt{(X_{10} - X_2)^2 + (Y_{10} - Y_2)^2}$$

7.5.2 程序设计

根据以上建立的数学模型，可以编写一个通用地下装载机运动状态计算机辅助程序和动态模拟程序。只要把任何一个型号的地下装载机的有关数据输入在程序中，就可以自动计算出地下装载机各个典型工况状态。本程序运行在 Microsoft Windows 98/2000 下，用 Microsoft Visual C ++6.0 实现。允许用户用鼠标直接点取，并且在对话框上直接输入，用户界面非常友好。程序框图如图 7-38 所示。

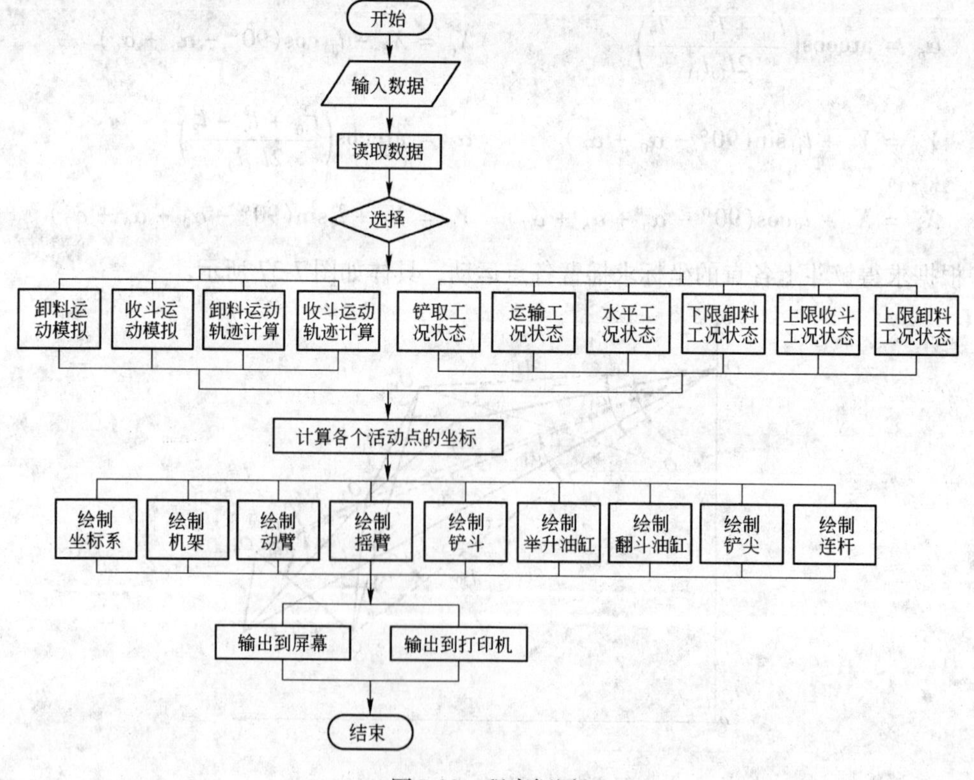

图 7-38 程序框图

7.5.3 绘画实例

根据上述数学模型和程序，在计算机上计算后于喷墨打印机绘制出了 CY-6 型地下装载机工作装置举升过程运动状态图及一些技术参数（图 7-39）。而图 7-40 所示为卸料过程的运动状态图及动臂在最高位置和最低位置及中间位置相应的一些技术参数。按 SAE 标准，表中的卸料角应加上 4°。

从这些技术参数可以看出，CY-6 型地下装载机工作装置的设计是合理的。

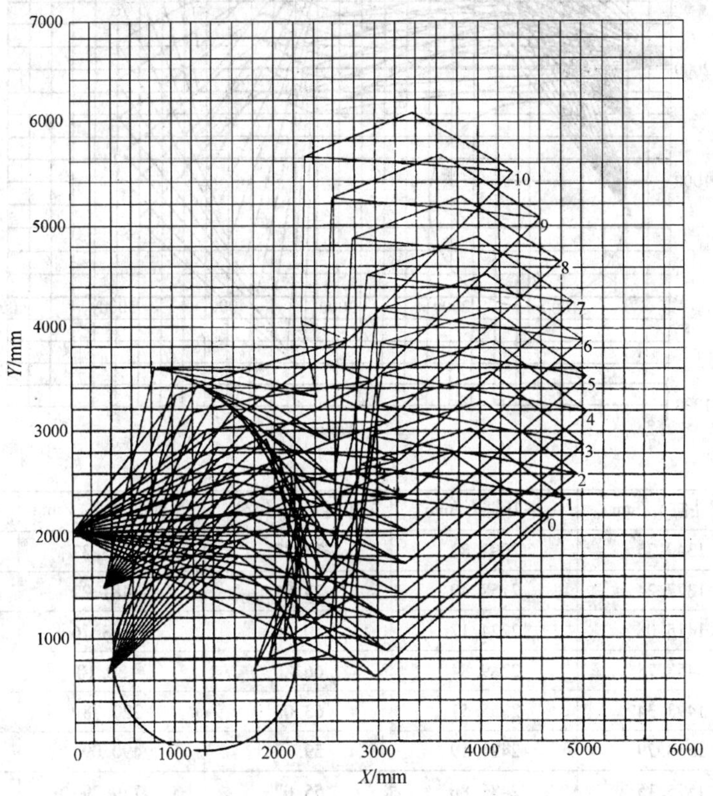

序　号	翻斗缸 l_f/mm	举升缸 l_j/mm	最大高度 $Y_{O_{12}}$/mm	举升角 α/(°)	收斗角 γ_2/(°)
0	2150.70	1721.43	2804.87	64.73	54.01
1	2150.70	1824.24	3024.56	69.47	51.74
2	2150.70	1927.05	3278.18	74.36	50.86
3	2150.70	2029.87	3558.70	79.42	50.72
4	2150.70	2132.68	3862.40	84.67	51.05
5	2150.70	2235.49	4186.99	90.16	51.70
6	2150.70	2338.30	4530.90	95.95	52.57
7	2150.70	2441.11	4893.06	102.09	53.60
8	2150.70	2543.93	5272.72	108.69	54.71
9	2150.70	2646.74	5669.48	115.90	55.84
10	2150.70	2749.55	6083.31	123.98	56.91

图 7-39　工作装置举升过程运动状态图及参数

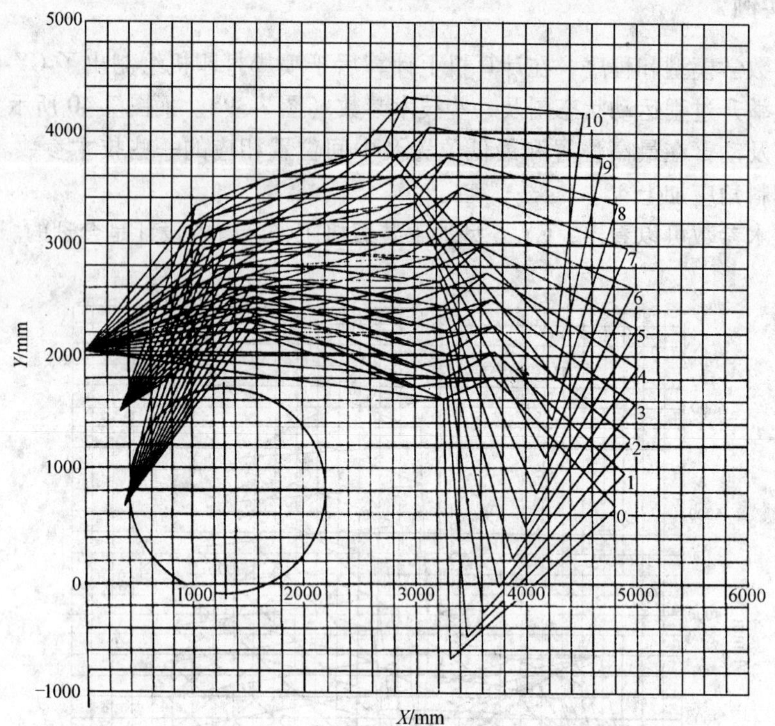

序　号	翻斗缸 l_f/mm	举升缸 l_j/mm	卸料角 γ_0/(°)	卸载高度 Y_{O_5}/mm	卸载距离/mm
0	1340.25	2092.82	77.37	−683.32	1110.11
1	1377.24	2158.49	73.95	−481.22	1266.29
2	1415.08	2224.17	70.44	−263.76	1414.23
3	1453.78	2289.84	66.80	−30.10	1552.70
4	1493.34	2355.51	63.03	220.78	1680.26
5	1533.79	2421.19	59.12	490.09	1795.17
6	1575.15	2486.86	55.02	779.29	1895.32
7	1617.50	2552.53	50.71	1090.24	1978.05
8	1660.91	2618.20	46.15	1425.33	2039.95
9	1705.51	2683.88	41.28	1787.74	2076.43
10	1751.51	2749.55	36.00	2181.97	2081.05

图 7-40　卸料过程运动状态图及参数

此外还绘制了各典型工况工作装置的状态图：上限收斗（最高举升高度）工况运动状态如图 7-41 所示，水平（动臂平行地面）工况运动状态如图 7-42 所示，运输工况运动状态如图 7-43 所示，上限卸料（最高位置卸料）工况运动状态如图 7-44 所示，铲取工况运动状态如图 7-45 所示，下限卸料工况运动状态如图 7-46 所示。

在工作装置运动图的基础上还可以对工作装置各运动状态进行动力性分析和优化（在此省略）。

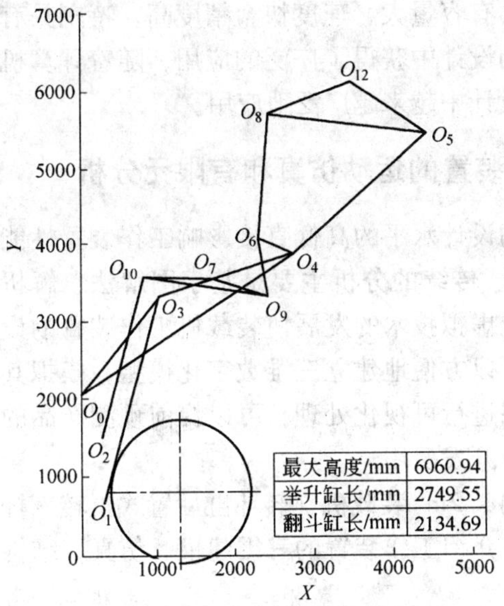

图 7-41 上限收斗工况运动状态

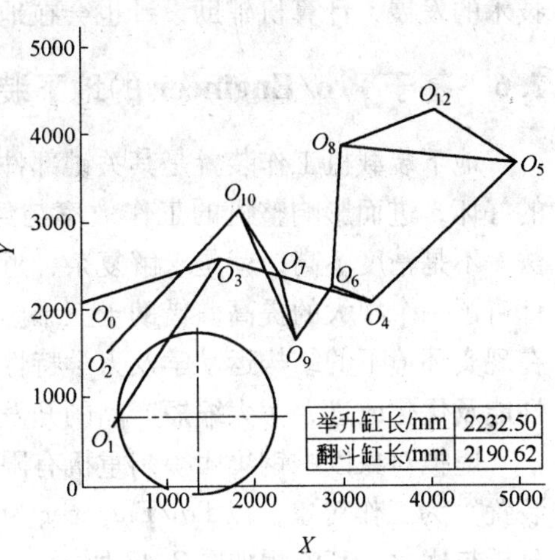

图 7-42 水平工况运动状态

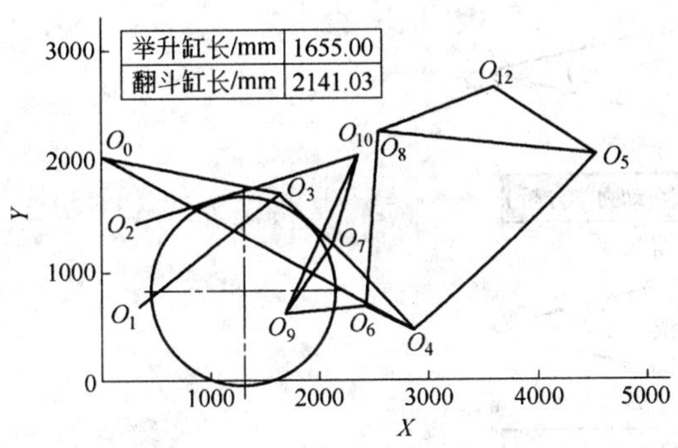

图 7-43 运输工况运动状态

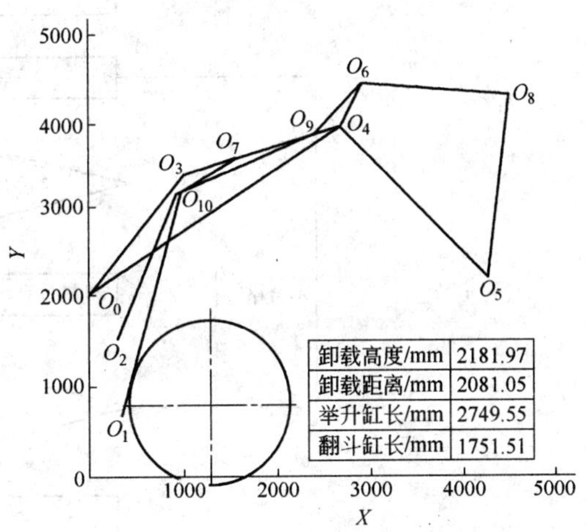

图 7-44 上限卸料工况运动状态

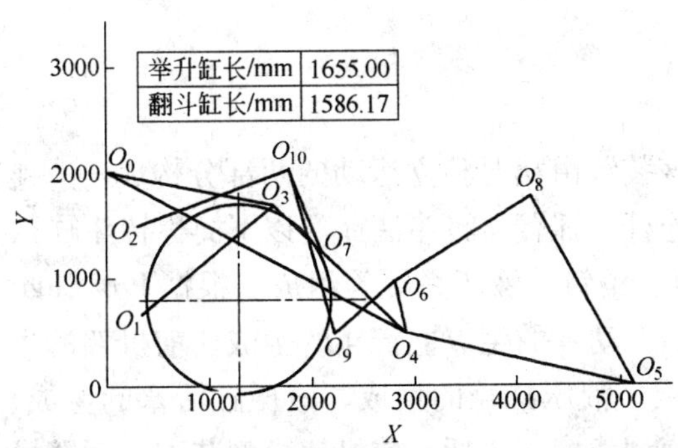

图 7-45 铲取工况运动状态

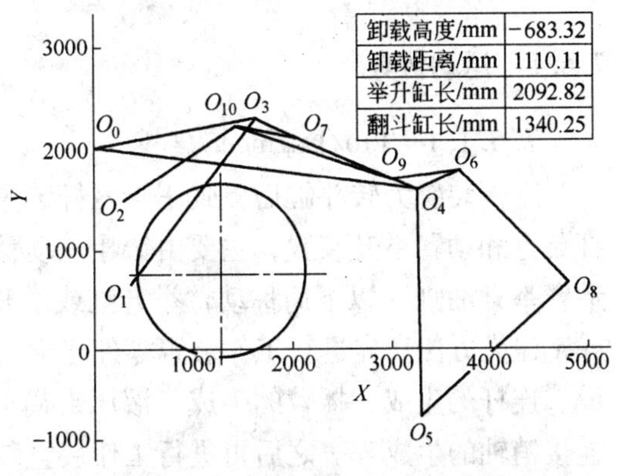

图 7-46 下限卸料工况运动状态

总之，从以上可以充分看出计算机辅助设计具有容量大、速度快、精度高，特别具有很强的图形和文字处理能力。因而在地下装载机的设计中获得了广泛的应用，随着计算机技术的发展，计算机辅助设计也会在地下装载机设计中越来越广泛地应用。

7.6 基于 Pro/Engineer 的地下装载机工作装置的运动仿真和有限元分析

地下装载机工作装置是其关键部件之一，它的设计水平的高低直接影响工作装置性能的好坏，进而影响整机的工作效率与经济性指标。传统的分析主要是基于图解法、解析法，不是精度不高，就是求解复杂，近年来，三维虚拟技术的发展使装载机工作装置的设计有了一个很大的提高。借助于三维虚拟技术，可以方便地建立三维数字化模型，模拟其在现实环境下的结构运动学及力学特性，并对结果进行可视化处理，可以提前预测产品的性能及优化改进，大大缩短产品的开发时间，节省开发费用。

虚拟对象以中钢集团衡阳重机有限公司生产的某 $2m^3$ 装载机（转斗缸后置式正转六杆装置）为工作对象，以 Pro/Engineer 为工具，简要介绍工作装置的三维建模、仿真、结构分析与优化，其流程如图 7-47 所示。

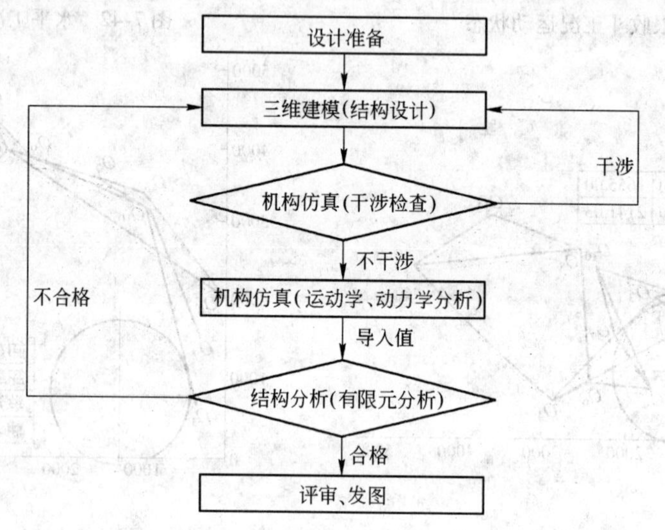

图 7-47 地下装载机工作装置三维建模、仿真、结构、分析与优化流程

7.6.1 运动仿真

7.6.1.1 Pro/Engineer 建模

工作装置为转斗缸后置式正转六杆装置，该装置由相对独立运动的两部分构成——连杆装置和动臂举升装置，主要由铲斗、动臂、连杆、摇臂、转斗油缸（以下简称转斗缸）、动臂举升油缸（以下简称动臂举升缸或举升缸）、销钉、液压系统等组成。根据 Pro/Engineer 建模方法，先进行工作装置零件建模，包括：动臂的生成、铲斗的生成、前机架的生成、连杆的生成、摇臂的生成、液压缸筒的生成、液压缸盖的生成、液压缸活塞的生成、连接销轴的生成等。之后再进行工作装置装配模型建模，包括：前机架模型装配、动臂模型装配、铲斗模型装配、液压缸体模型装配、摇杆模型的装配连接、连杆模型与铲斗模型

和摇杆模型的装配连接、销钉模型的连接，最后进行实体装配，建立该型地下装载机模型，如图 7-48 所示。

图 7-48 地下装载机模型

7.6.1.2 机构仿真过程

正转六杆装载机工作装置的典型工作过程可以分为以下四个阶段：

（1）铲取阶段。装载机水平向前运动，铲斗插入料堆一定深度后，举升油缸闭锁，铲斗边插入边转斗，或翻斗油缸闭锁，铲斗边插入边举升动臂（油缸活塞杆沿油缸直线移动），如图 7-49 所示。

（2）运输阶段。铲取完成后，举升缸闭锁，翻斗油缸收缩，使铲斗收斗到运输位置后闭锁，车辆由驱动装置驱动运行到卸料处，如图 7-50 所示。

图 7-49 铲取阶段模型

图 7-50 运输阶段模型

（3）举升阶段。举升缸举升（缸杆沿缸直线移动），翻斗缸闭锁（连接锁定），如图 7-51 所示。

（4）卸料阶段。举升缸闭锁（连接锁定），翻斗缸伸出（缸杆沿缸直线移动），如图 7-52 所示。

一个完整的运动分析包括六个部分：

（1）设置原动件的工作参数、行程、速度、输出力等。

（2）设置驱动电动机，工作装置上液压缸为原动件，所以驱动电动机轴都放在液压缸上。

（3）设置运动的起始位置：铲料时铲斗斗前壁与地面夹角 3°～5°，动臂紧靠机架等，即装载机每个工作状态的位置。

（4）选择工作电动机、连接设定。

图 7-51　举升阶段模型

图 7-52　卸料阶段模型

（5）运行分析。

（6）分析回放，获取分析结果。

7.6.1.3　干涉分析

任何机器不管它的机构特性设计多么完美，机构效率设计多么高，只要有零件干涉，那么它就是废品，所以干涉检查对于设计工作很重要。干涉检查有显性干涉检查和隐性干涉检查。显性干涉即能够明显看见的干涉，如果干涉发生在比较隐蔽的地方，不能直接看到，这就需要程序分析。例如在设计中举升缸和机架干涉，这是显性的，而翻斗缸和机架干涉是隐性干涉。此外，还必须考虑到本体到外围设备的延伸是否有干涉，例如液压油管接头连接上液压软管后是否与车体干涉。

干涉检查完成后，根据其结果，进行构件的结构修改，修改后的工作机构无干涉、无自锁、无死点、无撕裂。

7.6.1.4　仿真分析

（1）铲斗平移性。铲斗收斗角 α 在铲斗举升过程中是变化的，其变化量 $\Delta\alpha$ 由图 7-53 得到

$$\Delta\alpha = \arcsin(H/L) - \alpha$$

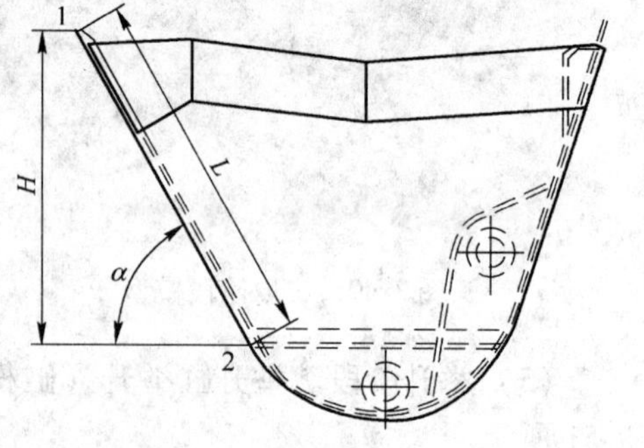

图 7-53　铲斗举升初始位置

从而测量出铲斗在举升阶段的举升动态偏移角，测量结果如图 7-54 所示。

分析结果：铲斗偏移角前倾为 +0.3°，后倾为 -0.8°，铲斗在整个铲装过程中总的偏移角为 1.1°，小于 10°的设计要求。

（2）对铲斗在最高位置的卸载高度、卸载距离和铲斗在任意位置的卸载角度进行测量也均满足设计要求。

（3）其他动力性要求如铲取位置斗铰点线与连杆夹角、运输位置斗铰点线与连杆夹角、卸料位置斗铰点线与连杆夹角、任意位置的举升能力都能模拟仿真，也都符合设计要求。

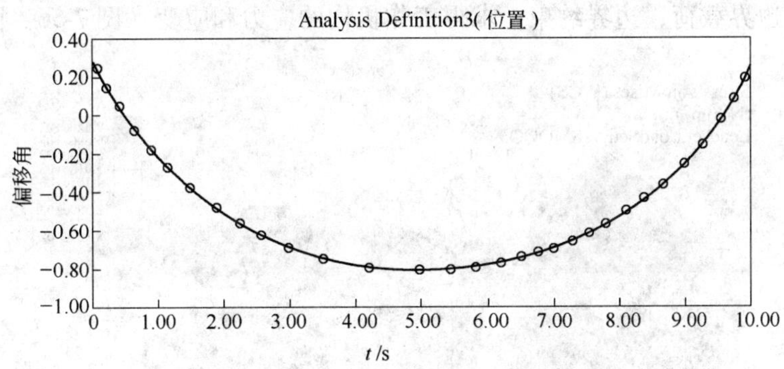

图7-54 铲斗在举升阶段平移偏移角

7.6.2 机构有限元应力分析

完整的设计工作除了进行结构分析，运动分析之外，还应进行强度分析，以保证机器正常使用所需的强度、刚度，Pro/Engineer集成的结构分析模块提供了基本的结构分析功能。但Pro/Engineer有它的局限，要得到更精确的数量，建议使用ANSYS等更专业的分析软件。

7.6.2.1 结构受力与破坏特征

装载机整体结构为对称结构。分析装载机插入、铲起、运输、举升、卸载等的作业过程可知，装载机铲取时，工作装置受力最大。在整个工作过程中受到的外界载荷为可变载荷，主要是物料的重量以及工作装置自重。由于物料种类和作业的条件不同，装载机工作时铲斗切削刃并非均匀受载，一般可以简化为两种极端情况：(1) 认为载荷沿切削刃均匀分布，并以作用在铲斗切削刃中点的集中载荷来代替均布载荷，称为对称受载情况；(2) 由于铲斗偏铲、料堆密集情况不均，使载荷偏于铲斗一侧，通常将其简化为集中载荷作用在铲斗最边缘上，称为非对称受载情况。这两种处理方法都是偏于安全的。当结构受力超过其极限载荷，材料发生塑性变形直至开裂（焊接部位）或断裂。

7.6.2.2 有限元模型的建立及边界条件

工作装置作为装载机的主要工作部件，强度和刚度必须有充分的保证。根据工作装置的结构特征，建立起与其对应的有限元模型。有限元网格按照“均匀应力区粗划、应力梯度大的区域细划”的原则进行划分。按照给定尺寸自动划分后，有限元模型如图7-55所示。

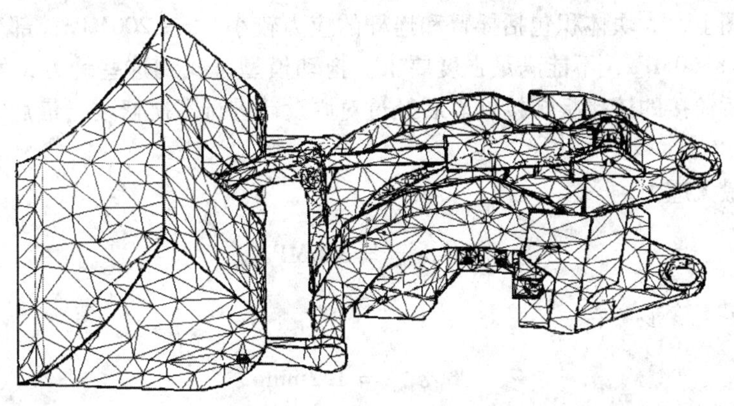

图7-55 有限元模型

其后施加边界载荷，边界约束，求得工作机构的应力和应变（图 7-56、图 7-57）。

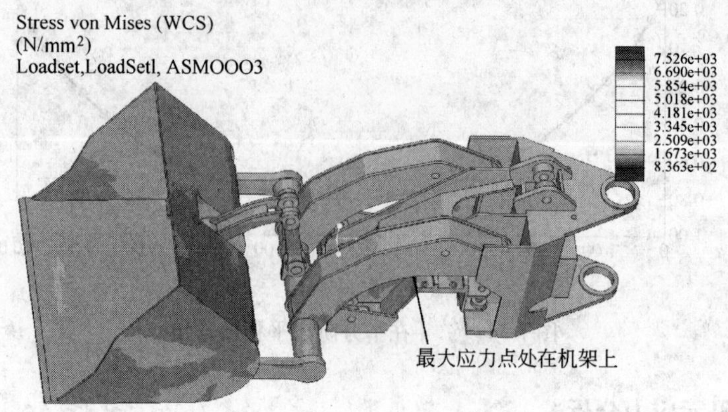

图 7-56　机架上最大应力处

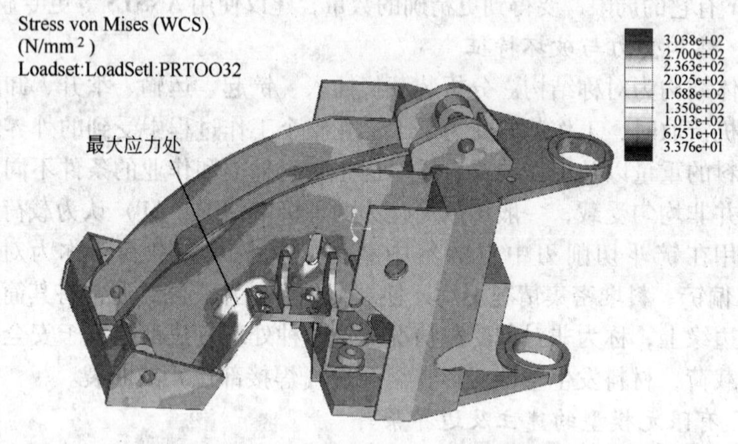

图 7-57　机架上最大应力处

7.6.2.3　结果分析

在应力图上，大块体积包括摇臂和连杆的应力较小，$\sigma \leqslant 200$MPa；部分地方的应力异常大；$\sigma_{max} = 8360$MPa，不能满足强度要求。拖动模型，找到这些地方，发现应力集中在前机架与前桥铰接的铰接板焊接处。后经过对原设计进行多次修改，最后完全达到了设计要求。

车架的最大应力

$$\sigma_{max} = 340\text{MPa}$$

车架的最大变形

$$\varepsilon_{max} = 1.2\text{mm}$$

已知机架材料为 Q345，$\sigma_b = 470 \sim 630$MPa。

机架在处于极限工况时安全系数为

$$S = \sigma_b / \sigma_{max} = 1.4 \sim 1.85$$

从上分析可知：利用 Pro/Engineer 软件，建立了装载机工作装置虚拟样机模型，并且进行了动力学仿真。仿真效果良好，得到了所需要的结果，为地下装载机工作装置的设计提供了参考依据，是虚拟样机技术的一个良好应用实例，有很强的实用性。

8 液压系统

8.1 概述

液压系统是地下装载机一个重要组成部分，也是故障最多的一个系统。由于地下装载机机型繁多，各生产厂家设计思路不同，因而各机型的液压系统基本相同，但不完全相同，各有各的特点。

地下装载机的液压系统一般由六个部分组成：工作机构液压系统、转向液压系统、制动液压系统、冷却液压系统、动力换挡变速箱-变矩器液压系统、集中润滑系统。此外，对电动地下装载机还有一个卷排缆液压系统。对某些型号的柴油地下装载机还配备了油门控制液压系统和其他液压系统。

8.2 对液压系统的安全要求

8.2.1 对液压系统的一般要求

液压系统的设计与安装应符合 GB/T 3766—2001《液压系统通用技术条件》标准的有关规定。

8.2.2 液压回路

液压回路的安全要求如下：

（1）装载机液压回路工作时，其工作压力不能超过回路最大额定工作压力。

（2）液压回路不能因压力波动（压力上升、丧失、下降）而产生危险。

（3）液压回路不能因液压元件的损坏而发生液压油喷出或胶管突然移动的危险。

（4）液压系统中的软管、硬管和管接头应有足够的强度，管路的安装位置不会受到发动机或其他高温部件的影响，也不应该影响附近的无保护的电线、电缆，否则要采取隔离措施。

（5）液压系统必须安装压力安全阀。如果压力安全阀是可调的，则应具有防松和防止对其进行随意调整措施的功能。

（6）当软管工作压力在 5MPa 以上、工作温度在 50℃以上且距司机操作位置在 1m 以内时，必须加护罩，护罩应坚固，保护司机免受软管突然爆裂而产生的伤害。

8.2.3 充气式蓄能器

充气式蓄能器应符合 GB/T 3766 标准中 6.3 条的规定，同时应满足以下两点：

（1）充气式蓄能器应安装在便于检查、维修的地方，并远离热源。

（2）必须将充气式蓄能器牢固地固定在托架上，以防止充气式蓄能器从固定处脱开时发生飞射伤人事故。

8.3 国内外地下装载机典型液压系统

8.3.1 国内地下装载机液压系统原理图

国内地下装载机 CYE-1 型、CYE-1.5 型、CY-1.5 型、CY-2 型、CY-3 型、CY-4 型、CY-6 型、WJD-1.5 型液压系统原理分别如图 8-1 ~ 图 8-6 所示。

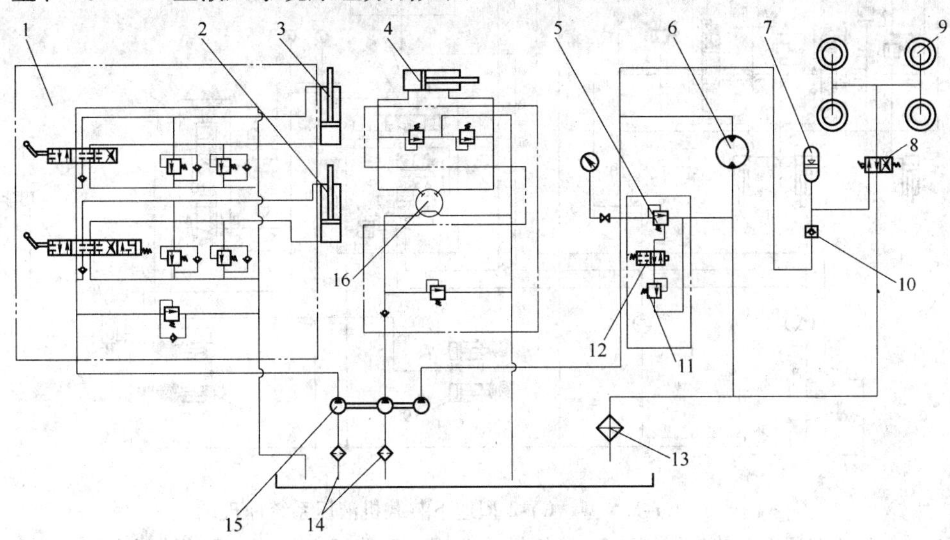

图 8-1 CYE-1 型电动地下装载机液压系统原理图

1—多路换向阀；2—翻斗油缸；3—举升油缸；4—转向油缸；5—溢流阀；6—油马达；7—蓄能器；8—手动阀；9—制动器；10—单向阀；11—远程调压阀；12—电磁换向阀；13—冷却器；14—吸油过滤器；15—三联油泵；16—转向器

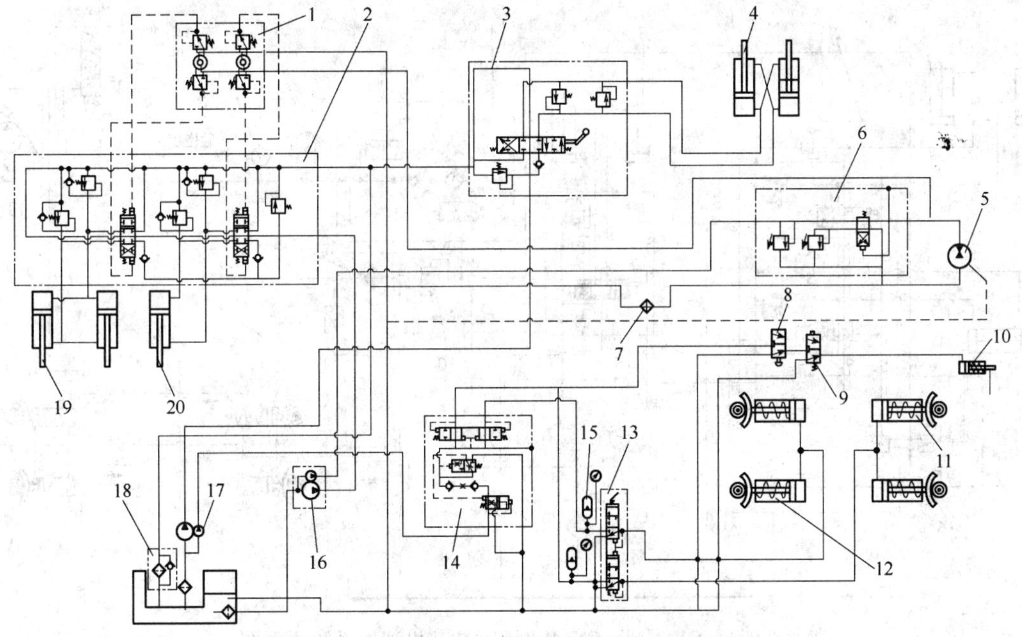

图 8-2 CYE-1.5 型地下装载机液压系统原理图

1—先导阀；2—铲斗控制阀；3—转向操纵阀；4—转向油缸；5—卷缆油马达；6—卷缆控制阀；7—冷却器；8—手制动阀；9—电磁阀；10—手制动器；11—后制动器；12—前制动器；13—脚制动阀；14—充液阀；15—蓄能器；16—主油泵/转缆油泵；17—转向油泵；18—过滤器；19—举升油缸；20—铲斗油缸

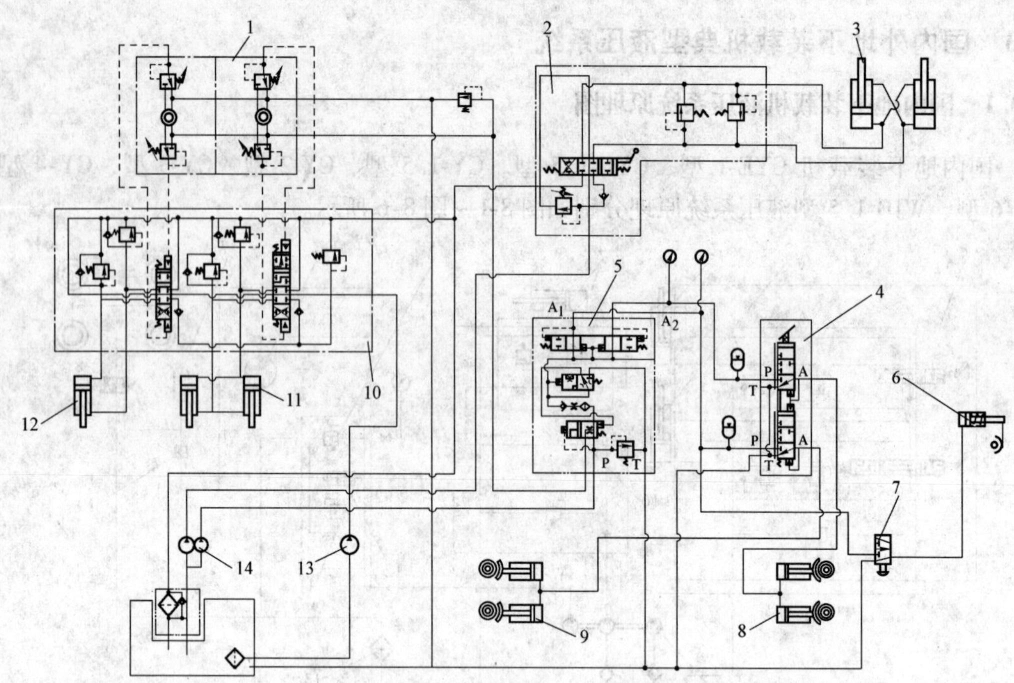

图 8-3　CY-1.5 型、CY-2 型地下装载机液压系统原理图

1—先导阀；2—转向操纵阀；3—转向油缸；4—脚制动器；5—充液阀；6—停车制动器；7—手制动阀；8—后制动器；9—前制动器；10—铲斗控制阀；11—举升油缸；12—翻斗油缸；13—主油泵；14—转向/制动油泵

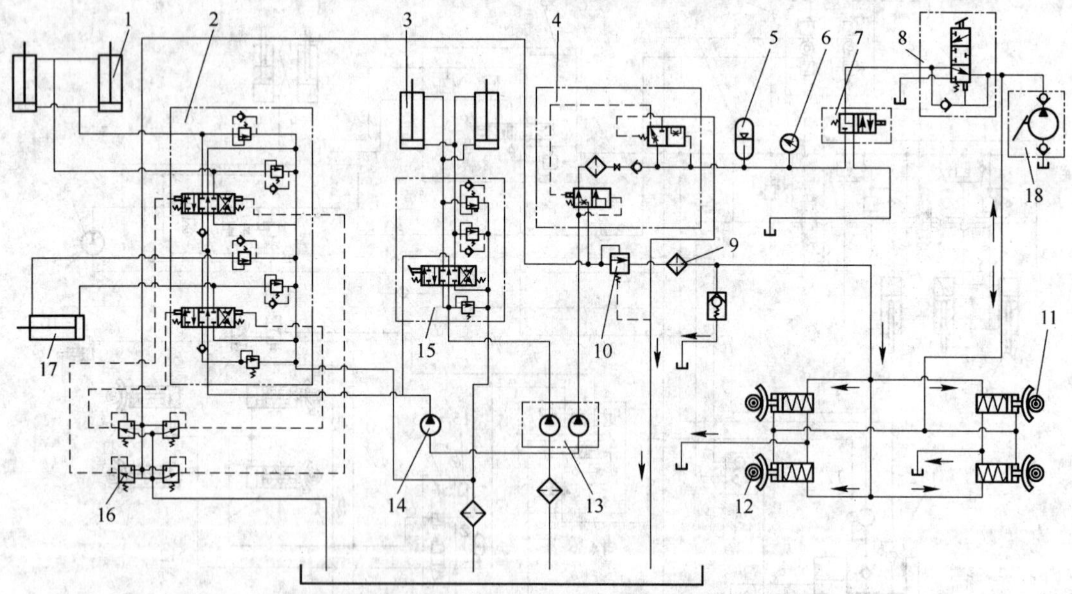

图 8-4　CY-3 型、CY-4 型地下装载机液压系统原理图

1—举升油缸；2—铲斗控制阀；3—转向油缸；4—充液阀；5—蓄能器；6—油压表；7—电磁换向阀；8—脚制动阀；9—冷却器；10—顺序阀；11—后制动器；12—前制动器；13—双联齿轮泵；14—主泵；15—转向控制阀；16—先导阀；17—铲斗油缸；18—手动油泵

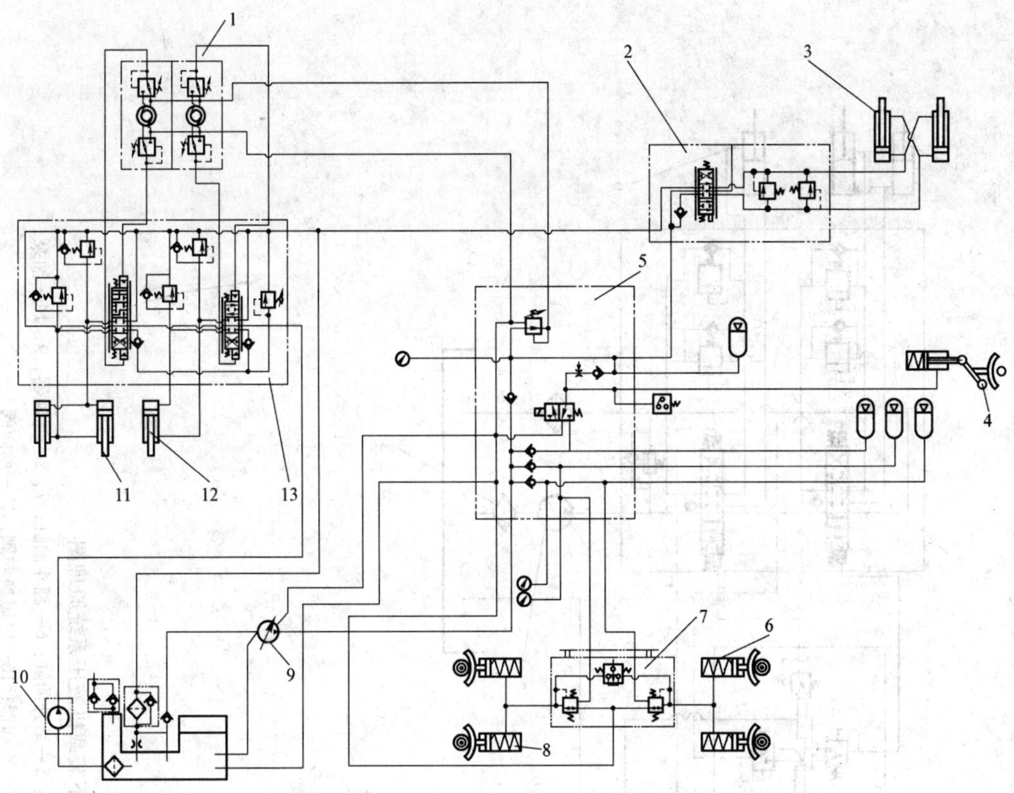

图 8-5 CY-6 型地下装载机液压系统原理图

1—先导阀；2—转向操纵阀；3—转向油缸；4—停车制动器；5—阀块；6—后制动器；7—脚制动阀；8—前制动器；9—转向/制动油泵；10—主泵；11—举升油缸；12—铲斗油缸；13—铲斗控制阀

8.3.2 国外地下装载机液压系统原理图

国外地下装载机 TORO300 型、CTX-6B 型、CTX-5N 型、ST-5C 型、ST-3.5 型、ST-2D 型、LF-4.1 型、922D 型、EJC145E 型、LH307 型液压系统原理分别如图 8-7 ~ 图 8-15 所示。

8.4 液压系统分析

8.4.1 工作装置液压系统

地下装载机的基本动作是将铲斗插入物料，装满铲斗向后倾翻使铲斗处于运输位置运行到卸载地点，提升动臂到一定高度卸载，卸载完了以后，再将铲斗返回到运输位置，空载返回到装载处，如此循环作业。地下装载机工作装置液压系统能有效地完成物料的提升与铲斗的翻转。

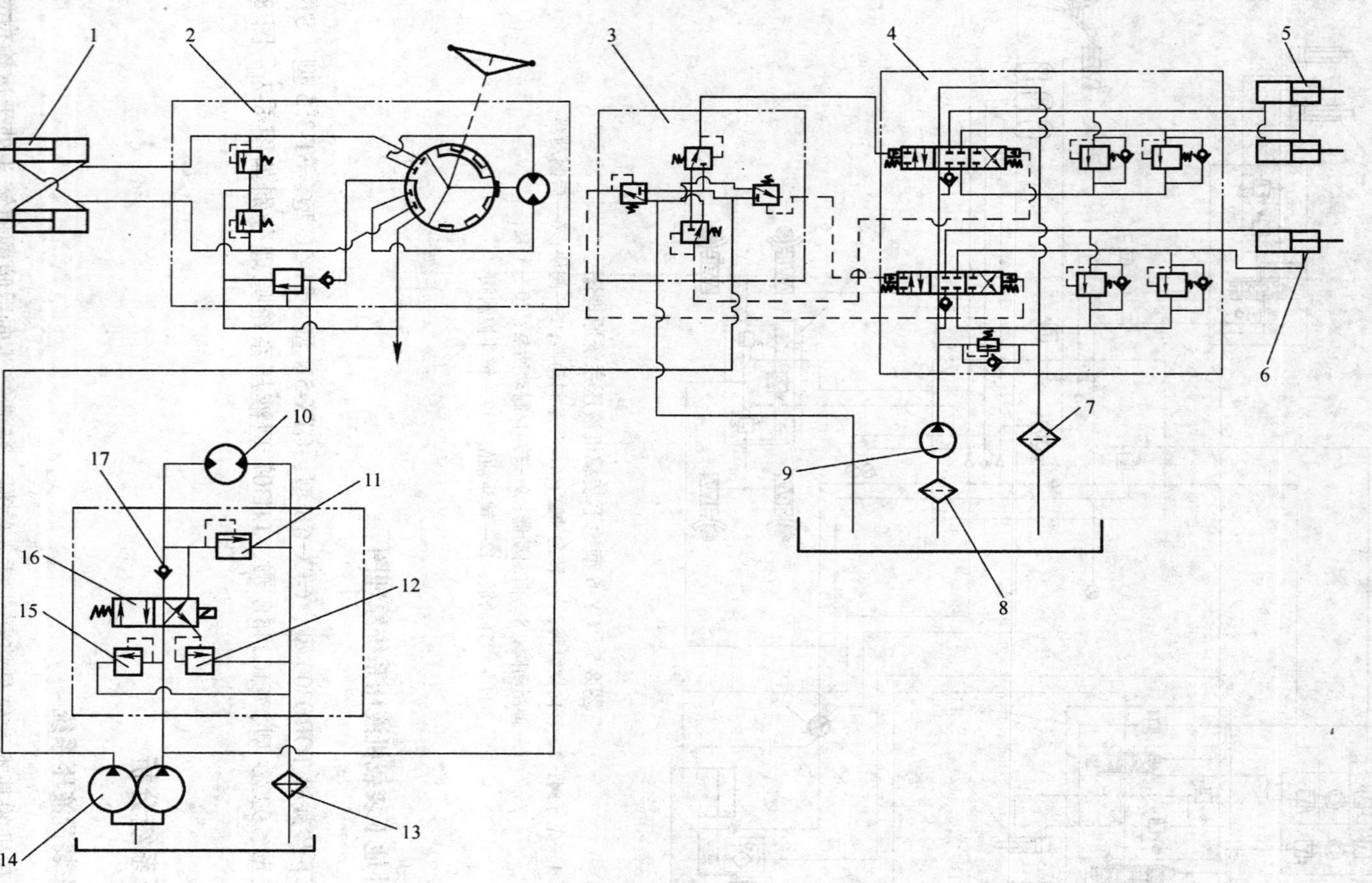

图 8-6　WJD-1.5 型地下装载机液压系统原理图

1—转向油缸；2—液压转向器；3—先导阀；4—多路换向阀；5—举升油缸；6—翻斗油缸；7，8—滤油器；9，14—油泵；10—齿轮马达；11，12，15—溢流阀；13—冷却器；16—电磁换向阀；17—单向阀

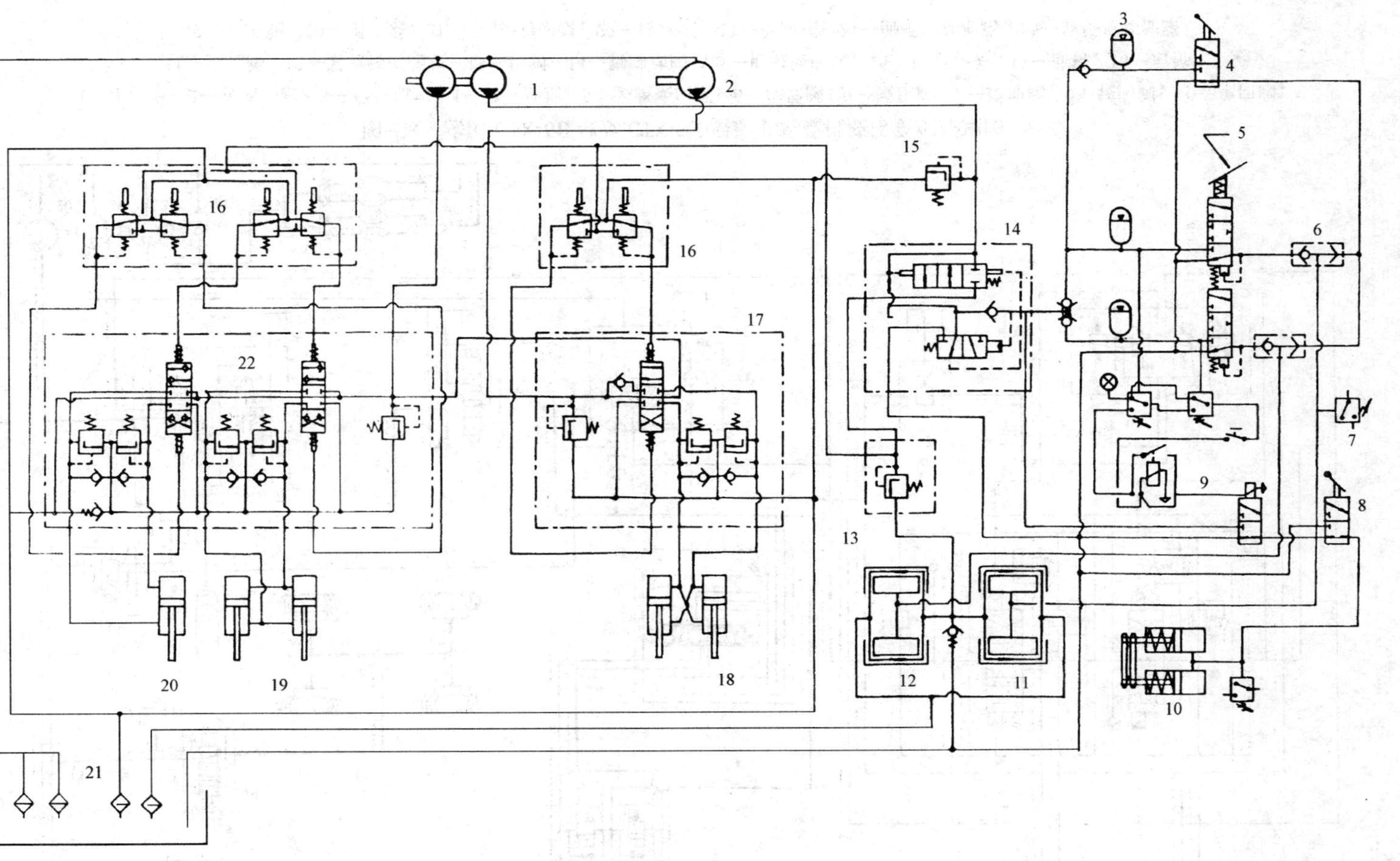

图 8-7 芬兰 TORO300 型地下装载机液压系统原理图

1—主油泵/制动泵；2—转向泵；3—蓄能器；4—手动换向阀；5—脚制动器；6—梭阀；7—压力开关；8—停车制动阀；9—电磁换向阀；10—停车制动器；
11—后桥；12—前桥；13，15—顺序阀；14—充液阀；16—先导阀；17—转向阀；18—转向油缸；
19—举升油缸；20—倾翻油缸；21—过滤器；22—多路换向阀

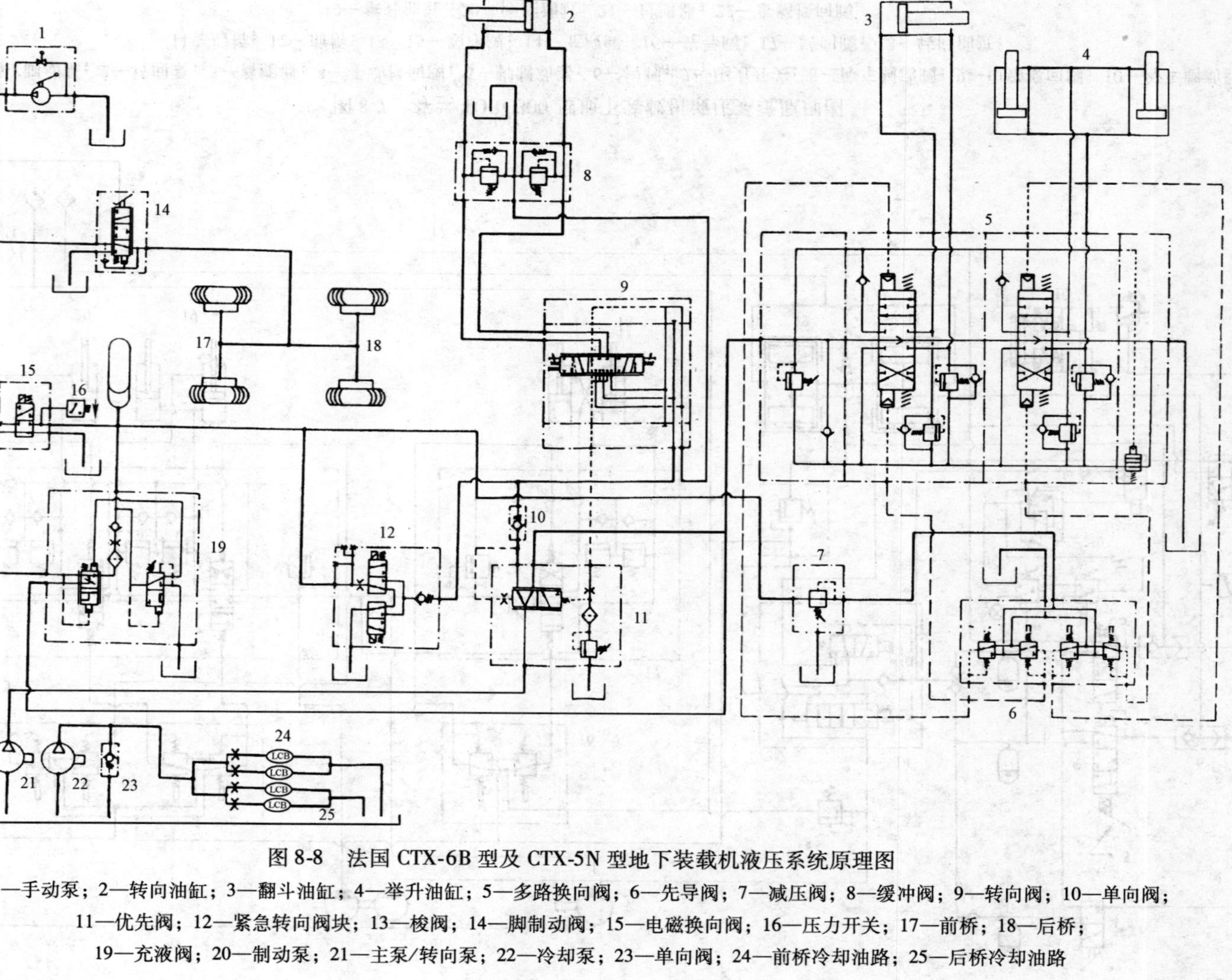

图 8-8 法国 CTX-6B 型及 CTX-5N 型地下装载机液压系统原理图

1—手动泵；2—转向油缸；3—翻斗油缸；4—举升油缸；5—多路换向阀；6—先导阀；7—减压阀；8—缓冲阀；9—转向阀；10—单向阀；11—优先阀；12—紧急转向阀块；13—梭阀；14—脚制动阀；15—电磁换向阀；16—压力开关；17—前桥；18—后桥；19—充液阀；20—制动泵；21—主泵/转向泵；22—冷却泵；23—单向阀；24—前桥冷却油路；25—后桥冷却油路

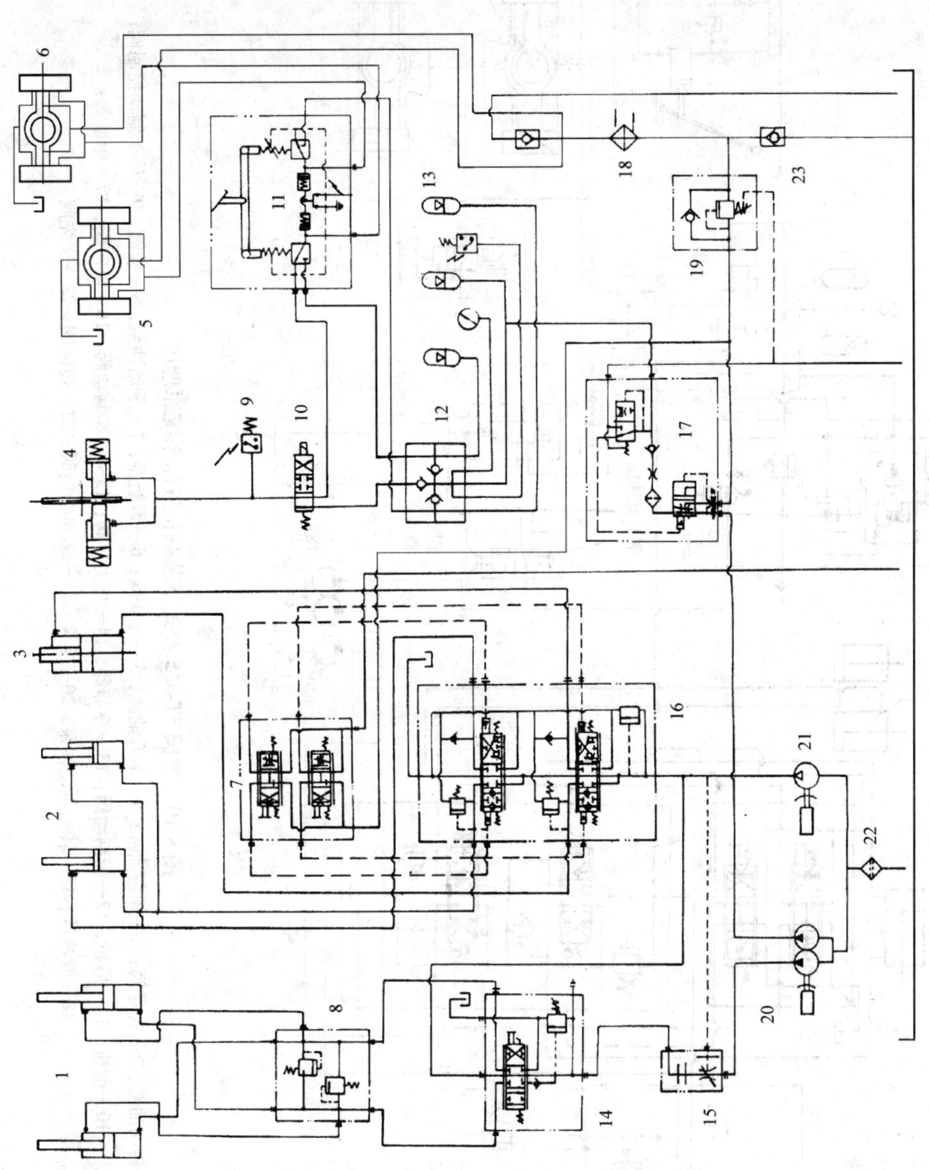

图 8-9 美国 ST-5C 型地下装载机液压系统原理图

1—转向油缸；2—举升油缸；3—倾翻油缸；4—停车制动器；5—前桥；6—后桥；7—先导阀；8—缓冲阀；9—压力开关；10—电磁换向阀；11—脚制动阀；12—阀块；
13—蓄能器；14—转向阀；15—优先阀；16—多路换向阀；17—充液阀；18—冷却器；19—顺序阀；20—转向制动油泵；21—主油泵；22—过滤器；23—单向阀

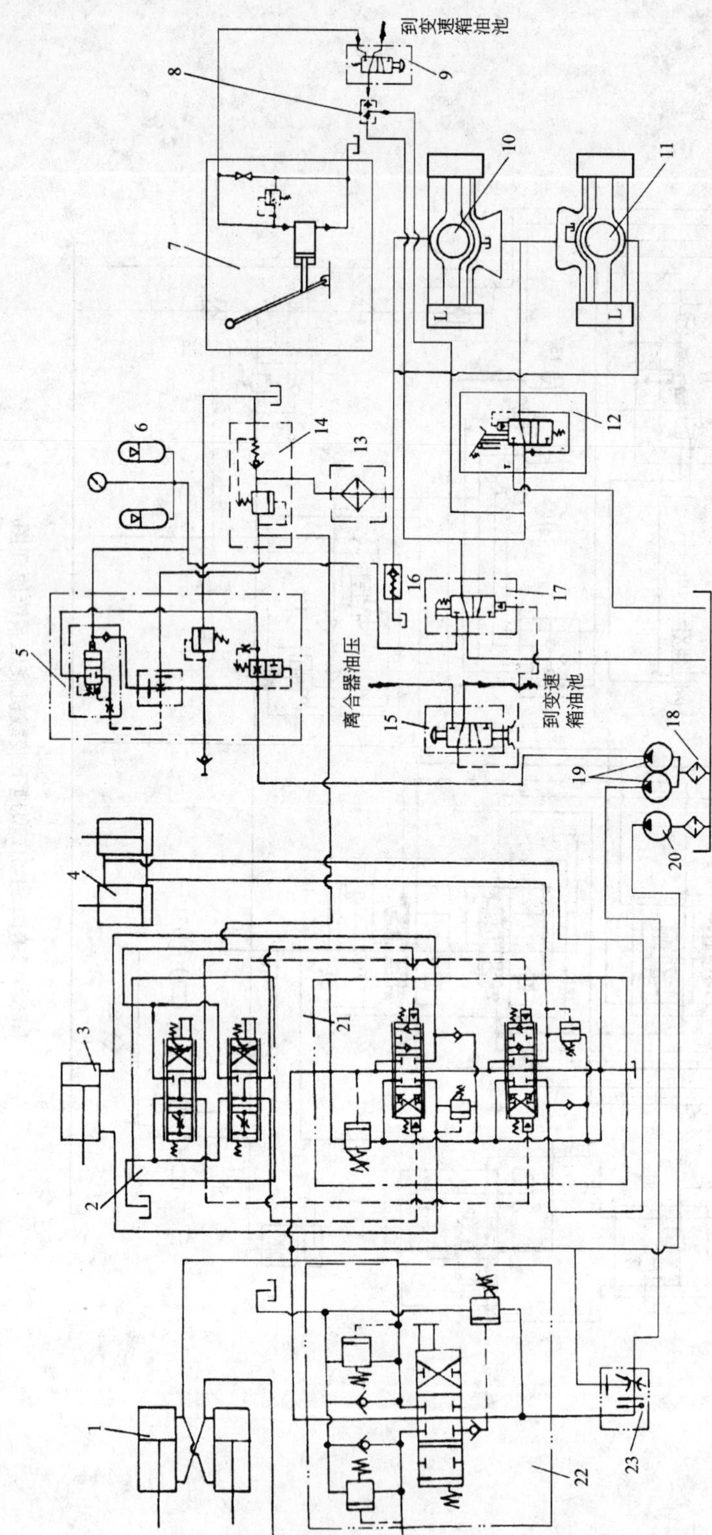

图 8-10　美国 ST-3.5 型地下装载机液压系统原理图

1—转向油缸；2—先导阀；3—倾翻油缸；4—举升油缸；5—充液阀；6—蓄能器；7—手动油泵；8—梭阀；9—停车制动控制阀；10—前桥；11—后桥；12—脚制动阀；13—冷却器；14—压力导阀；15—停车制动阀；16—单向阀；17—中继阀；18—滤油器；19—转向制动油泵；20—主泵；21—多路换向阀；22—转向阀；23—优先阀

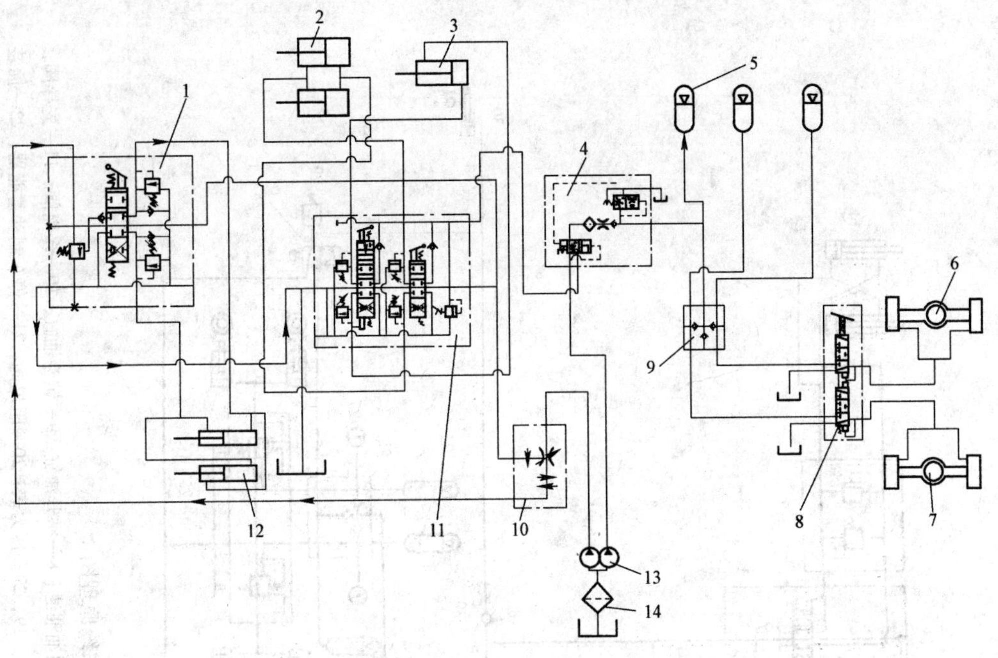

图 8-11 美国 ST-2D 型地下装载机液压系统原理图

1—转向阀；2—举升油缸；3—倾翻油缸；4—充液阀；5—蓄能器；6—前桥；7—后桥；8—脚制动器；9—阀块；10—优先阀；11—多路换向阀；12—转向油缸；13—双联齿轮泵；14—滤油器

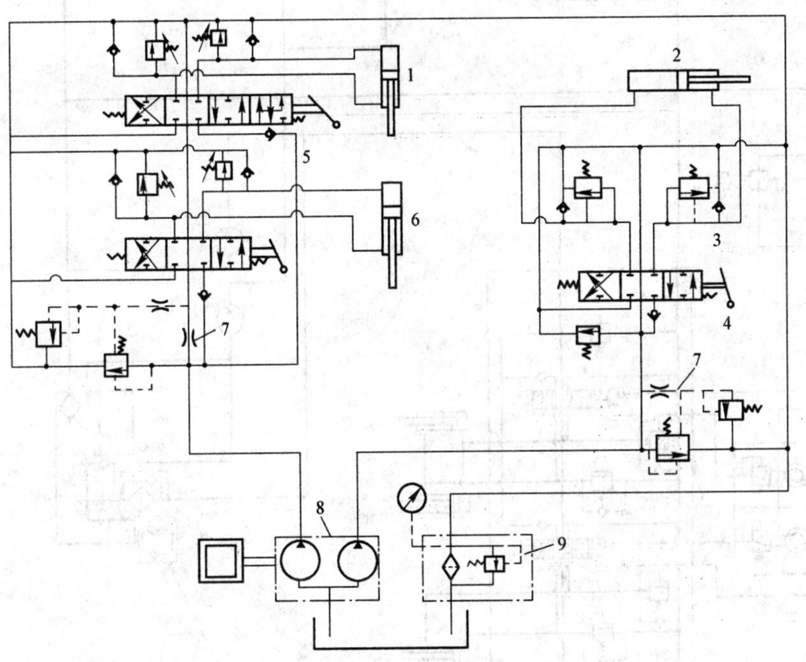

图 8-12 德国 LF-4.1 型地下装载机工作装置及转向液压系统原理图

1—翻斗油缸；2—转向油缸；3—过载阀；4—转向阀；5—多路转向阀；6—升降油缸；7—流量控制回路；8—双联泵；9—精滤器

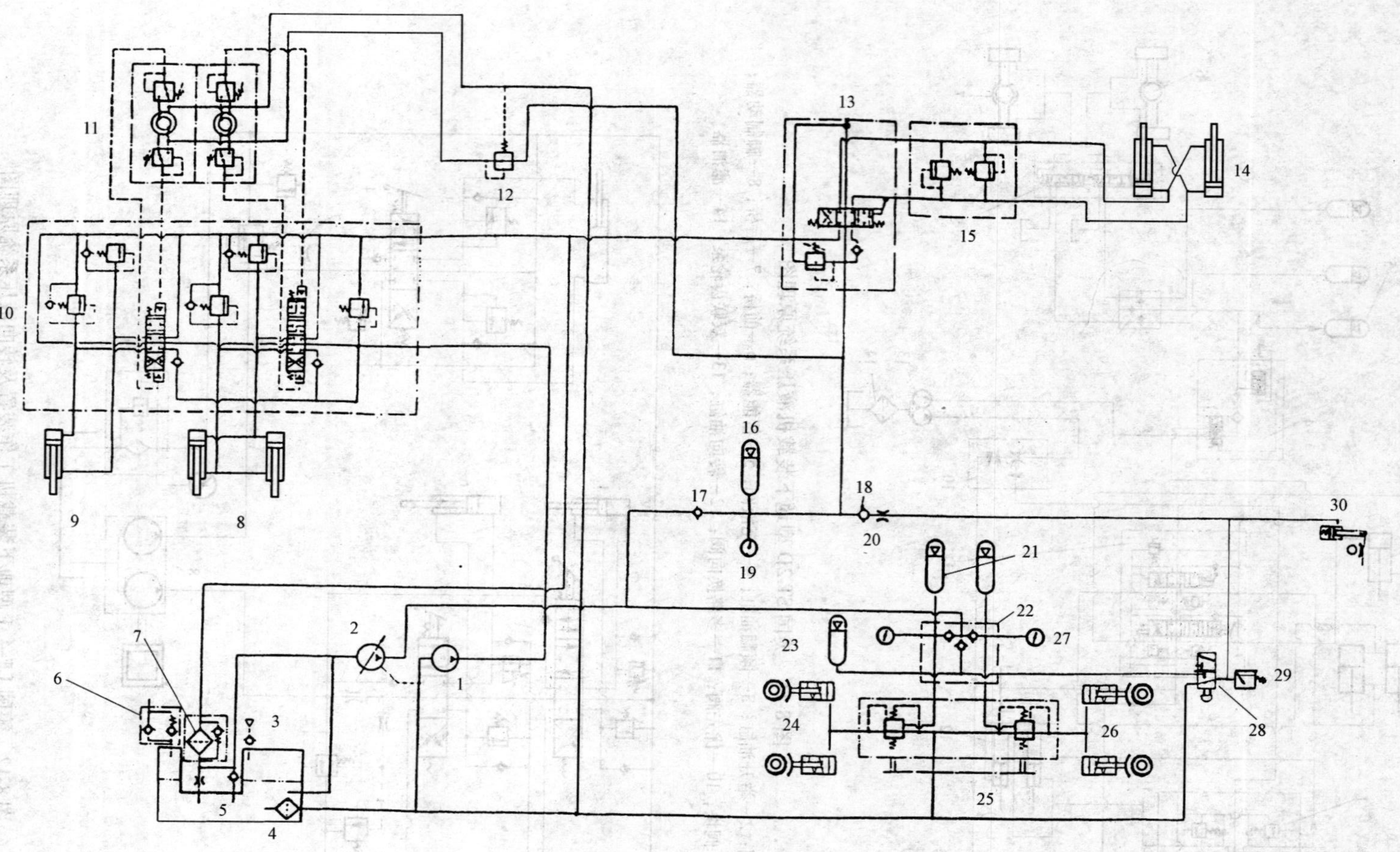

图 8-13　美国 922D 型地下装载机液压系统原理图

1—主泵（铲斗泵）；2—转向/制动泵；3—胎阀；4—吸油油滤；5—油箱；6—滤气加油装置；7—同油油滤；8—举升油缸；9—铲斗油缸；10—多路阀；11—先导阀；12—减压阀；13—转向操纵阀；14—转向油缸；15—缓冲阀；16—转向操纵蓄能器；17，18—单向阀；19，27—压力表；20—阻尼阀；21—停车制动蓄能器；22—插装单向阀及安装座；23—行走刹车蓄能器；24—前制动器；25—脚踏制动阀；26—后制动器；28—停车制动阀；29—压力继电器指示灯开关；30—停车制动器

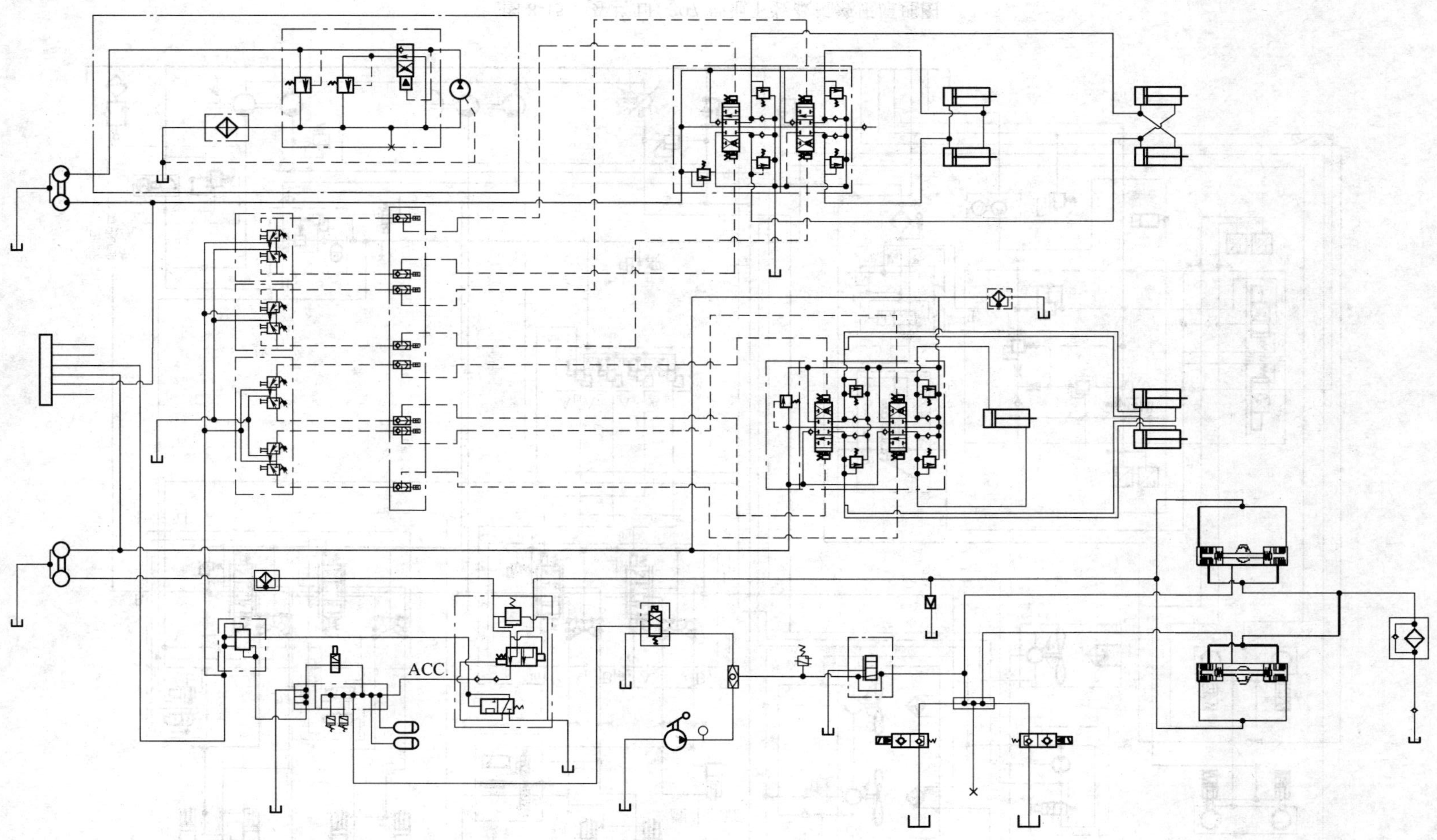

图 8-14 加拿大 EJC 145E 型地下电动装载机液压原理

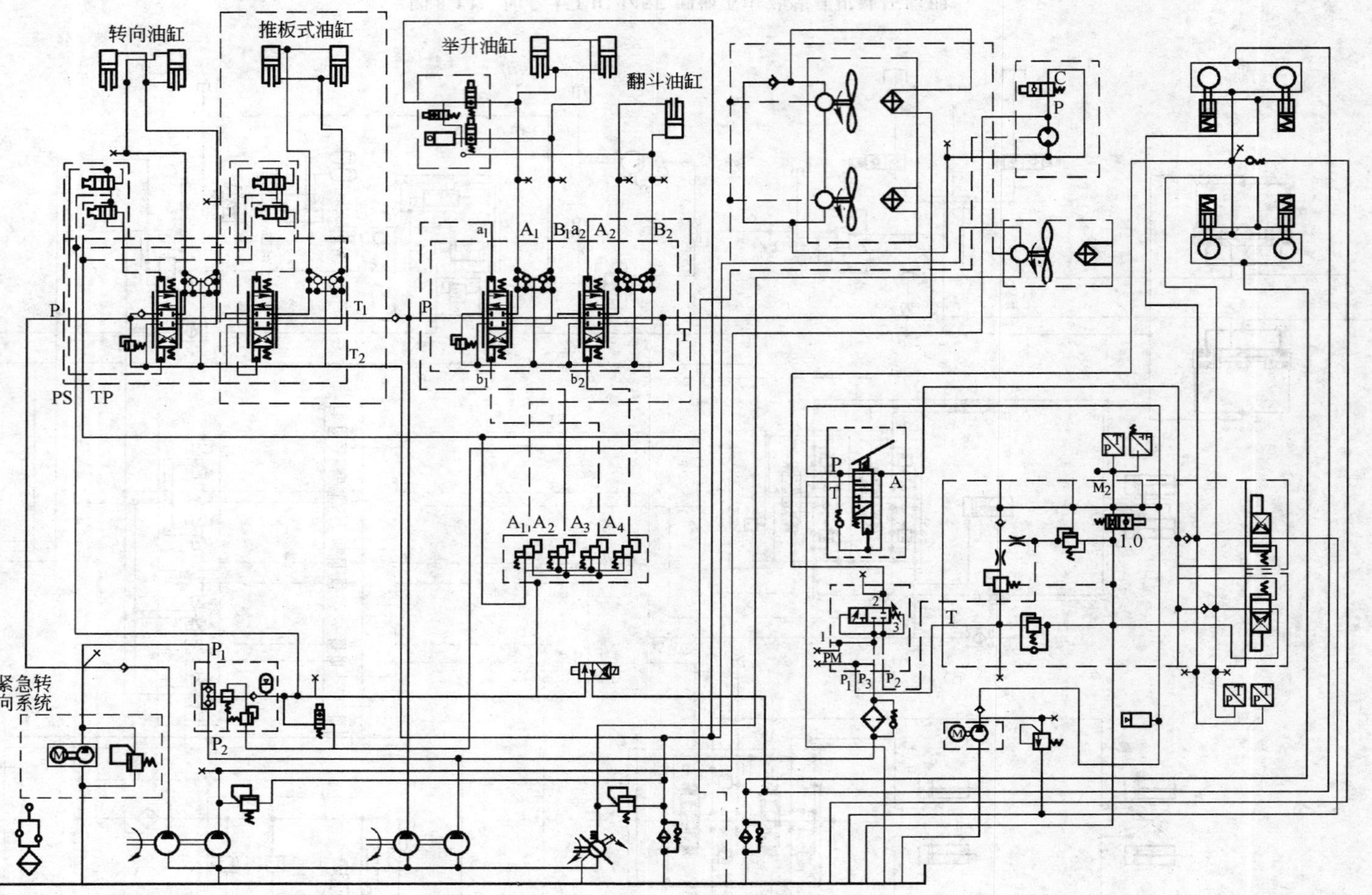

图 8-15 芬兰 LH-307 型地下装载机液压原理图

地下装载机工作装置液压系统主要由油泵、先导控制阀、多路换向阀（大臂/铲斗控制阀）、举升油缸、倾翻油缸组成。

8.4.1.1 油泵

油泵一般是齿轮泵，它装在变矩器上。齿轮泵结构简单，维护方便，使用寿命长，成本低，特别是抗污染能力强，在地下装载机中获得广泛应用。

8.4.1.2 先导控制阀

先导控制阀的主要作用是控制液控多路换向阀阀芯的移动，从而控制装置动臂的升降、铲斗的上翻与卸料。先导控制阀取代手直接操作多路换向阀，这大大减少了司机的操纵力，减轻了司机的疲劳，从而提高了生产效率。

先导控制阀有两种结构，一种为单作用先导控制阀（图 8-16），一种为双作用先导控制阀（图 8-17）。双作用先导控制阀也是由一根操纵杆控制，它既可操作大臂的升降，也可操纵铲斗的倾翻。当两个单独作用先导阀一同使用时，那么一个单作用先导阀控制大臂升降，另一个操作铲斗的倾翻。

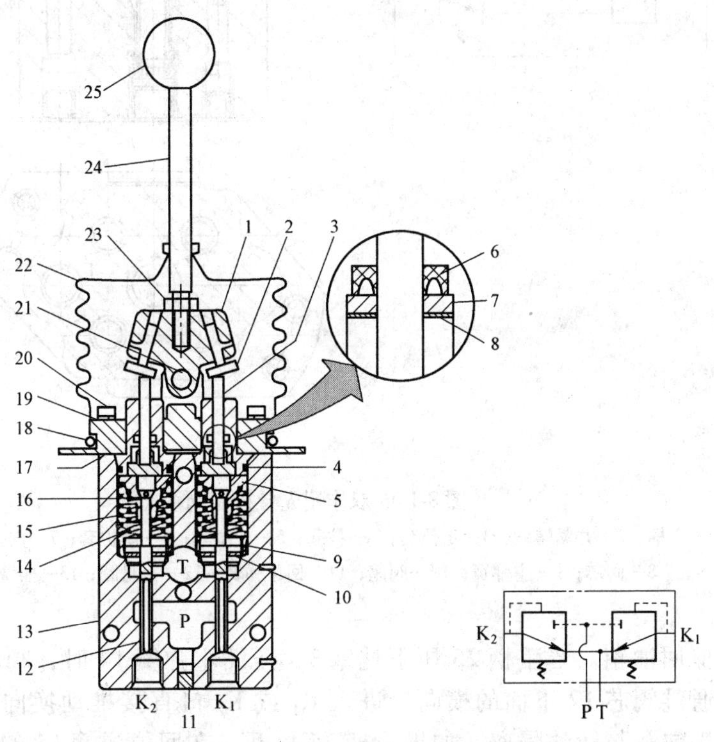

图 8-16 先导控制阀（单作用）

1—操纵杆连接块；2—调整螺栓；3—柱塞；4，18—O 形圈；5，9—弹簧支承座；6—防尘圈；7—密封圈；8—环；10—套管；11—螺堵；12—阀芯；13—阀体；14—主弹簧；15—回位弹簧；16—弹性挡圈；17—垫片；19—垫圈；20—螺栓；21—销；22—防尘罩；23—锁紧螺母；24—操纵杆；25—手柄

在图 8-16 中，先导压力油从螺堵 11 处进入，在回位弹簧 15 作用下，阀芯 12 的横向通孔与进油腔 P 不通，而换向阀先导油口 K_1 或 K_2 的压力油可以通过阀芯 12 的

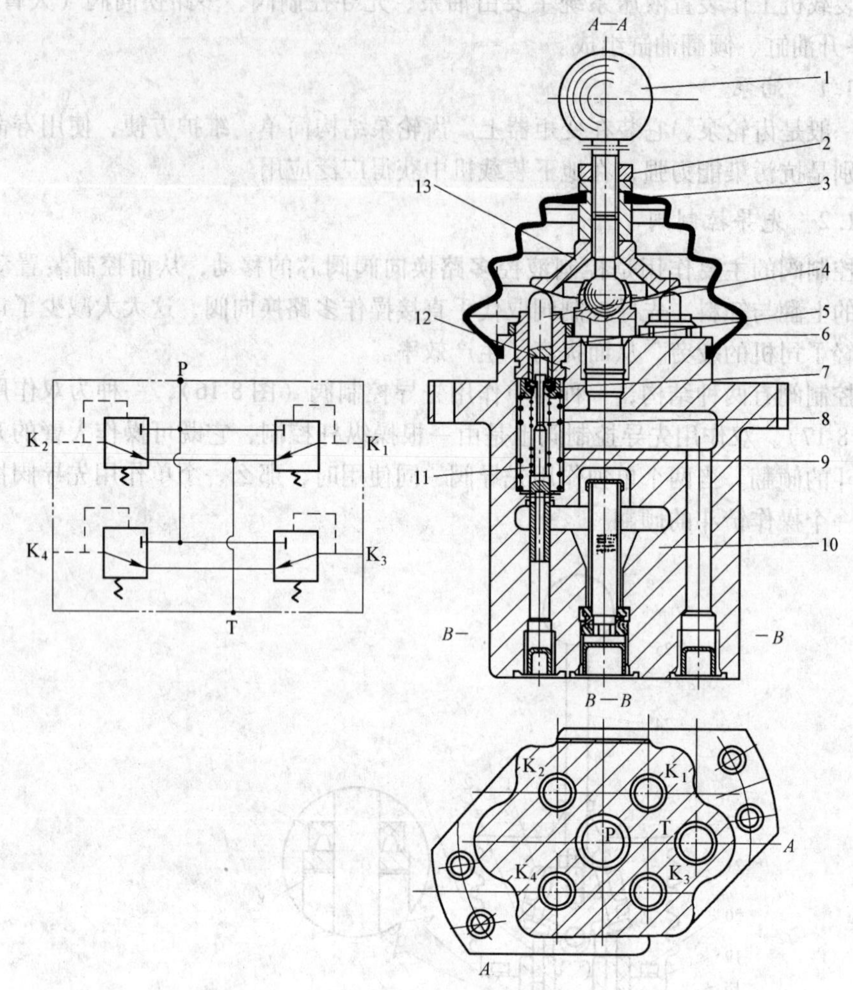

图 8-17　双作用先导控制阀

1—手柄；2—并紧螺帽；3—定位套；4—柱塞；5—柱塞套；6—防护套；7—内弹簧座；8—阀芯；9—主弹簧；10—阀座；11—回位弹簧；12—密封圈；13—摇臂

中心孔经 T 流回油箱。当手柄 25 压下柱塞 3，压缩主弹簧 14 时，阀芯 12 下移，P 腔先导压力油通过阀芯 12 下面的横向口进入 K_1 或 K_2 口直接推动换向阀芯换向，同时阀芯上面的横向孔与回油隔离。如果手柄 25 松开，在回位弹簧 15 的作用下又恢复到初始状态。

双杆操作的单作用先导控制阀如图 8-18 所示。

双作用先导阀其作用原理与单作用先导阀的相同。

先导控制油一般由充液阀二次回路供给，也有从转向油泵来油通过减压阀提供。电动地下装载机先导控制油从卷缆阀与油马达之间的管路引出。

8.4.1.3　多路换向阀

多路换向阀主要是控制动臂举升与倾翻油缸运动方向、运动速度、运动位置。ST-5C

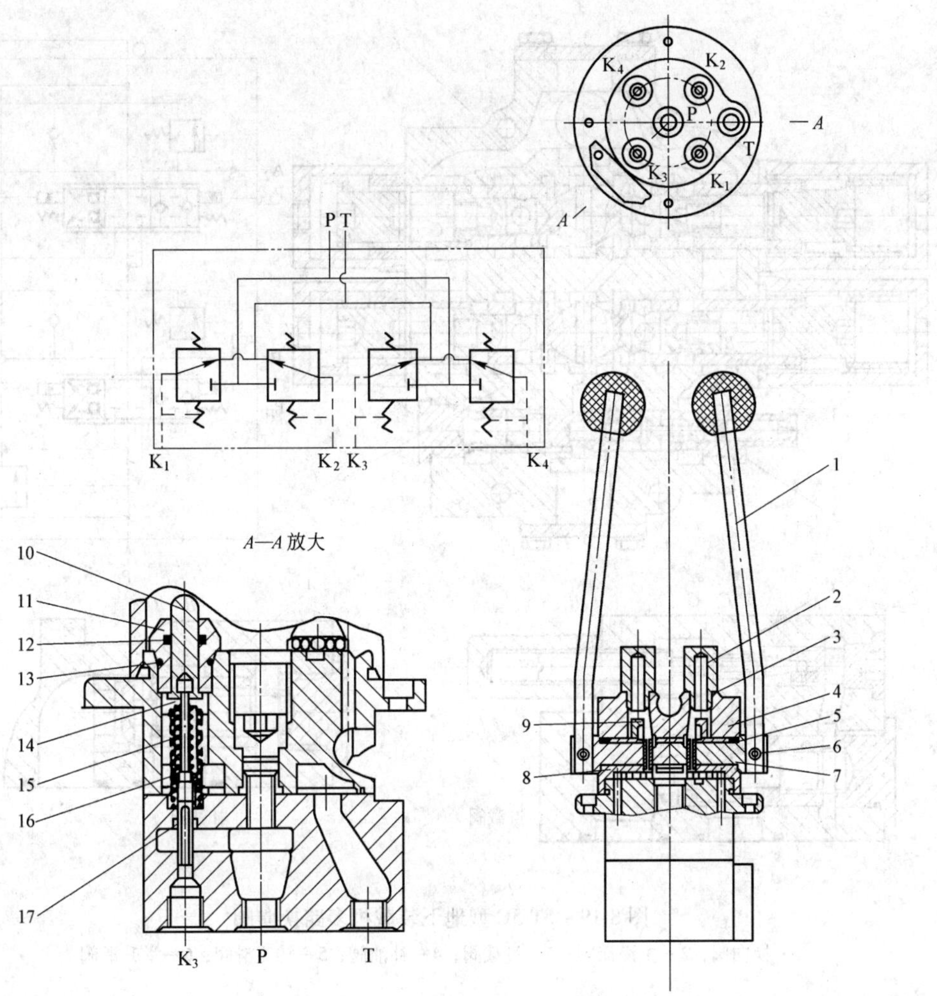

图 8-18 双杆操作的单作用先导控制阀

1—手柄；2—螺母；3—垫圈；4—上阀体；5，8，12，13—密封圈；6—销；7—销轴；9—凸轮；10—柱塞；11—柱塞套；14—弹簧座；15—回位弹簧；16—主弹簧；17—阀芯

型地下装载机多路换向阀如图 8-19 所示。该阀由换向阀 1、主溢流阀 2、过载阀 3，补油阀 4 组成。而换向阀由举升滑阀 6 与转斗滑阀 5 组成。在每个阀芯中心孔内各带有两个单向阀。为了防止换向阀换向过程中阀前油压瞬时过高，换向阀的轴向尺寸链常采用正开口。由于正开口在换向过程中造成动臂瞬时下降，然后再上升的现象，俗称“点头”现象。要克服“点头”现象在进油道上加了单向阀。

换向阀换向过程如下：

（1）停止工作位置。图 8-19 所示位置即停止工作位置。压力油从 P 进入直接流回油箱。

（2）动臂提升。由先导阀来的压力油从 P_{2A} 进入推动滑阀 6 右行，压力油 P 顶开单向阀进入举升油缸底部，推动活塞向上运动举升动臂，举升油缸上部的油通过 B_2 口顶开单向阀流回油箱。

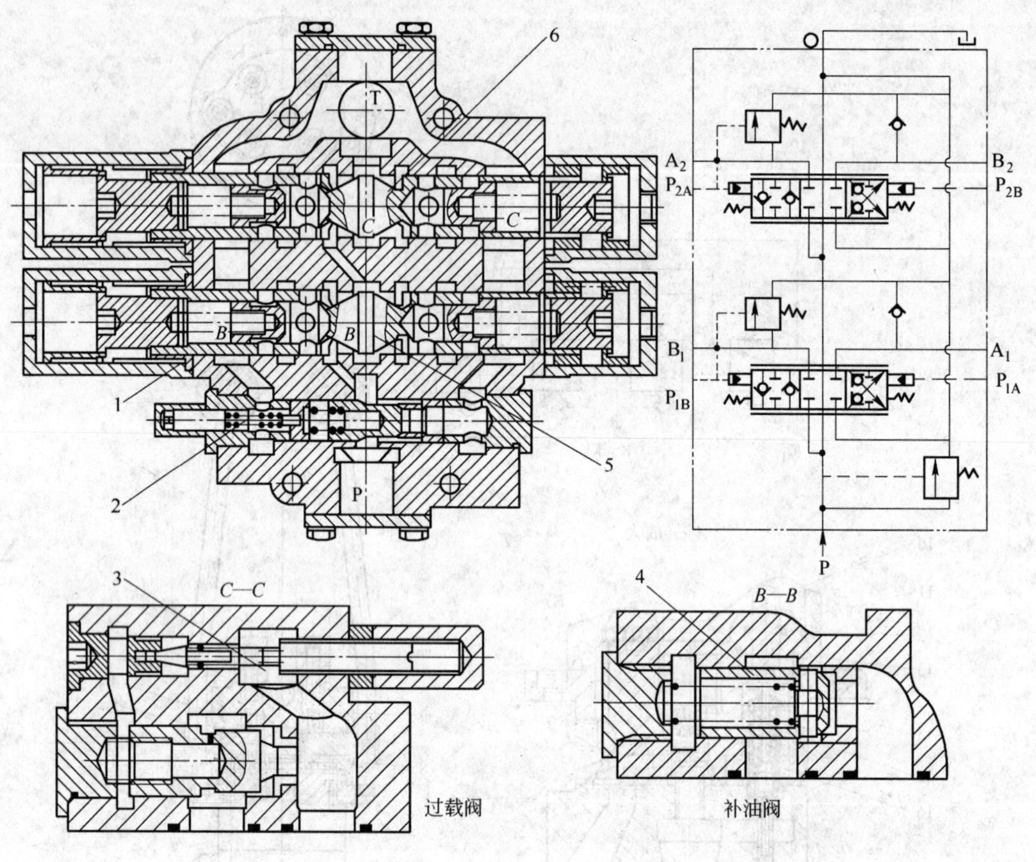

图 8-19 ST-5C 型地下装载机多路换向阀

1—换向阀；2—主溢流阀；3—过载阀；4—补油阀；5—转斗滑阀；6—举升滑阀

（3）动臂下降。先导阀来的压力油从 P_{2B} 进入，推动滑阀 6 左行，压力油 P 顶开单向阀进入举升油缸顶部，推动活塞下行，下降动臂。油缸下部的液压从 A_2 进入换向阀顶开单向阀，流回油箱。

（4）铲斗后翻呈运输位置。先导阀来的压力油进入 P_{1A} 推动转斗滑阀 5 左行，此时压力油 P 顶开此阀芯内的单向阀，通过 A_1 口进入倾翻油缸上部，推动活塞后退，致使铲斗后翻，活塞底部的液压油通过 B_1 口顶开单向阀，流回油箱。在举升油缸上腔，翻斗油缸后腔与回油口装有补油阀 4。这是因为动臂下降时（或铲斗卸料时），由于动臂液压缸下腔（或铲斗油缸压前腔）压力很高，回油流量很大，当动臂下降很快（或铲斗卸料很快时）此流量超过液压泵的供油量时，动臂液压缸上腔（或倾翻油缸后腔）可能出现“真空”，影响液压系统正常工作。为不使真空度过大，装设了单向补油阀，当某一液压缸内油压低于系统回油油压时，回油路的压力油打开单向补油阀进入液压缸。

主溢流阀 2 主要起安全阀的作用。此阀可保证液压系统的油压不超过限定值。防止系统过载，从而保证油路系统中各液压元件的安全工作。该油压限定值是通过调节螺钉来调节的。若压力超过限定值，高压油通过阻尼孔进入安全阀内，推开先导阀回油。从而使单向阀左边作用力减小。单向阀左行，高压油与回油口相通，系统卸载。若压力油低于限定值，则单向阀重新关闭，压力油又可以全部进入工作回路。

由于铲斗在铲取时，可能会瞬时过载，还由于工作装置在运动过程中，由于各种原因不协调或受到外力作用，使封闭的油缸压力瞬时增加，这时过载阀 3 将打开，压力油直接流回油箱。

其他地下装载机多路换向阀结构原理基本相同，不同的是：

(1) 在动臂或铲斗回路中增加了一个浮动位置。即四位六通多路阀。在这个浮动位置，整个油路处于无压力空循环状态，动臂油缸（或铲斗油缸）由于工作机构的重量及地面反力的联合作用，处于浮动状态（图 8-20）。由于浮动状态一方面可使地下装载机在铲掘作业时，或反向刮平作业时，工作装置能随着地面的状况自由浮动，这样可提高装载机的工作效率；另一方面，油缸处于浮动位置，可使空斗迅速下降。

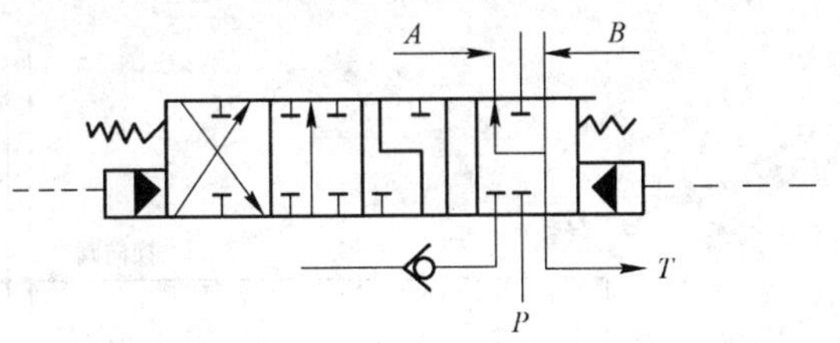

图 8-20 浮动状态

(2) 多路换向阀中多了一联控制阀，以控制推板油缸的动作（图 8-15 中的推板式油缸）。

(3) 多路阀阀芯中不带单向阀，这主要是为了简化结构或滑阀采用“负封闭”，不会产生“点头”现象之故。

(4) 操纵阀的操作方式有手动和先导式之分。在地下装载机中，由于液压系统流量压力不断加大，换向阀的行程不断增加，单靠手动式杠杆控制已相当困难，甚至不可能，于是出现先导控制。采用手动控制，必须把多路阀布置在操作方便的地方，而且占的工作空间也较大，这对本来就很狭窄的驾驶室来说布置也带来困难。采用先导控制，把先导阀布置在操作方便的地方，就容易得多。由于先导阀的上述优点，因而获得广泛应用。

(5) 多路阀有整体式和分片式。整体式多路阀结构紧凑，质量轻，压力损失也小，缺点是通用性差，制造困难，成本也高，分片式则反之。

(6) 各联换向阀之间的油路连接方式的并联、串联、串并联几种。地下装载机多路阀大都采用并联的结构，也有一些换向阀采用串并联结构，前者可同时操作，大臂与铲斗联合作业，有利铲掘。后者却不能使两联同时工作。

(7) 在工作机构液压系统中有采用独立的液压回路，即该回路与其他液压回路彼此不干涉各自独立。这种配置可以很容易找出故障源，但能量损失大。也有的采用合流即工作油泵与转向油泵合流。当不转向时，或转向时多余的油流入工作机构液压回路与工作油泵合流，一方面加快了工作装置的循环速度，另一方面又减少了能量损失，降低发热，而且可以把工作油泵的流量选得比较少一点。很多地下装载机都采用合流的方案。

8.4.2 转向液压系统

由于地下装载机在井下作业，井下巷道路窄弯、多，因此不仅转向频繁，而且还要求转向灵敏。因此仅靠人的力量是很困难的，甚至无法实现。为了改善作业的劳动条件，提高生产效率。目前几乎所有地下装载机都采用液压转向。它具有质量轻、结构紧凑、对地面冲击起缓冲作用、动作迅速等优点。

常见地下装载机的转向液压系统有六种。

8.4.2.1　恒功率变量泵配蓄能器供油的转向液压系统

以美国 EIMCO 公司生产的 922、928 地下装载机为代表，采用恒功率变量泵配蓄能器供油的转向系统如图 8-21、图 8-22 所示。该系统主要由恒功率变量泵、转向阀（包括溢流阀）、蓄能器、缓冲阀（过载阀）、两个转向油缸组成。

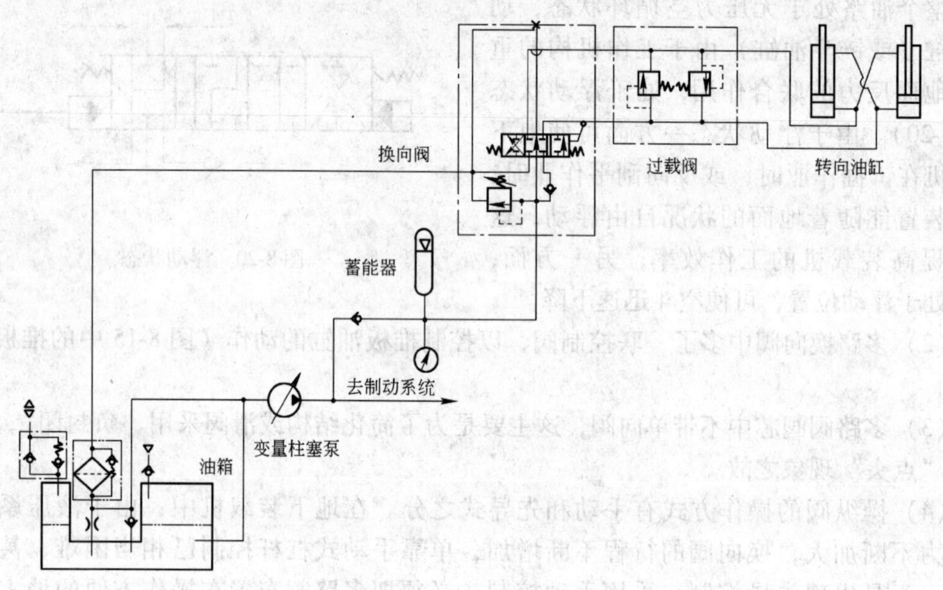

图 8-21　恒功率变量泵转向系统

该系统一个很重要的特点是转向系统与制动系统共一个泵。该泵为压力补偿斜盘式轴向柱塞变量泵。当系统压力未达到油泵设计值时，柱塞泵向系统供油，向蓄能器充油，随着系统压力增加，油泵斜盘摆角减少，油泵供油量也减少，当油压达到油泵最大设计油压时，油泵就停止供油；若油压下降，油泵又恢复供油。由于该系统具有这一特点，因而能量损耗小，可利用的能量大。在泵排量恒定的系统中，为了将多余的液流分流，需要一个卸载阀，而压力补偿系统不需要此阀，因而结构简单，维修量少。但是由于该泵对过滤精度、吸油压力、回油压力、维护保养都有严格的要求，稍不注意就会造成油泵损坏，再加上油泵的价格高（是齿轮泵的 3～10 倍），又限制了它的使用。

该系统另外一个特点是采用了一个大容量的蓄能器，一旦油泵出了故障，能紧急转向，以减少事故的发生。

在转向液压系统中有一个重要的液压元件——转向阀。它实际上是单片换向阀，其作用是控制地下装载机转向。CY-6 型地下装载机转向阀结构与原理如图 8-22 所示。

转向阀由换向阀、过载阀、单向阀组成。

(1) 换向阀。换向阀的换向过程如下：

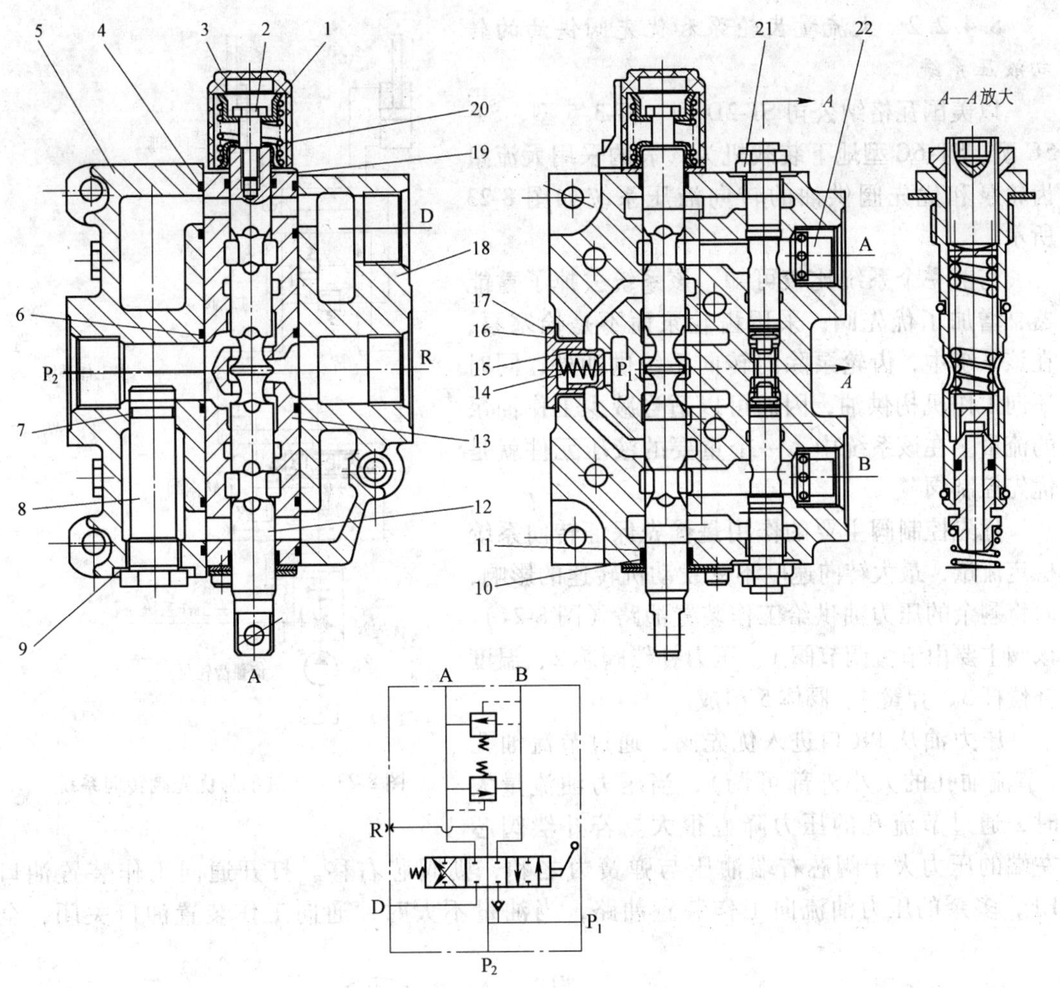

图 8-22 CY-6 型地下装载机转向阀结构与原理

1—套环；2—螺钉；3—端盖；4，6—密封圈；5—左阀体；7，16—O 形密封圈；8—螺栓；9—垫圈；10—挡圈；11—密封圈；12—换向阀阀芯；13—中间阀套；14，20—弹簧；15—单向阀芯；17—螺塞；18—右阀体；19—垫片；21—过载阀；22—节流器

1）不动的位置。从油泵来的压力油，通过 P_1 口或 P_2 口直接通过 R 口回油箱。

2）左转向。通过操纵杆，拉动阀芯，此时压力油 P_1 经过 B 口到右转向缸后腔，左转向缸前腔，右转向缸活塞伸出，左转向缸活塞退回，使车辆左转。而右转向缸前腔，左转向缸后腔压力油通过 A 口流回油箱。

3）右转向。通过操纵杆推动阀芯，从而操纵车辆右转。

（2）过载阀。过载阀的作用主要是当转向油缸过载或受到外来载荷作用时卸荷，以保护油缸。

（3）单向阀。单向阀的作用是防止换向阀在换向过程中油缸的压力油回流。

其他型号的地下装载机转向阀的结构原理基本相同，只是有的转向阀同过载阀是集成在一起的，有的是分开的。

8.4.2.2　大流量齿轮泵和优先阀供油的转向液压系统

以美国瓦格纳公司 ST-2D 型、ST-3.5 型、ST-5C 型、ST-6C 型地下装载机为代表的采用大流量齿轮泵和优先阀供油的转向液压系统如图 8-23 所示。

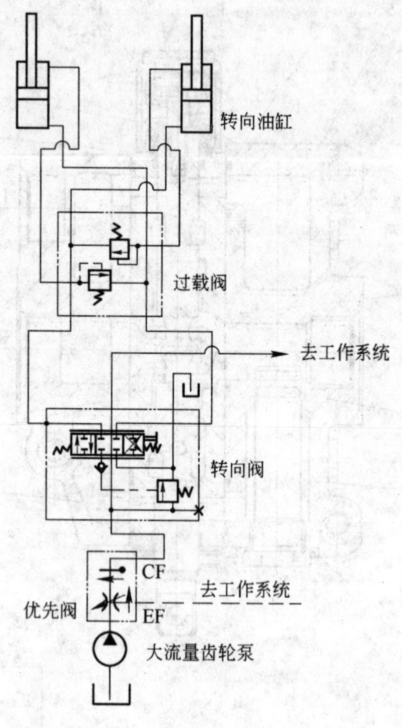

图 8-23　定量泵与优先阀转向系统

与前一个系统比较可知，该系统去掉了蓄能器，增加了优先阀；采用齿轮泵而不是栓塞泵；在该系统中，齿轮泵除向转向系统供油外，同时还向工作机构供油，因而可以适当减少工作油泵的流量。在该系统中，一个重要的液压元件就是优先控制阀。

优先控制阀主要的作用是优先保证转向系统稳定流量，最大转向速度不受发动机转速的影响，而将剩余的压力油供给工作装置油路（图 8-24）。该阀主要由节流调节阀 1、压力补偿阀芯 2、温度补偿杆 3、弹簧 4、阀体 5 组成。

压力油从 PR 口进入优先阀，通过节流油孔（节流油孔的大小外部可调），当压力油流量大时，通过节流孔的压力降也很大。若补偿阀芯左端的压力大于阀芯右端油压与弹簧力之和，则阀芯右移。打开通向工作装置油口 EF，多余的压力油流向工作装置油路，当油量不大时，通向工作装置油口关闭，全

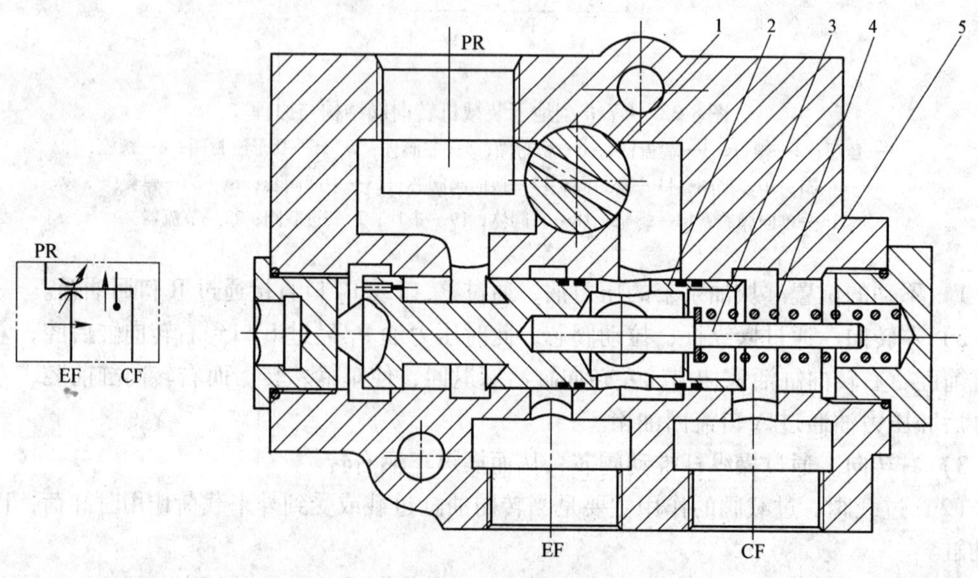

图 8-24　ST-5C 型地下装载机优先控制阀原理

1—节流调节阀；2—压力补偿阀芯；3—温度补偿杆；4—弹簧；5—阀体

部液压油从 CF 口流向转向系统，从而保证转向速度恒定。当油温很高时，温度补偿杆伸长，从而使补偿压力阀芯左移，减少或关闭流向工作装置油路的油量。节流调节阀主要是在发动机高速空转时调节通过阀的流量，使机器从最左位置转到最右位置（或反之），正好为 5 ~7s。

8.4.2.3　齿轮泵供油的转向液压系统

以芬兰 TORO300 型、国产 CY-4 型地下装载机为代表的只采用适当流量的齿泵供油的转向系统如图 8-25 所示。该系统只采用了一个齿轮泵供油，当不转向时，转向油泵全部的油流向工作系统，与工作泵合流。当转向时，转向油泵的全部油流向转向油缸，转向速度可通过操纵油门和转向阀杆来控制。该系统结构简单，性能稳定，成本低，故障率也相对低。

8.4.2.4　负荷传感转向液压系统

以法国 EM 公司 CTX-6B 型、CTX-5N 型地下装载机为代表的负荷传感转向液压系统如图 8-26 所示。

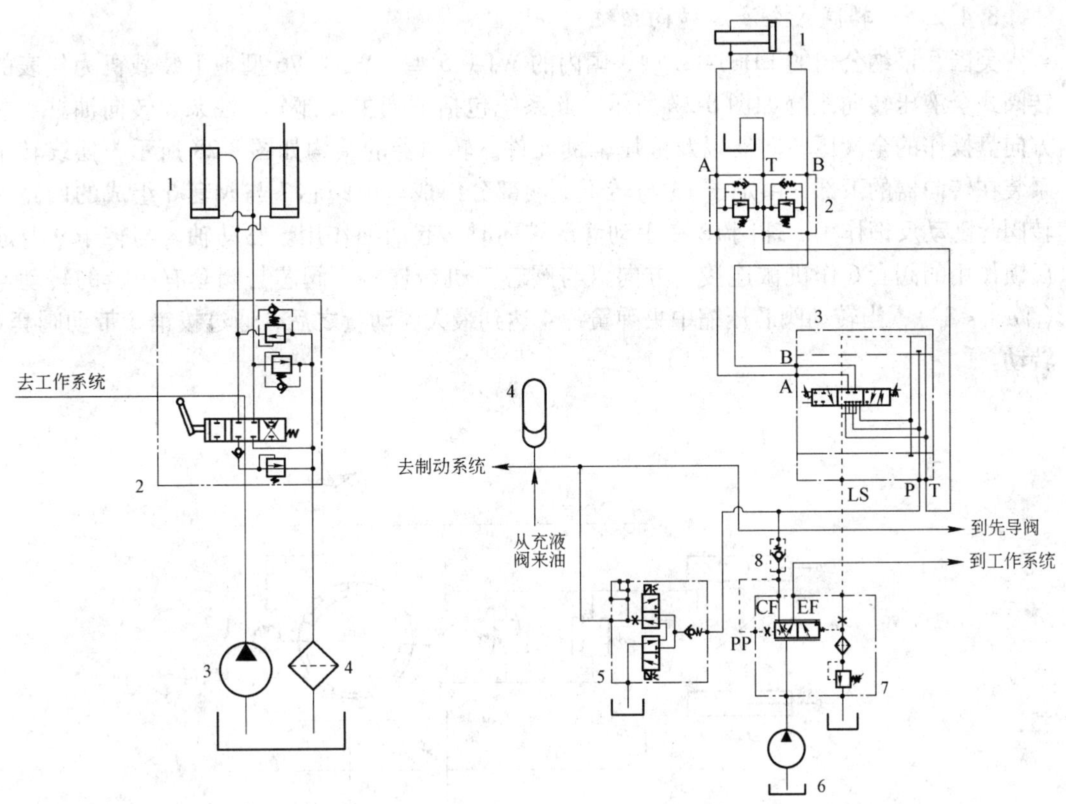

图 8-25　齿轮泵供油的转向液压系统
1—转向油缸；2—换向阀；
3—转向油泵；4—过滤器

图 8-26　负荷传感转向液压系统
1—转向油缸；2—过载阀；3—负荷传感转向阀；4—蓄能器；
5—紧急转向阀块；6—转向油泵；7—优先阀；8—单向阀

负荷传感转向液压系统在露天装载机中用得比较普遍，在地下装载机中也有应用。它由转向油缸、过载阀、负荷传感转向阀、紧急转向阀块、转向油泵、优先阀、单向阀等组成。负荷传感转向阀为了将压力信号传递给优先阀，增加了一个 LS 油口，这种转向系统能够按照转向油路的要求，优先向转向油路分配流量，剩余部分全部供给工作装置油路使用。从而消除了由于转向油路供油过多造成的功率损失，提高了系统效率，且转向平稳。

如图 8-26 所示，转向液压系统与工作装置液压系统采用分流系统。当转向阀处于中位时，发动机启动后，液压泵输出油液通过优先阀 CF 口，作用在优先阀 PP 口，LS 油流回油箱。PP 口油压克服了弹簧力，把优先阀芯推向右边。此时大部分油液通过 EF 口流向工作系统。当换向阀换向后，LS 口与 P 口相通，优先阀芯右边的油压增加，结果右边的油压加上弹簧力大于优先阀左端的 PP 口的油压力，结果使优先阀芯向左移动，关闭 EF 口，打开 CF 口，转向油泵的油全部进入转向系统。

该系统的紧急制动阀块是由于当转向油泵出了故障时，接通该阀块，使制动油泵的来油或使用蓄能器的油进行紧急转向，这是一套安全系统。

法国 EM 公司这类液压转向系统技术先进，结构复杂，成本较高。

8.4.2.5 转阀式全液压转向系统

美国瓦格纳公司的 EHST-1A 型、国内的 WJ-1.5 型、WJ-0.76 型地下装载机为代表的转阀式全液压转向系统如图 8-27 所示。此系统包括下列主要部分：油泵、转向油缸、由方向盘操作的全液压转向器以及液压辅助元件。转向器的结构如图 8-28 所示，摆线转子泵装在转向器的下部，由定子 13 与转子 9 两部分组成。由阀芯 7 与阀套 6 组成的四路回转阀起随动反馈作用。球阀 12 在手动静压转向时，起回油作用。驱动轴 8 与转子 9 及起反馈作用的阀套 6 作机械连接，方向盘与阀芯 7 机械连接，阀芯与阀套有一定的转动量（$|\alpha| < 8°$），当转动阀芯压缩中央弹簧片 4 达到最大浮动量之后，通过拨销 5 带动阀套 6 转动。

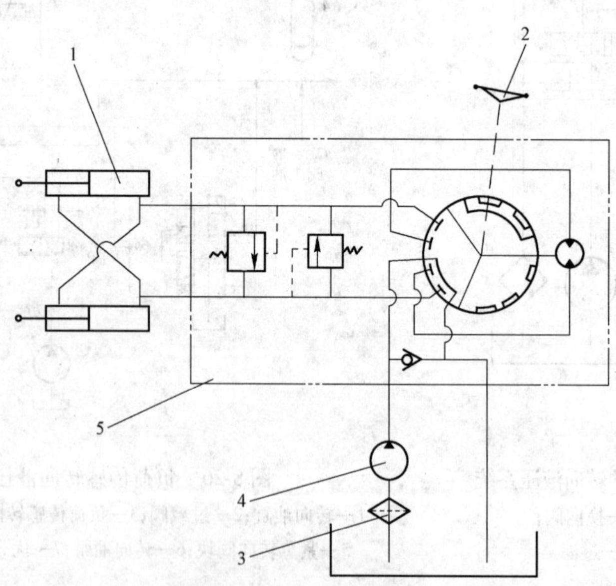

图 8-27 转阀式全液压转向系统

1—转向油缸；2—方向器；3—滤清器；4—齿轮油泵；5—全液压转向器

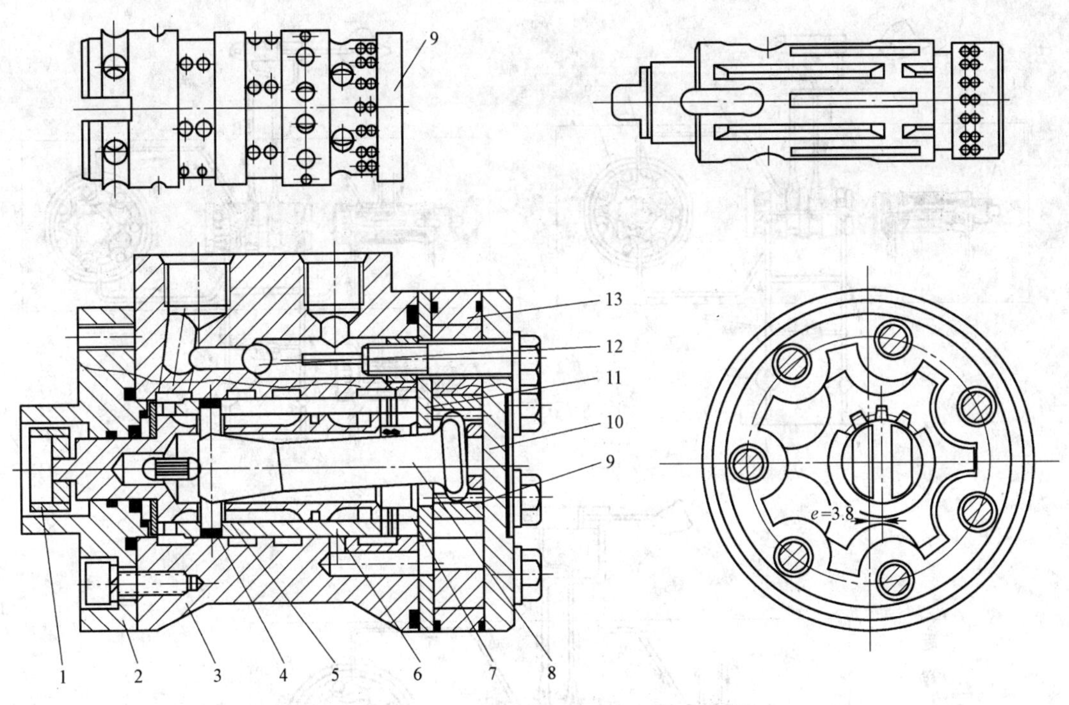

图 8-28 转向器结构

1—连接块；2—前盖；3—阀体；4—弹簧片；5—拨销；6—阀套；7—阀芯；
8—驱动轴；9—转子；10—后盖；11—隔盘；12—球阀；13—定子

摆线转子泵转向器的工作原理如图 8-29 所示。油管 L、R 接通转向油缸的两腔，当方向盘右转时，带动阀芯 1 右转，因阀芯 1 和阀套 4 之间有 ±8°的转向量，故阀芯相对阀套转动，这时阀芯 1 的油槽与阀套进油路 P 接通。泵的来油通过阀套 4、阀芯 1 的油槽，又从阀套流向转子泵，推动转子泵转子 6 相对转子泵定子 5 转动（此时实际上是转子马达）。同时，转子泵出油通过阀套后经油管 R 进入转向油缸 3 的小腔，使油缸活塞杆内缩，拉动前车架 2 向右转。油缸 3 大腔的油从油管 L 进入阀套 4 再经阀芯 1 的回油槽后，又从阀套的回油路 T 回油箱（图 8-29*b*）。

阀芯与阀套的相对转角为 1.5°时，油路开始接通；相对转角为 6°时，全部打开。转子泵的旋转使油通向油缸，供油量的多少与方向盘的转角成正比。

当方向盘向右转过一个角度不动时，由于上述油道打开而使油泵的来油推动转子泵的转子 6 也向右转；当转子泵转子 6 的转角与方向盘转角相同时，因阀套 4 与转子泵转子 6 是通过驱动轴作机械连接的，因而转子带动阀套 4 也向右转动与方向盘相同的角度。这时，阀套 4 与阀芯 1 又形成了没有相对转角的位置，将通往转子泵及油缸的油道关闭，使油泵 8 的出油经通道 P 进入阀套，经过阀芯 1 的泄油槽后，又从阀套 4 的回油管 T 流回油箱。这时，前车架也停止摆动，此即液压反馈随动作用。

当发动机熄火或转向油泵 8 发生故障时，这种转向器可用手扳动方向盘进行静压转向（图 8-29*c*）。当扳动方向盘右转时，阀芯转过 8°的转动量，经拨销 5 带着阀套 6、驱动轴 8（图 8-28）和转子泵转子 6 转动，这时槽路通连情况如图 8-29*b* 所示，转子 6 的转动将油

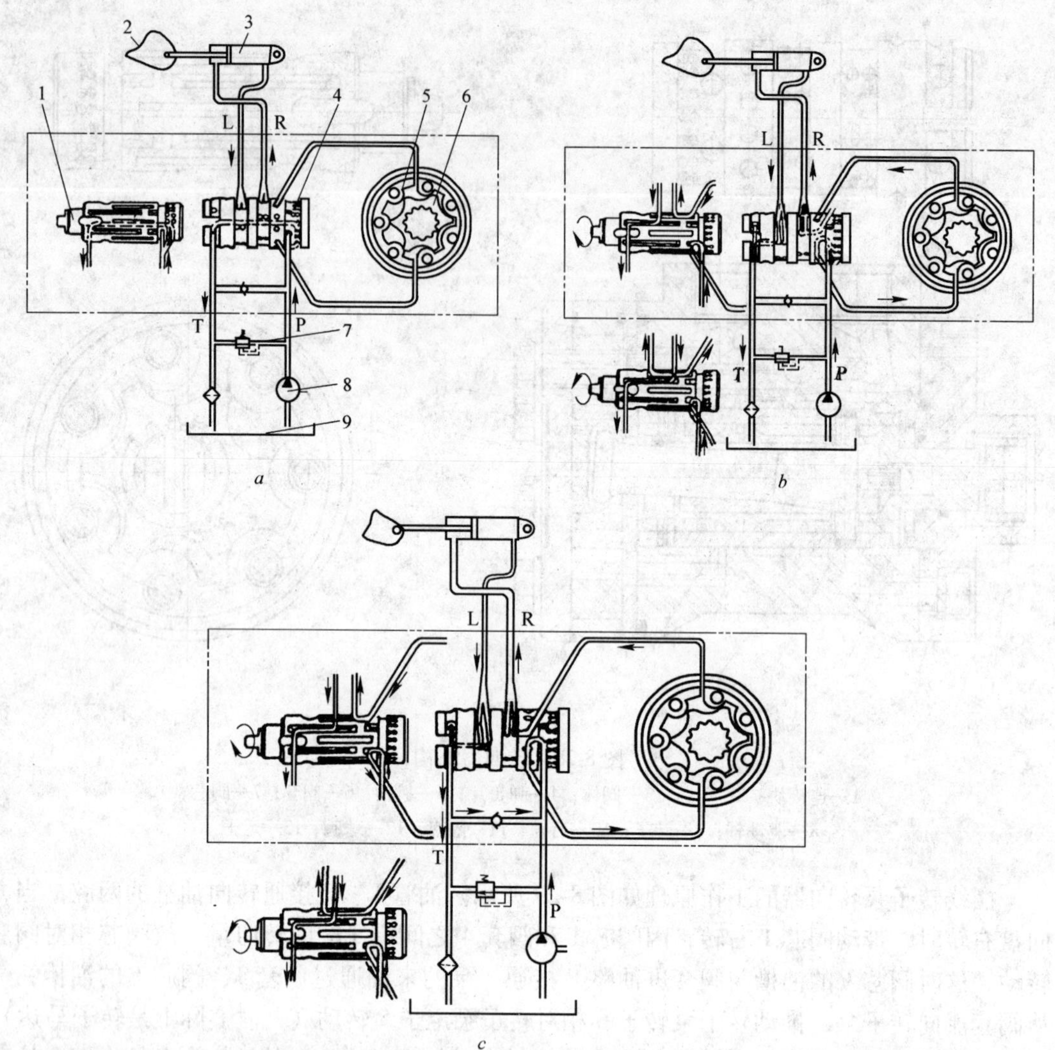

图 8-29　摆线转子泵转向器的工作原理

a—方向盘未转时；*b*—方向盘右转时；*c*—手动静压转向方向盘右转时

1—阀芯；2—前车架；3—转向油缸；4—阀套；5—转子泵定子；

6—转子泵转子；7—溢流阀；8—转向油泵；9—油箱

从油管吸出经单向阀、阀套、阀芯进入转子泵的进油腔，由于手转动转子泵的作用使油产生压力进入转向油缸小腔，使活塞杆内缩、前车架右转。大腔的油从油管 L 经阀套、阀芯，再从阀套经单向阀到转子泵的进油腔，不断补入小腔，实现转向。

由于可能存在着人力静压转向，转向器不应安装在高于油箱液面 0.5m 以上的地方，以提高吸油效果。

这种摆线转子式全液压转向器与人力驱动、机械式转向机构相比，具有以下优点：

（1）操作轻便灵活。

（2）结构简单，尺寸紧凑，质量轻。

(3) 与方向盘连接方便，有利于机器的总体布置和装拆修理。

(4) 性能稳定，保养方便（整个元件几乎没有需润滑保养的部位），磨损不严重，工作可靠，故障少。

(5) 发动机熄火后，仍可人工静压转向等。

该系统在小型地下装载机中使用较为普遍。

8.4.2.6 流量放大器的转向液压系统

在一些大型地下装载机中普遍采用流量放大器的转向液压系统（图 8-30）。该系统含有负载感应转向器和一个流量放大器。

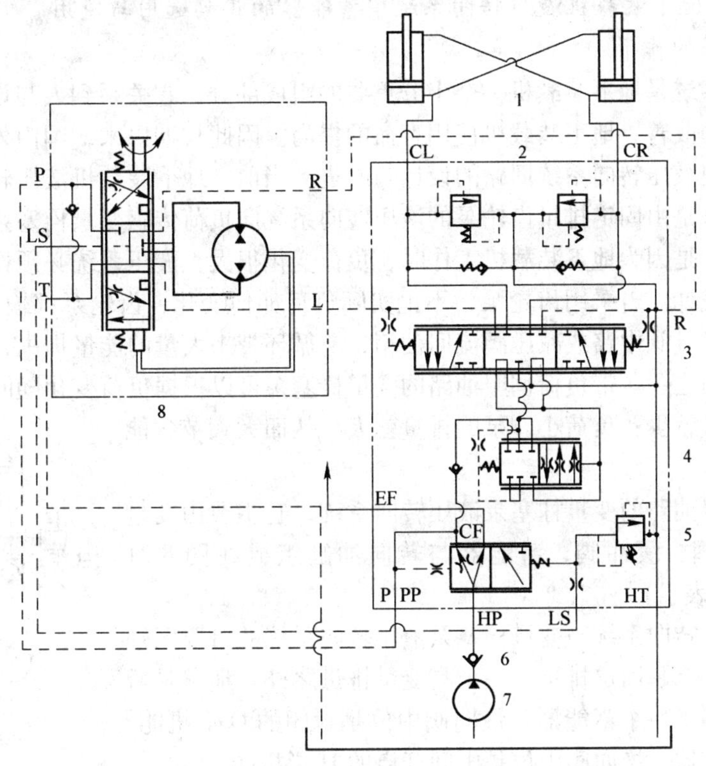

图 8-30 有流量放大器的转向系统原理

1—转向油缸；2—过载阀；3—方向控制阀；4—行程放大器；5—安全阀；6—优先阀；7—转向油泵；8—转向器

LS—负荷感应口；PP—引导压力口；HP—高压油口；HT—回油口；CF—去转向油路；

EF—去工作系统油路；L—左油口；R—右油口；P—压力油口；T—回油口；

CR—右转向油缸油口；CL—左转向油缸油口

流量放大器由优先阀、一个方向控制阀、两个过载阀、行程放大器和安全阀组成。该流量放大器以一定的放大倍数对转向器的 L 或 R 口的油量进行放大。所放大的油量直接由流量放大器的 CL 口或 CR 口流到转向油缸中。放大的油量与方向盘的转动速度成正比。如果液压油泵供不上油，该流量放大器就切断放大，并转入手动转向泵。手动转向泵只能对车辆进行有限的控制。

流量放大阀中的优先阀和负载感应型转向器使转向系统优先从液压油泵中得到油。当转向器处于中位时，油泵来油通过 HP 口进入阀内。由于负荷感应口 LS 接油箱，因此几乎全部流量经 EF 口流向工作系统。当转向器转向时，随着转向压力的增加，优先阀滑芯逐渐左移，当 LS 达最大值时，通过 EF 口向工作系统的流量全部关闭，所有油泵流量 HP 都流向转向系统。同时转向器压力油口与 R 口（或 L 口）相通。一方面推动换向阀芯左移（或右移），结果 CR 口或（CL 口）与油箱相通，另一方面压力油 R（或 L）通过换向阀推动行程放大器左移，从而使 HP 的来油与从转向器 R 口（或 L 口）的来油同时转向油缸 CL 供油，使车辆右（或左）转。

流量放大器中过载阀主要保护流量放大器不受转向油缸上外部负载的冲击，安全阀主要是保护转向器与优先阀避免承受过高压力。

8.4.2.7　地下装载机液压转向系统中蓄能器的正确选用与使用

A　蓄能器的作用

液压转向系统是地下装载机一个十分重要的组成部分，它关系到人与设备的安全、地下装载机性能的改善、地下装载机使用寿命的提高。因此长期以来，国内外地下装载机制造厂都十分重视液压转向系统回路的设计与改进。当前，地下装载机液压转向系统一个重要的发展趋势就是由固定排量齿轮泵的液压转向系统向负荷传感变量栓塞泵的液压转向系统方向发展。这是因为地下装载机工作时，负荷变化很大，液压系统必须按照最大负荷的工况和速度来设计。若采用齿轮泵，不论实际负荷如何变化，齿轮泵都输出等量压力油，多余的液压油经过阀中路或减压阀流回油箱，空循环带来大量的能量损失，这是造成液压系统发热的原因之一。带负荷伺服油路的变量栓塞泵可以根据负荷变化随时调整排量，负荷大，泵的排量就少；负荷小，泵的排量就大。从而大大节省能量，减少发热。

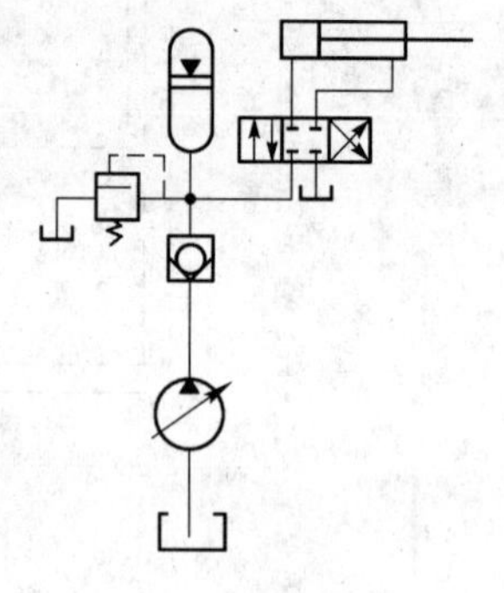

图 8-31　变量栓塞泵液压转向系统

带负荷伺服油路的变量柱塞泵液压转向系统，它主要由变量栓塞泵、单向阀、缓冲阀、蓄能器与转向油缸组成［图 8-31（缓冲阀图中未表示）］。

齿轮泵液压转向系统与变量栓塞泵液压转向系统的重要区别是，除了油泵一个是固定排量，一个是变量排量之外，那就是后者在换向阀前多了一个蓄能器。换向阀中位是封闭的 O 形机能。而前者没有蓄能器，换向阀中位是中间开启的 H 形机能。

由图 8-31 可知，蓄能器在地下装载机液压转向系统中起着很重要的作用：

（1）作应急动力源。地下装载机动力源如电动机或柴油机或油泵因故障停止供油，地下装载机无法转向，此时蓄能器可立即向系统供油，以维持系统紧急临时转向，从而保证人与设备的安全。

（2）吸收冲击压力。由于换向阀突然换向或转向油缸突然停止运动，都会使系统产生冲击。这时安全阀来不及作用。因此在换向阀等冲击源前安装的蓄能器可吸收冲击压力，防止液压系统压力突然升高而损坏液压元件。

（3）吸收压力脉冲。所有的变量柱塞泵都将产生流量的脉动，而流量的脉动将造成液压系统压力脉动，从而对液压系统工作质量产生不利影响。采用蓄能器后，就可以把压力脉动量保持在允许的水平。

既然蓄能器在地下装载机中有如此重要的意义，但如果选择不正确、使用不当，不仅不能起到上述作用，相反还会大大缩短蓄能器的使用寿命。因此必须要重视蓄能器的合理选择与正确使用。

B 蓄能器的合理选择

a 蓄能器结构的选择

蓄能器的种类很多，常有气囊式、隔膜式和活塞式。但由于气囊蓄能器中空气与油是隔开的，油不易老化，尺寸小，质量轻，惯性小，反应灵敏，充气方便，特别是蓄能器充的是氮气，因为它不燃烧，来源容易，密封泄漏也不污染环境，再加气囊是合成橡胶材料制造的，具有很好隔热性能，在气体压缩与膨胀循环中对减少热量的传递有很好作用。

b 蓄能器尺寸及特性参数的选择

选择合适的蓄能器的大小与特性参数，对满足地下装载机一次转向所需要的油量和延长蓄能器使用寿命十分重要。若尺寸选择过小，会导致蓄能器因油被抽空而导致皮囊损坏，过大也是个浪费。最合适的大小是在转向液压系统正常操作时，蓄能器内至少要保留10%的液压油，以防止皮囊同蓄能器和提升阀相接触。下面介绍几种决定蓄能器大小的方法。

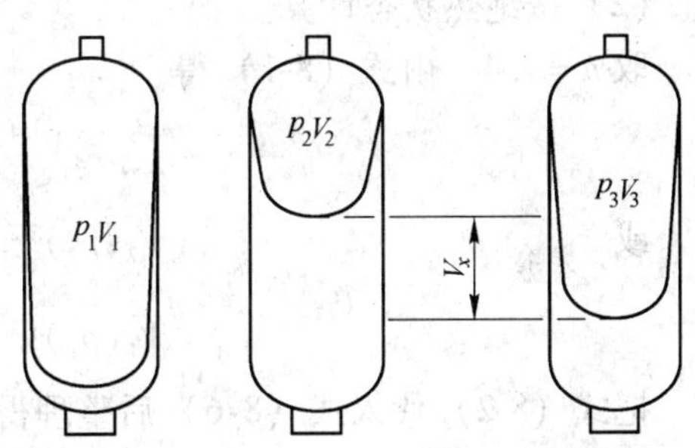

图 8-32 气囊式蓄能器压力与容积关系

V_1—需要的蓄能器气体体积也是预充气压力下气体最大容积，m^3；p_1—蓄能器预充气压力，MPa；V_2—液压系统最大操作压力下气体被压缩的体积，m^3；p_2—系统的最大操作压力，MPa；V_3—液压系统最小操作压力时气体膨胀的体积，m^3；p_3—液压系统最小操作压力，MPa

根据 Boyle 气态方程可知，充气容积与压力间的关系为

$$pV^n = K \quad (常数) \tag{8-1}$$

式中 p——蓄能器气体充气压力；

V——蓄能器充气气体体积；

n——多变指数，$n=1\sim1.4$。

（1）按等温状况计算。当蓄能器排油速度缓慢，排油时间在 3min 以上，气室温度基本上不随气室弹性变形变化，这时气体容积随压力变化可按等温计算。其变化过程见图 8-32。

假设 $$V_x = V_3 - V_2 \tag{8-2}$$

V_x 表示压力从 p_2 降到 p_3 时，气体膨胀的实际体积。该排气量等于蓄能器排出的液体量，也等于地下装载机一次转向转向油缸所需要的油量，即

$$V_x = \frac{\pi}{4}(2D^2 - d^2)L \tag{8-3}$$

式中 D——转向油缸活塞直径，mm；

d——转向油缸活塞杆直径，mm；

L——转向油缸实际行程，mm。

由式（8-2）得

$$V_3 = V_x + V_2 \tag{8-4}$$

由式（8-1）得

当 $n=1$ 时 $$p_2V_2 = p_3V_3$$

即 $$p_2V_2=p_3(V_x+V_2)$$

所以 $$V_2=\frac{p_3V_x}{p_2-p_3}$$

又由式（8-1）得

$$p_2V_2=p_1V_1$$

所以 $$V_1=\frac{p_2}{p_1}\left(\frac{p_3V_x}{p_2-p_3}\right)$$

最后 $$V_1=\frac{V_x\frac{p_3}{p_1}}{1-\frac{p_3}{p_2}} \tag{8-5}$$

（2）按绝热状态计算。

取 $n=1.4$ 由式（8-1）得

$$p_1V^{1.4}=p_2V^{1.4}=p_3V^{1.4} \tag{8-6}$$

或 $$V_2(p_2)^{\frac{1}{1.4}}=V_3(p_3)^{\frac{1}{1.4}} \tag{8-7}$$

$$V_1(p_1)^{\frac{1}{1.4}}=V_2(p_2)^{\frac{1}{1.4}} \tag{8-8}$$

把式（8-2）代入式（8-6）后整理得

$$V_2=\frac{V_x(p_3)^{\frac{1}{1.4}}}{(p_2)^{\frac{1}{1.4}}-(p_3)^{\frac{1}{1.4}}} \tag{8-9}$$

将式（8-9）代入式（8-8）中，整理后得

$$V_1=\frac{V_x\left(\frac{p_3}{p_1}\right)^{\frac{1}{1.4}}}{1-\left(\frac{p_3}{p_2}\right)^{\frac{1}{1.4}}} \tag{8-10}$$

（3）根据热膨胀补偿器计算蓄能器总容积 V_e。在封闭的液压回路中，由于热膨胀很容易使系统压力增加，从而超过安全极限，最终导致系统元件损坏（如管路破裂）。为了防止这种事件的发生，在系统中安装一个合适的蓄能器，以吸收液体的增加量，防止系统油压增加。对地下装载机来说，由于地下散热条件差，液压转向系统油温都比较高，最高可达85℃。因此，计算作为热膨胀补偿器的蓄能器总量就显得十分必要。

有效容积（即温度 T_1 升至 T_2 时吸油量或温度由 T_2 降到 T_1 时有效排容量）ΔV 的计算。当温度由 T_1 升至 T_2 时，封闭回路中液体膨胀而增大的容积即为蓄能器必须吸收的油液容积。

$$\Delta V=V_\alpha(T_2-T_1)(\alpha_V-3\alpha) \tag{8-11}$$

式中 V_α——封闭回路中油液的总容积（管内截面积乘以管长），m^3；

T_1——系统的初始温度，K；

T_2——系统的最高温度，K；

α——管子材料线膨胀系数，K^{-1}；

α_V——液体的体积膨胀系数，K^{-1}。

把 ΔV 替代式（8-5）中的 V_x 则得等温过程蓄能器的总体积 V_e

$$V_e = \frac{V_\alpha(T_2 - T_1)(\alpha_V - 3\alpha)\left(\frac{p_3}{p_1}\right)}{1 - \frac{p_3}{p_2}} \tag{8-12}$$

同样用 ΔV 替代式（8-10）中的 V_x，则得绝热过程蓄能器总体积 V_e

$$V_e = \frac{V_\alpha(T_2 - T_1)(\alpha_V - 3\alpha)\left(\frac{p_3}{p_1}\right)^{\frac{1}{n}}}{1 - \left(\frac{p_3}{p_2}\right)^{\frac{1}{n}}} \tag{8-13}$$

c 蓄能器其他性能参数的选择

（1）充气压力 p_1 的选择。地下装载机液压转向系统蓄能器主要用紧急转向的动力源。因此预充气压最高压力取

$$p_1 \leqslant 0.9p_3 \tag{8-14}$$

p_3——系统最小操作压力。

如果 $p_1 > p_3$，则蓄能器气囊经常接触进气阀，从而使气囊产生磨损，而缩短其使用寿命。如果 $p_1 < p_3$，则要满足系统对转向油量的要求，则要增加蓄能器的容积，也不合适。因此 p_1 最小应是最高工作压力的1/4～1/3。

（2）系统最小操作压力的确定。对地下装载机来说，转向油缸能在小操作压力 p_3 作用下，产生的转向力矩大于地下装载机原地转向所需的阻力力矩 M_{S0} 即

$$M_S \geqslant M_{S0} \tag{8-15}$$

$$M_{S0} = 0.16BW \tag{8-16}$$

式中 M_{S0}——相对铰接点转动阻力矩，N · m；

B——轮距，mm；

0.16——轮胎与地面综合阻力系数；

W——最重的桥荷，N。

由于转向油缸在转向过程中作用力臂是随转向过程而变化，且两缸力臂不等，不能达到最小值，为简便起见，可用式（8-17）计算。

$$M_S = p_3 \frac{\pi}{4}(2D^2 - d^2) r_{min} \tag{8-17}$$

式中 p_3——转向液压系统所需的最小转向压力，N/mm^2；

D——活塞直径，mm；

r_{min}——转向油缸相对铰接点的最小力臂，m；

d——活塞杆直径，m；

M_S——转向油缸在 p_3 下产生的最小转向力矩，N · m。

把式（8-15）、式（8-16）代入式（8-17）得

$$p_3 = \frac{0.16BW}{\frac{\pi}{4}(2D^2 - d^2) r_{\min}} = \frac{0.2BW}{(2D - d) r_{\min}} \tag{8-18}$$

（3）系统最大工作压力 p_2 的确定。为了达到蓄能器的最长寿命，系统最大操作压力不应超过系统最小操作压力的 3 倍。若超过了 3 倍，则会使蓄能器气囊过度变形。从而大大缩短蓄能器的使用寿命；反之，若小于 3 倍，即系统最大操作压力与最小操作压力之比越小，蓄能器的使用寿命越长。

d 例题

已知 922 型地下装载机液压转向系统的参数如下：转向油缸活塞直径 $D = 88.9\text{mm}$，活塞杆直径 $d = 45\text{mm}$，实际使用行程 $L = 310\text{mm}$，最小转向力臂 $r_{\min} = 221\text{mm}$，轮距 $B = 1143\text{mm}$，最重的桥荷 $W = 94.37\text{kN}$，最大工作压力 $p_2 = 13.8\text{MPa}$。

试求一次转向的油量 V_x、转向液压系统的最小操作液压力 p_3、蓄能器的最大容积 V_1、蓄能器预充气压力 p_1？

解：由式（8-3）求得

$$V_x = \frac{\pi}{4}(2D_2 - d_2)L = \frac{\pi}{4}(2 \times 88.9^2 - 4.5^2) \times 310$$

$$= 3355412.58\text{mm}^3$$

由式（8-18）求得

$$p_3 = \frac{0.16BW}{\frac{\pi}{4}(2D^2 - d^2) r_{\min}} = \frac{0.16 \times 1143 \times 94370}{\frac{\pi}{4}(2 \times 88.9^2 - 45^2) \times 221}$$

$$= 7.2\text{MPa}$$

由式（8-14）求得

$$p_1 \leqslant 0.9p_3 = 0.9 \times 7.2 = 6.5\text{MPa}$$

由式（8-5）求得

$$V_1 = \frac{V_x\left(\frac{p_3}{p_1}\right)}{1 - \left(\frac{p_3}{p_2}\right)} = \frac{3355412.58 \times \frac{7.2}{6.5}}{1 - \frac{7.2}{13.8}}$$

$$= 7775658\text{mm}^3 \approx 7.78\text{L}$$

由式（8-10）求得

$$V_1 = \frac{V_x\left(\frac{p_3}{p_1}\right)^{\frac{1}{1.4}}}{1 - \left(\frac{p_3}{p_2}\right)^{\frac{1}{1.4}}} = \frac{3355412.58 \times \left(\frac{7.2}{6.5}\right)^{\frac{1}{1.4}}}{1 - \left(\frac{7.2}{13.8}\right)^{\frac{1}{1.4}}}$$

$$= 9705441\text{mm}^3 \approx 9.7\text{L}$$

因此在标准的蓄能器目录中可选 $V_1 = 10\text{L}$ 的蓄能器。

C 蓄能器其他作用分析

a 液压冲击

(1) 由于转向阀的关闭产生的液压冲击。由于换向阀门的突然切换，使在转向液压管道内流动的液体流速骤然降低，紧邻着阀门的一层厚度为 ΔL 液体在 Δt 时间内首先停止运动，之后，液体被压缩，压力增高 Δp（图 8-33）。同时管壁亦发生膨胀。在下一个无限小时间 Δt 段，紧邻着的第二层液体层又停下来，其厚度 ΔL 也受压缩，同时这段管子也膨胀了些。依此类推第三层、第四层逐层停下来，也产生增压，该高压以压力波的形式在管内传播，形成"水锤"现象，在液压系统中称为液压冲击。该冲击压力高于正常系统工作压力，将使系统的管路或元件损坏。在液压系统中设置蓄能器就是降低液压冲击的有效办法。因为当压力升高时，蓄能器可以吸收液体，这就减慢了管路中液压动量变化速度，从而降低冲击压力。

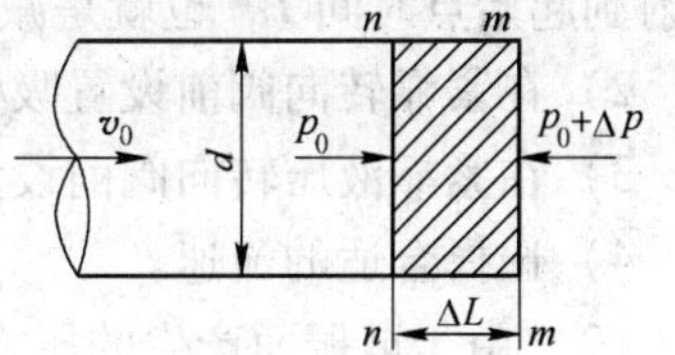

图 8-33 阀门突然关闭时受力分析

以上讨论的液压冲击问题，都是假设转向阀突然关闭的情况下进行的。实际上液压冲击与转向阀开与关的时间有很大关系。

设通道关闭时间为 t(s)，冲击波从起始点开始再反射到起始点时间为 T(s)，则

$$T = \frac{2L}{C} \tag{8-19}$$

式中 L——冲击波传播的距离，它相当于冲击的起始点（即通道关闭的地方）到蓄能器或油箱等液体容量比较大的区域之间的传递管道长度，m；

C——冲击波传播的速度，m/s。

$$C = \frac{\sqrt{\frac{\beta_f}{\rho}}}{\sqrt{1 + \frac{\beta_f d}{E\delta}}} \tag{8-20}$$

式中 β_f——液体的体积弹性模量，一般 $\beta_f = 1.7 \times 10^3$ MPa；

ρ——液体密度，取 900kg/m^3；

d——管子内径，mm；

E——管子弹性模量，钢管 $E = 210$GPa，胶管 $E = 20 \sim 60$GPa；

δ——管壁厚度，mm。

如果转向阀关闭时间 $t < T$，即为直接冲击；$t > T$，即为间接冲击。直接冲击、间接冲击的液压冲击压力 Δp 可分别按式（8-21a）、式（8-21b）计算。

$$\Delta p = \rho C \nu \tag{8-21a}$$

$$\Delta p = \frac{T}{t}\rho C \nu \tag{8-21b}$$

式中 Δp——液压冲击压力，N/m^2；

ρ——液体密度，一般取 $\rho = 900$kg/m^3；

ν——液体运动黏度，m^2/s。

从式（8-21a）、式（8-21b）可知，直接冲击的冲击力要比间接冲击力大。

从以上各式可知，要降低液压冲击力，应做到：

1）要尽可能平缓操作转向阀（也就是尽量延长 t），或者减少冲击波从起始点开始再反射到起始点时间 T，也就是减少冲击波传播的距离 L。

2）在紧靠转向阀前设置吸收冲击压力的蓄能器。

3）在紧靠液压转向阀前设置卸荷阀。

4）选择合适的流速。

（2）由于谐振而产生的压力冲击。在转向液压系统中，由于采用轴向柱塞泵。泵瞬时流量是一周期脉动函数。再加上泵内部或系统管路中不可避免地存在液阻，从而使流量的脉动引起压力脉动。这些脉动也严重影响输出流量的质量，使系统工作不稳定。当泵的脉动频率与液压油栓及管路的固有频率相同，就产生了谐振的条件，谐振时，压力脉动可能很高，这对系统构件有极大的潜在破坏性。在一些极端的情况下，几分钟之内管路或附件即可达到疲劳破坏极限。液压油的流量、压力脉动在管路与附件中激励起高频率的机械振动，将导致管路、附件及安装构件损坏的应力。液压泵的供压管路，一般是最容易受到破坏的部位。因此在液压系统转向等管路设计中，应尽量避免产生谐振。

当管端封闭时，产生谐振的条件是

$$L = \frac{C}{4f}(2n+1) \qquad (n = 0,1,2,\cdots) \tag{8-22}$$

或

$$f = \frac{C}{4L}(2n+1) \qquad (n = 0,1,2,\cdots) \tag{8-23}$$

$$\frac{\omega L}{C} = \frac{\pi}{2},\frac{3\pi}{2},\frac{5\pi}{2},\cdots \tag{8-24}$$

式中 L——管长，m；

f——油的波动频率，Hz；

ω——$\omega = 2\pi f$。

满足此谐振条件时，管路处于谐振状态，终端压力（负荷压力）p_4 与始端压力（油泵压力）p_1 之比趋于无穷大，即

$$\frac{p_4}{p_1} = \frac{1}{\cos\dfrac{\omega L}{C}} \to \infty$$

闭端管路谐振时，危险点在终点。为了不使管路闭端产生谐振，设计时管子的长度 L

$$L \neq \frac{C}{4f}(2n+1) \qquad (n = 0,1,2,\cdots)$$

b　吸收压力脉动

根据文献的介绍，压力脉动在高频情况下，如果将规定管路中的压力脉动频率 ω 与所选择的蓄能器的固有频率 ω_x 取值一致（即 $\omega = \omega_x$），并将连接蓄能器的管路液阻 R 保持最小值（即 $R = R_{min}$）的话，那么管路中的压力脉动将降低到最小值。

由于
$$R = \frac{128\mu L}{\pi d^4} \tag{8-25}$$

式中 μ——动力黏度；

d——管路到蓄能器连接管直径。

$$|G(j\omega)|_{\min} = R\frac{Q_0}{p_0} \tag{8-26}$$

式中 $|G(j\omega)|_{\min}$——振动幅值；

Q_0——管路系统稳态的流量值；

p_0——管路系统中稳态压力值。

D 蓄能器的使用

（1）只能在蓄能器最大允许工作压力以下的压力下使用蓄能器。

（2）不要以超过液压系统最小工作压力的预充气压力来使用蓄能器，因为这样的条件可导致皮囊过早的损坏和油端口支架部分损坏。

（3）只能在蓄能器最大允许的介质温度下使用蓄能器。

（4）只能使用氮气装载蓄能器，绝对不能使用氧气，以防爆炸。

（5）蓄能器原则上应气阀朝上垂直安装，为便于维护和检查，气阀处应留有至少30mm的空间。

（6）蓄能器不能受到相邻设备加热的影响，为此可安装挡板。

（7）要用夹固件或带箍将蓄能器固定于稳定位置上。

（8）必须按蓄能器说明书进行定期检查、维护和保养。

E 结论

从以上分析，可以得出下面几条结论：

（1）地下装载机负荷传感变量柱塞泵的液压转向系统中，必须要配备蓄能器。蓄能器液体容量必须至少要满足转向油缸一次转向所需的油量。

（2）为了充分发挥蓄能器吸收液压冲击作用，必须把蓄能器安装在转向阀前面、靠近转向阀处，操纵转向阀时必须平缓。

（3）为了防止转向液压管路产生谐振，输油管子长度 L 不能等于 $\frac{C}{4f}(2n+1)$ $(n=0, 1, 2, \cdots)$

（4）从式（8-25）、式（8-26）可知，减少连接蓄能器管路阻力 R，可以获得较小的压力脉动幅值。在同样容积的蓄能器下，R 越小，则 $|G(j\omega)|$ 越小。由于 R 正比于连接蓄能器管路长度，反比于连接管径的四次方。所以为使 R 减小，则在连接蓄能器管路时应使这段管路粗而短，这样可使脉动值减小。

（5）正确使用蓄能器才能充分发挥蓄能器的作用，延长蓄能器的使用寿命。

8.4.3 制动液压系统

封闭多盘湿式制动器是当今较先进可靠的制动器，在矿山机械与工程机械驱动桥中广泛采用。但这种制动器必须要有一种可靠的制动液压系统相配套，否则这种制动器就无法工作。下面就简略介绍国内外近几年使用的液压制动系统及其主要液压元件的结构、原理与选择。

8.4.3.1　封闭多盘湿式制动系统的特点

与气动系统比较有如下几个特点：

(1) 可以从车辆现有的液压系统中取得动力供应。

(2) 元件维修量少。

(3) 液压制动系统一旦启动很快就能工作。

(4) 操作灵敏，迟滞小。

(5) 响应时间短。

(6) 所用元件少，回路简单。

(7) 全封闭液压系统无气、油排入大气。

(8) 脚踏力与制动力成正比。

8.4.3.2　液压制动系统原理

A　封闭多盘式制动器液压制动系统原理

封闭多盘湿式制动器有两种，一种是液体冷却制动器（LCB 制动器），另一种是 POSI-STOP 制动器。它们的原理如图 8-34、图 8-35 所示。它们的主要区别如图示位置，前者是松闸的，后者是制动的。只要车辆一启动，后者电磁换向阀动作，油泵的高压油进入制动器，顶开制动弹簧，制动器松闸，车辆才能运行。当动力源出了故障时，失压车辆被弹簧制动。为了使车辆能够运行，必须使用手动泵才能重新顶开制动弹簧，制动器松闸，车辆才能运行。由于手动泵供油量小，而制动阀和四个制动器均有泄漏，当总的泄漏量随着密封部位磨损到一定程度后，手动泵就无法打开制动器。实际使用经验证明，采用这一方案的地下装载机只有在新机器使用一年左右内有效，使用一年以后，可能失效。因此这一方案存在一些弊端。CY-4 型机采用在脚制动与手制动阀之间增设单向阀和快换接头，拖

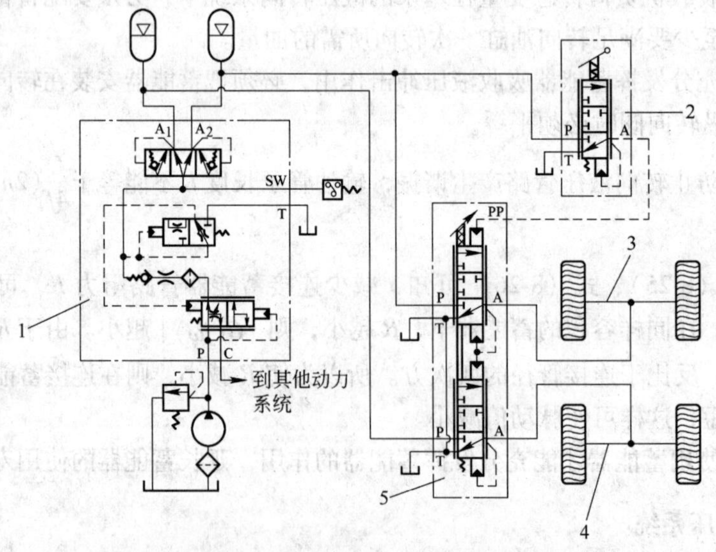

图 8-34　LCB 制动器液压系统原理图

1—充液阀；2—单调节制动阀；3—前桥；4—后桥；5—脚制动阀

动时，从牵引车的快换接头处用油管引一路制动油到故障车的快换接头进入制动系统实现松闸与制动（图 8-36）。早期 ST-3.5 型、ST-1000 型、ST-6C 型、CTX-6B 型、CTX-5N 型、CY-4 型地下装载机都是采用 POSI-STOP 制动器，现在越来越多的地下装载机采用 POSI-STOP 制动器，但采用 LCB 制动器也是选项之一。

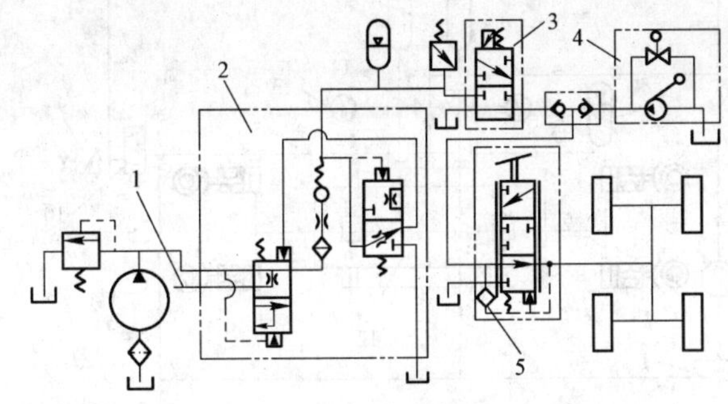

图 8-35 POSI-STOP 制动器液压系统原理图

1—二次液压回路；2—充液阀；3—电磁换向阀；4—手动泵；5—脚踏阀

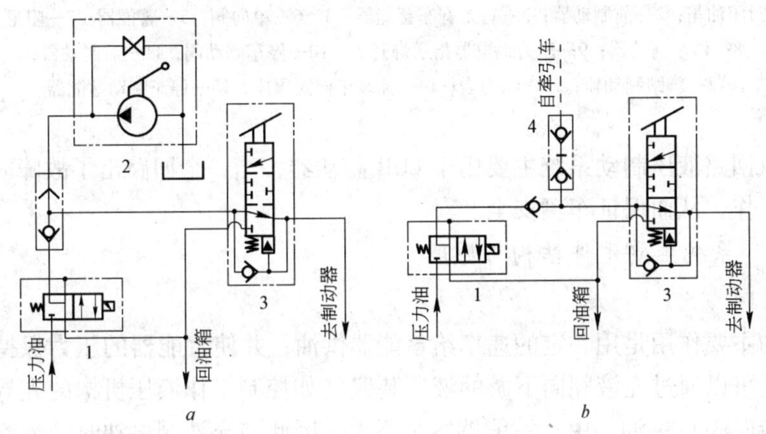

图 8-36 故障松闸系统

a—手动泵故障松闸系统；b—快换接头故障松闸系统

1—手制动阀；2—手动泵；3—脚制动阀；4—快换接头

B 齿轮泵或变量柱塞泵的液压制动回路

图 8-34 与图 8-35 都是使用齿轮泵的液压制动系统。该系统结构简单、维修方便、价格较低、使用寿命长，因此世界上一些主要的装载机，如 Atlas 公司、Sandvik 公司、GHH 公司、CAT 公司等的装载机大都采用该系统。但采用变量柱塞泵的液压制动系统装载机(图8-37)也在不断发展，由于该系统采用变量泵，理论上讲最节省能源，结构也最简单。但是由于要封闭加压油箱，很不方便，并且油泵的价格贵、抗污染能力差，又限制了它的使用。

C 单回路与双回路液压制动

所谓单回路与双回路液压制动系统是指脚制动是同时还是各自独立控制前桥与后桥制动器。图 8-34 所示为双回路液压制动系统，图 8-35 所示为单回路液压制动系统。

单回路液压制动系统主要用于 POSI-STOP 制动器，因为该制动器本身就是一种安全型

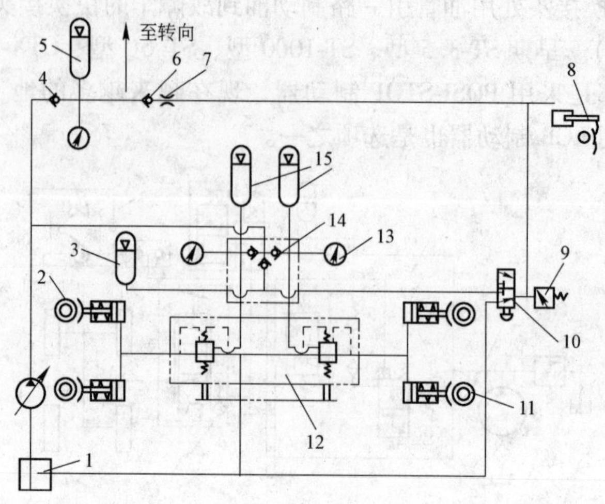

图 8-37　柱塞变量泵的液压制动系统

1—封闭油箱；2—前制动器；3—行走刹车蓄能器；4，6—单向阀；5—蓄能器；7—阻尼阀；8—停车制动器；9—压力继电器指示灯开关；10—停车制动阀；11—后制动器；12—脚踏制动器；13—压力表；14—插装单向阀阀座；15—停车制动蓄能器

制动器；而双回路液压制动系统主要用于 LCB 制动器，当一个回路出了故障时，第二个回路可以照常工作，从而保证车辆安全。

8.4.3.3　系统主要元件结构与原理

A　充液阀

充液阀的主要作用是用一定的速率给蓄能器供油，并使蓄能器的压力保持在一定的范围内，同时还可以通过充液阀向下游的液压装置（如控制工作液压机构的先导阀，液压转向系统中的转向阀）供油，由于蓄能器容量不大，因此向充液阀供油时，油绝不会影响下游其他液压装置的正常工作。

目前世界上许多国家生产充液阀，如美国的 MICO 公司、德国的 WABCO 公司、REXROTH 公司等。在此仅介绍使用较多的美国 MICO 公司生产的充液阀。

MICO 公司的全动力液压制动系统可设计成单回路（用于 POSI-STOP 制动器），双回路（用于 LCB 制动器）或其他形式的液压回路（如用于负荷传感的液压系统中）。

在 MICO 的单回路液压制动系统中，充液阀可将蓄能器与制动阀连在一起。充液阀控制蓄能器的充油量和压力。一旦蓄能器的压力达到其预调的上限值，充液阀会自动停止供油，当压力下降至下限值时，充液阀将使系统中的一小部分油回流给蓄能器充压。如果相连系统回路使整个系统压力升高，并超过蓄能器的压力上限，则蓄能器的预调上限值应调高。

对于双回路的液压制动系统，当双路充液阀用于分离式液压制动系统时，每个分回路都由一个踏板制动阀和一个蓄能器单独控制。充液阀同时给两个蓄能器供油，两个蓄能器则在紧急刹车时，分别给两个回路的制动器供油。既同时工作，又互不影响。

a 单回路充液阀

单回路充液阀结构与工作原理分别如图 8-38 及图 8-39 所示。

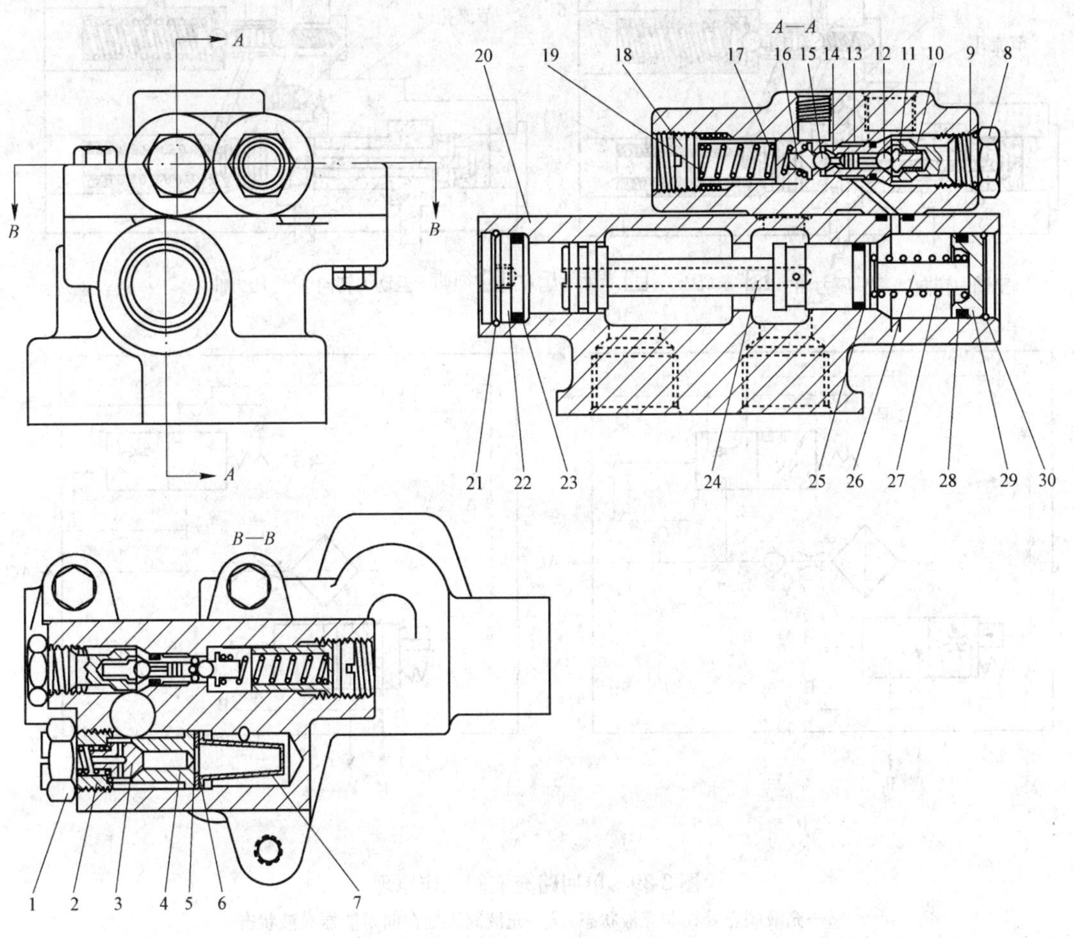

图 8-38 单回路充液阀结构

1—螺母；2—螺钉；3—提升阀；4—阀座；5—密封圈；6—垫圈；7—滤芯；8，18—螺塞；10，19，27—弹簧；9，17，23，25，28—O 形圈；11，16—导杆；12—钢球；13—滑芯；14—内阀座；15—钢球；20—阀体；21，30—挡圈；22，29—塞子；24—阀芯；26—挡杆

当蓄能器油压超过其上限时，油液通过 C 路作用在先导阀芯 2 号上，克服弹簧力，推动先导阀芯左行，使得 A 路与回油相通，上限单向阀打开，下限单向阀关闭。同时，由于压力油通过 B 路作用在充液先导阀芯 1 号上，克服充液弹簧力，推动充液阀芯左行，使压力油直接通过非节流口流到二次压力油路（转向油路或先导油路）充液阀处在非充液状态（图 8-39*a*）。

当蓄能器油压低于其下限时，先导阀弹簧推动先导阀芯右行，打开下限单向阀，关闭上限单向阀，油液从充液阀流向蓄能器，向充液阀充液，直至蓄能器的油压达到上限（图 8-39*b*）。

因此蓄能器压力始终保持在上限油压与下限油压之间。

b 双回路充液阀

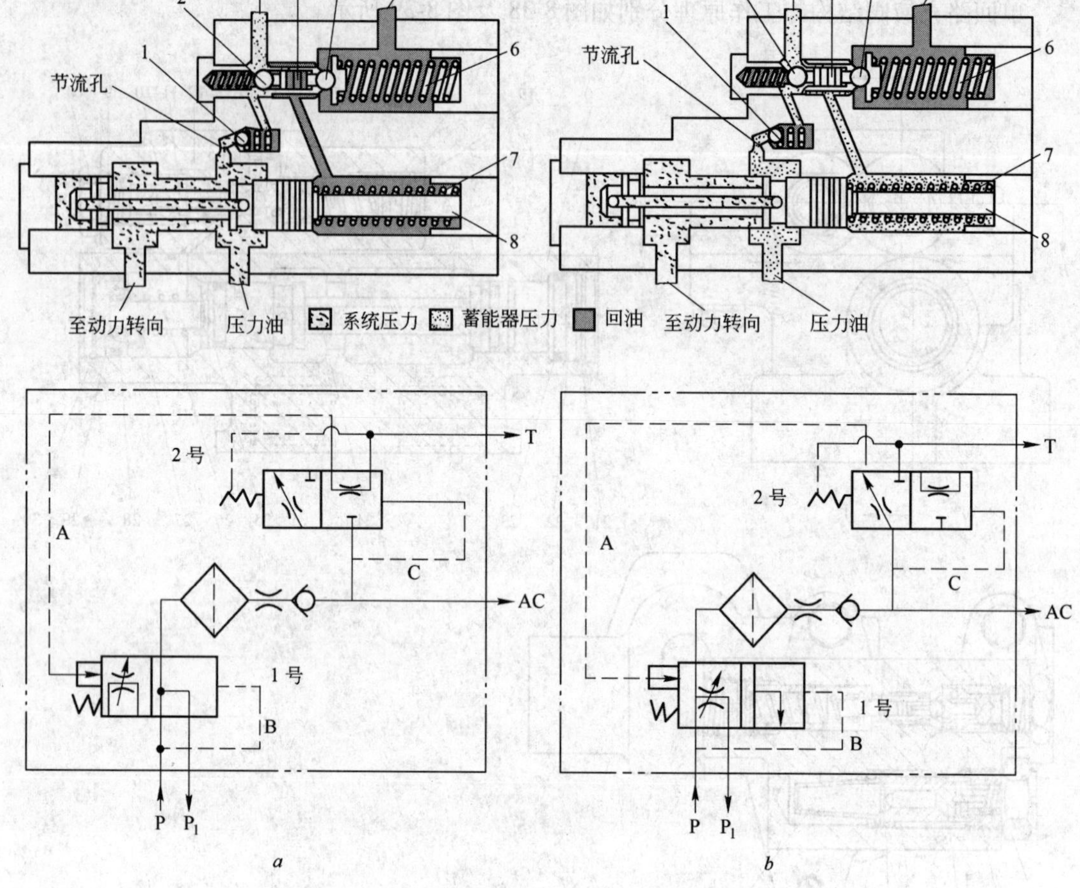

图 8-39 单回路充液阀工作原理

a—充液阀正处在非充液状态；*b*—充液阀正处在向蓄能器充液状态

1—单向阀；2—下限单向阀；3—蓄能器；4—先导阀芯；5—上限单向阀；
6—先导阀弹簧；7—充液阀弹簧；8—阀芯挡杆

A、B、C—内部油路；AC—到蓄能器油口；T—回油箱油口；P—一次压力油；P_1—二次压力油

双回路充液阀结构及工作原理分别如图 8-40、图 8-41 所示。

双回路是由两个独立的回路组成。双回路充液阀与单回路充液阀原理基本相同，只是多了一个内置梭阀，它的作用是使两个回路成为各自独立回路，各自充液互不干扰。当一个回路出了故障，另一个回路可继续正常工作。因此使整机制动更安全、可靠。

c 负荷传感蓄能器充液阀

Mico 负荷传感阀适用于负荷传感的液压系统，当系统油液需要增加时，这种阀的控制部分就会发出一个先导信号给压力补偿泵，当系统不需要油液时，它既可以保持蓄能器的压力，又可以使泵流量旁通。由于地下装载机绝大部分使用齿轮泵，因此负荷传感蓄能器充液阀用得少。

d 瓦格纳公司充液阀

瓦格纳（Wagner）公司充液阀（图 8-42）由四个插装阀阀组成：

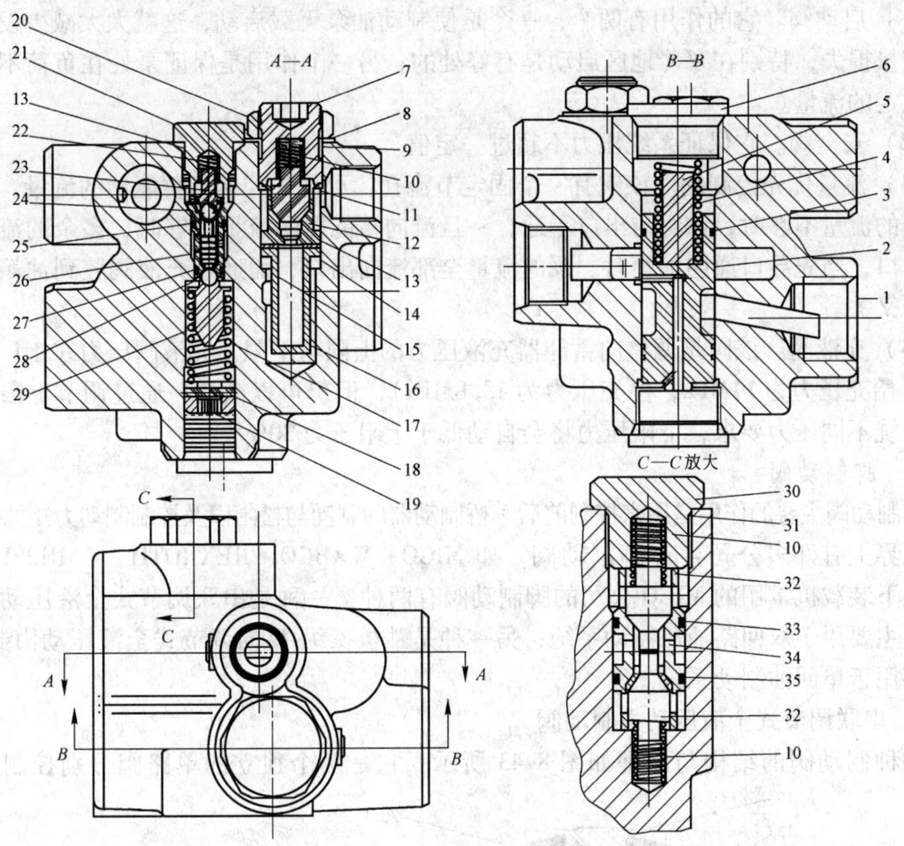

图 8-40 双回路充液阀结构

1—壳体；2—滑阀；3，9，12，13，25，27，31，33，35—油封；4，10，22，29—弹簧；5—杆；6，18，21，30—螺塞；7，19—螺钉；8，14，15—垫圈；11—提升阀；16—滤油器；17—导座；20—螺帽；23—挡块；24—球；25，26—滑芯；28—插入物；32—内置梭阀；34—套筒

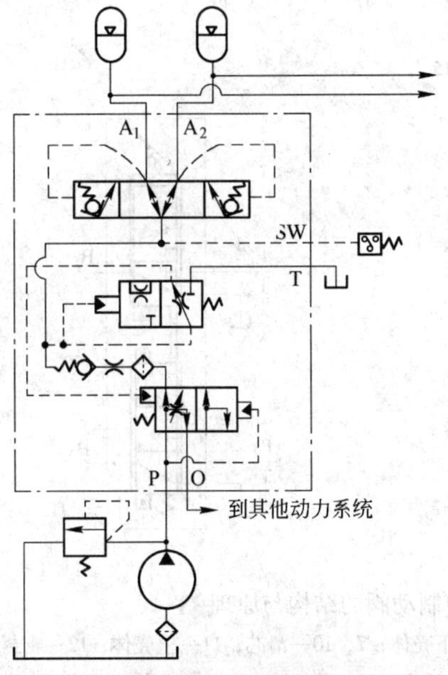

图 8-41 双回路充液阀原理

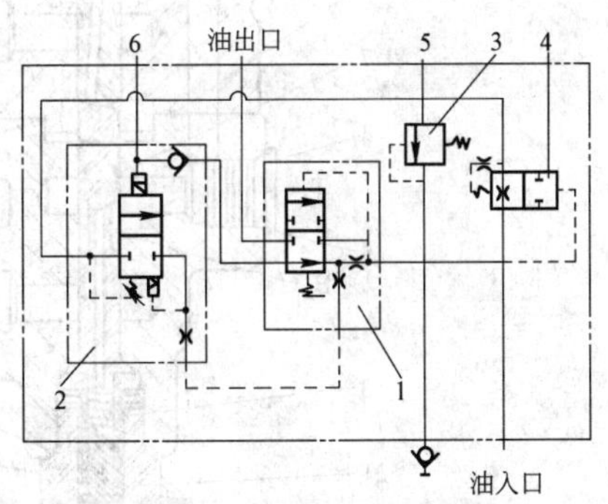

图 8-42 瓦格纳公司充液阀

1—流量优先阀；2—充液阀；3—安全阀；4—启动阀；5—油箱；6—蓄能器

(1) 启动阀。它的作用有两个，一个是使制动油泵无载启动，这就大大减少发动机的附加能量损失，特别在寒冷地区启动是有好处的；另一个作用是保证泵处在负荷不足之前达到预定的流量。

(2) 安全阀。它保证系统压力不超过一定值。

(3) 流量优先控制阀。该阀有一个固定节流孔，可优先控制到蓄能器的流量，当流向蓄能器的流量不够时，该阀与出口不通，一旦流向蓄能器的流量足够时，多余的流量就会流向出口，当先导口通向油箱时，泵的流量全部流向出口，而通过充液阀腔到油箱先导出口又开又关。

(4) 充液阀。该阀是调整向蓄能器充液压力的上限与下限。充液阀压力在工厂就设置好了（始充压力为11MPa，停充压力为13.8MPa），但仍可以微调，通过调节上限压力来满足系统不同压力要求，下限压力将会自动低于上限压力20%。

B　脚制动阀

脚制动阀主要的作用是用来控制前后车桥制动器的制动与松闸以及控制制动力矩的大小。

世界上有许多公司生产脚制动阀，如MICO、WABCO、REXROTH、CARLISLE等公司。地下装载机常用的MICO公司的脚制动阀有两种：一种是串联调节式全液压动力制动阀，它主要用于双回路液压制动系统；另一种是踏板操纵-反向调节式全液压动力制动阀，它主要用于单回油制动系统。

a　串联调节式全液压动力制动阀

这种制动阀的结构与原理如图8-43所示。它是两个独立的单路阀分别控制前后制

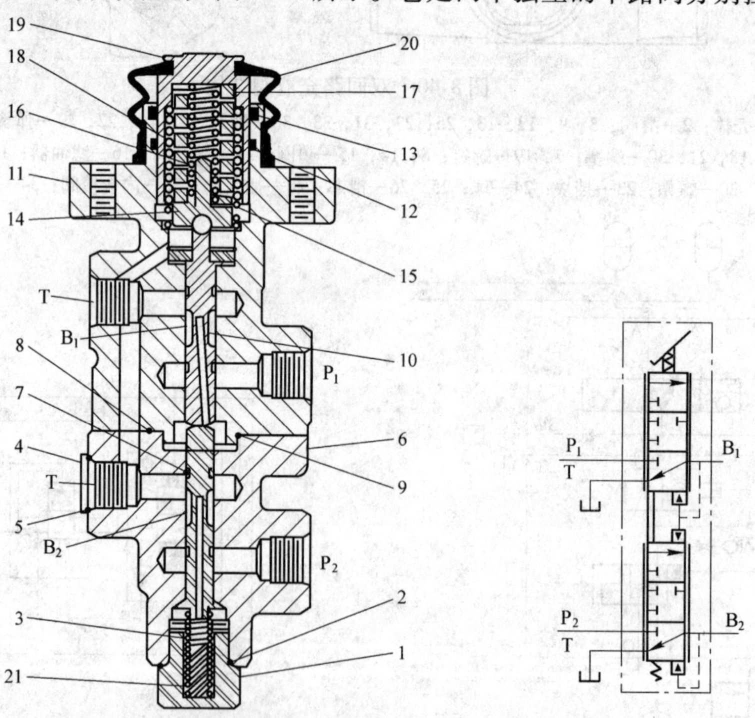

图8-43　串联调节式全液压动力制动阀的结构与原理

1，4—螺塞；2，5，8，9—O形圈；3，16~18—弹簧；6—下壳体；7，10—滑芯；11—上壳体；12—密封；13—新皮碗；14—座圈总成；15—垫片；19—活塞；20—橡皮套；21—定位杆

动器。

当阀处于自动状态时，制动油口 $B_1(B_2)$ 是对油箱口 T 打开的，当阀最初被脚踏动时，油箱口 T 对制动口 $B_1(B_2)$ 关闭，继续踏动踏板，压力口 P 对制动口 $B_1(B_2)$ 打开。更大的踏板力将使得制动口 $B_1(B_2)$ 的压力增大，直到踏板力与液压反馈力平衡。松开踏板，阀又回到自由状态。

b 踏板操纵-反向调节式全液压制动阀

该制动阀的结构与原理如图 8-44 所示。它用来操纵弹簧制动、液压释放的行车制动器。此处的“反向调节”是指操纵踏板时，制动压力是从设定的全释放压力降低的，这个全释放压力是超过制动器实际所需的释放压力。

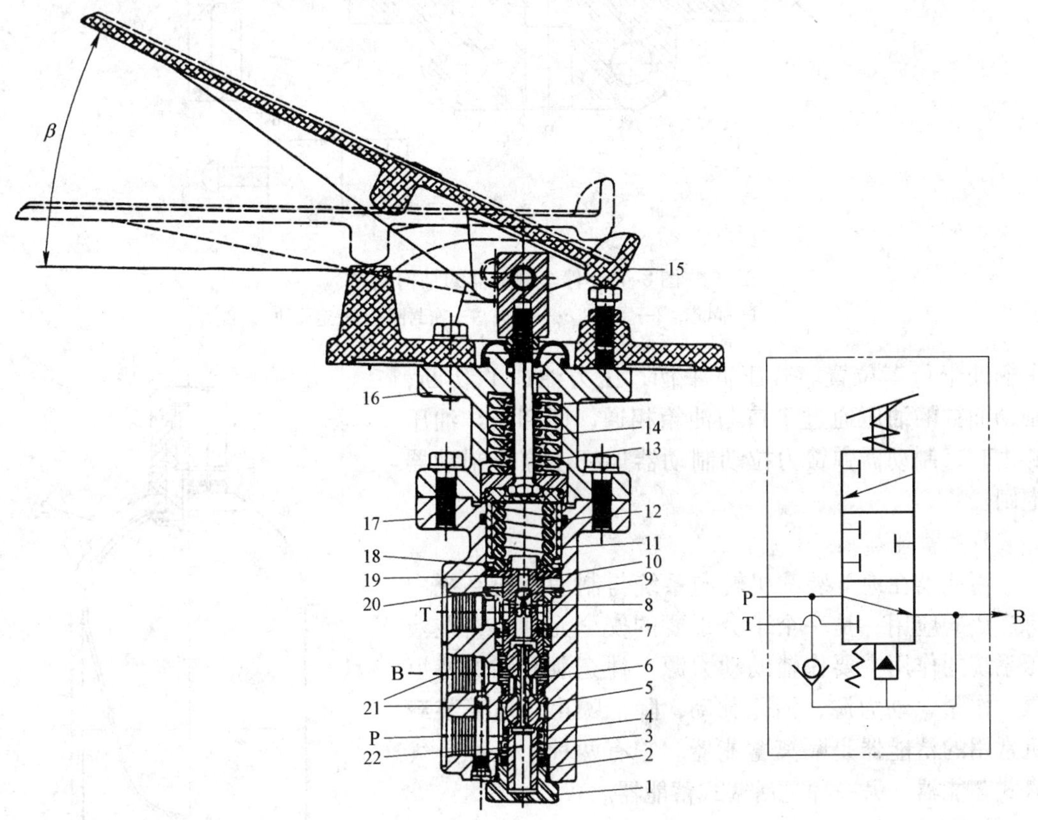

图 8-44 踏板操纵-反向调节式全液压制动阀结构与原理

1—螺塞；2—密封；3—导套；4，6，14—弹簧；5—球阀总成；7—活塞套；8—销；9，21—球；10，11—活塞；12—主弹簧；13—杆；15—踏板；16—上壳体；17—下壳体；18—孔用挡圈；19—垫；20—挡圈；22—堵头

当行车时压力油 P 进入制动器，压缩制动弹簧，松开制动器。当需要制动时，踩下踏板，内置的滑阀使制动腔 B 与油箱相通，制动器的压力降低，制动器在制动弹簧的作用下使车辆制动。制动踏板位置的力是与制动压力成正比，并且提供需要的反馈以便更好地控制制动。

C　停车制动阀

停车制动阀实际上是一个二位三通换向阀。它装在驾驶室内，它的主要作用是使车辆停车。图 8-45 所示的位置，P 口为进油孔，T 口接通油箱回油口，B 口与停车制动器驱动装置（制动油缸）相连。压力油通过 B 口进入手制动油缸，压缩弹簧，松开停车制动器，

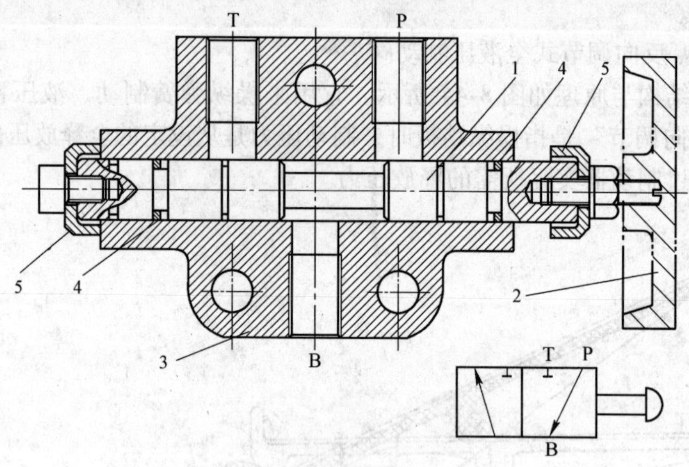

图 8-45　停车制动器的结构原理

1—阀芯；2—手柄；3—阀体；4—密封圈；5—定位块

车辆处于行车位置。若压下手柄，压力油口 P 切断，制动油缸的油压通过 T 口与油箱相通，即卸压。油压卸去时，制动器弹簧力拉动制动器连杆使停车制动器抱闸。

D　蓄能器

蓄能器在地下装载机转向系统与制动液压系统中有广泛的应用，是一个十分重要的安全元件。它在液压系统的作用主要作辅助动力源，补充泄漏和保持恒压，作紧急动力源，消除脉动，降低噪声。地下装载机常用的蓄能器是隔离蓄能器。它有两种，一种是气囊式蓄能器，另一种是活塞式蓄能器。

气囊式蓄能器的结构如图 8-46 所示。该蓄能器有一个均质无缝壳体 2，其形状为两端成球形的圆柱体。壳体的上端有一个容纳气阀 1 的开口，由合成橡胶制成的完全封闭的梨形气囊 3，压在气嘴上，形成一个密封的空间。气囊经壳体的下端开口塞进去，并借助于压紧螺母 11 固定于壳体上端。阀体总成 5 用一对装在壳体开口内侧的半圆卡箍 10 卡住阀体本身的台肩，装在壳体的下部。O 形密封圈 9 与垫片 8 接触，然后在壳体外面用圆螺母 7 拧紧固定。这样的结构能确保安全。要想拆开蓄能器，必须拧下螺母，阀体推到壳体

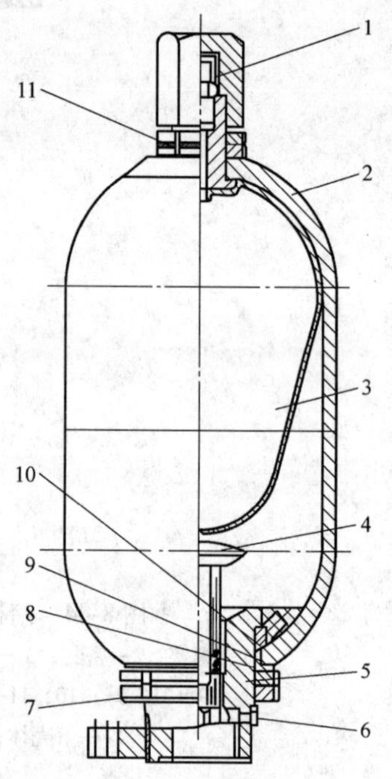

图 8-46　气囊式蓄能器

1—气阀；2—壳体；3—气囊；4—提升阀；5—阀体总成；6—放气塞（系统放气用）；7—圆螺母；8—垫片；9—O 形密封圈；10—半圆卡箍；11—压紧螺母

内，气囊内有压力是不可能拆卸蓄能器的。阀体总成包括一个受弹簧作用的提升阀4，其作用是防止油液全部排时，气囊膨胀出容器外。这种蓄能器的另一个安全设计特点是壳体的开口在低于设计的爆炸压力时胀大，O形密封圈被挤掉，油压能安全地解除。

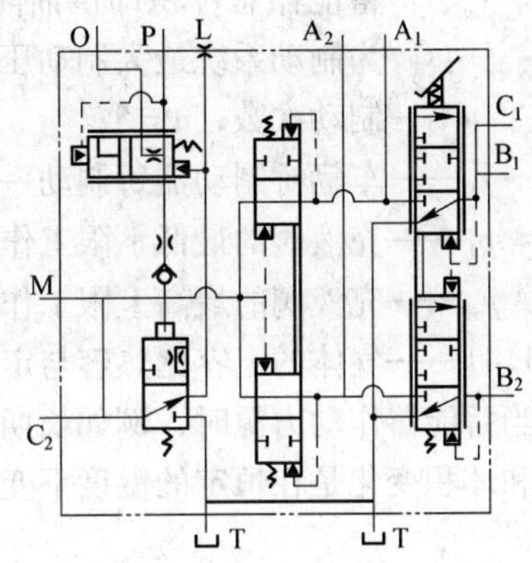

图8-47 集成阀原理

$A_1(A_2)$—至蓄能器；$B_1(B_2)$—至制动器；$C_1(C_2)$—至压力开关；T—回油；P—压力油；O—二次液压回路或回油箱；M—至停车制动阀

显然气囊首先在其直径最大、囊壁最薄的顶部膨胀，然后下部逐渐膨胀，把气囊向外推到壳体侧壁上，将油全部挤出，因此气囊使蓄能器具有很高的容积效率。

E 阀的集成

为了安装简单与迅速，减少液压系统配管所占空间，快速进行运行状态，特把充液阀、脚制动阀集成在一起（图8-47），还有的把主溢流阀也集成在一起，成为一个阀。

8.4.3.4 系统主要液压元件的选择

液压制动系统的设计主要是选择蓄能器的大小，脚踏阀、充液阀的型号及规格。至于油泵的选择，由于此系统所需油量很少，仅仅是补充油路的泄漏与制动所需油量，因此液压制动回路很少单独设计专供制动用油泵（即使有也只能选择流量很少的泵），一般是制动回路与其他工作回路（例如工作回路和转向回路等）合用一个油泵。因此，该油泵的流量一般由其他工作回路的需要确定。其他辅助件与一般液压系统相同。

A 蓄能器容量大小的确定

a 确定原则

车辆制动系统包括行车制动系统、辅助制动系统和停车制动系统。如行车制动系统和辅助制动系统共用一个蓄能器，当能源切断和车辆停住时，蓄能器的容量除能供给行车制动系统进行连续5次制动外，所剩能量还能使车辆满足式（8-27）所规定的辅助制动系统的要求。

$$S < 1.25\left(v_2 t + \frac{v_2}{2a}\right) \tag{8-27}$$

式中 S——制动距离，m；

v_2——装载机带负载的最大车速，m/s；

t——制动反应时间，$t = 0.5$s；

a——辅助制动最低制动加速度，$a = 2.5\text{m/s}^2$。

b 蓄能器大小的确定

装载机用的蓄能器一般用隔离式充气蓄能器。当作为辅助制动系统的辅助能源时，其排油速度较迅速，此时气体压力和体积变化可按绝热状态来考虑。则蓄能器的总容积V_p为

$$V_p = \frac{nV_0}{\sqrt[1.41]{p_p/p_L} - \sqrt[1.41]{p_p/p_H}} \tag{8-28}$$

式中 V_p——蓄能器总容积即供油前充气压力为 p_p 时容积，一般 $p_p=(0.7\sim0.8)p_B$，p_B 为制动系统最大制动压力，MPa；

n——制动次数，$n=5$；

V_0——车辆桥制动器每制动一次所需油量，一般由生产厂家给出，L；

p_L——充液阀的最低下限工作压力，MPa；

p_H——充液阀的最高上限工作压力，MPa；

1.41——气体的定容比热容与定压比热容的比率。

当蓄能器作动力源时，例如长期保压下的泄漏补偿，排油速度较缓慢，蓄能器内气体压力和体积变化是在恒定的温度下变化的，即按等温状态计算

$$V_p=\frac{p_L p_H n V_0}{p_p(p_H-p_L)} \tag{8-29}$$

最后选取容积较大值 V_p。

从上面分析蓄能器的能力主要取决于制动管路压力，制动器排量和制动次数。根据最后确定的 V_p 还需验算当能源切断，蓄能器的容量除能供给行车制动系统进行 5 次制动外，所剩能量还能使车辆的制动距离满足式（8-27）和所计算的值。

B 脚踏制动阀的选择

脚踏制动阀的选择主要根据制动液压回路是单回路还是双回路，是中位开口还是中位关闭，制动器最大制动压力和最大输入压力等性能参数，在所选的制造厂家产品目录中选用。

C 充液阀的选择

充液阀型号的选择也是根据所使用的回路是单回路还是双回路，是中位开口还是中位关闭，是否有下游第二次液压回路等要求选择型号。根据系统的压力、流量，蓄能器的最高压力、充液率，充液阀压力上下限来选择充液阀的规格。

a 充液率确定原则

行车制动系统压力应在发动机处于最高转速，在靠近制动器的地方测量。当行车制动系统按 6 次/min 的速率制动 20 次之后，提供给制动器压力不得低于最初测得的压力的 70%。

b 充液率的确定

所谓充液率就是在一定的压力下，每分钟向蓄能器充液的多少（L/min）。如果在行车过程中，蓄能器的充液率大于行车制动系统按 6 次/min 速率制动制动器所消耗的油液，那么制动器的制动压力就不会下降，所选的充液阀合适。反之，制动压力就会下降。若连续制动 20 次，压力下降不低于最初压力的 70%，此时充液阀选择也合适，否则要重选充液阀。

c 充液阀压力上下限的选择

充液阀的下限压力主要根据制动压力选择，也就是说，充液阀的下限压力略比制动压力高一点（约 10%）。上限压力略低于系统主安全阀调定的压力（约 10%）。根据此压力在生产厂家的充液阀的产品目录选择合适的充液阀。

d 其他参数的确定

充液阀的流量和压力主要根据制动液压系统的压力与流量确定。

8.4.4　冷却液压系统

封闭多盘湿式制动器在制动时会产生大量的热，若没有相应的冷却系统，则制动的温度很快会超过制动器的许用温度。此时制动器性能下降，甚至无法使用。因此，在封闭多盘湿式制动器中一般都设计了制动器的冷却系统。冷却系统有两种：一种自冷式，即靠桥中的润滑油冷却，这种方式冷却能力较小，如922型、CY-1.5型、CY-2型等地下装载机所采用的；另一种为强制冷却，这种方式冷却能力较强，如CY-3型、CY-4型、CY-6型地下装载机所采用的。选何种冷却方式主要根据制动强度与散热能力的平衡确定。一般强制冷却可设计单独的冷却回路（图8-48），也可以与其他油路合在一起。

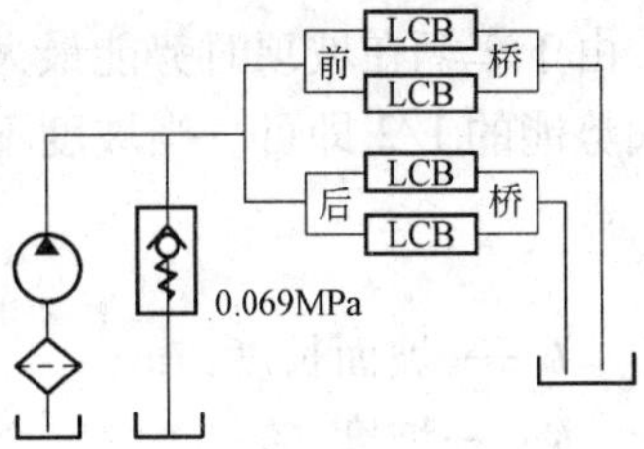

图8-48　冷却系统原理

单独冷却液压回路很简单，选一个冷却能力足够的齿轮泵和一个单向阀及一些附件就可以了。

复合的冷却回路比较复杂，一般与制动回路复合。冷却制动用一个油泵，也可与转向油路复合。在充液阀二次输出回路上，装有一个散热器，通过散热器的冷却油进入制动器内，带走制动热，流回油箱。这里除了选择一个合适的油泵外，还需选择一个冷却能力足够的散热器。无论哪种冷却方式，都应进行热平衡计算。

8.4.4.1　*冷却系统设计原理*

封闭多盘湿式制动器利用油液的循环进行冷却，一般应根据制动动作的轻重程度选择强制冷却方式或自行冷却方式。强制冷却方式是从外部引入一定的冷却油进入制动器，流经制动盘后再流出制动器，并带走制动器热量。自行冷却方式是靠润滑轮边减速器的润滑油进行冷却。由于冷却方式不同，制动器与桥的结构也有所不同。前者在支承轴承与轮毂之间有密封，后者没有；前者结构复杂但冷却能力强，后者结构简单但冷却能力相对要弱。因而前者适用于制动频繁而本身散热不足的场合，后者适用于制动不太频繁而本身散热就已经足够的场合。

冷却系统的设计就是要准确地计算出制动器在制动过程中所产生的热量和通过冷却油带走的热量，以及通过制动器表面散发到空气中的热量，并通过它们的平衡关系求出冷却泵的流量。

8.4.4.2　*冷却系统的设计*

由于制动器中固定盘与摩擦盘之间的摩擦力矩所消耗的功等于车辆的制动能量 E，车辆的制动能量 E 等于车辆动能 E_1 与势能 E_2 之和，即

$$E = E_1 + E_2 = \frac{mv^2}{2} + \frac{mgh}{2} \tag{8-30}$$

式中　E——车辆制动时产生的总能量，J；

E_1——车辆制动时产生的动能，J；

E_2——车辆制动时产生的势能，J；

v——车辆制动前的初速度，m/s；

g——重力加速度，m/s^2；

h——路面斜坡高度，m；

m——车辆的平均质量，kg

$$m = \frac{m_1 + m_2}{2}$$

m_1——车辆空车质量，kg；

m_2——车辆重车质量，kg。

由于车辆在坡顶时势能最大，达到坡底时势能为零，因此计算时取它的平均值，即取最大势能的1/2即可。当坡度不大时，

$$h \approx LK$$

式中　L——坡面长度，m；

K——坡度，%。

假如车辆运行总的周期为 T，在此周期内，高速 v_1 运行时，制动次数为 n_1，低速 v_2 运行时制动次数为 n_2，则

$$E_1 = \frac{n_1 m v_1^2}{2} + \frac{n_2 m v_2^2}{2} \tag{8-31}$$

每个制动器产生的总热量为

$$Q_1 = E/4T \tag{8-32}$$

式中　Q_1——总热量，J。

假设周围的环境温度为 T_0，进入制动器的油温为 T_1，允许流出制动器的油温为 T_2，则制动器产生的热量一部分使油温从 T_1 上升至 T_2，另一部分经过制动器表面散发到空气中去，即

$$Q_2 = (T_2 - T_1)c\rho Q + \mu(T_2 - T_0)A \tag{8-33}$$

式中　Q_2——一个制动器散热能力，J/min；

c——油的比热容，$c = 1674 \sim 2093 J/(kg \cdot ℃)$；

ρ——油的质量密度，$\rho = 900 kg/m^3$；

Q——流经一个制动器的冷却油流量，m^3/min；

μ——制动器的散热系数，$J/(m^2 \cdot min \cdot ℃)$；

A——一个制动器的散热面积，m^2。

根据热量平衡，即 $Q_1 = Q_2$，求得每个制动器油的流量为

$$Q = \frac{E - 4\mu T(T_2 - T_0)A}{4T(T_2 - T_1)c\rho} \tag{8-34}$$

在式（8-34）中，如果 $E - 4T\mu(T_2 - T_0)A < 0$，则该制动器可采用自冷式制动器；如果 $E - 4T\mu(T_2 - T_0)A > 0$，则该制动器必须采用强制冷却的制动器。制动器冷却油的流量由式（8-34）算出。

8.4.4.3 例题

已知 CY-6 型地下装载机的主要参数为：$m_1=34000\text{kg}$，$m_2=47000\text{kg}$，$v_2=1.47\text{m/s}$，$n_2=2$，$v_1=4.3\text{m/s}$，$n_1=2$，$L=40\text{m}$，$K=15\%$，$t=1.5\text{min}$，$T_0=27℃$，$T_1=82.2℃$，$T_2=93.3℃$。试分析该机采用何种冷却方式，冷却泵流量为多少？

解：根据上式求得

$$m=(m_1+m_2)/2=40500\text{kg}$$

$$h\approx LK=6\text{m}$$

$$E_1=\frac{n_1}{2}mv_1^2+\frac{n_2}{2}mv_2^2$$

$$=\frac{2}{2}\times40500\times4.3^2+\frac{2}{2}\times40500\times1.47^2=836362\text{J}$$

$$E_2=\frac{mgh}{2}=\frac{1}{2}\times40500\times9.81\times40\times15\%=1191915\text{J}$$

$$E=E_1+E_2=2028277\text{J}$$

由于 CY-6 型地下装载机采用 DANA 21D3960 型桥和 LCB24100 型制动器，故根据该公司推荐的 LCB24100 型制动器的散热能力为 203400N · m/min，那么在一个周期内 CY-6 型地下装载机 4 个制动器总的散热能力为

$$4T\mu(T_2-T_0)A=4\times1.5\times203400=1220400\text{J}$$

由于 $E-4T\mu(T_2-T_0)A=807877>0$，故 CY-6 型地下装载机必须采用强制冷却方式，其强制冷却泵的流量为

$$Q=\frac{E-4T\mu(T_2-T_0)A}{4T(T_2-T_1)c\rho}=0.0065\text{m}^3/\text{min}=6.5\text{L/min}$$

由于泵的转速为 2450r/min，故泵的排量 $Q=\frac{6.5\times4\times1000}{2450}=10.6\text{cm}^3/\text{r}$，选用排量为 $11\text{cm}^3/\text{r}$ 泵即能满足冷却要求。

如果使用条件比假定的好，则按上述条件计算的液压泵流量足够。如果使用工作条件比假定的条件差，则必须进行热平衡计算，重选冷却泵，否则制动器温度会升高，致使制动性能下降，甚至损坏。

8.4.4.4 经验法选冷却泵

冷却系统的关键就是选择流量足够的油泵。如果压力很低，只有 0.069MPa，一般油泵都能满足。关于油泵流量可以用计算方法计算。也可以按经验方法选取。根据 EM 公司介绍，当使用德国道依茨 912 系列柴油机，则选用 $8\text{cm}^3/\text{r}$ 的油泵；当选用道依茨 413 系列柴油机，则选用 $11\text{cm}^3/\text{r}$ 油泵。油泵一般采用齿轮泵，既可装在柴油机上，又可装在变矩器上。

8.4.5 动力换挡变速箱与变矩器液压控制系统

该系统包括三个回路：变矩器液压回路、变速箱液压回路、液压调节回路。最常见变矩器和变速箱液压控制系统有如下几种：

（1）C270 变矩器与 T20000 变速箱液压控制系统（图 8-49）。

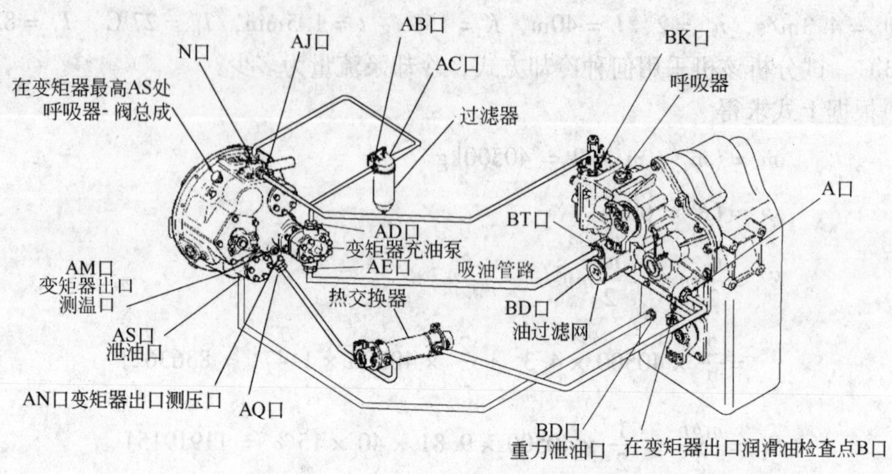

图 8-49　C270 变矩器与 T20000 变速箱液压控制系统

（2）C270、C320 变矩器与 R32000 系列变速箱液压控制系统（图 8-50、图 8-51）。

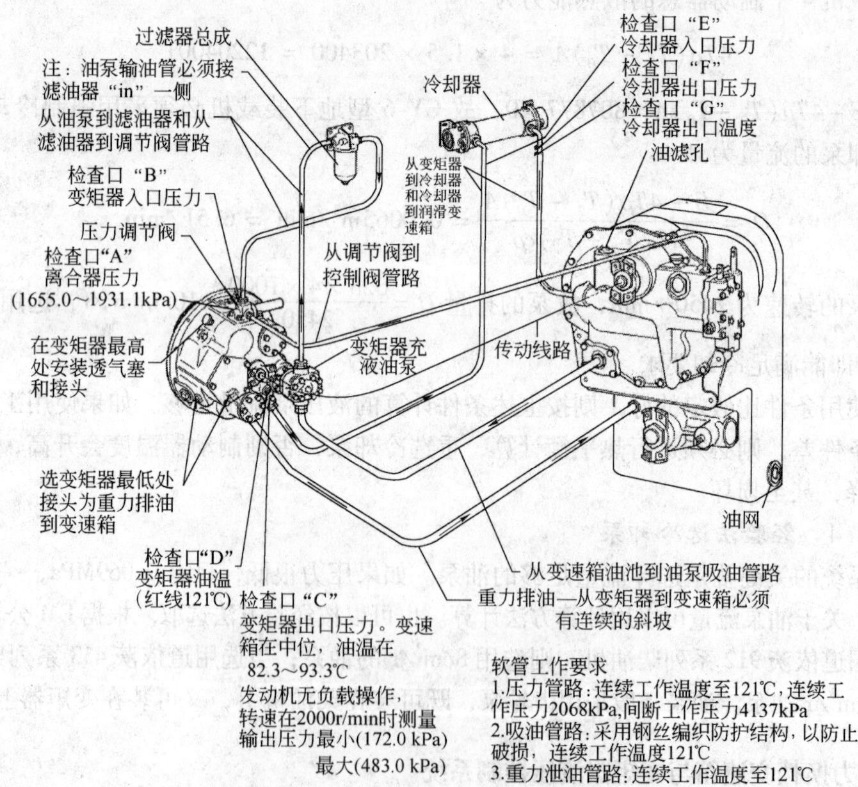

图 8-50　C270、C320 变矩器与 R&H R32000 系列
3&4 速 SD 变速箱液压控制系统

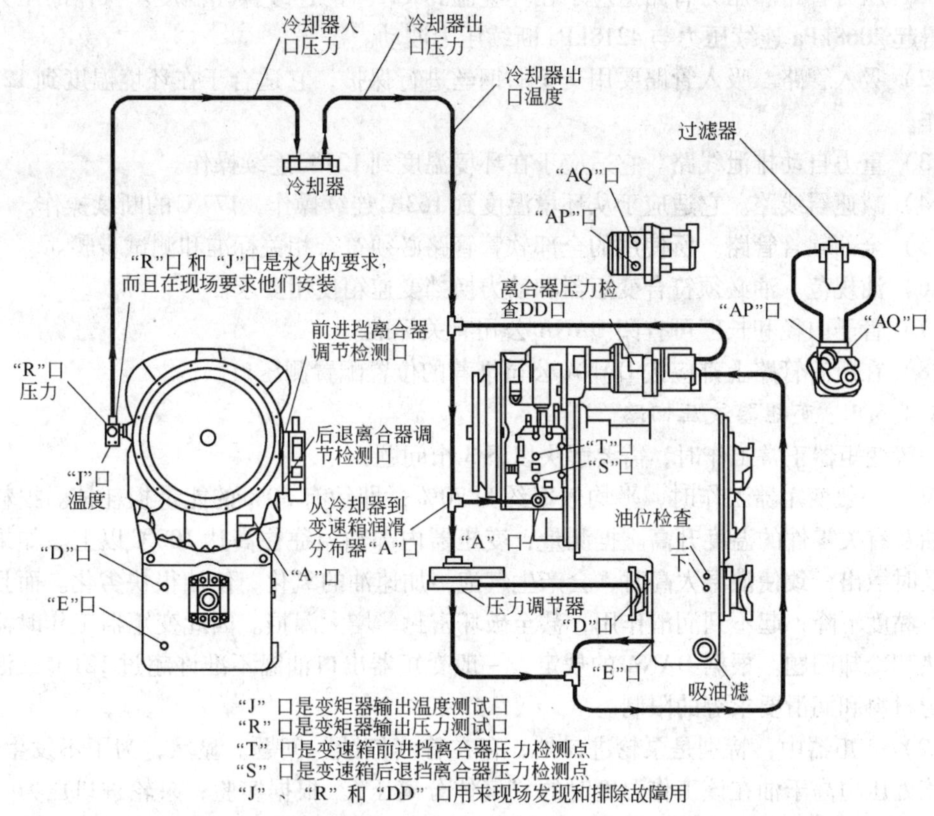

图 8-51 C270、C320 变矩器与 R&HR32000 系列 4 速 LD 变速箱液压控制系统

（3）C8000 变矩器与 5000 系列变速箱液压控制系统（图 8-52）。

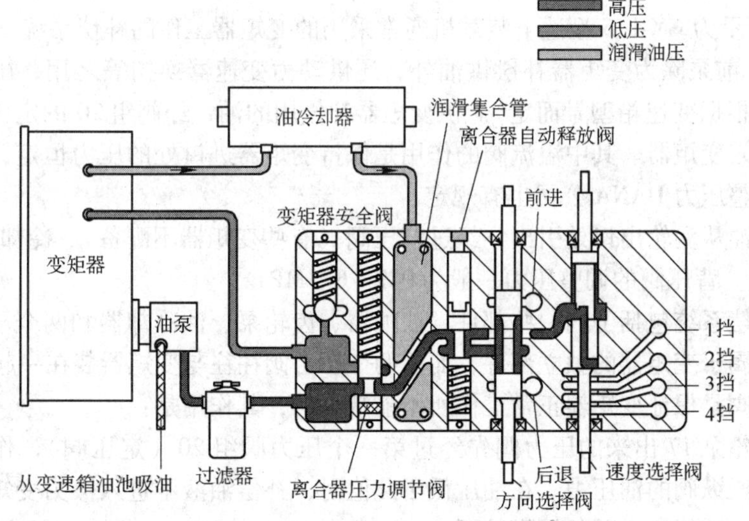

图 8-52 C8000 变矩器与 5000 系列变速箱液压控制系统

上述所有动力换挡变速箱与变矩器液压控制系统软管管路和其他管路必须符合以下要求：

（1）压力管路。压力管路适应于在环境温到121℃的连续操作温度。操作的压力管必须经得起2068kPa连续压力与4218kPa断续压力波动。

（2）吸入管路。吸入管路要用交叉的钢丝进行保护，它适合于在环境温度到121℃连续操作。

（3）重力自动排泄线路。它适应于在环境温度到121℃连续操作。

（4）减速器线路。它适应于从环境温度到163℃连续操作，177℃的断续操作。

（5）全部软管管路。所使用的全部软管管路必须符合相关标准和测试步骤。

（6）油规范。油必须符合变矩器和动力换挡变速箱使用要求。

（7）管子内径和长度可查阅DANA公司有关标准。

（8）在所有管路上都应按DANA公司推荐的位置配置测压口。

8.4.5.1　变矩器液压回路

一般变矩器正常工作时，需要解决以下3个问题：

（1）一般变矩器工作时，平均效率约为70%，即约有30%的能量损耗掉。损耗的能量使油及有关零件的温度升高。据测量，变矩器内部油温往往高达100℃以上。如果热量不能及时散出，致使油温太高时，会产生气泡，加速油的氧化，使油很快劣化。而且温度高时，黏度下降，起不到润滑作用，甚至破坏密封，增大漏损。因此变矩器工作时需要考虑散热和冷却问题。根据DANA的规定，一般变矩器出口油温不准许超过121℃，油温受到密封材料和润滑要求等的限制。

（2）变矩器中，特别是泵轮进口处，存在着“气蚀”问题。显然，为了不发生气蚀，需使该处压力高于油在该工作温度时的“气体分离压”。根据实验，泵轮进口压力一般应在0.4MPa以上。

（3）变矩器在工作时，油是有漏损的，需要考虑及时补充。

为了解决上述3个问题，变矩器都设置有油的补偿系统：工作时一部分油在一定的油压下不停地通过变矩器外循环进行强制冷却，以使变矩器中保持一定的油量、油压和油温。

图8-53所示为CY-1.5型地下装载机通常采用的变矩器工作的补偿系统。图8-53中的双联齿轮泵17前泵除为变矩器补偿供油外，还供动力变速器换挡等之用，压力一般较高（约1.7MPa，根据变速箱型号而定）。供变矩器补偿用的油，经阀组20的定压阀后，从变矩器进口处进入变矩器。其中溢流阀的作用是保持变矩器进口处的压力恒定，不因负荷等而变化。其调整压力DANA公司也有规定。

变矩器的油从涡轮出口处引出，经过背压阀（有些变矩器不配备）、冷却器15等流回变矩器油箱19。背压阀的调整压力一般为0.2～0.3MPa。

该系统补偿系统包括下列一些部件：滤油器、齿轮泵、油冷却器和两个压力阀。其中前3个不是附属于变矩器的独立部件，而后两个压力阀往往与变矩器装在一起。

两个压力阀是保证变矩器正常工作所不能缺少的，其作用是：

从双联齿轮泵17出来的压力阀先经过第一个压力阀组20（定压阀），作用是限定去变速器离合器操纵阀的油压力。在油压低于此值时，补偿油液不进入液力变矩器，而是优先保证油动力变速器离合器的操纵油压。

第二个压力阀是阀组20内溢流阀，它控制工作液体进入泵轮时的压力（一般为0.35～0.4MPa），同时也起着控制进入液力变矩器循环圆中冷却油流量的作用。在工作液

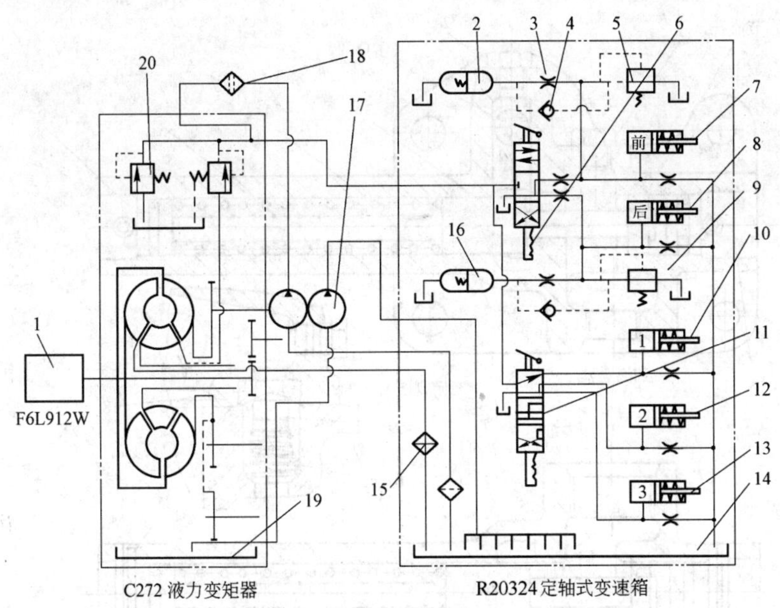

图 8-53 CY-1.5 型地下装载机变速箱、变矩器液压控制系统

1—柴油机；2—前进蓄能器；3—调节器阀芯节流孔；4—单向阀；5—前进差压调节器；6—换向操作阀；7—前进离合器；8—后退离合器；9—后退差压调节器；10—1 挡离合器；11—换挡操作阀；12—2 挡离合器；13—3 挡离合器；14—变速箱油箱；15—冷却器；16—后退蓄能器；17—双联齿轮泵；18—精过滤器；19—变矩器油箱；20—阀组

体进入泵轮而由涡轮流出的情况下，当泵轮和涡轮之间的传动比 i 由低变高时，泵轮入口压力是变化的，而且随 i 增高而增高；在 i 低时，由于效率低，油温升高很快，需要更多的冷却器来冷却，而此时恰好油的压力较低，溢流阀关闭，冷却油的全部油量进入液力变矩器；当 i 增高时，由于效率提高，油温升高很慢，因而不需要过多的冷却油量。此时油路中的压力较高，因而将溢流阀时常打开溢流，只有部分冷却油进入液力变矩器。故此压力阀可使变矩器根据工作油温的不同，对冷却油量进行必要的调整。

第三个压力阀是背压阀（若安装的话），它保证液压变矩器中的压力不得低于背压阀所限定的压力（0.25 ~ 0.28MPa）以防止工作时液力变矩器因压力过低产生气蚀现象或工作液体全部流空。

双联齿轮泵 17，前泵为变速泵，后泵为抽油泵，主要是把变矩器内的油及时返回到油箱。变速油泵的来油经过过滤器进入阀组 20，油在调节阀组分为两路：一路通变速箱离合器，一路经调节阀到变矩器，使油具有最小补偿压力，作为变矩器传递动力的循环用油。变矩器出油经冷却器 15 后，流向变速箱的润滑油道，润滑和冷却各轴承与离合器片，然后排流到变速箱壳油池内。

这个回路一个很重要的液压元件是定压阀，其结构与原理如图 8-54 所示。

定压阀是这样工作的：压力油进入定压阀后，先到变速箱离合器，当建立起压力后，推动阀芯 3 右行，压缩外弹簧 4、内弹簧 5，油以一定的压力进入变矩器，如果压力过大，则压力油顶开 O 孔的安全阀活塞 9，使多余的油进入油箱，从而保证进入变矩器的油压能保持在一定范围内。

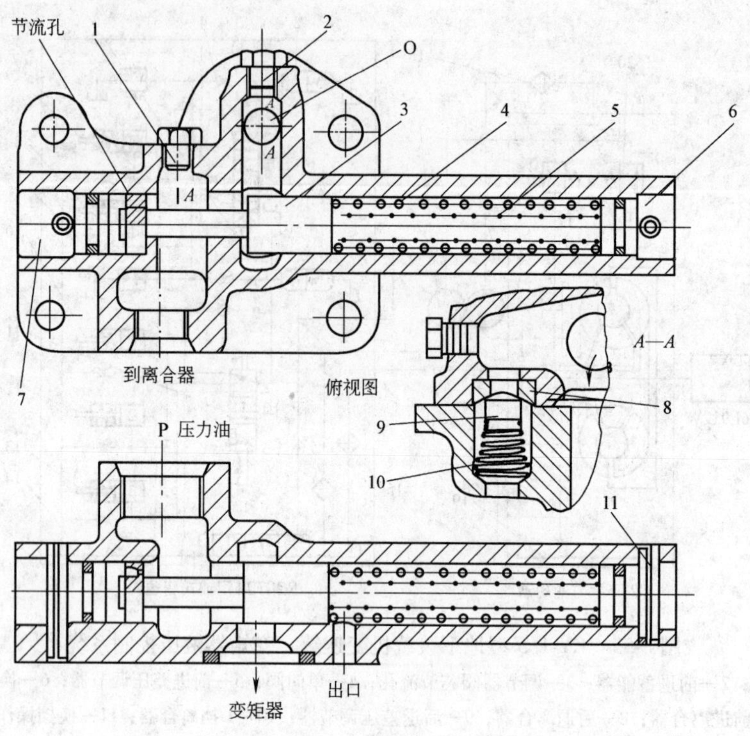

图 8-54 定压阀结构与原理

1—离合器油压测量口；2—变矩器输入油压测量口；3—阀芯；4—外弹簧；5—内弹簧；6，7—挡块；8—安全阀密封；9—安全阀活塞；10—安全阀弹簧；11—销

8.3.5.2 变速箱液压回路

变速箱液压回路的主要作用是：一是改变车辆的运行方向；二是改变车速。它主要是由变速阀与变速离合器组成的。在电动地下装载机中，还有一个微调阀，用来微调各挡速度。

由图 8-54 可知，从调压阀的来油一路到换向阀，一路到换挡阀，两个回路是并联的。每当动力传递时，必须有两个离合器同时接合，即方向离合器（前进 F 或后退 R）和所要求速度挡离合器接合。未接合的离合器通回油。

换挡阀有机械控制、液压控制、电控制、自动控制等四种控制方式。

A 机械控制

变速阀同变速箱联在一起，变速杆与变挡杆通过推拉轴或机械杠杆同驾驶室的操纵手柄相连，司机在驾驶室内操纵换挡、换向手柄，来控制车辆方向与速度。这种方式操纵简单、可靠、成本低，但司机易疲劳。

a 地下装载机机械控制变速阀

它的结构如图 8-55 所示。其中档位拉杆 3 的纵轴中心有一孔，横向有两排小孔，压力油通过上横孔进入拉杆，从下横孔流向变速箱离合器。中心孔末端用螺塞堵上，中心孔油液不能从末端流出。中间阀在图 8-55 所示的结构中仅起过油的作用。换向拉杆纵轴中心线无中心孔。

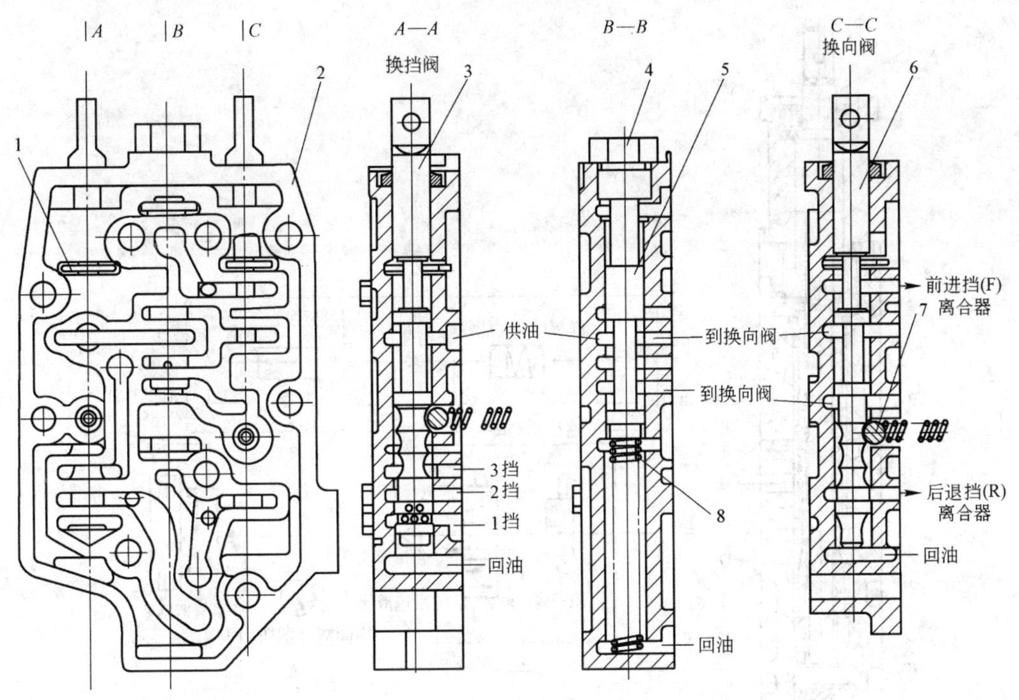

图 8-55 变速阀结构

1—挡板；2—阀体；3—换挡阀滑；4—螺塞；5—滑阀；6—换向阀滑；7—定位钢球；8—弹簧

b 电动地下装载机中机械控制的微调阀

它允许车辆在不改变电动机高速运转的情况下能使车辆缓慢平移。这特别对于保持工作油泵最高负载举升能力来说是十分重要的。电动地下装载机广泛采用三相鼠笼式电动机。它启动后很快达到额定转速，其外特性很硬，因而需要调速。目前有以下几种调速方案。

（1）可调变矩器方案。其结构较复杂，多用于斗容 3.8m^3 以上的大型电动机。

（2）静液压方案。多用于斗容 1m^3 以下小型机调速。

（3）用变频或变压直流调速。该方案技术复杂目前在车辆上应用不多。

（4）CYE-1.5 型机上采用了鼠笼型交流感应电动机作为动力，它通过 DANA 公司生产的普通三元件单级单向心涡轮变矩器（C270 系列）和一个定轴动力换挡变速箱（R20000 系列）传递扭矩。其速度的控制是通过改变变速箱内离合器接合压力而实现的。它的加速踏板直接与变速箱微调阀相连，通过加速踏板来控制变速箱离合器的压力，从而控制运行速度。在此过程中，电动机的转速保持恒定。

微调阀是与变速阀做成一体的。在图 8-55 中换向阀与换挡阀中间有一个阀芯与弹簧，该阀芯和弹簧与其他部分不相连，故不起作用。CY-1.5 型柴油机就是采用这种变速阀，它是控制柴油机油门大小来控制车速的。如果把此阀芯换成图 8-56 的结构，就是 DANA 变速箱上的压杆式微调阀。微调阀可以控制前进与后退离合器的压力，加速踏板的行程决定了离合器压力的大小，从而在所有挡位上均可控制行走速度。这种调速方式有如下优点：一是比其他系统控制简单；二是可靠性高，维修费用低；三是占用空间尺寸小，维修

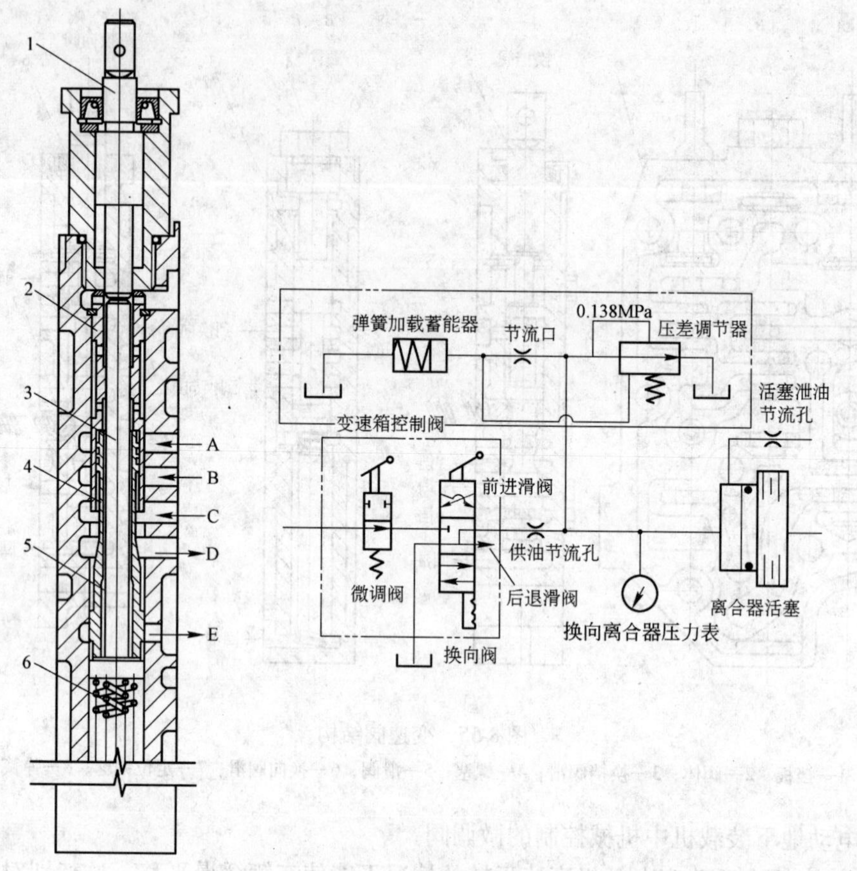

图 8-56　压杆式微调阀结构与原理

1—作用杆；2—定位阀芯；3—微调杆；4—阀芯；5—平衡弹簧；6—底部复合弹簧

A—进油孔；B—从低挡阀来；C—进油孔；D—到换向阀；E—回油孔

时可达性好；四是这种调速方式不仅可以保证在电动机高速回转量调整车速，而且可以保证这种调速方法有最大工作能力（举升、翻斗）。

由于 DANA 变速箱一般都配置了此阀，用户可以根据用途选择。

机械控制微调阀有两种结构。图 8-56 所示为 DANA 公司提供的压杆式微调阀结构与原理。图 8-57 所示为拉杆式微调阀结构与原理。

图 8-56 所示为压杆式微调阀在正常操作位置时，作用杆 1 由于微调杆 3、底部复合弹簧 6 的作用而处在最顶端位置。此时阀芯 4 封住了回油口，压力油全部作用在换向离合器上，此时装载机以全速运行。如果作用杆 1 缓慢向下压，同时推动微调杆 3 也缓慢向下移动，由于平衡弹簧 5 的作用，使阀芯 4 与微调杆 3 隔开。在离合器压力的作用下，阀芯 4 也逐渐向下运动，逐渐打开 D 与 E 腔，使离合器压力下降。并稳定在较低的水平面上，此时，车辆以较低的车速稳定运行。若作用杆 1 压到底，平衡弹簧的作用将逐渐减小。在剩余的离合器压力作用下，使滑阀 4 完全打开泄油孔 E，离合器的压力下降到零，此时车辆的运行速度逐渐下降到零。如果松开作用杆，车辆又恢复最高车速运行。

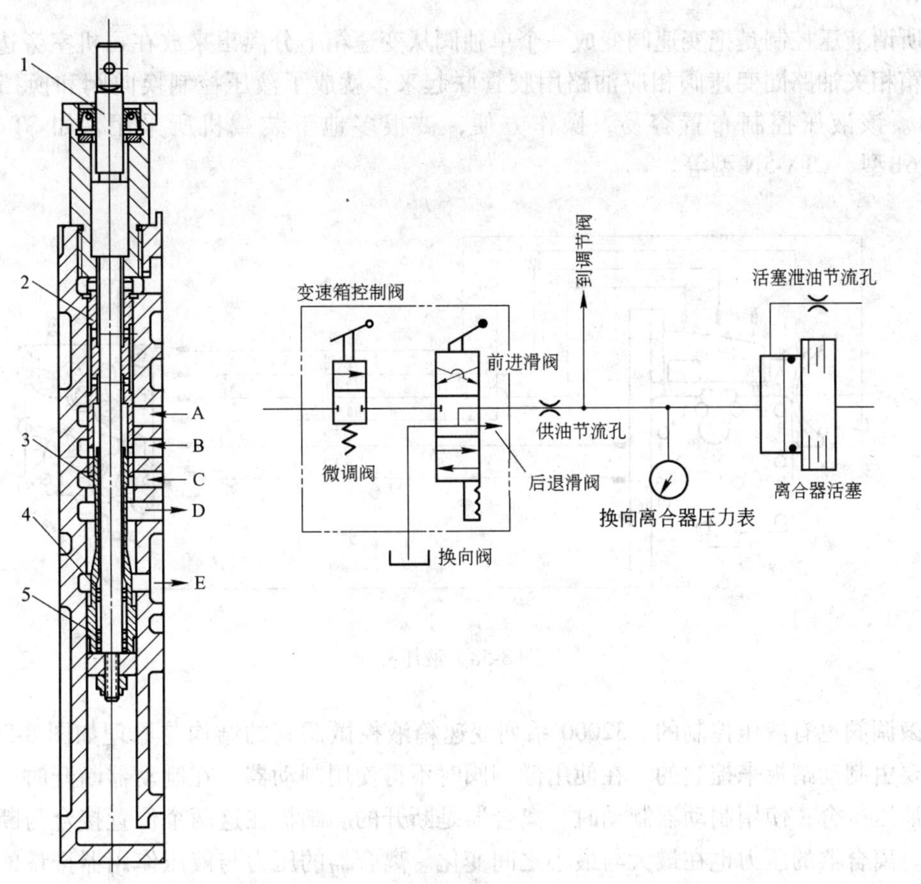

图 8-57　拉杆式微调阀结构与原理

1—长拉杆；2—定位阀芯；3—微调杆；4—阀芯；5—平衡弹簧

A—进油孔；B—从换挡阀来；C—进油；D—到换向阀；E—回油

由于 DANA 变速箱微调阀调节车速是从最大调到零，由于采用复合弹簧，调节力比较大，这就不适合地下装载机的使用工况，不仅不安全，而且也不便于操纵机构的布置。因此又出现了另外一种如图 8-57 的拉杆式微调阀。只要把图 8-56 中的作用杆 1 与微调杆 3 取消，换成图 8-57 中带螺母与定位块的长拉杆 1，同时也取消复合弹簧，其他零件保持不变，就变成拉杆式微调阀了。这一改进，长拉杆 1 在平衡弹簧 5 的作用下，处在最下面的位置。由于平衡弹簧的刚度比较小，在离合器中的剩余压力足以可以使阀芯 4 全部打开泄油孔，此时离合器的压力为零，车辆不能运行。随着拉杆 1 提升，泄油孔逐渐封闭，离合器压力逐渐建立，车速逐渐增加，当长拉杆 1 到达最上位置时，离合器压力最大(1.2～1.5MPa)，此时车速也最高。又由于平衡弹簧 5 的刚度比较小，操纵力不需很大，因此只要把驾驶室内的加速踏板与微调阀用推拉软轴联起来，就可以进行操作。由于这一改动，完全满足地下装载机的使用要求。除了上述几个改变外，在微调阀的位置，把微调阀内的零件取下，换上不同的滑芯与弹簧，就可单独脱开前进挡或后退挡，或同时脱开前进与后退挡的离合器。从而扩大了变速箱的功能与应用范围。这也是 DANA 变速箱的特点之一。

B　液压控制

所谓液压控制是把变速阀变成一个单独阀从变速箱上分离出来放在司机室旁边。再把变速箱相关油路同变速阀相应油路用胶管联起来，就成了液压控制换向阀和换挡阀（图8-58）。该液压控制布置容易，操作方便，被很多地下装载机所采用，如 ST-3.5 型、CTX-6B型、CTX-5N 型等。

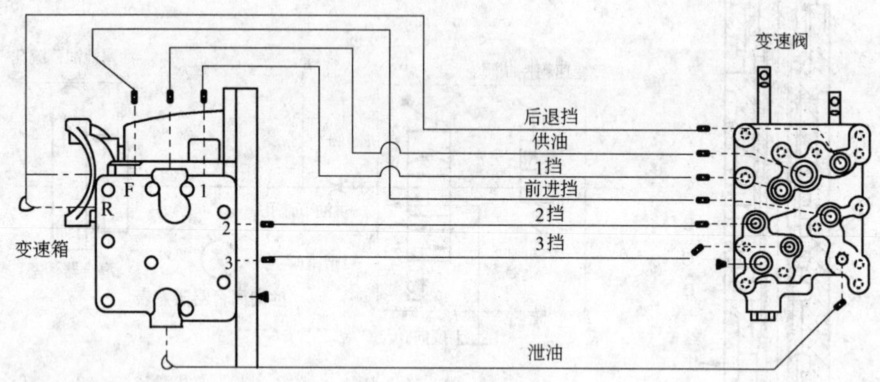

图 8-58　液压控制

微调阀也有液压控制的。32000 系列变速箱液控微调阀的结构与原理如图 8-59 所示。它主要由制动踏板来控制的。在使用微调阀时不得使用制动器。在制动器断开时，离合器是全油压接合；使用制动器制动时，离合器是断开的。踏板在这两个位置接合与断开之间变化。离合器的压力也在最大与最小之间变化。离合器的压力与液压作用器排量的减少或机械作用器行程的减少成正比。

20000 系列变速箱液控微调阀的结构原理与 32000 系列变速箱液控微调阀结构原理

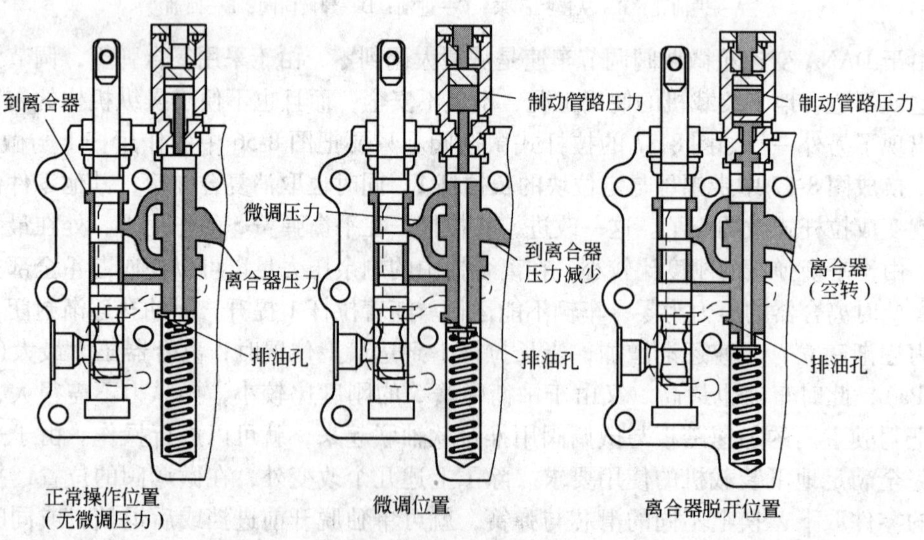

图 8-59　32000 系列变速箱液控微调阀的结构与原理

相同。

C 电控制

为了减轻司机的劳动强度，简化换挡操作，近几年来地下装载机换挡操纵常采用电控制。所谓电控制就是在地下装载机油路系统中采用电磁换向阀来控制车辆的速度与方向。目前电控制变速箱电磁阀有两种布置：一种是串联布置，如 CY-4 型及 DANA 公司的 T32000 型变速箱；另一种是并联布置，如 34000 型等变速器。

a 串联回路（一）

CY-4 型地下装载机 32000 系列变速箱的电控制变速液压回路都是串联回路。图 8-60 所示为 CY-4 型变速箱电控串联液压回路。该回路由 5 个电磁换向阀与 6 个离合器组成。方向电磁阀与换挡电磁阀是并联，两个方向电磁阀和 3 个换挡电磁阀彼此串联。分别控制四挡前进与四挡后退速度。它的操作过程是液压调节阀与变速阀分别集成在两块阀块上，叠加后一起安装在变速箱一侧。操纵手柄安装在驾驶室内，操纵手柄只有一个，实际上该手柄就是一个转向开关，通过导线分别与电磁换向阀 26、6、27、28、29 的线圈相连，通过这个手柄控制换向电磁铁的线圈通电与断电，从而实现车辆挡前进速度与四挡后退速度。表 8-1 就是单杆操纵各挡电磁铁线圈通电、断电与各挡位的关系。

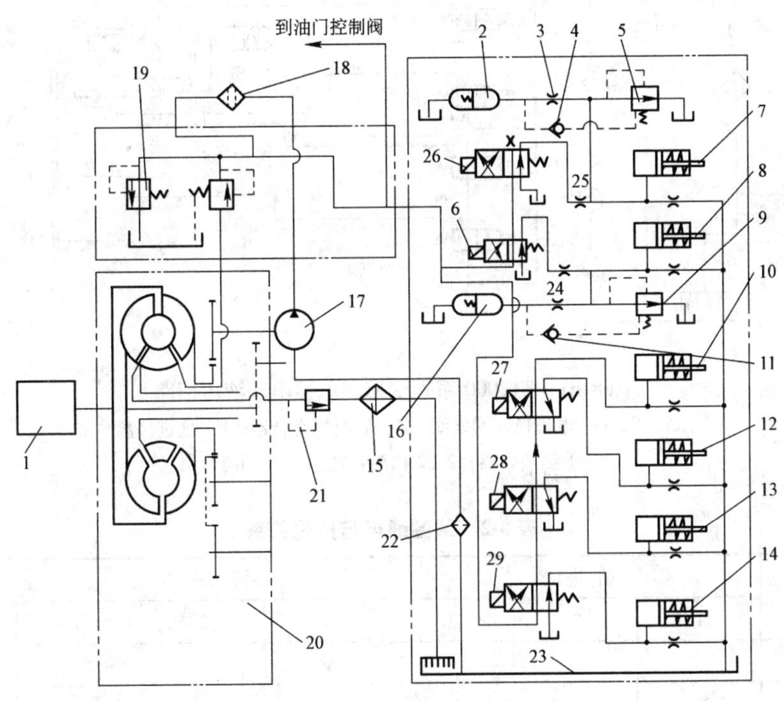

图 8-60 CY-4 型变速箱电控串联液压回路

1—柴油机；2—前进蓄能器；3—调节阀阀芯节流孔；4，11—快速释放球阀；5—前进压差调节阀；6—换向阀后退电磁铁；7—前进离合器；8—后退离合器；9—后退压差调节阀；10—Ⅳ挡离合器；12—Ⅲ挡离合器；13—Ⅱ挡离合器；14—Ⅰ挡离合器；15—冷却器；16—后退蓄能器；17—齿轮泵；18—精过滤器；19—阀组；20—变矩器油箱；21—背压阀；22—吸油过滤器；23—变速箱油池；24，25—节流孔；26—换向阀前进电磁铁；27，28，29—换向阀挡位电磁铁

表 8-1 电磁线圈动作与挡位关系

挡 位	F_1	F_2	F_3	F_4	N	R_1	R_2	R_3	R_4
换向阀前进电磁线圈 26	√	√	√	√	×	×	×	×	×
换向阀后退电磁线圈 6	×	×	×	×	×	√	√	√	√
挡位电磁线圈 27	√	√	√	×	×	√	√	√	×
挡位电磁线圈 28	√	√	×	×	×	√	√	×	×
挡位电磁线圈 29	√	×	×	×	×	√	×	×	×

注：F 表示前进挡离合器；N 表示中位；R 表示后退挡离合器；√表示通电；×表示断电；26、6、27、28、29 为换向阀电磁铁序号。

b 串联回路（二）

T12000 系列变速箱液压回路如图 8-61 所示，它也是一种串联液压回路。该回路由 4 个电磁换向阀与 5 个离合器组成，其布置基本上同 CY-4 型机。其电磁铁与挡位之间的关系见表 8-2。

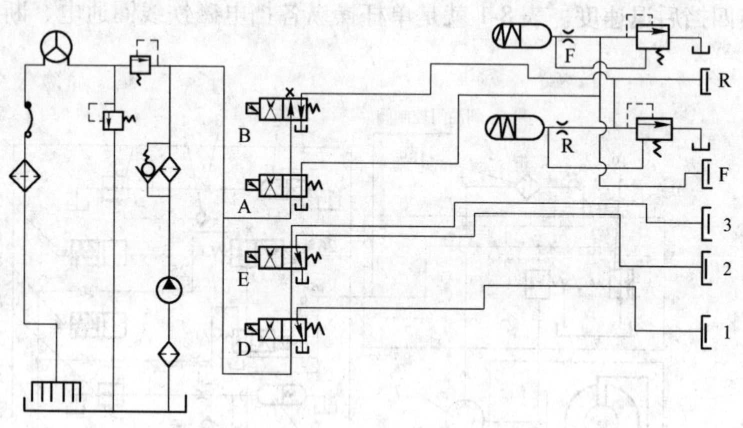

图 8-61 T12000 系列变速箱电控串联液压回路

B，A，E，D—电磁换向阀线圈；R—后退挡离合器；F—前进挡离合器

1—1 挡离合器；2—2 挡离合器；3—3 挡离合器

表 8-2 线圈通电与挡位关系

线 圈	前进挡			后退挡			空 挡
	1	2	3	1	2	3	
B				√	√	√	
A	√	√	√				
E	√	√		√	√		
D	√			√			

注：√表示线圈接通。

c 并联回路（一）

T34000 系列变速箱变速液压回路是并联液压回路，如图 8-62 所示。其变速液压回路

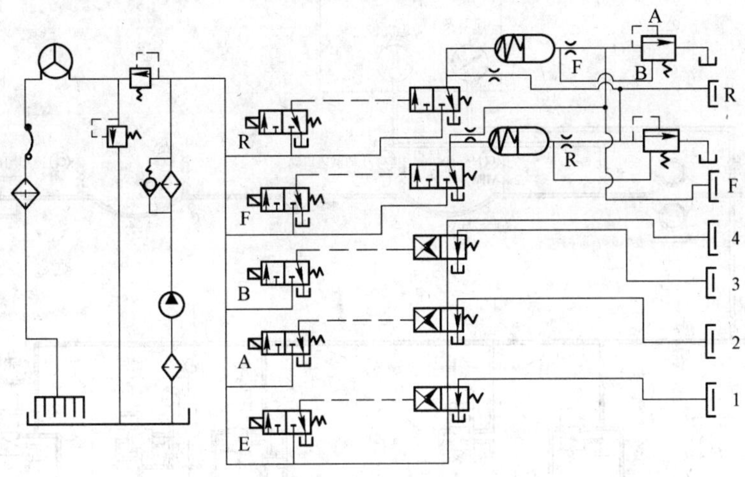

图 8-62 T34000 系列变速箱变速液压回路

包括 5 个电磁阀、5 个液控阀、6 个离合器。当前进挡电磁铁接合时，液压油换向进液控阀，推动阀芯移动，从而使液压油一路到前进挡离合器，一路到调节阀，使得前进挡离合器平稳接合。如果再接通 1 挡电磁铁，那么机器以 1 挡速度运行。其他各挡的操作原理与此相同，具体操作见表 8-3。

表 8-3 电磁线圈动作与挡位关系表

挡 位	F_1	F_2	F_3	F_4	N	R_1	R_2	R_3	R_4
前进挡电磁线圈 F	√	√	√	√		×	×	×	×
后退挡电磁线圈 R	×	×	×	×		√	√	√	√
1 挡电磁线圈	√	×	×	×		√	×	×	×
2 挡电磁线圈	×	√	×	×		×	√	×	×
3 挡电磁线圈	×	×	√	×		×	×	√	×

注：F 表示前进挡离合器；N 表示中位；R 表示后退挡离合器；√表示通电；×表示断电。

除了 T34000 系列变速箱之外，还有一些常用变速箱变速液压回路也是并联液压回路。

d 并联回路（二）

T20000 系列变速箱变速液压回路如图 8-63 所示。

e 并联回路（三）

32000 系列变速箱变速液压回路如图 8-64 所示。

f 并联回路（四）

36000 系列变速箱变速液压回路如图 8-65 所示。

串联回路有一个最大的缺点是当一个电磁阀出了故障会使其他挡位无法开动。油路并联布置就不会出现这个问题。一个电磁铁出了故障只影响这一挡车速无法开动，而其他挡照常可以开动。为了简化操作，一般用单杆控制。其控制器与控制阀布置与操作原理如图

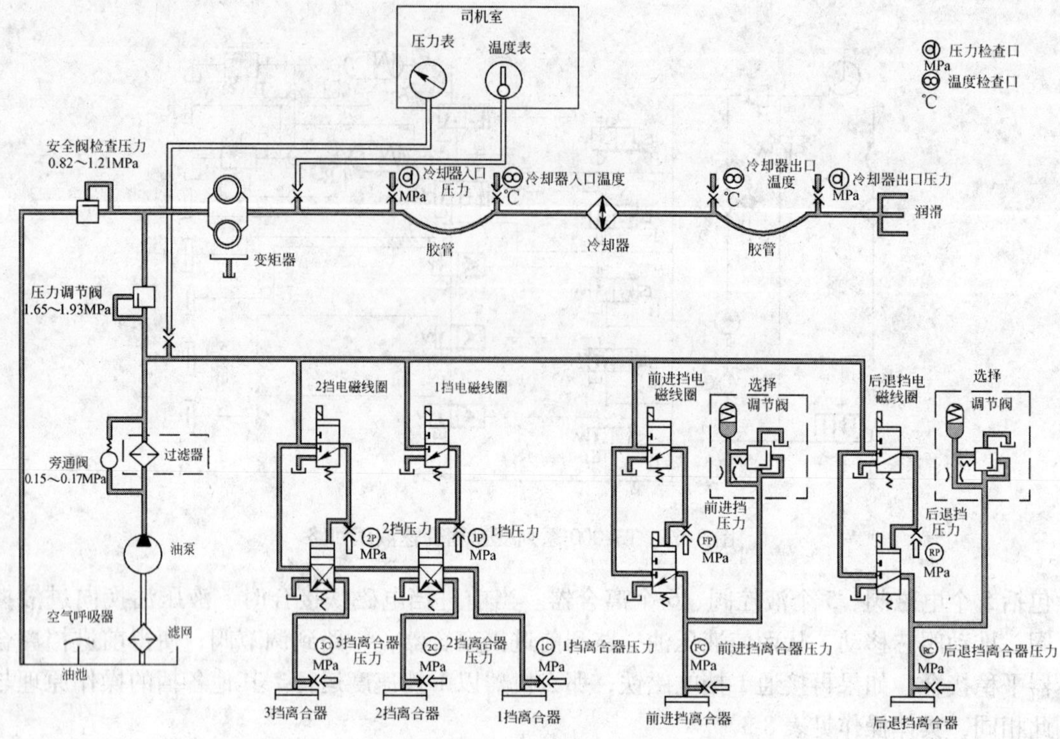

图 8-63　T20000 系列变速箱变速液压回路

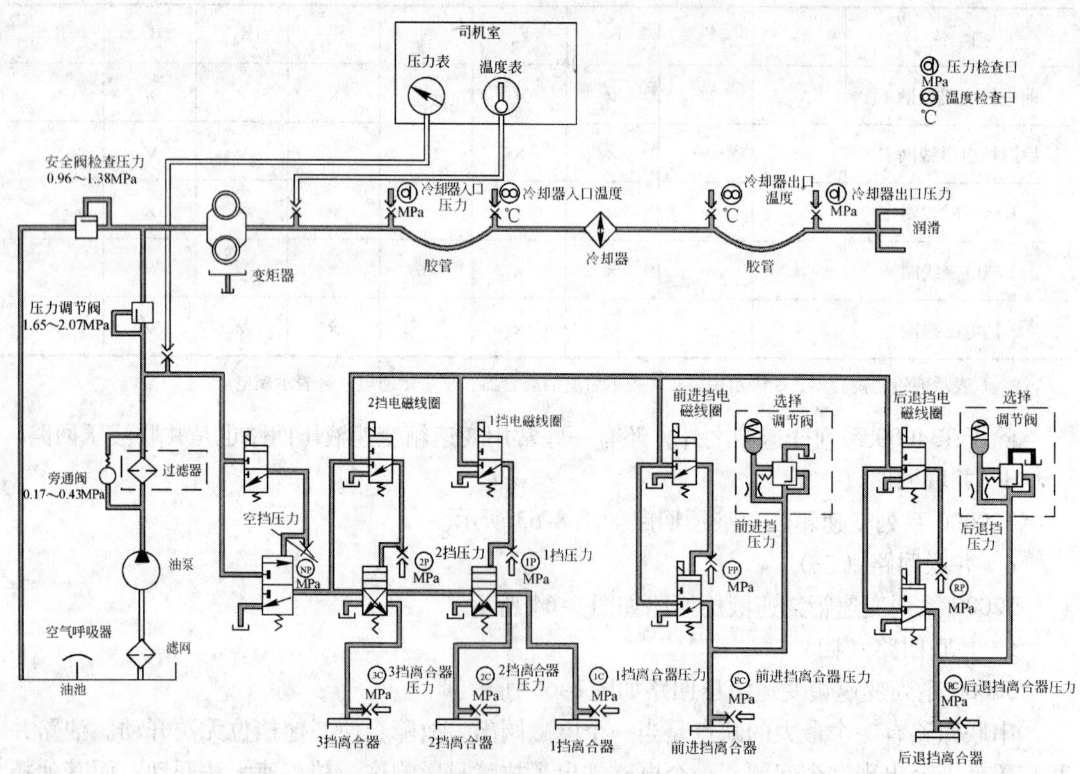

图 8-64　32000 系列变速箱变速液压回路

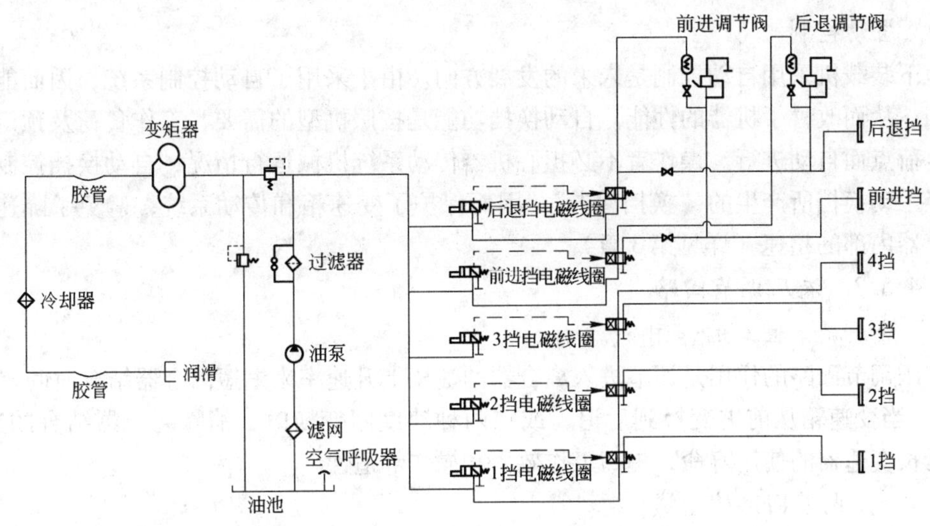

图 8-65 36000 系列 3 挡变速箱变速液压回路

8-66 所示。这是由于由双杆机械换挡变成单杆电液换挡，可避免司机的误操作，大大简化操作，减少了操作力（由 34N 减为 5N），从而大大地减轻了司机的疲劳，提高生产效率。

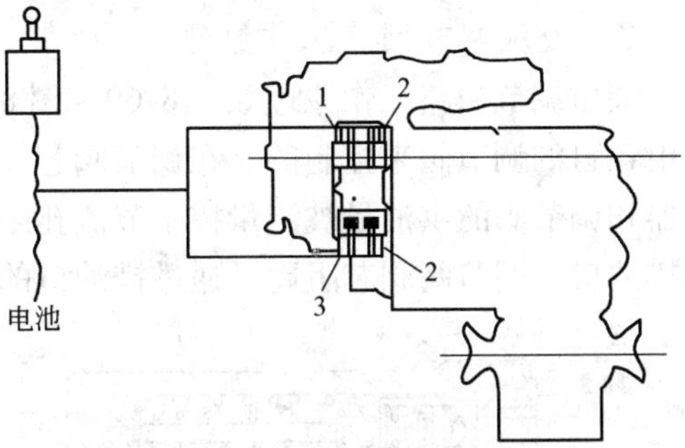

由于变速箱液压调节阀与电磁换向阀集成在两块阀块上，特别是电磁换向阀采用插装阀结构，因此省掉了许多管路，维修十分方便，结构也简单了，可靠性也提高了。

电池

图 8-66 液压换挡系统各元件布置与操作原理

1—换向阀前进电磁铁；2—换向阀挡位电磁铁；3—换向阀后退电磁铁

由于采用电磁换向阀，因此对电磁阀的使用可靠性与寿命提出了更高的要求。

由机械操作变为电操纵，机械操作其杆系设计复杂，布置困难。而电操作只需把驾驶室内操纵盘与变速箱上电磁阀上线圈用导线连起来就可以了，省掉了复杂的杆系，布置也十分方便。

单杆操作就是用一个杆既控制车辆方向又控制车速。根据车辆挡位要求及所采用的变速箱控制器有不同的操作手柄位置（图 8-67）。

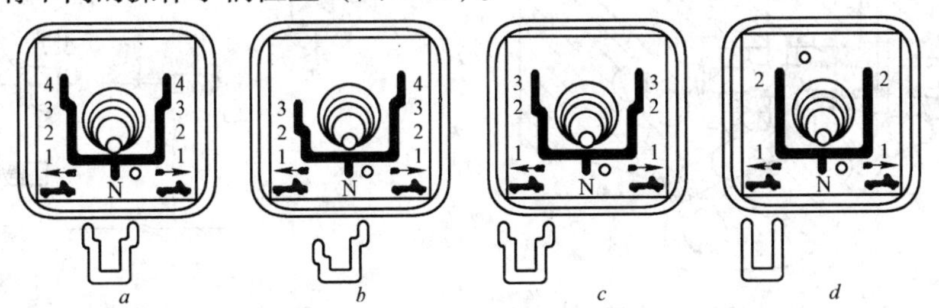

图 8-67 控制器挡位图

a—单杆操纵四挡前进、四挡后退；*b*—单杆操纵四挡前进、三挡后退；*c*—单杆操纵三挡前进、三挡后退；*d*—单杆操纵二挡前进、二挡后退

D　自动控制

地下装载机采用自动控制是未来的发展方向。由于采用了自动控制系统，因而能自动地换挡。从而改善了机器的性能。自动换挡功能是按照机型的需要、工作负荷及预定的速度和负荷点而自动进行。操作者不必担心机器传动系统机械运行情况，自动换挡控制器通过减轻手动换挡所产生的“换挡冲击”，因而保护了变速箱和传动系统，避免了降速换挡时变速器内部的超速（详见第3章）。

8.4.5.3　液压调节回路

A　液压调节回路的作用

液压调节回路的作用是调节进入离合器的油压上升速率来缩短离合器结合时间（时间滞差）。当变速箱从前进变换到后退，或在两种速度间变换时，消除离合器结合的冲击，达到延长变速器的使用寿命，提高工作效率和操作舒适性。

B　液压调节回路的组成

它主要由方向控制阀、方向离合器和调节阀组成。液压调节回路又分前进挡和后退挡两种液压调节回路。图8-68所示为R18324变速箱液压调节阀结构。

C　液压调节回路工作原理

液压调节回路工作原理如图8-69～图8-71所示。从图8-69中可知，两个换向离合器是由各自的调节阀来控制的。在调节阀芯*A*侧的压力与供给离合器活塞的压力相同。向离合器和调节阀的供油量被流量控制节流孔限制。通过这个节流孔后，调节阀阀芯排出流量到排油口。调节阀阀芯阻碍了通过排油口的液流并以一定的速度建立起离合器的压力。一

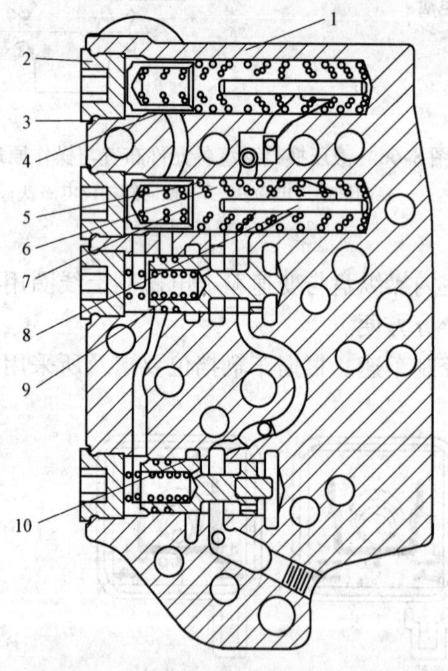

图8-68　R18324变速箱液压调节阀结构

1—阀体；2—螺塞；3—O形圈；4—蓄能阀芯；5—外蓄能弹簧；6—中间蓄能弹簧；7—内蓄能弹簧；8—销；9—调节弹簧；10—调节阀芯

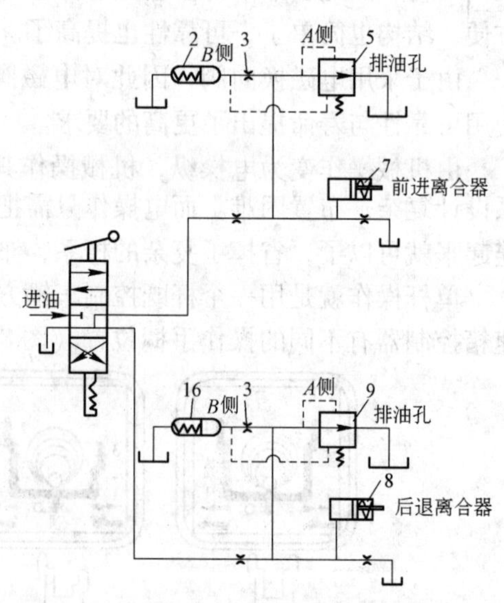

图8-69　液压调节回路工作原理

（图中数字含义同图8-53）

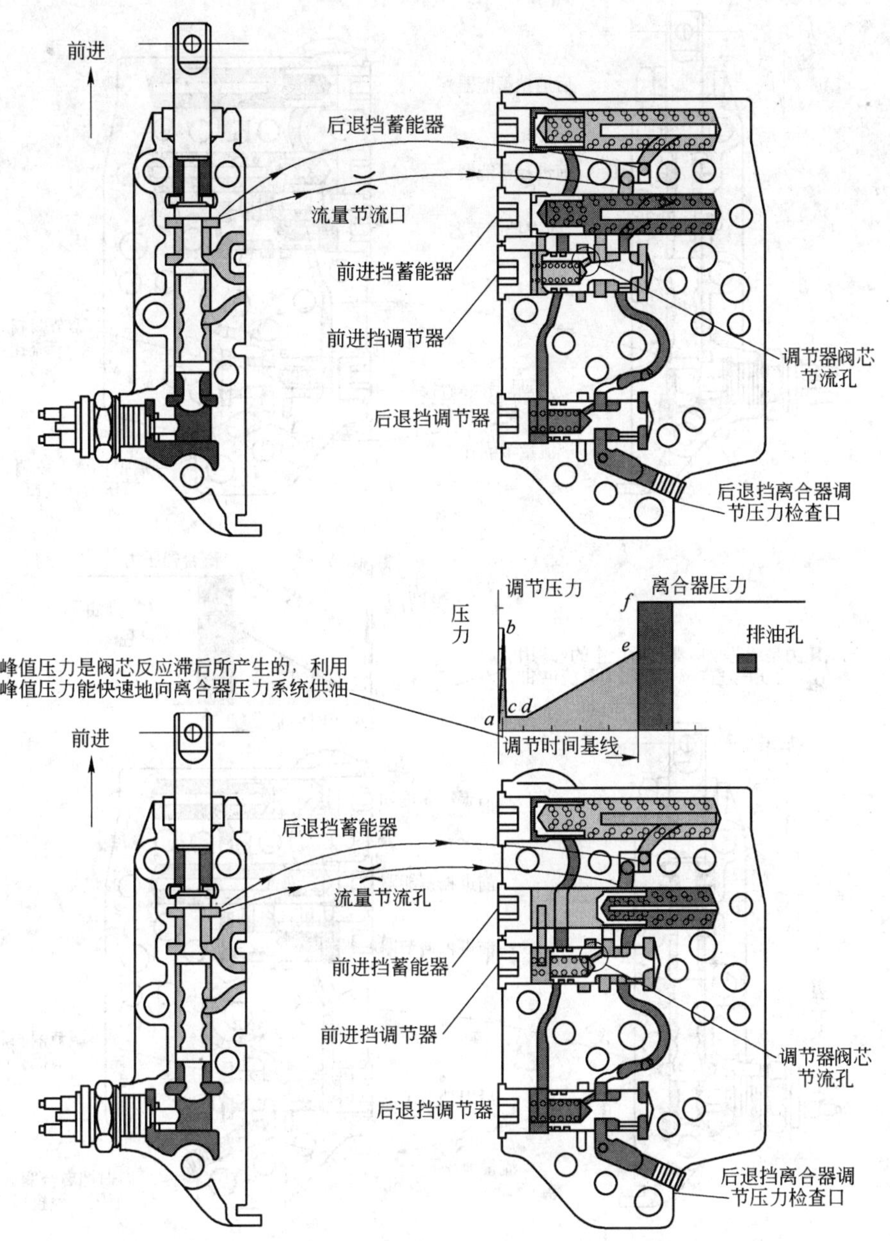

图 8-70　前进挡液压调节回路工作原理

且通往排油口的流量被切断，仅仅很少量的流量通过这个节流孔，它通常是因阀芯和离合器泄漏而产生的。这时节流孔两边的压力是完全相等的，整个调节系统压力作用在离合器活塞上。

当选择前进方向时，压力油进入调节阀阀芯 *A* 侧排油孔，然后经过调节阀阀芯上的阻尼孔，推动调节阀阀芯向右移动（图 8-69）打开排油孔。移动阀芯到打开排油孔所需时间在压力与时间关系图表上为开始阶段峰值压力 *b*（图 8-70），使用峰值压力能快速向离合器压力系统供油。

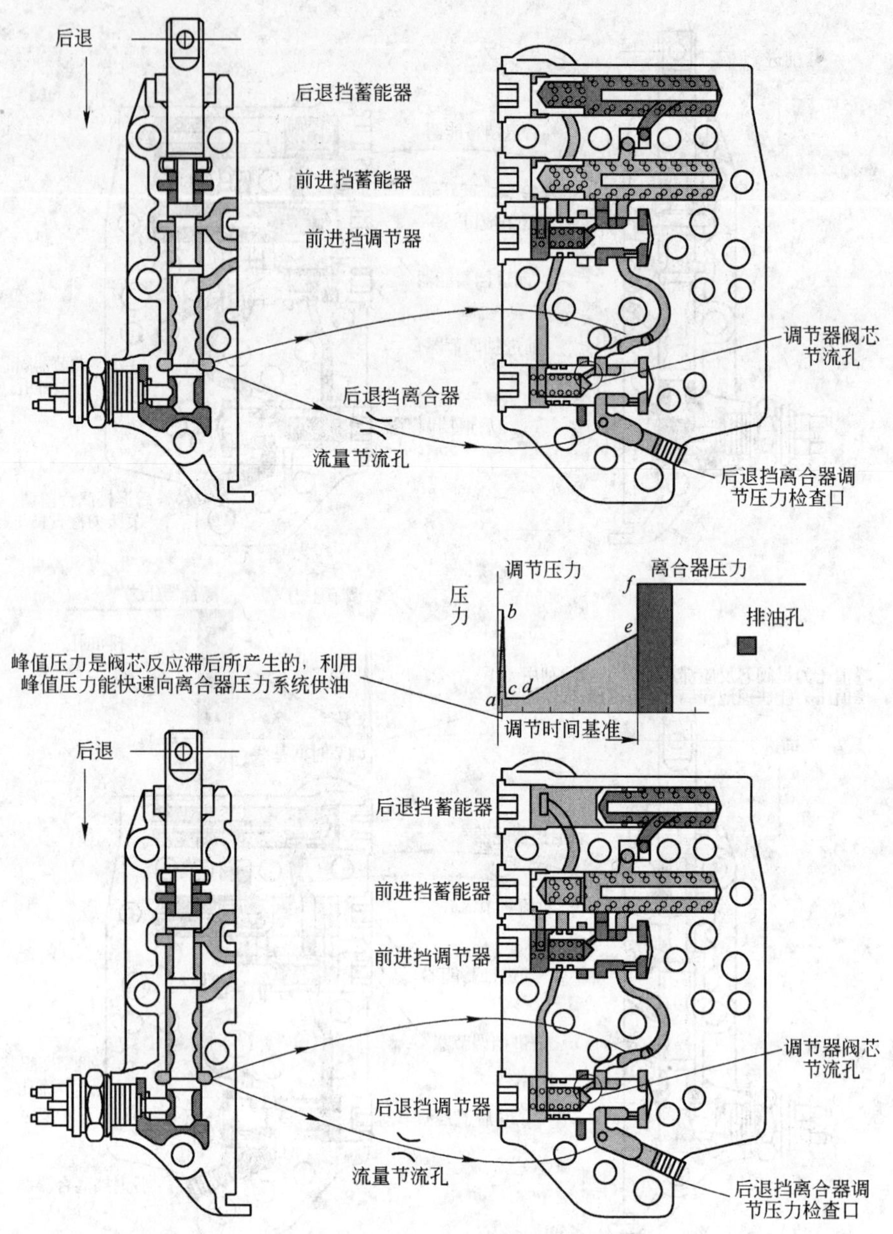

图 8-71　后退挡液压调节回路工作原理

调节阀阀芯的移动被调节阀和蓄能器的弹簧力所阻碍。这样就在 *A* 侧产生大约 137.9kPa 的压力，这种压力在压力与时间图上表示为紧接峰值压力的一条水平线 *cd*。由于调节阀阀芯两侧压力不平衡，液流通过其阻尼孔流向 *B* 侧。因 *B* 侧有弹簧力的作用，*A* 侧的压力总比 *B* 侧高。由于阻尼孔两侧的压力差，使液流以一定的流速通过阻尼孔，通过其流速可估算出液流充满蓄能器空腔所需时间。

蓄能器空腔被充满之后，蓄能器活塞克服弹簧的作用力而移动，由于弹簧力的作用，使蓄能器空腔 *A* 腔与 *B* 腔的液压力增加，且增加的范围相同。这种情况在离合器压力与时间关系图中被表示为一条逐渐上升的斜线 *de*。其斜率决定于储油器的弹簧力（弹簧刚度），一旦蓄能器活塞被推到极限位置，由于液流不再通过调节阀阀芯的阻尼孔流动，阀芯 *A* 侧和 *B* 侧的压力达到平衡，调节阀阀芯受弹簧力作用而切断了排油口，离合器和调节阀的压力很快上升到系统调节离合器规定油压，这种情况在离合器压力与时间关系图中表示为一条直线 *ef*。

整个顺序调节的时间不超过 2s，在稳定的高压液压油作用下的离合器增加了驱动力矩，并使离合器平稳接合。

当选择前进方向时，后退挡离合器和调节阀通过控制阀将液体排到变速箱油底壳内。后退挡蓄能器空腔是通过后退挡调节阀阀芯的阻尼孔将液压排出的。为了加快蓄能器的复位速度，使变速箱立即换向，原进控制阀的油路直接与后退挡蓄能器弹簧侧的空腔相连。

当选择后退方向时，后退离合器和调节阀通过与前进离合器和调节阀相同顺序而动作（图 8-71）。这种顺序动作使离合器接合迟缓了一段时间，使得有足够时间来缓冲换挡，并使换挡平稳。

缓冲换向控制减少了动力系统的冲击和应力，使地下装载机操作容易，即使对一个新司机也是如此。

DANA 公司为了方便用户判断故障和维修保养带调节阀的变速箱，给出了系统调定的离合器压力的实用数据，见表 8-4。

表 8-4 DANA 变速箱系统调定的离合器压力

变速箱型号	系统调定的离合器压力		挡位离合器最大压力差	
	kPa	psi	kPa	psi
20000	1241.1～1516.8	180～220	34.4	5
24000	1654.7～1930.5	240～280	34.4	5
32000	1654.7～1930.5	240～280	34.4	5
34000	1654.7～1930.5	240～280	34.4	5
36000	1655～2173	240～310	34.4	5
4000	1654.7～1930.5	240～280	34.4	5
5000	1241.1～1516.8	180～220	34.4	5
6000	1241.1～1516.8	180～220	34.4	5
8000	1241.1～1516.8	180～220	34.4	5
16000	1241.1～1516.8	180～220	34.4	5

假设某种型号的变速箱在 650～820r/min 低速下运转时，油温在 82.2～93.3℃时，测量记录前进和后退换向离合器的压力，同时借助于中位方向控制，测量记录系统调定的各挡离合器的压力，把换向和挡位离合器的实测压力值编入表 8-5。

表 8-5　换向和挡位离合器实测压力数据

离合器		系统调定的离合器压力		方向离合器测定压力			
方向	挡位	kPa	psi	kPa	前进挡压力 psi	kPa	后退挡压力 psi
前进	4	1758.1	(255)	1654.7	240	0	0
后退	4	1758.1	(255)		0	240	1654.7
中	1	1758.1	(255)		0		0
中	2	1620.2	(235)		0		0
中	3	1758.1	(255)		0		0
中	4	1758.1	(255)		0		0

分析表 8-5 实测数据，当换向器在中位控制时，2 挡离合器测量的压力 235psi（1620.2kPa）小于离合器系统调定的压力 255psi（1758.1kPa），超过了 34.4kPa（5psi）表明 2 挡离合器需要修理。

由于离合器的泄漏、活塞泄油口的流动速率和流过节油孔泄油等综合因素的影响，使换向离合器的调节压力达到 137.9kPa（20psi）。

D　测量压力接口及压力表

离合器测量压力接口的位置见图 8-49 ~ 图 8-52 及变速箱有关使用手册。

E　电子控制调节器

随着电子技术的发展，DANA 公司又推出了比液压控制性能更好的电子控制调节器（ECM）。这是提高整机机动性的一项创新。

通过提供离合的压力，ECM 能确保每一种型号的变速均能达到最佳状态。从而提供最佳的机器性能。因为液压调节只能提供一种曲线来代替所有变速要求。而 ECM 可以按照调节离合器压力形成多条曲线，以适合于不同用途的机器不同的调节要求。两者的性能比较见图 8-72。

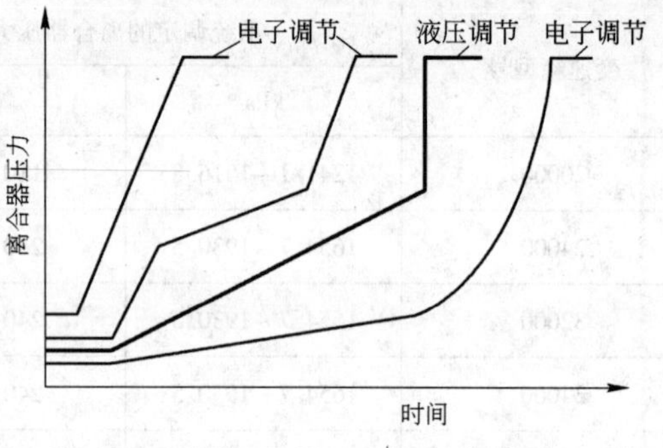

图 8-72　液压调节与电子调节性能比较

8.4.6　集中润滑系统

8.4.6.1　人工集中润滑系统

目前，大多数地下装载机注脂润滑主要靠人工集中润滑。图 8-73 所示为 CY1.5 型地下装载机人工集中润滑系统。

人工集中润滑系统是利用人工每天按时向各润滑点注入一定的润滑脂。但该系统在日常操作上由于人员的疏忽，紧迫的生产任务及恶劣的保养条件，往往使润滑这一重要环节被忽略，造成轴承严重摩擦和磨损，引起机器故障，影响机器能力的发挥，带来不必要的麻烦和开支。

8.4.6.2　自动集中润滑系统

由于人工集中润滑系统存在许多不足，因此又出现了自动集中润滑系统，采用

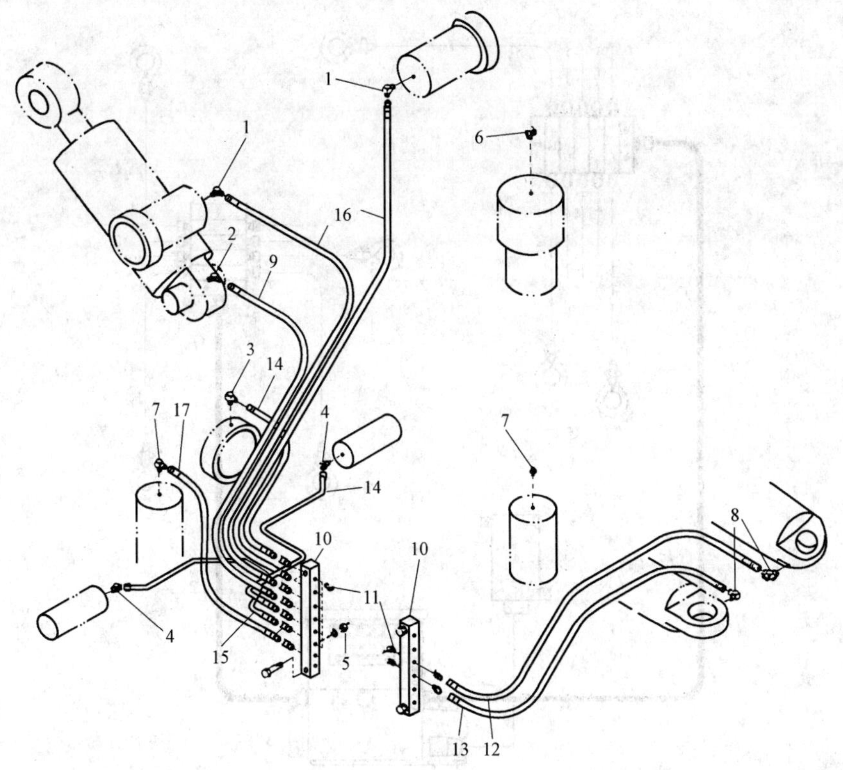

图 8-73 CY-1.5 型地下装载机人工集中润滑系统

1—大臂铰销润滑点；2—翻斗油缸销轴润滑点；3—中间轴承润滑点；4—举升油缸销轴润滑点；
5—三点铰接连杆铰销润滑；6，7—机架铰销润滑点；8—转向油缸铰销润滑点；
9，12~17—润滑油管；10—润滑管接块；11—压注式油杯

自动润滑系统润滑是地下装载机发展的方向。图 8-74 所示为福鸟递进式集中润滑系统。

由图 8-74 可以看出，自动集中润滑系统由下列零部件组成：一台连油箱的润滑泵、润滑脂分配器、润滑管路、控制元件。

自动集中润滑系统的作用：

（1）润滑难以接触到的润滑点。

（2）减低摩擦和磨损。

（3）延长轴承寿命。

（4）降低维修和保养成本。

（5）增加设备可用时间。由于省却人工润滑，每天减少停机时间多达 30min。

（6）由于计量精确，比人工润滑节省润滑脂高达 60%。

（7）环保。使过剩的润滑脂带来的污染减至最低，亦可配合使用可生物降解的润滑脂。

（8）能在两年左右收回成本。

电动活塞泵备有三个出油口，可按系统上管道的多少而装配适当数量的泵组元件。每

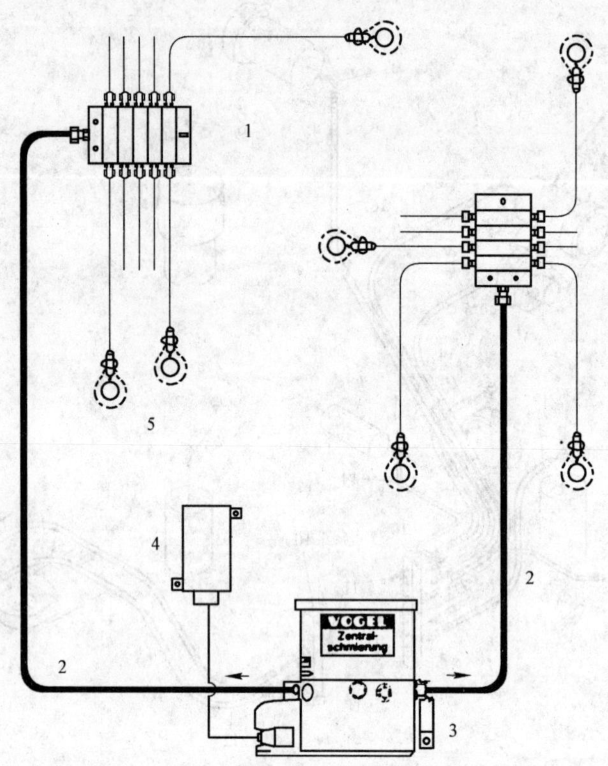

图 8-74　福鸟递进式集中润滑系统
1—递进式分配器；2—主油管；3—活塞泵；4—控制元件；5—润滑点

个泵组元件均连接到一组递进式分配器，该分配器把润滑脂按预设的比例分配到润滑点上。这种组合式的润滑系统便于安装到大型机器上（即可有 50 个或以上的润滑点）。递进式分配器可由 3 ~ 9 块组成，主要按所需连接的润滑点数量而定。而每一模块备有两个出油口连接到润滑点上。递进式分配器通过预设的定量模块使每个连接到出油口的润滑点（轴承）得到恰当的润滑。控制元件能按预设数据定时启动润滑泵供应润滑脂到各润滑点上。

自动集中润滑系统具有一系列的优点：

（1）系统定时定量自动润滑，例如每操作机器 2h 润滑一次。

（2）润滑工作是在机器运行中进行，确保轴承易于注入润滑脂。

（3）每个轴承/润滑点均可得到适量的润滑脂。

（4）在轴承夹缝处的润滑脂形成一道屏障，有效防止污物或潮湿物进入轴承内。

正因为如此，该润滑系统能延长轴承寿命数倍，大幅度降低维修及保养费用。

8.4.7　其他液压系统

8.4.7.1　油门液压控制回路

油门控制也有两种方法：一是机械控制（油门控制），二是液压控制。如 CY-4 型、

ST-5C 型、ST-3.5 型等地下装载机为油门液压控制回路。油门控制液压回路主要由油门控制阀与油门控制油缸组成。它是用来控制发动机燃油泵操纵杆的装置。油门控制阀装在驾驶室内，油门油缸装在发动机油门拉杆附近。油门控制阀遥控油门油缸活塞的运动，从而改变油门操纵杆的位置，以达到改变发动机燃油泵喷油量。从而改变发动机的转速。

油门控制阀与油门油缸结构如图 8-75、图 8-76 所示。

从图 8-75 所示位置看出，平衡活塞 9 的顶部与隔板 6 之间有一定间隙，阀芯下面的单向阀也是打开的，此油门油缸内的压力油与油箱是相通的（图 8-77）。当踏板向下压的时候，阀芯 18 下面的单向阀关闭，上面的单向阀打开。压力油通过阀芯 18 上面的单向阀进

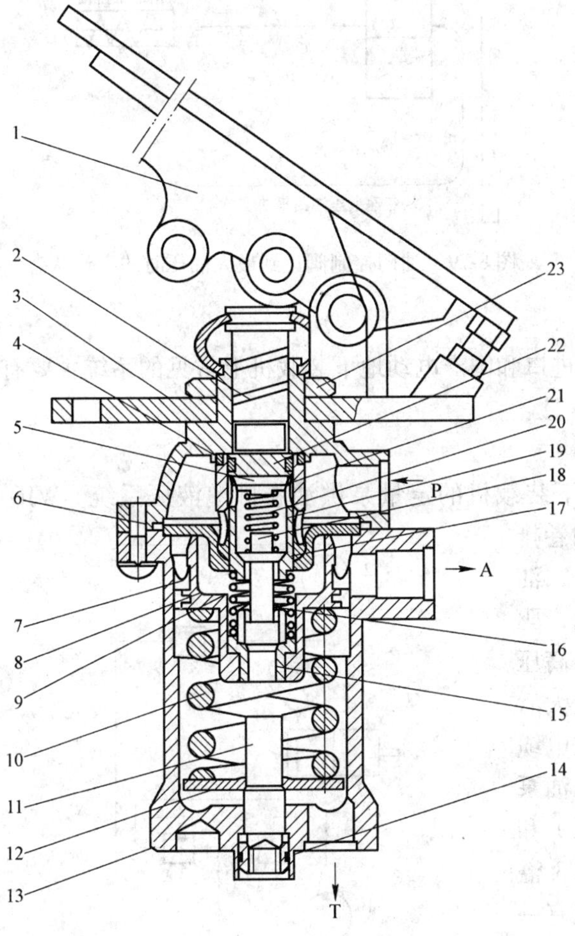

图 8-75 油门控制阀

1—油门踏板；2—推杆；3—上壳体；4—密封圈；5—限位销；6—隔板；7—长密封；8—支承环；9—平衡活塞；10—平衡弹簧；11—调整螺杆；12—弹簧座；13—下壳体；14，17—O 形圈；15—导向套；16—回位弹簧；18—阀芯；19—滑动轴套；20—弹簧；21—定位套；22—滑动销；23—锁紧螺母

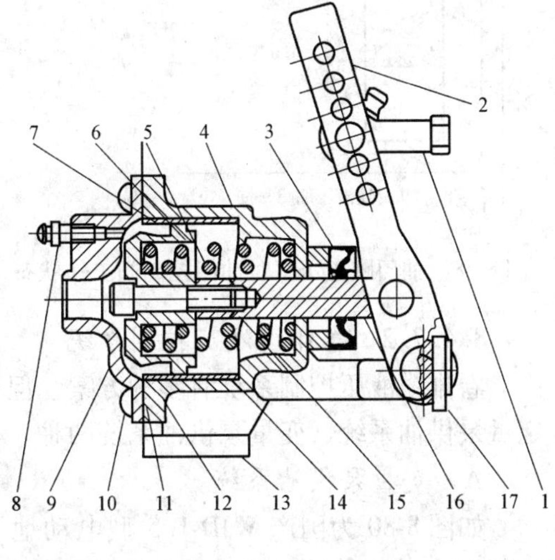

图 8-76 油门控制油缸

1—拉杆端部；2—控制杆；3—防尘圈；4，5—弹簧；6—耐磨环；7—U 形盖；8—放气帽；9—缸盖；10—螺钉；11—活塞；12—O 形圈；13—阀体；14—套；15—控制杆螺钉；16—控制杆端部；17—销

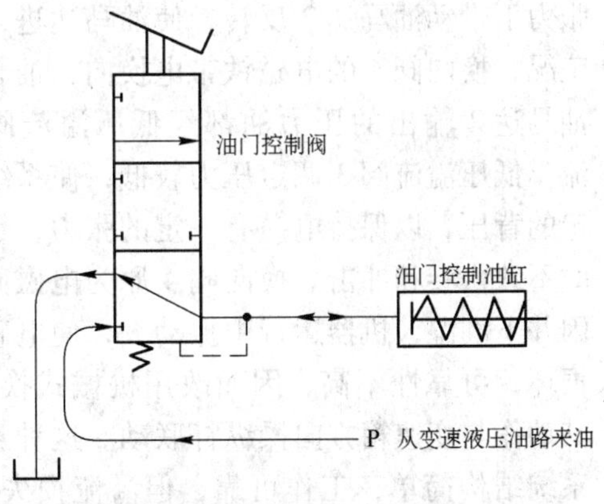

图 8-77 油门踏板未压下时工作状态

入油门油缸，发动机加速。同时，回油管被切断（图 8-78）。

当踏板继续压下时，油门油缸的压力也随之成正比增加。当压力增加到一定的时候，阀芯 18 上单向阀关闭，下单向阀打开。油缸压力油通过下单向阀流回油箱，此时，油缸压力下降，平衡弹簧 10 与平衡活塞 9 上升，又关闭阀芯下单向阀，此时阀芯上、下单向阀全部关闭，阀芯处在中间位置，进油与回油也全部切断，以防止油缸压力过度增加（图 8-79）。调节螺杆 11 可以调整油门控制阀最大输出油压。

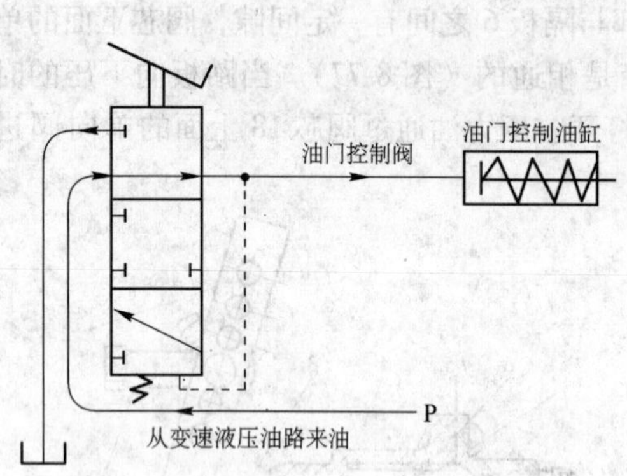

图 8-78 油门踏板压下时油门控制阀工作状态

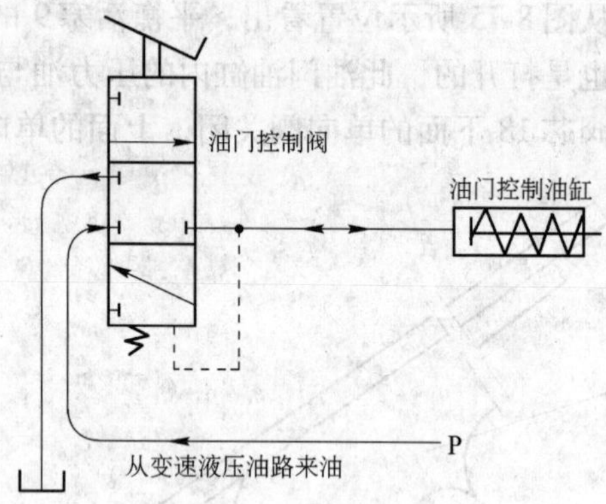

图 8-79 油门控制阀达到最大油压时的工作状态

8.4.7.2 卷排缆液压控制系统

卷排缆液压控制系统有多种方案，但进口和国产电动地下装载机上常见的系统主要有定量泵供油系统、变量泵供油系统两种。

A 定量泵供油系统

如图 8-80 为国产 WJD-1.5 型电动地下装载机的定量泵供油卷排缆液压系统。WJD-0.75 型电动地下装载机也采用相同原理的卷排缆系统。机器后退收缆时（即图示位置），油泵 1 的压力油经换向阀 4 向油马达 2 供油，驱动卷筒旋转收缆，油马达 2 的工作压力由高压溢流阀 6 调节，使其的转速能满足机器最大后退速度的要求。机器前进放缆时，卷筒在电缆张力下带动油马达 2 反转，使油马达进入油泵工况，换向阀 4 的电磁铁带电换向，油泵 1 和油马达 2 输出的压力油都经低压溢流阀 3 溢流。低压溢流阀 3 调定压力较低，使系统有一定的背压，以保持电缆有一定的张力，在放缆时不致松卷和冲击。换向阀 4 原为电磁阀，但因井下潮湿，机器运行中振动大，使电磁阀易损坏，可靠性不高，因而改用机械式换向阀，其动作与变速箱方向操纵杆联动。这种卷排缆系统结构简单，工作可靠，但溢流损失较大，油温较高，故设有油冷却器 8 来散热。

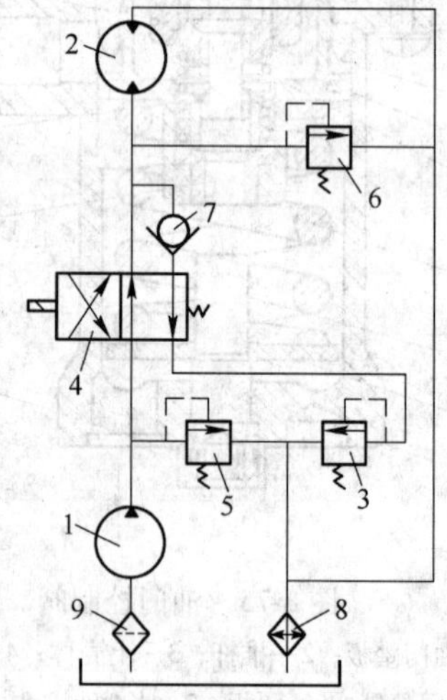

图 8-80 国产 WJD-1.5 型电动地下装载机的定量泵供油卷排缆液压系统

1—油泵；2—油马达；3—低压溢流阀；4—换向阀；5—安全阀；6—高压溢流阀；7—单向阀；8—油冷却器；9—过滤器

B　变量泵供油系统

a　瓦格纳公司 EST-3.5 型电动地下装载机的变量泵供油卷排缆液压系统

图 8-81 所示为瓦格纳公司 EST-3.5 型电动地下装载机的变量泵供油卷排缆液压系统。EST-2D 型电动地下装载机亦采用相同原理的卷排缆系统，该系统采用柱塞式压力补偿变量泵。机器后退收缆时（即图示位置）变量泵 2 的压力油经减压卸荷阀 3 向油马达 4 供油，驱动卷筒旋转收缆，油马达 4 的工作压力由阀 3 调节，使其转速能满足机器最大后退速度的要求。油马达 4 的回油经冷却器 7 散热后回油箱，回油量过大时，部分油液经单向阀 6 回油箱。为保证充分的冷却和油马达 4 反转时吸油，该系统设有冷却辅助泵 5。机器前进放缆时，卷筒在电缆张力下带动油马达 4 反转，使油马达进入油泵工况。此时，油马达由辅助泵 5 供油，油马达反向泵出的压力油与变量泵 2 的压力油相遇，使 A 点压力剧增，迫使减压卸荷阀 3 动作，打开卸荷口，使油马达 4 的压力油直接流回油箱。同时，A 点的压力反馈到变量泵 2，使其压力补偿变量机构动作，排油量减至最小。这种卷排缆系统不仅克服了定量泵供油系统的缺点，能量损失小，并能自动调速，保证了电缆收放与装载机运行同步，电缆使用寿命长，系统油温较低。

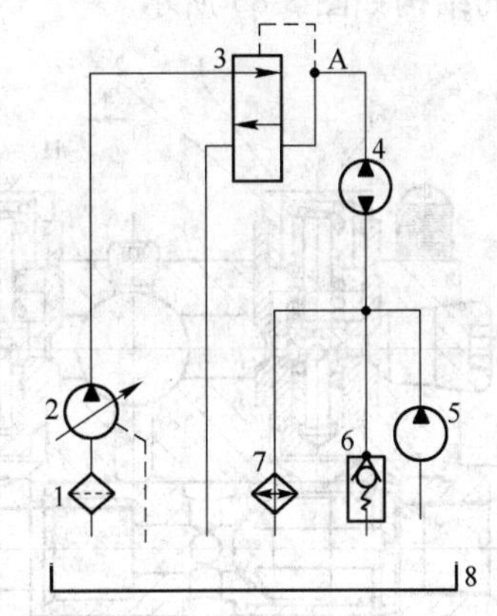

图 8-81　瓦格纳公司 EST-3.5 型电动地下装载机的变量泵供油卷排缆液压系统

1—过滤器；2—变量油泵；3—减压卸荷阀；4—油马达；5—冷却辅助泵；6—单向阀；7—冷却器；8—油箱

b　Sandvik EJC-145E 型、中钢衡重 CYE-1.5 型电动地下装载机卷排缆液压回路

（1）组成。EJC-145E 型电动地下装载机卷排缆液压回路由一个卷缆油泵（齿轮油泵）1、卷缆油马达 2、卷缆阀 3、一个自带的液压油冷却器 4（如果配备了）和卷缆限位开关组成，如图 8-82 所示。

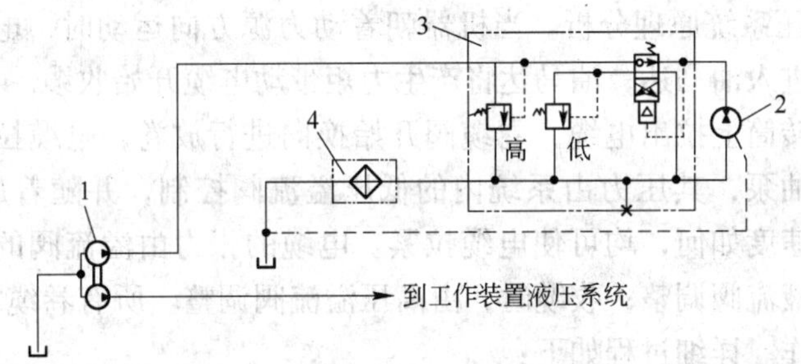

图 8-82　Sandvik EJC-145E 型电动地下装载机卷排缆液压系统

1—卷缆油泵（齿轮油泵）；2—卷缆油马达；3—卷缆阀；4—油冷却器

1）卷缆油泵。卷缆油泵与转向油泵贯通装在变矩器上。操作时卷缆油泵直接从油箱抽出油到卷缆液压回路。

2）卷缆油马达。卷缆油马达安装在后车架靠近电缆卷筒，操作时液压卷缆回路动力使油马达轴回转，油马达轴通过全链条带动卷缆阀。卷缆油马达泄油直接流回油箱。

3）卷缆阀。卷缆阀控制卷缆油马达的回转速度和方向，保护回路免受系统冲击。卷缆阀的结构如图 8-83 所示。

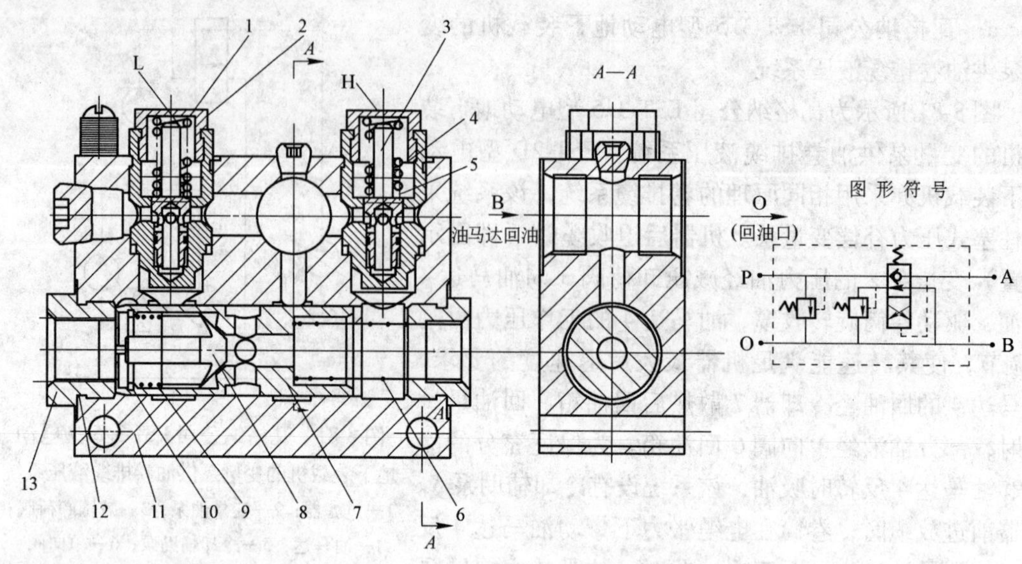

图 8-83　卷缆阀结构

1，4—弹簧；2—螺帽；3—阀芯；5—调压垫片；6—换向阀弹簧；7—阀套管；8—单向阀柱；9—单向阀弹簧；10—挡圈；11—阀体；12—密封圈；13—管接头

4）卷缆油冷却器。卷缆油冷却器在液压油返回油箱之前散掉卷排缆回路的热量。

5）卷缆限位开关（图中未表示）。当电缆卷筒上的电缆只剩 14 圈时，仪表盘上卷缆限位灯会发亮。如果卷缆进一步松开，直到 9 圈左右时，限位开关脱开，断掉电动机。只有当操作者按下并按住仪表盘上的卷缆极限超越按钮时，电动机方能重新启动。否则，电缆到达最末端的时候，就有可能会在人们不注意的时候从卷筒上脱离，造成现场操作人员和维修人员的电击事故。

（2）卷排缆液压系统原理分析。当机器朝着动力源方向运动时，电缆卷筒转绕电缆，油压打开单向阀，进入油马达，油马达将产生力矩带动电缆开始收缆。当机器离开动力源时，也就是电缆从转筒上拉出电缆，卷缆阀开始换向进行放卷，电缆拉着卷筒反向转动，这样油马达变成了油泵，其压力由系统内的低压溢流阀控制，并随着放缆使电缆产生张力，不管机器运行速度如何，均可使电缆拉紧。电缆的张力由溢流阀的调整压力来进行，即放缆时，由低压液流阀调整；收缆时，由高压溢流阀调整。所有卷缆与放缆都是自动进行的，无需司机操作。详细过程如下：

1）电缆卷筒向后转（图 8-84）。机器向后退（朝着动力源方向）时，为了避免机器

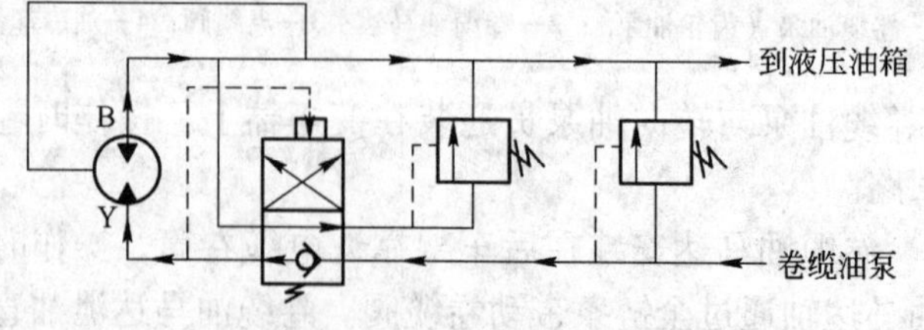

图 8-84　电缆卷筒向后转

辗过电缆，电缆卷筒必须反向旋转以收回电缆。此时，齿轮泵的液流通过卷缆阀到达油马达的 Y 口，然后流回油箱。

2）电缆卷筒上的背压（图 8-85）。当电缆从电缆卷筒上拉出时，油马达上的驱动力是来自油马达驱动轴，而不是卷缆油泵。卷筒反向旋转导致油马达从液压油箱吸取液压油，并把油输送到卷缆阀。当液压泵不再为液压回路提供液压油的时候，卷缆阀将会保持在中间位置，而且会引起压力的升高。一旦压力升高到一定程度，卷缆阀会发生换向，允许液压油通过卷缆阀返回油箱。

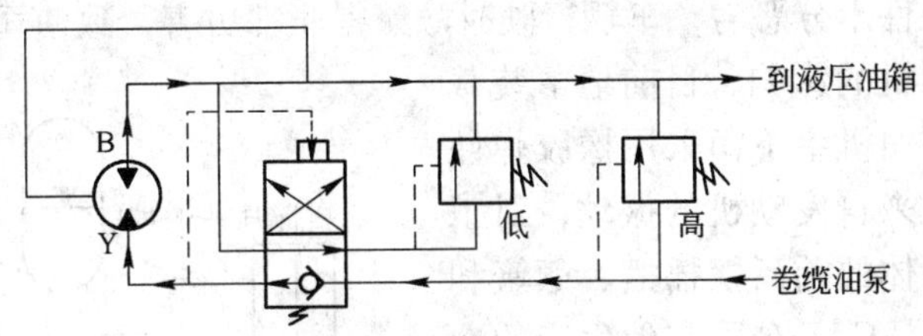

图 8-85 电缆卷筒上的背压

3）电缆卷筒向前转（图 8-86）。当机器向前（离开动力源）运行时，卷缆阀的阀芯位置将离开中间位置，从而引导液压油流向油马达的 B 口。流出油马达的液压油在流回油箱前被输送到卷缆阀里的溢流阀，流回液压油箱。这样就会在电缆卷筒油马达上维持一部分很小的张力以保证电缆能够处于拉紧状态。

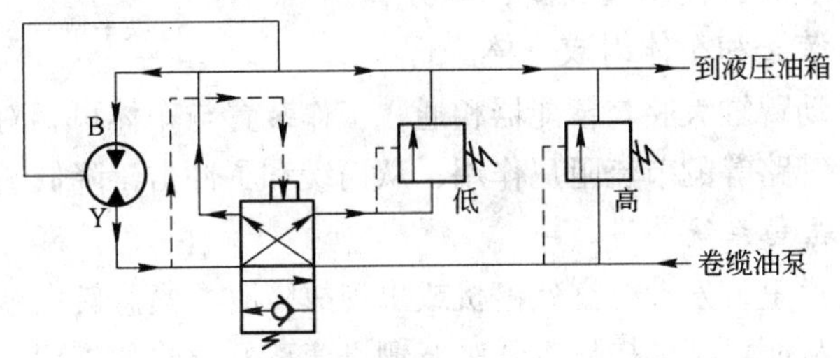

图 8-86 电缆卷筒向前转

4）卷排缆控制。所有的电缆卷筒系统包括仪表盘上的一套指示灯和一个人控的限位开关按钮，通过这些设备，系统会在卷筒上电缆圈数很少的时候来警示操作者。

5）电缆卷筒限位灯。电缆卷筒限位灯会在卷筒上的电缆接近 14 圈的时候亮起，加以指示。

6）电缆卷筒卷空指示灯。在卷筒上电缆接近 9 圈的时候，卷空指示灯亮起。如果是在操作期间亮起，电动机会自动关闭，而且会引起停车或紧急制动的开启。

7）电缆卷筒过载限位装置。在电缆卷筒限位开关跳闸后，操作者可以通过人控限位按钮重新开启电动机。

（3）卷缆阀的检查与调整。

1）在电动机停止工作的时候，拆除电缆阀壳体上标志了测量仪的螺塞，然后在开口处装上压力表。

2）启动电动机，驱动机器前进，压力表上的读数应该和电缆阀的低压设定值相同。

3）向后行驶时，压力表上的读数应该和电缆阀的高压设定值相同。

4）如果电缆的张力需要减少，可以拆下卷缆阀上标有“LOW”的六角螺母，然后减少垫片。在张力达到要求的时候，重新放回六角螺母。

5）如果电缆的张力需要增加，可以拆下卷缆阀上标有“HIGH”的六角螺母，然后增加垫片。在张力达到要求的时候，重新放回六角螺母。

6）关掉电动机，拆掉压力表，然后在装压力表的开口处装上原来拆下的螺塞。

8.4.7.3　行驶平顺性控制系统

由于矿井地面条件十分恶劣，车辆行驶时颠簸得非常厉害，致使司机十分不舒适，为了减少车辆颠簸对司机的影响，目前地下装载机采取的措施是：在司机室下面采用橡胶弹性垫，但此垫只能吸收来自发动机的振动，对工作装置和机架组成一体的前后摆摇摆、颠簸和跳动一点也不起作用。CAT公司在他生产的地下装载机中，采用了一种所谓行驶平顺性控制系统，解决了这个问题。该系统组成和液压工作原理见图8-87。

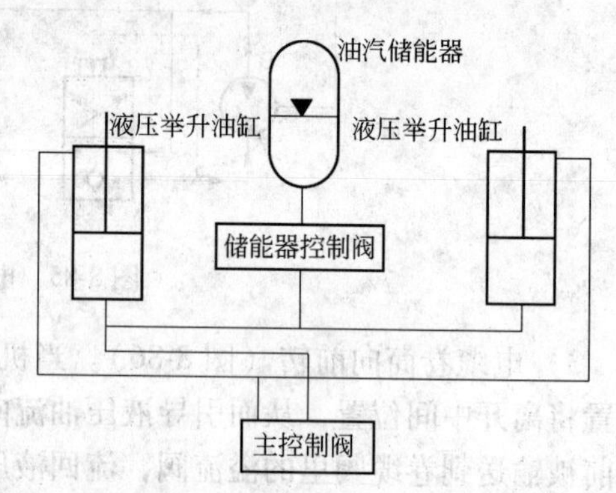

图8-87　CAT公司地下装载机行驶平顺性控制系统

系统由动臂举升缸、电磁控制阀、其他阀和管路构成。司机通过开关操纵控制阀，选择行走或作业方式。作业时，控制阀关闭，动臂与蓄能器不通，工作装置和车体组成一体。行走时，控制阀打开，动臂缸大腔与蓄能器相通，工作装置与车体可相对运动，由蓄能器的弹性缓冲作用和阀、管路等的节流阻尼作用，从而缓和了冲击，降低了车体的振动。

8.4.7.4　紧急转向系统

当车辆行驶在巷道里，发动机突然停机或出现故障时，紧急转向就会自动在几秒内使电动油泵产生油压，从而可帮助操作者驾驶车辆迅速离开危险的道路，电动油泵起作用时间约为10s。其原理和组成见图8-15（左下角）。

8.5　地下装载机静液压传动

装载机作业时，需频繁地前进、后退，不断地加速、减速。卸载时，要尽量靠近卡车，需要微动操作。铲取时，需要低速大驱动力。在道路上行驶时，要求能够高速行驶。因此，所需驱动力和速度的变化范围都很广，除了上述液力机械传动外，还采用静液压-机械传动。

8.5.1　静液压-机械传动系统的组成

对于小斗容、小功率的地下装载机，尤其是斗容在1m^{3}以下的地下装载机，目前国内外基本上采用静液压-机械传动方式，这种传动系统的组成如图8-88所示。

该传动系统的传动原理是：电动机（或柴油机）带动油泵工作，压力油再驱动油马达，并由其驱动机械传动系统直至轮边，使地下装载机完成前后行走动作。

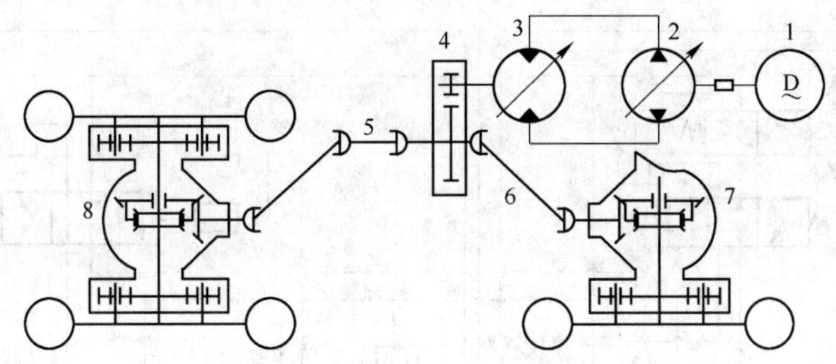

图 8-88 静液压-机械传动系统

1—电动机；2—主油泵；3—油马达；4—变速箱；5，6—前、后传动轴；7，8—前、后驱动桥

8.5.2 静液压传动系统的原理

静液压传动系统实际上是一个容积调速液压回路。所谓容积调速，就是靠改变液压泵或油马达的工作容积（排量）进行调速的方法。

容积调速有三种方法：变量泵-定量马达、定量泵-变量马达、变量泵-变量马达。大多数可变静液压传动装置是由可变排量油泵与可变排量油马达组成的，如图 8-89 所示。从理论上讲，这种组合可提供的扭矩和速度无穷多的变化，更大功率范围。当马达在最大排量，且扭矩保持不变时，油泵不同的输出会直接改变速度和功率输出。当油泵最大排量时，降低油马达排量，油马达转速达到最大值；当功率仍保持不变时，转矩与速度成反比。在图 8-89 中有两个可调节的范围，范围 1 首先把马达排量固定在最大值，然后将泵的流量从 0 增加到最大，达到调速目的，此过程扭矩保持不变。因泵排量增加，功率和速度是增加的。其工作特性相同于变量泵-定量马达回路的性能。范围 2 是当泵排量调到最大时，再把马达排量减少，进一步达到调速目的，其工作特性相同于定量泵-变量马达回路的性能。虽然此范围扭矩随速度增加而减少，但功率仍保持不变。理论上，马达转速可以无限增加，但是，从实际情况来看它是受动力限制的。由于该回路是变量泵-定量马达、定量泵-变量马达两种回路的组合，其工作特性适应地下装载机工作负载要求，即在低速时要求有较大的扭矩；而在高速时，扭矩可以相应减小，因此，这种调速回路在小型地下装载机用得很普遍，大中型地下装载机也在逐渐推广。

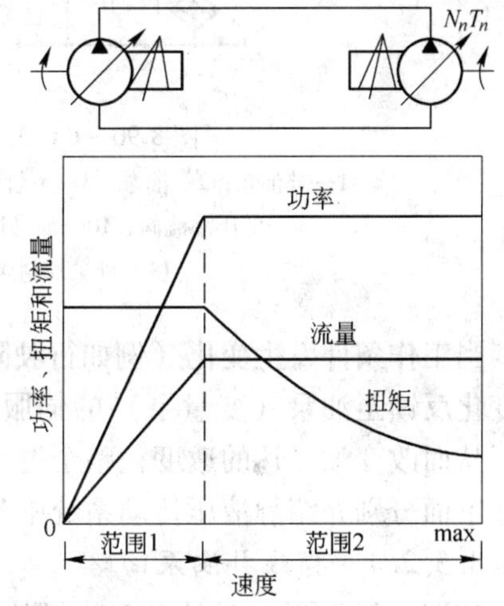

图 8-89 变量泵-变量马达调速特性示意图

图 8-90 所示为 CY-0.75 型地下装载机静液压传动原理。该液压系统由通轴式轴向柱塞变量油泵（油泵）、通轴式轴向柱塞变量油马达、液压油箱、滤油器、散热器、液压胶管和其他附件组成。油泵是由电动机（或柴油机）通过弹性联轴器连接驱动的，油马达与减速箱连接以输出扭矩，油泵和油马达之间通过液压胶管连接，这是一个闭式负载反馈回

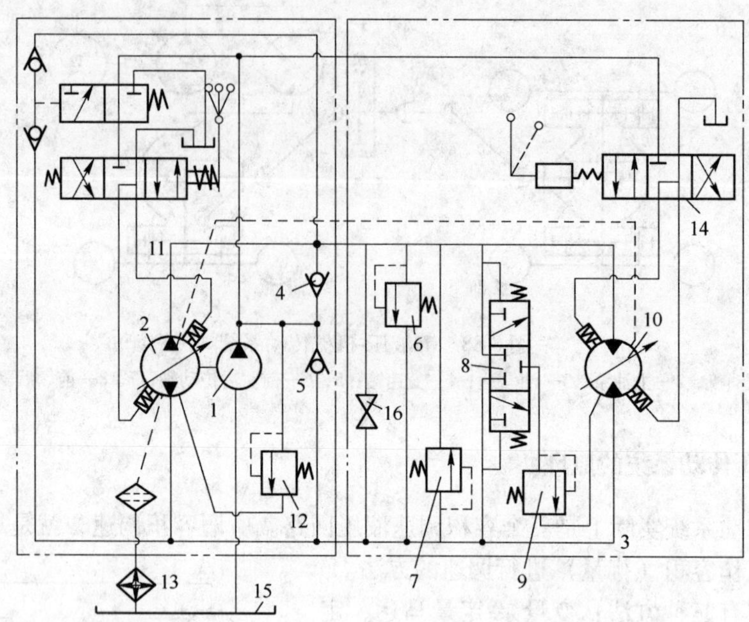

图 8-90　CY-0.75 型地下装载机静液压传动原理

1—补油泵；2—油泵；3—下管路；4，5—单向阀；6，7—安全阀；8—液动滑阀；9—低压溢流阀；10—油马达；11—低压管路；12—溢流阀；13—散热器；14—排量控制阀（手动）；15—油箱；16—截止阀

路，当工作条件发生变化（例如行驶阻力突然增大），造成油马达负荷发生变化，通过压力变化反馈至油泵（变量泵）的伺服调节机构，改变变量泵斜盘的角度，以改变泵的排量，从而改变油马达的速度，整个过程是一个自动调节过程。

下面分别介绍静液压传动系统中各回路及液压元件。

8.5.2.1　摆线补油泵回路

如图 8-90 所示，补油泵 1 为摆线式结构，液压油从油箱 15 经滤油器至补油泵入口，补油泵安装于油泵 2（双联变量泵）后端盖内，并和主轴以相同转速转动。

补油泵的作用如下：

（1）以一定压力的供压油经伺服机构来推动伺服油缸，并以此来改变油泵斜盘倾角，从而调节油泵的排量。

（2）提供闭式液压系统补充内部泄漏的油。

（3）通过溢流阀 12 溢出的油对油泵和油马达零件起冷却作用。

（4）为油泵和油马达 10 提供一定的背压。

（5）通过主油泵壳体的外接口，提供其他执行机构的液压能源。

8.5.2.2　油泵和油马达回路

假设液压油泵 2 反向供油时，压力油进入油马达 10，推动油马达反向旋转，上管路 11 是低压管路。安全阀 7 是防止反向旋转时回路过载，这时安全阀 6 不起作用。补油泵 1 推开单向阀 4 向低压管路 11 供油，而另一个单向阀 5 在高压管路油压的作用下封闭。当高压管路和低压管路的压力差大于一定数值时（例如0.5MPa），液动滑阀8（梭形阀）在压差作用下，阀芯被推到上端位置，这样就将低压溢流阀9和低压管路11相通，以便将回路中一部分热油从低压溢流阀9排出，并和补油泵1供给的冷油相交换。当高、低压管路的压力差很小时，液动滑阀8不动作，处于中间位置，关闭了通向低压溢流阀9的油路。这时补油泵供给的多余油液从溢流阀12流回油箱。溢流阀12的调整压力应略大于低压溢流阀9的调整压力，以保证当高、低压管路的压力差大于液动滑阀8动作所需的压力差时，液动滑阀8和低压溢流阀9能把低压管路的热油放出，新的冷油又能进入低压管路而不至于从溢流阀12流掉。当油泵2正向供油时，下管路3是低压，上管路11是高压，油马达10正转，其他元件的工作原理同上。

8.5.2.3 冷却回路

从集成阀中低压溢流阀9溢出来的过量冷却油先进入油马达壳体内，然后经油马达壳体的油管到油泵壳体内。在这种方式下，油泵的补油泵出口的油经溢流阀溢流后依次流经每一个液压元件，有助于液压元件的冷却。然后，冷却油从油泵壳体出来，经过散热器到油箱，完成冷却油的循环。

8.5.2.4 手动排量控制阀的构造与功能

排量控制阀的设计，保证了平稳可靠地改变主油泵（油马达）的排量，从而控制地下装载机的速度和方向，借助于一个手柄操纵杆由中立位置向左右两个方向摆动来控制两个伺服控制油缸（图8-91）。

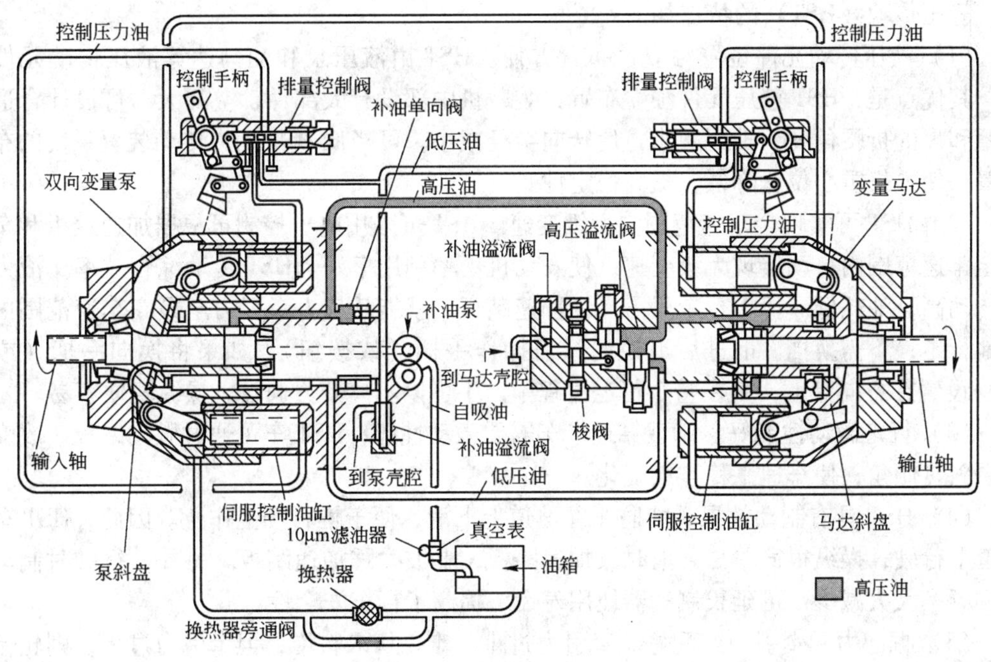

图8-91 静液压传动结构简图

控制油缸的进油孔装有阻尼，能限制加速作用。阀的操纵杆装有弹簧将阀芯保持在中间位置，把两个伺服控制油缸的进油口都封闭。伺服控制油缸回位弹簧的作用是使斜盘自动回到中立位置上，达到自动停车的目的（图 8-91）。

8.5.2.5　截止阀

在静液压传动系统中，截止阀与集成阀一起使用，当它处于关闭位置时，对系统没有影响。而处于开启位置时，使油流绕过油马达，这样能消除因油泵中立位置误差引起的油液得到循环，但不能用其来控制油马达的速度，否则会产生过热。

8.5.3　静液压-机械传动系统操作过程

在装载机静液压机械传动系统中，轴向柱塞变量油泵通过弹性联轴节与电动机（或柴油机）连接，而变量油马达与减速箱连接，前后传动轴在减速箱与前后驱动桥之间运转。当司机踩下前进或后退踏板时，通过机械连杆控制操纵手柄向左右两个方向摆动，从而控制两个伺服油缸，改变回转斜盘的倾角和偏向。当斜盘处于垂直位置时，机器处于空挡位置，油泵的 9 个柱塞在油泵壳体内不沿轴向作往复运动，油泵出口也无油流出。当踩下踏板，回转斜盘向左侧偏转，液压油就被油泵压送至油马达的一端，推动油马达旋转，装载机就向前行驶。当司机反向踩下踏板时，回转斜盘就右侧偏转，液压油被油泵压送至油马达的另一端，油马达反向旋转，装载机就向后行驶。斜盘偏转角度越大，油泵内柱塞的行程越大，油泵轴每转一圈所排出的油液体积也越大，油马达转速也加快，从而使装载机的速度也更快。反之，装载机的速度则慢。由此达到控制装载机速度的目的。

8.5.4　静压传动特点

静压传动（HST）的特点如下：

（1）液压传动元件位置独立，布置方便。HST 由液压泵和油马达等液压传动元件组成，其优点是：HST 液压元件独立布置，装载机中部没有大部件，空间大，可设计合适的轴距和大的折腰角度，轴距减小，使转向半径减小。可降低 HST 动力传动装置系统的布置位置，使整机重心位置降低，提高稳定性。

（2）HST 可实现全车速范围内无级变速。HST 可采用电子控制可根据加速踏板和车速在全车速范围内自动实现无级变速，使发动机功率利用率好。HST 传动综合效率比液力机械传动高，油耗低。HST 行走只需操纵加速踏板，就能从最大牵引力至最高车速范围内平衡地行走，不需换挡。前进后退换向只需操作手柄（或按钮），如果将换向手柄（或按钮）设置在方向盘上，则在整个行走过程中，手可以不离开方向盘，操纵轻便容易。

（3）行走微动性能好。卸载靠近卡车需要微动性能，HST 车可通过微动踏板，改变变量泵斜盘倾角，使车速平稳连续变化。

（4）HST 具有制动效果，能防止在坡道上下滑，便于堆料场上作业。因此，HST 车在坡道上行驶，操纵很简单。下坡时放加速踏板，上坡时踩加速踏板。另外，行驶时制动器使用频率大大减少，可延长制动器使用寿命，提高了行车安全性。

（5）掘起力和牵引力匹配好。牵引力过小，难以切入料堆；但牵引力过大，则轮胎打滑。HST 通过设计和控制能使此两个力获得良好匹配。

（6）HST 传动方案很早就提出了，但当时存在以下问题：工作可靠性不高；控制较难；价格贵。所以，只在小型地下装载机中应用。随着液压技术和控制技术的发展，这些问题已逐步得到解决，现在 HST 传动方案已开始在大中型地下装载机中应用。

8.5.5 静液压传动的制动系统

根据技术要求及通行安全，采用静液压传动的工程机械与常规机械一样，需要具备行车制动系统、停车制动系统和应急制动系统，它们的操纵装置必须是彼此独立的。

8.5.5.1 行车制动系统

行车制动系统应能在所运行状态下发挥作用。它首先用以使运动中的车辆减速，继而在必要时使车辆完全停止运动处于静止状态。对行走制动系统的要求是：第一，在车辆运动的整个速度范围内均能产生足够的制动阻力，使车辆减速直至停车；第二，有足够的耗能或贮能容量来吸收车辆的动能；第三，行走制动装置的作用必须是渐进的；第四，行走制动系统的操纵功能必须是独立的，不应受其他正常操纵装置的影响，不能在离合器分离或变速器空挡时丧失制动能力。从原则上说，凡是能完全满足上述要求的装置，均可用于行车制动系统。行车制动是使用最频繁的制动装置，一般称为主制动系统。

静液压传动系统由连接在一个闭式回路中的液压泵和油马达构成。对这种传动装置所选用的泵和油马达，除了有与一般液压件相同的高功率密度、高效率、长寿命等性能要求外，还要求两者均能在逆向工况下运行，即在必要时油马达可作为泵运行，泵可作为油马达运行，使整个系统具备双向传输功率或能量的能力。这样当泵的输出流量大于油马达在某一转速下需要的流量时，多余的流量使油马达驱动车辆加速，而加速力的反作用力通过油马达使入口压力升高，液压能转化为车辆的动能增量；反之，如调节变量泵的流量使其通过流量不能满足油马达需求时，油马达出口阻力增大，在油马达轴上建立起反向扭矩阻止车辆行驶，车辆动能将通过车轮反向驱动油马达使其在泵的工况下运行，并在油马达出油口建立起压力，迫使泵按油马达工况运转，车辆的动能将转化为热能由液压系统中的冷却器吸收并耗散掉。由于静液压传动系统产生的阻力（矩）原则上只取决于系统压力和油马达排量，而与行车速度无关，所以这种系统既能像上述“缓速器”那样使车辆减速，又能使其完全停止运动，不仅能满足行车制动全部功能要求，而且在制动过程中没有元件磨损，并性能良好。因此，静液压传动系统本身完全可以作为行车制动装置使用。装有静液压传动系统车辆一般无需另行配置机械制动器，但系统中不能有驾驶员可随意操纵的使功率流中断的装置，如液压系统中的短路网、油马达与驱动之间的离合器或机械换挡装置等。

人们常常担心静液压传动管路爆炸或元件损坏后会丧失制动能力，但在现有技术条件下，出现这种风险的概率不会大于传统行车制动器的概率。

8.5.5.2 停车制动系统

停车制动系统用来使车辆保持静止状态。但在实用上为了和前述行车制动器装置系统兼容，绝大多数停车装置仍然采用结构原理与机械制动器类似的、带摩擦元件的结构，常见的有蹄式、带式、单盘式和多盘式等。

8.5.5.3 应急制动系统

应急制动系统用于主制动系统全部或部分失效时完成制动任务。因此，应该和主制动系统一样，具备以渐进方式吸收车辆动力的能力。考虑到应急制动系统通常仅车辆发生故障时才使用，无需频繁操作。

8.5.5.4 静液压制动系统的配置特点

静液压传动车辆除与传统车辆一样配齐上述制动系统外，也可以取消常规的行车制动系统，以简化机构和降低成本。考虑到人们的驾驶习惯，有时应设置一个与常规车辆类似的制动踏板，只不过它是通过渐变地减少静液压传动系统中变量泵的排量来使车辆减速和停止运动的。由于存在漏损，静液压传动系统并不能满足停车制动的要求，也必须配置独立操纵的停车和应急制动系统。为此许多液压元件制造厂都根据用户的要求，在所生产的液压元件上装设机械制动器。

8.5.6　静液压传动装置的保养

地下装载机由于在井下采掘面进行作业，其工作环境非常恶劣，所以必须保证定期进行维修保养，只有这样，才能提高设备运行的可靠性，保持良好的技术状态，延长其使用寿命。

对静液压传动装置的液压系统，主要保养内容有：

(1) 定期检查油箱通气嘴，并清除油污。

(2) 定期检查油箱油面高度，低于正常油面应及时加油至正常油位。工作一定时间（通常1000h）后，应更换液压油。

(3) 定期清洗或更换滤油器滤芯。

(4) 定期检查液压系统各调压阀的压力，保证系统在正常压力下工作。

(5) 定期用压缩空气对散热器表面进行除尘，必要时清洗，以保证静液压系统的散热器效果，维持正常油温。

同时，每班还要对整个静液压传动装置进行外观检查，如油箱是否漏油、仪表工作是否正常、操纵机构是否灵活等。

8.5.7　静液压传动装置的常见故障与排除

静液压传动系统由于各种各样的原因，会出现各种故障现象，如不及时加以排除必将影响系统的正常工作。下面分别从柱塞油泵、柱塞油马达以及整机静液压传动装置加以分析。

(1) 轴向柱塞油泵常见故障及其处理方法见表8-6。

表8-6　轴向柱塞油泵常见故障及其处理方法

故障现象	可能产生的原因	处理方法
不能吸油或吸油量不足	(1) 配油盘与缸体的接触面或柱塞与柱塞孔的内表面磨损；	(1) 修复或更换磨损件；
	(2) 配油盘与缸体之间有脏物或配油盘与缸体接触不良；	(2) 拆卸清洗、重新装配调试；
	(3) 吸入口漏气；	(3) 检查漏气部位，加强密封；
	(4) 油泵吸油管端滤油器堵塞；	(4) 卸下滤油器清洗；
	(5) 油箱油面过低；	(5) 适当加油，提高油面；
	(6) 变量机构出现故障，斜盘倾角太小；	(6) 修理调整变量机构；
	(7) 油液黏度过高或工作温度过低	(7) 更换成合适的液压油

续表 8-6

故障现象	可能产生的原因	处理方法
建立不起压力	(1) 内泄漏严重;	(1) 重新研磨配油盘配油表面和转子端面,提高密封性能;
	(2) 安全阀未调整好;	(2) 重新调整安全阀;
	(3) 液压系统泄漏;	(3) 紧固各管接头或结合部位;
	(4) 变量油泵压力补偿机构失灵	(4) 重新检查、调整
噪声过大	(1) 油泵轴与电动机轴不同心;	(1) 重新安装调整;
	(2) 吸油阻力过大;	(2) 加大吸油管径,减小吸油阻力;
	(3) 内部零件损坏	(3) 更换或修复损坏的零件
温度过高	(1) 油液黏度过大;	(1) 更换成黏度合适的液压油;
	(2) 油箱容积过小或散热器散热面积不够;	(2) 增大油箱容积或更换散热面积更大的散热器;
	(3) 运动件磨损;	(3) 修复或更换磨损件;
	(4) 油泵内泄漏过大	(4) 检修
伺服变量机构失灵	(1) 斜盘与变量机构壳体连接部位失灵;	(1) 修复连接部件;
	(2) 伺服阀芯卡死;	(2) 拆开清洗,必要时更换;
	(3) 变量伺服控制油缸磨损间隙太大;	(3) 更换油缸活塞;
	(4) 控制油路压力低	(4) 检查补油压力,调整至正常数值

(2) 轴向柱塞油马达常见故障及其处理方法见表 8-7。

表 8-7 轴向柱塞油马达常见故障及其处理方法

故障现象	可能产生的原因	处理方法
转速低输出扭矩小	(1) 各接合面严重泄漏;	(1) 紧固各接合面;
	(2) 接头密封不严,产生吸空;	(2) 紧固、处理各管接头,提高密封性;
	(3) 油液污染,堵塞或部分堵塞马达内部通道;	(3) 拆卸后,仔细清洗并更换清洁液压油;
	(4) 油流黏度过小,泄漏过大;	(4) 更换黏度合适的液压油;
	(5) 内部零件磨损严重,内泄漏量大;	(5) 修复或更换磨损的零件;
	(6) 供油油泵因吸油堵塞,油液黏度过高,内部零件磨损等原因,造成供油不足;	(6) 清洗滤油器、更换黏度合适的油液,根据情况修复或更换供油油泵有关零件;
	(7) 压力控制阀失灵	(7) 修理或更换压力控制阀
噪声过大	(1) 内部零件损坏;	(1) 修理或更换有关零件;
	(2) 与联轴器同轴度不良;	(2) 重新安装,调整并紧固;
	(3) 密封不严,有空气混入;	(3) 检查紧固各连接处,提高密封性能;
	(4) 受外界振动的激励	(4) 采取隔振措施

续表 8-7

故障现象	可能产生的原因	处理方法
装载机前进后退均无动作	（1）油箱油位低，油泵吸空；	（1）检查油箱油位，补充液压油至正常油位；
	（2）油泵操纵控制杆与油泵连接不良；	（2）检查全部连接杠杆，从控制杠杆到油泵操纵手柄，确信连接良好，动作灵活，不要扳动油泵手柄来迎合杠杆动作；
	（3）液压系统中补油泵、柱塞泵和柱塞马达的泄漏，造成补油泵压力过低；	（3）检修油泵、油马达和补油泵；
	（4）变量伺服控制机构失灵；	（4）检查、调整、更换伺服元件；
	（5）联轴节脱开；	（5）检查由电动机到油泵轴的联轴节以及油马达到减速箱的联轴套筒，应无打滑和损坏；
	（6）减速箱内齿轮损坏	（6）更换齿轮或减速箱
装载机只有一个方向动作	（1）控制杠杆有故障；	（1）检查整个杠杆机构；
	（2）高压安全阀有故障；	（2）检查高压安全阀，必要时进行修理或更换；
	（3）变量伺服机构失灵	（3）检查、修理、必要时更换伺服元件
行驶系统压力低或波动	（1）液压系统内有空气；	（1）排气并拧紧漏气部位；
	（2）配流盘、衬板等关键零部件磨损严重，密封性能差，外泄漏大；	（2）更换或修复密封面的几个关键零件；
	（3）系统调压阀失灵	（3）更换、修复调压阀
补油泵压力低或无压力	（1）油面过低或吸油口堵塞；	（1）添加新油或清洗吸油口；
	（2）补油泵压力阀或油马达集成阀损坏或阀芯卡死；	（2）拆开有关零件进行清洗，必要时更换；
	（3）补油泵驱动轴剪断	（3）更换油泵
装载机加速或减速缓慢	（1）系统中有空气；	（1）排气、消除漏气部位；
	（2）密封面有脏物卡住，外泄漏增加；	（2）清洗排除异物，滤清油液；
	（3）配流盘、衬板等关键密封面严重磨损，外泄漏增加；	（3）修复或更换相应零件，过滤油液，消除损坏原因；
	（4）液压系统、管路存在严重外泄漏；	（4）检查泄漏部位、堵漏；
	（5）排量控制机构出现异常	（5）检查排量控制机构，排除故障
液压系统升温快，发热严重	（1）油位低、油箱容积小；	（1）加油、加大油箱体积；
	（2）过滤器或吸油管路堵塞；	（2）更换过滤器，清理或更换吸入管路；
	（3）油泵和油马达严重磨损，补油太多，冷却油少；	（3）修复或更换磨损件；
	（4）油马达低压溢流阀调定值偏高；	（4）降低调定压力；
	（5）油散热器堵塞或散热片粉尘较多，影响散热效果	（5）清理粉尘，或更换散热器

8.6　地下装载机用油

机械设备的有效性与使用寿命在一定程度上取决于适当的润滑，即正确选择油的品种、油的质量、换油周期、随时观察油压、油温、油位、油的泄漏、油中空气、油的过滤等。

8.6.1 油品与油质

8.6.1.1 发动机润滑油

众所周知，发动机润滑油在发动机中起着重要作用。它的工作可靠性、经济性、耐久性、使用性能与使用寿命有极为重要的影响。特别是地下无轨装载机大都采用进口柴油机，如德国的Deutz、美国的Detroit、CAT、Cummins等公司柴油机。由于柴油机生产厂家不同，对润滑油的要求也不完全相同。由于生产柴油机的年代不同，对润滑油的要求也不会完全一样。由于各柴油机生产厂采用不同的技术，对润滑油品质的要求，也各不相同。特别是随着人们对环保的重视，对柴油机润滑油的要求也越来越严格，这就使得发动机润滑油的选择变得十分重要、十分复杂。

A 润滑油的作用

发动机在工作过程中，润滑油主要有如下几方面的作用：

（1）润滑作用。保证发动机各运动部件工作表面形成足够厚度的油膜，减少摩擦力，降低功率损失、防止拉缸与烧瓦。

（2）冷却作用。润滑油在循环过程中带走燃烧室内因燃烧与轴承摩擦产生的大量热量，使其处于正常的工作温度范围内。

（3）清洗作用。发动机在运转中产生大量的沉淀物和杂质，通过润滑油能把它们从零件表面清洗下来，由过滤器过滤掉。

（4）密封作用。润滑油有一定的黏度，可以附着在运动零件的表面，对运动零件起密封作用。特别对于汽缸活塞组来说，润滑油的密封作用十分重要。

（5）防锈防腐作用。由于发动机润滑油中加有一定的添加剂，能中和因燃烧产生的酸性物质，防止金属表面腐蚀和锈蚀。

（6）缓冲作用。轴承和发动机零件间隙内的润滑油能够在传递载荷过程中，吸收轴承和发动机其他零部件之间的振动，从而减少发动机的噪声，延长发动机的寿命。

B 润滑油性能的要求

a 适当的黏度和良好的黏温性

发动机润滑油的黏度关系到发动机的启动性和机件的磨损程度，燃油和润滑油的消耗量及功率损失大小。若黏度过大，流动性差，清洗与冷却性能差，功率消耗大，但密封性好；黏度过小，润滑油流动性好，但不能形成可靠油膜，润滑性能差，磨损大，密封性能差，润滑油消耗大。因此为了保证发动机正常工作，润滑油必须保证合适的黏度。

发动机润滑油的工作温度范围很广，要求在300℃左右有足够黏度以保证润滑；在0℃以下甚至在-40℃时应有足够的流动性，以保证顺利启动。所以要求黏温性要好。

b 清净分散性能好

发动机在运转过程中，特别在断续工作轻负荷及在空转的条件下，缸套温度较低，燃烧不完全产物及积炭混入曲轴箱，使油污染变质，油被氧化生成油泥，堵塞过滤器和管道，因此润滑油必须有高低温分散性能，能将缸内胶状沉积物清洗下来、悬浮在油中，通过过滤器清除掉。

c 良好的润滑性

发动机在高温、高压、大负荷的情况下，必须有良好的润滑，以减少阻力，减少磨损，防止拉缸、咬合等破坏现象。

d 酸中和性好

发动机润滑油的劣化产物和窜气中的有机酸等对金属有腐蚀性，燃油中含有大量硫化物，燃烧后产生酸性气体与水结合形成硫酸等酸性物质，这些酸会对发动机内的金属产生腐蚀。因此要求润滑油有很好的酸中和能力，减少酸性物质对发动机的损害。

e 良好的氧化安定性

发动机在工作过程中，大部分润滑油处在80～130℃温度下，缸套表面温度更高。润滑油在高温下与氧结合，氧化生成物使润滑油变质失效，这是造成发动机许多故障的主要原因之一。润滑油中应添加各种抗氧化剂，避免氧化变质。

f 良好的抗泡沫性

发动机在运转时，润滑油被强烈搅动与空气混合形成泡沫塑料，会严重影响润滑油在油道中产生气阻使油泵吸入空气导致发动机故障，尤其在润滑油中加入许多添加剂，这就大大增加油的起泡沫倾向。为了提高油的抗泡沫能力，必须加入抗泡剂。

C 润滑油API质量等级分类

对于发动机润滑油国际上普遍采用美国石油协会的API质量等级分类。API把柴油机润滑油从低到高的等级规格分为CA、CB、CC、CD、CE、CF、CF-4、CG-4、CH-4、CI-4、CI-4Plur与即将使用的PC-9、PC-10新规格润滑油等。字母排列越向后，开发的时间越晚，质量等级越高，即对发动机的保护越佳。柴油机润滑油使用范围和油品性能见表8-8。

表8-8 柴油机润滑油使用范围和油品性能

代号	使用范围	油品性能
CA	1940年和1950年规格，适用轻负荷柴油机，已作废	具有防止轴承腐蚀和高温沉积性能
CB	1949年到1960年规格，适用中等负荷柴油机，已作废	具有防腐，减少沉积物功能
CC	1961年规格，适用轻负荷中等负荷涡轮低增压柴油机，国外已作废	防止高或低温沉积，防止锈蚀与腐蚀
CD	1955年规格，适用要求高效控制磨损与沉积物，包括使用高硫燃料，非增压，低增压，增压柴油机，可替代CC级润滑油。国外已作废	具有优良的清净分散性，以及抗氧、抗腐、抗磨、润滑等性能，多级油温黏度，性能优良
CE	1987年由CD级发展而来，适用于1983年以后制造的自然吸气及涡轮增压高速四冲程柴油机，可替代CC及CD润滑油。国外已作废	改进了CD级油耗，油的增稠、活塞沉积和抗磨损性能
CF	1994年规格，适用高增压，大功率、重负荷四冲程发动机，也可使用含硫0.5%的柴油发动机，可替代CD、CC级润滑油	提供比CD级润滑油更佳的抗腐蚀、磨损性能，优秀的清净分散性能，良好的氧化安定性能，良好的抗泡性，与橡胶相容性
CF-4	1990年开始出现，1991年占美国柴油机85%，至今已淘汰。适用涡轮增压或自然进气发动机，以及要求使用CF-4（包括CE、CD、CF-4）润滑油的发动机	优异的抗磨损性能，比CE级润滑油出众的清洁净分散性能，比CE级润滑油有更好的安定性，油耗低，良好的抗泡性能，防止造成供油不良，良好的橡胶相容性

续表 8-8

代号	使用范围	油品性能
CG-4	1995年生效，1996年1月开始使用，适用重负荷高速四冲程发动机，可使用含硫小于0.5%的燃料。可满足1994年欧Ⅱ级排放标准，可替代CD、CE、CF-4润滑油	优秀的高温稳定性及清洁分散性能，有效地控制沉淀，防止积炭形成，耐高温，能使高速发动机得以高速运行，防腐蚀性能好
CH-4	适合1998年以后出厂的满足欧Ⅱ排放的，要求使用CH-4的涡轮增压超负荷柴油机，可以替代CG-4润滑油产品，还可以用来替代EGR技术的所有进口品牌柴油机，可使用含硫达0.5%的柴油	超强的抗腐性能，延长发动机寿命，超强的热稳定性，优异的清净分散性能，降低润滑油消耗，良好的橡胶相容性，与CF-4比较，有更长的换油期，在高烟尘含量的条件下仍能保护发动机部件
CI-4	2002年9月采用，满足2002～2004年的排放标准，可使用含硫0.5%的柴油。特别适用装有废气再循环（EGR），各种进口与国产柴油机以及采用其他新技术，满足欧Ⅲ排放法规的柴油机，完全可代替CH-4、CG-4、CF-4润滑油	顶级抗磨性能，顶级的清净分散剂，超强的酸中合能力，防止发动机部件锈蚀及腐蚀磨损，优异的高温抗氧化性和防止热裂的能力。有效地防止油品变稠，造成燃料经济性能降低，降低蒸发损失，良好的橡胶相容性
CI-4 PLUS	CI-4 PLUS油量最新级别的重负荷柴油机润滑油，它是对CI-4润滑油的改进，适用最低的低排放发动机，该级润滑油是2004年9月生效，还适合新一代废气循环（EGR）柴油机	由于CI-4润滑油不能满足控制积炭和足够的防磨损保护，而开发出的新规格润滑油。CI-4PLUS将改良油烟抑制能力，使用中油品稳定性好
PC-9 PC-10	PC-9美国在2004年推出的最新的柴油机润滑油，主要用于配有废气再循环（EGR）发动机。 PC-10美国在2007年推出柴油机润滑油新品种	最新一代重负荷柴油机润滑油，可满足美国2002年、美国EPA柴油机废气排放指标，对柴油机的性能有很大改进

从表8-8可以看出，随着时间的推移和科学技术的进步及人们环保意识的增强，发动机润滑油的品质越来越高，性能越来越好。

1990年以后，我国采用了美国石油协会API发动机润滑油使用（质量）分类，制定了内燃机性能和使用分类GB/T 7631.3—1995。柴油机润滑油由CD、CE发展到了CF-4级别。废除了CA、CB两个品种，不再生产与使用。目前国内北京的“统一”，中石油的“昆仑”、中石化的“长城”和“南海”、福建的“莱克”，已被API确认，达到了相关标准，可以替代国外相应级别的润滑油。

D 发动机润滑油的选择

a 润滑油黏度的选择

在前面已介绍了发动机对润滑油的性能要求，其中就是要有适当黏度。润滑油的级别选取主要取决于发动机操作的环境温度。黏度太高启动困难，黏度太低又将影响润滑的效果，并导致润滑油的过度消费。当环境温度太低时，发动机润滑油可以预热。

黏度级别主要根据SAE J300—1999发动机黏度分类。我国发动机润滑油的黏度分类是根据SAE J300标准来制定的。

一般使用多级润滑油，单级润滑油也可以使用，在选用时必须要指出润滑油的黏度等级。

润滑油黏度的选择如图8-92所示。

b 润滑油品质等级的选择

润滑油品质等级主要根据表8-9及柴油机制造厂家的柴油机制造的年份、柴油机的结

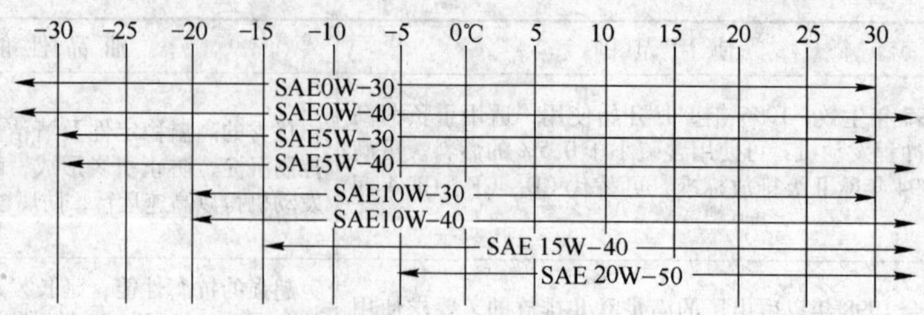

图 8-92　润滑油黏度的选择

构和所采用的技术确定的。Deutz、Detroit、CAT、Cummins 公司制造的常用柴油机所采用的润滑油品质等级介绍如下：

（1）Deutz 公司。Deutz 公司制造的柴油机常用机型与润滑油品质等级见表 8-9。

表 8-9　Deutz 部分柴油机润滑油品质等级

机　型	API 油等级	Deutz 润滑油质量等级
FL912W	CD	
FL413FW	自然吸气 CC、CD、CE，增压 CD、CE	
BFM1012、1013	自然吸气 CC，增压 CD、CF、CE、CF-4	DQC Ⅰ 相当 CF/CF-4
BFM1015	CF-4、CG-4、CH-4	DQC Ⅱ 相当 CG-4/CH-4
BFM2012	CG-4、CH-4	DQC Ⅱ

（2）Detroit 公司。Detroit 公司推荐的润滑油如下：

1）1999 年 Detroit 公司推荐的润滑油。Detroit 公司 40E、50、60、D700 2000 系列柴油机推荐高性能高质量 API CG-4 和 CH-4 级别黏度为 15W-40 的润滑油，不推荐使用旧的和低性能的 API CF-4、CE、CD、CC、CB 和 CA 级别润滑油。CH-4 润滑油用于满足 1998 年最新排放法规的发动机。

2）2004 年 Detroit 公司推荐的润滑油。Detroit 公司 40E、50、60、D700 MBF900 系列柴油机推荐使用 API CI-4 级别 15W-40 黏度的润滑油。CI-4 级润滑油用于带冷却废气再循环，满足 2002 排放法则的发动机。CH-4 级润滑油只用于 1998 ~ 2002 年不带废气再循环的发动机。

（3）CAT 公司。CAT 公司发动机润滑油必须通过 API 批准和认证，并为 CAT 公司认可。

1）2002 年 CAT 公司推荐的润滑油见表 8-10。

表 8-10　2002 年 CAT 公司推荐的润滑油

现　在	已作废的	现　在	已作废的	现　在	已作废的
CH-4、CG-4、CF-4	CE	CF	CC、CD	CF-2①	CD-2①

注：API CF 油与 API CF-4 油并不一样，前者只推荐用于 CAT 带预燃室燃油系统的发动机。

① CF-2、CD-2 用于二冲程柴油机。

2）2005 年 CAT 公司推荐的润滑油见表 8-11。

表 8-11 2005 年 CAT 公司推荐的润滑油①

油品等级	预燃烧室	直喷式
CAT 样 ECF-1②	推荐采用	推荐采用
CG-4③	为缩短换油间隔可接受	为缩短换油间隔可接受
CF-4④、CF-2⑤	不接受	不接受
CF⑥	可接受	不接受
CE、CD、CC、CD-2⑦	已作废	已作废

①大部分 1991 年以后造的 CAT 机器是直喷（D1）柴油发动机。对 CAT 机器使用的 D1 柴油发动机不可采用单级黏度柴油发动机油，而要求多级发动机润滑油。

②如果 CI-4、CI-4 Plus 和 CH-4 油满足 CAT ECF-1 规范可采用。如果 CI-4、CI-4 Plus 和 CH-4 油不满足 CAT ECF-1 规范可能会降低发动机寿命。CF-1（Caterpillar Engine Crankcase Fluid-1）这是 CAT 公司对发动机润滑油的新的最低要求。以使 CAT 发动机有最好的使用寿命。

③对所有 CAT 柴油机来说，API CG-4 油可适用。如果使用 API CG-4 油，换油间隔不超过 250h。

④对 CAT 机器发动机来说，不推荐使用 API CF-4 油。

⑤API CF-2 和 API CD-2 适用二冲程发动机，CAT 公司不销售采用 API CF-2、API CD-2 油的发动机。

⑥对 CAT 机器直喷式发动机来说，不推荐使用 API CF 油。

⑦柴油发动机润滑油 CC、CD、CD-2 和 CE 从 1996 年 1 月 1 日起不再使用。

（4）Cummins 公司。该公司推荐的发动机润滑油如下：

1）1996 年 Cummins 推荐的发动机润滑油。Cummins 公司推荐符合 API 性能等级 CF-4、CG-4、CF-2 和 CG-4/SH 的润滑油。若没有符合现行 API 等级润滑油，使用 API CD 和 CE 润滑油。但若使用 CD 或 CE 级别的润滑油，而且必须按照标准换油周期更换润滑油，且只有在定期油样分析，密切监测润滑油的情况下，才能延长换油周期，CA、CB 润滑油不能使用。

2）Cummins 公司现在推荐的发动机润滑油见表 8-12。

表 8-12 Cummins 现在推荐的发动机润滑油

康明斯标准 CES	应用范围	北美等级分类
20078	带 EGR 的重载和中马力发动机	API CI-4
20077	在北美以外的地区不带 EGR 的重载和大马力发动机上使用的优质机油	
20076	在北美地区不带 EGR 的重载和大马力上使用的优质机油	
20075	在北美以外的地区不带 EGR 的中马力发动机上使用的最低要求的机油	API CF-4/SG
20072	在全球范围内各种不带 EGR 的发动机上使用的标准机油	API CH-4
20071	在全球范围内各种不带 EGR 的发动机上使用的标准机油	API CH-4 API CH-4/SJ
	不能使用的机油	API CA CB CC CD CE CG-4

康明斯公司发动机润滑油在我国可采用胜牌/康明斯“兰至尊”系列润滑油（premium blue lubrication oil）。因为该油是 Cummins 发动机指定用油。它符合 Cummins 用

油标准。

（5）几点注意事项：

1）由于绝大部分地下无轨装载机用柴油机采用不同年代、不同国家、不同制造厂、不同型号、不同技术的柴油机，因此必须严格按发动机说明书的要求选用相应的发动机润滑油。

2）在没有说明书要求等级的润滑油时，可以用质量等级高的油替代。但绝不能用质量等级低的润滑油替代，以免影响发动机的正常运转。

3）质量等级相同的润滑油在使用中可以互换，但不允许将两种牌号不同的油混合使用，因为不同牌号的两种润滑油的基础油及添加剂有所差异，混合将使润滑油变质。

4）用国产发动机润滑油替代进口发动机润滑油时，为了保证润滑油的质量，最好用经过 API 认证的国产名牌发动机润滑油。

5）除了发动机润滑油的等级与黏度选择十分重要外，润滑油的换油期与滤清器更换也十分重要。润滑油在使用过程中会被污染，其中主要的添加剂也将逐渐耗尽。但只要这些添加剂能正常起作用，润滑油就能很好地保护发动机。在润滑油和滤清器更换间隔之间，润滑油逐渐被污染是正常的，污染的情况取决于发动机运转状况、使用时间、维护情况。延长润滑油和滤清器更换间隔期会由于腐蚀、积炭、磨损等不良因素而降低发动机的寿命。用户应根据润滑油的监测情况，合理定期换油和更换滤清器滤芯间隔。

8.6.1.2　燃油

A　燃油在地下装载机中的作用

由于地下装载机大部分是采用柴油机作为动力，因此柴油在柴油机中起着十分重要的作用。

（1）为柴油机提供能量。

（2）冷却与润滑发动机燃油泵和喷油器精密零部件。

（3）控制发动机排放以满足各国政府制订的严格排放法规。

正因为如此，柴油的品质对柴油机的使用寿命、排放、安全、经济效益及对地下装载机整机性能都有直接影响。为此，各国柴油机制造厂都十分重视柴油的品质。各自都对柴油的质量提出了严格的标准和要求。随着人们对环保的重视，对发动机的排放要求也越来越严格。因此不同时期生产的柴油机所采用的技术不同，对柴油的品质就有不同的要求。特别要指出的是，目前我国地下无轨装载机大都使用进口柴油机，采用的燃油基本上是国产轻柴油，但国产柴油与进口柴油其品质有一定的差距，在选择柴油时，应相当慎之。

B　柴油标准

a　Deutz 公司推荐的柴油标准

Deutz 公司推荐的柴油标准部分项目主要是欧洲车用柴油标准 EN590 及美国标准 ASTM D975。随着时间的推移，标准 EN590 也在发生不同的变化，其变化情况见表 8-13。地下采矿用柴油 Deutz 公司也推荐采用 EN590 标准。

表 8-13 EN590 标准的变化

技术标准		1990 年 （EN590-90）	1993 年 （EN590-93）	1998 年 （EN590-98）	1999 年 （EN590-99）	2005 年建议
排放标准			欧洲Ⅰ号	欧洲Ⅱ号	欧洲Ⅲ号	欧洲Ⅳ号
十六烷值		>49	>49	>49	≥51	56
十六烷值指数		>46	>46	>46	≥46	—
密度(15℃)/$kg \cdot m^{-3}$		820～860	820～860	820～860	820～845	820～825
多环芳烃(质量分数)/%					≤11	
硫(质量分数)/%		<0.2	<0.2	<0.005	<0.035	0.005
闪点/℃		>55		>55	≥55	
10%蒸余物残炭(质量分数)/%		<0.3		<0.3	≤0.3	
灰分/%		<0.01		<0.01	≤0.01	
水分/$mg \cdot kg^{-1}$		<200		200	≤200	
铜片腐蚀（50℃，3h）						
氧化稳定性/$g \cdot m^{-3}$		<25		≤25	≤25	
润滑性，校正磨斑直径（wsd1.4）(60℃)/μm				0	≤460	
40℃黏度/$mm^2 \cdot s^{-1}$		2～4.5		2～4.5	2～4.5	
95%回收温度/℃		370	370	370	360	340
冷滤点/℃	A	< +5		< +5	过滤极限（CFPP）（仅用于德国标准）略	
	B	<0		<0		
	C	< -3		< -5		
	D	< -10		< -10		
	E	< -15		< -15		
	F	< -20		< -20		

b Detriot 公司推荐的柴油标准

Detriot 公司推荐的柴油标准见表 8-14。

表 8-14 Detriot 公司推荐的柴油标准（摘要）

技术标准	公路用车辆		非公路用车辆
	№1	№2	
密度(15℃)/$g \cdot mL^{-1}$	≥0.806	≥0.835	≥0.810
	≤0.825	≤0.855	≤0.860
闪点/℃	≥38	≥52	①
运动黏度(40℃)/$mm^2 \cdot s^{-1}$	≥1.3	≥1.9	≥1.3
	≤2.4	≤4.1	≤4.5
硫(质量分数)/%	≤0.05	≤0.05	≤0.4
浊点	—	②	—
冷滤点	—	③	—

续表 8-14

技术标准		公路用车辆		非公路用车辆
		№1	№2	
十六烷值		≥45	≥45	≥45
十六烷值指数		≥40	≥40	≥40
95%回收温度/℃		≤288	≤355	≤360
水分/%		≤0.02	≤0.02	≤0.02
大于11μm残渣/mg·L^{-1}		≤10	≤10	≤10
总杂质/mg·kg^{-1}		≤24	≤24	≤24
10%蒸余物残炭(质量分数)/%		0.15	0.35	0.3
铜片腐蚀（50℃，3h）		3级	3级	3级
灰分/%		≤0.01	≤0.01	≤0.01
加速贮存安定性/mg·L^{-1}		≤13	≤15	≤15
高温稳定性/℃		≥70	≥70	≥70
净含热量/kJ·L^{-1}		34887.5~35529.4	35864.4~36534.2	35334.1~36701.7
润滑性	负载/N(gms)	30.38（3100）	30.38（3100）	30.38（3100）
	最小磨损痕迹/μm	≤460	≤460	≤460

①闪点根据采用地区的要求推荐。

②浊点应低于最低环境温度6℃。

③冷滤点温度应等于或低于预见的最低燃油温度。

c　Cummins公司推荐的柴油标准

Cummins公司推荐的柴油标准见表8-15。

表8-15　Cummins公司推荐的柴油标准

技术标准	要求的燃油规范	技术标准	要求的燃油规范
黏度(40℃)/mm^2·s^{-1}	1.3~5.8	浊点/℃	低于最低环境温度6℃
十六烷值	0℃以上≥42；0℃以下≥45	铜片腐蚀（50℃，3h）	不超过2级
硫(质量分数)/%	<0.5①	灰分/%	<0.02
水沉淀物(体积分数)/%	<0.05	馏　程	馏程曲线必须平滑与连续
10%蒸余物残炭(质量分数)/%	<0.35	润滑性 HFRR/μm	450
密度/g·L^{-1}	0.816~0.876（15℃时）		

①地方、国家或国际法规可能要求硫的含量低于0.5%。在给发动机选择燃油之前咨询所采用的法规燃油中硫的含量。Cummins公司不允许采用硫的含量高于0.5%的燃油，因为燃油系统腐蚀、最高的废气排放及换油间隙的减少都与燃油硫的含量高有很大关系。燃油必须要知道地方安全法规所要求的合适的闪点。

d　CAT公司推荐的燃油标准

CAT公司2005年推荐的CAT机械燃油标准部分项目见表8-16。表中带括号的数据为CAT公司2002年推荐的燃油标准部分项目。

表 8-16 CAT 公司推荐的燃油标准（摘录）

技术标准	燃料要求
芳香烃(质量分数)/%	≤35
灰分/%	≤0.02
10%蒸余物残炭(质量分数)/%	≤0.35
十六烷值	≥40(D1 发动机)，≥35(PC 发动机)
浊点	浊点不能超过预期的最低环境温度
铜片腐蚀（50℃，3h）	3 级
蒸馏物	282℃时≤10%；360℃时≤90%
热安定性	在 150℃经过 180min 老化之后，80%的最小反射率（2002 年无此项）
密度(15℃)/kg·m^{-3}	875.7～801.3
浊点/℃	低于环境温度 6℃
硫(质量分数)①,②	≤1%(≤3%)
运动黏度/mm^2·s^{-1}	当输送到燃油喷射泵时，1.4～20.0 当输送到回转燃油喷射泵时，1.4～4.5
水和沉淀物/%	≤0.1
水含量/%	≤0.1
沉淀物/%	≤0.05
润滑性 HFRR(60℃)/mm	≤0.53

①在该标准中可使用超低硫含量柴油（即 $w(S)\leqslant 0.0015\%$ 的柴油）。

②CAT 公司燃油系统和发动机零件可使用最大为 3% 的高硫含量燃油。燃油含硫量会使发动机内部零件受到腐蚀。燃油硫含量大于 1% 会使润滑油换油周期明显缩短。从 1994 年开始，美国政府要求车用柴油硫的含量小于 0.05%。

e 我国轻柴油标准

转速大于 60r/min 的柴油机（包括地下无轨装载机用柴油机），以轻柴油为燃料。我国轻柴油标准见表 8-17。

表 8-17 我国轻柴油标准（GB 252—2000）

项目	质量指标						
	10 号	5 号	0 号	-10 号	-20 号	-35 号	-50 号
色度/号	3.5						
氧化安定性/mg·mL^{-1}	≤2.5						
硫(质量分数)/%	≤0.2						
酸度/mg(KOH)·100mL^{-1}	≤7						
10%蒸余物残炭/%	≤0.3						
灰分/%	0.01						
铜片腐蚀（50℃，3h）	1 级						
水分(体积分数)/%	痕迹						
运动黏度(0℃)/mm^2·s^{-1}	3.0～8.0				2.5～8.0	1.8～7.0	
机械杂质	无						

续表 8-17

项目		质量指标						
		10号	5号	0号	-10号	-20号	-35号	-50号
凝点/℃		≤10	≤5	≤0	≤-10	≤-20	≤-30	≤-50
冷滤点/℃		≤12	≤8	≤4	≤-5	≤-14	≤-29	≤-44
闪点(闭口)/℃		≥55					≥45	
十六烷值		≥45						
馏程	50%回收温度/℃ 90%回收温度/℃ 95%回收温度/℃	≤300 ≤355 ≤365						
密度		实测						

f 我国车用柴油标准

车用柴油机选用车用柴油。随着汽车工业的发展和环保要求越来越高，现在的轻柴油标准（GB 252—2000）已不能满足要求。根据国家环保法规的要求，2000 年开始执行欧洲Ⅰ号的排放标准。从 2004 年 7 月 1 日开始执行欧洲Ⅱ号标准。为了满足这个要求，将车用柴油从通用柴油中分离出来，制定单独的标准，即 GB/T 19147—2003 车用柴油标准表 8-18。该标准比 GB 252—2000 标准要求更高。例如硫含量（质量分数）从 0.2% 下降到 0.05%；十六烷值除 -35 号和 -50 号油相同外，10 号、5 号、0 号、-10 号四种柴油由 45 增加到 49；-20 号柴油由 45 增加到 46，取消了“色度”和“酸度”，增加了测量磨痕直径项目，用以检测柴油的润滑性；增加了 20℃时柴油密度值（820 ~ 860kg/m³）。此外，GB/T 19147—2003 规定可以用十六烷值或十六烷指数来测定柴油着火性，而 GB 252—2000 只规定测定十六烷值；其他技术指标，两者相同。

表 8-18 车用柴油标准（GB/T 19147—2003）

项目		质量指标						
		10号	5号	0号	-10号	-20号	-35号	-50号
氧化安定性/mg·mL⁻¹		≤2.5						
硫(质量分数)/%		≤0.05						
10%蒸余物残炭(质量分数)/%		≤0.3						
灰分/%		0.01						
铜片腐蚀（50℃，3h）		1级						
水分/%		痕迹						
运动黏度(0℃)/mm²·s⁻¹		3.0~8.0				2.5~8.0	1.8~7.0	
机械杂质		无						
凝点/℃		≤10	≤5	≤0	≤-10	≤-20	≤-30	≤-50
冷滤点/℃		≤12	≤8	≤4	≤-5	≤-14	≤-29	≤-44
闪点（闭口）/℃		≥55					≥45	
着火性（需满足下列条件之一） 十六烷值 十六烷指数		≥59 ≥46				≥46 ≥46	≥45 ≥45	
馏程	50%回收温度/℃ 90%回收温度/℃ 95%回收温度/℃	≤300 ≤355 ≤365						
密度(20℃)/kg·m⁻³		820~860					800~840	

从上述表格可知，不同柴油机生产厂家推荐不同的柴油标准，适用不同时期不同机器，满足不同的排放要求，在选择柴油时应慎之。GB/T 19147—2003 车用柴油标准主要技术指标等效于欧洲 EN 590—1998。满足该标准的柴油适用于我国从 2004 年开始执行的欧洲Ⅱ号标准。而 GB 252—2000 轻柴油只能接近欧洲Ⅰ号排放标准。

C 地下装载机用柴油的选择

a 地下采矿对柴油的要求

目前我国地下采矿对柴油没有提出要求，美国早在 1997 年就对地下采矿柴油提出了要求（见美国 MSHA 30CFR §75.1901 和 §57.5065）：最大硫含量（质量分数）0.05%；闪点大于 38℃；燃油添加剂必须采用 EPA（美国环保局）地下操作的柴油动力设备注册的添加剂。美国 MASH 矿山安全与健康管理局对柴油的要求已被世界大多数国家地下矿山所接受。除此之外，目前还要求地下采矿燃油十六烷值大于 48，芳香烃含量小于 20%，90% 馏程温度小于 315.6℃。

b 地下采矿柴油的选择

（1）柴油种类的选择。地下采矿柴油机尽可能采用车用柴油。如条件暂不具备，只能用轻柴油，应缩短换油间隔，随时注意油质的变化。

（2）柴油牌号的选择。车用柴油（GB/T 19146—2003）按凝点划分为：10 号、5 号、0 号、-10 号、-20 号、-35 号、-50 号七个品种，其凝点分别不高于 10℃、5℃、0℃、-10℃、-20℃、-35℃、-50℃，冷凝点分别是不高于 2℃、8℃、4℃、-5℃、-14℃、-29℃、-44℃。

正确选择柴油的原则是：所选柴油的凝点小于使用环境温度 5~7℃，冷凝点约等于使用环境温度。对地下矿山来说，作业环境温度大部分在 20℃左右，因此常使用 0 号柴油。

（3）柴油的使用。

1）购符合国家标准的柴油。

2）对柴油的品质实行定期监测，根据监测的结果，确定是否更新燃油。

3）按时对加油设备和贮油设备进行彻底清洗。

4）采取预防措施，防燃油在运输过程中污染。

5）改装或重新设计油箱通气孔。

6）使用正确的燃油过滤器、油水分离器。

7）燃油箱应及时清理干净，油应定期排干净。

8）不要用镀锌板制造贮油箱、燃油箱、燃油管道、接头。因燃油可能与锌起化学反应，形成化合物堵塞过滤器或引起发动机故障。

9）加油前，燃油至少沉淀 48h。

10）切勿使柴油与汽油或酒精混合，以免引起爆炸。

11）在装有氧化催化器的发动机中，切勿使用混合润滑油的柴油。因为润滑油中的磷、钙、锌等元素的作用会使催化剂化学失活。

12）当对进口柴油机所需燃油性能、标准、添加剂等使用条件不清楚时，应及时咨询柴油机生产企业，以免出现一些不可预测的后果。

总之，随着人们对环保的重视和科学技术的发展及地下矿山对柴油的要求，根据我国的具体国情，目前地下装载机在具备条件的矿山，逐渐淘汰轻柴油，推广车用柴油。在没有条件的矿山，在采用轻柴油时，应适当缩短换油周期和加强对发动机的保养，同时还必须加强对燃油质量的管理、监视及正确使用，以保证柴油机废气排放达到有关法规的要求，延长机器的使用寿命，提高尾气氧化催化器的使用效果。

8.6.1.3　变矩器/变速箱用油（液力传动油）

A　变矩器/变速箱油的作用

（1）液力传动油是液力变矩器能量传递的工作介质。

（2）作为变速箱的齿轮和轴承的润滑油。

（3）作为变速箱摩擦离合器的液压油。

（4）作为变速箱、变矩器的冷却液。

B　变矩器/变速箱用油要求

（1）润滑油必须能追随齿轮的传动，涂敷在齿轮的表面上，并对齿轮齿起缓冲作用。

（2）在常温下，润滑油应是适宜流动的液体，能适当分布在全部齿轮与轴承表面上。

（3）在严酷的使用条件下，润滑油不会起泡，体积也不会增大。

（4）润滑油应当是化学稳定的，使用中不会变稠，即使在高温下也能长期使用而不变质。

（5）它不得含有能引起零件磨损或金属侵蚀的杂质或成分。

（6）润滑油不得通过任何物质或化合物以及贮存中沉积下来或使用中分离出来。

（7）它不得含有石棉、云母、滑石、泥土或其他固体物料之类填物，并且也不应含有沉积物与水。

C　DANA 公司推荐的油液

a　油品与质量等级

DANA 公司动力换挡变速箱和变矩器所推荐的润滑油

1 类：a　C-2 等级 30
　　b　C-3 等级 30
　　c　发动机机油，等级 30
　　　API-CD/SE 或 CD/SF
　　d　MIL-L-2104C 等级 30
　　e　MIL-L-2104D 等级 30

2 类：a　MIL-L-2104C 等级 10
　　b　MIL-L-2104D 等级 10
　　c　C-2 或 C-3 等级 10
　　d　发动机油，等级 10
　　　API-CD/SE 或 CD/SF
　　e　QUINTOLUBRIC822-220
　　　（非磷酸酯防火液）

3 类：a　DEXRON（通用汽车公司商标）
　　b　DEXRON 11D

4 类：a　MIL-L-46167
　　b　MIL-46167A

5 类：CONOCO 高性能合成马达油

优先选用的油黏度：选择最高的油黏度应与环境温度和油的应用表相一致

2 类和 3 类油在使用油池预热器时可在低温环境下使用。4 类油应在所标示的环境温度范围内使用。

可调动力换挡变速箱：T12000、18000、24000、28000、32000 和 34000 系列只能选用 C-3 或 3 类中 a 和 b 的 DEXRON 或 DEXRON 11D 油。3000、4000、5000、6000、8000、16000 系列可调动力换挡变速箱只能选用 C-3 或 3 类中序号 a 的 DEXRON 油。不能使用 b 中的 DEXRON 11D 油。DEXRON 11D 级油不能与石墨离合器板摩擦材料相容。除非它符合被批准的 C-3 的规范。3000、4000、5000、6000、8000、16000、34000 系列动力换挡变速箱，以及 HR28000 和 HR32000 系列有变矩器锁紧和带有锁紧装置的 C-270 系列变矩器都不能采用 DEXRON 11D 级油。

b 黏度要求

油的黏度要求根据环境温度来选择（图 8-93）。

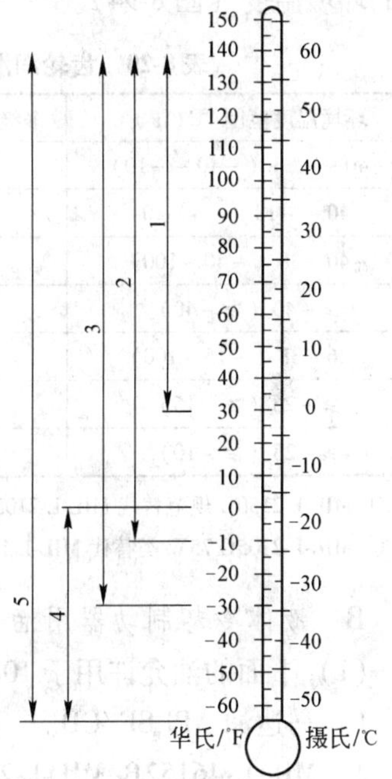

图 8-93 油的黏度与环境温度关系

c 国外牌号液力传动油

（1）Texaco 公司扭矩油 C-3。

（2）Union 公司 C-3 油液。

（3）Chevron 公司扭矩油 5，Delo 400 马达油 SAE10W。

（4）Exxon 公司扭矩油 47，XD-3 SAE10W。

（5）Mobil 公司 Mobifluid 423，Delvac 1210，Delvac 1310。

（6）Shell 公司 Donax T-A 代码 53005，Rotella T10 代码 54101。

D 国产液力变矩器油

a 地下装载机最常用液力变矩器油

液力变矩器/变速箱用油即液力变矩器油，正常工作温度为 82 ~ 93℃，有时可达 130℃。因此对液力传动用的工作油液有特殊要求，地下装载机最常用 6 号液力传动油（表 8-19）。

表 8-19 6 号液力传动油性能参数

性 能	6 号液力传动油	性 能	6 号液力传动油
相对密度（20℃）	0.82	凝点/℃	-60 ~ 25
黏度(100℃)/$mm^2 \cdot s^{-1}$	7.5 ~ 9	氧化后酸值/mg(KOH) · g^{-1}	0.01
运动黏度 50℃，100℃/$mm^2 \cdot s^{-1}$	<3.6	临界载荷/N	≥824
闪点(开口)/℃	>150	颜 色	淡黄色透明

6 号液力油相当于国外 ATF-2 型，主要用于内燃机车和工程机械的液力传动系统。另外，广东茂名石油公司引进国外技术，生产相当于 ATF-3 型（ASTM 与 APL 分类）和阿里森（Allison）C-3 油。其牌号为 MAFC-3，可取代 6 号液力传动油。

b 液力变矩器油的选择

鉴于地下装载机都是采用DANA变矩器与变速箱。因此建议采用MAFC-3油。也可以采用6号液力传动油。

8.6.1.4 驱动桥用油

A DANA公司推荐的驱动桥用油

DANA公司推荐的润滑油除上述推荐的MIL-L-2105C也就是API-GL5齿轮油（表8-20）。使用同轴差速器部件的桥，特别有双曲线伞齿轮的桥必须使用GL5号油。适用-10~60℃以内的环境温度（图8-94）。

表8-20 齿轮润滑

环境温度范围/℃（℉）	多级黏度 MIL-L-2105C①
-40~-23（-40~-10）	75W②
-40~-18（-40~0）	75W80
-40~38（-40~100）	75W90
≥-40（≥-40）	75W140
-26~38（-15~100）	80W90
≥-26（≥-15）	80W140
≥-23（≥-10）	85W140

① MIL-L-2150C规范替代MIL-L-2105B规范。

② MIL-L-2105C 75W类替代MIL-L-10324A Sobarctic规范。

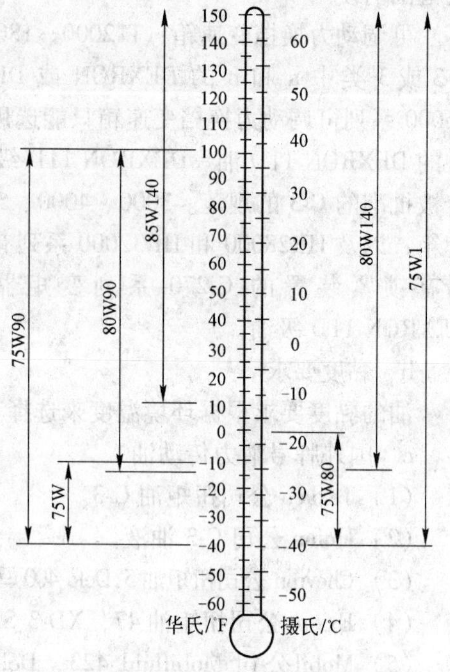

图8-94 润滑油与环境温度的关系

B 液体冷却制动器用油

（1）下面的油允许用于1000系列与2000系列液体冷却制动器：

1）马达油API SE/CD。

2）MIL-L-46152B/MIL-L-2104C或D。

3）ATF C-3DEXRON[@]，不用DEXRONⅡ[@]。

4）液压油。

5）水/油乳化液。

6）合成齿轮油（化学酯）。

（2）制动器油池冷却油（当使用外部冷却时）推荐下面的冷却油：

1）有机酯。

2）液压油。

3）MIL-L-46152B/MIL-L-2104C或D。

4）ATF C-3或DEXRON[@]，不用DEXRONⅡ[@]。

5）马达油API SE/CD。

6）乳化液。

除了1984年6月以前克拉克生产的1000系列LCB制动器不能使用水/油乳化液外（因为它与制动摩擦盘不相容），上述所有的油都可用于制动器油池。

（3）具有普通制动器与齿轮油池液体冷却制动器桥的总成（使用非外部冷却制动器）

使用：

1）符合 DANA 规范 MS-8 的齿轮润滑油。

2）MIL-L-2105C。

C 国外牌号润滑油

Mobil　Mobilobe HD 85W-140

Texaco 公司　多用齿轮润滑剂 EP 85W-140

Shell 公司　Spirax HD 85W-140 代码 59202

Chevron 公司　通用齿轮润滑剂 85W-140

D 国产桥用油

（1）强制冷却制动器的冷却油一般采用液压油。

（2）油池冷却制动器与桥使用的润滑油是一样的。采用重负荷齿轮油 GL-5（GB 13895—1992）根据不同的油温选择不同黏度的润滑油（表 8-21）。

表 8-21 不同温度下应选的润滑油

种　类	季节气候	环境温度/℃	油料牌号	备　注
GL-5	严　寒	-20～10	80W/90	
GL-5	全　年	-10～40	85W/90	常用油
GL-5	夏　季	0～40	90	

8.6.1.5 液压油

A 国外地下装载机使用的液压油

国外地下装载机公司如过去的 Eimco 公司及 Wagner 公司等都对液压油作了严格地规定。由于地下散热条件比较差，因此油温都比较高，一般为 65～80℃左右，因此使用了高质量抗磨液压油或发动机润滑油。即 ISO/VG68 号液压油和 SAE20W-20 发动机润滑油，前者的油必须满足 MIL-L-46152 或者说 04 和 2104（美国军事规范）美国石油学会（API）的分类 CC 和 CD 标准。

B 国外牌号液压油

Mobil 公司　Delvac 1120

Shell 公司　Rotella 20，代码 54002，Tellus 68 代码 65211

Chevron 公司　Chevron A. W. 液压油-68

C 国产液压油

根据液压系统的压力与环境温度选择国产液压油，一般选择 GB 11118.1—94《矿物油型和合成烃型液压油》（L-HM）46 与（L-HM）68（表 8-22）。

表 8-22 液压油性能

产品名称	倾点/℃	闪点/℃	黏度(40℃)/$mm^2 \cdot s^{-1}$	抗磨性	GB 3141 黏度等级	适用油温/℃
(L-HM) 46	≤-9	≥160	28.8～35.2	10	46	30～40
(L-HM) 68	≤-9	≥195	61.2～74.8	10	68	40～80

8.6.1.6　润滑脂

A　国外地下装载机用润滑脂

国外使用的是一种多用途油脂，含有1%～5%的二硫化钼，能符合MIL-L-7866的要求，并且它还是一种合适的抗腐蚀剂。适合各种铰销、关节轴承、摆动架轴承、传动轴等，用途十分广泛。此油脂必须是高级锂基与E.P添加剂的混合物，在整个工作范围内，具有化学性能稳定、不硬化、不泄漏或不滴落等特点。一般用NLGI-2号润滑脂，它适用的温度范围很广，NLGI 1或2适用于温度很低的场合（美国NLGI国家润滑脂协会）。

B　国外牌号润滑脂

英国油与油脂—Molob-Alloy　　777-2号

Shell公司　　高级重负荷油脂

Mobil公司　　Mobil特种润滑脂

C　国产润滑脂

过去常用3号或4号钙基润滑脂，现在它已不能满足各种气候（高温或低温、潮湿多水）条件下的地下装载机。由于锂基润滑脂具有许多优良性能（表8-23），其换脂周期比钙基延长两倍。因此常用2号锂基润滑脂。

表8-23　钙基、锂基润滑脂特性比较

普通钙基润滑脂	普通锂基润滑脂
（1）耐水性好，遇水不易乳化变质，能在潮湿环境或与水接触的场合下使用	（1）良好的抗水性，遇水不易乳化
（2）良好的机械安定性和触变安定性	（2）良好的机械安定性和化学安定性，在高速运转的机械剪切作用下，不会变稀或流失
（3）良好的泵送性	（3）耐温性好，滴点高，使用温度范围 -30～120℃，但不可与其他脂混合使用
（4）耐热性差，100℃左右水解，使用温度 -5～60℃，超过60℃油脂变软流失、失水，引起油皂分离，失去润滑作用，若含水分低于0.5%就开始固化，则不能使用	（4）它是一种通用长寿命的润滑脂，可取代钙基、钠基及钙钠基润滑脂，广泛使用在高温（高达120℃）、高速与水接触的机械上，但价格相对贵些
（5）使用寿命短，需常添加或更换，但价格低廉	

D　电动机的润滑

在电动地下装载机中，电动机的润滑剂选用取决于轴承的类型、转速和油温、负荷，滚动轴承中速电动机（1000～1500r/min）一般用3号锂基脂。

8.6.2　换油周期

8.6.2.1　使用中油液性能变化

液压油经过一段时间使用后，由于劣化或污染而改变了原有的性状，成为缩短设备运行寿命或引发事故的重要原因。

判定液压油是否劣化，一般有现场抽取油样，观察其颜色、气味、有无沉淀物，并与新油进行比较定性方法及把油样送往分析实验室评定性状变化的定量方法。

8.6.2.2 换油周期

正常情况下换油周期见表8-24。

表8-24 地下装载机各部液压油的换油周期

用油部件	换油周期	用油部件	换油周期
发动机曲轴箱	125h或两个星期	液压系统	1000h或6个月
变速箱变矩器	500h或2个月。若场地灰尘少，可延长到1000h	桥	1000h或6个月

8.6.2.3 用分析方法确定换油时间

换油标志的确定因装置的使用条件不同而出入很大，而且油液的劣化、污染的程度及对液压装置影响程度很难定量确定，只能根据经验确定（表8-25）。

表8-25 矿物油换油标志

项 目	标 志	项 目	标 志
100（℃）时的黏度	比新油增加或减少20%	水	体积的0.2%
总酸度值	比新油增加2.0		

8.6.2.4 特殊情况的换油周期

（1）如果柴油的含硫量在0.5%～1%之间或长期工作温度低于-10℃，则发动机的机油换油间隔时间应减少一半。

（2）在一些应用中，当变速箱、变矩器的油温保持在102℃或更高时，换油时间隔应从正常1000h减少到500h。

（3）对桥、变矩器/变速箱和其他传动装置来说，在正常工作时期，采集数个油样分析，若金属浓度超过如下极限（表8-26），说明桥、变速箱油路及液压油发生了异常现象，应该换油。

表8-26 油中污染物和金属磨损限值

污染物和金属磨损	桥	变矩器/变速箱	传动装置
铁	$250\times10^{-6}\sim500\times10^{-6}$	125×10^{-6}	125×10^{-6}
铜	50×10^{-6}	350×10^{-6}	350×10^{-6}
硅	50×10^{-6}	20×10^{-6}	20×10^{-6}
铝	5×10^{-6}	15×10^{-6}	50×10^{-6}
铅		50×10^{-6}	
铬	10×10^{-6}	5×10^{-6}	5×10^{-6}
微粒（5μm/15μm）	ISO 18/15		ISO 18/15

8.6.3 油压

油压不正常不仅影响地下装载机的性能，同时也反映了某个液压元件出了故障，若不及时处理，还会导致某个设备损坏，甚至使整台设备停机。因此必须随时注意观察压力表指针的变化，发现问题及时处理。表8-27列出了中钢集团衡阳重机有限公司生产的部分地下装载机液压系统油压表（仅供参考，因为设计可能有修改）。

表8-27　地下装载机液压系统油压表　（MPa）

地下装载机型号		CYE-1	CYE-1.5	CY-1.5	CY-2	CYE-2	CY-3	CY-4	CY-6
发动机怠速最低油压				0.051	0.051		0.05	0.05	0.05
翻斗与举升系统	主溢流阀	14.0	13.8	13.8	13.8	14.0	13.4～14.1	16.0	13.8
	缓冲阀	16.0	16.0	16.0	16.0	16.0	15.1～16.5	16.0	16.0
	先导阀		1.8～3.5	2.8	2.8	2.8	1.2～1.5	2.5	2.8
转向系统	主溢流阀	12.5	13.8	13.8	13.8	14.0	13.8	14.0	16.5
	缓冲阀		16.0	16.0	16.0	10.0	15.8	16.0	12.5
变矩器变速箱系统	离合器压力		1.24～1.51	1.24～1.51	1.24～1.51	1.65～1.93	1.65～1.93	1.65～1.93	1.27～1.54
	变矩器出口压力		0.17～0.49	0.17～0.49	0.17～0.49	0.17～0.49	0.17～0.49	0.38～0.48	0.39～0.49
制动系统压力	工作制动压力		10.3	10.3	10.3	10.3	10.0～10.7	10.0～10.7	10.3
	充液阀下限压力		12.0	11.4	11.4	12.0	11.0～11.7	11.0～11.7	
	充液阀上限压力		15.0	13.8	13.8	15.0	13.4～14.1	13.4～14.1	
	蓄能器压力		6.3	6.3	6.3	6.3	7.9～8.5		6.3
	停车制动器压力		13.8	13.8	13.8				9.3
卷缆系统	高压溢流阀	5.0	3.5			6.0			
	低压溢流阀	3.0	1.8			4.0			

8.6.4　油温

油温过高是液压系统最大的故障之一。油温过高的危害除了前面的分析之外，还会增加液压系统的泄漏，增加油液消耗，污染环境。因此油温必须控制在允许范围之内，否则必须停机检查。

柴油机油池允许油温按柴油机制造厂规定，变矩器/变速箱油池瞬时允许油温为121℃、正常工作温度82.2～93.3℃，液压系统油箱允许油温为80℃，制动器冷却系统油箱允许油温为100℃。

8.6.5　油位

在液压系统整个作业时间内，油箱必须存足够的油是有效作业的重要因素。因为作业期间会损失一定量的油，其主要原因为蒸发损失、泄漏损失。

在作业期间还会有渗漏的加大。因此要定期检查油位，应每天检查一次，以防不测。如果忽视油位或任其下降，就会出现两种情况：一是油位过低，空气就会从吸收管被吸入泵内，产生气穴，就会有振动和噪声，并大大增加磨损，降低元件（尤其是泵）的寿命；二是油位过低可能引起油温升高，这是由于降低了系统的散热能力，油温的升高给油泵等液压元件带来更不利的工作条件。

油温升高也将加快氧化速度和丧失其初始性能，因此严格检查油位十分重要。看油位必须在一定条件下检查，否则不能反映油位的实际情况。

（1）柴油机润滑油油位的检查。每天须检查柴油机机油油位。检查时，发动时放在水平位置，运转发动机使油温达80℃后停车。检查油位是否在油尺上有两种标记（·）和（-）之间。较低标志为润滑油的最低位置。新机与修理过的柴油机必须加油到上限。

（2）变速箱油位的检查。油位检查应在发动机转速为500～600r/min、油温为82.2～93.3℃的情况下进行，油面应保持在（FULL）标记上。

（3）液压油箱油位的检查。油位位于两检查孔之间，油温为工作油温即50～80℃的范围内，大臂放下，铲斗平放，检查其油位。

（4）驱动桥油位的检查。每250h检查润滑油高度，润滑剂液面始终要保持到加注孔底边的位置高度。检查桥的油位，首先使驱动桥运转，再将其放在地面上最少5min后，取下驱动桥中心与行星减速器车轮端上的用于检查油位的加注孔塞，如果润滑油尚未达到加注孔底边的高度，就应注入润滑油。

（5）冷却油箱与燃油箱油位的检查。有的地下装载机制动器配备了单独的冷却油箱，因此必须每天检查它的油位。对内燃地下装载机来说，还必须配备燃油箱，因此要检查燃油油位，以保证柴油机正常工作。

8.6.6 油的泄漏

油的泄漏是液压系统常见的故障。它分外部泄漏与内部泄漏。如果泄漏超过一定范围，影响使用，就应认真分析和处理。

外部泄漏对地下装载机来说还没有标准，但可参考露天装载机的有关规定。在按JB/T 51026.2—1993标准中整机密封性能试验后，全机渗漏量不超过三滴。

内部泄漏很复杂。一般当液压系统经过一段时间使用后，内部泄漏才会越来越明显。少量的内漏是允许的，但泄漏加大后，就会开始出现故障。驱动桥各部件泄漏的检查方法在第3章已作了说明。液压油缸的内漏有两种检查方法：一是油缸沉降量检查方法，对地下装载机暂时还没有标准规定，但可参考露天装载机的标准（对于转斗油缸的沉降量，静态测试3h的平均值不大于20mm/h；而举升油缸则不大于50mm/h），根据实际情况来修正。另一种是油的泄漏量检查方法，瓦格纳公司的ST-3.5型地下装载机对液压油缸的泄漏量规定静态测试10min的平均值，对于转向油缸为34.4cm^3，举升油缸为75.3cm^3，倾翻油缸为91.8cm^3。

变速箱离合器的泄漏。在发动机低速空转、工作油温在82.2～93.3℃时检查离合器的压力。在泄漏检查期间，发动机转速必须保持不变，换挡操纵杆为前进高速挡速度，记录压力，再转换操纵杆为后退挡，一挡速度，记录压力，所有的压力偏差为34.5kPa之内，否则就应修理。

8.6.7 排气

由于空气对液压系统的危害极大，产生空穴、气蚀作用，导致金属和密封材料的破坏。产生噪声、振动和“爬行”现象，降低液压系统的稳定性，造成整个液压系统运转不稳定。因此要随时观察整个液压系统是否有漏气点，特别是液压系统进行大修理及更换或检修大部分液压元件或管路件后，必须及时放气。

对于液压转向系统与铲斗回路只要多次前后推拉转向杆（油箱必须装满），每个方向上全行程操作举升与翻斗数次，即可使系统放气，对先导控制回路必须关闭发动机，松开停车制动，操作先导阀杆于某位置，慢慢松开铲斗阀相应的液控口接头，以排出相应管路的接头，排出相应管路中空气，然后重新拧紧接头。

另外，变矩器、变速箱、桥壳、制动器壳顶部、柴油机曲轴箱通气管，油门控制油缸上排气螺钉、脚制动器放气螺塞，都有通气塞，故一定要保持通气塞周围干净，防止通气塞堵塞。每250h要清洗通气塞与通气孔，若工作场地灰尘少，清洗时间可延长500h。

8.6.8 油的过滤

过滤器是液压系统中重要元件，它可以清除液压油中的污染物，保证油液清洁度，确保系统元件工作的可靠性。过滤器经过一段时间使用后，就会被污物堵塞，通油面积减少，从而使油温升高，引起部件快速磨损。因此必须及时清洗与更换过滤器。过滤器的定期维护见表8-28。由于具体使用条件不同，表8-28中保养周期仅供参考。通常是经常把液压系统的过滤器的芯子拆下来检查。如果经过严格检查发现有一层脏物薄膜覆盖着芯子皱滤纸的外面，则脏物就开始堵塞通道了。如果污物刚刚出现在每一折皱的根部，则更换芯子时间快到了。在这种情况下芯子还可以阻止更多的脏物，但很快就会限制油流到一定程度，以致大量的油旁通而不能过滤，然后液压系统沉积在液压系统各部件上，引起这些部件快速磨损。

表8-28 过滤器的定期维护

过滤器名称	安装地点	保养周期	保养内容
柴油机燃油粗滤器	手动泵与输油泵之间	每100～1000h	清洗、检查、更换滤芯
柴油机燃油精滤器	输油泵与喷油泵之间	每500h	更换滤筒
柴油机机油粗滤器	机油冷却器与主油道之间	第一个20h 每200h	更换（或清洗） 更换（或清洗）
柴油机机油精滤器	与主油道并联	每200h	更换滤芯
液压系统吸油滤器	液压油箱	每500h	第一次50h更换滤芯
液压系统回油滤器	液压油箱	500h	更换滤芯
变速箱吸油滤油器	变速箱前盖	250h	更换滤芯若灰尘少可500h更换
变矩器滤油器	充油泵到变矩器调压阀	250h	更换滤芯若灰尘少可500h更换新的或修理过的50～100h更换
充液阀过滤器	充液阀内	发现充液时间延长就得检查与更换	清洗与更换
加油过滤器	液压油箱		清洗或更换
冷却油箱过滤器	冷却油箱	500h	更换（若单独带冷却油箱的话）

8.7 液压系统故障与排除

地下装载机主要液压系统故障及排除方法分别见表8-29～表8-33。

表 8-29 工作装置液压系统故障分析与排除

故 障	原 因	排 除 方 法
举升油缸无动作	(1) 先导控制回路压力不够或没压力; (2) 不向液压油缸供油或供油不足; (3) 负载大于额定负载	(1) 检查先导控制回路压力; (2) 按“无液压动作”的故障分析，检查铲斗回路压力管渗漏，举升油缸密封损坏，安全阀卡住或设置压力太低；若必要的话应修理或更换; (3) 减少负载
铲斗油缸动作缓慢或不平稳	(1) 油缸供油不足; (2) 油缸密封圈损坏; (3) 系统阻力大; (4) 主安全阀或过载阀失灵; (5) 先导控制回路中减压阀调节不当	(1) 按“举升油缸无动作”的故障分析、检查铲斗回路; (2) 更换密封圈，检查引起密封圈损坏的原因并修理；若是因油液污染引起则清洗系统并换油，必要时修理或更换滤油器; (3) 检查系统中的发热点（如管路件接头处流道太细），必要时更换或更换; (4) 检查并调整开启压力，必要时更换安全阀或过载阀; (5) 将减压阀出口压力调至要求大小
铲斗油缸或举升油缸动作不稳定或有海绵感	(1) 系统中有空气; (2) 杆弯，油缸变形或活塞有伤痕	(1) 检查油箱油位，检查接头、管道、油缸密封圈等处是否有空气渗漏；必要时给油箱加油或修理漏油处; (2) 分解、检查和修理油缸
无液压动作	(1) 油箱油位低; (2) 铲斗阀上主安全阀调节不当或被卡住或损坏; (3) 铲斗泵不工作	(1) 检查并加油; (2) 检查并重新调节，如损坏就更换阀; (3) 检修泵，如有必要则更换
举升油缸动作太慢	(1) 供给油缸的油不足; (2) 油缸密封件损坏; (3) 先导控制回路中压力阀调节不当; (4) 结构变形，间隙太小，缺乏润滑，举升臂衬套损坏; (5) 系统阻力大; (6) 多路阀中主安全阀或过载阀调节不当	(1) 按“无液压动作”故障分析、检查铲斗回路; (2) 更换密封件并检查引起损坏的原因，如果是油污染引起应清洗、更换滤芯; (3) 正确调整先导油压; (4) 检查举升臂的直线度和衬套，必要时进行调节、修理并加润滑油; (5) 检查系统中的发热点（如管路件接头处的流道太细），必要时修理或更换; (6) 检查开启压力，必要时调整或更换安全阀及过载阀
举升臂不能放下或不能完全放下（无负载时）	(1) 油缸损坏; (2) 结构变形，间隙太小，缺乏润滑，举升臂衬套损坏	(1) 修理或更换油缸; (2) 检查举升臂的直线度和衬套，必要时进行调节、修理并加润滑油
油缸爬行	(1) 管路漏油; (2) 油缸漏油; (3) 多路阀损坏	(1) 检查所有管路的接头，必要时更换或拧紧; (2) 更换密封圈，检查引起密封圈损坏的原因并修理，若是由油污染引起的，则清洗该系统并换油，必要时修理或更换过滤器; (3) 修理或更换
铲斗油缸无动作	(1) 没向油缸供油或供油不足; (2) 负载超过额定负载; (3) 先导控制回路压力阀失效或调节不当	(1) 按“无液压动作”故障分析，检查铲斗回路油管渗漏、铲斗油缸的密封损坏，泵或泵驱动装置损坏，主安全阀设置压力太低，必要时修理或更换; (2) 减少负载; (3) 调节压力阀或更换

续表 8-29

故障	原因	排除方法
油泵吸不上油或吸油不足	(1) 油箱中油面过低； (2) 油的黏度过高； (3) 进油管太细、太长、阻力大； (4) 进油管破损漏气； (5) 进油管法兰密封圈损坏； (6) 进油口或滤网堵塞； (7) 泵的旋转方向与发动机不符； (8) 从自紧油封处吸入空气	(1) 加油至油面规定高度； (2) 更换黏度适宜的油液； (3) 更换油管； (4) 更换油管； (5) 更换新密封圈； (6) 清洗滤网，除去堵塞物； (7) 改变泵的转向； (8) 更换损坏的密封
油泵压力升不上去	(1) 侧板磨损轴向间隙过大，引起泄漏； (2) 轴承处的密封圈损坏； (3) 自紧油封损坏； (4) 液压阀的调整压力太低； (5) 泵的旋转方向与发动机不符； (6) 转速太低； (7) 压力表开关堵塞	(1) 更换侧板； (2) 更换新品； (3) 更换新品； (4) 重新调整压力； (5) 调整转向一致； (6) 提高转速； (7) 清洗压力表开关
油泵产生噪声	(1) 吸油管或过滤器局部堵塞； (2) 吸油管路吸入空气； (3) 油的黏度过高； (4) 进油过滤器通流面积过小； (5) 泵的转速过高； (6) 泵轴和发动机轴不同心	(1) 清除污垢，使吸油畅通； (2) 清除污垢，使吸油畅通； (3) 更换适宜的油液； (4) 更换适宜的过滤器； (5) 降低至规定转速； (6) 重新装配，保持同心
油泵严重发热	(1) 轴向间隙过大,或密封环损坏引起内泄漏； (2) 调压太高,转速太快引起密封环侧板烧坏； (3) 过滤器堵塞； (4) 油位过低	(1) 检查修复； (2) 按泵规定的工作条件进行作业,更换损坏件； (3) 清洗过滤器； (4) 加油
油泵产生外泄漏	(1) 油液的黏度太低； (2) 出油口法兰密封不良； (3) 紧固螺钉松动； (4) 自紧油封损坏； (5) 泵体与泵盖间的大密封圈损坏	(1) 更换黏度适宜的油液； (2) 检查清洗污垢毛刺； (3) 拧紧螺钉； (4) 更换新品； (5) 更换新品
多路阀滑阀不能复位及在定位位置不能定位	(1) 复位弹簧变形； (2) 定位弹簧变形； (3) 定位套磨损； (4) 阀体与滑阀之间不清洁； (5) 阀外操纵机构不灵； (6) 连接螺栓拧得太紧，使阀体产生变形	(1) 更换复位弹簧； (2) 更换定位弹簧； (3) 更换定位套； (4) 清洗； (5) 调整阀外操纵机构； (6) 重新拧紧螺栓
多路阀外泄漏	(1) 换向阀体两端O形密封圈损坏； (2) 各阀体接触面间O形密封圈损坏	更换O形密封圈
多路阀安全阀压力不稳定或压力调不上	(1) 调压弹簧变形； (2) 提动阀磨损； (3) 锁紧螺母松动； (4) 泵不好	(1) 更换调压弹簧； (2) 更换提动阀； (3) 拧紧锁紧螺母； (4) 检修泵
多路阀滑阀在中立位置时工作机构明显下沉	(1) 阀体与滑阀间因磨损间隙增大； (2) 滑阀位置没有对中； (3) 过载阀磨损或被污物垫住； (4) 安全阀压力调得过低； (5) 油缸油封损坏	(1) 修复或更换滑阀； (2) 使滑阀位置保持中立； (3) 更换或清洗过载阀； (4) 重调溢流压力； (5) 换新油封
先导阀控制不灵	(1) 控制滑阀卡死或移动不灵； (2) 减压弹簧工作异常； (3) 控制流量或压力不够； (4) 多路阀动作不灵活	(1) 检查油液清洁度，清洗滑阀、阀孔； (2) 更换弹簧； (3) 检查供油系统工作是否正常； (4) 检查油液清洁度，清洗阀体

表 8-30 转向系统故障分析与排除

故 障	原 因	排 除 方 法
转向控制阀的阀芯不能移动	(1) 油液污染; (2) 阀中有外来物或阀芯损坏; (3) 因温度不宜引起阀芯卡死; (4) 弹簧损坏; (5) 在安装期间阀变形	(1) 清洗阀芯阀体，排出污油，清洗系统更换油; (2) 清洗阀，去除阀芯毛刺或更换阀芯; (3) 保持温度在允许范围内; (4) 更换弹簧; (5) 排除引起变形的原因
转向操纵不良	(1) 手柄不灵活; (2) 系统压力过低; (3) 系统中有空气	(1) 重新安装手柄并修理; (2) 参考"系统压力太低"的故障分析; (3) 系统放气
系统压力太低	(1) 转向泵磨损损坏; (2) 转向控制阀中的安全阀压力过低; (3) 转向控制阀中安全阀被污物卡住不能关死; (4) 缓冲阀调压过低; (5) 转向控制阀的回油阀体有内部高压泄漏; (6) 转向油缸活塞油封泄漏;	(1) 修理或更换泵; (2) 重调安全阀压力至要求，必要时修理或更换安全阀; (3) 清洗后重新装配; (4) 修理或更换; (5) 修理或更换转向控制阀; (6) 更新活塞油封
系统压力波动阀门颤振	(1) 转向控制阀中安全阀调节不当; (2) 安全阀损坏; (3) 液压油中含有空气; (4) 油液污染; (5) 油的黏度太高或太低	(1) 调整安全阀; (2) 更换; (3) 系统放气; (4) 清洗阀、换油; (5) 使用推荐的油
阀外泄漏	(1) 阀体内部密封圈损坏; (2) 阀体损坏; (3) 用于连接各阀片的螺栓有松动或螺纹损坏，或螺杆拉长变形	(1) 首先拆开并清洗阀，检查密封槽情况，更换密封圈; (2) 更换阀体并查明原因; (3) 拧紧螺栓或更换
转向油缸活塞杆变形	(1) 负荷过大; (2) 油压过高; (3) 活塞杆材质不对，活塞杆受到外来力的作用（如地面石块等）	(1) 减少负荷; (2) 调安全阀油压到规定值; (3) 提高活塞杆材质，清除路面大障碍物
慢转时转向困难，快转时达不到规定的转向时间	(1) 油位低，由于软管扭结油压低，油管阻塞; (2) 由于活塞油封或活塞杆密封损坏，油缸压力损失，转向控制阀泄漏，阀体内滑阀松动; (3) 油泵损坏	(1) 加到合适油位，检查外漏，解除扭结，排除阻塞物或更换软管; (2) 检查油缸密封，检查修理转向阀，更换阀; (3) 检查或更换油泵

表 8-31　使用转向器的转向系统的故障分析与排除

故　障	原　因	排除方法
漏　油	(1) 阀体、隔盘、定子及后盖结合面漏油; (2) 轴颈处胶圈损坏引起漏油; (3) 阀块胶圈损坏引起漏油; (4) 调节螺栓处因垫圈不平引起漏油	(1) 结合面间有脏物，重新清洗用力矩扳手，重新按要求均匀紧固螺栓，检查更换有关密封圈; (2) 更换胶圈（出厂时有备件）; (3) 拆下调节螺钉更换胶圈（出厂时有备件）; (4) 磨平或更换垫圈
转向沉重	(1) 油泵供油量不足使慢转方向盘轻；快转方向盘沉; (2) 转向系统中有空气使油中有泡沫，发出不规则响声，方向盘转动而油缸时动时不动; (3) 油箱不满; (4) 油液黏度太大; (5) 阀体内钢球单向阀失效。1）阀块中溢流阀压力低于工作压力；2）溢流阀被脏物卡住或弹簧失效、密封圈损坏，使快转与慢转方向盘沉重，并且转向无压力。空负荷或轻负荷转向轻，增加负荷转向沉	(1) 选择合适油泵或检查油泵是否正常; (2) 排除系统中空气，检查吸油管路是否漏气; (3) 加油至规定油面高度; (4) 使用推荐黏度油液; (5) 如钢球丢失，则装入 $\phi8.731$ 钢球；如有脏物卡住钢球，进行清洗，如阀体单向阀密封带与钢球接触不良，再用钢球冲击之，调整溢流阀压力或清洗溢流阀，更换弹簧或密封圈
转向失灵	(1) 弹簧片折断使方向盘不能自动回中，中间位置压力降增加; (2) 拨销折断或变形使压力振摆明显增加，甚至不能转动; (3) 联轴器开口折断或变形使压力振摆明显增加，甚至不能转动; (4) 转子与联动轴相互位置装错使配油关系错乱，方向盘自转或左右摆动; (5) 阀块中双向缓冲阀失灵钢球被脏物卡住或弹簧失效、密封圈损坏使车辆跑偏或转动方向盘时油缸不动或缓动	(1) 更换已损弹簧片，严禁用其他零件代替（出厂时有备件）; (2) 更换拨销（材料：40Cr 淬火 HRC32-35）; (3) 更换联轴器，严禁用其他零件代替; (4) 按规定重新装配; (5) 清洗双向缓冲阀或更换弹簧、密封圈
方向盘不能自动回中	(1) 转向柱与阀芯不同心; (2) 转向柱轴向顶死阀芯; (3) 转向柱转向阻力太大; (4) 弹簧片折断; (5) 拨销弯曲; 以上使中心位置压力降增加或方向盘停止转动时转向器不卸荷，车辆跑偏	针对故障发生原因排除
无人力转向	转子与定子的径向间隙与轴向间隙过大。使用动力转向时，油缸活塞到极端位置；人力转向时，方向盘转动油缸不动	更换转子和定子组件

表 8-32　制动系统故障分析与排除

故　障	原　因	排 除 方 法
脚制动系统失灵	(1) 脚踏阀阀体与踏板连接处因调节螺栓没有锁死而松动； (2) 脚踏制动阀踏板卡住或断裂； (3) 脚制动蓄能器预充压力低	(1) 重调螺栓至踏板踩到底时的制动压力到规定值之后将并紧螺母锁死； (2) 排除故障，清洗或更换； (3) 用氮气将蓄能器充压至规定值
脚制动只在前轮或只在后轮起作用	制动回路无压力或压力过低（可以从压力表中看出）	(1) 更换蓄能器或更换皮囊； (2) 用氮气将蓄能器充压至规定值
制动器失效或制动无力	(1) 回路中有空气； (2) 脚踏制动阀出故障； (3) 软管或接头漏油； (4) 回路无压力或压力低（可从压力表中看出）	(1) 排出空气； (2) 检修或更换脚踏制动阀； (3) 修理或更换； (4) 参见“制动回路无压力或压力低”的故障分析
制动作用缓慢	回路无压力或压力低（可从压力表中看出）	(1) 更换蓄能器或更换皮囊； (2) 用氮气将蓄能器充压至规定值
制动回路无压力或压力低（发动机运转时）	泵有故障或磨损	修理或更换泵
制动回路无压力或压力低（发动机停机时）	(1) 蓄能器皮囊破裂； (2) 蓄能器预充压力低	(1) 更换蓄能器或更换皮囊； (2) 用氮气将蓄能器充压至规定值
蓄能器增压周期频繁地反复，蓄能器不能正常卸荷	(1) 蓄能器和零件泄漏； (2) 蓄能器气体充气太低； (3) 蓄能器充气压力太高； (4) 管路到蓄能器被堵塞	(1) 检查与修理； (2) 检查蓄能器充气压力； (3) 检查蓄能器充气压力； (4) 维修管路
蓄能器开始增压，但没有达到上限	(1) 没有油或油箱油面太低； (2) 油泵磨损或有故障； (3) 溢流阀有故障（阀漏或定值低）； (4) 充液阀出故障	(1) 检查油面； (2) 检查油泵压力和流量； (3) 检查溢流阀； (4) 更换充液阀
蓄能器充液时间延长或不能充液	(1) 油箱中无油或油位低； (2) 溢流阀定值太低； (3) 油泵磨损或有故障； (4) 充液阀有故障	(1) 检查油位； (2) 检查阀的定值； (3) 检查油泵； (4) 更换充液阀
充液阀很快循环	(1) 蓄能器气体充气太低 (2) 蓄能器气体充气太高 (3) 蓄能器无充气气体 (4) 充液阀有缺陷	(1) 检查充气； (2) 检查充气； (3) 检查充气； (4) 更换充液阀

表 8-33 卷缆控制系统故障分析与排除

故障	原因	排除方法
电缆卷筒、不卷电缆或只放电缆	(1) 供油泵损坏； (2) 油管泄漏； (3) 油冷却器堵塞； (4) 卷筒换向阀阀芯损坏； (5) 安全阀损坏； (6) 卷缆油马达损坏； (7) 链轮、链条损坏或脱开； (8) 卷缆阀阀芯卡死或损坏； (9) 液压油箱油位过低	(1) 修理或更换泵； (2) 拧紧或更换油管； (3) 清洗或更换油冷却器； (4) 更换阀芯或阀体； (5) 更换安全阀； (6) 修理或更换油马达； (7) 修理或更换链轮、链条； (8) 修理或更换卷缆阀； (9) 检查油位，必要时加油到油位

9 电动地下装载机卷排缆装置与设计

电缆式电动地下装载机为了实现对拖曳电缆自动收放，需要设置电缆卷排缆装置。这是电动地下装载机在结构上不同于柴油地下装载机的一个特点。卷排缆装置的功用是随着装载机的前进和后退能自动同步放出和卷绕电缆，避免装载机运行时电缆在巷道中拖曳磨损造成损坏而发生事故。

9.1 对卷排缆装置安全要求

电缆卷筒除了满足 GB 9089.3—2008《户外严酷条件下的电气设施第 3 部分：设备及附件的一般要求》标准中的要求外，还应满足：

（1）地下装载机电缆进入点上的第一个终端盒配备一个接地端子以便连接挠性拖拽电缆内的接地导线。

（2）在紧靠地下装载机的电缆进入点，电缆卷筒滑环输出侧应配置一个人容易够得着的断路器。

（3）设计的电缆卷筒在所有工作状态下都不应使电缆超过电缆制造商推荐的最高温度。

（4）电缆卷筒应有一个用以防止电缆过紧或欠紧的限制装置。

（5）电缆卷筒应能在地下装载机各种运行速度（直至最高速度）条件下正常卷取电缆。

（6）应采取措施以保证在电缆卷筒转空或者超过它所允许的最大直径（以防对电缆的损害）时，中断对地下装载机的驱动。

（7）在电缆接入配电箱的前端应设置电缆固定桩。以防电缆拖曳力将电缆从配电箱中拉脱造成危险。

（8）电缆转筒直径必须满足电缆制造厂的要求。

9.2 电缆卷筒装置形式及传动系统

9.2.1 电缆卷筒装置形式

电缆卷筒装置有三种形式，即平轴横卧大直径窄卷筒式、平轴横卧小直径宽卷筒式（图 9-1）、竖轴直立大直径窄卷筒带短摆杆托轮式（图 9-2）。

大直径窄卷筒（一般卷筒宽与电缆直径之比 $b/d<6$）可以不要专门的排缆装置，但需要多层缠绕，电缆受变化应力。大直径宽卷筒需设置排缆装置，但电缆具有恒定张力。竖轴直立带短摆杆托轮式卷筒电缆的绕入点可以变动，始终能使绕入侧处于最佳位置，增大机器的灵活性，即当装载机通过供电站时，不必倒车，在装卸点之间可自由往返运行，机器不会压碾电缆，其单向运行距离可达电缆长度的两倍（图 9-3）。

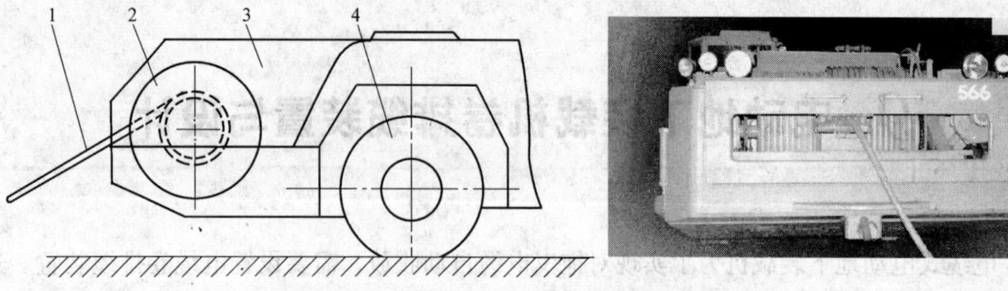

图 9-1　平轴横卧小直径宽卷缆装置示意图及照片

1—电缆；2—卷筒；3—后车架；4—后车轮

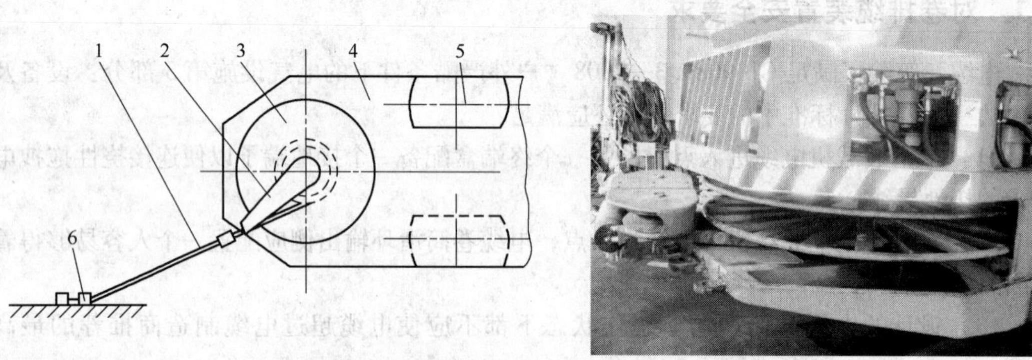

图 9-2　竖轴直立大直径卷缆装置示意图及照片

1—电缆；2—短摆杆导向臂；3—卷筒；4—后车架；5—后车轮；6—接线盒

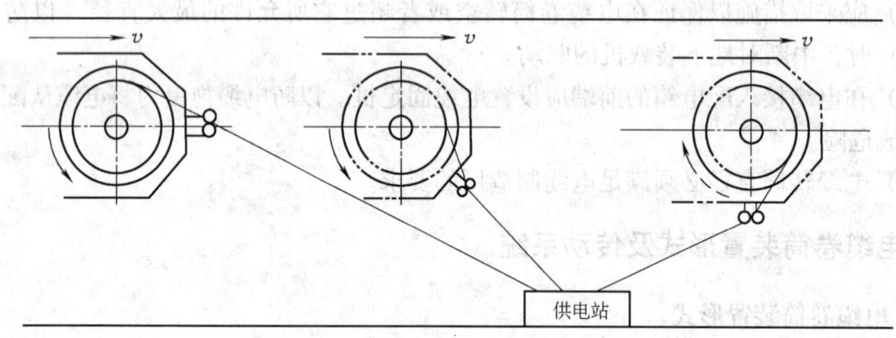

图 9-3　竖轴直立带短摆杆托轮式卷筒通过供电站时电缆的收放

竖轴直立式卷筒的驱动装置必须布置在高于或低于卷筒的位置上，而平轴横卧式卷筒的驱动装置，可布置在卷筒前面，这意味着前者的总高度要超过后者。两者相比，竖轴直立式卷筒有下述明显特点：运行灵活、节省倒车时间、生产效率较高；不必开凿倒车硐室，节省开凿倒车硐室的开拓量；即结构简单，不需结构复杂的排缆装置；电缆张力小，电缆不易损坏等。因此，是较有发展前途的电缆卷筒形式。

9.2.2 电缆卷筒的传动方式

为了满足电缆的同步收放，电缆卷筒的传动方式有三种，即机械传动、电力传动和液压传动。因机械传动不佳（仅在运行速度低，不需频繁行走的设备上采用），而不适宜于电动地下装载机。电力传动系统复杂，任何环节上的故障都将危及电缆的安全，在电动地下装载机上也极少应用。液压传动的电缆卷筒具有同步性能好（利用液压系统的液流大小来实现与机器同步），操作方便，收放时拉力可以调节，易于自控和维修等优点。所以目前国内外生产的电动地下装载机均采用油泵、油马达液压传动的电缆缠绕装置。

9.3 卷排缆装置结构

图9-4所示为液压传动卷筒的传动原理。油马达经一级链轮减速，带动卷筒卷缆。卷筒内装集电环，经空心轴与装载机上的配电系统接通，空心轴固定不动，卷筒借助轴承在空心轴上旋转。电缆卷筒旁的小链轮经过二级传动带动排缆机构导缆器排缆螺旋轴转动及电缆左右移动，实现自动排缆。油马达转速的高低随车速的变化而变化，从而实现电缆的自动收放。

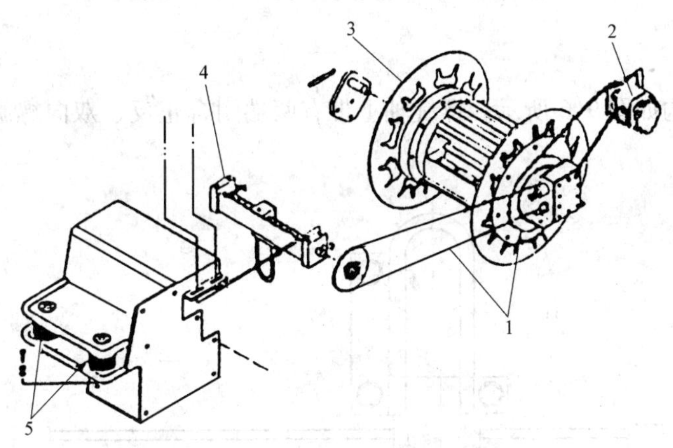

图9-4 液压传动卷筒传动原理

1—链条；2—油马达；3—电缆转筒；4—排缆机构导缆器；5—电缆导向辊

9.3.1 电缆卷筒的结构

电缆卷筒的结构如图9-5所示。卷筒两端，一端支承在带座轴承上（图中未示出），另一端用两个滚动轴承支承在空心轴上。空心轴上装有5组集电环。每组集电环由中间三片铜环、外边两片对称绝缘胶木片组成。三片铜环中，最中间的一片有一个耳子能随卷筒回转，另一个耳子与输入电缆相连接，其余两片是固定在空心轴上，是不转的，每片端面上都有一个接头，两边接头同时与控制箱电缆相连。绝缘胶木片可防止电流相与相之间短接。大链轮驱动卷筒动作，小链轮带动排缆螺旋轴回转。卷筒内装有过卷保护，当电缆在卷筒上的圈数较少（12m左右）时就会自动断电，保护电缆与卷筒装置。

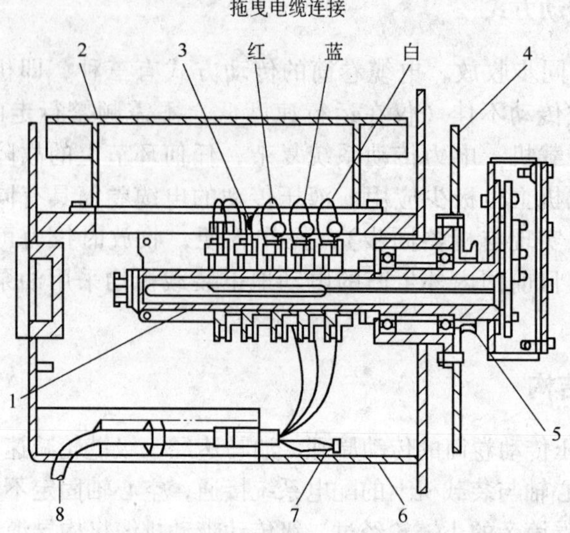

图 9-5　CYE-1.5 电动地下装载机电缆卷筒结构

1—空心轴；2—电缆卷筒总成；3—回转板；4—大链轮；5—小链轮；6—电缆卷筒鼓；7—拖曳电缆接地端子；8—拖曳电缆

9.3.2　排缆装置

排缆装置结构如图 9-6 所示。螺旋轴上带有两端闭合正反、双向螺旋沟槽，螺旋沟槽内有一滑块。

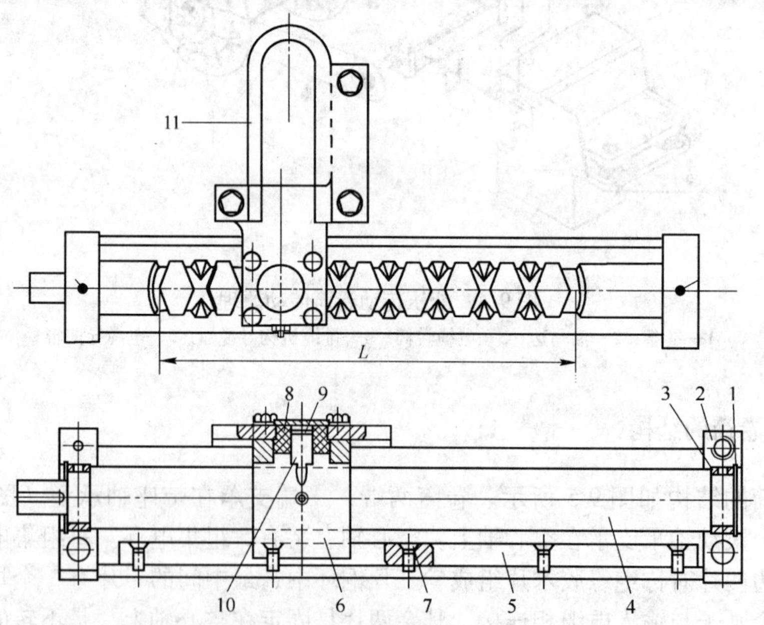

图 9-6　排缆装置结构简图

1—孔用弹性挡圈；2—电缆导架座；3—衬套；4—排缆螺旋轴；5—滑轨；6—电缆导轨体；7—沉头螺钉；8—衬套；9—弹簧；10—滑块；11—导缆架

当链轮带动螺旋轴转动时，就带动槽内滑块左右移动，从而使电缆导架与电缆在卷筒上同步有序的整齐排列。

9.3.3 电缆导辊

在图9-4中，可以看出两个电缆导向立辊，另外还有一个水平托辊（未表示）。辊子两端装有带座轴承，辊面衬有耐磨橡胶，电缆在导向立辊内，水平托辊上面相对滑动，实现电缆顺利收放。

9.4 卷缆装置的设计

9.4.1 电缆的选择

9.4.1.1 电动地下装载机对电缆的要求

（1）矿用卷缆电缆应符合GB/T 12972.1—2008《矿用橡套软电缆 第1部分：一般规定》、GB/T 12972.5—2008《矿用橡套软电缆第5部分额定电压0.66/1.14kV及以下移动橡套软电缆》和GB 5226.1中13.1的规定。

（2）用于控制、通讯和监控电路的电缆应符合GB 5226.1标准中13.7.2的要求。

（3）除了进行铠装或受到机械保护的电缆外，所有电源线应与燃油、润滑油或液压管路隔离开（例如设置机械障碍或间隙至少150mm）。

（4）安装电缆应使机械振动不会磨损绝缘，或不会因弯曲疲劳而导致密闭的导线损坏。

（5）电动地下装载机在地下巷道与采场内工作，供电电缆的工作环境十分恶劣。井下采区，岩石、矿山经常掉落而冲砸电缆，大的矿石和其他设备、材料也会挤压电缆，有时电缆还会受到井下移动设备的挤压。因此要求电缆能承受一定的冲击、挤压而不易损坏。由于电缆在卷筒上，工作时不断受到拉、弯、扭等机械力的作用，电缆表层容易损坏，因此要求电缆有较高的机械强度、柔性、易弯。

（6）由于井下多为潮湿，流水多，电缆外伤事故多。电压多为380V、660V、1000V，且电缆经常与工人接触，电缆受损伤事故严重。因此要求电缆具有较高的绝缘电阻和耐电压性能。如果发生短路或漏电事故要及时切断电源。

（7）由于电缆经常接触粗糙地面，在锋利的石块上或石棱上滚动或拖曳易引起表层损伤，因此要求电缆耐磨性能好。

国产UC型与UCP型矿用橡套软电缆基本上能满足上述要求，因而在地下装载机中广泛采用。

9.4.1.2 电缆符号与结构

电缆符号：

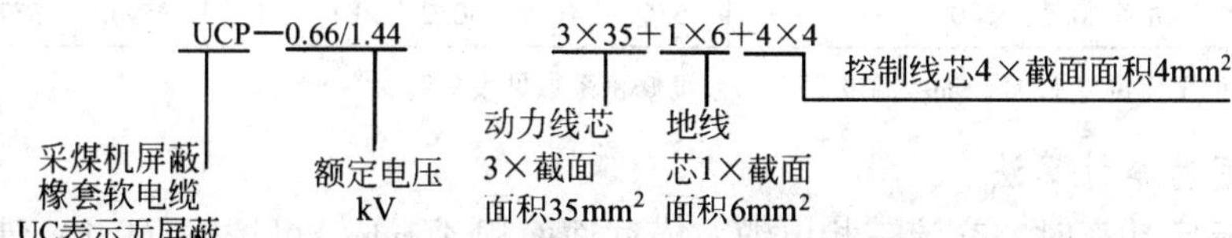

UC电缆结构如图9-7所示。它有三根动力线（主线芯），中心放置一根接地线芯，用绝缘橡胶分隔支承。UCP型电缆结构与只是UC电缆结构基本相同，只是在绝缘橡胶外还用半导电橡胶皮包络。

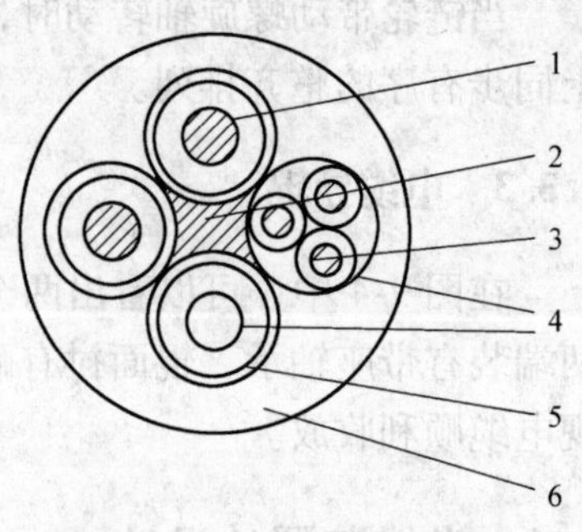

图9-7　UC型电缆结构
1—动力线芯导体；2—接地线芯导体；3—控制线芯导体；4—绝缘；5—绝缘屏蔽；6—橡胶外护套

9.4.1.3　电缆截面的选择

电缆芯线截面的选择主要根据电缆允许的载流量，还要考虑电压损失和机械强度等级。影响电缆载流量的因素比较多，如工作电压、电流类型、频率、电缆结构形式、电缆在卷筒上的布置情况、导电线芯允许的最高工作环境温度和散热条件等。因此，电缆的载流量是在特定的工作条件下，通过大量试验，考虑电缆绝缘层的合理使用寿命而综合分析得出的。当实际使用条件和试验条件不一致时，就应考虑到两者之间的差别所造成的影响而加以修正。所以，在选择电缆截面时，既要确定通过电缆的实际工作电流，又要考虑影响载流量的主要修正系数。

A　类比法

电缆芯线截面的选择要根据电缆允许的载流量、电压损失、机械强度来决定。特别要根据等效电流来计算。由于等效电流的计算要在典型工况下做大量的实验，因此在设计前是无法做到的。一般参考同类型的机器现场使用过的电缆选取。表9-1列出了我国几种电动地下装载机常使用的电缆型号与规格供选择参考。

表9-1　常用国产矿用电缆型号与规格

导体标称截面(芯线)/mm²			导线直径/mm	绝缘标称厚度/mm			护套标称厚度/mm	电缆外径/mm				电缆计算重量/kg·km⁻¹		长期允许载流量/A
								UC型		UCP型				
主线芯	地线芯	控制线芯		主线芯	地线芯	控制线芯		标称	最大	标称	最大	UC型	UCP型	
3×10	1×10		4.8	1.6	1.6	—	4.5	28.3	31.1	31.3	34.4	1231	1305	64
3×10	1×10	2×10	4.8	1.6	1.6	1.6	4.5	33.0	36.3	37.8	41.6	1725	1814	64
3×16	1×10		5.9	1.6	1.6	—	4.5	31.2	34.2	34.4	37.8	1473	1546	85
3×16	1×4	3×2.5	5.9	1.6	—	—	4.5	31.5	34.7	35.8	39.4	1495	1592	85
3×25	1×10		7.6	1.8	1.6	—	5.5	37.1	40.2	40.2	43.4	2124	2211	113
3×25	1×6	4×2.5	7.6	1.8	—	—	5.5	37.8	40.9	42.7	46.1	2216	2339	113
3×35	1×16		8.6	1.8	2.3	—	5.5	39.8	43.0	42.8	46.2	2639	2733	138
3×35	1×6	4×4	8.6	1.8	—	—	5.5	41.2	44.5	45.3	48.9	2695	2855	138
3×50	1×16		10.3	2.0	2.3	—	5.5	44.1	47.2	47.3	50.6	3296	3416	173
3×50	1×10	7×4	10.3	2.0	—	—	5.5	46.9	50.2	50.9	54.5	3596	3772	173

注：线芯长期工作温度65℃，环境温度25℃，温度修正系数见表9-2。

B　标定功率计算法

当已知标定功率时，交流三相电缆芯横截面面积A(mm^2)可按式（9-1）计算。

$$A = \frac{lP}{\gamma uU} \tag{9-1}$$

式中 U——交流三相中两主相之间电压，V；

u——整个电缆长度两端电压降，V，保证电动地下装载机正常运行与启动，一般 $u = 5\% U$；

P——输出功率，W；

γ——导电材料电导率，对铜芯线近似取 $56\text{m}/\Omega \cdot \text{mm}^2$；

l——电缆计算长度，由电缆接线盒至电动地下装载机上电动机的电缆长度，m。

例题：已知 CYE-1.5 电动地下装载机采用三相交流电动机 $P = 55\text{kW}$，额定电压取 380V，UC 电缆计算长度 $l = 120\text{m}$，铜导线电导率 $\gamma = 56\text{m}/(\Omega \cdot \text{mm}^2)$、电压降取 $u = 5\% U = 5\% \times 380 = 19\text{V}$，试求电缆截面面积。

把已知值代入式（9-1）得

$$A = \frac{lP}{\gamma uU} = \frac{120 \times 55000}{56 \times 19 \times 380} = 16.3\text{mm}^2$$

从表 9-1 中选取相近的 UC 3×25 +1×10 电缆为 CYE-1.5 型电动地下装载机电缆。

C 标定电流计算法

当已知标定电流 I(A)时，电缆横截面面积可按式（9-2）计算。

$$A = \frac{1.73 lI\cos\varphi}{\gamma u} \tag{9-2}$$

$$I = \frac{P}{1.73 \times U\cos\varphi} \tag{9-3}$$

式中 $\cos\varphi$——功率因数，一般对鼠笼型三相异步电动机可取 $\cos\varphi = 0.5$。

9.4.1.4 卷缆电缆载流量计算

当电缆通过电流时，有部分电能以不同的损耗形式转为热能，使电缆的温度升高，这就是电流的热效应。如果过度发热会使电缆机械强度下降，接触电阻增加，绝缘性能降低，甚至会损坏电缆。因此，要对卷缆电缆载流量进行计算，使得电缆载流量在任何工作环境下都不得超过长期允许载流量。

A 等效电流的确定

电动地下装载机属于变负荷周期循环工作制。图 9-8 所示为 LF-7.1E 型电动地下装载

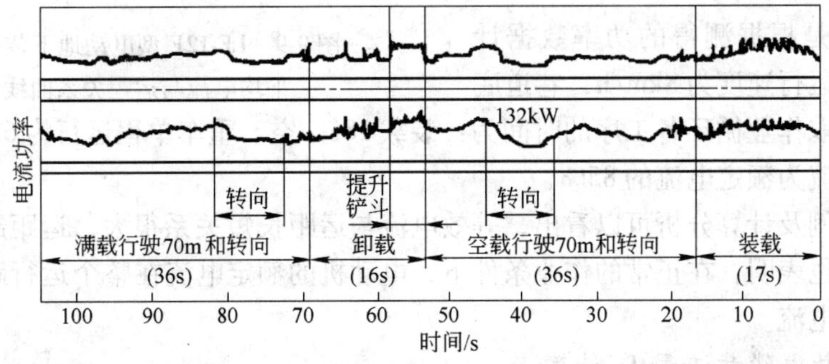

图 9-8 LF-7.1 型电动地下装载机运行周期内的输入电流和功率

机的输入电流实测曲线，由图 9-8 可知，在一个作业循环中，功率和电流的波动是很大的。

GHH 公司 LF-7.1 型、LF-12E 型电动地下装载机上进行的测试表明，在铲装时的峰值电流为额定电流的 1.5 倍，而在平道上运行时仅为额定电流的 50%。这意味着，作为时间函数，电流的值决定于作业工况形式和运行距离。考虑到电缆发热与电流强度按指数规律增长，因此，在任意相应时间内的电流值必须按均方根值计算。其等效电流按式（9-4）计算

$$I_d = \sqrt{\frac{\Sigma(I_{1cp}^2 t_1) + \Sigma(I_{2cp}^2 t_2) + \Sigma(I_{3cp}^2 t_3) + \Sigma(I_{4cp}^2 t_4)}{\Sigma t_1 + \Sigma t_2 + \Sigma t_3 + \Sigma t_4}} \tag{9-4}$$

式中 I_d——电动地下装载机一个作业循环的等效电流，A；

$I_{1cp}, I_{2cp}, I_{3cp}, I_{4cp}$——空车运行阶段、装载阶段、重车运行阶段、卸载阶段的平均电流，A；

t_1，t_2，t_3，t_4——分别为空车运行阶段、装载阶段、重车运行阶段、卸载阶段的时间，s。

欲获得各阶段的 I_{1cp} 和 t 等数据，需要在典型工作条件下，做许多实际测定，这是在设计前做不到的，可以根据国内外已做过的实际测定，参考它们的变化规律进行估算。

如 LF-7.1E 型电动机额定功率 132kW，电压 1000V，额定电流为 95A（使用导线截面为 35mm²）。当运距为 70m，平均运行速度为 8km/h 时，其平均电流为 76A（图 9-8），相当于额定电流的 80%。若以装载、卸载时间各为 17s 和 16s，重、空车运行及转弯各为 16s，并假定卸载电流为额定值，利用式（9-4）算得作业循环的等效电流为额定电流的 83%。

图 9-9 所示为 LF-12E 型电动地下装载机运距与电流关系的函数曲线，这种电动地下装载机的额定功率为 200kW，辅助电动机的输入功率为 7kW，环境温度为 25℃，$I_{max} = 200 \times 0.59 = 118A$（使用导线截面为 50mm²）。

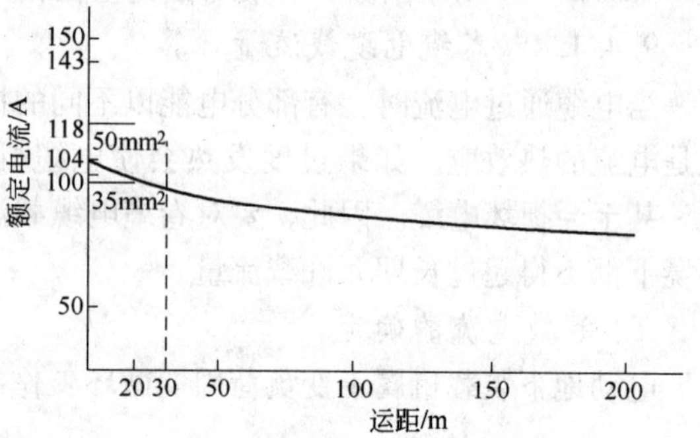

图 9-9 LF-12E 型电动地下装载机平均电流与运距关系曲线

这条曲线是根据测得的功率数据计算得出的，其运行速度为 8km/h，巷道底板平整，假定取作业循环各工序的时间为：装载 18s，空、重车单程运行为 63s，算得作业循环的等效电流为额定电流的 85%。

从以上实例及计算分析可以看出，等效电流与运距长短关系很大，运距越长，等效电流越小。同时也表明，在正常的作业条件下，电动机的额定电流在整个运行距离内都大于与发热有关的电流。

B 变层数电缆载流量 I_H 计算

由于电动地下装载机在预期连续工作时间内，卷缆电缆层数至少减少（增加）一层，

故电缆载流量按变层数电缆载流量 I_H 计算。

(1) 在不考虑电缆温升暂态过程时，变层数卷绕电缆导体载流量 I_H 按式（9-5）计算。

$$I_H \geqslant I_d/(K_t K_{nn}) \tag{9-5}$$

式中 I_d——按式（9-4）计算电缆的等效工作电流，A；

K_t——工作环境温度修正系数，见表9-2；

K_{nn}——变层数稳态修正系数。

表9-2 工作环境温度修正系数 K_t

T_0/℃	K_t												
	10℃	15℃	20℃	25℃	30℃	35℃	40℃	45℃	50℃	55℃	60℃	65℃	70℃
65	1.25	1.20	1.13	1.07	1	0.93	0.85	0.76	0.65	0.53	—	—	—
90	1.15	1.12	1.08	1.04	1	0.96	0.91	0.87	0.82	0.76	0.71	0.65	0.58

注：T_0 为绝缘电缆允许最高温度。对于矿用普通橡胶电缆为65℃，矿用乙丙橡胶电缆为90℃。

10℃，15℃，……，70℃为环境空气温度。

当电缆卷绕层数在最多层数 n_d 和最小层数 n_8 之间变化时，稳态修正系数 K_{nn} 按式(9-6)计算。

$$K_{nn} = \sqrt{\beta_{n,s}K_{n,s}^2 + \beta_{n,s+1}K_{n,s+1}^2 + \cdots + \beta_{n,d}K_{n,d}^2} \tag{9-6}$$

式中 $K_{n,s}$，$K_{n,s+1}$，…，$K_{n,d}$——分别为各变化层数的修正系数，见表9-3（K_n 取决于卷筒上电缆的最大使用层数 n 和每层缠绕圈数 m）；

$\beta_{n,s}$，$\beta_{n,s+1}$，…，$\beta_{n,d}$——分别为变层数电缆连续运行时的工作时间系数。

表9-3 固定层数卷绕电缆修正系数 K_n

m	K_n						
	$n=1$	$n=2$	$n=3$	$n=4$	$n=5$	$n=6$	$n=7$
6	0.90	0.65	0.50	0.41	0.36	0.33	0.31
8	0.90	0.64	0.48	0.39	0.33	0.30	0.27
10	0.90	0.64	0.47	0.38	0.32	0.28	0.26
12	0.90	0.64	0.47	0.37	0.31	0.28	0.24
15	0.90	0.64	0.47	0.37	0.30	0.26	0.23
20	0.90	0.64	0.46	0.36	0.30	0.26	0.23
25	0.90	0.64	0.46	0.36	0.30	0.26	0.22

注：1. 修正系数 K_n 值与电缆排列结构有关，该表数据按层间电缆上下重叠排列给出，对于交叉排列结构为正误差，安全程度更高。

2. 电缆最大层数确定后，在一定的缠绕圈数范围内，修正系数 K_n 值将随缠绕圈数增加而降低，超出这个范围，K_n 值不再减少。例如，$n=2$，$m \geqslant 8$ 时，K_n 均为0.64。

3. 绕在辐射型电缆卷盘上的电缆载流量修正系数 K_a 值是卷缆电缆特殊形式，可取0.75~0.85。

电动地下装载机在运行过程中，通常在某层（例如最少层）暂停运行 t_0 时间，$\beta_{n,s}$ 按式（9-7）计算。

$$\beta_{n,s} = \frac{vt_0/(\pi m)}{D + vt_0/(\pi m)} \tag{9-7}$$

其他连续运行的变化层的工作时间系数应按式（9-8）计算。

$$\beta_{n,bt} = \frac{D_z + (2i-1)d}{D + vt/(\pi m)} \tag{9-8}$$

式中　v——活动式设备运行速度，cm/s；

t_0——在 n_t 层的停留时间，s；

m——卷绕电缆每层最大圈数；

D_z——卷筒直径，cm；

d——电缆外直径，cm；

i——其他连续运行层数，分别等于 n_{s+1}，$n_{s,2}$，…，n_d；

D——按式（9-9）计算

$$D = (n_d - n_s)[D_z + (n_d + n_s)d] \tag{9-9}$$

（2）当必须考虑电缆温升暂态过程时，变层数卷绕电缆导体载流量 I_H 的计算可参考 GB/T 12826—91《移动设备用卷绕电缆载流量计算导则》。

理论上的研究与实际使用情况之间的差距说明某些因素未加以考虑。电缆层数固然是造成散热不良的重要因素，由于电动地下装载机经常处于运动中，电缆层数是变化的。此外，当电缆处于卷筒上的最外层时，迎风面散热条件好；电动地下装载机也并非真正长时间连续工作。如不考虑这些实际情况，应用上述修正系数，必然会使所选电缆截面大于实际需要。故有人建议，用0.9的修正系数乘允许载流量即可。

此外，大于额定电流5～6倍甚至7倍的启动电流或更大的短路电流在导线中将产生很大热量，引起温升，但时间很短。国产电缆允许的短时温升，铜芯为250℃，天然橡胶为150℃。由于启动电流峰值衰减很快，短路保护装置的动作时间也只几秒或零点几秒，而且电动地下装载机电动机不频繁启动，短路事故也不会经常发生，因此，启动电流或短路电流不会影响到电缆的长时载流量。

由式（9-4）和式（9-5），如已知各修正系数和有效电流值，则可计算出要求的电缆的允许载流量。根据此计算值，即可从电缆产品样本中按允许载流量表选取电缆芯线截面、电缆规格和电缆单位长度重量。

上述计算步骤，考虑到了种种影响电缆载流量的因素及电动地下装载机的工作特点。一般情况下，以电动机的额定电流作为初选电缆时的载流量（如果电动机功率选择恰当的话）也是可以的。国外某些型号的电动地下装载机实际选用电缆时也是这样做的。如果与上述情况差别太大时，则应具体分析考虑修正。

9.4.1.5　电压降计算

当已知标定电流时

$$U = \frac{1.73lI\cos\varphi}{\gamma A} \tag{9-10}$$

当已知标定输出功率 P 时

$$U = \frac{lP}{\gamma A} \tag{9-11}$$

从上两式可知电压降与电流 I、电缆长度 l、电动机功率 P 成正比，与导线截面积 A 成反比。若导线截面积 A 不变，随导线长度 l 增加，电压降也增加，因此，当电压降定下来后，电缆长度也就定下来，不能随便增加，以免电压降过大，影响电动机启动和运行。

9.4.1.6 电缆张力 T 计算

假设电缆在地下装载机后的悬垂与受力情况如图 9-10 所示。以电缆与地面相切点为坐标原点，电缆悬垂部分为研究对象，则在托辊处电缆所受张力 T(N)为

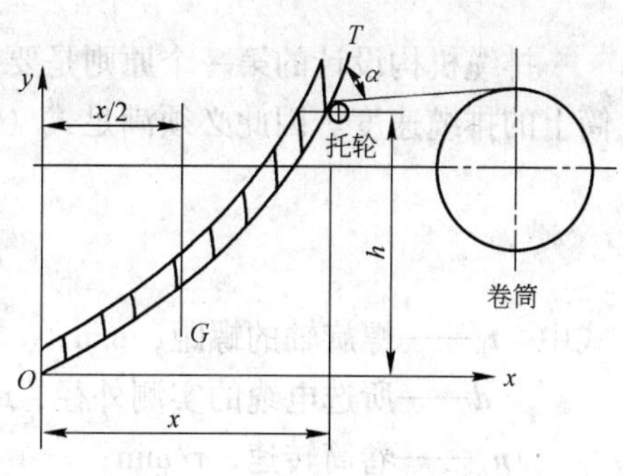

图 9-10 电缆张力计算简图

$$T = \rho S\sqrt{1 + \left(\frac{x}{2h}\right)^2} \tag{9-12}$$

式中 ρ——电缆单位长度的重量，N/m；

S——悬挂部分电缆长度

$$S = \frac{1.1x}{\cos\left[\arctan\left(\frac{h}{x}\right)\right]} \tag{9-13}$$

x——电缆托辊距其地面的水平距离，m；

h——托辊离地面的垂直距离，m。

用式（9-12）计算张力 T 后，则可按式（9-14）求电缆的计算应力 σ_c。

$$\sigma_c = T/A \tag{9-14}$$

式中 A——电缆的芯线截面面积，mm^2。

由式（9-14）计算的 σ_c 应小于电缆芯线的许用应力值。

9.4.1.7 电缆总长度计算

电缆卷筒上可能缠绕的电缆总长度 L，即卷筒最大容缆量为

$$L = \pi mn(2R + nd) \tag{9-15}$$

式中 m——每层电缆圈数

$$m = B/d \tag{9-16}$$

B——卷筒内部宽度，mm；

n——电缆总层数

$$n = (R_{max} - R)/d \tag{9-17}$$

R——卷筒半径，$R_{min} \geqslant 6d$，mm；

d——电缆外径，mm；

R_{max}——卷筒缠绕电缆时最大半径，mm。

9.4.2　排缆装置

排缆机构设计的第一个原则是要保证滑块在排缆螺旋轴上移动速度恰好等于电缆在卷筒上的排缆速度。因此必须满足式（9-18）。

$$\frac{t_b}{d+x}=\frac{n_R}{n_b}=\frac{Z_2}{Z_1} \tag{9-18}$$

式中　t_b——螺旋轴的螺距，mm；

d——所选电缆的实测外径，mm；

n_R——卷筒转速，r/min；

n_b——螺旋轴转速，r/min；

Z_2——螺旋轴链轮齿数；

Z_1——卷筒小链轮齿数；

x——修正值。

电缆外径修正值 x 主要是考虑两个因素，一是电缆卷筒内部宽度 B 一般是固定的，它不一定就是电缆外径的整数；二是考虑电缆外径由于制造与使用原因也会发生一定变化，可能比名义值大，也可能比名义值小，因此在进行排缆机构设计时，必须按实际的外径进行修正。x 的修正值举例如下：

设：$t_b=50.8\text{mm}$　　$B=558.6\text{mm}$　　$Z_1=25$　　$d=38.354\text{mm}$

求：x 与 Z_2。

计算：$B/d=558.8/38.354=14.5695$

该值说明卷筒内部宽度不是电缆外径的整数，也就是说电缆在卷筒上绕 14 圈后，还剩 0.5695 圈的空隙。如果把这个空隙分摊到每圈上，设计一根电缆直径刚好等于 d 加上这个分摊值（修正值）x 后，这样就能使电缆在卷筒上整齐地排 14 圈，即

$$x=\frac{(14.5695-14)\times 38.354}{14}=1.56\text{mm}$$

$$n=\frac{B}{d+x}=\frac{558.8}{38.354+1.56}=14$$

此时

$$\frac{t_b}{d+x}=\frac{Z_2}{Z_1}$$

把各数值代入上式，则 $Z_2=31.82$，取 $Z_2=32$ 齿。

如果不修正的话，则 $Z_2=25\times(50.8/38.354)=33$ 齿。

若使用 33 齿，则电缆在卷筒上排第一排或第二排后就可能会排不整齐。排缆机构设计还必须保证电缆排到卷筒边缘最后一圈时，滑块恰好反向移动，因此还必须满足卷筒内部宽度 B 与螺旋轴两端槽中心的长度 L（图 9-11）相匹配。否则电缆在卷筒上也排不整齐。为此，

$$L = B - d - x \tag{9-19}$$

为了使滑块在螺旋轴两端槽内顺利反向，必须用圆弧 R 把两个方向相反的螺旋面圆滑连起来。R 的求法见图 9-11。

$$R = \frac{a\cos\beta}{1 - \cos\beta} \tag{9-20}$$

$$\tan\beta = \frac{t_b}{\pi d_j} \tag{9-21}$$

式中　d_j——螺旋槽内径与外径和的一半，mm。

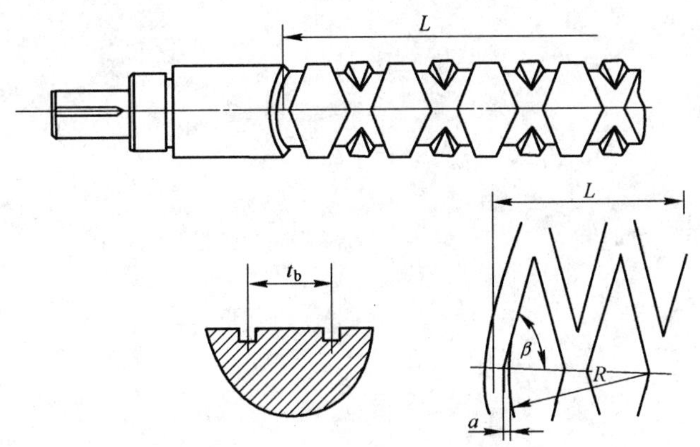

图 9-11　螺杆设计简图

9.4.3　油马达选型计算

缠绕卷筒轴上最大扭矩 M_{max}

$$M_{max} = \frac{P_d D_{max}}{2 i_M \eta_M \eta_d} \tag{9-22}$$

式中　P_d——电缆缠绕时，电缆对卷筒的圆周拉力（图 9-8）。可以认为 $P_d = T$，则 P_d 按式（9-12）计算；

D_{max}——卷筒缠绕电缆的最大直径，mm

$$D_{max} = D + (2n - 1)d \tag{9-23}$$

D——卷筒的直径，mm；

i_M——油马达至缠绕卷筒的传动比；

η_M——油马达传动效率；

η_d——缠绕卷筒的传动效率。

为了保持收缆速度与地下装载机的行驶速度一致（$v_{max} = v_c$），油马达轴上的最大转速

$$n_{max} = \frac{i_M v_{max}}{6\pi D_{max}} \times 10^5 \tag{9-24}$$

式中　v_{max}——地下装载机最大行驶速度，km/h。

油马达的流量 Q_M(mL/min)

$$Q_M = qn_{max} \tag{9-25}$$

式中　q——油马达每转排量，mL/r。

油泵的工作压力 p_s(MPa)

$$p_s = \frac{6.28P_d D_{max}}{2qi_M\eta_M\eta_d} \tag{9-26}$$

根据上述公式求得 Q_M 与 p_s，从而可在油泵产品目录中选择合适的油泵。

10 电气系统

10.1 对电气系统的安全要求

对地下装载机电气系统的安全有如下要求：

（1）电气设备的设计、制造、安装及运行条件应符合 GB 5226.1—2002《机械安全机械电气设备　第1部分：通用技术条件》的规定。

（2）所有电气线路除了柴油地下装载机蓄电池和起动电动机之间的电缆外，应依据 GB 5226.1 中 7.2、7.3 条采用合适的熔断器或保护装置进行保护。

（3）如果利用底盘和车架作为电流载体时，应限制车架最大电压（交流为 25V，直流为 60V）以防止直接接触遭电击。

（4）电动地下装载机主电路绝缘电阻及试验方法应符合 GB 50150—2006《电气设备交接试验标准》的有关规定。

（5）电动地下装载机应防止因电气设备绝缘损坏，使人遭到触电危险，电气设备应有接地装置，其接地电阻值应符合设计要求，当设计没有规定时，应符合 GB 16423—2006《金属非金属矿山安全规程》中 6.5.6.9 条的规定。

（6）电动地下装载机用电动机的安全要求应符合 GB 14711—2006《中小型旋转电机安全要求》规定，其性能应满足 GB 755—2000《旋转电机定额和性能的要求》。

（7）电动地下装载机应设有剩余电流保护装置，剩余电流保护装置的剩余动作电流与分断时间的乘积不大于 30mA·s。剩余电流保护装置应符合 GB 6829—1995《剩余电流动作保护器的一般要求》的规定。

（8）对蓄电池的安全要求。

1）蓄电池的技术要求应符合 GB 5008.1—2005《起动用铅酸蓄电池技术条件》的规定。

2）蓄电池应放置在坚固、通风及防火的蓄电池箱内。蓄电池箱应安置在远离热源、振动最小、离起动电动机最近、方便维修的地方。

3）蓄电池箱盖或蓄电池箱上应有保证蓄电池内外足够通风的通气孔，以防止在装载机正常操作时电池内氢气与氧气的积蓄而引发的爆炸危险。金属箱盖内表面应离蓄电池带电部分至少 30mm 以上。

10.2 柴油地下装载机电气系统

柴油地下装载机电气系统用来供给柴油机和车辆所需电源指示、监控它们的运行状态以及交通信号、照明等。电气系统主要包括蓄电池、起动机系统、发电机系统、起动辅助装置和指示仪表等。图 10-1 和图 10-2 所示均为使用柴油机的地下装载机电气原理。

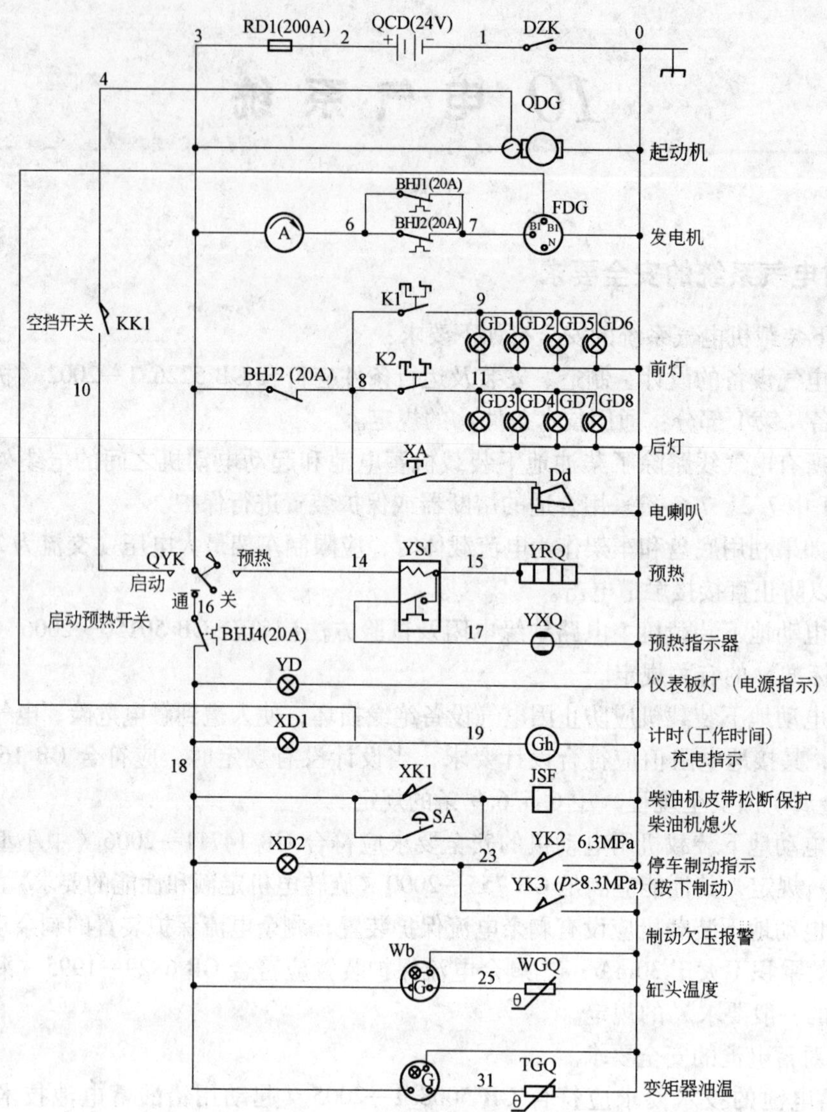

图 10-1　CY-1.5 型、CY-2 型地下装载机电气原理（FL912W 型柴油机）

10.2.1　蓄电池

10.2.1.1　蓄电池的作用

（1）启动发动机时对起动电动机供电。

（2）当发动机低速运转、发电机发出的电压太低不能满足用电设备要求时，则由蓄电池供电。

（3）负载过大，超出发电机供电能力时，蓄电池与发电机同时供电；正常工作时，由发电机供电；当负载小，发电机供电过剩时，发电机可向蓄电池充电。

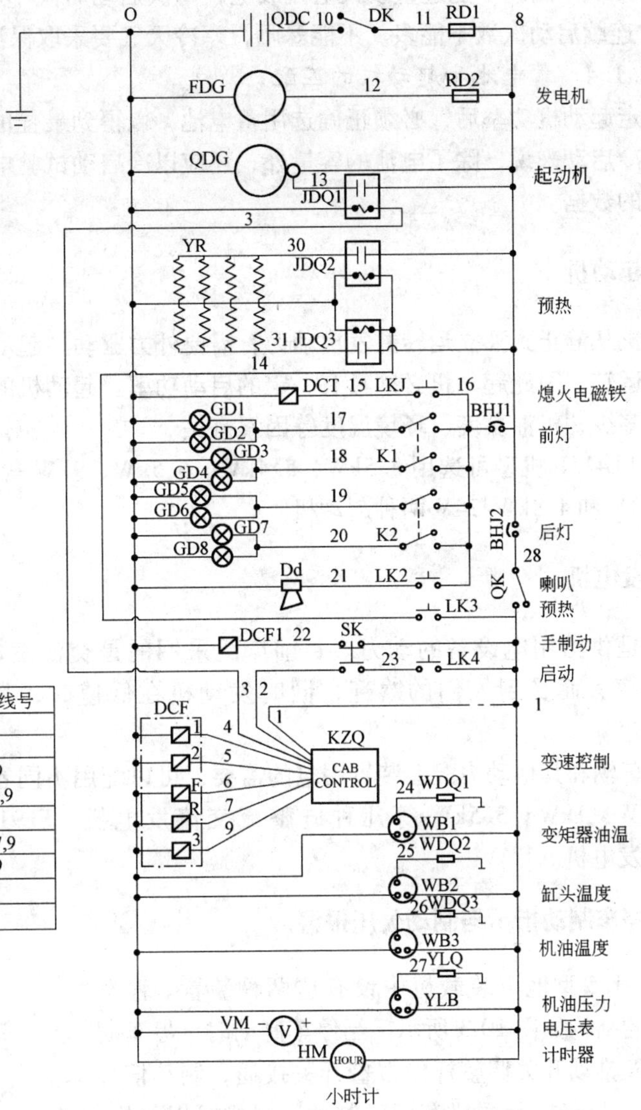

速度挡次	控制线号
前进4挡	1,6
前进3挡	1,6,9
前进2挡	1,5,6,9
前进1挡	1,4,5,6,9
空挡	2,3
后退1挡	1,4,5,7,9
后退2挡	1,5,7,9
后退3挡	1,7,9
后退4挡	1,7

图 10-2 CY-4 型地下装载机电气原理（FL413FW 型柴油机）

10.2.1.2 蓄电池型号表示方法

蓄电池型号表示方法如下：

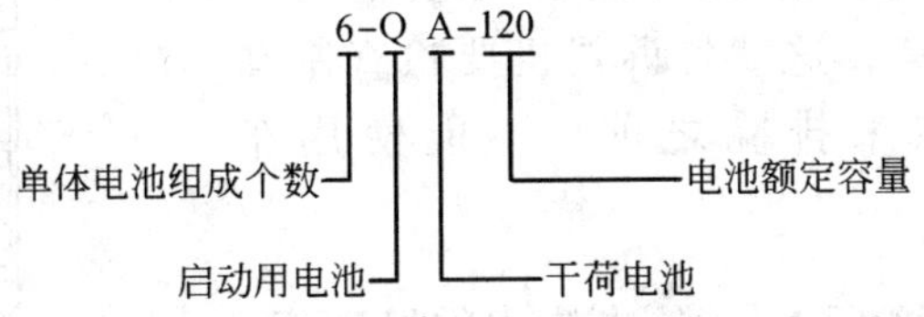

10.2.1.3 蓄电池的使用要求

（1）保持蓄电池清洁，严禁将工具或其他金属物品放在蓄电池上。

（2）接线牢固，不能过量或大电流放电，每次启动时间不得超过 10s，重复启动需间隔 1min，连续启动次数不能多。不能暴晒，寒冷天气要采取保温措施。

10. 2. 1. 4　蓄电池和起动机的匹配

在确定起动机功率后，必须正确选用蓄电池，以得到最佳的功率匹配，避免蓄电池损坏。对于冷启动来说，除了电池的容量外，还应以冷启动试验电流为依据，在蓄电池上有与此有关的数据。

10. 2. 2　起动机

柴油机从静止到独立运转并发出动力，需要外力驱动。起动机就是利用柴油机以外的能量使之运转。因此起动机必须具有一定的启动功率。起动机的功率与柴油机排量、压缩比、附件多少、机油黏度、环境温度等因素有关。

一般 FL413F 机型可选用 3. 5kW、5. 4kW、6. 5kW、9kW 等几种起动机。F6L912W 使用 3kW/12V 和 4. 8kW/24V 两种起动机。

10. 2. 3　发电机

主要是供给用电设备的动力。目前广泛采用的是交流发电机。由于它体积小、质量轻、功率大而受到人们的欢迎，同时发动机在低速时，甚至在怠速的情况下也能发电。

根据车辆和其他动力配套装置用电的需要，可以配用不同容量的发电机，FL413 系列配用 0. 8kW、1kW、3. 5kW 等几种硅整流交流发电机。FL912 系列机型配用 0. 5kW、0. 8kW 等发电机。

10. 2. 4　停车制动指示与制动欠压报警

在 CY-1. 5 型地下装载机中设有这两种装置。停车制动开关的结构如图 10-3 所示。当停车制动时，停车制动器操纵杆推动开关调整杆使报警开关接通，制动信号灯 XD2 亮。灯亮提示司机车辆已制动，司机可以关机。当司机重新开车时，必须要先松开制动器，才能行车。

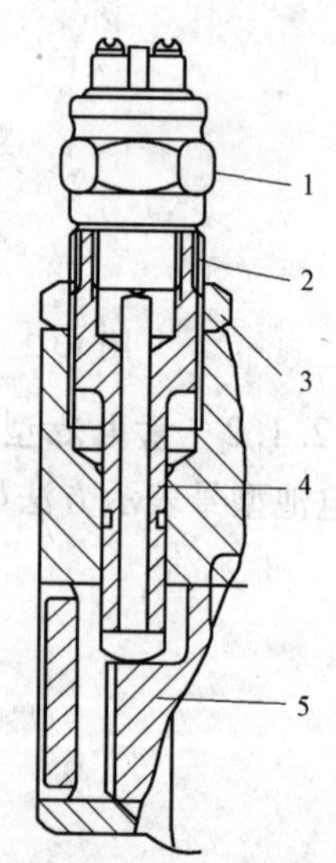

图 10-3　停车制动开关结构

1—报警开关；2—开关调整螺钉；3—锁紧螺帽；4—开关调整杆；5—操作杆

这是一个行车制动安全装置，它由一个压力继电器控制，当制动液压回路压力低于安全制动压力时，信号灯 XD2 就亮，这就告诉司机要检查制动压力下降的原因，在未排除之前，不能使用车辆。

10. 2. 5　手动制动电磁阀 DCF1 与挡位控制电磁阀 DCF

在 CY-4 型地下装载机中，有一个手动电磁阀 DCF1，不通电时，车辆是制动的。通电时，制动器才能打开，车辆才能运行。挡位控制电磁阀 DCF 实际上是一个开关（图10-2），控制车辆的前进与后退及四挡车速。

当所有电磁阀不通电时，变速箱离合器处在空挡位置，车辆不能运行，但能减少发动机启动力矩。

10.2.6 空挡开关 KK1

在 CY-1.5 型地下装载机中有一个空挡开关，该开关装在变速箱、变速阀的旁边，其结构与停车制动开关（图 10-3）相似。

当变速阀方向控制杆不在空挡位置时，KK1 不通电，不能启动。只有变速阀方向控制杆处在空挡位置时，KK1 空挡开关接通，发动机才能接通。

10.2.7 风扇皮带报警开关

为了保证发动机的安全使用，风扇皮带轮装有此监视装置。当皮带折断后监视开关闭合，利用信号灯来提醒司机注意，并通过自动熄火装置来及时停车。

风扇皮带报警开关如图 10-4 所示。它和风扇皮带自动张紧轮 1 组成风扇三角齿形胶带 2 的监控机构。发动机工作中一旦风扇皮带断裂，张紧轮靠弹力作用下落，就将报警开关 3 的按钮顶起，接通电路，发出警报。如果有电，停车装置还可自动停车。

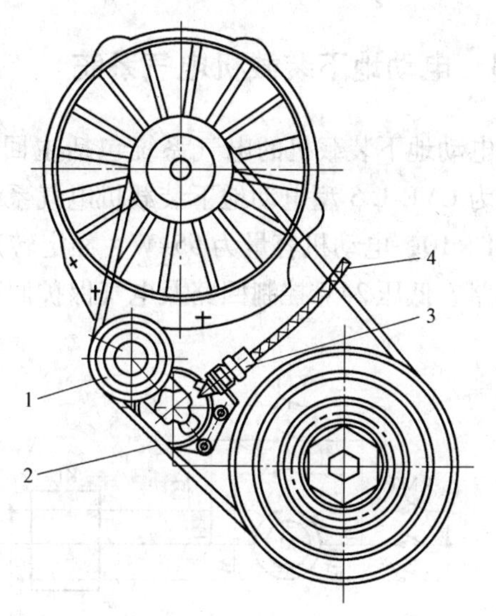

图 10-4 风扇皮带报警开关

1—张紧轮；2—三角齿形胶带；3—报警开关；4—导线总成

10.2.8 预热启动开关

在发动机启动前必须预热（发动机热车时再启动，不需要预热）。将预热启动开关转到预热挡位时，预热约 1min，预热指示灯 YXQ 应当亮，然后启动柴油机。如果柴油机低速时排放白烟不能启动，将钥匙转到预热挡位置，对柴油机再次预热。柴油机起动电动机连续启动最长时间不超过 10s，启动时间间隔不能超过 1min，柴油机低温启动时，必须要进行预热，以保证柴油机可靠启动。

10.2.9 停车装置

停车装置由电磁铁停车装置中的保护线圈产生拉力带动拉杆（拉杆行程有 20mm），由拉杆拉动喷油泵停油手柄而使其停止供油，如图 10-5 所示。安装时如喷油泵调速器的停车手柄上装有回位弹簧，应将其拆掉。

停车装置出厂状态为 12V，可通过改变接线板的接线改为 24V。

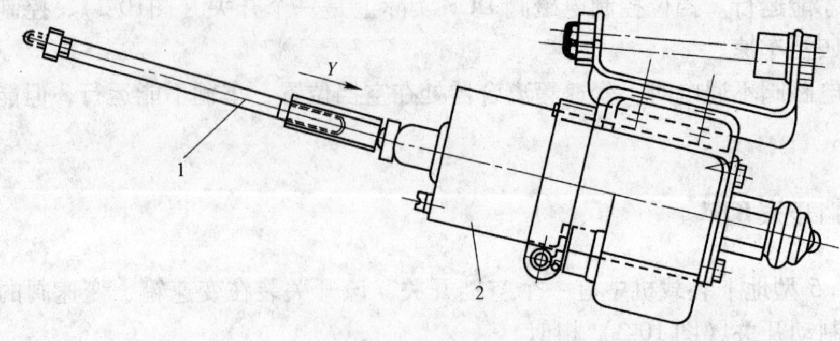

图 10-5　停车装置

1—拉杆；2—电磁铁停车装置

10.3　电动地下装载机电气系统

电动地下装载机的电气系统包括主回路、低压照明、控制回路及保护回路。图 10-6 所示为 CYE-1.5 型电动地下装载机电气系统。本系统采用 380V 供电，供电电缆为 UC3 × 25 + 1 × 10，电动机容量为 55kW，额定转速 1480r/min，操作电压为 24V。总系统由 380V 主回路、低压 24V 控制回路及电气保护回路组成。

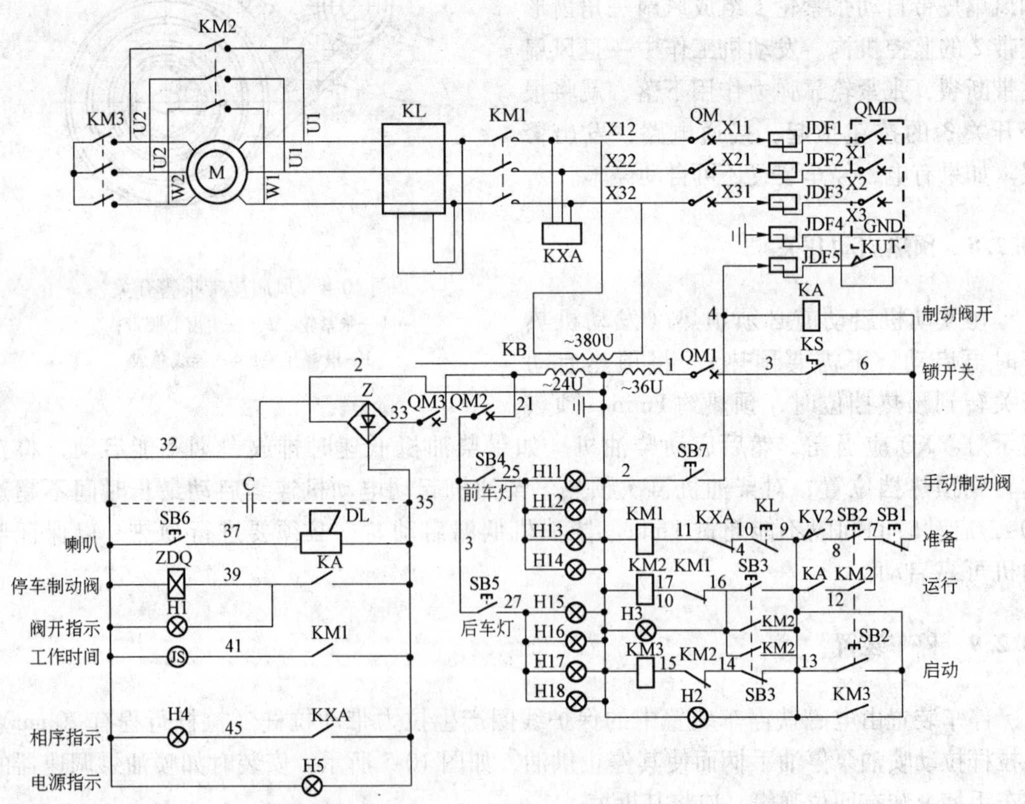

图 10-6　CYE-1.5 型电动地下装载机电气系统

10.3.1　380V 主回路系统

从电源输入的电流，由配电箱经电缆引到机器电缆卷筒内，再经集电环 JDF1 ~ JDF5 导入控制箱内，当合上控制箱空气开关 QM 后，电源指示灯 H5（白色）亮，同时仪表盘上电动机启动按钮 SB2/H2 中绿色指示灯亮。按动喇叭按钮 SB6，喇叭鸣响，则表示电源已接入，这时可插入启动钥匙 KS 进行开机操作。在主回路系统电动机采用了降压启动。

直接启动就是全压启动。电动机从转速为零的状态直接投入全压电网，电动机转速达到额定转速的方法。这是最简单的启动方法。但是笼形电动机启动电流可达到 6 ~ 8 倍的额定电流，甚至更大，这对电动机本身与供电电网均产生不利影响。为此，采用降压启动 Y-△启动方法。启动时，先把定子绕组接近 Y 形，待转速达到相当高时，再改为正常的△连接，这仅需要二次人工启动或自动启动就可实现。启动开始后，定子绕组的相电压降低到额定相电压$\frac{1}{\sqrt{3}}$，因此启动电流得以减小，但启动力矩与电压的平方成正比，所以启动转矩降低为额定电压启动时启动转矩的 1/3。

10.3.2　低压 24V 回路

CYE-1.5 型地下装载机照明与操作均为 24V，照明不受钥匙开关 KS 控制。电源接入后，便可开灯。驾驶室可控制前后照明灯，保证司机安全。

10.3.3　电气保护系统

10.3.3.1　相序保护

当电源相序接错时，相序信号灯 H4 就会亮（红色），控制箱内自动空气开关（断路器 QM）就合不上，这时只要将电源的三根动力线中任意两根对调即可。

10.3.3.2　漏电闭锁保护

当漏电断路器负载端线路或用电设备发生对地漏电故障，零序电流互感器检测出漏电信号，当该信号大于设定值，经电子线路放大，驱动漏电脱扣器，从而断开漏电断路器，对漏电对象起到了保护作用。

10.3.3.3　过电流、逆电流、欠电压及短路保护

这三项保护均在自动空气开关（断路器 QM）中，当电源送不上时应检查这些保护是否动作。

10.3.3.4　过载保护

电动机综合保护器 KL 主要由电流互感器与热继电器组成。热继电器主要用于过载保护。

10.3.3.5　卷缆限位保护开关 KU1

卷缆限位保护开关 KU1 具有安全的特点，当电缆卷筒上还剩 7 圈（约 12m）时电动机就会自动断电，这样可以防止电缆与卷筒分离，如果这时不停车，就要重新调整限位开关并检查有关部位。

10.3.3.6　空挡开关 KU2

空挡开关 KU2 与柴油地下装载机相同。

10.3.3.7　停车制动电磁阀 ZDQ

当电磁阀通电时，手制动阀才可以起作用，否则车辆处于制动状态。无论柴油地下装载

机还是电动地下装载机都必须遵守 JB 8518—1997《地下装载机安全要求》的有关规定。

10.4　电气系统的故障与排除

10.4.1　柴油地下装载机电气系统的故障与排除

柴油地下装载机电气系统的故障、原因与排除方法见表 10-1，起动机故障、原因与排除方法见表 10-2。

表 10-1　柴油地下装载机电气系统的故障、原因与排除方法

故　障	原　因	排 除 方 法
蓄电池不充电或充电电流小	（1）充电电路断路或接触不良； （2）蓄电池损坏； （3）发电机损坏； （4）调节器损坏； （5）三角皮带松弛	（1）找出断点或接触不良点，修复； （2）更换蓄电池； （3）送修理厂修复； （4）更换调节器； （5）调整皮带紧度
发电机指示灯不亮	（1）小灯泡损坏； （2）蓄电池无电； （3）蓄电池损坏； （4）导线松脱； （5）调节器损坏； （6）发电机正向二极管短路； （7）炭刷磨损； （8）集电环损坏或发电机激磁绕阻断路	（1）换上新灯泡； （2）重新充电； （3）更换蓄电池； （4）重新连接好； （5）更换调节器 （6）送专门修理厂修复； （7）更换炭刷； （8）送专门修理厂修复发电机
发动机高速时指示灯仍然很亮	（1）导线与搭铁短路； （2）调节器损坏； （3）超电压保护装置损坏或导线接错； （4）整流器损坏； （5）三角皮带打滑或折断	（1）更换导线或排除短路处； （2）更换调节器； （3）更换超电压保护装置或进行正确接法； （4）修理发电机； （5）重新调整更换

表 10-2　起动机故障、原因与排除方法

故　障	原　因	排 除 方 法
起动机不转动	（1）连接线接触不良； （2）启动继电器损坏； （3）蓄电池充电不足； （4）电刷接触不良； （5）起动机本身短路	（1）清洁和旋紧接触点； （2）修理或更换启动继电器； （3）检查后充电或换蓄电池； （4）清洁换向器表面； （5）检查后修理
起动机可以空转，但无起动力	（1）轴衬磨损； （2）电刷接触不良； （3）换向器不洁或烧毛； （4）线端脱焊； （5）接触不良； （6）开关接触不良； （7）蓄电池充电不足或容量太小； （8）润滑油天冷凝结； （9）离合器械打滑	（1）调换新的轴衬； （2）清洁换向器接触面； （3）清洁油污及用砂皮磨光； （4）用松香作焊剂重焊； （5）清洁及旋紧接触点； （6）检查开关； （7）检查后充电或换蓄电池； （8）烘暖发动机； （9）修理或更换离合器
按钮开关已脱开，齿轮不退回，电动机继续带动齿圈旋转	（1）启动继电器接触点烧牢； （2）起动机齿轮行程距离未调整好； （3）开关接触片与接触螺钉烧牢	（1）修理或换启动继电器； （2）重新调整； （3）修理电磁开关

10.4.2 电动地下装载机电气系统的故障与排除

许多电气故障是由于电气接头松动所引起的，接头松动会产生高电阻，从而导致过热和过流。损坏的接头迟早会引起更多的故障。因此电气接头一定要接牢。电动机在高于或低于铭牌电压12%的情况下运转会损坏。电动地下装载机电气系统故障、原因与排除方法见表10-3。

表10-3 电动地下装载机电气系统故障、原因与排除方法

故障	原因	排除方法
电压降低	（1）对于所经过的距离，馈电电缆直径太小； （2）保险丝烧断； （3）变压器的容量小于应提供的所需功率； （4）电源调定电压低； （5）电路由于带动其他设备而过载； （6）过载跳闸； （7）供电不当； （8）接线不当	（1）更换大直径的电缆； （2）查找原因，检查电路中所有保险丝，必要时更换合适的保险丝； （3）接到高容量的变压器上； （4）检查电源并且进行必要的调整； （5）断开不必要的设备或接到新电源上； （6）检查并重新调整启动器内的过载值； （7）检查供电情况与电动机铭牌负载因素是否一致； （8）按电动机的供电图检查接头
摩擦噪声	（1）风扇摩擦风罩； （2）支座松动	（1）排除干扰； （2）旋紧紧固螺栓
电动机 校准后仍振动	（1）电动机安装有误差； （2）联轴节不平行； （3）被驱动的设备失去平衡； （4）滚珠轴承出故障； （5）轴承直线度不好； （6）平衡重心移位； （7）多相电动机在单相情况下运转； （8）端部间隙过大	（1）校正或平衡各部件； （2）调平联轴节； （3）调平驱动设备； （4）更换轴承； （5）适当调整； （6）平衡电动机； （7）检查是否断路； （8）调整轴承或加垫圈
滚珠轴承变热	（1）缺油； （2）润滑脂变质或润滑剂污染； （3）润滑剂过多； （4）轴承过载； （5）滚珠损坏或座圈不光滑	（1）在轴承中加适量润滑脂； （2）除去旧润滑脂，用煤油彻底清洗轴承，换上新油脂； （3）减少润滑脂，润滑脂不要多于一半空间； （4）检查径向、侧向、端部压力； （5）先彻底清洗轴承套，再更换轴承
后灯或前灯不亮	（1）封闭式聚光灯出故障； （2）照明元件接线松动或损坏； （3）控制箱内30A的保险丝烧断； （4）照明控制开关出故障； （5）外接线电源断开； （6）控制箱电路断电跳闸	（1）更换灯泡； （2）旋紧或更换接线； （3）更换保险丝，检查电路中是否断路； （4）更换开关； （5）重新接上电源； （6）查找原因并重新合上断电器

续表 10-3

故　障	原　因	排 除 方 法
电动机不能启动	(1) 线圈或控制电路断路; (2) 机械故障; (3) 定子短路; (4) 定子线圈接头不当; (5) 转子出故障; (6) 电动机可能过载; (7) 启动器线圈出故障; (8) 电动机壳体内温度过高; (9) 启闭开关或钥匙开关出故障; (10) 电压低; (11) 电压不平衡	(1) 开关闭合时表现为电源的"嗡嗡"声，检查有无接头松动，检查所有控制接头是否接通; (2) 检查电动机和驱动机构是否自如，检查轴承和润滑; (3) 表现为保险丝烧断，电动机必须重新绕线; (4) 拆下端盖，用测试灯确定; (5) 检查排条和端环是否损坏; (6) 减轻负载; (7) 更换; (8) 启动前充分冷却电动机; (9) 修理或更换开关; (10) 检查电路电压; (11) 检查每相的电压
电动机启动不起来	(1) 反相指示器亮; (2) 电动机接地出故障指示器亮	(1) 颠倒任何两根导线，调整指示器和电动机保护继电器; (2) 修理电动机，调整指示器和电动机保护装置
电动机失速	(1) 一个相可能断开; (2) 应用不当; (3) 电动机过载; (4) 电动机电压过低; (5) 断路	(1) 检查线路寻找断相; (2) 更换型号或规格，询问制造厂家; (3) 降低负载; (4) 参照铭牌上的电压，检查接头; (5) 保险丝烧断，检查过载继电器定子和按钮
电动机启动后停转	电源出故障	检查接头、保险丝和控制系统
电动机保护继电器阻止电动机启动	(1) 电压低; (2) 电压不平衡; (3) 相接反; (4) 反相指示灯亮; (5) 电动机接地出故障	(1) 检查线路电压; (2) 检查每项的电压; (3) 检查连接启动器的引线和接到开关箱的电缆，旋紧松掉的接头或修理损坏的导线; (4) 颠倒任何两根导线，调整指示器和电动机保护继电器; (5) 修理电动机
电动机达不到转速	(1) 因为线路的电压下降，致使电动机终端电压太低; (2) 启动负载太大; (3) 转子排条损坏或松动; (4) 电源电路断路	(1) 使用变压器接线点上的高电压或降低负荷，检查导线规格是否合适; (2) 检查负载，在电动机启动时是否能承受; (3) 查看靠近端环的缝隙，新转子通常需要临时维修; (4) 用测试装置确定故障并进行修理
电动机加速时间太长	(1) 过载; (2) 电路导电性差; (3) 鼠笼式转子出故障; (4) 带负荷时所供电压太低（容量不足）	(1) 降低负载; (2) 检查电阻是否过高; (3) 换新转子; (4) 必要时增大电缆规格或增大变压器
转向不对	相序接错	在电源处接头反向
电动机带负载时运转产生过热	(1) 过载; (2) 由于灰尘堵塞冷却器，而使电动机冷却不当; (3) 电动机可能有一相断路; (4) 线圈接地; (5) 电压不稳	(1) 降低负载; (2) 检查并使空气连续，通过电动机冷却风叶; (3) 检查并接好引线; (4) 查找并修理; (5) 检查损坏的导线、接头和电压

11 地下装载机自动化

11.1 概述

矿山资源是发展国民经济、保障国家安全的物质基础。随着我国国民经济的高速发展，对矿产品的需求也越来越大，例如我国 2005 ~ 2007 年铁矿石原矿产量分别为 4.21 亿吨、5.88 亿吨、7.07 亿吨，2008 年 1 ~ 8 月份原矿产量为 5.19 亿吨，同比增加 20.3%。根据近几年铁矿石采选投资力度不断增加，预计未来几年铁矿石原矿产量也会适当增加。有色金属矿、黄金矿也有类似情况。虽然我国已探明的矿产资源比较丰富，但随着我国长期大规模的开采，我国大型露天矿已所剩无几。但随着露天矿山资源的枯竭，露天采矿将逐渐向地下采矿发展，或者露天开采的深度很大使地表遭受大面积破坏时，就必须采用地下开采。又由于地下浅层矿资源在逐渐减少，采矿又将向地下几百米、上千米发展。预计在今后 10 ~ 20 年，我国矿山将进入 1000 ~ 2000m 深度开采。据加拿大有关方面 2006 年统计，全世界金属矿山 1500m 深度开采约 117 座，其中南非一座深井黄金矿，矿井深高达 4117m。地下采矿由于其恶劣的作业环境（噪声、振动、灰尘、通风不良、潮湿等）和不安全的诸多因素，多年来一直是人们关注的焦点。特别随着地层深度增加，采矿条件越来越恶劣（高温、地压、地质构造复杂等），对人的健康与安全威胁也越来越大，再加上严格的环保、安全法规逐渐出台，劳动力成本大幅度提高，劳动强度要求越来越低，但对生产效率、经济效益、资源回收率的要求却越来越高，于是所谓自动化采矿技术应运而生。特别是近年世界整个采矿业兴旺发达，竞争十分激烈，这又加速了采矿工业向着自动化发展。

地下采矿实现自动化，必须要克服一系列独特的困难。地下矿不同于露天矿，露天矿可以利用全球定位卫星（GPS）为车辆导航，但地下矿却收不到 GPS 信号（现在虽然已开发了地下 GPS，但仍处在试验中）。为此，人们从 20 世纪 70 年代开始经过几十年的努力，克服了地下远距离通信、定位与导航等难题，实现了由人工直接操纵向远距离遥控，甚至无人操纵，实现全过程自主控制。由于遥控和自主控制在采矿设备的使用，从而提高了生产率，降低了生产成本，改善了采矿作业环境，特别是保证了现场作业人员的健康与安全，因而得到迅速发展。

11.2 地下装载机自动化现状

世界上采矿工业比较发达的国家正在由机械化向自动化阶段过渡，有些矿山已经实现了或部分实现了自动化的目标。实现自动化矿山与地下装载机制造厂开发地下装载机的自动化技术是分不开的，其中 Sandvik、CAT、Atlas 等三家世界著名公司是地下装载机自动化方面的先行者。虽然他们操作各有特色，所采用的组件可能不同，但基本原理及组成、发展过程（或阶段）不外乎下面几种：人工控制、遥控控制、远距离控制、半自主控制、自主控制。

11.2.1　人工控制

图 11-1　人工控制地下装载机

人工控制分两种，人工直接控制与人工先导控制（图 11-1）。20 世纪 50 年代末至 60 年代，地下装载机是人工直接操纵多路阀，矿工劳动强度大，大约 20 世纪 70 年代左右出现了所谓先导控制，即人通过先导阀来间接控制多路阀，这样工人不再需要花大力气去操纵了。工人们的劳动强度大大降低，生产效率大大提高。

目前许多地下采矿设备大都采用人工控制，一机一人。因为其操作简单、成本低。即使如此，这些采矿设备也是以信息技术为先导，在发动机电控技术、变速箱自动控制技术、自动集中润滑、可视化驾驶及发动机、变速箱、液压系统故障诊断和监控等方面都取得了很大成绩。大大减轻了司机的劳动强度。这是当前采矿设备发展的主流。但是由于这些设备是人工操作，工人劳动强度大，效率也低，特别是由于岩石的崩落、车辆的振动、灰尘与柴油机排放的有害气体等恶劣的作业条件对司机的安全和健康造成直接威胁。为了解决这个问题，人们在 20 世纪 70 年代开发了许多地下装载机遥控技术。

11.2.2　遥控控制

11.2.2.1　视距控制

视距控制（图 11-2）是操作员位于作业区内的危险范围外，直接观察和控制采矿设备。视距范围一般在 5 ~ 250m 范围内。操作员可以看到车辆，并可以通过无线电装置（RRC）遥控车辆。无线电装置包括两个硬件：一个无线电装置称为发射机，操作员背在身上，用它来向车辆发出各种控制指令；另一个无线电装置称为接收机，它装在车辆上，用它来接收发射机传来的各项指令，并按各项指令要求控制车辆各项功能。视距遥控用得比较广泛，许多视距遥控装置制造厂都有标准化 RRC 方案。

图 11-2　视距控制和无线电遥控装置

该控制方法要求操作者在安全区直接上车驾驶车辆，到了危险区前下车，用无线电遥控车辆到危险区看着 LHD 装载，装载完了之后，用无线电遥控车辆返回到原出发地停车，操作员上车人工驾车到溜井或料堆卸完料后按原路返回，实现下一个循环。由于操作人员不断上车、下车，而且长时间站着变换手柄和遥控控制模式，司机十分疲劳，甚至出现误操作，引发安全事故。又由于操作者离装载点有一定距离，加上地下光线、灰尘问题和操作者只能看到铲斗背面，看不清矿石装载，铲斗很难装满，特别是遥控车辆的车速不能超过 10km/h，故生产效率也低。

11.2.2.2 视频遥控

当车辆运行距离更远或车辆拐弯时，视距遥控就显得无能为力，这时就得采用视频遥控（图 11-3）。视频遥控基本上类似于视距遥控系统。只不过增加了一个如图 11-4 所示的视频监视器。遥控距离在 500m 范围内。

图 11-3 视频遥控

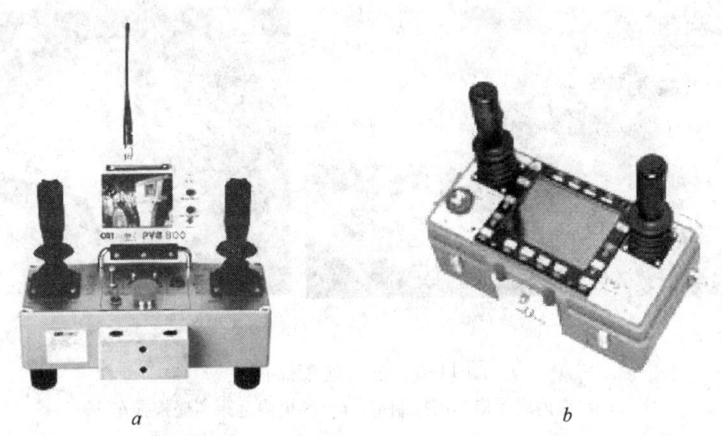

a *b*

图 11-4 视频遥控器

a—Cattron 公司视频遥控器；*b*—Nautilus 公司视频遥控器

对视频遥控器，若只是声音传输则相对简单，但实时视频信号传输要求相当高的波宽。该控制系统允许操作员利用安装在手提控制箱上的视屏看到设备前方，增加操作员一定距离视野。视频遥控要比视距控制复杂，它包括 2 ~ 3 个装在机器上的摄像机、发射器、装在手提控制箱上的接收器与监视器等，见图 11-5。

11.2.3　远程遥控操作

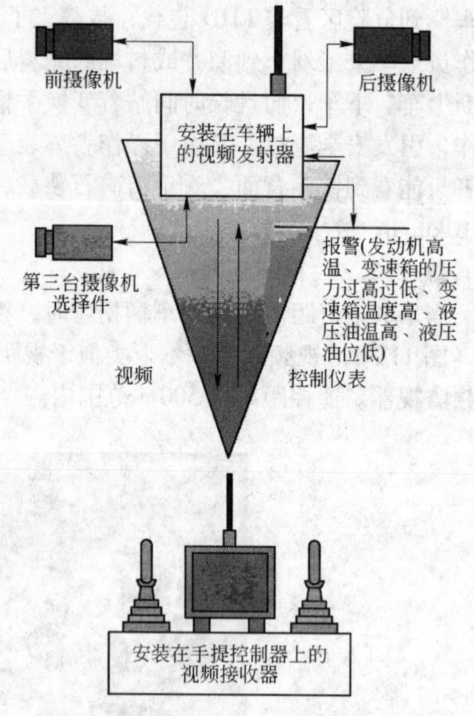

图 11-5　手提视频控制器组成

20 世纪 90 年代，开发出远程遥控技术。远程遥控操作是指驾驶员在露天或地下远程控制地下装载机。具体说就是驾驶员从视距外任何地方通过网络远程操作地下装载机。遥控操作在车辆整个作业循环中，是人工远距离控制，远程控制的距离大约在 2000m 范围内。远程遥控操作比视距遥控更复杂，需要通信、导航和定位系统，而且一个司机只能控制一台机器，远程遥控操作向自动化车辆又迈进了一步。该方法克服了视距遥控生产率不高、危险性相对大的缺点。现在远距离遥控操作 LHD 在许多矿山已使用了许多年。一般视频摄像机安装在 LHD 前后两个方向上，为遥控操作者提供 LHD 前后清晰图像。LHD 完成装载、运行和卸料作业是操作者遥控（带视频）完成的。操作者可以位于矿井内或露天空调控制室内，安全又舒适远距离驾驶车辆。图 11-6*a* 所示为巷道内遥控拖车内控制室，图 11-6*b* 所示为巷道内远距离遥控拖车。该方法如果操作者不专心，同样会发生意外事故，设备损坏，增加维修成本。

a

b

图 11-6　远程遥控操作

a—巷道内遥控拖车内控制室；*b*—巷道内远距离遥控拖车

11.2.4　半自主与自主控制

采矿工业的蓬勃发展，矿产品价格强劲，经济欣欣向荣，而且对矿产的需求已发展到惊人的地步。渴望充分利用有利形势的采矿公司，正想方设法取得快速增长，同时对安全也一如既往地重视。在过去几十年里，采矿公司拥有的设备和人员均能满足需求。而今并非如此，为充分从市场需求中盈利，他们需要尽快而高效地采出更多的矿石。此外，采矿业的蓬勃发展已带来了采矿公司创造利润的大好时机，也为企业带来了未来投资所需的资金。

采矿公司将自动化视为一个推动因素，会帮助他们在安全、效率以及生产力等方面获得突飞猛进的进步，同时降低成本，提高设备有效性。地下装载机自动化也为未来实现数字化矿山和无人矿山奠定了一定基础。正因为如此，21 世纪初，开发出半自主和自主地下装载机最新技术，而且是今后若干年地下装载机发展方向。

半自主与自主控制也都是远程遥控控制。控制距离可达几千米以上。但与前面提到的远程遥控控制最大区别是 1 个司机可同时控制几台机器，而远程遥控控制是 1 个司机只能控制 1 台机器，半自主与自主控制在整个操作过程是半自动或全自动，而远程遥控控制在整个操作过程都是人工控制。半自主与自主控制车辆运行速度也远比远程遥控控制快，生产效率也更高，安全性也更好。

半自主与自主控制之间不同之处在于自主控制在整个作业循环例如装载、运输、卸矿全是自动的，运输与卸矿可以速度很快，而且不需人去操作，操纵员只是起监视作用。半自主控制在整个作业循环中，大部分作业时间是自动的，小部分作业时间是靠人来完成。例如，对 LHD 来说，生产循环中，唯一工序即铲装工作是在操作人员的遥控操作下进行的。运输和卸矿工作是在机载计算机的自动控制下完成的。

半自主、自主采矿车辆近几年得到了迅速发展，也是当前采矿设备的最先进最复杂的采矿技术，而且已由 CAT 公司及合作伙伴、Sandvik 公司、Atlas 公司试验成功。已在矿山得到应用，取得了很明显的效果。

11.2.5 自动化系统实例

下面分别简单介绍 CAT、Sandvik 公司和 Atlas 公司自动化系统。

11.2.5.1 MINEGEM™系统

CAT 公司在地下自动采矿方面已经走在世界前列，该公司最新的自动控制技术——MINEGEM™系统（图 11-7）和具有 MINEGEM™系统的自主地下装载机，后者在瑞典 Lkab Malmberget 矿是由操作员在控制室内操作台前监视和操作的（图 11-8）。

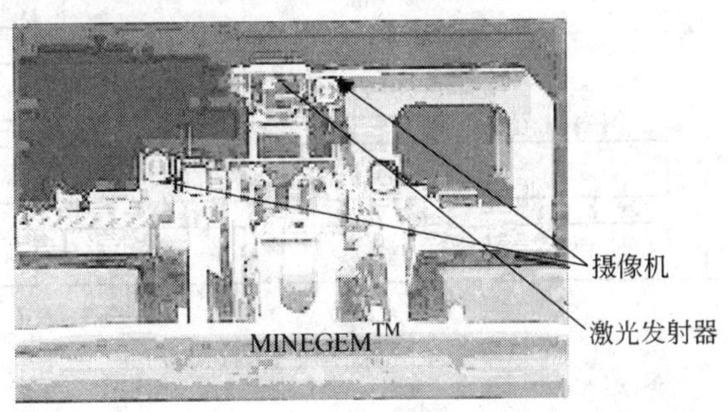

图 11-7 用于地下装载机的 MINEGEM™系统导航装置

MINEGEM™系统是几年前由 CAT 公司与澳大利亚 DAS（dynamic automation system）公司合作开发的，是世界上最新一代自动化采矿系统。它由机载计算机、传感器、激光摄像机、软件和无线电通信网络组成。它可以使驾驶员远离危险作业区或在露天控制室内操作。该系统本质是一个基站，它可以完成系统的全部监视。高速宽带数字通信网使基站与

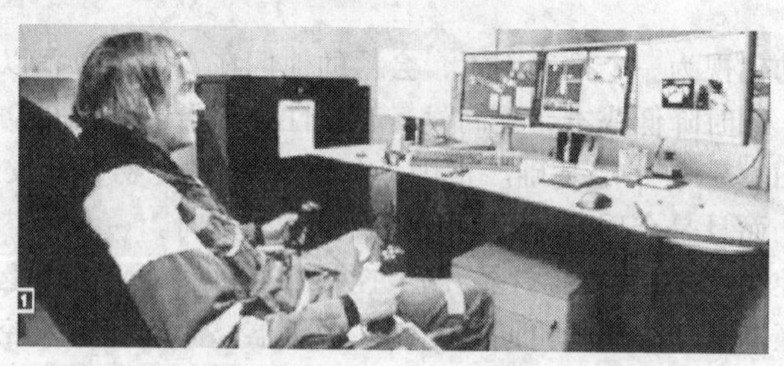

图 11-8　操作员在控制室操作台前监视和操作 LHD

LHD 连接起来。车载计算机能判断环境，在全程目标内控制机器。该自动化系统软件包括三个功能软件层（图 11-9）：

第一层是战略层。战略层监视整台机器。它决定车辆什么时候、在什么地方、依据所选路线定义的清单提示，去完成操作。为了做到这一点，战略层必须能够估计车辆大致位置，利用这方面的信息通过提示来影响车辆的行为（即驾驶和转向）。该提示向下移动到战术层，因为该层希望它接近一个节点，即交叉点，该交叉点可利用这些信息去帮助识别。

第二层是战术层。战术层遵守战略驾驶提示，同时“驾驶”车辆避开巷道墙壁，按实际跟踪的巷道壁外形估计车辆行驶路线，战术层没有车辆与坐标系有关车辆位置的信息。它只是感觉并对墙壁反应，它把转向和速度设置点传送到操作层。

第三层是操作层。操作层包括控制回路，该回路把转向与速度设置点转换成机器控制功能的低级机器输入信号，例如油门、齿轮箱、制动器、铰接液压油缸等。

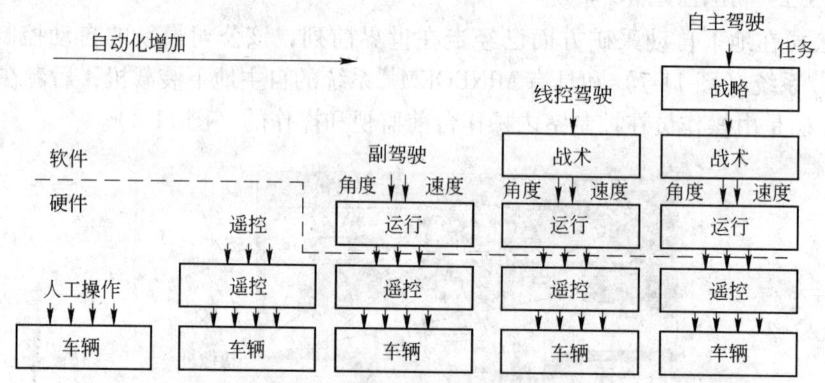

图 11-9　系统操作模型的选择

该控制体系结构允许有各种操作模式。

第一种操作模式是人工模式，司机坐在座位上操纵车辆，它主要用于装矿和清理场地。

第二种是遥控模式，车辆是通过遥控操作系统用操纵杆控制的。在第一个计算机控制的模式里，是线驱动模式，操纵层接收从司机和隐藏的机器动态特性传递过来的速度与转向设置点。

第三种模式是副驾驶或双导航模式（图 11-10）。在此模式中，战术层控制车辆速度和转向，司机的作用好像副驾驶一样，向战术层提供提示，战术层将影响在确定点上的运行情况。在该模式中，计算机导向如同有轨电车一样，它利用激光去判断怎样使机器离开巷道墙壁，在什么地方驾驶机器避免碰到墙壁。

第四种模式是自主驾驶模式（图 11-11）。在自主控制模式中，战略层确定任务并向战术层提出合适的提示。在车辆转向时它提出合适的速度和转向命令到操作层，司机只向车辆给出任务，并不影响整个车辆驾驶运行状况。该模式除了铲装之外，所有运输循环和卸料都是自动的。

图 11-10 副驾驶员操作模式

图 11-11 自主驾驶模式

CAT 公司最新开发了一种自动装载系统（Auto Dig）软件，使 LHD 整个过程自动化。该软件是在各种铲斗装载时间循环时间内对各种给定的矿石类型，通过记录经验丰富的司机操作的大量的各种数据，由计算机建立最佳的装载模型，从而实现了真正的全自主操作。

各个操作模式所采用的技术和功能如图 11-12 所示。

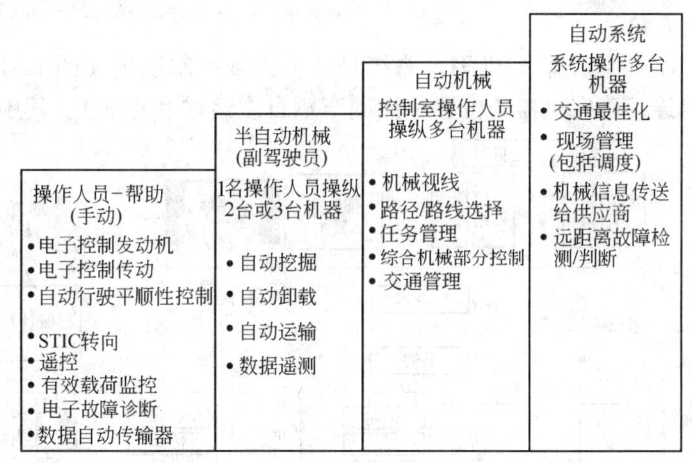

图 11-12 各个操作模式所采用的技术和功能

该系统还有一个很重要的特点，就是模块化结构。系统的全部功能可由十个模块组合完成。也可根据不同用户对自动化的不同要求，选择其中一些模块组合，实现用户需要的部分功能，从而使系统具有最大的灵活性和适应性。

11.2.5.2　Automine 系统的组成

Sandvik 公司是世界上开发地下装载机自动化最早，最有名的公司之一，他们开发自动化矿山技术就是一例。Sandvik 公司的 Automine 是一种地下硬岩采矿自动装载和运输系统，该系统已在为 21 世纪改变采矿实践方面获得成功。Automine 是一种灵活的模块化系统，可以成功地加以调整，适合小规模操作，以及大分段崩落采矿法。此外，该系统使功能和应用合并，使它能与矿区第三方的 IT 系统接口。

Automine 系统由外部系统、机载控制系统、生产区系统、控制室系统四部分组成（图 11-13）。

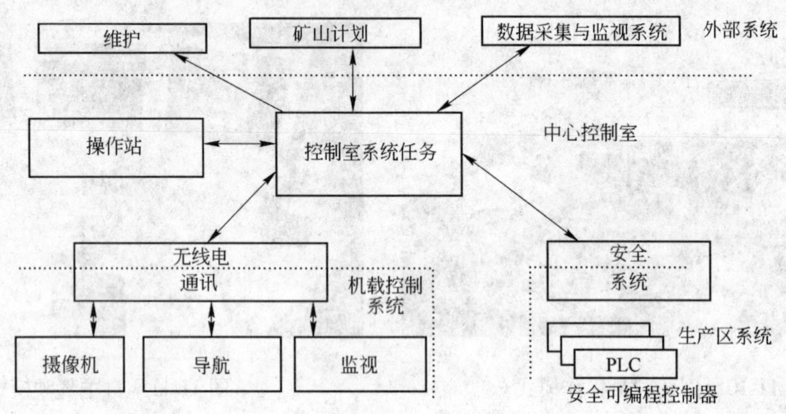

图 11-13　Automine 系统

（资料来源：Sandvik Tamrock“Applying Systems Engineering in Mine Automation”）

A　外部系统

外部系统包括数据采集与监视系统、矿山计划和维护计划三个部分。

B　机载控制系统

Sandvik 公司制造的地下装载机 TCS 系统是一个机载控制系统（图 11-14）。它包括两个导航系统（可以连续确定机器的位置和控制车辆自主运输和作业）。其中之一采用惯性

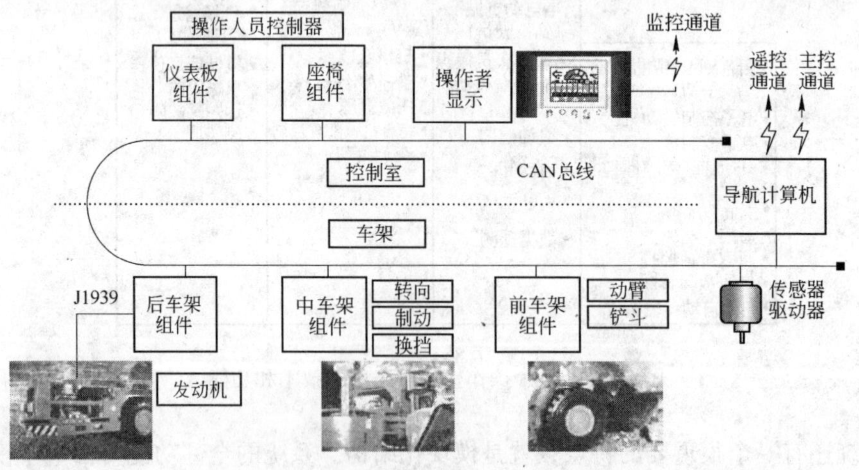

图 11-14　机载控制系统

（资料来源：Sandvik Tamrock“Applying Systems Engineering in Mine Automation”）

导航设备（图 11-15），用回转仪来测量正负加速度，并把信息送到地下装载机驱动装置中的计算机上，从而可连续监测地下装载机的运行路线与速度。而另一导航系统安装在地下装载机前部和后部激光扫描仪上（图 11-16），可连续观测巷道的断面形状，以此获得辨认工作区域的每一局部的情况。此外，激光扫描仪还能连续对惯性导航系统的加速度测量软件所获得的数据做出修正，以得到需要的定位精度并校正距离测量中的偏差。从而可避免多台地下装载机之间的碰撞或避免某台地下装载机碾压另一台地下装载机尾部供电电缆。该系统不需要基础设施和电子标签。该机也配备了机载视频系统，它可以给远距离遥控操作提供所需要的高质量视频。局域网络移动终端适合于从机器到安装在生产区里的通讯系统提供无线电链接。

导航原理：
(1)建立在推算定位法基础上的位置测量。
(2) 从陀螺仪和铰接角判定方向。
(3) 离开驾驶路线的距离。
(4) 由于陀螺仪的车辆打滑，在推算定位法里，总有一些偏差。
(5) 在推算定位法中的偏航可利用环境模型和墙外形进行修正。

图 11-15　NFRAFREE®导航系统

（资料来源：Sandvik Tamrock“Applying Systems Engineering in Mine Automation”）

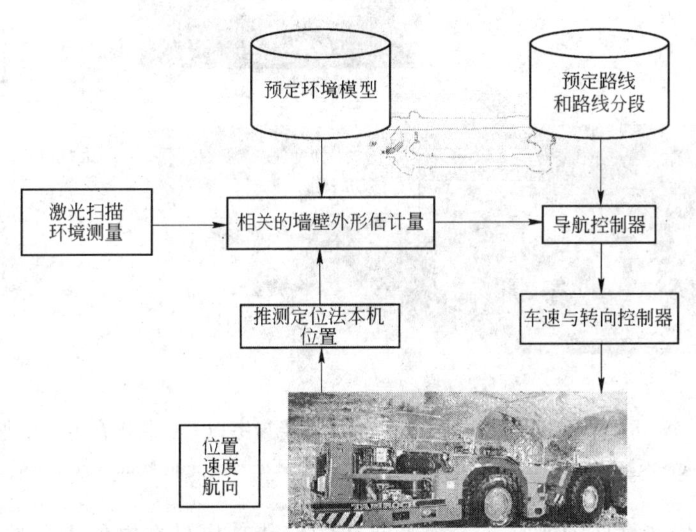

图 11-16　InfraFREE®导航

（资料来源：Sandvik Tamrock“Applying Systems Engineering in Mine Automation”）

C　生产区系统

生产区系统的安全是用专用栅栏系统与自主生产区的隔离来保证。ACS 系统是一个安全系统（图 11-17），主要用于控制进出生产区巷道的大门。当自动采矿系统工作时，防止人员进入生产区，以保证生产区的安全，一旦有人进入生产区，该系统就会全部中断，机器就会立即停车。当要维修设备或加燃料时，巷道大门打开。大门的开闭由露天控制室可编过程控制器运程控制。

图 11-17　ACS 系统

（资料来源：摘自 www. miningandconstruction. com 中 Automine）

无线局域网络无线通信系统被安装在自主生产区，该系统为自主车辆提供高质量通信线路，并能满足自主操作实时需要，该系统基于 WLAN802. 11g 标准，此标准能保证实时控制和操作监控。

D　控制室系统

Sandvik 控制系统地面控制室操作台是为系统控制器提供控制和用户界面。图 11-18 所示为地下装载机地面控制室操作及半自主地下装载机在地下作业。

图 11-18　地下装载机地面控制室操作及半自主地下装载机在地下作业

（资料来源：Sandvik Tamrock“Applying Systems Engineering in Mine Automation”）

地下装载机生产循环中的唯一工序即铲斗的铲装工作是在操作人员的遥控下进行的。而地下装载机驾驶和卸矿工作是在机载计算机的自动控制下完成的。这样可使一个操作人员同时能监视多台地下装载机的工作，这种控制方式称为半自主控制。对地下卡车来说，运输和卸料是全自动的，称为自主控制。

在一个地面基站监控时，基站计算机的监控范围为600m远。但工作区域内有多处巷道或转弯时，监控范围将减小。

在Sandvik自动化矿山系统中，通信系统的作用是为在控制室和半自主控制地下装载机及自主控制卡车之间提供视频、音频和数据通信，控制系统的任务是为自动化机器提供操作和监控。

Sandvik正为用户开发一种性能比Automine差一点的Automine-Lite自动控制系统。该系统是一个独立的自动化系统，而且可以使用传统遥控方法，它可以装在TORO系列产品上。因此新的Automine-Lite自动系统很有发展潜力。

MINEGEM™系统与Automine系统有很多相似之处，都采用了在LHD上安装激光设备。它扫描机器前的巷道，作为它行驶的轨道，采集巷道外形的变化，并让机器识别它在巷道内的位置，激光不断的修改巷道地图，因而产生了大量往返数据。不同之处是MINEGEM系统采用反应导航技术，而Automine系统采用的是绝对导航技术。

11.2.5.3 Scooptram Automation

早几年，Atlas公司采用Noranda公司地下采矿设备先进遥控技术、数据处理与记录技术、视频辅助远程操纵技术、卡车与LHD的导航技术，利用标准CATV（有线电视）和中继无线电及电话组件和同轴电缆连接的天线网络，处理高速和低速数据，以及数字与模拟信号技术，特别是LHD铲斗自动装载技术（SAIMload）。这种技术与CAT的Auto Dig不同。它是为快速实时利用作用在机器上的液压压力与结构的负荷反馈而设计的。SAIMload系统利用液压压力、油缸伸长、桥负荷、车轮位置去计算铲斗里是什么。此系统没有利用模拟矿堆的软件，而是测量每次装载循环前料堆里是什么，该系统反应快，能够对付隐藏在料堆里超大尺寸的材料。后来，Atlas公司主要集中在钻机的自动控制系统（RCS），并以此为平台，开发LHD自动控制系统。该系统同CAT的MINEGEM™系统、Sandvik Automine系统类似，但也有自己的特点。2006年Atlas公司同瑞典厄勒布鲁大学合作，在ST 1010地下装载机的基础上，利用反应导航系统改成应用于地下矿山的半自主车辆（图11-19、图11-20），并在Kvarntorp矿山进行了自动化试验。ST 1010地下装载机上装有铰接角编码器用以估计车辆位置和转向、装有传动轴编码器用以测量车辆的移动，装有惯性测量装置（IMU，它包括加速度计和陀螺仪等）来计算出加速度，速度和方向。前、后车架上分别装有视频摄像机和SICK激光扫描仪，激光扫描仪将光束照射到一个物体的同时，摄像机会采集这个物体的图像。经过一个三角测量仪处理后，激光探测器和图像的结合产生了物体景深的读数。

图11-19 半自主ST 1010C地下装载机

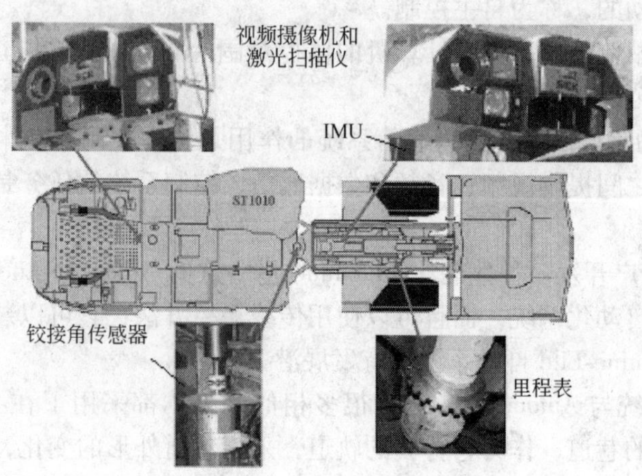

图 11-20　遥控自主传感器
（图中 IMU 为惯性测量装置，它是惯性导航系统主要部件）

近几年，Atlas 公司开发了自己的“Scooptram Automation”技术，它是一个半自主系统（图11-19），该系统配备了 RCS 系统（rig control system，钻机控制系统），它是一种保护人的安全、提高机器性能和灵活性的先进技术，该系统的特点是先进的软件和传感器、安全、快速和在危险区精确操作。该系统主要优点是：特别安全；作业人员不会暴露在非安全区，例如没有支承的采场或其他装载、运输和卸料应用；就像在司机室内一样容易使用和控制，可以高速运行；能减少维修成本；很容易与其他系统集成；需要一点或完全不需要基础设施；在爆破时也可以作业。

通过操作自动化的地下装载机，操作者完全控制和监视遥控装载机和封闭的生产区。

A　自动化系统的组成

该系统也由四部分组成：操作站、机载系统、通信系统、安全系统。

a　操作站

操作站是按人机工程学原理设计，从而使操作人员能坐在清洁、安全的环境中操作。从车辆摄像机和激光器传来的数据和视频在计算机屏幕上显示。Atlas 公司设计的操作站使系统使用、操作和控制容易，无论是靠近车辆，还是远离车辆几公里，该操作站使操作者都能全面控制车辆与系统，很容易快速在自主和远程遥控操作模式中转换。该系统包括用户友好路线管理软件，该软件能使操作者去创造和使用质量完全保证的新路线。视频、音频和激光能将在远处作业机器周围情况传给操作者，使操作者有身临其境的感觉。路线管理装置方便路线的记录和管理。可远程故障诊断，其数据可反馈给操作者和第三用户系统。人机工程学和用户友好控制器与司机室内相类似。操作站按未来自动化方案设计。操作站可设在地表，地下办公室或安装在车上。操作站包括操纵台、服务器机柜，前者包括监视器、控制盘、坐椅等，后者包括网络开关、管理计算机、控制模块等，见图 11-21 和图 11-22。

b　机载系统

Scooptram Automation 系统中有一个很重要的系统就是机载系统。机载系统包括的元件和该元件的作用及位置见图 11-23。

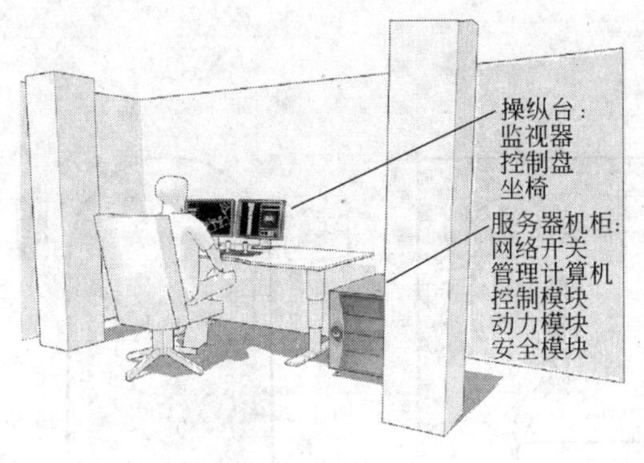

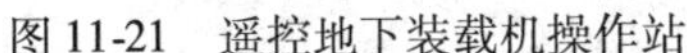

图 11-21　遥控地下装载机操作站

图 11-22　半自主 ST-14 型地下装载机操作站

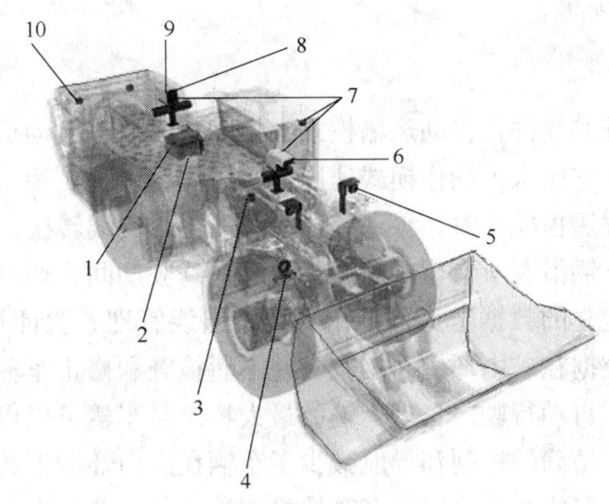

图 11-23　遥控地下装载机机载系统

1—控制箱：收集和处理从传感器来的数据；2—视频通信网关（VCG）：它在车辆和操作站之间传递数据与视频；3—角度传感器：为控制转向和铲斗位置提供数据；4—测距仪：测量运行距离；5，10—氙气远光灯：用于高清晰图像；6—惯性测量装置传感器；7—机载摄像机：为操作者提供动的视频；8—前后激光器：扫描矿山环境；9—前后天线：用于车辆通信冗余

c　通信系统

数据是通过无线局域网在车辆、操作站和其他系统之间传递的。通信安装可以在当地安装，也可以由 Atlas 公司提供。局域网或无线局域网都应当符合以太网 IEEE 802.3 标准以及 WiFi IEEE 802.11a，b 或 g 标准。网络要求 20 个备用 IP 地址以便能使用动态主机配置协议（DHCP）服务器。车辆的视频网关允许在接入点之间漫游。通信系统如图 11-24 所示。

d　安全系统

安全系统是为了防止人们进入正在作业的地下装载机运行区，以避免对操作者和车辆的危害而设置的，见图 11-25。

图 11-24 通信系统

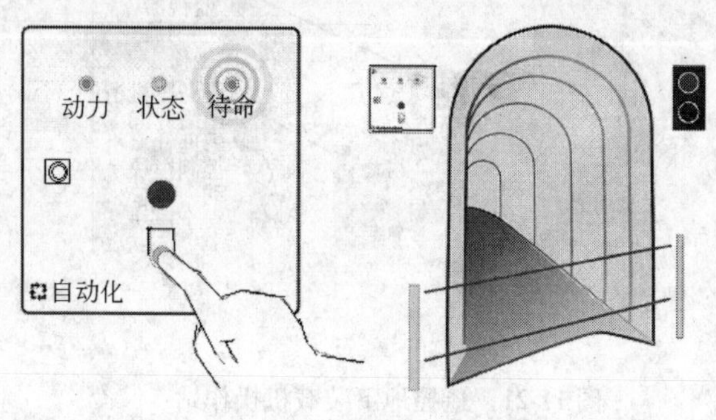

图 11-25 安全系统

B 自动运输

机载传感器和先进的软件在自动运输模式中控制车辆。在自动运输阶段，车辆是沿着预先记录的路线行驶，它比人工操作模式速度更快、更精确和更稳定。当操作者从预记录自动运输路线转为远程遥控模式时，该系统给操作者提供无线转换。

操作者起初驾驶车辆沿着所希望的路线行驶，在驾驶期间，通过机载系统收集和利用从传感器传来的信息建立的数据定义的矿山环境，路线管理者验证和批准所记录的路线，其后，车辆利用这些数据在矿山环境下定位，并不断检查和修正车辆的位置，以保证车辆始终在原记录的路线上自动行驶。自动运输的最大特点是车辆可以以 4 挡速度行驶；能限制车辆最高行驶速度；精确的控制和导航减少了车辆在矿山环境下的损耗；用障碍探测安全自动卸料；高精度的路线跟踪能保证车辆始终在被记录的路线上；在爆破时间也可以自动运输。

C 远程遥控

Atlas 公司的地下装载机自动化系统除了自动运输之外，还可以远程遥控。远程遥控操作允许操作者在远处的控制室内对车辆进行全控制和监视；可以用 2 挡速度运行；自动运输和远程遥控可以平稳转换；激光器可以帮助周围环境可视化和能够更精确驾驶；摄像机能提供矿山巷道很清晰的图像；完整的数据反馈和装载机在线故障诊断；容易考虑使用集成控制器和图形界面；能精确和准确转向。

2007 年年底，ST14 在芬兰 Kemi 矿进行了地下装载机自动化试验，并取得成功。该车在车上配置了三个摄像机，两个在前面，一个在后面。在巷道装载区和卸料区又安装三个摄像机作为补充。安装在车辆每一侧的激光器扫描车辆前头 35m 远巷道壁，并提供 ST14 车辆相对墙壁精确位置的实时数据。与超精度转向算法和测速仪联在一起，操作者就可以确定车辆在矿里的精确位置。Atlas 公司自动化系统有与 Sandvik 公司 Automine 系统及 CAT 公司 MINEGEM™系统相类似的组件设计，但实际系统是不相同的，主要是内部开发的转向算法不同。

11.3 地下装载机自动化应用实例

11.3.1 视距、视频和远距离控制实例

LHD 制造厂在他们生产的产品上基本上都可以配置各种遥控系统，其中 Atlas 公司除了近几年生产的地下装载机开始配置自己设计的视距遥控系统外，以前在 ST-1020 型、ST-1520 型上采用 SIAMremote 视距遥控技术，在 ST-710 型、EST-3.5 型上采用 SIAMremote Ⅱ 视频遥控技术、在下列机型上 ST-2、ST-2D、ST-3.5、ST-6C、ST-7.5、ST-1800 采用 RCT 视距遥控系统；Sandvik 公司在下列机型上 Toro1400、Toro0010、Toro150D、Toro151、Toro350、Toro400、Toro500CD、Toro500DL、Toro501、Toro650DL 采用 RCT 视距遥控系统，还采用了 EPEC-OY 公司及 Nautillus 公司的遥控技术；CAT 公司采用 Cattron-Theimeg 公司的视频遥控技术，在所有 LHD 产品上都可采用 RCT 遥控系统；GHH 公司采用 AMS 及 Gotting 电子装置；PAUS 公司采用的 Nautilus 公司的遥控技术等。

11.3.2 半自主、自主控制实例

CAT 公司的 MINEGEM™、Sandvik 公司的 Automine、Atlas 公司 Automation 等半自主、自主控制已开始成为商品推向市场或正在矿山试验已取得了可喜的成果（表 11-1）。

表 11-1 半自主、自主控制地下装载机使用情况

自动化系统	矿山名和所属国家	矿产品	自动化设备名称及台数	日 期
Sandvik Automine	IEL Teniente (pipa Norte) CodeLco 智利	铜/钼	3 × TORO 0010LHDs	
	IEL Teniente Diabio Regimiento CodeLco 智利	铜/钼	3 × TORO 0010LHDs	2004
	Pyhasalmi, inmet Mining 芬兰	铜/锌	1 × TORO 0011LHDs 0011LHD	2005
	Rnsch (Block 4), De Beers, 南非	宝石	5 × TORO 50D 卡车 LHD	2005
	Williams 加拿大	金	TORO 40 卡车	2007
CAT MINEGEM™	Ridgeway (Cadia Valley), Newcrest Mining Ltd. 澳大利亚	铜/金	1 × CAT R2900G 用在从卸矿点到破碎站	
	Stawell, Leviathan Resources Ltd. 澳大利亚	金	1 × CAT R1700G 用于回采工作面远距离移动	
	Northparkes, Rio Tinto, 澳大利亚	铜/金	1 × TORO 450ELHD	
	Olympic Dam, BHP Billiton 澳大利亚	铜/铀	1 × CAT R2900 LHD	2003
Minetec/ Danaher Motion 和 CAT MINEGEM™	Kiruna, LKAB, 瑞典	铁	山特维克供应 2500E LHD LKAB 重新用 Minetec 开发的自动化系统改造	
			CAT 2900G LHD	
Atlas 自动化系统	Kvarntorp 阿特拉斯·柯普科试验矿	金属矿	ST-1010C LHD	2006
	Bolidens Kristineberg 瑞典	金	ST-14 LHD	2007
	Inco Stobie 加拿大	钼		
	Kemi 芬兰	铬铁		

从上面介绍可知自主或半自主控制的自动化虽有许多优点，但也是一门十分复杂的技术，它包括导航与定位技术、远程通信技术、高效的信息处理技术、先进传感器技术、系统集成技术、先进的采矿设备等。可这些都是十分昂贵的设备，因此它的应用受到一定条件限制，它适用于：地点偏远、缺乏人力、操作重复性高、操作非常简单、正在开发新矿场或现有矿场的大幅扩建。自主或半自主控制的自动化需要大量投资和需要一定量高素质专门技术人才。但对于一些老矿山，其矿场已全部采用人工操作方式，则不适合进行这类自动化改造。

虽然不同公司采用的技术不同，但他们在操作方法上，每个项目要达到的目的都基本一致。都是为了采矿技术自动化这个总目标。虽然有些自动化技术还不成熟，还在试验中，但总的说来，地下装载机的自动化技术在不断完善，不断发展。新的遥控地下铲运机也在不断出现，面向21世纪采矿自动化系统正在形成。

12 地下装载机主要技术参数计算

12.1 变矩器与发动机的匹配

所谓液力变矩器与发动机的匹配是指液力变矩器按照工作的要求，以指定工况（或传动比）传递发动机的扭矩和功率的一种共同工作情况。尽管发动机与变矩器性能都好，若是匹配不正确，将使发动机性能不能充分发挥或者液力变矩器不能以十分理想的工况去传递发动机的功率。

通过匹配计算，可以求出地下装载机各挡最大牵引力（失速牵引力）、车速与爬坡能力。

12.1.1 发动机与变矩器共同工作输入特性

将发动机的外特性曲线及调速特性曲线与变矩器输入特性曲线按相同比例绘在一起就是发动机与变矩器的共同工作输入特性曲线，如图 12-1 所示。

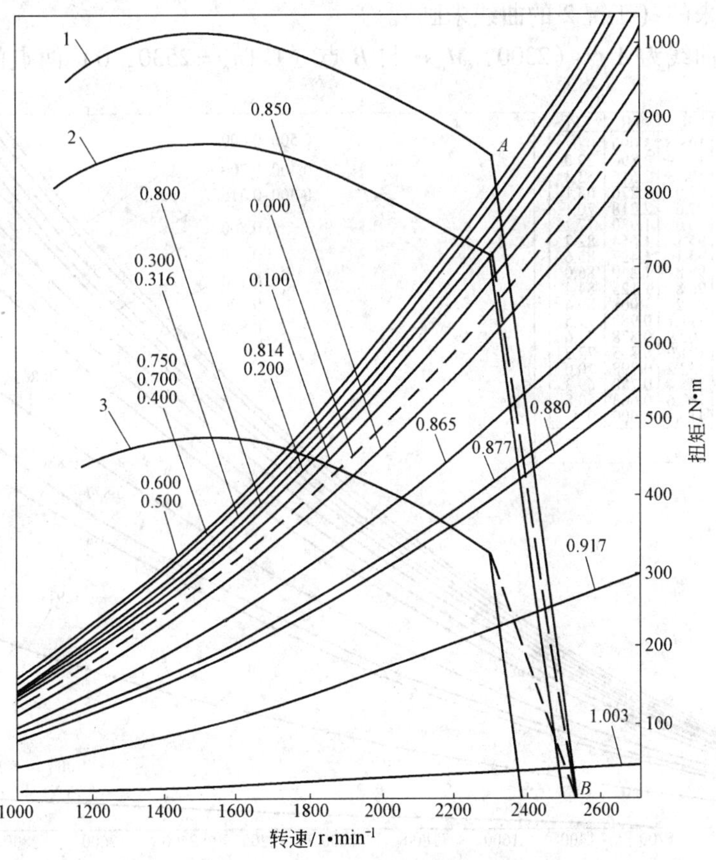

图 12-1　F13L413FW 柴油机与变矩器 C8502 共同工作输入特性曲线

A—发动机额定扭矩点；*B*—发动机高怠速点

12.1.1.1 发动机的外特性与调速特性曲线

地下装载机大都采用德国道依茨公司风冷低污染柴油机和直喷式蜗轮增压水冷柴油机。该公司给出的曲线 1 为标准状态下（大气压为 100kPa，空气温度为 25℃，空气相对湿度为 30%）带一定附件的速度特性曲线。如图 12-1、图 12-2 所示，如果使用条件发生了变化，则图 12-1 的曲线也会产生相应变化。

道依茨柴油机在标准状态下的总功率用 N_g 表示（engine gross power）。而输出功率为发动机净功率 N_n（engine net power）。即发动机的净功率 N_n 等于发动机在标准状态下总功率 N_g 减去其他附件的功率损失，即

$$N_n = N_g - 0.03N_g \quad \text{（F10L413FW 以下柴油机）} \tag{12-1}$$

$$N_n = N_g - 0.06N_g \quad \text{（F12L413FW 柴油机）} \tag{12-2}$$

发动机净扭矩为

$$M_n = 9550\frac{N_n}{n} \tag{12-3}$$

式中 n——发动机的转速，r/min。

变矩器的输入功率 N_i 与输入扭矩 M_i 必须根据不同工况除去辅助油泵功率损失。见表 12-1 与图 12-2。图 12-1 中的曲线 1、2、3 就是根据表 12-1 与表 12-2 中工况 1、2、3 的相应公式绘制出来的（工况 2 的曲线未画）。

调速特性曲线为 A 点（2300，M_e）与 B 点（$1.1n_e = 2530$，0）两点的连线。其他工

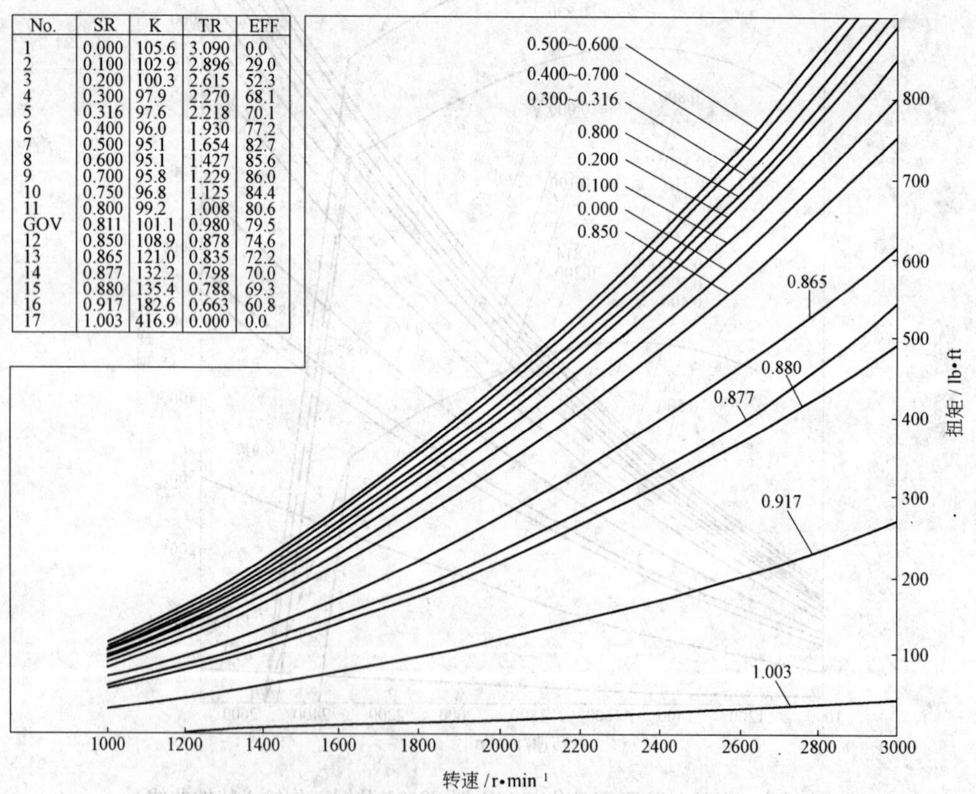

No.	SR	K	TR	EFF
1	0.000	105.6	3.090	0.0
2	0.100	102.9	2.896	29.0
3	0.200	100.3	2.615	52.3
4	0.300	97.9	2.270	68.1
5	0.316	97.6	2.218	70.1
6	0.400	96.0	1.930	77.2
7	0.500	95.1	1.654	82.7
8	0.600	95.1	1.427	85.6
9	0.700	95.8	1.229	86.0
10	0.750	96.8	1.125	84.4
11	0.800	99.2	1.008	80.6
GOV	0.811	101.1	0.980	79.5
12	0.850	108.9	0.878	74.6
13	0.865	121.0	0.835	72.2
14	0.877	132.2	0.798	70.0
15	0.880	135.4	0.788	69.3
16	0.917	182.6	0.663	60.8
17	1.003	416.9	0.000	0.0

图 12-2 C8502 变矩器输入特性曲线

况的调速特性都与该连线平行。在设计中也常见到虚线的调速特性曲线，对于工况 2 来说，它与 *AB* 线很接近，采用哪种方法计算，误差都不大。

表 12-1 不同工况变矩器输入功率与力矩

工况	1 变速油泵满负荷工作、工作油泵与转向油泵空载	2 变速油泵与转向油泵满负荷、工作油泵空载	3 变速油泵与工作油泵满负荷、转向油泵空载
输入功率 N_i/kW	$N_1 = N_n - N_{TL} - (N_P + N_s)$	$N_2 = N_n - (N_{TL} + N_{SL}) - N_P$	$N_3 = N_n - (N_{TL} + N_{PL}) - N_s$
输入扭矩 M_i/N·m	$M_{i1} = 9550N_{i1}/n$	$M_{i2} = 9550N_{i2}/n$	$M_{i3} = 9550N_{i3}/n$

注：N_P、N_s 分别为工作油泵、转向油泵空载损失功率，kW；N_{TL}、N_{PL}、N_{SL} 分别为变速油泵、工作油泵、转向油泵重载损失功率，kW。

表 12-2 油泵空载、重载力矩损失计算

项目	变速油泵	工作油泵	转向油泵
空载/N·m		$M_P = 159 \times 1.38 Q_P / n\eta$	$M_S = 159 \times 1.38 Q_S / n\eta$
重载/N·m	$M_{TL} = 159(0.69 + p_T) Q_T / n\eta$	$M_{PL} = 159(0.69 + p_P) Q_P / n\eta$	$M_{SL} = 159(0.69 + p_S) Q_S / n\eta$

注：M_P、M_S 分别为工作油泵与转向油泵空载损失转矩，N·m；M_{TL}、M_{PL}、M_{SL} 分别为变速油泵、工作油泵、转向油泵重载损失转矩，N·m；η 为油泵效率；n 为油泵转速，r/min；Q_T、Q_P、Q_S 分别为变速油泵、工作油泵、转向油泵工作流量，L/min；p_T、p_P、p_S 分别为变速、工作、转向液压系统实际工作压力，MPa。

12.1.1.2 变矩器的输入特性曲线

由于采用美国 DANA 的变矩器，它给出的有关输入特性曲线计算公式与我国略有不同，但计算的结果是一致的。为了便于我国的读者了解 DANA 公司有关的符号的含义，将美国与我国常用变矩器符号含义对照列于表 12-3。

表 12-3 美国与我国常用变矩器符号含义对照

国家	转速比	系数名称及单位			变矩系数	效率	泵轮力矩	
		名称	符号	单位			符号	单位
美国	*SR*	能力系数	*K*	$\frac{r/min}{\sqrt{lb \cdot ft}}$	*TR*	*EFF*	$T = n^2/K^2$	lb·ft
中国	i_{TB}	重度×力矩系数	$\gamma\lambda_{M_B}$	$\frac{N}{m^3} \cdot \frac{min^2}{m \cdot r^2}$	*K*	η	$M_B = \gamma\lambda_{M_B} D^5 n_B^2$	N·m

图 12-2 是美国 DANA 公司给出的 C8502 变矩器输入特性曲线。图的上方给出一组数据，根据这组数据及按下列公式计算后绘制出了图中的一组抛物线。

变矩器泵轮传递的力矩 *T*

$$T = \frac{n^2}{K^2} \tag{12-4}$$

式中 *T*——泵轮所传递的力矩，lb·ft；

n——泵轮转速，r/min；

K——系数值，$\frac{r/min}{\sqrt{lb \cdot ft}}$。

若用 N · m 表示泵轮所传递的力矩，

$$M_B = T = \frac{1.356 \times n^2}{K^2} \tag{12-5}$$

在我国还有一个表示变矩器性能的参数，即油重度 γ 和力矩系数 λ_{M_B} 的乘积 $\gamma \cdot \lambda_{M_B}$。此乘积与公式（12-1）中的系数（即图 12-2 左上角表中的 K）有一定关系，可以互换。

根据　$$M_B = \gamma\lambda_{M_B} D^5 n_B^2$$

因为　$$T = M_B$$

故　$$\gamma\lambda = \frac{1.356}{D^5 K^2} \tag{12-6}$$

所以根据图 12-2 中表的数据通过式（12-6）及有关定义很容易换算成适用我国习惯反映变矩器的性能参数 i，K，η，$\gamma\lambda_{M_B}$。

在变矩器的输入特性中，$i=0 \sim 1.003$，大约有 14 ~ 18 条输入特性曲线，其中有 7 条典型输入特性曲线。

序号 1 为启动工况即 $i=0$ 的特性曲线；

序号 5 和序号 14 为变矩器正常工作允许的最低效率 $\eta=0.7$ 时的特性曲线；

序号 9（或 10）为液力变矩器最高效率的特性曲线（$i=0.70$ 或 $i=0.65$）；

序号 11（或 13）为 $i=0.8$，耦合工况 $K=1$ 的特性曲线；

GOV 为通过发动机额定点的特性曲线；

序号 7 为 $i=0.5$ 即变矩器吸收的转矩为最大的工况；

序号 17 为 $i=1$ 即变矩器吸收转矩最少的工况。

12.1.1.3　求柴油机与变矩器共同工作点

根据图 12-1 可求得柴油机各工况的速度特性、调速特性曲线与变矩器输入特性曲线的交点即它们两的共同工作点（n_{B_i} 与 M_{B_i}）。根据共同工作点可计算出柴油机输入到变矩器的功率。

$$N_i = 0.1047 \times 10^{-3} n_{B_i} M_{B_i} \tag{12-7}$$

12.1.2　变矩器的输出特性曲线

根据发动机和变矩器共同工作输入特性曲线求得共同工作点（n_B，M_B），由式（12-8）~ 式（12-10）计算得到发动机和变矩器联合工作特性曲线上各点的数值 M_T、n_T、N_T（变矩器涡轮输出扭矩、转速、功率），从而得到图 12-3 的图形。

$$M_T = KM_B \tag{12-8}$$

$$n_T = in_B \tag{12-9}$$

$$N_T = 0.1047 \times 10^{-3} M_T n_T \tag{12-10}$$

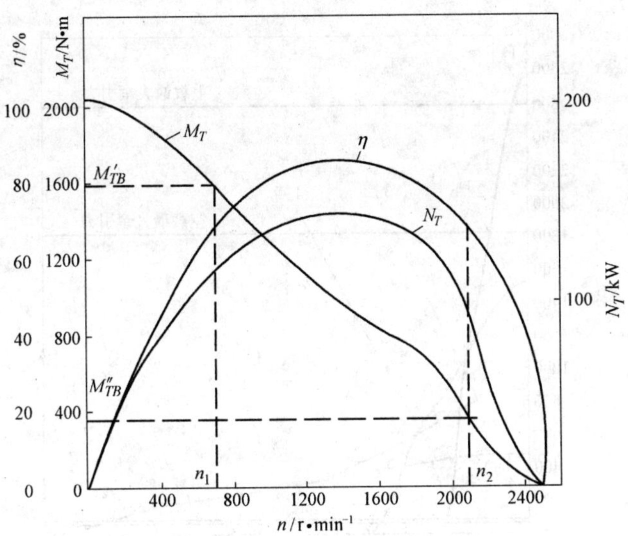

图 12-3 F13L413FW 柴油机与 C8502 变矩器联合工作输出特性

12.1.3 各挡车速、牵引特性与爬坡能力计算

$$v = 0.377 N_T r_K / \Sigma i \tag{12-11}$$

$$T_E = \frac{M_T \Sigma i \eta}{r_K} - A_c F_A^2 v^2 \tag{12-12}$$

$$\Sigma i = i_{OR} i_{TR} i_{AR} \tag{12-13}$$

式中 v——地下装载机行驶速度，km/h；

N_T——变矩器涡轮转速，r/min；

r_K——轮胎的滚动半径，m；

Σi——传动系统总传动比；

T_E——轮子牵引力，N；

M_T——涡轮输出力矩，N·m；

η——传动系统总效率，$\eta = 0.8$；

A_c——空气阻力系统，$A_c = 0.0466 \text{N}/(\text{km/h} \cdot \text{m})^2$；

F_A——地下装载机迎风面积，m^2；

i_{OR}——变矩器偏置传动比；

i_{TR}——变速箱各挡传动比；

i_{AR}——驱动桥总传动比。

根据式(12-11) ~ 式(12-13)就可以计算出 v、T_E、也就是可以绘制两者的关系图，此图就是地下装载机的牵引特性（图 12-4）。

由牵引曲线图可以作如下分析：

(1) 牵引曲线与阻力曲线的交点所对应的速度就是地下装载机在该挡位，在水平地段

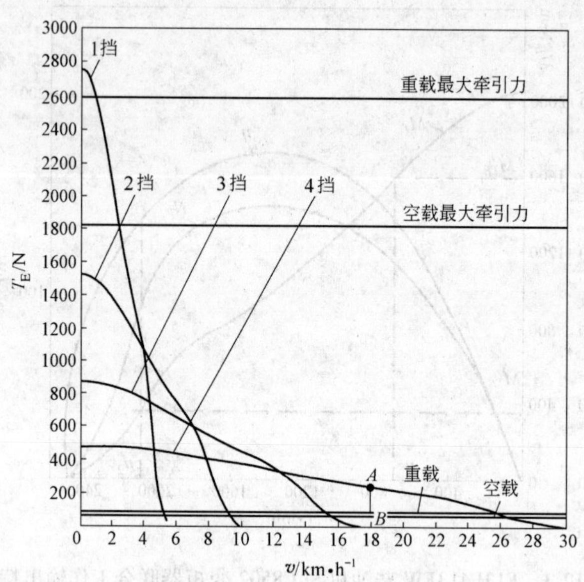

图 12-4　牵引曲线

上，等速行驶所能达到的最大速度。阻力曲线有两条，一是空载，二是重载。因此空载与重载的速度是有差别的。

（2）设 v' 为地下装载机任一行驶速度，过 v' 作直线与横轴垂直，该直线与 T_E-v 曲线有一交点为 A；与 P_f-v 曲线有一交点 B，则 $\overline{AB}$ 线段即在指定行驶条件下的剩余驱动力，用符号 p_{KP} 表示，称为地下装载机的牵引力。当地下装载机铲装时，牵引力等于插入阻力；当地下装载机爬坡行驶时，牵引力用来克服上坡阻力；当地下装载机加速时，牵引力用来克服惯性阻力；当地下装载机爬坡行驶时，牵引力克服上坡阻力后剩余牵引力用来克服加速惯性阻力。

（3）如在指定的条件下，改变地下装载机的挡位，则改变了牵引力曲线与阻力曲线的交点，装载机可能达到的最大行驶速度也会改变。

（4）地下装载机用一定的挡位稳定行驶时所能克服的最大总阻力，在图上 T_E-v 曲线与纵轴的交点所代表的驱动力，低挡较高挡位所能克服的最大阻力为大。

（5）最大驱动力受附着力的限制。将 T_E-v 画在图上，所有 T_E-v 线以上的驱动力在实用中是不可能发挥的。

（6）在图 12-4 中，假如滚动阻力不变，实际上它随车速呈抛物线变化，因此高速挡的车速理论值与实测值有较大的变化。

根据牵引力特性曲线按下式可计算出爬坡能力曲线上各坐标，画出爬坡能力曲线（图 12-5）。

$$D = \frac{T_E}{E_{VW}} \quad 或 \quad D = \frac{T_E}{W_{OD}} \tag{12-14}$$

式中　D——地下装载机动力因素；

T_E——地下装载机牵引力，N；

E_{VW}——地下装载机净重，N；

W_{OD}——地下装载机驱动轮上重量，N；由于地下装载机为四轮驱动，故 $W_{OD}=G_{VW}$，G_{VW}为地下装载机总重，N。

$$\alpha = \arcsin(D-f) \tag{12-15}$$

式中 α——地下装载机爬坡角，(°)；

f——滚动阻力系数，$f=0.02$。

一般爬坡角用斜度来表示

$$斜度 = 100\tan\alpha \tag{12-16}$$

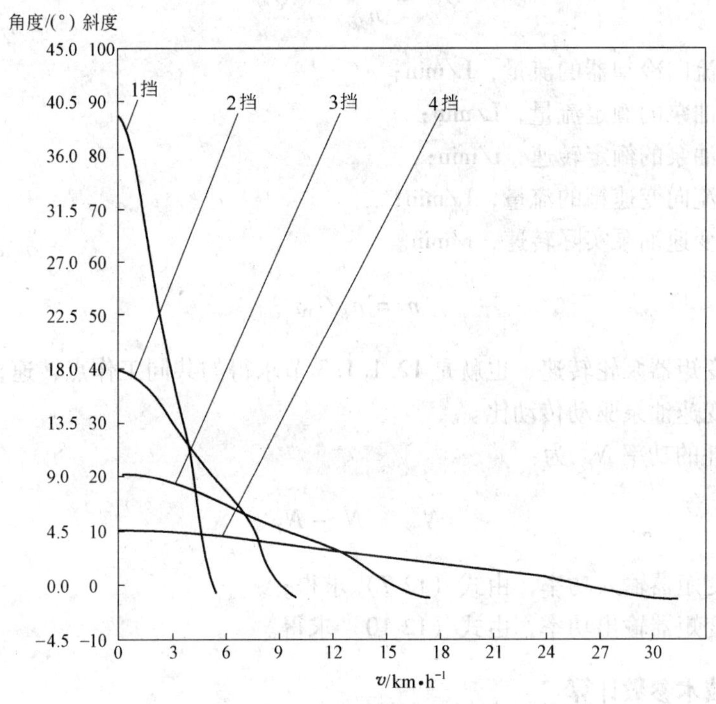

图 12-5 重载爬坡曲线

图 12-5 的爬坡能力曲线并不是装载机实际的可以爬的坡度，只是比较地下装载机动力性而设的一个相对指标，也就是便于比较不同重量地下装载机的动力性能高低。

12.1.4 变矩器变速油泵冷却能力计算

由于变矩器工作时最高效率也只有86%左右，因此变矩器工作时能量损失较大，能量损失转变成热量，使油温升高很快，若超过一定的油温，变矩器则不能正常工作。为此，变矩器必须配备冷却器以保证变矩器工作油温低于评价值。

DANA 变矩器配置的冷却器一般按发动机的最大功率的40%来计算其冷却能力，若变速箱不带缓冲装置，则只按发动机功率的30%来计算冷却器的冷却能力。

DANA变矩器上都配置有变速油泵，由发动机直接带。该泵一方面供变速箱压力油，另一方面供变矩器工作油。供变速箱的油量是DANA公司给出的。如CY-6型地下装载机采用C8502变矩器和5421变速箱，变速油泵的流量是151.4L/min，流向变速箱的流量是30.3L/min；CY-4型地下装载机采用C8402变矩器和4421变速箱、变速油泵的流量为151.4L/min，流向变速箱的流量估计为34.065L/min。CYE-1.5型地下装载机采用C273.1变矩器，T20324变速箱，采用变速油泵的流量为79.485L/min，流向变速箱的流量为13.2L/min。上述油泵均按油泵转速2000r/min时计算的，因此流向冷却器的流量 $Q_{冷}$ 为

$$Q_{冷} = \frac{Q_{泵e}}{n_{泵e}} n - Q_{变} \tag{12-17}$$

式中 $Q_{冷}$——流向冷却器的流量，L/min；

$Q_{泵e}$——油泵的额定流量，L/min；

$n_{泵e}$——油泵的额定转速，r/min；

$Q_{变}$——流向变速箱的流量，L/min；

n——变速油泵实际转速，r/min。

$$n = n_B / i_{TP} \tag{12-18}$$

式中 n_B——变矩器泵轮转速，也就是12.1.1.3节求得的共同工作点转速，r/min；

i_{TP}——变速油泵驱动传动比。

冷却器消耗的功率 $N_{冷}$ 为

$$N_{冷} = N_i - N_T \tag{12-19}$$

式中 N_i——变矩器输入功率，由式（12-7）求得；

N_T——变矩器输出功率，由式（12-10）求得。

12.1.5 其他技术参数计算

12.1.5.1 各挡车速和牵引力、爬坡能力计算

这个问题已在12.1.3节讨论过了，这里省略。这里强调的是计算阻力曲线时，DANA公司采用的滚动阻力系数 $f=0.02$，我国一般采用0.03或0.04。

12.1.5.2 附着牵引力

$$T_E = W_{OD} \psi \tag{12-20}$$

式中 T_E——车轮打滑时的牵引力，kN；

W_{OD}——牵引重量，kN；

ψ——车辆附着系数，$\psi=0.6$。

地下装载机传动系统产生的牵引力若大于上述 T_E，则传动系统大于 T_E 以上的牵引力不能充分发挥。

12.1.5.3 失速牵引力与装载机满载重量之比（即 S_{TE}/E_{VW}，S_{TE}/G_{VW} 之比）的计算

失速牵引力即变矩器输出转速为零时的牵引力。地下装载机各挡的最大牵引力必须在地下装载机失速牵引力关系图（图 12-6）所示的最大值 ±10% 的范围内，这种关系图有两种曲线，分别为失速牵引力（S_{TE}）与地下装载机的总重量（G_{VW}）；失速牵引力（S_{TE}）与地下装载机的空载负荷（E_{VW}）。

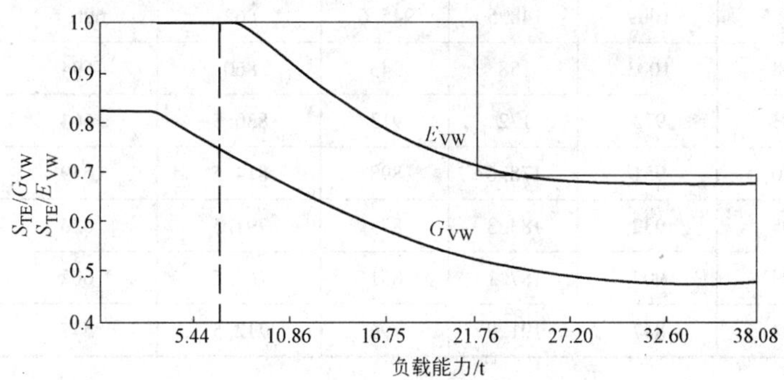

图 12-6 地下装载机失速牵引力关系

12.1.6 例题

CY-6 型地下装载机设计参数如下：

$E_{VW}=304\text{kN}$，$G_{VW}=431\text{kN}$，$W_{OD}=431\text{kN}$；发动机为 F13L413FW，变矩器为 C8502，变速箱为 5421，传动比分别为 4.09、2.27、1.29、0.71，驱动桥为 21D3960，$i_{AR}=30.75$；$r_K=0.82\text{m}$；$\psi=0.6$；$f=0.02$；$A_c=0.0466\text{N}/(\text{km/h}\cdot\text{m})^2$；$F_A=7\text{m}^2$；$\eta=0.8$；工作泵 2000r/min 时流量为 281.2L/min；工作压力为 15MPa；转向泵 2000r/min 时流量为 135.4L/min；工作压力为 15MPa；变速油泵为双联泵 2000r/min 时流量为 151.2/68L/min；油泵传动比 $i_{TP}=0.946$，工作压力为 1.379MPa。试对地下装载机发动机与变矩器进行匹配计算，并求出地下装载机的主要技术参数。

解：（1）油泵的扭矩损失 M_P 与 M_{PL} 的计算。根据表 12-1 与表 12-2 计算得工作油泵空载损失的力矩 $M_P=34.3\text{N}\cdot\text{m}$，$M_{PL}=421.6\text{N}\cdot\text{m}$；转向油泵 $M_S=15.6\text{Nm}$，$M_{SL}=181.1\text{N}\cdot\text{m}$；变速油泵 $M_{TL}=33.6\text{N}\cdot\text{m}$。

（2）求 M_g、M_i 曲线。根据表 12-1 与表 12-2 介绍的方法求出 M_g、M_i（表 12-4），并可画出图 12-1 的曲线 1、2、3。（为了使图形更清楚，工况 1 调速特性曲线未画）。

根据图 12-2 与式（12-5），把美国 DANA 变矩器的负载抛物线转换成公制负载抛物线并画在图 12-1 上。

（3）变矩器的输出特性及冷却能力计算。按图 12-2 左上角数据与式（12-8）、式（12-9）、式（12-10），计算出发动机与变矩器的联合工作输出特性曲线的坐标（表 12-5），并绘出图 12-3。

（4）牵引特性与爬坡能力计算。根据 12.1.3 节的公式和表 12-5 的数据计算出各挡的速度、牵引力和爬坡能力（表 12-6）并绘出图 12-4 与图 12-5 曲线。

表 12-4　发动机的输入计算

发动机转速 /r · min^{-1}	发动机标准状况功率 N_g/kW	发动机标准状况扭矩 M_g/N · m	发动机净功率 N_n/kW	发动机净力矩 M_n/N · m	工况 1 输入变矩器的力矩 M_{i_1}/N · m	工况 2 输入变矩器的力矩 M_{i_2}/N · m	工况 3 输入变矩器的力矩 M_{i_3}/N · m
1200	122	968	114.7	913	829.5	664	442
1400	146	998	137.2	936.3	852.8	687.3	465.3
1500	158.5	1009	148.5	945.6	862	696.6	475
1600	168	1003	158	943	860	694	472
1800	183	973	172	913	830.5	664	442
1900	190	951	178.6	898	814.5	649	427
2000	195	932	183.3	875	791.5	626	404
2100	199	907	187.1	851	767.5	602	380
2300	204	847	191.8	796	712.5	547	325

表 12-5　变矩器特性计算

序号	变矩器原始特性			变矩器输入特性			变矩器输出特性			冷却能力计算	
	速比	力矩比	效率 /%	转速 /r · min^{-1}	扭矩 /N · m	功率 /kW	转速 /r · min^{-1}	扭矩 /N · m	功率 /kW	流量 /L · min^{-1}	功率 /kW
1	0.000	3.090	0.0	2320	650	157.9	0	2009	0	155.1	157.9
2	0.100	2.896	29.0	2310	685	165.7	231	1984	48.0	154.3	117.7
3	0.200	2.615	52.3	2300	710	171.0	460	1857	98.4	153.5	72.6
4	0.300	2.270	68.1	2260	725	171.6	678	1646	116.8	150.3	54.8
5	0.316	2.218	70.1	2260	725	171.6	714	1608	120.2	150.3	51.4
6	0.400	1.930	77.2	2230	730	170.4	892	1409	131.6	147.9	38.8
7	0.500	1.654	82.7	2210	737	170.5	1105	1220	141.1	146.3	29.4
8	0.600	1.427	85.6	2210	737	170.5	1326	1052	146.1	146.3	24.4
9	0.700	1.229	86.0	2230	730	170.4	1561	897	146.6	147.9	23.8
10	0.750	1.125	84.4	2230	730	170.4	1672	821	143.7	147.9	26.7
11	0.800	1.008	80.6	2280	715	170.7	1824	721	137.7	151.9	33.0
GOV	0.814	0.972	79.1	2300	712.5	171.6	1872	693	135.8	153.5	35.8
12	0.850	0.878	74.6	2325	615	149.7	1976	540	111.7	155.5	38.0
13	0.865	0.835	72.2	2350	515	126.7	2032	430	91.5	157.5	35.2
14	0.877	0.798	70.0	2372	435	108.0	2080	347	75.6	159.2	32.4
15	0.880	0.788	69.3	2380	425	105.9	2094	335	73.4	159.9	32.5
16	0.917	0.663	60.8	2420	245	62.1	2219	162	37.6	163.1	24.5
17	0.1003	0.000	0.0	2480	40	10.4	2487	0	0	167.9	10.4

表 12-6 牵引特性与爬坡能力计算

序号	1 挡传动比 $T_R=4.090$			2 挡传动比 $T_R=2.27$			3 挡传动比 $T_R=1.29$			4 挡传动比 $T_R=0.714$		
	v_1 /km·h⁻¹	T_E /kN	坡度 /%	v_2 /km·h⁻¹	T_E /kN	坡度 /%	v_3 /km·h⁻¹	T_E /kN	坡度 /%	v_4 /km·h⁻¹	T_E /kN	坡度 /%
1	0	275.6	78.8	0	153.0	35.5	0	87.0	18.5	0	47.8	9.1
2	0.5	272.1	77.2	0.9	151.0	34.9	1.6	85.9	18.2	2.9	47.2	9.0
3	1.0	254.7	69.5	1.8	141.4	32.4	3.2	80.4	16.9	5.8	44.1	8.3
4	1.5	225.8	58.3	2.7	125.3	28.1	4.7	71.3	14.7	8.6	39.0	7.1
5	1.6	220.6	56.5	2.8	122.4	27.3	5.0	69.6	14.3	9.0	38.1	6.8
6	2.0	193.3	47.4	3.5	107.2	23.5	6.2	61.0	12.2	11.3	33.2	5.7
7	2.4	167.3	39.6	4.4	92.8	19.9	7.7	52.7	10.2	14.0	28.6	4.6
8	2.9	144.3	33.1	5.3	80.0	16.8	9.2	45.4	8.6	16.8	24.4	3.7
9	3.4	123.0	27.5	6.2	68.3	14.0	10.9	38.5	6.9	19.8	20.5	2.8
10	3.7	112.6	24.8	6.6	62.5	12.6	11.6	35.2	6.2	21.2	18.5	2.3
11	4.0	98.9	21.4	7.2	54.9	10.8	12.7	30.8	5.1	23.1	15.9	1.7
GOV	4.1	95.1	20.5	7.4	52.8	10.3	13.0	29.6	4.9	23.7	15.2	1.5
12	4.3	74.1	15.4	7.8	41.1	7.6	13.8	22.9	3.3	25.0	11.4	0.6
13	4.5	59.0	11.8	8.0	32.7	5.6	14.1	18.1	2.2	25.7	8.7	0.02
14	4.6	47.6	9.1	8.2	26.4	4.1	14.5	14.4	1.3	26.3	6.7	-0.4
15	4.6	46.0	8.7	8.3	25.5	3.9	14.6	13.9	1.2	26.5	6.2	-0.6
16	4.9	22.1	3.1	8.8	12.3	0.85	15.5	6.34	-0.5	28.1	2.1	-1.5
17	5.5	0	-2.0	9.9	-0.0	-2.0	17.3	0	-2.0	31.5	0	-2.0

（5）各挡车速与失速牵引力，爬坡能力计算（表 12-7）。

表 12-7 各挡车速、失速牵引力与爬坡能力

挡 位	重载车速/km·h⁻¹	空载车速/km·h⁻¹	失速牵引力/kN	坡度/%
1	5.3	5.3	275.6	78.8
2	9.1	9.4	153.0	35.5
3	15.2	15.6	87.0	18.5
4	25.7	26.6	47.8	9.0

（6）其他技术参数计算。

$$T_E = W_{OD}\psi = 258.89\text{kN}$$

一挡车辆打滑时变矩器效率 $\eta=47.2\%$，失速时的动力因素 $D=\frac{T_E}{G_{VW}}=0.68$。

12.2 电动机与液力变矩器的匹配

液力变矩器与电动机的匹配问题和液力变矩器与柴油机匹配有许多相似之处，但也有其特殊性。这里主要通过对匹配的输入、输出特性进行分析，寻求两者的合理匹配。

12.2.1　液力变矩器与电动机匹配的输入与输出特性

在电动地下装载机的动力传动系统中，一种是电动机通过飞轮直接与变矩器相连，另一种是电动机通过中间传动装置传递给液力变矩器。无论哪种传动方式，在计算变矩器与电动机的共同输入特性时，电动机必须扣除各种辅助泵和必要的附件所需功率后的机械特性与变矩器的输入特性决定了共同工况点。设电动机传给变矩器泵轮的转矩为 M_i，转速为 n_i 电动机的机械特性曲线与变矩器的输入特性曲线的交点就是电动机与液力变矩器的共同工作点。

$$M_i = \frac{2M_{\max} S_m n_0 (n_0 - n)}{n^2 - 2nn_0 + n_0^2 + n_0^2 S_m^2} - M(L) \tag{12-21}$$

式中　$M(L)$ ——辅助件与油泵所消耗的转矩。

由式（3-4）可得，液力变矩器泵轮转矩方程式为

$$M_B = \gamma \lambda_{M_B} D^5 n_B^2$$

将式（12-21）与式（3-4）两条特性曲线用同一比例绘在一张坐标纸上，就得到了液力变矩器和电动机的输入特性曲线，如图 12-7 所示。

液力变矩器和电动机匹配的输入特性与输出特性、液力变矩器和柴油机匹配的输入特性与输出特性两者的求法基本相同。

CYE-1.5 型电动地下装载机液力变矩器和电动机匹配的输出特性曲线如图 12-8 所示。

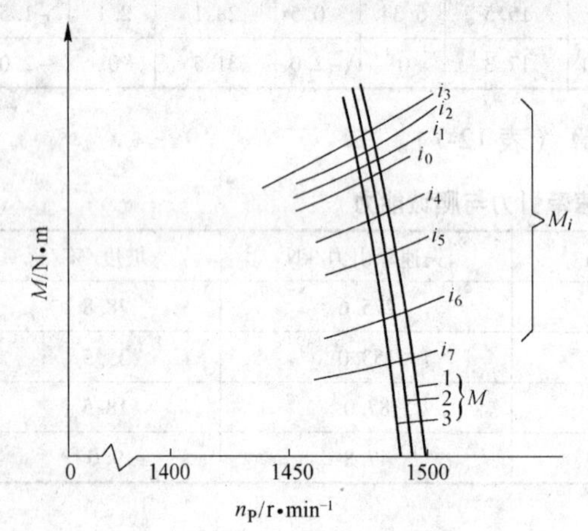

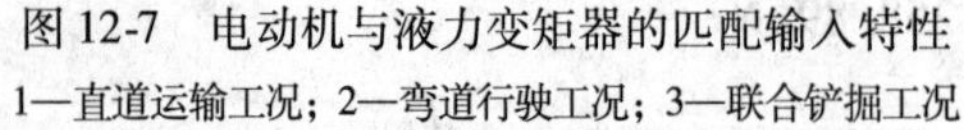

图 12-7　电动机与液力变矩器的匹配输入特性

1—直道运输工况；2—弯道行驶工况；3—联合铲掘工况

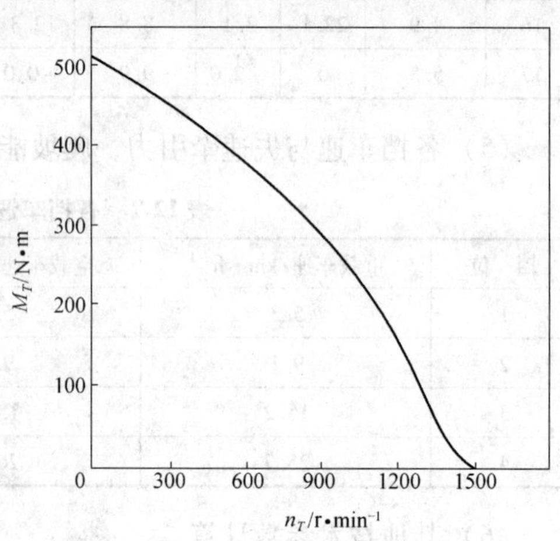

图 12-8　CYE-1.5 型电动地下装载机液力变矩器和电动机匹配的输出特性曲线

12.2.2　电动地下装载机的牵引特性

用与柴油机液力变矩器一样的计算方法，很容易从输出特性求得电动地下装载机的牵引特性（图 12-9）。

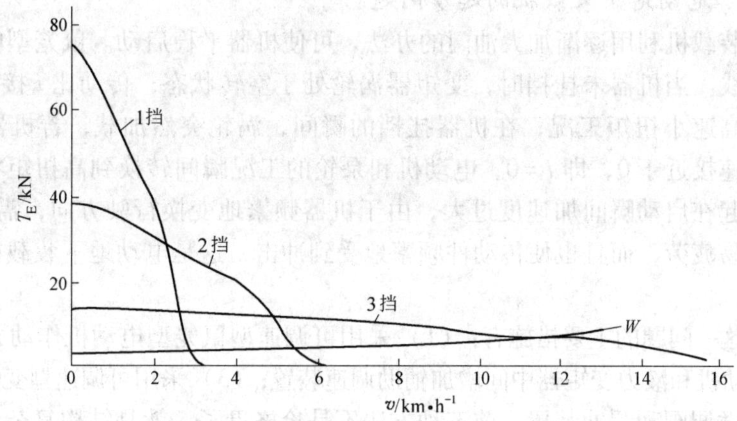

图 12-9 CYE-1.5 型电动地下装载机的牵引特性

W—滚动阻力

12.2.3 液力变矩器与电动机匹配特点

12.2.3.1 电动机的输出转速变化范围很小而力矩变化范围很大

例如 CYE-1.5 型地下装载机的 Y250M-4 型与 C273.1 型变矩器匹配后的输入与输出特性曲线。当液力变矩器的传动比从 0 变到 1.000 时，匹配点的转速从 1488 ~ 1499r/min 之间变化，而输入点扭矩从 9 ~ 211N · m 之间变化。这是因为电动机的机械特性曲线很硬的缘故（图 12-10）。

12.2.3.2 机器在任何工况下，电动机可提供很稳定的牵引力

由于电动机的输出转速变化很小，假定辅助泵的功率分流为定值，图 12-11 线间的垂直距离很小，也就是说，电动机输给泵轮的功率变化很小。但在联合铲掘工况时，工作装置油泵处于负荷状态，此泵功率较大，将造成分流功率急剧增加，时间较短。在选择电动机的功率时，已经考虑了电动机功率的储备，所以电动机仍可提供稳定的牵引力。

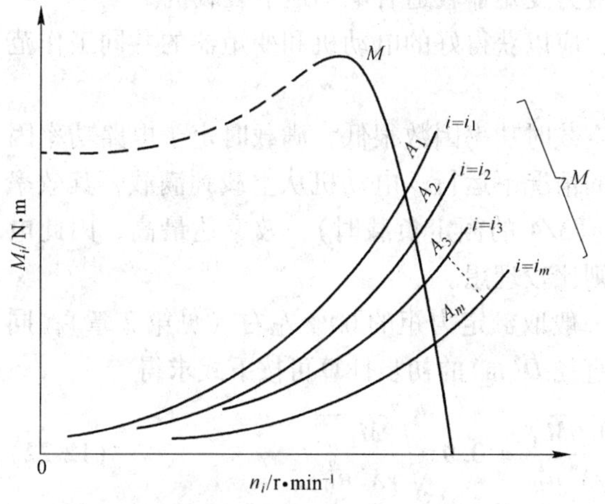

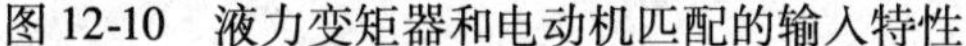
图 12-10 液力变矩器和电动机匹配的输入特性

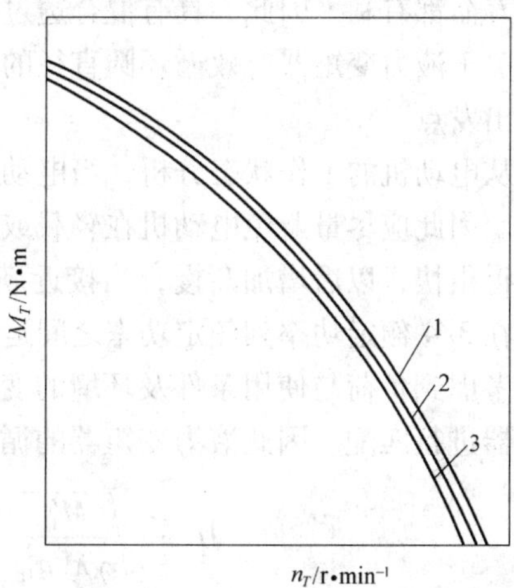

图 12-11 电动机与变矩器的匹配输出特性

1—直道运输工况；2—弯道行驶工况；3—联合铲掘工况

12.2.3.3 电动地下装载机的起步问题

柴油地下装载机利用逐渐加大油门的办法，可使机器平稳启动。鼠笼型电动机仅有一条固定特性曲线。当机器未挂挡时，变矩器涡轮处于空转状态，传动比 i 接近于 1，电动机和泵轮处于高速小扭矩工况；在机器挂挡的瞬间，涡轮突然加载，若机器从静止时启动，则涡轮转速接近于 0，即 $i=0$，电动机和泵轮的工况瞬间转换到高扭矩状态，使机器加速，这就引起在启动瞬间加速度过大，由于机器频繁地变换行驶方向，需要频繁启动，不仅使司机容易疲劳，而且也使传动件频繁地受到冲击，这是电动地下装载机必须解决的问题。

目前解决这一问题的主要措施有：（1）采用可调速型鼠笼型电动机作动力源；（2）在普通鼠笼型电动机和液力变矩器中间增加辅助调速装置；（3）采用可调速型变矩器；（4）在变速箱上采用微调阀和缓冲装置。前三种方法不是价格贵了，就是结构复杂，从而增加故障点。第四种方法结构简单、性能可靠、调速性能满足操纵要求，因而应用很广。它的结构及工作原理已在变速箱的章节中作了详细介绍。

12.2.3.4 液力变矩器的选择及其电动机的合理匹配

液力变矩器的选择是指选择适当的型号及规格的液力变矩器，使之与电动机匹配后获得最好的效果。选择液力变矩器时，考虑两个因素：一是电动地下装载机的作业特点，二是鼠笼型电动机的硬特性。

对于电动地下装载机来说，变矩器的透过性也是一个很重要的问题。使用不透过性变矩器不利于电动机功率的选择；使用有一定透过性的变矩器较好，可使电动机在一定范围内工作。使用正透过性能使机器与外阻力矩的变化相适应，如透过性过大，将使电动机工作范围过宽，欠功率与超负荷的运转机会更多，对电动机和地下装载机的工作反而不利；采用负透过性将使车辆的经济性、动力性变坏，因此一般不采用。采用混合透过性的变矩器使电动机工作变动范围较小，当阻力矩较大时（低速铲掘），涡轮需输出较大转矩，电动机可在短时过载状态下工作，即采用 i_0 在额定转扭矩点附近匹配；长时间负荷时（高速运输），匹配点可考虑在电动机额定扭矩可稍小于额定扭矩的范围，这对电动机的功率选择及寿命都有利。因此，具有混合透过性的液力变矩器较适合电动地下装载机。

关于液力变矩器有效循环圆直径的选择，应以获得好的电动机和变矩器的共同工作范围为出发点。

从电动机的工作状态分析，当电动机在空载时功率因数很低，满载时定子电路功率因数高。因此应尽量避免电动机在轻载或空载的情况下运行。电动机从空载到满载，其效率增加得很快，以后增加渐慢，当接近满载时（3/4 的额定负载时），效率达最高，因此电动机在 3/4 额定功率到额定功率之间运转，则比较理想。

考虑到负荷与使用条件及环境的变化，一般取额定力矩的 60% 左右（见第 2 章），同变矩器进行匹配。因此液力变矩器的循环圆直径 $D(\mathrm{m})$ 的初步计算可按下式求得

$$D=\sqrt[5]{\frac{M'_{\mathrm{H}}}{\gamma\lambda^{*}n_{\mathrm{H}}^{2}}}=\sqrt[5]{\frac{0.6M_{\mathrm{H}}}{\gamma\lambda^{*}n_{\mathrm{H}}^{2}}}=0.9\sqrt[5]{\frac{M_{\mathrm{H}}}{\gamma\lambda^{*}n_{\mathrm{H}}^{2}}} \tag{12-22}$$

式中 M_{H}——电动机额定扭矩，N · m；

γ——油的重度，一般取 8820N/m^3；

λ^*——变矩器的最大力矩系数，$\min^2/(m \cdot r^2)$；

n_H——电动机的额定转速，r/min。

求得 D 后，可以采用比 D 大一挡和比 D 小一挡的变矩器进行匹配性能分析，比较与评价，取最优者作为最后选定的变矩器循环圆直径。

如果没有变矩器的 $\gamma\lambda^*$ 数据，可用类比法选择循环圆直径。

12.3　主要技术参数

地下装载机的主要技术参数是整机性能的标志，对整机的作业生产率、通过性、稳定性、机动性、安全性、可靠性与先进性有很大影响。因此必须全面系统地对它的主要技术参数进行定性和定量分析，为地下装载机的设计、制造、选型，特别为进口地下装载机的验收提供依据。

地下装载机的主要技术参数包括两个方面的参数：操作参数与尺寸参数。前者包括静止倾翻负荷、铲取力、额定载重量、牵引力、车速、斗容、最大爬坡角、发动机功率、机重、动臂上升、下降、铲斗卸料时间、操作重量；后者包括总的操作高度、到铰销的高度、总高、总长、总宽、斗宽、离地间隙、挖掘深度、离去角、最大卸载高度、最大高度的卸载距离、转弯半径、后倾角、卸料角、轴距、轮距等。

12.3.1　操作参数

12.3.1.1　静止倾翻负荷

静止倾翻负荷是指在下列条件下，由于铲斗中的装载物的重量，使地下装载机后轮离地，整机绕前轮与地面接触点向前倾翻。具体条件是：

（1）车辆在平的硬路面上静止不动。

（2）铲斗在最大后倾位置。

（3）在动臂提升至最大外伸位置，载荷作用在铲斗重心。

（4）车辆在规定的操作重量上并带有规定的设备。

对铰接式地下装载机来说，还应标出车架在最大折腰位置时倾翻载荷，此值比直线位置的倾翻负荷小。一般无说明都是以此倾翻负荷作为地下装载机的静止倾翻负荷。

静止倾翻负荷分下述四种情况分别计算：

（1）铲斗处在直线运输位置（图 12-12）

$$C = F_E B / E_{VW} \tag{12-23}$$

$$W = R_E B / A \tag{12-24}$$

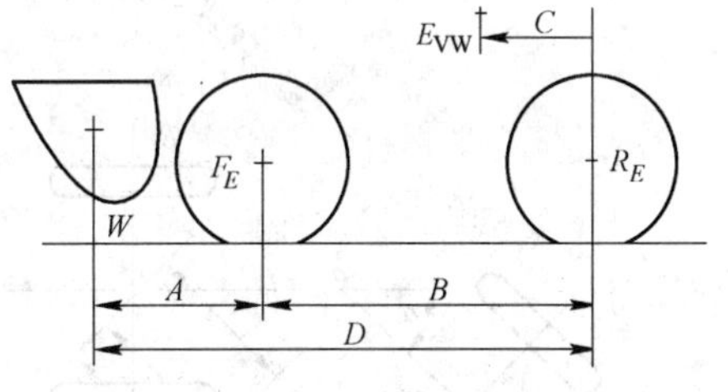

图 12-12　铲斗处在直线运输位置

式中　C——装载机重心至后桥距离；

F_E——前桥负荷；

B——轴距；

W——静止倾翻负荷；

R_E——后桥负荷；

E_{VW}——空车总重量；

A——负荷中心至前桥距离。

（2）铲斗处在最大外伸位置（图 12-13）

$$G = \frac{BF_E - DW_B + FW_B}{E_{VW}} \tag{12-25}$$

$$F'_E = \frac{E_{VW}G}{B} \tag{12-26}$$

$$R'_E = E_{VW} - F'_E \tag{12-27}$$

$$W = \frac{R'_E B}{E} \tag{12-28}$$

式中　G——动臂提升至最大外伸位置时地下装载机重心至后桥距离；

D——$A + B$；

W_B——空铲斗重量；

F'_E、R'_E——动臂提升至最大外伸位置时前桥与后桥负荷；

E——铲斗负荷重心至前桥距离，$E = F - B$。

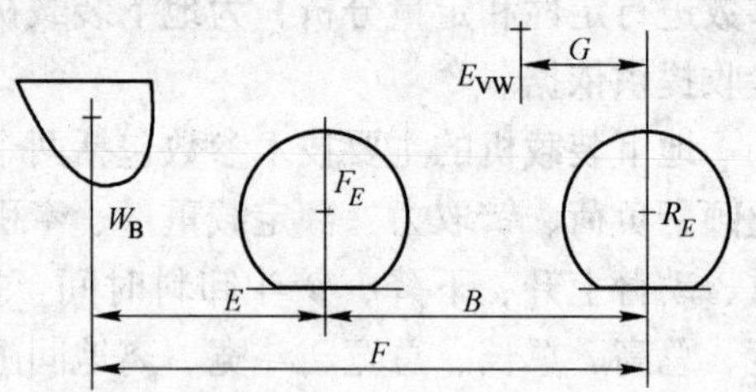

图 12-13　铲斗处在最大外伸位置

（3）铲斗处在运输位置，机架最大折弯时（图 12-14）

$$Y = CJ/B \tag{12-29}$$

$$F_E = E_{VW}Y/J \tag{12-30}$$

$$R_E = E_{VW} - F_E \tag{12-31}$$

$$W = R_E J/A \tag{12-32}$$

式中　Y——机架最大转弯时，装载机重心至过后桥中心且平行于前桥的直线之间距离；

J——机架最大折弯时，后桥中心至前桥距离。

（4）铲斗处在最大外伸位置，机架最大折弯时（图 12-15）

$$L = \frac{C}{B}J \tag{12-33}$$

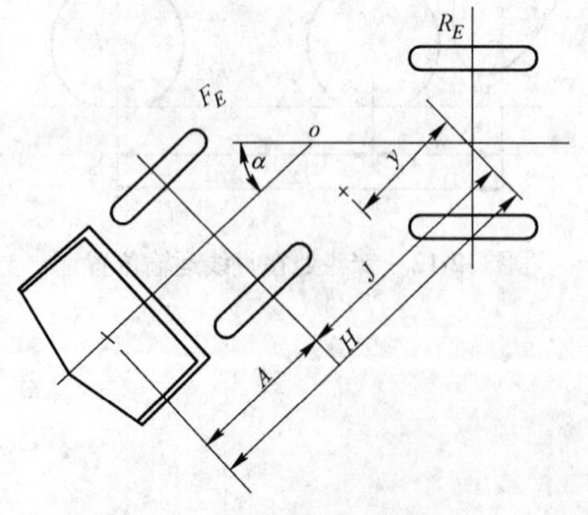

图 12-14　铲斗处在运输位置，机架最大折弯

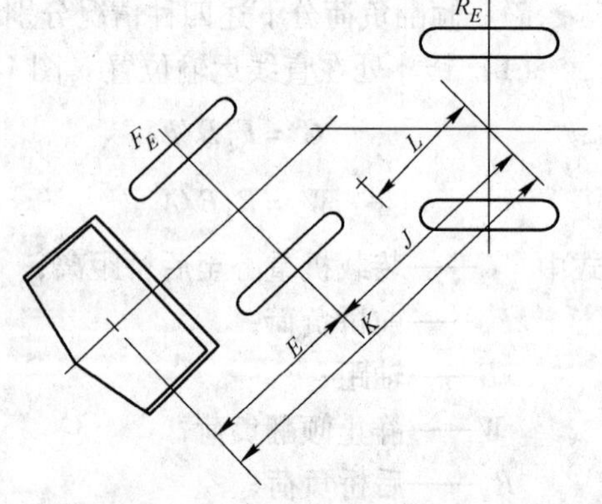

图 12-15　铲斗处在最大外伸位置，机架最大折弯

$$F_E = E_{VW}L/J \tag{12-34}$$

$$R_E = E_{VW} - F_E \tag{12-35}$$

$$W = R_E J/A \tag{12-36}$$

式中 L——装载机重心至过后桥中心且平行于前桥的直线之间距离。

上述四种情况的静止倾翻负荷以第四种情况为最小，故以它来作为地下装载机的静止倾翻负荷。

12.3.1.2 铲取力

在下述情况下，绕着规定的铰点举升或上翻时，在切削刃后 100mm 处所产生的最大垂直向上的力：

（1）车辆在硬的水平路上，变速箱挂在空挡位置。

（2）所有制动器都松开。

（3）车辆在标准操作重量下，车辆后部不固定。

（4）切削刃底与地平线相平行，也可以高于或低于地平线，但不得超过 25.4mm。

（5）当斗翻转时，其转动铰点为铲斗铰销。在铲斗铰销铰点下用东西垫住，以消除连杆装置的运动。

（6）当举升动臂时，其转动铰点为动臂铰销，装载机应将前桥用东西垫住，以消除轮胎变形而引起铰销位置的变化。

（7）假如翻斗与举升动臂同时进行，要规定主要的转动铰点是动臂铰点还是举升铰点。

（8）假如在翻转斗或举升时，使车辆后部离地的垂直力就是铲取力。

（9）对不规则的铲斗来说，上面提到的斗切削刃尖是指刃前面最远点。

具体计算分下述三种情况：

（1）动臂举升时液压铲取力 P_L（图 12-16）。

1）举升油缸的液压动力 P_1

$$P_1 = \frac{1}{4}\pi d^2 p n_1 \tag{12-37}$$

式中 d——举升油缸内径；

p——液压系统压力；

n_1——举升油缸数量。

2）液压铲取力 P_L

$$P_L = P_1 \frac{l_1}{l} \tag{12-38}$$

式中 l_1——动臂与机架铰点至举升油缸轴线的距离；

l——铲取力作用线至过机架与动臂铰销的垂直线间距离。

（2）转斗时液压铲取力 P。

1）反转六杆工作装置（图 12-16）

转斗时，液压缸的液动力 P_2

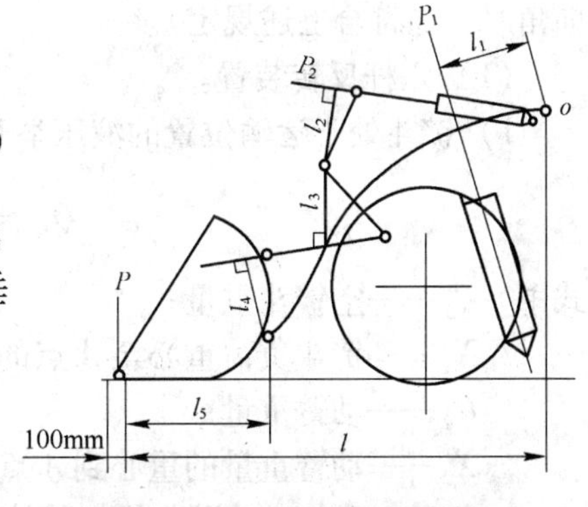

图 12-16 液压铲取力分析

$$P_2 = \frac{\pi}{4}D^2 p \tag{12-39}$$

转斗时液压铲取力 P

$$P = P_2 \frac{l_2 l_4}{l_3 l_5} \tag{12-40}$$

式中　　D——转斗缸内径；

l_2, l_3, l_4, l_5——力臂。

2）正转四杆装置（图 12-17）

$$P = \frac{EpC}{l_5} \tag{12-41}$$

式中　E——转斗油缸面积减去活塞杆面积；

C——铲取力作用线到前桥中心距离。

（3）使车辆后轮离地的铲取力 F_B（图 12-18）

$$F_B = \frac{E_{VW}A}{C} = \frac{R_E B}{C} \tag{12-42}$$

这里 $P_L \geqslant F_B$，$P \geqslant F_B$，动臂举升时液压铲取力和转斗时液压铲取力之最大者称为液压铲取力，使车辆后轮离地的铲取力称为机械铲取力。

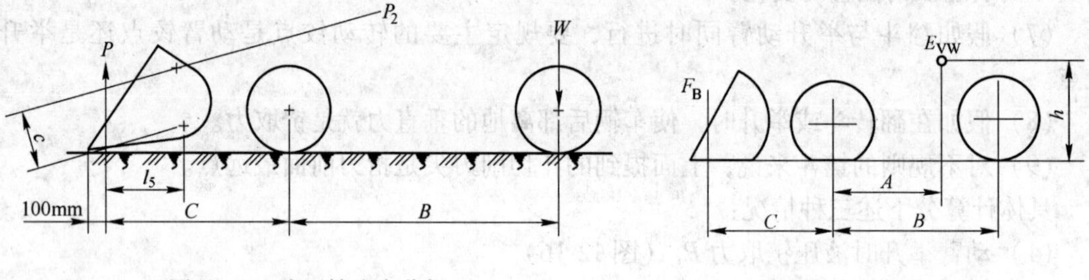

图 12-17　液压铲取力分析　　　　图 12-18　铲取力分析

12.3.1.3　额定载重量

地下装载机的额定载重量 Q_H 是指保证其稳定性所规定的重量和铲斗举升力所能举起的重量。当装载机备有一定规格的铲斗，在光滑硬的水平面上作业，且最大行驶速度不超过6km/h，地下装载机载重量不得超过其倾翻负荷的50%（铰接式地下装载机应在最大转向角时，亦符合上述规定）。

（1）六杆反转装置。

1）铲斗处于运输位置的液压举升力 P_1（图 12-19）所决定的额定载重量 Q_H

$$Q_H = \frac{P_1 X_3 - Q_1 X_1 - Q_2 X_2}{X_1} \tag{12-43}$$

式中　Q_1——空铲斗重量；

X_1——铲斗负荷重心至 A 点的距离；

Q_2——动臂重量；

X_2——动臂重量的重心到 A 点的距离（图中未表示）；

X_3——A 点（动臂与机架的铰接点）至举升油缸中心线的距离。

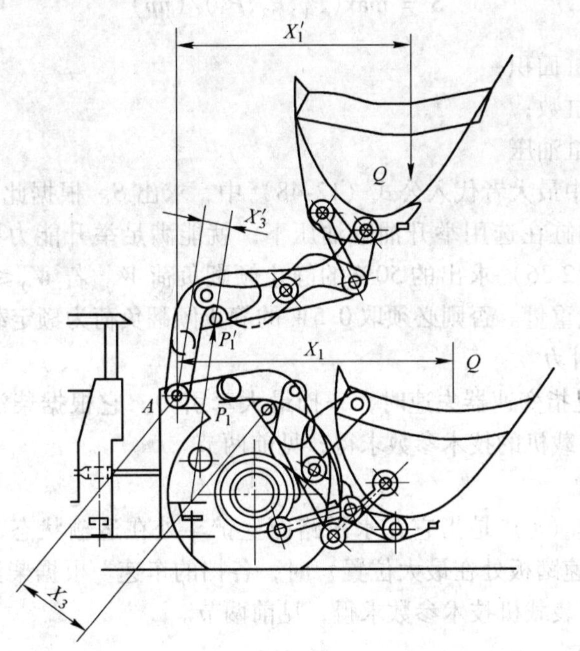

图 12-19　举升能力计算分析

2）铲斗处于最高位置时液压举升力 P_1 所决定的额定载重量 Q_H（图 12-19）

$$Q_H = \frac{P_1X_3' - Q_1X_1' - Q_2X_2'}{X_1'} \tag{12-44}$$

式中　X_3'——A 点到举升油缸中心线距离；

X_1'——铲斗负荷重心到 A 点距离；

X_2'——动臂重心到 A 点距离。

根据式（12-43）、式（12-44）求出的额定载重量取其较小者可作为地下装载机的额定载重量 Q_H。但还必须校核 Q_H 是否小于按式（12-36）求出的 50% 的静止倾翻负荷 W。若 $Q_H \leqslant 50\% W$ 则 Q_H 就是装载机的额定载重量。否则必须取 $0.5W$ 的静止倾翻负荷为额定载重量。

（2）正转四杆装置(图 12-20）

$$P_1 = \frac{B_1W_Q}{A_1} \tag{12-45}$$

$$P_2 = \frac{B_2W_Q}{A_2} \tag{12-46}$$

$$P_3 = \frac{B_3W_Q}{A_3} \tag{12-47}$$

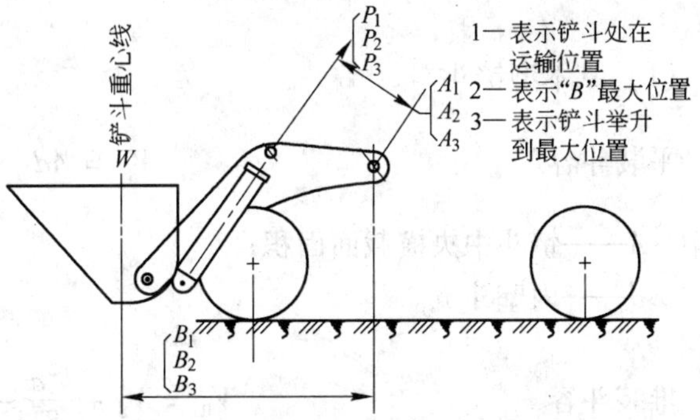

1— 表示铲斗处在运输位置
2— 表示“B”最大位置
3— 表示铲斗举升到最大位置

图 12-20　正转四杆机构举升能力分析

式中　W_Q——铲斗重量 + 举升臂重量 + 矿岩重量；

P_1，P_2，P_3——铲斗在不同位置时，举起 W 重量所需液动力。

$$S = \max(P_1, P_2, P_3)/(np) \tag{12-48}$$

式中 S——举升油缸面积；

n——举升油缸数；

p——举升油缸油压。

把 P_1、P_2、P_3 中最大者代入公式（12-48）中，求出 S。根据此面积可在标准油缸中选出合适油缸。该油缸在选用举升油缸油压下，就能满足举升能力要求。但还必须校核 W_Q 是否小于按式（12-36）求出的 50% 的静止倾翻负荷 W。若 $W_Q \leqslant 50\% W$，则 $W_Q = Q_H$ 就是装载机的额定载重量。否则必须取 $0.5W$ 的静止倾翻负荷为额定载重量。

12.3.1.4 牵引力

牵引力（T_E）是指变速器失速时，一挡最大牵引力。它根据柴油机（或电动机）与变矩器匹配及地下装载机的技术参数求得，见前两节。

12.3.1.5 车速

地下装载机车速（v_i）是指它在水平路面上铲斗处在运输状态，柴油机在最大油门（电动地下装载机加速踏板处在最大位置）时，各挡的车速。根据柴油机（或电动机）与变矩器的匹配及地下装载机技术参数求得，见前两节。

12.3.1.6 斗容

铲斗的斗容有两种，一种是平装斗容（几何斗容）V_S，另一种是堆装斗容（额定斗容）V_R。所谓平装斗容即铲斗的内表面与铲斗宽度刮平平面所容有的容积（图 12-21），刮平的平面限于铲斗斗刃与斗壁的最上部分。所谓堆装斗容即平装斗容另加上物料按 2∶1 的坡度角堆装的体积（图 12-22）。斗容的计算按下述四种情况分别计算。

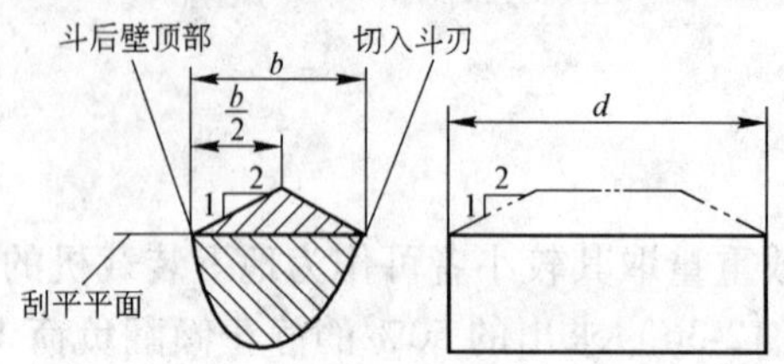

图 12-21 平装斗容计算简图

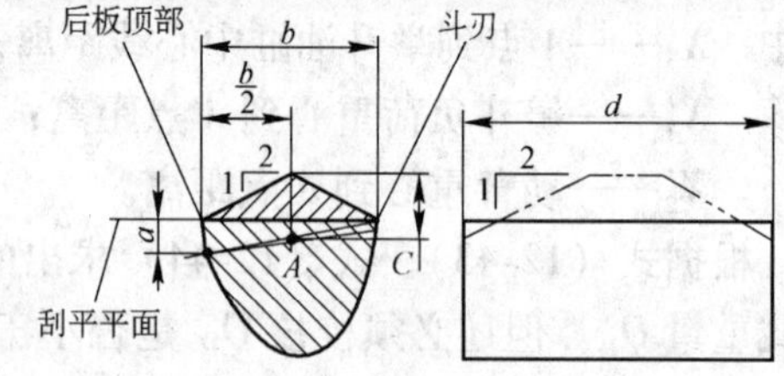

图 12-22 堆装斗容计算简图

（1）基本型铲斗。

平装斗容
$$V_S = Ad \tag{12-49}$$

式中 A——铲斗中央横截面面积；

d——内壁斗宽。

堆装斗容
$$V_R = V_S + \frac{b^2 d}{8} - \frac{b^3}{24} \tag{12-50}$$

式中 b——铲斗斗刃与后挡板最上部边缘之间的距离。

（2）有延伸后挡板铲斗斗容的计算（图 12-22）。

平装斗容
$$V_S = Ad - \frac{2}{3}a^2b \tag{12-51}$$

式中 a——后挡板垂直于刮平线的高度，近似计算可取挡板高度。

堆装斗容
$$V_R = V_S + \frac{b^2d}{8} - \frac{b^2}{6}(a + c) \tag{12-52}$$

式中 c——物料的堆积高度，可由作图法确定，由料堆顶点作直线（垂直于斗刃与挡板高度的连线），与斗刃和斗板下缘之连线相交，此交点与料堆尖端之距离即为物料堆积高度。

(3) 非规则斗刃铲斗斗容计算（图 12-23）。由于斗刃是不规则形状，因此不加修正就直接采用上述公式计算就不切合实际。此时由斗后壁顶部与斗刃凸出部分长度 h 的 1/3 处连线作为刮平面，其长度为 b_1。经过这样修正后，可按式（12-53）计算它的平装斗容。

堆装斗容
$$V_R = V_S + \frac{{b_1}^2d}{8} - \frac{{b_1}^2}{6}(a + c) \tag{12-53}$$

(4) 非规则侧刃铲斗斗容的计算（图 12-24）。首先要画出侧板主切削刃与后挡板交点以及侧板主切削刃与斗刃交点的连线，连线的距离用 x 表示。侧板主切削刃到连线的距离为 y，若比值 $x/y > 12$，那么可以按前面的公式计算。如果比值 $x/y < 12$，则上述公式不能适用。

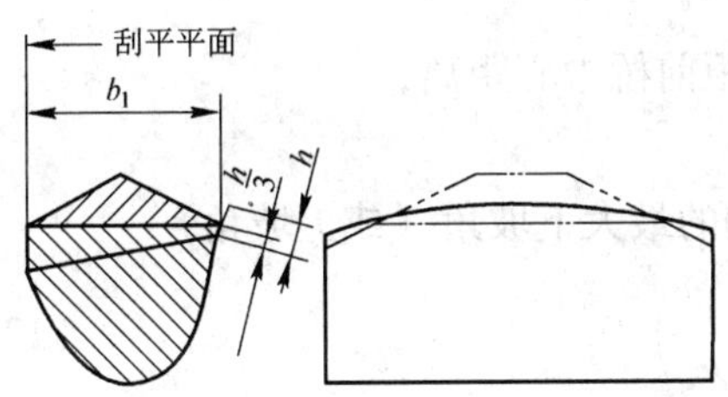

图 12-23 非规则斗刃斗容计算简图

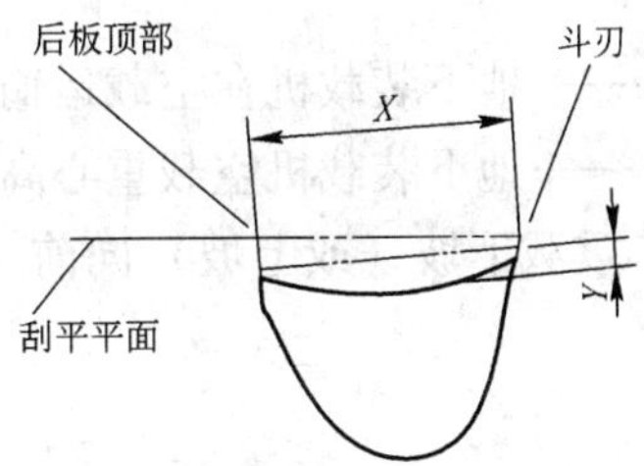

图 12-24 非规则侧刃斗容计算简图

12.3.1.7 最大爬坡角

机器动力性所反映的爬坡能力是指车辆在某一挡位下等速行驶时，由发动机动力性所决定的最大爬坡角（α_{max}）可以根据各挡动力因素的最大值 D_{max} 计算而得。如果 D_{max} 完全用来克服车辆的道路阻力，那么此时的坡道角即为该挡的最大爬坡角。由公式计算的爬坡角只是反映发动机所能提供的爬坡能力。机器在实际上可能实现的最大爬坡角，还要受到横向、纵向滑移和稳定性的限制。

(1) 由动力性所决定的最大爬坡角 α_{max}。

根据牵引力曲线各挡在以 2km/h 速度的动力因素
$$D = (T_E - P_{空})/E_{VW} \tag{12-54}$$

式中 T_E——车辆速度为 2km/h 时的牵引力；

$P_{空}$——空气阻力，当车速很低时 $P_{空} = 0$；

E_{VW}——地下装载机机重。

在运输工况下，牵引平衡方程可得

$$D = f\cos\alpha + \sin\alpha + \frac{\delta_0}{g} \cdot \frac{dv}{dt} \tag{12-55}$$

机械等速上坡时

$$\frac{dv}{dt} = 0$$

所以 $D = f\cos\alpha + \sin\alpha$

各挡最大爬坡角 α_{max}

$$\alpha_{max} = \arcsin \frac{D_{max} - f\sqrt{1 - D_{max}^2 + f^2}}{1 + f^2} \tag{12-56}$$

式中 f——滚动阻力系数，一般 $f = 0.03 \sim 0.04$。

（2）滑动极限爬坡角。

$$\alpha_{极} = \arctan(\psi - f) \tag{12-57}$$

式中 ψ——附着系数。

（3）由稳定性所决定的最大爬坡角 α_{max}。

1）空载时下坡（或上坡）向前（或向后）倾翻的最大下坡（或上坡）角（图 4-8）。

$$\alpha_{max} = \arctan\left(\frac{e}{h_e}\right) \tag{12-58}$$

式中 e——地下装载机在空载运输位置时，重心距前桥中心距离；

h_e——地下装载机空载重心高度。

2）重载下坡（或上坡）向前（或向后）倾翻的最大下坡角（或上坡角）

$$\alpha_{max} = \arctan\left(\frac{e'}{h_{e'}}\right) \tag{12-59}$$

式中 e'——地下装载机在运输位置重心距前桥中心距离；

$h_{e'}$——地下装载机重载时重心高度。

动态稳定性所决定的 α_{max} 由于计算复杂，另有专门论述，一般 $\alpha_{动max} \leqslant \alpha_{静max}$。

12.3.1.8 发动机功率

发动机功率（N）的选择见 2.1 节，也可以参考表 12-8、表 12-9。

12.3.1.9 地下装载机的机重

地下装载机的机重（G）分为结构重量和操作重量。结构重量是指地下装载机本身的装配重量，而操作重量是除结构重量外，还应包括发动机的冷却水、燃料、润滑油、油压系统的工作油、随机必备的工具和驾驶员重量。

地下装载机铲斗插入料堆的能力取决于地下装载机的牵引力，而牵引力的大小在地下装载机有足够大功率的发动机，又受地面条件和机重的影响，因此必须具有足够的机重。但机重过大，则浪费金属和增加装载机成本，而影响发动机动力性，若机重过小，牵引力又不足。因此，在具有同样作业能力与使用性能前提下，应减少地下装载机的自重（其选择可参考表 12-8、表 12-9）。

12.3.1.10 臂提升时间

把装有额定载荷的铲斗从地面水平位置提升到最大高度所需时间 t(s)

$$t = \frac{0.06ALn_1}{\eta_V Q} \tag{12-60}$$

式中 A——举升油缸大缸面积，cm^2

$$A = \frac{\pi}{4}D^2 \tag{12-61}$$

L——举升油缸行程，cm；

D——油缸内径，cm；

n_1——举升油缸数；

η_V——油缸容积效率；

Q——油泵流量，L/min

$$Q = \eta'_V nV \times 10^{-3} \tag{12-62}$$

η'_V——油泵容积率；

n——油泵转速，r/min；

V——油泵每转排量，cm^3/r。

12.3.1.11 动臂下降时间

把空斗从最大高度下降到地面水平位置的时间 t_1(s)

$$t_1 = \frac{0.06A'Ln_1}{Q\eta_V} \tag{12-63}$$

式中 A'——举升油缸小腔面积，cm^2

$$A' = \frac{\pi}{4}(D^2 - d^2) \tag{12-64}$$

d——活塞杆直径，cm；

L——举升油缸行程，cm。

12.3.1.12 铲斗卸料时间

铲斗卸料时间（t_2）即铲斗内装有额定载重量从最高卸载位置到完全卸料位置所需时间（s）。

$$t_2 = \frac{0.06A'_1Ln_2}{\eta_V Q} \tag{12-65}$$

$$A'_1 = \frac{\pi}{4}(D^2 - d^2) \tag{12-66}$$

式中 A'_1——倾翻油缸小腔面积，cm^2；

n_2——倾翻油缸数。

12.3.1.13 操作重量

车辆在工作时所规定的总重量，包括一个装满油的燃油箱，一个重为 75kg 的驾驶员重量。

12.3.2　尺寸参数

地下装载机的整机几何尺寸如图 12-25 所示。

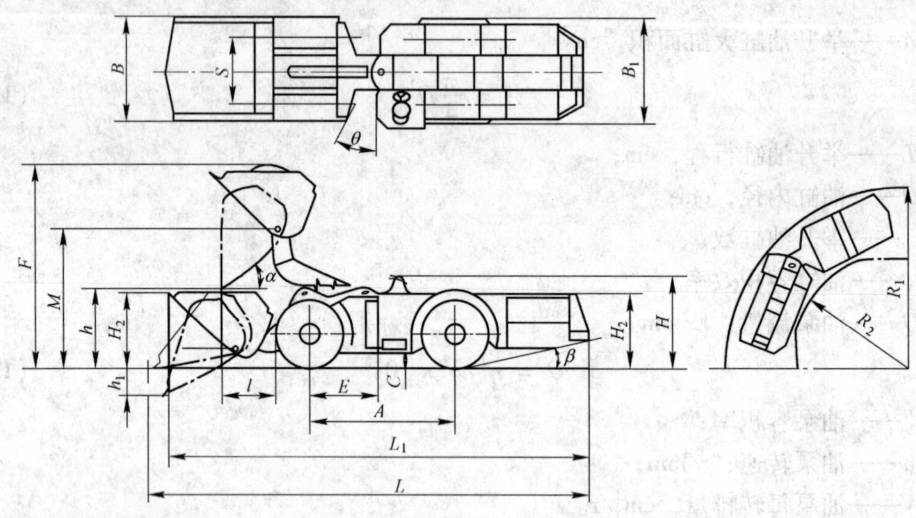

图 12-25　地下装载机的整机几何尺寸

12.3.2.1　总的操作高度

总的操作高度（F）是指动臂举升至最高位置，从地面到机器所能达到的最高点之间的垂直距离。

12.3.2.2　到铰销的高度

到铰销的高度（M）是指动臂举升到最高位置，从地面到铲斗铰销中心线之间的垂直距离。

12.3.2.3　总高

总高（H）是指当铲斗在地面时，从地面到机器的最高点之间的垂直距离。

12.3.2.4　总长

总长（L）是指铲斗在地面上及放平时机械的总的水平长度。

12.3.2.5　总宽

总宽（B_1）是指除铲斗之外的装载机的最大外侧宽度。

12.3.2.6　斗宽

斗宽（B）是指斗的最大外侧宽度。

12.3.2.7　离地间隙

离地间隙（C）是指当动臂举升时，装载机轮胎之间从地面到机器最低一点的最小垂直距离。

12.3.2.8　挖掘深度

挖掘深度（h_1）是指当铲斗切削刃底在最低位置，并且斗切削刃水平时，从地平线到斗切削刃底的垂直位置。

12.3.2.9 离去角

离去角（β）是指地下装载机后部的下部突出点向后轮所引切线与路面之间的夹角。它表示地下装载机离开土丘等障碍物时不致发生碰撞的可能性。

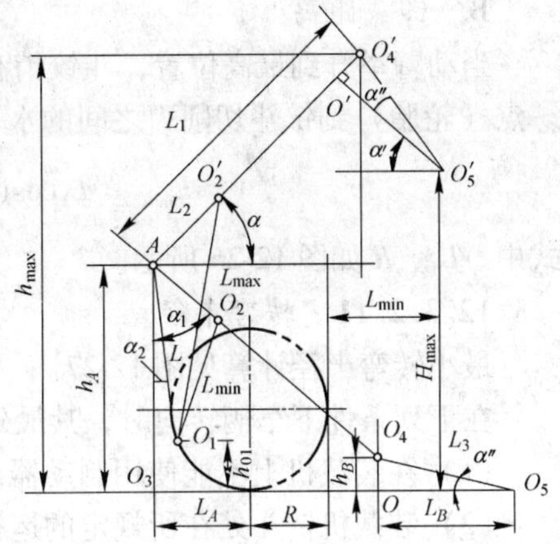

图 12-26 最大卸载高度与最小卸载距离计算简图

12.3.2.10 卸载高度与卸载距离的计算

最大卸载高度与最小卸载距离计算见图 12-26。

A 最大卸载高度

当铲斗铰销到最大高度、卸载角为 45°时，从地面到切削刃最低点之间垂直距离（mm）。在有些地下装载机的技术参数里给的不是 45°而是 40°或其他一个角度，这时也可按给定的卸载角计算最大卸载高度 h（或卸载距离）。

$$\alpha_1 = \arccos \frac{h_A - h_B}{L_1} \tag{12-67}$$

$$\alpha_2 = \arccos \frac{h_A - h_{01}}{L} \tag{12-68}$$

$$\alpha = \alpha_2 + \arccos \frac{L_2^{\ 2} - L^2 - L_{max}^2}{2L_2 L} - 90° \tag{12-69}$$

$$\alpha'' = \arcsin \frac{h_B}{L_3} \tag{12-70}$$

$$h = h_A + L_1 \sin\alpha - L_3 \sin(\alpha' + \alpha'') \tag{12-71}$$

式中与图 12-26 中的符号与代号意义如下：

A——动臂与机架的铰接点；

O_4——动臂与铲斗的铰接点；

O_5—斗尖；

O_1——举升油缸与机架的铰接点；

O_2——举升油缸与动臂的铰接点；

L_{max}——举升油缸最大安装距；

L_{min}——举升油缸最小安装距；

$L_1 = AO_4$；

$L_2 = AO_2$；

$L_3 = O_4O_5$；

$L = AO_1$；

α'——铲斗位于最大卸载高度时的卸料角。

B　卸载距离

当动臂举升到最高位置，斗铰销有最大高度，铲斗卸料角为45°时，从车辆最前面的一点（轮胎）到铲斗切削刃之间的水平距离 $L_{\min}$（mm）。

$$L_{\min} = L_3\cos(\alpha' + \alpha'') + L_1\cos\alpha - L_A - R \tag{12-72}$$

式中　L_A、R 如图12-26所示。

12.3.2.11　转弯半径

最小转弯半径计算见图12-27。

在下列条件下车辆转向时，其最外一点和最内一点所做的圆，用最小转弯半径表示：

（1）在装载机上不能使用制动器。

（2）装载机铲斗处在所规定的运行位置。

$$R_1 = \frac{A}{2}\cot\left(\frac{\alpha}{2}\right) - \frac{B_1}{2} - \frac{b}{2} \tag{12-73}$$

$$R_2 = \sqrt{B_2^2 + \left(R + \frac{b}{2} + \frac{B_1}{2} + \frac{B}{2}\right)^2} \tag{12-74}$$

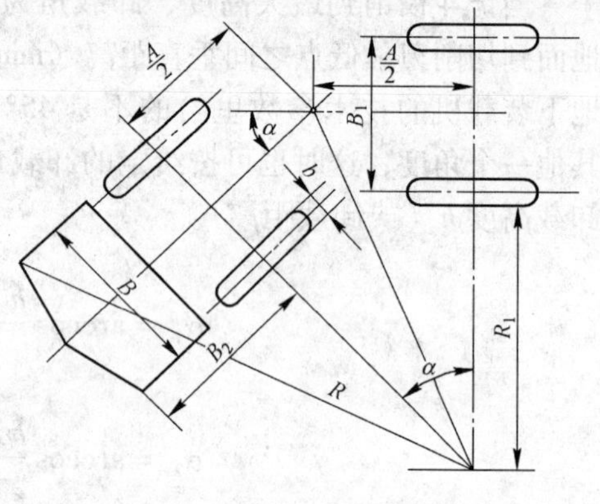

图12-27　最小转弯半径计算简图

式中　α——最大转向角；

b——轮胎宽；

B——铲斗宽；

B_1——轮距；

B_2——侧刃到前桥中心距离；

A——轴距；

R_2——铲斗外侧转向半径；

R_1——轮胎内侧转向半径。

12.3.2.12　轮距

轮距（A）为从前轮中心到后轮中心的水平距离。轮距对地下装载机的重量、桥荷分配、长度、纵向稳定性、行驶的平稳性、最小转弯半径等有直接的影响。减少轮距，装载机长度与自重就减小，最小转向半径也减小，轮距过小使装载机纵向稳定性变差，行驶时颠簸大，而且还会使万向节传动夹角过大。增大轮距可提高装载机纵向稳定性与行驶平稳性，但轮距过大，会增加装载机的自重及最小转向半径。设计时，综合考虑上述影响，根据现有装载机统计资料去确定轮距。

12.3.2.13　轴距

轴距指轮胎中心线的横向距离。轴距（S）对装载机的总宽、重量、横向稳定性及机动性有很大的影响。增加轴距，可提高装载机的横向稳定性，但却增大最小转向半径，从而影响机动性，使铲斗宽度、总宽及重量增加，并使单位插入力减少。因此设计时应尽量减少轴距。

12.3.2.14　铲斗的收斗角及卸料角

铲斗的收斗角即铲斗切削刃底往水平面上转动的角度。卸载角（U）即斗由底最长的平面部分往水平以下转动的角度。铲斗在运输位置的收斗角为45°~50°。动臂在举升过程中，收斗角是变化的，在最高位置是60°~65°。收斗角过大、过小都会引起物料撒落。铲斗在最高位置的卸料角为38°~45°，过小影响物料卸净。

12.3.3 用数学统计的方程确定总体参数

数学统计方程的建立，是在收集了大量的国内外相近机型的基础上，找出各变量之间的关系，并建立一个以变量为基础的方程。表12-8、12-9列出装载机各统计方程。在设计中初选总体参数时，可以采用这些统计方程进行初算。

表12-8 斗容与其他参数关系

参　数	柴油地下装载机经验公式	电动地下装载机经验公式
功率/kW	$V_R<5$ 时，$28.254e^{0.35V_R}$ $V_R\geqslant5$ 时，$138.497+9.978V_R$	$16.419+20.447V_R$
机重/t	$1.65+4.5V_R$	$6.535V_R^{0.869}$
内转弯半径/m	$1.997V_R^{0.331}$	$2.119+1.943\lg V_R$
外转弯半径/m	$3.762V_R^{0.343}$	$3.853V_R^{0.348}$
轴距/m	$2.092V_R^{0.304}$	$(0.251+0.252/V_R)^{-1}$
机器长/m	$5.577V_R^{0.330}$	$5.80V_R^{0.338}$
机器宽/m	$1.31V_R^{0.381}$	$1.295V_R^{0.391}$
机器高/m	$1.873V_R^{0.137}$	$1.748e^{0.054}V_R$
最大卸载高度/m	$1.198V_R^{0.287}$	$(0.429+0.543/V_R)^{-1}$

表12-9 载重量与其他参数关系

参　数	柴油地下装载机经验公式	电动地下装载机经验公式
功率/kW	$Q_H<9$ 时，$28.135e^{0.21Q_H}$ $Q_H\geqslant9$ 时，$74+10Q_H$	$16.514+10.346Q_H$
机重/t	$1.349+2.424Q_H$	$3.902Q_H^{0.831}$
内转弯半径/m	$1.634Q_H^{0.315}$	$1.68+1.867\lg Q_H$
外转弯半径/m	$3.056Q_H^{0.377}$	$3.138Q_H^{0.335}$
轴距/m	$1.74Q_H^{0.298}$	$(0.259+0.388/Q_H)^{-1}$
机器长/m	$4.567Q_H^{0.324}$	$4.738Q_H^{0.324}$
机器宽/m	$1.042Q_H^{0.373}$	$1.042Q_H^{0.326}$
机器高/m	$1.74Q_H^{0.32}$	$1.747e^{0.027}Q_H$
最大卸载高度/m	$0.989Q_H^{0.29}$	$(0.447+0.953/Q_H)^{-1}$

13 地下装载机性能检测

地下装载机性能的好坏必须通过检验来证明。通过检验还可以发现被检地下装载机存在的各种问题，并予以排除。因此地下装载机在出厂前必须进行性能的全面检验（如果条件具备的话）。

13.1 动力装置的性能测定

13.1.1 目的

通过检验发动机速度来测评已装好的发动机/变矩器性能。

13.1.2 测试仪表与精度

13.1.2.1 压力表

压力表的压力范围根据所测地下装载机的要求确定。精度要求为0.01MPa。

13.1.2.2 数字式转速表

数字式转速表的精度要求为±5r/min。

13.1.2.3 秒表

秒表的精度要求为±0.1s。

13.1.2.4 性能检测表

柴油机/变矩器性能测试见表13-1。

表13-1 柴油机/变矩器性能测试

车辆型号＿＿＿＿＿＿＿　发动机厂家＿＿＿＿＿＿＿　日　期＿＿＿＿＿＿＿

序　号＿＿＿＿＿＿＿　型　号＿＿＿＿＿＿＿　测试人＿＿＿＿＿＿＿

出厂时间＿＿＿＿＿＿＿　功　率＿＿＿＿＿＿＿kW　环境温度＿＿＿＿＿＿＿

参数	发动机/$r \cdot min^{-1}$			倾翻表压值/MPa				转向表压值/MPa			
	规范	公差	测量值	规范	公差	测量值	实际值	规范	公差	测量值	实际值
怠速		±25									
高速空转		±50									
变矩器失速		±50			±0.345				±0.345		
变矩器失速加转向		±50			±0.345				±0.345		
变矩器失速加倾翻		±50			±0.345				±0.345		

发动机从怠速到下面几种速度的加速时间	时间/s		备注
	规范值	测量值	
高速空转			
变速器失速			
变速器失速+倾翻溢流（转向溢流）			

13.1.3 测量程序

13.1.3.1 检查发动机规范顺序

(1) 生产厂家及汽缸数。

(2) 涡轮增压、后冷、海拔高度补偿、自然吸气。

(3) 喷射泵规格。

(4) 输出功率、因海拔高度功率减少量。

13.1.3.2 检查变矩器规范

(1) 标准叶轮尺寸。

(2) 标准偏置比。

13.1.3.3 确定发动机的正确转速

(1) 发动机怠速：最低与最高值。

(2) 变矩器失速：只限变矩器加转向溢流，变矩器加倾翻溢流。

(3) 发动机从怠速加速到下列工况的时间：高速空转、变矩器失速、变矩器失速加倾翻溢流。

(4) 指定位置的压力检查（参考13.2节）。

(5) 在发动机曲轴端上涂上油漆，并贴上反光纸，以便测量发动机转速。

(6) 操纵倾翻油缸使铲斗后翻，利用工作系统的溢流将液压油箱的油温加到65℃。

(7) 检查并记录液压系统溢流压力设置：

1) 检查并记录压力表读数。

2) 当发动机在高速空转时所要求的压力（详见13.2节）。

3) 记录所用的压力表。

13.1.4 测量方法

测量方法如下：

(1) 按照规定的压力检查孔位置装上压力表。

(2) 使车辆全速运转。

(3) 将变矩器的油温加热到82.2℃（看仪表盘上的温度计）或加热到下面的最终检查资料上所列的温度范围。在1/3的油门以10s的空挡和20s的变矩器失速时间轮流操作，使变矩器油温上升到所需温度。注意：当变矩器失速操作车辆时，一定要使用停车制动器，并且变速箱必须处在第三挡、第四挡。

(4) 记录发动机怠速速度。

(5) 在空挡的情况下，使发动机开到全速，并记录r/min。

(6) 使车挂挡，然后将发动机开到全速，并使车速稳定下来，再用转速表测量车速（r/min），并快速记录压力表的读数。

(7) 如果必要的话，将车置于空挡，将油门打到1/3，冷却变矩器。

(8) 将车辆挂上挡，然后将发动机加到全速，接着将倾翻操纵杆打到倾翻油缸收回位置（无负载的情况）让发动机速度稳定下来，记录发动机转速与压力表读数。

(9) 根据需要冷却发动机。

（10）将车辆挂上挡，然后发动机开到全速，接着操纵转向装置使车辆靠着转向挡板。待发动机速度稳定后，记录发动机的转速压力表读数。

记录发动机的加速时间并与规范中时间比较。对每种条件加速时间从怠速到低于稳定转速 50r/min 范围内测量。其测量方法是让车挂上挡施加液压负载，然后将油门全开。

13.1.5 超过变矩器失速公差的原因

超过变矩器失速公差可能的原因见表 13-2。

表 13-2 超过变矩器失速公差可能的原因分析

序号	高速空转	变矩器失速	变矩器加倾翻	变矩器加转向	可能的原因
1	A	A 或 W	W	W	发动机限速高
2	A 或 W	W	A	A	溢流压力低
3	AW	A	A	A	燃油调整高，1 与 2 条的综合原因
4	B	B 或 W	W	W	发动机限速低，油门连杆损坏或没调整好（油门连杆不能靠着挡块）
5	W 或 B	B	B	B	燃油调整低，油中有水，输油管漏气，燃油管堵塞或破裂，喷油泵管路松动，燃油过滤器堵塞，燃油管输出管路堵塞，燃油喷射泵堵塞
6	W	W	B	B	扭矩增加太少

注：A—实际转速高于规范中转速；B—实际转速低于规范中转速；W—实际转速在规范内。

其他的原因：燃油箱内油量不足，油门阀局部关闭或阻塞，油箱加油口不通气，发动机调整不当。

13.2 地下装载机的最终检验

13.2.1 检验前提

检验有如下两个前提：

（1）如果是进口发动机，发动机必须达到 MSHA（mine safety and health administration，美国矿山劳动保护局）的检验资料所提出的要求（风量、颗粒指数、功率）。

（2）全部试验必须在 65℃的液压油温、87℃的变矩器油温下进行。

13.2.2 柴油机系统

13.2.2.1 柴油机

（1）怠速______ ±25r/min。

（2）空载高速______ ±50r/min。

（3）变矩器、发动机在下列情况下转速：

1）变矩器失速时______ ±50r/min；

2）变矩器失速加转向溢流时______ ±50r/min；

3）变矩器失速加倾翻溢流时______ ±50r/min。

（4）发动机加速时间：

1）仅变矩器失速______ s_{max}；

2）变矩器加转向溢流______ s_{max}；

3）变矩器加倾翻溢流______ s_{max}。

（5）发动机的标牌：

1）安装到易于看到的地方；

2）燃油泵的数据与功率调整值（重新匹配计算的值）。

（6）所有发动机安装螺栓的扭矩值必须加到______ N·m。

（7）发动机进气系统最大真空度：

1）新零件最大允许值______ Pa；

2）在怠速时______ Pa；

3）在高速空转时______ Pa；

4）在变矩器失速时______ Pa。

（8）如果是涡轮增压或海拔高度补偿，进气歧管压力______ Pa（在高速空转时）。

13.2.2.2 排气

（1）新排气歧管的压力最大许用值______ Pa。

（2）在怠速时______ Pa。

（3）在高速空转时______ Pa。

（4）在变矩器失速时______ Pa。

（5）如果使用涡轮增压或海拔高度补偿，高速空转排气歧管压力______ Pa。

13.2.3 传动系统

13.2.3.1 变矩器

当按路面试验方法操作车辆时，变矩器油温不得超过104℃。

13.2.3.2 变速箱

（1）最大的许用油温______℃。

（2）最大许用箱壳压力______ MPa。

（3）压力检查：

1）充油泵真空度______ Pa；

2）充油泵压力______ MPa；

3）离合器换挡压力______ MPa。

（4）测空载与重载时各挡速度。

车速	空载	重载
1挡	______ km/h	______ km/h
2挡	______ km/h	______ km/h
3挡	______ km/h	______ km/h
4挡	______ km/h	______ km/h

（5）螺栓安装力矩______ N·m。

（6）车辆牵引力。

车速	设计值	公差
1挡	______ kN	±______ kN
2挡	______ kN	±______ kN
3挡	______ kN	±______ kN
4挡	______ kN	±______ kN

13. 2. 3. 3　桥

（1）前桥——参考件号。

（2）后桥——参考件号。

13. 2. 3. 4　万向传动装置

（1）所有的紧固螺栓必须紧固到规定的力矩。

（2）要保证所有万向节十字轴安装构件在全转向位置都有 0. 8mm 最小的间隙。

（3）传动轴护板与传动轴之间的最大间隙为 3. 2mm。

13. 2. 4　行走系统——轮胎

轮胎充气压力：前胎（规定值）______ MPa；±（公差值）______ MPa。
后胎（规定值）______ MPa；±（公差值）______ MPa。

（压力可在有关产品使用手册中查到）

13. 2. 5　转向系统

13. 2. 5. 1　铰接转向

（1）每个方向的转向角__________°（在全转向桥端之间中心距__________ mm）。

（2）每个方向摆动角__________°。

（3）限位块按有关规范。

（4）中心铰接轴承必须按照装配图要求进行调整。

13. 2. 5. 2　转弯半径

外转弯半径______ m；内转弯半径______ m。

13. 2. 6　工作装置——铲斗

（1）卸料角______°。

（2）从水平面到运输位置允许倾角变化在 ±3°范围内。

（3）在运输位置，铲斗与大臂必须靠在挡板上。

（4）铲斗处在最高位置和规定的卸料角，从地面到切削刃最低点的距离。

13. 2. 7　液压系统

试验时发动机必须高速空转，油温在 65℃，而液压油箱不加压。

13. 2. 7. 1　转向（油温在 65℃）

（1）压力规范见设计标准。

（2）主溢流阀压力（阀芯在中位）______ ± ______ MPa。

(3) 主溢流阀设置______ ± ______ MPa。
(4) 溢流口______ ± ______ MPa。
(5) 先导压力______ ± ______ MPa。
(6) 顺序阀设置______ ± ______ MPa。
(7) 紧急转向______ ± ______ MPa。
13.2.7.2 倾翻与举升油路
(1) 溢流阀设置：倾翻______ ± ______ MPa；举升______ ± ______ MPa。
(2) 溢流口设置______ ± ______ MPa。
(3) 先导压力______ ± ______ MPa。
13.2.7.3 其他液压系统（油温在65℃）
(1) 液压风扇溢流压力______ ± ______ MPa。
(2) 充液阀下限压力______ ± ______ MPa。
(3) 充液阀上限压力______ ± ______ MPa。
(4) 动力输出轴试验溢流压力______ ± ______ MPa。
(5) 制动压力（全部的液压制动器）______ ± ______ MPa。
(6) 安全减压阀______ ± ______ MPa。
(7) 停车制动减压阀______ ± ______ MPa。
(8) 蓄能器预充压力______ MPa。

13.2.8 电气系统

(1) 蓄电池充满液，发动机运行时，单个电池电压为12V，系统电池电压为24V。
(2) 所有的照明灯在怠速与高速空转时都要起作用。
(3) 检查交流发动机在中间支座处皮带的张紧度______ mm，偏斜度______ mm。

13.2.9 其他

13.2.9.1 控制
A 举升与倾翻控制（空载）
(1) 大臂举升时间（s）。
(2) 大臂下降时间（s）。
(3) 铲斗倾翻时间（s）。
(4) 铲斗收斗时间（s）。
B 转向控制
(1) 转向挡块位置必须符合有关规范。
(2) 从左限位块到右限位块（或反之）转向时间。
制动器松开：怠速时______ s，高速空转时______ s。
(3) 转向油缸活塞不能碰到底。
C 变速箱控制
(1) 离合器压力______ MPa。
(2) 两个换挡杆在所有挡位上都能保证换挡杆和变速滑芯插销都能顺利调整。

D 制动控制

(1) 调整充液阀：上限______ ±0.0345MPa；

下限______ ±0.0345MPa。

(2) 调整制动油压______ ±0.17MPa。

(3) 在干的混凝土路面上行车制动，制动距离：

空载车速______ km/h，制动距离______ m (max)；

重载车速______ km/h，制动距离______ m (max)。

(4) 在干的混凝土路面上，紧急制动，空车制动距离______ m (max)。

(5) 在第二挡千万不能使用停车制动开车。

(6) 发动机控制。

13.2.9.2 油缸

所有的安装零件都必须根据相应的安装图纸所规定的紧固力矩紧固。

13.2.9.3 散热器

(1) 发动机最大允许水温______℃。

(2) 散热器箱顶温度与散热器进气温度 ΔT ______℃（拆掉温度自动调节器）。

(3) 带限压阀散热器加水口盖压力______ MPa。

(4) 带限压阀散热器加水口盖补偿阀______ MPa。

13.2.9.4 标记

必须按有关规定在适当位置安装各种安全与警示牌。

13.2.9.5 间隙检查

按所列的位置对机器进行物理试验，以保证所列位置不发生任何干涉。

	直线前进	左转	右转
桥左摆	×	×	×
全桥右摆	×	×	×
大臂完全上升—铲斗退回	×		
大臂完全上升—铲斗卸料	×		
大臂完全下降—铲斗退回	×		
大臂完全下降—铲斗卸料	×		
桥在两个方向上摆动		×	×

13.3 试验方法

每个国家的地下装载机都有相应的试验方法。我国地下装载机按 JB/T 5501—1991《地下内燃装载机试验方法》进行。在标准中没有的试验方法（如全身振动试验、FOPS/ROPS 试验）现简介如下，其他在该标准没有介绍的试验方法可参考相关资料。

13.3.1 全身振动试验

全身振动测量是根据 GB/T 13441.1—2007 标准（ISO 2631-1：1997 IDT）来进行的，该标准提供了振动信号处理指南。处理信号最通用的方法是计权均方根值（root meak square，rms)加速度值。在计算出三个轴向（图13-1）计权均方根值加速度值后，按ISO 2631-1：1997 标准中健康指南警告区或 Directive2002/44/EC 标准来评估振动对人身体健康的影响。

振动典型的测量方法如图13-2所示。

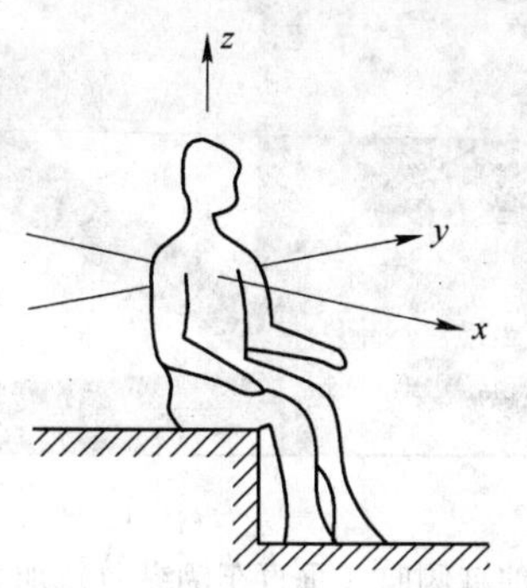

图13-1 人体坐姿中心坐标系

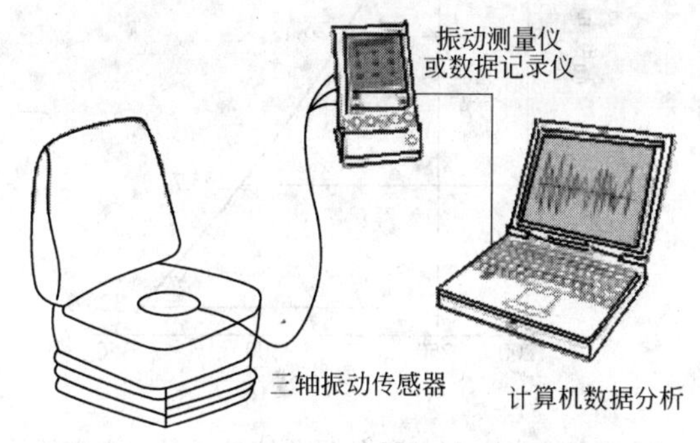

图13-2 振动典型的测量方法

测量仪器一般包括传感器、放大器、记录仪和数据分析计算机。振动传感器放在座椅上，主要收集通过司机身体传递来的振动信号，检测三个轴向振动：人体背-胸轴为 x 轴，右侧-左侧为 y 轴，脚-头轴为 z 轴。振动信号经放大后被记录下来，以用于后来分析。

为了充分保证合理的数据统计精度，并且能保证所测振动对拟评估的暴露具有典型性，测量振动的时间要足够。当完整的暴露包括具有不同特性的时间段时，可以要求分别对不同时间段做单独分析。

13.3.2 落物保护结构试验与翻车保护结构试验

落物保护结构试验（FOPS）即司机室顶部设置加强防护顶板，防止被具有一定能量落物击穿或过量变形。翻车保护结构试验（ROPS）即车辆发生倾翻时，避免或减少司机伤亡的保护机构。因此这两种保护结构试验包括试验设备、试验条件、试验方法或试验程序、试验结果分析与评估及试验实例等几项内容。

13.3.2.1 试验设备

A FOPS

试验用落锤是两端直径不同的标准钢制圆柱体，柱体形状及参考尺寸如图13-3所示。试验控制的参数是重锤自由落下碰撞到试件时，产生的能量为11600J。落锤的质量及尺寸随坠落高度的不同而有所改变（图13-4）。当落锤提升到需要的高度释放时，不能受任何阻碍。

若落锤质量为227kg、$d=255\sim260$mm、$l=583\sim585$mm，其坠落高度可由图13-4查得。

B ROPS

对翻车保护结构进行试验时，在水平面内沿侧向、纵向和垂直方向（图13-5、图13-6、图13-7）由油缸加载，油缸的推力和行程应满足试验要求。试验过程中应随时测量施加给翻

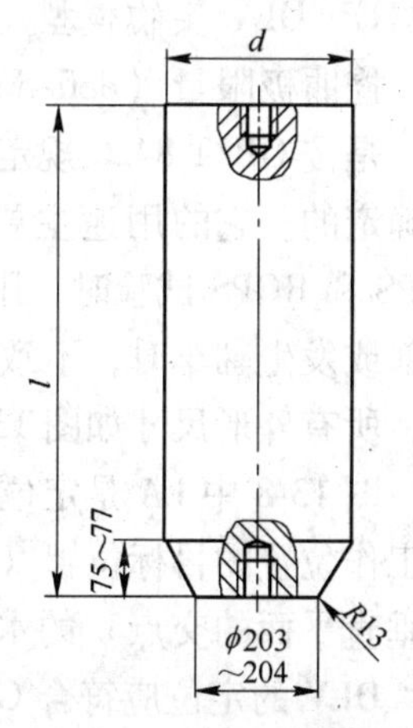

图13-3 标准落锤

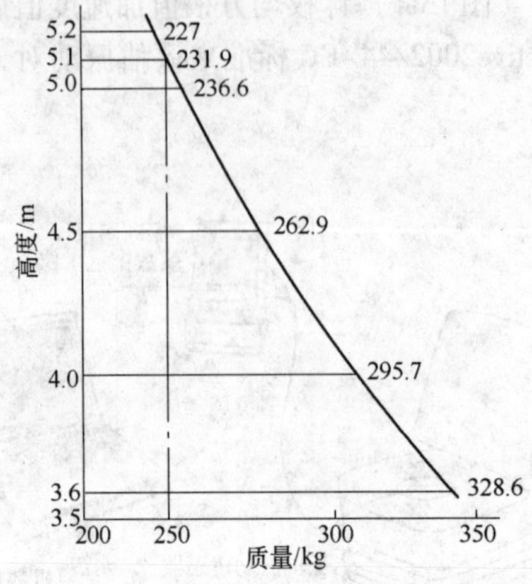

图 13-4　产生 11600J 能量落锤的质量与高度的关系

图 13-5　油缸侧向（垂直车辆纵向）加载

图 13-6　油缸纵向（沿车辆纵向）加载

图 13-7　油缸垂直加载

车保护结构的力与框架的力及框架的变形。力的测量可用力传感器或加载油缸上压力传感器，位移测量可采用位移传感器。力与变形的测量精度应为测量最大值的 ±5%。

C　DLV 实物模型

挠曲极限量（defletion limiting volume，DLV）是一个概括了人体坐姿形态的空间体积，是按 GB/T 8420 规定的穿着普通衣服、戴安全帽、坐姿高大男性司机所占据的空间尺寸确定的。它的用途主要是根据 GB 17771（ISO 3449）和 GB 17922（ISO 3471）进行 FOPS 和 ROPS 试验时，用来限制安全保护结构允许的变形量，以表示落物坠落在司机室顶部或发生翻车时，不致伤害到司机（图 13-5、图 13-7）。在试验中，DLV 制成实物模型，所有外形尺寸如图 13-8 所示。所有线性的尺寸偏差为 ±5mm。

图 13-8 中 LA 是定位轴线，它是相对座位标定点（SIP—seat index point）是为设计司机工作位置的目标位置（相当于人的身躯和大腿之间假想的枢轴线与通过司机座椅中心线的垂直平面的交点）的水平轴。

DLV 的定位应符合 GB/T 17772 的规定，即使图 13-8 所示的定位轴 LA 通过座椅标定点。并应固定在与司机座椅紧固部位相同的机器上，并在整个试验中保持不变。DLV 相对

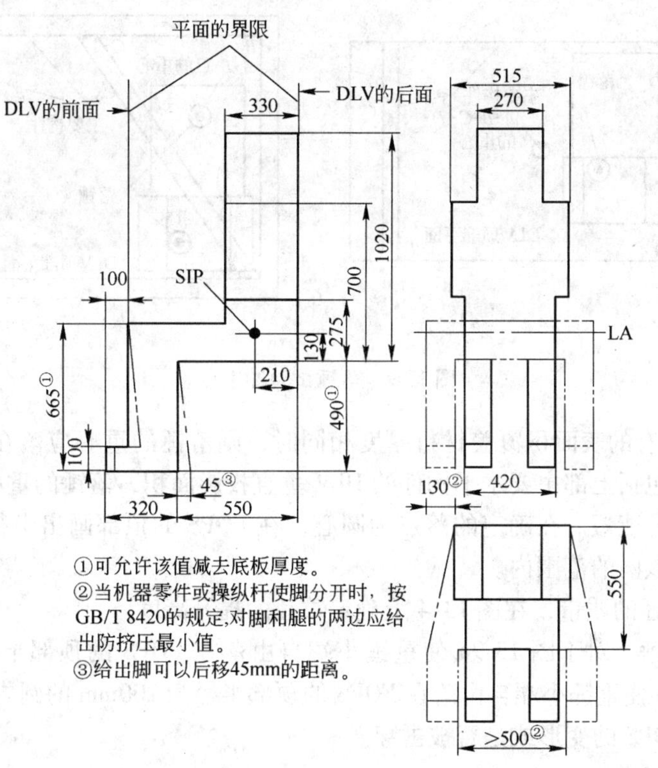

图 13-8 DLV 实物模型尺寸

座椅标定点水平与垂直方向偏差为 ±14mm。

13.3.2.2 试验条件

FOPS/ROPS 应固定在机架上，如同装在机器上一样，试验时不需要一台完整的机器，但机架及其安装的 FOPS 和 ROPS 应代表一台机器结构外形。可拆卸驾驶室窗、仪表板、门和其他非结构件，使之不影响试验结果。FOPS/ROPS 试验应在 -18℃的低温下进行，但一般试验很难达到这一条件，若在室温条件下进行试验，必须要满足下列条件：

（1）结构上所用的螺栓应符合 GB/T 3098.1 中规定的 8.8 级、9.8 级或 10.9 级；所用的螺母应符合 GB/T 3098.2 中规定的 8 级、10 级。

（2）保护结构的钢材料应选择 V 形缺口试件做低温冲击试验，低温温度、试件尺寸和性能并能达到相关标准的要求。

13.3.2.3 试验方法或程序

A FOPS 试验

（1）按要求安装被试保护结构，并根据规定把 DLV 模型固定在被试结构内；.

（2）落锤小端应完全处在 FOPS 顶上挠曲极限量的垂直投影范围内。下落位置应在 DLV 顶面区域的垂直投影部分内。它有两种情况：

1）在图 13-9*a* 中，当 FOPS 上部的主要水平构件在 FOPS 的顶部，但不在 DLV 垂直投影范围内。落锤的位置尽量靠近 FOPS 上部结构的重心。

2）在图 13-9*b* 中，当 FOPS 上部主要水平构件在 FOPS 的顶部，进入 DLV 垂直投影范

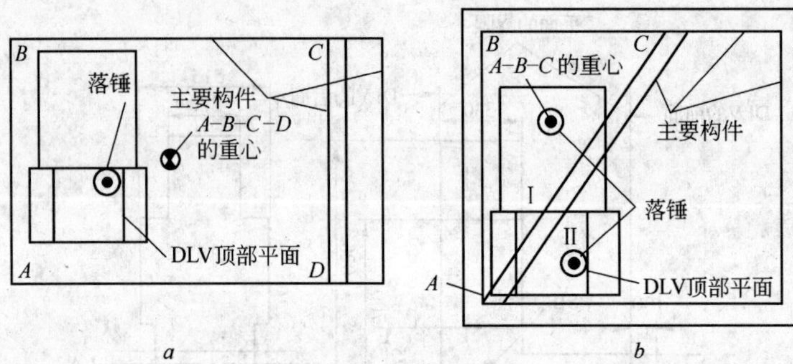

图 13-9　落锤试验冲击点

围内。如 DLV 所有的表面积覆盖材料厚度相同时，则落锤的重心应落在最大的表面积之内，这块面积不包括上部主要水平构件的 DLV 垂直投影面积，落锤的重心点距 FOPS 的顶部重心的距离尽可能短。在确定的落点为圆心，在 FOPS 的顶部画出半径为 200mm 的圆，落锤小端应落在该圆的范围内。

（3）根据重锤的质量，在图 13-4 上确定重锤的提升高度。

（4）释放重锤，对于图 13-9*a* 使重锤小端自由落在 FOPS 的顶部半径为 100mm 的圆内；对于图 13-9*b* 使重锤小端自由落在 FOPS 的顶部半径为 200mm 的圆内。

（5）检查 FOPS 的变形或是否被击穿。

B　ROPS 试验

根据 GB/T 17922 标准按下列程序进行：

（1）按要求安装被试构件，并把 DLV 模型固定在构件内规定的位置上。

（2）根据表 13-3 力和能的公式确定水平侧向、垂直、纵向作用力大小及能量吸收数值。

表 13-3　力和能的公式

机器质量/kg	侧向作用力 F/N	侧向载荷能量 U/J	垂直作用力 F/N	纵向作用力 F/N
$10000 < M \leqslant 128600$	$60000\left(\frac{M}{10000}\right)^{1.2}$	$12500\left(\frac{M}{10000}\right)^{1.25}$	$19.61M$	$60000\left(\frac{M}{10000}\right)^{1.2}$

注：对纵向作用力，吸收能量应超过 1.4MJ。

（3）各作用力作用点位置确定，并在结构上标注出来。

1）带 FOPS 的 ROPS 侧向加载（图 13-10）。

①对单柱或双柱 ROPS，带 FOPS 和（或）悬臂承载构件，L（ROPS 的长度，mm）包括 DLV 长度垂直投影的悬臂承载构件的部分，它在 ROPS 顶部测量，从 ROPS 柱最外面到悬臂承载构件的最远端。载荷作用点可不在 ROPS 的 $L/3$ 内，如 $L/3$ 点在 DLV 的垂直和 ROPS 结构之间，载荷作用点应从结构上移开，直到进入 DLV 的垂直投影为止；

②对其余 FOPS，L 是前后立柱外侧之间最大纵向距离（图 13-11），载荷作用点应位于 DLV 前后界面之外 80mm 平面的垂直投影之间。

③如司机座椅偏离机器中心线时，载荷应加在靠近座椅一侧的最外边。如司机座椅处在机器中心线上时，ROPS 的安装使从左或从右加载会产生不同的力-变形，则应选择对 ROPS、机架最恶劣加载条件一侧进行加载。

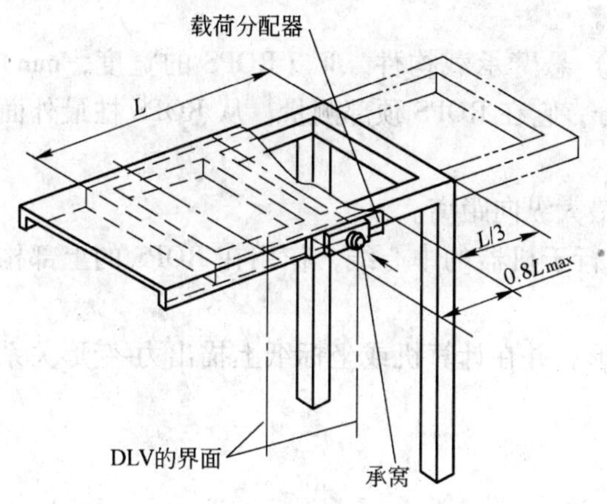

图 13-10 带 FOPS 的双柱 ROPS 侧向载荷作用点
（注：载荷分配器和承窝是防止局部穿透并维持载荷作用的装置）

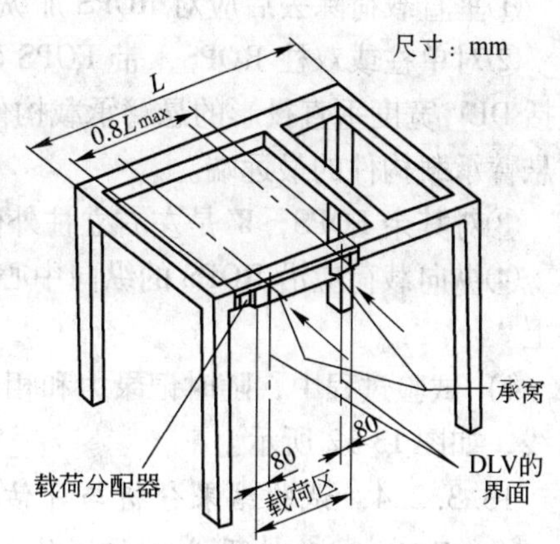

图 13-11 四柱 ROPS 侧向载荷作用点
（注：载荷分配器和承窝是防止局部穿透并维持载荷作用的装置）

④当载荷作用点的变形速度不大于 5mm/s，则载荷作用速度可以认为是静态的。变形增量不大于 15mm 时，力-变形数值应记录下来，继续加载直到 ROPS 达到力和能量两者的要求。计算能量 U 的方法见图 13-12。计算能量时所用的变形是 ROPS 沿力的作用线产生的变形。对于支承 ROPS 的构件上的任何变形不得包括在总变形之内。

2）垂直加载。侧向载荷除去后，垂直载荷应加在 ROPS 顶部，对 ROPS 台架试验加载速度少于 5mm/s 被认为是静载试验，加载应缓慢地分级进行，对垂直加载，每次加载到要求值后，要至少保持 5min 或到停止变形为止，观察两者哪个时间最短。

3）纵向加载（图 13-13）。

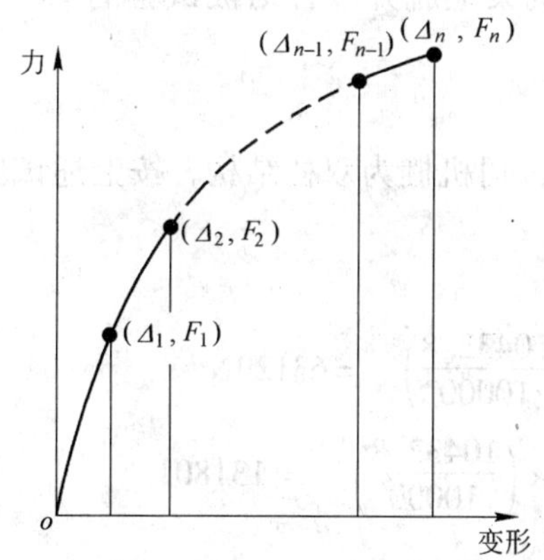

$$U=\frac{\Delta_1 F_1}{2}+(\Delta_2-\Delta_1)\frac{F_1+F_2}{2}+\cdots+(\Delta_n-\Delta_{n-1})\frac{F_{n-1}+F_n}{2}$$

图 13-12 加载试验的力-变形曲线
（注：U—累积吸收能量；Δ_n 第 n 次加载时 ROPS 构件沿力作用线产生的变形；F_n 第 n 次加载时的测向力）

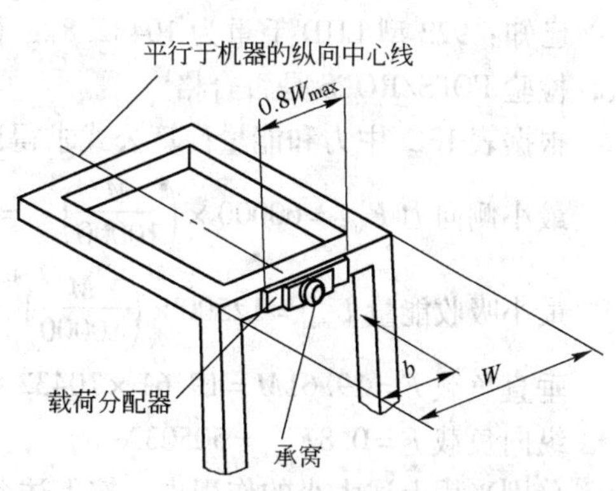

图 13-13 纵向作用点
（注：$b=0.5W$；载荷分配器和承窝是防止局部穿透并维持载荷作用的装置）

①垂直载荷除去后应对 ROPS 加纵向载荷。

②对单柱或双柱 ROPS，带 FOPS 和（或）悬臂承载构件，W（ROPS 的宽度，mm）包括 DLV 宽度垂直投影的悬臂承载构件的部分，它在 ROPS 顶部测量，从 ROPS 柱最外面到悬臂承载构件的最远端。

③对其余 FOPS，W 是左右立柱外侧之间最大纵向距离。

④纵向载荷应沿 ROPS 的纵向中心线并平行于机器的中心线，作用在 ROPS 的上部构件上。

4）试验过程中，随时记录力和相应的变形，并在计算机或坐标纸上描出力-变形关系曲线，如图 13-12 所示。

13.3.2.4 试验结果分析与评估

A FOPS 试验结果分析与评估

在每次落锤冲击试验之后，均应仔细观察、测量 FOPS 的变形，以及是否被击穿。为了便于观察判断 FOPS 是否侵入 DLV，可以在 FOPS 覆盖层下面涂刷显示涂料。在重锤撞击下，落物保护结构的任何部分侵入了 DLV，或者顶部覆盖被击穿，则认为被试验的 FOPS 不合格。

B ROPS 试验结果分析与评估

（1）在一个典型试件的试验中，试件应达到或超过规定的侧向作用力、侧向载荷能量、垂直作用力以及纵向作用力的要求，应按表 13-3 的公式确定所需数值。

（2）侧向加载时，力和能要求不可能同时达到，即在某一个达到要求前，另一个可以超过规定值。如果能量之前，力达到了，该力可以减下来。但当侧向能量达到和超过要求时，力应重新达到所需的值。

（3）应严格遵守 ROPS 的变形规定，当试验处于侧向、垂直方向或纵向加载时，ROPS 任何零件均不得进入 DLV。否则，被试验的 ROPS 不合格。

（4）由于机架或安装件的故障，ROPS 不应从机架上脱开。否则被试验的 ROPS 不合格。

13.3.2.5 试验实例

已知：922 型 LHD 毛重为 10432.8kg（23000lb），司机棚为双柱结构，按上述试验方法，检验 FOPS/ROPS 是否合格？

根据表 13-3 中力和能量计算公式求得试验时：

最小侧向力 $F_{\min}=60000\times\left(\frac{M}{10000}\right)^{1.2}=60000\times\left(\frac{10432.8}{10000}\right)^{1.2}=63129\text{N}$

最小吸收能量 $U_{\min}=12500\times\left(\frac{M}{10000}\right)^{1.25}=12500\times\left(\frac{10432.8}{10000}\right)^{1.25}=13180\text{J}$

垂直负载 $F=19.61M=19.61\times10432.8=204587\text{N}$

纵向负载 $F=0.8F_{\min}=50503\text{N}$

分别采用上述大小的作用力，按上述介绍的各力作用点、作用方向、试验程序和试验先后顺序进行试验，结果表明 922 型 LHD 的 FOPS/ROPS 保护结构完全达到标准要求。其中把油缸侧向作用力和能量吸收试验数据列于表 13-4，并分别绘成 922 型 LHD ROPS 结构的变形量与吸收能量试验曲线图（图 13-14）和 922 型 LHD ROPS 结构作用力与变形量试验曲线图（图 13-15）。

表 13-4　油缸侧向作用力和能量吸收试验数据

试验步骤	油缸载荷/N	平均载荷/N	变形/mm	能量吸收值/J	累积吸收能量/J
1	37753. 8	18876. 9	12. 7	241. 8	241. 8
2	165550. 3	34607. 6	25. 4	564. 2	806. 0
3	66069. 2	50783. 4	38. 1	644. 8	1450. 8
4	75507. 6	62923. 0	50. 8	806. 0	1914. 7
5	75507. 6	69215. 3	63. 5	886. 6	3137. 6
6	81799. 9	75507. 6	76. 2	967. 2	4110. 5
7	88092. 2	81799. 9	88. 9	1047. 8	5158. 2
8	91238. 3	86516. 9	101. 6	1108. 2	6266. 5
9	88092. 2	87304. 6	114. 3	1118. 2	7384. 7
10	88092. 2	87696. 2	127	1123. 2	8512. 5
11	91033. 3	89467. 3	139. 7	1145. 9	9653. 9
12	88092. 2	88777. 5	152. 4	1137. 2	10791. 0
14	88092. 2	88434. 9	165. 1	1132. 7	11912. 5
14	84946. 1	86690. 5	177. 8	1106. 3	13034. 1
15	84946. 1	81368. 3	190. 5	1099. 2	14133. 3

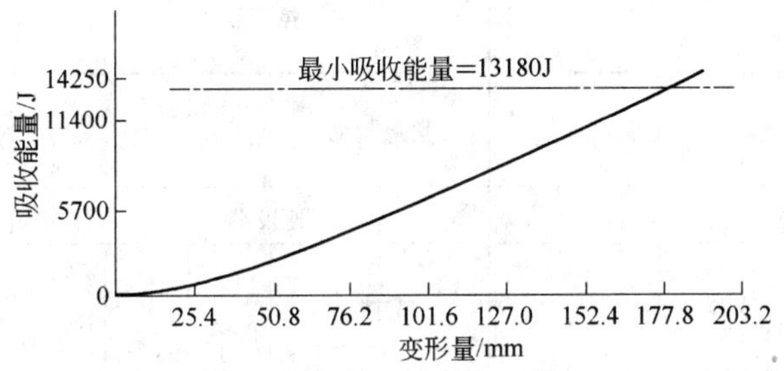

图 13-14　922 型 LHD ROPS 结构的变形量与吸收能量之间的试验曲线

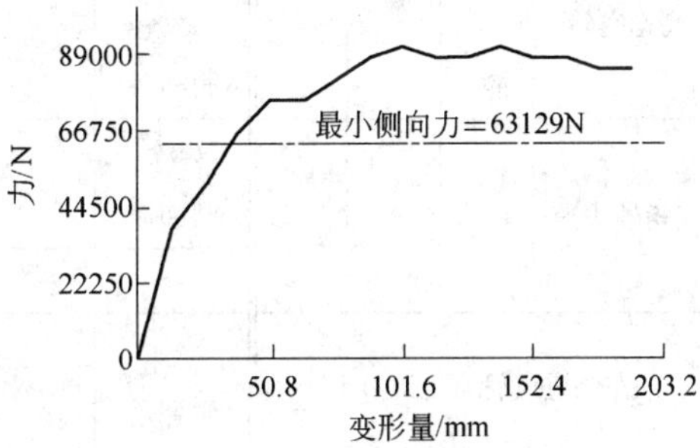

力/N
89000
66750
44500
22250
0
最小侧向力=63129N
50.8
101.6
152.4
203.2
变形量/mm

图 13-15　922 型 LHD ROPS 结构的作用力与变形之间的试验曲线

从上面试验结果分析表明：所试验的作用力和吸收的能量均超过 GB/T 17992 的规定。其变形量均未进入 DLV，也未发生其他机构损坏，因此 922 型 LHD FOPS/ROPS 是合格的。

13.4　最终检验报告

将上述的所有试验结果填入表 13-5、表 13-6 中。

表 13-5　最终检验报告（一）

项　目	规范	公差	测量值
发动机转速/$r \cdot min^{-1}$			
低怠速			
高速空转			
变矩器失速			
变矩器失速（转向）			
变矩器失速（倾翻）			
右侧进气管真空度/Pa			
高速空转			
变矩器失速			
左侧进气管真空度/Pa			
高速空转			
变矩器失速			
右侧排气管背压/Pa			
高速空转			
变矩器失速			
左侧排气管背压/Pa			
高空转			
变矩器失速			

项　目		规范	公差	测量值
倾翻和举升压力/MPa				
主溢流压力				
倾翻缸溢流	基准压力			
	最高压力			
举升缸溢流	基准压力			
	最高压力			
先导阀				
转向系统压力定值				
主溢流压力				
顺序阀				
变矩器/变速箱				
先导阀离合器压力				
制动器压力系统				
紧急制动器				
停车制动器				
铲斗倾翻角				
转弯半径/m				
左转				
右转				
轮胎压力/MPa				
前	左			
	右			
后	左			
	右			

项　目	规范	公差	测量值
全油门下倾翻/举升操作时间/s			
铲斗完全倾翻			
动臂举升满斗			
动臂放下空斗			
铲斗收回动臂提起			
转向时间（从最左边到最右边，或反之）			
怠速			
高速空转			
转向控制类型：方向盘（ ）单杆（ ）			
制动器性能－要求在一固定的挡位			
工作制动			
停车制动			
紧急制动			
空车速度/$km \cdot h^{-1}$			
1挡			
2挡			
3挡			
4挡			
牵引力/kN			
1挡			
2挡			
3挡			
4挡			

表 13-6 最终检验报告（二）

噪声/dB		蓄能器—启动与制动		规范	公差	测量值
操作者耳边测量值（当环境在高噪声时，中断测量）		制动器充液阀	上限压力			
			下限压力			
高速空转时—左耳		制动蓄能器预充压力				
高速空转时—右耳						
变矩器失速时全油门—左耳		静压油马达				
变矩器失速时全油门—右耳		压力超过量				
液压溢流时全油门—左耳		供油压力（空挡）				
液压溢流时全油门—右耳		供油压力（前进）				
是否进行了转向循环试验？		供油压力（后退）				
是否进行制动循环试验？		电缆卷筒驱动装置				
是否进行铲斗/动臂循环试验？		卷缆压力				
是否进行铲、运、倾翻循环试验？		放缆压力				
是否进行紧急刹车循环试验？		高压力				
空车重量/kN 前桥 后桥		泵补偿器压力				

注：1. 除规定的值以外，所有的值均为压力值（MPa）。

2. 试验条件如下：发动机处于全油门、不带冷却器的液压油的油温是65℃，带冷却器的油温为49℃，变速箱的油温是82~93℃。

备注：

检验员______________ 日期__________

地下装载机　　发动机

型号______________　制造厂家__________　喷射时间______________

序号______________　型号______________　喷射率______________

合同号____________　序号______________　设定功率______________kW

交流发电机型号__________　环境温度______________℃

附录　单位换算表

利用公式 $Y=AX$ 将美国常用单位换算为 SI 单位

美国常用单位 X	系数 A	SI 单位 Y
英热单位，Btu	1055	焦耳，J
Btu/s	1.05	千瓦，kW
卡 cal	4.19	焦耳，J
厘米汞柱，cmhg(0°)	1.333	千帕 kPa
.厘泊，cP	0.001	帕-秒，Pa·s
度（角度）	0.0174	弧度，rad
英尺，ft	0.3048	米，m
英尺^2，ft^2	0.0929	米^2，m^2
英尺^3，ft^3	0.0283	米^3，m^3
英尺/分，ft/min(fpm)	0.0051	米/秒，m/s
英尺·磅，ft·lb	1.35	焦耳，J
英尺·磅/秒，ft·lb/s	1.35	瓦，W
英尺/秒，ft/s	0.305	米/秒，m/s
加仑（美），gal	3.785	升，L
马力，hp	0.746	千瓦，kW
英寸，in	0.0254	米，m
英寸，in	25.4	毫米，mm
英寸^2，in^2	645	毫米^2，mm^2
英寸汞柱（0℃）	3.386	千帕，kPa
千磅力，kip	4.45	千牛，kN
千磅力/英寸^2，1000psi	6.89	兆帕，MPa，N/mm^2
质量，$lb\cdot s^2/in$	1.75	千克，kg
英里，mi	1.610	千米，km
英里/时，mi/h	1.61	千米/时，km/h
英里/时，mi/h	0.447	千米/秒，km/s
磅力-英尺，lbf·ft	1.36	牛顿·米，N·m
磅力，lbf	4.45	牛顿，N
磅力/英尺^2，lbf/ft^2	47.4	帕，Pa
磅力-英寸，lbf·in	0.113	焦耳，J
磅力-英寸，lbf·in	0.113	牛顿·米，N·m
磅力/英寸，lbf/in	175	牛顿/米，N/m
磅力/英寸^2，psi(lb/in^2)	6.89	千帕，kPa
磅（质量），lbm	0.454	千克，kg
磅（质量）/秒，lbm/s	0.454	千克/s，kg/s
夸脱（美，液体），qt	946	毫升，mL
吨（短吨，2000lbm）	907	千克，kg
码，yd	0.9144	米，m
华氏温度，℉	(℉-32)×5/9	摄氏度，℃

注：在美国常用单位中，磅（力）常缩写为 lbf，以区别于磅（质量），后者缩写为 lbm（lbs）。有时，磅（力）通常简写为磅，符号为 lb。

参 考 文 献

[1] 高梦熊. 地下装载机——结构、设计与使用 [M]. 北京：冶金工业出版社，2002.

[2] 张栋林. 地下铲运机 [M]. 北京：冶金工业出版社，2002.

[3] 王运敏. 中国采矿设备手册（上册）[M]. 北京：科学出版社，2007：489 ~ 551.

[4] Hvolka D J. LOAD-HAUL-DUMP — A BASIC DESIGN APPROACH FOR FUEL ECONOMY AND PERFORMANCE [M]. MINING ENGINEERING UNIVERSITY OF UTAH 1985.

[5] NSW Department of primary industries. Guideline for mobile and transportable equipment for use in mines MDG 15 [S]. March 2002.

[6] NSW Department of primary industries. Guideline for Free-Steered Vehicles MDG 1 [S]. July 1995.

[7] Directive 98/37/EC of the European parliament and of the council of 22 June 1998. on the approximation of the laws of the membersstates relating to machinery [S].

[8] 高梦熊. 近几年地下装载机主要零部件的最新发展 [J]. 矿山机械，2002(6)：21 ~ 23.

[9] 高梦熊. 从国外地下装载机的新品种看世界地下装载机的新特点 [J]. 矿山机械，2004(3)：18 ~ 20.

[10] 高梦熊. 近几年国外地下铲运机的发展动态 [J]. 矿山机械，2004(9)：36 ~ 41.

[11] 高梦熊. 地下装载机新能源——燃料电池 [J]. 矿山机械，2005(6)：25 ~ 26.

[12] 高梦熊. 略谈我国地下铲运机的发展 [J]. 矿山机械，2004(9)：32 ~ 35.

[13] 高梦熊. 世界采矿行业的一次盛会 [J]. 矿山机械，2005(4)：97 ~ 106.

[14] 高梦熊. 采矿信息技术的现状与发展(一)[J]. 矿山机械，2006(2)：37 ~ 44.

[15] 高梦熊. 采矿信息技术的现状与发展(二)[J]. 矿山机械，2006(3)：45 ~ 51.

[16] 高梦熊. 国外地下装载机的发展与启示 [J]. 矿山机械，2008(5)：30 ~ 39.

[17] 高梦熊. 地下装载机未来发展趋势 [J]. 矿业研究与开发，2009(9) 增刊：1 ~ 19.

[18] 高梦熊. 低矮型地下装载机的发展趋势 [J]. 矿山机械，2009(19)：33 ~ 39.

[19] 高梦熊. 地下装载机多功能化的应用与发展 [J]. 矿山机械，2009(17)：35 ~ 38.

[20] 高梦熊. 地下无轨采矿设备的现状与发展 [J]. 中钢衡重，2009.

[21] 高梦熊. 浅谈地下装载机、地下汽车自动化技术的发展(一)[J]. 现代矿业 2009(12)：1 ~ 6.

[22] 高梦熊. 浅谈地下装载机、地下汽车自动化技术的发展(二)[J]. 现代矿业 2010(01)：5 ~ 11.

[23] 高梦熊. 浅谈地下装载机、地下汽车自动化技术的发展(三)[J]. 现代矿业 2010(02)：5 ~ 9.

[24] Betournay M C, Laflamme M. Current development future opportunities of the fuel cell [C/OL]. Mining initiative Canadas Natural resources April 25, 2005. http // www. mining. ca/www/media_lib/TSM_presentations/ cimca.

[25] BS EN 1889-1：2003. Machines for underground mines-mobile machines working underground-safety-Part 1：Rubber Tyred Vehicles [S].

[26] GB 16423—2006 金属非金属矿山安全规程 [S].

[27] BS EN 474-1：2006. Earth-moving machinery. Safety. Part 1. General requirements [S].

[28] ISO 20474-1：2008(E). Earth-moving machinery. Safety. Part 1. General requirements [S].

[29] Sandvik Workshop Manual TORO 6 [M/CD], 2006.

[30] Sandvik Maintenace Manual TORO 6 [M/CD], 2006.

[31] Sandvik 145E Service manual revision [M/CD].

[32] Caterpillar Tractor CO. Caterpillar Industrial application and installation guide LEBH0504 [M], 2000.

[33] Deutz Series BFM 1012/2012 BFM 1013/2013 instation manual of Liquid-Cooled High-speed Diesel Engines [M/CD]. Deutz application Engineering 3rd Edition October 2002 (updated 2003).

[34] 高梦熊. 地下采矿柴油机的现状与发展 [J]. 矿山机械，2004(9)：43 ~ 49.

[35] 高梦熊．地下装载机排气净化［J］．矿山机械，2003(11)：23～26.
[36] 高梦熊．作业环境对地下电动装载机性能的影响初探［J］．矿山机械，2005(2)：39～41.
[37] 高梦熊．地下装载机道依次柴油机进气系统设计［J］．矿山机械，2005(3)：25～27.
[38] 高梦熊．地下无轨采矿设备导风罩的设计［J］．矿山机械，2006(6)：56～59.
[39] 高梦熊．地下装载机柴油燃油供给系统的设计［J］．矿山机械，2006(6)：67～69.
[40] 高梦熊．作业环境的变化对柴油地下无轨采矿设备的影响［J］．矿山机械，2006(9)：50～56.
[41] 高梦熊．地下无轨采矿运输车道依次柴油机排气系统设计［J］．矿山机械，2006(12)：43～44.
[42] 高梦熊．地下电动装载机电机的选择［J］．衡重科技，2006(1)：25～36.
[43] 高梦熊．地下装载机发动机功率的标定的选择［J］．矿山机械，2007(3)：42～44.
[44] 高梦熊．耐特技术公司新型净化器及其应用［J］．工程机械，2003(3)：15～16.
[45] GB 8190.4—1999　往复式内燃机排放测量　第4部分：不同用途发动机的试验循环（Idt ISO 8178-4：1996)[S].
[46] GB/T 8190.7—2003　往复式内燃机排放测量　第7部分：发动机系族的确定［S].
[47] GB 755—2008　旋转电机　定额和性能(Idt IEC 60034-1：1996）[S].
[48] GB/T 1147.1—2007　中小功率内燃机　第1部分通用技术条件［S].
[49] GB/T 6072.1—2008　往复式内燃机性能　第1部分　标准基准状况功率、燃料消耗和机油消耗的标定及试验方法(IDE-ISO 3046.1：19)[S].
[50] GB/T 20651.1—2006　往复式内燃机安全[S]　第1部分　压燃式发动机(egv EN 1679-1：1998)[S].
[51] GB 20891—2007　非道路移动机械用柴油机排气污染物排放限值及测量方法(中国Ⅰ，Ⅱ阶段)(mod 97168/EC)[S].
[52] GB/T 6072.7—2000　往复式内燃机性能　第七部分：发动机功率代号［S].
[53] ISO 3046—1：1995. Reciprocating internal combustion engines-Performance-Part 1：Standard reference conditions，declarations of power，fuel and lubricating oil consumption and test methods［S].
[54] ISO 3046—7：1995. Reciprocating internal combustion engines-Performance-Part 7：Codes for engine power［S].
[55] SAE J1995 JUN95. Engine power test code-spark ignition and compression ignition-gross power rating 1995［S].
[56] SAE J1349．JUN 83 Engine power test code-spark ignition and diesel 1985［S].
[57] Deutz FL413FW / BF12L413FW Outputs and speeds［DB/CD]，1985-1-1.
[58] Deutz BFM1012/C 1013/C Drating factors for turbo charged engines［DB/CD]，2002-1-14.
[59] Deutz BFM1012/E/C 1013/E/C Drating factors for turbo charged engines［DB/CD]，2002-1-14.
[60] 高梦熊．地下装载机用驱动桥的现状与发展［J］．工程机械，2004(11）增刊：111～115.
[61] Clark-Hurth compomemts. C&CL270 Torque converter Maintenance and Service Manqual［M/CD]，1996.
[62] Clark-Hurth compomemts. C&CL5000 Torque converter Maintenance and Service Manual［M/CD]，1996.
[63] Clark-Hurth compomemts. C&CL8000 Torque converter Maintenance and Service Manual［M/CD]，1996.
[64] Spicer off-highway components. Maintenance/Service Manual T20000 powershioft transmission 3&6 speed Long Drop with Range Shift［M/CD]，1999.
[65] Spicer off-highway components. Maintenance/Service Manual Model 32000 powershioft transmission R&HR model 4 speed Long Drop［M/CD］8100008 05-00.
[66] Spicer off-highway components. Maintenance/Service Manual powershioft transmission R&HR model 5000 4 speed［M/CD］REV 5～91.
[67] Spicer off-highway components. Maintenance/Service Manual Model 16D Pranetary Drave Axle［M/CD］REV 7-03.

[68] Spicer off-highway components. Maintenance/Service Manual Model 19D Pranetary Drave Axle. [M/CD] 7~92.

[69] Spicer off-highway components. Maintenance/Service Manual Model 21D Pranetary Drave Axle [M/CD] REV 11~94.

[70] Spicer Clark-Highway off-highway components. Axles, Transmissions, Torque converter, Electronic, and Driveshafts for Off-Highway vehicles. Condensed Specifications [DB/OL]. 2002 Dana Coporation. http//www.dana.com.

[71] DANA Spicer. Off-highway products Liquid Cooled wet disc brakes [DB/OL] 2008. http//www.dana.com.

[72] GB/T 1190—2001 工程机械轮胎技术要求 [S].

[73] GB/T 2883—2002 工程机械轮辋规格系列(mod ISO 4250-3：1997)[S].

[74] GB/T 2980—2001 工程机械轮胎规格、尺寸、气压与负荷(egv ISO 4250-2：1995 和 ISO 4250-1：1996)[S].

[75] JB/T 7155—2007 轮式工程机械车轮技术要求 [S].

[76] GOOD YEAR. Underground mining tires [M], 174700-08/99.

[77] Bridgestone. Bias tires for off-the-road [M], 1992.

[78] 高梦熊. 地下无轨采矿运输车辆停车制动器的结构与设计 [J]. 矿山机械, 2007(5)：55~57.

[79] 高梦熊. 地下无轨采矿车辆制动系统性能要求和试验方法标准简介 [J]. 矿山机械, 2008(3)：20~26.

[80] GB/T 14781—1993 土方机械 轮式机械的转向能力(egv ISO 5010：1992)[S].

[81] 高梦熊. 地下无轨采矿设备动力转向液压系统与转向器的选择 [J]. 矿山机械, 2003(5)：23~26.

[82] 高梦熊. 地下装载机液压转向系统中蓄能器的正确选择与使用 [J]. 矿山机械, 2005(2)：22~26.

[83] 高梦熊. 地下无轨采矿设备柴油机润滑油的选择 [J]. 矿山机械, 2006(3)：63~64.

[84] 高梦熊. 地下无轨采矿设备用柴油的合理选择与使用 [J]. 矿山机械, 2006(5)：50~54.

[85] GB/T 3766—2001 液压系统通用技术条件(egv ISO 4413：1998)[S].

[86] 高梦熊. 地下电动装载机卷排缆机构的结构与设计 [J]. 矿山机械, 2003(8)：22~24.

[87] GB 12972.1—1991 矿用橡胶套软电缆 第1部分 一般规定 [S].

[88] GB 12972.5—1991 矿用橡胶套软电缆 第5部分 额定电压0.66/1.14kV及以下橡软电缆[S].

[89] GB/T 18380.1~GB/T 18380.3—2001 电缆在火焰条件下燃烧试验(egv IEC 60332-1~IEC 60332-3)[S].

[90] GB 5226.1—2002 机械安全 机械电气设备 第1部分 通用技术条件(idt IEC 60204-1：2000)[S].

[91] GB 6829—1995 剩余电流动作保护器的一般要求(idt IEC 755)[S].

[92] GB 9089.3—1 户外严酷条件下电气设备及附件的一般要求(参照采用 IEC 621.3)[S].

[93] GB/T 13870.1—1992 电流通过人体 第1部分 常用部分 [S].

[94] GB 14711—2006 中小型回转电机安全要求 [S].

[95] GB/T 17771—1999 土方机械 落物保护结构试验性试验和性能要求 [S].

[96] GB/T 17922—1999 土方机械 翻车保护结构试验室试验和性能要求 [S].

[97] GB/T 17772—1999 土方机械 保护结构的实验室鉴定挠曲极限量的规定 [S].

[98] 刘南才. 轮式装载机驾驶室司机安全保护结构试验(Ⅰ)[J]. 工程机械, 2005(7)：33~35.

[99] 刘南才. 轮式装载机驾驶室司机安全保护结构试验(Ⅱ)[J]. 工程机械, 2005(8)：15~17..

[100] 高梦熊. 耐特技术公司新型净化器及其应用 [J]. 工程机械, 2003(3)：15~16. .

[101] ISO 15817：2005 (E) Earth-moving machinery—Safety requirements for remote operator control [S].

[102] AS/NZS 4240.1：2009 Remote control systems for mining equipment—Part 1：Design, construction, testing, installation and commissioning [S].

[103] AS/NZS 4240.2-2009 Remote control systems for mining equipment—Part 2：Operation and maintenance for underground metalliferous mining [S].

[58] [illegible] of highway components [illegible] maintenance [illegible] Manual [illegible] [illegible] 92.

[60] [illegible] of highway components [illegible] Maintenance [illegible] Manual Model 210 [illegible] [illegible] [illegible]

[70] [illegible] Highway [illegible] components [illegible] [illegible] [illegible] [illegible] [illegible] and [illegible] [illegible] 2002 [illegible]

[71] [illegible]

[72] [illegible]

[73] [illegible]

[74] [illegible]

[75] [illegible] 2009 [illegible]

[76] GOOH [illegible]

[77] [illegible] for oil [illegible]

[78] [illegible]

[79] [illegible]

[80] [illegible]

[81] [illegible]

[82] [illegible]

[83] [illegible]

[84] [illegible]

[85] [illegible]

[86] [illegible]

[87] GB [illegible] 1991 [illegible]

[88] [illegible]

[89] GB [illegible]

[90] [illegible]

[91] GB [illegible]

[92] GB [illegible]

[93] GB [illegible]

[94] GB [illegible] 2006 [illegible]

[95] GB/T [illegible]

[96] JT [illegible]

[97] JT/T [illegible]

[98] [illegible]

[99] [illegible]

[100] [illegible]

[101] ISO [illegible] Earth-moving machinery [illegible]

[102] ISO [illegible] Remote control systems for [illegible] [illegible] installation and commissioning [illegible]

[103] ISO [illegible] Remote control systems for [illegible] [illegible]